中國歷代曆象典

叁

廣陵書社

欽定古今圖書集成曆象彙編歲功典

第四十二卷目錄

夏部彙考

易經大有

書經周官

詩經唐風綢繆章

禮記王制

周禮春官　夏官　秋官

爾雅釋天

易通統圖夏至

尚書大傳夏至

孝經鉤命決時政

素問四氣調神大論篇　玉機眞藏論篇　六節藏象論篇　診要經終論篇　脈要精微論篇　藏氣法時論篇

汲冢周書大聚解

管子幼官篇　四時篇　五行篇　七臣七主篇　禁藏篇　度地篇　輕重己篇

尸子夏爲樂

漢書律歷志　天文志

淮南子天文訓　時則訓　五位　主術訓　氾論訓

春秋繁露五行逆順篇　五行五事篇

大戴禮記十二月

晉書律歷志

陸機纂要遊險暑雨

梁元帝纂要夏時景物

農政全書夏氣十八候

遵生八牋夏三月調攝總類　修養心臟法　夏季攝生消息論　四五六月行心臟導引法　夏時幽賞

直隸志書肅寧縣

浙江志書紹興府

江西志書武寧縣　寧州　萬安縣

湖廣志書茶陵州

福建志書福寧州

廣東志書順德縣　新安縣　石城縣　儋州

夏部藝文一

夏日可畏賦　唐賈嵩

夏賦　宋吳淑

夏雲多奇峯賦　明錢文薦

歲功典第四十二卷

夏部彙考

易經

大有

象曰火在天上大有

集解荀爽曰夏火王在天萬物並生故曰大有

書經

周官

司馬掌邦政統六師平邦國

詩經

唐風綢繆章

三星在隅

箋心星在隅謂四月之末五月之中

三星在戶

箋心星在戶謂五月之末六月之中

集傳夏官卿主戎馬之事

禮記

王制

天子諸侯宗廟之祭夏曰禘

陳注鄭氏曰此蓋夏殷之祭名周則夏曰礿疏曰禘者次第也夏時物雖未成宜依時次第而祭之

周禮

春官

大宗伯以禴夏享先王

訂義鄭鍔曰夏以樂爲主尚樂者陽氣浸盛樂由陽來也

以賓禮親邦國夏見曰宗

訂義鄭康成曰宗尊也欲其尊王也

夏官

司馬

訂義薛平仲曰春官掌禮所以爲厚天下之仁禮不足而後政及之所以爲正天下之義仁以起天下不忍不由禮之心義以制天下不敢不由禮之心政典所以有法于夏　鄭鍔曰夏者南方之時萬物相見之地于五事爲禮夏官掌政欲見政出于禮之意

秋官

大行人掌大賓之禮及大客之儀以親諸侯夏宗以陳天下之謨

訓義鄭鍔曰夏者文明之時謨欲其明顯然若于耳目故取文明之時以陳之

爾雅

釋天

夏爲朱明

疏夏之氣和則赤而光明

夏爲長嬴

注此亦夏之別號

暴雨謂之涷

注今江東呼夏月暴雨爲涷雨

易通統圖

南陸

夏日行東南赤道曰南陸

尚書大傳

種黍

主夏者火火昬中可以種黍菽

孝經鉤命決

時政

夏政不失甘雨時

素問

四氣調神大論篇

夏三月此爲蕃秀

注蕃茂也陽氣浮長故爲茂盛而華秀也

天地氣交萬物華實

注夏至陰氣微上陽氣微下故爲天地氣交陽氣施化陰氣結成成化相合故萬物華實也

夜臥早起無厭于日

注夜臥早起養長之氣也無厭于長日氣不宜惰也

使志無怒使華英成秀

注長夏火土用事怒則肝氣易逆脾土易傷故使志無怒而使華英成秀華者心之華言神氣也

使氣得泄若所愛在外

注夏氣浮長故欲其疏洩氣泄則膚腠宣通時氣疏暢有若好樂之在外也

此夏氣之應養長之道也

注凡此應夏氣者所以養長氣之道也

逆之則傷心秋爲痎瘧奉收者少冬至重病

注心屬火王於夏逆夏長之氣則傷心矣心傷至秋爲痎瘧因奉收者少故也蓋夏之陽氣浮長於外至秋而收斂於內夏失其長秋何以收至秋時陰氣上升下焦所出之陰與上焦所逆之陽陰陽相搏而爲寒熱之陰瘧也夫陽氣發原於下焦陰藏春生於上夏長於外秋收於內冬藏於下今夏逆於上秋無以收收機有礙則冬無所藏陽不歸原是根氣已損至冬時寒水當令無陽熱溫配故冬時爲病甚危險也有云逆夏氣則暑氣傷心至秋成痎瘧此亦邪氣伏藏於上與陽氣不收之義相同但四時皆論藏氣自逆而不涉外淫之邪是不當獨以夏時爲暑病也

玉機眞藏論篇

帝曰夏脈如鉤何如而鉤岐伯曰夏脈者心也南方火也萬物之所以盛長也故其氣來盛去衰故曰鉤反此者病

注心脈通於夏氣如火之發焰如物之盛長其氣惟外出故脈來盛而去悠有如鉤象其本有力而肥其環轉則秒而微也

帝曰何如而反岐伯曰其氣來盛去亦盛此謂太過病在外其氣來不盛去反盛此謂不及病在中

注來盛者盛長之本氣也去亦盛者太過於外也來不盛者盛長之氣衰於內也去反盛者根本虛而末反盛也

帝曰夏脈太過與不及其病皆何如岐伯曰太過則令人身熱而膚痛爲浸淫其不及則令人煩心上見欬唾下爲氣泄

注身熱膚痛者心火太過而淫氣於外也浸淫膚受之瘡火熱盛也其不及則反逆於內上熏肺而爲欬唾下走腹而爲氣泄矣夫心氣逆則爲噫虛逆之氣不上出而爲噫則下行而爲氣泄氣泄者得後與氣快然如衰也

六節藏象論篇

心者生之本神之變也其華在面其充在血脈爲陽中之太陽通于夏氣

注心主血中焦受氣取汁化赤而爲血以奉生身莫貴于此故爲生身之本心藏神而應變萬事故曰神之變也十二經脈三百六十五絡其氣血皆上于面心主血脈故其華在面也在體爲脈故其充在血脈其類火而位居尊高故爲陽中之太陽

而通于夏氣夏主火也

診要經終論篇

三月四月天氣正方地氣定發人氣在脾

注三月四月天地之氣正盛而人氣在脾辰巳二月足太陰陽明之所主也

五月六月天氣盛地氣高人氣在頭

注生長之氣從地而升故肝而脾脾而直上于巔頂也歲六甲而以五月六月在頭者止論五藏也故曰奇恆五中又曰章五中之情揆奇恆之道論五藏之神氣五藏者三陰之所主也人氣在頭者厥陰與督脈會于巔與五藏合而爲三陰也三陰之氣乃少陽相火所主相火即厥陰包絡之火也

脈要精微論篇

夏日在膚泛泛乎萬物有餘

注在于皮膚浮在外也泛泛充滿之象萬物有餘盛長之極也

藏氣法時論篇

心主夏手少陰太陽主治其日丙丁心苦緩急食酸以收之

注心主夏火之氣手少陰主丁火太陽主丙火二者相爲表裏而主治其經氣丙爲陽火丁爲陰火在時主夏在日爲丙丁吳氏曰心以長養爲令志喜而緩緩則心氣散逸自傷其神矣急宜食酸以收之

汲冢周書

大聚解

禹之禁夏三月川澤不入網罟成魚鼈之長

管子

幼官篇

夏行春政風行冬政落重則雨雹行秋政水十二小郢至德十二絕氣下下爵賞十二中郢賜與十二中絕收聚十二大暑至盡善十二中暑十二小暑終三暑同事七舉時節君服赤色味苦味聽羽聲治陽氣用七數飲於赤后之井以毛獸之火爨藏薄純行篤厚田氣修通凡物開靜形生理定府官明名分而審責於羣臣有司則下不乘上賤不乘貴法立數得而無比周之民則上尊而下卑遠近不乖此居於圖南方方外

四時篇

南方曰日其時曰夏其氣曰陽陽生火與氣其德施舍修樂其事號令賞賜賦爵受祿順鄉謹修神祀量功賞賢以動陽氣九暑乃至時雨乃降五穀百果乃登此謂日德中央曰土土德實輔四時入出以風雨節土益力土生皮肌膚其德和平用均中正無私實輔四時春嬴育夏養長秋聚收冬閉藏大寒乃極國家乃昌四方乃服此謂歲德日掌賞賞爲暑歲掌和和爲雨夏行春政則風行秋政則水行冬政則落是故夏三月以丙丁之日發五政一政曰求有功發勞力者而舉之二政曰開久墳發故屋辟故窌以假貸三政曰令禁扇去笠毋扱免除急漏田廬四政曰求有德賜布施於民者而賞之五政曰令禁罝設禽獸毋殺飛鳥五政苟時夏雨乃至也

五行篇

睹丙子火行御天子出令命行人內御令掘溝澮津舊塗發藏任君賜賞君子修游馳以發地氣出皮幣命行人修春秋之禮於天下諸侯通天下御者兼和然則天無疾風草木發奮鬱氣息民不疾而榮華蕃七十二日而畢睹戊子土行御天子出令命左右司徒內御不誅不貞農事爲敬大揚惠言寬刑死緩罪人出國司徒令命順民之功力以養五穀君子之靜居而農夫修其功力極然則天爲粵宛草木養長五穀蕃實秀大六畜犧牲具民足財國富上下親諸侯和七十二日而畢

按行人行使之官也舊塗謂先時濟水處當設其津梁也任委也藏中委積也當發用之即以充君之賞賜也游馳謂游戲馳馬也貞正也太陽用事時方長育故無所誅戮無責正以助養氣也夏時農事尤盛順而敬之也粵厚也宛順也天爲厚順不逆時氣也

睹丙子火行御天子敬行急政旱札苗死民厲七十二日而畢睹戊子土行御天子修宮室築臺榭君危外築城郭臣死七十二日而畢

七臣七主篇

夏無遏水達名川塞大谷動土功射鳥獸夏政不禁則五穀不成

禁藏篇

夏賞五德滿爵祿遷官位禮孝弟復賢力所以勸功也

度地篇

當夏三月天地氣壯大暑至萬物榮華利以疾耨殺草薉使令不欲擾命曰不長不利作土功之事放農

焉利皆耗十分之五土功不成

輕重己篇

以春日至始數四十六日春盡而夏始天子服黃而靜處朝諸侯卿大夫列士循于百姓發號出令曰毋聚大衆毋行大火毋斷大木誅大臣毋斬大山毋戮大衍滅三大而國有害也天子之夏禁也

以春日至始數九十二日謂之夏至而麥熟天子祀于太宗其盛以麥麥者穀之始也宗者族之始也同族者人殊族者處皆齊大材出祭王母天子之所以主始而忌諱也

尸子

夏爲樂

夏爲樂南方爲夏夏興也南任也是故萬物莫不任興蕃殖充盈樂之至也

漢書

律歷志

太陽者南方南任也陽氣任養物于時爲夏夏假也物假大乃宣平

天文志

熒惑曰南方夏火禮也視也禮虧視失逆夏令傷火氣罰見熒惑

淮南子

天文訓

南方火也其帝炎帝其佐朱明執衡而治夏其神爲熒惑其獸朱鳥其音徵其日丙丁

春分四十六日而立夏大風濟音比夾鍾加十五日指巳則小滿音比太簇加十五日指丙則芒種音比大呂加十五日指午則陽氣極故曰有四十六日而夏至音比黃鍾加十五日指丁則小暑音比大呂加十五日指未則大暑音比太簇

太陰治夏則欲布施宣明

時則訓

夏行春令風行秋令蕪行冬令格

五位

南方之極自北戶孫之外貫顓頊之國南至委火炎風之野赤帝祝融之所司者萬二千里其令曰爵有德賞有功惠賢良救饑渴舉力農賑貧窮惠孤寡憂罷疾出大祿行大賞起毀宗立無後封建侯立賢輔

主術訓

人君上因天時下盡地財中用人力丘陵阪險不生五穀者以樹竹木夏取果蓏以爲民資

氾論訓

古者民澤處復穴夏日不勝著熱蟁虻聖人乃作爲之築土構木以爲宮室

春秋繁露

五行逆順篇

火者夏成長本朝也舉賢良進茂才官得其能任得其力賞有功封有德出貨財振困乏正封疆使四方恩及于火則火順人而甘露降恩及羽蟲則飛鳥大爲黃鵠出見鳳凰翔如人君惑于讒邪內離骨肉外疎忠臣至殺世子誅殺不辜逐忠臣以妾爲妻棄法令婦妾爲政賜予不當則民病血壅腫目不明咎及于火則大旱必有火災摘巢探鷇咎及羽蟲則蜚鳥不爲冬應不來梟鴟羣鳴鳳凰高翔

五行五事篇

王者能知則知善惡知善惡則夏氣得故哲者主夏夏陽氣始盛萬物兆長王者不掩明則道不退塞而夏至之後大暑隆萬物茂育懷任王者恐明不知賢不肖分明白黑于時寒爲賊故王者輔以賞賜之事然後夏草木不霜火炎上也夏行春政則風行秋政則水行冬政則落夏失政則冬不凍冰五穀不藏大寒不解

大戴禮記

千乘篇

司馬司夏以教士車甲凡士執伎論功修四衛強股肱質射御才武聰慧治衆長卒所以爲儀綴于國出可以爲率誘于軍旅四方諸侯之遊士國中賢餘秀興閱焉方夏三月養長秀蕃庶物于時有事享于皇祖皇考爵士之有慶者七人以成夏事

晉書

律歷志

火音徵三分宮去一以生其數五十四屬火者以其微清事之象也夏氣和則徵聲調

陸機纂要

連陰緜雨

夏樹名連陰夏雨名緜雨

梁元帝纂要

夏時景略

夏曰朱明朱夏炎夏三夏九夏天曰昊天風曰炎風節曰炎節草曰茂草雜草木曰蔚林茂林密樹茂樹

農政全書

夏氣十八候

孟夏立夏節氣初五日螻蟈鳴次五日蚯蚓出後五日王瓜生次小滿中氣初五日苦菜秀次五日靡草死後五日麥秋至次仲夏芒種節氣初五日螳螂生次五日鵙始鳴後五日反舌無聲次夏至中氣初五日鹿角解次五日蜩始鳴後五日半夏生次季夏小暑節氣初五日溫風至次五日蟋蟀居壁後五日鷹始鷙次大暑中氣初五日腐草爲螢次五日土潤溽暑後五日大雨時行凡此六氣一十八候皆夏氣正長養之令

遵生八牋

夏三月調攝總類

禮記曰南方曰夏夏之爲言假也養之長之假之仁也太元經曰夏者物之修長也董仲舒曰陽長居大夏以生育萬物淮南子曰夏爲衡衡以平物使之均也漢律志曰南者任也陽炁于時任養萬物故君子當因時節宜調攝以衛其生

立夏火相夏至火旺立秋火休秋分火廢立冬火囚冬至火死立春火殁春分火胎言火孕于木之中矣

修養心臟法

當以四月五月弦朔清旦面南端坐叩齒九通漱玉泉三次靜思注想吸離宮赤炁入口三吞之閉炁三十息以補呵炁之損

四五六月行心臟導引法

可正坐兩手作拳用力左右互築各五六度又以一手向上拓空如擎石米之重左右更手行之又以兩手交叉以脚踏手中各五六度閉炁爲之去心胷風邪諸疾行之良久閉目三咽津叩齒三通而止

夏季攝生消息論

夏三月屬火主于長養心炁火旺味屬苦火能尅金金屬肺肺主辛當夏飲食之味宜減苦增辛以養肺心炁當呵以疎之噓以順之三伏內腹中常冷特忌下利恐泄陰氣故不宜鍼灸惟宜發汗夏至後夜半一陰生宜服熱物兼服補腎湯藥夏季心旺腎衰雖大熱不宜喫冷淘冰雪蜜水涼粉冷粥飽腹受寒必起霍亂莫食瓜茄生菜原腹中方受陰炁食此凝滯之物多爲癥塊若患冷炁痰火之人切宜忌之老人尤當慎護平居簷下過廊衖堂破牕皆不可納涼此等所在雖涼賊風中人最暴惟宜虛堂淨室水亭木陰淨潔空敞之處自然清涼更宜調息淨心常如冰雪在心炎熱亦于吾心少減不可以熱爲熱更生熱矣每日宜進溫補平順丸散飲食溫暖不令太飽常常進之宜桂湯豆蔻熟水其于肥膩當戒不得于星月下露臥兼使睡著使人扇風取涼一時雖快風入腠裏其患最深貪涼兼汗身當風而臥多風痹手足不仁語言蹇澀四肢癱瘓雖不人人如此亦有當時中者亦有不使中者其說何也逢年歲方壯遇月之滿得時之和卽幸而免至後還發若或年力衰邁值月之空失時之和無不中者頭爲諸陽之總尤不可風臥處宜密防小隙微孔以傷其腦戶夏三月每日梳頭一二百下不得梳著頭皮當在無風處梳之自然去風明目矣

養生論曰夏謂蕃秀天地炁交萬物華實夜臥早起無厭于日使志無怒使華成實使炁得泄此夏炁之應長養之道也逆之則傷心秋發痎瘧奉收者少冬至病重

又曰夏炁熱宜食菽以寒之不可一于熱也禁飲溫湯禁食過飽禁濕地臥幷穿濕衣

又曰夏日不宜大醉清晨喫炒葱頭酒一二杯令人血炁通暢

又曰風毒脚炁因腎虛而得人生命門屬腎夏月精化爲水腎方衰絕故不宜房色過度以傷元炁

又曰夏月宜用五枝湯洗浴訖以香粉傅身能驅瘴毒疎風炁滋血脈且免汗濕陰處使皮膚燥癢

夏三月丁巳戊申己巳丑未辰日宜煉丹藥

夏三月頭臥宜向南大吉

夏三月六炁一十八候皆正長養之令勿起土伐大樹

千金方曰夏七十二日省苦增辛以養肺炁

內經曰夏季不可枕冷石幷鐵物取涼大損人目

陶隱居曰冰水止可浸物使驅日曬暑炁不可作水服入腹內冷熱相搏成疾若多著飴糖拌食以解酷暑亦可

書曰夏至後秋分前忌食肥膩餅霍油酥之屬此等物與酒漿瓜果極爲相妨夏月多疾以此

又曰夏勿露臥令人皮膚成癬或作面瘋

又曰夏傷暑熱秋必痎瘧忽遇大寒當急時避人多率受時病由此而生

參贊書曰日色曬熱石上凳上不可便坐搐熱生豚瘡冷生疝炁人自大日色中熱處曬回不可用冷水洗面損目伏熱在身勿得飲冷水及以冷物激身能

殺人
書云五六月深山澗中停水多有魚鼈精涎在內飲之成瘕
金匱要略曰夏三月不可食猪心恐死炁犯我靈臺耳宜食苦蕒以益心
千金異方曰夏三月丙丁日忌夫婦容止

五枝湯方
桑枝　槐枝　桃枝　柳枝各一握　麻葉半斤煎湯一桶去渣溫洗一日一次

傅身香粉方
粟米作粉一斤無粟米以葛粉代之　青木香　麻黃根　香附子炒　甘松　藿香　零陵香已上各二兩擣羅爲末和粉拌勻作稀絹袋盛之浴後撲身

夏時幽賞

蘇堤看新綠
三月中旬堤上桃柳新葉黯黯成陰淺翠嬌青籠煙若濕一望上下碧雲蔽空寂寂撩人綠侵衣袂落花在地步蹀殘紅恍入香霞堆裏不知身外更有人世知己清歡持觴覓句逢橋席賞移時而前如詩不成罰以金谷酒數

東郊玩蠶山
初成蠶箔白繭團團玉砌銀鋪高下叢簇絲聯蓓蘂儼對雪嶠生寒冰山耀日時見田翁稱慶鄰婦相邀村村撾鼓賽神繅車轟繭倉庚促織柳外鳴梭布穀催耕桑間喚雨清和風日春服初成歌咏郊遊一飽菜羹麥飯因思王建詩云已聞鄰里催織作去與誰人身上著之句羅綺遍身可不念此辛苦

三生石談月
中竺後山鼎分三石居然可坐傳爲澤公三生遺跡山僻景幽雲深境寂松陰樹色蔽日張空人罕遊賞炎天月夜煮茗烹泉與禪僧詩友分席相對覓句賡歌談禪說偈滿空孤月露浥清輝四野輕風樹分凉影豈儼人在冰壺直欲談空玉宇寥寥巖壑境是仙都最勝處矣忽聽山頭鶴唳溪上雲生便欲駕我仙去俗抱塵心蕭然冰釋恐朝來去此是即再生五濁慾界

飛來洞避暑
靈鷲山下巖洞玲瓏週迴虛敞指爲西域飛來一小巖也炁凉石冷入徑凜然洞中陡處高空若堂窄處方斗若室俱可人行無礙頂處三伏熏人燎肌燔骨坐此披襟散髮把酒放歌俾川鳴谷應清冷灑然不知人世今爲何月顧我絺綌不勝秋盡矣初入體凉再入心凉深入毛骨隱隱襲人霞標雲彩弄雨敲風芳華與四圍山色交映攜舟捲席相與枕藉乎舟中月香度酒露影濕衣歡對忘言儼共淨友抵足中宵清夢身入匡廬蓮社中矣較與紅翠相偎衾枕相狎者何如哉更顧後期與君常住淨土

湖心亭採蓴
舊聞蓴生越之湘湖初夏思蓴每每往彼採食今西湖三塔基傍蓴生既多且美菱之小者俗謂野菱亦生基畔夏日剖食鮮甘異常人少知其味者余每採蓴剝菱作野人芹薦此誠金波玉液清津碧荻之味豈與世之羔烹兔炙較椒馨哉供以水蔌啜以松醪味思蓴之詩歌採菱之曲更得嗚嗚牧笛數聲漁舟款乃相答使我狂態陡作兩腋風生若彼飽膏腴者應笑我輩寒淡

湖晴觀水面流虹
湖山過雨殘日烘雲霽靄浮煙林鋪翠濕浴晴鷗鷺爭飛拂秧荷風薦爽忽焉長虹亙天五色熾焰影落湖波光彩浮耀乍駭蛟騰在淵滉瀁上下水天交映爍電絕流射日蒸霞似奪頹丸晚色睥睨靜觀景趣高遠不覺胷中習氣欲共水天吞吐此豈豐城伏劍時爲幽人一剖璞中蘊色

山晚聽輕雷斷雨
山樓一枕晚凉臥醉初足倚欄長嘯爽豁吟眸時聽南山之陽殷雷隱隱樹頭屋角鳩快新晴喚婦聲呼部部矣雲含剩雨猶著數點飄搖西壁月痕影落湖波溶漾四山靜寂几坐人閒忽送晚鐘一清俗耳漁燈萬盞鱗次比來更換睫間幽覽使我眼觸成迷意觸冥契頓超色境勝地

乘露剖蓮雪藕
蓮實之味美在清晨水氣夜浮斯時正足若日出露晞鮮美已去過半當夜宿岳王祠側湖蓮最多曉剖百房飽啖足味藕以出水爲佳色綠爲美旋抱西子一彎起我中山久渴快賞旨哉口之於味何甘哉況蓮得中通外直藕潔穢不可汚此正幽人素心能不日茹佳味

空亭坐月鳴琴
夏日山亭對月暑氣西沉南薰習習生凉極目遙山盤鬱冰鏡兩湖隱約何來鐘磬抱琴彈月響遏流雲

高曠撫秋鴻出塞清幽鼓石上流泉風雷引可辟炎蒸廣寒遊偏宜清冷樂矣山居之吟悲哉楚些之曲泠然指上梅花寒徹人間煩憤矣噫何能卽元亮無絃之聲得塵世鍾期之聽哉宜正音爲之絕響

觀湖上風雨欲來

山閣五六月間風過生寒溪雲欲起山色忽陰忽晴湖光乍開乍合濃雲影日自過處投投生陰雲走若飛故開合甚疾此景靜玩可以忘饑頃焉風號萬竅雨橫兩間駭水騰波湖煙潑墨觀處心飛神動誠一異觀哉有時龍見余曾目覩龍體僅露數尺背抹螺青腹閃珠白矯矯盤盤滃雲捲雨湖水奔跳奮若人立浪花噴瀑自下而升望鶩汩急漂疾滂湃洶湧移時乃平對此水天渾合恍坐洪濛空中樓閣飛動不知身在何所因思上古太素簡朴無華是卽雨中世界要知一切生滅本空何俯執持念根不向無所有中解脫

步山徑野花幽鳥

山深幽境眞趣頗多當發春初夏之時步入林巒松竹交映遐觀遠眺曲徑逼幽野花隱隱生香而臭味恬淡非檀麝之香濃山禽關關弄舌而淸韻閒雅非笙簧之聲巧此皆造化機局娛目悅心靜賞無厭時抱焦桐向松陰石上撫一二雅調瀟然領會幻身是卽畫中人物遠聽山村茅屋傍午鳴雞伐木丁丁樵歌相答經丘尋壑更出世外幾曆此景無競無爭足力所到何地非我傳舍又何必與塵俗惡界區區較尺寸哉

直隸志書各省風俗同者不載

肅寧縣

夏寒主雪諺云夏北風必雨

浙江志書

紹興府

越中當三夏旱甚之時有迎龍之賽不齋虔祈禱惟飾優伶及下戶少年爲諸神佛怪異或扮故事珠翠燦然綺繡陸離彩巾錦帶飄颺風日中草龍則裂以錦標插金首服爲鱗指節爲鎖車馬紛然盡服飾之鮮麗侏儒里老慕爲奇貨爭預迎至家飲食之用以鬬異爲仙爲怪其費用率里巷爲伍度人家有無差派好事者主其算大戶競出新奇相炫耀有一珍麗卽侈然德色長街通衢逶邐回旋觀者互奔趨顧盼不給大約若鬬富而餘姚則以大江爲界南北各一宗遞相競各以閥閱名位假古人相況交矜誇甚則相嘲誚卽觸人忌諱不顧亦大足詫也

江西志書

武寧縣

夏北風雨蛟出則雹五六月驟雨時行

寧州

夏寒多旱夏霧雨

萬安縣

三四月農夫蒔田歌聲唱和達於四境連居幷親厚者互以酒食相餉

湖廣志書

茶陵州

五六九月逢福德諸神誕生市民大飾楮衣祀之扮演戲文名曰慶神會

福建志書

福寧州

夏苦旱乾甚至八九月而後有雨田土枯焦

廣東志書

順德縣

歲常五六月颶風颶風者颶四方之風也將發斷虹先見謂之颶母發則拔木殺稼潮驟長數尺雞犬不寧又有石尤風與颶風同

新安縣

夏月暴雨風起飛砂勢如萬馬其氣青謂之青東南北驟作謂之北暴又謂之鹹頭又謂之泥浪較颶風而小不必週南而後息

石城縣

夏月作凉茶會俗合茶蔎爲末用凉水發之成花可解熱　夏氣盛熱旱則疫作雨多震雷傷人畜或不雨而雹

儋州

五六月南風宜早禾俗呼西風爲早禾瘠殺占禾夜熱則雨

夏部藝文一

夏日可畏賦（以昔聞宣子之於敵也爲韻）　唐賈嵩

赫爾陽精當朱仲兮厥狀難明杲杲而威稜四序炎炎而火烈羣生九野飛塵破氛昏而下燭六龍銜耀亙天地而橫行其初也陰魄落彼大明生矣踆烏洶洶以飛來蒼龍黯黯而光死輾煙霞而炎駕旁轉洞寰海而紅輪徐起煙勃乎扶桑之津鼎沸乎咸池之水八紘疑火井之內六合若炎丘之裏路岐難處傷哉行役之人稼穡堪憂嗟爾耕耘之子始驚出地漸見摩天曈曨逾盛翕赩彌宣赫曦而光碎波濤血殷江海蓬勃而氣蒸林鬱歊起山川然則居上克明當中益熾想羲氏於執熱當亢龍之用事煦丘陵而恐是焦元蒸壟畝而皆成赤帝仰之者目眩精耄處之者神昏體悴草木爲之生煙峯巒以之滅翠千里無雲炎風不開木而棲者翕其翼泉而躍者伏其鬐不黨黎甿有異恩覃之士無私蠻貊終同炎德之君可流金而爍石可焦頭而爛額浩浩兮全紅埃融融兮過虛碧遂使無牛犢子愛其孤鶴片雲休影逸人戀此幽松古柏斯則晉卿執法於前代魯史立言於往昔於戲猛以濟威剛而馭下牧於外而寇亂咸戢升於朝而諂諛斯寡如夏日之赫焉孰云不足畏也

夏賦　宋吳淑

夏大也養萬物令長大者也若乃節號朱明時爲長贏祝融作輔炎帝持衡含桃先薦反舌無聲或見三星之在戶或以五彩而辟兵苦菜秀而靡草死蚯蚓出而王瓜生若夫四時維夏五月徂暑或聞蟋蟀之居壁或見莎鷄之振羽獵西土而陳讓濫泗淵而斷罟天毒則草木皆乾朱提則飛禽不度嘉賓詣謝安而交扇王公見庾長而吳語或以節嗜慾而止聲色或以教車甲而觀才武顧此溽暑誠爲任方吳猛不敺於蚊蚋子平每避於清凉越王念吳而握火陸機在洛而思鄉戀嵇康之鍛竈憩武子之螢囊念師文之飛雪憶鄒衍之降霜若夫宗伯之禬凶荒周穆之遊濩澤已見班馬復聞鳴鵙火旣鑽於棗杏兵亦先於劍戟爾其長風扇暑茂樹連陰輕箑薦而織絺御甘瓜浮而朱李沉葛洪之見仙翁每乘醉而入水延陵之逢高士豈披裘而取金當此南訛時惟龍見天子飲酎后妃獻繭蜀相嘗見於渡瀘禮將不聞於操扇復聞浚井改水當風鼓鬉孫登容與於草裳楊茂逍遙於版榻及夫腐草爲螢朱索連葦柞氏之刊陽木羊欣之衣練裙亦聞蕭氏居巢賈生賦鵩當清和之首夏見恢台之化育凌人頒冰山虞斬木或以服元冰之丸或以聽秋霜之曲至於平叔流汗仲都暴日驗秀葽之應候識蕤賓之中律獸旣希革物皆華實知離氣之初來見陽蟲之乍出旣而衣暑服戴赤旂冷則飲明義之井寒則涉樊山之溪清露滴崑崙之氣夏扈趣耕稼之期若乃南郊迎氣方丘祀地知盛德之在火見斗柄之指巳於是惠賢良施爵位挺重囚行慶賜旣升黿而伐蛟亦補腎而助肺南宮御女之繁奏北牕羲皇之傲睨若能角黍應時令之制綵絲通問遺之情縈朱索以飾戶帶靈符而辟兵鴝鵒之舌初剪蟾蜍之角俄生葅龜義著鑄鏡功精蹹百草以遐騖棹飛鳧而迅征蓄蘭爲木縛艾成形投汨羅而棟葉斯在祠蒼梧而童舞方呈世偉曹娥之節俗傳介子之名田文以高戶獲舉胡廣以流棄復生彼鎮惡之與紀遵王鳳之與信明並茲辰之誕育咸垂世而揚名若夫火行畏金伏於庚日曼倩之割賜肉張氏之祠黃石羊酪旣云其供費巴蜀亦聞其自擇嵇含因熱以思風程曉閉門而避客元謨之井方開秦穆之祠始益河朔有避暑之飲鄴下有頒冰之錫遵湯餅於時俗薦麥瓜於宗祏斯皆夏令之所施故紀之以備遺逸也

夏雲多奇峯賦　明錢文薦

客有依樹而息影臨流而賦詩者會追河朔遊擬南皮碧沼暑退玉壺冰隨羽觴龍舉紈扇停揮聊移遠目忽覩靈奇於時似煙非煙如霧非霧絪縕而起蓊藹而聚合體則一柱孤擎分狀則千巖悉具其爲峯也高參宵漢遠亙天涯峭乃崒嵂空則谽谺或摧根而迸杪或敷葉而帶葩或凌風而疊雪或映日而流霞著色淺澹布境幽遐紛紛競賞熠熠爭誇髣髴崑崙之五色依稀嵩少之三花至於綠蘿徑封青蓮煙吐窈窕難測嵯峨易覩誰將地肺倒插天府驅遣豈鞭斲雕寧斧則有誤認王母之囊虛疑神女之臺杳馥郁以猶在態輕盈而忽來所以望氣者思寶鼎於汾水求仙者慕銀闕於蓬萊徒惜其殘暉欲收異彩將散高標半折連影中斷勢傾危其不支容黯黮以猶注想而疑眸惜景者遂興咨而發歎也況其時值炎蒸氣乖潤濕倚崖樹槁縈岫苔澀雖仰天而頻望徒觸石而罕出儻乘龍以高飛庶施雨之徧及

欽定古今圖書集成曆象彙編歲功典

第四十三卷目錄

夏部藝文二 詩詞

朱明　漢鄒子樂
夏苗田　晉傅元
夏　郭璞
夏　李顒
出下館　齊謝朓
夏日臨江　梁武帝
納涼　簡文帝
夏　徐勉
夏日　徐怦
夏日還山庭　陳江總
江都夏　隋文帝
白紵歌　虞茂
夏日　李德林
梅夏應教　薛道衡
夏日聯句　唐文宗
奉和夏日晚景應詔　楊師道
奉和聖製夏日遊石淙山　狄仁傑
夏日仙萼亭應制　宋之問
夏日過鄭七山齋　杜審言
夏日遊目聊作　駱賓王
夏日遊山家同夏少府　前人
夏日與崔二十一同集衞明府宅　孟浩然
夏日辨玉法師茅齋　前人
夏日浮舟過陳大水亭　前人
夏日山中　李白
夏日　韋應物
夏景園廬　前人
夏花明　前人
夏冰歌　前人
夏日歎　杜甫
夏夜歎　前人
夏日納涼　嚴維
夏日　劉復
夏日裴尹員外西齋看花　楊巨源
夏日對雨　裴度
夏日讌九華池贈主人　陳羽
夏晝偶作　柳宗元
夏日可畏　張籍
夏日閒居　前人
表夏 八首　元稹
夏日登樓晚望　姚合
長興里夏日寄南鄰避暑　杜牧
夏日戲題郭別駕東堂　許渾
夏日登西林白上人樓　劉滄
夏日盩厔郊居寄姚少府　李頻
夏日題盩厔友人書齋　前人
山亭夏日　高駢
銷夏灣　皮日休
鹿門夏日　前人
夏景無事因懷章來二上人 二首　前人
夏景冲澹偶然作　前人
和藥名離合夏日卽事　前人
和夏景冲澹偶然作次韻　陸龜蒙
藥名離合夏日卽事　前人
夏日湖上卽事寄晉陵蕭明府　章碣
夏日訪友　唐彥謙
夏日　韓偓
夏夜　前人
夏雨　王駕
夏夜　韋莊
山中夏日　孟貫
和御製夏日垂釣　徐鉉
夏日登觀農樓和崔使君　釋皎然
夏日城中作　齊己
宮詞 二首　花蕊夫人徐氏
夏日山居　宋种放
西巖夏日　林逋
夏景卽事　韓琦
夏意　蘇舜欽
夏日南園　邵雍
夏日西齋書事　司馬光
夏日 三首　張耒
夏日 三首　前人
夏日 二首　前人
夏日　朱熹
夏日田園雜興 七首　范成大
夏日晚興　陸游

夏晝小雨　戴昺
夏日登車蓋亭 五首　蔡確
夏日入直　王希呂
夏日奉天台祿　姜夔
夏日閒坐　徐璣
夏日　朱伯仁
貧女吟 夏　文天祥
夏日偶書　釋惠洪
夏日西園　前人
夏晚登樓　金密國公璹
夏　宇文虛中
喜夏　龐鑄
夏日　麻九疇
夏日飲山亭　元劉因
東湖夏景　楊載
山居夏日　汪珍
和嵊縣梁公輔夏夜泛東湖　袁士元
夏日山居　前人
夏日　梅頤
夏日閣中入直 二首　周伯琦
水軒夏日　馬臻
池亭納涼　明仁宗
夏景　宣宗
夏日雜興 二首　劉基
夏日喜雨寫懷 二首　金幼孜
夏夜　王偁
夏日寄高尊卿　魏時敏
夏日　吳寬
夏日應制　王鏊
南夏　孟洋
夏　康海
夏日田居即事 四首　蔣山卿
夏日睡起　文徵明
夏日山村即事 三首　汪道貫
夏日山村雜懷　前人
夏夜曲　沈明臣
子夜夏歌　公鼐
夏日 以上詩　黃氏幼藻
臨江仙 夏景　宋歐陽修
過澗歇 夏景　柳永
夏雲峰　前人
女冠子　前人
洞仙歌　蘇軾
賀新郎　前人
清平樂　晁補之
永遇樂　前人
滿庭芳　毛滂
送將歸　王觀
清平樂 夏景　劉涇
聲聲慢 夏景　前人
千秋歲 夏景　謝逸
滿庭芳　周邦彥
隔浦蓮　前人
塞翁吟　前人
浣溪沙 夏景　前人
前調　前人
憶王孫　李甲
西江月 夏日有感　趙長卿
女冠子 夏景　康與之
江城子 夏夜觀月　張鎡
疊青錢　無名氏
滿庭芳 夏日飲王氏園亭　元張埜
青玉案　明文徵明
風入松 夏夜露坐　前人
一叢花 夏夜宿小蓬萊對月不寐　吳子孝
滿庭芳 夏　前人
南鄉子 夏日遊竹隱寺　駱文盛
雨中花 夏景　張大烈
南歌子 夏景　前人
滿江紅 夏景 以上詞　媛吳綃
夏部選句

歲功典第四十三卷

夏部藝文二 詩詞

朱明　漢鄒子樂

朱明盛長旉與萬物桐生茂豫靡有所詘敷華就實既阜既昌登成甫田百鬼迪嘗廣大建祀肅雍不忘神若宥之傳世無疆

夏苗田　晉傅元

夏苗田言大晉畋狩順時為田除害也

夏苗田運將徂軍國異容文武殊乃命群吏選車徒

辨其號名讚契書王軍啓八門行同上帝居時路建大麾雲旗翳紫虛百官象其事疾則疾徐則徐回衡旋軫罷陳斂車獻禽享祠烝烝配有虞惟大晉德參兩儀化雲敷

夏　郭璞

羲和騁丹衢朱明赫其猛融風拂晨霄陽精一何冏閒宇靜無娛端坐愁日永

夏　李顒

炎光爍南溟溽暑融三夏滋藹重雲陰砰稜震雷咤

出下館　齊謝朓

麥候始清和凉雨銷炎燠紅蓮搖弱荇丹藤繞新竹物色盈懷抱方駕娛耳目零落既難留何用存華屋

夏日臨江　梁武帝

夏潭蔭修竹高岸坐長楓日落滄江靜雲散遠山空鷺飛林外白蓮開水上紅逍遙有餘興悵望情不終

納涼　簡文帝

斜日晚駸駸池塘生半陰避暑高梧側輕風時入襟落花還就影驚蟬乍失林遊魚吹水沫神蔡上荷心翠竹垂秋采丹棗映疎砧無勞夜遊曲寄此託微吟

夏　徐勉

夏景厭房櫳促席玩花叢荷陰斜合翠蓮影對分紅此時避炎熱清樽獨未空

夏日　徐怦

炎光歇中宇清氣入房櫳晚荷猶卷綠疎蓮久落紅

夏日還山庭　陳江總

獨於幽棲地山庭暗女蘿澗漬長低篠池開半卷荷野花朝暝落盤根歲月多停樽無賞慰狎鳥自經過

江都夏　隋文帝

黃梅雨細麥秋輕楓樹蕭蕭江水平飛樓綺觀軒若驚花簟羅幃當夜清菱潭落日雙鳧舫綠水紅粧兩搖漾還似扶桑碧海上誰肯空歌採蓮唱

白紵歌　虞茂

長洲茂苑朝夕池映日含風結細漪坐當伏檻紅蓮披雕軒洞戶青蘋吹輕幌芳煙鬱金馥綺膳花鐏桃李枝蘭苕翡翠但相逐桂樹鴛鴦恆並宿

夏日　李德林

夏景多煩蒸山水暫追涼桐枝覆玉檻荷葉滿銀塘輕扇搖明月珍簟拂流黃壺盛仙客酒瓶貯帝臺漿才人下銅雀侍妓出明光歌聲越齊市舞曲冠平陽微風動羅帶薄汗染紅粧共欣陪宴賞千秋樂未央

梅夏應教　薛道衡

長廊連紫殿細雨應黃梅浮雲半空上清吹隔池來集鳳桐花散騰龜蓮葉開幸逢爲善樂頻降濟時才

夏日聯句　唐文宗

人皆苦炎熱我愛夏日長帝薰風自南來殿閣生微涼柳公權

奉和夏日晚景應詔　楊師道

輦路夾垂楊離宮通建章日落橫峰影雲歸起夕涼雕軒動流吹羽蓋息迴塘雉草生還綠殘花落尚香青巖類姑射碧澗似汾陽幸屬無爲日歡娛尚未央

奉和聖製夏日遊石淙山　狄仁傑

宸暉降望金輿轉仙路崢嶸碧澗幽羽仗遙臨鸞鶴駕帷宮直坐鳳麟洲飛泉灑液恆疑雨密樹含涼鎮似秋老臣預陪懸圃宴餘年方共赤松遊

夏日仙萼亭應制　宋之問

高嶺逼星河乘輿此日過野含時雨潤山雜夏雲多睿藻光巖穴宸襟洽薜蘿悠然小天下歸路滿笙歌

夏日過鄭七山齋　杜審言

共有樽中好言尋谷口來薜蘿山逕入荷芰水亭開日氣含殘雨雲陰送晚雷洛陽鍾鼓至車馬繫遲回

夏日遊目聊作　駱賓王

暫屏囂塵累言尋物外情致逸心逾默神幽體自輕浦夏荷香滿田秋麥氣清詎假滄浪上將濯楚臣纓

夏日遊山家同夏少府　前人

返照下層岑物外狎招尋蘭徑薰幽珮槐庭落暗金谷靜風聲徹山空月色深一遣樊籠累唯餘松桂心

夏日與崔二十一同集衛明府宅　孟浩然

言避一時暑池亭五月開喜逢金馬客同飲玉人杯舞鶴乘軒至遊魚擁釣來座中殊未起簫管莫相催

夏日辨玉法師茅齋　前人

夏日茅齋裏無風坐亦涼竹林深筍穊藤架引梢長燕覓巢窠處蜂來造蜜房物華皆可翫花蘂四時芳

夏日浮舟過陳大水亭　前人

水亭涼氣多閒棹晚來過澗影見松竹潭香聞芰荷野童扶醉舞山鳥助酣歌幽賞未云徧煙光奈夕何

夏日山中　李白

嬾搖白羽扇裸體青林中脫巾挂石壁露頂灑松風

夏日　韋應物

已謂心苦傷如何日方永無人不晝寢獨坐山中靜悟澹將遣慮學空庶遺境積俗易爲侵愁來復難整

夏景園廬　前人

羣木晝陰靜北窻涼氣多閒居逾時節夏雲已嵯峨寒葉愛繁綠綠澗弄驚波豈爲論夙志對此青山阿

夏花明　前人

夏條綠已密朱萼綴明鮮炎炎日正午灼灼火俱然翻風適自亂照水復成妍歸視窻間字熒煌滿眼前

夏冰歌　前人

出自元泉杳杳之深井汲在朱明赫赫之炎辰九天含露未銷鑠閶闔初開賜貴人碎如墜瓊方截璐粉壁生寒象筵布玉壺紈扇亦玲瓏座有麗人色俱素咫尺炎涼變四時出門焦灼君詎知肥羊甘醴心悶悶飲此瑩然何所思當念闌干鑿者苦臘月深井汗如雨

夏日歎　杜甫

夏日出東北陵天經中街朱光徹厚地鬱蒸何由開上蒼久無雷無乃號令乖雨降不濡物良田起黃埃飛鳥苦熱死池魚涸其泥萬人尚流冗舉目惟蒿萊至今大河北化作虎與豺浩蕩想幽薊王師安在哉對食不能餐我心殊未諧眇然貞觀初難與數子偕

夏夜歎　前人

永日不可暮炎蒸毒我腸安得萬里風飄颻吹我裳昊天出華月茂林延疎光仲夏苦夜短開軒納微涼虛明見纖毫羽蟲亦飛揚物情無巨細自適固其常念彼荷戈士窮年守邊疆何由一洗濯執熱互相望竟夕擊刁斗喧聲連萬方青紫雖被體不如早還鄉北城悲笳發鸛鶴號且翔況復煩促倦激烈思時康

夏日納涼　嚴維

山陰過野客鏡裏接仙郎盥漱臨寒水褰闈入夏堂杉松交日影枕簟上湖光袞袞承嘉話清風納晚涼

夏日　劉復

映日紗窻深且閒含桃紅日石榴殷銀瓶綆轉桐花井沈水煙銷金博山文簟象牀嬌倚瑟綵奩銅鏡嬾拈環明朝戲去誰相伴年少相逢狹路間

夏日裴尹員外西齋看花　楊巨源

笑向東來客看花枉在前始知清夏月更勝豔陽天露濕呈妝汗風吹畏火然蔥蘢和葉盛爛熳壓枝鮮紅彩當鈴閣清香到玉筵蝶棲驚曙色鶯語滯晴煙得地殊堪賞過時倍覺妍芳菲遲最好唯是謝家憐

夏日對雨　裴度

登樓逃盛夏萬象正埃塵對面雷嗔樹當街雨趁人簷疎蛛網重地濕燕泥新吟罷清風起荷香滿四鄰

夏日讌九華池贈主人　陳羽

池上涼臺五月涼百花開盡水芝香黃金買酒邀詩客醉倒簷前青玉牀

夏晝偶作　柳宗元

南州溽暑醉如酒隱几熟眠開北牖日午獨覺無餘聲山童隔竹敲茶臼

夏日可畏　張籍一作丘爲

赫赫溫風扇炎炎夏日徂火威馳迥野畏景鑠遙途勢矯翔陽翰功分造化爐禁城千品燭黃道一輪孤落照頻空簟餘暉卷夕梧如何倦遊子中路獨踟躕

夏日閒居　前人

無事門多閉偏知夏日長早蟬聲寂寞新竹氣清涼閒對臨書案看移曬藥牀自憐歸未得猶寄在班行

表夏八首　元稹

夏風多暖暖樹木有繁陰新筍紫長短早櫻紅淺深煙花雲幕重榴豔朝景侵華實各自好詎云芳意沈

初日滿階前輕風動簾影旬時得休浣高臥閱清景僮兒拂巾箱鴉軋深林井心到物自閒何勞遠箕潁

江瘴炎夏早蒸騰信難度今宵好風月獨此荒庭趣露葉傾暗光流星委餘素但恐清夜徂詎悲朝景暮

孟月夏猶淺奇雲未成峰度霞紅漠漠壓浪白溶溶玉委有餘潤颷馳無去蹤何如捧雲雨噴毒隨蛟龍

流芳遞炎景繁英盡寥落公署香滿庭晴霞覆闌藥裁紅起高殿綴綠排新萼憑此遣幽懷非言念將謔

紅絲散芳樹旋轉光風急煙泛被籠香露濃妝面濕佳人不在此恨望階前立忽厭夏景長今春行已及

百舌漸吞聲黃鶯正嬌小雲鴻方誓夜籠雞已鳴曉當時客自適運去誰能矯莫厭夏蟲多蜩螗定相擾

西山夏雪消江勢東南瀉風波高若天灩澦低於馬正被黃牛旋難期白帝下我在平地行翻憂濟川者

夏日登樓晚望　姚合

避暑高樓上平蕪望不窮鳥穿山色去人歇樹陰中數帶長河水千條弱柳風暗思多少事懶話與芝翁

長興里夏日寄南鄰避暑　杜牧一作許渾

侯家大道傍蟬噪樹蒼蒼開鎖洞門遠捲簾官舍涼欄圍紅藥盛架引綠蘿長永日一欹枕故山雲水鄉

夏日戲題郭別駕東堂　許渾

微風起畫鷁金翠暗珊珊晚樹垂朱實春篁露粉竿散香蘄簟滑沈水越瓶寒猶恐何郎熱冰生白玉盤

夏日登西林白上人樓　劉滄

幾到西林清淨境層臺高視有無間寒光遠動天邊水碧影出空烟外山若點落花微簪在葉藏幽鳥碎聲開曠然多慊登樓意永日重門深掩關

夏日盩厔郊居寄姚少府　李頻

古木有清陰寒泉在下深蟬從初伏噪客向晚涼吟白月欺元鬢滄江負素心甚思中夜話何路許相尋

夏日題盩厔友人書齋　前人

修竹齊高樹書齋竹樹中四時無夏氣三伏有秋風黑處巢幽鳥陰來叫候蟲窗西太白雪萬仞在遙空

山亭夏日　高駢

綠樹陰濃夏日長樓臺倒影入池塘水精簾動微風起滿架薔薇一院香

銷夏灣　皮日休

太湖有曲處其門為兩崖當中數十頃別如一天池號為銷夏灣此名無所私赤日莫斜照清風多遙吹沙嶼掃粉墨松竹調塤篪山果紅靺鞨水苔青鬖髿木陰厚若瓦巖磴滑如飴我來此遊息夏景方赫曦一坐盤石上肅肅寒生肌小艇或可汎短策或可支行驚翠羽起坐見白蓮披斂袖弄輕浪解巾敵涼颸但有水雲見更餘沙禽知京洛往來客暍死緣奔馳此中便可老焉用名利為

鹿門夏日　前人

滿院松桂陰日午却不知山人睡一覺庭鵲立未移出簷趁雲去忘戴白接䍦書眼若薄霧酒腸如漏巵身外所勞者飲食須自持何如便絕粒直使身無為

夏景無事因懷章來二上人二首　前人

澹景微陰正送梅幽人逃暑瘿楠杯水花移得和魚子山蕨收時帶竹胎嘯館大都偏見月醉鄉終竟不聞雷更無一事唯留客卻被高僧怕不來

佳樹盤珊枕草堂此中隨分亦閑忙平鋪風簟尋琴譜靜掃烟窗著藥方幽鳥見貧留好語白蓮知臥送清香從今有計消閒日更為支公置一牀

夏景沖澹偶然作　前人

祇隈蒲褥岸烏紗味道澄懷景便斜紅印寄泉慚郡守青筐與筍愧僧家著爐盡日燒松子書案經時剝瓦花園吏暫棲君莫笑不妨猶更著南華

和藥名離合夏日即事　前人

桂葉似茸含露紫葛花如綬蘸溪黃連雲更入幽深地骨錄閒攜相獵郎

和夏景沖澹偶然作次韻　陸龜蒙

蟬雀參差在扇紗竹襟輕利箨冠斜壚中有酒文圜會琴上無絃靖節家芝畹煙霞全覆穗橘洲風浪半浮花閒思兩地忘名者不信人間髮解華

藥名離合夏日即事　前人

避暑最須從朴野葛巾筠席更相當歸來又好乘涼釣藤蔓陰陰著雨香

夏日湖上即事寄晉陵蕭明府　章碣

亭午羲和駐火輪開門嘉樹庇湖濆行來賓客奇茶味睡起兒童帶簟紋屋小有時投樹影舟輕不覺入鷗羣陶家豈是無詩酒公退堪驚日巳曛

夏日訪友　唐彥謙

堤樹生晝涼濃陰撲空翠孤舟喚野渡村疃入幽邃高軒俯清流一犬隔花吠童子立門牆問我向何處主人聞故舊出迎時倒屣驚迓叙間闊屈指越寒暑殷勤為延款偶爾得良會春盤擘紫蝦冰鯉斫銀鱠荷梗白玉香荇菜青絲脆臘酒擊泥封羅列總新味移席臨湖濱對此有佳趣流連送深杯賓主共忘醉清風岸烏紗長揖謝君去世事如浮雲東西渺煙水

夏日　韓偓

庭樹新陰葉未成玉堦人靜一蟬聲相風不動烏龍睡時有嬌鶯自喚名

夏夜　前人

猛風飄電黑雲生霎霎高林簇雨聲夜久雨休風又定斷雲流月却斜明

夏雨　王駕

非惟消旱暑且喜救生民天地如蒸濕園林似却春洗風清枕簟換夜失埃塵又作豐年望田夫笑向人

夏夜　韋莊

傍水遷書榻開襟納夜涼星繁愁晝熱露重覺荷香蛙吹鳴還息蛛羅滅又光正吟秋興賦桐景下西牆

山中夏日　孟貫

深山宜避暑門戶映嵐光夏木陰溪路晝雲埋石牀心源澄道靜衣葛蘸泉涼算得紅塵裏誰知此興長

和御製夏日垂釣　徐鉉

物茂時平日正長翠華停馭睨方塘文竿乍拂圓荷動赬尾時翻素荇香

夏日登觀農樓和崔使君　釋皎然

片雨拂簷楹煩襟四坐清霏微過麥隴蕭散傍莎城靜愛和花落幽聞入竹聲朝觀趣無限高咏寄深情

夏日城中作　齊己

竹低莎淺雨濛濛小檻幽窗暑月中有境牽懷人不

會東林門外翠橫空

宮詞二首　花蘂夫人徐氏

沉香亭子傍池斜夏日巡游歇翠華簾畔玉盆盛淨水內人手裏剖銀瓜

薄羅衫子透肌膚夏日初長板閣虛獨自凭闌無一事水風涼處讀文書

夏日山居　宋种放

陰陰林木靜寂寂無人境紅綻紫葳香嵐沉玉膏冷看雲時獨坐愼事常中省何客御風來新篁動疎影

西巖夏日　林逋

蕙帳蕭閒掩弊廬子眞巖石坐來初爲驚野鳥巢間乳懶過鄰僧竹裏居新濯迸涼侵靜語晚雲浮潤上殘書何須强捉白團扇一柄青松自有餘

夏景即事　韓琦

槐耳籠前檻雲峯透曲櫺涼風即崑閬煩思入滄溟荷弱翻青蓋榴新倒綠瓶晚來收驟雨一枕夢魂醒

夏意　蘇舜欽

別院深深夏簟清石榴開遍透簾明樹陰滿地日當午夢覺流鶯時一聲

夏日南園　邵雍

夏木無重數森陰翠樾低相呼百禽語大半是黃鸝

夏日西齋書事　司馬光

榴花映葉未全開槐影沉沉雨勢來小院地偏人不到滿庭烏迹印蒼苔

夏日三首　張耒

兩架酴醿側覆簷夏條交映漸多添春歸花落君無限剩得清陰恰滿簾

野水彎環夏木森青蟬晚噪碧雲深扁舟兩槳誰家子萬里江湖此日心

風轉翻翻梧葉驚入簷白雨打牕鳴應將清絕酬無睡穩聽空堦半夜聲

夏日三首　前人

過雨芰荷亂縈陰竹樹多雛聲知烏哺萍動見魚過細逕饒苔蘚陰牆引薜蘿角巾從倒側疎懶欲如何

蚓壤排晴圃蝸涎印雨階花鬚嬌帶粉樹角老封苔問字病多忘過鄰慵却迴晚涼還盥櫛對竹引清杯

細徑依原僻茅蓬四五家山田來雉兔溪雨熟桑麻竹籠晨收果茅菴夜守瓜頗知農事樂從此問生涯

夏日二首　前人

長夏郵墟風日清簷牙喜雀已生成蝶衣曬粉花枝午蛛網添絲屋角晴落落疎簾邀月影嘈嘈虛枕納溪聲久判兩鬢如霜雪直欲漁樵過此生

黃簾翠幕斷飛蠅午影當軒睡未興枕穩海魚鐫紫石扇涼山雪畫青綃廊陰日轉雕闌樹坐冷風生玉盌冰滿案詩書塵蠹甚故應疎懶過炎蒸

夏日　朱熹

涼氣集幽樹清陰生廣庭偶茲愡煩燠忽憶郊園行婉娩碧草滋迢遞元蟬鳴官曹且休暇自適幽居情

夏日田園雜興七首　范成大

梅子金黃杏子肥麥花雪白菜花稀日長籬落無人過惟有蜻蜓蛺蝶飛

五月吳江麥秀寒移秧披絮尚衣單稻根科斗行如塊田水今年一尺寬

二麥俱秋斗百錢田家喚作小豐年餅爐飯甑無饑色接到西風熟稻天

晝出耘田夜績麻村莊兒女各當家童孫未解供耕織也傍桑陰學種瓜

槐葉初勻日氣涼葱葱鼠耳翠成雙三公只得三株看閒客清陰滿北牕

千頃芙蓉放棹嬉花深迷路晚忘歸家人暗識船行處時有驚忙小鴨飛

采菱辛苦廢犂鉏血指流丹鬼質枯無力買田聊種水近來湖面亦收租

夏日晚興　陸游

高挂虛牕對綠池烏啼聲歇柳陰移含風珍簟閒眠處疊雪輕衫新浴時泉冷甘瓜開碧玉手香素藕胥長絲夕陽四面漁歌起又赴鄰翁把釣期

夏晝小雨　戴昺

小牀蘄簟展琉璃牕外新篁一尺圍正午雲楯陣雨過冬青花上蜜蜂歸

夏日登車蓋亭五首　蔡確

一川佳景疎簾外四面涼風曲檻頭綠野平流來遠棹青天白雨起靈湫

紙屏石枕竹方牀手倦拋書午夢長睡起莞然成獨笑數聲漁笛在滄浪

西山髣髴見松篘日日來看色轉新聞說桃花巖畔石讀書曾有謫仙人

風搖熟果時聞落雨滴餘花亦自香葉底出巢黃口鬧波間逐隊小魚忙

來結芳廬向翠微自持杯酒對青山水趨夢澤悠悠過雲抱西山冉冉飛

夏日入直　王希呂

玉堂晝永暑風微敎敎飛花落小池徙倚幽欄憑問訊夏鶯飛出萬年枝

夏日奉天台祿　姜夔

青天揮箑臥藤牀翠袖攜壺送酒漿蚶腹出波烹芡實裏蹄和露擘蓮房相呼時入雞豚社獨坐偏無雁鶩行便是赤城眞隱吏不須劉阮更相將

夏日閒坐　徐璣

無數山蟬噪夕陽高峰影裏坐陰涼石邊偶看清泉滴風過微聞松葉香

夏日　朱伯仁

泓泓圓碧漾新荷獵獵斜風顫綠莎農事正忙三月後野田齊唱插秧歌

貧女吟夏　文天祥

竹扇掩紅顏辛苦紉白苧人間羅雪香白苧汗如雨

夏日偶書　釋惠洪

碧縷橫斜試水沈紅腮甘冷嚼來禽含風廣殿聞茶響轉日迴廊暗柳陰強撚冰紈餘睡色倦憑琴几適閒心攀翻涴衲黃塵事過眼雲蹤不可尋

夏日西園　前人

晚庭一霎過暑雨高林相應山蟬鳴南窗夢斷意索寞牀頭書卷空縱橫蔬畦日涉已成趣起來扶杖園中行葵英豆莢小堪摘矮檢高柳陰初成野禽啄果時落地池塘蓋水新荷平歸來西屋斜陽在原含尚聞春鍛聲

夏晚登樓　金密國公璹

登樓晚暑復相攻快意清風忽此逢雲似碧山天似水齊波平浸兩三峯

夏　宇文虛中

草徑迷深綠池蓮浴膩紅早蟬鳴樹曲鮮鯉躍潭東

喜夏　龎鑄

小暑不足畏深居如退藏青奴初薦枕黃嬭亦升堂鳥語竹陰密雨聲荷葉香晚涼無一事步屧到西廂

夏日　麻九疇

亭柯碧合龍蛇影睡起轆轤鳴曉井一簾曉雨捲不晴槐花滿地黃金冷屈指西風又到門相思團扇欲生塵何時萬戶垂楊裏高拂金鞭逐故人

夏日飲山亭　元劉因

借住郊園舊有緣綠陰清晝靜中便空鉤坐釣魚亦樂高枕臥遊山自前路引松香來酒蓋雨催花氣潤吟牋人來每問農桑事政證牀頭種樹篇

東湖夏景　楊棫

夏月湖中爽氣多南風疊疊捲長波漁人舟楫衝蘋藻遊女衣裳障芰荷鱠切銀絲嘗美味腔傳金縷換新歌使君用意仍深遠即此光華豈滅磨

山居夏日　汪珍

草長荒三徑桐陰滿四鄰青春如過客白日屬閒人迸筍爭籬出殘花落地新幾時尋要術吾亦學齊民

和嵊縣梁公輔夏夜汎東湖　袁士元

短棹乘風湖上遊湖光一鑑湛千秋小橋夜靜人橫笛古渡月明僧喚舟鴛浦藕花初過雨漁家燈影半臨流酒闌興盡歸來後依舊青山繞客樓

夏日山居　前人

枕上初殘柏子香鳥聲簾外已斜陽碧山過雨晴逾好綠樹無風晚自涼芳歲背人流荏苒好詩和夢落蒼茫求羊何不來三徑門掩殘書滿石牀

夏日　梅頎

松下桃笙酒半醒石根流水碧泠泠片雲將雨窗前過分得新涼入研屏

夏日閣中入直二首　周伯琦

金鋪蹲獸鑰銜魚碧樹沈沈白玉除留後命嚴番直肅五雲深處掌圖書

冰盤堆果進流霞中祕繙餘夕景斜畫舫竟從園殿過鳳麟洲上數荷花

木軒夏日　馬臻

碧窗晝寂幽意長竹陰滿地琴樽涼輕雷送雨遠不到雪白水花生晚香

池亭納涼　明仁宗

夏日多炎熱臨池憩午涼雨滋槐葉翠風過藕花香舞燕來青瑣流鶯出建章援琴彈對操民物樂時康

夏景　宣宗

暑雨初過爽氣清玉波蕩漾畫橋平穿簾小燕雙雙好泛水閒鷗箇箇輕

夏日雜興二首　劉基

曾樓迢遞俯清郊天際羣山檻外交日暖水禽鳴哺子風輕沙燕語尋巢綠荷雨洗藏龜葉翠竹煙寒集鳳梢可歎仲宣歸未得苦吟終日倚衡茅

菱葉荷花漸滿池紅榴綠篠正相宜天邊日出園葵覺地底雲生柱礎知長夏未應炎暑過薄寒恰似晚秋時朝來苦怪雙青鬢輒向風前學素絲

夏日喜雨寫懷二首　金幼孜

粉署依丹禁城虛爽氣多好風天上至凉雨晚來過翠鳥浮香霧瑤池潛綠波九重閒視草時復幸鸞坡夏過日初長連朝雨送凉卷簾書帙靜開戶燕泥香賜果來東閣分氷近御牀小臣叨侍從屢得被恩光

夏夜　王偁

初月照迴廊鳴璫出洞房竹淸殘暑氣荷泛小池香雪腕宮羅潤雲鬟夜玉凉庭前有梧葉早晚落銀牀

夏日寄高舜卿　魏時敏

林屋虛寒半掩扉野情偏稱綠荷衣柳風乍起燕雛軟梅雨初晴荔子肥歲月無情催客老溪山有意待君歸浮沉世事何須問好整綸竿坐釣磯

夏日　吳寬

綠蔭松蘿暑氣凉淸泉瀉入小池塘人間晝永無聊賴一朶荷花滿院香

夏日應制　王鏊

水晶宮殿晝沉沉別院春歸碧樹深南陸迎長欽馭日東皐早久望爲霖曆中星火修堯令絃上薰風識舜心幾務了時多暇日試開黃卷一披尋

南夏　孟洋

不作炎州客那知宇宙偏日車淹北戶火樹爍南天氣溽乘宵雨雲蒸挾暮烟波斯夸白氎出入不曾捐

夏　康海

夾岸數行楊柳平湖十里荷花香滿長亭驛路綠陰深處人家

夏日田居卽事四首　蔣山卿

草堂聊藉竹爲門花塢從將槿作垣長日鳥啼紅藥盡夕陽人坐綠陰繁愁多非爲逢時歎住久應知僻世喧賴有靑山如舊故年年相對兩忘言

偶攜藜杖過橋東曲港潮流處處通溪上間花多覆水村前垂柳半含風黃昏鳥宿輕煙外靑野人耕細雨中莫訝移家來畎畝欲將遺事學龐公

水榭風亭取次開新凉應有客同杯樹陰深處黃鸝語溪水平時白鳥來葵扇偶從鄰嫗買荷衣旋學野人裁花間蝴蝶雙飛去正是山翁午夢回

雨過苔荒石逕微林園一向掩柴扉柳堤潮滿魚苗上麥隴風晴雉子飛花暝更教移晚酌竹深猶遣著寒衣老人本自心無事不爲投閒始息機

夏日睡起　文徵明

綠陰如水夏堂凉翠簟含風午夢長老去自于閒有得困來每與客相忘松聰試筆端溪滑石鼎烹雲顧渚香一鳥不鳴心境寂此身眞不愧羲皇

夏日山村卽事三首　汪道貫

墟里少塵事幽居寡自營鳴鳩催急雨飛鷺劇新晴西竺蔚藍出東菑淺綠平莞然初睡足三徑草從生

竹柏紛相映重陰送午凉挾書忘盥櫛謝客懶衣裳就蔭頻移坐臨風趣饋漿不須河朔侶已近白雲鄉

鳴雨湍流急前溪波浪翻漁人收白小田父理靑尊獨坐占雲氣相攜記水痕晚來看返照嵩邑滿西原

夏日山村雜懷　前人

翛然草閣俯西原永日村村農事喧黃犢耦耕春草合白鷗雙起夏雲繁踏歌田父行收穗抱甕山童自灌園見說夜來新雨足畦蔬小摘傍開尊

夏夜曲　沈明臣

月白金鋪水閣開夜凉星漢在瑤臺佳人自度前溪曲聲入荷花風裏來

子夜夏歌　公鼐

靑蓮如華蓋明珠朝露鮮風來荷蓋側珠亦不成圓

夏日　黃氏幼藻

深院塵消散午炎篆烟如夢晝淹淹輕風似與荷花約爲送香來自捲簾

臨江仙夏景　宋歐陽修

柳外輕雷池上雨雨聲滴碎荷聲小樓西角斷虹明闌干倚處待得月華生　燕子飛來棲畫棟玉鉤垂下簾旌凉波不動簟紋平水晶雙枕旁有墮釵橫

過澗歇夏景　柳永

淮楚曠望極千里火雲燒空盡日西郊無雨厭行旅數幅輕帆漸落檥棹蒹葭浦避畏景兩兩舟人夜深語　此際爭可便恁奔名競利去九衢塵裏衣冠冒炎暑回首江鄉月觀風亭水邊石上幸有散髮披襟處

夏雲峰　前人

宴堂深軒楹雨輕壓暑氣低沉花洞彩舟泛斝坐繞淸漪楚臺風快湘簟冷永日披襟坐久覺疎絃脆管時換新音　越娥蘭態蕙心逞妖豔昵歡邀寵難禁筵上笑歌間發舄履交侵醉鄉深處須盡興滿酌高吟向此免名韁利鎖虛費光陰

女冠子　前人

淡烟飄薄鶯花謝淸和院落樹陰翠密葉成幄麥秋

霽景夏雲忽變奇峰倚寥廓波暖銀塘漲新萍綠魚
躍想端憂多暇陳王是日嫩苔生閣　正鑠石天高
流金晝永楚榭光風轉蕙披襟處波翻翠幕以文會
友沉李浮瓜忍輕諾別館清閒避炎蒸豈須河朔但
尊前隨分雅歌豔舞盡成歡樂

洞仙歌　蘇軾

冰肌玉骨自清涼無汗水殿風來暗香滿繡簾開一
點明月窺人人未寢攲枕橫釵鬢亂　起來攜素手
庭戶無聲時見疎星度河漢試問夜如何夜已三更
金波淡玉繩低轉但屈指西風幾時來又不道流年
暗中偷換

賀新郎　前人

乳燕飛華屋悄無人桐陰轉午晚涼新浴手弄生綃
白團扇扇手一時似玉漸困倚孤眠清熟簾外誰來
推繡戶枉教人夢斷瑤臺曲又却是風敲竹　石榴
半吐紅巾蹙待浮花浪蘂都盡伴君幽獨穠豔一枝
細看取芳心千重似束又恐被秋風驚綠若待得君
來向此花前對酒不忍觸共粉淚兩簌簌

清平樂　晁補之

炎天畏景午漏那堪永何苦相仍愁簿領短壑清溪
牽興　瑤臺月下曾逢何由却覩冰容一笑爲驅煩
暑故人元是清風

永遇樂　前人

松菊堂深芰荷池小長夏清暑燕引雛還鳩呼婦往
人靜郊原趣麥天已過薄衣輕扇試起遶園徐步聽
衡宇欣欣童稚共說夜來初雨　蒼苔徑裏紫葳枝
上數點幽花垂露東里催鋤西鄰助餉相戒清晨去
斜川歸輿翛然滿目回首帝鄉何處只愁恐輕鞭犯
夜灞陵舊路

滿庭芳　毛滂

爍石炎曦迷雲急雨院落槐午陰清藕花開徧綠細
一池萍槽下珍珠溜溜龍團破河朔餘酲闌干外梧
桐葉底金井轆轤聲　盈盈開霧帳珊瑚連枕雲母
圍屏對肌膚冰雪自有涼生翠袖風回書扇拂香篆
蚪尾斜橫北牕晚娟娟靜色竹影上簾旌

送將歸　王觀

百尺清泉聲陸續映瀟湘碧梧翠竹面千步迴廊重
重簾幕小枕攲寒玉　試展鮫綃看畫軸見一派瀟
湘凝綠待玉漏穿花銀河垂地月上闌干曲

清平樂 夏景　劉涇

深沉院宇枕簟清無暑睡起花陰初轉午一霎雲飛
過雨　雨餘隱隱殘雷夕陽却照庭槐莫把珠簾垂
下妨他雙燕歸來

聲聲慢 夏景　前人

梅黃金重雨細絲輕園林霧烟如織殿閣風微簾外
燕喧鶯寂池塘彩鴛戲水露荷翻千點珠滴閒晝永
稱瀟湘竿叟爛柯仙客　日午槐陰低轉茶甌罷清
風頓生雙腋碾玉盤深朱李靜沉寒碧朋儕閒歌白
雪卸巾紗樽俎狼籍有皓月照黃昏眠又未得

千秋歲 夏景　謝逸

楝花飄砌簌簌清香細梅雨過蘋風起情隨湘水遠
夢遶吳峰翠琴書倦鷓鴣喚起南牕睡　密意無人
寄幽恨憑誰洗修竹畔疎簾裏歌餘塵拂扇舞能風
掀袂人散後一鉤淡月天如水

滿庭芳　周邦彥

風老鶯雛雨肥梅子午陰佳樹清圓地卑山近衣潤
費鑪烟人靜烏鳶自樂小橋外新綠濺濺凭欄久黃
蘆苦竹疑泛九江船　年年如社燕飄流瀚海來寄
修椽且莫思身外長近尊前憔悴江南倦客不堪聽
急管繁絃歌筵畔先安簟枕容我醉時眠

隔浦蓮　前人

新篁搖動翠葆曲徑通深窈夏果收新脆金丸驚落
飛鳥濃靄迷岸草蛙聲鬧驟雨鳴池沼水亭小　浮
萍破處簾花簷影顛倒綸巾羽扇困臥北牕清曉屏
裏吳山夢自到驚覺依然身在江表

塞翁吟　前人

暗葉啼風雨牕外曉色曨朧散水麝小池東亂一岸
芙蓉蘄州簟展雙紋浪輕帳翠縷如空夢遠別淚痕
重淡鉛臉斜紅　忡忡嗟憔悴新寬帶結羞豔冶都
銷鏡中有蜀紙堪憑寄恨等今夜灑血書詞剪燭親
封菖蒲漸老早晚成花教見薰風

浣溪沙 夏景　前人

日射敧紅蠟蔕香風乾微汗粉襟涼碧紗對捲簟紋
光　自剪柳枝明畫閣戲拋蓮菂種橫塘長亭無事
好思量

前調 夏景　前人

翠葆參差竹徑成新荷跳雨碎珠傾曲闌斜轉小池
亭　風約簾衣歸燕急水搖扇影戲魚驚柳梢殘日
弄微晴

憶王孫　李甲

風蒲獵獵小池塘過雨荷花滿院香沉李浮瓜水雪

涼竹方牀鍼線慵拈午夢長

西江月 夏日有感　趙長卿

穩唱巧翻新曲靈犀密意潛通荷花香染晚來風相對恍然如夢　有恨眉尖皺碧多情酒暈生紅此愁不是等閒濃應爲仙源傾動

女冠子 夏景　康與之

火雲初布遲遲永日炎暑濃陰高樹黃鸝葉底羽毛學整方調嬌語薰風時漸動峻閣池塘芰荷爭吐畫梁紫燕對對銜泥飛來又去　想佳期容易成辜負共人人同上畫樓斟香醑恨花無主臥象牀犀枕成何情緒有時魂夢斷半牕殘月透簾穿戶去年今夜扇兒扇我情人何處

江城子 夏夜翫月　張鎡

飛來冰雪冷無聲可中亭骨毛清臥看東南和露雨三星鬟地神遊天上去呼彩鳳駕雲軿　望舒宮殿玉崢嶸桂千層寶香凝搗藥仙童邀我論長生一笑歸來人未睡花影送上牕櫺

纍青錢　無名氏

夏日正長無奈如焚天氣火雲聳奇峰天外未雨先雷畏日流金六龍高駕火輪飛紋簟紗幬風車漫攪月扇空揮　金爐烟細午風輕堪避炎威漸涼生池閣卷起簾幕珠璣嬌娥美麗天然秀色冰肌曲闌深徑荷香旖旎玉管聲齊

滿庭芳 夏日飲王氏園亭　元張埜

珠箔含風瑣牕凝霧柳溪別是仙鄉一枝絕豔娟娟動波光消盡人間煩暑冰紈賦玉肯生涼腸應斷清商一曲餘韻惹蘋香　幽情還解否冰蓮心合碧藕絲長要滿斟芳醑親舉荷香耳畔向人微道便爲儂一醉何妨歸來晚新愁殘許山雨夜浪浪

青玉案　明文徵明

庭下石榴花亂吐滿地綠陰亭午午睡覺來時自語悠揚魂夢黯然情緒蝴蝶過牆去　駁駁嬌眼開仍殢悄無人至還凝佇團扇不搖風自舉盈盈翠竹纖纖白苧不受些兒暑

風入松 夏夜露坐　前人

空庭人散語音稀獨坐漏遲遲風撩團扇無聊賴桐陰亂露下沾衣斗轉銀河東瀉月斜烏鵲南飛　無端心事集雙肩睡思轉迷離牆西突兀高樓靜流螢度疑是星移何處一聲長笛等閒喚起相思

一叢花 夏夜宿小蓬萊對月不寐　吳子孝

玻璃牕影薄於冰月色滿空庭夜闌別館無人到吹繡幕楊柳風清幽興難窮徘徊竹徑草上露華凝開揮玉麈練衫輕坐久覺涼生只疑瀟灑非塵境洞門外雪墜盈盈搗藥宮前游仙枕上爽逼夢難成

滿庭芳 夏　前人

綠沼波平朱闌雨歇清冰繞座無炎晝長人靜香鴨爐頻添金盤藕絲初雪人如玉素手纖纖怕花前流鶯窺見垂下水晶簾　碧梧陰乍轉黃庭寫罷犀管休拈荷散珠薰風漸入危檐堪愛滿堂涼甚無一事睡思方甜鮫綃薄琉璃簟冷驚起看新蟾

南鄉子 夏日遊竹隱寺　駱文盛

雨洗碧山頭靄靄衡光翠欲流歸騎不妨苔徑滑颼颼竹下涼生暗入秋　緩步出林丘何日重來續勝遊佳思卻憑清夢遠悠悠騎鶴還尋海上洲

雨中花 夏景　張大烈

春光流去新光續景推遷嫩槐新竹看雨漲溪流高懸瀑布千尺寒飛玉　試對青山迎翠色見萬嶂樹陰濃綠畫舫迎風紅妝調管嬌奏雲和曲

南歌子 夏景　前人

櫻綴珊瑚赤梅懸金彈黃一簾槐影送微涼蘭茝香生風揭落斜陽　玉液龍泉色瓊漿雀舌香枕石新月映紗牕忽聽數聲漁笛起滄浪

滿江紅 夏景　媛吳珊

雨抹荷池添豔了鬧紅稠綠更帶著牽魚藻鑑浮波鬼玉榴火辭枝焚碧蘚蟬聲送遠翻新曲向幽軒一枕夢驚回風敲竹　絲雨霽輕涼足殘照短纖紅積漸雲遮津口煙黏山麓涼月照人心似水此身擬向清虛蹴記廣寒庭畔素衣中會相熟

夏部選句

魏文帝詩夏日會避暑坐閣作名倡

曹植古樂府豔歌行夏節純和天清涼百草滋植舒蘭芳

徐幹詩陶陶朱夏德草木昌且繁

晉孫綽遊天台山賦哂夏蟲之疑冰整輕翮而思矯

左思蜀都賦朱櫻春熟素柰夏成

李顒詩垂藤引夏涼

宋顏延之詩夜蟬當夏急陰蟲先秋聞

齊謝朓詩夏木轉成帷又珍簟淸夏室轉扇動凉飈

梁昭明文選朱夏振炎氣淵暑扇溫風

江淹別賦夏簟淸兮晝不暮

庾肩吾過建章故臺詩夏蓮猶反植秋隐尚左開

北周庾信詩夏餘花欲盡

唐杜甫詩我有陰江竹能令朱夏寒又淸江一曲抱村流長夏江村事事幽

司空曙詩珠荷薦果香寒簟玉柄搖風滿夏衣

韓愈詩泥雨城東路夏槐作雲屯又南山詩夏炎百木盛陰鬱增埋覆

劉禹錫詩蘸葉照人呈夏簟松花滿盌試新茶

李咸用詩雲水沉沉夏亦寒

方干詩巖淵噴空晴似雨林蘿礙日夏多寒又坐夏莓苔匝行禪檜柏深

宋晁補之求志賦慨永夏之宜養露夔然其萃之

陸游詩簷前桐影偏宜夏

金趙秉文詩夏山如翠無人寫遠處微茫近處濃

元馬祖常詩天氣吹高寒山雨灑長夏

明張羽詩簟紋凉更淨荷氣夕偏多

區大相詩瓶水沈朱李溪花覆紫菱

欽定古今圖書集成曆象彙編歲功典

第四十四卷目錄
夏部紀事
夏部雜錄
夏部外編

歲功典第四十四卷

夏部紀事

古琴疏帝俊有琴曰電母夏月電光一照則絃自鳴

周禮天官小宰之職四曰夏官其屬六十掌邦政大事則從其長小事則專達（訂義）賈氏曰夏官司甲則兵戈盾官之長

庖人凡用禽獻夏行腒鱐膳膏臊（訂義）史氏曰腒乾雉也鱐乾魚也方夏暑盛物易腐故用之飲食之滋夏膳犬脂曰膏臊以其物之所便而調和之也

獸人夏獻麋（訂義）楊謹仲曰疏謂麋澤獸澤主銷散故麋膏散而凉案月令仲冬陰極陽生而麋角解則知麋陰物其性自凉故夏獻之非必澤主銷也

食醫羹齊眂夏時（訂義）賈氏曰眂猶比也方氏曰齊與王制遲速異齊之齊同羹齊雖兎雞犬之類羹齊視夏固以熱爲主然羹熱物而化之亦夏之時也

凡和夏多苦（訂義）易氏曰夏爲火味多苦以養心

疾醫夏時有痒疥疾（訂義）史氏曰夏傷於暑熱之餘毒客於肌膚而不散故夏有痒疥之疾

凌人夏頒冰掌事（訂義）賈氏曰頒冰頒賜羣臣也掌事主賜冰之多少合得與不合得之事王昭禹曰陽氣過盛無以制之非徒有煩縟之患陰陽不和反傷人之形而疾癘作故夏之痒疥以陽氣傷於皮膚故也秋之瘧寒以夏陽之傷於腑臟故也先王至是而頒冰者所以禦暑患也薛氏曰鄭氏引春秋傳日在北陸而藏冰西陸朝覿而出之以爲夏頒冰之證非也案左氏傳昭四年大雨雹季氏問申豐曰雹可禦乎對曰古者日在北陸而藏冰西陸朝覿而出之祭寒而藏之獻羔而啓之公始用之火出而畢賦自命夫命婦至於老疾無不受冰杜預以西陸爲三月日在大梁之次清明節穀雨中是夏三月是時蟄蟲已出有溫暑臭穢宜當用冰故以時出之後鄭泥於夏頒冰之言乃以西陸爲四月立夏之時又引夏頒冰以爲說不知四月立夏則日在實沈之次轉而行南陸何以謂之西陸朝覿不然則左氏何以又曰火出而畢賦火出於辰卽夏之三月也若出次必待四月立夏之時則何三月火出而畢賦乎鄭氏之說吾無取焉意者日在西陸火出於辰在夏爲三月是時方出冰夏則取而頒之耳頒非出也若必日在西陸暑氣盛而後頒冰非特不知頒冰之制亦不知西陸日行之度

染人凡染夏纁玄（訂義）鄭康成曰纁玄者謂始可以染此色者玄纁者天地之色以爲祭服石染當及盛暑熱潤始湛研之三月而後可用賈氏曰夏暑熱潤之時以朱湛丹秫易可和釋故夏染纁玄王氏詳說曰夏纁玄則攷工鍾氏也其職曰三入爲纁五入爲緅七入爲緇雖不言玄鄭氏謂玄在緅緇之間王昭禹曰纁者黃而兼赤色玄者赤而兼黑色鄭鍔曰纁黃而赤法陽夏則陽用事位在南方染纁宜矣

地官稻人凡稼澤夏以水殄草而芟荑之（訂義）鄭康成曰殄絕也鄭鍔曰稼於下地以去水爲先若夫稼澤則法又不同澤者草之所生所以去草爲先盛夏水熱芟之荑之以水殄之草不生則地可稼王氏曰夏以水殄草則以夏水如湯利以殺草也

春官司尊彝夏禴祼用鳥彝（訂義）鄭鍔曰夏禴之彝則飾以鳥鳥鳳也夏爲文明而鳳具五色文明之禽也王昭禹曰夏於五行爲火而鳥火屬也故用鳥彝

夏官校人夏祭先牧頒馬攻特（訂義）鄭鍔曰先始教人以放牧者也夏草方茂馬皆出而就牧思其始教以養牧之法故祭於夏夏者放牧之時可以就牧故頒而牧養之夏火方盛馬者火畜又況馬之特乎至夏而氣益盛不可制畜故祭先牧之時則攻而治之使皆調伏王氏曰攻特者駒之不可習者廋人攻之矣及成焉而不可習則校人攻之鄭康成曰夏通淫之後攻其特爲其蹄齧不可乘用

圉師夏庌馬（訂義）鄭康成曰庌廡也廡所以庇馬凉也鄭鍔曰夏暑酷而馬尤畏熱必爲廡以凉之

冬官考工記弓人夏治筋則不煩（訂義）鄭康成曰煩亂也鄭鍔曰筋本攣結不紓宜緩而治之夏者解緩之時於斯而治之則筋勢慢易不煩亂矣

詩經魯頌閟宮章秋而載嘗夏而楅衡（朱註）嘗秋祭名楅衡施於牛角所以止觸秋將嘗而夏楅衡其牛言夙戒也

國語宣公夏濫于泗淵里革斷其罟而棄之曰古者大寒降土蟄發水虞于是乎講罛罶取名魚登川禽而嘗之寢廟行諸國人助宣氣也鳥獸孕水蟲成獸虞于是乎禁罝羅稓魚鼈以為夏犒助生阜也鳥獸成水蟲孕水虞于是乎禁罝麗設穽鄂以實廟庖畜功用也且夫山不槎蘖澤不伐夭魚禁鯤鮞獸長麑麌鳥翼鷇卵蟲舍蚳蝝蕃庶物也古之訓也今魚方別孕不教魚長又行網罟貪無藝也公聞之曰吾過而里革匡我不亦善乎是良罟也為我得法使有司藏之使吾無忘諗師存侍曰藏罟不如寘里革于側之不忘也

列子殷湯篇鄭師文當夏而叩羽絃以名黃鍾霜雪交下川池寒沍

烈士傳楚王夫人嘗于夏日納涼而抱鐵柱心有所感遂懷孕後產一鐵楚王命鏌鋣為雙劍一雌一雄

吳越春秋越王欲復吳仇夏則握火懸膽于戶出入嘗之

越絕書闔閭庖所凡夏日供帳飲食日冰廚

今太守舍者春申君所造後壁屋以為逃夏宮

史記孝武帝本紀元封二年夏有芝生殿防內中乃下詔曰甘泉防生芝九莖赦天下毋有復作

漢書昭帝本紀始元六年夏旱大雩不得舉火註不得舉火抑陽助陰也

元鳳六年夏詔曰夫穀賤傷農今三輔太常穀減賤其令以菽粟當今年賦

宣帝本紀元康三年夏六月詔曰前年夏神爵集雍今春五色鳥以萬數飛過屬縣翺翔而舞欲集未下其令三輔毋得以春夏擿巢探卵彈射飛鳥具為令

元后傳莽知太后婦人厭居深宮中欲虞樂以市其權乃令太后四時車駕巡狩四郊存見孤寡貞婦夏遊籞宿鄠杜之間

西京雜記漢長安巧工丁緩作七輪扇連續七輪大皆徑丈夏月使一人運之滿堂皆寒

後漢書諒輔傳輔仕郡為五官掾時夏大旱太守自出祈禱山川連日而無所降輔乃自暴庭中慷慨呪曰輔為股肱不能進諫納忠和調陰陽承順天意至令天地否隔萬物焦枯咎蠹在輔今敢自祈請若至日中不雨乞以身塞無狀于是積薪柴聚茭茆以自環搆火其旁將自焚焉未及日中時而天雲晦合須臾澍雨一郡沾潤

鍾離意傳永平三年夏旱而大起北宮意上疏帝策詔報曰湯引六事咎在一人比上天降旱密雲數會朕戚然慚懼思獲嘉應故分布禱請窺候風雲北祈明堂南設雩場今又勑大匠止作諸宮減省不急詔因謝公卿百僚遂應時澍雨焉

謝承後漢書宋均為九江太守五日一視事夏以平旦

後漢紀高鳳好讀書夏日暴麥鳳持竿護雞時雨大至鳳讀書不覺漂麥

安陸府志後漢黃香江夏人事親至孝夏月扇枕席

後漢書李郃傳郃通五經善河洛風星縣名署幕門候吏和帝即位分遣使者皆微服單行各至州縣觀採風謠使者二人當到益部投郃候舍時夏夕露坐郃因仰觀問曰二君發京師時寧知朝廷遣二使耶二人曰不聞也問何以知之郃指星示云有二使星向益州分野故知之耳

謝承後漢書黃昌夏多蚊貧無幬傭債為作

袁紹在河朔每至夏大飲曰避一時之暑故號為河朔飲

宋書符瑞志吳孫權黃龍三年夏野蠶繭大如卵

魏志管寧傳寧居宅離水七八十步夏時詣水中澡灑手足闚於園圃

世說何平叔美姿儀面至白魏文帝疑其傅粉正夏月與熱湯餅既噉大汗出以朱衣自拭色轉皎然

語林晉陸機在洛夏月忽思東頭竹篠飲語劉寶曰吾思鄉轉深矣

銷夏晉葛洪從祖元學道得仙自號仙翁每大醉夏則入水底八日乃出以其能閉氣胎息也

晉書吳猛傳猛少有孝行夏日常手不驅蚊懼其去己而噬親也

世說周鎮罷臨川郡還都未及上住泊青溪渚王丞相往看之時夏月暴雨卒至舫既狹小而又大漏殆無坐處王曰胡威之清何以過此即啓用為吳興郡

丞相嘗夏月至石頭看庾公庾公正料事丞相云暑可小簡之庾公曰公之遺事天下亦未以為允

銷夏謝遏夏月嘗仰臥謝公清晨卒來未暇著衣跣出屋外方躡問訊公曰汝可謂前倨後恭

晉書孫登傳登無家屬于郡北山為土窟居之夏則編草為裳

嵇康傳康性絕巧而好鍛宅中有柳樹甚茂乃激水圜之每夏月居其下以鍛

車引傳引家貧不常得油夏月則練囊盛數十螢火以照書以夜繼日焉

異苑晉滕放太元初夏枕文石枕臥忽暴雨雷震其枕枕四解傍人莫不怖懼而放獨自若云微覺有聲不足爲驚

晉書陶潛傳潛嘗言夏月虛閒高臥北牕之下清風颯至自謂羲皇上人

吳錄朱光爲建安太守有橘冬月于樹上覆裹之至明年春夏色變青味絕美上林賦云盧橘夏熟盧黑色也蓋近是乎

晉書張駿傳謙光殿南曰朱陽赤殿夏三月居之其傍有直省內官寺署一同方色

拾遺記石虎於太極殿前起樓高四十丈結珠爲簾垂五色玉佩風至鏗鏘和鳴清雅盛夏之時登高樓以望四極奏金石絲竹之樂以日繼夜於樓下開馬埒射場周迴四百步皆文石丹沙及彩畫於埒傍聚金玉錢貝之寶以賞百戲之人四廂置錦幔屋柱皆隱起爲龍鳳百獸之形雕斲衆寶以飾楹柱夜往往有光明集諸羌氏於樓上時亢旱舂雜寶異香爲屑使數百人於樓上吹散之名曰芳塵臺上有銅龍腹容數百斛酒使胡人於樓上嗽酒風至望之如露名曰粘雨臺用以灑塵樓上戲笑之聲音震空中

晉書肅愼國一名挹婁夏則巢居

宋書羊欣傳欣父不疑爲烏程令欣時年十二王獻之爲吳興太守甚知愛之獻之嘗夏月入縣欣著新絹帬晝寢獻之書帬數幅而去欣本工書因此彌善

太平御覽宋明帝猜慮體肥憎風夏月常著小皮衣拜左右二人爲司風令史風起方向輒先啓聞

神僧傳釋法順夏中引衆驪山棲靜地多蟲蟻無因種菜順恐有損害就地祝之令蟲移徙不久往視如其分齊恰無蟲焉

南齊書竟陵王子良傳子良少有清尚禮才好士居不疑之地傾意賓客天下才學皆遊集焉善立勝事夏月客至爲設瓜飲及甘果著之文教

隋書百官志天監七年加置太府卿以少府爲少府卿加置太僕卿三卿是爲夏卿

詞林海錯庾肩吾少事陶先生頗多藝術嘗夏會客向室噓氣成雪

瑯嬛記虞伯施少學於顧野王野王當夏日聞蟬聲使詠之伯施操筆便成詩曰垂緌飲清露流響出疎桐居高聲自遠非是藉秋風野王喜曰此子沉靜寡欲定享大名於天下

酉陽雜俎譙郡有功曹嵎天統中濟南來府君出除譙郡時功曹清河崔公恕弱冠有令德於時夏旱送別者千餘人至此嵎上衆渴思水升直萬錢矣來公有思水色恕獨見一青鳥於嵎中乍飛乍止怪而就焉鳥起見一石方五六寸以鞭撥之清泉湧出因盛以銀瓶瓶滿水立竭惟來公與恕共療而已議者以爲盛德所感致焉時人異之故以爲目

後周書鄯善傳西北有流沙數百里夏日有熱風爲行旅之患風之欲至惟老駝知之卽鳴而聚立埋其口鼻於沙中人每以爲候亦卽將氈擁蔽鼻口

北史魏收傳收年十五隨父赴邊好習騎射欲以武藝自達滎陽鄭伯調之曰魏郎弄戟多少收慚遂折節讀書夏月坐板牀隨樹陰諷誦積年牀板爲之銳減而精力不輟以文華顯

大業雜記五年吳郡送扶芳二百樹其樹蔓生纏繞他樹葉圓而厚夏月取其葉微火炙使香煑以飲碧深色香甚美令人不渴

杜寶拾遺錄隋大業六年吳郡獻海鯢乾鱠其法五六月取大鯢四五尺者鱗細而紫無細骨不腥取肉切曬極乾以新瓶盛之泥封固用時以布裹水浸少頃去水則皎白如新也

隋書南蠻傳眞臘國每五六月中毒氣流行卽以白豬白牛白羊於城西門外祠之

唐書百官志光宅二年改兵部曰夏官

李適傳天子褻會游豫唯宰相及學士得從夏宴葡萄園賜朱櫻

開元天寶遺事貴妃每至夏月常衣輕綃使侍兒交扇鼓風猶不解其熱每有汗出紅膩而多香或拭之於巾帕之上其色如桃紅也

貴妃素有肉體至夏苦熱常有肺渴每日含一玉魚兒於口中蓋藉其凉津沃肺也

楊妃外傳明皇夏月授楊妃却暑犀如意

杜陽雜編李輔國家藏珍玩皆非人世所識夏則於堂中設迎凉之草其色類碧而幹似苦竹葉細如杉雖若乾枯未嘗凋落盛暑束之牕戶間而凉風自至

銷夏馬侍中嘗寶一玉精盌夏蠅不近盛水經月不腐不耗或目痛含之立愈

雲仙雜記長安冰雪至夏月則價等金璧白少傅詩名動於閭閻每需冰雪論筐取之不復償價日日如

是

宣和書譜懷素晚精意於翰墨追倣不輟禿筆成塚一夕觀夏雲隨風頓悟筆意自謂得草書三昧

酉陽雜俎王彥威在汴州夏旱時袁王傅季玘寓汴因宴王以旱爲言季醉曰欲雨甚易耳可求蛇醫四頭十石甕二枚每甕實以水浮二蛇醫以木蓋密泥之分置於閒處甕前後設席燒香選小兒十歲以下十餘令執小青竹晝夜擊其甕不得少輟王如言試之一日兩夜雨大注舊說龍與蛇醫爲親家焉

杜陽雜編敬宗皇帝寶曆元年南昌國獻玳瑁盆盆可容十斛外以金玉飾之及盛夏上置於殿內貯水令滿遣嬪御持金銀杓酌水相沃以爲嬉戲終不竭焉

全唐詩話文宗夏日與學士聯句曰人皆苦炎熱我愛夏日長公權續曰薰風自南來殿閣生微凉諸學士屬和帝獨諷公權兩句辭清意足不可多得乃令公權題於壁上字方圓五寸帝觀之歎曰鍾王復生無以加矣

杜陽雜編文宗夏月延學士講易賜辟暑犀

武宗皇帝會昌元年扶餘國貢松風石石方一丈瑩徹如玉其中有樹形若古松偃蓋颯颯焉而凉飈生於其間至盛夏上令置於殿內稍秋風颼颼即令撤去

劇談錄李德裕嘗因夏日邀同列及朝士宴時畏景赫曦咸有鬱蒸之苦既延入小齋列坐開尊煩暑都盡清飈凜冽如涉高秋及昏而罷出戶則火雲烈日熇然焦灼有好事者求親信問之云此日以金盆貯水浸白龍皮置於座中龍皮者新羅僧得自海中

北夢瑣言乾符初張建章爲幽州司馬往渤海遇仙女於島遺一鮫綃歸進僖宗夏月展之滿室凜然

清異錄唐世京城遊手夏月採蟬貨之唱曰只賣青林樂婦妾小兒爭買以籠懸窻戶閒亦有驗其聲長短爲勝負者謂之仙蟲社

雲仙雜記晳昌蓄採星盆夏月漬果則倍冷

霍仙鳴別墅在龍門一室之中開七井皆以雕鏤木盤覆之夏月坐其上七井生凉不知暑氣

記事珠盧記室多作脯腊夏則委人於十步內扇上塗錫以撲蠅脯以青紗障隔塵土時人呼爲獵蠅記室

酉陽雜俎集賢校里張希復言舊有師子犀拂夏月蠅蚋不敢集其上

道士許象之言以盆覆寒食飯於闇室地入夏悉化爲赤蜘蛛

清異錄孟昶夏月水調龍腦末塗白扇上用以揮風一夜與花蘂夫人登臺望月悞墮其扇爲人所得外有效者名雪香扇

臨川上饒之民創作醒骨紗用純絲蕉骨相兼撚織夏月衣之輕凉適體陳鳳閣喬始以爲外彩號太清氅又爲四褑肉衫子呼小太清

稽神錄王建稱尊於蜀其嬖臣唐道襲爲樞密使夏日在家會大雨其所蓄猫戲水於簷溜下道襲視之稍稍而長俄而前足及簷忽爾雷電大至化爲龍而去

遼史營衛志夏捺鉢無常所多在吐兒山道宗每歲先幸黑山拜聖宗興宗陵賞金蓮乃幸子河避暑吐兒山在黑山東北三百里近饅頭山黑山在慶州北十三里上有池池中有金蓮子河在吐兒山東北三百里懷州西山有清凉殿亦爲行幸避暑之所四月中旬起牙帳卜吉地爲納凉所五月末旬六月上旬至居五旬與北南臣僚議國事暇日遊獵七月中旬乃去

宋史河渠志元豐間四月導洛通汴六月放水四時行流不絕

銷夏歐陽修云王介甫以夏月晝睡方枕爲佳問其何理云睡久氣蒸枕熱則轉一方冷處介甫知睡眞懶者也

東軒雜記學士王平甫盛夏流汗浹衣劉貢父曰眞汗淋學士也

呂公著居家夏不排牕不揮扇一日盛夏楊大夫器之呂公甥也將赴鎮戎軍倅辭公公於西牕烈日中冠裳對飲三杯器之汗流浹背公凝然不動

石林燕語宋守約爲殿帥夏日輪軍校十數輩捕蟬不使得聞聲有鳴於前者皆重笞之人多不堪神宗一日問之守約曰軍中以號令爲先臣承平總兵殿陛無所信其號令故寓以捕蟬庶幾可使人也

揮麈前錄宣和中蔡居安提舉祕書省夏月會館職於道山食瓜居安令坐上徵瓜事各疏所憶每一條食一片坐客不敢盡言居安所徵爲優欲畢校書郎董彥遠連徵數事皆所未聞悉有據依咸嘆服之

山家清供向杭雪分兗夏月命飲作大耐糕用芋生者去皮剜心以白梅甘草湯焯用蜜和松子欖仁塡

之入小甑蒸熟取先公大耐官職之意

元氏掖庭記淑妃龍瑞嬌貪而且妬宮人少有不如意咎撻至死有不欲置之死地者則百計千方致其苦楚夏則火圍謂之蒸骨

京城北三十里有玉泉山山半爲呂公巖元帝於夏月嘗避暑於北山之下曰西湖者其中多荷蒲菱芡帝以文梓爲舟伽南爲楫刻飛鸞翔鷁飾於船首隨風輕漾又作採菱小船縛綵爲棚木蘭爲槳命宮娥乘之以採菱爲水戲時凝香兒在焉帝命製採菱曲使篙人歌之遂歌水面剪青之調曰伽南楫兮文梓舟泛波光兮遠夷猶波搖搖兮舟不定揚予袂兮金風競棹歌起兮纖手揮青角脫兮水潔洄歸去來兮樂更誰篙人歌之聲滿湖上天色微曛山含落日帝乃周遊荷間取荷之葉或以爲衣或以爲蓋四顧自得畢竟忘歸又命作採蓮之曲於是調折新荷而歌曰放漁舟兮湖之濱剪荷柄兮折荷英鷗鷺飛兮翡翠驚張蓮葉以爲蓋兮緝藕絲以爲衿雲光淡微煙生對芳華兮樂難極返予棹兮山月明

張鳳翼譚輅先君性爽豁夏月作希網一巾僅僅可數目郡人爭效之魯望嘗戲予云尊公盛德特以希網變似白璧微瑕予應之曰郭林宗折角巾謝安石蒲葵扇王導業穿角履獨孤信側帽亦可作微瑕否舉座大笑

續文獻通考湯霖新建人母病熱思冰時天燠霖累日號泣池上忽聞池中戛戛聲視之乃冰也取以奉母遂愈

夏部雜錄

書經君牙夏暑雨小民惟曰怨咨

禮記禮運昔者先王未有宮室夏則居橧巢

儒行儒有冬夏不爭陰陽之和（陳注）所謂己所不欲勿施於人恕也

鄉飲酒義南方者夏夏之爲言假也養之長之假之仁也

爾雅夏扈竊元（疏）夏扈竊元趣民耘苗者也

公羊傳公狩於郎（注）不以夏田者春秋制也以爲飛鳥未去於巢走獸未離於穴恐傷害於幼稺故於苑囿中取之

國語夏日可畏

易飛候有雲大如車蓋十餘此陽火之氣必暑有暍者

易通卦驗乾得坎之蹇則當夏雨雪

尚書考靈耀火星爲夏期專陽相同感精符

春秋感精符王者政令苛則夏下霜

孝經說斗指午爲夏

古三墳夏長萬物陽之象也

神農書夏日成養

素問風論篇以夏丙丁傷於風者爲心風

四時刺逆從論篇夏者經滿氣溢入孫絡受血皮膚充實

山海經狠山多毒草盛夏鳥過之不能去

管子五行篇黃帝得祝融而辯於南方故使爲司徒夏者司徒也

禁藏篇夏日之不煬非愛火也爲不適於用便於體也

國蓄篇夏貸以收秋實

菁茅謀篇大夏帷蓋衣幕之奉不給謹守泉布之謝物且爲之舉

禽經五采備曰翬亦曰夏翟（注）雉尾至夏則光鮮也

文子精誠篇政失於夏熒惑逆行夏政不失則降時雨

老成子學幻於尹文先生深思三月遂能於夏月造冰

鶡冠子斗柄南指而天下皆夏

呂氏春秋離俗覽夏之德暑暑不信其土不肥土不肥則長遂不精

史記天官書辰星之色夏赤白而歲熟夏不見有六十日之旱

樂書註徵屬夏夏時生長萬物皆成形體事亦有體故配事

漢書魏相傳南方之神炎帝乘離執衡司夏（注）火爲禮禮者齊齊者平故爲衡

越絕書陽者主生萬物方夏三月之時大熱不至則萬物不能成

賈誼新書南方之弧以柳柳者南方之草夏木也

淮南子原道訓夏蟲不可以語冰篤於時也

俶眞訓夏日之不被裘者非愛之也燠有餘於身也

時則訓夏爲衡衡者所以平萬物也衡之爲度也緩而不後平而不怨施而不德弔而不責常平民祿以繼不足教教陽陽唯德是行養長化育萬物蕃昌以成五穀以實封疆其政不失天地乃明

精神訓知冬日之箑夏日之裘無用於己則萬物之變爲塵埃矣
主術訓夏日之陰萬物歸之而莫使之然
繆稱訓聖人之舉事也進退不失時若夏就絺綌之謂也
春秋繁露官制象天篇夏者太陽之選也
五行之義篇火居南方而主夏氣
陽尊陰卑篇人生而天而取化於天樂氣取諸夏
天辯在人篇太陽因火而起助夏之養也
夏樂志也
人無夏氣何以盛養而樂生天無樂氣亦何以疏陽而夏養長
陰陽出入上下篇夏右陽而左陰
治水五行篇七十二日火用事其氣慘陽而赤止封疆循田畤
祭義篇夏上尊實尊實勢也夏之所受初也夏約故曰約貴所初約也
威德所生篇夏者天之德也
如天之爲篇聖人夏修德而致寬方致寬之時見大惡亦立去之
神異經北方荒中有石湖方千里岸深五丈餘恆冰惟夏至五六十日解耳
說苑管仲曰吾不能以夏雨雨人吾窮必矣
後漢書荀爽傳在地爲火在天爲日在天者用其精在地者用其形夏則火王其精在天溫暖之氣養生百木是其孝也
白虎通五祀篇夏祭竈竈者火之主人所以自養也

夏亦火王長養萬物
五行篇子養父母何法法夏養長木此火養母也
釋名夏曰昊天其氣散布皓皓也夏假也寬假萬物使生長也
三輔黃圖清涼殿夏居之則清涼也
四民月令五月六月可菑麥田
張衡應閒元龍迎夏則陵雲而奮鱗樂時也
風土記五月風發六月乃止俗號黃雀風是時海魚變爲黃雀故名
抱朴子仙藥篇雲母有五色並具而多赤者名雲珠宜以夏服之
名山記黟蒼山縣亙百餘里若肝風然有十九峯環列內向陰崖積雪經夏不消故亦名雪山
南方草木狀赬桐花嶺南處處有自初夏生至秋蓋草也如桐其花連枝萼皆深紅之極者
鶴草蔓生其花麴塵色淺紫蒂葉如柳而短當夏開花形如飛鶴嘴翅尾足無所不備
抱香履抱木生水松之旁若寄生然極柔弱不勝刀鋸乘濕刳而爲履既乾而韌不可理也履雖猥大而輕者若通脫木風至隨飄而動夏月納之可禦蒸濕之氣
綽菜夏生於池沼間葉類茨菰根如藕條南海人食之云令人思睡呼爲瞑菜
南康記覆笥山平湖中有石鴨浮在水每至炎氣代序則飛翔若知感候
廣州記羅浮山有橘夏熟實大如李剝皮啖則酢合食極甘

廣志洛陽北邙山有張公夏梨甚甘海內惟有一樹
洛陽記大夏門魏明帝所造有三層高百丈
宋書禮志夏祠用鑑盛冰室一鑑以禦溫氣蠅蚋三御殿及大官膳羞並以鑑供冰
符瑞志麒麟夏鳴曰養綏
荊州記橘洲在郡南四里夏水懷山諸洲皆沒橘洲獨在
丹陽記漢夏門魏加曰大夏
沈約均聖論夏苗取其害穀
三禮義宗火正曰祝融者祝甚也融明也言夏時物氣甚明也
名醫別錄蘼蕪一名江蘺芎藭苗也生雍州川澤及冤句四月五月採葉暴乾
益州記瀘水源出曲羅兩峰有殺氣暑月舊不行故武侯以夏渡爲艱
劉勰新論履信篇夏之德炎炎不信則草木不長草木不長則長嬴之德廢
水經注峽中有瞿塘黃龕二灘夏水迴復沿泝所忌
鬱水逕高要縣縣東去郡五百里刺史夏避毒徙縣水居也
齊民要術魏文侯曰民夏以鎡耘
凡夏種欲淺直置自生注夏氣熱而生速也
凡種麻欲得良田不用故墟地薄者糞之耕不厭熟田欲歲易夏至前十日爲上時至日爲中時至後十日爲下時崔寔曰夏至先後各五日可種牡麻注牡麻有花無實
崔寔曰榆莢落時可種藍五月可刈藍六月種冬藍

瓶半四月末五月初鋑之注性不耐寒早鋑寒則凍死

作夏雞鳴酒法秫米二升煮作糜麴二斤擣合米和令調以水五斗漬之封頭今日作明旦雞鳴便熟

崔氏曰四月可作酢五月五日亦可作酢

作夏月魚酢法𪉊一斗鹽一升八合精米三升炊作飯酒二合橘皮薑半合茱萸二十顆仰著器中多少以此爲率

南方記前樹野生二月花色連青實如手指長三寸五六月熟以湯滴之削去核食以糟鹽藏之味辛可食出交趾

崔氏曰四月蠶入簇時雨降可種黍禾謂之上時夏至先後各二日可種黍蟲食李者黍貴也又夏種黍穄與植穀同時非夏者大率以椹赤爲候諺曰椹釐釐種黍時

唐本草蘋菜所在有之生水旁葉似澤瀉而小花青白色亦堪蒸啖江南人用蒸魚食甚美五六月採莖暴乾用

本草拾遺滿水採梅葉洗蕉葛衣經夏不脆

檀似秦皮其葉堪爲飲樹體細堪作斧柯至夏有不生者忽然葉開當有大水農人候之以占水旱號爲水檀

國史補江東有蚊母鳥亦謂之吐蚊鳥夏則夜鳴吐蚊於叢葦間湖州尤甚

峽路峻急故曰朝發白帝暮徹江陵四月五月爲尤險時故曰灩澦大如馬瞿塘不可下灩澦大如牛瞿塘不可留灩澦大如襆瞿塘不可觸

酉陽雜俎慈竹夏月經雨滴汁下地生蕈似鹿角色白食之已痢也

食膠蟲夏月食松膠前腳傅之後腳聶之納之尻中

三白草此草初生不白入夏葉端方白農人候之蒔田三葉白苗畢秀矣其葉似署預

熊膽夏在腹

天牛蟲黑甲蟲也長安夏中此蟲或出於籬壁間必雨

木再花夏有雹

蜀石筍街夏中大雨後往往得雜色小珠俗謂地當海眼莫知其故蜀僧惠嶷曰前史說蜀少城飾以金璧珠翠桓溫惡其太侈焚之合在此今拾得小珠時有孔者得非是乎

鶻五月上旬停放六月上旬拔毛入籠

南安蠻江蛇至五六月有巨蛇泛江岸首如張帽萬蛇隨之入越王城

北戶錄南方果之美者有荔枝梧州火山者夏初先熟而味少劣其高潘州者最佳五六月方熟有無核類雞卵大者其肪瑩白不減水晶性熱液甘乃奇實也

金龜子甲蟲也五六月生於草蔓上大於榆莢細視之眞金貼龜子行則成雙其蟲死金色隨滅如螢光也

劇談錄曲江池南有紫雲樓芙蓉苑西有杏園慈恩寺煙水明媚入夏菰蒲葱翠柳陰四合碧波紅蕖湛然可愛好事者賞芳辰翫淸景聯騎攜觴亹亹不絕

正義赤帝南方赤熛怒之帝也夏萬物茂盛功作大興則天施德惠天牢爲之空虛也天牢六星在北斗魁下

嶺南錄異鶴子草蔓生也其花麴塵色淺紫蔕葉如花而短當夏開花又呼爲綠花綠葉南人云是媚草採之曝乾以代面靨形如飛鶴翅尾嘴足無所不具此草蔓至春生雙蟲只食其葉越女收於粧奩中養之如蠶摘其草飼之蟲老不食而蛻爲蝶赤黃色婦女收而帶之謂之媚蝶

嶺表錄異蚊母鳥形如鷄嘴大而長池塘捕魚而食每叫一聲則有蚊蚋飛出其口俗云採其翎爲扇可辟蚊

吳地記花山在吳縣西三十里其山蓊鬱幽邃山上有池旱亦不涸中有蒓甚美夏食之去熱吳中以爲佳品

開寶本草升麻四月五月著花似粟穗白色六月以後結實黑色根如蒿紫根黑色多鬚

楊梅樹若荔枝樹子生靑熟紅肉在核上無皮殼四月五月采之南人醃藏爲果寄至北方

益部方物略記木蓮花生峨眉山中諸谷狀若芙蓉香亦類之木幹花夏開枝條茂蔚不爲園圃所蒔

瑣碎錄立夏後逢庚日爲入梅芒種後逢辰日爲出梅

皇極經世觀物內篇夏爲長物之府

圖經本草荔枝以閩中爲第一蜀中次之嶺南爲下其子喜雙實殼有皺紋羅初青漸紅肉色淡白如肪味甘而多汁夏至將中則子翕然俱赤乃可食也大樹下子至百斛五六月盛熟時彼方皆燕會其下以

賞之極量取啖雖多亦不傷人過則飲蜜漿便解
薏苡生眞定平澤及田野所在有之苗莖高三四尺
葉如黍開紅白花五月六月結實青白色形如珠子
而稍長故呼薏珠子小兒多以線穿如貫珠爲戲
櫸樹山中處處有皮似檀槐葉如櫟槲削取裏皮去
上甲煎服之夏日作飲去熱
蘭草氣香澤可作膏塗髮生澤畔葉光潤五月六月
採陰乾婦人和油澤頭
槐有數種葉大而黑者名櫰槐晝合夜開者名守宮
槐葉細而青綠者但謂之槐四月五月開花六月結
實
川芎關陝川蜀江東山中多有之而以蜀川者爲勝
四五月生葉似水芹江東蜀人採葉作飲
嬾眞子襄鄧之間多隱君子僕嘗記陝州夏縣士人
樂舉明遠嘗云二十四氣其名皆可解獨小滿芒種
說者不一僕因問之明遠曰皆爲麥也小滿四月中
謂麥之氣至此方小滿而未熟也芒種五月節種該
敷類之種謂種之有芒者麥也至是當熟矣僕因記
周禮稻人澤草所生種之芒種注云澤草之所生其
地可種芒種稻麥也僕近爲老農始知過五月節則
稻不可種所謂芒種五月節者謂麥至是而始可收
稻過是而不可種也古人名節之意所以告農候之
早晚深哉
雲笈七籤治心當用呵呵爲瀉吸爲補夫心者離之
氣火之精其色赤其象如蓮花其神如朱雀心主神
化爲玉女身長八尺持玉英出入於心府夫心者夏
之用事常以四月五月六月弦朔清旦南面端坐叩

金梁九嗽元泉三靜思想吸離宮之赤氣入口三吞
之以補呵之損植其靈府開心穴餌離火濯玉女神
平體安
菊譜小金鈴一名夏菊花如金鈴而極小無大本夏
中開
夏月佛頂菊五六月開色微紅
埤雅再蠶謂之原蠶一名魏蠶今以晩蠶養之先王
之法禁焉俗謂之夏蠶亦曰熱蠶
倉庚鳴於仲春其羽之鮮明在夏
江湘二浙四五月間梅欲黃落則水潤土溽柱礎皆
汗蒸鬱成雨謂之梅雨也
夢溪筆談江湖間惟畏大風冬月風作有漸船行可
以爲備惟盛夏風起顧盼間往往罹難曾聞江國賈
人有一術可免此患大凡夏月風景須作於午後欲
行船者五鼓初起視星月明潔四際至地皆無雲氣
便可行至於巳時卽止如此無復與暴風遇矣
信安滄景之間多蚊蝱夏月牛馬皆以泥塗之不爾
多爲蚊蝱所斃郊行不敢乘馬馬爲蚊蝱所毒則狂
逸不可制行人以獨輪小車馬鞍蒙之以乘謂之木
馬挽車者皆衣韋袴
物類相感志夏月衣蒸以冬瓜汁浸洗其跡自去
岳陽風土記岳州北瀕江州郡氣候尤熱夏月南風
則鬱蒸特甚蓋湖南千里無山多得日色故少陰凉
之氣也
政和本草蒲黃生河東池澤至夏抽梗於叢葉中花
抱梗端如武士捧杵故俚俗謂之蒲槌花中蘂屑細
如金粉市廛間採以蜜搜作果實貨賣甚益小兒

菰根生水中葉似蔗荻久則根盤厚夏月生菌細堪
噉名菰菜三年以上心中生臺如藕白軟中有黑脈
堪噉名菰首也
鬱金香爲百草之英花如紅藍四月五月採花卽香
也
蒿葉似茵蔯而背不白高四尺許四月五月採苗日
乾北人呼爲青蒿
南山多鹿每一雄遊牝百數至春羸瘦及夏惟食菖
蒲一味却肥
爾雅翼菌桂生交趾桂林正圓如竹有二三重者葉
似柿花白蘂黃四月開五月結實離騷雜申椒與菌
桂矯菌桂以紉蕙是也
螳蜋尤工捕蟬五六月蟬得美蔭奮翼而鳴螳蜋超
枝緣條執翳自蔽竦股舉刃捕而取之
青粱穀穗有毛粒青米亦微青而細於黃白米夏月
食之極爲清凉
桂海花木志茉莉花以淅米漿日溉之則作花不絕
可耐一夏花亦大且多葉倍常花
史君子花蔓生作架植之夏開一簇一二十葩輕盈
似海棠
玉海越有逃夏宮
後魏有啓夏門
武昌記樊山東有小溪夏時懷袖恆有寒氣故謂之
寒溪
易簡方夏月疫氣時行用貫衆置水缸內一家食之
不染
蠡海集天文類或問曰夏月龍行雨餘月否者何答

曰雨陰從地生夏日陽極在上陰豈能生而升乎不升則不降龍潛湫潭幽陰之處一動而出陰氣得附之以升旣升必降散而爲雨故夏日之雨則龍行也人身類夏之日離用事陰在內喜啗冷物益其陰也

山家清供十月後用竹刀取欲開梅蕊上醮以蠟投尊缶中夏月以熱湯就盞泡之花卽綻香可愛也

杜甫詩云青青高槐葉採掇付中廚新麪來近市汁滓宛相俱入鼎資過熟加餐愁欲無其法於夏採槐葉之秀者湯少瀹研細濾清和麪作淘乃以醯醬熟虀簇細茵以盤行之取其碧鮮可愛也

捫蝨新話含笑花有大小小含笑香尤酷烈有四時花惟夏中最盛

中饋錄夏月醃肉法用炒過熱鹽擦肉令軟勻下缸內石壓一夜掛起見水痕卽以大石壓乾掛當風處不敗

玉澗雜書陶淵明嘗言五六月中北窗下臥遇涼風至自謂羲皇上人此皆其平生眞意及讀其詩所謂孟夏草木長繞屋樹扶疏衆鳥欣有托吾亦愛吾廬旣耕亦已種時還讀我書又微雨從東來好風與之俱直是傾倒所有備書於手初不自知爲語言文字也此其所以不可及誰無三間屋夏月飽睡讀書藉木蔭聽鳥聲而惟淵明獨知爲至樂則知世間好事人所均有而不能自受用者何可勝數吾今歲闢東軒自伐林間大竹爲小榻一夫負之可趨擇美木佳處卽曲肱跂足而臥殆未覺有暑氣不知與淵明所享孰多少但恨無此詩耳

元史祭祀志薦新冰羔羊孟夏用之櫻桃竹筍蒲筍羊仲夏用之瓜豚大麥飯小麥麪季夏用之

農桑通訣夏曰罨青注夏日草茂時開墾荒地謂之罨青

熙朝樂事西湖夏夜觀荷最宜風露舒涼清香徐細傍花淺酌如對美人倩笑款語時也

林下盟暑月晚涼浴罷杖屨逍遙臨池觀月乘高取風採蓮剝芡剖瓜雪藕白醪三杯取醉而適其爲樂殆未可以一二數也

清閒供夏時清晨起芰荷爲衣傍花枝吸露潤肺禺中披古圖畫展法帖臨池晌午脫巾石壁據匡牀談齊諧山海倦則取左宮枕爛遊華胥國午後刳椰子杯浮瓜沉李搗蓮花飲兕芳酒日晡浴罷硃砂溫泉掉小舟垂釣於古藤曲水邊薄暮擇冠蒲扇立層岡看火雲變現

鉼花月表夏花小友菖蒲紫蘭艾水葱茴香

海槎餘錄椰子樹初栽時用鹽一二斗先置根下則易發其俗家之周遭必植之木幹最長至斗大方結實摘食時在五六月之交去外皮則殼實圓而黑潤肉至白水至清且甜飲之可祛暑氣今行商懸帶椰瓢是其殼也

儋耳境山百倍於田土多石少雖絕頂亦可耕植黎俗四五月必集衆斫山木縱火燒盡成灰不但根幹無遺上下尺餘亦且熟透徐徐鋤轉種旱稻曰山禾米粒大而香可食連收三四熟

楚小志渚宮卽楚頃襄王之離宮而宋玉之故宅也相傳城西南某衛尉別業向是五代高從誨池亭故地夏時藕花菱葉淸漣碧漪彷彿南朝餘豔

燕山紀遊聖水寺下臨澗泉閣後一松直而多陰松後石窟夏月陰涼坐久毛髮盡豎

田家五行杞花夏月開結實主水

銷夏東坡云夏日與王朗昆仲及兒子邁遶城觀荷花登峴山亭晚入飛英寺分韻得詩昨夜雨鳴渠曉來風襲月蕭然欲秋意溪水清可啜環城三十里去去皆佳絕蒲蓮浩如海時見舟一葉此間眞避世青蒻低白髮相逢欲相問已逐驚鷗沒

湧幢小品吳中五六月間梅雨旣過必有大風連數日土人謂之舶䑲風云是舶商請於海神得之凡舶遇此風日行數千里雖猛而不爲害四明錢塘商至夏中畢集者此風致之也

本草綱目指甲花有黃白二色夏月開香似木犀可染指甲過於鳳仙花

蓮藕以蓮子種者生遲藕芽種者最易發其芽穿泥成白蒻卽蔤也長者至丈餘五六月嫩時沒水取之可作蔬茹俗呼藕絲菜

夏衣生黴點梅葉煎湯洗之卽去

飯豆小豆之白者也大如菉豆而長四五月種之苗葉似赤小豆而略大可食

硃砂根生深山中苗高尺許葉似冬青葉背甚赤夏月長茂根大如筯赤色氣味苦涼無毒治咽喉腫痺磨水或醋嚥之甚良

鳩有白鳩綠鳩今夏月出一種糠鳩微帶紅色小而成羣好食桑椹及半夏苗

旋覆一名盜庚庚者金也謂其夏開黃花盜竊金氣也

薔薇野生林塹間四五月開花四出人家栽玩者莖粗葉大延長數丈花亦厚大有白黃紅紫數色最大者名佛見笑小者名木香皆香豔可人

田家雜占夏夜見星密主熱

蘆葦之屬叢生於地夏月暴熱之日忽自枯死主有水

凡鯉鯽魚在四五月間得暴漲必散子散不盡水未止盛散水必定

名勝志樓兒井在高唐州城內西南隈水極淸甘夏月久貯不變

大方湖在鄭城縣西南十五里方廣百畝夏月蓮花盛開香聞數里

蕭山縣西翠嶂山一名夏駕山夏駕者以夏時水漲此山若駕於湖中也

夏部外編

銷夏唐高宗盛夏須雪及枇杷龍眼明崇儼坐頃往陰山取雪嶺南取果子並到食之時四月瓜未熟上思之儼索百錢將去須臾得一大瓜云緱氏老人園內得之上追老人至問之云土埋一瓜擬進適看惟得百錢耳

佛國記白耳龍與衆僧作檀越令國內豐熟雨澤以時每至夏龍輒化形作小蛇兩耳邊白衆僧識之

瑯嬛記沈休文雨夜齋中獨坐風開竹扉有一女子攜絡絲具入門便坐風飄細雨如絲女隨風引絡絡繹不斷斷時亦就口續之若眞絲焉燭未及跋得數兩起贈沈曰此謂冰絲贈君造以爲冰紈忽不見沈後織成紈鮮潔明淨不異於冰製扇當夏日甫攜在手不搖而自凉

銷夏梅仙祖師唐僧常學道於白雲山篤戒行夏月偶坐化於梅樹下數里聞梅花香經旬不息遠近異之

宣室志有董觀者嘗爲僧居於太原佛寺太和七年夏與其表弟王生南遊荊楚後將入長安道至商於一夕舍山館中王生既寐觀獨未寢忽見一物出燭下既而掩其燭狀類人手而無指細視燭影外若有物觀急呼王生生起其手遂去觀謂王曰愼無寢魅當再來因持梃而坐伺之良久王生曰魅安在兄妄矣既就寢頃之有一物長五尺餘蔽燭而立無手及面目觀益恐又呼王生生怒不起觀因以梃撾其首其軀若草所穿梃亦隨入其中而力取不可得俄乃退去觀慮又來迫曉不敢寢明日訪館吏吏曰此西數里有古杉嘗爲魅疑卽所見也卽與觀及王生徑尋果見古杉有梃貫其柯葉間吏曰人言此爲妖且久未嘗見其眞今則信矣急取斧盡伐去之

鐵圍山叢談宣和歲己亥夏都邑大水幾冒入城隅高至五七丈久之方得解時泗州僧伽大士忽見於大內明堂頂雲龍之上凝立空中風飄飄然吹衣爲動旁侍惠岸木叉皆在焉又有白衣巾裹跪於僧伽前者若受誡諭狀莫識何人也萬衆咸覩迨夕而沒白衣者疑爲龍神之徒爲僧伽所降伏之意爾上意甚不樂

銷夏杜徽之夏日嘗隨莫月鼎入西山至湖上熱甚月鼎曰吾借一把傘與汝共戴乃向空噓氣忽黑雲二穗隨而覆之

庚己編馮漢字天章爲吳學士居閶門石牌巷口一小齋庭前雜植花木瀟灑可愛夏月薄晚浴罷坐齋中榻上忽覩一女子綠衣翠裳映牕而立漢叱問之女子斂袂拜曰兒焦氏也言畢忽然入戶熟視之肌體纖妍舉止輕逸眞絕色也漢驚疑其非人起挽衣相狎之女忙迫截衣而去僅執得一裾角以置所臥蓆下明視之乃蕉葉耳先是漢嘗讀書鄰僧庵中移一本植於庭其葉所斷裂處取所藏者合之不差尺寸遂伐之斷其根有血後問僧云蕉嘗爲怪惑死數僧矣

欽定古今圖書集成曆象彙編歲功典

第四十五卷目錄

孟夏部彙考

易經　乾爲天卦

詩經　豳風七月章　小雅正月章　四月章

禮記　月令

爾雅　月陽

易通卦驗　上陽雲

春秋考異郵　龍見而雩　蠶珥絲

孝經緯　小滿

素問　診要經終論篇

汲冢周書　時訓解

管子　版法解

呂氏春秋　季夏紀音律篇

史記　律書

漢書　律曆志

淮南子　天文訓　時則訓　六合

大戴禮記　夏小正

說文　巳月

四民月令　種黍

晉書　樂志

梁元帝纂要　孟夏

齊民要術　四月事宜　雜占

荊楚歲時記　穫穀鳥

隋書　禮儀志

宋史　禮志

農政全書　孟夏事宜　農事占候

遵生八牋　四月事宜　四月事忌　四月修養法

賞心樂事　四月

本草綱目　采浮萍

酌中志略　宮中四月

直隸志書　宛平縣　良鄉縣　東安縣　通州　昌平州　房山縣　保定縣　薊州　遵化州　永平府　清苑縣　唐縣　安州　河間府　靜海縣　天津衛　眞定縣　定州　曲陽縣　饒陽縣　任縣　延慶州　保安州　宣府鎮

山東志書　鄒平縣　海豐縣　博平縣　朝城縣　登州府　黃縣

山西志書　太谷縣　盂縣　洪洞縣　太平縣　萬泉縣　夏縣　路安府　平遙縣　臨縣　沁源縣　大同府

河南志書　洧川縣　延津縣　儀封縣　鞏縣　固始縣

陝西志書　富平縣　鳳翔縣　西鄉縣　興安州　平涼府　眞寧縣

江南志書　吳縣　長洲縣　崑山縣　嘉定縣　常熟縣　崇明縣　松江府　武進縣　宜興縣　淮安府　高郵州　泰州　懷寧縣　徽州府　歙縣　休寧縣　貴池縣　舒城縣　懷遠縣　和州　滁州

浙江志書　杭州府　海寧縣　嘉興縣　龍泉縣

江西志書　德興縣　都昌縣　德化縣　建昌府　廣昌縣　瀘溪縣

湖廣志書　通山縣　蘄州　石首縣　湘陰縣　岳州府　邵陽縣　常寧縣　寧遠縣

福建志書　惠安縣　建寧府　將樂縣　尤溪縣　順昌縣　詔安縣

四川志書　涪州

廣東志書　新安縣　英德縣　始興縣　長樂縣　高明縣　澄邁縣　定安縣

廣西志書　隆安縣

歲功典第四十五卷

孟夏部彙考

易經

乾爲天卦

䷀

本義　決盡則爲純乾四月之卦

詩經

豳風七月章

四月秀葽

大全　廬陵羅氏曰四月陽氣極於上而微陰已受胎於下葽感之而早秀

小雅正月章

正月繁霜

朱注　正月夏之四月謂之正月者以純陽用事爲正陽之月也

四月章

四月維夏

朱注　四月以夏正數之建巳之月也

禮記

月令

孟夏之月日在畢昏翼中旦婺女中其日丙丁其帝炎帝其神祝融其蟲羽其音徵律中中呂其數七其味苦其臭焦其祀竈祭先肺

陳注　畢宿在申實沈之次炎帝大庭氏即神農也亦精之君祝融顓頊氏之子名黎火官之臣徵音屬火中呂巳律長六寸萬九千六百八十三分寸之萬二千九百七十四七者火之成數苦焦皆火屬

夏祭竈火之養人者也祭先肺火克金也

螻蟈鳴蚯蚓出王瓜生苦菜秀

陳注此記巳月之候大全馬氏曰螻蟈鳴則陰而伏者乘陽而鳴也蚯蚓出則陰而屈者乘陽而伸也王瓜生則陽物之可以勝陰邪者也故其爲色赤苦菜秀則火炎上故其爲味苦

天子居明堂左个乘朱路駕赤駵載赤旂衣朱衣服赤玉食菽與雞其器高以粗

陳注明堂左个太寢南堂東偏色淺者赤色深者朱器高而粗大象物之盛長也

是月也以立夏先立夏三日太史謁之天子曰某日立夏盛德在火天子乃齊立夏之日天子親帥三公九卿大夫以迎夏於南郊還反行賞封諸侯慶賜遂行無不欣說

陳注立春言諸侯大夫而此不言諸侯者或在或否不可必同故略之也迎夏南郊祭炎帝祝融也

乃命樂師習合禮樂命太尉贊桀俊遂賢良舉長大行爵出祿必當其位

陳注習禮樂以將飲酎故也太尉秦官也桀俊以才言贊則引而升之之謂賢良以德言遂使之得行其志也長大以力言舉選而用之也

是月也繼長增高毋有壞墮毋起土功毋發大衆毋伐大樹

陳注壞墮傷已成之氣起土功發大衆妨蠶農之事伐樹傷條達之氣

是月也天子始絺命野虞出行田原爲天子勞農勸民毋或失時命司徒循行縣鄙命農勉作毋休于都

是月也驅獸毋害五穀毋大田獵

陳注絺葛布之細者夏獵曰苗止爲驅獸之害禾苗者耳與三時不同

農乃登麥天子乃以彘嘗麥先薦寢廟是月也聚畜百藥靡草死麥秋至

陳注聚藥供醫事也靡草草之枝葉靡細者陰類陽盛則死

斷薄刑決小罪出輕繫

陳注刑者上之所施罪者下之所犯斷者定輕重而施也小罪相告即決遣之不收繫輕罪在繫直縱出之也

蠶事畢后妃獻繭乃收繭稅以桑爲均貴賤長幼如以給郊廟之服

陳注后妃獻繭謂后妃受內命婦之獻繭也收繭稅者外命婦養蠶亦用國北近郊之公桑近郊之稅十一故亦稅其繭十之一其餘入己爲其夫造祭服一說再命受服服者公家所給故稅十一者爲給其夫祭服也受桑多則稅繭多少則稅亦少皆以桑爲均齊也貴謂卿大夫之妻賤謂士妻長幼婦之老少也如一皆稅十一郊廟之服天子祭服也

是月也天子飲酎用禮樂

陳注重釀之酒名酎稠醲之義春造至此始成而飲之蓋盛會也

孟夏行秋令則苦雨數來五穀不滋四鄙入保行冬令則草木蚤枯後乃大水敗其城郭行春令則蝗蟲爲災暴風來格秀草不實

爾雅

月陽

四月爲余

易通卦驗

上陽雲

小滿上陽雲出七星

春秋考異郵

龍見而雩

三時惟有禱禮惟四月龍星見始有常雩

蠶畢絲

四月蠶畢絲

孝經緯

小滿

斗指巳爲小滿小滿者言物於此小得盈滿也

素問

診要經終論篇

三月四月天氣正方地氣定發人氣在脾

注三月四月天地之氣正盛而人氣在脾辰巳二月足太陰陽明之所主也

汲冢周書

時訓解

立夏之日螻蟈鳴又五日蚯蚓出又五日王瓜生螻蟈不鳴水潦淫漫蚯蚓不出嬖奪后王瓜不生困於百姓小滿之日苦菜秀又五日靡草死又五日小暑至苦菜不秀賢人潛伏靡草不死國縱盜賊小暑不至是謂陰慝

管子

版法解

乘夏方長審治刑賞必明經紀陳義設法斷事以理虛氣平心乃去喜怒

呂氏春秋

季夏紀音律篇

仲呂之月無聚大衆巡勸農事草木方長無攜民心

注 仲呂四月大衆謂軍旅工役也順陽長養無役大衆妨廢農工故戒之曰無也必循行農事勸率之民當務農長養穀木徭役聚則心攜離逆上命故戒之曰無也

史記

律書

清明風居東南維主風吹萬物而西之軫軫者言萬物益大而軫軫然西至於翼翼者言萬物皆有羽翼也四月也律中中呂中呂者言萬物盡旅而西行也其於十二子爲巳巳者言陽氣之巳盡也

漢書

律歷志

中呂言微陰始起未成著於其中旅助姑洗宣氣齊物也位於巳在四月

淮南子

天文訓

立夏加十五日斗指巳則小滿音比太簇

孟夏之月以熟穀禾雄鳩長鳴爲帝候歲

仲呂之數六十主四月極不生

太陰在未歲名曰協洽歲星舍觜嶲參以四月與之晨出東方尾箕爲對

時則訓

孟夏之月招搖指巳昏翼中旦婺女中其位南方其日丙丁盛德在火其蟲羽其音徵律中仲呂其數七其味苦其臭焦其祀竈祭先肺螻蟈鳴蚯蚓出王瓜生苦菜秀天子衣赤衣乘赤騮服赤玉建赤旗食菽與雞服八風水爨柘燧火南宮御女赤色衣赤采吹竽笙其兵戟其畜雞朝於明堂左个以出夏令立夏之日天子親率三公九卿大夫以迎歲於南郊還乃賞賜封諸侯修禮樂饗左右命太尉贊傑俊選賢良舉孝悌行爵出祿佐天長養繼修增高無有隳壞毋興土功毋伐大樹令野虞行田原勸農事驅獸畜勿令害穀天子以彘嘗麥先薦寢廟聚畜百藥靡草死麥秋至決小罪斷薄刑孟夏行秋令則苦雨數來五穀不滋四鄙入保行冬令則草木早枯後乃大水敗壞城郭行春令則螽蝗爲敗暴風來格秀草不實四月官田其樹桃

六合

孟夏與孟冬爲合孟夏始緩孟冬始急故四月失政十月不凍

大戴禮記

夏小正

四月昴則見初昏南門正南門者星也歲再見壹正蓋大正所取法也鳴扎扎者寧縣也鳴而後知之故先鳴而後扎囿有見杏囿者山之燕者也鳴蜮蜮也者或曰屈造之屬也王萯莠取荼荼也者以爲君薦蔣也莠幽越有大旱記時爾執陟攻駒執也者始執駒也執駒也者離之去母也執而升之君也攻駒也者教之服車數舍之也

說文

巳月

巳巳也四月陽氣巳出陰氣巳藏萬物見成文章故巳爲蛇

四民月令

種黍

四月可種黍謂之上時

晉書

樂志

四月之辰謂爲巳巳者起也物至此時畢盡而起也

四月之管名爲仲呂呂者助也謂陽氣盛長陰助成功也

梁元帝纂要

孟夏

四月曰孟夏亦曰首夏

齊民要術

四月事宜

四月繭既入簇趨繰剖線具機杼敬經絡草茂可燒灰是月也可作棗蛹以禦賓客可糴麵及大麥弊絮

雜占

四月四日雨稻熟十五日十六日雨晚稻善

荊楚歲時記

穫穀鳥

四月也有鳥名穫穀其名自呼農人候此鳥則犁杷上岸

按爾雅云鳲鳩鴶鵴郭璞云今布穀也江東呼穫

穀崔寔正論云夏扈趣耕鋤即竊脂元鳥鳴獲穀則其夏扈也

隋書

禮儀志

後齊以孟夏龍見而雩祭太微五精帝於夏郊之東

隋孟夏之月龍星見則雩五方上帝配以五人帝於上以太祖武元帝配饗五官從配於下牲用犢十各依方色京師孟夏後旱則祈雨理冤獄失職存鰥寡孤獨振困乏掩骼埋胔省徭役進賢良舉直言退佞諂黜貪殘命有司會男女恤怨曠

宋史

禮志

有司言今年四月五日雩祀上帝十三日立夏祀赤帝按月令立夏之日天子迎夏於南郊注云爲祀赤帝於南郊又云是月也大雩注云春秋傳曰龍見而雩龍星謂角亢也立夏後昏見於東方按五禮精義云自周以來歲星差度今之龍見或在五月以祈甘雨於時已晚但四月上旬卜日令則惟用改朔不待得節祭於立夏之前殊違舊禮之意苟或龍見於仲夏雩祀於季春相去遼闊於禮未周欲請並於立夏後卜日如立夏在三月則待改朔

農政全書

孟夏事宜

孟夏之月防有霧傷麥但有沙霧用䌰麻散絟長繩上侵晨令兩人對持其繩於麥上牽拽抹去沙霧則不生蟲　是月收諸色菜子斫倒就地曬打收之用瓶罐盛貯標記名號　是月收蜜蜂

下子　芝麻

扦插　梔子

栽種　椒　松　大豆　紫蘇　麻（宜夏至前十日）　葵　晚黃瓜　蓮　菉豆　白莧　荷根（宜立夏前三日）　梔子　枇杷

收藏　絲綿　大麥　乾葚　蒿芥　筍乾　鹽春菜　芋魁　蘿蔔　蠶豆　甜菜乾　晚菜乾

雜事　曬白菜　移茄　包梨　鋤蔥芋　斫竹

農事占候

四月以清和天氣爲正　必作寒數日謂之麥秀寒即月令麥秋至之候　夏至日風色有交時最要緊應驗　月中有魚散子占水黃梅時水邊草上看散子高低以卜水增止　立夏日看日暈有則主水諺云一番暈添一番湖塘是夜雨損麥諺云二麥不怕神共鬼只怕四月八夜雨大抵立夏後夜雨多便損麥蓋麥花夜吐雨多花損故麥粒浮秕也　是月內日暖夜涼主少水諺云日暖夜寒東海也乾虹見米貴

遵生八牋

四月事宜

西京雜記曰陽德用事和氣皆陽爲正陽之月又曰陽雖用事而陽不獨存純陽疑於無陰亦謂之曰陰月文選稱爲除月又曰首夏維夏

是月也盛德在火天道西行作事出行宜向西吉

是月每清晨喫蔥頭酒一二杯令血氣通暢

四月丁巳宜祀竈十六日天倉開宜入山修道

收書於未梅雨時開閣廚晾燥隨即閉門內放七里香花或樟腦不生蠹魚

收畫未梅雨前逐幅抹去蒸痕日中曬晾令燥緊捲入匣以厚紙糊匣口四圍梅後方開匣須杉木杪木爲之內不用紙糊并油漆以辟黴烝

辟蚊方用鮫魚曬乾於室中燒之可少解其橫是月伐木不蛀

月令纂曰是月於魚池中納一神守則魚不走養鯉善飛尤爲緊要（神守即今之團魚也）

又曰是月初四日七日八日九日取枸杞煎湯沐浴令人不老肌膚光澤

馮氏口談曰毬衣同花椒捲收或芫花末摻之則不蛀一用出白藍布包之亦妙風領煖耳包藏瓮中密封瓮口毛決不脫

月錄曰洗葛衣用梅葉挼碎洗之經夏不脆忌用木盆則黑以磁器洗之

內景經曰是月食蓴菜鯽魚作羹開胃

靈寶經曰是月八日宜修啓壽齋

是月初二十六十八十九日拔白生黑

雲笈七籤曰木瓜善治轉筋病者不必服此但口呼木瓜二字其病即痊

又曰是月望後宜食桑椹酒治風熱之疾亦可是月採桑椹取汁三斗白蜜四兩酥油二兩生薑汁二兩以罐先盛椹汁重湯煮汁到三升方入蜜酥薑汁再加鹽二錢又煮如稠磁器收貯每服一小杯酒服大治百種風疾

千金月令曰四月節內宜服煖宜食羊腎粥其法先以兔絲子一兩研煮取汁濾淨和麵切煮將羊腎一

具切條葱炒作粥食之補腎療眼暗赤腫
此月宜晚臥蚤起感受天地之精炁令人壽長
四月事忌
攝生月令曰四月爲乾生氣在卯死氣在酉不宜用
巳日時犯月建百事不吉
又曰初九二十五忌裁製交易
白雲雜忌曰是月勿食雉令人炁逆勿食鱔能害人
千金方曰勿令韭菜同鷄肉食暴死者尤不可食作
內疝生眥瞼中勿食諸物之心勿大醉勿食葫傷人
神損膽炁令人喘悸脇肋炁急勿食生蒜傷人更禁
男女同房忌純陰用事葫即葫蒜也
雲笈七籤曰是月八日不宜遠行宜清心齋沐必得
福慶
又曰是月忌暴怒傷心秋必爲瘧自夏至至九月忌
食隔宿肉菜之物忌用宿水洗面漱口
孫眞人曰是月初五日忌見一切生血勿食生菜初
八日十六日忌嗜慾犯之夭壽
楊公忌曰是月初七日不宜問疾
四月修養法
孟夏之月天地始交萬物並秀宜夜臥早起以受清
明之氣勿大怒大洩夏者火也位南方其聲呼其液
汗故怒與洩爲傷元氣也卦値乾乾者健也陽之性
天之象也君子以自強不息生炁在卯坐臥行功宜
向正東方
孫眞人曰是月肝臟已病心臟漸壯宜增酸減苦以
補腎助肝調養胃氣勿受西北二方暴風勿接陰以
壯腎水當靜養以息心火勿與淫接以寧其神以自
強不息天地化生之機也
賞心樂事
四月
初八日亦菴早齋　南湖放生食糕糜　芳草亭鬬
草　芙蓉池新荷　蘂珠洞茶䕷　滿霜亭菊花
玉照堂青梅　艷香館長春花　安閒堂紫笑　群
仙繪幅樓前玫瑰　詩禪堂盤子山丹花　餐霞軒
櫻桃　南湖雜花　鷗渚亭五色罌粟花
本草綱目
采浮萍
四月十五日采浮萍治時行熱病亦堪發汗甚有功
其方用浮萍一兩麻黃去根節桂心附子炮裂去臍
皮各半兩四物搗羅篩每服一錢以水一中盞生薑
半分煎至六分和滓熱服汗出乃瘥又治惡疾癘瘡
遍身者濃煎汁浴半日多效此方甚奇
酌中志略
宮中四月
四月初四日宮眷內臣換穿紗衣
直隸志書各省風俗同者不載
宛平縣
四月一日至八日遊戒壇潭柘香山臥佛碧雲玉泉
天寧寺諸名勝爲浴佛會也十日至十八日遊高梁
橋西頂草橋之中頂弘仁橋里二泗丫髻山爲碧霞
元君誕也
良鄉縣
四月八日浴佛禁屠宰一日
東安縣
四月二十八日藥王誕辰京師鄰縣男婦上廟進香
絡繹不絕扮戲會宴
通州
四月初八日爲浴佛會徧以熟豆施人謂之結緣是
日張家灣接待寺廟會甚盛張列百貨貿易三日乃
罷又張家灣有里二泗廟男女結社往遊自二十日
起五月初一日止
昌平州
孟夏月一日至三日里中士女咸謁梁公祠香火甚
盛凡京師諸處無不輦致百貨遠近皆貿易其間居
庸弛關禁三日至初五日又轉至州中陳設交易謂
之五日集近三十年始不行十八日爲天仙聖母聖
誕男婦咸往各行宮處進香
房山縣
四月十八日天開娘娘廟會場同西臺尖其人物益
盛
保定縣
四月念八古鄚扁鵲誕辰遠近進香玉帶河船晝夜
鼓樂振響半月爲一時勝遊
薊州
四月初八日登府君山賽府君神
遵化州
四月榆葉初萌如錢麵和錢蒸食之人曰榆錢糕
永平府
孟夏月朔雨占麥豐歉俗云一二麥脚黃三四落把
穫五六泥中割七八麥上場以七八日雨爲上也八
日爲浮屠生日浴佛僧尼各建道場宣經偈男婦結

會持齋詣佛寺禮拜或以黃豆置盤盂而念佛悉如
豆數且分衆食謂之結緣十八日祀天仙亦謂之拜
廟祀乎春尤盛蓋婦人求嗣者本古高禖遺風流而
爲賽禱又童男女多病者以小紙稭爲枷鎖荷之詣
廟祈禱三年爲滿焚神前謂枷願其祠在遷安景忠
山顚者俗稱頂上娘娘呂黎仙人頂亦稱頂上境數
百里內外男女或負病匍匐上獻錢於祠官立收頭
而半享其利進香者往返交錯於途旅店咸獲利山
下紙幣之肆亦二三日大市也

清苑縣

四月八日煑豆相餽遺初薦瓜於祖考

唐縣

四月六日商賈輻輳百貨畢聚名曰神集

安州

四月十五日聖母廟會

河間府

孟夏十二三四日雨麥不熟諺云初一初二雨典莊
賣兒女

靜海縣

四月十八日上鄚州廟

天津衛

四月初八日邑人就農桑業

眞定縣

四月八日首插槐芽以祛眼疾

定州

四月四日獻較武藝祈福北嶽廟八日爲黃山之遊

曲陽縣

四月四日嶽廟大會香火極盛四方貨物雲集麕至

饒陽縣

四月朔日風雨主麥米貴晦日同八日薦王瓜食苦
菜十六日夜忌陰黑小滿日宜雨諺云小滿不滿芒
種莫管東風主五日內有雨南風主有火災西風主
五穀不滋北風主有盜賊

任縣

每歲西關以四月一日爲大集商賈畢聚士女駢塡
土人以爲盛觀

延慶州

四月四日赴狄梁公廟燒香買器物加枷於孩童至
廟而脫之謂之赦罪

保安州

四月十八日泰山廟演戲十二天男女晝夜進香四
方商客遊人頗多

宣府鎭

四月二日傾城士女俱詣北郊北嶽帝行宮焚香或
步或騎或輿轎聯翩而出至則焚獻拜禱鐘鼓喧闐
綺羅交錯旣畢各尋隙地亭所攜酒食懽笑而囘視
焚香於東嶽之日蓋尤盛焉

山東志書

鄒平縣

四月八日黃山會初六日起至初八日止遠近州邑
士民男婦咸結隊朝拜碧霞元君像宮在山東峯虎
頭巖畔是日四方商賈賣百貨俱集東門貿易自廟
外至山脚搭棚賣香紙及各嬉物纍纍不絕農具諸
家居用物溢路鋪設里餘俗稱大集

海豐縣

四月二十八日天山鎭男女早起登山先一日設會
場商貨駢集

博平縣

麥秋日家取新麵作羹儲楮錢酒漿以薦新於先壠
然後嘗新謂之潑湯

朝城縣

四月十五城隍生日邑人設雜劇爲醮事慶賀遠近
斜會具猪羊食品上供四鄉祝者男女擁雜或吏用
綵紙帛扎爲輿從宮室前以彩仗鼓吹引導男女隨
後作佛號謂之進駕各鄉塾輟學工一日以遂童士
嬉遊之心

登州府

四月八日浴佛士庶就僧寺素食謂之喫四月八十
八日赴南山頂廟慶碧霞元君生辰士女遊密神山

黃縣

四月八日羣遊聖水泉俗名泉水疃謂之神會十八
日呂家莊天仙宮神會二十八日盧山延眞宮神會

山西志書

太谷縣

四月八日鳳泉山頂有大佛寺男女登臨拜禱十八
日東西兩關碧霞元君會士人享賽累日商賈鱗集
貨物山積人皆貿易因遊觀焉

盂縣

四月四日八日多遊藏山水神二祠焚香祈嗣

洪洞縣

四月八日蒸棗糕祭漢壽亭侯

太平縣

四月一日釋皂角葉禳瘟童男女以紅花子作纏佩之

萬泉縣

四月初一日帶皂角葉曰已頭痛

夏縣

四月一日戴紅花子間以雜綺小幡八日祀武安王廟

潞安府

五龍會四月十九日近山居民享祀爲大會簇帛製楮作幡幢樓閣人物花鳥之狀聯絡籠絨懸掛高樹謂之掛綵金碧玲瓏五色掩映製極工巧四方觀者因爲交易一日罷市焚綵各村每俱約有數掛每掛費數金或二三十金不等

平遙縣

四月一日門窗帖紙葫蘆雄鷄妝戲於首日辟瘟疫

臨縣

四月初四日祀馬王神初七日祀水神金龍四大王初八日祀北嶽大帝四方士女俱往進香

沁源縣

四月農家種穀黍十五日城隍廟會集貿易百貨士民宰牲獻祭遠近男女赴廟酬願

大同府

四月八日赴北嶽廟焚香進紙鋪行各行於關聖廟獻唱數日供設花盤紙工極其精潔

河南志書

洧川縣

小滿立紙旗於田畝

延津縣

四月十八日碧霞廟市民祭賽遠近商賈畢至紈綺錦繡珍寶珠玉山珍海錯風輓雲輪射利爭奇四方畢至肩摩轂擊比戶居停人雜類繁恐防意外相沿縣官駐防捕衙各設營房統率兵役日夜駐扎星羅眺望巡查名曰廟會於斯五日集散文武官吏方可回衙自逸

儀封縣

四月八日各相送王瓜小滿日以紙旗插麥中謂之迎豐

鞏縣

四月八日爲盧醫祠士女爭爲祭享病者尤先

固始縣

孟夏占法一二三四日雨麥不熟

陝西志書

富平縣

四月八日人戴皂芽曰不病耳

鳳翔縣

四月八日俗謂城西靈山是釋迦經行處遠近男婦咸往祈拜自初一日至此登山者不絕於道鄰郡鄰省間亦有至者

西鄉縣

四月八日城隍神誕大會凡近城居民衆賽報之典是日新食大麥碾麥爲索各相餽送

興安州

四月居人遊江上遇葛纏草木解之謂之解繳

平涼府

四月羣賞牡丹卉大登猫育子謂之牡丹猫八日僧浴佛饋豆豪貴賞賜之食羔衣布是月也馬牛大宦羣字羊毛復農播黍稷始菽地陶始登地登耘桑沃葉蠶屢眠伐山薪

眞寧縣

四月八日萬湫神會各府州縣拜迎聖水祈年

江南志書

吳縣

四月十四日福濟觀聚謁呂純陽

長洲縣

四月八日夜雨則傷小麥諺云小麥不怕神共鬼只怕八日八夜雨十六日晴則水大雨則旱惟陰雲爲佳二十日爲小分龍

崑山縣

四月十五日爲山神會縣設特牲祭之衆遂舁神出遊爲雜劇諸戲觀者如堵

嘉定縣

四月初四爲稻熟日喜晴十六夜忌陰黑諺云此夜烏漉禿西鄉村子繞田哭言有水也

常熟縣

四月八日人士競往山北桃源澗嬉遊兒童雜遝於谿谷間相傳陳莊靖公以是日賜祭葬邑人往觀沿習成俗

崇明縣

四月初八日居民遍走閭巷送糖豆謂小兒食之可稀痘

松江府

四月八日舊志迎華光會

武進縣

四月二十五日相傳季子生日鄉人作會四方商賈俱集

宜興縣

四月八日各寺僧餉烏飯先朝取青精草汁漬米使黑腒期炊作飯名曰烏飯捱戶分送俗傳爲目連僧餉母食

淮安府

夏四月西湖盪舟

高郵州

四月一日宜晴初八日晴主大水雨主大旱哭晴主大豐十六日晚占月以卜水旱

泰州

四月八爲浴佛日婦女有相約詣尼庵拜禮及祈求子息還愿者

懷寧縣

四月八日勸農者栽秧多以是日爲始諺曰四月八日種秧忙

徽州府

四月螻蟈鳴省陂隄

歙縣

城市四月一日至八日或馬或輿奉神出遊旗旄鮮麗儀衞莊嚴又爲珠翠金銀之冠盤龍翥鳳之飾旌幢蔽野簫鼓連天滕之河洲旋輿繞馬幾匝擲幡火上高呼而走

休寧縣

四月以寒占旱諺云春寒多雨夏寒絕流黃梅寒井底乾冬青花占梅雨花未破雨太過花旣開雨不來

貴池縣

四月八日浴佛僧人以是日爲釋迦誕辰置小佛於盆以香水浴之

舒城縣

四月有鳥名布穀自呼其名農人候此鳥則犂耙興

懷遠縣

孟夏之月八日浮圖有盂蘭之會

和州

首夏十六日晚以月占年

滁州

四月八日食不落莢相餽遺

浙江志書

杭州府

四月八日西湖作放生會小舟鱗次多買龜魚螺蚌放之

海寧縣

四月爲蠶月育蠶之家各閉戶親鄰無得輕入官府暫停訟謂之放蠶忙浙西皆然

嘉興縣

春末夏初浸穀種小滿動油車絲車水車謂之動三車芒種刈菜麥

龍泉縣

四月初一日大熱或風雨米貴西北風大荒西南風米賤東風米秋貴東南風自旦至夜不止五穀熟西南風十日不止賣牛損穀其日立夏地震其日小滿不熟初四日雨五穀貴初五初八日雨麥好初四日至初七日風不止豆熟月內虹見米貴甲子雨撐船入市其月月蝕人饑月內有三卯麻麥熟甲申日大雨五穀大貴是月行秋令五穀不滋行冬令大水行春令蝗蟲

江西志書

德興縣

四月八日始耘早田插晚秧

都昌縣

四月八日僧家作佛會民家用黑豆造飯謂之壓蠅鄰里親戚往來饋送

德化縣

四月八日觀雨暘以占水旱

建昌府

四月八日人家用百果作百和菜親鄰傳送歲以爲常是月坊保多斂錢建醮謂之禳災又謂之禳火裝演劇戲競奇夸富謂之迎神

廣昌縣

四月八日宜晴諺云四月八日晴魚兒上高坪婦女作烏桐飯供佛

瀘溪縣

四月漸暑麥乃有秋梅雨不時陰晴蒸鬱石礎皆潤八日各喂牛于家不耕田

湖廣志書

通山縣

四月八日民間各饱食云過歇夏節

蘄州

四月八日郡民各饋青精飯於父師或留至一年間
以和飯延客爲敬是日社執率小童子醵貲擬束脩
多寡名曰議學各以其坊競造龍舟宰豬祭神名曰
揭棚樹幟鳴鼓徧歷街巷

石首縣

四月自穀雨後農事交作國制息訟停徵栽苗收麥
老幼晝夜不遑俗云麥黃蠶又老工夫何日了早田
收割菜麥隨佈種棉花黃豆綠豆高粱秫芝麻黍粟
男婦盈畝田鼓歌聲上下相聞

湘陰縣

四月八各社廟開門造龍舟

岳州府

四月八日取羊桐葉漸米爲飯祀神及祖瀕江諸廟
有船四月中擇日下水鼕鼕鼓集人歌櫂

邵陽縣

四月八日晴擔秧蒔茅坪

常寧縣

四月八日雨踏斷水車嘴

寧遠縣

四月晴則暖雨則冷俗謂乍寒乍暖芝生草滿小滿
蠶過麥熟宜刈麥

福建志書

惠安縣

四月七八九三日諺云七日雨果子荒八日雨破池
塘九日雨再起倉言惟七日雨妨果其八九俱宜雨
也二十六日宜北風故云南風吹過北有錢糴無穀
北風吹過南無錢也去擔

建寧府

四月有黃竹瘴失之傷熱然氣亦輕不似粵地之毒
瘴中之輒殺人也是月衣絺綌至九月而止

將樂縣

四月四日俗傳爲酒日是日釀者俱佳八日夜逐蚊
禁燈

尤溪縣

四月八日爲浴佛日兒童飲甘草湯云消災其湯俱
諸寺僧浴佛畢以其餘分送各施米者

順昌縣

四月八日小兒以五色線繫脖俗云長命縷也

韶安縣

海上颶信四月初八日爲佛子颶

四川志書

涪州

四月秧長五六寸鄉人通工栽插集衆數十人擇二
人爲衆信服者分司鉦鼓鳴鼓擊鉦以督衆曰打鬧
插秧畢犁山土種菽粟麻蔔

廣東志書

新安縣

四月諺云小滿池塘滿不滿天大旱

英德縣

四月十九謂之浣花節晝撓僶鼓競綵江干

始興縣

四月初八三門鄉老迎龍頭祭洗是日遂鳴鑼擊鼓
至街市各家寫造龍舟費用以二十八日起龍舟競
渡至端陽止是月李熟

長樂縣

孟夏之月梅李熟匏瓠苦瓜茄豆皆可食是月也農
涸山塘藝穀其穀曰大冬至十月穫而復之以收魚
之利

高明縣

四月八日農家祀牛王辰

澄邁縣

四月八日細民之家凡婚姻親事有未卜擇日者多
於是日舉行

定安縣

四月各家設醮酬恩名曰設雷公齋遇雷劈物則曰
齋不到又復再設凡設醮必先期齋戒半月若雷劈
牛則各坊爭取其肉與孩子食爲平安

廣西志書

隆安縣

四月梅子熟棉花飛螢火耀始種荳小民早作夜歸
忙于耕稼古曰四月天高坡無不稼四月小田禾插
不了

欽定古今圖書集成曆象彙編歲功典

第四十六卷目錄

孟夏部藝文一
關陽門銘　後漢李尤
中呂四月啓　梁昭明太子
麥秋賦應詔　唐許敬宗
夏日郊行賦　宋王炎
孟夏部藝文二詩詞
四月八日讚佛　晉支遁
夏始和劉潺陵　齊謝朓
首夏泛天池　梁武帝
和湘東王首夏　簡文帝
答高博士　何遜
初夏應詔　隋魏澹
初夏　唐太宗
賦得夏首啓節　同前
首夏花萼樓觀羣臣宴寧王山亭回樓下又申之以賞樂賦詩　元宗
初夏日幽莊　盧照鄰
四月一日過江赴荆州　張說
四月十三日詔宴寧王亭子　前人
奉和四月三日上陽水窗賜宴應制得春字　孫逖
始夏南園思舊里　韋應物
早夏寄元校書　司空曙
早夏月夜問王開　劉商
四月　丘丹
孟夏　賈弇
賦得首夏猶清和　張聿
初夏曲三首　劉禹錫
早夏遊平泉廻　白居易
首夏南池獨酌　前人
孟夏思渭村舊居寄舍弟　前人
春末夏初閒遊江郭二首　前人
和微之四月一日　前人
首夏猶清和聯句
初夏有懷山居　李德裕
首夏清景想望山居　前人
早夏郡樓宴集　姚合
閒居孟夏卽事　許渾
初夏卽事寄魯望　皮日休
奉和魯望四月十五日道室書事　前人
夏首病愈因招魯望　前人
奉和魯望新夏東郊閒泛　前人
初夏訪魯望偶題小齋　前人
奉和夏初襲美見訪題小齋次韻　陸龜蒙
初夏雨中　宋寇準
孟夏二日通判大博惠庭花　梅堯臣
四月池上　蔡襄
初夏　邵雍
首夏呈諸鄰　司馬光
初夏　前人
初夏新晴　前人
初夏卽事　王安石
初夏　孔平仲
初夏　鄭剛中
初夏三首　范成大
初夏　陸游
幽居初夏二首　前人
幽居初夏雨霽　前人
初夏　前人
初夏　楊萬里
遊張園　戴敏
早夏　陳造
初夏　姜特立
鄉郡四月　翁卷
次韻屏翁初夏會芳小集　戴昺
初夏郊行　前人
四月卽景　前人
和樂天初夏韻　俞桂
初夏偶賦集唐　李龏
四月十五日遊寺　李昂英
初夏　眞桂芳
小滿　元元淮
餘杭四月　白珽
新夏曲　薩都剌
山中初夏卽事　華廉
山居首夏　李祁
夏月詞　鄭奎妻
初夏江村　明高啓

田園書事　前人
首夏閒居　張羽
貞谿初夏六首　邵亨貞
四月二首　陳憲章
四月五日微雨免朝與李太史世賢步出皇城門喜雨有作　程敏政
唐宮詞　石珤
首夏卽事　顧清
初夏五首　陸深
新夏　文徵明
首夏卽事　亢思謙
城北初夏　歸子慕
浴佛日僧寺送春以上詩　王泰際
訴衷情近初夏　宋柳永
阮郎歸　蘇軾
瀟湘逢故人慢初夏　王安禮
夏初臨　劉涇
好事近初夏　蔣子雲
小重山初夏　沈會宗
清平樂初夏舞宴　趙長卿
賀新郎　葉夢得
大聖樂　康與之
女冠子　前人
新荷葉　趙彥端
蘇幕遮　楊澤民
訴衷情初夏　金段克己
鸚鵡曲錢塘初夏　元馮子振
浣溪沙　明劉基
玉漏遲初夏　前人
浣溪沙初夏　楊基
喜遷鶯初夏　夏言
千秋歲引　吳子孝
攤破浣溪沙　陳繼儒
南唐浣溪沙初夏夜飲歸　前人
浣溪沙初夏以上詞　媛葉小鸞
孟夏部選句

歲功典第四十六卷

孟夏部藝文一

關陽門銘　後漢李尤

關陽在孟位月惟巳清明冠節太陽進起

中呂四月啓　梁昭明太子

節屆朱明昇鍾丹陸依依芳蓋俱臨帝女之桑鬱鬱丹城並挂陶潛之柳梅風拂戶牖之內麥氣擁宮闕之前敬想足下聲聞九皐詩成七步涵蚌胎於學海卓爾超羣蘊鵲抵於文山巍然孤秀但某窮途異縣岐路他鄉非無阮籍之悲誠有楊朱之泣每遇秋風振響鶉鷺子夏之衣夜月流輝鵲繞將軍之樹旣乖連璧之契終隔斷金之情中心藏之卑誠至矣今因去鴈聊寄芻蕘如遇回鱗希垂玉翰

麥秋賦應制　唐許敬宗

臣聞五土異宜四氣分序考宿麥於生類起嚴秋於溽暑扇漸秀於梅風潤岐苗於穀雨於時揚翹總暢陰呂潛生當隆曦之首節韞秋令之初萌雜芸黃於綠野參肅殺於朱明始自天而下降終因地而斯成疇中氣爽壟際風清引神飇於綺殿指明月於紈扇砌積玉兮疑冰庭飛花兮似霰矯微陽於修景濡寒露於方甸棟刻桂兮含英井雕蓮兮發絢雲標峰而勢詭氣發商而節變若乃葉幄垂秀條帷汎光鶯傳枝而裊娜蜂散蘂而芬芳對銀縞而偶縫並金縷而分芒如炎炎之鑠石若懍懍之懷霜資高明以納豫順中和以自芳非甘泉而滌景異寒氣而浮涼却冰紈於寶笥屏珍簟於披香命裁筆於蓬洛贊天文於柏梁幸千齡兮此遇奉萬壽兮稱觴

夏日郊行賦　宋王炎

四月維夏先晦三日予王子散策於東皐之上爾汝老農問勞既畢逶曳履乎委巷之間反而息肩乎喬木之傍喟然歎曰以吾流目之所見物化之亟如此哉麥穟穟而倂餌桑陰陰而繭絲麻莆莆而沒人秧芃芃而布畦螗解甲而效鳴鶯遷喬而載飛雀繞屋而孳尾烏俯巢而哺雛是孰幹其機緘至於日運而不齊也邪吾聞二氣噓吸一瞬不留向之溫然者俄而爲今日之夏今之燠然者又且爲後日之秋所以使人慷慨增懷踴躍自激感歲月之遄邁畏功名之湮沒故志士之競時殆不容乎寢食如余之椎鈍遲魯則姑苟安而休息者也人方逐逐我獨徐徐人方役役我獨于于諒愚智之懸隔宜動靜之殊途其在武水之曲有先人之敝廬一裘一葛日飯一盂非掃軌以謝物且杜門而讀書付榮枯於自然庶順命而無違抑古人有言曰優哉游哉聊以卒歲是其獲我私者乎

孟夏部藝文二 詩詞

四月八日讚佛　晉支遁

三春迭云謝首夏含朱明祥祥令日泰朗朗元夕清
菩薩彩靈和眇然因化生四王應期來矯掌承玉形
飛天鼓弱羅騰擢散芝英綠瀾頹龍首縹蘂翳流冷
芙蕖育神葩傾柯獻朝榮芬津霈四境甘露凝玉瓶
珍祥盈四八元黃耀紫庭感降非情想恬怕同泊無所
營丸根泯盡府神條秀形名同光朗東旦金姿豔春
精含和總八音吐納流芳馨跡隨因溜浪心與太虛
冥六度啓窮俗八解濯世纓慧澤融無外空同忘化
情

夏始和劉潺陵　齊謝朓

威仰弛蒼郊龍曜表皇隰春色卷遙甸炎光麗近邑
白蘋望已騁緗荷紛可襲徒願尺波旋終憐寸景戢
對窻斜日過洞幌鮮飈入浮雲去欲窮暮鳥飛相及
柔翰縯芳塵清源非易揖迴江難絕濟云誰暢佇立
良宰勖夜漁出入事朝汲積羽余既裦更賦子盈粒
椅梧何必零歸來共棲集

首夏泛天池　梁武帝

薄遊朱明節泛漾天淵池舟楫互容與藻蘋相推移
碧沚紅菡萏白沙青漣漪新波拂舊石殘花落故枝
葉軟風易出草密路難披

和湘東王首夏　簡文帝

冷風雜細雨垂雲助麥涼竹木俱葱翠花蝶兩飛翔
燕泥含復落鶯吟斂更揚臥石藤爲纜山橋樹作梁
欲待華池上明月吐清光

答高博士　何遜

北窻涼夏首幽居多卉木飛蜨弄晚花清池映疎竹
爲宴得快性安閒聊鼓腹將子厭囂塵就予開耳目

初夏應詔　隋魏澹

雖度芳春節物色尚餘華出簾飛小燕映戶落殘花
舞衫飄細縠歌扇掩輕紗蘭房本宜夜不畏日光斜

初夏　唐太宗

一朝春夏改隔夜鳥花遷陰陽深淺葉晚夕重輕煙
哢鶯猶響殿橫絲正網天珮高蘭影接綬細草紋連
碧鱗驚擢側元燕舞簷前何必汾陽處始復有山泉

賦得夏首啓節　同前

北闕三春晚南榮九夏初黃鶯弄漸變翠林花落餘
瀑流還響谷猿啼自應虛早荷向心卷長楊就影舒
此時歡不極調軫坐相於

首夏花萼樓觀羣臣宴寧王山亭回樓下又申之以賞樂賦詩并序　元宗

萬物莫不氣兆乎上而形視乎下鐵石異品雲蒸並濕草木無心春來咸喜故聖人弘道先王法天酒星主獻酬之義需卦陳飲食之象近命羣官欣時樂宴盡九春之麗景匝三旬之暇日暢飲桂山櫂歌沁水醇以養德味以平心本將導達陽和助成長育亦朝廷多慶軍國餘閒者也前月之晦細風飄雨繁絃中止列席半醉佳辰易失絕興難追良可惋也今年帶閏節候全晚暑氣猶清芳草未歇中布雅意復叙初筵披樂善之邸坐忘憂之觀東郊跬步南山在目足以締夏首之新賞補春餘之墜歡朕登覽上宮俯臨長陌暢衆心之怡虞歡歸騎之逶迤鼓之以琴瑟侑之以筐篚衛尊意洽場藿思苗賦我有嘉賓之詩奏君臣相悅之樂聊爵西日吟玩乘風不知衷情之發於翰墨也

今年逼閏月入夏展春輝樓下風光晚城隅宴賞歸
九歌揚政要六舞散朝衣天喜時相合人和事不違
禮中推意厚樂處感心微別賞陽臺樂前旬暮雨飛

初夏日幽莊　盧照鄰

聞有高蹤客耿介坐幽莊林壑人事少風煙鳥路長
瀑水含秋氣垂藤引夏涼苗深全覆隴荷上半侵塘
釣渚青龜沒村田白鷺翔知君振奇藻還嗣海隅芳

四月一日過江赴荊州　張說

春色沅湘盡三年客始回夏雲隨北帆同日過江來
水漫荊門出山平郢路開比肩羊叔子千載豈無才

四月十三日詔宴寧王亭子　前人

何許承恩宴山亭風日好綠嫩鳴鶴洲陰濃鬬鷄道
果思夏來茂花嫌春去早行樂無限時皇情及芳草

奉和四月三日上陽水窻賜宴應制得春字　孫逖

今日逢初夏歡遊續舊旬氣和先作雨恩厚別成春
鳳吹臨清洛龍輿下紫宸此中歌在藻還見躍潛鱗

始夏南園思舊里　韋應物

夏首雲物變雨餘草木繁池荷初貼水林花已掃園
縈叢蝶尚亂依閣鳥猶喧對此殘芳月憶在漢陵原

早夏寄元校書　司空曙

獨遊野徑送芳菲高竹林居接翠微綠岸草深蟲入
徧青叢花盡蝶來稀珠荷薦果香寒簟玉柄搖風滿
夏衣蓬蓽末無車馬到更當齋夜憶元暉

早夏月夜問王開　劉商

清風首夏夜猶寒嫩筍侵階竹數竿君向蘇臺長見月不知何事此中看

四月　丘丹

憶長安四月時南郊萬乘旌旗嘗酎玉巵更獻含桃絲籠交馳芳草落花無限金張許史相隨

孟夏　賈弁

江南孟夏天慈竹筍如編蜃氣爲樓閣蛙聲作管絃

賦得夏首猶清和　張聿一作黎逢

早夏宜春景和光起禁城祝融將御節炎帝啓朱明日送殘花晚風過御苑清郊原浮麥氣池沼發荷英樹影臨山動禽飛入漢輕幸逢堯禹化全勝谷中情

初夏曲三首　劉禹錫

銅壺方促夜斗柄暫南回稍嫌單衣重初憐北戶開西園花已盡新月爲誰來

時節過繁華陰陰千萬家巢禽命子戲園果墜枝斜寂寞孤飛蝶窺叢覓晚花

綠水風初暖青林露早晞麥隴雉朝雊桑野人暮歸百舌悲花盡平蕪來去飛

早夏遊平泉迴　白居易

夏早日初長南風草木香肩輿頗平穩澗路甚清涼紫蕨行看採青梅旋摘嘗療饑兼解渴一醆冷雲漿

首夏南池獨酌　前人

春盡雜英歇夏初芳草深薰風自南至吹我池上林綠蘋散還合赬鯉跳復沈新葉有佳色殘鶯猶好音依然謝家物池酌對風琴慚無康樂作秉筆思沈吟境勝才思劣詩成不稱心

孟夏思渭村舊居寄舍弟　前人

嘖嘖雀引雛稍稍筍成竹時物感人情憶我故鄉曲故園渭水上十載事樵牧手植榆柳成陰陰覆牆屋兔隱豆苗肥鳥鳴桑椹熟前年當此時與爾同遊矚詩書課弟姪農圃資童僕日暮麥登場天晴蠶坼簇弄泉南澗坐待月東亭宿興發飲數杯悶來棊一局一朝忽分散萬里仍羈束井鮒思反泉籠鶯悔出谷九江地卑濕四月天炎燠苦雨初入梅瘴雲稍含毒泥秧水畦稻灰種畬田粟已訝殊歲時仍嗟異風俗閒登郡樓望日落江山綠歸鴈拂鄉心平湖斷人目殊方我漂泊舊里君幽獨何時同一瓢飲水心亦足

春末夏初閒遊江郭二首　前人

閒出乘輕屐徐行蹋軟沙觀魚傍湓浦看竹入楊家林迸穿籬筍藤飄落水花雨埋鉤舟小風颺酒旗斜嫩剝青菱角濃煎白茗茶淹留不知夕城樹欲棲鴉

柳影繁初合鶯聲澀漸稀早梅迎夏結殘絮送春飛西日韶光盡南風暑氣微展張新小簟熨貼舊生衣綠蟻杯香嫩紅絲膾縷肥故園無此味何必苦思歸

和微之四月一日　前人

四月一日天花稀葉陰薄泥新燕影忙蜜熟蜂聲樂麥風低冉冉稻水平漠漠芳節或蹉跎遊心稍牢落春華信爲美夏景亦未惡颭浪嫩青荷重欄晚紅藥吳宮好風月越郡多樓閣兩地誠可憐其奈久離索

首夏猶清和聯句

記得謝家詩清和即此時白居易　餘花數種在密葉幾重垂裴度　芳謝人人惜陰成處處宜劉禹錫　水蘋爭點綴梁燕共隨追白行簡　亂蝶憐疎蘂殘鶯戀好枝張籍　草香殊未歇雲勢漸多奇白居易　單服初寧體新篁已出籬裴度　與春爲別近覺日轉行遲劉禹錫　繞樹風光少侵階苔蘚滋白行簡　惟思奉歡樂長得在西池張籍

初夏有懷山居　李德裕

山中有所憶夏景始清幽野竹陰無日巖泉冷似秋翠岑當累榭皓月入輕舟只有思歸夕空簾且夢遊

首夏清景想望山居　前人

嘉樹陰初合山中賞更新禽言未知夏蘭徑尚餘春散滿蘿垂帶扶疎桂長輪丹青寫不盡宵夢歎非真累榭空留月虛舟若待人何時倚蘭棹相與掇汀蘋

早夏郡樓宴集　姚合

官散有閒情登樓步稍輕窻雲帶雨氣林鳥雜人聲曉日襟前度微風酒上生城中爲難得捨壁各書名

閒居孟夏即事　許渾

綠樹蔭青苔柴門臨水開簟涼初熟麥枕膩乍經梅魚躍海風起鼉鳴江雨來佳人竟何處日夕上樓臺

初夏即事寄魯望　皮日休

夏景恬且曠遠人疾初平黃鳥語方熟紫桐陰正清廨宇有幽處私遊無定程歸來閉雙關亦忘枯與榮土室作深谷蘚垣爲干城敧杉突柂架迸筍支檐楹片石共坐穩病鶴同喜晴癭木四五器筇杖一兩莖泉爲葛天味松作羲皇聲或看名畫徹或吟閒詩成忽枕素琴睡時把仙書行自然寡儔侶莫說更紛爭具區包地髓震澤含天英粵從三讓來俊造紛然生顧予客茲地薄我皆爲傖唯有陸夫子盡力提客卿各負出俗才俱懷超世情駐我一棧車啜君數藜羹敲門若我訪倒屣欣逢迎胡餅蒸甚熟貊盤舉尤輕茗脆不禁炙酒肥或難傾掃除就藤下移榻尋虛明

雖共陸夫子醉與天壤并

奉和魯望四月十五日道室書事　前人

望朝齋戒是尋常靜啓金根第幾章竹葉飲爲甘露色蓮花鮓作肉芝香松膏背日凝雲磴丹粉經年染石牀剩欲與君終此志頑仙惟恐鬢成霜

夏首病愈因招魯望　前人

曉入清和尚袷衣夏陰初合掩雙扉一聲撥穀桑柘晚數點舂鋤煙雨微貧養山禽能箇瘦病關芳草就中肥明朝早起非無事買得尊絲待陸機

奉和魯望新夏東郊閒泛　前人

水物輕明淡似秋多情才子倚蘭舟碧莎裳下攜詩草黃篾樓中掛酒篘蓮葉蘸波初轉櫂魚兒簇餌未諳鉤共君莫問當時事一點沙禽勝五侯

夏初訪魯望偶題小齋　前人

半里芳陰到陸家藜牀相勸飯胡麻林間度宿拋棊局壁上經旬挂釣車野客病時分竹米鄰翁齋日乞藤花踟躕未放閒人去半片紗幮待月華

奉和夏初襲美見訪題小齋次韻　陸龜蒙

四鄰多是老農家百樹雞桑半頃麻盡趁清明修網架每和煙雨掉繅車啼鶯偶坐身藏葉餉婦歸來鬢有花不是對君吟復醉更將何事送年華

初夏雨中　宋寇準

綠樹新陰暗井桐雜英當砌墜疎紅重門寂寂經初夏盡日垂簾細雨中

孟夏二日通判大博惠庭花　梅堯臣

前日已春盡夏卉抽嫩青雖君所植花餘紅猶滿庭常惜畏景逼贈未及飄零欲插爲之醉但慙髮星星

四月池上　蔡襄

風下平池水葦開池邊露坐水風來草香冉冉生吟席雲影飛飛度酒杯荷葉偶成雙翠蓋荔枝纔似小青梅人間物靜兩相得月色蒼涼始肯廻

初夏　邵雍

綠楊深處囀流鶯鶯語猶能喜太平人享末年非不幸天生珍物豈無情牡丹謝後紫櫻熟芍藥開時斑筍生林下一般閒富貴何嘗更肯讓公卿

首夏呈諸鄰　司馬光

首夏木陰薄清和自一時筍抽八九尺荷生三四枝新服裁蟬翼舊扇拂蛛絲莎徑熱未劇晨昏來往宜

初夏　前人

四月清和雨乍晴南山當戶轉分明更無柳絮因風起惟有葵花向日傾

初夏新晴　前人

首夏清和新雨晴綠莎細軟不妨行園夫遮道白何事梔子花開斑筍生

初夏即事　王安石

石梁茅屋有彎碕流水濺濺度兩陂晴日暖風生麥氣綠陰幽草勝花時

初夏　孔平仲

初夏新雨餘蕭然風轉北芭蕉索索鳴庭戶有秋色清寒思挾纊向著衫絺綌陰陽孰主張變態只頃刻幽軒暮支頤佳趣生靜默雲氣薄南山坐含蒼煙隔

初夏　鄭剛中

春物闌珊逐曉風芰荷菽角草茸茸野梅結子疎枝重老竹生孫翠影濃賓酒情懷還是客異鄉歌笑且相從醺然就枕皆佳處醉夢何妨度曉鐘

初夏三首　范成大

晴絲千尺挽韶光百舌無聲燕子忙永日屋頭槐影暗微風扇裏麥花香

東君不解惜芳菲料峭寒中一夢非窮盡牡丹梅子綻何須風雨送春歸

一簾芳樹綠蔥蔥蝴蝶飛來覓綺叢摘白茶蘼紅寶相尙攜春色兒薰風

初夏　陸游

已過浣花天行開解粽筵店沽浮蟻酒步艤載秧船古俗交情久豐年樂事偏出波蓴菜滑上市鮆魚鮮僧閣梅山麓漁扉禹廟壖丹青不可畫得句一欣然

幽居初夏二首　前人

路繞長堤北家居小市西陂塘晨飲犢門巷午鳴雞婦喜蠶三幼兒誇雨一犁衰翁亦放浪未怕屐沾泥

梅塢青黃子草陂紅紫花雙鵝朝戲浦群鴨暮還家赤腳挑殘筍蒼頭摘晚茶出門逢野老滿意說桑麻

幽居初夏雨霽　前人

楸花楝花照眼明幽人浴罷葛衣輕燕低去地不盈尺鵲喜傍簷時數聲對奕軒窗消永晝曬書院落喜新晴忽驚重午無多日綵縷纏筒弔屈平

初夏　前人

麥秀微寒後梅黃細雨前湖灘初集鷺堤柳未鳴蟬琴帶輕陰潤巾因小醉偏晚來幽興極又上釣魚船

初夏　楊萬里

麥黃秧碧百家衣已熱猶寒四月時雨後覓春無一

寸薔薇花發臙脂

遊張園　戴敏

乳鴨池塘水淺深熟梅天氣半晴陰東園載酒西園醉摘盡枇杷一樹金

早夏　陳造

安石榴花猩血鮮凉荷高葉碧田田鰣魚入市河豚罷已是江南打麥天

初夏　姜特立

催成新夏荷浮翠送盡餘春柳褪綿正是清和好時節嫩柯嬌葉媚晴天

鄉邨四月　翁卷

綠遍山原白滿川子規聲裏雨如煙鄉邨四月閒人少纔了蠶桑又插田

次韻屏翁初夏含芳小集　戴昺

一觴還一詠竟日醉難成坐石驚雲濕臨池愛水平密林宜午蔭啼鳥尚春聲更有櫻桃約明朝且願晴

初夏郊行　前人

晴雨天難測寒暄氣未齊連邨多綠樹終日囀黃鸝田水衝塍斷山雲著地低偶隨農叟語不覺過橋西

四月卽事　前人

茶歌纔了又田歌節物眞成一鳥過蒼竹颭風凉意足碧梧留雨夜聲多瓜緣茅屋抽長蔓藕過疏畦出矮荷最喜白鷗相狎久對人自在浴清波

和樂天初夏韻　俞桂

雨脚來山岫溪痕漲岸沙插旗多酒戶挂網盡漁家地出棚兒筍園收菜子花春歸鶯囀嫩風急燕飛斜杯瀉青荷葉甌煎白玉茶孤村流水晩數點有歸鴉

四月十五日遊寺　李昂英

今日快逢僧結夏不妨乘興扣禪扉山垂遠瀑溪聲急風捲癡雲雨脚稀囊錦詩成僧借看楸紋棊落鳥驚飛比來莫訝凭闌久傑閣新成拂翠微

初夏偶賦集唐　李龏

野煙喬木弄殘暉虛室無人乳燕飛正是清和好時節青叢花盡蝶來稀

初夏　眞桂芳

一葉薰風帶暑回南天濃翠與庭槐不隨春去鶯猶在好競時妝榴又開翦尺旋裁新白苧杯盤聊薦舊青梅篋中敝扇投閒久依舊團團入手來

小滿　元元淮

子規聲裏雨如煙潤逼紅綃透客氈映水黃梅多半老鄰家蠶熟麥秋天

餘杭四月　白珽

四月餘杭道一晴生意繁朱櫻青豆酒綠草白鵝村水滿船頭滑風輕袖影翻幾家蠶事動寂寂晝關門

新夏曲　薩都剌

紅泣香枯怨流水夜放籜龍千尺尾風生宮樹曉層冷凉綠一簾收不起煙乾寶鴨白晝清祝融緩轡行

山中初夏卽事　華廉

且停薔薇花深霧冥冥碧窻睡起香滿肱

東風不到畫闌邊屈指韶光又一年處處插秧梅子雨家家繰繭竹籬煙荷因怕暑先擎蓋柳爲無寒早褪綿莫道山中無樂事數聲啼鳥落花天

山居首夏　李祁

東風滿意綠迴遭乍著單衣脫敝袍最愛晩凉新浴罷坐看春筍過林高

夏月詞　鄭奎妻

芭蕉葉展青鸞尾萱草花含金鳳嘴一雙乳燕出雕梁數點新荷浮綠水困人天氣日長時針線慵拈午漏遲起向石榴陰畔立戲將梅子打鶯兒

初夏江村　明高啓

輕衣軟屐步江沙樹暗前村定幾家水滿乳鳧翻藕葉風疎飛燕拂桐花渡頭正見橫魚艇林外時聞響緯車最是黃梅時節近雨餘歸路有鳴蛙

田園書事　前人

西園春去綠陰成已覺南窻枕簟清簾捲斜陽歸燕入池生芳草亂蛙鳴葉過穀雨花猶在衣近梅天潤易生獨坐正知閒晝永吟餘消盡篆煙輕

首夏閒居　張羽

門巷閒臨曲水濱綠陰悄悄四無鄰雨餘高筍初迎夏風逗殘花尚駐春倚杖多因聞好鳥開樽每爲愛幽人疎簾清簟終朝靜只有琴書自可親

貞谿初夏六首　邵亨貞

雨後深林竹筍肥渡頭風急柳花飛柴門不掩綠陰靜人在閒窻試苧衣

綠陰桑柘滿高原白水蒹葭接遠村江上人家無俗事輕舟載網過柴門

巡簷燕子掠晴絲隔水茶煙出院遲草色入簾人不到午風吹暖夢回時

春水初收露淺沙野人相見問年華芒鞋竹杖前村路煙樹深深叫乳鴉

楝花風起漾微波野渡舟輕客自過沙上兒童臨水

立戲將萍藻飼黃鵝
巷巷繰車桑繭熟村村社鼓野神來鵓鴣聲向樹陰
裏花下柴扉晝不開

四月二首　陳憲章

四月陰晴裏山花落漸稀雨聲寒月桂日色煖酴醾
病起初持酒春歸尚掩扉午風吹蛺蝶低趁乳禽飛
生意日無涯乾坤自不知受風荷柄曲擎雨柏枝垂
靜坐觀羣妙聊行覓小詩臨階愛新竹抽作碧參差

四月五日微雨免朝與李太史世賢步出皇城門喜雨有作　程敏政

輕陰小雨夜連晨中使朝呼散紫宸天氣薰蒸疑作
暑風光回轉欲留春班分輦道花迎佩仗出宮牆柳
映人獨喜聯鑣歸去早六街消盡馬蹄塵

唐宮詞　石珤

四月笙歌沸苑池瑞蓮花對海棠絲昭容尚記開元
日正是宮中鬭老時

首夏即事　顧清

金猊香殘晝漏稀嫩槐庭院午風微蜜房分子蜂初
靜書閣垂簾燕自飛小碾試茶催瀹鼎輕刀裁葛已
成衣故園遙憶三江外梅豆青青筍過扉

初夏五首　陸深

野曠孤亭迥晝長花影涯蒹葭飛白鳥楊柳轉黃鸝
芍藥花初謝芭蕉葉已斜窗前一夜雨浮綠漲文紗
林日不到地溪風長滿船雨餘黃犢健天際白鷗眠
初日浮空動微風劃地涼芋衣人尚怯看竹過橫塘
細草緣堦砌幽禽語晝梁好風排戶入吹散午時香

新夏　文徵明

暖風庭院草生香晴日簾櫳燕子忙白髮不嫌春事
去綠陰自喜夏堂涼閒心對酒從時換老俗抛書覺
晝長客有相過同一笑竹爐吹火試旗槍

首夏即事　亢思謙

朱明新景轉皇州永日虛堂暑氣浮南隴雨聲梅已
熟西疇風煖麥方秋古槐陰覆空庭靜細草芳連曲
徑幽翹首五雲天咫尺虞絃薰吹滿瀛洲

城北初夏　歸子慕

三見草木榮栖栖猶未旋偶與城市遠因就此地偏
獨館背清池一無俗事牽晨興課書能日午蛙聲喧
出門見新秧微綠映遠田久晴初得雨稚子亦欣然
田父說古歲今茲定有年物情既如此于樂復何言

浴佛日僧寺送春　王泰際

雨院苔廚消豔時流連磚影與花移佛燈千劫回春
色東帝頹齡委秀眉未免有詩才子事因之惜別古
人癡留題不羨紗籠壁好把頹僧謝秭規

訴衷情近 初夏　宋柳永

幽閒晝永漸入清和氣候榆錢飄滿閒階蓮葉嫩生
翠沼遙望水邊幽徑山崦孤村是處園林好　閒情
悄綺陌遊人漸少少年風韻自覺隨春老前遊杳鳳
城信阻天涯目斷暮雲芳草佇立空殘照

阮郎歸　蘇軾

綠槐高柳咽新蟬薰風初入絃碧紗窗下水沈烟棋
聲驚晝眠　微雨過小荷翻榴花開欲然玉盆纖手
弄清泉瓊珠碎又圓

瀟湘逢故人慢 初夏　王安禮

薰風微動方櫂花弄色萱草成窩翠幃敞輕羅試冰
簟初展幾尺湘波疎櫺廣廈稱瀟湘一枕南柯引多
少夢魂歸緒洞庭雨棹烟蓑　驚回處閒晝永更時
時燕雛鶯友相過正綠影婆娑況庭有幽花池有新
荷青梅煮酒幸隨分贏取高歌功名事到頭終在歲
華忍負清和

夏初臨　劉涇

泛水新荷舞風輕燕園林夏日初長庭樹陰濃雛鶯
學弄新簧小橋飛入橫塘跨青蘋綠藻幽香朱闌斜
倚霜紈未搖衣袂先涼　歌歡稀遇怨別多同路遙
水遠煙濟梅黃輕衫短帽相攜洞府流觴況有紅妝
醉歸來寶蠟成行拂牙牀紗幮半開月在迴廊

好事近 初夏　蔣子雲

葉暗乳鴉啼風定老紅猶落蝴蝶不隨春去入薰風
池閣　休歌金縷勸金卮酒病煞如昨簾捲日長人
靜任楊花飄泊

小重山 初夏　沈會宗

花過園林清蔭濃琅玕新脫筍綠成叢雨聲只在小
樓東閒敧枕敞向芰荷風　長日蔽簾櫳輕塵飛不
到晝堂空一樽今夜與誰同人如玉相對月明中

清平樂 初夏舞宴　趙長卿

清和時候底事休教瘦滿酌流霞看舞袖步步錦裀
紅縐　六么舞到虛催幾多深意徘徊捹了明朝中
酒爲伊更飲瓊杯

賀新郎　葉夢得

睡起流鶯語掩蒼苔房櫳向晚亂紅無數吹盡殘花

無人見惟有乖楊自舞漸煖靄初回輕暑寶扇重尋明月影暗塵侵上有乘鸞女驚舊恨遽如許　江南夢斷橫江渚浪黏天葡萄漲綠半空煙雨無限樓前滄波意誰採蘋花寄取但悵望蘭舟容與萬里雲飄何時到送孤鴻目斷千山阻誰爲我唱金縷

大聖樂　康與之

千朶奇峯半軒微雨曉來初過漸燕子引教雛飛菡萏暗薰芳草池面涼多淺斟瓊巵浮綠蟻展湘簟雙紋生細波輕紈舉動團圓素月仙桂婆娑　臨風對月恣樂便好把千金邀艷娥幸太平無事擊壤鼓腹攜酒高歌富貴安居功名天賦爭奈皆由時命何休眉鎖問朱顏去了還更來麼

女冠子　前人

火雲初布遲遲永日炎暑濃陰高樹黃鸝葉底羽毛學整方調嬌語薰風時漸動峻閣池塘芰荷爭吐畫梁紫燕對對銜泥飛來又去　想佳期容易成辜負共人人同上畫樓斟香醑恨花無主臥象牀犀枕成何情緒有時魂夢斷半牕殘月透簾穿戶去年今夜扇兒扇我情人何處

新荷葉　趙彥端

雨細梅黃去年雙燕還歸多少繁紅盡隨蝶舞蜂飛陰濃綠暗正麥秋猶衣羅衣香凝沈水雅宜簾幕重闈　繡扇仍攜花枝塵染芳菲遙想當時故交往往人非天涯再見悅情話景仰清徽可人懷抱晚期蓮社相依

蘇幕遮　楊澤民

日烘晴風却暑簾幕中間紫燕呢喃語嫩竹新荷初沐雨曲檻幽軒四面明牕敞　夏初臨春又去不願封侯祗怕爲鸛旅溪上故人無恙否欲唱菱歌發棹歸南浦

訴衷情 初夏　金段克己

東風簾幕雨絲絲梅子半黃時玉簪微醒醉夢閒却兩三枝　初睡起曉鶯啼倦彈棊芭蕉新綻從倚湖山綠筆題詩

鸚鵡曲 錢塘初夏　元馮子振

錢塘江上親曾住司馬槱不是村父縷金衣唱徹流年幾陣紗牕梅雨　夢回時不見犀梳燕子又銜春去便人間月缺花殘是小小香魂斷處

浣溪沙　明劉基

語燕鳴鳩白晝長黃蜂紫蝶草花香滄江依舊遶斜陽　泛水浮萍隨處滿舞風輕絮霎時狂清和院宇麥秋涼

玉漏遲 初夏　前人

海榴花似火看看又見麥秋時候枝上鳴蜩斷續一庭金奏翠沼風漪未定看葉底明珠圓溜苔徑黝鰕鬚掛處有人消瘦　緬想那日歡娛是鴻鴈來初芙蓉開後蔓草青蕪但覺暗愁依舊欲把相思寄與霧煙慘不堪回首凝望久寒鴉自啼疏柳

浣溪沙 初夏　楊基

幾卷斜封出舊窠藕絲柔梗上新荷衣裳輕薄試單羅　煙淡淡中青草合雨絲絲裏綠陰多園林佳處是清和

喜遷鶯 初夏　夏言

臨水閣倚風軒細雨熟梅天一池新水碧荷圓榴花紅欲然　薄羅裳輕紈扇睡起綠陰滿院曲闌斜轉正開凭何處玉簫聲

千秋歲引　吳子孝

朱夏初臨薰風漸扇永日畫堂消香篆閒身長狎水中鷗芳辰恰覩梁間燕舉玉巵歌金縷春無限　六十年華人正健紺鬢紅顏猶未變蘭玉盈庭閭里羨裊裊紅生檻上雲垂垂柳散風中線太平時清和節長生宴

攤破浣溪沙　陳繼儒

蜂欲分衙燕補巢清和天氣綠陰嬌一陣窗前風雨到打芭蕉　驚起幽人初睡午茶煙繚繞出花梢有商客來琴在背度紅橋

南唐浣溪沙 初夏次依韻　前人

桐樹花香月半明棹歌歸去蟪蛄鳴曲曲柳灣茅屋矮掛魚罾　笑指吾廬何處是一池荷葉小橋橫燈火紙窗修竹裏讀書聲

浣溪沙 初夏　媛葉小鸞

香到酴醾送晚涼荇風輕約薄羅裳曲欄凭徧思偏長　自是幽情慵捲幌不關春色惱人腸誤他雙燕未歸梁

孟夏部選句

晉傅元述夏賦四月維夏運臻正陽和氣穆而扇物麥含露而飛芒清徵泛於琴瑟朱鳥感於炎芃鹿解角於中野草木蔚其條長

陶潛詩孟夏草木長繞屋樹扶疎

宋謝靈運詩首夏猶清和芳草亦未歇

齊謝朓詩首夏實清和餘春滿郊甸花樹雜爲錦月池皎如練

唐張說詩庭柳餘春駐宮鶯早夏催

錢起詩花蒡敗春多寂寞葉陰迎夏已清和

白居易詩清和四月初樹木正華滋風清新葉影鳥戀殘花枝

韋莊詩纔見早春鶯出谷已驚新夏燕巢梁

宋蘇軾詩綠暗初迎夏紅殘不及春

邵雍詩高竹遍冬青四月方易葉

陸游詩竹樹森疎夏令新又采茶歌裏春光老煮繭香中夏景長

薛季宣詩麥夏西山日脚斜

明潘緯詩鳥作辭春語松生入夏陰

欽定古今圖書集成曆象彙編歲功典
第四十七卷目錄
孟夏部紀事

歲功典第四十七卷
孟夏部紀事

汲冢周書維四年孟夏王初祈禱於宗廟乃嘗麥於太廟

拾遺記周昭王二十四年塗修國獻青鳳丹鵲各一雌一雄孟夏之時鳳鵲皆脫易毛羽聚鵲翅以爲扇緝鳳毛以飾車蓋一名遊飄二名條翮三名虧光四名仄影時東甌獻二女一名延娟二名延娛使二人更搖此扇侍於王側輕風四散泠然自凉

左傳晉人徵朝於鄭鄭人使少正公孫僑對曰溴梁之明年公孫夏從寡君以朝於君見於嘗酎與執燔焉疏月令言飲酎當是夏祭之後此言嘗酎謂見於夏祭故云與執燔焉

漢書郊祀志文帝即位十三年明年黃龍見成紀其夏下詔曰有異物之神見於成紀毋害於民歲以有年朕幾郊祀上帝諸神禮官議毋諱以朕勞有司皆曰古者天子夏親郊祀上帝於郊故曰郊於是夏四月文帝始幸雍郊見五畤祠衣皆上赤又明年夏四月文帝親拜霸渭之會以郊見渭陽五帝五帝廟臨渭北穿蒲池溝水權火舉而祠若光煇然屬天焉

景帝本紀後二年夏四月詔曰雕文刻鏤傷農事者也錦繡纂組害女紅者也農事傷則饑之本也女紅害則寒之原也夫饑寒並至而能亡爲非者寡矣朕親耕后親桑以奉宗廟粢盛祭服爲天下先不受獻減大官省繇賦欲天下務農蠶素有畜積以備災害彊毋攘弱衆毋暴寡老者以壽終幼孤得遂長

武帝本紀建元元年夏四月己巳詔曰古之立教鄉里以齒朝廷以爵扶世導民莫善於德然則於鄉里先耆艾奉高年古之道也今天下孝子順孫願自竭盡以承其親外迫公事內乏資財是以孝心闕焉朕甚哀之民年九十以上已有受鬻法爲復子若孫令得身帥妻妾遂其供養之事

元封元年夏四月癸卯上還登封泰山降坐明堂

元封二年夏四月還祠泰山至瓠子臨決河命從臣將軍以下皆負薪塞河隄作瓠子之歌

十洲記鳳麟洲煮鳳喙及麟角合煎作膏名之爲續弦膠或名連金泥能續弓弩已斷之弦刀劍斷折之金更以膠連續之使力士掣之他處乃斷所續之際終無斷也武帝天漢三年四月西國王使至獻此膠四兩武帝幸華林園射虎而弩弦斷使者時從駕又上膠一分使口濡以續弩弦帝曰異物也乃使武士數人共對掣引之終日不脫如未續時也膠色青如碧玉

武帝天漢三年四月西國王使至獻吉光毛裘裘黃色蓋神馬之類也入水數日不沉入火不燋

漢書武帝本紀太始四年夏四月幸不其祠神人於交門宮若有鄉坐拜者作交門之歌注神人蓬萊仙人之屬也琅邪縣有交門宮武帝所造

昭帝本紀元鳳二年夏四月上自建章宮徙未央宮大置酒賜郎從官帛及宗室子錢人二十萬吏民獻牛酒者賜帛人一疋

趙充國傳四月草生發郡騎及屬國胡騎伉健各千倅馬什二就草

宣帝本紀本始元年夏四月詔內郡國舉文學高第各一人

地節二年夏四月鳳凰集魯郡羣鳥從之

五鳳四年夏四月遣丞相御史掾二十四人循行天下舉冤獄察擅爲苛禁深刻不改者

甘露元年夏四月黃龍見新豐

雲笈七籤茅盈字叔申咸陽南關人也漢宣帝時二弟俱貴鄉里相送者數百人時盈亦在座謂賓曰我來年四月三日當之官能如今日之集會不衆許之至期日衆賓並集盈與家人及親族辭訣歸句曲人因改句曲爲茅君山

漢書元帝本紀初元元年夏四月詔曰方田作時朕憂蒸庶之失業臨遣光祿大夫褒等十二人循行天下存問耆老鰥寡孤獨困乏失職之民

初元五年夏四月詔令從官給事宮司馬中者得爲大父母父母兄弟通籍注司馬門者宮之外門也

建昭四年夏四月詔舉茂才特立之士

後漢書光武本紀建武七年夏四月壬午詔公卿司隸州牧舉賢良方正各一人遣詣公車

建武十三年夏四月大饗將士班勞策勳功臣增邑更封凡三百六十五人

建武十四年夏四月辛巳封孔子後志爲褒成侯注平帝封孔均爲褒成侯志均子也古今志曰志時爲密令

祭祀志光武中元元年四月以吉日刻玉牒書函藏金匱璽印封之使太尉奉匱以告高廟藏於廟室西壁石室高主室之下

明帝本紀永平六年王雒山出寶鼎廬江太守獻之夏四月甲子詔曰祥瑞之降以應有德方今政化多僻何以致茲易曰鼎象三公豈公卿奉職得其理耶太常其以礿祭之日陳鼎於廟以備器用賜三公帛五十疋九卿二千石半之

永平九年四月甲辰詔郡國以公田賜貧民各有差

永平十年夏四月戊子詔曰昔歲五穀登衍今茲蠶麥善收其大赦天下方盛夏長養之時蕩滌宿惡以報農功百姓勉務桑稼以備災害吏敬厥職毋令愆墮

永平十二年夏四月遣將作謁者王吳修汴渠十三年夏四月汴渠成辛巳行幸滎陽巡行河渠乙酉詔曰自汴渠決敗六十餘歲今既築隄理渠絕水立門河汴分流復其舊跡陶丘之北漸就壤墳故薦嘉玉絜牲以禮河神東過洛汭歎禹之績今五土之宜反其正色濱渠下田賦與貧民無令豪右得固其利

章帝本紀建初二年夏四月癸巳詔齊相省冰紈方空縠吹綸絮

魏志文帝本紀黃初五年夏四月立太學制五經課試之法置春秋穀梁博士

晉書禮志魏太和元年四月洛邑初營宗廟掘地得玉璽方一寸九分其文曰天子羨思慈親明帝爲之改容以太牢告廟

武帝本紀泰始三年四月戊午張掖太守焦勝上言氏池縣大柳谷口有元石一所白畫成文實大晉之休祥圖之以獻詔以制幣告於太廟藏之天府

禮志武帝泰始七年四月帝將親祠車駕夕牲而儀注還不拜詔問其故博士奏歷代相承如此帝曰非致敬宗廟之禮也於是實拜而還遂以爲制夕牲必躬臨拜

武帝本紀太康元年夏四月白麟見於頓丘

拾遺記張華爲九醞酒以三薇漬麴糵糵出西羌麴出北方北方有指星麥四月火星出麥熟而穫之糵用水漬麥三夕而生萌芽以平旦雞鳴時而用之俗人呼爲雞鳴麥以之釀酒醇美

幸蜀記咸康元年四月遊浣花龍舟綵舫十里綿亙自浣花潭至萬里橋遊人士女珠翠夾岸日正午暴風起須臾電雷冥晦有白魚自江心躍起變爲蛟形騰空而起是日溺者數千人衍懼即時還宮

洛陽伽藍記昭儀尼寺有一佛二菩薩塑工精絕四月七日常出詣景明景明三像恆出迎之

後燕錄長樂元年夏四月甲午有異雀素身綠首集於端門棲翔東園二旬而去

南史宋文帝本紀元嘉二十四年四月河濟俱清

宋書劉敬宣傳敬宣八歲喪母晝夜號泣中表異之輔國將軍桓序鎮蕪湖父牢之參序軍事四月八日敬宣見衆人灌佛乃下頭上金鏡以爲母灌因悲泣不自勝序歎息謂牢之曰卿此兒既爲家之孝子必爲國之忠臣

世說范甯作豫章八日請佛有板衆僧疑或欲作答有小沙彌在坐末曰世尊默然則爲許可衆從其義

佛國記法顯到于闐國其國中十四大僧伽藍不數小者從四月一日城裏便灑掃道路莊嚴巷陌其城門上張大幃幕事事嚴飾王及夫人采女皆住其中瞿摩帝僧是大乘學王所敬禮最先行像像入城時門樓上夫人采女遙散衆花紛紛而下至十四日行像訖王及夫人乃還宮

南史齊高帝本紀益州有山古老相傳曰齊后山昇明三年四月二十三日有沙門元暢者於此山立精舍其日上登尊位

昇明三年四月二十四日滎陽郡人尹千於嵩山東南隅見天雨石墜地石開有玉璽在其中璽方三寸文曰戊丁之人與道俱肅然入草應天符掃平河洛

清魏都又曰皇帝運興千奉璽詣雍州刺史蕭赤斧赤斧以獻

資治通鑑梁天監元年夏四月癸酉詔公車府謗木肺石旁各置一函若肉食莫言欲有橫議投謗木函若有功勞才器寃沉莫達者投肺石函

梁書海南傳干陁利國在南海洲上天監元年其王瞿曇修跋陁羅以四月八日夢見一僧謂之曰中國今有聖主十年之後佛法大興汝若遣使貢奉敬禮則土地豐樂商旅百倍我當與汝往觀之乃於夢中至中國拜覲天子既覺心異之陁羅本工畫乃寫夢

中所見高祖容質飾以丹青仍遣使并畫工奉表獻玉盤等物使人既至模寫高祖形以還其國比本畫則符同焉因盛以寶函日加禮敬

高僧傳釋元高小名靈育母寇氏夢見胡僧持傘者花滿坐便即懷胎至四月八日生異香及光明照壁迄旦乃散因名曰靈育

靡歌利頭四月八日浴佛以都梁香爲青色水鬱金香爲赤色水丘隆香爲白色水附子香爲黃色水安息香爲黑色水以灌佛頂

陳書高祖本紀永定二年四月戊辰重雲殿東鴟尾有紫烟屬天

南史陳宣帝本紀太建七年四月壬子郢州獻瑞鐘六

陳書宣帝本紀太建八年四月甲寅詔曰元戎凱旋羣師振旅旌功策賞宜有饗宴今月十七日可幸樂遊苑設絲竹之樂大會文武

魏書釋老志世祖即位每引高德沙門與共談論於四月八日輿諸佛像行於廣衢帝親御門樓臨觀散花以致禮敬

禮志神䴥二年帝將征蠕蠕省郊祀儀四月以小駕祭天神畢帝遂親戎大捷而還歸格於祖禰徧告羣神

靈徵志高宗和平三年四月河內人張超於壞樓所城北故佛圖處獲玉印以獻印方二寸其文曰富樂日昌永保無疆福祿日臻長享萬年玉色光潤模制精巧百寮咸曰神明所授非人爲也詔天下大酺三日

孝文帝本紀太和十六年四月甲寅幸皇宗學親問博士經義

太和十九年四月庚申行幸魯城親祠孔子廟辛酉詔拜孔氏四人顏氏二人爲官又詔選諸孔宗子一人封崇聖侯邑一百戶以奉孔子之祀又詔兗州爲孔子起園柏修飾墳壟更建碑銘褒揚聖德

洛陽伽藍記景明寺宣武皇帝景明年中立至正光中太后始造七級浮圖一所去地百仞時世好崇福四月七日京師諸像皆來此寺尚書祠曹錄像凡有一千餘軀至八日以次入宣陽門向閶闔宮前受皇帝散花於時金花映日寶蓋浮雲幡幢若林香煙似霧梵樂法音聒動天地百戲騰驤所在駢比名僧德衆負錫爲羣信徒法侶持花成藪車騎填咽繁衍相傾

四月八日京師士女多至河間寺觀其殿廡綺麗無不歎息以爲蓬萊仙室亦不是過入其後園見朱荷出池綠萍浮水飛梁跨樹層閣出雲咸皆唧唧

長秋寺中有三層浮圖一所金盤靈刹耀諸城內作六牙白象負釋迦在虛空中莊嚴佛事悉用金玉四月四日此像常出辟邪師子導引其前吞刀吐火騰驤一面綵幢上索詭譎不常奇伎異服冠於都市像停之處觀者如堵

北齊書杜弼傳武定六年四月八日魏帝集名僧於顯陽殿講說佛理弼與吏部尚書楊愔中書令邢卲祕書監魏收等並侍法筵勑弼升師子座當衆敷演昭元都僧達及僧道順並緇林之英問難蜂至往復數十番莫有能屈帝曰此賢若生孔門則何如也

周書于謹傳保定三年四月詔以謹爲三老賜延年杖

荆楚歲時記荆楚以四月八日諸寺各設會香湯浴佛共作龍華會以爲彌勒下生之徵也

四月八日長沙寺閣下有九子母神是日市肆之人無子者供養薄餅以乞子往往有驗

隋書食貨志大象三年四月詔四面諸關各付百錢爲樣從關外來勘樣相似然後得過樣不同者即壞以爲銅入官

文帝本紀開皇七年四月癸亥頒青龍符於東方總管刺史西方以騶虞南方以朱雀北方以元武

續高僧傳釋寶巖幽州人仁壽下勑召送舍利於本州弘業寺四月三日夜放大光明照天地有目皆見

古鏡記汾陰侯生天下奇士也王度常以師禮事之臨終贈以古鏡大業八年四月一日太陽虧度時在臺引鏡出鏡亦無色俄而光彩出日亦漸明比及日復鏡亦精朗如故

續文獻通考隋朱昌寧永城人有孝行母病思瓜時方四月瓜未熟昌寧號哭於瓜田中一夕瓜盡熟母食之即差

輝縣志衛源廟在蘇門山麓百門泉上泉乃衛河之源廟創於隋以祀泉神稱靈源公每歲四月八日郡守致祭

唐書高祖本紀武德三年四月丙申祠華山

唐會要武德六年四月十四日幸龍潛舊宅改爲通義宮置酒高會詔曰爰擇良辰言遵邑里禮同過沛事等歸譙故老咸臻族姻斯會肅恭薦享感慶兼集

武德七年四月丙午宴王公親屬於文明殿見安平王太妃以尊屬從家人禮降階再拜酒小闌徙坐翠華殿帝賦詩王公遞上壽賜帛各有差

武德九年四月二十三日甘露降於中華殿之桐木泫如冰雪以示羣臣

貞觀二年四月三日尚書左丞戴胄上言曰隋開皇之制天下輸粟謂之社倉及大業中取充官費今請自王公以下計墾田秋熟所在爲義倉歲凶以給民太宗善之乃詔畝稅二升粟麥秔稻隨地所宜寬鄉斂以所種狹鄉據靑苗簿而督之耗十四者免其半耗十七者皆免之商賈無田者以其戶爲九等出粟自五石至五斗爲差下戶不取焉歲不登以賑民或貸爲種子至秋而償

魏徵醴泉銘序貞觀六年孟夏皇帝避暑九成宮四月甲申朔旬有六日上及中宮歷覽臺觀閒步西城俯察厥土微覺有潤因而以杖導之有泉隨而涌出乃承以石檻引爲一渠其淸若鏡味甘如醴

唐會要貞觀十四年四月二十二日太宗自爲眞草書屏風以示羣臣筆力遒勁爲一時之絕

太宗以陰陽書近代訛僞穿鑿拘忌亦多命太常博士呂才及陰陽學者十餘人共加刊正削其淺俗存其可用者貞觀十五年四月十六日己酉撰陰陽書凡五十三卷及舊書四十七卷詔頒行之才爲敘宅以經史其穿鑿拘忌者才有駁議曰敘宅經敘祿命敘葬書識者以爲確論

貞觀十六年四月二日有雄雉飛集明德殿前上問褚遂良是何祥也遂良對曰昔秦文公時有童子化爲雉雌者鳴於陳倉雄者鳴於南陽童子言得雌者伯文公遂以爲寶雞祠漢光武得雄遂起南陽而有四海陛下舊封秦王故雄雉見於秦地所以彰表明德也上大悅曰立身之道不可無學

貞觀二十一年四月九日公卿上言請修太和宮厥地淸涼可以淸暑詔從之包山爲苑自裁木至設幄九日畢工因改爲翠微宮

貞觀二十四年四月太宗御製玉華宮銘令皇太子以下並和

顯慶五年四月八日於東都苑內造八關涼宮

唐高宗實錄麟德二年四月二十五日講武邙山之陽御北城樓觀之

唐會要乾封二年四月將作大匠閻立德造九成宮新殿成移仗御之謂侍臣曰朕性不宜熱所司頻奏請造此殿既作之後深懼人勞今者熱朕在屋下尚有流汗匠人暴露事亦可憫所以不令精妙意者祇避炎暑耳長孫無忌曰聖心每以恤民爲念天德如此臣等不勝幸甚

唐書高宗本紀總章元年四月乙卯贈顏回太子少師曾參太子少保

唐會要明皇初臨潞州景龍元年四月二十七日日有抱戴

明皇初臨潞州景龍二年四月二十五日廳事據案假寐白鶴觀道士見赤龍在案

唐詩紀事景龍四年四月一日幸長寧公主莊李乂陪幸詩紫禁乘宵動靑門訪水嬉貴遊鱣序集仙女鳳樓期合宴簪紳滿承恩雨露滋北辰還捧日東館幸逢時

景龍四年四月六日幸興慶池觀競渡之戲其日過寶希玠宅學士賦詩

舊唐書中宗本紀景龍四年四月乙未幸隆慶池結綵爲樓宴侍臣泛舟戲樂

景龍文館記四年夏四月上與侍臣於樹中摘櫻桃恣其食末後於葡萄園大陳宴集奏宮樂至暝每人賜朱櫻兩籠也

唐會要景雲二年四月賀拔延嗣除涼州都督充河西節度自此始有節度之號

垂拱二年四月七日撰百僚新誡及兆人本業記頒賜朝集使

通典大后萬歲通天元年四月三日鑄九鼎成置於明堂之庭

開元二年四月敕在京有訴冤者並於尚書省陳牒所司爲理若稽延致有屈滯者委左右丞及御史臺訪察聞奏

唐會要開元九年四月甲戌上親策試應制舉人於含元殿

開元十一年四月二十六日庚申崇飾霍山祠廟秩視諸侯

唐書元宗本紀開元二十六年四月己亥有司讀時令降死罪流以下原之

實錄開元二十八年四月庚辰有慈鳥巢紫宸之栱

唐會要天寶九載四月二十九日制曰頃者每祀黃帝乃就南郊禮亦非便宜於皇城內西南坤地改置黃帝壇朕當親祀以昭誠敬

天寶十載四月二十一日興慶宮造交泰殿成

乾元元年四月詔京官九品以上上封事

通典乾元二年四月兩省諫官十日一上封事直論得失無假文言冀成殿最用存沮勸

唐會要乾元二年四月六日敕御史彈事仍服豸冠舊制大事則豸冠衣朱衣纁裳白紗中單以彈之小事則常服而已

杜陽雜編上崇奉釋氏每春百品香和銀粉以塗佛室遇新羅國獻萬佛山可高一丈因置山於佛室山雕沉檀珠玉成之其佛之形大者或逾寸小者七八分其佛之首有如黍米者有如半菽者其眉目口耳螺髻毫相無不悉具上因置九光扇於巖巘間四月八日召兩衆僧徒入內道場禮萬佛山是時觀者歎非人工及覩九色光於殿中咸謂佛光即九光扇也

資治通鑑唐德宗建中元年夏四月癸丑上生日四方貢獻皆不受注上生於天寶元年四月十九日不置節名

舊唐書德宗本紀興元元年四月辛丑朔時將士未給春衣上猶夾服漢中早熱左右請御暑服上曰將士未易冬服獨御春衫可乎俄而貢物繼至先給諸軍而始御之

唐會要金吾衛貞元三年敕四月一日已後五更二點放鼓契

貞元十三年四月幸興慶宮龍堂禱雨有一白鸕鷀浮沉水際羣類翼從左右以爲龍之變化既而大雨

續文獻通考呂嵒字洞賓蒲州永樂縣人貞元十四年四月十四日巳時生異香滿室天樂浮空有白鶴飛入帳中忽不見

韓愈祭鱷魚文維元和十四年四月二十四日潮州刺史韓愈使軍事衙推秦濟以羊一豬一投惡溪之潭水以與鱷魚食而告之

聞見後錄唐穆宗元和十五年四月四日河東節度使裴度奏五臺山佛光寺側慶雲現若金仙乘狻猊領其徒千萬自巳至申乃滅

唐會要太和四年四月有司貢新瓜獻興慶宮

開成二年四月辛酉建終南山祠宇

唐宣宗實錄大中七年四月日本國遣王子來朝獻寶器音樂帝曰近者黃河清今又日本來朝朕德薄何以堪之因賜百寮宴陳百戲以禮之

唐會要大中十年四月侍郎知舉鄭顥進諸家科目記十三卷敕付翰林自今放牓後寫及第姓名及所試詩賦題進入付歲編次

四月中祭日祀赤帝至雩祀圜丘

釋苑宗規四月十五僧家結夏天下僧尼此日就禪剎掛搭謂之結制結制即結夏夏乃長養之節在外行恐傷草木蟲類故九十日安居至七月十五日散去爲解夏又謂解制

秦中歲時記四月一日內園進櫻桃薦寢廟訖頒賜各有差

長安四月已後自堂廚至百司廚通謂之櫻筍廚公餗之盛常日不同

野人閒話蜀後主昶每夏四月有遊花院遊錦浦者歌樂掀天珠翠塡咽貴門公子華軒彩舫遊百花潭窮奢極麗諸王功臣已下皆置林亭異果名花其樓臺皆此類也

五代史唐劉延朗傳初廢帝起於鳳翔有瞽者張濛自言事太白山神神魏崔浩也使濛問於神神傳語曰三珠并一珠驢馬沒人驅歲月甲庚午中興戊己土後即位之日歲次甲午四月庚午朔

遼史道宗本紀清寧二年夏四月甲子詔曰方夏長養鳥獸孳育之時不得縱火於郊

玉海建隆二年始置藏冰務而修其祭常以四月命官享太祝用牲以黑牡祭元冥之神乃開冰以薦寢廟

宋史河渠志洛水貫西京多暴漲漂壞橋梁建隆二年留守向拱重修天津橋成甃巨石爲腳高數丈銳其前以疏水勢石縱縫以鐵鼓絡之其制甚固四月具圖來上降詔褒美

玉海建隆四年四月二十四日丁亥幸玉津園閱諸軍騎射

燕翼貽謀錄太祖皇帝以趙普專權欲置副貳以防察之問陶穀以下丞相一等有何官穀以參知政事參知機務對乾德二年四月乙丑以薛居正呂餘慶爲參知政事不押班不知印不升政事堂其後至道元年四月史制令升政事堂知印押班一同宰相

玉海乾德四年四月辛亥南蠻進銅鼓以請內附

開寶九年幸西京四月庚子有事南郊先是霖雨彌旬及己亥赴齋宮雲物澄霽垂白之民相謂曰不圖今日覩太平天子儀衛

太平興國三年四月二十六日庚辰駕幸景風門駐蹕觀刈麥移幸玉津園張樂飲羣臣酒

宋史禮志太平興國九年四月幸金明池習水戰帝御水殿召近臣觀之謂宰相曰水戰南方之事也今其地已定不復施用時習之示不忘戰耳因幸講武臺閱諸軍都試軍中之絕技者遞加賜賚遂登瓊林苑樓陳百戲擲金錢令樂人爭之極歡而罷

雍熙二年四月二日詔輔臣三司使翰林樞密直學士尚書省四品兩省五品以上三館學士宴於後苑賞花釣魚張樂賜飲命羣臣賦詩習射賞花曲宴自此始

雍熙四年四月幸金明池觀水嬉賜從臣飲帝曰雨霽天京中外無事宜勿惜醉因登苑中樓盡歡而罷

玉海淳化元年四月辛亥上親草書飛白書紅綾扇賜宰相樞密使翰林學士尚書丞郎兩省給舍以上各一

燕翼貽謀錄民間訴水旱舊無限制欺罔官吏無從覆實太宗淳化二年詔訴水旱夏以四月三十日爲限日

玉海淳化五年四月朔時雨霑足近臣稱賀上謂宰相宵澤滂霈上天之貺也命以荷菊酒建茶珍果賜近臣詔曰喜此甘澤與卿同慶

至道元年四月二十九日乙巳知通利軍錢昭序表獻部內所產赤烏白兔各一表云烏稟陽精兔昭陰瑞報火德繁昌之兆示金方柔服之符念茲希世之珍罕有同時而見望宣付史館從之上謂侍臣曰烏色正如渥丹信火德之應也

景德元年四月癸酉象州貢銅鼓高一丈八寸闊二尺五寸旁有四耳銜環鏤人騎花蛤椎之有聲

景德三年司天監言四月二日戊寅夜初更見天星邑黃出庫樓車騎官西在氐三度鄭之分野壽星之次後益潤澤按星經瑞星有四其一日周伯邑黃煌煌然所見之國大昌又按太乙占云王者制禮作樂內外得宜君上壽考國祚大昌則周伯星出乞付史館從之

元符宮石刻宋仁宗母李氏夢一羽衣之士跣足從空而下云來爲汝子時上未有嗣是夕召幸有娠明年四月十四日生仁宗幼年每穿履韈即亟令脫去長徙步禁中皆呼爲赤脚仙人

玉海大中祥符二年四月七日种放以集賢院學士歸終南宴餞龍圖閣賜七言詩命學士即席賦詩作序令杜鎬援引名臣歸山故事杜鎬論北山移文以規放

大中祥符三年四月丁巳龍圖待制陳彭年奉詔纂歷代帝王集凡正統十五卷閏位十卷上作序賜名宸章集詔襃彭年

大中祥符五年四月甲辰瑞聖園槐杏連理繪圖以示輔臣

本草綱目石麪不常生亦瑞物也宋眞宗大中祥符五年四月慈州民饑鄉寧縣山生石脂如麪可作餅餌

宋史禮志天禧初詔以大中祥符元年四月一日天書再降內中功德閣爲天禎節一如天貺節尋以仁宗嫌名改爲天祺節

蘇軾乞開西湖狀天禧中王欽若奏以西湖爲放生池禁捕魚鳥爲人主祈福自是以來每歲四月八日郡人數萬會於湖上所活羽毛鱗介以百萬數皆西北向稽首仰祝千萬歲壽

西湖志餘宋時杭人四月八日放鴿爲太守祈壽蘇軾懷錢塘詩云去年柳絮飛時節記得金籠放雪衣

宋史仁宗本紀仁宗大中祥符三年四月十四日生乾興元年以生日爲乾元節

玉海天聖五年四月辛卯賜進士王堯臣等聞喜宴於瓊林苑中使賜御詩又人賜御書中庸篇各一軸自後遂以爲常

天聖八年四月二日乙酉幸瓊林苑賜從官射射於苑亭遂燕從臣是日日旁有五色雲

天聖九年四月二十九日乙巳上御承明殿閱大樂賜樂工錢帛有差先是太常寺以景德中脊躬案大樂其後頗多增製故請臨觀焉

麟臺故事天聖木國史成始於修史院續纂會要明道二年命參知政事宋綬看詳修纂至慶曆四年四月監修國史章得象上新修國朝會要一百五十卷

玉海景祐二年四月八日己未宗正丞趙良規言月令一歲之間八薦新物周頌潛冬薦魚春獻鮪是其樂章存者通禮著宗廟薦新凡五十餘品詔禮官議曰本朝惟薦冰著常祀名紀簡而近薄唐令雜而不經於是更定四時所薦凡二十八物十日薦獻一以開寶禮

慶曆四年四月壬子二十一日判監王拱辰田況王洙余靖等言首善當自京師漢太學二百四十房千八百餘室生徒三萬人唐學舍亦千二百間今取才養士之法盛矣而國子監才二百楹制度隘小不足

以容學者請以錫慶院爲太學芹講殿及吏衣殿備
乘輿臨幸從之
皇祐二年四月朔幸金明池司天言雲色黃其形輪
囷此聖孝感大之應
至和二年四月四日壬辰幸瓊林苑宴射上中的者
十四已而閱騎士射柳枝
治平四年四月壬申神宗出諸州貢物名件自潭州
山薑花至同州楹桲凡四十三州七十種手詔曰四
方入貢雖云古禮考之禹制未有若茲之繁今一郡
歲有三四而至者自今其悉罷之
宋史神宗本紀慶曆八年四月戊寅生於濮王宮祥
光照室羣鼠吐五色氣成雲治平四年以四月十日
爲同天節
禮志神宗以熙寧元年四月十日爲同天節以宅憂
罷上壽惟拜表稱賀明年親王樞密使管軍駙馬諸
司使副詣垂拱殿宰臣百官大國使詣紫宸殿上壽
命坐賜酒三行不舉樂明年以大旱罷同天節上壽
羣臣赴東上閤門表賀中書門下言同天節上壽班
自今樞密使副宣徽三司使殿前馬步軍副都指揮
使以上共作一班進酒一醆親王宗室使相至觀察
駙馬管軍觀察使以上皆赴紫宸殿依本班序立上
壽更不赴垂拱殿蓋以管軍觀察使以上及親王駙
馬並於垂拱殿以官序高下各班進酒畢而日晏外
朝有班者仍詣紫宸殿議者以爲近瀆改焉而詣袒
免以上宗婦聽班賀於禁中
神宗本紀熙寧六年四月乙亥置律學
夢溪筆談熙寧六年有司上言日當蝕四月朔上爲

徹膳避正殿一夕微雨明日不見日蝕百官入賀是
日有皇子之慶蔡子正爲樞密副使獻詩一首前四
句曰昨夜薰風入舜韶君王未御正衙朝陽輝已得
前星助陰沴潛隨夜雨消其敘四月一日避殿皇子
慶誕雲陰不見日蝕四句盡之當時無能過之者
玉海元豐二年四月癸卯太皇太后幸金明池上扶
太皇太后登輦又豫爲百寶酒船於是持以上壽
宋史神宗本紀元豐二年夏四月南康軍甘露降眉
州生瑞竹
玉海元豐七年四月十七日景靈宮言芝草六生於
天元殿景靈門中壬辰朝獻至天元殿觀芝草
括異志金山忠烈王漢博陸侯姓霍氏吳孫權時一
日致疾黃門小豎附語曰國主封界華亭谷極西南
有金山鹹塘湖爲民害民將魚鼈食之非人力能防
金山故海鹽縣一日陷沒爲湖無大神護也臣漢之
功臣霍某也部黨有力能鎮之可立廟於山吳王乃
立廟建炎間建行宮於當湖賜名顯應尤著鄉民祈
禱輒應部下錢侯尤爲靈著王以四月十八誕辰浙
之東西商賈舟楫朝獻踵至自四月至中旬末一市
爲之鼎沸間有設祭於松柏間祀其先亡慟哭而反
謂之小嶽廟廟中鐵鑄四聖由海而來至今見存
宋史哲宗本紀元祐元年四月詔遇科舉令升朝官
各舉經明行修之士一人俟發第日與升甲
玉海元祐三年四月己卯詔諸路及州各具圖開析
建立沿革城壁吏員戶口貢賦山川地里土職方以
蘇軾草三制對小殿撤金蓮燭送歸院
石林燕語續法帖跋元祐五年四月十三日祕書省

以祕閣所藏墨跡未經太宗朝纂刻者刊於石有旨
從之
宋史律曆志元祐七年四月詔尚書左丞蘇頌撰渾
天儀象銘
玉海大觀四年四月二十八日議禮局言開元禮享
先蠶幣以黑請從黑以合至陰之義
政和元年四月二十一日於壇側度地築公桑蠶室
其親蠶殿名曰無斁
燕翼貽謀錄政和六年四月奉御筆集賢殿舊無此
名祕書省殿以右文殿爲名可改爲右文殿修撰
玉海政和八年四月二十九日工部員外郎滕康請
祕閣四部書以祕書郎掌之列史館於左以法東觀
從之
宋史禮志靖康元年四月十三日太宰徐處仁等表
請爲乾龍節至日皇帝帥百官詣龍德宮上壽畢即
本宮賜侍從官以上宴
東京夢華錄自三月一日開金明池瓊林苑至四月
八日閉池雖大風雨亦有遊人略無虛日
四月八日佛生日十大禪院各有浴佛齋會煎香藥
糖水相遺名曰浴佛水迤邐時光晝永氣序清和榴
花院落時聞求友之鶯細柳亭軒乍見引雛之燕在
京七十二戶諸正店初賣煮酒市井一新唯州南清
風樓最宜夏飲初嘗青杏乍薦櫻桃時得佳賓觥酬
交作是月茄瓠初出上市東華門爭先供進一對可
直三五十千者時果則御桃李子金杏林檎之類
玉海紹興元年四月九日賜侍讀王綯胡直儒侍講
胡交修御書扇王綯曰霖雨思賢佐丹青憶老臣近

儒曰文物多師古朝廷半老儒交修日相門韋氏在經術漢臣須

紹興元年四月十三日詔工部以省倉升斗合文思院校定頒其式於諸州

紹興二年詔平江守臣訪求圖籍四月詔分經史子集四庫分官日校

紹興二年四月二十四日上曰朕聞祖宗時禁中有打麥殿今於後圃令人引水灌畦種之亦欲知稼穡之艱

紹興三年四月二十一日劉岑請詔求四方遺書從之

紹興七年尹焞以筆札解論語以進八年四月二十日上之

宋史高宗本紀紹興十年四月丙午訪求亡逸曆書及精於星曆者交命部使者歲舉曆吏一人

玉海紹興十年四月九日賜侍讀吳表臣蘇符新茶

紹興十四年四月六日慶州言木柱內有天下太平年五字命送史館十五年作瑞木成文曲

紹興二十五年四月四日製一石斛頒之以革倉庾之弊

眞德秀跋紹興己丑之孟夏盱江包攸道遇予粵山之麓縣尹宋侯聞其名延致庠校發揮孟氏要旨是日邑官洎學子會於堂上者凡百數十人聞君講說莫不聳動歎未嘗有學長吳千兕等將以君講義刻於學俾書其後

汎舟錄四月戊辰朔乙亥邑中迎社頗盛云周孝侯生日也

老學庵筆記四月十九日成都謂之浣花遨頭宴於杜子美草堂滄浪亭傾城皆出錦繡夾道自開歲宴遊至是而止故最盛於他時予客蜀數年屢赴此集未嘗不晴蜀人云雖戴白之老未嘗見浣花日雨也

續文獻通考宋孝宗乾道三年詔上竺若訥講師於四月八日選五十僧入內觀堂行金光明三昧祈福邦家時上於選德殿製觀音贊賜上竺刊於石

玉海淳熙四年四月五日靜江守張栻言州有唐帝祠去城二十里而近山曰堯山虞帝祠去城五里而近山曰虞山臣已新祠宇請著祀典從之

淳熙十二年四月二十六日知潭州林栗進周易經傳集解三十二卷繫辭上下二卷文言說卦序雜卦文共爲一卷河圖洛書八卦九疇大衍總會圖六十四卦立成圖大衍揲蓍解共爲一卷總三十六冊詔付祕省勅書獎諭

乾淳歲時記四月八日爲佛誕日諸寺院各有浴佛會僧尼輩競以小盆貯銅像浸以糖水覆以花棚鐃鈸交迎遍往邸第富室以小杓澆灌以求施利是日西湖作放生會舟楫甚盛多略如春時小舟競賣龜魚螺蚌放生

戶部點檢所十三酒庫例於四月初開煮九月初開清先是提領所呈樣品嘗然後迎引至諸所隸官府而散每庫各用匹布書庫名高品以長竿懸之謂之布牌以木牀鐵擎爲仙佛鬼神之類駕空飛動謂之臺閣雜劇百戲諸藝之外又爲漁父習閑竹馬出獵八仙故事及命妓家女使裹頭花巾爲酒家保及有花裹五熟盆架放生籠養等各庫爭爲新好庫妓之琤琤者皆珠翠盛飾銷金紅背乘繡韉寶勒駿騎各有皂衣黃號私身數對訶導於前羅扇衣笈浮浪閒客隨逐於後少年狎客往往簇飣持杯爭勸馬首金錢綵段霑及輿臺都人習以爲常不爲怪笑所經之地高樓邃閣繡幕如雲累足駢肩眞所謂萬人海也

宋史理宗本紀淳祐十一年夏四月戊戌潭州民林符三世孝行一門義居詔旌表其門

度宗本紀嘉熙四年四月九日生於紹興府榮邸景定五年詔以生日爲乾會節

三朝野史四月八日謝太后壽崇節九日度宗乾會節賈似道令黃蛻致語中一聯云神母聖子萬壽無疆亦萬壽無疆昨日今朝一佛出世又一佛出世

研北雜志宋葬洛陵寢歲以四月朔前期遣官奏告

莫州圖經鄚姑祠在莫州莫俗傳鄚姑得爲水仙每至四月送刀魚爲信至今四月多有刀魚上來鄉人每到四月祈禱

圖經黎州通望縣每歲孟夏有白鷺鷥一隻墜地古老傳云衆鳥避瘴臨去留一鷺祭山神

溪蠻叢笑富貴坊競渡預以四月八日下船槳飲江岸舟子各招他客盛列飲饌以相誇大或獨酌食前方丈羣蠻環觀如雲一年盛事名富貴坊

金史太宗本紀天會九年四月詔新徙戍邊戶匱乏耕牛者給以官牛別委官勸督田作

禮志天德二年命有司議薦新禮依典禮合用時物令太常卿行禮四月薦冰

孟鑄傳泰和四年自春至夏諸郡少雨鑄奏今歲愆陽已近五月比至得雨恐失播種之期可依種麻菜法擇地形稍下處撥畦種穀穿土作井隨宜灌溉上從其言區種法自此始

松雪齋集延祐五年四月二十七日上御嘉禧殿集賢大學士臣邦寧大司徒臣源進呈農桑圖上披覽再三問作詩者何人對曰翰林承旨臣趙孟頫作圖者何人對曰諸色人匠提舉臣楊叔謙上嘉賞久之人賜文綺一段絹一匹

北平古今記元英宗延祐七年四月祭遁甲神於香山

歲華紀麗譜四月十九日浣花佑聖夫人誕日也太守出筰橋門至梵安寺謁夫人祠就宴於寺之設廳既宴登舟觀諸軍騎射倡樂導前泝流百花潭觀水嬉競渡官舫民船乘流上下或幕帟水濱以事遊賞最為出郊之勝清獻公記云往昔太守分遣使臣以酒均給遊人隨所會之數以為斗升之節自公使限錢茲例遂罷以遠民樂太平之盛不可遽廢以孤其心乃以隨行公使錢釀酒畀之然不逮昔日矣

名勝志觀音山在彭澤縣北一里元至正元年四月八日雪岩前六花集石壁間現觀音大士跡因立佛堂山中

楊維楨集乙酉四月二日與蔣桂軒伯仲同泛震澤大小雷望洞庭之峰吹笛飲酒乘月而歸

眞臘風土記四月抛毬

續文獻通考洞庭廟在長沙府磊石山洪武初命有司每歲四月八日致祭

雙槐歲抄文淵閣芍藥舊嘗有花自景泰增植後未嘗一開天順改元徐有貞許彬薛瑄李賢同時入為學士居中一本遂開四花其一久而不落既而三人皆去惟賢獨留明年各萌芽左二右三中則甚多而彭時呂原林文劉定之李紹倪謙黃諫錢溥相繼同升學士凡八人賢約開時共賞夏四月盛開八花遂設宴以賞之賢賦詩十章閣院官僚咸和彙成曰玉堂賞花詩集

熙朝樂事四月八日俗傳為釋迦佛生辰僧尼各建龍華會以盆坐銅佛浸以糖水覆以花亭鐃鼓迎往富家以小杓澆佛提唱偈誦布施財物有高峰和尚偈云呱聲未絕便稱尊攪得三千海嶽昏惡水一年澆一度知他雪屈是酬恩

西吳枝乘吳興以四月為蠶月家家閉戶官府勾攝徵收及里閈往來慶弔皆罷不行謂之蠶禁是月也有鳥飛其聲曰看山若火湖州民謂之蠶鳥又有小蝦亦以蠶時出市民謂之蠶花蝦熟則絕無矣

燕都游覽志先是四月八日梵寺食烏飯朝廷賜羣臣食不落夾蓋緣元人語也嘉靖十四年帝以其名不雅馴乃賜百官於午門外麥餅宴

帝京景物略四月一日至十八日傾城趨馬駒橋幡樂之盛一如嶽廟碧霞元君誕也立夏日啓冰賜文武大臣編氓得賣買手二銅盞疊之其聲磕磕曰冰盞冰著濕乃消畏陰雨天以綿衣蓋護燠乃不消八日捨豆兒曰結緣十八日亦捨先是拈豆念佛一豆佛號一聲有念豆至石者至日熟豆人徧捨之其人亦一念佛啖一豆也凡婦不見答於夫姑者婢妾擯於主及姥者則自咎曰身前世不捨豆兒不結得人緣也是日要戒壇游香山玉泉茶酒棚妓棚周山灣澗曲間初說戒者先令僧了願如是今不說戒百年而年則一了願是月榆初錢麪和糖蒸食之曰榆錢糕

出左安門東行四十里石橋五尺曰弘仁橋橋東碧霞元君廟歲四月十八日傳是元君誕辰士女進香鳴金號衆四十里道相屬也

禮部儀制司有優鉢羅花焉金蓮花也開必自四月八日至冬而實如鬼蓮蓬脫去其衣中金色佛一尊者核也

北京歲華記四月十三日上藥王廟諸花盛發白石莊三里河高梁橋外皆貴戚花場好事者邀賓客遊之

長安客話蘆溝橋西北為灰廠出灰廠入山兩壁夾徑徑盡見山門有高閣在山中央可望渾河閣後有軒庋巖上折而右即戒壇壇在殿內甃石為之中有高座為每年說戒之地周圍皆列戒神四月八日游僧畢集聽戒

續文獻通考三仁廟在衛輝府比干廟在衛輝府城北俱每歲四月四日有司祭祀

昌平山水記州西八里為昌平舊縣今居民不滿百家而唐狄梁公祠香火特盛歲四月朔賽會二三百里內人至者肩摩踵接

名勝志長寧縣南金龜山上有波淪殿邑人於四月八日取嘉魚泉浴佛故名波淪也

仙翁鶴草在單縣城東北隅相傳仙翁以四月十四

日誕來遊邑人包九成者於前一日積虔致禱次早果有白鶴四隻從西南來晡時方去自是每仙翁誕期祠側草荊上陡成鶴形日高遂泯至今尙然人傳爲呂翁鶴草云

宛署雜紀四月八日燕京高粱橋碧霞元君廟俗傳是日神降傾城婦女往乞靈祈生子西湖景玉泉碧雲香山遊人相接又傍近有地名秋坡都中伎女競往逐焉俗云趕秋坡

欽定古今圖書集成曆象彙編歲功典

第四十八卷目錄

孟夏部雜錄
孟夏部外編
立夏部彙考
禮記 月令
左傳 青鳥司啓
易通卦驗 立夏節候　當陽雲
孝經緯 斗指東南
樂緯 立夏樂
汲冢周書 時訓解
漢書 天文志
淮南子 天文訓　時則訓
春秋繁露 治水五行篇
後漢書 禮儀志　祭祀志
唐書 禮樂志
宋史 禮志
行軍月令 占五行
農政全書 日占
遵生八牋 臞仙月占
直隸志書 永平府　蕭寧縣　饒陽縣
山東志書 滋陽縣
山西志書 黎城縣
江南志書 常熟縣　嘉定縣　無錫縣　太湖縣　休寧縣
浙江志書 杭州府　海寧縣　嘉興府　桐鄉縣　烏程縣　寧波府　紹興府　慈山縣　新昌縣　台州府　龍泉縣
湖廣志書 攸縣　郃陽縣　桂陽州
福建志書 建陽縣　將樂縣　沙縣
雲南志書 雲南府　河陽縣
立夏部藝文 詩詞
立夏日憶京師諸弟　唐韋應物
立夏日示陳安國宣義　宋郭祥正
立夏　謝邁
山中立夏用坐客韻　文天祥
立夏日晚過丁卿草堂　元周南老
久雨喜晴明日立夏　明胡儼
立夏日山中遍遊後夜宿劉邦彥竹東別墅　沈周
山中立夏卽事 以上詩　蔡汝楠
朝中措 立夏日觀荼䕷作　宋管鑑
阮郎歸 立夏 以上詞　明張大烈
立夏部紀事
立夏部雜錄
立夏部外編

歲功典第四十八卷

孟夏部雜錄

詩經周南卷耳章采采卷耳 疏 卷耳葉青白色似胡荽白華細莖蔓生可煮爲茹滑而少味四月中生子如婦人耳中璫今或謂之耳璫幽州人謂之爵耳是也

小雅小明章日月方除 箋 四月爲除 疏 爾雅除作余

李巡曰四月萬物皆生枝葉故曰余余紓也

日月方奧 箋 四月爲奧

大雅韓奕章維筍及蒲 疏 筍竹萌也皆四月生

左傳龍見而雩 注 建巳之月蒼龍宿之體昏見東方萬物始盛待雨而大故祭天遠爲百穀祈膏雨

禮斗威儀孟夏騶獸無害五穀

管子輕重己篇以春日至始數四十六春盡而夏始

陶朱公書四月十四菖蒲生日修剪根葉無逾此時方積梅水漸滋養之則青翠易生尤堪清目

麥門冬葉類莎草長秀根如麥顆連珠種法四月初採子芟却根去頭半寸許相去約一尺栽一顆入土一寸半實築四邊常以水灌有草卽耘宜夏至前一日採取

鰣魚盛於四月鮮白如銀其味甘美廣州謂之三鯬魚

黑豆北方高原之所皆產喂馬極肥故名馬料豆人食之補腎明目何首烏賴其蒸曬更有功效四月間撒種

楚辭九章滔滔孟夏兮草木莽莽 注 滔滔盛陽貌言四月孟夏純陽用事煦成萬物草木之類莫不莽莽盛茂

望孟夏之短夜兮何晦明之若歲 注 四月之末陰盡極也

九辯收恢台之孟夏兮 注 恢台長養也 補注 恢大也台卽胎也言夏氣大而育物

呂氏春秋孟夏之昔殺三葉而穫大麥 注 昔終也三葉薺亭歷菥蓂也是月之季枯死大麥熟而可穫大麥旋麥也

史記天官書大荒駱歲歲陰在巳星居戌以四月與

奎婁胃昴晨出日跰踵熊熊赤色有光其失次有應見亢

董仲舒雨雹對陽德用事則和氣皆陽建巳之月是也故謂之正陽之月

四月陽雖用事而陽不獨存此月純陽疑於無陰故亦謂之陰月自十月以後陽氣始生於地下漸冉流散陰氣轉收遂至四月純陽用事

建巳之月爲純陽不容都無復陰也但是陽家用事陽氣之極耳薺麥枯由陰殺也

春秋繁露四祭篇礿者以四月食麥也

氾勝之書黍者暑也種必待暑先夏至三十日此時有雨彊土可種黍一畝三升黍心未生雨灌其心心傷無實黍心初生畏天露令兩人對持長索槩去其露日出乃止

後漢書魯恭傳始夏百穀權輿陽氣胎養之時

張純傳禘祭以夏四月夏者陽氣在上陰氣在下故正尊卑之義也

白虎通五行篇四月律謂之仲呂何言陽氣極將彼故復中難之也

月令章句自畢六度至井十度謂之實沈之次小滿居之晉之分野

百穀各以其初生爲春熟爲秋故麥以孟夏爲秋

吳氏本草伏翼或生人家屋間立夏後陰乾治目冥令人夜有光

晉書律歷志四月律中中呂亥下生之孟夏氣至則其律應所以宣中氣也

風土記南居細李四月先熟

枇杷葉似栗子似蒳四月熟

廣州記水弩蟲四月一日上弩射人八月後卸弩

廣志枇杷冬花實黃大如雞子小者如杏味甜酢四月熟出南安犍爲宜都

破減稷逼麥稷此二者以四月熟

竺法眞登羅浮山疏山檳榔一名蒳子幹似蕉葉類柞一叢千餘幹幹生十房房底數百子四月採

名醫別錄石者味甘無毒主欬逆氣生石間色赤如鐵脂四月采

白頭翁生高山山谷及野田四月采

宋書索頭傳其俗以四月祠天

魏書律曆志次卦四月旅師比小畜乾

齊民要術作權酒法四月取權葉合花采之還即急抑著甕中六七日悉使烏熟曝之煑三四沸去滓內甕中下麴炊五斗米日中可燥手一兩抑之一宿復炊五斗米酘之便熟

食膾魚蓴羹芼羹之菜蓴爲第一四月蓴生莖而未葉名作雉尾蓴第一作肥羹

越瓜胡瓜四月中種之

椒熟時收取黑子四月初畦種之治畦下水如種葵法

種葱四月始鋤鋤徧乃翦翦與地平翦欲旦起避熱時

愈瘧酒法四月八日用水一石麴一斤擣作末俱酘水中酒酢煎一石取七斗以麴四斤須漿冷酘麴一宿上生白沫起炊秫一石冷酘中三日酒成

種冬葵法自四月八日以後日日翦賣其翦處尋以手拌斫斸地令其起水澆糞覆之比及翦徧初者還復周而復始日日無窮

崔寔曰四月可作酢

又曰四月收蕪菁及芥葶藶冬葵子

舊唐書白居易傳木蓮大者高四五丈巴民呼爲黃心樹經冬不凋身如青楊有白文葉如桂厚大無脊花如蓮香色艷膩皆同獨房蕊有異四月初始開自開迨謝僅二十日

本草拾遺紫藤四月生紫花可愛長安人亦種之庭也

食譜張手美家四月八日指天餕餡

種樹書種蓮先以羊糞壤地於立夏前兩三日種當年便著花

酉陽雜俎四月四日勿伐樹木

焉者四月十五日遊林

嶺表錄異梧州西有火山產荔枝四月子丹以其地熟故曰火山

周易集解乾爲大赤崔憬曰乾四月純陽之卦故取盛陽色爲大赤

乾上九亢龍有悔干寶曰陽在上九四月之時也亢過也

風以散之荀爽曰謂建巳之月萬物上達布散田野

食療本草鱘魚初夏時有餘月則無故名

四時纂要四月也是謂乏月冬穀既盡夏麥未登宜振乏絕救饑窮九族不能自活者救之

茶譜湘人四月采楊桐草擣汁浸米蒸作飯食必采石南芽爲茶飲乃去風也

蜀本草白頭翁所在有之有細毛不滑澤花蘂黃四月采實日乾

宋史河渠志四月末壟麥結秀擢芒變色謂之麥黃水

本草衍義梧桐四月開嫩黃小花一如棗花枝頭出絲墜地成油沾漬衣履

談苑江南民於四月一日至四日卜一歲之豐凶云一日雨百泉枯言旱也二日雨傍山居言避水也三日雨騎木驢言踏車取水亦旱也四日雨餘有餘言大熟也

嬾眞子錄小滿四月中謂麥之氣至此方小滿而未熟也

圖經本草落雁木雅州出者苗作蔓纏繞大木苗葉形色大都似茶無花實彼人四月采苗入藥用

芥心草生淄州引蔓白色根黃色四月采苗葉搗末治瘡疥甚效

白鮮苗高尺餘莖青葉稍白如槐亦似茱萸四月開花淡紫色似小蜀葵花根似小蔓菁皮黃白而心實山人採嫩苗爲菜茹

黃精葉如竹葉而短兩兩相對莖梗柔脆頗似桃枝本黃末赤四月開細青白花如小豆花狀子白如黍根如嫩生薑黃色

栗四月開花青黃色長條似胡桃花

埤雅廣要橫州之地楓始生葉有蟲食之其形似蠶四月間熟亦如蠶之將絲州人擘取其絲光明如琴絃

物類相感志青梅過小滿黃蜀葵過小滿則長蟲過小滿則無絲

東坡詩注成都太守自正月十日出遊至四月十九日浣花乃止

岳陽風土記岳州瀕江諸廟皆有船四月中擇日下水擊畫鼓集人歌以櫂之至端午罷

緗素雜記嘗怪筆談論正陽爲兩事正謂四月陽謂十月乃引日月陽止爲證又謂先儒以日食正陽之月正謂四月爲不然按爾雅月名十月爲陽則謂十月爲陽月可矣然以正陽爲兩事誤也余考舒王字說云巳正陽也無陰焉又詩七月新傳解四月秀葽處云四月正陽也秀葽言月何也秀葽以言陰生也陰始於四月生於五月而於四月言陰生者氣之先至者也又正月繁霜處云夏之四月謂之正月又詩義云此所言皆夏時者蓋夏時據人所見所謂人正也由此觀之四月建巳之月巳爲正陽則正陽止謂四月明矣存中之說可不攻而自破又按西京雜記云陽德用事則和氣皆陽建巳之月是也故謂之正陽之月又歐公歸田錄云景祐六年日蝕四月朔以謂正陽之月自古所忌皆以四月爲正陽之月其理甚明

爾雅翼菵米可爲飯生水田中苗子似小麥而小四月熟久食不饑

麥門冬生山谷肥地葉如韭四季不凋根有鬚作連珠形似穬麥顆故名麥門冬四月開花淡紅如紅蓼花實圓碧如珠

周益公日記四月初八晴料峭高田好張鈞四月初八烏瀌禿不論上下一齊熟

演繁露緗素雜記靖康間閩人黃朝俊所作也辨正世傳名物音義多有歸宿而時有闕疑者至釋宋子京刈麥詩以四月而曰爲麥秋按北史蘇綽傳麥秋在野其名遠矣是未嘗讀月令也以此見博記之難

衞生易簡方眼昏四月內取風落小胡桃每日午時食俺以無根水吞下臥覺鼻孔中有泥腥氣爲度

山家清供夏初竹笋盛時就竹邊煨熟其味甚鮮名曰傍林鮮文與可守洋州正與家人煨竹午飯忽得東坡書詩云想見清貧饞太守渭濱千畝在胸中不覺噴飯滿案想作此供也

通考朔日値小滿主凶災大風雨主大水小則小水晴主旱

初八日看陰晴卜水旱最宜密雲不雨

十四日晴主歲稔黃昏時日月對照主夏秋旱

十六日看月上水旱上早無雲紅色主大旱遲而白色主水夜深主大水有雲主草多雲黑主有蟹諺云有穀無穀但看四月十六又云月上早低田收好稻月上遲高田剩者稀

十六夜月當午立一丈竿量月影若過竿主雨水多沒田夏旱人饑長九尺主三時雨水八尺主六月雨水七尺主低田大熟高田半收五尺夏旱四尺主蝗三尺主人饑

庚溪詩話江南五月梅熟時霖雨連旬謂之黃梅雨少陵詩南京西浦道四月熟黃梅湛湛長江去冥冥細雨來蓋唐人以成都爲南京則蜀中梅雨乃在四月也

筍譜渭川筍史記曰渭川千畝竹其人與千戶侯等

筍晩四月方盛

慈竹筍四月生江南人多以灰煮食之

野客叢談緗素雜記載宋子京有皇帝幸南園觀刈麥詩曰農扈方還夏官田首告秋注云臣謹按物熟謂之秋取秋斂之義故謂四月爲麥秋百穀各以初生爲春熟爲秋麥以初夏熟故以四月爲麥秋此說見蔡邕月令章句

紀曆撮要有利無利只看四月十二此日宜晴忌西南風吹足百錢動若東南風吹動足百錢十分好

廬谷間抄湘潭界中有寺名方廣每至四月朔日在東壁則照見維揚宮府樓堞居民舍宇物物可數

蕪史四月四日進不落莢用葦葉方包糯米長可四寸闊一寸味與粽同

荔枝譜火山本出廣南四月熟味甘酸而肉薄穗生梗如枇杷閩中近亦有之山在梧州

耕史月表四月花盟主芍藥蒔蔔夜合花客卿石嵒罌粟玫瑰花使令刺牡丹粉團龍爪垂絲海棠虞美人棟樹花

花曆四月牡丹王芍藥相於階罌粟滿木香上升杜鵑歸荼蘼香夢

月令演四月飲酎上旬龍華會八日菖蒲誕十四櫻筍廚十五結夏　浣花潭十九

田家五行小分龍日卽二十日晴分懶龍主旱雨分健龍主水東南上下大熟西北風分白龍主大水東北風分青龍主小水

田家雜占夏初食鯽魚脊骨有曲主水

夏初水底生苔主有暴水諺云水底起青苔卒逢暴水來

田家曆四月正屋漏以備暴雨

農政全書種大豆鋤成行壟春穴下種早者二月種四月可食名曰梅豆

本草綱目今人不知女貞但呼爲蠟樹立夏前後取蠟蟲之種子裹置枝上半月其蟲化出延緣枝上造成白蠟民間大獲其利

勒魚出東南海中以四月至漁人設網候之聽水中有聲則魚至矣有一次二次三次乃止狀如鰣魚小首細鱗腹下有硬刺如鰣魚腹之刺頭上有骨合之如鶴喙形乾者謂之勒鮝

夏枯草葉似旋覆三月四月開花作穗紫白色似丹參花結子亦作穗五月便枯四月采之

木半夏樹葉花實及星斑氣味並與盧都同立夏後始熟故吳楚人呼爲四月子亦曰野櫻桃

烏飯乃仙家服食之法今之釋家多於四月八日造之以供佛

群芳譜箬蘭葉似箬花紫形似蘭而無香四月開與石榴紅同時

木蘭葉似菌桂厚大無脊有三道縱紋皮似板桂有縱橫紋花似辛夷內白外紫四月初開二十日卽謝不結實

眞珠蘭一名魚子蘭色紫蓓蕾如珠花開成穗其香甚濃四月內節邊斷二寸插之卽活以魚腥水澆之則茂

山丹根似百合體小而瓣少莖亦短小葉狹長而尖頗似柳葉與百合迥別四月開紅花六瓣亦結小子

草花譜木香花開四月種有三其最紫心白花香馥清潤高朶萬條望若香雪其青心白木香黃木香皆不及也

青蕉月昔靡草死按呂氏春秋孟夏之昔注昔終也

巖棲幽事四時之景莫如初夏余嘗夜飲歸作增減字浣溪沙云梓樹花香月半明棹歌歸去蟪蛄鳴曲曲柳灣茅屋矮挂魚罾笑指吾廬何處是一池荷葉小橋橫燈火紙窻修竹裏讀書聲

神隱小滿初候吳葵華

小丹丘客談京師田雀以四月肥背有黃羽與江鄉純色者別而以江南食法製之亦甚肥美

名勝志蕭縣東南二十五里有廟橋橋北一里有天棗樹枝幹蟠屈數百年物正二月之交開小花結實如酸棗可食四月初七日全樹皆熟初八日遂空

一統志杭州府千頃山西有莎蘿花一株四月花開香聞數里

閩部疏漳州氣候最煖草木皆先時華余以四月抵郡廨中盛有所植盤飣間頗不乏味崇蘭桂子茉莉薝蔔一時並開荔子蕉黃舊橘新李同案而薦紫茄帶於陳根王瓜枯爲蘼草誠寰中之異境也

孟夏部外編

佛書四月廿一日普賢菩薩誕廿八日藥王誕

續博物志佛者本號釋迦文卽天竺釋迦衞國王之子於四月八日夜從母右脇而生有三十二相當周莊王九年魯莊公七年四月常星不見夜明是也

漢武內傳元封元年四月戊辰帝閒居承華殿東方朔董仲舒在側忽見一女子著靑衣美麗非常帝愕然問之女對曰吾墉宮玉女王子登也向爲王母所使從崑崙山來帝問東方朔曰是西王母紫蘭宮玉女昔出配北燭仙人近又名還使領命祿眞靈官也

三吳記吳少帝五鳳元年四月會稽餘姚縣百姓王素有室女年十四美貌鄰里少年求娶者頗衆父母惜而不嫁嘗一日有少年姿貌玉潔年二十餘自稱江郎願婚此女父母愛其容質遂許之問其家族云居會稽後數日領三四婦人或老或少者及二少年俱至素因持資財以爲聘遂成婚媾已而經年其女有孕至十二月生下一物如絹囊大如升在地不動母甚怪異以刀剖之悉白魚子素因問江郎所生皆魚子不知何故素亦未悟江郎曰我所不幸故產此異物其母心獨疑江郎非人因以告素素密令家人候江郎解衣就寢收其所著衣視之皆有鱗甲之狀素見之大駭命以巨石鎭之及曉聞江郎求衣服不得異常詬罵尋聞有物偃踣聲震於外家人急開戶視之見牀下有白魚長六七尺未死在地撥剌素斫斷之投江中女後別嫁

眞仙通鑑衡嶽洞門觀在石廩峰西石櫥峰南下昔施眞人施存自號胡浮先生或云姚盆子師黃盧子得三皇內文役御虎豹之術遁變化景之法或隱或顯數百年慕石廩洞門是其冲眞之地乃居之又於峰西石室造閣五空十餘丈出乘白豹或步還山豹卽迎之以晉惠帝永康元年四月七日乘豹昇天

眞誥興寧四年丙寅四月二十七日夜晉司徒文康公舒之女魏夫人降楊羲家

法苑珠林東晉孝武寧康三年四月八日襄陽檀溪寺沙門釋道安于郭西精舍鑄造丈八金銅無量壽佛明年嚴飾成就鎭軍將軍郗恢之創蒞襄部贊擎福門其像夜出西遊萬山遺示一迹印文入石衆咸駭異恢乃改名金像寺至梁普通三年四月八日下勅於建興苑鑄金銅華趺泝流迎之以承像足立碑頌德劉孝儀文蕭子雲書天下稱最

神僧傳釋阿禿師不居寺舍出入民間語謫必有徵驗齊神武忠其漏洩軍務執禁幷州城內遣人防守當月城三門各有一禿師盜出遮執不能禁未幾有人從北州來云禿師四月八日於雁門郡市捨命郭下衆以香花送之埋於城外幷州人笑之云四月八日禿師從汾橋東出一脚有鞋一脚徒跣但不知入何坊巷人皆見之何云雁門死也此人復往北州報語衆共開塚看之惟見一隻履鞋耳

雲笈七籤木文天尊者開元七年蜀州新津縣新興尼寺四月八日設大齋聚食之次有一道流後至就衆中坐衆人輕侮之不與設齋齋畢道流起入佛殿良久不出人皆異之爭入殿尋求無復蹤跡忽見道流隱形在殿柱中隱隱分明以刀斧削之益加精好其像於殿柱中自然而見

立夏部彙考

禮記

月令

孟夏之月　是月也以立夏先立夏三日大史謁之天子曰某日立夏盛德在火天子乃齊立夏之日天子親帥三公九卿大夫以迎夏於南郊還反行賞封諸侯慶賜遂行無不欣說

陳注　迎夏南郊祭炎帝祝融也

左傳

青鳥司啓

郯子曰少皞摯爲鳥師而鳥名青鳥氏司啓者也

注　青鳥鶬鴳也　疏　立夏謂之啓此鳥以立春鳴立夏止故以名官使之主立夏

易通卦驗

立夏節侯

立夏清明風至暑鵲鳴博穀飛電見龍升天

注　龍心星名

當陽雲

立夏當陽雲出觜赤如硃

孝經緯

斗指東南

穀雨後十五日斗指辰東南維爲立夏

樂緯

立夏樂

巽主立夏樂用笙

汲冢周書

時訓解

立夏之日螻蟈鳴螻蟈不鳴水潦淫漫是爲陰慝

漢書

天文志

月有九行立夏南從赤道

淮南子

天文訓

穀雨加十五日斗指常羊之維則春分盡故曰有四十六日而立夏大風濟音比夾鍾

時則訓

立夏之日天子親率三公九卿大夫以迎歲於南郊還乃賞賜封諸侯修禮樂饗左右

春秋繁露

治水五行篇

立夏舉賢良封有德賞有功出使四方無縱火

後漢書

禮儀志

立夏之日夜漏未盡五刻京都百官皆衣赤

立夏郡國上雨澤

祭祀志

立夏之日迎夏於南郊祭赤帝祝融車旗服飾皆赤歌朱明八佾舞雲翹之舞

注 月令章句曰南郊去邑七里因火數也 皇覽曰自春分數四十六日則天子迎夏於南堂距邦七里堂高七尺堂階二等赤稅七乘旗旄尚赤田車載戟號曰助天養唱之以徵舞之以鼓鞉此迎夏之樂也

唐書

禮樂志

立夏祀赤帝以神農氏配熒惑三辰七宿祝融氏之位如青帝

宋史

禮志

立夏祀赤帝以帝神農氏配祝融氏熒惑三辰七宿從祀

立夏日祀南嶽衡山於衡州南鎮會稽山於越州南海於廣州江瀆於成都府

行軍月令

占五行

立夏日得金五穀不成夏旱多風得木夏寒草生得火多妖言兵戈起得土遠臣朝國無政令得水上下相和順天下安寧

農政全書

日暈

立夏日看日暈有則主水

遵生八牋

臞仙月占

四月立夏日忌北風主疫

直隸志書 各省風俗同者不載

永平府

立夏日占日暈則水多是日入海捕魚視西南風則多獲東北風不利若值朔主地動

肅寧縣

立夏風從東來雷電多南風年豐西風蝗蟲入不安北風泉湧地動日麗風和來日雨多凡風從夜半起者必在日內息者不和又曰東風急備蓑笠凡風單日起單日止雙日起雙日止又云立夏西南風六十日拔晉

饒陽縣

立夏東風主猪灾牛死南風主田茂盛西風主暴雨傷禾北風主山上行船又立夏日青氣見東南方吉否則歲多灾又立夏日宜雨諺云立夏不下高田莫耙

山東志書

滋陽縣

四月節立夏邑人咸入鄉處就農桑業

山西志書

黎城縣

立夏日白巖牡丹放士人皆沽酒遊賞

江南志書

常熟縣

立夏日煮麥豆和糖食之曰不疰夏

嘉定縣

立夏之日男女各試葛衣乞鄰家麥爲飯云解疰夏之疾

無錫縣

立夏合七家米食之云不病暑

太湖縣

立夏日俗以是日取筍莧爲羹舉家食之相戒少長毋坐門限謂令足輭毋晝寢謂愁夏多倦病也

休寧縣

立夏日宜雨諺云立夏不下高田放罷小滿不滿芒

種不管

浙江志書

杭州府

立夏有新茶新筍朱櫻青梅等物雜以枝圓棗核諸
果鏤刻花草人物極其工巧各家傳送謂之立夏茶
民間所食臘肉火酒海螄燒餅之屬

海寧縣

立夏日以諸果品雜置茗椀親鄰彼此餽送名曰七
家茶亦古八家同井之義

嘉興府

立夏以百草芽採粉爲餅相餽遺

桐鄉縣

四月立夏日噉新梅蠶豆櫻桃粉餅云夏天無病

烏程縣

四月立夏日家多祀竈以火德王也時蠶已三眠稍
葉者三日後任從採摘

寧波府

立夏炊五色米爲立夏飯

紹興府

丐戶以立夏日出鮮衣鼓笛相娛非此類則以爲恥

蕭山縣

立夏忌坐門限謂不利於脚

新昌縣

立夏炙昌魚韲菜

台州府

立夏各拭麵爲薄餅裹肉葅啖之謂之醉夏

龍泉縣

立夏日大晴旱東風穀熟人安南風人疫亢旱西風
六畜災北風魚多

湖廣志書

攸縣

立夏日民間食鴨蛋婣族分餉用爲酬酢浙跡四方
少有此俗唯見鄴中記云寒食日俗皆畫鴨子以相
餉寒食在冬至後百有五日去夏不遠或遺意也

郃陽縣

立夏日有雨則旱

桂陽州

立夏親鄰治酒會飲

福建志書

建陽縣

四月朔立夏主麥惡米貴

將樂縣

立夏採新蔬笋作羹以薦先曰夏羹其日忌用牛力

沙縣

四月立夏日農家作夏團米爲飣食之謂之助力

雲南志書

雲南府

立夏日插皂莢枝紅花於戶以厭祟又各家闈灰於
牆脚以辟蛇

河陽縣

立夏日邑之人士攜酒挈盒往遊西浦四方雜遝而
至者甚衆爭赴碧潭沐浴俗謂可以祛災並效祓禊
故事又剪綵爲桃樣或葫蘆樣縫於小兒衣後俗謂
可以祛瀉痢

立夏部藝文 詩詞

立夏日憶京師諸弟　唐韋應物

改序念芳辰煩襟倦日永夏木已成陰公門晝恆靜
長風始飄閣疊雲纔吐嶺坐想離居人還當惜徂景

立夏日示陳安國宣義　宋郭祥正

昨日春歸盡輕衣畏暑侵落花空眷影新葉自成陰
晝永惟便睡蟬清稍伴吟小園宮樣者分酌莫辭深

立夏　謝道

小簟含風六尺牀竹奴從此合專房吾身飽落都無
用占得山間一味涼

山中立夏用坐客韻　文天祥

歸來泉石國日月共溪翁夏氣重淵底春光萬象中
窮吟到雲黑淡飲勝裙紅一陣絃聲好人間解慍風

立夏日晚過丁卿草堂　元周南老

江上茅堂柳四垂又逢旅次過春時雨多苔蝕懸琴
壁水滿蛙生洗硯池風浦蕭蕭帆過疾煙空漠漠鳥
來遲避喧心事何人解總下幽篁許獨知

久雨喜晴明日立夏　明胡儼

一月厭雨聲忽逢今日晴春從花上去風過竹間清
睡美新茶熟身閒野服輕近來多坦率客至倦逢迎

立夏日山中遍遊後夜宿劉邦彥竹東別墅　沈周

乍認東莊路不真有橋通市却無鄰山窮借看堂中
畫花盡來尋竹主人爛熳箋麻發新興留連櫻筍送
殘春與君再見當經歲分付清觴緩緩巡

山中立夏卽事　蔡汝楠

一樽開首夏獨對落花飛幽僻還聞鳥清和未換衣

綠帷槐影合香飯藥苗肥盡日柴門啓蠶家過客稀

朝中措 立夏日觀茶蘼作　宋管鑑

一年春事到茶蘼何處更花開莫趁垂楊飛絮且隨紅藥翻階　倦遊老矣肯因名宦孤負銜杯寄語故園桃李明年留待歸來

阮郎歸 立夏　明張大烈

綠陰鋪野換新光薰風初晝長小荷貼水點橫塘蝶衣曬粉忙　茶鼎熟酒卮揚醉來詩興狂燕雛似惜落花香雙銜歸畫梁

立夏部紀事

周禮春官大宗伯以赤璋禮南方訂義鄭康成曰禮南方以立夏謂赤精之帝炎帝祝融食焉半圭曰璋象夏物半死鄭鍔曰陰生於午終於子午者南方之正位陽方用事而陰已生則夏者陰陽各居其半禮以半圭見陰功居其半不言祀中央者熊氏以爲中央黃帝亦用赤璋然以類求神中央土色宜用黃孔氏以爲當用黃琮然則土與地一類故不言易氏曰璋明也其色以赤象物之相見乎離南方之義也

晉書禮志成帝咸和六年三月有司奏今月十六日立夏今正服漸備四時讀令是祗述天和隆殺之道謂今故宜讀夏令奏可

雷公藥對立夏之日蜚蠊先生爲人參伏苓使主腹中七節保守中和

隋書禮儀志隋迎氣赤郊爲壇國南明德門外道西去宮十三里以立日祀其方之帝

隋制於國城西南八里金光門外爲雨師壇祀以立夏後申

會稽志隋開皇十四年詔南鎭會稽山就山立祠天寶十載封會稽山爲永興公歲一祭以南郊迎氣日

唐書禮樂志立夏後申日祀雨師

韓愈南海神廟碑天寶中冊尊南海神爲廣利王因其故廟易而新之在今廣州治之東南海道八十里扶胥之口黃木之灣常以立夏氣至命廣州刺史行事祠下事訖驛聞

玉海雍熙元年立夏致享太一宮祠官咸集甘露降祠庭

金史禮志立夏望祭南嶽衡山南鎭會稽山於河南府南海南瀆大江於萊州

元史祭祀志至元七年大司農請於立夏後申日祭雷雨師於西南郊

熙朝樂事立夏之日人家各烹新茶配以諸色細果餽送親戚比鄰謂之七家茶富室競侈果皆雕刻飾以金箔若茉莉林檎薔薇桂蕊丁檀蘇杏盛以哥汝瓷甌僅供一啜而已

立夏部雜錄

易通卦驗立夏雀子飛

月令章句自畢六度至井十度謂之實沈之次立夏居之晉之分野

抱朴子仙藥篇樊桃芝其木如昇龍花葉如丹羅實如翠鳥高不過五尺生於名山之陰東流泉水之上以立夏之候伺之得而末服盡一株得五千歲也

雜應篇或問不熱之道答曰以立夏日服六壬六癸之符或行六癸之炁或服元冰之丸或服飛霜之散然此用蕭丘上木皮及五月五日中時北行黑蛇血故少有得合之者也唯幼伯子王仲都二人衣以重裘暴於夏日周以十二罏之火口不稱熱身不流汗蓋用此方者也

三禮義宗四月立夏爲節夏大也至此之時物已長大故以爲名

齊民要術崔寔曰四月立夏後可作鮦魚醬

三月清明節後十日封生薑至四月立夏後蠶大食芽生可種之

隋書禮儀志夏迎赤熛怒者火色熛怒其靈炎至明盛也

唐書曆志立夏日在井四度昏角中南門右星入角距西五度其左星入角距東六度故曰四月初昏南門正昴則見

周易集解齊乎巽崔憬曰立夏則巽王而萬物絜齊

正易心法地二生火離之氣孕於巽木立夏節也

退齋雅聞錄河朔人謂立夏雨爲隔轍雨

元池說林立夏日俗尚啖李時人語曰立夏得食李

能令顏色美故是日婦女作李會取李汁和酒飲之謂之駐色酒一曰是日啖李令不疰夏

通攷朔日值立夏主地動又曰此日雨主有重種雨禾之患

立夏日風東來雷電多南來年豐歲安西來人衆不安北來泉涌地震

紀曆撮要立夏日無暈無水有暈主做湖塘

五雜組俗有立夏分龍之說蓋龍於是時始分界而行雨各有區域不能相踰故有咫尺之間而晴雨頓殊者龍爲之也

田家五行野薔薇開在立夏前主水

名勝志六石峰在永豐縣東永平鄉上有六石對峙高峻插天中有聖泉每歲以立夏七日應期而至有聲如雷則爲年豐之兆過期則旱

立夏部外編

登眞隱訣立夏之日日中五帝會諸仙人於紫微宮見四眞人論求道之人罪

三道順行經洞陽宮日之上館也立夏之日止於洞陽宮吐金冶之精以灌東井之中沐浴於晨暉收八素之風歸廣寒之宮

欽定古今圖書集成曆象彙編歲功典

第四十九卷目錄

仲夏部彙考
易經 天風姤卦
書經 堯典 舜典
詩經 豳風七月章
禮記 月令
爾雅 月陽
詩紀曆樞 陰陽會遇
素問 診要經終論篇
汲冢周書 時訓解
呂氏春秋 季夏紀音律篇
史記 律書
漢書 律曆志
淮南子 天文訓 時則訓 六合
大戴禮記 夏小正
後漢書 禮儀志
說文 午月
風俗通義 落梅風
晉書 樂志
風土記 濯枝雨 黃雀風
梁元帝纂要 仲夏
齊民要術 五月事宜
荆楚歲時記 五月俗忌
隋書 禮儀志
續博物志 分龍雨
宋史 禮志
埤雅 梅雨
農政全書 仲夏事宜 農事占候
遵生八牋 五月事宜 五月事忌 五月修養
賞心樂事 五月
本草綱目 仲夏
直隸志書 宛平縣 通州 永平府 遷安縣 灤州 清苑縣 饒陽縣 趙州 清豐縣 保安州 宣府鎮
山西志書 陽曲縣
陝西志書 富平縣 平涼府
江南志書 常熟縣 嘉定縣 松江府 武進縣 無錫縣 宜興縣 通州 徽州府 休寧縣 石埭縣 滁州
浙江志書 杭州府 海寧縣 嘉興府 嘉善縣 烏程縣 紹興府 諸暨縣 龍泉縣
江西志書 寧州 湖口縣 瀘溪縣
湖廣志書 武昌府 大冶縣 廣濟縣 荆州府 邵陽縣 新田縣
福建志書 建寧府 建陽縣 邵武府 詔安縣
廣東志書 增城縣 南雄府 始興縣 陽春縣 瓊州府 臨高縣 儋州
廣西志書 全州 隆安縣

歲功典第四十九卷

仲夏部彙考

易經

天風姤卦

䷫

本義 姤遇也至姤然後一陰可見而爲五月之卦

書經

堯典

申命羲叔宅南交平秩南訛敬致日永星火以正仲夏厥民因鳥獸希革

孔傳 南交言春與夏交舉一隅以見之敬行其敎以致其功 蔡傳 申重也南交南方交阯之地陳氏曰南交下當有曰明都三字訛化也謂夏月時物長盛所當變化之事也史記索隱作南爲謂所當爲之事也敬致周禮所謂冬夏致日蓋以夏至之日中祠日而識其景如所謂日至之景尺有五寸謂之地中者也永長也日永晝六十刻也星火東方蒼龍七宿火謂大火夏至昏之中星也正者夏至陽之極午爲正陽位也因析而又析以氣愈熱而民愈散處也希革鳥獸毛希而革易也

舜典

五月南巡守至于南岳

詩經

豳風七月章

五月鳴蜩

朱注 蜩螗也 大全 王氏曰蜩感陰氣而先鳴

五月斯螽動股

正義 五月之時斯螽之蟲搖動其股 大全 范氏曰五月而陰生動股氣使之然也

禮記

月令

仲夏之月日在東井昏亢中旦危中其日丙丁其帝炎帝其神祝融其蟲羽其音徵律中蕤賓其數七其味苦其臭焦其祀竈祭先肺

陳注 井東在未鶉首之次蕤賓午律長六寸八十一分寸之二十六

小暑至螳蜋生鵙始鳴反舌無聲
陳注　此記午月之候
天子居明堂太廟乘朱路駕赤騮載赤旂衣朱衣服赤玉食菽與雞其器高以粗養壯佼
陳注　明堂太廟南堂當太室也容體碩大形容佼好者擇而養之亦順長養之令
是月也命樂師脩鞀鞞鼓均琴瑟管簫執干戚戈羽調竽笙篪簧飭鐘磬柷敔
陳注　凡十九物皆樂器也以將用盛樂雩祀故謹備之
命有司爲民祈祀山川百源大雩帝用盛樂
陳注　山者水之源將欲禱雨故先祭其本源雩者吁嗟其聲以求雨之祭周禮女巫凡邦之大烖歌哭而請亦其義也帝者天之主宰盛樂即鞀鞞以下十九物並奏之也
乃命百縣雩祀百辟卿士有益於民者以祈穀實
陳注　百縣畿內之邑也百辟卿士謂古者上公句龍后稷之類
是月也農乃登黍天子乃以雛嘗黍羞以含桃先薦寢廟
陳注　舊注以內則之雛爲小鳥此雛爲雞未詳孰是含桃櫻桃也
令民毋艾藍以染毋燒灰毋暴布門閭毋閉關市毋索
陳注　藍之色青青者赤之母刈之亦是傷時氣火之滅者爲灰禁之爲傷火氣暴之於日布者陰功所械不可以小功干盛陽也毋閉一則順時氣之宣通一則使暑氣之宣散索者搜索商旅匿稅之物時氣盛大人君亦體之行寬大之政也
挺重囚益其食
陳注　挺者拔出之義
游牝別羣則縶騰駒班馬政
陳注　季春遊牝於牧至此妊孕已遂故不使同羣
是月也日長至陰陽爭死生分君子齊戒處必掩身毋躁止聲色毋或進薄滋味毋致和節耆欲定心氣百官靜事無刑以定晏陰之所成
陳注　夏至日長之極陽盡午中而微陰眇重淵矣此陰陽爭辨之際也物之感陽氣而方長者生感陰氣而已成者死此死生分判之際也刑陰事也舉陰事則是助陰抑陽故刑罰之事皆止靜不行也晏安也陰道靜故云晏陰定而至於成則循序而往不爲災矣
鹿角解蟬始鳴半夏生木堇榮
陳注　此又言午月之候
是月也毋用火南方
陳注　南方火位因其位而盛其用則爲微陰之害故戒之
可以居高明可以遠眺望可以升山陵可以處臺榭
仲夏行冬令則雹凍傷穀道路不通暴兵來至行春令則五穀晚熟百螣時起其國乃饑行秋令則草木零落果實早成民殃於疫

爾雅

月陽

五月爲皐

詩紀曆樞

陰陽會遇

陰陽之會一歲再遇遇於南方者以中夏

素問

診要經終論篇

五月六月天氣盛地氣高人氣在頭
注　生長之氣從地而升故肝而脾脾而直上于巔頂也歲六甲而以五月六月在頭者止論五藏也故曰奇恆五中又曰章五中之情按奇恆之道論五藏之神氣五藏者三陰之所主也人氣在頭者厥陰與督脈會於巔與五藏合而爲三陰也三陰之氣乃少陽相火所主相火即厥陰包絡之火也

汲冢周書

時訓解

芒種之日螳螂生又五日鵙始鳴又五日反舌無聲螳螂不生是謂陰息鵙不始鳴貪奸壅偪反舌有聲佞人在側夏至之日鹿角解又五日蜩始鳴又五日半夏生鹿角不解兵戈不息蜩不鳴貴臣放逸半夏不生民多厲疾

呂氏春秋

季夏紀音律篇

蕤賓之月陽氣在上安壯養俠本朝不靜草木早槁
注　蕤賓五月壯盛俠少也皆安養之助陽也靜安也朝政不寧故草木變動墮落早枯槁也

史記

律書

西至于七星七星者陽數成於七故曰七星西至于

張張者言萬物皆張也西至于注注者言萬物之始衰陽氣下注故曰注五月也律中蕤賓蕤賓者言陰氣幼少故曰蕤痿陽不用事故曰賓景風居南方景者言陽氣道竟故曰景風其於十二子爲午午者陰陽交故曰午其於十母爲丙丁丙者言陽道著明故曰丙丁者言萬物之丁壯也故曰丁西至於弧弧者言萬物之吳落且就死也西至於狼狼者言萬物可度量斷萬物故曰狼

漢書

律歷志

蕤賓蕤繼也賓導也言陽始導陰氣使繼養物也位於午在五月

淮南子

天文訓

小滿加十五日斗指丙則芒種音比大呂

蕤賓之數五十七主五月上生大呂

太陰在申歲名曰涒灘歲星舍東井輿鬼以五月與之晨出東方斗牽牛爲對

時則訓

仲夏之月招搖指午昏亢中旦危中其位南方其日丙丁其蟲羽其音徵律中蕤賓其數七其味苦其臭焦其祀竈祭先肺小暑至螳蜋生鵙始鳴反舌無聲天子衣赤衣乘赤騮服赤玉載赤旗食菽與雞服八風水爨柘燧火南宮御女赤色衣赤采吹竽笙其兵戟其畜雞朝於明堂太廟命樂師修鞀鞞琴瑟管簫調竽篪飾鐘磬執干戚戈羽命有司爲民祈祀山川百源大雩帝用盛樂天子以雛嘗黍羞以含桃先薦寢廟禁民無刈藍以染毋燒灰毋暴布門閭無閉關市無索挺重囚益其食存鰥寡振死事游牝別其羣執騰駒班馬政日長至陰陽爭死生分君子齋戒愼身無躁節聲色薄滋味百官靜事無刑以定晏陰之所成鹿角解蟬始鳴半夏生木堇榮禁民無發火可以居高明遠眺望登丘陵處臺榭仲夏行冬令則雹霰傷穀道路不通暴兵至行春令則五穀不熟百螣時起其國乃饑行秋令則草木零落果實早成民殃於疫五月官相其樹楡

六合

仲夏與仲冬爲合仲夏至修仲冬至短故五月失政十一月蟄蟲冬出其鄉

大戴禮記

夏小正

五月參則見參也者牧星也故盡其辭也蜉蝣有殷殷衆也蜉蝣殷之時也蜉蝣者渠略也朝生而暮死稱有何也有見也鴂則鳴鴂者百鷯也鳴者相命也其不辜之時也是善之故盡其辭也時有養日養長也一則在本一則在末故其記曰時養日之也乃瓜乃者急瓜之辭也瓜也者始食瓜也良蜩鳴良蜩也者五采具匽之興五日翕望乃伏其不言生而稱興何也不知其生之時故曰興以其興也故言之興五日翕也望也者月之望也而伏云者不知其死也故謂之伏五日也者十五日也翕也者合也伏也者入而不見也啓灌藍蓼啓者別也陶而疏之也灌者聚生者也記時也鳩爲鷹唐蜩鳴唐蜩鳴者匽也初昏大火中大火者心也心中種黍菽糜時也煑梅爲豆實也蓄蘭爲沐浴也菽糜以在經中又言之時何也是食矩關而記之頒馬分夫婦之駒也將閒諸則或取離駒納之則法也

後漢書

禮儀志

仲夏之月萬物方盛日夏至陰氣萌作恐物不楙禮以朱索連葷菜彌牟蠱鍾以桃印長六寸方三寸五色書文如法以施門戶代以所尚爲飾夏后氏金行初作葦茭言氣交也殷人水德以螺首愼其閉塞使如螺也周人木德以桃爲更言氣相更也漢兼用之故以五月五日朱索五色印爲門戶飾以難止惡氣

說文

午月

午悟也五月陰氣午逆陽冒地而出

風俗通義

落梅風

五月落梅風江淮以爲信風

晉書

樂志

五月之辰謂爲午午者長也大也言物皆長大也

五月之管名爲蕤賓蕤蕤垂下貌也賓敬也謂時陽氣下降陰氣始起相賓敬也

風土記

濯枝雨黃雀風

仲夏大雨名濯枝雨六日方止東南常有風至曰黃雀長風亦曰薰風

梁元帝纂要

仲夏

五月曰仲夏亦曰暑月皐月

齊民要術

五月事宜

五月芒種節後陽氣始虧陰慝將萌煖氣始盛蟲蠹並興乃弛角弓弩解其徽絃張竹木弓弩弛其絃以灰藏旃裘毛毳之物及箭羽以竿挂油衣勿辟藏霖雨將降儲米穀薪炭以備道路陷滯不通是月也陰陽爭血氣散夏至先後各十五日薄滋味勿多食肥醲距立秋無食煮餠及水引餠

注　夏月食水時此二餠得水即堅强難消不幸便爲宿食傷寒病矣試以此二餠置水中即可驗唯酒引餠入水即爛矣

可糴大小豆胡麻糴穬大小麥收弊絮及布帛至後糴麰䴭曝乾置罌中密封至冬可養馬

荊楚歲時記

五月俗忌

五月俗稱惡月多禁忌曝牀薦席及忌蓋屋

按異苑云新野庾寔嘗以五月曝席忽見一小兒死在席上俄失之其後寔子遂亡或始于此或問董勛曰俗五月不上屋云五月人或上屋見影魂便去勛答曰秦始皇自爲之禁夏不得行漢魏未改按月令仲夏可以居高明可以遠眺望可以升山陵可以處臺榭鄭元以爲順陽在上也今云不得上屋正與禮反敬叔云見小兒死而禁暴席何以異此俗人月諱何代無之但當矯之歸於正耳

隋書

禮儀志

後周仲夏教茇舍如振旅之陣遂以苗田如蒐法致禽以享礿

隋制以仲夏祭先牧於大澤以剛日牲用少牢如祭馬祖埋而不燎

續博物志

分龍雨

俗以五月雨爲分龍雨一曰隔轍雨

宋史

禮志

宋承前代之制以五月朔行大朝會之禮

埤雅

梅雨

江湘二浙四五月間梅欲黃落則水潤土溽柱礎皆汗蒸鬱成雨謂之梅雨也

農政全書

仲夏事宜

仲夏十三是竹醉日可移竹

下子　夏菘菜　夏蘿蔔

栽種　插稻秧　晚大豆　晚紅花　香菜

收藏　豆醬　烏梅　醎豆　木棉　菜子　蘿蔔子　蠶種　豌豆　紅花　白酒　芝麻　槐花　小麥　大蒜　藍青　椹子

雜事　斫苧　埋桃杏李梅核在牛糞內尖向上易出　浸蠶種　斫桑　芒種後壬日入梅梅日種草無不活者

農事占候

五月諺云初一雨落井泉浮初二雨落井泉枯初三雨落連太湖又云一日值雨人食百草又云一日晴一年豐一日雨一年歉　立梅芒種日是也宜晴陰陽家云芒後逢壬立梅至後逢壬梅斷或云芒種逢壬是立黴按風土記云夏至前芒種後雨爲黃梅雨田家初插秧謂之發黃梅逢壬爲是　芒後半月內西南風諺云梅裏西南時裏潭潭但此風連吹兩日雨立至　畏雷諺云梅裏雷低田拆舍回言低田巨浸屋無用也甚驗或云聲多及震響反旱往往經試才有雷便有雨遍插秧之患大抵芒後半月謂之禁雷天又云梅裏一聲雷時中三日雨　立梅日早雨謂之迎梅雨一云主旱諺云雨打梅頭無水飲牛雨打梅額河底開坼一云主水諺云迎梅一寸送梅一尺雜占云此日市卒未晴試以二日比較近年纔是無雨雖有黃梅亦不多不可不知　重五日只宜薄陰但欲曬得蓬[illegible]便好大晴主水雨主絲緜貴大風雨主田內無邊帶風水多也　至後半月爲三時頭時三日中時五日末時七日時雨中時主大水若末時縱雨益善括云夏至未過水袋未破諺云時裏一日西南風准過黃梅雨日雨又云時雨西南老龍奔潭皆主旱全不應晚轉東南必晴諺云朝西暮東風正是旱天公　末時得雷謂之送時主久晴諺云迎梅雨送時雷送去了便弗回諺云黃梅天日幾番顛　冬青花占水旱諺云黃梅雨未過冬青花未破冬青花已開黃梅雨不來　夏至端午前叉手種年田　夏至日雨落謂淋時雨主久雨其年必豐　夏至有雲三伏熱　又西南風急吹急沒慢吹慢沒　黃

梅寒井底乾　端午日雨來年大熟　分龍之日農
家於是日早以米飾盛灰籍之紙至晚視之若有雨
點迹則秋不熟穀價高人多閉糴　五月二十日大
分龍無雨而有雷謂之鎖雷門　月內虹見麥貴有
三卯宜種稻有應時雨

遵生八牋

五月事宜

孝經緯曰小滿後十五日斗指丙爲芒種白虎通曰
律蕤賓蕤者下也賓者敬也言一陰始生萎蕤陽不
豫以爲用如賓在外而不爲內至也吳子夜四時歌
曰是月爲鬱蒸爲仲暑
元樞經曰是月天道西北行作事出行俱宜向西北
吉
又曰初九日沐浴令人長命
雲笈七籤曰五月一日取枸杞煎湯沐浴令人不老
不病五日以蘭湯沐浴亦可初四初七初八日沐浴
吉
保生月錄曰是月十一日天倉開宜入山修道
簡易方曰疫炁時行用貫衆置水缸內食水不染十
二月除夕同此
家塾事親曰巳丑卯辰日祀竈以猪首吉五月朔日
不宜出錢財
博濟方云五月取桃仁一百箇去皮尖研細入黃丹
二錢丸如桐子大治瘧發日面北用溫酒或井花水
吞下三丸卽絕合忌婦女雞犬見之
本草圖經曰五月收杏去核自朝蒸之至午而止以
微火烘之收貯少加糖霜可食駐顏故有杏金丹之
說不宜多食
千金方曰多採蒼耳陰乾置大甕中能辟惡炁若有
時疫生發卽取爲末舉家服之不染若病脹滿心悶
發熱卽服此又能殺三尸九蟲
又曰五月二十七日宜服五味子湯取五味一合搗
置小瓶中以百滾湯入蜜少許卽封口置火邊良久
乃服生津止渴
二十日採小蒜曝乾治心煩痛解諸毒又治小兒丹
瘮
是月十六日二十日宜拔白
保生餘錄曰五月取螢火二七枚撚白髮能黑

五月事忌

五月用事不宜用午犯月建百事不吉
十五二十五日忌裁衣交易
經曰五月初五初六初七日十五十六十七日二十
五二十六二十七日謂之九毒戒夫婦容止勿居溼
地以招邪炁勿露臥星月之下
問禮俗云五月俗稱惡月按月令仲夏陰陽交生死
之分君子節嗜慾勿任聲色
金匱要略云勿食韭菜令人乏力損目勿食生菜
太平御覽異苑曰五月勿曬牀薦席
月令圖經勿食濃肥勿食煑餅可食溫煖之物
千金方曰勿食獐鹿馬各獸肉傷人神氣
又曰小兒不可弄槿花惹病痁槿爲瘧子花五月勿
食鯉多發風勿食其腦鯉鮓不可同小荳藿官桂猪
肝同食損人
本草云勿食山澤中水勿食未成核果令人發癰毒
及寒熱勿食生菜勿食鷄肉勿食蛇鱔勿食羊蹄
保生心鑑曰是月勿下枯井及深穽中多毒氣先以
鷄毛探之若毛下旋舞者卽是有毒不可下也
濟世方曰五月不可多食茄子損人動氣茄屬土耳
歲時記曰勿食菘菜發皮膚瘋痒
保生月錄曰茉莉花勿置牀頭引蜈蚣當忌李子不
可與蜜雀肉同食損五臟
類摘良忌云江魚卽黃魚也不可同蕎麥食令人失
音枇杷不可同炙肉熱麵同食令人患熱發黃桃子
不可與鼈同食
便民圖纂曰甜瓜沈水者殺人多食作陰下癢生瘡
患脚氣食之永不愈雙蔕者殺人且此物不可與油
餅同食
楊公忌曰初五日不宜問疾名地臘日

五月修養法

仲夏之月萬物以成天地化生勿以極熱勿大汗勿
暴露星宿皆成惡疾忌目西北之風邪氣犯人勿殺
生命是月肝臟已病神氣不行火氣漸壯水力衰弱
宜補腎助肺調理胃氣以順其時卦值姤姤者遇也
以陰遇陽以柔遇剛之象也生氣在辰宜坐臥向東
南方
孫眞人曰是月肝臟氣休心正旺宜減酸增苦益肝
補腎固密精氣臥早起早愼發泄五日尤宜齋戒靜
養以順天時
保生心鑑曰午火旺則金衰於時當獨宿淡滋味保
養生臟
養生纂曰此時靜養毋躁止聲色毋違天和毋倖遇

節嗜慾定心氣可居高明可遠眺望可入山林以避炎暑可坐臺榭空敞之處

賞心樂事

五月

清夏堂觀魚　聽鶯亭摘瓜　安閒堂解粽　重午節泛蒲　烟波觀碧蘆　夏至日鵝臠　南湖萱花　綺互亭火笑花　水北書院采蘋　鷗渚亭五色蜀葵　清夏堂楊梅　摘星軒枇杷　叢奎閣前榴花　豔香館蜜林檎

本草綱目

仲夏

陽燧一名陽符取火於日陰燧一名陰符取水於月並以銅作之謂之水火之鏡五月丙午日午時鑄爲陽燧十一月壬子日子時鑄爲陰燧

五月一日取土或椓土或塚上磚石入瓦器中埋著門外階下合家不患時氣

五月取浮萍陰乾燒煙去蚊

直隸志書各省風俗同者不載

宛平縣

五月十一日都城隍誕太常寺預日致祭居民香火之盛不減於東嶽之祀十三日進刀馬於關帝廟刀以鐵重八十斤馬以紙高二丈許鞍韉繡文銜轡金錯旗鼓前導之

通州

五月初一日俗稱爲本州城隍生日相率賽會結綵爲殿閣奉神像導以鼓樂旗旛迎於街及廟而止是夜三更州署各役到廟擊鼓伺候陞堂理事

永平府

五月十三日俗爲關帝誕百戲角觝集倡優樂之是日必有微雨謂之洗刀水

遷安縣

五月一日門首插桃枝貼紙葫蘆懸紙人以避瘟

灤州

五月十一日祀城隍十三日祀關帝是月也婦治絲麥始登

清苑縣

五月二十八日祀五道廟

饒陽縣

五月朔日雨主蟲災又主傷麥五穀本命忌雨甲申乙酉日忌雨主大水芒種東風主瓜菜成南風主閉田荒西風主刀兵動北風主收麥旱斷苗根

趙州

五月五日有司會士夫詣南鄉皋觴遊詠名曰踏柳

清豐縣

五月十三日祭壯繆侯無城市委巷皆張綵設劇窮晝達旦不減元夕間值沴旱必以是日爲雨徵

保安州

五月七日城隍廟演戲十二天如泰山廟之盛

宣府鎭

五月十五日市人爲父母兄長或己身疾病具香紙牲醴於城隍神祈禱自其家且行且拜至廟而止謂之拜愿又以小兒女多疾者帶小枷鎖詣廟祈禱謂之現枷俱以三年爲滿是日鼓吹管絃徹於衢巷竟夜不止

山西志書

陽曲縣

仲夏之月五瘟廟侑令人曳車作龍舟狀列五瘟神像具鐃鼓從朔日起遍遊街衢人俱翦衣帶少許投錢米中施之俗曰送瘟船

陝西志書

富平縣

五月麥秋女爲新麥食送其父母曰女看娘

平涼府

五月以糯角筍鷄雜繡綵女工相貽五日乃止士女羣賞芍藥五色十子刺梅以蜜飴收遺花五色麗春山花大開是月也農盡耘桑乃椹山種莜月終食蔄筍胡瓜早牟榴始花蠶絲登桑子芹胡蘿蔔植治麥場牛羊馬肥生酪酥亦造裘氈襪惰民或弗事

江南志書

常熟縣

五月十三日爲白龍生日俗云白龍瞟眼必主有雨

嘉定縣

五月朔旦爲早禾本命日尤忌雨二十日爲分龍日分龍後一日雨則是夏多雨鰲見則旱諺云二十分龍廿一鰲拔起黃秧便種豆二十分龍廿一雨水車閣在街堂裏廿三落了回龍雨一百廿日曬龍衣是時雨多不遍俗呼過雲雨諺云夏雨分牛脊或濃雲中若尾墜下而蜿蜒俗卷者雨亦止其一方謂之龍掛若無雨而有雷謂之鎖龍門主當地少雨蓋龍陣雨始自何一路只多行此路他處絕無諺云龍行熟路是也

松江府

五月芒種後遇壬則入梅夏至後遇庚爲出梅時梅子正黃遇雨謂之黃梅雨又雨氣霑衣物多腐壞故字亦從黴夏至後半月爲時雨字亦從黴蓋此義也又云芒種後如第五日遇壬則梅高五尺十一日遇壬則梅高一丈二尺度物之高下過此則不蒸溼也梅雨既過必有大風連晝夜彌旬而止俗謂舶棹風梅裏西南風則三時多雨二十日爲大分龍前此大雨時行所及必徧自分龍後或及或不及若有命而分者每雷起雲族雨不移時謂之過雲雨雖二三里間亦異或濃雲中有物蜿蜒屈伸謂之龍掛雨亦止其一方三時有雨田家相賀聞雷主旱諺云打鼓送三時有日弄雨槌是月甲申乙酉日忌雨主大水諺云甲申猶自可乙酉怕殺我黃梅後三日爲頭黴又五日爲中黴又七日爲末黴三黴中忌問疾及土木浣濯之事是月廛閈寺觀誦經啓醮謂之禳瘟

武進縣

五月十五日陳烈帝生日雲車畢集其廟云雲車本以神之顯靈於南唐也詳具龔百藥雲車記

龔百藥雲車記云楚人好鬼而屈平盡忠以死以五月五日自投於汨羅楚人憐之作龍舟若欲拯而渡之故至今楚俗士女謂之競渡余毘陵士人亦以仲夏之月禱祭其俗所謂西廟神者蓋有雲車戲云車以鐵爲之玲瓏繚繞如雲里之役夫強脊力者置於肩負之而趨走車上承小兒二人或二人扮演諸故事余自幼時見爲男士將軍裝束操戈矛劍戟刀楯弓矢旗麾紛紜若戰鬭狀不數年見爲佛道鬼神駕龍坐鳳瑰詭不經近則見爲婦女冶容靚服張紈綺錦繡綴金銀珠玉玩好之物此何爲者耶變而益侈盡失其指已夫禮以反始舞以象成祭以報功也毗陵城中舊有西廟址在其神古之忠臣烈丈夫也雲車者非他卽神故事耳故專有事於西廟則宜象神而爲之而或者用之一切以禮諸神謬矣父老相傳曰神生于毗陵陳姓諱杲仁仕隋官爲司徒煬帝之幸江都益淫泰大爲離宮苑囿是時百姓苦於徭賦天下騷動盜賊蠭起沈法興謀據毗陵以叛而神故法興壻也法興懼其忠勇不從佯稱疾紿神往視密置鴆於酒殺之居無何神白晝現立於雲端士卒共見神彎弧注矢鏃射法興立殪賊平後人想像其事悲而壯之爲雲車雲車之作自此始也

二十五日東嶽生日雲車集於東門之廟中老少羅拜而申港則以三月十三爲東嶽慶賀節二十八日相傳郡城隍神生日是日雲車大集演戲設祭

無錫縣

五月朔至晦戶懸一燈所至熒然而紅當明兵臨縣將屠城張義士翼說吳將莫天祐而降之邑賴以全翼以四月晦卒民懷其德故以是報焉或謂張睢陽者誤也爲睢陽亦有燈乃在七月二十五日皆里巷好事合貲爲之而不遍有

宜興縣

五月二十日舉城隍會俗傳是日爲城隍誕

通州

竹醉日祭關帝官府士民無不虔敬

徽州府

五月梅潦暴漲南風至大雨下是月採昌羊收白苧刈大小麥蒔稻秧

休寧縣

五月朔日不宜東風東風終日米大貴芒種占水諺云芒種火燒天大雨十八番

石埭縣

五月十三日賽關帝會各會齊集設祭迎神出廟盛裝撞閣馬戲鼓樂導引出西門至演武場轉進東門入廟鄰邑赴觀士女駢集十八日賽城隍會儀從之盛遨觀之衆亦如十三

滁州

五月一日具蔬食祀天神人家多不食葷是月大雨諺云五月十三下一滿都去饒州買大碗言穫多也又云大旱不過五月十三率驗又云二十日分龍二十五日回龍此數日常多雨如不雨則是年無穫諺云分龍不下回龍下回龍不下乾啞啞

浙江志書

杭州府

五月十三日爲漢壽亭侯誕辰十七日爲郡城隍誕辰家祀戶禱各里有會首董其事酬神飲酒梨園子弟爲之一空

海寧縣

芒種前後鄉村各具牲酒祀土穀神謂之發黃梅各聚飲而後插蒔彼此相助曰伴工

嘉興府

五月俗謂惡月禁弔喪問疾之事

嘉善縣

五月二十一日虹見則旱雨則水調

烏程縣

五月二十日分龍郡邑長率僚屬至黃龍洞祀龍神黃梅相傳以芒種逢壬入梅其時梅正熟也諺云雨打梅頭無水濾犂頭入梅之日不可有雨梅雨農家糴以種田俗名燒鵝汁然不可多多則水澇難以栽種其時有雷則多魚無雷謂之啞黃梅半月內不許臨灰洗衣即月令毋刈藍以染毋燒灰毋暴布之意

紹興府

五月六日觀荷花亦乘畫舫多集於梅山本覺寺同時又遊容山項里六峰觀楊梅

諸暨縣

芒種諺云芒種落雨重種田芒種無雨空過年山農

喜湖農忌

龍泉縣

五月初一日大熱暮有風雨主米貴風從北來人相掠米大貴其日芒種六畜哀鳴其日東風至夜不止主米大貴其月上辰上巳日有雨蝗蟲起月內虹見主麥貴月內有三卯豆大收是月行冬令主雹凍傷穀盜賊起行春令主饑饉行秋令瘟疫

江西志書

寧州

五月二十六日雨晴可占豐年

湖口縣

五月十八日爲紙龍舟形如真者皆結綵裝戲遊于市中所過民家投以五穀鹽茶名曰收瘟遊畢送至郊外焚之

瀘溪縣

五月暑漸盛多大水禾始穗

湖廣志書

武昌縣

五月十七日小兒女悉赴瘟司廟上枷夾日廟神出遊昇者盛飾去帽簪五色花沿街曳茆船謂之逐疫

大冶縣

五月十八日送瘟紙作龍舟長數丈上爲三閭大夫像人物數十皆衣錦繡綵繒冠佩器用間以銀錫費近百金送至青龍堤燔之其盛他處罕比昔人沿送窮之遺制船以茅故至今猶謂之茅船而實則侈矣

廣濟縣

五月十八日棚會市民十家一棚祭瘟神會飲或醵禳焚蒼朮插桃葉

荊州府

五月十三日相傳關帝誕辰也遠近走祀如騖是日類多風雨謂之磨刀雨坊村少年具法駕鼓樂導神出遊各以梔子榴花插鬢綵衣繡袜觀者塞衢先期父老結棚演忠義傳奇云以娛神亦教鄉之愚子弟也

邵陽縣

五月二十六日有雨人爭出穀

新田縣

五月朔日宜晴二十六日雨主豐諺云熟不熟且看五月二十六又云端陽有雨是豐年

福建志書

建寧府

芒種日雨則水多魚諺云雨芒種腳捉魚不著芒種後半月不宜雷謂之禁雷天

建陽縣

五月十三日爲龍生日移竹多活

邵武府

五月二十八日慶城隍壽周遊三日以招四方商賈百貨畢集謂小蘇杭

詔安縣

海上颶信五月十三日爲關帝颶

廣東志書

增城縣

五月二十六日俗謂穀神生日喜有雨

南雄府

五月上日始各街備子孫酒供養天符太子宮是年生子家多共値一會若止一家生子雖竭貲產亦爲之諺云賣了大兒辦小兒

始興縣

五月上日各家備子孫酒偹犒賞船丁俱用綵旗鼓樂花紅龍丁各以百日花簪賞俗呼其花爲龍船花竹醉後即有新米謂弔犂早再進謂百日早此穀既升又將田蒔禾謂蒔翻利甚大旱禾至桐月中鏕川稻遲至季秋方穫早禾田種菽各麻蕎麥遲則種油菜

陽春縣

五月十三日所家以是日爲關王誕辰各聚關廟前馳馬奪標鬪勝爲樂名曰走馬會

瓊州府

五月十一日扮裝關王會至十三日畢集廟中是時賽愿祈保各帶枷鎖有沙刀并立王像前三日者謂之站刀甚有翦焚肉香膊刺大小刀箭腰背簽鎗者

臨高縣

五月關帝誕辰商民各爭賽愿有將鐵鉤掛臂膊擊長鍊隨地拖走者謂之裝軍

儋州

芒神以星候種插蒔值芒種豬母枷犂尾等星出則秧死

廣西志書

全州

五月望日鄉落競渡俗言擇大十五

隆安縣

五月田禾秀新粟收蝗蝻生野荔邊桃熟土潤溽暑大雨時行民忙於易耨

欽定古今圖書集成曆象彙編歲功典

第五十卷目錄

仲夏部藝文一
正陽城門銘　後漢李尤
蕤賓五月啓　梁昭明太子
仲夏部藝文二 詩詞
和胡西曹示顧賊曹　晉陶潛
五月旦作和戴主簿　前人
奉和夏日應令　北周庾信
夏中崔中丞宅見海紅搖落一花獨開　唐劉長卿
五月　嚴維
仲夏　樊珦
榴花　韓愈
觀刈麥　白居易
嶺南道中　李德裕
宮詞　花蕊夫人徐氏
五月十日雨中飲　宋梅堯臣
五日與和叔同遊齊安　王安石
仲夏即事　晁補之
五月六日湖上晚歸初見荷花　周紫芝
書齋夏日　鄭剛中
五月聞鶯　范成大
時雨　陸游
怡齋　前人
臨平道中　釋道潛
村居　金馬定國
五月牡丹應制　趙秉文
五月芍藥　元馬祖常
月湖竹枝詞　葛邏祿迺賢
夏日過萬蓬庵　成廷珪
五月扈從上京學宮紀事二首　周伯琦
夏日林居　明左國璣
夏意　文徵明
五月　蔡羽
仲夏閒居　居節
仲夏偶過長衡水檻即事以上詩　程嘉燧
蘇幕遮　宋周邦彥
浣溪沙五月西湖　蔡伸
瑞鷓鴣　趙師俠
清平樂　王千秋
歸朝歡　嚴仁
蝶戀花麴院荷風　明莫璠
金人捧露盤五月十二日喜雨以上詞　周用
仲夏部選句
仲夏部紀事
仲夏部雜錄
仲夏部外編

歲功典第五十卷

仲夏部藝文一

正陽城門銘　後漢李尤

平門督司午位處中外臨僚侍內達帝宮正陽南面炎暑赫融

蕤賓五月啓　梁昭明太子

麥隴移秋桑律漸暮蓮花泛水豔如越女之顋蘋葉漂風影亂秦臺之鏡炎風以之扇戶暑氣於是盈樓凍雨洗梅樹之中火雲燒桂林之上敬想足下追涼竹徑托蔭松間彈伯牙之素琴酌嵇康之綠酒縱橫流水酩酊頹山實君子之佳游乃王孫之雅事某沈痾漳浦臥病泉山頓懷劉幹之勞鎮抱相如之酷是知枯榮莫測生死難量驗風燭之不停如水泡之易滅聊伸弊札以代勞人佇覩芳詞希垂愈病

仲夏部藝文二 詩詞

和胡西曹示顧賊曹　晉陶潛

蕤賓五月中清朝起南颸不駛亦不遲飄飄吹我衣重雲蔽白日閑雨紛微微流目視西園曄曄榮紫葵於今甚可愛奈何當復衰感物願及時每恨靡所揮悠悠待秋稼寥落將賒遲逸想不可淹猖狂獨長悲

五月旦作和戴主簿　前人

虛舟縱逸棹回復遂無窮發歲始俛仰星紀奄將中南窗罕悴物北林榮且豐神淵寫時雨晨色奏景風

既來孰不去人理固有終居常待其盡曲肱豈傷沖
遷化或夷險肆志無窊隆即事如已高何必升華嵩

奉和夏日應令　北周庾信

朱簾卷麗日翠幕蔽重陽五月炎蒸氣三時刻漏長
麥隨風裏熟梅逐雨中黃開冰帶井水和粉雜生香
衫含蕉葉氣扇動竹花凉早菱生軟角初蓮開細房
願陪仙鶴舉洛浦聽笙簧

夏中崔中丞宅見海紅搖落一花獨開　唐劉長卿

何事一花殘閑庭百草闌綠滋經雨發紅豔隔林看
竟日餘香在過時獨秀難共憐芳意晚秋露未須摶

五月　嚴維

憶長安五月時君王避暑華池進膳甘瓜朱李續命
芳蘭綵絲競處高明臺榭槐陰柳色通逵

仲夏　樊珣

江南仲夏天時雨下如川盧橘垂金彈甘蕉吐白蓮

榴花　韓愈

五月榴花照眼明枝頭時見子初成可憐此地無車
馬顛倒青苔落絳英

觀刈麥　白居易

田家少閑月五月人倍忙夜來南風起小麥覆隴黃
婦姑荷簞食童稚攜壺漿相隨餉田去丁壯在南岡
足蒸暑土氣背灼炎天光力盡不知熱但惜夏日長

嶺南道中　李德裕

嶺水爭分路轉迷桄榔椰葉暗蠻溪愁衝毒霧逢蛇
草畏落沙蟲避燕泥五月畬田收火米三更津吏報
潮雞不堪腸斷思鄉處紅槿花中越鳥啼

宮詞　花蘂夫人徐氏

御座垂簾繡額單冰山重疊貯金盤玉清迢遞無塵
到殿角東西五月寒

五月十日雨中飲　宋梅堯臣

梅天下梅雨紛紛如亂絲梅生獨抱愁四顧無與期
妻孥解我意草草陳酒卮檻外百竿竹新筍高過之
竹色入我酒變作青琉璃一飲眼目光再飲言語遲
三飲頹然兀左右歎我衰有鳥從東來引頭鬪深枝
發聲醒我醉提壺美無疑典衣不直錢唯是布與絺
安得如古人車傍挂鴟夷

五日與和叔同遊齊安　王安石

繅成白雪桑重綠割盡黃雲稻正青他日玉堂揮翰
手芳時同此賦林坰

仲夏即事　晁補之

紅葵有雨長穗青棗無風壓枝溼礎人霑汗際蒸林
蟬烈號時

五月六日湖上晚歸初見荷花　周紫芝

毵毵烟柳誰家樹拍拍西湖盡日風和靖宅邊山雨
急蘇公堤下藕花紅

書齋夏日　鄭剛中

五月困暑溼衆謂如蒸炊惟我坐幽堂心志適所怡
開窗面西山野水平清池菱荷間蒲葦秀色相因依
幽禽蔭嘉木水鳥時翻飛文書任討探風靜香如絲
此殆有至樂難令俗子知

五月聞鶯　范成大

桑陰淨盡麥頭齊江上聞鶯每歲遲不及曉風鵯鴂
子迎春啼到送春時

時雨　陸游

時雨及芒種四野皆插秧家家麥飯美處處菱歌長
老我成惰農永日付竹牀衰髮短不櫛愛此一雨凉
庭木集奇聲架藤發幽香鶯衣溼不去勸我持一觴
即今幸無事海際皆農桑野老固不窮擊壤歌虞唐

怡齋　前人

東湖仲夏草樹荒屋古無人亭午凉萱房微呀不見
日筍籜自解時吹香野藤蟠屈入窗罅溼菌扶疎生
屋梁跨溝數椽最幽僻漲水及檻雨敗牆靜涵青蘋
鞞藻荇間立白鷺浮鴛鴦芙蕖雖瘦亦瀰漫照眼翠
蓋遮紅妝水紋珍簟欲卷却團團素扇嬾復將天風
忽送塔鈴語喚覺清夢遊瀟湘

臨平道中　釋道潛

風蒲獵獵弄輕柔欲立蜻蜓不自由五月臨平山下
路藕花無數滿汀洲

村居　金馬定國

五月南風化蟪蛄野塘晚筍未成蒲檉花落盡紅英
細沙渚鴛鴦牛引雛

五月牡丹應制　趙秉文

好事天工養露芽陽和趁及六龍車天香護日迎朱
輦國色留春待翠華穀雨曾霑青帝澤薰風又卷赤
城霞金欒鸞瑞休嗟晚猶是人間第一花

五月芍藥　元馬祖常

紅芍花開端午時江南遊客苦相疑上京不是春光
晚自是天家日景遲

月湖竹枝詞　葛邏祿迺賢

五月荷花紅滿湖團團荷葉綠雲扶女郎把釣水邊

立折得柳條穿白魚

夏日過萬蓬庵　成廷珪

愛此東庵暑氣薄解衣盤礴坐莓苔一林綠竹盡可數五月白蓮猶未開提塵談禪知獨往買魚沽酒待重來滄江日落山更好且放輕舟緩緩迴

五月扈從上京學宮紀事二首　周伯琦

延閣圖書取次陳講帷日日集儒臣墨池雲合天光絢東壁由來近北辰

黌舍重開大殿西牙符給事籍金閨伊吾日課繙青簡揮染還看寫隸題

夏日林居　明左國璣

五月虛簷下南風不斷涼雲來常帶雨花潤暗聞香怕酒因妨客耽幽懶著裳楚騷辭賦客歌詠日疎狂

夏意　文徵明

五月江南櫻筍殘疎花散盡綠浸浸雨來恰及黃梅候春去猶餘麥秀寒白日幽深茅屋靜野情蕭散苧袍寬美人何處經時別滿耳新蟬獨倚闌

五月　蔡羽

溪上鶯啼綠樹濃溪前樓閣水雲中江南角黍梅時雨扇底冰盤午簟風麈尾靜還生綠靄縠紋渾欲下青空佳期正與端陽近莫怪榴花別樣紅

仲夏閒居　居節

樹底柴門不浪開松釵竹粉半青苔綠分田水新栽稻黃入園林已熟梅小艇送僧籠鶴去片雲載雨過湖來夕陽山好詩難就夜合花前費討裁

仲夏偶過長衢水檻即事　程嘉燧

輕舟出郭信風颸過雨陂塘五月涼山檻水添平入戶野亭樹密遠生香村中客少過逢簡醉後情深笑語長頻到不須仍載酒自煎花乳鬪黃粱

蘇幕遮　宋周邦彥

燎沈香銷溽暑鳥雀呼晴侵曉窺簷語葉上初陽乾宿雨水面清圓一一風荷舉　故鄉遙何日去家住吳門久作長安旅五月漁郎相憶否小楫輕舟夢入芙蓉浦

浣溪沙五月西湖　蔡伸

雙鳳雷文拂手香青紗衫子淡梳妝冰姿綽約自生涼　虛掉玉釵驚翡翠緩移蘭棹趁鴛鴦鬢鬟風亂綠雲長

瑞鷓鴣　趙師俠

榴花五月眼邊明角簟流冰午夢清江上扁舟停畫槳雲間一笑渥塵纓　主人杯酒流連意倦客關河去住情都付郵亭今日水伴人東去到江城

清平樂　王千秋

喚雲且住莫作籠池舞五月人間須好雨爲埽無邊煩暑　畦秧鍼綠重生壺天表裏俱清林外枯槔閒挂省渠多少心情

歸朝歡　嚴仁

五月人間揮汗雨離恨一襟何處去雙溪樓下碧千尋雙溪樓上銅尊泉晚涼生綠樹漁燈幾點依洲渚莫狂歌潭空月冷慘慘瘦蛟舞　變化往來無定所求劍刻舟應笑汝只今誰是管司空斗牛夾紅光吐我來空弔古與君同把凭闌語問滄波乘槎此去流到天河否

蝶戀花荷風翻院　明莫璠

五月涼風來翻院綠水芙蕖紅白都開徧風遞荷香清不斷採蓮舟過歌聲緩　醉折碧筒供笑翫翠蓋紅綃高下翻零亂向晚新涼生酒面六銖衣薄停紈扇

金人捧露盤五月十二日喜雨　周用

仰皇天驅雨伯駕飛廉記農師猶有蠹占自來大旱不過五月十之三山河大地從滂沛西北東南　挽長河千里潤苗苕井十分甘奈微涓自喜沾沾雲雷大造天功那許世人貪鳳凰池上恩波闊新綠遙添

仲夏部選句

晉傅咸感涼賦序盛夏困於炎熱甚不過旬日而復自涼以時之涼命親友曲會作賦云爾踐朱明之仲月暑鬱隆以崔興赫融以彌熾乃沸海而焦陵獸竄伏於幽林兮鳥垂翼而弗升汗珠隕於玉體兮粉附身而沾凝於是景雲晨敷曜靈潛光陰氣盡升凱風載揚忽輕箑於坐隅兮思暖服於蘭房

梁簡文帝馬寶頌序日進內宮星次鶉首仲夏之晷稍極陽城之圭蕤賓之鐘初應潁川之律緗雲旦卷

南風曉扇惠氣入帷清陰周宇

唐李白詩大火五月中景風從南來數枝石榴發一丈荷花開又五月梅始黃蠶稠桑柘空又山花異人間五月雪中白又黃鶴樓中吹玉笛江城五月落梅花

杜甫詩五月江深草閣寒

韓翃詩寒水浮瓜五月時

陳羽詩池上樓臺五月涼百花開罷水芝香

薛能詩槐柳陰陰五月天

方干詩長潭五月來冰氣孤檜中宵學雨聲

宋秦觀詩菡萏吹風五月天

金段克己詩簾幃清徹三更夢枕簟涼生五月秋

元顧瑛詩梧竹一庭涼欲雨池臺五月氣涵秋

馬士熙詩曲闌五月櫻桃紅

仲夏部紀事

周禮地官山虞仲夏斬陰木（訂義）鄭康成曰陰木在山北者王氏曰考工記曰凡斬轂之道必矩其陰陽陰也者疏理而柔是故以火養其陰而齊諸其陽則轂雖敝不藃所謂陰木則疏理而柔者也疏理而柔宜以火養則斬以仲夏使盛陽暴之與火養同意

夏官大司馬中夏教茇舍如振旅之陳（訂義）鄭鍔曰詩曰召伯所茇又左傳言晉大夫茇舍從之凡言茇者皆草舍也教茇舍者教以草止之法軍行而草止未有營壘之所草止之地防患尤嚴防患之道夜事尤急教之無素則是以衆予敵矣教茇舍獨於中夏以月令考之孟春草木萌動季春生氣方盛惟夏之時生於春者至是益長長於春者至是益茂軍屯其中患生不虞又況莫夜之時李嘉會曰春曰振旅猶見振厲威武夏曰茇舍如書所謂敬致南訛蓋陽居大夏長養萬物於時以茇舍教之見得兵以安集吾民為急

大戴禮記公符篇成王冠周公使祝雍祝王曰達而勿多也祝雍曰使王近於民遠於年嗇於時惠於財親賢使能陛下離顯先帝之光耀以承皇天嘉祿欽順仲夏之吉日（古者冠以仲春）遵並大道邠或（邠或當爲芬芳字之誤也）秉集萬福之休靈始加昭明之元服推遠稚免之幼志（免猶弱也）崇積文武之寵德肅勤高祖清廟六合之內靡不息陛下永永與天無極

高士傳被裘公者吳人延陵季子出遊中道見有遺金顧而謂公曰取彼金公投鐮瞋目拂手而言曰何子處之高而視人之卑五月被裘而負薪豈取金者哉季子大驚既謝而問其姓名曰吾子皮相之士而安與語姓名也

韓子外儲說右上篇季孫相魯子路爲郈令魯以五月起衆爲長溝當此之爲子路以其私秩粟爲漿飯要作溝者於五父之衢而飡之孔子聞之使子貢往覆其飯擊毀其器曰魯君有民子奚爲乃飡之

論衡感虛篇鄒衍無罪見拘於燕當夏五月仰天而歎天爲隕霜

漢書文帝本紀十三年五月除肉刑法

武帝本紀建元元年五月詔曰河海潤千里其令祠官修山川之祠爲歲事曲加禮

元光元年五月詔賢良曰朕聞昔在唐虞畫象而民不犯日月所燭莫不率俾周之成康刑錯不用德及鳥獸教通四海海外肅眘北發渠搜氐羌徠服星辰不孛日月不蝕山陵不崩川谷不塞麟鳳在郊藪河洛出圖書嗚虖何施而臻此與今朕獲奉宗廟夙興以求夜寐以思若涉淵水未知所濟猗與偉與何行而可以章先帝之洪業休德上參堯舜下配三王朕之不敏不能遠德此子大夫之所睹聞也賢良明於古今王事之體受策察問咸以書對著之於篇朕親覽焉

元鼎元年夏五月得鼎汾水上（注）得寶鼎故因是改元

廣博物志張少平妻田氏少平卒後累年寡居忽夢一人自天而下因而懷孕乃曰無夫而孕人聞棄我也徙於代依東方五月朔旦生一子以其居代東方名之東方朔

史記武帝本紀泰一雲陽注括地志云漢雲陽宮在雍州雲陽縣北八十一里有通天臺武帝以五月避暑八月乃還

漢書宣帝本紀本始元年五月鳳皇集膠東千乘

本始四年五月鳳皇集北海安丘淳于

元康二年夏五月詔曰獄者萬人之命所以禁暴止邪養育羣生也能使生者不怨死者不恨則可謂文吏矣今則不然用法或持巧心析律貳端深淺不平增辭飾非以成其罪奏不如實上亦亡繇知四方黎

民將何仰哉二千石各祭官屬勿用此人
史記匈奴傳五月大會龍城祭其先天地鬼神
後漢書任文公傳文公爲治中從事時大旱白刺史曰五月一日當有大水宜令吏人豫爲其備刺史不聽文公獨儲大船百姓或聞頗有爲防者到其日旱烈文公急命促載使白刺史刺史笑之日將中天北雲起須臾大雨至晡時湔水湧起十餘丈突壞廬舍文公遂以占術馳名
宋書符瑞志漢光武建武元年五月京師有赤草生水涯
後漢書明帝本紀永平十二年五月丙辰賜天下鰥寡孤獨篤癃貧無家屬不能自存者粟人三斛
章帝本紀建初元年夏五月辛卯初舉孝廉郎中寬博有謀任典城者以補長相
元和二年五月戊申詔曰乃者鳳凰黃龍鸞鳥比集七郡或一郡再見及白烏神雀甘露屢臻祖宗舊事或頒恩施其賜天下吏爵人三級高年鰥寡孤獨帛人一匹加賜河南女子百戶牛酒令天下大酺五日賜公卿已下錢帛各有差賜博士員弟子見在太學者布人三匹
東觀漢記和熹鄧太后永初二年旱五月朔太后幸雒陽省獄舉冤未還澍雨大降
廣川書跋楚相叔孫敖碑漢延熹三年五月二十八日立固始縣令段君夢見因故祠架廟堂屋以存其後故列於斯
後漢書東夷傳馬韓常以五月田竟祭鬼神晝夜酒會羣聚歌舞舞輒數十人相隨蹋地爲節十月農功畢亦復如之
蜀志諸葛亮傳五月渡瀘深入不毛
晉書武帝本紀太康元年五月丁卯薦酃淥酒於太廟
十六國春秋建熙七年五月慕容暐下書曰朕以寡德莅政多違亢陽三時光陰錯緒農植之辰而零雨莫降其令有司徹樂大官以菜食常供祭奠既而澍雨
夏錄眞興二年夏五月雨魚於統萬
異苑元嘉四年五月三日會稽餘姚錢祐夜出屋後爲虎所取至一宮府見一人憑几而坐左右侍者三十餘人謂曰吾欲使汝知術數之法故令虎迎汝汝無懼也留十五晝夜語諸要術盡教道之方祐受法畢使遺令還既得還家大知卜占無幽不驗
南史宋孝武帝本紀大明元年五月丙寅芳香琴堂東西有雙橘連理景陽樓上層西南梁棋間有紫氣清暑殿西甍鴟尾中央生嘉禾一株五莖改景陽樓爲慶雲樓清暑殿爲嘉禾殿芳香琴堂爲連理堂
梁書武帝本紀天監四年五月建康縣朔陰里生嘉禾一莖十二穗
南史梁武帝本紀天監五年五月置集雅館以招遠學
梁書武帝本紀天監十年五月乙酉嘉蓮一莖三花生樂遊苑
魏書靈徵志太祖天興四年五月魏郡斥丘縣獲白鹿王者惠及下則至
北史魏高祖本紀太和元年五月車駕祈雨武州山俄而澍雨大洽
魏書陸叡傳太和八年正月叡與隴西公元琛並持節爲東西二道大使褒善罰惡聲稱聞於京師五月詔賜叡夏服一具
北史魏高祖本紀太和十二年五月丁酉詔六鎭雲中河西及關內郡各修水田通渠灌溉
魏書高祖本紀太和十七年五月壬戌宴四廟子孫於宣文堂帝親與之齒行家人之禮
洛陽伽藍記昭儀寺南宜壽里段暉宅地下時見五色光於光所掘地得金像一軀高可三尺有二菩薩趺坐上銘曰晉太始二年五月十五日侍中書監荀勖造暉遂捨宅爲光明寺
隋書食貨志開皇五年五月工部尚書長孫平奏令諸州百姓及軍人勸課當社共立義倉收穫之日隨其所得勸課出粟及麥於當社造倉窖貯之卽委社司執帳檢校若時或不熟當社有饑饉者卽以此穀賑給自是諸州儲峙委積
北史隋高祖本紀開皇十五年五月丁亥制京官五品以上佩銅魚符
隋書地理志漢中之人每至五月十五日必以酒肉相饋賓旅聚會甚於三元
西域傳西突厥每五月八日相聚祭神歲遣重臣向其先世所居之窟致祭
唐書選舉志四門學生補太學太學生補國子學每歲五月有田假
凡選有文武文選吏部主之武選兵部主之皆爲三銓尚書侍郎分主之凡官員有數而署置過者有罰

知而聽者有罰規取者有罰每歲五月頒格於州縣

百官志少府監中尚署令五月獻綬帶

老學庵筆記唐高祖實錄武德二年正月甲子下詔曰釋典微妙淨業始於慈悲道教沖齊至德去其殘暴況乎四時之禁毋伐麛卵三驅之禮不敢順從蓋欲敦崇仁惠蕃衍庶物立政經邦咸率斯道朕祗膺靈命撫遂羣生言念亭育無忘鑒寐殷帝去網庶踵前脩齊王捨牛實符本志自今每年正月五月九月十直日並不得行刑所在公私宜斷屠殺此三長月斷屠殺之始也

唐會要武德三年五月郇州獻瑞石有文曰天下萬年

高祖武德八年五月乙巳宴五品以上及外戚於內殿賦詩賜綵

武德八年五月三日赤雀巢於殿門宴五品以上上頌者千餘人

貞觀八年五月七日太宗初服翼善冠賜貴臣進德冠

顯慶元年五月四日史官修齊梁陳周隋五代志三十卷太尉無忌進之

顯慶三年五月九日以西域平遣使分往康國吐火羅國等訪風俗物產及古今廢置畫圖以進令史官撰西域圖志

咸亨三年五月三日始令京官四品職事五品佩銀魚是日內出魚袋徧賜之

朝野僉載孫佺為幽州都督五月北征時軍師李處郁諫五月南方火北方水火入水必滅佺不從果沒八萬人

唐會要延載元年五月二十二日內出繡袍賜文武三品以上銘襟背各為八字回文

開元六年五月二十七日置折衝府每年一簡點

開元八年五月平原麥一莖兩岐分秀

集賢注記開元十二年五月沙門一行於書院造黃道游儀成以進一行初奉詔改修曆經以舊無黃道游儀測候稍難梁令瓚刻木作小樣進呈上令一行參考以為精密始就院吏以銅鐵為之凡二年功乃成至是上之上稱善

開元十五年夏五月作十王宅百孫院

開元二十三年五月一日宗子請率月俸於興慶宮建龍池聖德頌以紀符命

異聞錄唐天寶三載五月十五日揚州進水心鏡一面縱橫九寸青瑩耀日背有盤龍長三尺四寸五分勢如生動元宗覽而異之進鏡官揚州參軍李守泰曰鑄鏡時有一老人自稱姓龍名護鬚髮皓白眉如絲垂下至肩衣白衫有小童相隨年十歲衣黑衣龍護呼為元冥以五月朔忽來神采有異人莫之識謂鏡匠呂暉曰老人家住近聞少年鑄鏡暫來寓目老人解造真龍欲為少年制之頗將愜於帝意遂令元冥入爐所局閉戶牖不令人到經三日三夜門戶洞開呂暉等二十人於院內搜覓失龍護及元冥所在鏡爐前獲素書一紙文字小隸云鏡龍長三尺四寸五分法三才象四氣稟五行也縱橫九寸類九州分野鏡鼻如明月珠焉開元皇帝聖通神靈吾遂降祉斯鏡可以辟邪鑒萬物秦始皇之鏡無以加焉歌曰盤龍盤龍隱於鏡中分野有象變化無窮興雲吐霧行雨生風上清仙子來獻聖聰呂暉等遂移鏡爐置船中以五月五日午時乃於揚子江鑄之未鑄前天地清謐興造之際左右江水忽高三十餘尺如雪山浮江又聞龍吟如笙簧之聲達於數十里稽諸古老自鑄鏡以來未有如斯之異也帝詔有司別掌此鏡

唐會要大曆十二年五月甲子成都人郭遠獲瑞木一莖有文曰天下太平四字獻之宰臣奉賀曰至德之化先資草木太平之時遂形文字望藏祕閣付史館

貞元五年五月戊辰宋州麥一莖九岐者百餘本

通典貞元五年五月敕自今以後諸色人中有習三禮者前資及出身人依科目選例吏部考試白身依貢舉例禮部考試

舊唐書德宗本紀貞元六年五月丙寅朔上御紫宸受朝上以是月一陰生臣子道長父子必以是朔面焉故取朔日受朝

唐實錄貞元十八年五月十八日甘露降元和殿桐木丁香木

元和志元和九年五月詔復於經略軍城置宥州置州之日版築之下掘得釜二百五十四口悉堪烹餁散給諸營以資軍用

劉禹錫踏潮歌序元和十年夏五月終風駕濤南海汎溢南人云踏潮也率三歲一有之

唐會要元和十五年五月臨碧院使奏壽昌殿南獲白鹿麑

長慶元年五月饗太廟畢出朱雀門中路日抱珥五

邑宰臣稱賀
太和二年五月帝纂集尚書中君臣事跡命工圖寫
於太液亭朝夕觀覽
太和九年五月御集春秋左氏列國經傳三十卷
玉海唐僖宗五月八日誕爲應天節
名勝志新都縣西南十五里繁陽山中有麻姑洞光
化二年五月四日山土摧落洞門自開時人咸云洞
開即年豐物賤後果遠近豐稔
前定錄龐嚴爲衢州刺史到郡忽夢二僧曰余有先
知故來相告嚴問當爲何官曰類廉察而無兵權有
土地而不出畿內曰當何日去此曰來年五月二十
三日及明年春有除替行有日矣廉使元稹論奏交
割竟以五月二十三日發後爲京兆尹
酉陽雜俎道流陳景思說勅使齊日昇養櫻桃至五
月中皮皺如鴻柿不落其味數倍人不測其法
西域以五月爲歲每歲日鳥滸河中有馬出色如金
與火祆祠銅馬嘶相應俄復入水
秦中歲時記端午前二日東市謂之扇市車馬於時
特盛
桯史建隆三年五月詔增修大內時太歲在戌司天
監以興作之禁移有司毋繕西北隅藝祖按視見之
怒問所繇司天以其書對上曰東家之西即西家之
東太歲果何居焉即日一新之
玉海乾德元年五月十四日增修宮闕凡規爲制度
並上指授既成坐寢殿中令洞開諸門皆端直通豁
謂左右曰此如我心少有邪曲人皆見之
儒林公議成都諸葛武侯祠前有大柏圍數丈唐末

漸枯不復生然亦不敢伐之皇朝乾德五年夏五月
枯柏再生新枝龍雲幷枯幹並存若蚪龍之形
宋史刑法志開寶二年五月帝以暑氣方盛深念縲
繫之苦乃下手詔兩京諸州令長吏督獄掾五日一
檢視灑掃獄戸洗滌杻械貧不能自存者給飲食病
者給醫藥輕繫即時決遣毋淹滯自是每仲夏申勅
官吏歲以爲常
玉海太平興國五年五月己酉鄭州言修東嶽祠宇
穿土得玉杵臼以獻
太平興國九年五月賜臣僚時服自是歲以爲常
宋史禮志太宗太平興國九年五月二日出南薰門
觀稼召從官列坐田中令民刈麥咸賜以錢帛
玉海太平興國九年五月內出玉津園瑞蓮一莖示
輔臣花與葉悉合歡而生
雍熙二年五月癸酉鳳翔府言岐山縣周公廟有泉
忽涌出者舊相傳時平則流世亂則竭唐安史之亂
泉竭至大中年復流號德潤泉自後又涸今忽涌清
澄甘潔甚異於常因圖之以進
淳化五年五月十九日庚午上臨軒親選郭玘等四
人並爲常參官仍給印紙令滿秩日自齎於御前較
其課最
至道元年馮翊民李元眞獻養蠶經一卷五月十九
日甲子上觀之以不忘本業留書禁中賜錢萬
宋實錄至道二年五月丙午上飛白書數幅以示近
臣字皆廣袤盈尺先賜宰相呂端一幅侍臣因競前
爭取上曰劉洎登牀正如此矣
宋史五行志咸平元年五月撫州王羲之墨池水色

變黑如雲
燕翼貽謀錄眞宗景德元年五月七日白州有鳳凰
三自南入城衆禽周遶至萬歲寺前棲高木上身如
龍長九尺高五尺其文五色冠如金盞州畫圖來獻
玉海景德二年五月二十日丁卯种放賜告遊嵩山
宴羣臣資政殿餞之賜放七言詩令屬和從臣皆賦
復賜會於祕閣王欽若之直廬
大中祥符三年五月二十八日召輔臣於崇政殿北
廊觀中使任文慶於茅山郭眞人池中所獲龍長二
寸許極細鱗腹如玳瑁手中仰覆無懼帝作觀龍歌
復送茅山池中
吳山伍子胥祠大中祥符五年五月乙未詔神實主
洪濤禦菑捍患封英烈王
大中祥符五年五月戊子以苑中金華殿所種麥示
輔臣復作歌以賜癸未幸京城南觀刈麥種稻作觀
稼七言詩賜近臣屬和
大中祥符六年五月辛丑國子監御書閣有赤光上
燭
湘山野錄張乖崖成都還日封一紙軸付僧文鑒大
師者上題云請於乙卯歲五月二十一日開後至大
中祥符八年當其歲也時凌侍郎策知成都文鑒至
是日持見凌公曰先尚書向以此囑某已若干年不
知何物也乞公開之洎開乃所畫野服攜笻黃短褐
一小眞也凌公奇之於大慈寺閣龕以祠焉
玉海天聖三年五月十二日癸巳幸南御莊觀刈麥
遂幸玉津園燕羣臣聞民舍機杼聲賜織婦茶綵
景祐二年五月七日李照言新鐘磬將成若絲竹笙

筝止依舊制則音韻難和請並造雅樂八音新器以備獻從之

宋史五行志景祐四年五月滑州靈河縣民黃慶家蠶自成被長二丈五尺闊四尺

玉海景祐四年五月二十五日丙寅御化成殿以芝草生於殿檻召輔臣兩制等觀帝作瑞芝五言詩賜等臣

慶曆四年五月十一日幸國子監謁文宣王有司言舊儀止肅揖而上再拜幸玉津園觀稻燕從臣射於園中上中的者九

皇祐元年五月十五日丙午召近臣幸後苑寶岐殿觀刈麥謂輔臣曰朕新創此殿不欲植花卉爲遊觀之所民以粒食爲先而歲種麥於此庶知稼穡之不易也

宋史五行志皇祐三年五月彭山縣上瑞麥圖凡一莖五穗者數本帝曰朕嘗禁四方獻瑞今得西川麥秀圖可謂眞瑞矣其賜田夫束帛以勸之

玉海皇祐五年五月二十六日詔兩制兩省臺諫三館帶職省府推判官等奏對言事直言無隱

治平三年五月二十二日司天言少微星體明潤占曰賢士舉忠臣用輔佐出

熙寧三年五月六日御觀稼殿召輔臣觀麥

元豐七年五月二十二日封孟子鄒國公與顏子並配而荀揚韓子並封伯爵列於從祀

元祐三年五月十六日御崇政殿召輔臣觀知威信軍趙振所上陣圖及其子珣瑜試武藝左右馳射括雙箭蹶強弩擊劍盤矟凡二十七技中選八九帝稱善詔振升殿策問方略珣閤門祇候瑜右班殿直

宋史五行志元祐六年五月北海縣蠶自織如絹成領帶

老學庵筆記元祐七年哲廟納后用五月十六日法駕出宣德門行親迎之禮初道家以五月十六日爲天地合日夫婦當異寢違犯者必夭死故世以爲忌當時太史選定乃謂人主與后猶天地也故特用此日將降詔矣皇太妃持以爲不可上亦疑之宣仁獨以爲此語俗忌耳非典禮所載遂用之其後詔獄既興宦者復謂若廢后可弭此禍上意益不可回矣

玉海元祐七年五月十八日吏書王存言文德殿視朝免侍從官轉對專責以朝夕論思之效從之

宋史哲宗本紀紹聖元年五月甲辰罷進士習試詩賦令專一經立宏詞科

志林紹聖二年五月望日敬造眞一法酒成請羅浮道士鄧守安拜奠北斗眞君將奠雨作已而清風肅然雲氣解駁月星皆見魁杓明爽徹奠陰雨如初謹稽首拜手而記其事

玉海大觀元年五月九日甲午詔令大晟府頒新樂於天下

宋史高宗本紀大觀元年五月乙巳生東京之大內赤光照室

徽宗本紀政和元年五月丁亥解池生紅鹽

禮志政和三年以五月十二日祭方丘日爲寧貺節

玉海政和五年五月二十六日定貢士射儀

東觀餘論政和丁酉歲五月二十一日於丹陽城南暴舊書得此雞林小紙一卷已爲人以鄭衛辭書盈軸矣竊嘆其遠物而所書未稱顧紙背尚可作字因以索靖體草書急就章一卷藏於家

燕翼貽謀錄宣和元年五月甲申封列禦寇沖虛觀妙眞君莊周微妙元通眞君

宋史禮志建炎元年五月宰臣等上言請以五月二十一日爲天申節詔曰朕承祖宗遺澤獲托士民之上求所以扶危持顚之道未知攸濟念二聖鑾輿在遠萬民失業將士暴露夙夜痛悼寢食幾廢況以彤弓之故開樂飲酒以自爲樂乎非惟深拂朕志實增感於朕心所有將來天申節百官上壽常禮可令寢罷至是止就佛寺啓散祝壽道場詣閤門或後殿拜表稱賀

方輿勝覽南豐縣石麗禾石宋紹興四年五月十日風雨晝晦雷震石上拆裂成大字縱橫交互不可識乃鏤板傳觀有道人辨之曰此介嘉黍稷字也既得其書競熟視之果然自是郡境屢豐

玉海紹興十四年淮東漕臣言楚州鹽城於五月二十五日乙亥海水澄清宣付史館十五年撰滄海澄清曲

紹興二十五年五月芝草生於太廟仁宗室柱九莖連葉宰臣率百僚觀之表賀有司請繪於郊祀華旗

銷夏湻熙三年五月二十一日天申節先十日駕詣德壽宮進香幷進奉銀五萬兩絹二十疋錢五萬貫度牒一百道綠匣二百箇上僉云臣御名謹進介幕士安頓寢殿前候閤長到宮移入殿上幷鋪放進奉七寶金銀器皿等十二日皇后到宮進香排日皇太子太子妃幷大內職典等進香至日卯時駕率皇后

太子太子妃文武百官并詣宮上壽駕至小次降輦太上遣本宮提舉官傳旨減拜行禮上回奏上感聖恩容臣依禮上壽太上再命減十拜俟太上升殿皇帝起居拜舞如儀率皇后百官上酒樂作衞士山呼駕輿入幄次少歇樂人再拜立殿上降簾太上再坐太后率皇后太子妃上壽六宮次第起居禮畢退上侍太上過寢殿進早膳太上令宣喚吳郡王等官前來伴話上侍太上同往射廳看百戲依例宣賜再入幄次少歇上遣閤長奏知太上午時三刻恭請赴坐駕赴德壽殿排當皇帝以下並簪花侍宴至第三盞太上遣內侍請官家免花帽束帶卸上蓋衣官裏同奏上感聖恩又免皇后大冠皇太子穿靴並謝恩訖太上泛賜皇太子藥金嵌寶盤盞紫羅紫紗南北內互賜承應人日子錢主管禁衞官率禁衞等人於殿門謝恩又入次少歇約一刻再請太上至樂堂再坐教坊大使何正德進新製萬歲興龍樂曲破對舞各賜銀絹有差又移燕清華看蟠松宮嬪五十人皆仙妝奏清樂進酒并衞前呈新藝約至五盞太上賜官裏御書急就章並金剛經官家亦進御書眞草千文太上看了甚喜云大哥近來筆力甚進上起謝同皇太子步至蟠松下看御書詩再入太上宣索翡翠鸚鵡盃官裏與皇后親捧盃進酒太上曰此是宣和間外國進到今以賜皇帝上謝恩時太上官家並已七八分醉遂再服上蓋率皇后太子謝恩宣平輦近裏升輦太上宣諭知省云官家已醉可一路小心照管知省等領旨還內來早上遣知省至宮恭問二聖起居并奏欲親到宮謝恩太上就令提舉往問與居併免到宮禮

玉海慶元元年五月十七日布衣姜夔進鼓瑟制度樂書三卷送太常看詳

宋史禮志寧宗慶元五年五月賜新及第進士曾從龍以下聞喜宴於禮部貢院上賜七言四韻詩祕書監楊王休以下繼和以進自後每舉並如之

名勝志鄱陽縣北東門村宋慶元六年五月村人曹氏屋上生白蓮花高二寸闊三倍之次日化爲菊

玉海宋恭聖仁烈楊皇后五月十六日誕爲嘉慶節

元史食貨志大德八年定例每年以河間鹽令有司於五月預給京畿郡縣之民至秋成各驗鹽數輸草以給京師秣馬之用

泰定帝本紀泰定二年五月罷諫議書院於昌平祀唐劉蕡

眞臘風土記五月迎佛水聚一國遠近之佛皆送水與國主洗身陸地行舟國主登樓以觀

續文獻通考明初都城隍之神歲以五月十一日爲神之誕辰及萬壽聖節各遣官致祭

漢壽亭侯關公廟五月十三日遣太常寺官祭

寧波府志正統元年五月六日午時天花如雨飛滿庭中其形若米其色如玉積深尺餘七日始化

宦遊紀聞弘治辛酉仲夏二日夜分古瀹城上忽白光映天見者驚異爭起視之但見瀹水明耀浮光燭天而已次早驗之宛如豆汁逾三日始澄澈

續文獻通考嘉靖四十三年五月十八日得瑞桃是日內畜玉兔生二子閣臣徐階等上賀表

西吳枝乘五月夏至前五日吳興太湖中白魚向湖側淺水菰蒲之上產子民得採之隨時貢於洛

帝京景物略五月一日至五日家家妍飾小閨女簪以榴花曰女兒節

北京歲華記五月朔日至旬杪女兒艷服帶花滿頭五日前民間不得市蘇州席子

名勝志歸安縣弁山有黃龍洞舊名金井洞洞頂出泉名金井泉竇穴深邃莫窺其際五代梁貞明初黃龍見於洞故更今名吳越王因立祥應宮以祀之今制五月二十日有司致祭

仲夏部雜錄

左傳歲在降婁降婁中而旦注降婁奎婁也周七月今五月降婁中而天明

易飛候五月有雲大如蓋十餘此陽水之氣必暑有暍者

春秋佐助期繆公即位仲夏大寒冰錯亂也

史記天官書敦牂歲歲陰在午星居酉以五月與胃昴畢晨出曰開明炎炎有光偃兵惟利公王不利治兵其失次有應見房歲早旱晚水

淮南子天文訓北斗之神有雌雄五月合午謀刑

說林訓鼓造辟兵壽盡五月之望注鼓造謂梟一曰蝦蟆五月望作梟羹亦作蝦蟆羹

白虎通五行篇五月律謂之蕤賓何蕤者下也賓者敬也言陽氣上極陰氣始賓敬之也

論衡率性篇陽遂取火於天五月丙午日中之時消鍊五石鑄以爲器磨礪生光仰以嚮日則火來至此眞取火之道也

雷虛篇五月陽盛故五月雷迅

月令章句自井十度至柳三度謂之鶉首之次芒種居之秦之分野

博雅月內有三卯宜稻及大小豆無則宜早豆五月大種瓜不下五月小種秧必須早五月小瓜果吃不了

徐暢祭記五月麥熟薦新作起漱白餅

陸機要覽昔羽山有神人焉道遙於中嶽與左元放共遊薊子訓所坐欲起子訓應欲留之一日之中三雨今呼五月三雨爲留客雨

抱朴子登涉篇金簡記云以五月丙午日日中擣五石下其銅五石者雄黃丹砂雌黃礬石曾青也皆粉之以金華池浴之內六一神爐中鼓下之以桂木燒爲之銅成以剛炭鍊之令童男童女進火取牝銅以爲雄劒取牡銅以爲雌劒各長五寸五分取土之數以厭水精也帶之以水行則蛟龍巨魚水神不敢近人也

虞喜志林古人鑄刀以五月丙午取純火精以協其數故王粲銘曰相時陰陽制此利兵

南方草木狀楊梅其子如彈丸正赤五月中熟熟時似梅其味甜酸

南越志曰南五月立表望之日在表北景居南

三禮義宗五月芒種爲節者言時可以種有芒之穀故以芒種爲名

南史劉之遴傳班固所撰漢書眞本之遴與張纘等參校異同錄其異狀數十事大略云古本稱永平十六年五月二十一日己酉郎班固上而今本無上書年月日

名醫別錄長壽味甘溫無毒主輕身益氣明目生山野道中穗如麥葉如艾五月采

蛇蛻生荊州川谷及野田五月五日十五日取之良

魏書律曆志五月大有家人井咸姤

水經注耒陽石爐塘塘池八頃其深不測有大魚常至五月輒一奮躍水湧數丈波襄四陸細魚奔迸隨水登岸不可勝計

丹水出丹魚先夏至十日夜伺之魚浮水側赤光上照如火網而取之割其血以塗足可以步行水上長居淵中

齊民要術種麻夏至前十日爲上時至日爲中時後十日爲下時

崔寔曰五月多作糒以供出入之糧

南方記曰州樹野生二月花色仍連著實五六及握煑如李子五月熟剝核滋味甜出武平

舊唐書西戎傳党項羌在古析支之地氣候多風寒五月草始生

梁四公記扶桑之蠶長七尺圍七寸色如金四時不死五月八日嘔黃絲布於條枝而不爲繭脆如綖燒扶桑木灰汁煑之其絲堅韌四絲爲係足勝一鈞

本草拾遺江淮以南地氣卑濕五月尤甚過此節以後皆須曬書畫梅雨沾衣便腐黑澣垢如灰汁有異他水但以梅葉湯洗之乃脫

大衍日度議五月節日在輿鬼一度半參去日道最遠以渾儀度之參體始見肩股猶在濁中房星正中故曰五月參則見

造化權輿潮者陰陽之氣所激五月無潮陰氣微也

八月最大則陰盛也

種樹書種蓮用五月二十日移深種蓮柄長者以竹枝挾之無不活者

西陽雜俎齊墩樹出波斯國亦出拂菻國長二三丈皮青白花似柚極芳香子似羊桃五月熟西域人壓爲油以煑餅果如中國之用巨勝也

龍陽縣裨牛山南有青草槐叢生高尺餘花若金燈仲夏發花

周易集解侯果曰五月天行至午陽復而陰升也

續博物志俗諱五月上屋言五月人蛻上屋見影魂當去

宋史河渠志五月瓜實延蔓謂之瓜蔓水

談苑江南民言芒種雨百姓苦蓋芒種須晴明也

嘉祐本草金星草喜生背陰石上淨處及竹箐中少日色處或生大木下及背陰古瓦屋上葉長一二尺背生黃星點子兩兩相對色如金因得金星之名其根盤屈如竹根而細折之有筋五月和根采之風乾用

嬾眞子錄芒種五月節種該數類之種謂之有芒者麥也至是當熟矣周禮稻人澤草所生種之芒種注云澤草之所生其地可種芒種芒種稻麥也過五月節則稻不可種所謂芒種五月節者謂麥至是而始可收稻過是而不可種也

菊譜五月菊花心極大每一鬚皆中空攢成一團毬子紅白單葉繞承之每枝只一花莖二寸葉似筒蒿夏中開

夏萬鈴出鄜州開以五月紫色細鈴生於雙紋大葉

之上

圖經池州俗以五月二十九日三十日爲分龍節雨則多大水

圖經本草合歡夜合也其葉至暮而合故一名合昏五月花發紅白色瓣上若絲茸然

防風五月開細白花中心攢聚作大房似蒔蘿花實似胡荽子而大根土黃色與蜀葵根相類

雲笈七籤仲夏火氣漸壯水力衰弱宜補腎助肺調理胃氣以順其時

埤雅五月謂之分龍雨夏多雨龍各有分域

自江以南五月雨謂之迸梅轉淮而北則否

夢溪筆談五月草木茂盛逾於初生故曰勝先

岳陽風土記岳州五月十三日謂之龍生日可種竹

避暑錄話世言五月十三日爲竹醉可移不必此日凡夏皆可移也

政和本草菊花南陽酈縣最多有白菊莖葉都相似唯花白五月取之主風眩能令頭不白

曲洧舊聞豫西北人呼爲麋子有兩種早熟者與麥相先後五月間熟者鄭人號爲麥争場

老學庵筆記舅氏唐居正意文學氣節爲一時師表建炎初避兵武當山中病歿遺文散落無復存者獨滁州漢高帝廟碑陰尚存今錄於此滁之西曰豐山有漢高帝廟或云漢諸將追項羽道經此山至今土俗以五月十七爲高帝生日遠近畢集薦殽觴焉某常從太守侍郎曾禱雨於廟因讀庭中刻石始知昔人相傳蓋以五月十七爲高帝忌日按漢書高帝十三年四月甲辰崩於長樂宮五月丙寅葬長陵疑五月十七日必其葬日又非忌日也以曆推之自上元甲子之歲至高帝十二年四月晦日凡積一百九十三萬六千三百六十三年二千三百九十四萬九千五百九十一月七億七百二十四萬六千八百十五日以法除之算外得五月朔己酉十七日乙丑則丙寅葬日乃十八日也班固記漢初北平侯張蒼所有顓帝曆晦朔月見弦望滿虧多非是故先帝九年六月乙未晦日食夫日食必於朔而此食於晦則先一日矣豈非丙寅乃當時十七日乎不然歲月久傳者失之也遂以告公命書其碑陰紹聖二年五月日記

癸辛雜識凡插瑞香者於芒種日折其枝枝下破開用大麥一粒置於其中并用亂髮纏之插於土中勿令見日日以水澆灌之無不活

芒種後壬日入梅壬日所種花草雖至難活者亦皆活申日亦可

菖蒲花候結子老收之至梅月用米飲同子搗碎噴在大炭上則自然生苗極細可愛

筍譜天目筍五月生其色黃出天目山端午後方採鬻

雲谷雜記月令仲夏云令民毋艾藍以染毋燒灰鄭氏注爲傷火氣也火之氣於是爲盛火之滅者爲灰按文全無義理若謂傷火氣故仲夏之月令民毋得燒灰則當若古者太原寒食不舉火然後可是可一笑耳季秋乃有草木黃落乃伐薪爲炭之語意灰字必是炭字但無他據未敢斷以爲是後讀呂不韋春秋十二月記仲夏云無刈藍以染無燒灰高誘注草木未成不欲夭物季秋云草木黃落乃伐薪爲炭注草木節解斧入山林伐林作炭詳二注其義甚曉然則灰當爲炭無可疑已灰炭二字相類一時書寫之誤鄭氏注書之時略不致審遂任意爲解殊可恨不韋之書漢人於文字間多所引用非特記禮者取以爲月令於班固律歷志中伶倫取竹嶰谷等事皆本其書今人罕讀之惜哉

野客叢談隨筆云齊書高洋謀篡魏其臣宋景業言宜以仲夏受禪或曰五月不可入官犯之不終於其位景業曰王爲天下無復下期豈得不終其位乃知此忌相承已久不曉其義僕觀前漢張敞爲山陽太守奏曰臣以地節三年五月視事其言如是則知前漢之俗未嘗忌五月也然張敞在山陽監護驕賀其責甚難卒以無事其後徵爲膠東相亦不聞有凶橫之說又觀後漢朔方太守碑云延嘉四年九月乙酉詔書遷衙令五月正月到官乃知拘忌之說起於兩漢之後然又觀獨孤及集有爲舒州到任表曰九月到州訖乃知唐人亦有不忌九月者因考諸州唐人題名見不避正五九處亦多

南海古蹟記盧循故城在番禺城南小洲俗採魚蠣藤竹又有龍戸一曰蜑戸五月一日禁水蜑戸舊不設網罟

學圃雜疏建蘭盛於五月其物畏風畏寒畏鼠畏蚓畏蟻其根甜爲蟻所逐養者常以木龕隔之不令得緣入

耕史月表五月花盟主石榴番萱夾竹桃花客卿蜀葵樂陽花午時紅花使令川荔枝梔子花火石榴孩兒菊一丈紅石竹花

花曆五月櫊花照眼萱北鄉夜合始交薝蔔有香錦葵開山丹頳

月令演五月地臘（五日）皓齒曲　竹醉（十三）天地合（十六）祓祭（夏至）分龍（晦日）

海外紀隱土鐵一名泥螺出南田者佳五月梅雨收製

近峯聞略小滿芒種說者不一按周禮稻人澤草所生種之芒種注云種之芒種謂此地宜稻麥麥有芒刺者蓋至是麥未可收過是則可收矣士人樂明遠曰小滿四月中謂麥氣至此方小滿而未熟也芒種五月節者芒種而收麥也至是方當熟矣

二酉委譚五月十二日歸自郡城夜臥憊甚惡聞蚊聲不寢久之街鼓欲動始得帖寢忽聰外淙淙於時望雨不啻調饑竹牀布衾半醒半臥呼侍兒挹背聽之覺倦態盡蘇檢點胸中略無一事唯課兒作文題已先一夕出矣爲復展轉間聞老妻喚聲蓋督課俾婢受黃梅水採茉莉花耳又作此不急之務一笑披衣而起盥櫛焚誦畢出坐心遠堂中命筆伸紙作數行記之

田家五行朔日値芒種六畜災

五月十三連夜雨來年早種白頭田

農政全書夏菘菜五月上旬撒子糞水頻澆密則芟之

凡梅花跗蔕皆絳紫色惟綠蕚梅純綠枝梗亦靑實大五月熟

本草綱目夏枯草一名乃東冬至後生五月枯

蚱蟬生楊柳上五月采弘景曰蚱蟬啞蟬雌蟬也不能鳴

牡荊樹大如盌其木心方其枝對生一枝或五葉或七葉五月杪間開花成穗紅紫色其子有白膜皮裹之

文光果出景州形如無花果肉味如栗五月成熟

䅟子生水田中及下濕地葉似稻但差短梢頭結穗彷彿稗子穗其子如黍粒大茶褐色搗米煮粥炊飯磨麵皆宜山東河南五月種之

羣芳譜使君子一名留求子其莖作藤繞樹而上葉靑如五加葉五月開五瓣花一簇一二十葩初淡紅久乃深紅色輕虛如海棠作架植之蔓延若錦

棗一名木蜜皮粗葉小而深綠色背微白發芽遲五月開小花淡黃色落花後即結實

續文獻通考河東鹽出解州鹽池每歲五月場官伺池鹽生結令夫撈撅鹽花其法必値亢陽池鹽方就或遇陰雨則不能成

仲夏部外編

神仙傳括蒼山有學道者平仲節河中人受師宋君存心鏡之道具自神行洞房事如此積四十五年中精思身形更少體有眞氣晉穆帝永和元年五月一日中央黃老遣迎即日乘雲駕龍白日昇天今在滄浪雲臺

欽定古今圖書集成曆象彙編歲功典

第五十一卷目錄

端午部彙考
後漢書禮儀志
風俗通義五綵絲　菰糭角黍
續齊諧記五花絲粽
齊民要術五日合藥
荊楚歲時記五日事考
遼史禮志
金史禮志
武陵競渡略競渡考
農政全書農事占候
遵生八牋端午事宜　五日事忌　五日修養法
本草綱目端午日合諸藥
事物原始端陽　艾人　綵符　遺扇
酌中志略宮中端午
直隸志書宛平縣　良鄉縣　通州　文安縣　遵化州　平谷縣　永平府　灤州　河間府　冀州　趙州
山東志書鄒平縣　諸城縣　登州府
山西志書解州　隰州　潞安府
河南志書固始縣
陝西志書興安州　平涼府
江南志書江寧縣　吳縣　嘉定縣　松江府　武進縣　清河縣　揚州府　如皐縣　懷寧縣　太湖縣　巢縣
浙江志書杭州府　海寧縣　諸暨縣　天台縣　桐廬縣
江西志書建昌府　金谿縣　新昌縣
湖廣志書德安府　雲夢縣　應山縣　黃岡縣　江陵縣　攸縣　岳州府　縣　祁陽縣
福建志書福州府　建陽縣　上杭縣　仙遊縣　邵武府　詔安縣
廣東志書從化縣　南雄府　新興縣　石城縣　瓊州府　儋州

歲功典第五十一卷

端午部彙考

後漢書

禮儀志

五月五日朱索五色印爲門戶飾以難止惡氣

風俗通義

五綵絲

五月五日以五綵絲繫臂辟兵及鬼令人不病瘟

菰糭角黍

先節一日以菰葉裹黏米栗棗以灰汁煑令熟節日又煑肥龜令極熟去骨加鹽豉麻蓼名曰菰龜黏米一名糭一名角黍蓋取陰陽包裹之象也龜甲表肉裏陽外陰內之形所以贊時也

續齊諧記

五花絲糭

屈原五月五日投汨羅水楚人哀之至此日以竹筒子貯米投水以祭之漢建武中長沙區曲忽見一士人自云三閭大夫謂曲曰聞君當見祭甚善常年爲蛟龍所竊今若有惠當以楝葉塞其上以綵絲纏之此二物蛟龍所憚曲依其言今五月五日作糭并帶楝葉五花絲遺風也

齊民要術

五日合藥

五月五日合止痢黃連丸霍亂丸採葸耳取蟾蜍及東行螻蛄

注葸耳蟾蜍可合血疽瘡藥螻蛄有刺治去刺療產婦難生衣不出

荊楚歲時記

五日事考

五月五日四民並蹋百草又有鬭百草之戲採艾以爲人懸門戶上以禳毒氣

按宗測字文度嘗以五月五日雞未鳴時採艾見似人處攬而取之用灸有驗師曠占曰歲多病則艾先生

是日競渡採雜藥

按五月五日競渡俗爲屈原投汨羅日傷其死故並命舟楫以拯之舸舟取其輕利謂之飛鳧一自以爲水車一自以爲水馬州將及土人悉臨水而觀之邯鄲淳曹娥碑云五月五日時迎伍君逆濤而上爲水所淹斯又東吳之俗事在子胥不關屈平也越地傳云起於越王勾踐不可詳矣是日競採雜藥夏小正此月蓄藥以蠲除毒氣

以五綵絲繫臂名曰辟兵令人不病瘟又有條達等織組雜物以相贈遺

按仲夏繭始出婦人染練咸有作務日月星辰鳥

獸之狀文繡金縷貢獻所尊一名長命縷一名續命縷一名辟兵繒一名五色絲一名朱索名擬甚多靑赤白黑以爲四方黃爲中央㲲方綴於胸前以示婦人計功也

遼史

禮志

重午儀至日臣僚昧爽赴御帳皇帝繫長壽綵縷升車坐引北南臣僚合班如丹墀之儀所司各賜壽縷揖臣僚受再拜引退從駕至膳所酒三行若賜宴臨時聽敕

歲時雜儀五月重五日午時採艾葉和綿著衣七事以奉天子北南臣僚各賜三事君臣宴樂渤海膳夫進艾餻以五綵絲爲索纏臂謂之合歡結又以綵絲宛轉爲人形簪之謂之長命縷國語謂是日爲討賽咿唲討五賽咿唲月也

金史

禮志

拜天金因遼舊俗以重五中元重九日行拜天之禮重五於鞠場中元於內殿重九於都城外其制刳木爲盤如舟狀赤爲質畫雲鶴文爲架高五六尺置盤其上薦食物其中聚宗族拜之若至尊則於常武殿築臺爲拜天所重五日質明陳設畢百官班俟於毬場樂亭南皇帝靴袍乘輦宣徽使前導自毬場南門入至拜天臺降輦至褥位皇太子以下百官皆詣褥位宣徽贊拜皇帝再拜上香又再拜排食拋盞畢又再拜飲福酒跪飲畢又再拜百官陪拜引皇太子以下先出皆如前導引皇帝回輦至幄次更衣行射柳擊毬之戲亦遼俗也金因尚之凡重五日拜天禮畢插柳毬場爲兩行當射者以尊卑序各以帕識其枝去地約數寸削其皮而白之先以一人馳馬前導後馳馬以無羽橫鏃箭射之既斷柳又以手接而馳去者爲上斷而不能接去者次之或斷其靑處及中而不能斷與不能中者爲負每射必伐鼓以助其氣已而擊毬各乘所常習馬持鞠杖杖長數尺其端如偃月分其衆爲兩隊共爭擊一毬先於毬場南立雙桓置板下開一孔爲門而加網爲囊能奪得鞠擊入網囊者爲勝或曰兩端對立二門互相排擊各以出門爲勝毬狀小如拳以輕韌木枵其中而朱之皆所以習蹺捷也既畢賜宴歲以爲常

武陵競渡略

競渡考

競渡事本招屈實始沅湘之間今洞庭以北武陵爲沅以南長沙爲湘也故划船之盛甲海內蓋猶有周楚之遺焉宜諸路倣傚之者不能及也舊制四月八日揭篷打船五月一日新船下水五月十日十五日划船賭賽十八日送標訖便拖船上岸今則興廢早晚不可一律有五月十七八打船廿七八送標者或官府先禁後弛民情先鼓後罷也俗語好事失時者云打得船來過了端午至今不足爲誚矣

船一以杉木爲之取其性輕易划得燥木爲龍骨尤妙一船司命全在龍骨生硬橈軏使船不進皆龍骨病也其次在篙篾以麻扎竹相續爲之繞船首尾急束數十番然後互相穿度勾絞如織此一船之筋以前後促緊如弓梢船行身不動爲良否卽彈水易敗也

船式長九丈五尺最爲中制過長有十一丈五尺者短至七丈五尺止此武陵郡中船也俗説長船短馬大意以坐橈多者爲勝實不盡然有長之駑緩不及短之精悍者其他湖泊溪港所在有船短不及式或時飾他船水嬉而已賭賽無取焉

凡船決賭以選橈爲第一義橈手俱出江南打魚家以姓著者曰段家芮家以地著者曰德山德山港其人謂之水老鴉狎巨浪如枕席者也凡散橈皆以銀米先期占募健兒至期挑選用之有畏生事不上船及婦惜夫不聽募者須紅布三五尺可得亦脩款胡用脂粉之屬焉一種江頭綌蝶之人抱甕灌園不以漁爲業其橈輕小無力謂之菜橈子咸黜不用

凡選橈法先遣兩橈共一船相背而划以卻猿窮謂之兩頭忙復合十餘橈分左右翼急划數轉如盤蟻封以觀整亂謂之渦兒漩大抵左橈難於右橈猶射左右開弓之有鈍利也

船以舊爲中線縻縛船上舊前後立者頭梢二人舊中立者旗鼓拍板三人和舊不拘人數多不過四五少或無之舊下施橫木約二尺許一枚如梯杌子相次左右坐橈處也船過十一丈可坐八十橈九丈者六十餘橈七丈者四十餘橈行船以旗爲眼動橈以鼓爲節橈齊起落不亂分毫亂者黜之謂攪醬手與橈相應惟拍板聲最妙如出橈間響覓空水諸處不用拍板惟武陵爲然或代以金失之愈遠

和舊一名和橈劉禹錫競渡曲注曰競渡始於武陵至今舉楫而相和之其音咸呼云何在斯招屈之義

然則和簥亦疑和楫之訛也去古漸遠不聞何在之聲第相呼曰拏橈拏橈莊子漁父杖拏而引其船陸游老學菴筆記鼎澧謂拏于爲橈義兼諸此

划船當郡城之中遠者自漁家港來泝流十五里自白沙渡來泝流三十五里計一日之間五十里內旗鼓閧然而徘徊往還與賭賽之地不過十里間耳江南上至段家嵳下至靑草嵳江北上至上石碕下至下石碕而勢闊遠堪爲賽場南則芳草茂林雪沙霞岸北則危樓畫檻古堞重城觀者於此鱗集劉禹錫詩風俗如狂重此時縱觀雲委江之湄斯實錄矣

賽船雖有上下長江南北分江之名然不足爲準惟自北而南橫江互競兩船約略齊驅須到彼岸與否爲輸贏的據范慥競渡賦曰聿來肇自於北津所届眇期於南浦殆謂是也五月沅江漲落不時隔岸迂捷俄異慣船者皆深識水候兼船所直之方不差毫末先勝而後戰焉否即浪戰收矣記船以鼓大約橫江漲時三百八十槌落時三百六十槌遂岸增損不能悉載

凡船賭賽雖一江之中彼己形見猶徂詐百端或前驅中流整陣待敵或卷旗臥鼓發伏爭先或乍進乍止以屢出相披或一縱一橫以分逆並扼或甲與乙賽丙先爲誘迨甲乙成賭內旋抽回謂之送船或甲強乙弱讓乙先行却後追去謂之趕船計路以船有趕半船一船路甚至五船十船者贏亦如之謂贏半船一船路甚至五船十船也又或量力不進遇敵先逃謂之怯船本無鬭心優游竟日謂之演船其人久習船事足智多奸謂之老水後生輕銳不勝成虧謂之新水船無老水雖勝亦倖也

武陵唱山歌多竹枝遺意白居易詩江上何人唱竹枝前聲曳斷後聲遲惟武陵人歌曳後斷斷後遲爲備其體亦時有新語出漁翁馬隸口中奇快可賞龍船歌則不然兒童所傳終老無異每唱四聲前聲畢餘耶野二音後聲畢餘阿妸二音而已亦有相沿套頭如石榴花葉兒靑之類爲起興語臨時撰足四句彼此相嘲鄙俚無足道抵暮散船則必唱曰有也回無也回莫待江邊冷風吹其來甚遠按隋書地里志屈原五月望日赴汨羅土人追至洞庭不見湖大船小莫得濟者乃歌曰何由得渡湖因爾鼓棹爭歸競會亭上斯則有也回無也回之義乃數千年之語也

武陵東門外舊有招屈亭劉禹錫詩昔日居鄰招屈亭競渡曲云曲終人散空愁暮招屈亭前水東注斯隋志競會亭上之驗其地本名屈原巷近有小港名三閭河蓋原生平所遊集也

俗傳競渡禳災風俗通曰五月五日以五綵繫臂辟兵及鬼令人不病瘟亦因屈原荆楚記曰五月五日並蹋百草採艾爲人懸門戶禳毒氣又曰屈原以是日死並將舟楫拯之蓋兩事合爲一耳梅堯臣作祝議原好競渡使民習尚之因以鬬傷溺死一歲不爲輒降疾殃失愛民之道劉敞作屈原報辭言競渡非原意以曉聖俞辨說蠭起余謂楚俗尚鬼原生時放逐沅湘親覩淫祀山鬼國殤何與人事而皆爲之辭蓋其俗有不可變者也況原以忠直憤塞蹈身洪流民秉之良自謀憔悴耳屬牢騷震駭未有憑一葉之舟墮千古之淚亦何傷乎江南卑濕溫暑司辰王侯駕言士女于遨抑亦山陰之禊竹汝南之插萸也使其可已何俟今日

今俗說禳災於划船將畢具牲酒黃紙錢直趨下流焚酹詛呪疵癘夭札盡隨流去謂之送標然後不旗不鼓密划船歸拖置高岸搭閣苫蓋以待明年即今年事訖矣爾時民間設醮預壓火災或有疾患皆爲紙船如其所屬龍船之色於水次燒之此本韓愈送窮具車與船之意亦非苟作

桃符兵罐二物船人臨賽擲之以祈勝非也桃符能殺百鬼乃禳災之具兵罐中所貯者米及雜豆之屬按續齊諧記楚人哀屈原每至五日竹筒貯米投水祭之漢建武中長沙區曲白日忽見一人自稱三閭大夫教曲以楝葉塞筒五綵絲縛免爲蛟龍所竊自是世有楝葉粽并帶五色絲此兵罐盛米乃竹筒之訛未有角黍以前之遺制也

划船不獨禳災且以卜歲俗相傳歌花船贏了得時年只此一句無上下文不知所自始而頗有其驗儲光羲競渡詩曰能令秋大有鼓吹遠相催然則其來已久蓋未有好事划船非樂歲者也

龍船歌耶野阿妸餘音惟武陵爲然諸處不爾一云其音爲些些本招魂楚些之遺弔屈意也按宋玉招魂帝告巫陽有人在下我欲輔之魂魄離散汝筮予之蓋原已死時語今划船用巫實始於此說者乃謂玉徇楚俗生用此法於原似未爲得

划船用巫陽爲厭勝或走聘名巫於萬山中謂之山老師法力尤高大約划船先夜頭人具牲酒倩巫作法從船首打觔斗至尾撒蕎爇火名曰亮船鼓聲徹

且不儛以防敵巫偷作幻術或捕得之捶死無悔划船之日巫舉油火發船以其紅黑驀下占船之勝負歷歷不爽巫所奉神名西河薩眞人詛呪有蠻雷猛火燒天等術手訣有收前龍息陰兵移山倒海等術卷褌露足跳罡七步持呪激火火起船行呪詞有天火燒太陽地火燒五方雷火執常法燒死諸不祥龍舟下弱水五湖四海任飄盪云云船底在水中用白茅從首至尾順拂一過亦防敵人暗繫諸物以成滯礙餘法祕妄不能悉知

划船擇頭人必有身家拳勇者爲之前數日刊梨棗一片上書龍舟下書詞調蒸麵爲餅餌遍送所隸地方索報以金錢親戚或有力之人派供酒飯以供其盛者爲平生有行止之人亦有尋常許愿供酒飯者其日江中小艓揭黃錢二樹綵聯鼓吹而往卽供飯船也

凡供酒飯雖船人醉飽必強飲食之顆瀝不留餕餘則撤江中盤箸亦擲諸水不復攜去至晚散船人家競取船倉中水雜百草爲浴湯云可辟惡斯皆祓禳之類也

船人無不習水善游惟頭旗鼓拍四人不必善水則皆寄命橈手是日划船悉頂巫師符篆及製黃赤小旗取鷺鷥毛插鬢間厭勝物也觀者樹紅綠綵或製句綵上俟船過賞之凡船所經繫其隸地放爆竹黃烟揮扇喝采相和否則羣聲合譟以揶揄之怒者掣屋瓦飛擊如雨船人亦橫橈舞掌作勢相應云

花船廟神曰梁王其像冕服侍衞兵仗甚嚴乃東漢梁公代馬援監軍征五溪蠻者也土人祀之陽山劉禹錫詩漢家都尉舊征蠻血食於今配此山又曰梁國三郎威德尊卽此江南有廟郡人祈嗣踏青桃李甘菊花時率往遊焉划花船則有事茲廟刻神像於龍之首塗其鱗尾五色兩旗白質龍文或刺或繪五色頭梢旗鼓和拍之人服黃白色所隸地曰神鼎清平常武三門及七里橋賽花船鱗尾旗服同花船其廟神曰靈官所隸地曰漁家港竹笮灣等處紫船鱗尾旗繪皆紫服黃白色廟神曰李才將軍手亦棒典江湖舟簿未詳所出所隸地曰槐花堤清泥灣白船鱗尾旗服純白廟神曰老官曰羊頭三郎竹馬三郎皆一手操橈一手或拳或弄綵毬古有竹郎神未知是否所隸地曰拱辰永安二門及善德山烏船鱗尾皆烏紅船鱗尾皆紅旗皆赤色服皆純青諸船橈服雜色此兩船橈亦純青廟神曰黃公大伯二伯三伯黑面手操橈相傳兄弟皆龍客溺水爲神者也所隸地曰臨沅門大河街德山港蘇家渡白沙村大抵廟神多不經從來久遠莫由稽覈姑紀其實如此

諸船分界惟士民割據勝負鬪爭兒童婦女無肯遜人一語或祖居此船遷居彼船只認祖居者過半或居此船而不爭船其黨人憎之謂沒志氣納降書攥桶子凡與人手談摑陣角飲爭言勝或口稱鼕鼕打鼓聲也或張兩袖舞稱贏了贏了和橈勢也流俗酷溺如此若榮府建邦啓士道府縣公署臨民雖在諸船界中無屑屑分畛之理俗兒亦以市井見分之細甚矣

船中兩旗方幅各尺五寸以布爲之楚辭乘回風兮載雲旗韓愈羅池廟碑曰侯之來兮兩旗度中流兮風泊之此亦迎神之物也

划船招屈良有深意不獨感與汨羅楚辭乘舲船余上沅兮齊吳榜以擊汰船容與而不進兮淹回水而凝滯此原生平遭遇掩抑迍邅後人寫之疾鼓輕橈轟霆捲雪庶一洗其不平之氣耳又曰朝發枉渚兮夕宿辰陽沅與枉渚皆武陵水名

龍船不施頭角或試施之一再行卽取去惟刻木鱗三尺豎船頭謂之鵝項頭人所倚立者也相傳昔河洑龍本造黃龍船施頭角鱗爪體似眞龍鼓行沒水百無一人出者故皆以爲戒亦云橈出德山龍井中黃船用是始廢不誣也

青船舊隸清平門外謂之青竹標不知何時廢今小廟存焉

江上看船北岸樓有三四層自清平門至下石碕其長五六里皆前期爭納僦直多至數百文緩卽爲人占去至日提壺挈榼馬步魚軒切磨道上已牌則畢集矣盤中佳果有韓家李麥黃桃新味有鮮魚蓴菜嘗鼎一臠下豉千里方共清談浪笑忽聞船賽莫不停杯變色倚檻瞪眸是耶非耶若得若失元黃自戰勝負俄分於時或氣湧如山可以踏江穿屋或顏灰變虎殆未足以極其情喻也

看船僦樓亦各有域花白諸船人不入烏船域烏紅船人不入花船域有互入者非忘情不能非善鬬不敢亦往往凶終不如不入之爲愈也人衆樓少故有江南之食單江中之舲艦水陸蔽虧莫可筭數在江南者看橫渡到岸極審然船將到岸非其隸地則岸

頭飛礫擊之船人或揮橈挺鬬玉石莫分居江中者易礙諸船往來之路或正當賭賽之衝引避不及立成泥矣若取其點綴江南果蓏觴豆滿眼可沽汀中落日金鼓喧闐瓜瓢舴艋皆揚袂折柳危足踏舷而舞亦諸方未有之盛觀矣

凡官府看船往時多在寓賢閣神鼎樓縣麗譙臨沅樓等處結綵張筵諸船始至必彖嚴鼓勒橈急划搶岸頭人轉面鵝項跪足點頭泊岸仍登樓徧叩官給花紅賞之後至者有鞭扑之懼今寓賢閣圮久矣寓賢者誰本朝薛文清爲御史監沅州銀場往來巡哨王文成忤逆瑾謫赴龍場旅寓處也

凡船賽勝則以梢爲頭倒轉划之船人皆豎橈舞柳鳴金鼓吹船中過所勝之船之方掩抑數四負者或勉爲之而神不王或不相及遠則眞服輸寂寂然矣日晚散船頭家具酒飯滿船俱集勝者加豐鄰里親知踵門稱賀明日結綵於門開尊演戲或書對聯小令於城門縛狗懸龜繫苧蒻草果諸物以嘲負者負者地方之人偶過其下則垂首去或親友封致前物以相譴云自四月說船便津津有味五月划後或勝或負談至八九月間沾沾未厭也

或曰划船之說備矣梅聖俞云鬬傷溺死其能免乎則應之曰龍船不易溺於諸船也鬬則溺耳於競渡時而禁鬬船中禁藏竹竿鵝子石兩岸禁擲甎丸一捕尉力何難焉若尋其本限爲小船長不滿五丈橈不過三十人寧以一船之費爲兩三船存其戲而殺其力勢自不至於鬬矣不鬬亦不溺矣前不云乎使其可已何俟今日如欲已之而未可得是說而存之其庶幾哉

農政全書

農事占候

重五日只宜薄陰但欲曬得蓬蓊便好大晴主水雨主絲綿貴大風雨主田內無邊帶風水多也端午日雨來年大熟

遵生八牋

端午事宜

荊楚記曰五日以艾縛一人形懸於門戶上以辟邪炁以五綵絲繫於臂上辟兵厭鬼且能令人不染瘟疾口內常稱游光厲鬼四字知其名則鬼遠辟

纂要曰五月五日採艾治百病

瑣碎錄曰五日硃砂寫茶字倒貼辟蛇蝎寫白字倒貼柱上辟蚊蟲寫儀方二字倒貼亦妙

又曰午時將燈草浸油內望太陽呪曰天上金雞喫蚊子腦髓液念七遍吸太陽炁吹於燈草上夜點燈草照蚊俱去

又曰五日取鼈爪著衣領中令人不忘

又曰患喙臭者五日於日未出時汲井花水一盞作三漱吐門閫裏如此三十日口臭永除矣

又曰五日清晨取白礬一塊自早曬至晚收之百蟲咬傷以些少塗之卽止又能消毒取獨蒜不分瓣蒜也搗爛塗面皮手脚一年不生惡瘡及冬月不作凍瘡神驗不可多擦

呂公曰五日午時韭菜地上面東不語取蚯蚓泥藏之遇魚骨鯁喉用此少許擦咽喉外皮卽消泥卽蚯蚓糞也

廣惠方曰五日取晚蠶蛾裝一節竹筒內開眼處封貯待其乾死遇竹木刺傷者以些少塗之卽出更有別用如此方可收得

雜記曰以青蒿草搗汁和石灰作餅子陰乾收起遇刀斧傷者塗之立愈愈後無痕又一方採百草頭搗汁和石灰作塊子繫大桑樹上一孔納灰餅在內待百日後取出曬乾爲末傅金瘡神效

五月五日宜合紫金錠保生錠子治小兒疾方在醫書錄內府此日用雄黃研末少加硃砂收眞蟾酥作杵陰乾凡遇惡毒初起以唾磨擦微痛立消

養生雜忌曰病目者以紅絹盛榴花拭目棄之謂代其病凡紅物俱可

又云五日取萵苣菜原窠或葉置廚櫃內不生蛀蟲氈毛褐衣內亦妙

千金方曰五日取葵子微炒爲末患淋者食前溫酒服一錢立愈

又云五日日未出時取東向桃枝刻作小人形著衣領中令人不忘

又云取鯉魚枕骨燒灰治久痢如神

高子曰五月五日午時修合藥餌者以天罡此時正塞鬼戶斗柄訣以月月當加戌五月每日戌時天罡指午亥時指未自未輪轉五日午時正指艮宮爲鬼戶也故用此時合藥甚效又爲天中之節

養生論曰五月五日宜合截瘧鬼哭丹用上好白砒五錢研細入鐵銚內以寒水石一兩爲末圍定然後以磁碗蓋定用濕紙作條封碗合縫炭火炙銚烟出燻紙條黃色卽上取放紙上置泥地出火炁一時取研爲細末入冰片一分麝香一分共研蒸餅爲丸桐

子大硃砂爲衣每服一丸臨蒸日神前香爐上燻過朝北井花水吞下忌食魚麵生冷十日永不再發合時不令婦女孝服人見婦人有病令丈夫捻入口中吞下立效又不泄瀉眞妙劑也

簡易方曰用獨蒜同眞飛丹搗和爲丸圓眼大治瘧臨發用一丸井花水面東吞服卽愈

救民方曰中風牙緊不能下藥用氷片天南星五日午時合起遇病以指蘸藥擦大牙左右二十三擦口自能開方下別藥治之

長生要錄曰五日取葛根爲末療金瘡斷血除瘧取猪牙燒灰治小兒驚癇并塗蛇傷

又云取蝙蝠倒挂曬乾和官桂薰陸香燒之辟蚊

萬氏家抄曰五日午時採雞腸草曬乾爲末齒痛熱腫者擦之立愈

又曰五日取蝦蟆曬乾收起紙包紅絹袋盛瘧發早男左女右臂上挂帶勿令知之立愈

五月五日取塚上泥并磚石一塊回家以小瓶盛埋門外堦下合家不患時證

抱朴子曰五日硃書赤靈符著心前辟兵祛瘟去百病此卽治百病符也

博濟方云五日午時或臘月三十日取猪心血同黃丹乳香相和爲丸雞豆大以紅絹盛掛門上如有產婦子死腹中者冷酒磨一丸卽下

衛生方云五日取百草頭曬乾爲細末用紙包收起臨用取一撮白紙封好用紅布絹拴定令患瘧人以眼案臂面北男左女右繫臂上勿令病人知爲何物極有應驗

又曰五日採蜀葵花赤白二色收起陰乾赤者治婦人赤帶白者治白帶

又曰取雞腸草陰乾燒灰治積年惡瘡極效採無花果陰乾治咽喉諸疾

雲笈七籤曰五日午時取天落水磨硃寫一龍字明年又雨取水磨墨寫一龍字如錢大二字合作一小丸婦人難產乳香湯吞之生出男左女右手中握字丸卽下如次年無雨前字無用矣每年須寫百字以濟人

千金月令曰五日取瓦上青苔或百草霜入鹽漱口效或水煑羊蹄根或醋煑川椒俱能治齒百疾

本草圖經曰五月五日飲菖蒲雄黃酒辟除百疾而禁百蟲

救民易方曰五月五日六月六日九月九日採稀薟草卽白花菜是也去根花并子淨用莖葉入甑九蒸九曬層層灑酒與蜜水蒸完極香爲末蜜丸梧桐子大每服五七丸米湯下服至百日大洞身癱瘓風疾口眼歪斜涎痰壅塞久臥不起又能明目白髮變黑筋力强健效不可言也

靈寶經曰是月五日可修續命齋

五日事忌

經曰五月初五戒夫婦容止勿居濕地以招邪炁勿露臥星月之下

雲笈七籤曰五日不可見血物

楊公忌曰初五日不宜問疾名地臘日

五日修養法

孫眞人曰是月肝臟炁休心正旺宜減酸增苦益肝補腎固密精炁臥早起早愼發泄五日尤宜齋戒靜養以順天時

本草綱目

端午日造諸藥

五月五日午時有雨急伐竹竿中必有神水瀝取爲藥治心腹積聚及蟲病和獺肝爲丸又飲之清熱化痰定驚安神

重五日午時取井華水宜造瘧痢瘡瘍金瘡百蟲蠱毒諸丹丸

五日取車轍中水或牛蹄中水洗癧瘍風甚良

五日取東引桃枝削爲木針如雞子大長五六寸乾之爲神鍼用時以綿紙三五層襯患處將鍼醮麻油點著吹滅乘熱鍼之治心腹冷痛風寒濕痺附骨陰疽凡在筋骨隱痛者鍼之火氣直達病所甚效

五月五日午時取蚯蚓糞以麪和丸如梧子大朱砂爲衣可截熱瘧每服三丸無根水下忌生冷卽止或加菖蒲末獨頭蒜

月池子蘄艾傳有讚云產於山陽采以端午治病灸疾功非小補宗懍荆楚歲時記云五月五日雞未鳴時采艾似人形者攬而取之收以灸病甚驗是日采艾爲人懸於戶上可禳毒氣其莖乾之染麻油引火點灸炷滋潤灸瘡至愈不痛亦可代蓍策及作燭心

五月五日采一百種草陰乾燒灰和石灰爲團煆研傅金瘡止血亦傅犬咬又燒灰和井華水作團煆白以釅醋和作餅腋下夾之乾卽易當抽盡一身痛悶瘡出卽止以小便洗之不過三度愈按千金方治洞注下痢以五月五日百草灰吹入下部又治瘰癧已

破五月五日採一切雜草煑汁洗之

五月五日取井中倒生草燒研水服勿令知即惡酒不飲即飲亦可不嗜也

諸瘧久瘧用三姓人家粟食麵各一合五月五日午時採青蒿搗自然汁和丸綠豆大臨發日早無根水下一丸一方加好黃丹少許尤佳

金瘡斷筋及竹木簽刺等毒用糯米三升於端午前四十九日以冷水浸之一日兩換水輕淘轉勿令攪碎至端午日取出陰乾絹袋盛掛通風處每用旋取炒黑爲末冷水調如膏藥隨瘡大小裹定瘡口外以布包定勿動直候瘡瘥

端午日取獨蒜煨熟入礬紅等分搗丸芡子大寒熱瘧疾每白湯嚼下一丸

端午日以獨蒜十箇黃丹二錢搗丸梧子大每服九丸長流水下甚妙

寒濕氣痛端午日收獨蒜同辰粉搗塗之

五月五日采繁縷暴乾燒作屑療雜瘡有效即鵝兒腸草也

五月五日雞腸草作灰和鹽療一切瘡及風丹遍身痒痛亦可搗封日五六易之

五月五日收莧菜和馬齒莧爲細末等分與姙娠人常服令易產也

五月五日掐黃瓜入瓶內封掛簷下湯火傷灼取水刷之良

五月五日午時取桃仁一百枚去皮尖乳鉢內研成膏不得犯生水入黃丹三錢丸梧子大每服三丸瘧疾發日面北溫酒吞下合藥忌雞犬婦人見

事物原始

端陽

荊楚歲時記五月五日爲端陽一云蒲節一云重午續齊諧記云楚大夫屈原遭讒不用是日投汨羅江死楚人哀之乃以舟檝拯救端陽競渡乃遺俗也越地傳云競渡之事起於越王句踐今龍舟是也抱朴子五日佩赤靈符於心前以辟兵疫今釵頭符是也風土記曰荊楚人午日烹鶩鬭中無鶩烹鵝是也以菰葉裹黏米以象陰陽相包今粽子是也以五綵絲繫臂辟兵鬼氣一名長命縷今百索是也荊楚歲時記云楚人採艾掛於戶上以除毒氣今俗門上插蒲柳是也泗人是日踏百草今人鬭百草戲是也天寶遺事云宮中午日造粉團角黍釘於盤中以小角弓射之中者得食然則今人競渡佩符烹鶩角黍百索摘艾插蒲鬭草其來尚矣

艾人

荊楚歲時記曰端午日荊人皆蹋百草採艾爲人懸於門上以禳毒氣當時以師曠占有歲病則艾草先生故也

綵符

漢五月五日以五色印爲門戶飾續漢書所謂桃印者也劉昭曰桃印本漢制今世端午以五色綵繪篆符以相問遺亦置於牖帳屏之間即漢時桃印之制也

遺扇

唐太宗謂無忌曰端午以物玩相賀朕今以飛白扇賜庶動清風以增美德今端午以扇相遺自唐始也

酌中志略

宮中端午

五月初一日起至初五日止宮眷內臣穿五毒艾虎補子蟒衣門兩旁安菖蒲艾盆門上懸掛吊屏上畫天師或仙子仙女執劍降五毒故事如年節之門神爲懸一月方撤也

直隸志書（各省風俗同者不載）

宛平縣

五月五日家懸五雷符插門以艾幼女佩紙符簪榴花曰女兒節是日午具角黍漬菖蒲酒闔家飲食之以雄黃塗耳鼻取避蟲毒之義也天壇牆下走馬爲戲羣競觀焉金魚池草橋聚水潭皆有樹蔭可坐醵飲相望不絕

良鄉縣

五月五日泛菖蒲酒懸符艾食角黍用雄黃硃砂塗小兒耳鼻更用五色絨爲續命索繫手足並頸士民或踏青郊外臨流稱觴相娛

通州

端午節男女於郊原採百草相鬭賭飲

文安縣

五月五日天中節揭紙畫虎蠍或天師像於壁捉蟆取蟾酥採百草製藥

遵化州

天中日作角黍並以果酒餽遺爲禮小兒項各繫綵繒并垂金錫若錢鎖曰長命縷

平谷縣

五月端午節遇天旱婦人羣聚洗箕於河干以求雨

澤

永平府

仲夏月端午置葵榴堂中懸艾虎辟瘟朱書五月五日天中節赤口白舌盡消滅揭之楹戶僧道以辟惡靈符分送檀越醫家以香囊雄黃烏髮香油送所往來家而揭符於門採百草製藥湯沐泛菖蒲硃砂酒云飲之惡物不入口兒童頸臂脛足繫綵縧云辟毒名百歲索俗不競渡或鬭百草賭飲而已戚里以角黍餉男女姻家互饋爲追節

灤州

仲夏之月五日男女許聘互饋祀小單競渡由偏涼汀渡口放船簫鼓爭喧流連至夕乃已

河間府

重午日喜薄陰大晴主水雨主絲貴俱所忌也

冀州

五月端午男女戴艾葉於頂耳曰去疾童幼繫百索於項腕曰蟲不螫女家置夏衣及酒醴往婿家曰追節

趙州

五月五日貼門符食角粽男戴艾葉女簪艾虎有司會士夫詣南郷舉觴遊詠名曰踏柳

山東志書

鄒平縣

端午晨起飲銀醪一杯俗謂辟邪以粽海魚王負芻覯友相餉遺

諸城縣

五月五日取生蝦蟆以京墨塡入其腹掛於陰處乾之兒童患瘡癤者以神醋研墨濃汁塗之瘥

登州府

端午軍校禡柳於教場立綵門懸葫鴿於上走馬射之中葫則鴿飛謂之演柳間一行之

山西志書

解州

端午男女帶艾葉曰去疾幼者繫百索於項曰爲屈原縛蛟龍

隰州

端午各村祭龍王田閒掛紙

潞安府

端陽以麥麵爲白團與角黍相餽送婦女剪綵縷金爲花草鳥蟲相問遺

河南志書

固始縣

五月五日雨主蟲

陝西志書

興安州

端陽官長率僚屬觀競渡謂之踏石

平涼府

端午昧爽剪艾畫五毒採百藥造麴輕服轎馬遊觀士女布於涇濱卉方已羣賞芍藥五色十子刺梅以蜜餞收遺花

江南志書

江寧縣

五月五日庭懸道士硃符人戴佩五色絨綫符牌門戶以縷繫獨蒜及以綵帛通草製五毒蟲虎蝎蜘蛛蜈蚣蟠綴於大艾葉上懸於門又以桃核刻作人物佩之

吳縣

端陽前五日貴賤長幼乘槎艤泊沙盆潭長船灣竹江觀競渡

嘉定縣

端午爲天中節食角黍俗呼粽子飲雄黃菖蒲酒又遍噴門戶牆壁間雖貧家必買石首魚烹食俗呼鰉魚在學前匯龍潭看龍船男女夾岸艤舟飲宴好事者以鵝鴨投水龍船人號水手躍出船入水隨鵝鴨出沒爭得以爲豪

松江府

五月朔日貼門符五日婦人製綵縧爲人形插之於髻名曰健人是日觀龍舟競渡於白龍潭

武進縣

午日船戶綵畫龍舟建旗幟鳴金鼓爲競渡之戲自朔日起至午日止互相角勝鬭捷誇長士民爭龍舟於白雲渡觀者如堵焉近日又有夜龍舟之戲四面各垂小燈競渡如白日好事者以簫鼓歌聲相之致足樂也

清河縣

端午插艾戴艾婦飾新繭爲虎以綴釵頭謂之艾虎以青蒻裹糯爲粽相餽遺飲菖蒲雄黃酒以辟惡是時漕艘過淮多爲龍船競渡於大河急流中旗鼓上下戲水如駛亦一日流覽之勝

揚州府

端午解粽婦女以葵榴艾葉雜花簪髻午則棄之殘

花滿道自朔至午日廣陵濤龍舟競渡士女遊人環聚而觀貿易者爲之龍市

如皋縣

端午採澤蘭煎湯沐浴昔人所謂浴蘭湯者是也

懷寧縣

五月五日人家各以菖蒲艾葉懸門戶小兒以雄黃硃砂點額羽士用五色紙折符牌繫小兒衣背上婦女繫五綵絲於臂云辟兵疫習水者製龍舟競渡於江輕疾如飛岸上觀者如堵臨水臺榭樓閣少長咸集置酒縱觀亦有坐輕舠畫船結綵爲飾中流簫鼓與龍舟上下者皆極歡而罷暮以色線縛角黍投之江中以祠三閭大夫城市鄉村皆家飲菖蒲雄黃酒又日晡時婦人以水浸殘花擲街頭云送赤眼神

太湖縣

五月五日士人製龍舟競渡於龍潭好事者多於兩岸間插錦標爭奪爲喧笑是日士女盛服靚粧結綵棚帳縱觀於龍山之巔樂飲而歸

巢縣

五月五日端陽節龍舟之戲因屈子沉江以五月五日楚人思之故於是日投食以祭恐爲魚蝦所奪乃作舟象龍形鼓樂喧闐而投角黍於水中巢舊楚地故立競渡廟於東方河滸而塑屈原像於中扁曰三閭祠以原嘗掌王族三姓爲三閭大夫三姓者昭屈景也今臨河悉爲民居而祠尚存每歲於孟夏月望後三日祀水神造龍舟各坊一艘各異色舟大小不等色悉白相傳以用白而沒至五月朔迎佾中偶神人舟每舟集少壯數十人穿號衣列幟如舟色擊鼓奮楫踴躍爭先士民競結棚幔於舟飾以彩或雙舟連結下作平盤上造彩架舟首多載盆景挾簫管樂妓集親朋宴飲嬉遊從流上下五日而止

浙江志書

杭州府

五月端午門貼五色花紙堂設天師像梁懸符篆競以角黍五綵絲相餽遺家種葵花一本旁植艾葉菖蒲飲雄黃酒祀神享先畢各至河干湖上以觀競渡龍舟多至數十艘岸上人如蟻畫船非貴遊不得覓一漁艇索錢盈千釵頭符勝備極工巧攢繡仙佛禽鳥魚蟲猛獸之形繫紗蜘蛛綺縠麟鳳藺虎絨蛇難以名述近日半山龍舟爭盛諸壩各埠俱於朔日奔赴遊人雜遝不減湖中

海寧縣

五月五爲天中節武弁集演武場行射柳事

諸暨縣

端午小兒繫五色線於臂名曰健線

天台縣

端午用菖蒲雄黃泛酒速客謂之泛菖蒲

桐廬縣

五月五日鄉塾之童蒙稍具禮於師長謂之衣絲醫家咸於午時採藥相傳此日天醫星臨空門也

江西志書

建昌府

端午用百草水浴謂不生疥觀競渡好事家持酒肉勞之謂之賞標

金谿縣

自出羅競渡相習成風人無異俗獨谿邑龍舟謝波臣之勞盪以人力使臨深者變爲登高千古奇觀難以名狀考其船制修丈有六尺廣四尺許博三尺繪以龍文泛海之槎高峙其四橫以木板人立其上有力者負之而趨以遊三市每歲孟夏出舟於通衢至五月朔始迎鬼船當建治之初遇堪輿楊院使者以縣治之對二山如舟恐谿民無安土之樂故設此以禳之今仍其俗鬼船用七人皆被朱衣一人三頭六臂秉斧鉞於前一人居中位最高金冠赤面其次二人並立青面禿角目光如炬各執色旗書迎祥集福字一人狀如行者手搖飄帶跳躍於梢此五人者皆舟中之怪小鬼鳴金判官伐鼓按節以進之回則競爲得勝之聲至三日則有正船皆古今傳奇高者幾五丈有凌霄之意天中之節尤極其盛聚而觀者幾數萬人有談笑者有噸蹙而覗者有俯首而不敢視者然載騁其上飄飄乎若羽化而登仙焉及其下而問之則曰予目與雲平飛鳥遶其膝時聞驚風波濤之聲如有神助是以不懼至七日多傳降魔伏怪之奇以斬其纜藏舟於廟以成歲功

新昌縣

五月五日屑雄黃丹砂並酒中同啜之謂之開聾

湖廣志書

德安府

午日造龍舟角黍以弔屈原俗誤爲禳時令故斂貲以醮後則聚飲方散女未字者壻家送花幣果羹曰賀節女家酬亦如之然先數日舉行不拘午日也

雲夢縣

五月五日賽龍舟因邑河水淺作旱龍縛竹爲之翦五色綾緞爲鱗甲設層樓飛閣於其脊綴以翡翠文錦中塑忠臣屈原孝女曹娥俗稱娥爲遊江女娘及瘟司水神像蟒袍錦帶珠冠劒佩傍列水手十餘裝束整麗擇日出行金鼓簫板旗幟濟濟導龍而遊曰迎船好事者取傳奇中古事扮肖人物極其詭麗用鐵幹撐之空中前後輪轉宛若半仙之戲彼此角勝自前月廿外至此日無日不然次日用牲牢酒醴角黍時果祭之極其敬畏又以茶米楮幣實倉中若餞驩然仍如前儀導送水涯合炬焚之曰送船

應山縣

端午閈里紙竹爲龍舟作醮事曰平康醮

黃岡縣

端午團風巴河鎮迎會儺人花冠文身鳴金逐疫

江陵縣

端午取菖蒲生山澗中一寸九節者或鏤或屑泛酒以辟瘟氣

攸縣

五月五日門懸艾虎辟五兵也江嬉水馬弔三閭也士女鼓吹幔綵於船逐龍舟上下以爲樂孕婦家富者用花幣酒食貧者雞酒以竹夾楮錢標於龍首祈易產也

岳州府

端午罷市競渡以爲禳災疾病就水際設盤祀神酒肉犒鼓櫂者或爲草船泛之謂之送瘟

鄠縣

端午角黍傳送謂之探節

祁陽縣

五月五日作梟羹以其惡鳥故以五月五日食之蘇頴濱帖子云百官却拜梟羹賜凶去方知舜有功古重梟炙蓋欲去其類則民間有然矣不必大官之賜

福建志書

福州府

端午插艾五日天未明採艾插戶上以禳毒氣亦有結艾爲人者與荆楚同鄉村或採楝木葉插之父老相傳可以禁蚊蟹五色絲線舊傳三閭大夫語人五色絲蛟龍所畏故是日長幼悉以五色絲繫臂一名長命縷一名續命縷父老相傳可以辟蛇至七夕始解棄之婦女競插花榴花爲多亦喜梧桐飲菖蒲李形四序總要云五日婦禮上續壽菖蒲酒以本草云菖蒲可以延年今州人是日飲之名曰飲續角黍楚人是日以竹筒貯米祭屈原名筒粽四方相傳皆以爲節物今州人以大竹葉裹米爲角黍亦有爲方稜以相餽遺舊俗婦禮是日上續壽衣服鞋履團稜扇子菖蒲酒今時蓋鮮行之矣競渡楚人以弔屈原後四方以爲故事是日競渡以爲戲州南臺江沿內諸河皆龍舟鼓楫鉦鼓喧鳴綵服鮮衣共鬬輕駛士女觀者或乘潮解絳或置酒臨流或緣堤夾岸騈首爭觀竟日乃歸

建陽縣

五日爲藥王曬藥囊日人家作醬

上杭縣

五月五日用小艇縛蘆葦作龍形翠戲水次謂之競渡

仙遊縣

端午競渡將晚各獻紙於虎嘯潭以弔嘉靖癸亥年戚公溺兵亦做屈原意也

邵武府

五月五日節前婦人以絳紗爲囊盛符又以五色絨作方勝繡蒜艾虎之屬聯以綵線繫於釵上幼女則懸之於背呼爲賽娘

詔安縣

端午日唐將軍裨將祀於諸者社中人鼓吹具儀各導其神覲於將軍之廟謂之貢王　海上颶信是日係大颶旬爲屈原颶

廣東志書

從化縣

五月五日至午燒符水洗手眼棄於道上謂之送災難是時再播種

南雄府

天中節以燈火爆嬰兒腹云除疾又以銀硃書白字倒粘牆壁間驅蚊蠅是日擱茅船舁天符神壓船送河云遺瘟金鼓殷靁齊唱船歌帷闠闠如此

新興縣

端午各就其近屬神祠鼓吹迎導巡歷人家師巫法水貼符驅逐邪魅

石城縣

五月自一日至五日童子以風箏爲戲謂之放殃偶線斷落其屋舍必破碎之以爲不祥

瓊州府

端陽食會自五月一日至四日輪流迎龍於會首家

唱飲其家先密作歌句以帕結之懸龍座前衙露韻脚一字俾會中人度韻湊歌得中句中字多寡以錢扇如數酬之至五日各村迎龍會於大溪划船奪標兩岸聚觀

儋州

端午以雨測田不雨高田傷旱雨低田傷惟晚雨俱宜

欽定古今圖書集成曆象彙編歲功典

第五十二卷目錄

端午部藝文一
五絲續寶命賦　唐闕名
端午部藝文二 詩詞
五日望採拾　梁王筠
五日　北齊魏收
端午三殿宴羣臣探得神字 并序　唐元宗
端午　同前
端午三殿侍宴應制探得魚字　張說
岳州觀競渡　前人
宮莊池觀競渡　儲光羲
端午日賜衣　杜甫
端午日恩賜百索　竇叔向
競渡歌　張建封
端午日禮部宿齋有衣服綵結之貺以詩還答　權德輿
端午日伏蒙內侍賜晨服　楊巨源
端午日　殷堯藩
及第後江陵觀競渡寄袁州刺史成應元　盧肇
宮詞　花蘂夫人徐氏
端午閣帖子　宋章得象
皇帝閣端午帖子詞　歐陽修
皇后閣端午帖子詞　前人
前題　前人
夫人閣端午帖子詞　前人
前題　前人
端午帖子詞　王珪
皇帝閣端午帖子詞　蘇軾
太皇太后閣端午帖子詞　前人
皇太后閣端午帖子詞　前人
前題　前人
皇太妃閣端午帖子詞　前人
夫人閣端午帖子詞　前人
端午游眞如遲适遠從子由在酒局　前人
皇帝閣端午帖子詞　蘇轍
前題　前人
重五　朱松
皇帝閣端午帖子　周必大
太上皇后閣端午帖子　前人
竹枝歌　范成大
重午　陸游
重五　前人
揚州端午呈趙帥　戴復古
端午競渡櫂歌 十首　黃公紹
五日山中　謝翺
端午日照道中　金党懷英
端午效六朝體　元馬祖常
端午詞　張憲
端陽寫懷　明高啓
午日訪沈元圭席上次韻　虞堪
午日庭宴　唐順之
端午賜黃金艾葉銀書靈符等物歲以爲常　于愼行
辛酉端陽日　王屋
端陽采菊 以上詩　顧開雍
南歌子 端午　宋蘇軾
浣溪沙 端午　前人
永遇樂 端午　晁補之
南鄉子 端午　李之儀
永遇樂 午日　周紫芝
齊天樂 端午　周邦彥
一斛珠 重午　趙長卿
南歌子　楊无咎
杏花天 豫章重午　侯寘
賀新郎 端午　劉克莊
前調 端午　前人
喜遷鶯 端午　吳禮之
水龍吟 淮西重午　盧祖皋
念奴嬌 重午　張榘
前調 重午　前人
澡蘭香 淮安重午　吳文英
隔浦蓮 泊長橋過端午　前人
金錢子 午日　明劉基
水調歌頭 端陽値雨　王行
洞仙歌 重午　周用
滿庭芳　前人
錦纏道 端午　吳子孝
齊天樂 午日 以上詞　前人

端午部選句
端午部紀事
端午部雜錄
端午部外編

歲功典第五十二卷

端午部藝文一

五絲續寶命賦　唐闕名

牛夏生木槿榮時五月鵙始鳴楝葉結綵絲纇祭彼三閭蛟龍不竊祭之水曰汨羅祭之日曰端午情既本乎楚俗奉又告乎壽縷壽縷其娜色絲五紕色絲何始金閨之子晝嘉嚬於青蛾發宜笑之皓齒國風既哀其窈窕家事詎忘乎絲枲別有恩從天上飛入宮中二八春日十五玉童誰其尸之奉蘋藻於淸廟何彼穠矣司衣裳於聖躬洎天子御絺之日后妃獻繭之時顏是渥丹對囘鸞之十字手如振素盤續命之五絲其五絲也薰綠輕重蘭紅淺深皎皎而有鶯其領采采而亦翠其衿既比方而一色又條暢乎數尋觀其髮齊萬計花柔四葩宛委虬盤張皁虹直植其鷩羽雜之而奪其鮮對彼鳳毛久之而寡其色別有金華別殿鈎弋靚妝褰開筐筥貢奉君王懿壽絲之禮大續寶命之天長袞冕紱班榮壽絲以成錦游纓錫美比壽絲以無疆錯以五采準日以符節也綜以萬緒盈數以尊壽也龍爛蛇伸光氣騰騰以禦邪也端等乾坤拜啓獻也汪濊霑止其兵碎也不待萬歲蟾蜍其理疾也豈藉單衣龍子四海銷夭札之癘百姓登仁壽之祉微臣敢問天寶之建元則曰甘露黃龍之年紀

端午部藝文二 詩詞

五日望採拾　梁王筠

裁縫逗早夏點畫守初晨紵紈既妍媚脂粉亦香新
長絲表良節命縷應嘉辰結蘆同楚客採艾異詩人
折花競鮮彩拭露染芳津含嬌起斜盼斂笑動微嚬
獻璫依洛浦懷珮似江濱須待恩光接中夜奉衣巾

五日　北齊魏收

麥凉殊未畢蜩鳴早欲聞喧林尚黃鳥浮天已白雲
辟兵書鬼字神印題靈文因想蒼梧郡茲日祀東君

端午三殿宴羣臣探得神字 并序　唐元宗

律中蕤賓獻酬之象著火在盛德文明之義燀故以式宴陳詩上和下暢者也朕宵衣旰食輯聲教於萬方卜戰行師總兵鈐於四海勤貪日給憂忘心勞聞蟬聲而悟物變見槿花而驚候改所賴濟濟朝廷覩成鵷鷺桓桓邊寨責辦熊羆喜麥秋之有登玩梅夏之無事時雨近霽西郊靡靡而一色炎雲作峰南山嵯峨而異勢正當名儒雅宴高明廣殿肅而淸氣生列樹深而長風至廚人嘗散熱之饌酒正行逃暑之飲庖捐惡鳥俎獻肥龜新筒裹練香蘆角黍恭儉之儀有序慈惠之意溥洽諷味黃老致息心於眞妙抑揚游夏滌煩想於詩書超然元覽自足爲樂何止柏枕桃門驗方術於經記綵花命縷觀問遺於風俗感婆娑於孝女憫枯槁之忠臣而已哉嘆節氣之循環美君臣之相樂凡百在會咸可賦詩五言紀其日端七韻成其火數豈獨漢武之殿盛朝士之連章魏文之臺壯辭人之並作云爾

五月符天數五音調夏鈞舊來傳五日無事不稱神
穴枕通靈氣長絲續命人四時花競巧九子糉爭新
方殿臨華節圓宮宴雅臣進對一言重遒文六義陳
股肱良足詠風化可還淳

端午　同前

端午臨中夏時淸日復長鹽梅已佐鼎麴糵且傳觴
事古人留迹年深縷積長當軒知槿茂向水覺蘆香
億兆同歸壽羣公共保昌忠貞如不替貽厥後昆芳

端午三殿侍宴應制探得魚字　張說

小暑夏絃應徽音商管初願齋長命縷來續大恩餘
三殿褰珠箔羣官上玉除助陽嘗麥彘順節進龜魚
甘露垂天酒芝花捧御書合丹同蝘蜓灰骨共蟾蜍
今日傷蛇意銜珠遂闕如

岳州觀競渡　前人

晝作飛鳬艇雙雙競拂流低裝山色變急棹水華浮
土尚三閭俗江傳二女游齊歌迎孟姥獨舞送陽侯
鼓發南湖漾標爭西驛樓並驅常詑速非畏日光遒

官莊池觀競渡　儲光羲
落日吹簫管清池發櫂歌船爭先後渡岸激去來波
水葉藏魚鳥林花間綺羅踟躕仙女處猶似望天河
端午日賜衣　杜甫
宮衣亦有名端午被恩榮細葛含風軟香羅疊雪輕
自天題處濕當暑著來清意內稱長短終身荷聖情
端午日恩賜百索　竇叔向
仙宮長命縷端午降殊私事盛蛟龍見恩深犬馬知
餘生儻可續終冀答明時
競渡歌　張建封
五月五日天晴明楊花繞江啼曉鶯使君未出郡齋
外江上早聞齊和聲使君出時皆有準馬前已被紅
旗引兩岸羅衣撲鼻香銀釵照日如霜刃鼓聲三下
紅旗開兩龍躍出浮水來棹影斡波飛萬劍鼓聲劈
浪鳴千雷鼓聲漸急標將近兩龍望標目如瞬坡上
人呼霹靂驚竿頭綵掛虹蜺暈前船搶水已得標後
船失勢空揮橈瘡眉血首爭不定輸案一明心似燒
只將輸贏分罰賞兩岸十舟互來往須臾戲罷各東
西競脫文身請書上吾今細觀競渡兒何殊當路權
相持不思得岸各休去會到摧舟折楫時
端午日禮部宿齋有衣服綵結之貺以詩還答　權德輿
良辰當五日偕老祝千年綵縷同心麗輕裙映體鮮
寂寥齋畫省款曲擘香箋更想傳觴處孫孩遍目前
端午日伏蒙內侍賜晨服　楊巨源
綵縷織仍麗凌風卷復開方應五日至應自九天來
在笥清光發當軒暑氣迴遙知及時節刀尺火雲催

端午日　殷堯藩
少年佳節倍多情老去誰知感慨生不效艾符趨習
俗但祈蒲酒話昇平鬢絲日日添頭白榴錦年年照
眼明千載賢愚同瞬息幾人湮沒幾垂名
及第後江陵觀競渡寄袁州刺史成應元　盧肇
石谿久住思端午館驛樓前看發機鼙鼓動時雷隱
隱獸頭凌處雪微微衝波突出人齊譀躍浪爭先鳥
退飛向道是龍剛不信果然奪得錦標歸
宮詞　花蕊夫人徐氏
端午生衣進御牀赭黃羅帕覆金箱美人捧入南薰
殿玉腕斜封綵縷長
端午閤帖子　宋章得象
清曉會披香朱絲續命長一絲增一歲萬縷獻君王
皇帝閤端午帖子詞　歐陽修
舜舞來遐俗堯仁洽九區五兵消以德何用赤靈符
皇后閤端午帖子詞　前人
繭館覆柔桑新絲引更長綵為五色縷續壽獻君王
前題　前人
煙含玉樹風生細日永宮花漏出遲深殿未嘗知暑
氣水精簾覆砌琉璃
夫人閤端午帖子詞　前人
鳴蜩驚早夏鬬草及良辰共薦菖蒲酒君王壽萬春
前題　前人
黃金仙杏粉赤玉海榴房共鬬今朝勝盈襜百草香
端午帖子詞　王珪
禁幕無風日正亭侍臣初賜玉壺冰不知翠輦遊何

處應在瑤臺第一層
皇帝閤端午帖子詞　蘇軾
採秀擷羣芳爭儲百藥良太醫初薦艾厖草驗蕃昌
太皇太后閤端午帖子詞　前人
日永蠶收簇風高麥上場朝來藉田令菰黍獻時芳
皇太后閤端午帖子詞　前人
祕殿扶疎夏木深雨餘初有一蟬吟應將嬴女乘鸞
扇更助南風長棘心
前題　前人
上林珍木暗池臺蜀產吳苞萬里來不獨盤中見盧
橘時於粽裏得楊梅
皇太妃閤端午帖子詞　前人
雨細方梅夏風高已麥秋應憐百花盡綠葉暗紅榴
夫人閤端午帖子詞　前人
肅肅槐庭午沈沈玉漏稀皇恩樂佳節鬬草得珠璣
端午遊眞如遲適遠從子由在酒局　前人
一與子由別却數七端午身隨綵絲繫心與昌歜苦
今年匹馬來佳節日夜數兒童喜我至典衣具雞黍
水餅既懷鄉飯筒仍愍楚謂言必一醉快作西川語
寧知是官身糟麴同薰煮獨攜三子出古剎訪禪祖
高譚付梁羅詩律到阿虎歸來一調笑慰此長齟齬
皇帝閤端午帖子詞　蘇轍
澼暑避華構清風迎早朝楓槐高自舞氷雪晚初消
前題　前人
南訛初應曆五日未生陰靈藥收農錄薰風拂舜琴
重五　朱松

異鄉逢午節臥病此衰翁竹筍进新紫榴花開小紅
山深人寂寂氣潤雨濛濛煑酒無尋處菖蒲在水中

皇帝閤端午帖子　周必大

水殿開筵酒泛蒲冰盤進膳黍纏菰六宮莫度新翻
曲只詠明州瑞麥圖

太上皇后閤端午帖子　前人

聚遠樓前面面風冷泉亭下水溶溶人間炎熱何曾
到真是瑤臺第一重

竹枝歌　范成大

五月五日嵐氣開南門競船爭看來雲安酒濃麴米
賤家家扶得醉人迴

重午　陸游

葉底榴花蹙絳繒街頭初賣苑池冰世間各自有時
節蕭艾著冠稱道陵

重五　前人

重五山村好榴花忽已繁粽包分兩髻艾束著危冠
舊俗方儲藥羸軀亦點丹日斜吾事畢一笑向杯盤

揚州端午呈趙帥　戴復古

榴花角黍鬬時新今日誰家不酒樽堪笑江湖阻風
客却隨蒿艾上朱門

端午競渡櫂歌十首　黃公紹

望湖天望湖天綠楊深處鼓𪔂𪔂好是年年二三月
湖邊日日看划船
鬬輕橈鬬輕橈雪中花捲櫂聲遙天與玻璨三萬頃
儘教看得幾吳船
看龍舟看龍舟兩堤未鬬水悠悠一片笙歌催鬧晚
忽然鼓櫂起中流
賀靈鼉賀靈鼉幾多翠舞與珠歌看到日斜猶未足
湧金門外湧金波
馬如龍馬如龍飛過蘇堤鬬健風柳下繫船青作纜
湖邊鶯酒碧爲筒
繡周張繡周張樓臺簾幕絮高揚誰賦珠宮并貝闕
懷王去後去沉湘
櫂如飛櫂如飛水中萬鼓起潛螭最是玉蓮堂上好
躍來奪錦看吳兒
建雲旂建雲旂土風到處總相猶朝了霍山朝嶽帝
十分打扮是杭州
踏青青踏青青西泠橋畔草連汀撲得龍船兒一對
畫闌倚遍看遊人
月明中月明中滿湖春水望難窮欲學楚歌歌不得
一場離恨兩眉峯

五日山中　謝翱

東鄰拔蒲根南鄰燒艾葉艾葉出青煙蒲根香勝雪
乾坤生燐火陰碧期月光煙隨艾葉散進此菖蒲觴
蒲觴益齒髮齒白髮如漆餘飲不盡器罷之五七日
五日化爲丹七日化爲碧一服一千年令人生羽翼

端午日照道中　金党懷英

幾年客舍逢端午今日東行復海隅三歲已無半老
艾一杯聊作辟愁符

端午效六朝體　元馬祖常

修篁發秀林新荷曁芳池綵絲擷霧縷紗縠含風猗
薦賓應樂律端陽正歲時馥馥蘭湯浴灩灩蒲酒持

端午詞　張憲

漢宮鬬草戲楚船張水嬉江心鑄龍鏡好用照湘纍
榴花照鬢雲鬟熱蟬翼輕綃香疊雪一丈戎葵倚繡
窻雨足江南好時節五色靈錢傍午燒綵勝金花貼
鼓腰投家橋下水如潮東船奪得西船標櫂歌聲靜
晚山綠萬鎰黃金一日銷

端陽寫懷　明高啓

去歲端陽值禁闈新題帖子進彤扉大官供饌分蒲
醑中使傳宣賜葛衣黃緻回廊朝旭淡玉爐當殿午
熏微今朝寂莫江邊臥閒看遊船競渡歸

午日訪沈元圭席上次韻　虞堪

一簾葵錦爛晴霞五色絲虹映帽紗元藥自消頭上
雪絳榴誰插鬢邊花茶烹石鼎從施禁詩寫蠻箋學
破邪不是西山黃石叟難逢東老地仙家

午日庭宴　唐順之

南薰應律轉朱旗火帝乘離錦席披榴吐千花承羽
盞蓂開五葉拂瑤墀冰盤錯出仙人掌金縷遙分織
女絲復道龍舟方競渡銜恩共許向昆池

端午賜黃金艾葉銀書靈符等物歲以爲常　于慎行

芙蓉闕下御書宣午日恩頒侍從前寶葉光分仙島
月靈符香綴御爐烟歲時舊是荆人記風俗曾經漢
史傳聞道宸游臨太液龍舟鳳管畫樓邊

辛酉端陽日　王屋

午節今朝是開尊名酒徒趁晴刪艾葉冒雨剪菖蒲
重碧杯中滿輕黃額上塗醉憐霜鬢短還插健人符

端陽采菊　顧開雍

菖陽初進石榴巵忽報黃花香滿籬總是朱靈分壽
縷長生先試傲霜枝

南歌子 端午　　宋蘇軾

山與歌眉斂波同醉眼流遊人都上十三樓不羨竹西歌吹古揚州　菰黍連昌歜瓊彝倒玉舟誰家水調唱歌頭聲遶碧山飛去晚雲留

浣溪沙 端午　　前人

入袂輕風不破塵玉簪犀璧醉佳辰一番紅粉為誰新　團扇只堪題往事新絲那解繫行人酒闌滋味似殘春

永遇樂 端午　　晁補之

紅日葵開映牆遮扉小齋端午杯展荷金箑抽筍玉幽事還堪數綵總織手朱匳輕縷爭鬭綵絲艾虎想沈江怨魄歸來空惆悵對菰黍　朱顏老去清風好在未減佳辰歡聚驟酒深斟菖葅細糝圍坐從兒女還同子美江村長夏閒對燕飛鷗舞算何須楚澤雄風方消畏暑

南鄉子 端午　　李之儀

小雨濕黃昏重午佳辰獨掩門巢燕引雛渾去盡銷魂空向梁間覓宿痕　客舍宛如邨好事無人載一尊唯有鶯聲知此恨殷勤恰似當時枕上聞

永遇樂 午日　　周紫芝

槐幄如雲燕泥猶濕雨餘清暑細草搖風小荷擎雨時節還端午碧羅牕底依稀記得閒繫翠絲煙縷到如今前歡如夢還對綵絲無語　榴花半吐金刀猶在往事更堪重數艾虎釵頭菖蒲酒裏舊約渾無據輕衫如霧玉肌似削人在畫樓深處想靈符無人共戴翠眉暗聚

齊天樂 端午　　周邦彥

疎疎茂點黃梅雨佳節又逢重午角黍包金香蒲泛玉風物依然荊楚形裁艾虎更釵梟朱符臂纏紅縷撲粉香綿喚風綾扇小牕午　沈湘人去已遠勸君休對景感時懷古慢轉鶯喉輕敲象板勝讀離騷章句荷香暗度漸引入酕醄醉鄉深處臥聽江頭畫船喧疊鼓

一斛珠 重午　　趙長卿

澹妝濃抹西湖人面兩奇絕菖蒲角黍家家節水戲魚龍十里畫簾揭　凌波無限生塵韈冰肌瑩徹香羅雪遊船且莫催歸楫遮莫黃昏天外有新月

南歌子　　楊无咎

小雨疎疎過長江滾滾流落霞殘照晚明樓又是一番重午身寄南州　羅綺紛香陌魚龍漾彩舟不堪回首鳳池頭誰道於今霜鬢猶自淹留

杏花天 豫章重午　　侯寘

寶釵整鬢雙鸞鬭睡初醒薰風襟袖綵絲皓腕宜清晝更艾虎彩兒新就　玉杯共飲菖蒲酒願耐夏宜春厮守榴花故意添紅皺映得人來越瘦

賀新郎 端午　　劉克莊

深院榴花吐畫簾開綵衣紈扇午風清暑兒女紛紛新結束時樣釵符艾虎早已有遊人觀渡老大逢場慵作戲任白頭年少爭旗鼓溪雨急浪花舞　靈均標致高如許憶生平既紉蘭佩又懷椒醑誰信騷魂千載後波底垂涎角黍又說是蛟饞龍怒把似而今醒到了料當年醉死差無苦聊一笑弔今古

前調 端午　　前人

思遠樓前路望平堤十里湖光畫船無數綠蓋盈盈紅粉面葉底荷花解語鬭巧結同心雙縷尚有經年離別恨一絲絲總是相思處相見也又重午　清江舊事傳荊楚歎人情千載如新尚沉菰黍且盡樽前今日醉誰肯獨醒弔古泛幾盞菖蒲綠醑兩兩龍舟爭競渡奈珠簾暮捲西山雨看未足怎歸去

喜遷鶯 端午　　吳禮之

梅霖初歇正絳色海榴爭開佳節角黍包金香蒲切玉是處玳筵羅列鬭巧盡輸年少玉腕綵絲雙結艤彩舫見龍舟兩兩波心齊發　奇絕難畫處激起浪花翻作湖間雪畫鼓轟雷紅旗掣電奪罷錦標方徹望中水天日暮猶自珠簾高揭棹歸晚載荷香十里一鉤新月

水龍吟 淮西重午　　盧祖皋

會昌湖上扁舟幾年不醉西山路流光又是宮衣初試安榴半吐千里江山滿川煙草薰風淮楚念離騷恨遠獨醒人去闌干外誰懷古　亦有魚龍戲舞豔晴川綺羅歌鼓鄉情節意尊前同是天涯羈旅綠漲池塘翠陰庭院歸期無據問明年此夜一眉新月照人何處

念奴嬌 重午　　張榘

三閭何在把離騷細讀幾番擊節離憂椒蘭紛江渚較以艾蕭終別清濁同流醉醒一夢此恨誰能說忠魂耿耿秖憑天辨優劣　須信千古湘流練絲纏黍端為英雄設堪笑兒童浮菖歜悲憤翻為喜悅三歎靈均竟罹讒網我獨中情切薰風牕戶榴花知為誰裂

前調 重午　　前人

楚湘舊俗記包黍沉流緬懷忠節誰挽汨羅千丈雪
一洗些魂離別贏得兒童紅絲纏臂佳話年年說龍
舟爭渡搴旗搥鼓驕劣　誰念詞客風流菖蒲桃柳
憶閨門鋪設斝徵含商陶雅興爭似年時娛悅青杏
園林一尊煮酒當爲澆悽切南薰應解把卿愁袂吹
裂

澡蘭香 淮安 重午　　吳文英

盤絲繫腕巧篆垂簪玉隱紺紗睡覺銀瓶露井彩箑
雲窻往事少年依約爲當時曾寫榴裙傷心紅綃褪
萼黍夢光陰漸老汀洲煙蒻　莫唱江南古調怨抑
難招楚江沉魄薰風燕乳暗雨梅黃午鏡澡蘭簾幕
念秦樓也擬人歸應剪菖蒲自酌但悵望一縷新蟾
隨人天角

隔浦蓮 泊長橋 過端午　　前人

榴花依舊照眼愁褪紅絲腕夢繞烟江路汀菰綠薰
風晚年少驚送遠吳蠶老恨緒縈抽繭旅情嬾　扁
舟繫處青帘濁酒須換一番重午旋買香蒲浮醆新
月湖光蕩素練人散紅衣香在兩岸

金錢子 午日　　明劉基

雲淡風微江雨欲來還去倚闌干鬢霜千縷白水青
蕪是征鴻歸處望盡天涯夕陽猶在深深樹　艾葉
榴花又上阿誰門戶悄空梁燕雛自語王謝亭臺杳
不知何許獨立茫茫亂鴉啼滿城鐘鼓

水調歌頭 端陽 值雨　　王行

葵陽闕晴彩榴火失朱光不知今日何日烟霭漲蒲
塘已過清明時節未近重陽氣候對景自斟量應是
家家雨梅子要催黃　向朝來尋舊事問江鄉共言
當此佳序那肯負年芳雖阻繡茵鬬草不廢翠㲲剪
艾且結綵絲長菖歜縷金玉情味付霞觴

洞仙歌 重午　　周用

客中今日恰江南端午數點弄晴梅子雨正清溪華
屋長晝初筵呈畫扇更有香蘆角黍　鼕鼕催羯鼓
燕燕鶯鶯當面盈盈試歌舞故事杳難尋天上佳期
人傳道牛郎織女待羅袖明朝酒消痕記玉臂凝香
綵絲雙縷

滿庭芳　　前人

嘉樹含風疎簾映雨端陽景物依然故園何處雲白
五湖邊記得舊年今日三江上萬玉亭前人妥起翠
蒲綠醑旗鼓競龍船　今年逢此日孤蓬四海翹首
鈞天正西郊卜雨東魯移泉爲問九農德業從吳楚
直抵齊燕煩太史一篇周頌再紀屢豐年

錦纏道 端午　　吳子孝

堂映湖山解糭共酬佳節對蒲風金杯休歇鑾坡每
歲恩波闊憶賜宮衣輕疊香羅雪　到如今回頭五
雲仙闕故園中秪聞啼鴂誦離騷自歎孤忠惟揚州
鑄鏡能照人心別

齊天樂 午日　　前人

茂人得在家鄉老蒲觴再逢重午榴火烘人榆錢滿
地竹院梧垣無暑鶯聲未歇況細雨初晴疎簾乍舉
角黍筵前試看畫扇長生縷　常憶蒙恩賜宴燮心
對酒不似而今無苦彩筆詞新朱絃歌妙何異神仙
儔侶溪山有主喜川競舟龍門懸艾虎寄與良朋年
年常似許

端午部選句

唐張籍詩開州午日車前子作藥人家道有神
宋章得象詩五日看花憐並蔕今朝鬬草正宜男又
帖子花陰轉午清風細玉燕釵頭艾虎輕又菖蒲泛
酒堯樽綠菰葉縈絲楚粽香又繭館初成長命縷珠
囊仍帶辟兵符又自有百神長侍衛不應須佩赤靈
符又綵竹漸高橈鼓急瑤津亭下競鳧車又五蓂開
瑞莢百草鬬香茗又蒲酒朝觴滿蘭湯曉浴溫又九
子黏角玉糭香五絲縈臂寶符光
王曾端午閤帖子欲謝君恩却無語心前笑指赤靈
符又明朝知是天中節旋刻菖蒲要辟邪又爭傳九
子糭皇祚續千春又釵頭艾虎辟羣邪曉駕祥雲護
寶車又仙艾垂門綠靈絲遶戶長
歐陽修詩五色雙絲獻女功多因荆楚記遺風又繡
繭誇新巧縈絲喜續年
王珪詩瑤墀九御薦菖華
蘇轍帖子太醫爭獻天師艾瑞霧長縈堯母門
張耒端午詞水團冰浸砂糖裹透明角黍松兒和
戴復古詩海榴花上雨蕭蕭自切菖蒲泛濁醪
元周權詩人家綠艾端陽節天氣黃梅細雨時
馬祖常宮詞合宮舟泛濯龍池端午爭懸百綵絲

端午部紀事

仙鑑蕭仙者以周宣王十七年五月五日生宣王之末史籍散亂蕭仙能文著本末以備史之不及人以史目之穆公有女名弄玉善吹笙無和者求得吹笙者以配孟明薦史因名見秦王問史云善簫曰吾女好笙子簫也奈何女屏門呼曰試使吹之一吹清風生再吹彩雲起三吹而鳳凰來女願嫁之史曰女亦且吹笙三吹之如史所感

琴操介子綏割其腓股以啗重耳重耳復國子綏獨無所得綏甚怨恨乃作龍蛇之歌以感之遂遁入山文公驚悟迎之終不肯出文公令燔山求之子綏遂抱木而焚死文公令民五月五日不得發火

史記孟嘗君傳初田嬰有子四十餘人其賤妾有子名文文以五月五日生嬰告其母曰勿舉也其母竊舉生之及長其母因兄弟而見其子文於田嬰田嬰怒其母曰吾令若去此子而敢生之何也文頓首因曰君所以不舉五月子者何故嬰曰五月子者長與戶齊將不利其父母文曰人生受命於天乎將受命於戶邪嬰默然文曰必受命於天君何憂焉必受命於戶則高其戶耳誰能至者嬰曰子休矣

武帝本紀注如淳曰漢使東郡送梟五月五日爲梟羹以賜百官以惡鳥故食之

西京雜記王鳳以五月五日生其父欲不舉曰俗諺舉五日子長及戶則自害不則害其父母其叔父曰昔田文以此日生其父嬰敕其母曰勿舉其母竊舉之後爲孟嘗君號其母爲薛公大家以古事推之非不祥也遂舉之

中華古今注漢中興每以端午賜百僚烏犀腰帶

世說胡廣本姓黃五月五日生父母惡之置甕中投於江胡翁聞甕中有兒啼往取之養爲子遂七登三司

中華古今注漢章帝常以端午日賜百官水紋綾袴

會稽典錄女子曹娥者會稽上虞人父能弦歌爲巫漢安帝二年五月五日於縣江泝濤迎波神溺死不得尸骸娥年十四乃緣江號哭晝夜不絕聲七日遂投江而死

謝承後漢書陳臨爲蒼梧太守推誠而理導人以孝悌臨徵去後本郡以五月五日祠臨東城門上令小童潔服而舞

四民月令五月五日取蠅虎杵碎拌豆豆自踊躍可以擊蠅

獨異志晉桓豁鎮荊州有一參軍五月五日採鴝鵒剪其舌令學人語經年遂能言後因大會豁出之令遍學座客話有一人患齆鼻鴝乃遽入甕中語與患者無異舉席皆笑

還冤記河間國兵張鹿經曠二人相與諧善晉太元十四年五月五日共升鍾嶺坐於山椒鹿酗酒失性拔刀斬曠曠母爾夕夢曠自說爲鹿所殺屍澗中脫袴覆腹尋覓之時必難可得當令裳飛起以示處也明晨追捕一如所言

博物志五月五日埋蜻蜓頭於西向戶下埋至三日則化成青眞珠又曰埋於正門中

陸機要覽萬歲蟾蜍頭上有角頷下有丹書重八字名曰肉芝以五月五日取陰乾以其足畫地即流水帶之於身能辟兵

風土記仲夏端午亨鶩進筒糉一名角黍

孝子傳紀邁五月五日生其母棄之郇人紀淳妻養之年六歲本父母云汝是我兒邁涕泣傭所得輒上母

宋書王鎭惡傳鎭惡以五月五日生家人以俗忌欲令出繼疎宗祖猛見奇之曰此非常兒昔孟嘗君惡日生而相齊是兒亦將興吾門矣故名之爲鎭惡

魏書崔辯傳辯孫巨倫葛榮聞其才名欲用爲黃門侍郎巨倫心惡之至五月五日會集官寮令巨倫賦詩巨倫乃曰五月五日時天氣已大熱狗便呀欲死牛復吐出舌以此自晦獲免

酈元水經注正光元年五月天氣清爽聞池中鎗鎗若征鼓聲池水驚而沸須臾雷電晦冥有五色蛇自池上屬於天久乃滅波止水定惟見一魚在其一變爲龍

北齊書南陽王綽傳綽字仁通武成長子也以五月五日辰時生至午時後主乃生武成以綽母李夫人非正嫡故貶爲第二河清三年封南陽韓長鸞令綽親信誣告其反後主使何猥薩捻殺之瘞於興聖佛寺經四百餘日乃大斂顏色毛髮皆如生俗云五月五日生者腦不壞

荊楚歲時記五月五日取鴝鵒教之語注此月鴝鵒毛羽新成俗好登巢取養之以教其語也

隋書地理志京口東通吳會南接江湖西連都邑其人本並習戰號爲天下精兵俗以五月五日爲鬬力之戲各料強弱相敵事類講武

玉燭寶典洛陽人家端午造术羹艾酒

獨異志隋朝徐德言妻陳氏叔寶妹因懼亂不能相保德言乃破一鏡分之以爲他年不知存亡但端午日各持其半鏡於市內賣之以圖相會至期適市果有一破鏡德言乃題其背曰鏡與人俱在鏡歸人不歸無復嫦娥影空餘半月輝時陳氏爲楊素所愛見之乃命德言對飲三人環坐令陳氏賦詩一章即還之陳氏詩曰今日何遷次新官對舊官笑啼俱不敢方驗作人難素感之乃還德言按青瑣集作上元事未知孰是今兩存之

舊唐書崔信明傳信明以五月五日正中時生有異雀身形甚小五色畢備集於樹鼓翼齊鳴其聲清亮隋太史令史良使青州遇而占之曰五月爲火火爲離離爲文彩日正中文之盛也又雀五色奮翼而鳴此兒必文藻煥爛聲名播於天下雀形既小祿位殆不高矣及長博聞強記下筆成章鄉人高孝基有知人鑑每謂人曰崔信明才學富贍雖名冠一時但恨其位不達耳

輟耕錄虢州閿鄉張萬回法雲公者生於唐貞觀六年五月五日有兄萬年久征遼左相去萬里母程氏思其音信公早晨而往至暮持書而回

唐會要貞觀十八年五月五日太宗爲飛白書作鸞鳳蝶龍等字筆勢警絕謂司徒長孫無忌吏部尚書楊師道曰五日舊俗必用服翫相賀今朕各賜君飛白扇二庶動清風以增美德

中華古今注唐貞觀中端午賜文官黑玳瑁腰帶武官黑銀腰帶示色不改更故也

朝野僉載泉州有客盧元欽染大風唯鼻根未倒屬五月五日官取蚺蛇膽欲進或言肉可治風遂取一截蛇肉食之三五日頓瘥可百日平復

嘉話錄晉謝靈運鬚美臨刑因施爲南海祇洹寺維摩詰像鬚寺人寶惜初不虧損中宗朝樂安公主五日鬭草欲廣其物色令馳騎取之又恐爲他所得因剪棄其餘今遂無

鏡龍記唐天寶三載揚州進水心鏡一面縱橫九寸青瑩耀目背有盤龍進鏡官李守泰曰鑄鏡時有老人自稱姓龍名護謂鏡匠呂暉曰老人解造真龍鏡遂入爐所扃戶三日後開戶失所在爐前獲一素書云盤龍盤龍隱於鏡中分時有象變化無窮興雲吐霧行雨生風呂暉遂移爐於揚子江心以五月五日午時鑄之帝詔有司掌此鏡七載大旱名葉法善祠鏡龍忽龍口有白氣須臾滿殿甘雨如澍

唐書禮樂志天寶時常以五月五日薦衣扇於諸陵

開元天寶遺事宮中每到端午節造粉團角黍貯於金盤中以小角造弓子纖妙可愛架箭射盤中粉團中者得食蓋粉團滑膩而難射也都中盛行此戲

五月五日明皇避暑遊興慶池與妃子晝寢於水殿中宮嬪輩凭欄倚檻爭看雌雄二鸂鶒戲於水中帝時擁貴妃於綃帳內謂宮嬪曰爾等愛水中鸂鶒爭如我被底鴛鴦

唐新語端午日明皇賜宰臣鍾乳宋璟既拜賜而命醫人鍊之醫請將歸家鍊子弟諫曰此乳珍異他者不如今付之歸恐招欺換璟誡之曰自隱爾心然疑他心耶仗信示誠猶恐不至時有猜責豈可得乎

唐書李元紘傳元紘當國務峻崕檢抑奔競夸進者憚之五月五日宴武成殿賜羣臣襲衣特以紫服金魚錫元紘及蕭嵩羣臣無與比

唐國史補肅宗五月五日抱小公主對山人李唐於便殿顧唐曰念之勿怪唐曰太上皇亦應思見陛下肅宗涕泣是時張氏已盛不由己矣

陝西志唐肅宗時張嘉字伯達以五月五日生名五郎少好儒術以節義自負年十五遊長安與李泌長源爲友祿山叛詣闕上書補參軍平賊有功爲雲居宰有善政邑人立祠祀之

傳燈錄永泰元年五月五日代宗夢六祖大師請衣鉢七日敕刺史楊瑊云朕夢感能禪師請傳法袈裟却歸曹溪今遣鎮國大將軍劉景崇頂戴而送朕謂之國寶卿可於本寺如法安置專令僧衆親承宗旨者

唐書懿宗本紀咸通八年五月禁延慶端午節獻女口

名勝志五華山在德化縣西唐咸通間無晦禪師結庵於此鑿石爲室與虎同居又有端午泉亦禪師所鑿每五月之朔泉水溢至欄凡五日爲度

瑯嬛記杜羔妻趙氏每歲端午午時取夜合花置枕中羔稍不樂輒取少許入酒令婢送飲羔即歡然當時婦人爭效之

酉陽雜俎北方婦人五日進五時圖五時花施帳之上是日又進長命縷宛轉繩皆結爲人像帶之

文昌雜錄唐時五日有百索粽又有九子粽

軍中以端午走馬謂之躤柳

嶺表錄異記蚺蛇膽晉安州有養蛇戶每年五月五

日卽擔蝦蟆入府祗候取膽余曾親見皆於大籠中籍以軟草盤屈其上兩人舁一條在地上卽以十數拐子從頭翻其身旋以拐子按之不得轉側卽於腹上約其尺寸用利刃決之肝膽突出卽割下其膽皆如鴨子大曝乾以備上貢却合內肝以線合其瘡口却收入籠或云舁歸放川澤

雲仙雜記洛陽人家端午以花絲樓閣插鬢贈遺辟瘟扇

西域記于闐國有玉池每以端午日王親往取玉自王以下至庶人皆取之每取一圓玉以一圓石投之

馬令南唐書郡縣村社競渡每歲端午官給綵段俾兩兩較其遲速勝者加之銀椀謂之打標

永州府志五代蕭結爲祁陽令太守符下取競舟甚急結怒批其符曰秧開五葉蠶長三眠人皆忙迫划甚閒船守慚而止

遼史太宗本紀會同三年五月庚午以端午宴羣臣及諸國使命回鶻燉煌二使作本俗舞俾諸使觀之

樂志會同三年端午日百僚洎諸國使稱賀如式燕飲命回鶻燉煌二使作本國舞

宋史劉溫叟傳太宗在晉邸聞其淸介遣吏遺錢五百千溫叟受之貯廳西舍明年重午又送角黍執扇所遣吏卽送錢者視西舍封識宛然

劉繼元傳初太宗征繼元行次澶淵有太僕寺丞宋捷者掌出納行在軍儲太宗見其姓名喜以爲師必有捷之兆及將至太原太宗遣語攻城諸將曰我以端午日當置酒高會於太原城中至癸未繼元降乃五月五日也

雲笈七籤天台道士劉方瀛師事老君精修介潔早佩畢道法籙常以丹篆救人與同志弋陽縣令劉翊按天師劍法以五月五日就弋陽葛溪鍊鋼造劍敕符禁水疾者登時卽愈

歲時雜記學士院端午前一日撰皇帝皇后夫人閤門帖子送後苑用羅帛製造及期進入

端午都人畫天師像以賣又作泥塑張天師以艾爲鬚以蒜爲拳置於門上

端午刻菖蒲爲小人子或葫蘆形帶之辟邪

端午以艾爲虎形至有如黑豆大者或剪綵爲小虎黏艾葉以戴之

鐵圍山叢談往時川蜀俗喜行毒而成都故事歲以天中時開大慈寺多聚人物出百貨其間號名藥市者於是有於牕隙間呼貨藥一聲人識其意亟投以千錢乃從牕隙間度藥一粒號解毒丸故一粒可救一人命迹既叵測故時多疑出神仙

癸辛雜識宋徽宗以五月五日生以俗忌因改作十月十日爲天寧節

東京夢華錄端午節物百索艾花銀樣鼓兒花花巧畫扇香糖果子糭子白團紫蘇菖蒲木瓜並皆茸切以香藥相和用梅紅匣子盛裹自五月一日及端午前一日賣桃柳葵花蒲葉佛道艾次日家家鋪陳於門首與糭子五色水團茶酒供養又釘艾人於門上士庶相迎宴賞

乾淳歲時記端午先期學士院供帖子如春日禁中排當例用朔日謂之端一或傳舊京亦然插食盤架設天師艾虎意思山子數十座五色蒲絲百草霜以大合三層飾以珠翠葵榴艾花蜈蚣蜥蝎等謂之毒蟲及作糖霜韻果糖蜜巧粽極其精巧又以大金瓶數十遍插葵榴梔子花環繞殿閣及分賜后妃諸閤大璫近侍翠葉五色葵榴金絲翠扇眞珠百索釵符經筒香囊軟香龍涎佩帶及紫練白葛紅蕉之類大臣貴邸均被細葛香羅蒲絲艾朵彩團巧粽之賜而外邸節物大率效尤爲巧粽之品不一至結爲樓臺舫輅又以青羅作赤口白舌帖子與艾人並懸門楣以爲禳禬道宮法院多送佩帶符篆而市人門首各設大盆雜植艾蒲葵花上掛五色紙錢排飣果粽雖貧者亦然湖中是日遊舫亦盛蓋迤邐炎暑宴遊漸稀故也俗以此日爲馬本命凡御廄邸第上乘悉用五綵爲鬃尾之飾奇韉寶轡充滿道途亦可觀玩也

齊東野語宋嘉甄雲卿字龍友少有俊聲詞華奇麗競渡日著綵衣立龍首自歌所作思遠樓前之詞旁若無人

金史世宗本紀大定三年五月乙未以重五幸廣樂園射柳勝者賜物有差復御常武殿賜宴擊毬自是歲以爲常

相學齋雜鈔轉運田特秀字彥實易縣人大定十九年進士仕至太原轉運使喜作詩爲周德卿李之純所賞彥實所居里名半十行第五以五月五日生小字五兒二十五歲鄉府省御四試皆中第五年五十五八月十五日卒造物之戲人如此

歲時紀麗譜五月五日宴大慈寺設廳醫人鬻艾道人賣符朱絲綵縷長命辟災之物筒飯角黍莫不咸

在

琅嬛記姚氏女月華與楊子名達者相愛月華少失母隨父寓於揚子江江上端午有龍舟之戲月華出看達見其素腕褰簾結五色絲跳脫鬒髮如漆玉鳳斜簪巧笑美盼容色豔異達神魂飛蕩每日懷思因製曲序其邂逅名曰泛龍舟

識小編永樂中禁中有剪柳之戲剪柳卽射柳也陳眉公云北人以鵓鴿貯葫蘆中懸之柳上彎弓射之矢中葫蘆鴿輒飛出以飛之高下爲勝負往往會於端午日名曰射柳

中州野錄鄱陽高舉登永樂甲申進士拜監察御史罷歸居林谷間謝絕人事不入城府一日掉小舟至城下時值重午郡守飲月波樓以觀競渡舉微服箕坐舟上守怒遣之至令其供不合狀舉遂書一絕云皇后升遐未一年今春先帝又賓天江山草木皆垂淚太守如何看畫船守詢之知爲高侍御大慚而延納之公拂衣不顧而去

彭公筆記五月五日賜文武官走驃騎於後苑其制一人騎馬執旗引於前二人馳馬繼出呈藝於馬上或上或下或左或右騰躑蹻捷人馬相得如此者數百騎後乃爲臂鷹走犬圍獵狀終場俗名曰走解而不知所自始豈金元之遺俗歟今每歲一舉蓋以訓武也觀畢賜宴而回

吳中故語許道師尹山之小民也善房中術以白蓮教惑人欲鉤致婦人爲亂有傳道者數輩事之以爲神佛遂鼓動一境皆往從焉其人居一室中人不得妄見以五月五日取蜈蚣蛇蠍壁虎等五種毒物聚置一甕中閉而封之聽其相食最後得生者其毒特甚乃取而刺其血和藥汲水貯之令婦人欲求法者必令先洗其目云不爾不淸淨不可以見佛洗後入室金光眩然妄見諸鬼神相愚無知者深信之

熙朝樂事端午爲天中節人家包黍秫以爲糉束以五色綵絲或以菖蒲通草雕刻天師馭虎象於盤中圍以五色蒲絲剪皮金爲百蟲之像鋪其上却以葵榴艾葉攢簇華麗或以綵絨雜金線纏結經筒符袋互相餽遺僧道以經筒輪子辟惡靈符分送檀越而醫家亦以香囊雄黃烏髮香油送於常所往來者家家買葵榴蒲艾植之堂中標以五色花紙貼畫虎蝎或天師之像或硃書五月五日天中節赤口白舌盡消滅之句揭之楹間或採百草以製藥覓蝦蟆以取蟾酥書儀方二字倒貼於楹以辟蛇虺

帝京景物略五月一日至五日家家妍飾小閨女簪以榴花曰女兒節五日之午前羣入天壇曰避毒也過午出走馬壇之墻下無江城繫絲投角黍俗而亦爲角黍無競渡俗亦競遊要南則要金魚池西要高梁橋東松林北滿井爲地不同飲醵熙遊一也同太醫院官旗物鼓吹赴南海子捉蝦蟆取蟾酥也其法針棗葉刺蟾之眉間漿射葉上以蔽人目不令傷也漬酒以菖蒲插門以艾塗耳鼻以雄黃曰避蟲毒家各懸五雷符簪佩各小紙符簪或五毒五瑞花草項各絲繫垂金錫若錢者若鎖者曰端午索

松江府志徐文簡兄守齋少穎悟十一歲竊從家人往觀競渡比歸父雪岑公欲責之諭曰汝能作一詩當貰汝守齋應聲曰艾虎懸門日龍舟競渡時屈原遺恨在千載楚人思

三山志寧德縣安遠里有午日巖昔有邑人程公於是日入巖採藥忽然輕舉因以爲名

端午部雜錄

抱朴子雜應篇或問魏武帝曾收左元放而桎梏之而得自然解脫以何法乎抱朴子曰吾不能正知左君所施用之事然歷覽諸方書有以五月五日石上龍子單衣塗之自解然左君之變化無方未必由此也自用六甲變化其眞形不可得執也

習鑿齒與褚常侍書想往日與足下及江州五月五日共澡浴處追尋宿眷髣髴玉儀心實悲矣

鄴中記并州俗以介子推五月五日燒死世人爲其忌故不舉餉食非也北方五月五日自作飲食餉神及作五色縷五色新盤相問遺不爲介子推也

禽獸決錄懸門艾虎鼻門上宜官子孫帶印綬懸虎鼻門中周一年取燒作屑與婦飲之二月中便有兒生貴子勿令人知之泄則不驗也亦勿令婦見之

名醫別錄石灰今人用療金瘡止血大效五月五日採繁蔞葛葉鹿活草槲葉芍藥地黃葉蒼耳葉靑蒿葉合石灰搗爲團如雞卵暴乾末以療瘡大神驗

千金月令端午以菖蒲或縷或屑以泛酒

食譜張手美家五日如意圓

本草拾遺伏翼五月五日取倒懸者曬乾和桂心薰陸香燒烟辟蚊子

酉陽雜俎鸜鵒構窠取在樹杪枝不取墮地者又纏枝受卵端午日午時焚其窠灸病者疾立愈

唐國史補揚州舊貢江心鏡五月五日楊子江中所鑄也或言無有百煉者六七十煉則已易破難成往往有自鳴者

賓暇錄端五者案周處風土記仲夏端五烹鶩角黍端始也謂五月初五日也今人多書午字其義無取余家元和中端五詔書並無作午字處而近見醴泉縣尉廳壁有故光福王相題鄭泉記處云端五日豈三十年端五之義別有見耶

中華古今注女人披帛古無其制開元中詔令二十七世婦及寶林御女良人等尋常宴參侍令披畫披帛至今然矣至端午日宮人相傳謂之奉聖巾亦曰續壽巾續聖巾蓋非參從見之服

太平御覽五月五日採五方側柏葉三觔遠志去心二觔白茯苓去皮一觔爲末煉蜜和丸用仙靈脾酒下日服三十丸可以延年益壽

本草圖經車前子一名芣苢花甚細密青色微赤結實如葶藶赤黑色五日採陰乾其子治婦人難產

墨莊漫錄東坡爲翰苑元祐三年供端午帖子有云上林珍木暗池臺蜀產吳苞萬里來不獨盤中見盧橘時於粽裏得楊梅每疑粽裏楊梅之句玉臺新詠徐君蒨共內人夜坐守歲時酒中喜桃子粽裏覓楊梅今人未見以楊梅爲粽徐公乃守歲詩楊梅夏熟歲暮安有此果豈昔人以乾實爲之耶東坡以角黍爲午日之饌故借言之耳

東坡志林端午日未出於艾中以意求似其人者輒擷之以灸殊有效幼時見一書中云爾忘其爲何書也艾未有眞似人者於明暗間苟以意命之而已萬法皆妄無一眞者復何疑耶

緗素雜記余按宗懔荊楚歲時記引周處風土記云仲夏端午烹鶩角黍乃直用午字與李濟翁錄所載不同以余意測之五與午字皆通蓋五月建午或用午字何害於理

歲時雜記端午粽子名品甚多形制不一有角粽錐粽茭粽筒粽秤槌粽又有九子粽

端午作水團又名白團或雜五色人獸花果之狀最精者名滴粉團或加麝香又有乾團不入水者

容齋五筆唐世五月五日揚州於江心鑄鏡以進故國朝翰苑撰端午帖子詞多用其事然遣詞命意工拙不同王禹玉云紫閣曈曨隱曉霞瑤墀九御薦菖華何時又進江心鑑試與君王卻衆邪李邦直云艾葉成人後榴花結子初江心新得鏡龍瑞護仙居趙彥若云揚子江中方鑄鏡未央宮裏更飛符菱花欲共朱靈合驅盡神姦又得無又揚子江中百煉金寶奩疑是月華沉爭如聖后無私鑑明照人間萬善心又江心百鍊青銅鏡架上雙綃翠縷衣李士美云何須百鍊鑑自勝五兵符傅墨卿云百鍊鑑從江上鑄五時花向帳前施許沖元云江中今日成龍鑑苑外多年廢鷺陂合照乾坤共作鏡放生河海盡爲池蘇子由云揚子江中寫鏡龍波如細縠不搖風宮中鸞捧秋天月長照人間助至公大槩如此惟東坡不然曰講餘交翟轉回廊始覺深宮夏日長揚子江心空百鍊只將無逸鑑興亡其氣光焰可畏而仰也若白樂天諷諫百鍊鏡篇云江心波上舟中鑄五月五日日午時背有九五飛天龍人人呼爲天子鏡又云太宗常以人爲鏡監古監今不監容乃知天子別有鏡不易揚州百鍊銅用意正與坡合予亦嘗有一聯云願儲醫國三年艾不博江心百鍊銅然去之遠矣端午故事莫如楚人競渡之的蓋以其非吉祥不可施諸祝頌故必用鏡事云

溪蠻叢笑爬船重午競渡既望復出謂之大十五

貫耳集周希稷名承勳周益公甚前席之有端午一詩殊有諷刺誰家解祟吐千餅丹墨交輝走百靈盡使蠹蚍歸藥籠又纏蕭艾作人形缺二句安得綵絲十萬丈東南西北繫飄零

野客叢談容齋隨筆曰唐元宗以八月十五日爲千秋節張說上大衍曆序云謹以開元十六年八月端午獻之唐類表有宋璟請八月五日爲千秋節表云月惟仲秋日在端午然則凡月之五日皆可稱端午也余觀續世說齊映爲江西觀察使因德宗誕日端午爲銀缾高八尺以獻是亦有端午之說

本草綱目五月五日取稷尖和截瘧藥良

閩部疏閩俗端午節九重競渡所過山溪數家之市皆懸舟以待往往毆擊成獄禁稍弛復競其俗成不能止也

端午部外編

道書五月五日爲地臘五帝校定生人官爵血肉盛衰外滋萬類內延年壽記錄長生此日可謝罪求請移易官爵祭祀先祖

天上玉女記魏濟北郡從事掾弦超中夜獨宿夢有神女來從之自稱天上玉女姓成公字知瓊如此三四夕一旦顯然來遊姿顏容體狀若飛仙遂爲夫婦後漏泄其事玉女遂求去去若飛迅超憂感積日殘至委頓去後五年超奉郡使至洛到濟北魚山下遙望曲道頭有一車馬似知瓊馳驅前至果是也悲喜交切同乘至洛遂爲室家克復舊好至太康中猶在但不日日往來每於五月五日輒下經宿而去

廣異記唐賀蘭進明爲狐所婚每到時節狐新婦恆至起居兼持賀遺及問信家人或有見者狀貌甚美至五月五日自進明已下至其僕隷皆有續命家人以爲不祥多焚其物狐悲泣云此並眞物奈何焚之其後所得遂以充用後家人有就求漆背金花鏡者入人家偷鏡挂項絲𧝹行爲主人家擊殺自爾怪絕焉

唐宋州刺史王璿少時儀貌甚美爲牝狐所媚家人或有見者丰姿端麗雖僮幼遇之者必斂容致敬自稱新婦抵對皆有理由是人樂見之每至端午及佳節悉有贈儀相送云新婦上某郎某娘續命衆人笑之然所得甚衆後璿職高狐乃不至蓋其祿重不能爲怪

太平廣記唐廬鈞爲均州刺史常於郡後山齋養性忽一人踰垣而入云王山人也公之貴位極人臣而有沈綿之疾故相救以丹一粒與之後公還京山人復至云二十三年五月五日午時可令一道士於萬山頂上相候此時君節制漢上當有月華相授勿忽期也公後出鎭漢南至期命道士牛知微五月五日午時登萬山之頂山人在焉以金丹十粒令授於公曰當享上壽無忘修煉佇還蓬宮耳

酉陽雜俎焉者五月五日彌勒下生

誠齋雜記姜廉夫祖寺丞一夕方就枕忽聞夜間呵殿聲一女子絕色自稱出上堂拜姜母啓焉曰妾與郎君有嘉約願得一見姜聞欣然而起妻時引避女請曰吾棄人間事不可以我故間汝夫婦之情妻亦相拊接歡如姊妹女事姑甚謹值端午節一夕製綵絲百副盡餉族黨其人物花草字畫點綴歷歷可數自是以仙姑稱之

談藪大溪山在廣州境舊山有一洞其處所入不常識每歲五月五日洞開則見之土人預備墨紙刷帚入其中以手摸石壁覺有罅隙若鐫刻者以墨刷其上紙覆其上印摸而出洞亦隨閉持所印紙視之或呪語或藥方所得皆不同亦有不成字無所得者呪術藥方應用無不效驗蓋南法之所出也

客退紀談用黳豆四十九粒陰陽水浸端午日午時呪之埋室西地下令猫踞其上七日化爲猫睛

欽定古今圖書集成曆象彙編歲功典

第五十三卷目錄

夏至部彙考

書經堯典

禮記月令

左傳伯趙司至

易通卦驗赤氣直離　少陰雲　懸用桑木　鼓用牛皮　樂以簫　伯勞鳴

易稽覽圖景風至

孝經緯斗指午　景風至

樂緯夏至樂

汲冢周書時訓解

漢書天文志

淮南子天文訓

春秋繁露陰陽出入上下篇

後漢書律曆志　禮儀志

風俗通義題游光

素問脈要精微論

五經通義助微氣

晉書天文志

風土記黃梅雨

三禮義宗夏至三義

齊民要術夏至事宜

隋書禮儀志

占氣雜氣　窮日

月令占候圖占夏至

遼史禮志

豹隱紀談夏至諺

農政全書占候

遵生八牋攝偷月占　夏至事宜

直隸志書永平府　肅寧縣　饒陽縣

山東志書福山縣

山西志書臨縣

河南志書夏邑縣

江南志書長洲縣　嘉定縣　無錫縣　金壇縣　高郵州　休寧縣　巢縣　滁州

浙江志書海寧縣　紹興府　蕭山縣　諸暨縣　上虞縣　東陽縣　龍泉縣

湖廣志書長沙府　慈利縣　零陵縣

廣東志書廣州府　從化縣　新安縣　英德縣

雲南志書鶴慶府

夏至部藝文詩

夏至避暑北池　唐韋應物

夏至日作　權德輿

夏至　宋范成大

夏至　金趙秉文

夏至日天子有事於方丘小臣太學齋居作　明皇甫汸

夏至部紀事

夏至部雜錄

夏至部外編

歲功典第五十三卷

夏至部彙考

書經

堯典

日永星火以正仲夏

蔡傳永長也日永晝六十刻也星火東方蒼龍七宿火謂大火夏至昏之中星也正者夏至陽之極午為正陽位也

禮記

月令

仲夏之月　是月也日長至陰陽爭死生分君子齊戒處必掩身毋躁止聲色毋或進薄滋味毋致和節耆欲定心氣百官靜事無刑以定晏陰之所成

陳注至猶極也夏至日長之極陽盡午中而微陰眇重淵矣此陰陽爭辨之際也物之感陽氣而方長者生感陰氣而已成者死此死生分判之際也刑陰事也舉陰事則是助陰抑陽故刑罰之事皆止靜而不行也晏安也陰道靜故云晏陰及其定而至於成則循序而往不為災矣

左傳

伯趙司至

郯子曰少皞摯為鳥師而鳥名伯趙氏司至者也

注伯趙伯勞也疏此鳥以夏至來故以名官使之主夏至

易通卦驗

赤氣直離

離南方也夏至日中赤氣出直離此正氣也氣出右

萬物半死氣出左赤地千里

少陰雲

夏至少陰雲如水波

瑟用桑木

人君夏至日使八能之士鼓黃鍾之瑟瑟用桑木長五尺七寸

鼓用牛皮

夏至鼓用牛皮圓徑五尺七寸

注 牛離類

樂以簫

夏至之樂以簫

注 簫亦管也形似鳳翼鳳火獸也火數七夏時又火用事

伯勞鳴

夏至伯勞鳴伯勞性好單棲其飛猣其聲嗅嗅夏至應陰而鳴冬至而止

易稽覽圖

景風至

夏至日景風至蟬始鳴螳蜋生夏至之後三十日極熱

孝經緯

斗指午

芒種後十五日斗指午爲夏至

景風至

夏至景風至辨大將封有功

樂緯

夏至樂

離主夏至樂用絃

汲冢周書

時訓解

夏至之日鹿角解鹿角不解兵戈不息

漢書

天文志

日有光道夏至至於東井北近極故晷短立八尺之表而晷景長尺五寸八分

月有九行夏至南從赤道

夏至日北極晷短北不極則寒爲害

淮南子

天文訓

日冬至則斗北中繩陰氣極陽氣萌故曰冬至爲德日夏至則斗南中繩陽氣極陰氣萌故曰夏至爲刑陰氣極則北至北極下至黃泉故不可以鑿地穿井萬物閉藏蟄蟲首穴故曰德在室陽氣極則南至南極上至朱天故不可以夷丘上屋萬物蕃息五穀兆長故曰德在野日冬至則水從之日夏至則火從之故五月火正而水漏十一月水正而陰勝陽氣爲火陰氣爲水水勝故夏至濕火勝故冬至燥燥故炭輕濕故炭重日冬至井水盛盆水溢羊脫毛麋角解鵲始巢八尺之修日中而景丈三尺日夏至而流黃澤石精出蟬始鳴半夏生蟁蝱不食駒犢鷙鳥不搏黃口八尺之景修徑尺五寸景修則陰氣勝景短則陽氣勝陰氣勝則爲水陽氣勝則爲旱

芒種加十五日斗指午則陽氣極故曰有四十六日而夏至音比黃鍾

夏日至則陰乘陽是以萬物就而死

夏至日出東北維入西北維

春秋繁露

陰陽出入上下篇

大夏之月相遇南方合而爲一謂之日至別而相去陽適右陰適左適左由下適右由上上暑而下寒以此見天之夏右陽而左陰也上其所右下其所左夏月盡而陰陽俱北還陽北還而入於申陰北還而入於辰此陰陽之所始出地入地之見處也

後漢書

律曆志

天子常以日夏至御前殿合八能之士陳八音聽樂均度晷景候鍾律權土灰放陰陽夏至陰氣應則樂均濁景短極蕤賓通土灰重而衡低進退於先後五日之中八能以候狀聞太史封上效則和否則占

注 易緯曰冬至人主不出宮寢兵從樂五日擊黃鍾之磬公卿大夫列士之意得則陰陽之晷如度數夏至之日如冬至之禮

日道斂北去極彌近其景彌短近短乃極夏乃至焉

禮儀志

仲夏之月萬物方盛日夏至陰氣萌作恐物不楙其禮以朱索連葷菜彌牟蟲鍾以桃印長六寸方三寸五色書文如法以施門戶

日夏至禁舉大火止炭鼓鑄消石冶皆絕止至立秋如故事是日浚井改水

日冬至夏至陰陽晷景長短之極微氣之所生也故使八能之士八人或吹黃鍾之律間竽或撞黃鍾之

鍾或度晷景權水輕重水一升冬重十三兩或擊黃鍾之磬或鼓黃鍾之瑟軫間九尺二十五絃宮處於中左右爲商徵角羽或擊黃鍾之鼓先之三日太史謁之至日夏時四孟冬則四仲其氣至焉先氣至五刻太史令與八能之士郎坐於端門左塾太子具樂器夏赤冬黑列前殿之前西上鍾爲端守宮設席於器南北面東上正德席鼓南西面令晷儀東北三刻中黃門持兵引太史令八能之士入自端門就位二刻侍中尚書御史謁者皆陛一刻乘輿親御臨軒安體靜居以聽之太史令前當軒溜北面跪舉手曰八能之士以備請行事制曰可太史令稽首曰諾起立少退顧令正德曰可行事正德曰諾皆旋復位正德立命八能士曰以次行事閒音以竽八能士曰諾五音各三十爲闋正德曰合五音律先唱五音並作二十五闋皆音以竽訖正德曰八能士各言事八能士各書板言事文曰臣某言今月若干日甲乙日冬至黃鍾之音調君道得孝道褒商臣角民徵事羽物各一板否則名太史令各板書封以皂囊送西陛跪授尚書施當軒北面稽首拜上封事尚書授侍中常侍迎受報聞以小黃門幡麾節度太史令前曰禮畢制曰可太史令前稽首曰諾太史令八能士請大官受賜陛者以次罷日夏至禮亦如之

注　樂叶圖徵曰夫聖人之作樂不可以自娛也所以觀得失之效者也故聖人不取備於一人必從八能之士故撞鍾者當知鍾擊鼓者當知鼓吹管者當知管吹竽者當知竽擊磬者當知磬鼓琴者當知琴故八士曰或調陰陽或調律曆或調五音故撞鍾者以知法度鼓琴者以知四海擊磬者以知民事鍾音調則君道得君道得則黃鍾蕤賓之律應君道不得則鍾音不調鍾音不調則黃鍾蕤賓之律不應鼓音調則臣道得臣道得則太簇之律應管音調則律曆正律曆正則夷則之律應磬音調則民道得民道得則林鍾之律應竽音調則法度得法度得則無射之律應琴音調則四海合歲氣百川一合德鬼神之道行祭祀之道得如此則姑洗之律應五樂皆得則應鍾之律應天地以和氣至則和氣應和氣不至則天地和氣不應鍾音調下臣以法賀主鼓音調主以法賀臣磬音調主以德施於百姓琴音調主以德及四海八能之士常以日冬至成天文日夏至成地理作陰樂以成天文作陽樂以成地理

風俗通義

題游光

夏至著五綵辟兵題曰游光游光厲鬼也知其名者無瘟疾

素問

脈要精微論

夏至四十五日陰氣微上陽氣微下陰陽有時與脈爲期期而相失知脈所分

五經通義

助微氣

夏至陰始動而未達故寢兵鼓不設政事所以助微氣之養也

晉書

天文志

夏至極起而天運近北而斗去人遠日去人近南天氣至故蒸熱也

風土記

黃梅雨

夏至之日雨名曰黃梅雨

注　夏至霖霪至前爲黃梅先時爲迎梅雨及時爲梅雨後時爲送梅雨

三禮義宗

夏至三義

夏至爲節者至有三義一以明陽氣之至極二以明陰氣之始至三以明日行之北至故謂之至

齊民要術

夏至事宜

崔寔曰夏至先後各五日可種牡麻

氾勝之書曰植禾夏至後八十九十日常夜半候之天有霜若白露下以平明時令兩人持長索相對各持一端以槩禾中去霜露日出乃止如此禾稼五穀不傷矣

隋書

禮儀志

周官云夏日至祭地於澤中之方丘

占氣

離氣

夏至之日離卦用事日中時南方有赤雲如馬者離氣至也宜黍離氣不至日月無光五穀不成人病目疾冬中無冰應在十一月內是日風從離來爲順其

年大熟

窮日

夏至前一日夏至後十日十六日爲窮日

月令占候圖

占夏至

朔日至六日夏至五穀熟二十三二十四日夏至五穀不熟二十五日三十日夏至時價平和晦日夏至五穀貴

遼史

禮志

歲時雜儀夏至之日俗謂之朝節婦人進綵扇以粉脂囊相贈遺

豹隱紀談

夏至諺

石湖居士戲用鄉語云土俗以二至後九日爲寒燠之候故諺有夏至未來莫道熱冬至未來莫道寒之語又夏至後一說云一九至二九扇子不離手三九二十七喫茶如蜜汁四九三十六爭向路頭宿五九四十五樹頭秋葉舞六九五十四乘涼不入寺七九六十三夜眠尋被單八九七十二被單添夾被九九八十一家家打炭墼

農政全書

占候

諺云夏至無雲三伏熱　夏至日風色有交時最要緊屢驗　夏至日雨落爲淋時雨其年必豐

遵生八牋

臞仙月占

五月夏至忌東風主病

夏至事宜

夏至後夜半一陰生宜服熱物兼服補腎湯藥

呂公歲時記曰夏至一陰生宜服餌製過硫黃以折陰氣

瑣碎錄曰患嗽臭者夏至日日未出時汲井花水一盞作三嗽吐門閫裏如此三十日口臭永除矣

夏至後宜淘井改水以去瘟病

直隸志書各省風俗同名不載

永平府

夏至日占伏有風大熟占麥謂麥信東南風麥稔西北風熟亦將西南風甚旬中必槁

肅寧縣

夏至風東來人多病風南來名順風大熱風西來秋大雨風北來山水出

饒陽縣

夏至東風主滿天蝗蟲飛南風主蟲災西風主刀兵北風主田禾平收是日得雨豐稔之候諺云夏至在月頭邊戍喫邊愁夏至在月中耽閣糶米翁謂米價平也

山東志書

福山縣

夏至薦麥用青麥炒半熟磨成條名曰碾轉

山西志書

臨縣

夏至日祭河神廟

河南志書

夏邑縣

夏至觀方風以驗旱澇

江南志書

長洲縣

夏至日起時時分三節共十五日三日爲頭時五日爲中時七日爲末時梅雨時雨田所必資也方梅而雨則主旱時盡而雷則主澇諺云高田只怕迎梅雨低田只怕送時雷中時而雷謂之腰窩報亦主多雨名倒黃梅

嘉定縣

夏至用蠶豆小麥炊飯名夏至飯戒坐戶檻云犯之得疰夏疾夏至後爲三時人不澣濯糞田不詈罵咀呪云天帝臨人間是日晴則暑不大酷諺云夏至有雲三伏熱

無錫縣

夏至炊麥豆作糜以食

金壇縣

夏至食李餉餛飩

高郵州

五月夏至前一日雨擱時雨必主旱

休寧縣

夏至宜在中旬諺云夏至在月頭邊戍喫邊愁夏至在月中耽閣糶米翁夏至在月尾禾熟米價起

巢縣

夏至以火日作醯醬麥始新即用麵爲不飥俗呼餃相餽送

滁州

夏至日食小麥豌豆郁李戴野大麥

浙江志書

海寧縣

夏至設奠祀先祖

紹興府

夏至山會農人作競渡會衣小兒衣歌農歌率數十人共一舟以先後相馳逐觀者如堵

蕭山縣

夏至各供茶曰夏至茶

諸暨縣

夏至日新麵裹餛飩蕉羞薦先占風雲南風紅雲主旱北風黑雲主水

上虞縣

夏至各具麵爲祀

東陽縣

夏至凡治田者不論多少必具酒肉祭土穀之神束草立標插諸田間就而祭之爲祭田婆薔麥秋既登稻禾方茂義兼祈報矣

龍泉縣

夏至日屬水主妖出屬金大有暑毒值丙寅丁卯米貴火殃其日南風大熟無比北風山水暴出西南風主六月水橫流人災西風秋多大雨東風八月人病北風米大貴在四十五日內應其日無雲主旱測值六月初一日急備米穀必大荒

湖廣志書

長沙府

夏至鄉民祀土爲社飲

慈利縣

夏至得雨必豐諺云夏至見青天有雨在秋邊

零陵縣

夏至節日食稷取菊爲灰以止小麥蟲

廣東志書

廣州府

夏至屠狗食之云解瘧

從化縣

夏至啖荔果

新安縣

夏至雨云洗倉水米貴

英德縣

夏至磔狗禦蠱毒是月農再播種命曰晚稼

雲南志書

鶴慶府

朝霞山在城西南十里晨霞絢彩其上山畔有小穴圍徑六寸有氣出入如噓吸名風洞土人目眚者以夏至之日羣聚穴口熏之

夏至部藝文 詩

夏至避暑北池　唐韋應物

晝晷已云極宵漏自此長未及施政教所憂變炎涼公門日多暇是月農稍忙高居念田里苦熱安可當亭午息羣物獨遊愛方塘門閉陰寂寂城高樹蒼蒼綠筠尚含粉圓荷始散芳於焉灑煩抱可以對華觴

夏至日作　權德輿

璿樞無停運四序相錯行寄言赫曦景今日一陰生

夏至　朱范成大

李核垂腰祝饐稷絲繫臂扶羸節物競隨鄉俗老翁閒伴兒嬉

夏至　金趙秉文

玉堂睡起苦思茶別院銅輪碾露芽紅日轉階簾影薄一雙蝴蝶上葵花

夏至日天子有事於方丘小臣太學齋居作　明皇甫汸

鳳甸方丘峙龍輿大駕來赤旂承烈日碧殿淨氛埃天上帷城建雲中幔屋開喜瞻周祀典黍竊漢英材暑謝唐文避薰應虞舜偕明禋宜室裏徙倚泮宮隈紺燎光仍焰咸池舞更迴自非齋滯客徒愴失趨陪

夏至部紀事

周禮地官大司徒以土圭之灋測土深日至之景尺有五寸謂之地中 訂義 王東巖曰日月之行分同道也至相過也景晷相過則有可候之理故致日必以冬夏今建國測景只於夏至而不於冬至以冬至景長三尺過於土圭之制未若夏至之日晝漏之半立八尺之表表北尺有五寸正與土圭等則爲地中故於此時植之以表測之以圭

春官大司樂凡樂圜鍾爲宮太簇爲角姑洗爲徵南

呂爲羽靈鼓靈鼗孫竹之管空桑之琴瑟咸池之舞夏日至於澤中之方丘奏之若樂八變則地示皆出可得而禮矣訂義鄭鍔曰樂用林鍾言地爲萬物之君終於南呂象其作成萬物之效鼓鼗言其德之靈管象其生之衆空桑言其道無所不容咸池言其澤無所不徧而丘之體又象地之方祭之日用夏至一陰始生之日以類求類如此安有神之不出乎

家宗人以夏日至致地示物鬽訂義鄭康成曰地物陰也陰氣升而祭地祇物鬽所以順其物也百物之神曰鬽春秋傳曰螭鬽魍魎賈氏曰左傳宣三年服氏注曰螭山神獸形魅怪物魍魎木石之怪文公十八年注螭山神獸形或曰如虎而噉虎或曰魅人面獸身而四足好惑人山林異氣所生爲人害賈服義與鄭異鄭以螭鬽爲一物故云百物之神

秋官柞氏掌攻草木及林麓夏日至令刊陽木而火之訂義鄭鍔曰攻之之法夏至日則刊陽木而令燔燎以火木之生於山南者爲陽木夏日至則陽氣之極又況火之炎陽乎於是時則刊陽木而火之彼將不勝乎陽而死矣刊除也與隨山刊木之刊同陽木堅而難除故以刊言之刊者除草木而空其地或居民或作室未必欲爲耕種之地劉執中曰夏至日陰生也則刊其陽木之陰以去其氣之不足者旣伐然後以火養其所生可以齊諸陽也

薙氏掌殺草夏日至而夷之訂義鄭鍔曰殺草之法其去必有漸春始生之初則薙其萌萌而去之根尚在也未能不生夏日至則陽極而熱於時則薙而夷之夷傷也蓋因盛陽之炎陽以鉤鎌迫地傷之也

漢舊儀漢法三歲一祭地於河東汾陰后土宮以夏至日祭地地神出祭五帝於雍畤

後漢書和帝本紀永元十五年十二月有司奏以爲夏至則微陰起靡草死可以決小事是歲初令郡國以日北至案薄刑

宋書太祖本紀元嘉四年三月壬寅禁斷夏至日五絲命縷之屬富陽令諸葛闡之議也

南史陶弘景傳弘景母郝氏夢兩天人手執香爐來至其所已而有娠以宋孝建三年景申歲夏至日生

何思澄傳思澄父敬叔齊長城令有能名在縣清廉不受禮遺夏節至忽牓門受餉數日中得米二千餘斛他物稱是悉以代貧人輸租

水經注江州縣有官橘官荔枝園夏至則熟二千石常設廚膳命士大夫共會樹下食之

隋書禮儀志後齊制夏至之日禘崐崘皇地祇於其上以武明皇后配

荆楚歲時記夏至節日食糉注周處謂爲角黍人並以新竹爲筒糉楝葉插五綵繫臂謂爲長命縷

是日取菊爲灰以止小麥蠹注按干寶變化論云朽稻爲蛩朽麥爲蛺蝶此其驗乎

隋書禮儀志高祖受命爲方丘於宮城之北夏至之日祭皇地祇於其上以太祖配九州山川皆從祀

唐書禮樂志夏至祭皇地祇以高祖配五方之嶽鎭海瀆原隰丘陵墳衍在內壝之內各居其方而中嶽以下在西南

百官志少府監中尚署令夏至獻雷車

唐會要儀鳳四年五月太史令姚元辯奏於陽城測景臺依古法立八尺表夏至日中測景一尺五寸正與古法同

開元十五年上命宮中育蠶五月丁酉夏至賜貴近絲人一綟

一品集唐學士夏至日頒冰及酒以酒和冰而飲禁中有冰醪酒坊

糚樓記女星傍一小星名始影婦女於夏至夜候而祭之得好顏色

金史宣宗本紀貞祐三年權參知政事德升言舊制夏至後免朝四日一奏事上曰此在平時可也方今多故勿謂朕勞遂云當免但使國事無廢則善矣

夏至部雜錄

禮記雜記孟獻子曰七月日至可以有事於祖注七月周正建午之月也日至夏至也

左傳昭公二十有一年秋七月壬午朔日有食之公問於梓愼曰是何物也禍福何爲對曰二至二分日有食之不爲災日月之行也分同道也至相過也其他月則爲災陽不克也故常爲水

易通卦驗夏至蝦蟇無聲

鹿者獸中陰也貴臣之象應陰解角夏至太陽始屈

陰氣始升陰陽相向君臣之象也失節不解臣不承君責臣作姦

春秋考異郵夏至井水躍

孝經緯日周天有七衡夏至日在內衡

內經陽明所謂洒洒振寒者陽明者午也五月盛陽之陰也注陽盛以明故云午也夏至一陰氣上陽氣降下故云盛陽之陰也

本草經夏至之日豕首茱萸先生

管子菁茅謀篇日至百日黍秫之始也

輕重己篇以春日至始數九十二日謂之夏至而麥熟

子華子陽城冑渠問篇陰氣爲水水勝故夏至之日濕

范子夏至三光盛

呂氏春秋任地篇日至苦菜死而資生樹麻與菽

史記天官書辰星仲夏夏至夕出郊東井輿鬼柳東七舍爲楚

漢書魏相傳日夏至則八風之序立萬物之性成各有常職不得相干

漢官儀夏至賜百官梟羹欲絕其類也夏至微陰始起育萬物梟害其母故以此日殺之

淮南子天文訓辰星正四時常以五月夏至效東井輿鬼

春秋繁露循天之道篇陰陽之會夏合南方而物動於上在日至之後爲熱則焦沙爛石

神異經北方荒中有石湖方千里岸深五丈餘恆冰惟夏至左右五六日乃解

後漢書魯恭傳恭疏曰按易五月姤用事經曰后以施令誥四方言君以夏至之日施命令止四方行者所以助微陰也行者尚止之況於逮名考掠奪其時哉

白虎通誅伐篇夏至陰始起反大熱何陰氣始起陽氣推而上故大熱

獨斷夏至陰氣起君道衰故不賀

月令章句自井十度至柳三度謂之鶉首之次夏至居之秦之分野

抱朴子雜應篇或問魏武帝曾收左元放而桎梏之而得自然解脫以何法乎抱朴子曰吾不能正知左君所施用之事然歷覽諸方書有以夏至日霹靂楔塗之自解然左君之變化無方未必由此也自用六甲變化其眞形不可得執也

神丹篇若取九轉之丹內神鼎中夏至之後爆之鼎熱翕然煇煌俱起神光五色即化爲還丹取而服之一刀圭即白日昇天

竺法眞羅浮山疏荔枝以春青夏至日始赤六七日便可食

三禮義宗日夏至禁舉大火鼓鑄銷冶皆止

唐書曆志日在虛一則鳥火昴虛皆以仲月昏中合於堯典劉炫依大明曆四十五年差一度則冬至在虛危而夏至火已過中矣

千金要方夏至日取松脂日食一升無食他物飲水自恣令人不饑長服可以終身

酉陽雜俎猫目睛旦暮圓及午豎斂如綖其鼻端常冷唯夏至一日暖

周易集解相見乎離崔憬曰夏至則離王而萬物皆相見也

歲時雜記夏至日採映日果即無花果也治咽喉

吳郡志夏至復作角黍以祭以束糉之草繫於足而祝之名健糉云令人健壯

夏至以李核爲囊帶之云療噎

玉海宋郎中崔遵度著琴之音配節候爲秋分之音愚謂天地自然之節豈止秋分此夏至之音也

野客叢談元城先生夏至日與門人論陰陽消長之理以謂物禁太盛者衰之始也門人因曰漢宣帝甘露三年呼韓邪單于稽侯獼來朝此漢極盛時也是年王政君得幸於皇太子生帝驁於甲觀畫室爲世適皇孫此新室代漢之兆此正夏至生一陰之時先生曰然漢再受命已兆朕於景帝生長沙定王發之際矣

蕪史夏至戴長命菜即馬齒莧也

諷言長語水歸東海化爲氣鶴食從頂咽下云一百六十年一胎生牛不耳聽聽以角夏至日猫鼻暖餘日皆冷予以此言於人過夏至日驗之猫鼻仍冷不信予曰未至夏至時刻忽至此時乃暖以此物要格

田家五行夏至在月初主雨水諺云夏至端午前坐了種田年夏至在月中耽閣糶米翁夏至值甲寅丁卯粟貴朔日值夏至冬米大貴

田家雜占夏至前後得黃鯔魚甚散子時雨必止雖散不甚水終未定

夏至部外編

梁陶弘景冥通記夏至日未中少許在所住戶南牀眠始覺仍令善生下簾又眠未熟忽見一人長可七尺朱衣赤幘謂子良曰我是此山府丞嘉卿無愆故來相造子良乃起整衫未答仍問曰今日吉日日巳欲中卿齋不合依常朝中食耳未曉齋法又曰中食亦是但夏月眠不益人莫恆貪眠

欽定古今圖書集成曆象彙編歲功典

第五十四卷目錄

季夏部彙考

易經 天山遯卦
詩經 豳風七月章 小雅四月章
禮記 月令
爾雅 月陽
易通卦驗 小暑雲 大暑雲
孝經鉤命決 時效
素問 診要經終論篇 藏氣法時論篇
汲冢周書 時訓解
陶朱公書 朔日占 西北風占
呂氏春秋 季夏紀音律篇
史記 律書
漢書 律歷志
淮南子 天文訓 時則訓 五位 六合
春秋繁露 五行逆順篇
大戴禮記 夏小正
後漢書 禮儀志 祭祀志
說文 未月
晉書 樂志
齊民要術 六月事宜
遼史 禮志
宋史 樂志
農政全書 季夏事宜 農事占候
遵生八牋 臞仙月占 六月事宜 六月事忌 六月修養法 修養脾臟法 脾臟四季食忌 六月行導引法

賞心樂事 六月
本草綱目 藥方
酌中志略 宮中六月
直隸志書 宛平縣 香河縣 昌平州 房山縣 永平府 雄縣 祁州 深澤縣 涞水縣 河間府 慶雲縣 真定縣 晉州 饒陽縣 邢臺縣 鉅鹿縣 內丘縣
山東志書 陽信縣 諸城縣 福山縣
山西志書 臨汾縣 夏縣 隰州 潞安府 長子縣 介休縣 臨縣 靈丘縣
河南志書 陳留縣 儀封縣 陳州 襄城縣 唐縣 羅山縣 郟縣 寶豐縣
陝西志書 咸寧縣 富平縣 岐山縣 平涼府
江南志書 句容縣 吳縣 長洲縣 常熟縣 嘉定縣 崇明縣 松江府 金壇縣 高郵州 通州 潛山縣 太湖縣 宿松縣 休寧縣 銅陵縣 懷遠縣 虹縣
浙江志書 杭州府 富陽縣 海鹽縣 台州府 東陽縣 嚴州府 龍泉縣
江西志書 武寧縣 寧州 德興縣 都昌縣 德化縣 萬安縣 袁州府
湖廣志書 崇陽縣 大冶縣 雲夢縣 蘄水縣 廣濟縣 石首縣 長沙府 瀏陽縣 邵陽縣 新寧縣 衡州府 永州府 寧遠縣 新田縣 永定衛
福建志書 惠安縣 建寧府 建陽縣 歸化縣 建寧縣 詔安縣
四川志書 涪州 峨眉縣
廣東志書 增城縣 曲江縣 乳源縣 英德縣 南雄府 始興縣 長樂縣 石城縣 澄邁縣 定安縣
廣西志書 上林縣 隆安縣
雲南志書 雲南府 呈貢縣 雲龍州 建水州 阿迷州 蒙自縣 楚雄府 鶴慶府

歲功典第五十四卷

季夏部彙考

易經

天山遯卦

䷠

（本義）遯退避也二陰浸長陽當退避故爲遯六月之卦也

詩經

豳風七月章

六月莎雞振羽

（大全）陸氏曰莎雞如蝗斑色毛翅數重其翅正赤六月中飛而振羽索索作聲

六月食鬱及薁

（朱注）鬱棣屬薁蘡薁也

小雅四月章

六月徂暑

（朱注）徂往也六月以夏正數之建未之月也

禮記

月令

季夏之月日在柳昏火中旦奎中其日丙丁其帝炎帝其神祝融其蟲羽其音徵律中林鐘其數七其味苦其臭焦其祀竈祭先肺

（陳注）柳宿在午鶉火之次林鐘未律長六寸

溫風始至蟋蟀居壁鷹乃學習腐草爲螢

（陳注）此記未月之候

天子居明堂右个乘朱路駕赤騮載赤旂衣朱衣服赤玉食菽與雞其器高以粗命漁師伐蛟取鼉登龜

取萑命澤人納材葦

陳注 明堂右个南堂西偏也蒲葦生澤中可爲用器故曰材

是月也命四監大合百縣之秩芻以養犧牲令民無不咸出其力以共皇天上帝名山大川四方之神以祠宗廟社稷之靈以爲民祈福

陳注 四監卽周官山虞澤虞林衡川衡之官前言百縣彙內外而言此百縣鄉遂之地也秩常也用有常數故云秩芻

是月也命婦官染采黼黻文章必以法故無或差貸黑黃倉赤莫不質良毋敢詐僞以給郊廟祭祀之服以爲旗章以別貴賤等給之度

大全 方氏曰凡此順文明之時故染文明之色爾

是月也樹木方盛命虞人入山行木毋有斬伐

陳注 以其方盛故也

不可以興土功不可以合諸侯不可以起兵動衆毋舉大事以搖養氣毋發令而待以妨神農之事也水潦盛昌神農將持功舉大事則有天殃

陳注 大事卽興土功合諸侯起兵動衆之事搖養氣謂動散長養之氣也發令而待謂未及徭役之期而豫發名役之令使民廢己事而待上之命期也神農季夏土神得位用事之時謂之神農者土神主成就農事也神農將主持稼穡之功舉大事而傷其功則是干造化施生之道

是月也土潤溽暑大雨時行燒薙行水利以殺草如以熱湯可以糞田疇可以美土疆

陳注 溽濕也土之氣潤故蒸鬱而爲濕暑大雨亦以之而時行除草之法先芟薙之俟乾則燒之燒薙者燒所薙之草也大雨既行於所燒之地則草不復生矣故云利以殺草時暑日烈其水之熱如湯草之燒爛者可以爲田疇之糞可以使土疆之美凡土之磊磈難耕者謂之疆

季夏行春令則穀實鮮落國多風欬民乃遷徙行秋令則丘隰水潦禾稼不熟乃多女災行冬令則風寒不時鷹隼蚤鷙四鄙入保

陳注 鮮落鮮潔而墮落風欬因風而致欬疾也

中央土其日戊己其帝黃帝其神后土

陳注 土寄旺四時各十八日共七十二日除此則木火金水亦各七十二日矣土於四時無乎不在故無定位無專氣而寄旺於辰戌丑未之末未月在火金之間又居一歲之中故特揭中央土一令於此以成五行之序黃帝黃精之君軒轅氏后土土官之臣顓頊之子黎也句龍初爲后土後祀以爲社后土官闕黎雖火官實兼后土也

其蟲倮其音宮律中黃鍾之宮其數五其味甘其臭香其祀中霤祭先心

陳注 人爲倮蟲之長鄭氏以爲虎豹之屬宮音屬土又爲君故配之中央黃鍾本十一月律諸律皆有宮音而黃鍾之宮乃八十四調之首其聲最尊而大餘音皆自此起如土爲木火金水之根本故以配中央之土土寄旺於四時宮音亦冠於十二律非如十二月以候氣言也天五生土地十成之四時皆舉成數此獨舉生數者四時之物無土不成而土之成數又積水一火二木三金四以成十也四者成則土無不成矣甘香皆屬土古者陶復陶穴皆開其上以漏光明故雨霤之後因名室中爲中霤亦土神也祭先心者心居中君之象又火生土也

天子居太廟太室

陳注 中央之室也

乘大路駕黃駵載黃旂衣黃衣服黃玉食稷與牛其器圜以閎

陳注 圜者象土之周匝四時閎者寬廣之義象土之容物也

爾雅

月陽

六月爲且

易通卦驗

小暑雲

小暑雲五色出

大暑雲

大暑陰雲出南赤北蒼

孝經鉤命決

時政

季夏政不失地無菑

素問

診要經終論篇

五月六月天氣盛地氣高人氣在頭

注 生長之氣從地而升故肝而脾脾而直上於巔頂歲六甲而以五月六月在頭者止論五藏也故曰奇恆五中又曰章五中之精按奇恆之道論五

藏之神氣五藏者三陰之所主也人氣在頭者厥陰與督脈會於巔與五藏合而爲三陰也三陰之氣乃少陽相火所主相火卽厥陰包絡之火也

藏氣法時論篇

脾主長夏足太陰陽明主治其日戊己脾苦濕急食苦以燥之

註長夏六月也謂火土相生之時足太陰主己土陽明主戊土二經相爲表裏而主治其經氣戊爲陽土己爲陰土位居中央脾屬陰土喜燥惡濕苦乃火味故宜食苦以燥之

汲冢周書

時訓解

小暑之日温風至又五日蟋蟀居壁又五日鷹乃學習温風不至國無寬教蟋蟀不居壁急迫之暴鷹不學習不備戎盜大暑之日腐草化爲螢又五日土潤溽暑又五日大雨時行腐草不化爲螢穀實鮮落土潤不溽暑物不應罰大雨不時行國無恩澤

陶朱公書

朔日占

朔日值大暑人多疾遇甲歲多饑風雨主米貴西北風主七八月內水橫流

西北風占

六月初八西北風驚動海中龍

呂氏春秋

季夏紀音律篇

林鍾之月草木盛滿陰將始刑無發大事以將陽氣

註林鍾六月刑殺也夏至後四十六日立秋故曰陰氣將始殺也發起將猶養也

史記

律書

凉風居西南維主地地者沈奪萬物氣也六月也律中林鍾林鍾者言萬物就死氣林林然其於十二子爲未未者言萬物皆成有滋味也

漢書

律歷志

林鍾林君也言陰氣受任助蕤賓君主種物使長大楙盛也位於未在六月

註師古曰種物種生之物楙古茂字

淮南子

天文訓

夏至加十五日斗指丁則小暑音比大呂加十五日指未則大暑音比太簇

林鍾之數五十四主六月上生太簇

太陰在酉歲名曰作鄂歲星舍柳七星張以六月與之晨出東方須女虛危爲對

時則訓

季夏之月招搖指未昏心中旦奎中其位中央其日戊己盛德在土其蟲蠃其音宮律中百鍾其數五其味甘其臭香其祀中霤祭先心凉風始至蟋蟀居奧鷹乃學習腐草化爲蚈天子衣苑黃乘黃騮服黃玉建黃旗食稷與牛服八風水爨柘燧火中宮御女黃色衣黃采其兵劍其畜牛朝於中宮乃命漁人伐蛟取鼉登龜取黿令滂人入材葦命四監大夫令百縣之秩芻以養犧牲以供皇天上帝名山大川四方之神宗廟社稷爲民祈福行惠令弔死問疾存視長老行稃鬻厚席蓐以送萬物歸也命婦官染采黼黻文章青黃白黑莫不質良以給宗廟之服必宜以明是月也樹木方盛勿敢斬伐不可以合諸侯起土功動衆興兵必有天殃土潤溽暑大雨時行利以殺草糞田疇以肥土疆季夏行春令則穀實解落多風欬民乃遷徙行秋令則丘隰水潦稼穡不熟乃多女災行冬令則風寒不時鷹隼蚤摯四鄙入保六月官少內其樹梓

五位

中央之極自崐崘東絶兩恆山日月之所道江漢之所出衆民之野五穀之宜龍門河濟相貫以息壤堙洪水之州東至於碣石黃帝后土之所司者萬二千里其令曰平而不阿明而不苛包裹覆露無不囊懷溥氾無私正靜以和行稃鬻養老衰弔死問疾以送萬物之歸

六合

季夏與季冬爲合季夏德畢季冬刑畢故六月失政十二月草木不脫

春秋繁露

五行逆順篇

土者夏中成熟百種君之官循宮室之制謹夫婦之别加親戚之恩恩及土則五穀成而嘉禾興恩及倮蟲則百姓親附城郭充實賢聖皆遷仙人降如人君好婬佚妻妾過度犯親戚侮父兄欺罔百姓大爲臺榭五色成光雕文刻鏤則民病心腹宛黃舌爛痛咎及於土則五穀不成暴虐妄誅咎及倮蟲倮蟲不爲

百姓叛去賢聖放亡

大戴禮記

夏小正

六月初昏斗柄正在上五月大火中六月斗柄正在上用此見斗柄之不在當心也蓋當依依尾也煑桃桃也者杝桃也杝桃也者山桃也煑以為豆實也鷹始摯始摯而言之何也諱殺之辭也故摯云

後漢書

禮儀志

季夏衣黃郊其禮祠特祭竈

先立秋十八日郊黃帝是日夜漏未盡五刻京都百官皆衣黃

祭祀志

先立秋十八日迎黃靈於中兆祭黃帝后土車旗服飾皆黃歌朱明八佾舞雲翹育命之舞

注 月令章句曰中兆去邑五里因土數也　魏氏繆襲議曰漢有雲翹育命之舞不知所出舊以祀天今可兼以雲翹祀圓丘兼以育命祀方澤

說文

未月

未味也六月滋味也五行木老於未象木重枝葉也

晉書

樂志

六月之辰謂之未未者味也言時萬物向成有滋味也

六月之管名為林鐘林者林茂也謂時物茂盛於野也

齊民要術

六月事宜

六月命女工織縑練絹及紗縠之屬可燒灰染青紺雜色

遼史

禮志

歲時雜儀六月十有八日國俗耶律氏設宴以延國舅族蕭氏亦謂之㤖里尌

宋史

樂志

季夏之月御明堂右个樂以林鐘為宮南呂為商應鍾為角大呂為閏徵太簇為徵姑洗為羽蕤賓為閏宮調宜尚宮以致其和

農政全書

季夏事宜

季夏之月斫竹不蛀

扦插　楊柳

栽種　小蒜　冬葱　油麻宜上旬日　白莖秋葵　葵菜　林檎　蘿蔔　菉豆　葫蘿蔔　晚瓜　蔓菁

收藏　米麥醋　三黃醋　豆豉　醬瓜　瓜乾

製麻　紫草　綿絲　楮實　白朮　雨衣　麻皮　麴宜伏中　七寶瓜　酒藥　鮝魚　槐花

二麥　椒

雜事　洗甘蔗　鋤竹園地　染木藍　斫柴　培灌橙橘　做冰梅　打炭墼　打糞墼　耘稻　耕麥地　鋤芋

是月飯不餿法用生莧菜薄鋪在上蓋之過夜則不致餿壞

農事占候

六月初一一劑雨夜夜風潮到立秋　六月蓋夾被田裏不生米　六月西風吹遍草八月無風秕子稻　處暑雨不通白露枉相逢　三伏中大熱冬必多雨雪　蝍蟟蟬叫稻生芒　六月有水謂之賊水言不當有也　小暑日晴雨亦要看交時最緊　六月初三日略得雨主秋旱收乾稻蘇秀人云此日略得雨則西山及南海不斫番竿　初三日雨難槁稻諺云六月初三晴山篠盡枯零六月初三一陣雨夜夜風潮到立秋　小暑日雨名黃梅顛倒轉主水東南風及成塊白雲起至半月舶棹風主水退兼旱無南風則無舶棹風水卒不能退諺云舶棹風雲起旱魃精空歡喜仰面看青天頭巾落在麻坼裏東坡詩云三時已斷黃梅雨萬里初來舶棹風正此日也　諺云六月不熱五穀不結老農云三伏中槁稻天氣又當下壅時最要晴晴則熱故也又云六月蓋夾被田裏無張屁言凉冷則雨多雨多則水大沒田無疑矣又云伏裏西北風臘裏船不通主冬冰堅秋稻秕又云六月無蠅新舊相登米價平　夏秋之交槁稍還水後喜雨諺云夏末秋初一劑雨賽過唐朝一國珠言及時雨絕勝無價寶也　諺云秋前生蟲損一莖發一莖秋後生蟲損了一莖無了一莖螟螣蟊賊是也

遵生八牋

臞僊月占

六月行秋令主多女災

六月事宜

孝經緯曰夏至後十五日斗指午爲小暑後十五日斗指未爲大暑小大者就極熱之中分爲大小初後爲小望後爲大也律林鍾林者衆也萬物成熟種類衆多

元樞曰是月天道東行作事出行俱宜向東吉

其月遇土王戊日祭中霤之神

是月宜飲烏梅醬木瓜醬梅醬豆蔻湯以祛渴

養生雜纂曰老人氣弱當夏之時納陰在內以陰弱之腹當肥冷之物則多成泄瀉一傷眞氣卒難補復不宜燥熱補藥惟用平補溫和之劑如八味丸之類以助元氣

雲笈七籤曰六月六日沐浴齋戒絕其營俗

又曰是月二十七日取枸杞煎湯沐浴至老不病

關西舊俗志曰六月六日取水收起淨甕盛之一年不臭用以作醋醬醃物一年不壞

眞誥曰十九日廿四日拔白永不生又云初三初四十八廿八日拔白亦可

四時纂要曰是月初一日初七初八二十一日沐浴去疾禳災

山居四要曰養魚池中是月宜納二神守以護魚（神守即今之鼈魚也）

又曰治水瀉百病用烏蘭子六月六日同麵炒黃等分爲末米飲調服二錢

瑣碎錄曰宜食苦蕒可益心氣

家塾事親曰西瓜性溫熟者可食解暑名白虎湯

千金月令云是月可食烏梅醬止渴方用烏梅搗爛加蜜適中調湯微煎飲之水瀉渴者以梅加砂糖薑米飲之不渴

便民圖纂曰六月六日用井花水以白鹽淘於水中作滷新鍋仍煎作白鹽以此鹽擦牙畢以水吐手心內洗眼雖老猶能燈下讀書

救民易方曰六月六日採稀薟草即白花菜是也去根花井子淨用莖葉入甑九蒸九曬層層灑酒與蜜水蒸完極香爲末蜜丸皂角子大每服五七丸米湯下服至百日去周身癱瘓風疾口眼歪斜涎痰壅塞久臥不起又能明目白髮變黑筋力強健效不可言

濟世仁術曰六月極熱可用扇急扇手心則五體俱凉

靈寶經曰六月六日宜修淸暑齋

六月事忌

月令曰六月選用日時不宜用未犯月建百事不利

初一日忌經營初十二十日忌交易裁衣

僊誌戒曰六月六日忌取土開掘

雲笈七籤曰六月二十四日忌遠行水陸俱不可往

又曰六月勿食羊肉傷人神魂少志健忘勿食生葵必成水癖且爲犬嚙終身不瘥

四時纂要曰是月勿飲山澗澤水令人患瘕

千金方曰勿食韭令人目昏勿食羊肉傷人神氣勿食野鴨鶩鳥勿食鴈勿食茱萸勿食脾乃是季月土旺在脾故也俱宜戒之

瑣碎錄曰暑月不可露臥勿沐浴當風愼賊邪之氣侵人

又曰暑甕壇大日曬熱不可即取盛裝飲食恐收暑氣

又曰其月無冰不可以凉水陰冷作冰飲水熱生涎者勿飲能殺人

元樞經曰是月勿斬伐草木勿動土勿舉大事以搖養氣

養生仁術曰勿專用冷水浸手足防引起狂邪之風犯之令人瘋病體重氣短四肢無力

食治通說夏月不宜飲冷何能全斷但勿宜過食冷水與生硬果油膩甜食恐不消化亦不宜多飲湯水人能自愼省食煎炒鹽臘炙煿之物自然津液常滿何必戒飲

便民纂曰途中一時中暑身死者勿可用冷水灌沃急就道上取熱土塡於死者臍上成堆片刻發開作一孔令人撒尿澆入臍孔次用生薑大蒜搗爛熱湯送下即活

楊公忌日初三日不宜問疾

六月修養法

季夏之月發生重濁主養四時萬物生榮增鹹減甘以資腎臟是月腎臟氣微脾臟獨旺宜減肥濃之物益固筋骨卦值遯遯者避也二陰浸長陽當避也君子莊矜自守生氣在巳坐臥宜向南方

孫眞人曰是月肝氣微弱脾旺宜節約飲食遠聲色此時陰氣內伏暑毒外蒸縱意當風任性食冷故人多暴泄之患切須飲溫暖不令太飽時飲粟米溫湯豆蔻熟水最好

內丹祕訣曰建未之月二陰之卦是陰氣漸長喻身中陰符離去午位收斂而下降也

修養脾臟法

當以夏季之月朔旦并三季後十八日正坐中宮禁氣五息鳴天鼓二十四通㗋坤宮黃氣入口十二吞之以補呼之損也

注 鳴天鼓者以兩手抱腦後用中食二指起復五換各二十四下

脾臟四季食忌

六月勿食吳茱萸令人患赤白痢四季勿食脾肝羊血脾病宜食米棗葵禁酸味

六月行導引法

可大伸一脚以兩手向前反掣三五度又跪坐以兩手據地回視用力作虎視各三五度能去脾家積聚風邪毒氣又能消食

賞心樂事

六月

現樂堂南白酒　樓下避暑　蒼寒堂後碧蓮　碧宇竹林避暑　芙蓉池賞荷花　約齋夏菊　清夏堂新荔枝　霞川食桃

本草綱目

藥方

六月六日采馬齒莧曬乾元旦煮熟同鹽醋食之可解疫癘氣方 經驗

六月六日取黃瓜入磁瓶中水浸之每以水掃杖瘡焮腫者有效

凡小兒每年六月六日照年歲吞皂莢子可免瘡癤之患大人亦可吞七枚或二十一枚

酌中志略

宮中六月

六月初六日皇史宬古今通集庫鑾駕庫曬晾

直隸志書 各省風俗同者不載

宛平縣

六月六日曬鑾駕民間衣服悉曬之是月海淀蓮甚盛就蓮而飲者採蓮而市於城者絡繹交錯焉

香河縣

六月六日舊時農家以土穀神掛於地頭名曰掛地頭儲水造麵醃瓜家家曬衣

昌平州

季夏月六日汲水作醬所謂伏醬士曝書農曝麥女曝衣

房山縣

六月六日各家蓄水久之不壞以此水和麵作麯造酒極美

永平府

季夏月六日熱五穀收冷多雨以水煎鹽擦牙洗目大暑忌朔小暑忌雨初旬有三日祭龍玉廟至望祭風王廟

雄縣

六月六日南浦菱芡既登荷花亦盛民拉朋攜妓書船簫鼓竟日忘返搢紳或亦掉舟觴咏泊柳堤聽漁唱陶然自適迤邐仲秋後已

祁州

六月如遇天旱婦人洗箕於河求雨澤

深澤縣

六月十三日祭龍每用紙作小旗插田邊謂田祖至謂之迎豐

淶水縣

六月種黍蕎

河間府

季夏六日熱收五穀冷必多雨無不立應

慶雲縣

六月六日農家挂紙錢田間占候此日雨殺蟲

眞定縣

六月六日以壺漿奠先墓

晉州

六月六日造麯

饒陽縣

六月甲申雨主米貴小暑東風主霜早收成南風主人民有損西風主刀兵北風主來年收麥大暑東風主天下刀兵南風主天下紅西風主天下紅北風主百姓刀臨刑

邢臺縣

六月六日上墳薦新麥

鉅鹿縣

六月六日地挂紙錢祈穀

內丘縣

六月二十四日燃香於二郎廟

山東志書

陽信縣

小暑六月節農事殷大暑六月中蒔蕎種蘿蔔

諸城縣

六月十三日俗謂小龍王生日每落雨

福山縣

六月六日蔫瓜懸鳳眼草於竈辟蠅

山西志書

臨汾縣

六月六日祀無佚侯

夏縣

六月初一日祀五龍神初六日祀城隍土地神

隰州

六月六日三皇廟祭神農

潞安府

六月六日牧養之家祀享於羊馬牧中

長子縣

六月六日鄉民爭獻牲於三嵕之廟是日殺豕者以數十百計有牛羊者又各享於畜牧之神

介休縣

六月二十四日闔學東郊外供關夫子

臨縣

六月初六日女人採鳳仙花染指甲十八日祭黑龍廟

靈丘縣

六月初三日爲南岳府君聖誕士民祭祀惟謹四方商賈皆至邑之人終歲日用所需以及男女婚嫁釵裙衣帕之飾皆於此日置辦市易三日歲以爲常

河南志書

陳留縣

六月初六日炒麵奠先以報成始

儀封縣

六月六日侵早取黃河水荷葉露踏麴

陳州

六月六日取麥麵炒拌鹽糖食之曰除腹痛及痢

襄城縣

六月六日亦有上墳澆湯者

唐縣

六月六日鄉村有土地之祭

羅山縣

六月六日簪榴賞蓮

郟縣

六月六日持乾餅詣拜先塋爲獻時食

寶豐縣

六月六日以粥湯遍澆先墳謂之獻湯

陝西志書

咸寧縣

六月六日以麵湯新果祀祖先更以麵蒸果形薦之

富平縣

六月六日各拜墳墓取五更時水作麴曰壓麴

岐山縣

六月六日母家授新嫁女以單衣謂之辟凉

平凉府

六月六日以酒漿祭墓是月菊花開大雷雨杏實瓜瓠茄芋麥豌豆胡豆大登閒以耘農大急麥豆既登倉惰農露積雨生芽乃饑卉之秋實者盡華宦雜川播菽或覆治來麥豆地爲秋播來麥之基種蘿蔔桑椹宇樹至秋高三尺民惰且畏輸稅莫之蓄

江南志書

句容縣

六月六日啖鱔羹

吳縣

六月十九日爲觀音成道進香支硎

長洲縣

六月初不宜雨諺云初一落雨井泉枯初二落雨井泉浮初三落雨連太湖小暑日若東南風及成片白雲起則有舶棹風主退水兼主旱蘇東坡詩三時已斷黃梅雨萬里初來舶棹風二十四日遊荷花蕩

常熟縣

六月二十四日賞荷西則湖田東則戈莊華匯遊舫頗多

嘉定縣

六月六日膾肉裹麵作匾食食之俗呼餛飩是日洗頭髮滌梳具初八忌西北風諺云六月初八西北風驚動海中龍七月水弗大八月定登曾

崇明縣

六月六日食油攤用麪爲餅中投各穀念四日爲雷公誕辰各執紙旗燈燭詣廟禮拜

松江府

小暑日雷主雨水多諺云小暑一聲雷翻轉作黃梅

金壇縣

六月六日作醋謂之六月紅

高郵州

六月初三日雨主風潮多

通州

蓮誕日避暑觀蓮

灊山縣

六月六日男女多蓄髮

太湖縣

六月六日俗亦以爲節名集賓客燕飲或以雞子暴日中曬熟則謂之吉以占時之正也

宿松縣

六月六日祀田祖標楮於田俗云青苗福是日爲漢令張何丹忌辰修廟祀祈雨

休寧縣

六月朔不宜値節小暑大水大暑人殃三旬俱不宜壬子諺云六月壬子過大水浸黃禾占風南風主多旱乾風動壞稼是月振豆種粟早禾登下蕎麥

銅陵縣

六月初十日祝靈祐王誕有司詣銅官山廟祝祭各鄉建廟者迎王及諸神賽會

懷遠縣

季夏之月六日曬衣曝書以是日之陰晴占秋成之旱澇

虹縣

六月六日飲伏酒

浙江志書

杭州府

六月六日朱眞宗以天書再降遂爲天貺節是日多曬經史字畫衣服裘褐之類洗六畜街市施茶至七月止是月以後人多出城納凉北自斷橋以至西泠南到學士港以至邵王墳荷花盛開輕盈出水時取荷葉注酒竅其心曲其柄屈莖輪囷如象鼻然噏而飲之放舟蒲深柳密處披襟釣水月上始還

富陽縣

六月二十四日夕祀竈用飴糖米團并祀土神

海鹽縣

六月十九日福業寺作觀音大士會禱賽者每三步一拜至像前獻供

台州府

六月六日老者食雞粥謂時極陰以補陽云

東陽縣

六月六日士女勤者取書籍衣服暴之庭六月六開書簽六月六檢箱服皆諺語之可聽者也農家於是日祀穀神謂之六六福蓋亦祈穀報賽之意

嚴州府

六月之朔家家以牲醴祈禳亦有連里共舉者謂之保平安

龍泉縣

六月初一日有風雨米貴人憂其日値夏至急備米穀必大荒値大暑人多殃其日小暑山崩河不流尸內虹見麻貴豆平月內月蝕旱火災晦日有風米貴菜賤是月辰日雨百蟲生未日雨百蟲死甲子庚辰辛巳日雨蝗蟲死有雷亦同是月行春令穀實鮮落人多風欬行秋令水潦婦女災

江西志書

武寧縣

俗傳夏盡有乾風起則損稼日出而雨則生蟲

寧州

俗呼六月爲茄花寒

德興縣

六月六日童女沐髮始收早稻種豆麥木棉苧麻諸蔬

都昌縣

六月十八日俗有陶神過街之例各鄉神像畢集以導各居民俱以香燭迎之

德化縣

六月六日邑民設會爲城隍慶生

萬安縣

六月六日各庵曬經大會

袁州府

仰山在城南八十里周迴數百里高聳萬仞上有雪谷潭水極冷雖盛夏不可濯龍所處也絕頂爲集雲峯夏時雲氣覆頂則雨立至

湖廣志書

崇陽縣

六月六日謂天貺節農家酒食禳田祭鄱官土地之神

大冶縣

六月六日城隍生日蓋緣古者始築城之期民聚神祠賽會上壽

雲夢縣

六月小暑日雨曰倒梅土人以此驗山漲之大小初六日病有宜鍼灸者治之效

蘄水縣

六月六日俗以爲半年福頗重之

廣濟縣

六月初二日祀龔龍君刻市

石首縣

六月六日爲清暑之節農家觀此日陰晴以占牛草之貴賤二十六日俗謂穀王生日爭觀風之南北以占歲之豐歉是月採新穀宰子雞名曰嘗新先以雞黍報賽田神

長沙府

黃陵廟在湘陰縣北漢荆州牧劉表建以祀舜二妃之神每歲六月六日致祭是日城市各設醮禳熒至晚合醵盡歡或演戲爲樂

瀏陽縣

六月六日鍼灸取諸藥

邵陽縣

六月六日雨禾苗多生蟲

新寧縣

六月六日鄉人買牲迎田祖謂之六日節

衡州府

六月早稻熟多有食新者試新之日忌招客殽用魚不用雞以魚音近餘雞音近饑也

永州府

六月六日謂之半年節以酒殽祀家廟

寧遠縣

六月十二日無北風則不害稼

新田縣

六月炎氣如太盛不惟有害田疇且山嵐瘴氣人民多疾宜避暑是月早稻熟家家試新禁宰雞鴨恐犯耗神

永定衛

六月六日祀社以祈穀祀廟神以禳疫

福建志書

惠安縣

六月十二日常有北風農人最忌之是日無風則不害稼極準

建寧府

小暑與小寒相應晴則俱晴雨則俱雨大暑宜雨主晚禾熟

建陽縣

六月初六晴人家作醋及製各物不蛀初一日起至十九日止男女各赴如是庵焚香自此會起而各鄉之會相接沿集至十一月廣賢墟會止販物諸夫始散

歸化縣

六月初五迎惠利夫人袍帶初九迎夫人之東郊初十仍迎東郊易馬而回俱遊遍街衢乃還廟十一日爲夫人誕辰縣官躬詣致祭

建寧縣

六月六日曬水至溫浴小兒謂不生瘡

詔安縣

海上颶信六月十二日爲彭祖颶十八日爲彭祖婆颶二十四日爲洗炊籠颶自十二日起至二十四日止皆係大颶旬

四川志書

涪州

六月農人耨秧去稗鋤草以養佳禾二十四日涪人祭川主之神其神名李冰乃昔時蜀郡太守也興民利以惠民逝而爲神蜀人建祠祀之迄今村落中皆有石廟二十四日乃誕辰也故祭之每遇旱年禱雨立應

峩眉縣

六月六日田家賽青苗土地祀畢卽以祭肉犒服田之人謂之洗泥

廣東志書

增城縣

六月十二日俗謂之彭祖忌天多風雨

曲江縣

六月六日鄉民宰牲榨粉迎神作樂以慶禾稼初登

乳源縣

六月六日早稻穫家祀土神卽田園蔬圃以香紙爲表祭夏至後遇辰日俗云分龍是日其鄉有陰雨色不勝喜謂今歲此地可免旱憂六月十六日本縣城隍誕陰陽官著各鄉老撞各土神詣廟朝賀金鼓鬧神爲慶

英德縣

六月六日各鄉堡以鼓吹迎神俗謂之禳災

南雄府

六月清暑日棠田鄉有白馬神會殺牛迎禁謂之牛神會費特侈

始興縣

六月瓜熟

長樂縣

季夏之月黃梨熟棗赤早穀穫種晚稻

石城縣

六月各鄉農斂錢以禳蝗十二日前後大風雨俗謂彭祖忌

澄邁縣

六月農工方急謂之農忙

定安縣

六月收割小熟作客取檳榔玉爲貨

廣西志書

上林縣

六月六日爲青苗會祀田公田母以祈有年

隆安縣

六月早禾實塲始登芝麻收荔枝波羅棗子熟民冒暑雨楝于耘歌曰鋤禾日當午汗滴禾下土誰知盤中餐粒粒皆辛苦諺云年逢六月六家家饒雨足

雲南志書

雲南府

六月朔日至六日禮南斗祈年

呈貢縣

舊習六月二十四日各村人多聚於繡毬山角力跌交爲樂二十五日城內跑馬爲戲

雲龍州

季夏二十五日走馬街衢暮然松炬於庭陳生肉燒酒會親朋醵飲相傳爲弔阿南或以火照田占歲名爲星回節俗曰火把節童子數十成羣挾籃盛松末逢人然火撲之尊貴不避謂之祓災

按阿南葉榆人漢元封間其夫曼阿娜爲漢將郭世忠所殺欲娶之南於是日張松幕置火其下抽刀出倂火熾盛乃焚夫衣自引刀斷身赴火國人哀之每歲以是日然炬聚會爲弔　又南詔欲併五詔以是日誘會於松明樓將焚殺之鄧賧詔妻慈善測其謀勸夫勿赴夫不從以鐵釧約夫臂既而果被焚善認釧得夫骸歸葬南詔聞其賢欲娶之善閉城死節國人以是日然炬弔之

建水州

六月中旬經管義倉紳士請於府州將去冬所餘倉米磬給通郡鰥寡窮民二十五日村落以炬插田設牲醴致禱卽詩田祖有神秉畀炎火之意

阿迷州

六月十二日念四日貧用豕富用牛名曰獻天

蒙自縣

六月二十四日有剁生之俗剁生者以雞豕魚肉生斫縷絲雜之鮮蔬和椒桂而啖之其名曰生蓋古人斫膾之遺法也

楚雄府

六月二十五日爲星回節然松炬於街衢醵飲相傳孔明以是日擒孟獲侵夜入城父老設燎以迎後遂相沿成俗

鶴慶府

青元洞門有石柱頂上有孔兩壁生莓苔如繡錯上垂石乳懸綴奇巧居人歲以六月二十六日爇火入洞以遊

欽定古今圖書集成曆象彙編歲功典

第五十五卷目錄

季夏部藝文一
津城門銘 後漢李尤
大暑賦 魏陳思王
暑賦 繁欽
大暑賦 王粲
大暑賦 晉夏侯湛
林鍾六月啓 梁昭明太子
季夏部藝文二 詩詞
夏夜呈從兄散騎車長沙 宋顏延之
晚夏 梁徐勉
夏晚 隋薛道衡
夏晚尋于政世置酒賦韻 陳子良
酬祿員外味道夏晚寓直省中見贈 唐沈佺期
六月三十日水亭送王少府 岑參
夏日登鶴巖偶成 戴叔倫
胥院無曆日以詩代書問六月大小 李益
六月 鄭巢
季夏 范燈
香山避暑 白居易
晚夏歸別業 張祜
六月 趙璜
季夏逢朝客 于濆
六月十三日上陳微博士 唐彥謙
六月十七日召對 韓偓
六月六日雨後過嶽廟遊從封寺觀稼 宋韓琦
西湖 蘇軾
六月二十日渡海 前人
六月二十七日望湖樓 前人
夏季 晁補之
六月五日池上 晁說之
自梅趣汀行小路墝埆危甚六月十一日宿金沙寺 李綱
夏夜 陳與義
六月七日夜起坐殿廡取涼 范成大
六月一日曉賦 陸游
六月十五日詣水公庵雨作 朱熹
夏日 前人
六月歸途 徐璣
大熱 戴復古
乙酉六月十一日雨 金元好問
季夏書事 元陳天錫
山中景 釋英
六月六日避暑佛殿讀書 明殷邁
夏夜獨坐披襟當風頗有秋意賦此寄懷 謝榛
六月賞雪 以上詩 顧開雍
清平樂 宋蔡伸
浪淘沙 以上詞 明陳繼儒
季夏部選句
季夏部紀事

歲功典第五十五卷

季夏部藝文一

津城門銘 後漢李尤

津名自定位月在未溫風鬱暑鷹鳥習鷙

大暑賦 魏陳思王

炎帝掌節祝融司方羲和按轡南雀舞衡蛇折鱗於靈窟龍解角於皓蒼遂乃溫風赫戲草木垂幹山折海沸沙融礫爛飛魚躍渚潛黿浮岸鳥張翼而近棲獸交遊而雲散於時黎庶徙倚棊布葉分機女絕綜農夫釋耘背暑者不羣而齊跡向陰者不會而成羣於是大人遷居宅幽綏神育靈雲屋重構閒房肅清寒泉涌流元木奮榮積素冰於幽館氣飛結而爲霜奏白雪於琴瑟朔風感而增涼

暑賦 繁欽

暑景方徂時惟六月大火飄光炎氣酷烈翕翕盛熱蒸我層軒陰風淟涊動靜增煩雖託陰宮罔所避旃粉扇靡效宴戲無歡庶望秋節慰我愁歎

大暑賦 王粲

惟林鍾之季月重陽積而上升喜潤土之溽暑扇溫風而至興或赫爔以瘴炎或鬱律而燠蒸獸狠望以倚喘鳥垂翼而弗翔根生苑而焦灸豈含雪而能當遠昆吾之中景天地翕其同光征夫瘁於原野處者困於門堂患衽席之焚灼譬洪燎之在牀起屏營而東西欲避之而無方仰庭槐而嘯風風旣至而如湯氣呼吸以怯短汗雨下而霑裳就清泉以自沃猶淟涊而不涼體煩如以於悒心憒悶而窘惶於是帝后順時幸九嵏之陰岡託甘泉之清野御華殿於林光潛廣室之邃宇激寒流於下堂重屋百層垂陰千廡九闥洞開周帷高舉堅冰常奠寒饌代敘

大暑賦　晉夏侯湛

惟青春之謝兮接朱明之季月何太陽之赫曦乃鬱陶以興熱於是大呂統律祝融紀節蒸澤外熙太陰內閉若乃三伏相仍徂暑彤彤上無纖雲下無微風扶桑施其增熉天氣煜其南升爾乃土墳墜坼谷枯川竭寒泉潛沸冰井騰沫洪液蒸於單筲兮珠汗霑乎絺葛溫風翕其至兮若灑湯於玉質沃新水以遂夕振輕箑以終日

林鍾六月啓　梁昭明太子

三伏漸終九夏將謝螢飛腐草光浮帳裏之書蟬噪繁柯影入機中之鬢濯枝遷而潦溢芳槿茂而發榮山土焦而流金海水沸而漂爍敬想足下藏形月府遁跡冰牀披莊子之七篇逍遙物外玩老聃之兩卷恍惚懷中但某白社狂人青緗末學不從州縣之職聊立松篁之間時假德以爲鄰或借書而取友三千年之獨鶴暫逐鷄羣九萬里之孤鵬權潛燕侶旣非得意正可忘言諸不具伸應侯面會

季夏部藝文二詩詞

夏夜呈從兄散騎車長沙　宋顏延之

炎天方埃鬱暑晏閱塵紛獨靜闕偶坐臨堂對星分
側聽風薄木遙睇月開雲夜蟬當夏急陰蟲先秋聞
歲候初過半荃蕙豈久芬屏居惻物變慕類抱情殷
九逝非空思七襄無成文

晚夏　梁徐勉

夏景厭房櫳促席玩花叢荷陰斜合翠蓮影對分紅
此時避炎熱清樽獨未空

夏晚　隋薛道衡

流火稍西傾夕影遍曆城高天澄遠色秋氣入蟬聲

夏晚尋于政世置酒賦韻　陳子良

聊從嘉遯所酌醴共抽簪以茲山水地留連風月心
長檢落照盡高柳暮蟬吟一返桃源路別後難追尋

酬蘇員外味道夏晚寓直省中見贈　唐沈佺期

並命登僊閣分曹直禮闈大官供宿膳侍史護朝衣
卷幔天河入開窗月露微小池殘暑退高樹早涼歸
冠劍無時釋軒車待漏飛明朝題漢柱三署有光輝

六月三十日水亭送王少府　岑參

亭晚人將別池涼酒未酣關門勞夕夢僊掌引歸驂
荷葉藏魚艇藤花罥客簪殘雲收夏暑新雨帶秋嵐
賴茲庭戶裏別有小江潭

夏日登鶴巖偶成　戴叔倫

天風吹我上層岡露灑長松六月涼願借老僧雙白
鶴碧雲深處共翺翔

書院無曆日以詩代書問六月大小　李益

野性迷堯曆松窻有道經故人爲柱史爲我數階蓂

六月　鄭綮

憶長安六月時風臺水榭逶迤朱果雕籠香透分明
紫禁寒隨塵驚九衢客散赭珂滴瀝青驪

季夏　范燈

江南季夏天身熱汗如泉蚊蚋成雷澤袈裟作水田

香山避暑　白居易

六月灘聲如猛雨香山樓北暢師房夜深起凭闌干
立滿耳潺湲滿面涼

晚夏歸別業　張祜

古岸扁舟晚荒園一逕微鳥啼新果熟花落故人稀
宿潤侵苔甃斜陽照竹扉相逢盡鄉老無復話時機

六月　趙璜

六月火雲散蟬聲鳴樹梢秋風豈便借客思已蕭條
傾國三年別煙霞一路遙行人斷消息更上灞陵橋

季夏逢朝客　于濆

滻水桃李熟杜曲芙蓉老九天休沐歸腰玉垂楊道

避路逦綺羅迎風斷騕褭豈知山谷中日日吹瑤草

六月十三日上陳微博士　唐彥謙

驕雲飛散雨隨風爲有無老農終歲心望施在須臾

六月十七日召對　韓偓

淸暑簾開散異香恩深咫尺對龍章花應洞裏常時發日向壺中特地長坐久忽疑槎犯斗歸來兼恐海生桑如今冷笑東方朔唯用詼諧侍漢皇

六月六日雨後過嶽廟遊從封寺觀稼　宋韓琦

暑雨頻經信宿休近郊方出釋潛憂雖妨麥始二停獲且見苗知一半收神嶽怖民藏電笣老松懲寺偃蛟虬佳遊况過從豐識好飾千倉待有秋

西湖　蘇軾

畢竟西湖六月中風光不與四時同接天蓮葉無窮碧映日荷花別樣紅

六月二十日渡海　前人

參差斗轉欲三更苦雨終風也解晴雲散月明誰點綴天容海色本澄淸空餘魯叟乘桴意粗識軒轅奏樂聲九死南荒吾不恨茲遊奇絕冠平生

六月二十七日望湖樓　前人

烏菱白芡不論錢亂繫靑菰裏綠盤忽憶嘗新會靈觀滯留江海得加餐

夏季　晁補之

夏季百果繁兔葵亦成實獨有野石榴幽花時熠熠非獨好芳榮賴午日翩翩彼白蜨髣髴蟲采挹睡餘起對此嘉與亦蕭瑟良非阡陌麗敢競陽春出無言以成蹊上愧桃李實幸當飽霜餘萬顆富君室

六月五日池上　晁說之

蒼然暮色來初月光尚微河漢亦不高仰看天四垂衆星亦何多粲若大圍棋忽驚毛骨淸湛露霑我衣放杯折荷花中有千丈絲織爲芙蓉裳可作江湖歸

自梅趣汀行小路境塡危甚六月十一日宿金沙寺　李綱

觸熱過梅川境驁烏道邊林深晴有霧土曠晝稀煙略彴橫溪小藍輿礙石偏亂蟬鳴翳薈疊澗瀉潺湲閩嶺雖近止江鄉猶渺然何曾愁瘴癘祇是怯危顚借問勞形役何如穩妥眠遭時正艱棘賦分自迍邅已幸生還里寧辭險著鞭夜涼棲野寺相對月嬋娟

夏夜　陳與義

幽憩報夕霽微月在屋檐手中白羽扇共此夜寥寥六月天正碧三更樹微搖緬懷山中景茲夕感路遙長嘯送行雲可望不可招夜闌林光發白露滿長條

六月七日夜起坐殿廡取凉　范成大

畏暑中夜起出門月露淸晶熒臥銀漢錯落低玉繩網戶閉妙香石樓棲古燈風從何處來殿閣微凉生桂旗儼不動藻井森上征欀楣共突兀鬼物相支撑彭觥鐵拄杖礫礫棲燕驚俗人豈解事鼻息春雷鳴大星送曉來四憁炯微明顯氣澡肌骨栩栩兩腋輕乘風欲歸去驂鸞狃靑冥却恐方平知浪得狡獪名

六月一日曉賦　陸游

覗夜明星高蟬聲滿庭樹殘骸幸差健散髮穿雨屨巖扉手自開曳杖得徐步碧瓦浮靑烟圓荷瀉殘露草木無俗姿雞犬共幽趣兒來問晨炊一笑揮使去

六月十五日詣水公菴雨作　朱熹

雲起欲爲雨中川分晦明纔驚橫嶺斷已覺疎林鳴空際旱塵滅虛堂涼思生頹簷滴瀝餘忽作流泉傾况此高人居地偏樹景淸芳馨雜崷崒俯仰同鮮榮我來偶茲適中懷澹無營歸路綠泱漭因之想巖耕

夏日　前人

季夏園木暗牕戶貯淸陰長風一掩苒衆綠何蕭槮玩此消永晝冷然滌煩襟俯仰無所爲聊復得此心

六月歸途　徐璣

星明殘照數峯晴夜靜惟聞水有聲六月行人須早起一天凉露濕衣輕官情每向途中薄詩句多於馬上成故里諸公應念我稻花香裏計歸程

大熱　戴復古

天地一大窯陽炭烹六月萬物此陶鎔人何怨炎熱君看白穀秋亦是暑中結田水沸如湯背汗濕如潑農夫方夏耘安坐吾敢食

乙酉六月十一日雨　金元好問

一旱近兩月河洛東連淮驕陽佐大火南風卷黃埃草樹靑欲乾四望令人哀時時怪事發雨雹如李梅我夢天河翻崩騰走雲雷今日復何日駃雨東南來元氣淋漓中焦卷意已迴良苗與新穎鬱鬱無邊涯書生如老農苦樂與之偕閭閻聞吉語一笑心顏開酉年酒如漿乾溢安能裁惟當作高廩多具尊與罍家人笑問我君田安在哉駃與快同音駃雨見魏志

季夏書事　元陳天錫

歸夢繞滄洲胡爲此滯留雨收三伏暑風送一帆秋汀樹層出鹽花拍拍浮相思千里月人在海邊樓

山中景　釋英

六月山深處松風冷襲衣遙知城市裏撲面火塵飛

六月六日避暑佛殿讀書　明殷邁

獨抱遺經坐上方諸天風度葛衣涼蟬鳴草樹千山靜松落雲花合殿香

夏夜獨坐披襟當風頗有秋意賦此寄懷　謝榛

散髮南樓夜翛然披素襟蛩聲依草際螢火落牆陰老破當年夢秋生久客心遙思苔石上坐聽美人琴

六月賣雪　顧開雍

蒼峴六月曉寒生雙鳳橋西賣雪聲銀椀盛來調蜜咽冰魂淨洗齒牙清

清平樂　宋蔡伸

綵舟雙櫓六月臨平路小雨輕風消晚暑遶岸荷花無數　玉人璨枕方牀遙知待月西廂昨夜有情風月今宵特地淒涼

浪淘沙　明陳繼儒

風雨霎時晴荷葉青青雙鬟捧著小紅燈報道綠紗廊底下蕉月分明　枕簟嫩涼生茉莉香清蘭花新吐百餘莖撲得流螢飛去也團扇多情

季夏部選句

梁簡文帝謝賚扇啓搴飛黃雀送六月之南風

北周庾信詩六月蟬鳴稻

唐王建詩六月晨亦熱卑居多煩昏

宋蘇軾詩遶郭荷花一千頃誰知六月下塘春

金張子羽詩雲橫故國三千別水遶孤村六月涼

元龔璛詩六月涼如冰熨齒枇杷移陰碧書几

季夏部紀事

路史陸終取鬼方氏曰嬇孕三年生子六人曰樊曰惠連曰籛曰求言曰晏安曰季連以六月六日拆左而三人生剖右而三人出注陸終彭祖之父

鯀納有莘氏女曰志是爲修己以六月六日屠𩪕而生禹于棘道之石紐鄉所謂刳兒坪

禮記明堂位季夏六月以禘禮祀周公于太廟

周禮地官稻人凡稼澤夏以水殄草而芟荑之訂義鄭鍔曰稼於下地以去水爲先若夫稼澤則法又不同澤者草之所生所以去草爲先盛夏水熱芟之荑之以水殄之草不生則地可稼

左傳晉欒魴帥師從衛孫文子伐齊季武子如晉拜師晉侯享之范宣子爲政賦黍苗季武子興再拜稽首曰小國之仰大國也如百穀之仰膏雨焉若常膏之其天下輯睦豈唯敝邑賦六月

漢書文帝本紀十三年六月詔曰農天下之本務莫大焉今廑身從事而有租稅之賦是謂本末者無以異也其於勸農之道未備其除田之租稅賜天下孤寡布帛絮各有數

武帝本紀元朔五年夏六月詔太常議予博士弟子崇鄉黨之化以厲賢材丞相弘請爲博士置弟子員學者益廣

元狩六年六月詔遣博士大等六人分循行天下存問鰥寡廢疾無以自振業者貸與之諭三老孝弟以爲民師舉獨行之君子徵詣行在所朕嘉賢者樂知其人廣宣厥道士有特招使者之任也注設士有殊才異行當特招者任在使者分別之

史記武帝本紀夏六月中汾陰巫錦爲民祠魏脽后土營旁見地如鉤狀掊視得鼎鼎大異於衆鼎文鏤無款識怪之言吏吏告河東太守勝勝以聞天子使使驗問乃以禮祠迎鼎至甘泉從行上薦之至中山晏溫有黃雲蓋焉有麃過上自射之因以祭云

漢書武帝本紀元封二年六月詔曰甘泉宮內中產芝九莖連葉上帝博臨不異下房賜朕弘休其赦天下賜雲陽都百戶牛酒作芝房之歌

昭帝本紀始元五年六月詔令三輔太常舉賢良各二人郡國文學高第各一人

成帝本紀河平四年夏六月山陽火生石中改元爲陽朔注師古曰朔始也以火生石中言陽氣之始

平帝本紀元始元年六月封周公後公孫相如爲褒魯侯孔子後孔均爲褒成侯奉其祀又置少府海丞果丞各一人大司農部丞十三人人部一州勸農桑

後漢書光武本紀建武十五年六月詔下州郡檢覈墾田頃畝及戶口年紀

韋彪傳彪因盛夏多寒上疏諫曰臣聞政化之本必

順陰陽伏見立夏以來當暑而寒殆以刑罰刻急郡國不奉時令之所致也

宋書符瑞志漢安帝延光二年六月嘉禾生九眞百十六本七百六十八穗

後漢書順帝本紀陽嘉二年六月疏勒國獻師子封牛注師子似虎正黃有髯耏尾端茸毛大如斗封牛其領上肉隆起若封然因以名之卽今之峯牛

靈帝本紀光和三年六月詔公卿舉能通尚書毛詩左氏穀梁春秋各一人悉除議郎

晉書禮志魏文帝黃初二年六月庚子初禮五嶽四瀆咸秩羣祀瘞沉珪璧

魏志明帝本紀太和二年六月詔曰尊儒貴學王敎之本也其高選博士才任侍中常侍者申勅郡國貢士以經學爲先

吳志華覈傳寶鼎二年皓更營新宮制度弘廣飾以珠玉是時盛夏興工農守並廢覈上疏諫曰臣省月令季夏之月不可舉大事今六月戊己土行正王既不可犯加又農月時不可失今築宮爲長世之洪基而犯天地之大禁襲春秋之所書廢敬授之上務臣以愚管竊所未安

晉起居注太始二年六月嘉柰一帶十五實或七實生於酒泉郡

宋書符瑞志晉太康三年六月嘉瓜異體同帶生洛陽王濬園

晉書武帝本紀太康四年六月增九卿禮秩

世說劉眞長始見王丞相時盛暑之月丞相以腹熨彈棊局曰何乃淘劉既出人問見王公如何劉曰未見他異惟作吳語耳注吳人以冷爲淘也

宋書符瑞志晉孝武帝太元十四年寧州刺史費統上言所統晉寧之滇池縣舊有河水周回二百餘里六月二十八日辛亥神馬二匹一白一黑忽出於河中去岸百步縣民董聰見之

禮志土王日祀中嶽嵩山於河南府中鎭霍山於晉州

符瑞志元嘉二十一年六月丙午華林園天淵池二蓮同幹

文帝本紀元嘉二十四年六月京邑疫癘丙戌使郡縣及營署部司普加履行給以醫藥

符瑞志元嘉二十五年六月壬寅嘉禾旅生華林園十株七百穗

索虜傳其俗以六月末率大衆至陰山謂之却霜陰山去平城六百里深遠饒樹木霜雪未嘗釋蓋欲以暖氣却寒也

南史齊武帝本紀帝以宋元嘉二十七年六月己未生於建康縣之靑溪宮將產之夕孝皇后昭皇后竝夢龍據屋故小字龍兒

梁高祖本紀帝性方正雖居小殿暗室恆理衣冠小坐暑月未嘗褰袒

隋書天文志梁武帝天監四年六月壬戌歲星晝見占曰歲色黃潤立竿影見大熟是歲大穰米斛三十

南史何遠傳武昌俗皆汲江水盛夏遠患水溫每以錢買人井寒水不取錢者則捷水還之

記事珠沈休文多病六月猶綿帽溫爐食薑椒飯不爾則委頓

梁陶弘景請雨詞序乙未夏六月旱不雨積旬與周子良共作詞朱書靑紙於靜中奏之周夜夢一人相聞請雨應墨書請晴應朱書周乃作墨詞於庭壇自奏且天晴赤熱了無雨意至禺中風雲卒起便雨得好溜惟在一山周廻左右耳

北史魏明元帝本紀神瑞二年六月丁卯幸赤城親見長老問人疾苦復租一年南次石亭幸上谷問百年訪賢儁復田租之半壬申幸涿鹿登嶠山使以太牢祀黃帝唐堯廟己卯登廣甯之歷山以太牢祀舜廟帝親加禮焉

魏書靈徵志世祖太延元年自三月不雨至六月使有司遍請羣神數日大雨是日有婦人持玉印至潞縣侯孫家賣之孫家得印奇之求訪婦人莫知所在其文曰旱疫平寇天師曰龍文紐書云此神中三字印也

宣武帝本紀正始四年夏六月己丑朔詔曰朕纂承鴻緒君臨寶曆思模聖規述遵先志今天平地寧方隅無事可敕有司準訪前式置國子立太學樹小學於四門

北史魏宣武帝本紀永平三年六月壬寅詔重求遺書於天下

魏書靈徵志肅宗正光三年六月幷州靜林寺僧在陽邑城西橡谷掘藥得玉璧五珪十印一玉柱一玉蓋一竝以獻

洛陽伽藍記河東劉白墮善釀酒季夏時暑赫晞以甕貯酒曝日中經旬其酒不動飲之香美醉經月不醒朝貴遠相餉饋踰於千里以其遠至號曰鶴觴

王劭舍利記後魏大統七年六月十三日文皇帝生於同州般若寺中赤光照室紫氣滿庭狀如樓閣色染人衣嬭母以時炎熱就而扇之寒甚幾絕困不能啼有神尼者名曰智仙語太祖曰兒天佛所佑勿憂尼遂名帝爲那羅延自爲養之

隋書禮儀志後齊季夏讀令施御座於中楹南向以其時之色服

北史齊趙郡王叡傳詔叡監築長城於時六月叡途中屏蓋扇親與軍人同勞苦定州先嘗藏冰長史宋欽道以叡冒熱遣倍道送冰正遇炎盛咸謂一時之要叡對之歎曰三軍皆飲溫水吾何義獨進寒冰遂至消液竟不一嘗兵人感悅

錄異記武成三年庚午六月五日癸亥廣漢太守孟彥暉奏西湖有金龜徑寸遊於荷葉之上畫圖以上聞

隋書文帝本紀開皇四年六月壬子開渠自渭達河以通運漕

仁壽三年詔六月十三日是朕生日宜令海內爲武元皇帝元明皇后斷屠

禮儀志隋迎氣黃郊爲壇國南安化門外道西去宮十二里以季夏土王日祀其方之帝配以人帝以太祖武元帝配五官及星三辰十宿亦依其方從祀

中霤以季夏祀黃郊日命有司祭於廟西門道南牲以少牢

北史辛公義傳公義除岷州刺史土俗畏病父子夫妻不相看養公義分遣官人巡檢部內凡有疾病皆以牀轝來安置聽事暑月疫時病人或至數百聽廊悉滿公義所得秩俸盡用市藥迎醫療之於是悉差諸病家子孫慙謝而去始相慈愛此風遂革合境之內呼爲慈母

隋書西域傳康國立祖廟以六月祭之諸國皆來助祭

唐書禮樂志季夏土王之日祀黃帝以軒轅氏配鎮星后土氏之位如赤帝

百官志僕寺丞一人從七品上掌判寺事凡馬畜芻粟歲以季夏上於詹事以時出入而節其數

食貨志凡新附之戶夏以六月免課

唐會要貞觀十二年六月六日滁州言野蠶成繭徧於山阜

龍朔元年六月十七日吐火羅道置州縣使王名遠進西域圖記并請于闐以西波斯以東十六國分置都督府及州縣軍府仍於吐火羅國立碑以紀聖德從之

唐書高宗本紀龍朔二年六月癸亥禁宗戚獻纂組雕鏤

唐會要龍朔二年六月一日睿宗生於蓬萊宮含涼殿

大足元年六月九日於東都立德坊南穿新潭置諸租船

雍錄慈恩寺西院塔崇三百尺神龍後六月十五日進士開宴悉於塔下選同年中能書者題名其上張莒實始爲之遂成故事

唐會要景龍二年六月十五日黃龍再見於伏牛山

開元二年六月四日右拾遺蔡孚獻龍池篇公卿以下百三十篇付太常寺考其詞合音律者爲龍池樂章

開元二年六月甲子制茂才異等咸令自舉

開元十年六月二日上注孝經頒行天下及國子學

開元二十九年六月十九日太常奏東封泰山日所定雅樂曰元和六變以降天神順和八變以降地祇皇帝行用太和其封泰山也登歌奠玉幣用肅和迎俎用雍和酌飲福用福和送文迎武用舒和亞終獻用凱和送神用元和禪社首用順和享廟迎神用永和

玉海天寶五載六月十一日改璽書爲寶書

異聞錄天寶七載秦中大旱自三月不雨至六月帝親幸龍堂祈之不應問昊天觀道士葉法善曰朕敬事神靈以安百姓今亢陽如此朕甚憂之覩臨祈禱不雨何也卿見眞龍否乎對曰臣亦曾見眞龍臣聞畫龍四肢骨節一處得似眞龍卽便有感應用以祈禱則雨立降所以未靈驗者或不類眞龍耳帝卽詔中使孫知古引法善於內庫徧視之忽見此鏡遂還奏曰此鏡龍眞龍也帝幸凝陰殿井名法善祈鏡龍頃刻間見殿棟有白氣兩道下近鏡龍龍鼻亦有白氣上近梁棟須臾充滿殿庭徧散城內甘雨大澍凡七日而止秦中大熟帝詔集賢待詔吳道子圖寫鏡龍以賜法善

唐會要天寶十三載六月二十七日加老子號大聖祖高上大道金闕元元天皇大帝

楊太眞外傳天寶十四載六月一日上幸華淸宮乃貴妃生日上命小部音聲小部者梨園法部所置凡

三十人皆十五已下於長生殿奏新曲未有名會南海進荔枝因以曲名荔枝香左右歡呼聲動山谷

酉陽雜俎申王有肉疾腹垂至骭每出則以白練束之至暑月常鼾息不可過明皇詔南方取冷蚍二條賜之蚍長數尺色白不螫人執之冷如握冰申王腹有數約夏月寘於約中不復覺煩暑

月令廣義楊國忠奢侈其子弟六月鑿冰爲山圍筵席客有寒而挾纊者

開元遺事王元寶都中巨豪也家有皮扇製作甚精實每暑月宴賓客即以此扇置於座前使新水灑之則颯然風生酒筵之間客有寒色遂命撤去明皇亦曾差中使取看愛而不受曰此龍皮扇子也

賈氏說林謝仙女盛夏上明皇以生凉之席

洽聞記梓潼郪縣唐大曆七年夏六月甲子涪水汎溢流木數千條梁棟榱桷具備補內城屋悉此木喬林爲之記

唐書憲宗本紀元和元年六月癸巳賜百姓有父母祖父母八十以上者粟二斛物二段九十以上粟三斛物三段

舊唐書憲宗本紀元和二年六月丁巳朔始置百官待漏院於建福門外故事建福望仙等門昏而閉五更而啓與諸坊門同時至德中有吐蕃囚自金吾仗亡命因勅晚開門宰相待漏於太僕寺至是始令有司據班品置院

敬宗本紀敬宗皇帝穆宗長子母曰恭僖太后王氏元和四年六月七日生於東內之別殿

楚遺志憲宗元和五年六月十四日元稹泛江玩月張季友李景儉二侍御王文仲司錄王仲衆判官兩昆季爲稹載酒炙選音聲自府城之南橋乘月泛舟有江樹懸金鏡深潭倒玉幢之句

韓愈賀慶雲表臣所領州今月十六日申時有慶雲見於西北至暮方散五采五色光華不可偏觀非烟非霧容狀詎能詳述斯爲上瑞實應太平謹按季夏六月土王用事其日景戌亦主於土西北方者京師所在土爲國家之德祥見京師之位乞宣付史館以彰聖德

唐書文宗本紀太和八年六月戊戌宰臣王涯路隨奏請依舊制讀時令

李絳傳嘗盛夏對延英帝汗浹衣絳欲趨出帝曰朕宮中所對惟宦官女子欲與卿講天下事乃其樂也

舊唐書武宗本紀中書奏六月十二日皇帝載誕之辰請以其日爲慶陽節

會昌二年五月敕慶陽節百官率醵外別賜錢三百貫以備素食會宴仍令京兆府供帳用追集坊市樂人

玉海唐宣宗六月二十一日誕爲壽昌節

唐書陸扆傳扆始舉進士時方遷幸而六月牓出至是每甚暑他學士輒戲曰造牓天也以譏扆進非其時

北夢瑣言唐進士趙中行家於溫州以豪俠爲事至蘇州旅舍支山禪院僧房有一女商荆十三娘爲亡夫設大祥齋因慕趙遂同載歸揚州趙以氣義耗荆之財殊不介意其友人李正郎弟三十九有愛妓妓之父母奪與諸葛殷李悵悵不已時諸葛殷與呂用之幻惑太尉高騈恣行威福李懼禍飲泣而已偶話於荆娘荆娘亦憤惋謂李三十九郎曰此小事我能爲郎仇之但請過江於潤州北固山六月六日正午時待我李亦依之至期荆氏以囊盛妓兼致妓之父母首歸於李後與趙同入浙中不知所止

雲仙雜記房壽六月名客坐糠竹簟凭狐文几編香藤爲俎刳椰子爲杯擣蓮花製碧芳酒調羊酪造含風鮓皆凉物也壽勸吳田以轆轤瓮田懼其深曰但見龍門溪水濯麴糵腸耳

樂府雜錄康老子本長安富家子生計蕩盡遇老嫗持舊錦褥貨鬻乃以半千獲之詩有波斯人見之乃曰此是冰蠶絲所織暑月置於座滿室清凉即酬千萬

醉鄉日月記暑月大雷時收雨水淘米炊飯釀酒名霹靂酎

舊唐書西戎傳波斯國在京師西一萬五千三百里以六月一日爲歲首氣候暑熱

玉海晉少帝六月二十七日誕爲啓聖節

南部新書長安舉子落第者六月後不出謂之過夏多借清靜廟院作文章曰夏課時語曰槐花黃舉子忙

宋史禮志季夏土王日祀中太一宮

玉海端拱二年六月二十三日潭州上言湘陰縣長樂九乳灘下得鐘制作精妙上有古篆八十三字人不之識畫圖以進

太平興國八年六月辛亥賜宰相學士節度觀察使建州所貢新茶

燕翼貽謀錄令縣邑門樓皆曰敕書樓淳化二年六月癸未詔曰近降制敕決遣頗多或有釐革刑名申明制度多所散失無以講求論報踰期有傷和氣自今州府監縣應所受詔敕並藏敕書樓咸著於籍受代批書印紙曆子違者論罪

宋會要淳化三年六月詔京畿大穰物價至賤分遣使於京畿四門置場增價以糴令有司虛近倉以貯之命曰常平

玉海至道元年六月十日命裴愈求圖籍又得羲之懷素等書八本藏祕閣戊戌上草書經史故事三十紙詔翰林侍讀呂文仲一一讀之因刻石以數百本并祕閣官吏姓名付內侍裴愈令於江東名山福地道宮佛廟各藏三五本或高逸不仕純樸有行好古博雅爲州里所稱者分以賜之

宋史禮志眞宗以六月六日爲天貺節京師斷屠宰百官行香上清宮

宋會要眞宗咸平四年六月二十九日對輔臣於崇政殿觀陣圖

玉海景德四年六月賜編修官冰十匣以暑盛特賜之

湘山野錄景德四年司天判監史序奏今歲丁未六月二十五日五星當聚周分既而重奏臣尋推得五星自閏五月二十五日近太陽行度按甘氏星經曰五星近太陽而輒見者如君臣齊明下侵上之道也若伏而不見卽臣讓明於君此百千載未有也但恐今夜五星皆伏眞宗親御禁臺以候之果達旦不見大赦天下加序一官羣臣表賀

玉海大中祥符元年六月乙卯出並蔕瓜桃示輔臣

通考眞宗東封六月放梁固以下進士及第祀后土於汾陰放張師德以下進士及第固父狀元灝師德父狀元華魏野詩曰封禪汾陰連歲牓狀元俱是狀元兒

玉海大中祥符二年六月庚子河東轉運杜夢證上子詹所撰農器圖詔褒之

大中祥符三年六月九日詔曰嚴師重道勸學之令猷釋奠陳牲薦誠之彝典儒臣上言慮郡國未詳俎豆之事乃命龍圖待制戚倫與太常禮院討論酌簡冊之文著庠序之式圖繪頒行其釋奠元聖文宣王廟儀注及祭器圖令崇文院摹印下禮院頒諸路

宋史眞宗本紀大中祥符四年詔以六月六日天書再降日爲天貺節

山堂考索憫農歌大中祥符七年六月作賜近臣

玉海大中祥符九年向敏中言六月二十七日黃雲如飛鳳覆昭慶殿

南墅閒居錄丁謂有小山才數寸蒼翠嵌空盛夏常設盆水置小山其中一日張宴有客掬水灑之須臾雲霧自竅中出有光如電細視之蜿蜒小龍如線掛雲霧中已而莫知所之衆客驚異謂曰此龍精石也龍交海上流精於石

玉海景祐二年六月十九日辛未幸後苑觀稻賞瑞竹宴太清樓

歐陽集古錄飛白碑康定二年六月二十八日翰林侍講許文淑出守許州仁宗爲飛白文詞以賜之有寶章摹刻州廨見存

宋史仁宗本紀慶曆五年六月丁卯減益梓州上供絹歲三之一紅錦鹿胎半之

聞見錄慶曆間京師旱上禱雨太乙宮六月二日召王公以下從日色甚熾埃塵漲天上不怡至瓊林苑回望太乙宮有雲氣如香煙少時雷雨至帝却逍遙輦御平輦徹蓋還宮

宋會要皇祐二年六月己未御撰明堂樂八曲以君臣民事物配屬五音凡二十聲爲一曲用宮變徵變者天地人四時爲七音凡音三十聲爲一曲以子母相生凡二十八聲爲一曲皆黃鍾爲均又以明堂月律五十七聲爲二曲皆無射爲均又以二十聲二十八聲三十聲爲三曲亦無射爲均皆自黃鍾宮轉入無射或當用四十八或五十七聲則如前譜次第成曲其徹聲自同本律

燕翼貽謀錄皇祐三年六月丁亥江南無爲州守臣茹孝標奏城內小山生芝三百五十本悉以上進改名其山曰紫芝

玉海嘉祐四年六月二十五日中書言草澤陳師中上太平通濟策言江淮閩浙廣南山水之鄉多堙塞詔蠲其稅

聞見後錄秦州伏羌城三都谷有曹瑋武穆與羌酋李遵戰勝之地羌人到今畏懼不敢耕草木彌望武穆以六月二十日生邦人遇其日大作樂祭於其廟云

玉海熙寧五年六月十八日丙寅命西作坊鑄造銅符三十四副給左契付諸門右契付大內鑰庫上以京城門禁不嚴素無符契命樞密院約舊制更造銅

契中刻魚形以門名識之分左右給納以戒不虞而啓閉之法密矣

宋史律曆志熙寧七年六月司天監呈新製渾儀浮漏於迎陽門帝名輔臣觀之詔置於翰林天文院

玉海熙寧七年六月二十一日進表影御迎陽門觀

麟臺故事熙寧八年六月尚書都官員外郎劉師旦言九域圖涉六十餘年州縣有廢置名號有改易等第有升降而所載古跡有出於俚俗不經者詔三館祕閣刪定以舊書不繪地形難以稱圖更賜名曰九域志

宋史五行志元豐三年六月己未饒州長山雨木子數畝狀類山芋子味香而辛土人以爲桂子

玉海元祐四年六月十八日吏部侍郎范百祿進詩傳補注二十卷詔付祕省

東軒雜錄學士王平甫盛夏流汗浹衣劉貢父曰眞汗淋學士也

蘇軾洞酌亭詩序瓊山郡東衆泉觱發然皆冽而不食丁丑歲六月軾南還過瓊始得雙泉之甘於城之東北隅以告其人自是汲者常滿泉相去咫尺而異味庚辰歲六月十七日遷於合浦復過之太守承議郎陸公求泉上之亭名與詩名之曰洞酌

燕翼貽謀錄崇寧元年六月封伯夷淸惠侯叔齊仁惠侯重節義之風也

宋史徽宗本紀崇寧三年六月壬子置書畫算學

玉海崇寧四年六月十一日以興復解鹽池賓百官表賀

大觀四年六月乙亥張商英爲右僕射久旱是夕大雨上親書商霖一尺字賜之

政和三年六月二十三日嘉瑞殿前池內生雙蓮

唐六典有黃龍負圖太平旗今黃龍負圖旗靑色錯采爲黃龍負一九二四六八三七五之數政和四年六月十一日所改

宋史河渠志政和五年六月癸丑降德音於河北京東西路曰鑿山釃渠循九河既道之跡爲梁跨趾成萬世永賴之功役不踰時慮無愆素人絕往來之阻地無南北之殊靈祇懷柔黎庶呼舞眷言朔野爰暨近畿畚鍤繁興薪芻轉徙民亦勞止朕甚憫之宜推在宥之恩仍廣蠲除之惠開河官吏令提舉所具功力等第聞奏

玉海宣和四年六月二十九日李長民上廣汴都賦

淸涼山志張無盡戊辰六月二十七日至淸涼山抵金閣日將夕南臺之側有白雲綿密如敷白氎僧省奇曰此祥雲也集衆僧禮誦見金橋及金色相輪輪內深絳靑色既暝有霞光三道直起次日至眞容院止淸輝閣文殊所化宅也知客警曰此處有聖燈無盡遂稽首敬禱戌初北山有大火炬瞻拜之次東臺龍山羅睺殿左右各見一燈浴室之後見大光如掣電金界南溪上見二燈亥後燈光忽大忽小照耀林木僧默省曰此三昧火也俗謂之燈耳

東京夢華錄六月六日州北崔府君生日多有獻送無盛於此二十四日州西灌口二郎生日最爲繁盛廟在萬勝門外一里許敕賜神保觀二十三日御前獻送後苑作與書藝局等處製造戲玩如毬杖彈弓弋射之具鞍轡銜勒樊籠之類悉皆精巧作樂迎引至廟於殿前露臺上設樂棚教坊鈞容直作樂更互雜劇舞旋大官局供食連夜二十四盞各有節次至二十四日夜五更爭燒頭爐香有在廟止宿夜半起以爭先者天曉諸司及諸行百姓獻送甚多其社火呈於露臺之上所獻之物動以萬數自早呈拽百戲如上竿趯弄跳索相撲鼓板小唱鬭雞說諢話雜扮商謎合笙喬筋骨喬相撲浪子雜劇叫果子學像生倬刀裝鬼砑鼓牌棒道術之類色色有之至暮呈拽不盡殿前兩幡竿高數十丈左則京城所右則修內司搭材分占上竿呈藝解或竿尖立橫木列於其上裝神鬼吐煙火甚危險駭人至夕而罷

是月時物巷陌路口橋門市井皆賣大小米水飯炙肉乾脯萵苣筍芥辣瓜兒義塘甜瓜衛州白桃南京金桃水鵝梨金杏小瑤李子紅菱沙角兒藥木瓜水木瓜冰雪凉水荔枝膏皆用靑布繖當街列牀凳堆梁冰雪惟舊宋門外兩家最盛悉用銀器沙糖菉豆水晶皂兒黃冷團子雞頭穰冰雪細料餶飿兒麻飲雞皮細索涼粉素簽成串熟林檎脂麻團子江豆䭔兒羊肉小饅頭龜兒沙餡之類都人最重三伏蓋六月中別無時節往往風亭水榭峻宇高樓雪檻冰盤浮瓜沈李流杯曲沼苞鮓新荷遠邇笙歌通夕而罷

玉海紹興三十二年孝宗即位閤州奏六月十日有五色雲見錦屏山之西浮空映日自未及申在即位一日允合受命之符

孝宗以六月二十二日爲會慶節元年紫宸殿上壽陳良祐因會慶節摭唐太宗事百二十條議其當否目曰會慶萬年金鑑錄上之

乾淳歲時記六月六日顯應觀崔府君誕辰自東都時廟食已盛是日都人士女駢集炷香已而登舟泛湖爲避暑之遊時物則新荔枝軍庭李二果產閩奉化項里之楊梅聚景園之秀蓮新藕蜜筒甜瓜椒核枇杷紫菱碧芡來禽金桃蜜漬昌元梅木瓜豆兒水荔枝膏金橘水糰麻餅芥辣白醪凉水冰雪爽口之物關撲香囊畫扇涎花珠佩而茉莉爲最盛初出之時其價甚穹婦人簇帶多至七插所直數十劵不過供一餉之娛耳蓋入夏則游船不復入裏湖多占蒲深柳密寬凉之地披襟釣水月上始還或好事者則敞大舫設蘄簟高枕取凉櫛髮快浴惟取適意或留宿湖心竟夕而歸

吳郡記荷花蕩在葑門之外每年六月二十四日遊人最盛畫舫雲集露幃則千花競笑舉袂則亂雲出峽揮扇則星流月映聞歌則雷輥濤趨蘇人遊冶之盛至是日而極矣

金史禮志季夏土王日祭中嶽於河南府中鎭霍山於平陽府

楊伯雄傳伯雄遷起居注夏日海陵登瑞雲樓納凉命伯雄賦詩其卒章云六月不知蒸鬱到淸凉會與萬方同海陵忻然以示左右曰伯雄出語不忘規戒爲人臣當如是矣

內觀日疏六月二十四日爲觀蓮節晁采與其夫各以蓮子饋遺爲歡

輟耕錄龍廣寒江西人事母至孝六月一日母生辰方舉觴爲壽忽見北窗外梅花一枝盛開人皆以爲孝行所感士大夫遂稱之曰孝梅

通紀洪武五年六月句容縣民嘉瓜二同蔕而生禮部尚書陶凱奏禎祥實由聖德帝曰草木之祥生於其土土人應之於朕何與時和歲豐乃王者之祥也

稗史彙編成化丁酉六月九日京師大雨中往往得錢王鏊詩紀事云蒼天似憫斯人困故向雲中撒與錢錢若了時民又困何如只賜與豐年

續文獻通考弘治十三年夏六月二十二日獲玉璽於陝西西安府鄠縣道安里巡撫以聞

嘉靖四十五年夏六月二十五日太醫院以瑞兔獻體備五色迥異恆品

野獲編六月六日內府皇史宬曬曝列聖實錄列聖御製文集諸大函每歲故事也

北京歲華記六月十二日御廐洗馬於積水湖導以紅仗中有數頭錦帕覆之最後獨角青牛至諸馬莫能先也

續文獻通考道家以六月二十四日爲雷神示現之日朝廷遂以是日遣官詣大德顯靈宮致祭

名勝志密雲縣東北八十里爲霧靈山每擁祥光如霧以六月六日現土人如期候之

自洱海衞城西行通蒙化岐左有青葉洞中極寬衍天光漏日每歲季夏二十四日土人士女雜至以炬火爇之云不爾其地必有蜘蛛之孽

工山在南陵縣西山有廣惠廟以六月晦日祀其山神或云胥何琦也

欽定古今圖書集成曆象彙編歲功典

第五十六卷目錄

季夏部雜錄
季夏部外編
伏日部彙考
史記秦本紀　封禪書
細素雜記伏日考
事物紀原三伏
農政全書占候
遵生八牋伏日事宜　伏日事忌
直隸志書豐潤縣　平谷縣　永平府　薊寧
山東志書縣陽信縣任丘縣　曹縣　交河縣　朝城縣　晉州
山西志書潞安府　潞城縣　臨縣
江南志書長洲縣　松江府　潞縣　含山縣
浙江志書杭州府　龍泉縣
江西志書永豐縣
湖廣志書通山縣　江陵縣
廣東志書始興縣
伏日部藝文一
大暑賦　晉夏侯湛
納涼賦　隋盧思道
遊大字院記　宋歐陽修
伏日部藝文二詩
嘲熱客　晉程曉
懷縣作　潘岳
苦熱行　梁簡文帝
夏夜獨坐　蕭子範
和長孫祕監伏日苦熱　唐任希古
東郊納涼憶左威衛李錄事收昆季太原崔參軍三首　樓穎
同李吏部伏日口號呈元庶子路中丞　包佶
夏日陪馮許二侍郎與嚴祕書遊昊天觀覽舊題寄同里楊華州中丞　武元衡
何處堪避暑　白居易
廣州王園寺伏日卽事寄北中親友　劉言史
夏日東齋　曹松
同陸使君水堂納涼　釋皎然
苦熱　宋韓琦
初伏日招王幾道小飲　歐陽修
中伏日妙覺寺避暑　梅堯臣
甲辰初伏快雨凉風晝眠初覺庭前小欄花木各有意氣效柏梁體　蔡襄
六月十日中伏玉峯園避暑值雨　文同
三伏暑甚七月八日立秋是日風作爽凉炎酷頓消老病欣然乃命酒成詩　張耒
伏日四望亭分韻得月字　王十朋
伏日　明文徵明
伏日部選句
伏日部紀事
伏日部雜錄

歲功典第五十六卷

季夏部雜錄

詩經小雅出車章黍稷方華大全新安胡氏曰王氏云黍稷方華季夏時也

六月章六月棲棲戎車既飭朱注六月建未之月也

維此六月既成我服朱注服戎服也

尚書大傳季夏可以大赦罪人

詩含神霧曹地處季夏之位土地勁急音中徵其聲清以急

內經備化之紀氣協天休其應長夏注所謂長夏者六月也土生於火長在夏中既長而王故云長夏

火鬱之發炎火行大暑至山澤燔燎材木流津廣厦騰煙土浮霜鹵止水迺減蔓草焦黃

敦阜之紀是爲廣化厚德清靜順長以盈至陰內實物化充成煙埃朦鬱見於厚土其穀稷麻其畜牛犬其果棗李其色黅元蒼其味甘鹹酸其象長夏

中央生濕濕生土土生甘甘在天爲濕在地爲土注六月四陽二陰合蒸以生濕氣蒸腐萬物成土也霧露雲雨濕之用也安靜稼穡土之德也

素問風論篇以季夏戊己傷於風者爲脾風

四時刺逆從論篇長夏者經絡皆盛內溢肌中

鄒子季夏取桑柘之火

史記武帝本紀所謂寒門者谷口也注谷中山之谷口漢時爲縣今呼爲冶谷去甘泉八十里盛夏凜然故曰寒門

天官書叶洽歲歲陰在未星居申以六月與觜觿參晨出曰長列昭昭有光利行兵其失次有應見箕

謹候曆斗之會以定塡星之位曰中央土主季夏

漢書律歷志六月坤之初六陰氣受任於太陽繼養化柔萬物生長楙之於未令種剛强大故林鍾爲地統

天文志塡星曰中央季夏土信也思心也仁義禮智以信爲主貌言視聽以心爲正故四星皆失塡星迺爲之動塡星所居國吉

五行志盛夏日長暑以養物政弛緩故其罰常奧也

魏相傳中央之神黃帝乘坤艮執繩司下土

賈誼新書懸弧之禮義中央之弧以桑桑者中央之木也

種植書甜瓜有綠有黃小暑後方熟卽邵平所種五色子母瓜也

春秋繁露五行五事篇夏至之後大暑隆萬物茂育懷任於時寒爲賊故王者輔之以賞賜之事

神異經南方蚊翼下有小蜚蟲焉旣細且小曰細蠛此蟲常春生以季夏藏於鹿耳中名嬰蜺

後漢書郡國志注南中志朱提縣西南二里有堂狼山多毒草盛夏之月飛鳥過之不能得去

白虎通五行篇六月律謂之林鍾何林者衆也言萬物成熟種類衆多

論衡龍虛篇盛夏之時雷電擊折破樹木發壞室屋俗謂天取龍謂龍藏於樹木之中匿於屋室之間也雷電擊折樹木發壞屋室則龍見於外龍見雷取以升天

雷虛篇雷者太陽之激氣也盛夏之時太陽用事陰氣乘之陰陽分事則相校軫校軫則激射激射爲毒中木木折中屋屋壞

說文黍禾屬而黏者也以大暑而種故謂之黍

萐莆瑞草也堯時生於庖廚扇暑而涼

四民月令六月可種冬藍

六月可蓄瓠

大暑後六月可藏瓜

月令章句白柳三度至張十二度謂之鶉火之次小暑大暑居之周之分野

禽經注黃鳥之屬應土行以象季夏

風土記南中六月則有東南長風俗號黃雀風時海魚化爲黃雀因爲名也

抱朴子守塉篇野馬六月而後息

仙藥篇雲母但有青黃二色者名雲沙宜以季夏服之

拾遺記廣延之國去燕七萬在扶桑東其地寒盛夏之日氷厚至丈常雨青雪冰霜之色皆如紺碧

南方草木狀薰陸香出大秦在海邊有大樹枝葉正如古松生於沙中盛夏樹膠流出沙上方採

廣志青芋稻六月熟

五岳遊峨眉西望西域雪山夜白巑岏此浩刼積雪不消六月乃益明數千里僅咫尺間

西征記陵臺冰井有六月冰

沙州記六月二十六日發龍涸甚夜肅肅常寒不復得脫襦袴

南史陸慧曉傳何點常稱王思遠恆如懷冰暑月亦有霜氣

梁元帝與武陵王書季月煩暑流金爍石

三禮義宗南岳謂之霍霍者護也言陽氣用事盛夏之日護養萬物故以爲稱

魏書律曆志次卦六月鼎豐渙履遯

水經注臨朐縣熏冶泉水出西溪飛泉側瀨於窮坎之下水色澄明而淸冷特異淵無潛石淺鏤沙文中有古壇參差相對後人微加功飾以爲嬉遊之處南北邃岸凌空疎木交合至若炎夏火流閒居倦想提琴命友嬉娛永日桂櫂尋波輕林委浪琴歌旣合歡情亦暢是焉棲寄實可憑衿

伊闕左壁有石銘云黃初四年六月二十四日辛巳大出水舉高四丈五尺齊此以下蓋記水之漲減也

齊民要術六月一日種白莖秋葵白莖者宜乾紫莖者乾卽黑而澀

胡荽子熟拔去急耕令好調熟如麻地卽於六月中旱時耧耩作壟蹉子令破手散還勞令平但旱種不須耧潤此菜旱種非連雨不生麥底地亦得種止須急耕調六月中無不霖望連雨生則根彊科大

種蘭香治畦下水及水散子訖水盡蓰熟糞僅得蓋子便止晝日箔蓋夜卽去之生卽去箔常令足水六月連雨拔栽之

鋤地六月以後雖濕亦無嫌注濕鋤則地堅夏苗陰厚地不見日故雖濕亦無害矣

作黃衣法六月中取小麥淨淘訖於甕中以水浸之令醋漉出熟蒸之棝箔上敷席置麥於上攤令厚二寸許預前一日刈藡葉薄無藡葉者刈胡枲擇去雜草無令有水露氣候麥冷以胡枲覆之

凡漆器盛夏連雨土氣蒸熱什器之屬雖不經夏用

六七月中各須一曝使乾世人見漆器暫在日中恐其炙壞合著陰潤之地雖欲愛愼朽敗更速

永嘉記曰含箭竹笋六月生味與箭竹笋相似

夏至後二十日漚枲枲和如絲

隋書禮儀志中迎含樞紐者含容也樞機有闔闢之義紐者結也言土德之帝能含容萬物開闔有時紐結有法也

唐書吐蕃傳吐蕃地直京師西八千里國多霆雹風雹積雪盛夏如中國春時山谷常冰

外臺祕要造淡豉法用黑豆二三斗六月內淘淨水浸一宿瀝乾蒸熟取出攤席上候微溫蒿覆每三日一看候黃衣上遍不可太過取曬簸淨以水拌乾濕得所以汁出指間爲準安甕中築實桑葉蓋厚三寸密封泥於日中曬七日取出曝一時又以水拌入甕如此七次再蒸過攤去火氣甕收築封卽成矣

酉陽雜俎胡椒出摩伽陁國呼爲昧履支其苗蔓生莖極柔弱葉長寸半有細條與葉齊條上結子兩兩相對其葉晨開暮合合則裹其子於葉中子形似漢椒至芳辣六月採今作胡盤肉食皆用之

十二辰蟲狀似蛇醫脚長色青赤肉鬣暑月時見於籬壁間俗云見者多稱意事其首倏忽更變爲十二辰狀

周易集解坤六二直方大不習無不利干寶曰陰氣在二六月之時自遯來也陰出地上佐陽成物臣道也妻道也

吳地記夏駕湖壽夢盛夏乘駕納涼之處

洽聞記曰濟國西南海中有三島各相去數十里其島出黃漆似中夏漆樹彼土六月破樹腹取汁以漆器物若黃金其光奪目

望氣經六月三日有霧則歲大熟

宋史樂志盛德在土宮聲乃作得徵而生以商爲相若用角則刑用羽則戰故季夏土王宜禁角羽

河渠志朔野之地深山窮谷固陰沍寒冰堅晚泮逮乎盛夏消釋方盡而沃蕩山石水帶羶腥併流於河故六月中旬後謂之礬山水

益部方物略記七寶花大抵玉蟬花類也擢穎挺挺盛夏則榮丹紫含英以寶見名

圖經本草黃連葉似甘菊花黃色六月結實似芹子色亦黃

獨活羌活春生苗葉如青麻六月開花作叢或黃或紫結實時葉黃者是夾石上生葉青者是土脈中生此草得風不搖無風自動故亦名獨搖草

秦艽根土黃色而相交糾枝幹高五六寸葉婆娑連莖梗俱青色如萵苣葉六月中開花紫色似葛花當月結子

夢溪筆談六月萬物小盛故曰小吉

倦遊錄嶺南暑月白蟻入木爲蝦土人夜以火燭取製爲鮓名天蝦鮓

物類相感志凡山石盛夏必汗出赤黃者金汗白而辛者銀汗

雞林記高麗黃漆生島上六月刺取瀋色若金日暴則乾本出百濟今號爲新羅漆

避暑錄話劉禹錫傳信方有桂漿法善造者暑月極快美

政和本草地錦草生近道田野莖葉細弱蔓延於地莖赤葉青紫色夏中茂盛六月開紅花結細實取苗子用之

黎州圖經黎州通望縣銷樟院有娑羅綿樹三四人連手合抱方匝先生花而後生葉其花盛夏方開謝時不背而墮宛轉至地其花藥有綿謂之娑羅綿

爾雅翼射干苗高二三尺葉似蠻薑而狹長排列如翅羽故名烏翣烏蒲烏扇花以六月開如萱草而小上有紅點人家庭砌多植以爲玩

鱖魚巨口而細鱗鬐鬣皆圓黃質黑章皮厚而肉緊特異常魚夏月盛熱時好藏石罅中人卽而取之

菊譜夏金鈴菊出西京開以六月深黃千葉甚與金萬鈴相類而花頭瘦小不甚鮮茂以生非時故也

桂海花木志茉莉花六月六日以治魚腥水一溉益佳

朱子集問四時取火何爲季夏又取一番曰土旺於未故再取之

朱子語錄五行之有土非土則不足以載四者土於四時各寄王十八日或謂王於戊己然季夏乃土之本宮故尤王夏末月令載中央土者以此故也

圖說五氣順布四時行焉金木水火分屬春夏秋冬土則寄旺四季如春屬木而淸明後十八日卽是土寄旺之時每季寄旺十八日共七十二日惟季夏十八日土氣爲最旺故能生秋金也

武昌記楚山東有小溪盛夏時凜然常有寒氣謂之寒溪

會稽志諸花少六出者唯梔子六出會稽有二種一

曰山梔生山谷中花瘦長香尤奇絕木梔生水涯花肥大倍於山梔而香差減近歲有千葉梔六月初始盛

玉海西京宮城南三門中曰長夏

蠡海集鬼神類九天生於六月二十四日者六爲陰數四六二十四老陰之策也老陰變少陽故應於雷神焉

昨夢錄猛火油出高麗東數千里日初出之時因盛夏日力烘石極熱則出液他物遇之卽爲火惟眞琉璃可貯之入水藻荇俱盡

山家清供胡麻酒盛夏飮一巨觥淸風颯然絕無暑氣其法漬麻子二升煎熟略炒加生薑二兩生龍腦葉一撮同炒細研投以煮醞五升濾去渣水浸之大有所益

北苑茶錄山木至夜益盛故欲尊生長之氣以糝雨露之澤每歲六月興工虛其本培其末滋蔓之草遏鬱之木悉用除之此之謂開畬

捫蝨新話南中花木性皆畏寒故茉莉惟六月六日種者尤盛

通考六月初六日晴主收乾稻雨謂之湛轆耳主有秋水

山居四要種菉豆法立秋前宜刈了麻地上種太早不生角若預占豆收否當年李多不蛀則宜豆忌卯日下種

便民圖纂造七醋用六月六日以黃陳倉米五斗爲率不淘淨浸七宿每日換水一次至七日做爲熟飯乘熱入甕按平封閉勿令氣出第三日翻動至第七日開再翻轉傾入井花水三擔又封七日再攪再封至三七二十一日成好醋此法簡妙

四時類要六月掃庭除候地毒熱出麥蒴攤至未時及熱收可以二年不蛀

七修類藁種蘿蔔法宜肥地撒種沙地尤效瘦地用糞作壟種帶露耙地則生蟲鋤不厭頻苗稠小拔令稀則肥大霜降後或醃或藏窖皆可七月種遲

蕪史六月六日食銀苗菜卽藕苗也

丹鉛錄朱子語錄云人謂楊億通禪學者以其有八角磨盤之句耳按北澗禪師偈云六月一日前萬象森羅替說禪六月一日後八角磨盤空裏走今朝正當六月一無位眞人赤骨律金毛獅子解翻身無角鐵牛眠石室十聖三賢摠不知笑倒寒山井拾得楊億因演之曰八角磨盤空裏走金毛獅子變作狗擬欲藏身北斗中應須合掌南辰後

熙朝樂事六月六日朱時作會於顯應觀因以避暑今會廢而觀亦不存自此遊湖者多於夜間停泊湖心月飮達旦而市中敲銅盞賣冰雪者鏗聒遠近是日郡人舁猫狗浴之河中致有汩沒淤泥踉蹌就斃者其取義竟不可曉也

荔枝譜食荔枝有益於人當盛夏時乘曉入林中帶露摘下浸以冷泉則殼脆肉寒色香味俱不變嚼之消如絳雪甘若醍醐沁心入脾蠲渴補髓啖可至數百顆

雪濤談叢滇省風俗每年於六月二十八日各家具束葦爲藁高七八尺凡兩樹置門首遇夜炳燎其光燭天是日各家俱用生肉切爲膾調以醯蒜不加烹餁名曰喫生總稱曰火節問其故謂弔忠臣王禕留此記蓋禕受命入滇說元梁王降王反殺禕醢其肉若爾則炳藁可也奚忍食生爲耶夫楚人競舟弔屈子也晉人禁煙傷介推也皆有不忍之意焉王公被醢而滇俗斫膾喫生毋乃倒置乎存炳火革食生可也

緗史月表六月花盟主蓮花玉簪茉莉花客卿百合山丹山礬水木犀花使令錦葵錦燈籠長雞冠仙人掌頳桐鳳仙花

花曆六月桐花馥菡萏爲蓮茉莉來賓凌霄結鳳仙降於庭雞冠環戸

月令演六月避伏三日天貺節六日鷹麥瓜初伏碧筒勸中伏竹篠飮　蓮誕二十四日

廣菌譜五木耳六月多雨時採之暴乾可烹食桑槐楮榆柳此爲五木耳

田家五行月內有西南風主生蟲損稻秋前損根可再抽苗秋後損者不復抽矣諺云秋前生蟲損一莖發一莖秋後生蟲損了一莖無了一莖

農政全書銀桃形圓色青白肉不黏核六月中熟

近峯記略文皇將靖難以六月十一日名三司府縣官出西瓜食因責以離間事執都指揮謝貴布政張昺殺之乃舉兵宸濠將謀不軌亦以六月十一日出西瓜與羣官共食執都御史孫燧副使許逵殺之乃舉兵事同而義殊不度德量力也

本草綱目造大小麥麴法用大麥米或小麥連皮井水淘淨曬乾六月六日磨碎以淘麥水和作塊楮葉包紮懸風處七十日可用矣

海槎餘錄榕樹最大其陰最密幹及三人圍抱者則
枝上生根綿綿垂地得土力又生枝如此數四其幹
有闊至三四丈者陰覆重重六月不知暑
濟世仁術做蓮花醋法白麪一斤蓮花三朶擣細米
和成團用紙包裹掛於風處一月後取出以糙米一
斗水浸一宿蒸熟用水一斗釀之用紙七層密封定
每層寫七日字遇七日揭去一層至四十九日然後
開封㸃出煎數沸收之
濟陰方土王濕氣起居宜避慎之六月濕熱尤宜節
飲凉冷及居處濕寒之地
選擇曆書六月土王用事日後不宜興土工事
安確磑開渠穿井忌土王用事後日
野獲編時俗婦女多以六月六日沐髮謂沐之則不
膩不垢
昌平山水記黍谷亦謂之寒谷山有風洞洞口風氣
凜冽盛夏人不敢入
廣東新語素馨毬以挂複斗帳中雖盛夏能除炎熱
枕簟爲之生凉
輝縣志白龍潭在鴨子口西南飛練灑雪恍似玉龍
倒臥崖壁間噌吰鏜鞳響震岩谷乍觀者多却步不
敢俯視遇盛夏雷雨交作往往有白龍見雲際
廣信府志清風峽在鉛山縣西北五里有土山洗而
出石得巨巃兩崖嶄嵒寒氣逼人峽長五丈闊五尺
在裂石間行清風透體六月如秋

季夏部外編

菩薩本行經佛在鬱單羅延國領千二百衆村落間
時天盛熱路無蔭凉一放羊人念言三界之師冒涉
盛暑編草作蓋用覆佛上捉隨佛行去羊太遠放蓋
擲地還趨羊邊佛告阿難此人敬心十三劫中天上
世間生尊貴處竟十三劫成辟支佛名阿耨婆達
藏經六月初四日南贍部洲轉大法輪
道經六月初四日太素三元君朝眞
雲笈七籤晉興寧三年六月二十三日夜王母第四
女南極王夫人降眞人楊羲家因吟授羲曰林振須
類感雲鬱待龍吟元數自相求觸節皆有音飛軿出
西華總轡忽來尋八遐非無娛同詠理自欽悼此四
維內百憂常在心俱遊北寒臺神風開爾襟
法苑珠林晉咸康中建安太守孟景欲建刹立寺夕
聞牀頭鏘然視得舍利三枚因立寺刹元嘉十六年
六月舍利放光通照上下七夕乃止
一統志弘州人張珪晩𥓓神溪孤石上有神自空而
下言曰律呂律呂上天敕汝六月二十日行硬雨語
畢而去珪至家遍語鄰村人使速收麥未及收者至
期爲雨所傷事聞朝廷遣使祭焉遂立律呂神於孤
石上

伏日部彙考

史記

秦本紀

德公二年初伏以狗禦蠱

注孟康曰六月伏日初也周時無至此乃有之
正義曰六月三伏之節起秦德公爲之故云初伏
伏者隱伏避盛暑也曆忌釋云伏者何以金氣伏
藏之日也四時代謝皆以相生立春木代水水生
木立夏火代木木生火立冬水代金金生水立秋
以金代火故至庚日必伏庚者金故曰伏也　徐
廣曰年表云初作伏祠社磔狗邑四門也　正義
曰蠱者熱毒惡氣爲傷害人故磔狗以禦之狗陽
畜也左傳云血蠱爲蠱顧野王云穀皆積變爲飛
蠱也

封禪書

秦德公既立卜居雍後子孫飲馬於河遂都雍雍之
諸祠自此興用三百牢於鄜時作伏祠磔狗邑四門
以禦蠱菑

注索隱曰服虔云周時無伏秦始作之漢舊儀云
伏者萬鬼行故閉晝日不干求也東觀漢記和帝
初令伏閉晝日是也又曆忌釋曰伏者何金氣伏
藏之名四時代謝皆以相生而春木代水水生木
也夏火代木木生火也冬水代金金生水也至秋
則以金代火金畏於火故凡至庚日必伏庚者金
也案樂彥云左傳血蠱爲蠱梟磔之鬼亦爲蠱故
月令云大儺旁磔注云磔禳也厲鬼亦爲蠱將出
害人旁磔於四方之門故此亦磔狗邑四門也風

俗通云殺大禖禳也

緗素雜記

伏日考

漢郊祀志秦德公立二年卜居雍子孫飲馬於河遂都雍雍之諸祠自此與用三百牢於鄜時作伏祠孟康云六月伏日初也周時無至此乃有之顏師古曰伏者謂陰氣將起迫於殘陽而未得升故爲藏伏因名伏日也立秋之後以金代火金畏於火故至庚日必伏庚金也謂金氣伏藏之日也又荆楚歲時記按曆忌云四時代謝皆以相生立春木代水水生木立夏火代木木生火立秋金代火金畏火立冬水代金金生水故至庚日必伏庚者金也是月之雨田家以爲甘澤邑里相賀名曰嘉雨穀雨嘉雨也曹植大暑賦云席季夏之三伏潘岳賦云初伏起新節按陰陽書曰夏至後第三庚爲初伏第四庚爲中伏立秋後初庚爲末伏

事物紀原

三伏

曆忌釋曰三伏無定日伏者何也金氣伏藏之日也四時代謝皆以相生立秋以金代火而金畏火庚日爲金故値庚日必伏陰陽書夏至後第三庚爲初伏四庚爲中伏立秋後初庚爲末伏史記云周時不書伏三伏之名始於秦德公時又云六月上伏始皇置也夢華錄云唐時都人最重三伏蓋六月並無時節故於伏日往來風亭水榭雪檻冰盤浮瓜沉李新荷苞鮓曲水流盃笙歌通夕而罷

農政全書

占候

三伏中大熱冬必多雨雪　老農云三伏中槁稻天氣又當下壅時最要晴晴則熱故也伏裏西北風臘裏船不通

遵生八牋

伏日事宜

三伏日宜服腎瀝湯治男子虛羸五勞七傷風濕藏虛耳聾目暗方乾地黃六分黃芪六分茯苓六分五味子四分羚羊角四分桑螵蛸三兩炙地骨皮一兩桂心一兩門冬五分去心磁石一錢二分打碎水洗令黑汁出盡爲止羊腎二筒豬腎亦可去脂膜切如柳葉以水四升先煮去水升半即掠去水上肥沫及腎滓取汁煎諸藥澄清去滓分爲三服三伏日各服一料隨人加減亦可忌食大蒜生葱冷陳滑物空心平旦服之

舊俗曰造醬用三伏黃道日浸豆黃道日拌黃用草烏五七箇切作四片撒上其蛆盡死

抱朴子養生書云三伏內用甘草一錢好明白滑石六錢爲末和水飲之名六一散令人免中暑泄瀉之病三伏內服十味香薷飲方香薷數年陳者一兩人參陳皮白朮炒白扁豆炒茯苓黃芪木瓜厚朴薑汁浸甘草各五錢共爲飲片水煎停冷服之或爲細末水調一二錢服三伏時用門冬五味子人參泡湯代茶謂之參麥散消渴生津

又曰三伏中用黃芪茯苓煎膏入甘草末二分以井涼水調服治譫狂大消暑熱毒烝

又方木瓜擣用木瓜十兩去皮細切以湯淋浸加蓮片一兩甘草二兩紫蘇十兩鹽一兩每用些少泡湯沈之井中候極冷飲之

又方梅醬喫水方用黃熟梅十斤蒸爛去核將肉秤有幾斤每斤加鹽三錢紫蘇乾一兩乾薑絲二錢甘草三錢攪勻日中大曬待紅黑色收起用時加白豆仁檀香些少飴糖調勻和水服最解暑渴

伏日事忌

四時纂要曰三伏日不可嫁娶傷夫婦不吉

三伏內腹中常冷特忌下利恐泄陰氣故不宜鍼灸惟宜發汗

直隸志書 各省風俗同者不載

豐潤縣

伏日造麴醬初伏日洗頭去風是月也黍始登

平谷縣

初伏日居民各以麥麵造酒麴

永平府

夏至後第三庚爲初伏第四庚爲中伏伏日宜窨麴醬麴有單細而醬以生熟占初伏雨主秋旱鋤茄十次每秧結十茄人洗頭去風以杏仁炒麥子食數粒一年頭不痛心無嘔凡伏寒爲災與唐五行志占仝時黍將登

肅寧縣

頭伏冷一科豆打一捧頭伏熱一科豆打一捻又云三伏無雨休種麥

任丘縣

伏日早食綠豆湯午食刀切麵

交河縣

初伏日雨主旱諺云淋伏頭旱伏尾

晉州

伏日造醬

山東志書

陽信縣

初伏蓺綠豆作豉料

曹縣

初伏日食冷餅洗六畜

朝城縣

初伏早以麥仁豇豆綠豆作飯水淘食之以却暑

山西志書

潞安府

伏日爲避暑飲

潞城縣

伏日婦女遊伏食炒麥

臨縣

初伏日浴於湫河謂之洗百病

江南志書

長洲縣

三伏宜晴宜熱諺云六月弗熱五穀不結

松江府

三伏中宜大熱熱則苗茂諺云六月不熱五穀不結又云六月蓋被田中無米

黟縣

上伏種胡麻中伏種粟

含山縣

六月伏日多製六一散香薷引以却暑

浙江志書

杭州府

三伏有施香薷飲者

龍泉縣

伏日切不可近新婦犯之大凶

江西志書

永豐縣

伏日具香燭酒果詣神廟上三伏香又有施茶飲於路傍祈福利者至伏盡乃止

湖廣志書

通山縣

伏日曰三伏修景

江陵縣

伏日作湯餅食名爲辟惡餅

廣東志書

始興縣

三伏至日在角最炎熱謂秋老鼠

伏日部藝文一

大暑賦　晉夏侯湛

惟青春之謝兮接朱明之季月何太陽之赫曦乃鬱陶以興熱於是大呂統律祝融紀節蒸澤外熙太陰內閉若乃三伏相仍徂暑彤彤上無纖雲下無微風扶桑熙其增燠天氣煜其南升爾乃土墳墜坼谷枯川竭寒泉潛沸冰井騰沫洪液蒸於畢簟兮珠汗沾乎絺葛溫風翕其至兮若灑湯於玉質沃新水以達夕振輕箑以終日

納涼賦　隋盧思道

祝融司方朱明屆序氣乃初伏節惟徂暑積歊蒸於簾櫳流煩溽於園籞陽風澳其長扇火雲赫而四舉爾乃警六御按三條擊鼉鼓吹鳳簫雲車錯轂鱗馬齊鑣入雲宮之巉嵯登仙觀之名嶢引雄風於洞穴承清露於丹霄動颸颸於翠帳散菲微於綺寮

遊大字院記　宋歐陽修

六月之庚金伏火見往往暑虹晝明驚雷破柱鬱雲蒸雨斜風酷熱非有清勝不可以消煩炎故與諸君子有普明後園之遊春筍解籜夏潦漲渠引流穿林命席當水紅薇始開影照波上折花弄流銜觴對奕非有清吟嘯歌不足以開歡情故與諸君子有避暑之詠太素最少飲詩獨先成坐者欣然繼之日斜酒歡不能徧以詩寫獨留名於壁而去他日語且道之拂塵視壁某人題也因共索舊句揭之於版以致一時之勝而爲後會之尋云

伏日部藝文二詩

嘲熱客　晉程曉

平生三伏時道路無行車閉門避暑臥出入不相過今世䄍䄍子觸熱到人家主人聞客來顰蹙奈此何謂當起行去安坐正咨嗟所說無一急喈哈一何多疲倦向之久甫問君極那搖扇髀中痛流汗正滂沱莫謂爲小事亦是一人瑕傳戒諸高明熱行宜見訶

懷縣作　潘岳

南陸迎修景朱明送末垂初伏啓新節隆暑方赫曦

朝想慶雲興夕馳白日移揮汗辭中宇登城臨清池涼飈自遠集輕衿隨風吹靈圃耀華果通衢列高椅瓜瓞蔓長苞薑芋紛廣畦稻栽肅芊芊黍苗何離離盧薄之時用位微名日卑驅役宰兩邑政績竟無施自我違京輦四載迄於斯器非廟廊姿屢出固其宜徒懷越鳥志眷戀想南枝

苦熱行　梁簡文帝

六龍騖不息三伏起炎陽寢興煩几案俯仰倦幃牀滂沱汗似鑠微靡風如湯洞池媿玉浪蘭殿非含霜細簾時半卷輕幌乍橫張雲斜花影沒日落荷心香願見洪崖井詎憐河朔觴

夏夜獨坐　蕭子範

節序值徂炎茲宵在三伏憑軒佇凉氣中筵倦煩燠寂寞對空窻清流臨夜竹蟲音亂堦草螢光繞庭木簾月夜斜輝風光起餘馥一傷年志罷長嗟逝波速

和長孫祕監伏日苦熱　唐任希古

玉署三時曉金羈五日歸北林開逸徑東閣敞閑扉池鏡分天色雲峯減日輝游鱗映荷聚驚翰遶林飛披襟揚子宅舒嘯仰重闈

東郊納涼憶左威衛李録事收昆季太原崔參軍三首 并序　樓穎

僕三伏於通化門東北數里避暑之地地即故倅天宮顧公之舊林今貳宰君李公之別業右抵禁籞斜界沁園空水相輝步虹橋而下視竹木交映弄仙棹而傍窺足滌煩襟陶蒸暑獨往成興恨不與數公共之率然有作因以見意

水竹誰家宅幽庭向苑門今知季倫沼舊是辟疆園餞鷺窺魚靜鳴鵶帶子喧興成祇自適欲白返忘言納涼每選地近得青門東林與繚垣接池將沁水通枝交帝女樹橋映美人虹想是忘憂者悠悠在興中林間求適意池上得清飈稍稍斜回檝時時一度橋水光壁際動山影浪中搖不見李元禮神仙何處要

同李吏部伏日口號呈元庶子路中丞　包佶

火炎逢六月金伏過三庚幾度衣裳汗誰家枕簟清頒氷無下位裁扇有高名吏部還開甕殷勤二客情

夏日陪馮許二侍郎與嚴祕書遊昊天觀覽舊題寄同里楊華州中丞　武元衡

三伏草木變九城車馬煩碧霄迴騎射丹洞入桃源臺殿雲浮棟纓緌鶴在軒莫將真破妄聊用靜持喧石甃古苔冷水筠涼簟翻黃公壚下歎旌旆國東門

何處堪避暑　白居易

何處堪避暑林間背日樓何處好追涼池上隨風舟日高饑始食食竟飽還遊遊罷睡一覺覺來茶一甌眼明見青山耳醒聞碧流脫襪閑濯足解巾快搔頭如此來幾時已過六七秋從心至百骸無一不自由拙退是其分榮耀非所求雖被世間笑終無身外憂此語君莫怪靜思我亦愁如何三伏月楊尹謫虔州

廣州王園寺伏日卽事寄北中親友　劉言史

南越逢初伏東林度一朝曲池煎畏景高閣絕微飈竹簟移先灑蒲葵破復搖地偏毛瘴近山毒火威饒裛汗絺如濯親牀枕並燒墮枝傷翠羽萎葉惜紅蕉且困流金爍難成獨酌謠望霖窺潤礎思吹候生條旅恨生烏滸鄉心繫洛橋誰憐在炎客一夕壯容銷

夏日東齋　曹松

三庚到秋伏偶來松檻立熱少清風多開門放山入

同陸使君水堂納涼　釋皎然

柳家陶暑亭意遠不可齊煩襟蕩朱絃高步援綠蔓愛公瀟亭客來是清風攜滉漾前谿上曠望古郡西六月正中伏水軒氣常凄野香襲荷芰道性親凫鷖禪子顧惠休逸民重劉黎乃知高世量不以出處暌

苦熱　宋韓琦

皇祐辛卯夏六月朔伏暑始伏之七日大熱極炎苦赫日燒扶桑焰焰指亭午陽烏自焦爍垂翅不西舉

初伏日招王幾道小飲　歐陽修

北園數畝官牆下嗟我官居如傳舍滹沱北渡馬踏冰西山病歸花已謝落英不見空繞樹細草初長猶可藉空園一鎖不復窺不覺芳蹊繁早夏隔牆時時聞好鳥如得嘉賓聽清話今朝試去繞園尋綠李橫枝礙行馬蒲萄憶見初引蔓翠葉陰陰還滿架紅榴最晚子已繁猶有殘花藏葉罅人生有酒復何求官事無了須偷暇古云伏日當早歸況今著令許休假能來解帶相就飲爲子埽月開風榭

中伏日妙覺寺避暑　梅堯臣

紺宇迎涼日方牀御絡衣清談停玉麈雅曲弄金徽高樹秋聲早長廊暑氣微不須河朔飲煮茗自忘歸

甲辰初伏快雨涼風晝寢初覺庭前小欄花木各有意氣效柏梁體　蔡襄

閏夏天氣熱焰烘祟朝快雨隨清風晝軒夢覺開前櫳畫欄花草意氣雄側枕遙聞數異同如此微物煩

化工盍各言爾之所從繁葩富豔生朱紅川海棠枯條大蕊千萬重緋桃修幹點綴亦日中蜀葵獨去憂忿誰與功萱草採摘烹煮袪煩胷百合秋霜巨實垂如甕木瓜橫柯遠引交加叢紅玫瑰葉抽綠劍端黃茸山丹直立開披泉貨通金錢壘繞翠羽翻蚪龍薜荔誤入畦町非余公蓖麻助滌渴肺思匪躬麥門冬物物自名詞不窮顧當我意乃汝容負汝不飮慙衰翁

六月十日中伏玉峯園避暑值雨　文同

南園避中伏意適晚忘歸牆外谷雲起簷前山雨飛興餘思秉燭坐久欲添衣爲愛東崗下泉聲遶翠微

三伏暑甚七月八日立秋是日風作爽凉炎酷頓消老病欣然乃命酒成詩　張耒

西風吹淡白窻戶含淒淸炎凉一朝變徂暑逝不停山堂曉瀟灑病叟葛巾輕平時千雲樹芳葉亦復零

伏日四望亭分韻得月字　王十朋

伏日何處遊危亭蔭淸樾十客同我登詩興浩然發四簷山在眼奚用更拄笏小飮未成醺天邊見新月

伏日　明文徵明

九衢三伏漲黃塵病髮蕭蕭罣葛巾正好關門消永日可堪曳履見時人驚風梧葉常疑雨窺戶薇花不是春睡起北窻修茗供月團香細石泉新

伏日部選句

梁昭明太子啓三伏漸終九夏將謝螢飛腐草光浮帳裏之書蟬噪繁柯影入機中之鬢

何遜詩願以三伏晨催促九秋換

唐岑參詩凜凜三伏寒巉巉五丁迹

高適詩猶是對夏伏幾時有凉飈

姚合詩下伏秋期近還知扇漸疎

李頻詩蟬從初伏噪客向晚凉吟

羅鄴詩休搖雉尾當三伏似展龍鱗在一牀

黃滔詩山寒徹三伏松偃出千年

李洞詩松下度三伏磬中銷五更

宋韓琦詩人間酷暑痛庚伏

蘇軾眞一酒歌三伏遇井了不嘗釀爲眞一和而莊

朱熹詩病隨庚伏盡劵向晚凉開

釋惠洪詩炎炎三伏過中伏秋光先到幽人家

元陳天錫詩雨收三伏暑風送一帆秋

伏日部紀事

史記留侯世家良嘗步游下邳圯上有一老父至良所出一編書曰讀此則爲王者師後十年興十三年孺子見我濟北穀城山下黃石卽我矣遂去後十三年從高祖過濟北果見穀城山下黃石取而葆祠之留侯死幷葬黃石冢每上冢伏臘祠黃石

漢書東方朔傳朔爲常侍郎得愛幸伏日詔賜從官肉大官丞日晏不來朔獨拔劍割肉謂其同官曰伏日當蚤歸請受賜卽懷肉去大官奏之朔入上曰昨賜肉不待詔以劍割肉而去之何也朔免冠謝上曰先生起自責也朔再拜曰朔來朔來受賜不待詔何無禮也拔劍割肉一何壯也割之不多又何廉也歸遺細君又何仁也上笑曰使先生自責迺反自譽復賜酒一石肉百斤歸遺細君

書儀六月三庚伏日昔賈誼在湘南六月三庚日有服鳥來時以南方毒惡以助太陽銷鑠萬物因損人故避之

後漢書和帝本紀永元六年六月初令伏閉盡日注漢官舊儀曰伏日萬鬼行故盡日閉不干他事

風俗通義漢中巴蜀自擇伏日俗說漢中巴蜀廣漢土地溫暑草木早生晚枯氣異中國故令自擇伏日也謹按漢書高帝分四部之衆用良平之策還定三秦席卷天下蓋君子所因者本也論功定封加以金帛重復寵異令自擇伏日不同凡俗

四民月令初伏薦麥瓜於祖禰

魏典略大駕都許使光祿大夫劉松北鎭袁紹軍與紹子弟日共宴飮常以三伏之際晝夜酣飮極醉至於無知云以避一時之暑故河朔有避暑飮

酉陽雜俎歷城北有使君林魏正始中鄭公慤三伏之際每率賓僚避暑於此取大蓮葉置硯格上盛酒三升以簪刺葉令與柄通屈莖上輪囷如象鼻傳噏之名爲碧筩杯酒味雜蓮氣香冷勝於水

世說郗嘉賓三伏之日詣謝公炎暑熏赫雖復當風交扇猶沾汗流漓謝著故絹衣食熱白粥晏然無異郗謂謝公曰非君幾不堪此

鄴中記石季龍於冰井臺藏冰三伏之月以冰賜大

臣

圖畫見聞志梁劉彥齊所藏名蹟不啻千卷每暑伏曬曝一一親自卷舒終日不倦

洛陽伽藍記千秋門內道北有西遊園園中有凌雲臺即魏文帝所築者高祖於臺北造涼風觀觀東有靈芝釣臺累木爲之去地二十丈風生戶牖雲起棟梁三伏之月皇帝於此避暑

荊楚歲時記六月伏日並作湯餅名爲辟惡 註 魏氏春秋何晏以伏日食湯餅取巾拭汗面色皎然乃知非傅粉則伏日湯餅自魏已來有之

唐會要天寶五載六月三日敕三伏內令宰相辰時還宅

開元天寶遺事楊氏子弟每至伏中取大冰使匠琢爲山周圍於宴席間座客雖酒酣而各有寒色亦有挾纊者

楊國忠子弟以奸媚結識朝士每至伏日取堅冰令工人鏤爲鳳獸之形或飾以金環綵帶置之雕盤中送與王公大臣惟張九齡不受此惠

長安富家子劉逸李閑衛曠家世富豪而好待士每至暑伏中各於林亭內植畫柱以錦結爲涼棚設坐具召長安名妓間坐遞請爲避暑會人皆愛羨

唐都人伏天於風亭水榭雪檻冰盤浮瓜沉李流杯曲沼通夕而罷

銷夏榮輯子邕酷好圖畫務廣蓄每三伏中曝之各以其類循次間展徧滿其家每一種日日更換旬日始了好事家鮮其比也

圖畫見聞志端拱元年以崇文院之中堂置祕閣命吏部侍郎李至兼祕書監點檢供御圖書選三館正本書萬卷寘之祕閣以進御退餘藏於閣內又從中降圖畫前賢墨蹟數千卷以藏之淳化中閣成上飛白書額親幸召近臣縱觀圖籍賜宴每歲因暑伏曝爇近臣暨館閣諸公張筵縱觀圖典之盛無替大祿石渠妙楷寶蹟矣

玉海淳化五年六月庚寅初伏上親書紅綾扇賜近臣各一

梁溪漫志溫公獨樂園之讀書堂文史萬餘卷公晨夕所閱雖累年如新嘗謂其子公休曰吾每歲以上伏及重陽間暴其書之腦所以年深不損

東京夢華錄都人最重三伏往風亭水榭峻宇高樓雪檻冰盤沈李浮瓜流杯曲沼苞鮓新荷遠邇笙歌通夕始罷

乾淳歲時記宰執親王三衙從官內侍省官伏日賜暑藥

禁中避暑多御復古選德等殿及翠寒堂納涼長松修竹濃翠蔽日層巒奇岫靜窈縈深寒瀑飛空下注大池可十畝洪景盧學士嘗賜對於翠寒堂當三伏中體粟戰慄不可久立上問故笑遣中貴人以北綾半臂賜之

玉堂雜記學士院官若侍從以上兼領自從本官或庶僚權直院三伏賜冰一擔時果五品

歲華紀麗譜六月初伏日會監司中伏日會職官以上末伏日會府縣官皆就江瀆廟設廳初文潞公建設廳以伏日爲會識者自是以爲常早宴罷泛舟池中復出就廳晚宴觀者臨池張飲盡日爲樂趙清獻公使限錢但爲初伏會今因之

帝京景物略三伏日洗象錦衣衛官以旗鼓迎象出順承門浴響閘象次第入於河則蒼山之頹也額耳昂回鼻舒紏吸噓出水面矯矯有蛟龍之勢象奴挽索據脊時時出沒其習觀者兩岸各萬衆面首如鱗次貝編焉然浴之不能須臾象奴輒調御令起云浴久則相雌雄相雌雄則狂

伏日部雜錄

陶朱公書伏裏西北風主冬冰堅諺云伏裏西北風臘裏船弗通虹見主麥貴日蝕主旱有霧亦主旱諺云六月裏迷霧要雨到白露西南風主蟲損稻

藏麥三伏烈日之中曬極乾先將稻草灰鋪缸底帶熱而收復以灰蓋之用蒼耳粹蓼及麻葉碎雜其中可免化蛾

漢書楊惲報孫會宗曰田家作苦歲時伏臘烹羊炰羔斗酒自勞

水經注楊溪水清冷甚於大溪縱暑伏之辰尚無能渫其津流也

武周縣有東西谷廣十許步南岸下有風穴厥大容人其深不測而穴中肅肅常有微風雖三伏盛暑猶須襲裘寒吹凌人不可暫停

齊民要術種瞿麥法以伏爲時畝收十石渾蒸曝乾舂去皮米全不碎炊作飧甚滑細磨下絹簁作餅亦滑美

小豆夏至後十日種者爲上時初伏斷手爲中時中

伏斷手爲下時中伏以後則晩矣

陰陽書從夏至後第三庚爲初伏第四庚爲中伏立秋後初庚爲後伏謂之三伏曹植謂之三旬

玉堂閑話隴城縣東柯僧院其有幽致高檻可以眺遠虛窻可以來風遊人如市其山北有隗囂避暑宮對面瀑布瀉出於蒼崖之間三伏生凉人跡罕至

膳夫錄汴中節食伏日綠荷包子

山居四要收椒中伏後遇天色晴明帶露收陰一日之後曬三日則紅而裂遇雨薄攤當風處頻翻若盦則黑又不香仍收椒子用乾土和拌攪勻埋於避雨水地內約深一尺勿令水浸生芽

便民纂要造醬三伏中不拘黃黑豆揀淨水浸一宿灑出煮爛用白麪拌勻攤蘆席上用楮葉或蒼耳葉蓋一日發熱二日作黃衣三日後翻轉曬乾黃子一斤用鹽四兩爲率井水下水高黃子一拳曬須不犯生水

七修類稾種葫蘿蔔宜於伏內畦種或肥地漫種頻澆灌則肥大

家塾事親造神麴方頭伏六月六日取麥一斗新汲井花水一桶淘淨曬極乾當日磨爲細末將淘米水澄清和麴每斗一升分作三塊用麻葉包懸風道凉處七十日可用每米一斗用麴三塊或一斤半

食物本草種小豆以初伏爲上中伏次之後則難爲種子

蓬窻續話襏襫凉笠也以竹爲胎蒙以帛暑時戴之以遮日程曉伏日詩今世襏襫子觸熱到人家

居山雜志美竹高者至數丈其名曰毛竹三伏蔭其下無暑氣然獨宜山岡則不移之平陸則勿活

清閟供六月初伏爲麥瓜中伏碧筒勸竹篠飲

本草綱目千年艾三伏日采葉曬乾葉不似艾而作艾香搓之即碎不似艾葉成茸也

三伏鑄錢其汁不清俗名爐凍蓋火尅金也

硫黃神仙藥也三伏日餌百粒去臟腑積滯有驗

造麴麴法三伏時用白麪五斤菉豆五升以蓼汁煮爛辣蓼末五兩杏仁末十兩和踏成餅楮葉裹懸風處候生黃收之

銷夏壽陽記曰明義井三伏之日炎暑赫曦男女往來其氣短急望見義井則喜不可言未至而憂既至而樂號爲歡樂井

燕都遊覽志積水潭在都城西北隅或名淨業湖每年三伏日錦衣衛率御馬監官校浴馬湖中如灌雲錦

欽定古今圖書集成曆象彙編歲功典

第五十七卷目錄

秋部彙考
易經 說卦傳
書經 周官
詩經 小雅四月章
禮記 王制　祭統
周禮 春官　秋官
爾雅 釋天
易通統圖 西陛
尚書考靈耀 虛爲秋期　治兵
孝經鉤命決 時政
素問 四氣調神大論篇　玉機眞藏論篇　六節藏象論篇　診要經終論篇　脈要精微論篇
管子 幼官篇　四時篇　五行篇　七臣七主篇　禁藏篇　度地篇　輕重己篇
尸子 秋爲禮
漢書 律曆志　天文志
淮南子 原道訓　天文訓　時則訓　五位　主術訓
春秋繁露 五行逆順篇　五行五事篇
大戴禮記 千乘篇
晉書 律曆志
陸機纂要 秋樹　秋雨
梁元帝纂要 秋時景略
農政全書 秋氣十八候
遵生八牋 秋三月調攝總類　修養肺臟法　七八九月行肺臟導引法　秋季攝生消息論　秋時幽賞
江西志書 武寧縣　寧州
福建志書 惠安縣　福寧州
廣東志書 石城縣

歲功典第五十七卷

秋部彙考

易經

說卦傳

兌正秋也萬物之所說也故曰說言乎兌

書經

周官

司寇掌邦禁詰姦慝刑暴亂

蔡傳 秋官卿主寇賊法禁

詩經

小雅四月章

秋日淒淒百卉具腓

朱注 淒淒涼風也卉草腓病也 大全 呂氏曰秋日猶云秋時也

禮記

王制

天子諸侯宗廟之祭秋曰嘗

陳注 疏曰嘗者新穀熟而嘗也

祭統

古者於嘗也出田邑發秋政順陰義也故記曰嘗之日發公室示賞也草艾則墨未發秋政則民弗敢草也

陳注 發公室因物之成而用之以行賞也草艾則墨者因其枯槁之時艾之以給爨墨五刑之輕者

周禮

春官

大宗伯以嘗秋享先王

訂義 鄭諤曰秋冬以獮狩而奉祭祀百物既登可献者衆秋以薦新爲主嘗者物初成始可嘗於是而薦新也

以賓禮親邦國秋見曰覲

訂義 鄭康成曰覲之言勤也欲其勤王之事也

秋官

司寇

訂義 鄭諤曰秋者天地嚴凝之氣肅殺萬物之時刑者人君所以肅天下之不肅故掌刑之官屬乎秋言刑之用如秋氣之肅殺

大行人掌大賓之禮及大客之儀以親諸侯秋覲以比邦國之功

訂義 鄭諤曰秋者物成之時人之立事自春而圖之積功至秋亦可以成矣故秋言比功謂秋爲萬物之成耳

爾雅

釋天

秋爲白藏

疏秋之氣和則色白而收藏

秋爲收成

注此亦秋之別號

易通統圖

西陸

秋日行西方白道曰西陸

尚書考靈耀

虛爲秋候

虛星爲秋候昴星爲冬期陰氣相佐德乃不邪子助母收母合子符

治兵

秋絕太白是謂大武用時治兵得功

孝經鉤命決

時政

秋政不失人民昌

素問

四氣調神大論篇

秋三月此爲容平

注容盛也萬物皆盛實而平定也

天氣以急地氣以明

注寒氣上升故天氣以急陽氣下降故地氣以明

早臥早起與雞俱興

注雞鳴早而出時晏與雞俱興與春夏之早起少遲所以養秋收之氣也

使志安寧以緩秋刑

注陽和日退陰寒日生故使神志安寧以避肅殺之氣

收斂神氣使秋氣平無外其志使肺氣清

注皆所以順秋收之氣而使肺金清淨也

此秋氣之應養收之道也

注凡此應秋氣者所以養收氣之道也

逆之則傷肺冬爲飧泄奉藏者少

注肺屬金王於秋逆秋收之氣則傷肺矣肺傷至冬爲飧泄之病因奉藏者少故也蓋秋收而後冬藏陽藏於陰而爲中焦釜底之燃以腐化水穀秋失其收則奉藏者少至冬寒水用事陽氣下虛則水穀不化而爲飧泄矣

玉機眞藏論篇

帝曰秋脈如浮何如而浮岐伯曰秋脈者肺也西方金也萬物之所以收成也故其氣來輕虛以浮來急去散故曰浮反此者病

注秋氣降收外虛內實故脈來急外虛故浮而散也

帝曰何如而反岐伯曰其氣來毛而中央堅兩旁虛此謂太過病在外其氣來毛而微此謂不及病在中

注如楡莢而兩旁虛中央實此肺之平脈堅則爲太過矣毛而微是中央兩旁皆虛此所生之母氣不足而致肺氣更衰微也

帝曰秋脈太過與不及其病皆何如岐伯曰太過則令人逆氣而背痛慍慍然其不及則令人喘呼吸少氣而欬上氣見血下聞病音

注肺主周身之氣太過則反逆於外而爲背痛肺之俞在肩背也慍慍憂鬱不舒之貌經曰氣并於肺則憂其不及則令人氣虛而喘呼吸少氣而欬虛氣上逆則血隨而上行虛氣下逆則聞呻吟之病音蓋肺主氣而司呼吸開闔其太過則盛逆於外其不及則虛逆於內也

六節藏象論篇

肺者氣之本魄之處也其華在毛其充在皮爲陽中之太陰通於秋氣

注肺主氣而藏魄故爲氣之本魄之處也肺主皮毛故華在毛充在皮也藏眞居高而屬陰故爲陽中之太陰而通於秋氣秋主肺也

診要經終論篇

七月八月陰氣始殺人氣在肺

注始殺者氣始肅殺也申酉二月屬金而人氣在肺

九月十月陰氣始冰地氣始閉人氣在心

注收藏之氣從天而降肺屬乾金而主天爲心藏之葢故秋冬之氣從肺而心心而腎也

脈要精微論篇

秋日下膚蟄蟲將去

注秋氣降收如蟄蟲之將去外而內藏之象

藏氣法時論篇

肺主秋手太陰陽明主治其日庚辛肺苦氣上逆急食苦以泄之

注肺主秋金之令手太陰主辛金陽明主庚金二經相爲表裏而主治經氣庚爲陽金辛爲陰金在時主秋在日主庚辛肺主收降之令故苦氣上逆宜食苦以泄下之

管子

幼官篇

秋行夏政葉行春政華行冬政耗十二期風至戒秋事十二小卯薄百爵十二白露下收聚十二復理賜予十二始前節第賦事十二始卯合男女十二中卯十二下卯三卯同事九和時節君服白色味辛味聽商聲治濕氣用九數飲於白后之井以介蟲之火爨藏恭敬行搏鋭坦氣修通凡物開靜形生理間男女之畜修鄉里之什伍量委積之多寡定府官之計數養老弱而勿通信利害而無私此居於圖西方

四時篇

西方曰辰其時曰秋其氣曰陰陰生金與甲其德憂哀靜正嚴順居不敢淫佚其事號令毋使民淫暴順旅聚收量民資以畜聚賞彼羣幹聚彼羣材百物乃收使民毋怠所惡其察所欲必得我信則克此謂辰德辰掌收收爲陰秋行春政則榮行夏政則水行冬政則耗是故秋三月以庚辛之日發五政一政曰禁博塞圉小辯鬬譯跽二政曰毋見五兵之刃三政曰愼旅農趣聚收四政曰補缺塞坼五政曰修牆垣周門閭五政苟時五穀皆入

五行篇

睹庚子金行御天子出令命祝宗選禽獸之禁五穀之先熟者而薦之祖廟與五祀鬼神饗其氣焉君子食其味焉然則凉風至白露下天子出令命左右司馬衍組甲厲兵合什爲伍以修於四境之內諛然告民有事所以待天地之殺斂也然則晝炙陽夕下露地競環五穀鄰熟草木茂實歲農豐年大茂七十二日而畢

按禁謂牢囹圄所養擬供祭祀也組甲謂以組貫甲也諛悅順貌有事謂出師以伐不順象天地殺斂也環炙實貌方秋之日晝則暴炙夕則下寒露而潤之陰陽更生故地交競而炙實鄰緊也陰陽氣足故緊熟地質堅剛曰競氣斂還爲環五穀次收曰鄰熟鄰相比也

睹庚子金行御天子攻山擊石有兵作戰而敗士死喪執政七十二日而畢

七臣七主篇

秋毋赦過釋罪緩刑秋政不禁則姦邪不勝

禁藏篇

秋行五刑誅大罪所以禁淫邪止盜賊

度地篇

當秋三月山川百泉涌降雨下山水出海路距雨露屬天地湊汐利以疾作收斂毋留一日把百日餔民毋男女皆行於野不利作土功之事濡濕日生土弱難成利耗什分之六土工之事亦不立

輕重己篇

以夏日至始數四十六日夏盡而秋始而黍熟天子祀於太祖其盛以黍黍者穀之美者也祖者國之重者也大功者太祖小功者小祖無功者無祖無功者皆稱其位而立沃有功者觀於外祖者所以功祭也非所以戚祭也天子之所以異貴賤而賞有功也以夏日至始數九十二日謂之秋至秋至而禾熟天子祀於太惢西出其國百三十八里而壇服白而絻白搢玉總帶錫監吹塤箎之風鑿動金石之音朝諸侯卿大夫列士循於百姓號曰祭月犧牲以彘發號出令罰而勿賞奪而勿予罪獄誅而勿生終歲之罪毋有所赦作衍牛馬之實在野者王天子之秋計也

尸子

秋爲禮

秋爲禮西方爲秋秋肅也萬物莫不肅敬禮之至也

漢書

律歷志

少陰者西方西遷也陰氣遷落物於時爲秋秋䊷也物䊷斂乃成孰

天文志

太白曰西方秋金義也言也義虧言失逆秋令傷金氣罰見太白

淮南子

原道訓

秋風下霜倒生挫傷鷹鵰搏鷙昆蟲蟄藏草木注根魚鼈湊淵莫見其爲者滅而無形

注草木首地而生故曰倒生挫傷者彫落也

天文訓

西方金也其帝少昊其佐蓐收執矩而治秋其神爲太白其獸白虎其音商其日庚辛

夏至四十六日而立秋凉風至音比夾鍾加十五日指申則處暑音比姑洗加十五日指庚則白露降音比仲呂加十五日指酉中繩故曰秋分雷戒蟄蟲北鄉音比蕤賓加十五日指辛則寒露音比林鍾加十五日指戌則霜降音比夷則

秋三月地氣下藏乃收其殺百蟲蟄伏

太陰治秋則欲修備繕兵

時則訓

秋行夏令華行春令榮行冬令耗

五位

西方之極自崐崘絕流沙沈羽西至三危之國石城金室飲氣之民不死之野少皞蓐收之所司者萬二千里其令曰審用法誅必罪備盜賊禁奸邪飾羣牧謹貯聚修城郭補決竇塞蹊徑遏溝瀆止流水雝谿谷守門閭陳兵甲選百官誅不法

主術訓

人君上因天時下盡地財中用人力丘陵阪險不生五穀者以樹竹木秋畜疏食以為民資

春秋繁露

五行逆順篇

金者秋殺氣之始也建立旗鼓把旄鉞以誅杖賊殘禁暴虐安集故動衆興師必應義理出則祠兵入則振旅以閑習之因於彼狩存不忘亡安不忘危修城郭繕牆垣審羣禁飭兵甲警百官誅不法恩及於金石則涼風出恩及於毛蟲則走獸大為麒麟至如人君好戰侵陵諸侯貪城邑之賂輕百姓之命則民病喉咳嗽筋攣鼻仇塞咎及於金則鑄化凝滯凍堅不成四面張罔焚林而獵咎及毛蟲則走獸不為白虎妄搏麒麟遠去

五行五事篇

王者能治則義立義立則秋氣得故義者主秋秋氣始殺王者行小刑罰民不犯則禮義成於時陽氣為賊故王者輔以官牧之事然後萬物成熟秋草木不榮華金從華也秋行春政則華行夏政則喬行冬政則落秋失政則春天風不解雷不發

大戴禮記

千乘篇

司寇司秋以聽獄訟治民之煩亂執權變民中凡民之不刑崩本以要間作起不敬以欺惑憧愚作於財賄六畜五穀曰盜誘居室家有君子曰義子女專曰媒飭五兵及木石曰賊以中情出小曰間大曰講利辭以亂屬曰讒以財投長曰貸凡犯天子之禁陳刑制辟以追國民之不率上教者夫是故一家三夫道行三人飲食哀樂平無獄方秋三月收斂以時於時有事嘗新於皇祖皇考食農夫九人以成秋事

晉書

律歷志

金音商三分徵益一以生其數七十二屬金者以其濁次宮臣之象也秋和則商聲調

陸機纂要

秋樹秋雨

秋樹名成秋雨名愁

梁元帝纂要

秋時景略

秋日白藏亦曰收成亦曰三秋九秋素秋素商高商天日旻天風曰商風素風淒風高風涼風激風悲風景曰朗景澄景清景時曰淒辰霜辰節曰素節草曰衰草木曰疎木衰林霜柯霜條

農政全書

秋氣十八候

立秋之節首五日涼風至次五日白露降後五日寒蟬鳴次處暑氣首五日鷹乃祭鳥次五日天地始肅後五日禾乃登次仲秋白露之節首五日鴻鴈來次五日元鳥歸後五日羣鳥養羞次秋分氣初五日雷乃收聲次五日蟄蟲坏戶後五日水始涸次季秋寒露之節初五日鴻鴈來賓次五日雀入大水為蛤後五日菊有黃花次霜降氣初五日豺乃祭獸次五日草木黃落後五日蟄蟲咸俯凡此六氣一十八候皆秋氣正收斂之令

遵生八牋

秋三月調攝總類

禮記西方曰秋秋者愁也愁之以時察守義也太元經曰秋者物皆成象而聚也管子曰秋者陰氣始下故萬物收淮南子曰秋為矩矩者所以方萬物也漢律志曰少陰者西方也西者遷也陰氣遷落萬物揫斂乃成熟也當審時節宜調攝以衞其生

立秋金相秋分金旺立冬金休冬至金廢立春金囚春分金死立夏金歿夏至金胎言金孕於火土之中

脩養肺臟法

當以秋三月朔望旭日向西平坐鳴天鼓七飲玉泉三然後瞑目正心思吸兌宮白炁入口七吞之閉炁七十息此為調補神炁安息靈魄之要訣當勤行之

注 飲玉泉者以舌抵上齶待其津生滿口漱而嚥之凡三次也

七八九月行肺臟導引法

可正坐以兩手據地縮身曲脊向上三舉去肺家風邪積勞又當反拳搥背上左右各三度去胸臆閉炁風毒為之良久閉目叩齒而起

秋季攝生消息論

秋三月主肅殺肺炁旺味屬辛金能尅木木屬肝肝主酸當秋之時飲食之味宜減辛增酸以養肝氣肺盛則用呬以泄之立秋以後稍宜和平將攝但凡春秋之際故疾發動之時切須安養量其自性將養秋間不宜吐并發汗令人消爍以致臟腑不安惟宜針灸下痢進湯散以助陽氣又若患積勞五痔消渴等病不宜吃乾飯炙煿并自死牛肉生鱠雞猪濁酒陳臭醎醋粘滑難消之物及生菜瓜果鮓醬之類若風氣冷病痃癖之人亦不宜近若夏月好吃冷物過多至秋患赤白痢疾兼瘧疾者宜以童子小便二升并大腹檳榔五個細剉和便煎取八合下生薑汁一合和收起臘雪水調下早朝空心分爲二服瀉出三兩行夏月所食冷物或膀胱有宿水冷膿悉爲此藥祛逐不能爲患此湯名承炁雖老人亦可服之不損元氣止秋痢又當其時此藥又理脚炁諸炁悉可取服丈夫瀉後兩三日以韭白煑粥加羊腎同煑空心服之殊勝補藥又當清晨睡覺閉目叩齒二十一下嚥津以兩手搓熱熨眼數多於秋三月行此極能明目

又曰秋季謂之容平天炁以急地炁以明早臥早起與鷄俱興使志安寧以緩秋形收斂神炁使秋炁平無外其志使肺炁清此秋炁之應養收之道也逆之則傷肺冬爲飧泄奉藏者少秋炁燥宜食麻以潤其燥禁寒飲并穿寒濕內衣

千金方曰三秋服黄芪等丸一二劑則百病不生

金匱要略曰三秋不可食肺

四時纂要曰立秋後宜服張仲景八味地黄丸治男女虛弱百疾醫所不療者久服身輕不老熟地黄八兩薯蕷四兩茯苓二兩牡丹皮二兩澤瀉二兩附子童便製炮一兩肉桂一兩山茱萸四兩湯泡五遍右爲細末蜜丸如桐子大每日空心酒下二十丸或鹽湯下稍覺過熱用涼劑一二帖以溫之

雲笈七籤曰秋宜凍足凍腦臥以頭向西有所利益

養生論曰秋初夏末熱炁酷甚不可脫衣裸體貪取風涼五臟俞穴皆會於背或令人扇風夜露手足此中風之源也若覺有疾便宜服八味地黄丸大能補理臟腑禦邪仍忌三白恐冲藥性

秋三月臥時頭要向西作事利益

本草曰入秋小腹多冷者用古時磚煑汁熱服之又用熱磚熨肚三五度瘥

書曰秋禁寒餘食禁早服寒衣

又曰秋傷於濕上逆而咳發爲痿厥

秋三月六炁十八候皆正收斂之令人當收斂身心勿爲發揚馳逞

又曰八月望後少寒卽用微火煖足勿令下冷

養生書曰秋穀初成不宜與老人食之多發宿疾

法天生意曰秋三月戊子己亥庚子辛亥宜煉丹藥宜入山修道

秋時幽賞

西冷橋畔醉紅樹

西冷在湖之西橋側爲唐一菴墓中有楓柏數株秋來霜紅霧紫點綴成林影醉夕陽鮮豔奪目時攜小艇扶尊登橋吟賞或得一二新句出奚囊紅葉牋書之臨風擲水泛泛隨流不知飄泊何所幽情耿耿撩人更於月夜相對露濕紅新朝煙凝望明霞豔日豈直勝於二月花也西風起處一葉飛向尊前意似秋色憐人令我騰歡豪舉與薄雲齊翩翩然神爽哉何紅葉之得我耶所患一朝枯朽摧爲爨桐使西冷秋色色卽是空重惜不住色相終爲畢竟空也誰能爲彼破却生死大刼哉他日因果我當作傷時命以弔

寶石山下看塔燈

保叔爲省中最高塔七級燃燈周遭百盞星丸錯落輝煌燭天極目高空恍自九霄中下燈影澄湖水面又作一種色相霞綵混灩搖曳長虹夜靜水寒焰射蛟窟更喜風清湖白光彩儼駕鵲橋得生羽翰便想飛步繩河彼岸忽聞鐘磬半空梵音聲出天上使我慾念色塵一時幻破清淨無礙

滿家衖賞桂花

桂花最盛處惟南山龍井爲多而地名滿家衖者其林若墉若櫛一村以市花爲業各省取給於此秋時策蹇入山看花從數里外便觸清馥入徑珠英瓊樹香滿空山快賞幽深恍入靈鷲金粟世界就龍井汲水煑茶更得僧廚山蔬野蔌作供對仙友大嚼令人五內芬馥歸攜數枝作齋頭伴寢心清神逸雖夢中之我尚在花境舊聞僊桂生自月中果否若向托根廣寒必憑雲梯天路可折何爲常被平地竊去疑哉

三塔基聽落鴈

秋風鴈來惟水草空闊處擇爲栖止湖上三塔基址草豐沙闊鴈多群呼下集作解陣息所攜舟夜坐時聽爭栖競啄影亂湖煙宿水眠雲聲淒夜月基畔嚦嚦嘹嘹秋聲滿耳聽之黯然不覺一夜西風使山頭

樹冷浮紅湖岸露寒生白矣此聽不悅人耳惟幽賞者能共之若彼聽鷄聲而起舞聽鵑聲而感變者是皆世上有心人也我則無心

勝果寺月巖望月

勝果寺左山有石壁削立中穿一竇圓若鏡然中秋月滿與隙相射自竇中望之光如合璧秋時當與詩朋酒友賡和清賞更聽萬壑江聲滿空海色自得一種世外玩月意味左爲故宋御教場親軍護衛之所大內要地今作荒涼僻境矣何如鏡隙陰晴常滿萬古不虧區區興廢盡入此石目中人世搬弄竊爲冷眼偷笑

水樂洞雨後聽泉

洞在烟霞嶺下巖石虛豁谺谺邃窈山泉別流從洞隙滴滴聲韻金石且泉味清甘更得雨後泉多音之清冷真勝樂奏矣每到以泉沁吾脾石漱吾齒因思蘇長公云但向空山石壁下受此有聲無用之清流又云不須寫入薰風絃縱有此聲無此耳我輩豈無耳哉更當不以耳聽以心聽

資巖山下看石筍

資巖在靈隱西壁下有石狀若筍形圓側卓立高可百尺巑岏秀潤凌空插雲更喜四顧山巒若屑花吐萼皺縠疊浪巍峩曲折穿幽透深林木合抱皆自巖竇拔起不土而生舊傳此山鼉玉故腴潤若此但山石間水跡波紋不知何爲有之亦不知有自何時豈滄海桑田說也更愛前後石壁唐宋遊人題名甚多進此有楓林塢秋色變幻種種奇觀窈窕崎嶇不勝騰涉矣時當把酒鯨吞倚雲長嘯使山谷駭應增我濟勝之力數倍

北高峯頂觀海雲

北高峯爲湖山第一高處絕頂環眺目及數里左顧澄湖匣開粧鏡金餅晶熒右俯江波繩引銀河玉虬屈曲前後城郭室廬郊原村落眇若片紙畫圖雄哉目中之觀哉時間日晷將西海雲東起恍見霄霧漠蒙朝烟霏拂洩洩縈紆英英層疊橫截半空涸合無際四野晚山浮冥漠矣即此去地千尺離俗數里便覺足躡天風著眼處不知家隔何地矧吾生過客原無罣碍何爲受彼世緣束縛不作塵外遐想

策杖林園訪菊

菊爲花之隱者惟隱君子山人家能蓺之故不多見見亦難於豐美秋來扶杖遍訪城市林園山村籬落更挈茗奴從事投謁花主相與對花談勝或評花品或較栽培或賦詩相酬介酒相勸擎杯坐月燒燈醉花賓主稱歡不忍熱別花去朝來不厭頻過此興何樂時乎東籬之下菊可採也千古南山悠然見之何高風隱德舉世不見元亮

乘舟風雨聽蘆

秋來風雨憐人獨蘆中聲最凄黯余自河橋望蘆過處一碧無際歸枕故丘每懷拍拍武林惟獨山王江涇百脚村多蘆時乎風雨連朝能獨乘舟臥聽秋聲遠近瑟瑟離離蘆葦蕭森蒼蒼萩萩或鴈落啞啞或鷲飛濯濯風逢逢而雨瀝瀝耳洒洒而心于于奇興幽深放懷閒逸舟中之人謂非第一出塵阿羅漢耶避囂炎而甘寥寂者當如是降伏其心

保叔塔頂觀海日

保叔塔遊人罕登其巔能窮七級四望神爽初秋時夜宿𥟖房至五鼓起登絕頂東望海日將起紫霧氤氳金霞漂蕩互天光彩狀若長横疋練閃走車輪或肖虎豹超驤鸞鶴飛舞五色鮮艷過目改觀瞬息幻化變還萬狀頃焉陽谷吐火千山影赤金輪浴海閃爍熒煌火鏡浮空曈曨輝映丹焰烱烱彌天流光赫赫動地斯時惟啓明在東晶丸燦爛衆星隱隱不敢爲顏矣長望移時令我目亂神駭陡然狂呼聲振天表忽聽噂報鳴鷄樹喧宿鳥大地雲開露華影白回顧城市囂塵萬籟滾滾生動空中新凉逼人凜乎不可留也下塔閉息斂神迷目尚爲雲霞眩彩

六和塔夜玩風潮

浙江潮汛人多從八月晝觀鮮有知夜觀者余昔焚修寺中燃點塔燈夜午月色横空江波靜寂悠悠逝水吞吐蟾光自是一段奇景頃焉風色陡寒海門潮起月影銀濤光搖噴雪雲移玉岸浪捲轟雷白練風揚奔飛曲折勢若山岳聲騰使人毛骨欲豎古云十萬軍聲半夜潮信哉過眼驚心因憶當年浪遊身共水天飄泊隨潮逐浪不知幾作泛泛中人此際沈吟始覺利名悞我不淺邈見浪中數點浮鷗是皆南北去來舟楫悲夫二字撥弄人間千古曾無英雄打破盡爲名利之夢沈酣風波自不容人喚醒

武寧縣

江西志書 各省風俗同者不載

秋西風主雨秋初熱尤甚多防旱八九月嵐氣多人多患瘧

寧州

秋寒多旱秋霧亢暘

福建志書

惠安縣

夏秋間陰雲湧起大帽山前後鬱結迴旋久而不散則必有西北風吹送驟雨俄頃即止不能遠及若夜靜無風一天星斗閃爍搖動者明日必有風虹蜺觀其所值之方若下不至地隨見隨滅者無災若久見不滅復化爲微雨則所值之方必有螟蟲之災

福寧州

秋熱更烈於夏風雨相挾暴冷難於調攝而瘧痢之病十常八九遲而九月霜降前後始覺凉清

廣東志書

石城縣

夏秋之交時多颶風翻瓦拔木秋多露白露雨寒露風則穀不實中秋月徵上元陰晴

欽定古今圖書集成曆象彙編歲功典

第五十八卷目錄

秋部藝文一

九辯　周宋玉
秋興賦　晉潘岳
秋夕哀賦　夏侯湛
秋可哀賦　前人
秋夜賦　湛方生
秋晴賦　宋袁淑
秋興賦　梁元帝
臨秋賦　同前
蕩婦秋思賦　同前
秋風搖落　同前
悲清秋賦　唐李白
秋聲賦　劉禹錫
秋色賦　黃滔
秋宵讀書賦　王延齡
秋賦　宋吳淑
秋聲賦　歐陽修
秋色賦　李綱
秋興賦　陳普
前題　前人
秋望賦　金元好問
秋風賦　元郝經
樂清秋賦　明楊慎
感秋賦　吳伯引
秋懷賦　屠應埈

秋部藝文二 詩

秋風辭　漢武帝
西顥　鄒子樂
定情歌　張衡
燕歌行　魏文帝
雜詩　同前
秋詠　晉陸機
雜詩　左思
思吳江歌　張翰
七哀詩　張載
雜詩二首　張協
秋日　孫綽
詠秋　江逌
和郭主簿　陶潛
南州桓公九井作　殷仲文
秋歌　宋劉鑠
秋懷　謝惠連
秋日示休上人　鮑照
和王護軍秋夕　前人
秋夜二首　前人
詠秋　前人
秋夕　前人
秋風　湯惠休
秋思引　前人
奉和秋夜長　齊王融
秋夜　謝朓
秋夜　梁簡文帝
秋閨夜思　同前
秋夜　元帝
擬古　昭明太子
奉和太子秋晚詩　上黃侯煜
秋夜　沈約
登臺望秋月　前人
郊外望秋答殷博士　江淹
秋閨怨　王僧孺
秋念　吳均
望秋月　蕭子範
秋閨　劉邈
秋夜　劉緩
秋夜涼風起　費昶
秋日　鮑泉
秋日別庾正員　陳徐陵
秋河曙耿耿　張正見
秋日遊昆明池　江總
秋日登廣州城南樓　前人
月下秋宴　北齊魏收
秋朝野望　劉逖
奉和悲秋應令　蕭慤
秋思　前人
秋詩　陽休之
和裴儀同秋日　北周庾信
和潁川公秋夜　前人
秋遊昆明池　前人
秋日　前人

悲秋　隋煬帝
秋日遊昆明池　薛道衡
秋報稷誠夏　牛弘
長安秋　虞世基
秋遊昆明池　元行恭
入蜀秋夜宿江渚　陳子良
秋日應詔　袁朗
秋夜獨坐　前人

歲功典第五十八卷

秋部藝文一

九辯　周宋玉

悲哉秋之爲氣也蕭瑟兮草木搖落而變衰憭慄兮若在遠行登山臨水兮送將歸泬寥兮天高而氣清宋廖兮收潦而水清憯悽增欷兮薄寒之中人愴怳懭悢兮去故而就新坎廩兮貧士失職而志不平廓落兮羇旅而無友生惆悵兮而私自憐燕翩翩其辭歸兮蟬宋漠而無聲雁廱廱而南遊兮鵾雞啁哳而悲鳴獨申旦而不寐兮哀蟋蟀之宵征時亹亹而過中兮蹇淹留而無成

悲憂窮戚兮獨處廓有美一人兮心不繹去鄉離家兮徠遠客超逍遙兮今焉薄專思君兮不可化君不知兮可奈何蓄怨兮積思心煩憺兮忘食事願一見兮道余意君之心兮與余異車既駕兮朅而歸不得見兮心傷悲倚結軨兮長太息涕潺湲兮下霑軾忼慨絕兮不得中瞀亂兮迷惑私自憐兮何極心怦怦兮諒直

皇天平分四時兮竊獨悲此廩秋白露既下百草兮奄離披此梧楸去白日之昭昭兮襲長夜之悠悠離芳藹之方壯兮余萎約而悲愁秋既先戒以白露兮冬又申之以嚴霜收恢台之孟夏兮然欿傺而沈藏葉菸邑而無色兮枝煩挐而交橫顏淫溢而將罷兮柯彷彿而萎黃萷櫹槮之可哀兮形銷鑠而瘀傷惟其紛糅而將落兮恨其失時而無當擥騑轡而下節兮聊逍遙以相佯歲忽忽而遒盡兮恐余壽之弗將悼余生之不時兮逢此世之俇攘澹容與而獨倚兮蟋蟀鳴此西堂心怵惕而震盪兮何所憂之多方卬明月而太息兮步列星而極明

竊悲夫蕙華之曾敷兮紛旖旎乎都房何曾華之無實兮從風雨而飛颺以爲君獨服此蕙兮羌無以異於眾芳閔奇思之不通兮將去君而高翔心閔憐之慘悽兮願一見而有明重無怨而生離兮中結軫而增傷豈不鬱陶而思君兮君之門以九重猛犬狺狺而迎吠兮關梁閉而不通皇天淫溢而秋霖兮后土何時而得漧塊獨守此無澤兮仰浮雲而永歎

何時俗之工巧兮背繩墨而改錯却騏驥而不乘兮策駑駘而取路當世豈無騏驥兮誠莫之能善御見執轡者非其人兮故駶跳而遠去鳧雁皆唼夫粱藻兮鳳愈飄翔而高舉圜鑿而方枘兮吾固知其鉏鋙而難入眾鳥皆有所登棲兮鳳獨遑遑而無所集願銜枚而無言兮嘗被君之渥洽太公九十乃顯榮兮誠未遇其匹合謂騏驥兮安歸謂鳳凰兮安棲變古易俗兮世衰今之相者兮舉肥騏驥伏匿而不見兮鳳凰高飛而不下鳥獸猶知懷德兮何云賢士之不處驥不驟進而求服兮鳳亦不貪餧而妄食君棄遠而不察兮雖願忠其焉得欲宋漠而絕端兮竊不敢忘初之厚德獨悲愁其傷人兮馮鬱鬱其何極霜露慘悽而交下兮心尚幸其弗濟霰雪雰糅其增加兮知遭命之將至願徼幸而有待兮泊莽莽與壄草同死願自直而徑往兮路壅絕而不通欲循道而平驅兮又未知其所從然中路而迷惑兮自厭按而學誦性愚陋以褊淺兮信未達乎從容竊美申包胥之氣盛兮恐時世之不固何時俗之工巧兮滅規榘而改鑿獨耿介而不隨兮願慕先聖之遺教處濁世而顯榮兮非余心之所樂與其無義而有名兮寧窮處而守高食不媮而爲飽兮衣不苟而爲溫竊慕詩人之遺風兮願託志乎素餐蹇充倔而無端兮泊莽莽而無垠無衣裘以御冬兮恐溘死而不得見乎陽春

靚杪秋之遙夜兮心繚悷而有哀春秋逴逴而日高兮然惆悵而自悲四時遞來而卒歲兮陰陽不可與儷偕白日晼晚其將入兮明月銷鑠而減毀歲忽忽而遒盡兮老冉冉而愈弛心搖悅而日幸兮然怊悵而無冀中憯惻之悽愴兮長太息而增欷年洋洋以日往兮老嵺廓而無處事亹亹而覬進兮蹇淹留而躊躇

何氾濫之浮雲兮猋廱蔽此明月忠昭昭而願見兮然霠曀而莫達願皓日之顯行兮雲蒙蒙而蔽之竊不自料而願忠兮或黕點而汙之堯舜之抗行兮瞭冥冥而薄天何險巇之嫉妒兮被以不慈之僞名彼日月之照明兮尚黯黮而有瑕何況一國之事兮亦

多端而膠加被荷裯之晏晏兮然潢洋而不可帶既驕美而伐武兮負左右之耿介憎慍惀之修美兮好夫人之慷慨衆踥蹀而日進兮美超遠而逾邁農夫輟耕而容與兮恐田野之蕪穢事緜緜而多私兮竊悼後之危敗世雷同而炫曜兮何毀譽之昧昧今修飾而窺鏡兮後尚可以竄藏願寄言夫流星兮羌儵忽而難當卒壅蔽此浮雲兮下暗漠而無光

堯舜皆有所舉任兮故高枕而自適諒無怨於天下兮心焉取此怵惕乘騏驥之瀏瀏兮馭安用夫強策諒城郭之不足恃兮雖重介之何益遭翼翼而無終兮忳惛惛而愁約生天地之若過兮功不成而無効願沈滯而不見兮尚欲布名乎天下然潢洋而不遇兮直怐愗而自苦莽洋洋而無極兮忽翱翔之焉薄國有驥而不知乘兮焉皇皇而更索甯戚謳於車下兮桓公聞而知之無伯樂之善相兮今誰使乎譽之罔流涕以聊慮兮惟著意而得之紛忳忳之願忠兮妒被離而鄣之願賜不肖之軀而別離兮放遊志乎雲中乘精氣之摶摶兮騖諸神之湛湛驂白霓之習習兮歷羣靈之豐豐左朱雀之茇茇兮右蒼龍之躍躍屬雷師之闐闐兮通飛廉之衙衙前輕輬之鏘鏘兮後輜乘之從從載雲旗之委蛇兮扈屯騎之容容計專專之不可化兮願遂推而為臧賴皇天之厚德兮還及君之無恙

秋興賦 有序

晉潘岳

晉十有四年余春秋三十有二始見二毛以太尉掾兼虎賁中郎將寓直於散騎之省高閣連雲陽景罕曜珥蟬冕而襲紈綺之士此焉遊處僕野人也偃息不過茅屋茂林之下談話不過農夫田父之客攝官承乏猥廁朝列夙興晏寢匪遑底寧譬猶池魚籠鳥而有江湖山藪之思於是染翰操紙慨然而賦於時秋也故以秋興命篇其辭曰

四運忽其代序兮萬物紛以迴薄覽花蒔之時育兮察盛衰之所託感冬索而春敷兮嗟夏茂而秋落雖末事之榮悴兮伊人情之美惡善乎宋生之言曰悲哉秋之為氣蕭瑟兮草木搖落而變衰憭慄兮若在遠行登山臨水送將歸夫送歸懷慕徒之戀兮遠行有羈旅之憤臨川感流以歎逝兮登山懷遠而悼近彼四感之疚心兮遭一塗而難忍嗟秋日之可哀兮諒無愁而不盡野有歸燕隰有翔隼遊氛朝興槁葉夕殞於是乃屏輕箑釋纖絺藉莞蒻御袷衣庭樹槭以灑落兮勁風戾而吹帷蟬嘒嘒以寒吟兮雁飄飄而南飛天晃朗以彌高兮日悠陽而浸微何微陽之短晷覺涼夜之方永月朦朧以含光兮露淒清以凝冷熠燿粲於階闥兮蟋蟀鳴乎軒屏聽離鴻之晨吟兮望流火之餘景宵耿介而不寐兮獨展轉於華省悟時歲之遒盡兮慨俛首而自省斑鬢髟以承弁兮素髮颯以垂領仰羣儁之逸軌兮攀雲漢以遊騁登春臺之熙熙兮珥金貂之炯炯苟趣舍之殊塗兮庸詎識其躁靜聞至人之休風兮齊天地於一指彼知安而忘危兮固出生而入死行投趾於容跡兮殆不踐而獲底闕側足以及泉兮雖猴猨而不履龜祀骨於宗祧兮思反身於綠水且斂衽以歸來兮忽投紱以高厲耕東皐之沃壤兮輸黍稷之餘稅泉涌湍於石間兮菊揚芳乎崖澨澡秋水之涓涓兮玩游鯈之瀲瀲逍遙乎山川之阿放曠乎人間之世優哉游哉聊以卒歲

秋夕哀賦

夏侯湛

秋夕兮遙長哀心兮永傷結帷兮中宇屣履兮閑房聽蟋蟀之潛鳴覩遊雁之雲翔尋修廡之飛檐覽明月之流光木蕭蕭以被風階縞縞以受霜玉機兮環轉四運兮驟遷銜恤兮迄今忽將兮涉年日往兮哀深歲暮兮思繁

秋可哀賦

前人

秋可哀兮哀秋日之蕭條火迴景以西流天既清而氣高壤含素霜山結凡霄月延路以增夜日遷行以收暉屏絺綌於篋笥納綸縞以授衣秋可哀兮哀新物之陳蕪綢絛朔以斂絺密葉槭以隕疎雁擢翼於太清燕蟠形乎榛墟秋可哀兮哀良夜之遙長月翳翳以隱雲時籠籠以投光映前軒之疎幌照後帷之閑房拊輕衾而不寐臨虛檻而褰裳感時邁以興思情愴愴以含傷

秋夜賦

湛方生

悲九秋之為節物凋悴而無榮嶺頹鮮而殞綠木傾柯而落英履代謝以惆悵覩搖落而興情信皋壤而感人樂未畢而哀生秋月清兮何秋夕之轉長夜悠悠而難極月皦皦而停光播商氣以清溫扇高風以革涼水激波以成漣露凝結而為霜凡有生而必凋情何感而不傷苟靈符之未虛孰茲戀之可忘何天懸之難釋思假暢之冥方拂塵襟于元風散近滯于老莊攬逍遙之宏維總齊物之大綱同天地于一指等太山于毫芒萬慮一時頓渫情累豁焉都忘物我

泯然而同體豈復壽夭於彭殤

秋晴賦　　宋袁淑

是月也聲𡔋合朝野兮寔收耀虹戢文炎都棄埃旻寓潦氣曳悲泉之凝霧轉絕垠之嚴雲

秋興賦　　梁元帝

秋何興而不盡興何秋而不傷傷二情之本背更同來而迭方復有登山望別臨水送歸洞庭之葉初下塞外之草前衰攸征人與行子必承臉而沾衣紛吾閒居有怡優游多暇乃息書幌之勞以命北園之駕爾乃從玩池曲還坐林間淹留而藤丹岫徘徊而搴木蘭爲興未已升彼懸崖臨風長想憑高俯窺察游魚之息澗憐鷙禽之換枝聽夜籤之響殿聞懸魚之叩庭將據梧於芳杜欲連蕳而不歸

臨秋賦　　同前

火歛兮秋氣生風起兮秋潦清覽時與而自得聊飛轡而娛情遵二條之廣路背九仞之高城爾乃登長坂兮余驢攬筆舒情沈吟屬思草色雜而香同樹影齊而花異遙峰迢遞縈沙斷絕雲出山而相似水含天而難別

蕩婦秋思賦　　同前

蕩子之別十年倡婦之居自憐登樓一望惟見遠樹含烟平原如此不知道路幾千天與水兮相逼山與雲兮共色山則蒼蒼入漢水則涓涓不測誰復堪見鳥飛悲鳴雙翼秋何月而不清月何秋而不明況乃倡樓蕩婦對此傷情於時露萎庭蕙霜封階砌坐視帶長轉看腰細重以秋水文波秋雲似羅日黯黯而將暮風騷騷而渡河妾怨迴文之錦君思出塞之歌相思相望路遠如何鬢飄蓬而漸亂心懷愁而轉歎愁容翠眉斂啼多紅粉漫已矣哉秋風起兮秋葉飛春花落兮春日暉春日遲遲猶可至客子行行終不歸

秋風搖落　　同前

秋風起兮寒鴈歸寒蟬鳴兮秋草腓萍青兮水澈葉落兮林稀翠爲蓋兮玳爲席蘭爲室兮金作扉水周兮曲堂花交兮洞房樹參差兮密梢紫荷紛披兮疏且黃雙飛兮翡翠並泳兮鴛鴦神女雲兮初度雨班妾扇兮始藏光且淹留兮曰云暮對華燭兮歡未央

悲清秋賦　　唐李白

登九疑兮望清川見三湘之潺湲水流寒以歸海雲橫愁而蔽天余以鳥道計於故鄉兮不知去荆吳之幾千於時西陽半規映島欲沒澄湖練明遙海上月念佳期之浩蕩渺懷燕而望越荷花落兮江色秋風嫋嫋兮夜悠悠臨窮溟以有羨思釣鼇於滄洲無脩竿以一舉撫洪波而增憂歸去來兮人間不可以託此吾將採藥於蓬丘

秋聲賦有序　　劉禹錫

相國中山公賦秋聲以屬天官太常伯唱和俱絕然皆得時道行之餘興猶有光陰之歎況伊鬱老病者乎吟之斐然以寄孤憤

碧天如水兮窅窅悠悠百蟲迎莫兮萬葉吟秋欲辭林而蕭颯潛命侶以啁啾送將歸兮臨水非吾土兮登樓晚枝多露蟬之思夕蔓趣寒蛩之愁至若松竹含韻梧楸蚤脫驚綺疏之曉吹墮碧砌之涼月念塞外之征行顧閨中之騷屑夜蛩鳴兮機杼促朔雁叫兮音書絕遠杵續兮何泠泠虛窗靜兮空切切如吟如嘯非竹非絲當自然之宮徵動終歲之別離廢井苔合荒園露滋草蒼蒼兮人寂寂樹槭槭兮蟲伊伊則有安石風流巨源多可平六符而佐主施九流而自我猶復感陰蟲之鳴軒歎涼葉之初墮異宋玉之悲傷覺潘郎之幺麽嗟乎驥伏櫪而已老鷹在韝而有情聆朔風而心動盼天籟而神驚力將痑兮足受紲猶奮迅於秋聲

秋色賦　　黃滔

白帝承乾乾坤悄然潘岳乃驚素髮感流年抽彩筆攄花牋驅走羣言寫抑鬱之懷矣搜羅萬象賦蕭條之景焉於時淒淒漠漠零露蒙作杳杳冥冥勁風吹成或青山兮薄暮或綠野兮新晴昨日金輿天子自西郊而迎入此時火旆祝融指南極以遄征於是睽烏滅赫顧兔添明地上落紅葉之態煙中吟玉笛之聲華嶽峯高染蓮花而翠活湘川樹老換楓葉以霞生愈碧吳山偏清漢水松柏風高兮歲寒出梧桐蟬急兮煙翠死衡陽落日和旅鴈以飛來劍閣中宵遂哀猿而嘯起遂使隋隄青恨吳嶺綠愁爐阜之嶒開石面錢塘之雪入濤頭空三楚之暮天樓中歷歷滿六朝之故地草際悠悠魚美東鱸獸獰西虎送鸞扇之藏篋迎蛛絲之織戶海上而輕籠皓月皎潔成冰隴頭而惹著陰雲蒼茫欲雨斯則寒暑推移衰榮可知金生火死菊換蘭萎豈惟自遐及邇窮高極卑上澄鵲漢以清淺東瑩滄洲而渺瀰數聲之元鶴驚時九皋搖落一夜之新霜撲處百卉離披是時坐客聞之倅色揣稱咸言此日之摛藻更苦囊篇之秋興

秋宵讀書賦　王延齡

獨夜寥寥兮清我素襟踐藝城兮遊遨書林觀先王之行道見古人之同心羲農之精微兮含陰吐陽周孔之奧祕兮神入鬼出有禮樂經邦之化有德刑御人之術雖與風而致理或因文而喪質借如功築於澗垂釣在川夢來而所象方得繇啓而其閱必甄何風雲之冥感而君臣之道全謨明弼諧開物成務儀在楚而何辱隗得燕而何遇起之來兮而長平不守季之入兮而武關非固將吉凶之由人伊存亡之有數若乃大夫西都之佳賞公子南皮之勝矚將軍之畫閣天半衛尉之凉臺木曲馳香車與寶馬炫纖羅及美玉玉饌金觴暮不歸妙舞清歌斷方續何貴幸之斯甚爲歡娛以自足士有竄江濱兮不用首河梁兮永辭長門幽絕恨欲死掖庭一去還無期黃鳥嚶嚶兮野花落白露瀼瀼兮邊草衰此時但能登高而遠望孰云不腸斷兮淚如絲夫以聰明正直維神之假有才無位奚其爲者行莫過於顏曾文莫先於班賈空競競於人世竟蹉跎於物下能育其寶則宜無屯不與其命何生此人仗雄劒以激憤一欲問夫蒼旻夜如何其夜已闌閑琴牢落坐南端流月曈曈兮素華滿銀釭煜煜兮清光寒於是開中軒矖晴盼天敞朗兮北斗何高雲依微兮南山可見銀河既已傾玉窻又以明哀鴻嗷嗷兮空際遠墜葉紛紛兮林外輕已而羣感互興衆念相積憐稚顏兮何暮對流年以自惜徒見其生也楊柳繁華爲我春不知其死也松櫝幽泉爲我夕何恃俊於禰衡何慟窮於阮籍郭璞蒙垢兮豈不潔幽蘭無人兮終自芳黃綬從來兮非所願白雲透迤兮滿山自得長歌太平事胡爲擾擾風塵間

秋賦　宋吳淑

秋日淒淒百卉具腓溽暑闌而清商至鴻鴈來而元鳥歸月下清吟賞袁宏之自適吳中歸思服張翰之知機爾其縮內在時貙膢是祭其事言其性義藏帝藉於神倉命樂正而習吹敕司爟而行火令歌豳詩以迎寒氣白露斯零寒蟬則鳴絡緯悲啼蟋蟀宵征於是行肅殺務收成旣決獄而斷刑亦選將而厲兵爾其天地始肅鷹隼方擊青女降霜司裘率職見一葉而可知觀萬物之成實其帝少皞其神蓐收當乘兌而執矩推巽廢而離休見斗杓之西指識大火之斯流若其取柞楢之火樹槐柘之木壽星既見于南極日馭亦行于西陸羣鳥由其養羞司矢以之獻箙詔司馬而治兵命輶軒而採俗若夫寅餞納日盛德在金吟嘯成羣感李陵于塞上應接不暇勞子敬於山陰可以俯城郭可以謹門閭漢徹淋池之神物穆滿羽陵之蠹書望高丘之雲潛通吉夢會雕房之奕自叶祥符及夫草木黃落蟄蟲坏戸見神龍之潛淵識綵囊之盛露至若金氣方勁清風戒寒嚴霜舉侯文之職飛蟬集朱异之冠露始滋于園菊風已敗于叢蘭則有鷹祭鳥而無羞豺祭獸而靡失西宮之鐘既撞蕭丘之火自息露凝冷以淒清蟬含風而蕭瑟若夫蒹葭蒼蒼白露爲霜菊有黃花雲見羣羊木葉微脫綠草芸黃肅清景于素節循時令于白藏若乃雲漢靈匹見于七夕阮巷矜綈錦之衣魏宮愴琉璃之輦或張雲錦之帷或履元瓊之舄道武則參合分祥漢帝則猗蘭告吉層城嬉戲開襟縱適西母則青鳥傍侍竇后則神光照室亦有針穿七孔燈燃九微命五龍之駕臨百子之池登舜山而騁望侍元圃以裁詩晉宣曝書而迫遠郝隆曬腹而透迤陶安騎龍而遐翥子喬乘鶴而難追若其重陽令辰時惟九日落孟嘉之帽傳長房之術白衣王弘之遺黃菊魏文之錫登商飇而爲樂指戲馬而爰出三隥則山簡登躋九井則仲文遊陟眈靈運之吟思諷謝瞻之詩肇晉則執經以明道齊則講武以應律斯九日之盛集見前賢之軌迹

秋聲賦　歐陽修

歐陽子方夜讀書聞有聲自西南來者悚然而聽之曰異哉初淅瀝以蕭颯忽奔騰而砰湃如波濤夜驚風雨驟至其觸于物也鏦鏦錚錚金鐵皆鳴又如赴敵之兵銜枚疾走不聞號令但聞人馬之行聲余謂童子此何聲也汝出視之童子曰星月皎潔明河在天四無人聲聲在樹間余曰噫嘻悲哉此秋聲也胡爲而來哉蓋夫秋之爲狀也其色慘淡煙霏雲斂其容清明天高日晶其氣慄冽砭人肌骨其意蕭條山川寂寥故其爲聲也淒淒切切呼號憤發豐草綠縟而爭茂佳木葱蘢而可悅草拂之而色變木遭之而葉脫其所以摧敗零落者乃其一氣之餘烈夫秋刑官也于時爲陰又兵象也于行爲金是謂天地之義氣常以肅殺而爲心天之於物春生秋實故其在樂也商聲主西方之音夷則爲七月之律商傷也物既老而悲傷夷戮也物過盛而當殺嗟乎草木無情有時飄零人爲動物惟物之靈百憂感其心萬事勞其

形有動于中必搖其精而況思其力之所不及憂其智之所不能宜其渥然丹者爲槁木黝然黑者爲星星奈何以非金石之質欲與草木而爭榮念誰爲之戕賊亦何恨乎秋聲童子莫對垂頭而睡但聞四壁蟲聲唧唧如助余之歎息

秋色賦有序　李綱

潘岳賦秋興劉禹錫歐陽永叔賦秋聲玉局賦秋陽余來閩中七八月之交霖雨乍晴始見秋色因援毫以賦之以秋色名篇其辭曰

宿雨初霽大火西流凉生暑退物華始秋李子與客登凝翠之閣遊汎碧之齋覽谿山之勝槩嗟草木之變衰天高氣清迴無纖埃月出夜凉孤光滿懷李子慨然顧謂客曰此古之所謂秋色也客曰願先生賦之李子曰唯唯少陰用事金王火囚天地始肅萬物以收故其見於氣者寂寞憭慄泬寥蕭瑟薄寒中人愴怳悽惻託物賦象是爲秋色悲哉秋之爲色也漠兮無形肅兮無聲非赤非白非黃非青爽氣無朕潛來滿盈窅窅悠悠奪人目精爾乃桂影扶疎冰輪皎潔澹然如水皓然如雪風露淒凉星河明滅冷浸空庭蛩螿韻咽此秋色之在月也夜氣既除清晴晝宣埽去氛祲靜無雲煙萬里凝碧穹隆虛圓蒼茫杳靄不可殫言此秋色之在天也蒲柳先衰梧桐早脫飄零委落色瘁香歇惟蘭菊之芬芳與松筠之茂密露冷風高不改其節此秋色之在草木也木落石出境寂雲閒清波如席遠峰如鬟煙林映帶浦嶼迴環優哉游哉吾方自適於其間此秋色之在溪山也客曰美則美矣願先生少進之李子曰陰陽相摩日星爭鶩孰主張是春與秋兮代序彼春之色一氣藏兮下騰上降品物昌兮韶光駘蕩百卉芳兮譬猶美女耀新妝兮被服纖麗繡襦裳兮溫然可親象姬姜兮彼秋之色一氣清兮天地揫斂萬寶成兮風霜高潔兆嚴凝兮譬猶烈女懷幽正兮鉛華不御體端誠兮肅然可敬有典刑兮春之色近乎令而秋之色近乎介是以君子惟秋是貴或感其聲或悲其氣鋪張比興曲盡其態從而賦之於是乎在客曰美則美矣願先生少進之李子曰秋金氣也天地之所以肅殺也其猶介冑之士凜然有不可犯之色者邪秋義氣也天地之所以閉固也其猶節槩之士毅然有不可奪之色者邪秋日烈烈其朝廷之士骨骾之臣正色以率下者邪秋霜言言其忠義之士社稷之臣厲色以赴難者邪灑然蕭然猶山林高蹈之士恬澹寂莫有無求之色也睟然儼然猶盛德之士正容悟物有不可親疎之色也若夫廣大清明不言而令行無爲而物成則若黼座當陽顒顒昂昂朝廷正而天下治刑政修而中國強所謂天子穆穆而淒然似秋者其幾是歟客曰至矣盡矣不可以有加矣請辭而退

秋興賦　陳普

金風西來噓一氣於清商蕭颯瑟颶肇六合之寒凉煙雲飛兮縹緲穹昊高兮清蒼溪流鳴咽以竭涸林木於邑而凋傷枯荷池館敗葉垣牆幽情芳杜愁心垂楊燕謝跡於泥巢鴻馳聲於瀟湘豆花蟲兮訴恨腐草螢兮流光傷流年之翕忽覽時物而徬徨吟清風兮歌滄浪懷美人兮天一方寄遊心於千里極雲海之微茫微茫兮不可涉夕陽影兮楓葉想蓴膾之尊鱸欠松檜之舟樹美人兮美人涕淚沾巾恨不得學長房而縮地兮把瑤草兮相親

前題　前人

維天動而地靜兮陰陽隨其運行四序因而代謝兮萬物遂其枯榮若夫秋之爲令兮誕金德之純精迴颷忽以狂厲兮萬籟託於商聲天泬寥而晃朗兮露苓零而淒清微陽短晷凉氣迴薄遊絲編綠稾葉隕落夜色冷而扃扉晨光澹乎樓閣蛩蟲俯其坏戶鷹鸇奮其搏攫於斯之時則屏纖絺襲重裘曳搜竹涉高丘雲霤陰兮暮色泉託語兮寒流軒堦行其熠燿枯樹鳴其鵂鶹慨浮生之爲寄悲急節之難留嗟乎世人倉皇覊迫塵鞅或趨利於宦途或劬情於遠客或折脅之范雎或頷頤之蔡澤亦有雲路翺翔風波扞格是皆一時之蹭蹬終不免於沈默也已矣哉白日兮西飛明月兮盈虧百川水兮歸海華表鶴兮不歸曷若理扁舟於五湖對白鷗而忘機

秋望賦　金元好問

步裴回而徙倚放吾目乎高明極天宇之空曠閱歲律之崢嶸於時積雨收霖景氣肅清秋風蕭條萬籟俱鳴菊鮮鮮而散花鴈杳杳而遺聲下木葉於亭皐動砧杵於蕪城窮林早寒陰崖晝冥濃淡霏拂繞白紆青紛叢薄之相依浩霜露之已盈送蒼蒼之落日山川鬱其不平瞻彼轘轅西走漢京虎踞龍蟠王霸所憑雲煙慘其動色草木起而爲兵望崧少之霞景渺浮丘之獨征汗漫之不可與期竟老我而何成挹清風於箕潁高巢由之遺名悟出處之有道非一理之能并緊南山之石田維景略之所耕老螭盤盤空

谷淪精非雲雷之一舉將草木之偕零太行截天大河東傾邈神州於西北悅風景於新亭念世故之方殷心寂寞而潛驚激商聲於寥廓慨涕泗之緣纓吁咄哉事變於已窮氣生乎所激豫州之士復於慷慨擊楫之誓西域之侯起於窮悴傭書之筆諒生世之有爲寧白首而坐食且夫飛鳥而戀故鄉嫠婦而憂公室豈有夷墳墓而剪桑梓視若越肥而秦瘠天人不可以偏廢日月不可以坐失然則時之所感也非無候蟲之悲至於整六翮而睨層霄亦庶幾乎鷙禽之一擊

秋風賦有序　元郝經

久在舍館偶因秋風之起一時介佐三節人員皆爲感愴故作是賦以激釋云

駐星麾於江滸歲月會於作噩漲老天之黃雨鬱餘蒸而欲灼忽焉西南天露雲駁棫棫栗栗慘慘邈邈抵罅吹隙凉冷遽作始則叱號突厲撲蟣抑蚋漸乃蕭瑟披離衝牖動幕散宿濕於雲梢眇新聲於木末觸餘感而興懷倍陰森而索寞旣乃一時介佐嗒焉而嘘撫髀搏膺掩面向隅以爲行如反如執如棄如相與愴怳怨艾咎躬責己天實斲余行使尼止方變故之無窮則憂思其曷已或當饋而三歎或中夜而九徙歌缺壺而寓哀痛撫牀而裂背金石化而邑變骨肉悲而心死余乃紓徐而告之曰士不以一失自沮一得自憙金百鍊而方精節萬折而逾厲持此心之亢矯奚外變之軒輊今則溽暑退凉風至困疾蘇淹抑肆我雖連蹇宋猶有禮撫問仍存德音在耳當凌厲淸氛翛然而喜排去鬱攸攝衣躡屣灑然濯熱泠然滓志快側翅於雲霄期翺翔於帝里乘此風以戒行俾照耀於萬世何乃作楚囚對泣竟不爲魯連毛遂而漫爲宋玉之悲耶予以秋風爲悲余獨以秋風爲樂夫以秋風爲悲者非獨予也常情皆然門巷蕭條良人遠征傷心砧杵掩淚邊城庭樹翛翛鴉啼柳斷帷薄生寒夢長人遠此怨婦之以爲悲者也弱水雲沈交河日落風急霜淸重城擊柝令重身輕黃雲畫角千年不代有書無衣吞聲飮泣塞下邊陲此戍役之以爲悲者也塞北遊子江東賈客去國期年音塵杳絕行露沾衣風吹曉月草根蛩吟嗅愁啼血四顧無人氣憤心折此羈旅之以爲悲者也囊中金盡淚滿貂裘從橫不就報主慚讎葉落聳空心事悠悠知己不見天高鵰沈彈鋏風悲長歌短吟白草荒山塵埃滿襟此不遇之以爲悲者也菽粟靑黃草肥弓勁瀚海波翻鐵山塵亙肉飽顏酡控弦馳競一噴生風長林葉下陳合鞭鳴曉騰萬馬破屋殘城崩沙解瓦此遺黎之以爲悲者也今則仁聖御世霈德施惠下輪臺之詔發輸平之使二鄙不聳穡人和會麻麥幪幪黍稷穟穟室無怨曠之婦塗無稽滯之旅朝無不遇之歎戍無屯謫之苦抄騎不出烽燧不舉則常情之所悲亦將以爲樂也子何以所樂者重爲悲乎於是介佐相與言曰吾等之昧固如所云吾子之樂可得而聞曰可哉麗金行秋赫輪不鑠大火西流盲沴不作有風颯然云胡不樂若夫洞庭波木葉脫陂潦盡山雲薄快萬里以長吹卷餘苴與纖惡汎六合以澄淸展靑空而高闊淨蒹葭之洲渚開芙蓉之城郭留夕照於飛樓挂殘虹於高閣水落而江淨天澄林疎而煙橫霞抹天痕虛而見歸鴻露華凉而聽鳴鶴金莖突兀霜仗光寒銀字聲淒翠綃香著汎新商於瑤瑟戛淸音於珠箔際邁爽以昭曠莫不凌競而曲躍是其所以淸也紛拂於靑蘋之上夷猶於銀漢之間激怒於土囊之口弄響於松篁之前散驚蠹於洪濤發鏗鞫於狂瀾擬生金於曲岫振鳴玉於空山虎嘯而萬竅裂龍吟而九淵翻是其所以雄也至於蜚霜激沙撇捩秋草白鷹蒼隼金眸玉爪飄飄搏擊氣勁心老沙場欲雪代漠生雲驊騮紫燕渥洼龍文輕風入足赭沫追奔朝飮溟渤夕蹋崑崙尾閭潮回天池浪激鯨鬣揞山鵬背閼日乘化起運扶搖發迹超逸絕塵杳不可及是皆憑威靈而神變化瑰奇壯浪有不可紀極者余於是時則將掇蘭搴蕙濯纓結佩翕非煙之冉冉御靈飈之沛沛相羊逍遙遊於萬物之表騖於八極之外聽萬籟之秋聲轉一元之和氣舒而爲春融而爲薰驚仁壽於吾民曆治安於吾君是余所以樂也子其束載秣馬易悲爲樂鴻毛垂翅乘此以飛揚巨魚濡沫快一縱於林壑也乃作歌以訊之曰茂陵劉郎去不歸秋風起兮白雲飛余欲翔於帝鄉兮蹇余行兮江之湄南山有蘪兮北山有薇月縞縞兮風淒淒有美人兮天之涯搴桂子兮今其時執子之佩兮擘子之衣兮與子歸兮從風之吹兮子毋以爲悲兮

樂淸秋賦　明楊愼

皇天平則成四時兮竊獨樂此淸秋無宋玉之悲懷兮匪江淹之離愁濟吾慮以撫景兮遁炎威於金鞢袪赫曦之㷷㷷兮追凉颸之颼颼屏羽扇而篋藏兮

御紈素之輕柔聽琅玕之朝墜兮玩金波之夕流桂連蜷於山阿兮蘭猗靡於巖陬既葳蕤其可懷兮又芬蒀以綢繆嘉華黍與膏稷兮獲萬寶於西疇雖四壁之徒立兮欣人足而我優謇不樂而胡爲兮攢百慮以揫憂命一觴而孤斟兮奚吳歈兮秦謳慕漆園之斥鷃兮暢逍遙以優游賦印投之蟋蟀兮應蹶蹶而休休

感秋賦　吳伯引

維四時之代運兮嗟去日兮苦多對秋色之蕭條兮憐吾生兮蹉跎於時商風入律冷露濡天流陰淡日落葉哀蟬偶疎雨兮滴滴或斜月兮娟娟時憑闌兮送目盡平野兮如煙爾乃公子行樂綺堂列燕錦瑟高張紅妝初薦燒銀燭兮將殘視明星兮有爛歎爲樂兮及時念流光兮易換覩蘭秀兮菊芳悵可懷兮不見蓋忽忽兮傷心亦淚落兮如霰至若荷戈黑山從軍隴水邊馬思歸征戍未已見胡騎兮數羣俄黃塵兮四起聽笳管兮屢吹懷玉關兮千里恐生入兮無時已魂消兮心死乃有孤身去國覊旅無家楚臣澤畔漢傅長沙白雲起兮洞庭波秋鴈少兮夜猿多盼清華兮夢已絕臥滄江兮奈老何惟遷客兮多思因涕泗兮滂沱或乃素士窮經矻矻不置手冷一編霜流匝地當桐風之初來悲壯心之不遂矧白髮兮先秋與蒲柳兮同棄每躑躅兮徘徊聞蛩吟而長喟至如恩辭金屋寵謝長門苔封輦道院積黃昏惜此清光之一片兮不照君王之寸心彼雕蟲之小技兮虛買價以千金恨團扇之見捐兮怨尋秋草以俱深又若良人遠別相見無期秋來漏永歸夢偏遲拂砧杵兮長太息慮客子兮寒無衣製腰帶兮準疇昔知今日兮是邪非夜涼兮人不知思君兮天之涯儻有膠漆義斷寡鵠孤鶴中夜徬徨形影蕭索感織女之渡河悔嫦娥之竊藥何若從君於地下兮同夜臺之寂寞下如桑濮之間溱洧之滸秋以爲期將子無怒望車來兮何遲心搖搖兮南浦愁別院兮笙歌弔西陵兮風雨斷腸兮不見啼痕兮可數是故秋令司陰秋氣凝金逢秋必感有感必深宋王抑鬱而興悲潘岳惆悵以長吟非歲序之移人彼往哲其何心自古如此我亦流連泣下而沾襟

秋懷賦有序　屠應埈

陸大夫爲儀制郎中積功飭行爲天子所知而宰臣議黜出奉閩臬僕鄙人也撫時即事喟焉賦之於時秋也因以秋懷命篇其詞曰

何秋氣之疹蟲兮儆素律之淒淒申鳴鶴使戒露兮萎修蘭於枯丘叢林旖旎奄以夕勁兮游氛殞葉風揚埃懔懔邑邑物錯迕而就罷兮寥落晃朗天高而日微蟬中寂又續厲兮熠燿的的而宵爚兀鳥泝陰以辭宇兮雁卽陽而南征緊雝雝其羣諧兮亍罔沕兮而懷友生固秋士之易哀兮感物化之難憑送將歸返故都兮心淹留而自閔予捐故而偶新兮亍怦怦其若履淵不吾知其亦奚怨兮竊悲夫今之人蹇余生之諒直兮弱好修以崇方豈惟紉蕙而佩芷兮固茹瓊而沐芳光陸離以周襲兮中矯厲而慨慷指前修使先導兮驂騏驥而服飛黃悼世俗之傾隘兮信多岐而亡羊黨機巧以捷步兮競詭異而改則亍將持頑刃而釋堅兮固齷齪而難入眩羊腸與九坂兮方世路其猶夷棘剗剗於厥心兮誘弃檻而寤歌勢軋軋而竝轡兮剸白刃而仇之瞻蝙蝠弟以蔽目兮遌峩峩其愉之混淆濁而伐異兮寶僞而汰眞甸燃灰謂光於天兮指日月其不煒岱華坎其汚泥兮尾閭突而溢山婞鬒而男幗兮鵬一羽而互焦明宜虎貿而虺足兮雞牝晨而喑雄予雖要明月與懸黎兮咄黯黯而宵黜鬱頷頷余增欷兮子揆予之惻惻固鄰德而不孤兮信內美其必合車間關有兩輪兮耕藉藉且焉偶獲子信姱以倜儻兮又重之以脩能協神人使揆序兮帝爰褒之曰功彼登佞而抑良兮陳臬事其以敦華采衣之煜煜兮武蹲蹲於弁冠夫孰命其匪恩兮余竊疾夫衆女之善妒而詠淫嗟驕人信好好兮伧乘高而斁度躬絕命猶弗逭兮澤賁讒而翼怒予謂倲且隆隆兮羌撫檖而得路伊萩之效尤兮炎焚焚其求索余將望閶闔撫神龍兮虎豹耽耽其碭突鑱鎗阿那以抱日兮雷砰砰而存外夫哲后豈弗寤兮孰九死其以語彼桑春之謇謇兮迅隱軫而北南懷迴迴猶未悔兮余觀夫裕之與安豈縷數其不可殫兮離多難而浩歎予欣欣其遠遊兮矯九仞而降覩朝策馬於燕都兮夕次於魯之郊揖叔旦而質迂衙兮遡吐餔之上休馳汶陽且彌節兮祇神宮而淹留庶穆穆其猶儼兮或見聖而未由存靈光而慨渠渠兮喟佾舞胡以逾長太息而升降兮迫南征之悠悠歷豐沛而壯漢兮陟歌風之故臺唯從諫若轉圜兮遊后皇其弼諧閔作忠而賈怨兮南浮江而弔鴟夷彼凡瓶鳴以爲惡兮矧黃鐘之若雷躋會稽之隆崇兮就文命而歷茲既佐佐莫予聞兮遙

繽辭而徘徊躊武夷其隱天兮嶄崎嶇乎獨處廓騁
四望以忘憂兮遽懷余之遑遑伊仙鯉之忽恍兮具
靈精爲予占之帝赫赫巽而諒衷兮命掌夢使報蓐
日懋戠穀以自持兮孰險巇而弗崩苟執德之無爽
兮般修名之馮馮余服訓而絕俗兮阽危而不能舍
也子玉蘊以自珍兮庶求美而該輔也亂曰浮雲決
鬱秋日曉兮鳳翔於淵鮑魚御兮余盪與白草同死
兮胡鴑駘以方驥兮余寧鏌釾之刓以棄兮胡同鈆
刀在室兮心結愲而莫從子兮荃易晰兮終懼兮

秋部藝文二詩

秋風辭　漢武帝

秋風起兮白雲飛草木黃落兮鴈南歸蘭有秀兮菊
有芳懷佳人兮不能忘汎樓船兮濟汾河橫中流兮
揚素波簫鼓鳴兮發櫂歌歡樂極兮哀情多少壯幾
時兮奈老何

西顥　鄒子樂

西顥沆碭秋氣肅殺含秀垂穎續舊不廢廢叶發姦僞
不萌妖孽伏息隅辟越遠四貉咸服既畏茲威惟慕
純德附而不驕正心翊翊

定情歌　張衡

大火流兮草蟲鳴繁霜降兮草木零秋爲期兮時已
征思美人兮愁屏營

燕歌行　魏文帝

秋風蕭瑟天氣涼草木搖落露爲霜解一羣燕辭歸鴈
南翔念君客游思斷腸解二慊慊思歸戀故鄉君何淹
留寄他方解三賤妾煢煢守空房憂來思君不敢忘解四
不覺淚下沾衣裳援瑟鳴絃發清商解五短歌微吟不
能長明月皎皎照我牀解六星漢西流夜未央牽牛織
女遙相望爾獨何辜限河梁解七

雜詩　同前

漫漫秋夜長烈烈北風涼展轉不能寐披衣起彷徨
彷徨忽已久白露沾我裳俯視清水波仰看明月光
天漢回西流三五正縱橫草蟲鳴何悲孤鴈獨南翔
鬱鬱多悲思綿綿思故鄉願飛安得翼欲濟河無梁
向風長歎息斷絕我中腸

秋詠　晉陸機

肅肅素秋節湛湛濃露凝太陽夙夜降少陰忽已升

雜詩　左思

秋風何冽冽白露爲朝霜柔條旦夕勁綠葉日夜黃
明月出雲崖皦皦流素光披軒臨前庭嗷嗷晨雁翔
高志局四海塊然守空堂壯齒不恆居歲暮常慨慷

思吳江歌　張翰

秋風起兮佳景時吳江水兮鱸魚肥三千里兮家未
歸恨難得兮仰天悲

七哀詩　張載

秋風吐商氣蕭瑟掃前林陽鳥收和響寒蟬無餘音
白露中夜結木落柯條森朱光馳北陸浮景忽西沉
顧望無所見唯覩松柏陰肅肅高桐枝翩翩棲孤禽
仰聽離鴻鳴俯聞蜻蛚吟哀人易感傷觸物增悲心
丘隴日已遠纏綿思彌深憂來令髮白誰云愁可任
裴徊向長風淚下沾衣襟

雜詩二首　張協

大火流坤維白日馳西陸浮陽映翠林迴飈扇綠竹
飛雨灑朝蘭輕露棲叢菊龍蟄暄氣凝天高萬物肅
弱條不重結芳蕤豈再馥人生瀛海內忽如鳥過目
川上之歎逝前修以自勖
金風扇素節丹霞啓陰期騰雲似涌煙密雨如散絲
寒花發黃采秋草含綠滋閒居玩萬物離羣戀所思
案無蕭氏牘庭無貢公綦高尚遺王侯道積自成基
至人不嬰物餘風足染時

秋日　孫綽

蕭瑟仲秋日飈唳風雲高山居感時變遠客興長謠
疏林積涼風虛岫結凝霄湛露灑庭林密葉辭榮條
撫菌悲先落攀松羨後凋垂綸在林野交情遠市朝
澹然懷古心濠上豈伊遙

詠秋　江逌

祝融解炎轡蓐收起涼駕高風催節變凝露督物化
長林悲素秋茂草思朱夏鳴鴈薄雲嶺蟋蟀吟深榭
寒蟬向夕號驚飈激中夜感物增人懷凄然無欣暇

和郭主簿　陶潛

和澤周三春清涼素秋節露凝無游氛天高肅景澈
陵岑聳逸峰遙瞻皆奇絕芳菊開林耀青松冠巖列
懷此貞秀姿卓爲霜下傑銜觴念幽人千載撫爾訣
檢素不獲展厭厭竟良月

南州桓公九井作　殷仲文

四運雖鱗次理化各有準獨有清秋日能使高興盡
景氣多明遠風物自淒緊爽籟驚幽律哀壑叩虛牝
歲寒無早秀浮華甘夙隕何以標貞脆薄言寄松菌
哲匠感蕭晨肅此塵外軫廣筵散汎愛逸爵紆勝引
伊余樂好仁惑袪吝亦泯猥首阿衡朝將貽匈奴哂

秋歌　宋劉鑠

昊天淸且高秋氣發初凉白露下微津明月流素光
凝煙汎城闕淒風入軒房朱華先零落綠草就芸黃
纖羅還笥篋輕紈改衣裳

秋懷　謝惠連

平生無志意少小嬰憂患如何乘苦心矧復値秋晏
皎皎天月明奕奕河宿爛蕭瑟含風蟬寥唳度雲鴈
寒商動淸閨孤燈曖幽幔耿介繁慮積展轉長宵半
夷險難預謀倚伏昧前算雖好相如達不同長卿慢
頗悅鄭生偃無取白衣宦未知古人心且從性所玩
賓至可命觴朋來當染翰高臺驟登踐淸波時陵亂
頹魄不再圓傾羲無兩旦金石終銷毀丹靑暫彫煥
各勉玄髮歡無貽白首歎因歌遂成賦聊用布親串

秋日示休上人　鮑照

枯桑葉易零疲客心易驚今茲亦何早已聞絡緯鳴
迴風滅且起卷蓬息復征愴愴簟上寒悽悽帳裏淸
物色延暮思霜露逼朝榮臨堂觀秋草東西望楚城
百物方蕭瑟坐歎從此生

和王護軍秋夕　前人

散漫秋雲遠蕭蕭霜月寒驚飆西北起孤鴈夜往還
開軒當戶牖取琴試一彈停歌不能和終曲久辛酸
金氣方勁殺隆陽微且單泉涸甘井竭節徙芳歲殘
生事各多少誰共知易難投章心蘊結千里途輕紈
願託孤老暇觴思暫開餐

秋夜二首　前人

夜久膏既竭啓明且未央環情倦始復空閨起晨裝
幸承天光轉曲影入幽堂徘徊集通隙宛轉燭迴梁
帷風自卷舒簾露視成行歲役急窮晏生慮備溫凉
絲紈夙染濯綿綿夜裁張冬雪且夕至公子乏衣裳
華心愛零落非直惜容光願君翦衆念且共覆前觴
遁跡避紛喧貨農棲寂寞荒徑馳野鼠空庭聚山雀
旣遠人世歡還賴泉卉樂折柳樊場圃負綆汲潭壑
霽日見雲峯風夜聞海鶴江介早寒來白露先秋落
麻壟方結葉瓜田已掃籜傾暉忽西下迴景思華幕
攀蘿席中軒臨觴不能酌終古自多恨幽悲共淪鑠

詠秋　前人

秋蘭徒晚綠流風漸不親飆我垂思幕驚此梁上塵
沈陰安可久豐景將遂淪何由忽靈化暫見別離人

秋夕　前人

慮涕擁心用夜默發思機幽閨溢凉吹閑庭滿淸暉
紫蘭花已歇靑梧葉方稀江上淒海戾漢曲驚朔霏
髮斑悟壯晚物謝知歲微臨宵嗟獨對撫賞怨情違
躊躇空明月惆悵徒深帷

秋風　湯惠休

秋風嫋嫋入曲房羅帳含月思心傷蟋蟀夜鳴斷人
腸長夜思君心飛揚他人相思君相忘錦衾瑤席爲
誰芳

秋思引　前人

秋寒依依風過河白露蕭蕭洞庭波思君末光光已
滅眇眇悲望如思何

奉和秋夜長（玉臺作秋夜）　齊王融

秋夜長夜長樂未央舞袖拂花燭歌聲繞鳳梁

秋夜　謝朓

秋夜促織鳴南鄰擣衣急思君隔九重夜夜空佇立
北窻輕幔垂西戶月光入何知白露下坐視階前濕
誰能長分居秋盡冬復及

秋夜　梁簡文帝

高風度函谷墜露下芳枝綠潭倒雲氣靑山銜月規
花心風上轉葉影樹中移外遊獨千里夕嘆誰共知

秋閨夜思　同前

非關長信別詎是良人征九重忽不見萬恨滿心生
夕門掩魚鑰宵牀悲畫屏迴月臨窗度吟蟲繞砌鳴
初霜隕細葉秋風驅亂螢故妝猶累日新衣製未成
欲知妾不寐城外擣砧聲

秋夜　元帝

秋夜九重空蕩子怨房櫳燈光入綺帷簾影穿屏風
金徽調玉軫茲夜撫離鴻

擬古　昭明太子

晨風被庭槐夜露傷階草霧苦瑤池黑霜凝丹墀皓
疏條索無陰落葉紛可掃安得紫芝術終然獲難老

奉和太子秋晚詩　上黃侯曄

副君乘暇景臨秋坐北宮杏梁照初月蓮池引夕風
淸暉洞藻井流香入綺櫳鵲聲時徙樹螢光乍汎空
凉氛散簟席露色變林叢

秋夜　沈約

月落宵向分紫煙鬱氛氳噭噭螢入霧離離鴈度雲
巴童暗理瑟漢女夜縫裙新知樂如是久要豈相聞

登臺望秋月　前人

望秋月秋月光如練照曜三爵臺徘徊九華殿九華
玳瑁梁華榱與璧璫以茲雕麗色持照明月光凝華
入黼帳淸輝懸洞房先過飛燕戶却映班姬牀桂宮
裊裊落桂枝早寒凄凄凝白露上林晚葉颯颯鳴雁

門早鴻離離度滟秀質兮似規委淸光兮如素照愁軒之蓬鬢影金階之輕步居人臨此笑以歌別客對之傷且慕經衰圃映寒叢凝淸夜帶秋風隨庭雪以偕素與池荷而共紅臨玉階之皎皎含霜靄之濛濛轢天衢而徙度轢長漢而飛空隱巖崖而半出隔帷幌而纔通散朱庭之奕奕入靑瑣而玲瓏寒階悲寡鶴沙洲怨別鴻文姬泣胡殿昭君思漢宮余亦何爲者淹留此山東

郊外望秋答殷博士　江淹

白露掩江皐靑蒲平地蕪長夜亦何際銜思久踟躕企余重蘭貝淸才富金瑜獨豔始東山擅麗終西都雲精無末滯水碧豈暫濡竭我嵫景半賞爾若光初折麻異離羣紉蘭非索居頻貽既雅歌還懷諒短書

秋閨怨　王僧孺

斜光隱西壁暮雀上南枝風來秋扇屏月出夜燈吹深心起百際遙淚非一垂徒勞妾辛苦終言君不知

秋念　吳均

團團珠蟬轉照照漢陰移箕風入桂露璧月滿瑤池樹靑草未落蟬涼葉已危還深長夜想顧憶臨邛卮芳杜果無沒纓帶欲何爲

秋望月　蕭子範

河漢東西陰淸光此夜出入帳被華珠斜筵照寶瑟霜慘庭上蘭風鳴簷下橘獨見傷心者孤燈坐幽室

秋閨　劉邈

螢飛綺窗外妾思罷將軍燈前量獸錦簾下織花紋

秋夜　劉緩

墜露如輕雨長河似薄雲秋還百種事衣成未暇薰

樓上起秋風絕望秋閨中燭溜花行滿香燃奩欲空徒教兩行淚俱浮粧上紅

秋夜涼風起　費昶

佳人在河內征夫鎭馬邑零露一朝溥中夜兩垂泣氣爽牀帷冷天寒針縷澀紅顏本暫時君還詎相及

秋日　鮑泉

露色已成霜梧楸半欲黃燕去櫚恆靜蓮寒池不香夕鳥飛向月餘蚊聚逐光旅情恆自苦秋夜漸應長

秋日別庾正員　陳徐陵

征途愁轉旆連騎慘停鑣朔氣淩疏木江風送上潮靑雀離帆遠朱鳶別路遙唯有當秋月夜夜上河橋

秋河曙耿耿　張正見

謝朓詩秋河曙耿耿寒渚鬱蒼蒼

耿耿長河曙濫濫宿雲浮天路橫秋水星衢（一作橋）轉夜流月下姮娥落風驚織女秋德星猶可見仙槎不復留

秋日遊昆明池　江總

靈沼蕭條望遊人意緒多終南雲影落渭北雨聲過蟬噪金隄柳鷺飲石鯨波珠來照似月織處寫成河此時（一作詎知）臨水歎非復採蓮歌

秋日登廣州城南樓　前人

秋城韻晩笛危榭引淸（一作淒）風遠氣疑埋劍驚禽似避弓海樹一邊出山雲四面通野火初烟細新月半輪空寒外離羣客顏鬢早如蓬徒懷建鄴水復想洛陽宮不及孤飛鴈獨在上林中

月下秋宴　北齊魏收

此月甘言宴月照露方塗使星疑向蜀劍氣不關吳良友契金水上客慰萱蘇何必應劉輩還來遊鄴都

秋朝野望　劉逖

駐車懸險岸飛蓋歷平湖菊寒花稍發蓮秋葉漸枯向浦低行鴈排空轉噪烏若將君共賞何處滅城隅

奉和悲秋應令　蕭愨

秋天擬文學秋水擅莊蒙草濕蒹葭路波吞洞庭風便坐翻桑葉長坂欹蘭叢簷暗猶有燕陂靜未來鴻蟬噪聞疑斷池淸映似空劉安悲落木曹植嘆征蓬重明豈凝滯無累在淵冲隨時四序合應物五情同發言形惻隱蓐作挺神功下材均朽木何以慕彫蟲

秋思　前人

淸波收潦日華林鳴籟初芙蓉露下落楊柳月中疎燕幃湘綺被趙帶流黃裾相思阻音息結夢感離居

秋詩　陽休之

日照前窗竹露濕後園薇夜螢扶砌響輕蛾遶燭飛

和裴儀同秋日　北周庾信

蕭條依白社寂寞似東皐學異南宮敬貧同北郭騷蒙吏觀秋水萊妻紡落毛旅人嗟歲暮田家厭作勞霜天林木燥秋氣風雲高棲遑終不定方欲涕沾袍

和穎川公秋夜　前人

泬寥空邑遠葉黃凄序變洞浦落遊鴻長飈送巢燕千秋流夕景百籟含宵囀峻雉聆金柝層臺切銀箭

秋遊昆明池　前人

秋光麗晩天鷁舸泛中川密菱障浴鳥高荷沒釣船碎珠縈斷菊殘絲繞折蓮落花摧斗酒棲鳥送一絃

秋日　前人

蒼茫望落景羈旅對窮秋賴有南園菊殘花足解愁

悲秋　隋煬帝

故年秋始去今年秋復來露濃山氣冷風急蟬聲哀
鳥擊初移樹魚寒欲隱苔斷霧時通日殘雲尚作雷

秋日遊昆明池　薛道衡

灞陵因靜退靈沼暫徘徊新船木蘭檝舊宇豫章材
荷心宜露泫竹徑重風來魚潛疑刻石沙暗似沈灰
琴逢鶴欲舞酒遇菊花開羇心與秋興陶然寄一杯

秋報稷誠夏　牛弘

民天務急農亦勤止或蓘或薦惟穈惟芑涼風戒時
歲云秋矣物成則報功施必祀

長安秋　虞世基

露寒臺前曉露清昆明池水秋色明搖環動珮出層
城鵾弦鳳管奏新聲上林蒲桃合縹緲甘泉奇樹上
葱靑玉人當歌理淸曲婕妤恩情斷還續

秋遊昆明池　元行恭

旅客傷羇遠樽酒慰登臨池鯨隱舊石岸菊聚新金
陣低雲色近行高雁影深敧荷瀉圓露臥柳橫淸陰
衣共秋風冷心學古灰沈還似無人處幽蘭入雅琴

入蜀秋夜宿江渚　陳子良

我行逢日暮弭棹獨維舟水霧一邊起風林兩岸秋
山陰黑斷磧月影素寒流故鄉千里外何以慰羇愁

秋日應詔　袁朗

玉樹涼風舉金塘細柳萎葉落商飈觀鴻歸明月池
迎寒桂酒熟含露菊花垂一奉章臺宴千秋長願斯

秋夜獨坐　前人

危弦斷客心虛彈落驚禽新秋百慮淨獨夜九愁深
枯蓬唯逐吹墜葉不歸林如何悲此曲坐作白頭吟

欽定古今圖書集成曆象彙編歲功典

第五十九卷目錄

秋部藝文三 詩

秋日效庾信體　唐太宗唐
秋日 二首　同前
秋日卽目　同前
度秋　同前
賦秋日懸清光賜房元齡　同前
秋日翠微宮　同前
秋夜喜遇王處士　王績
山林休日田家　盧照鄰
汾上驚秋　蘇頲
酬暉上人秋夜山亭有贈　陳子昂
秋夜獨坐　王維
秋夜獨坐懷內弟崔興宗　前人
奉寄韋太守陟　前人
黎拾遺昕裴廸見過秋夜對雨之作　前人
秋山寄陳讜言　王昌齡
秋興　前人
和振上人秋夜懷士會　前人
西宮秋怨　前人
長信秋詞 五首　前人
淮南秋夜呈周侃　李嶷
林園秋夜作　前人
尋陽紫極宮感秋作　李白
江上秋懷　前人
秋下荊門　前人
三五七言　前人
綠水曲　前人
秋登宣城謝朓北樓　前人
秋夕書懷　前人
古風　前人
秋思　前人
秋日魯郡堯祠亭上宴別杜補闕范侍御　前人
秋夜板橋浦泛月獨酌懷謝朓　前人
秋日與張少府楚城韋公藏書高齋作　前人
代秋情　前人
秋夜　韋應物
秋郊作　前人
秋夜寄丘二十二員外　前人
秋日過徐氏園林　包佶
秋興　皇甫曾
寄孟五少府　高適
立秋後題　杜甫
秋清　前人
秋興 八首　前人
復愁　前人
秋野 五首　前人
秋夕與梁鍠文宴　錢起
秋日東郊作　皇甫冉
秋夜汎舟　劉方平
秋日　耿湋
秋夜　前人
秋夕　竇鞏
感秋　姚倫
賦得秋河曙耿耿　陳潤
秋原晚望　楊凌
晚思　司空曙
和韋使君秋夜見寄　丘丹
郡中卽事　羊士諤
秋夜曲 二首　王涯
秋詞 二首　劉禹錫
秋日題竇員外崇德里新居　前人
和樂天秋涼閒臥　前人
秋江晚泊　前人
酬令狐相公秋懷見寄　前人
和左司元郎中秋居　張籍
秋來　李賀
解秋 八首　元稹
秋夕遠懷　前人
縣西郊秋寄贈馬造　白居易
秋懷　前人
秋雨中贈元九　前人
秋思　前人
秋蟲　前人
秋夕　前人
秋山吟　施肩吾
秋日陪姚郎中登郡中南亭　鄭巢

秋月懸清暉　蔣防
和劉補闕秋園寓興 六首　朱慶餘
秋懷　雍陶
和劉補闕秋園寓興 四首　前人
長安秋望　杜牧
洛陽秋夕　前人
秋浦途中　前人
秋感　前人
洛中秋日　許渾
秋日行次關西　前人
秋夜與友人宿　前人
秋日早朝　前人
郊園秋日寄洛中友人　前人
端居　李商隱
到秋　前人
秋夜　劉得仁
長安秋夕　趙嘏
灞上秋居　馬戴
和友人盤石寺逢舊友　溫庭筠
秋日　前人
郊居秋日有懷一二知己　前人
秋日山齋書懷　劉滄
秋夕山齋即事　前人
秋墅　儲嗣宗
子夜秋歌　陸龜蒙
秋　李山甫
省試秋風生桂枝　羅隱
秋　高蟾
郊野　鄭谷
秋事　吳融
秋夕樓居　前人
秋日早行　韋莊
秋夜同友人話舊　譚用之
秋塘曉望　吳商浩
秋日懸清光　陶拱
秋山極天淨　朱延齡
祓禊曲　前人
秋　無名氏
宮詞　花蘂夫人徐氏
秋夜對月　宋楊億
秋郊曉行　歐陽修
秋日同希深昆仲遊龍門香山晚泛伊川觴詠久之席上各賦古詩以極一時之娛　梅堯臣
秋懷　邵雍
秋遊 六首　前人
秋懷吟　前人
秋夜　前人
和秋夜　前人
秋望吟　前人
秋閑吟　前人
秋意 三首　司馬光
秋懷 二首　蘇軾
和陳傳道秋日 四首　賀鑄
秋日 二首　秦觀
秋辭 二首　前人
秋日晨興寄楚望　張耒
秋日獨酌懷榮子邕　前人
秋意　李綱
秋日有感　黃裳
秋月迴文　李彌遜
秋閨詞　周紫芝
秋意　前人
秋夜西園獨步　王庭珪
秋夜行　呂本中
秋夜　朱弁
秋興　張九成
秋日雜興 六首　范成大
秋日　前人
秋花歎　陸游
秋暑　朱熹
秋懷　前人
秋　裘萬頃
秋行 二首　徐璣
秋閨思集唐　李龏
秋夜長集唐　前人
貧女吟 秋　文天祥
秋郊　金王庭筠
秋郊晚望　趙渢
曲江秋望　師拓
秋日　趙元

秋夜　曹之謙
秋吟　元黃庚
應教和姚子敬秋興　趙孟頫
秋懷　何中
山中樂　前人
秋日　周權
次韻秋望　前人
秋興　杜本
秋日雜興五首　陳基
秋霽　郭鈺
江樓秋望　明仁宗
秋風　同前
秋日即事詩送元輔張羅山　世宗
秋日即事九首　劉基
秋日江居寫懷六首　高啓
秋日　梅顚
秋夜　薛瑄
秋日有懷二首　張野
寄蘇先生正　祝祺
和王文偉　魏時敏
秋興　何景明
秋　康海
秋雨　汪道貫
秋雨吟簡四十二弟　汪道會
秋雨嘆　前人
秋江晚望　蔡經
秋郭小寺　張治
秋懷　陸樹聲
秋望　張祥鳶
秋聲　許國
秋聲　林如楚
伏枕　謝榛
秋日即事　李先芳
山中秋夜　李元昭
秋夜　馮琦
西陵秋渡　陶望齡
秋怨　謝肇淛
秋宮曲　王樂善
秋夜詞　陳价夫
秋日即事二首　陳繼儒
山樓秋夜有所懷　宋登春
宿景光父　葉之芳
秋思　吳兆
秋閨怨　周岐
秋夜曲　陳鴻
秋晴　釋普泰
秋夜憶家　媛項蘭貞

歲功典第五十九卷

秋部藝文三 詩

秋日斆庾信體　唐太宗

嶺銜宵月桂珠穿曉露叢蟬啼覺樹冷螢火不溫風
花生圓菊蘂荷盡戲魚通菼浦鳴飛鴈夕渚集棲鴻
颯颯高天吹氛澄下熾空

秋日二首　同前

菊散金風起荷疎玉露圓將秋數行鴈離夏幾林蟬
雲凝愁半嶺霞碎纈高天還似成都望直見峨眉前
爽氣澄蘭沼秋風動桂林露凝千片玉菊散一叢金
日岫高低影雲空點綴陰蓬瀛不可望泉石且娛心

秋日即目　同前

爽氣浮丹闕秋光澹紫宮衣碎荷疎影花明菊點叢
袍輕低草露蓋側舞松風散岫飄雲葉迷路飛煙鴻
砌冷蘭凋佩閨寒樹隕桐別鶴棲琴裏離猿啼峽中
落野飛星箭弦虛半月弓芳菲夕霧起暮色滿房櫳

度秋　同前

夏律昨留灰秋箭今移晷峨嵋岫初出洞庭波漸起
桂白發幽巖菊黃開灞涘運流方可歎含毫屬微理

賦秋日懸清光賜房元齡　同前

秋露凝高掌朝光上翠微參差麗雙闕照耀滿重闈
仙馭隨輪轉靈烏帶影飛臨波無定彩入隙有圓暉
還當葵藿志傾葉自相依

秋日翠微宮　同前

秋光凝翠嶺涼吹肅離宮荷疎一蓋缺樹冷半帷空
側陣移鴻影圓花釘菊叢攜懷俗塵外高眺白雲中

秋夜喜遇王處士　王績

北場芸藿罷東皋刈黍歸相逢秋月滿更値夜螢飛

山林休日田家　盧照鄰

歸休乘暇日饁稼返秋場徑草疏王篲巖枝落帝桑耕田虞訟寢鑿井漢機忘戎葵朝委露齊棗夜含霜南澗泉初冽東籬菊正芳還思北牕下高臥偃羲皇

汾上驚秋　蘇頲

北風吹白雲萬里度河汾心緒逢搖落秋聲不可聞

酬暉上人秋夜山亭有贈　陳子昂

皎皎白林秋微微翠山靜禪居感物變獨坐開軒屏風泉夜聲雜月露宵光冷多謝忘機人塵憂未能整

秋夜獨坐　王維

獨坐悲雙鬢空堂欲二更雨中山果落燈下草蟲鳴白髮終難變黃金不可成欲知除老病唯有學無生

秋夜獨坐懷內弟崔興宗　前人

夜靜羣動息蟪蛄聲悠悠庭槐北風響日夕方高秋思子整羽翮及時當雲浮吾生將白首歲晏思滄洲高足在旦暮肯爲南畝儔

奉寄韋太守陟　前人

荒城自蕭索萬里山河空天高秋月迥嘹唳聞歸鴻寒塘映衰草高館落疎桐臨此歲方晏顧景問悲翁故人不可見寂寞平陵東

黎拾遺昕裴迪見過秋夜對雨之作　前人

促織鳴已急輕衣行尚重寒燈坐高館秋雨聞疎鐘白法調狂象元言問老龍何人顧蓬徑空愧求羊蹤

秋山寄陳讜言　王昌齡

巖間寒事早衆山木已黃北風何蕭蕭茲夕露爲霜感激未能寐中宵時慨慷黃蟲初悲鳴元鳥去我梁獨臥時易晚離羣情更傷思君若不及鴻雁今南翔

秋興　前人

日暮西北堂涼風洗脩木著書在南窻門館常肅肅苔草延古意視聽轉幽獨或問余所營刈黍歸寒谷

和振上人秋夜懷士會　前人

白露傷草木山風吹夜寒遙林夢親友高興發雲端郭外秋聲急城邊月色殘瑤琴多遠思更爲客中彈

西宮秋怨　前人

芙蓉不及美人粧水殿風來珠翠香誰分含啼掩秋扇空懸明月待君王

長信秋詞五首　前人

金井梧桐秋葉黃珠簾不捲夜來霜熏籠玉枕無顏色臥聽南宮清漏長

高殿秋砧響夜闌霜深猶憶御衣寒銀燈靑瑣裁縫歇還向金城明主看

奉帚平明金殿開且將團扇暫裴回玉顏不及寒鴉色猶帶朝陽日影來

眞成薄命久尋思夢見君王覺後疑火照西宮知夜飲分明複道奉恩時

長信宮中秋月明昭陽殿下擣衣聲白露堂中細草跡紅羅帳裏不勝情

淮南秋夜呈周侶　李嶷

天淨河漢高夜閒砧杵發淸秋忽如此離恨應難歇風亂池上萍露光竹間月與君共遊處勿作他鄉別

林園秋夜作　前人

林臥避殘暑白雲長在天賞心既如此對酒非徒然月色徧秋露竹聲兼夜泉涼風懷袖裏茲意與誰傳

尋陽紫極宮感秋作　李白

何處聞秋聲翛翛北牕竹迴薄萬古心攬之不盈掬靜坐觀衆妙浩然媚幽獨白雲南山來就我檐下宿嬾從唐生決羞訪季主卜四十九年非一往不可復野情轉蕭散世道有翻覆陶令歸去來山家酒應熟

江上秋懷　前人

餐霞臥舊壑散髮謝遠遊山蟬號枯桑始復知天秋朔鴈別海裔越燕辭江樓颯颯風卷沙茫茫霧縈洲黃雲結暮色白水揚寒流惻愴心自悲潺湲淚難收蘅蘭方蕭瑟長歎令人愁

秋下荊門　前人

霜落荊門江樹空布帆無恙挂秋風此行不爲鱸魚鱠自愛名山入剡中

三五七言　前人

秋風淸秋月明落葉聚還散寒鴉棲復驚相思相見知何日此時此夜難爲情

綠水曲　前人

綠水明秋月南湖採白蘋荷花嬌欲語愁殺蕩舟人

秋登宣城謝脁北樓　前人

江城如畫裏山曉望晴空兩水夾明鏡雙橋落彩虹人烟寒橘柚秋色老梧桐誰念北樓上臨風懷謝公

秋夕書懷　前人

北風吹海鴈南渡落寒聲感此瀟湘客淒其流浪情海懷結滄洲霞想遊赤城始探蓬壺事旋覺天地輕澹然吟高秋閒臥瞻太淸蘿月掩空幕松霜結前楹滅見息羣動獵微窮至精桃花有源水可以保吾生

古風　前人
蓐收肅金氣西陸弦海月秋蟬號階軒感物憂不歇
良辰竟何許大運有淪忽天寒悲風生夜久衆星沒
惻惻不忍言哀歌逮明發

秋思　前人
春陽如昨日碧樹鳴黃鸝蕪然蕙草暮颯爾涼風吹
天秋木葉下月冷莎雞悲坐愁羣芳歇白露凋華滋

秋日魯郡堯祠亭上宴別杜補闕范侍御　前人
我覺秋興逸誰云秋興悲山將落日去水與晴空宜
魯酒白玉壺送行駐金羈歇鞍憩古木解帶挂橫枝
歌鼓川上亭曲度神飈吹雲歸碧海夕鴈沒青天時
相失各萬里茫然空爾思

秋夜板橋浦泛月獨酌懷謝朓　前人
上天何所有迢迢白玉繩斜低建章闕耿耿對金陵
漢水舊如練霜江夜清澄長川瀉落月洲渚曉寒凝
獨酌板橋浦古人誰可徵元暉難再得灑酒氣塡膺

秋日與張少府楚城韋公藏書高齋作　前人
日下空庭暮城荒古跡餘地形連海盡天影落江虛
舊賞人雖隔新知樂未疎彩雲思作賦丹壁問藏書
槎擁隨流葉萍開出水魚夕來秋興滿回首意何如

代秋情　前人
幾日相別離門前生穭葵寒蟬聒梧桐日夕長鳴悲
白露濕螢火清霜凌兔絲空掩紫羅袂長啼無盡時

秋夜　韋應物
暗窗涼葉動秋天寢席單憂人半夜起明月在林端
一與清景遇每憶平生歡如何方惆悵披衣露更寒

秋郊作　前人
清露澄境遠旭日照林初一望秋山淨蕭條形迹疎
登原忻時稼采菊行故墟方願沮溺耦淡泊守田廬

秋夜寄丘二十二員外　前人
懷君屬秋夜散步詠涼天山空松子落幽人應未眠

秋日過徐氏園林　包佶
回塘分越水古樹積吳煙埽竹催鋪席垂蘿待繫船
鳥窺新罅栗龜上半敧蓮屢入忘歸地長嗟俗事牽

秋興　皇甫曾
流螢與落葉秋晚共紛紛返照城中盡寒砧雨外聞
離人見衰鬢獨鶴暮同羣楚客在千里相思看碧雲

寄孟五少府　高適
秋氣落窮巷離憂兼暮蟬後時已如此高興亦徒然
知君念淹泊憶我屢周旋征路見來鴈歸人悲遠天
平生感千里相望在貞堅

立秋後題　杜甫
日月不相饒節序昨夜隔元蟬無停號秋燕已如客
平生獨往願惆悵年半百罷官亦由人何事拘形役

秋清　前人
高秋蘇肺氣白髮自能梳藥餌憎加減門庭悶掃除
杖藜還客拜愛竹遣兒書十月江平穩輕舟進所如

秋興八首　前人
玉露凋傷楓樹林巫山巫峽氣蕭森江間波浪兼天
湧塞上風雲接地陰叢菊兩開他日淚孤舟一繫故
園心寒衣處處催刀尺白帝城高急暮砧
夔府孤城落日斜每依北斗望京華聽猿實下三聲
淚奉使虛隨八月槎畫省香爐違伏枕山樓粉堞隱
悲笳請看石上藤蘿月已映洲前蘆荻花
千家山郭靜朝暉日日江樓坐翠微信宿漁人還泛
泛清秋燕子故飛飛匡衡抗疏功名薄劉向傳經心
事違同學少年多不賤五陵裘馬自輕肥
聞道長安似奕棋百年世事不勝悲王侯第宅皆新
主文武衣冠異昔時直北關山金鼓振征西車馬羽
書遲魚龍寂寞秋江冷故國平居有所思
蓬萊宮闕對南山承露金莖霄漢間西望瑤池降王
母東來紫氣滿函關雲移雉尾開宮扇日繞龍鱗識
聖顏一臥滄江驚歲晚幾回青瑣點朝班
瞿唐峽口曲江頭萬里風煙接素秋花萼夾城通御
氣芙蓉小苑入邊愁朱簾繡柱圍黃鵠錦纜牙檣起
白鷗回首可憐歌舞地秦中自古帝王州
昆明池水漢時功武帝旌旗在眼中織女機絲虛夜
月石鯨鱗甲動秋風波漂菰米沉雲黑露冷蓮房墜
粉紅關塞極天唯鳥道江湖滿地一漁翁
昆吾御宿自逶迤紫閣峯陰入渼陂香稻啄餘鸚鵡
粒碧梧棲老鳳皇枝佳人拾翠春相問仙侶同舟晚
更移彩筆昔曾干氣象白頭吟望苦低垂

復愁　前人
江上亦秋色火雲終不移巫山猶錦樹南國且黃鸝

秋野五首　前人
秋野日疎蕪寒江動碧虛繫舟蠻井絡卜宅楚村墟
棗熟從人打葵荒欲自鋤盤飧老夫食分減及溪魚
易識浮生理難教一物違水深魚極樂林茂鳥知歸
吾老甘貧病榮華有是非秋風吹几杖不厭此山薇

禮樂攻吾短山林引興長掉頭紗帽仄曝背竹書光
風落收松子天寒割蜜房稀疎小紅翠駐屐近微香
遠岸秋沙白連山晚照紅潛鱗輸駭浪歸翼會高風
砧響家家發樵聲個個同飛霜任青女賜被隔南宮
身許麒麟畫年衰鴛鷺羣大江秋易盛空峽夜多聞
徑隱千重石帆留一片雲兒童解蠻語不必作參軍

秋夕與梁鍠文宴　錢起

客到衡門下林香蕙草時好風能自至明月不須期
秋日翻荷影晴光脆柳枝留懽美清夜寧覺曉鐘遲

秋日東郊作　皇甫冉

閑看秋水心無事臥對寒松手自栽廬岳高僧留偈
別茅山道士寄書來燕知社日辭巢去菊為重陽冒
雨開淺薄將何稱獻納臨岐終日自遲迴

秋夜汎舟　劉方平

林塘夜發舟蟲響荻颼颼萬影皆因月千聲各為秋
歲華空復晚鄉思不堪愁西北浮雲外伊川何處流

秋日　耿湋

返照入閭巷憂來誰共語古道無人行秋風動禾黍

秋夜　前人

高秋夜分後遠客雁來時寂寞重門掩無人問所思

秋夕　竇鞏

護霜雲映月朦朧烏鵲爭飛井上桐夜半酒醒人不
覺滿池荷葉動秋風

感秋　姚倫

試向疎林望方知節候殊亂聲千葉下寒影一巢孤
不蔽秋天雁驚飛夜月烏霜風與春日幾度遣榮枯

賦得秋河曙耿耿　陳潤

晚望秋高夜微明欲曙河橋成鵲已去機能女應過
月上殊開練雲行類動波尋源不可到耿耿復如何

秋原晚望　楊凌

客鴈秋來次第逢家書頻寄兩三封夕陽天外雲歸
盡亂見青山無數峰

晚思　司空曙

蛩吟總下月草濕堦前露晚景淒我衣秋風入庭樹

和韋使君秋夜見寄　丘丹

露滴梧葉鳴秋風桂花發中有學仙侶吹簫弄山月

郡中即事　羊士諤

紅衣落盡暗香殘葉上秋光白露寒越女含情已無
限莫教長袖倚闌干

秋夜曲二首　王涯

丁丁漏水夜何長漫漫輕雲露月光秋逼暗蟲通夕
響寒衣未寄莫飛霜
桂魄初生秋露微輕羅已薄未更衣銀箏夜久殷勤
弄心怯空房不忍歸

秋詞二首　劉禹錫

自古逢秋悲寂寥我言秋日勝春朝晴空一鶴排雲
上便引詩情到碧霄
山明水淨夜來霜數樹深紅出淺黃試上高樓清入
骨豈如春色嗾人狂

秋日題竇員外崇德里新居　前人

長愛街西風景閑到君居此暫開顏清光門外一渠
水秋色牆頭數點山疎種碧松通月朗多栽紅藥待
春還莫言堆案無餘地認得詩人在此閒

和樂天秋涼閒臥　前人

暑退人體輕雨餘天色改荷珠貫索斷竹粉殘粧在
高僧掃室請逸客登樓待槐柳漸蕭疎閒門少光彩

秋江晚泊　前人

長泊起秋色空江涵霽暉暮霞千萬狀賓鴻次第飛
古戍見旗迥荒村聞犬稀軻峨艑上客勸酒夜相依

酬令狐相公秋懷見寄　前人

寂寞蟬聲靜差池燕羽回秋風憐越絕朔氣想臺駘
相去數千里無因同一杯殷勤望飛雁新自塞垣來

和左司元郎中秋居　張籍

自知清靜好不要問時豪就石安琴枕穿松壓酒槽
山情因月甚詩語入秋高身外無餘事惟應筆研勞

秋來　李賀

桐風驚心壯士苦衰燈絡緯啼寒素誰看青簡一編
書不遣花蟲粉空蠹思牽今夜腸應直雨冷香魂弔
書客秋墳鬼唱鮑家詩恨血年年土中碧

解秋八首　元稹

清晨臨寒水動搖襟袖輕翳翳林上葉不知秋暗生
回悲鏡中髮華白三四莖豈無滿頭黑念此衰已萌
微霜纔結露翔鳩初變鷹無乃天地意使之行小懲
鴟鴞誠可惡蔽日有高鵬捨大以擒細我心終不能
往歲學仙侶各在無何鄉同時為名者次第鵷鷺行
而我兩不遂三十鬢添霜日暮江上立蟬鳴楓樹黃
後伏火猶在先秋蟬已多雲色日夜白驕陽能幾何
壤隙漏江海忽微成網羅勿言時不至但恐歲蹉跎
新月纔到地輕河如泛雲螢飛高下火樹影參差文
露簟有微潤清香時暗焚夜閑心寂默洞庭無垢氛
藹麗牀前影飄蕭簾外竹簟涼朝睡重夢覺茶香熟

親亭園内葵憑買家家麴釀酒井鏟蔬人來有棊局寒竹秋雨重凌霄晚花落低回翠玉梢散亂梔黃蕚顏色有殊異風霜無好惡年年百草芳畢意同蕭索漠漠江面燒微微楓樹煙今日復今夕秋懷方浩然況我頭上髮衰白不待年我懷有時極此意何由詮

秋夕遠懷　前人

旦夕天氣爽風飄葉漸輕星繁河漢白露逼衾枕清丹鳥月中滅莎雞牀下鳴悠悠此懷抱况復多遠情

縣西郊秋寄贈馬造　白居易

紫閣峯西清渭東野煙深處夕陽中風荷老葉蕭條綠水蓼殘花寂寞紅我厭宦遊君失意可憐秋思兩心同

秋懷　前人

月出照北堂光華滿階墀涼風從西至草木日夜衰桐柳減綠陰蕙蘭消碧滋感物私自念我心亦如之安得長少壯盛衰迫天時人生如石火爲樂長苦遲

秋雨中贈元九　前人

不堪紅葉青苔地又是涼風暮雨天莫怪獨吟秋思苦比君校近二毛年

秋思　前人

夕照紅於燒晴空碧勝藍獸形雲不一弓勢月初三鴈思來天北砧愁滿水南蕭條秋氣味未老已深諳

秋蟲　前人

切切闇窻下喓喓深草裏秋天思婦心雨夜愁人耳

秋夕　前人

葉聲落如雨月色白似霜夜深方獨臥誰爲拂塵牀

秋山吟　施肩吾

夜吟秋山上嫋嫋秋風歸月色清且冷桂香落人衣

秋日陪姚郎中登郡中南亭　鄭巢

雲水生寒色高亭發遠心雁來疎角韻槐落減秋陰隔石嘗茶坐當山抱瑟吟誰知瀟灑意不似有朝簪

秋月懸清暉　蔣防

秋月沿霄漢亭亭委素輝山明桂花發池滿夜珠歸入牖人偏攬臨枝鵲正飛能連平野淨輪度曉雲微晶晃浮輕露裴回映薄帷此時千里道延望獨依依

和劉補闕秋園寓興六首　朱慶餘

閒園清氣滿新興日堪追隔水蟬鳴後當檐雁過時雨餘槐穟重霜近藥苗衰不以朝簪貴多將野客期

逍遙人事外杖屨入杉蘿草色寒猶在蟲聲晚漸多靜逢山鳥下幽稱野僧過幾許新開菊閒從落葉和

醞情清景宴朝罷有餘閒蝶散紅闌外螢飛白露間牆高微見寺林靜遠分山吟足期相訪殘陽自掩關

深齋嘗獨處詎肯厭秋聲翠篠寒逾靜孤花晚更明每因逢石坐多見抱書行入夜聽疎杵遙知耿此情

門巷惟苔蘚誰言不稱貧臺閒人下晚果熟鳥來頻石脈潛通井松枝靜離塵殘蔬得晴後又見一番新

竹逕通鄰圃清深稱獨遊蟲絲交影細藤子墜聲幽積潤苔紋厚迎寒薺葉稠閒來尋古畫未廢執茶甌

秋懷　雍陶

古槐煙薄晚鴉愁獨向黃昏立御溝南國望中生遠思一行新雁去汀洲

和劉補闕秋園寓興四首　前人

水木夕陰冷池塘秋意多庭風吹故葉堦露淨寒莎愁燕窺燈語情人見月過砧聲聽已別蟲響復相和

閉門無事後此地即山中但覺鳥聲異不知人境同晚花開爲雨殘果落因風獨坐還吟酌詩成酒已空

秋色庭蕪上清朝見露華疎篁抽晚筍幽藥吐寒芽引水新渠淨登臺小徑斜人來多愛此蕭爽似仙家

禁掖朝回後林園勝賞時野人來辨藥庭鶴往看棊晚日明丹棗朝霜潤紫梨還因重風景猶自有秋詩

長安秋望　杜牧

樓倚霜樹外鏡天無一毫南山與秋色氣勢兩相高

洛陽秋夕　前人

冷冷寒水帶霜風更在天橋夜景中清禁漏閒煙樹寂月輪移在上陽宮

秋浦途中　前人

蕭蕭山路窮秋雨淅淅溪風一岸蒲爲問寒沙新到雁來時還下杜陵無

秋感　前人

金風萬里思何盡玉樹一窻秋影寒獨掩柴門明月下淚流香袂倚闌干

洛中秋日　許渾

故國無歸處官閒憶遠遊吳僧秣陵寺楚客洞庭舟久病先知雨長貧早覺秋壯心能幾許伊水更東流

秋日行次關西　前人

金風蕩天地關西草木凋早霜雞喔喔殘月馬蕭蕭紫陌秦山近青楓楚樹遙還同長卿志題字滿河橋

秋夜與友人宿　前人

楚國同遊過十霜萬重心事幾堪傷蒹葭露白蓮塘淺砧杵夜清河漢涼雲外山川歸夢遠天涯岐路客愁長寒城欲曉聞吹笛猶臥東軒月滿牀

秋日早朝　前人

宵衣應待絕更籌環佩鏘鏘月下樓井轉轆轤千樹曉鎖開閶闔萬山秋龍旗盡列趨金殿雉扇才分見玉旒虛戴鐵冠無一事滄江歸去老漁舟

郊園秋日寄洛中友人　前人

楚水西來天際流感時傷別思悠悠一尊酒盡青山莫萬里書迴碧樹秋日落遠波驚宿雁風吹輕浪起眠鷗嵩陽親友如相問潘岳閒居欲白頭

端居　李商隱

遠書歸夢兩悠悠只有空牀敵素秋階下青苔與紅葉雨中寥落月中愁

到秋　前人

扇風淅瀝簟流離萬里南雲滯所思守到清秋還寂寞葉丹苔碧閉門時

秋夜　劉得仁

秋氣滿堂孤燭冷清宵無寐憶山歸窗前月過三更後細竹吟風似雨微

長安秋夕　趙嘏

雲物凄涼拂曙流漢家宮闕動高秋殘星幾點鴈橫塞長笛一聲人倚樓紫艷半開籬菊靜紅衣落盡渚蓮愁鱸魚正美不歸去空戴南冠學楚囚

灞上秋居　馬戴

灞原風雨定晚見鴈行頻落葉他鄉樹寒燈獨夜人空園白露滴孤壁野僧鄰寄臥郊扉久何年致此身

和友人盤石寺逢舊友　溫庭筠

楚寺上方宿滿堂皆舊遊月谿逢遠客煙浪有歸舟江館白蘋夜水關紅葉秋西風吹暮雨汀草更堪愁

秋日　前人

爽氣變昏旦神皐徧原隰煙華久蕩搖石潤仍清急柳閣山犬吠蒲荒水禽立菊花明欲迷棗葉光如濕天籟思林嶺車塵倦都邑譸張夙所違悔恡何出入芳草秋可藉幽泉曉堪汲牧羊燒外鳴林果雨中拾復此遂閒曠翛然脫羈縶田收鳥雀喧氣肅龍蛇蟄佳節足豐穰良朋阻遊集沈機日寂寥葆素常呼吸投迹倦攸往放懷志所執良時有東菑吾將事蓑笠

郊居秋日有懷一二知己　前人

稻田鳧鴈滿晴沙釣渚歸來一徑斜門帶果林招邑吏井分蔬圃屬鄰家皐原寂歷垂禾穗桑竹參差映豆花自笑謾懷經濟策不將心事許煙霞

秋日山齋書懷　劉滄

啓戶清風枕簟幽蟲絲吹落挂簾鉤蟬吟高樹雨初霽人憶故鄉山正秋浩渺蒹葭連夕照蕭疏楊柳隔沙洲空將方寸荷知己身寄煙蘿恩未酬

秋夕山齋即事　前人

衡門無事閉蒼苔籬下蕭疏野菊開半夜秋風江邑動滿山寒葉雨聲來鴈飛關塞霜初落書寄鄉閭人未迴獨坐高窗此時節一彈瑤瑟自成哀

秋墅　儲嗣宗

欲暮候樵者望山空翠微虹隨殘雨散鴉帶夕陽歸窮巷長秋草孤村時擣衣誰知多病客寂寞掩柴扉

子夜秋歌　陸龜蒙

涼漢清泬寥衰林怨風雨愁聽絡緯吟似與羈魂語

秋　李山甫

傍雨依風冷漸勻更憑青女事精神來時將得幾多雁到處愁他無限人能被綠楊深懊惱謾偎黃菊送殷勤鄰家不用偏吹律到底榮枯也自均

省試秋風生桂枝　羅隱

涼吹從何起中宵景象清漫隨雲葉動高傍桂枝生漠漠看無際蕭蕭別有聲遠吹斜漢轉低拂白榆輕寥泬工夫大乾坤歲序更因悲遠歸客長望一枝榮

秋　高蟾

陽羨溪聲冷駭人洞庭山翠晚凝神天將金玉爲風露曾爲高秋幾度貧

郊野　鄭谷

蓼水菊籬邊新晴有亂蟬秋光終寂寞晚醉自留連野濕禾中露村閒社後天題詩滿紅葉何必浣花牋

秋事　吳融

江天暑氣自涼清物候須知一雨成松竹健來唯欠語蕙蘭衰去許多情他年擬獻書空在此日知機意盡平更欲輕橈放煙浪葦花深處聽秋聲

秋夕樓居　前人

月裏青山淡如畫露中黃葉颯然秋危欄倚徧都無寐祇恐星河墮入樓

秋日早行　韋莊

上馬蕭蕭襟袖涼路穿禾黍繞宮牆半山殘月露華冷兩岸野風蓮萼香煙水驛樓紅隱隱渚邊雲樹暗蒼蒼行人自是心如火兔走烏飛不覺長

秋夜同友人話舊　譚用之

露下銀河鴈度頻囊中壚火幾時真數莖白髮生浮世一盞寒燈共故人雲外簟涼吟嶠月島邊花暖釣江春何當歸去重攜手依舊紅霞作近鄰

秋塘曉望　吳商浩
鐘盡疎桐散宿鴉故山煙樹隔天涯西風一夜秋塘
曉零落幾多紅藕花

秋日懸清光　陶拱
秋至雲容斂天中日景清懸空寒色淨委照曙光盈
泫泫看彌上輝輝望最明烟霞輪乍透葵藿影初生
鑒下應無極升高自有程何當迴盛彩一爲表精誠

秋山極天淨　朱延齡
雨洗高秋淨天臨大野閒葱蘢淸萬象繚繞出層山
日落千峰上雲銷萬壑間綠蘿霜後翠紅葉雨來殷
散彩輝吳甸分形壓楚關欲尋霄漢路延首願登攀

祓禊曲　前人
昨見春條綠那知秋葉黃蟬聲猶未斷寒鴈已成行

秋　無名氏
月色驅秋下穹昊梁間燕語辭巢早古苔凝紫貼瑤
階露槿啼紅墮江草越客羈魂挂長道西風欲揭南
山倒粉娥恨骨不勝衣映門楚碧蟬聲老

宮詞　花蘂夫人徐氏
細風𩙪葉撼宮梧早怯秋寒著繡襦玉宇無人雙燕
去一彎新月上金樞

秋夜對月　宋楊億
孤雲飛隴首顥氣滿區中鶯鶴仙盤外圓蟾浴殿東
浦寒珠有淚巖迥桂生風星彩沉榆莢霜華襲桂叢
光搖銀燭亂影射玉壺空露館迷秦甸冰臺接魏宮
繞枝驚瞎鵲促杼思陰蟲更想離居恨迴腸幾處同

秋郊曉行　歐陽修
寒郊桑柘稀秋色曉依依野燒侵河斷山鴉向日飛
行歌採樵去荷鍤刈田歸秫酒家家熟相邀白竹扉

秋日同希深昆仲遊龍門香山晚泛伊川觴詠
久之席上各賦古詩以極一時之娛　梅堯臣
落日川上好徘徊弄孤舟鳴根進山口淸唱發渡頭
淺瀨不可泝停橈信中流山樽對蒼翠溪鳥自沉浮
濯足破嵐影采菱臨芳洲千龕晚煙寂雙壁紅樹秋
細細石間泉搖搖波際樓澄潭若瀉鑑萬象已盈眸
康樂足淸尚惠連仍此遊摘景固無遺揮筆曾未休
醉來同淵明興盡殊子猷歸傍漁梁靜行看夜火幽

秋懷　邵雍
露華初滴滴夜吹何颼颼不犯嚴城漏誰言憐近丘
淸湍文鴛鴦寒潭繡鸂鶒長天浮如水不廢秋江碧
男子一寸心壯士萬夫敵菡萏香風中扁舟會相憶

秋遊六首　前人
七月芙蕖正爛開東南園近日徘徊有時風向池心
過無限香從水面來罨畫溪深方誤入洞庭湖晚未
成迴坐來一霎蕭蕭雨又送新凉到酒杯
先秋顥氣已潛生洛邑方知節候平庭院乍凉人共
喜園林經雨氣尤淸迴舟伊水風微溜緩轡天津月
正明自有皐夔分聖念好將詩酒樂昇平
八月光陰未甚凄松亭竹榭尤爲宜況當晝夜初停
處正是炎凉得所時明月入懷如有意好風吹面似
相知閒人歌詠自怡悅不管朝廷不採詩
家住城南水竹涯乘秋行樂未嘗虧輕寒氣候我自
愛半醉光陰人莫知信馬天街微雨後凭欄僧閣晚
晴時十年美景追尋遍好向風前摘白髭
九月風光雖已暮中州景物未全衰眼觀秋色千萬
里手把黃花三兩枝美酒易消閒歲月靑銅休照老
容儀若言必使他人信瀝盡丹誠誰肯知
霜天寥落思無窮不奈樓高逼望中四面溪山徒滿
目九秋宮殿自危空雲橫遠嶠千尋直霞亂斜陽數
縷紅無限傷情言不到共誰開口向西風

秋懷吟　前人
一番春了未多時雲外征鴻又報歸節物眼前來若
此歲華頭上去如斯當年志意雖然在今日筋骸寧
不衰賴有寸心常自喜聖人難處却能知

秋夜　前人
浮雲一消散星斗粲長天碧蘚墮丹果淸香生白蓮
體凉猶衣葛耳靜已無蟬坐久羣動息秋空唯寂然

和秋夜　前人
久畏夏暑日喜逢秋夜天急雨過脩竹凉風搖晚蓮
豈敢敗莎蛩能繼衰柳蟬安得九皐禽淸淚一灑然

秋望吟　前人
草色連雲色山光接水光危樓一百尺旅雁兩三行

秋閣吟　前人
秋閣一凭欄人心何悄然乾坤今歲月唐漢舊山川
淡泊霜前日蕭疎雨後天丹靑空妙手此意有誰傳

秋意三首　司馬光
槐花滿庭除籍籍不可掃稍疎邵平瓜漸熟王陽棗
失時團扇棄新進袷衣好日暮益愁思寒蛩起幽草
忽聞秋興篇歎賞幾絕倒
端居倦煩暑閫閫久不窺雨餘秋氣新紅葉生紫梨
形骸得蕭散不知環堵卑何能效流俗把酒須菊枝

登高已可醉四野青雲垂
弱植生川澤托根北堂後昔時青春姿扶疎映軒牖
風霜日消落憔悴復何有蠹穿枯節斷雨漬虛心朽
幸不夭天年猶得勝凡柳

秋懷二首　蘇軾

苦熱念西風常恐來無時及茲遂凄凜又作徂年悲
蟋蟀鳴我牀黃葉投我幃牕前有棲鵩夜嘯如狐貍
露冷梧葉脫孤眠無安枝熠燿亦有偶高屋飛相追
定知無幾見迫此淸霜期物化逝不留我興爲嗟咨
便當勤秉燭爲樂戒暮遲
海風東南來吹盡三日雨空階有餘滴似與幽人語
念我平生歡寂寞守環堵壺漿慰作勞裹飯救寒苦
今年秋應熟過從飽雞黍嗟我獨何求萬里涉江浦
居貧豈無食自不安畎畝念此坐達旦殘燈翳復吐

和陳傳道秋日四首　賀鑄

秋晴

歸雲去悠悠長風來獵獵簷角兩長楸斜陽曬黃葉

秋曉

未卷半簾霜猶疑在庭月倚樹汲淸泉疎風獵華髮

秋夜

病骨倦空林曳杖閒庭步暗燭與寒蟲迢迢思風露

秋月

霜空出華月樽酒聊相對別夜復嬋娟故人千里外

秋日二首　秦觀

霜落邗溝積水淸寒星無數傍船明菰蒲深處疑無
地忽有人家笑語聲
月團新碾瀹花磁飮罷呼兒課楚詞風定小軒無落
葉青蟲相對吐秋絲

秋辭二首　前人

雲惹低空不更飛班班紅葉欲辭枝秋光未老仍微
暖恰似梅花結子時
無數靑莎繞玉階夕陽紅淺過牆來西風莫道無情
思未放芙蓉取次開

秋日晨興寄楚望　張耒

夜雨霽淸曉浮雲散凉川幽人理靑髮汲彼古井泉
焚香展素帙持珠諷妙言晨暉淡悠揚秋霞麗紺天
葵花開露餘孤葉零風前感此芳節晩長嘯心悠然
傾觴散滯念餐菊留華年牢落歲暮心非君誰與宣

秋日獨酌懷榮子邕　前人

秋夜一杯酒風雨早凉天眷言西鄰友咫尺莫能前
豈無病羸馬泥滑不勝鞭端居何爲者落莫掩書眠
高柳颯已疎碧草蓝餘鮮衰懷感徂節客舍悲流年
孤吟誰與和獨酌還醒然新晴野路乾期子舍南邊

秋意　李綱

蕭蕭南浦白雲秋楓葉蘆花相對愁何必更窮千里
目亂山凝碧滿溪樓

秋日有感　黃裳

幾時能致買山錢便好山中醉暮天有物秋來長引
夢鱸魚新到曲江邊

秋月廻文　李彌遜

霜盤玉隱倒團金逈水秋天碧野侵光掩半扉寒夜
末影分疎竹翠烟深長空遠岫歸雲捲古木高風浥
露沉凉秋客愁應夢楚荒城曉角夜悲吟

秋閨詞　周紫芝

西風動簾幕蟋蟀鳴高堂蔓草濕零露秋閨知夜長
佳人掩朱戶背燭解羅裳願言鴛鴦夢雙飛入方塘
淸影橫疎櫺奈此明月光依依照長夜炯炯明愁腸
不恨郎不歸恨月入我牀披衣復起坐嚬翠挑殘釭
開緘取素書解結羅帶傍一讀再三歎再讀淚數行
終夜不成寐曙色忽滿牕雖云有膏沐誰能理晨妝

秋意　前人

江城木落又秋高歸夢難成客鬢彫擬倩西風吹雨
去莫來牕下打芭蕉

秋夜西園獨步　王庭珪

淸夜遊西園竹影亂秋月穹色湛虛明林光益奇絕
人間睡正著那知此時節坐觀衡陽移領略風煙別
沆瀣洗天宇一飮醒毛髮氣與南山高靑蒼助施設
池塘收綠淨星斗轉空闊微雲點太淸須臾亦自滅
明朝問此境勝處不可說却恐雞三號開門走車轍

秋夜行　呂本中

八月九月啼寒螿十月北風天雨霜客遊無聊思故
鄉書來不來空斷腸鴻飛何爲滿夕陽舉頭攬取明
月光置我堂上方尺牀滿酌玉杯碧淋浪喚取姮娥
來共嘗人間歡樂壽命長不須辛苦老桂傍

秋夜　朱弁

秋夜雖漸永未抵客愁長秋月雖已圓不照寸心方
將心貯此愁眞作萬斛量爲月憐此夜誰共千里光
空令還家夢欲趁征鴻翔

秋興　張九成

秋意入茆屋杖策登平原落日銜西山一川頓明鮮
蕭蕭江上竹溜溜巖下泉我生本閒放胡爲此拘牵

身世兩相違於今六十年勇退未爲怯銳進豈其賢

秋日雜興六首　范成大

我友蓬蒿士却掃謝四鄰內無三尺童外無雙蒲輪
豈非騏驥姿執轡難其人無衣可御冬忍寒待陽春
仰雲發未歎夜作寒蟹呻麥戸勸之起懷寶善自珍
秋月耿清夜秋風捲層雲佳哉爲誰歟定爲我與君
莫嫌酒味薄聊復相歡欣
夕陽下桑柘餘暉挂西山西山在何許冉冉紫翠間
綵雲無朝昏綠蘿覓暄寒昔與霞上人同跨雙飛翰
上凌紫霄峯下弄白石湍風吹墮渺莽及此行路難
佳人應望于我豈眞忘還
秋高氣彌清歲晏天雨霜繁枝各病綠況乃枝上香
向來不勝春渺在無何鄉樂極定自悲誰與此更張
春秋無終窮榮落殊未央
嫣嫣芙蓉花秀出清霜晨衆卉已昨夢孤芳若爲新
寒蜂無儇飛一笑靜自珍誰令嬋娟姿墮此寂寞濱
絕世貴獨立後時莫酸辛回風佐小舞薄日生微曛
卽事亦足樂何必桃李塵
蒼筠如蒼玉鄉是磵壑姿揭來西牕下死生付汚泥
蟲綠有病葉土瘦無新枝太陽豈我偏檐影爲蔽虧
昔如松柏獨今作蒲柳衰暮夜風雨急歲晏誰與歸
屋東雙梧桐婉娩無眞姿朝爲春風條暮爲秋霜枝
夜久風葉鳴驚鵲一再飛梧桐不足愁會有明年期
人老眞可歎寧復遊冶時

秋日　前人

碧蘆青柳不宜霜染作滄洲一帶黃莫把江山誇北
客冷雲寒水更荒涼

秋花歎　陸游

秋花如義士榮悴相與同豈比輕薄花四散隨春風
黃菊抱殘枝寂寞臥寒雨拒霜更可憐和蒂浮煙浦
古來結交意正要共死生讀我秋花詩可代丹鷄盟

秋暑　朱熹

晨興納新涼亭午倦猶暑臥對北牕扉淡泊將誰侶
疎樹含輕颸時禽轉幽語端居悟物情卽事聊容與

秋懷　前人

井梧已飄黃澗樹猶含碧煙水但透迤空齋坐蕭瑟
端居生遠興散漫委書帙愛此北牕閒時來岸輕幘
微鐘忽迢遞禽語破幽寂賞罷一悄然淡泊忘所適

秋　裴萬頃

數聲牧笛日將晚一曲樵歌山更幽解帶盤桓小溪
上坐看紅葉汎清流

秋行二首　徐璣

戛戛秋蟬響似箏聽船閒傍柳邊行小溪清水平如
鏡一葉飛來細浪生
紅葉枯梨一兩株翛然秋思滿山居詩懷自歎多塵
土不似秋來木葉疎

秋閨思集唐　李龏

征人遙遙出古城天河夜轉漂迴星銀褸香寒鳳凰
薄樹色深含臺榭情雨滋苔蘚侵階綠爲有秋期眠
不足城邊殘月勢如弓月上丁東擣寒玉

秋夜長集唐　前人

丹鳳城南秋夜長殘蟬急處日爭忙如何消得凄凉
思水色簾前流玉霜

貧女吟秋　文天祥

西風兩鬢鬆涼意吹伶傳百巧不救貧誤拜織女星

秋郊　金王庭筠

瘦馬踏晴沙微吟度隴斜西風八九月疎樹兩三家
寒草留歸犢夕陽送去鴉鄰村有新酒籬畔看黃花

秋郊晚望　趙渢

桃竹猶堪杖幽尋興頗嘉池荷能幾葉籬菊不多花
地坼成龜兆林枯出犬牙村農慶豐歲社鼓已三撾

曲江秋望　師拓

山遠嶂重出野平天四圍涼風莢實坼久雨藕花肥
水闊漁舟小天長去鳥微紫蒲行處有采采莫盈衣

秋日　趙元

禾穗纍纍豆角稠崧前村落太平秋熙熙多少豐年
意都在農家社案頭

秋夜　曹之謙

寂寂江城夜向闌西風吹雁叫雲端一聲遠過南樓
去月滿碧天秋水寒

秋吟　元黃庚

曉徑支筇步屧遲西風吹露濕秋衣舉頭凝望青山
外萬里江天一雁飛
略彴當門石徑斜槿籬深護野人家炊煙起處江村
晚一片斜陽萬點鴉

應教和姚子敬秋興　趙孟頫

銅雀春深漢苑空邯鄲月冷照秦宮煙花樓閣西風
裏錦繡湖山落照中河水南來非禹迹冀方北去有
唐風溪城秋色催遲暮愁對黃雲沒斷鴻

秋懷　何中

采采蘋花可佩香依依橘柚未全黃人行塞北非征

成雁過江南有稻粱短笛疎鐘來別浦亂鴉飛鷺共斜陽西風擾擾知何似看見黃花滿地霜

山中樂　前人

空山一夜生新雨凉起賞心千萬緒扇閤自守不依人桐葉知幾蕃脫路隔隴笑談雜樵牧臨流賓從惟鷗鷺旋庖蘆菔美勝酥精淅新秔香滿戶山中之樂誰得知我獨知之來何爲靑林紅樹人煙濕護得金橙窗處垂

秋日　周權

石脈泉花蘸眼明竹根沙路舊經行雲歸天際山容澹日落江頭雁影橫梧葉庭除秋漸老豆花籬落晚初晴客行迢遞歸心遠煙火蒼茫起暮程

次韻秋望　前人

暮鴉歸處斷霞明搔首風前萬里情烟抹山光翠屏冷水涵天影玉壺淸蟲鳴沙逕宵初永雁落蘆汀月未生何事數聲江上笛吹將離恨滿孤城

秋興　杜本

兩峯高聳並秋霄雙澗分流送晚潮月冷誰家頻擣練風淸何處細吹簫七閩荔子丹砂顆五嶺梅花玉雪標黃鵠不來空悵望自歌雅曲和漁樵

秋日雜興五首　陳基

彈鋏歸來歎薄遊西風吹老黑貂裘裁詩見慰慚錢起掃榻相延愧隱侯擬學楚人歸種橘虛勞蜀客望牽牛五湖煙景依然在還許扁舟伴白鷗

闕山搖落雁飛遲江漢飄零有所思倦客自憐蘇季子故人誰問介之推露催絡緯窗間織風緝蠨蛸戶外絲獨荷慈親念遊子倚門日日數歸期

江頭久客日思家坐覺微霜上鬢華節序又催秋後燕風光爭發雨前花倦遊已夢莊生蝶不飲何憂廣客蛇怪底朝來衣袖薄一川白露下蒹葭

一夕西風木葉飛晝梁落月淡餘輝銀燈夜照還家夢金剪秋裁寄遠衣霜信早隨新雁至素書深訝故人稀無因爲謝東曹掾鱸熟蓴香莫便歸

明河如練月娟娟坐對淸光只自憐夜久不知沾白露夢回猶記到鈞天汝南遺老推黃憲海內諸公憶鄭虔萬里歸來無寸補論文慚愧到忘年

秋辭　郭鈺

鶴認琪花欲下遲蓬萊仙客遣催詩情深寫到相思處秋露芙蓉開滿池

江樓秋望　明仁宗

遠碧接天涯登臨景自佳蘋洲晴亦雪楓岸晝常霞落雁過前浦浮鷗傍淺沙竹籬高曬網茅屋是漁家

秋風　同前

玉律轉淸商金飈送晚凉輕飄梧葉墜暗度桂花香月下生林籟天邊展雁行吹噓禾黍熟萬頃似雲黃

秋日即事詩送元輔張羅山　世宗

拂暑金風動衮裳滿天商吹送新凉農家萬寶收成後十里遙聞禾黍香

秋日即事九首　劉基

秋風吹雨冷翛翛堦下金錢爛漫愁鴻雁不來巢燕去草蟲辛苦獨知秋

春花秋草兩悠悠素髮多情却滿頭落葉自隨流水去遠山空帶夕陽愁

垂垂密雨彈修楊點點蒼苔繡短牆不是雁聲天畔過爭知今日是重陽

秋氣蕭條宋玉悲西風唯有雁相宜秦淮岸上靑靑草想見繁霜未落時

寒星無數月如鉤槁葉呼風入敝裘人世可憐唯有老鏡中憔悴夢中愁

掛壁靑釭照不眠相看到此亦堪憐露寒霜重殘螢盡腸斷秋風憶往年

病眼昏昏四顧迷獨行渾似雪中雞花開葉落眞成夢愁聽門前過馬蹄

槿花數樹夕陽時收拾秋光在短籬自紫自紅還自碧祇應獨有暮蟬知

北風吹雁過蕭蕭旅館靑燈共寂寥蓬鬢一時成白雪老來禁得幾秋宵

秋日江居寫懷七首　高啓

每看搖落即成悲况在漂零與別離爲客偶當鱸美處思兄正值雁來時天邊暝爲秋陰早江上寒因歲閏遲莫把丰姿比楊柳愁多蕭颯恐先衰

葭菼連秋渺渺長歸舟猶歎滯江鄉客衣欲冷鄰機急農事初成野飯香千里斷雲隨雁鶩半村殘照送牛羊有愁不解登高賦空使頻回宋玉腸

舌在休誇術未窮且將蹤跡託漁翁芙蓉澤國瀰漫雨禾黍田原掩冉風身計未成先業廢心懷欲說舊交空楚雲吳樹無窮恨都在蕭條隱几中

風塵零落舊衣冠獨客江邊自少歡門巷有人催稅到鄰家無處借書看野蟲催響天將夕籬豆垂花雨稍寒終臥此鄉應不憾只憂飄泊尚難安

桑苧翁家太近居人烟沙竹自成墟移門欲就山當

榻補屋唯防雨濕書貧爲湖田長半沒拙因世事本
多疎當時亦有求名意自喜年來漸已除
秋塘門掩竹穿沙爲客鄰酤未易賒閒裏壯年慚白
日愁中佳節負黃花漁村靄靄緣江暗農徑蕭蕭入
圃斜薄俗相輕吾敢怨舊人猶自笑東家

秋日　梅頤

黃葉蕭蕭獨掩關屏風小幅畫江山酒醒夢入湘雲
去不管秋聲在樹間

秋夜　薛瑄

泠泠碧牕風皎皎疎簾月重門掩秋霜素練擣寒雪

秋日有懷二首　張野

雲散長天見晚霞江濤千頃漾晴沙西風門巷飄桐
葉疎雨園籬落豆花笛韻已殘漁罷釣砧聲初起客
思家舊交契闊稀相見閒倚西樓數去鴉
寂寂孤郵獨掩扉滿堦荒草客來稀秋霜未降蓮房
老社日初臨燕子歸半壁燈花纔照字一牕涼思又
添衣故人千里無書到多少長天旅雁飛

寄蘇先生正　祝祺

西風倚棹問歸程詩酒應多慰別情黃葉疎鐘溪上
寺白雲孤角海邊城鷗飛烟渚連秋色雁下寒塘起
暮聲回首天涯嗟落莫夕陽歸路萬山晴

和王文偉　魏時敏

最喜投閒日尊罏正及秋鐘聲林下寺燈影水邊樓
老去仍青眼吟多易白頭還思爲客處梧雨滴鄉愁

秋興　何景明

高樓一上思堪哀水盡山空雁獨迴萬里關河迷北
望無邊風雨入秋來故人尺素年年隔薄暮清砧處
處催徒有寒樽對花發病懷愁絕共誰開

秋　康海

山前山後紅葉溪南溪北黃花紅葉黃花滿地茂林
修竹人家

秋雨　汪道貫

秋雨蕭蕭至秋蓬故故飛薄寒捐篋扇永夜怯絺衣
搗練涼風起褰帷木葉稀泬寥何所似搖落送將歸

秋雨吟簡四十二弟　汪道會

秋雨天氣清秋齋淨於水雨色潤書帷齋中秀蘭茝
黃柑紫桂時送香秋風淅淅生微涼擊節高歌發清
響殘蕉滴瀝鳴秋窻謝庭有詩吟不就安得熟睡眠
西堂

秋雨嘆　前人

湖邊烏臼樹夜夜啼寒鴉久客嘆無衣秋夢頻到家
西風蕭蕭吹雨急枕上離人驚反側休言邊塞十年
遊一水思歸猶未得

秋江晚望　蔡經

沙頭雲樹鬱依依晚稻吹香紫蟹肥露白秋江鷗一
夢月明寒樹雁雙歸篷窻剪燭孤彈劍草屋禁風靜
掩扉滄海十年空短鬢青山未返薜蘿衣

秋郭小寺　張治

短髮行秋郭塵沙記舊禪長天依片鳥遠樹入孤烟
野曠寒沙外江深細雨前馬蹄憐草色藤月自娟娟

秋懷　陸樹聲

獨憐秋色倍清幽花月娟娟夜氣浮滿院風飄香欲
散一天雲淨影交流光搖皓魄庭如水寒染霜葩玉
作毬把酒吸英誇二美賞心還以繼前修

秋望　張祥鳶

快閣臨飛鳥遙天入斷峰白雲山面面紅葉樹重重
空翠當杯落晴光刺眼濃願言隨楚客木末採芙蓉

秋聲　許國

銀漢滄浪淨碧空天街一葉下梧桐霜前凄切兼砧
杵月裏悲涼斷塞鴻何處羈人驚伏枕幾回中夜感
飄蓬緣來志士輕搖落莫向西風憶桂叢

秋聲　林如楚

纔驚淅淅轉蕭蕭散入寒空萬里遙暮雨數枝湘岸
竹涼風八月廣陵濤靜分梵宇搖金鐸虛度秦樓引
玉簫黃葉滿牕敲枕倦更堪鳴鴈落煙霄

伏枕　謝榛

伏枕無窮事虛堂秋夜深松低半牕月山靜數家砧
老鶴同幽意寒螿伴苦吟百年兒女計誰識向平心

秋日卽事　李先芳

燕山落日晚淒淒鴻鴈初飛漢苑西莫戀玉河芳草
色秋風昨夜到沙堤

山中秋夜　李元昭

萬壑秋潭靜千巖夜色新山中花作妓海上月爲賓
酒泛丹丘桂羹傳碧澗蓴暖雲凝石榻高臥傍南宸

秋夜　馮琦

天宇澄秋序涼風夜色微爲憐明月好不掩白雲扉
遠火孤村徑鄰燈寒女機砧聲欲愁絕幾處賦無衣

西陵秋渡　陶望齡

秋涉試褰裳風廻海氣涼濤飛鷗外雪林綴菊前黃
司馬游何倦鴟夷跡未荒山陰勞夢想遲晚得津梁

秋怨　謝肇淛

明月憐團扇西風怯綺羅低垂雲母帳不忍見銀河

秋宮曲　王樂善

一從金殿鎖娉婷春鳥秋蛩秖自聽惆悵無心還乞巧潛來花下拜雙星

秋夜詞　陳价夫

殘燈隱壁秋魂苦榕葉翻風桂花雨誰遣哀蛩上井欄陳根一一悲相語崩雲漏雨宵中白皺縠腮煙鑠雲碧銅龍咽盡東方高浮塵穰穰城西陌

秋日即事二首　陳繼儒

草綠蘋香縠水紋秋山寂寂冷斜曛庭前雙桂腮齒影時宿寒鴉與斷雲

秋老江瀕漾夕空蕭蕭楓葉挂疎紅那知三泖清秋思偏寄蘆花一寺中

山樓秋夜有所懷　宋登春

旅宿燕關暮天寒霜葉稀涼風生夜榻客淚下秋衣路遠鄉雲斷山深邊草肥堪悽珠樹鶴何日故林飛

宿景光父　葉之芳

白露下疎牖蕭條秋夜涼入門君未寢明月在藜牀貧賤元同病飄零秖獨傷不堪聞蟋蟀久已怨離鄉

秋思　吳兆

蒹葭霜冷鴈初還歸夢如雲只戀山一夜潺湲西磵雨夜來秋氣滿人間

秋閨怨　周岐

嫖姚征冀北六郡盡從軍一夜秋風起千家砧杵聞凝妝愁皓月寒露濕紅裙惟見邊城鴈翩翩入斷雲

秋夜曲　陳鴻

悔却與歡期空房香燼時那能如寶鴨冷煖腹中知

秋晴　釋普泰

幾日豆花雨茲晨方見晴寒蟬依樹響秋蘚上堦生山脫雲尤翠池涵日更明西風催萬戶都作擣衣聲

秋夜憶家　媛項蘭貞

一夕秋風至天空雁忽來露溥堦下草月落掌中杯故國書難到他鄉客未回坐憐砧杵急寒柝又相催

欽定古今圖書集成曆象彙編歲功典

第六十卷目錄

秋部藝文四 詞

梧桐影　唐呂巖
浣溪沙　前蜀薛昭蘊
酒泉子　李珣
前調　前人
南鄉子　後蜀歐陽炯
清平樂　宋晏殊
離亭燕　張昇
行香子　晏幾道
女冠子　柳永
十二時 秋夜　前人
謁金門　蘇軾
風流子 秋思　張耒
浣溪沙　賀鑄
更漏子　前人
西江月 秋夜　毛滂
河滿子 秋怨　孫洙
風流子　周邦彥
憶王孫　李甲
念奴嬌 秋日牡丹　趙長卿
前調 客豫章秋雨懷歸　前人
桂殿秋　向子諲
喜遷鶯 秋夜聞雁　康與之
秋宵吟　姜夔
好事近　張輯
惜黃花　史達祖
念奴嬌 夜涼　黃昇
木蘭花慢　李芸子
霜天曉角　吳文英
聲聲慢 秋聲　蔣捷
金蕉葉 秋夜　前人
念奴嬌　陳允平
八寶粧　前人
玉京秋　周密
秋霽 秋日過西湖　前人
好事近　前人
埽花游 秋聲　王沂孫
應天長 平湖秋月　張炬
絳都春 秋晚海棠與黃菊盛開　翁元龍
滿江紅 吳江秋夜　汪元量
念奴嬌　王夢應
聲聲慢 秋情　媛李清照
西江月 秋興登高　金段克己
小桃紅　元王惲
前調　前人
鳳凰臺上憶吹簫　吳元可
念奴嬌 秋日牡丹　彭泰翁
小桃紅　倪瓚
花犯 秋夜　明劉基
摸魚兒 感秋　楊基
滿庭芳 西湖秋泛　瞿佑
摸魚兒 平湖秋月　前人
鳳凰臺上憶吹簫 秋夜　馬洪
念奴嬌 秋日懷鄉用東坡韻　陸深
轉應曲　楊慎
前調　前人
醉花陰 秋怨　張綖
漁家傲　王錫爵
風入松 秋夜館閣聽雨感懷　沈麐
西江月 秋興　程舒
少年遊 秋思　張大烈
西江月 秋泛　吳楨
南歌子 秋夜　媛葉小鸞
碧芙蓉　前人
滿庭芳 秋懷　韓智玥
秋部選句

歲功典第六十卷

秋部藝文四 詞

梧桐影　唐呂巖

落日斜秋風冷今夜故人來不來教人立盡梧桐影

浣溪沙　前蜀薛昭蘊

江館清秋纜客船故人相送夜開筵麝煙蘭燄簇花鈿　正是斷魂迷楚雨不堪離恨咽湘絃月高霜白水連天

酒泉子　李珣

秋月嬋娟皎潔碧紗窗外照花穿竹冷沉沉印池心凝露滴砌蛩吟驚覺謝娘殘夢夜深斜傍枕前來影徘徊

前調 又體　前人

秋雨連綿聲散敗荷叢裏那堪深夜枕前聽酒初醒牽愁惹思更無停燭暗香凝天欲曙細和煙冷和雨透簾旌

南鄉子　後蜀歐陽炯

翡翠鵁鶄白蘋香裏小沙汀島上陰陰秋雨色蘆花撲數隻漁船何處宿

清平樂　宋晏殊

金風細細葉葉梧桐墜綠酒初嘗人易醉一枕小窗濃睡　紫薇朱槿花殘斜陽却照闌干雙燕欲歸時節銀屏昨夜微寒

離亭燕　張昇

一帶江山如畫風物向秋瀟灑水浸碧天何處斷霽色冷光相射蓼嶼荻花洲掩映竹籬茅舍　雲際客帆高挂煙外酒旗低亞多少六朝興廢事盡入漁樵閒話悵望倚層樓寒日無言西下

行香子　晏幾道

晚綠寒江芳意怨怨惜年華今與誰同碧雲零落數字征鴻看渚蓮凋宮扇舊怨秋風　流波墜葉佳則何在想天教離恨無窮試將前事閒倚梧桐有銷魂處明月夜錦屏空

女冠子　柳永

斷煙殘雨灑微涼生軒戶動清籟蕭蕭庭樹銀河濃淡華星明滅輕雲時度莎階寂靜無覩幽蛩切切秋吟苦疎篁一徑流螢幾點飛來又去　對月臨風空恁無眠耿耿暗想舊日牽情處綺羅叢裏有人人那回飲散略略曾諧鴛侶因循忍便睽阻相思不得長相聚好天良夜無端惹起千愁萬緒

十二時 秋夜　前人

晚晴初淡煙籠月風透蟾光如洗覺翠帳涼生秋思漸入微寒天氣敗葉敲窗西風滿院睡不成還起更漏咽滴破憂心萬感並生都在離人愁耳　天怎知當時一句做得十分縈繫夜永有時分明枕上覷著孜孜地燭暗時酒醒元來又是夢裏　睡覺來披衣獨坐萬種無憀情意怎得伊來重諧雲雨再整餘香被祝告天發願從今永無拋棄

謁金門　蘇軾

秋帷裏長漏伴人無寐低玉枕涼輕繡被一番秋氣味　曉色又侵窗紙窗外雞聲初起聲斷幾聲還到耳已明聲未已

風流子 秋思　張耒

亭皋木葉下重陽近又是擣衣秋奈愁入庾腸老侵潘鬢謾簪黃菊花也應羞楚天晚白蘋煙盡處紅蓼水邊頭芳草有情夕陽無語雁橫南浦人倚西樓　玉容知安否香箋共錦字兩處悠悠空恨碧雲離合青鳥沉浮向風前懊惱芳心一點寸眉兩葉禁甚閒愁情到不堪言處分付東流

浣溪沙　賀鑄

秋水斜陽遶綠陰平山隱隱隔橫林幾家村落幾聲砧　記得西樓凝醉眼昔年風物似如今只無人與共登臨

更漏子　前人

付金釵平斗酒未許解攜纖手吟警句寫詩愁遊驂爲少留　舊遊蹤新夢後月映隔窗疎柳閒硯席賸衾裯今秋似去秋

西江月 秋夜　毛滂

雨後秋衣初冷霜前細菊渾斑觚稜清月繡團團萬里長安秋晚　槽下內家玉滴盤中江國金丸春容著面作微殷燭影紅搖醉眼

河滿子 秋怨　孫洙

悵望浮生急景淒涼寶瑟餘音楚客多情偏怨別碧山遠水登臨目送連天衰草夜闌幾處疎砧　黃葉無風自落秋雲不雨長陰天若有情天亦老搖搖幽恨難禁惆悵舊歡如夢覺來無處追尋

風流子　周邦彥

楓林凋晚葉關河迥楚客慘將歸望一川暝靄雁聲哀怨半規涼月人影參差酒醒後淚花銷鳳蠟風幕卷金泥砧杵韻高喚回殘夢綺羅香減牽起餘悲亭皋分襟地難堪處偏是掩面牽衣何況怨懷長結重見無期想寄恨書中銀鉤空滿斷腸聲裏玉筯還垂多少暗愁密意惟有天知

憶王孫　李甲

颼颼風冷荻花秋明月斜侵獨倚樓十二珠簾不上鉤黯凝眸一點漁燈古渡頭

念奴嬌 秋日牡丹　趙長卿

花王有意念三秋寂寞淒涼天氣木落煙深山霧冷不比尋常風味勒駕開來柳蒲顦顇無限驚心事仙容香豔儼然春盛標致　雅態出格天姿風流醞藉

羞殺巖前桂寄語芙蓉臨水際莫騁芳顏妖麗一朵凭闌干花退避惱得騷人醉等閑風雨更休僝僽容易

前調 客豫章秋雨懷歸　　前人

江城向曉被西風揉碎一天絲雨亂織離愁千萬縷多少關心情緒促織鳴時木犀開後秋色還如許那堪飄泊異鄉千里孤旅　應想簾幕閒垂西樓東院齊把歸期數記得臨岐收淚眼執手叮嚀言語白酒紅萸黃花綠橘莫等閒辜負朱籠歸騎甚時先報鸚鵡

桂殿秋　　向子諲

秋色裏月明中紅旌翠節下蓬宮蟠桃已結瑤池露桂子初開玉殿風

喜遷鶯 秋夜聞鴈　　康與之

秋寒初勁看雲路鴈來碧天如鏡湘浦煙深衡陽沙遠風外幾行斜陣回首塞門何處故國關河重省漢使老認上林欲下徘徊清影　江南煙水暝聲過小樓燭暗金猊冷送目鳴琴裁詩挑錦此恨此情無盡夢想洞庭飛下散入雲濤千頃過盡也奈杜陵人遠玉關無信

秋宵吟　　姜夔

古簾空墜月皎坐久西窻人悄蛩吟苦漸漏水丁丁箭壺催曉引凉颸動翠葆露脚斜飛雲表因嗟念似去國情懷暮帆煙草　帶眼消磨爲近日愁多頓老衛娘何在宋玉歸來兩地暗縈繞搖落江楓早嫩約無憑幽夢又杳但盈盈淚灑單衣今夕何夕恨未了

好事近　　張輯

載酒岳陽樓秋入洞庭深碧極目水天無際正白蘋風急　月明不見宿鷗驚醉把玉闌拍誰解百年心事恰釣船橫笛

惜黃花　　史達祖

涵秋寒渚染霜丹樹尚依稀是來時夢中行路時節正思家還道仍懷古更對著滿城風雨　黃花無數碧雲欲暮美人兮美人兮未知何處獨自捲簾櫳誰爲開尊俎有若箇御風歸去

念奴嬌 夜涼　　黃昇

西風解事爲人間洗盡三庚煩暑一枕新凉宜客夢飛入藕花深處冰雪襟懷琉璃世界夜氣清如許劃然長嘯起來秋滿庭戶　應笑楚客才高蘭成愁悴遺恨傳千古作賦吟詩空自好不直一杯秋露澹月闌干微雲河漢耿耿天催曙此情誰會梧桐葉上疎雨

木蘭花慢　　李芸子

古西風早處一番雨一番秋記故國斜陽去年今日落葉林幽悲歌幾回激烈寄疎狂酒令與詩籌遺恨清商易改多情紫燕難留　嗟休觸緒繭絲抽舊事續何由奈寸懷渺渺羈愁鬱鬱歸夢悠悠生平不如老杜便如他飄泊也風流寄與庭柯徑菊甚時得櫂孤舟

霜天曉角　　吳文英

煙林退葉紅偶藉遊人屧十里秋聲松路嵐雲重翠濤涉　竚立閒素箑畫屏羅幛疊明月雙成歸去天風裏鳳笙浹

聲聲慢 秋聲　　蔣捷

黃花深巷紅葉低窻淒凉一片秋聲豆雨聲來中間夾帶風聲疎疎二十五點麗譙門不鎖更聲故人遠問誰搖玉佩簷底鈴聲　彩角聲吹月墮漸連營馬動四起笳聲閃爍鄰燈燈前尚有砧聲知他訴愁到曉碎噥噥多少蛩聲訴未了把一半分與鴈聲

金蕉葉 秋夜　　前人

雲褰翠幕滿天星碎珠迸索孤蟾闌外照我看看過轉角　酒醒寒砧正作待眠來夢魂怕惡枕屏那更畫了平沙斷鴈落

念奴嬌　　陳允平

霽空虹雨傍啼螿莎草宿鷺汀洲隔岸人家砧杵急微寒先到簾鉤步幄塵高征衫酒潤誰暖玉香篝風燈微暗夜長頻換更籌　應是鴈柱調箏鴛梭織錦付與兩眉愁不似當前今夜月幾度同上南樓紅葉無情黃花有恨辜負十分秋歸心如醉夢魂飛趁東流

八寶糚　　前人

望遠秋平初過雨微茫水滿煙汀亂蛩疎柳猶帶數點殘螢待月重樓誰共倚信鴻斷續兩三聲夜如何頓涼颸驟覺紈扇無情　還思驂鸞素約念鳳簫鴈瑟取次塵生舊日潘郎雙鬢半已星星琴心錦意暗嬾又爭奈西風吹恨醒屏山冷怕夢魂飛度藍橋不成

玉京秋　　周密

煙水闊高林弄殘照晚蜩淒切碧砧度韻銀牀飄葉衣濕桐陰露冷採凉花時賦秋雪難輕別一襟幽事砌蟲能說　客思吟商還怯怨歌長瓊壺暗缺翠扇

疎紅衣香褪翻成銷歇玉骨西風恨最恨閒却新涼
時節楚簫咽誰倚西樓澹月

秋霽 秋日過西湖　前人

重到西泠記芳園載酒畫舸橫笛水曲芙蓉渚邊鷗
鷺依依似舊識年華易失斷橋幾換垂楊色漫自惜
愁損庾郎雙鬢點華白　殘蛩露草怨蝶飛花轉眼
西風又成陳迹歎如今才疎量減尊前孤負醉吟筆
欲寄遠情秋水隔舊遊空在憑高望極斜陽亂山浮
紫暮雲凝碧

好事近　前人

輕翦楚臺雲玉影半分秋月一晌淒涼無語對殘花
么蝶　碧天愁雁不成書郎意似秋葉閒展鴛綃殘
緒捲淚花雙疊

埽花游 秋聲　王沂孫

商飆乍發漸淅淅初聞蕭蕭還住頓驚倦旅背青燈
弔影起吟愁賦斷續無憑試立荒庭聽取在何許但
落葉滿堦惟有高樹　迢遙歸夢阻正老耳難禁病
懷淒楚故山院宇想邊鴻孤唳砌蛩私語數點相和
更著芭蕉細雨避無處這閒愁夜深尤苦

應天長 平湖秋月　張矩

候蛩探暝書雁寄寒西風暗翦綃織報道鳳城催鑰
笙歌散無迹冰輪駕天緯逈漸款引素娥遊歷夜妝
靚獨展菱花淡綯秋色　人在湧金樓漏迥繩低光
重袖香滴笑語又驚棲鵲南飛傍林間孤山影波共
碧向此際隱逋如識夢仙遊倚徧霓裳何處聞笛

絳都春 秋晚海棠與黃菊盛開　翁元龍

花嬌半面記密燭夜闌同醉深院衣袖粉香猶未經
年如年遠玉顏不趁秋容換但換却春遊同伴夢囘
前度郵亭倦客又拈箋管　慵按梁州舊曲怕離柱
斷弦驚破金雁霜被睡濃不比花前良宵短秋娘羞
占東籬畔待說與深閨幽怨恨他情澹陶郎舊緣較
淺

滿江紅 吳江秋夜　汪元量

一箇蘭舟雙桂槳順流東去但滿目銀光萬頃淒其
風露漁火已歸鴻雁汊櫂歌更在鴛鴦浦漸夜深蘆
葉冷颼颼臨平路　吹鐵笛鳴金鼓絲玉觴傾香醑
且浩歌痛飲藕花深處秋水長天迷遠望曉風殘月
空凝竚問人間今夕是何年清如許

念奴嬌　王夢應

欲霜更雨記春黃籬落東風前此簾外秋容人共老
雁與愁飛千里水郭煙明竹陂波小萬葉寒聲起凭
高那更九疑吹盡雲氣　婉娩空復多情年年歸夢
花與柴桑是誰解魂消風日晚短笛孤舟秋水江蟹
籠新露黃斟淺澆得鄉關思平蕪天遠一痕黃抹秋
霽

聲聲慢 秋情　媛李清照

尋尋覓覓冷冷清清淒淒慘慘戚戚乍暖還寒時候
最難將息三杯兩盞淡酒怎敵他晚來風急雁過也
正傷心却是舊時相識　滿地黃花堆積憔悴損如
今有誰堪摘守著窗兒獨自怎生得黑梧桐更兼細
雨到黃昏點點滴滴這次第怎一箇愁字了得

西江月 秋霽登高　金段克己

人與寒林共瘦山和老眼俱青琤然一葉不須驚葉
本無心入聽　氣爽雲天改色潦收煙水無聲夕陽
洲外片禽鳴涵泳一江秋影

小桃紅　元王惲

秋風嫋嫋白雲飛人在平湖醉雲影湖光澹無際錦
屏圍　故人遠在千山外百年心事一尊濁酒長使
此心違

前調　前人

安仁雙鬢已驚秋更甚眉頭皺一笑相逢且開口玉
爲舟　新詞澹似鵝黃酒醉歸扶路竹西歌吹人道
是揚州

鳳凰臺上憶吹簫　吳元可

更不成愁何曾是醉豆花雨後輕陰似此心情自可
多了閒吟秋在西樓西畔秋較淺不似情深夜來月
爲誰瘦小塵鏡羞臨　彈箏舊家伴侶記雁啼秋水
下指成音聽未穩當時自誤又況如今那是柔腸易
斷人間事獨此難禁雕籠近數聲別似春禽

念奴嬌 秋日牡丹　彭泰翁

九華驚覺又偷承恩露羞勻春色岸蓼汀蘋成色界
未必天香人識粉涴脂凝霜銷霧薄嬌顫渾無力黃
昏月掩山城那更聞笛　應是未了塵緣重來遲暮
草草西風客鶯燕無情庭院悄愁滿闌干苔積宮錦
尊前霓裳月下夢亦無消息嫣然一笑江南如此風
月

小桃紅

一江秋水澹寒煙水影明如練眼底離愁數行雁雪
晴天　綠蘋紅蓼參差見吳歌蕩槳一聲哀怨驚起
白鷗眠

花犯 秋夜　明劉基

夜何其星移漏轉涼蟾照無睡寶箏絃斷金鴈與青缸相對顛領塞鴻過盡人千里餘香怨繡被但滿眼碧雲紅樹闌干空自倚　堦前蛩最殷勤悽悽似向我說他情意沙露冷相將到曉霜開蕊惟應有素娥未老曾幾見桑田滄海水莫浪語愁來堪遣君看明鏡裏

摸魚兒 感秋　楊基

問黃花爲誰開晚青青猶遶西圃秋光又染芙蓉好那更薄霜輕霧江遠處但望裏寒煙衰草山無數凭闌不語恨一點飛鴻數聲柔櫓都不帶愁去　當時夢空憶邯鄲故步山陽笛裏曾賦黃金散盡英雄老莫倚善趣鸚鵡君看取且信手提攜如意尊前舞浮名浪許要插柳當門種桃臨水歸老舊遊路

滿庭芳 西湖秋泛　瞿佑

露葦催黃煙蒲駐綠水光山色相連紅衣落盡辜負採蓮船點檢六橋楊柳但幾箇抱葉殘蟬秋容晚雲寒鴈背風冷鷺鷥肩　華筵容易散愁添酒量病減詩顛況情懷冷澹漸入中年埽退舞裙歌扇盡付與一枕高眠清閒好脫巾露髮仰面看青天

摸魚兒 平湖秋月　前人

望西湖斷虹收雨長天秋水一色姮娥捧出黃金鏡照我清尊瑤席風浪息想此際驪龍熟睡鮫人泣吹殘短笛對香霧雲鬟清輝玉臂今夕是何夕　凭闌處聽盡更籌漏刻人間此景難得滿身風露颼颼冷何用水晶屏隔君莫惜君不見坡仙樂事俱塵迹扁舟二客向赤壁重遊山高水落孤鶴夢中識

鳳凰臺上憶吹簫 秋夜　馬洪

瀟瀟秋容澄澄夜影娟娟月挂梧桐愛簫聲縹緲簾影玲瓏彩鳳銜書未至玉宇淨香霧空濛凉如水翠苔凝露琪樹吟風　怱怱年華暗換嗟舊歡成夢彷彿飛蓬想清江泛鷁紫陌遊驄應念佳期虛負贈素彩感慨相同凝情久誰家擣練砧杵丁東

念奴嬌 秋日懷鄉用東坡韻　陸深

大江東去是吾家一段畫笥中物襟帶五湖吞百瀆說甚黃州赤壁兩岸蘆汀一灣柳浪海湧潮頭雪滄浪聲裏漁翁也是豪傑　明年擬賦歸來輕舟短棹兩腋清風發春水穩如天上坐閒看浮漚興滅黃歇穿沙哀松築壘到處堪睎髮鱸魚蓴菜一任江天歲月

轉應曲　楊慎

促織促織聲近銀牀轉急熏殘百合衣香消盡蘭膏夜長長夜長夜露冷芙蓉花謝

前調　前人

銀燭銀燭錦帳羅幃影獨離人無語消魂細雨斜風掩門門掩門掩數盡寒更漏點

醉花陰 秋怨　張綖

遠岫輕雲千萬叚點染秋容黯午枕酒醒時簾捲殘陽影照飛鴉亂　鴈書不寄雲間怨烟鎖梧桐院莫道更多愁鎮日無人黃菊都開遍

漁家傲　王錫爵

蘆荻蕭蕭秋正晚小舟移處沙汀淺藕嫩魚肥蓴更輭新酒煖妻兒刈坐週船板　明月滿江風似翦夜寒添著蓑衣短漫酌緩斟知幾盌星斗轉一聲橫笛青山遠

風入松 秋夜籟閣聽雨感懷　沈麐

紫崖奔處斷雲行竹篠戰風鳴北郊黃葉埋荒徑苔痕滑鶴唳淒清細聽虛飄天籟詩腸瀟灑羣生　疎疎滴滴數殘更做弄許多聲依依孤枕愁常掩燈花約濕夢分明此夜寒江淚落醉邊心事傷情

西江月 秋興　程辭

盡日荷鋤治圃有時捉杖尋泉山翁招我坐橋邊笑指菊花開徧　隔岸重重竹樹近溪點點漂煙灘頭流下小魚船轉過蘆花不見

少年遊 秋思　張大烈

蕭瑟秋風古渡橋江風壯晚潮夕陽衰柳何堪輕折瘦損小蠻腰　碧雲澹遠澄波靜慘怨散林皋山海情深石尤風急留住遠征橈

西江月 秋泛　吳楨

極目煙波渺渺停舟新秋家家樯聲咿軋戰風鴉寂寞寒潮西下　呼我掃愁紅友看殘籬畔黃花人生適意不須他竹屋蓬窗聊且

南歌子 秋夜　媛葉小鸞

門掩瑤琴靜窗消畫卷閒半庭香霧遶闌干一帶瀟煙紅樹隔樓看　雲散青天瘦風來翠袖寒嫦娥眉又小檻彎照得滿堦花影只難攀

碧芙蓉　前人

曲徑遶蒼苔秋意平鋪蕭散無數瀟日移堦幾度尋花悞西風怨露草寒蛩夜天淒霜林煙樹隔橋楊柳翠減長條猶自依依故　青山雲去杳紅樓日又催暮羅箽生寒漫引新桐句池塘映芙蓉一葉簾幕驚海棠疎雨闌干凭徧妝臺漸冷黯黯無語空凝佇

滿庭芳 秋懷　韓智玥

勁葦傳霜殘荷貌雨白雲隨處安排文心兵氣入夢總成灰玉翦翻風燕子還消得幾徧徘徊空惆悵五陵狂客殘病帶秋來　風篁如碎鐵山嬌樹綺池絢霞裁吏北窗深處蕉影容堦叢桂愁闌異代誰招隱花落花開孤吟罷一雙藕履常遶碧闌迴

秋部選句

魏曹植詩別如俯仰脫若三秋

晉陶潛詩空庭多落葉慨然知已秋

齊謝朓詩高秋夜方靜神居肅且清閒階塗廣露涼宇澄月陰嬋娟影池竹疎蕪散風林又雲陰滿池樹中月懸高城又嚴城亂芸草霜塘凋素枝又秋叮鬱蒙茸

梁昭明太子詩越咫尺而三秋

沈約詩臨池清溽暑開幌望高秋

江淹詩涼草散螢色衰樹斂蟬聲又寒郊無留影秋日懸清光

陳徐陵詩江秋岸荻黃

張正見詩離鴻暫罷曲別路已經秋

唐太宗小池賦素秋開律碧沼凝光

許敬宗詩玉露交珠網金風度綺錢昆明秋景淡岐岫落霞然辭燕歸寒海來鴻出遠天

虞世南秋賦覩四時之代謝對三秋之爽節又詩雲起龍沙暗木落鴈門秋

上官儀詩晚雲含朔氣斜照蕩秋光落葉飄蟬影平流寫鴈行又鵲飛山月曉蟬噪野風秋

盧照鄰詩窮巷秋風葉空庭寒露枝

宋之問詩山形無隱霽野色遍呈秋又恆碣青雲斷衡漳白露秋

王勃秋夜山亭宴集序紅蘋綠荇亙渚連翹玉帶瑤華分闌間植池簾夕敞香牽十步之風岫幌宵褰氣襲三危之露又詩鷹風凋晚葉蟬露泣秋枝

李嶠詩寒催數鴈過風送一螢來又帳殿別陽秋旌門臨甲乙又清風時入燕紫殿幾含秋

杜審言詩旅客三秋至層城四望開

蘇頲詩寒露濕青苔別來逢贄秋

駱賓王秋日宴序玉女司秋金烏返照又詩日迴黃沙淨風急夜江秋又陰崖常結晦宿莽競含秋又晚風連朔氣新月照邊秋又草濕姑蘇夕葉下洞庭秋

陳子昂秋日遇荊州府崔兵曹使宴詩序金龍掌氣石鴈驚秋天泬寥而煙日無光野寂寞而山川變色芸其黃矣悲白露於蒼葭木葉落兮慘紅霜於綠野

張說詩汀葭變秋色津樹入寒煙又旅宿青山夜荒庭白露秋又春來百種喜天意在宜秋

盧僎詩虎嘯山城晚猿鳴江樹秋

孫逖詩戀燈千嶂夕卷幔五湖秋

崔國輔詩隴外長亭堠山陰古塞秋

王維詩荒城臨古渡落日滿秋山又路遶天山雪家臨海樹秋又猿聲不可聽莫待楚山秋

祖詠詩風簾搖燭影秋雨帶蟲聲又經秋無客到入夜有僧還

李頎詩秋聲萬戶竹寒色五陵松

劉長卿詩明月天涯夜青山江上秋

孟浩然詩更聞楓葉落淅瀝度秋聲

李白詩秋色無遠近出門盡寒山又朔雲橫高天萬里起秋色又城邊有古樹日夕連秋聲又一為滄浪客十見紅蕖秋又秋風生桂枝又清秋凋碧柳又池花春映日窗竹夜鳴秋又木落識歲秋又徒令魂入夢翻覺夜成秋又巴陵無限酒醉殺洞庭秋

岑參詩雲送關西雨風傳渭北秋

張萬頃詩座濕泰山雨庭寒渭水秋

李嘉祐詩想到滑臺霜葉落衛河東注荻花秋

高適詩晚晴催翰墨秋興引風騷又鴛鷺粉署起鷹隼柏臺秋

杜甫詩萬壑樹聲滿千崖秋氣高又清秋幕府井梧寒又水闊蒼梧野天高白帝秋又直怕巫山雨真傷白帝秋又水落魚龍夜山空鳥鼠秋又此地生涯晚遙通水國秋又一辭故國十經秋又高鳥黃雲暮寒蟬碧樹秋又羲和鞭白日少昊行清秋又秋水清無底蕭然淨客心

錢起詩落葉淮邊雨孤山海上秋

韓翃詩蒹葭露下晚菡萏水中秋又風吹山帶遙知雨露濕荷裳已報秋又秋江落葉遲又曉月暫飛千樹裏秋河隔在數峯西又向營淮月滿吹角楚天秋又片雨楚雲暮千家淮水秋又山色遙連秦樹晚砧聲近報漢宮秋

嚴武詩月明忽憶湘川夜猿叫還思鄂渚秋

戎昱詩鴈過經秋無尺素人來終日見新詩

盧綸詩風螢方喜夜露槿巳傷秋
李益詩柿葉翻紅霜景秋
司空曙詩菊花楓葉向誰秋
武元衡詩簾抱青山巫峽曉雲凝碧樹渚宮秋
權德輿詩風生北渚烟波闊露下南宮星漢秋
羊士諤詩軒窻開到曉風物坐含秋又山蟬鈴閣晚江雨麥田秋
王涯詩雲黃知塞近草白見邊秋
柳宗元詩壁空殘月曙門掩候蟲秋
呂溫詩猿聲何處曉楓葉滿山秋
劉禹錫詩樹含清露曉閣倚碧天秋又小池兼鶴淨古木帶蟬秋又從來海上仙桃樹肯逐人間風露秋
元稹詩識君春未半意欲住經秋
白居易詩遍覽古今集都無秋雪詩又闇留窻不曉凉引簟先秋又海內時無事江南歲有秋又楚思淼茫雲水冷商聲清脆管絃秋
李紳詩洪河一派清淮接堤草蘆花萬里秋
王初詩楡葉飄零碧漢流玉蟾珠露兩清秋
姚合詩桃李容華猶歎月風流才器亦悲秋又凉風從入戸雲水更宜秋
周賀詩遠書來隔巴陵雨衰鬢去經彭蠡秋
杜牧詩川光初媚日山色正矜秋又霜根漸隨斧風玉尚敵秋又孤烟村戍遠亂雨海門秋
許渾詩煙開翠扇清風曉水泛紅衣白露秋又鳥喧羣木晚蟬急衆山秋又淮南舊烟月孤棹更逢秋又露凉花斂夕風靜竹含秋又葦花迷夕棹梧葉散秋砧又噪柳鳴槐晚未休不知何事愛悲秋又客散他鄉夜人歸故國秋又雞鳴荒戍曉鴈過古城秋又雲識瀟湘雨風和鄠杜秋又數程山路長侵驛千里家書動隔秋又青淡夢歸雙闕曙白雲吟過五湖秋又鳥下綠蕪秦苑夕蟬鳴黃葉漢宮秋又前山月落杉松曉深夜風清枕簟秋
李商隱詩秋應爲紅葉雨不厭青苔又秋日當堦柿葉陰
趙嘏詩倚欄香逕晚移石太湖秋又江連故國無窮恨日帶殘雲一片秋又霜蹄曉駐秦雲斷野旆晴翻郢樹秋又馬嘶紅葉蕭蕭晚日照長江灩灩秋
姚鵠詩露凝衰草白螢度遠烟秋
鄭畋詩曉星獨挂結麟樓三殿風高藥樹秋
李羣玉詩朗抱雲開月高情鶴見秋
賈島詩歲月辭山久秋霖入夜多又磬過溝水盡月入草堂秋
溫庭筠詩三秋岸雪花初白一夜林霜葉盡紅又千里關山邊草暮一星烽火朔雲秋
劉滄詩庭樹蟬聲初入夏石牀苔色幾經秋又思飄明月浪花白聲入碧雲楓葉秋
崔珏詩紅臉初分翠黛愁錦筵歌板拍清秋
司空圖詩景物皆難駐傷春復怨秋又碧雲蕭寺霽紅樹謝村秋
張喬詩調角斷清秋
李咸用詩數花籬菊晚片葉井梧秋又薄日朦朧秋又遠尋寒澗碧深入亂山秋
方干詩細雨蓮塘晚疎蟬橘岸秋又野烟新驛曙殘照古山秋
羅隱詩征鴻過盡邊雲闊戰馬閑來塞草秋
章碣詩觸舟同厭夜獨樹對悲秋
鄭谷詩篷聲漁叟雨葦色鷺鷥秋又羽翼光明欺積雪風神灑落占高秋
崔塗詩別來秦樹老歸去海門秋
韓偓詩楓葉微紅近有霜碧雲秋色滿吳鄉又稻壟蓼紅溝水清荻園葉白秋日明
杜荀鶴詩三秋客路湖光外萬里鄉關楚邑東
張蠙詩雲深窻失曙松合徑先秋
殷文圭詩赤鱗旆卷鷗汀晚青雀船橫鴈陣秋
錢珝詩行背青山郭吟當白露秋又君前願報新顏色團扇須防白露秋
喻坦之詩廣葦夾深流蕭蕭到海秋
李濤詩秋槐滿地花
李建勳詩晚果經秋赤寒蔬近社青
伍喬詩登閣共看彭蠡浪圍爐相憶杜陵秋
李中詩客思雖悲月詩魔又愛秋又月出沙汀冷風高葦岸秋
劉兼詩閒庭敧枕正悲秋
顏舒詩擣衣明月夜吹管白雲秋
釋齊己詩瘴昏銅柱黑草赤火山秋
宋石延年詩秋霽露華清似水月明天色白連河
趙抃詩青山未隱如千里白首重來又九秋
梅堯臣詩鴈落葑田闊船過菱渚秋
蘇軾秋陽賦吾心皎然如秋陽之明吾氣肅然如秋陽之清吾好善而欲成之如秋陽之堅百穀吾惡惡而欲刑之如秋陽之隕羣木又詩短衫壓手氣橫秋

又雲夢連江雨樊山落木秋又日麗崆峒曉風酣章貢秋又東岡松柏老西嶺橘柚秋又楓葉蘆花秋興長

秦觀詩雨荷風蓼不勝秋

唐庚詩吟哦明月夕篏弄寒江秋

范成大詩試傾萬頃湖亭酒來看半輪江月秋又四壁塵埃心似水一生風露鬢先秋

陸游詩滄波萬頃江湖晚漁唱一聲天地秋又白草江郊莫靑帘野店秋又一汀蘋露漁村晚十里荷花野店秋又刁斗令嚴靑海夜旌旗色照鐵關秋又一庭落葉楸梧老萬里悲風鼓角秋又湖平天鏡曉山峭石帆秋又一點烽傳散關信兩行鴈帶杜陵秋

楊萬里詩滿貯玻瓈一盆水洗開玉鏡十分秋又積葉吳宮吟狖顧渚秋又秋風畢竟無多巧只把燕支滴蓼花

朱熹詩賞心幷勝日妙語逼淸秋又帝樂蓃回三壘遠胎仙舞罷一簾秋

戴復古詩夜浮星子邀明月雨對廬君說好秋

方夔詩獨依上界淸虛府滿貯靑暝沆瀣秋

釋惠洪詩魂淸方怯霅何冷更含秋

金完顏璹詩燈殘茅店雞催曉霜落金風鴈唤秋

蔡松年詩玉骨秀橫秋

高士談詩鼓角邊城暮關河古塞秋

馬定國詩烟橫北渚芰荷晚木落南山鴻鴈秋

趙元詩雨飛猶帶雪風急正號秋

辛愿詩煙迷短草秋還綠露濕寒花晚更香

元好問詩靑山歷歷鄉園夢黃葉蕭蕭風雨秋又雨聲孤館夜草色故園秋又飲鶴池邊萬木稠養龍崖上五峰秋又疎星淡月魚龍夜老木淸霜鴻鴈秋

元戴表元詩碧酒紅蓮夜朱絃白鴈秋

仇遠詩山分秋色歸紅葉風約蘋香入畫船

趙孟頫詩露下碧梧秋滿天

揭傒斯詩鶴下靜依仙館夕鴈啼高挾塞垣秋

陳旅詩茜裙香濕芙蓉雨翠袖凉生薜荔秋

周權詩碧澗寒通丹井曙靑松影落石壇秋

張雨詩秋在梧桐疎處多

明金大車詩荒祠黃葉暗寒渚白蘋秋

謝榛詩閒庭秋一色滿架豆花垂

欽定古今圖書集成曆象彙編歲功典

第六十一卷目錄

秋部紀事
秋部雜錄

歲功典第六十一卷

秋部紀事

禮記郊特牲秋食耆老大全陳氏曰秋爲陰陰則往而主成故秋食耆老以順其成

內則膾秋用芥大全方氏曰芥以味辛爲介秋物方成宜食性之介者故膾用此以和之

豚秋用蓼大全方氏曰蓼味辛而氣能散辛而散固秋所宜也故豚用此以和之

周禮天官小宰之職五曰秋官其屬六十掌邦刑大事則從其長小事則專達

庖人凡用禽獸秋行犢麛膳膏腥訂義史氏曰用犢麛於秋秋時草物實犢麛食之而肥也飲食之滋秋膳雞脂曰膏腥以其物之所便而調和之也

獸人春秋獻獸物訂義鄭鍔曰春秋獻獸物不名其所獻何也蓋春物方服乳未可取者不當獻秋物已成苟可獻者無不用故不言所獻之名惟使之因時可獻者則獻矣

鼈人秋獻龜魚訂義劉中義曰秋獻龜魚用之秋也伏藏之物浮泛在外育生既畢可食矣王氏曰獻龜以秋者龜主以卜全而用之故取其堅成之時魚美於秋冬而冬爲尤美不以冬獻則鼈人所獻以時得之故先爲染之時而獻

食醫醬齊眡秋時訂義賈氏曰眡猶比也方氏曰齊與王制遲速異齊之齊同醬齊醢醯菹之類醬齊視秋固以涼爲王然醬將物而成之亦秋之事

凡和秋多辛訂義易氏曰秋爲金味多辛以養肺

疾醫秋時有瘧寒疾訂義史氏曰夏傷於暑秋必爲瘧暑氣蘊伏秋涼激之故寒生焉瘧寒者脾寒也言此病必先寒至也

凌人秋刷訂義鄭司農曰刷除冰室當更納新冰也

掌皮掌秋斂皮訂義賈氏曰秋斂皮者鳥獸毛毨之時其皮善故秋斂之

典婦功凡授嬪婦功及秋獻功辨其苦良比其小大而賈之物書而楬之訂義易氏曰鄭氏謂授當爲受非也當爲授字謂授嬪婦功之後及秋功獻耳

染人凡染秋染夏訂義鄭康成曰染夏者染五色謂之夏夏者其色以夏狄爲飾禹貢羽畎夏翟是其總名其類有六曰翬曰搖曰鷵曰甾曰希曰蹲其毛羽五色皆備成章染者擬以爲淺深之度是以倣而取名鄭鍔曰秋則氣收而不散五色此時亦皆受采故染文明之色

地官州長春秋以禮會民而射於州序訂義鄭鍔曰射之爲藝用於田獵攻守之時其事爲武以秋教之秋陰用事又以明其事之爲武

旅師凡用粟春頒而秋斂之訂義易氏曰秋斂者聚野之耡粟屋粟而用之李景齊曰頒之以春則民有以濟其乏而斂之以秋則粒米狼戾之時不至於穀賤而傷農

春官肆師嘗之日涖卜來歲之芟訂義鄭康成曰芟芟草除田古之始耕者除田種穀嘗者嘗新穀此芟之功也卜者問後歲宜芟否

獮之日涖卜來歲之戒訂義鄭康成曰秋田爲獮始習兵戒不虞也卜者問後歲兵寇之備

春官司尊彝秋嘗祼用斝彝訂義鄭鍔曰斝爲稼秋者萬物揫斂之時禾稼西成故祼用斝彝以明農事之成

大胥掌學士之版以待致諸子春入學舍菜合舞秋頒學合聲訂義鄭鍔曰合舞必以春合聲必以秋益春陽用事德在木木曰曲直而主乎貌舞見於形貌之間或俯或仰木之象也故合舞以春所以順乎陽秋陰用事德在金金曰從革而主乎言聲見於辭氣之間或抑或揚金之象也故合聲以秋所以順乎陰王氏詳說曰王制春秋教以禮樂冬夏教以詩書春夏陽也詩樂者聲聲亦陽也是春未嘗不學聲文王世子春夏學干戈秋冬學羽籥干戈武舞羽籥文舞是秋未嘗不學舞此言合舞以春合聲以秋益大合舞大合聲與平日之學舞學聲異記所言者主教國子此言者主合國子平日所教所以不同

龜人凡取龜用秋時訂義鄭康成曰秋取龜及萬物成也鄭鍔曰龜以甲爲用甲不堅則無以受鑽灼之火秋則陰用事而堅於是時而取之其甲堅矣

夏官槀人秋獻成訂義鄭鍔曰秋則萬寶之成百工造

事亦於是成故飭治已畢則獻之

校人秋祭馬社臧僕訂義王昭禹曰馬社廐中之土示凡馬日中而出日中而入秋馬入廐之時故祭馬社鄭鍔曰皁廐所在必有神焉賴乎土神以安其所處故祭馬社

秋官雍氏秋令塞阱杜擭訂義鄭鍔曰阱擭設於春可也秋稼已登苟或常設禽獸亦無以遂其生故至秋塞之此先王愛物之心也

薙氏掌殺草秋繩而芟之訂義鄭鍔曰繩與孕同謂含實也於其含實而繩育之時則芟刈而蘊崇之

小行人令諸侯秋獻功王親受之訂義鄭康成曰功考績之功鄭鍔曰諸侯任事有成功必以秋獻則因萬物之成以明圖事之效也

冬官考工記弓人秋合三材則合訂義鄭康成曰合堅密也鄭鍔曰幹角筋治於三時弓猶未成必用膠絲漆然後可合秋者陰氣揫斂之時於是時而用膠絲漆則合固不可解矣故合三材宜用秋

列子殷湯篇鄭師文及秋而叩角弦以激夾鍾溫風徐迴草木發榮

左傳昭公二十九年秋龍見於絳郊

哀公九年秋吳城邗溝通江淮注於邗江築城穿溝東北通射陽湖西北至末口入淮通糧道也今廣陵邗江是

漢書高祖本紀沛公曰吾入關秋豪無所敢取注豪秋乃成好舉盛而言也

食貨志秋出民里胥平旦坐於右塾鄰長坐於左塾畢出然後歸夕亦如之注師古曰門側之堂曰塾坐於門側者督促勸之知其早晏防怠惰也

吳王濞傳濞使人爲秋請注孟康曰律春曰朝秋曰請如古諸侯朝聘也

鼂錯傳匈奴立威始於折膠注秋氣至膠可折弓弩可用匈奴常以爲候而出軍

百官表將行秦官景帝中六年更名大長秋注秋者收成之時長者恆久之義故以爲皇后官名

東方朔傳建元三年微行常用飮酎已八九月中與侍中常侍武騎及待詔隴西北地良家子能騎射者期諸殿門故有期門之號自此始微行以夜漏下十刻乃出

武帝本紀元狩三年秋發謫吏穿昆明池注越嶲昆明國有滇池方三百里漢使求身毒國而爲昆明所閉今欲伐之故作昆明池象之以習水戰

元鼎四年秋馬生渥洼水中作天馬之歌

五行志武帝元鼎五年秋蛙與蝦蟆羣鬬是歲四將軍衆十萬征南越開九郡

史記封禪書元封元年秋有星茀於東井後十餘日有星茀於三能望氣王朔言候獨見旗星出如瓜食頃復入焉有司皆曰陛下建漢家封禪天其報德星云

漢書武帝本紀元封二年秋作明堂於泰山下

太初四年秋起明光宮

漢武故事帝行幸河東祠后土顧視帝京忻然中流與羣臣燕作秋風辭

漢書李廣傳武帝曰將軍其率師東轅彌節白檀以臨右北平盛秋注盛秋馬肥故令折衝禦難也

洞冥記漢宮人麗娟善歌嘗唱迴風曲庭葉飜落如秋

漢書魏相傳中謁者趙堯舉春李舜舉夏兒湯舉秋貢禹舉冬四人各職一時注四時各舉所施行政事

史記匈奴傳秋馬肥大會蹛林課校人畜

拾遺記漢成帝常以三秋閒日與飛燕戲於太液池以沙棠木爲舟貴其不沉沒也以雲母飾於鷁首一名雲舟又刻大桐木爲虯龍雕飾如眞以夾雲舟而行以紫桂爲柂枻及觀雲棹水玩擷菱蕖帝每憂輕蕩以驚飛燕命佽飛之士以金鎖纜雲舟於波上每輕風時至飛燕殆欲隨風入水帝以翠纓結飛燕之裙今太液池尚有避風臺卽飛燕結裙之處

漢書元后傳莽知太后婦人厭居深宮中欲虞樂以市其權令太后四時車駕巡狩四郊存見孤寡貞婦秋歷東館望昆明集黃山宮

晉書庾亮傳亮在武昌諸佐吏殷浩之徒乘秋夜往共登南樓俄而不覺亮至諸人將起避之亮徐曰諸君少住老子於此處興復不淺便據胡牀與浩等談詠竟坐其坦率行己多此類也

禮志成帝咸和五年六月丁未有司奏讀秋令兼侍中散騎常侍荀奕兼黃門侍郎散騎侍郎曹宇駁曰尚書三公曹奏讀秋令儀注舊典未備臣等參議光祿大夫臣華恆議武皇帝以秋夏盛暑常闕不讀令在春冬不廢也夫先王所以順時讀令者蓋後天而奉天時正服尊嚴之所重今服章多闕加此熱隆赫臣等謂可如恆議依故事闕如不讀詔可

張翰傳翰因見秋風起乃思吳中菰菜蓴羹鱸魚膾

曰人生貴得適志何能羈宦數千里以要名爵乎遂命駕而歸

袁宏傳宏字彥伯侍中猷之孫也父勗臨汝令宏有逸才文章絕美曾爲詠史詩是其風情所寄少孤貧以運租自業謝尚時鎭牛渚秋夜乘月率爾與左右微服泛江會宏在舫中諷詠聲旣淸會辭又藻拔遂駐聽久之遣問焉答云是袁臨汝郎誦詩卽其詠史之作也尚傾率有勝致卽迎升舟與之譚論申旦不寐自此名譽日茂

續搜神記廬陵巴丘人周晃者世以田作爲業年常田數十頃家漸富晉太元初秋收已過穫刈都畢明旦至田禾悉復滿湛然如初卽便更穫所穫盈倉於此遂爲巨富

晉書張駿傳謙光殿西曰政刑白殿秋三月居之其傍有直省內官寺署一同方色

鄴中記金華殿後有皇后浴室種雙長生樹枝條交於棟上團圞車蓋形冬日不凋葉大如掌至八九月乃生華子赤大如橡子不中啖也世人謂之西王母長生樹

南齊書州郡志廣陵爲南兗州鎭土甚平曠刺史每以秋月多出海陵觀濤與京口對岸江之壯闊處也

隋書百官志天監七年以衞尉爲衞尉卿廷尉爲廷尉卿將作大匠爲將作大匠卿三卿是爲秋卿

南史梁武帝本紀中大通三年秋吳興生野稻

朱异傳异除中書郎時秋日始拜有飛蟬正集异武冠上時咸謂蟬珥之兆

梁書柳惲傳惲始爲詩有亭皋木葉下隴首秋雲飛瑯琊王元長見而嗟賞因書齋壁

隋書長孫平傳開皇三年平奏令民間每秋家出粟麥一石已下貧富差等儲之閭巷以備凶年名曰義倉

唐書百官志太僕寺諸牧監馬之駑良皆著籍良馬稱左駑馬稱右每歲孟秋羣牧使以諸監之籍合爲一以仲秋上於寺

左右衞長史各一人掌判諸曹五府外府稟祿卒伍軍團之名數器械車馬之多少小事得專達每歲秋贊大將軍考課

食貨志租以歛穫早晚險易遠近爲差庸調輸以八月發以九月同時輸者先遠民皆自槩量州府歲市土所出爲貢其價視絹之上下無過五十匹

百官志光宅元年改刑部曰秋官

樂府雜錄開元中內人有許和子者本吉州永新縣樂家女也開元末選入宮卽以永新名之籍於宜春院善歌能變新聲遇高秋朗月臺殿淸虛喉囀一聲響傳九陌

酉陽雜俎天寶十載上謂宰臣曰近日於宮內種甘子數株今秋結實一百五十顆與江南蜀道所進不異宰臣賀表曰雨露所均混天區而齊被草木有性憑地氣而潛通故得資江外之珍果爲禁中之華實

羯鼓錄明皇嘗製秋風高曲每至秋空迥徹纖埃不起卽奏之必遠風徐來庭葉墜下

開天遺事每至秋時宮中妃妾輩以小金籠捉蟋蟀閉於籠中置之枕函畔夜聽其聲庶民之家皆效之也

唐詩紀事孟浩然閒遊祕省秋月新霽諸英聯詩次當浩然句曰微雲淡河漢疎雨滴梧桐舉座嗟其淸絕咸以之閣筆不復爲綴

唐舉子先投所業於公卿之門謂之行卷裴說只行五言十九首至來年秋試復行舊卷人有譏之者說曰只此十九首苦吟尚未有人見知何假別行卷哉識者以爲知言

國史補渾瑊太師年十一歲隨父釋之防秋朔方節度使張齊丘戲問曰將乳母來否其年立跳盪功後二年拔石堡城收龍駒島皆有奇效

唐書陸贄傳西北邊歲調河南江淮兵謂之防秋

宣室志貞元十四年秋有異鳥其色靑狀類鳩鵲翔于睢陽之郊止叢木中有羣鳥千數列于左右前後朝夕各銜蜚蟲稻粱以獻焉是鳥每飛則羣鳥咸噪而導其前或翼其旁或擁其後若傳喚警備之狀止則環而向焉睢陽人適野縱觀以爲羽族之靈者然其狀不類鸞鳳時李翺客于睢陽曰此眞鳳鳥也于是作知鳳一章備書其事

國史補熊執易應舉道中秋雨泥潦逆旅有人同宿而屢嘆息者問之乃堯山樊澤將赴制舉驢劣不能進執易乃輟所乘馬幷囊中縑帛悉與樊澤以遂其往詰朝執易乃東歸

摭言賈島太和中嘗跨驢張蓋橫截天衢時秋風正厲黃葉可掃島吟曰落葉滿長安求一聯不可得不知身之所從因衝京兆尹劉栖楚節被繫一夕釋之

耳目記王公達尚壽春公主聞眞定有紫花梨就加封檢洎秋實公主必親選而進之

酉陽雜俎長安秋多蠅成式蠹書常日讀百家五卷頗爲所擾觸睫隱字毆不能已

零陵總記李牟秋夜吹笛於瓜洲舟檝甚隘初發調羣動皆息及數奏微風颯然而至又俄頃舟人賈客皆有怨歎悲泣之聲

淸異錄顯德中書堂設起紋秋水席色如葡萄紫而柔薄類綿叠之可置硏函中吏偶覆水水皆散去不能沾濡不識其何物爲之

余銜命渡淮入廣陵界維舟野次縱步至一村圃有碧蘆方數畝中隱小室榜曰秋聲館時甚愛之不知誰家之別墅意主人亦雅士也

遼史營衞志秋捺鉢曰伏虎林七月中旬自納涼處起牙帳入山射鹿及虎林在永州西北五十里常有虎據林傷害居民畜牧景宗領數騎獵焉虎伏草際戰慄不敢仰視上舍之因號伏虎林每歲車駕至皇族而下分布濼水側伺夜將半鹿飲鹽水令獵人吹角效鹿鳴旣集而射之謂之舐鹻鹿又名呼鹿

圖畫見聞志太平興國中祕閣曝畫時陶穀爲翰長因展秋山圖一面令黃居寀品第之居寀曰此實居寀與父筌同畫絹縱中有居寀父子姓名視之果驗花竹禽鳥泉石地形皆極精妙

宋史趙昌言傳京城連雨昌言請出廐馬分牧外郡或以盛秋備敵馬不可闕昌言曰塞下積水敵必不至太宗從之

外國傳太宗平晉陽渤海國酋帥大鸞河率部族來降上曰鸞河渤海豪帥束身歸我嘉其忠順夫夷落之地以馳騁爲樂候高秋戒候當與駿馬數十匹令出郊遊獵以遂其性

楊延昭傳咸平六年夏契丹復侵望都用延昭爲都巡檢使時講防秋之策詔楊嗣及延昭條上利害

湘山野錄眞宗深念稼穡聞占城稻耐旱西天綠豆子多而粒大各遣使以珍貨求其種占城得種二十石至今在處播之西天中印土得綠豆種二石始植於後苑秋成日宣近臣嘗之仍賜占稻及西天綠豆御詩

宋史選舉志范仲淹參知政事意欲復古勸學數言興學校本行實詔近臣議於是宋祁等奏教不本於學校士不察於鄉里則不能覈名實有司束以聲病學者專於記誦則不足盡人材參考衆說擇其便於今者莫若使士皆土著而教之於學校然後州縣察其履行則學者修飾矣乃詔州縣立學士須在學三百日乃聽預秋賦又每秋賦自縣令佐察行義保任之上於州長貳復審察得實後然上本道使者類試

過庭錄右丞居許太守韓持國秋日於郡圃令景亭置宴張樂會諸郡公程正叔及右丞以故不至持國以詩寄云曲肱飲水程夫子宴坐焚香范使君顧我未能忘舊樂綠鬢紅妓對西曛

玉海元豐四時薦新禮孟秋嘗粟與稷羞以棗梨仲秋嘗麻稻羞以蒲季秋嘗菽羞以兔栗

夢溪筆談元豐中慶州界生子方蟲方爲秋田之害忽有一蟲生如土中狗蝎其喙有鉗千萬蔽地遇子方蟲則以鉗搏之悉爲兩段旬日子方皆盡歲以大穰其蟲舊曾有之土人謂之傍不肯

林下詩談子瞻在惠州與朝雲閒坐時靑女初至落木蕭蕭悽然有悲秋之意命朝雲把大白唱花褪殘紅朝雲歌喉將囀淚滿衣襟子瞻詰其故答曰奴所不能歌是枝上柳綿吹又少天涯何處無芳草也子瞻翻然大笑曰是吾政悲秋而汝又傷春矣遂罷朝雲不久抱疾而亡子瞻終身不復聽此詞

後山詩話東坡居潁春夜對月王夫人曰春月可喜秋月使人愁耳公謂前未及也遂作詞曰不似秋光只與離人照斷腸

宋史滕元發傳河東十二將其八以備西邊分半番休元發至之八月邊遽來告請八將皆防秋元發曰夏若併兵犯我雖八將不敵若其不來四將足矣

鶴林玉露黃龍寺晦堂老子嘗問山谷以吾無隱乎爾之義山谷詮釋再三晦堂終不然其說時暑退凉生秋香滿院晦堂因問曰聞木犀香乎山谷曰聞晦堂曰吾無隱乎爾山谷乃服晦堂此等處誠實脫灑亦只是會點見解却無顏子工夫此儒佛所以不同

歷代名畫記汧國公家背書畫入少蠟要在密潤候陰陽之氣以調適秋爲上時暑濕之時不可用

括異志杜紫微頃於宰執處求一小儀不遂請小秋又不遂嘗夢人謂曰辭春不及秋昆腳與皆頭後果得比部員外

下黃私記八九月中月輪外輕雲時有五色下黃人每值此則急呼女子持鍼線小兒持紙筆向月拜之謂之乞巧惟吳媼有一女年十二拜之甚勤一夕月下飛一五色綵雲如手掌大駐於女前衆皆恐女徑吸食之味甚香美明日梳頭窺鏡面色豔冶彈琴讀

書不習而能嫗喜甚改名爲綵雲有詩一卷行於世

金史輿服志金人從秋山之服則以熊鹿山林爲文

元氏掖庭記癸巳秋順帝乘龍船泛月池上池起浮橋三處每處分三洞洞上結綵爲飛樓樓上置女樂橋以木爲質飾以錦繡九洞不相直達陳剛中太液秋風詩云一鏡拭開秋萬頃碧天倒浸琉璃影寒飈夜捲雪波去貝闕珠宮黛光冷三千歌棹搖綠烟濕鬟次墮黃金蟬琪樹颼颼紅鯉躍衮龍正宴瑤池仙

快雪堂漫錄虞長孺祖母今年八十一矣嘗云年三四十時秋夜露坐庭中見有三人挾月而過異之急呼長孺伯母同觀伯母出遲僅見其二須臾俱入月中矣親語陳季象爲余述之

秋部雜錄

書經盤庚若農服田力穡乃亦有秋蔡傳勤於田畝則有秋成之望

詩經衞風采葛章一日不見如三秋兮

秦風蒹葭章蒹葭蒼蒼白露爲霜朱注蒹葭未敗而露始爲霜秋水時至百川灌河之時也

閟宮章秋而載嘗朱注嘗秋祭名

禮記鄉飲酒義西方者秋秋之爲言愁也愁之以時察守義者也注愁讀爲揫揫斂也察猶察察嚴殺之貌

爾雅秋田爲獮注順殺氣也

蘩之醜秋爲蒿注春時各有種名至秋老成皆通呼爲蒿

左傳秋大閱簡車馬也

秋大雩旱也注雩夏祭所以祈甘雨若旱則又修其禮故雖秋雩非書過也

穀梁大事於大廟傳大事者何大是事也著祫嘗祫祭者毀廟之主陳於大祖未毀廟之主皆升合祭於大祖疏著祫嘗者著明是祫嘗之祭也嘗連言者祫必在秋故連嘗言之

國語辰角見而雨畢天根見而水涸本見而草木節解駟見而隕霜火見而清風戒寒

詩紀曆樞蒹葭秋水其思凉猶秦西氣之變乎

毛詩傳壯士悲秋感陰氣也

素問風論篇以秋庚辛中於邪者爲肺風

四時刺逆從論篇秋者天氣始收腠理閉塞皮膚引急

管子戒篇先王之游也秋出補人之不足謂之夕注秋爲西成尚有不足者當補之也

侈靡篇教者摽然若秋雲之遠動人心之悲注秋雲淒慘有愁悴之容高置且遠能生人之悲心

五行篇黃帝得大封而辯於西方故使爲司馬秋者司馬也

治國篇秋糴以五

輕重乙篇農事且作請以什伍農夫賦耜鐵此之謂春之秋大夏且至絲纊之所作此之謂夏之秋大秋成五穀之所會此之謂秋之秋大冬營室中女事紡績緝縷之所作此之謂冬之秋

菁茅謀篇大秋甲兵求繕弓弩求弦謹絲麻之謝物且爲之舉

師曠占杏多實不蟲者來年秋善五木者五穀之先欲知五穀但視五木擇其木盛者來年益種之

欲知牛馬貴賤秋葵下小葵生牛馬貴大葵不蟲牛馬賤

子華子執中篇朱明長嬴不能盡其所以爲溫也必隨之以揫斂之氣而爲秋

文子精誠篇政失于秋太白不當出入無常秋政不失民殷昌

上德篇叢蘭欲修秋風敗之

莊子逍遙遊篇楚之南有冥靈者以五百歲爲春五百歲爲秋上古有大椿者以八千歲爲春八千歲爲秋而彭祖乃今以久特聞衆人匹之不亦悲乎

秋水篇秋水時至百川灌河涇流之大兩涘渚崖之間不辯牛馬

庚桑楚篇春氣發而百草生正得秋而萬寶成夫春與秋豈無得而然哉大道已行矣

鶡冠子斗柄指西而天下皆秋

鄒子秋取柞楢之火

楚辭屈江離與薜芷兮紉秋蘭以爲佩又朝飲木蘭之墜露兮夕餐秋菊之落英又嫋嫋兮秋風洞庭波兮木葉下又秋蘭兮麋蕪又秋蘭兮青青綠葉兮紫莖又悲秋風之動容兮何回極之浮浮

呂氏春秋首時篇方葉之茂美終日采之而不知秋

霜既下衆林皆羸事之難易不在小大務在知時

義賞篇秋氣至則草木落

貴信篇秋之德雨雨不信其穀不堅穀不堅則五種不成

史記天官書辰星之色秋青白而歲熟秋不見有兵

漢書五行志金西方萬物既成殺氣之始也故立秋而鷹隼擊秋分而微霜降其於王事出軍行師把旄仗鉞誓士衆抗威武所以征叛逆止暴亂也

魏相傳西方之神少昊乘兌執矩司秋注金爲義義者成成者方故爲矩

氾勝之書上農區田大區方深各六寸間相去七寸一畝三千七百區丁男女種十畝至秋區三升粟畝得百斛中農區田法方七寸深六寸間相去二尺一畝千二十七區丁男女十畝秋粟得五十一石下農區田法方九寸深六寸間相去三尺秋畝得三十八石旱即以水沃之

賈誼新書懸弧之禮義西方之弧以棘棘者西方之草秋木也

焦贛易林秋風生哀花落悲心

淮南子俶眞訓瞻者望冷風於秋

時則訓秋爲矩矩者所以方萬物也矩之爲度也肅而不悖剛而不憒取而無怨內而無害威厲而不懾令行而不廢殺伐既得仇敵乃克矩正不失百誅乃服

繆稱訓春女思秋士悲知物化矣

說林訓木方茂盛終日采而不知秋風下霜一夕而殫

春秋繁露官制象天篇秋者少陰之選也

五行之義篇金居西方而主秋氣

陽尊陰卑篇人生而天而取化於天怒氣取諸秋

天辯在人篇少陰因金而起助秋之成也

秋嚴志也

人無秋氣何以立嚴而成功天無怒氣亦何以清而秋殺就

陰陽出入上下篇秋出陰而入陽

治水五行篇七十二日金用事其氣慘淡而白修城郭繕牆垣審羣禁飭甲兵警百官誅不法存長老無焚金石

祭義篇秋上朹實朹實黍也秋之所先成也先成故曰甞甞言甘也

威德所生篇秋者天之平也

如天之爲篇聖人秋修義而求惡方求惡之時見善亦立行

說苑秋蓬惡於根本而美於枝葉秋風一起根且拔矣

太元經酉西方也秋也物皆成象而就也有形則復於無形故曰冥也

續漢書日行西陸謂之秋

後漢書郡國志南陽郡有宜秋聚

沛國縣杼秋故屬梁國有澶淵聚

白虎通五祀篇秋祭門門以閉藏自固也秋亦萬物成熟內備自守也

釋名秋曰旻天旻閔也物就枯落可閔傷也秋緧也緧迫品物使時成也

說文庚位西方象秋時萬物庚庚有實也庚承己象人臍辛秋時萬物成而熟辛承庚象人股

三輔黃圖后宮在西秋之象也秋主信故宮殿皆以長信長秋爲名

崔寔政論秋風厲而賞武臣

璇璣經太白兵候占之素秋宰主生成故爲之將注太白位當少陰用事之際萬物成實之秋宋志曰太白者大將之麾白者金精之色也太白進退以候兵象故秋占之

晉書東夷傳倭人不知正歲四節但計秋收之時以爲年紀人多壽百年或八九十

抱朴子仙藥篇雲母有五色並具而多白者名雲液宜以秋服之

古今注蟋蟀一名吟蛩秋初生得寒則鳴濟南呼爲懶婦

南方草木狀甘藷味如薯蕷性不甚冷舊珠崖之地海中之人皆不業耕稼惟掘地種甘藷秋熟收之蒸曬切如米粒倉圖貯之以充糧糗是名藷糧

良耀草枝葉如麻黃秋結子如小栗煨食之解毒昔有得是藥者梁氏之子耀因以爲名梁轉爲良爾花白似牛李出高凉

南康記平固縣覆笥山上有大湖周數十里靈果異物皆不可識又有石鴈浮在湖中每至秋天石鴈飛鳴如候時也

筆陣圖筆要取崇山絕仞中兔毛八九月收之其筆頭長一寸管長五寸鋒齊腰强者

宋書百官志大長秋皇后卿也韋曜曰長秋者以皇

后陰官秋者陰之始取其終而長欲其久也
世說顧悅與簡文同年而髮早白簡文曰卿何以先白對曰蒲柳之姿望秋而落松柏之質經霜獨茂
永嘉地記七八月中常有蜂羣過有一蜂飛先寛止泊家中人知輒內木桶中以蜜塗桶中飛者聞蜜氣或停不過三四來便舉羣悉至
梁書王僧孺傳寒蟲夕叫合輕重而同悲秋葉晚傷雜黃紫而俱墜
述異記吳郡魚城城下水中有石首魚至秋化爲鳧鳧項中尚有石
劉勰新論履信篇秋之得雨雨不信則百穀不實百穀不實則收成之德廢
三禮義宗周祫以秋者萬物新成可以奉薦宗廟故合先祖之神而祭之故祫宜在秋也
秋曰庚辛庚更也辛新也言物皆改更而新也
水經注疎水中有物如三四歲小兒鱗甲如鯪鯉射之不可入七八月中好在磧中自曝膝頭似虎掌爪常沒水中出膝頭小兒不知欲取弄戲便殺人或曰人有生得者摘其皋厭可以小使名曰水唐者也
齊民要術秋耕掩青者爲上初耕欲深轉地欲淺菅茅之地宜縱牛馬踐之
穬麥非良地則不須種八月中戊社前種者爲上時下戊前爲中時八月末九月初爲下時
種蓮子八月九月取蓮子堅黑者於瓦上磨蓮頭令皮薄取墐土作熟泥封之泥乾擲於池中泥下自然周正易生少時卽出其不磨者皮既堅厚倉卒不能生也

崔寔曰七月八月可種苜蓿
大業拾遺吳郡作鱸魚膾須八九月霜下之時收鱸魚三尺以下者作乾膾浸漬訖布裹瀝水令盡散置盤內取香柔花葉相間細切和膾撥令調勻霜後鱸魚肉白如雪不腥所謂金虀玉膾東南之佳味也
陸璣詩疏茖一名陵時一名鼠尾似王芻生下濕水中七八月中華紫似今紫草華可染皂煮以沐髮卽黑葉青如藍而多華
枸樹山木其狀如櫨一名枸骨高大如白楊所在山中皆有理白可爲函板枝柯不直子著枝端大如指長數寸噉之甘美如飴八九月熟江南特美今官園種之謂之木蜜本從南方來能令酒味薄若以爲屋柱則一屋之酒皆薄
巴竹筍八月九月生始出地長數寸鬻以苦酒豉汁浸之可以就酒及食
酉陽雜俎李再華秋大霜
蒟蒻根大如椀至秋葉滴露隨滴生苗
取鷹法七月二十日爲上時內地者多塞外者少八月上旬爲次時八月下旬爲下時塞外鷹畢至矣
熊膽秋在左足
本草衍義芋所在有之江浙二川者最大而長京洛者差圓而小當心出苗者爲芋頭四邊附之而生者爲芋子八月九月已後掘食之
圖經信石山在鬱林州東南二里一名牢石坡坡上夾石側豎如鐘唐置牢州以此每歲秋期鄉人共候此石若有雲氣覆之歲必大稔
天目山有洞三十六每秋必有一日風雨晦暝土俗云是山神與江神會也
宋景文筆記鶺鴒鳴春蟋蟀唫夏蜩螃鳴秋螘子戰陰非有命之者氣自動耳
益部方物略記鵝毛玉鳳花本至卑纖蓬如釵股秋開狀似禽故曰鳳色白故曰玉以其分輕故曰毛
瑞聖花出青城山中幹不條高者乃尋丈花率秋開四出與桃花類然數十跗共爲一花繁密若綴先後相繼新蘂開而舊未萎也成都人競移蒔圃中以爲尤玩云
海櫻不皮而幹葉叢於杪至秋乃實似棟子理緻幹堅風雨不能撼云
蟬花二川山林中皆有之如蟬之不蛻者至秋則花其頭長一二寸黃碧色治小兒瘈瘲又能已瘧
皇極經世觀物內篇秋爲收物之府
雲笈七籤治肺當用呬呬爲瀉吸爲補夫肺者兌之氣金之精其色白其象如懸磬其神如白狩肺主魄魄化爲玉童長七寸持杖往來於肺藏肺者秋之用事常以七月八月九月望旭旦西南平坐鳴天鼓七飲玉漿三然後瞑目吸兌宮白氣入口吞之以補呬之損肺以正白之用以致玉童餞則神安思强延年益壽
埤雅芸今七里香是也葉類豌豆作小叢生其花極芬香秋則葉間微白如粉汙辟蠹殊驗
蚌孕乳以秋蚌聞雷聲則瘷其孕珠若懷妊然故謂之珠胎
葭一名華蒹一名薕薕高數尺今人以爲簾箔因此爲名也至秋堅成謂之萑葦

楸有行列莖幹喬聳凌雲華高可愛至秋垂條如線俗謂之楸線

楚辭補註澤蘭生水澤中及下濕地苗高二三尺葉尖微有毛不光潤方莖紫節七月八月開花帶紫白色

政和本草硫黃一名石硫黃或生易陽或生西河或五色黃是礬水石液也燒有紫焰八月九月採

橡實櫟木子也木高二三丈開黃花八九月結實其實爲阜斗槲櫟皆有斗而以櫟爲勝不拘時採其皮幷實用

馬兜鈴苗作蔓繞樹而生葉如山芋開黃紫花頗類枸杞花七月結實棗許大如鈴其根名雲南似木香小指大赤黃色七八月採實曝乾

爾雅翼菰者蔣草也其苗有莖梗者謂之菰蔣至秋則爲此米一名彫胡古人以爲美饌

苜蓿甚似中國灰藋但藋苗葉作灰色而苜蓿苗端常有數葉深紅可愛今人謂之鶴頂草秋後結實黑房纍纍如穄故俗人因謂之木粟其米可爲飯亦有可以釀酒者

菰首者菰蔣三年以上心中生臺如藕至秋如小兒臂大謂之茭首本草所謂菰根者也可蒸煮亦可生食

會稽志秋風亭在觀風堂之側

玉海漢有萬秋門千秋門有長秋殿

後漢有宜秋門

魏有延秋門

北齊有千秋樓

後魏有上秋門

蠡海集氣候類秋之氣自上而降故秋色先於高林

庶物類馬蜥之蟲至秋而鳴秋之令金也蟲色綠木也金木相軋以爲聲然以兩股擊翼而鳴金木傍擊之謂也

秋之花至殘而萎損得收斂之氣焉

本草圖經預知子淮蜀漢黔諸州有之七八月有實作房初生青至熟深紅色每房有子五七枚如皁莢子斑褐色光潤如飛蛾取一枚綴放領上遇蠱毒物則惻惻有聲當便知之故有此名

旋復花生平澤山谷大似紅藍而無刺開花如菊花小銅錢大深黃色上黨田野人呼爲金錢花七八月採花曝乾

山家清供秋采蒲花如柳絮者熟鞭貯以方青囊作坐褥或臥褥甚溫煖雖木棉不及也

採蘭雜志昔有婦人懷人不見恆灑淚於北牆之下後灑處生草其花甚媚色如婦面其葉正綠反紅秋開名曰斷腸花卽今秋海棠也

元史祭祀志薦新雛雞孟秋用之菱芡栗黃鼠仲秋用之梨棗黍粱鶩老季秋用之

澄懷錄秋采甘菊花貯以紅棊布囊作枕用能清頭目去邪穢

農桑輯要北方村落之間多結爲鋤社以十家爲率先鋤一家之田本家供其飲食其餘次之旬日之間各田家皆鋤治自相率領樂事趨功無有偷惰間有病患之家共力助之故田無荒穢歲皆豐熟秋成之後豚蹄盂酒遞相犒勞名爲鋤社

秋蠶初宜涼漸漸宜暖亦因天時漸涼故也簇與繰絲法同春蠶

楊升菴集蝴蝶或黑或白五彩皆具惟黃色一種至秋乃多蓋感金氣也李白詩八月蝴蝶黃白樂天詩秋花紫蒙蒙秋蝶黃茸茸

熙朝樂事西湖觀月秋爽最宜煙波鏡淨上下一色漁燈依岸城角傳風山樹弄微萬籟閒寂自非有清奇之興超豁之襟不能往也

林下盟江文通曰常願幽居築宇絕棄人事苑以丹林池以綠水左倚郊甸右帶瀛澤青春爰謝則接武平皐素秋澄景則獨酌虛室侍女三四趙女數人不則逍遙數紀彈琴咏詩朝露幾間忽忘老之將至淹之所學盡此而已矣

清閒供秋時晨起下帷檢牙籤挹露研硃點校偈中操琴調鶴玩金石鼎彝晌午用蓮房洗硯理茶具拭梧竹午後戴白接䍦著隱士衫望紅樹葉落得句題其上日晡持蟹螯鱸鱠酌海川螺試新釀醉弄洞簫數聲薄暮倚柴扉聽樵歌牧唱焚伴月香壅菊

缾史月表秋花小友挺翠金線草虎茨觀音草

草花譜秋葵色蜜心紫秋花朝暮傾陽此葵是也秋盡收子移種

草花儼如蝶狀色黃上有赤色細點闊葉秋時分種

枕譚古呼治獄參軍爲長流人多不知按帝王紀云少昊崩神降於長流之山於祀主秋秋官司寇主刑罰也故取秋帝所居爲嘉名也

海槎餘錄黎山中產各種香當七八月晴霽遍山尋視見大小木千百皆凋悴其中必有香凝結乘夜月

揚輝探視之則香透林而起用草槃記取之
巖棲幽事世人但愛秋月而不知秋日之妙白雲碧
漢大勝平時桂落庭間乃契斯語
茶疏往日無有於秋日摘茶者近乃有之秋七八月
重摘一番謂之早春其品甚佳
田家五行秋天雲陰若無風則無雨
本草綱目木芙蓉八九月始開故名拒霜蘇東坡詩
云喚作拒霜猶未稱看來却是最宜霜
椶櫚木高一二丈無枝條葉大而圓如車輪萃於樹
杪其下有皮重疊褁之每皮一匝爲一節二旬一采
皮轉復生上生黃白花八九月結實作房如魚子黑
色山海經云石翠之山其木多椶是也
半邊蓮小草也生陰濕塍塹邊就地細梗引蔓節節
而生細葉秋開小花淡紅紫色止有半邊如蓮花狀
故名
蘹香北人呼爲茴香葉極疎細作叢七月生花頭如
傘蓋黃色結實如麥而小青色八九月採實陰乾川
人多煑食其莖葉
秦椒生泰山山谷及秦嶺上或瑯琊八月九月采實
烏臼木名鵶臼南方平澤甚多今江西人種植采子
蒸煑取脂澆燭子上皮脂勝於仁子八九月熟初青
後黑分爲三瓣
楮名穀楮實生少室山所在有之八月九月采實日
乾
柿高樹大葉圓而光澤八九月乃熟生柿置器中自
紅者謂之烘柿日乾者謂之白柿火乾者謂之烏柿
水浸藏者謂之醂柿

芙蓉服食駐顏太清草木方七月七日采蓮花七分
八月八日采根八分九月九日采實九分陰乾搗篩
每服方寸匕溫酒調服
蓮實一名石蓮子至秋黑而沈水諸鳥猿猴取得不
食藏之石室內人得三百年者食之永不老也
葡萄漢書作蒲桃圓者名草龍珠長者名馬乳七月
八月熟取汁可釀酒大宛以葡萄釀酒富人藏酒萬
餘石久者十數年不敗張騫使西域得其種還中國
始有蓋北果之最珍者
橄欖生嶺南樹似木槵子樹而高端直可愛結子形
如生訶子無稜瓣八月九月采之
苦瓜名錦荔枝卽癩葡萄生苗引蔓莖葉卷鬚並如
葡萄而小七八月開小黃花五瓣如椀形結瓜青色
皮上痱一如癩及荔枝殼狀熟則黃色自裂內有紅
瓤南人以青皮煑肉及鹽醬充蔬
灰藋處處原野有之莖有紫紅線稜葉尖有刺莖心
嫩葉背面皆有白灰爲蔬亦佳七八月開細白花結
實簇簇如毬中有細子蒸暴取仁可炊飯及磨粉食、
救荒
羣芳譜決明有二種馬蹄決明秋開淡黃花五出結
角如初生細豇豆入眼藥最良茳芒決明卽山扁豆
秋開深黃花五出結角如小指味甘滑二種苗葉皆
可作酒麴俗呼爲獨占缸
栗苞生外殼刺如蝟毛其中著實或單或雙或三四
少者實大多者實小實有殼紫黑色殼內膜甚薄色
微紅黑外毛內光膜內肉外黃內白八九月熟則苞
自裂而實墜

秋牡丹草本徧地蔓延葉似牡丹差小花似菊之紫
鶴翎黃心秋色寂寥花間植數枝足狀秋容
蓍神草也能知吉凶蘇頌云上蔡縣白龜祠旁其生
如蒿作叢高五六尺一本一二十莖至多者五十莖
生便條直秋後有花出於枝端紅紫色形如菊花結
實如艾實
名勝志程符山在濰縣西南二十里左畔有臺方二
丈許四望皆山獨留月色里人謂之瓮臺秋月

欽定古今圖書集成曆象彙編歲功典

第六十二卷目錄

孟秋部彙考
易經天地否卦
詩經豳風七月章
禮記月令
爾雅月陽
尚書大傳順天道
素問診要經終論篇
汲冢周書時訓解
呂氏春秋季夏紀音律篇
史記律書
漢書律歷志
淮南子天文訓　時則訓　六合
大戴禮記夏小正
說文申月
晉書樂志
梁元帝纂要孟秋
齊民要術七月事宜
隋書禮儀志
農政全書孟秋事宜　農事占候
遵生八牋臞仙月占　七月事宜　七月事忌　七月修養法
賞心樂事七月
直隸志書東安縣　永平府　雄縣　肅寧縣
山東志書陽信縣　饒陽縣　禹城縣　壽光縣　登州府
陝西志書平涼府
江南志書吳縣　武進縣　常熟縣　嘉定縣　崇明縣
浙江志書昌化縣　蘭谿縣　江山縣　龍泉
江西志書都昌縣　永豐縣
湖廣志書崇陽縣　石首縣　慈利縣　常寧
福建志書建陽縣
四川志書蒲江縣
廣東志書廣州府　增城縣　長樂縣　臨高縣
廣西志書隆安縣
雲南志書鶴慶府
孟秋部藝文一
廣陽門銘　後漢李尤
夷則七月啓　梁昭明太子
早秋望海上五色雲賦　唐張何
空同賦　闕名
依韻和呂杭早秋賦　宋田錫
孟秋部藝文二詩
古八變歌拾遺　漢闕名
初秋　宋孝武帝
秋歌　南平王鑠
宋初三年七月十六日之郡初發都　謝靈運
初秋　梁簡文帝
大同九年七月　同前
秋至懷歸　江淹
秋日愁居答孔主簿　王僧孺
奉和初秋西園應教　北齊蕭愨
奉和初秋　北周庾信
初秋夜坐　唐太宗
儀鸞殿早秋　同前
七月十五日題章敬寺　德宗
初秋夜坐應詔　楊師道
九成宮秋初應制　劉禕之
七月閨情　袁暉
早秋山中作　王維
山下晚晴　崔曙
初秋　孟浩然
太原早秋　李白
宿關西客舍寄東山嚴許二山人時天寶初七月初三日在內學見有高道舉徵　岑參
首秋輪臺　前人
省試七月流火　敬括
早秋苦熱堆案相仍　杜甫
酬蕭二十七侍御初秋言懷　郎士元
孟秋　鄭槩
七月　陳元初
早秋集賢院即事　劉禹錫
七月一日曉入太行山　李賀
新秋　元稹
答劉戒之早秋別墅見寄　白居易
酬牛相公宮城早秋寓言見寄　前人
早秋曲江感懷　前人
新秋　前人
感秋懷微之　前人
江樓早秋　前人
秋遊原上　前人

早秋獨夜　前人
七月一日作　前人
早秋過郭涯書堂　周賀
早秋　杜牧
早秋客舍　前人
早秋　許渾
和韋潘七月十二日夜泊池州城下先寄上李使君　李商隱
新秋雨霽宿王處士東郊　馬戴
旅中早秋　劉威
早秋山居　溫庭筠
早秋宿田舍　曹鄴
新秋卽事三首　皮日休
和襲美新秋卽事　陸龜蒙
早秋山中　李山甫
和薛先輩見寄初秋寓懷卽事之作二十韻　韋莊
同前韻　前人
三用韻　前人
早秋夜作　前人
早秋吟眺　孟貫
新秋夜雨　釋貫休
宮詞　花蘂夫人徐氏

歲功典第六十二卷

孟秋部彙考

易經

天地否卦

䷋

本義 否閉塞也七月之卦也正與泰反

詩經

豳風七月章

七月流火

正義 昭三年左傳張趯曰火星中而寒暑退服虔云火大火星也季冬十二月平旦正中在南方大寒退季夏六月黄昏火星中大暑退是火爲寒暑之候事 朱注 七月斗建申之月夏之七月也流下也火大火心星也以六月之昏加於地之南方至七月之昏則下而西流矣

七月鳴鵙

疏 五月陰氣動而伯勞鳴是將寒之候也月令仲夏鵙始鳴是中國正氣五月則鳴今豳地晚寒鳥初鳴之候從其鄉土之氣焉故至七月鵙始鳴也

大全 朱子曰鵙以七月鳴則陰氣至而衆芳歇矣

七月在野

箋 自七月在野至十月入我牀下皆蟋蟀也 疏 蟋蟀之蟲六月居壁中至七月則在田野之中

禮記

月令

孟秋之月日在翼昏建星中旦畢中其日庚辛其帝少皡其神蓐收其蟲毛其音商律中夷則其數九其味辛其臭腥其祀門祭先肝

陳注 翼宿在巳鶉尾之次少皡白精之君金天氏也蓐收金官之臣少皡氏之子該也夷則申律長五寸七百二十九分寸之四百五十一 九金之成數也辛腥皆屬金秋陰氣出故祀門祭先肝金克木也

涼風至白露降寒蟬鳴鷹乃祭鳥用始行戮

陳注 此記申月之候

天子居總章左个乘戎路駕白駱載白旂衣白衣服白玉食麻與犬其器廉以深

陳注 總章左个大寢西堂南偏廉亦矩之義深則收藏之意

是月也以立秋先立秋三日大史謁之天子曰某日立秋盛德在金天子乃齊立秋之日天子親帥三公九卿諸侯大夫以迎秋於西郊還反賞軍帥武人於朝天子乃命將帥選士厲兵簡練桀俊專任有功以征不義詰誅暴慢以明好惡順彼遠方

陳注 好惡明則遠方順服

是月也命有司修法制繕囹圄具桎梏禁止姦愼罪邪務搏執

陳注 姦在人心故當有以禁止之邪見於行故愼以罪之

命理瞻傷察創視折審斷決獄訟必端平戮有罪嚴斷刑

陳注 嚴者謹重之意非峻急之謂也

天地始肅不可以贏

陳注 陽道常饒陰道常乏故贊化者不可使陰氣之

嬴也

是月也農乃登穀天子嘗新先薦寢廟命百官始收斂完隄防謹壅塞以備水潦脩宮室坏垣牆補城郭

陳注所以爲水潦之備者以月建在酉酉中有畢星好雨也按八月月建在酉孟秋爲仲秋之備故注云

是月也毋以封諸侯立大官

陳注記者但知賞以春夏刑以秋冬之義不知古者嘗祭之時則有出田邑之制故注謂禁封諸侯及割地爲失其義也

毋以割地行大使出大幣

陳注以其逆收斂之令也

孟秋行冬令則陰氣大勝介蟲敗穀戎兵乃來行春令則其國乃旱陽氣復還五穀無實行夏令則國多火災寒熱不節民多瘧疾

爾雅

月陽

七月爲相

尚書大傳

順大道

天子以秋決獄訟斷刑罰趣收斂以順天道以佐秋殺

素問

診要經終論篇

七月八月陰氣始殺人氣在肺

注始殺者氣始肅殺也申酉二月屬金而人氣在肺

汲冢周書

時訓解

立秋之日涼風至又五日白露降又五日寒蟬鳴涼風不至無嚴政白露不降民多邪病寒蟬不鳴人皆力爭處暑之日鷹乃祭鳥又五日天地始肅又五日禾乃登鷹不祭鳥師旅無功天地不肅君臣乃□農不登穀暖氣爲災

呂氏春秋

季夏紀音律篇

夷則之月修法飭刑選士厲兵詰誅不義以懷遠方

注夷則七月也懷柔也

史記

律書

北至於罰罰者言萬物氣奪可伐也北至於參參言萬物可參也故曰參七月也律中夷則夷則言陰氣之賊萬物也其於十二子爲申申者言陰用事申賊萬物故曰申

漢書

律歷志

夷則則法也言陽氣正法度而使陰氣夷當傷之物也位於申在七月

淮南子

天文訓

大暑加十五日指背陽之維則夏分盡故曰有四十六日而立秋涼風至音比夾鍾加十五日指申則處暑音比姑洗

夷則之數五十一主七月上生夾鍾

太陰在戌歲名曰閹茂歲星舍翼軫以七月與之晨出東方營室東壁爲對

時則訓

孟秋之月招搖指申昏斗中旦畢中其位西方其日庚辛盛德在金其蟲毛其音商律中夷則其數九其味辛其臭腥其祀門祭先肝涼風至白露降寒蟬鳴鷹乃祭鳥用始行戮天子衣白衣乘白駱服白玉建白旗食麻與犬服八風水爨柘燧火西宮御女白色衣白采撞白鐘其兵戈其畜狗朝於總章左个以出秋令求不孝不悌戮暴傲悍而罰之以助損氣立秋之日天子親率三公九卿大夫以迎秋於西郊還乃賞軍率武人於朝命將率選卒厲兵簡練傑俊專任有功以征不義詰誅暴慢順彼四方命有司修法制繕囹圄禁姦塞邪審決獄平詞訟天地始肅不可以嬴是月農始升穀天子嘗新先薦寢廟命百官始收斂完隄防謹障塞以備水潦修城郭繕宮室毋以封侯立大官行重幣出大使行是月令涼風至三旬孟秋行冬令則陰氣大勝介蟲敗穀戎兵乃來行春令則其國乃旱陽氣復還五穀無實行夏令則冬多火災寒暑不節民多瘧疾七月官庫其樹楝

六合

孟春與孟秋爲合孟春始嬴孟秋始縮故七月失政正月大寒不解

大戴禮記

夏小正

七月莠萑葦未莠則不爲萑葦莠然後爲萑葦故先言莠狸子肇肆肇始也肆遂也言其始遂也其或曰肆殺也湟潦生苹湟下處也有湟然後有潦有潦而

後有苹草也爽死爽也者猶疏也苹芬苹也者有馬帚也漢案戸漢也案戸也者直戸也言正南北也寒蟬鳴蟬也者蜓蠑也初昏織女正東鄉時有霖雨灌荼灌聚也荼萑葦之莠爲蔣楮之也萑未秀爲菼葦未秀爲蘆十柄縣在下則旦

說文

申月

申神也七月陰氣成體自申束從臼自持也吏以餔時聽事申旦政也

晉書

樂志

七月之辰謂爲申申者身也言時萬物身體皆成就也

七月之管名爲夷則夷平也則法也謂萬物將成平均皆有法則也

梁元帝纂要

孟秋

七月曰孟秋首秋初秋上秋肇秋蘭秋又曰涼月

齊民要術

七月事宜

七月四日命置麴室具箔槌取淨艾六日饌治五穀磨具七日遂作麴及曝經書與衣作乾糗採葸耳處暑中向秋節浣故製新作袷薄以備始涼糶大小麥豆收縑練

隋書

禮儀志

孟秋迎太白候太白夕見於西方先見三日大司馬戒期建旗於陽武門外六軍十馬俱介冑集旗下侍臣文武俱介冑奉迎皇帝警蹕以出如常儀而無鼓角皇帝就位行三獻之禮獻事訖燔燎賜胙而還

農政全書

孟秋事宜

栽種　蕎麥　蒿菜　葱　苜蓿　蘿蔔　赤豆　薤　菠菜（宜月木日）　蔓菁　早菜　冬葵　芥菜（立秋）

前　菜

收藏　割藍　米醋　鹹豉　茄乾　茼蒿（可蒔）　芙蓉葉（治腫）　瓜乾　瓜種　瓜蒂　採松子　紫蘇　地黃　花椒　荊芥　楮子　松柏子　糟茄　糟瓜　醬瓜　荷葉

雜事　分薤　剝棗　刈草　作澱　斫伐竹木　耕菜地　收黃葵花（治湯火傷）　秋耕宜早恐霜後掩人陰氣

農事占候

七月秋蒔到秋六月秋便罷休　朝立秋葬颼颼夜立秋熱到頭　立秋日大晴萬物少得成熟小雨吉大雨主傷禾齊民要術云晴主歲稔未知孰是　有雷損晚稻諺云秋𩆴霹損晚穀大抵秋後雷多晚稻少收非但忌此日　喜西南風主田禾倍收諺云三日三石四日四石　七月有雨名洗車雨主八月有蓼花諺云七月七無洗車八月八無蓼花

遵生八牋

臞仙月占

七月甲子日忌雷主多暴疾晦日忌風主多雞

七月事宜

孝經緯曰大暑後十五日斗指坤爲立秋秋者揫也物於此而揫斂也後十五日斗指申爲處暑言漬暑將退伏而潛處也律夷則夷者傷也則法也言金氣始肅萬物於此凋傷猶被刑戮之法也提要曰七月爲蘭月

是月也天道東北行作事出行宜向東北吉不宜用申日犯月建作事不吉

雲笈七籤曰是月十六日剪指甲燒灰服之能滅九蟲三尸

又曰十一日取枸杞煎湯沐浴令人不老不病二十三日沐令髮不白二十五日沐令人壽長

常氏日錄曰七月上申日採枸杞花八月上酉日治服之

千金月令曰七月暑氣將伏宜食稍涼以爲調攝法用竹葉一把梔子二個切碎用水熬煎澄清去渣用淘粳米磨作泔粉服

神仙餌松實法七月取松卵中仁去木皮搗如膏每服雞子大一團日三服久服身輕三百日後可行五百里之遠卽各山松卵內小子過七月卽皴出無尋矣非常食北來大松子也（茲音）

竹葉粥中暑者宜用竹葉一握山梔一枚煎湯去渣下米煮粥候熟下鹽花點之進一二杯卽愈

是月二十三日二十八日拔白永不再生

七月五日是三會日宜修迎秋齋

七月事忌

七月日時不宜用申犯月建百事不利初八二十二忌裁衣交易

初七日勿想惡事

白雲忌曰七月勿食蓴上有蠲蟲害人勿食韭能損目

千金方曰勿食脃犢動氣勿食茱萸傷神氣

孫眞人曰勿食雁傷人勿多食菱肉動氣勿食生蜜令人暴下霍亂勿食猪肺勿多食新薑

法天生意曰立秋後十日瓜宜少食

楊公忌曰初一日二十九日不宜問疾

是月初七爲道德臘十五日爲中元二日戒夫婦入房

七月修養法

秋七月審天地之氣以急正氣早起早臥與雞俱起緩緩其形收斂神氣使志安寧抒否否者塞也天地塞陰陽不交之時也故君子勿妄動生氣在午半臥宜向正南

孫眞人養生曰肝心少氣肺臟獨旺宜安靜性情增鹹減辛助氣補筋以養脾胃毋冒極熱勿恣涼冷毋發大汗保全元氣

賞心樂事

七月

叢奎閣前乞巧　餐霞軒五色鳳仙花　立秋日秋葉　玉照堂玉簪　西湖荷花　南湖觀魚　應鉉齋東荷葑　霞川水紅　珍林剝棗

直隸志書各府風俗同者不載

東安縣

七月六日掛地頭紙

永平府

孟秋月朔忌立秋處暑忌朔人不安

雄縣

七月六日田家以楮錢挂地頭祈穀

肅寧縣

七月十四日天地位下陳瓜果列麻穀焚香楮井爲祖先父母祭物拜墓

饒陽縣

孟秋月處暑東風主麥不成南風主大下令西風主萬物不成北風主天下有水七月朔日風雨主米貴人民不安

禹城縣

七月十四日祭新麻科

山東志書

陽信縣

處暑七月中蓺菜

壽光縣

七月十四日祭於家必以麻穀之屬報賽之遺也

登州府

七月朔婦女祀海神廟絡繹不絕至七日乃罷

陝西志書

平涼府

七月旋覆玉簪青木香始華桃李始熟婦女以果茶餅酒繡刺針工夜乞巧於天孫七日乃止望日祭祖妣獻早禾或祭墓是月也寒山麥豆蕎麥始盡登種冬蔬蔓菁諸芥及松核桃杏李種復芸秋禾覆耕麥地鳥獸始不字高山遠塞霜

江南志書

吳縣

七月初田夫耕耘甫畢各釀錢祀猛將曰燒青苗橫塘木瀆等處尤盛

常熟縣

孟秋三十日爲地藏生日東嶽行宮之西有證度菴士女進香極盛

嘉定縣

處暑有雨則物成熟諺云處暑若還天不雨縱然結實也難收

崇明縣

七月三十日俗名地藏開眼日是夜沿街燃燭

武進縣

七月初三日縣城隍生日邑神廟建不久神無定名想即以塑像之日爲生日歟是日雲車演戲如郡神生日

浙江志書

昌化縣

七月二十四日爲東平王誕日鄉人俱設牲醴奠祭或鳴鑼刺刀於臂及一切扮演故事往酬神愿鄰封畢集遠商百貨俱賃廠地鋪易謂之趕會

蘭谿縣

七月二十四日東嶽廟舊傳謂嘉應侯小張元帥之廟復傳是日爲張侯生日先期廟祝散紙號令人鳴鑼三日至期童男女往廟銷號或父兄率之名曰孩童會

江山縣

七月二十五日俗傳張雎陽誕往歲迎神賽會極盛

九十餘日

龍泉縣

七月初一日有風雨米貴鹽少月內虹見米大貴月內月蝕來年三月牛馬貴是月行冬令主介蟲敗穀行春令旱五穀無實行夏令多火災民多瘧疾

江西志書

都昌縣

七月初一以後士庶家各備香燈時饌以祭其祖先至十五日辦盛饌焚錢錠以送之乃已其日寺觀亦有大設蘭盂會以超度孤魂者

永豐縣

七月二十五日賽神西山東嶽廟故有張王祠相傳是日爲王誕先三日城內外居民各舁其境所奉神往朝之結綺張輪扮古今故事以相誇飾鼓幡蓋導從而行遍遊巷陌所至閭閻獻瓜果出鏹錢稍懦輿從其後黠者因以財利逞暴甚至擁神踞地恣邀求洩睚眥糜財敗俗莫此爲甚官司雖禁之亦未能盡革也

湖廣志書

崇陽縣

七月二十六日張乖崖僊遊士民不忍忘德效成都故事祭於北峯亭

石首縣

七月爲蘭秋月早稻漸熟民間及時收割稻穀蜀秫黍粟是月若遇旱禾苗枯槁或遇水傷田地渰沒屋宇漂流一歲豐歉於是月可決大半

慈利縣

七月十日以前河影沒三日復見則穀賤七日見則穀貴

常寧縣

七月初十俗云故鬼歸來家家設醴殽拜薦至十五夜止是夜布灰於地以驗家神之去留焉

福建志書

建陽縣

七月初一日興田會十五日崇政社州會二十一日書坊會二十五日麻沙水北崇泰衢源二處會

四川志書

蒲江縣

七月早稻熟選吉日焚香設醴薦之祖考然後聚家人食之曰食新

廣東志書

廣州府

七月二十五日郡人復遊蒲澗謂之訪仙俗傳安期生是日飛昇

增城縣

七月二十四日祝城隍廟相傳是日立城云

長樂縣

孟秋之月龍眼熟斑枝開夜漸涼

臨高縣

七月十三晚迷童男女以招前死者之魂

廣西志書

隆安縣

七月露草滋龍眼熟棉花吐雪木葉驚秋元鳥歸田禾續刈節屆中元民殷報本諺云龍眼熟纍纍兒童不飯肥

雲南志書

鶴慶府

勝西龍潭在府西七里源出覆釜山有龍潛焉東流諸村屯歲以七月九日太守率吏民祀潭神

孟秋部藝文一

廣陽門銘　後漢李尤

廣陽位孟厥月在申涼風從時白露已紛

夷則七月啓　梁昭明太子

素商驚辰白藏屆節金風曉振偏傷征客之心玉露夜凝眞泫仙人之掌桂吐花於小山之上梨翻葉於大谷之中故知節物變衰草木搖落敬想足下時稱獨步世號無雙萬頃澄波黃叔度之器量千尋聳幹嵇中散之楷模但某一介庸才三隅頑學懷經問道不遇披雲負笈尋師罕逢見日俛仰興歎形影自憐不知龍前不知龍後鷽鵬雖異風月是同幸矣擇交希垂影拂

早秋望海上五色雲賦（以餘霞散成綺爲韻）　唐張何

夫幽棲多暇樂道閑居坐文章之苑囿放精思以畋漁詠太冲之招隱諷相如之子虛覩蘭凋而蕙歇傷夏卷而秋舒昇重軒以徙倚目平海而踟躕見五雲之間出繞三山而忽諸映烏晶之曨朗涵蜃氣之紓

餘光泛泛而逾淨彩離離而不疎懿夫騰碧海瑞皇家金柯玉葉兼雜花文璀璨光紛華況夫羅幃錦帳繞香車雙虹宛轉縈翠霞及夫倏而聚忽而散霓裳羽旆相陵亂倚長空浮迴岸宛若瓊樓金闕橫天半美人濯錦春江畔既而叢彩可望奇狀難名羣象糾紛疑綺羅之纈出五色明娟若丹靑之畫成影沉波而海晏氣冪岫而山晴當碭嶺之光淺恥汾川之色輕壯瑞圖之舊籙應樂府之新聲似帝鄉之迢遞冀有司而見行悠悠帝國三千里不託先容誰銜美希君顧盼當及時無使霏微散成綺

空同賦　闕名

何孟秋之元夜兮心慘戾而弗怡偃予軀之既寧兮神杳杳於寒閨雲屋掩而弗扃兮壁帶耿而夜光宕予魄而不得覩兮悵佇立其怔營靈修顧予而一笑兮懽並坐之從容寐將醒而不忍兮且欲往而焉從眷予衷之廓落兮奄愁結而增忡超吾升彼崑崙兮路修遠而焉窮忽悲危以臨睨兮蔵廣寒與閬風信眞際之明融兮又何必懷此夢也矢予詞以自寫兮盍將反予施乎空同

依韻和呂杭早秋賦　宋田錫

楚辭若曰洞庭始波兮木葉微脫今藻麗之所賦彼辭采之可奪秋之爲狀也湘天江兮晝淸雲土夢兮晴闊肅風日之澹白爽乾坤之虛豁廓收其神少皞艮辰天子居總章之左个載白其輅靡朱其輪詔扈隨之有司與侍從之輿臣迎氣也雨師灑西郊之道風伯淸北闕之塵煩暑華故微涼鼎新當詞臣之在列承睿眄之何類謂秋之可賦也月紀靈娥風淸少女珠連五緯鱗差四序當暑往以涼迴若露晞而霞舉方朔之辨既邀君子之可稱相如之文乃爲時王之見許於是抽毫進牘以就位研精覃思乎多士增雅詠於新唱徵博聞於舊史始沉鬱以麗則終鏗鏘而綺靡逸韻金奏妍詞鋒起詞云秋之可賞也初蕭瑟於玉關旋澄暉於帝里律生素管以先變雲聳奇峯而未已日居月諸景象何如桐葉潛零下玉欄兮金井桂花增麗鑒珠簾兮綺疏白露降兮庭蕪已滋寒蟬鳴兮塞草未衰太史奏在金之日詩人稱流火之時華皓兮濟安易感離騷兮宋玉何悲人雖其杳彼亦云噫蓋楚風之掩抑夫郢曲兮高卑蘭宇淸兮風期自遠玉繩長兮日馭可縻當羲軒之景運樂堯舜之昌期皐猷有截聖理無遺歌事曰風而布義曰賦賦可金門而獻之

孟秋部藝文二詩

古八變歌拾遺　漢闕名

北風初秋至吹我章華臺浮雲多暮色似從崦嵫來
枯桑鳴中林絡緯響空堦翩翩飛蓬征愴愴遊子懷
故鄉不可見長望始此回

初秋　宋孝武帝

夏盡炎氣微火息涼風生綠草未傾色白露已盈庭
遠視秋雲發近聽寒蟬鳴運移矜物化川上感餘情

秋歌　南平王鑠

昊天淸且高秋氣發初涼白露下微津明月流素光
凝煙汎城闕淒風入軒房朱華先零落綠草就芸黃
織羅還笥篋輕紈改衣裳

永初三年七月十六日之郡初發都　謝靈運

述職期闌暑理棹變金素秋岸澄夕陰火旻團朝露
辛苦誰爲情遊子值頹暮愛似莊念昔久敬曾存故
如何懷土心持此謝遠度李牧愧長袖郤克慙躧步
良時不見遺醜狀不成惡曰余亦支離依方早有慕
生幸休明世親蒙英達顧空班趙氏璧徒乖魏王瓠
從來漸二紀始得傍歸路將窮山海迹永絕賞心悟

初秋　梁簡文帝

羽翣晨猶動珠汗晝恆揮秋風忽嫋嫋向夕引涼歸
浮陰卽染浪淸氣始乘衣卷幌通河色開窗引月輝
晚花欄下照疎螢簾上飛直置猶如此何況送將歸

大同九年七月　同前

高樓闢左扇迴望依蘭橈晚風飄颻來落照參差好

秋至懷歸　江淹

悵然集漢北還望岨山田沄沄百重壑參差萬里山
楚關帶秦隴荆雲冠吳煙草色斂窮水木葉變長川
秋至帝子降客人傷嬋娟試訪淮海使歸路成數千
蓬驅未止極旌心徒自懸若華想無慰憂至定傷年

秋日愁居答孔主簿　王僧孺

首秋雲物善晝暑旦猶淸日華隨水汎樹影逐風輕
依簾野馬合當戶昔耶生物我一無際人鳥不相驚
儻過北山北聊訪法高卿法眞字高卿見後漢逸民傳

奉和初秋西園應教　北齊蕭愨

池亭三伏後林館九秋前清冷間泉石散漫雜風煙
荷開千葉影榴艷百枝然約嶺停飛旆凌波動畫船

奉和初秋　北周庾信

落星初伏火秋霜正動鐘北闕連橫漢南宮應鑿龍
祥鸞棲竹實靈蔡上芙蓉自有南風曲還來吹九重

初秋夜坐　唐太宗

斜廊連綺閣初月照宵幃塞冷鴻飛疾園秋蟬噪遲
露結林疎葉寒輕菊吐滋愁心逢此節長歎獨含悲

儀鸞殿早秋　同前

寒驚薊門葉秋發小山枝松陰背日轉竹影避風移
提壺菊花岸高興芙蓉池欲知涼氣早巢空燕不窺

七月十五日題章敬寺　德宗

招提邇皇邑複道連重城法筵會早秋駕言訪禪扃
嘗聞大仙教清淨宗無生七物匪吾寶萬行先求成
名相既雙寂繁華奚所榮金風扇微涼遠煙凝翠晶
松院靜苔色竹房深磬聲境幽真慮恬道勝外物輕
意適本非說含毫空復情

初秋夜坐應詔　楊師道

玉琯涼初應金壺夜漸闌滄池流稍潔仙掌露方溥
雁聲風處斷樹影月中寒爽氣長空淨高吟覺思寬

九成宮秋初應制　劉禕之

帝閫疏金闕仙臺駐玉鑾野分鳴鶴岫路接寶雞壇
林樹千霜積山宮四序寒蟬急知秋早鶯疎覺夏闌
怡神紫氣外凝盼白雲端舜海詞波發空驚遊聖難

七月閨情　袁暉

七月坐涼宵金波滿麗譙容華芳意改枕席怨情饒
錦字沾愁淚羅裙緩細腰不如銀漢女歲歲鵲成橋

早秋山中作　王維

無才不敢累明時思向東谿守故籬豈厭向平婚嫁
早却嫌陶令去官遲草間蛩響臨秋急山裏蟬聲薄
暮悲寂寞柴門人不到空林獨與白雲期

山下晚晴　崔曙

寥寥遠天靜谿路何空濛斜光照疎雨秋氣生白虹
雲盡山色暝蕭條西北風故林歸宿處一葉下梧桐

初秋　孟浩然

不覺初秋夜漸長清風習習重淒涼炎炎暑退茅齋
靜階下叢莎有露光

太原早秋　李白

歲落衆芳歇時當大火流霜威出塞早雲色渡河秋
夢遶邊城月心飛故國樓思歸若汾水無日不悠悠

宿關西客舍寄東山嚴許二山人時天寶初七
月初三日在內學見有高（一本有近字）道舉徵　岑參

雲送關西雨風傳渭北秋孤燈然客夢寒杵擣鄉愁
灘上思嚴子山中憶許由蒼生今有望飛詔下林丘

首秋輪臺　前人

異域陰山外孤城雪海邊秋來惟有鴈夏盡不聞蟬
雨拂氈牆濕風搖毳幕羶輪臺萬里地無事歷三年

省試七月流火　敬括

庭前一葉下言念忽悲秋變節金初至分寒火正流
氣含涼夜早光拂夏雲收助月微明散沿河麗景浮
禮標時令爽詩興國風幽自此觀邦正深知王業休

早秋苦熱堆案相仍　杜甫

七月六日苦炎熱對食暫餐還不能每愁夜中自足
蠍況乃秋後轉多蠅束帶發狂欲大叫簿書何急來
相仍南望青松架短壑安得赤腳踏層冰

酬蕭二十七侍御初秋言懷　郎士元

楚客秋多興江林月漸生細枝涼葉動極浦早鴻聲
勝賞睽前夕新詩報遠情曲高慚和者惆悵閉寒城

孟秋　鄭槩

江南孟秋天稻花白如氈素腕慙新藕殘妝妒晚蓮

七月　陳元初

憶長安七月時槐花點散罘罳七夕針樓競出中元
香供初移繡轂金鞍無限遊人處處歸遲

早秋集賢院即事　劉禹錫

金數已三伏火星正西流樹含秋露曉閣倚碧天秋
灰琯應新律銅壺添夜籌商飆從朔塞爽氣入神州
蕙草香書殿槐花點御溝山明真色見水靜濁煙收
早歲忝華省再來成白頭幸依羣玉府末路尚瀛洲

七月一日曉入太行山　李賀

一夕遶山秋香露溘蒙菉新橋倚雲阪候蟲嘶露樸
洛南今已遠越衾誰為熟石氣何淒淒老莎如短鏃

新秋　元稹

旦暮已淒涼離人遠思忙夏衣臨曉薄秋影入檐長
前事風隨扇歸心燕在梁殷勤寄牛女河漢正相望

答劉戒之早秋別墅見寄　白居易

涼風木槿籬暮雨槐花枝併起新秋思為得故人詩
避地鳥擇木入朝魚在池城中與山下喧靜闇相思

酬牛相公宮城早秋兼呈夢得　前人

七月中氣後金與火交爭一聞白雪唱暑退清風生
碧樹未搖落寒蟬始悲鳴夜涼枕簟滑秋燥衣巾輕

疏受老慵出劉楨疾未平何人伴公醉新月上宮城

早秋曲江感懷　前人

離離暑雲散嫋嫋凉風起池上秋又來荷花半成子朱顏易銷歇白日無窮已人壽不如山年光急於水青蕪與紅蓼歲歲秋相似去歲此悲秋今我復來此

新秋　前人

西風飄一葉庭前颯已凉風池明月水衰露白蓮房其奈江南夜綿綿自此長

感秋懷微之　前人

葉下湖又波秋風此時至誰知濩落心先納蕭條氣推移感流歲漂泊思同志昔爲煙霄侶今作泥塗吏白鷗毛羽弱青鳳文章異各閉一籠中歲晚同顦顇

江樓早秋　前人

南國雖多熱秋來亦不遲湖光朝霽後竹氣晚凉時樓閣宜佳客江山入好詩清風水蘋葉白露木蘭枝欲作雲泉計須憑伏臘資匡廬一步地官滿更何之

秋遊原上　前人

七月行已半早凉天氣清清晨起巾櫛徐步出柴荆露杖筇竹冷風襟越蕉輕閒攜弟姪輩同上秋原行新棗未全赤晚瓜有餘馨依依田家叟設此相逢迎自我到此村往來白髮生村中相識久老幼皆有情留連向暮歸樹樹風蟬聲是時新雨足禾黍夾道青見此令人飽何必待西成

早秋獨夜　前人

井梧凉葉動鄰杵秋聲發獨向檐下眠覺來半牀月

七月一日作　前人

七月一日天秋生履道里閒居見清景高興從此始林間暑氣歇池上凉風起橋竹碧鮮鮮岸莎青靡靡蒼然古磐石清淺平流水何言中門前便是深山裏雙僮侍坐臥一杖扶行止饑聞麻粥香渴覺雲湯美平生所好物今日多在此此外更何思市朝心已矣

早秋過郭涯書堂　周賀

暑消岡舍清閒語有餘情澗水生茶味松風滅扇聲遠分臨海雨靜覺掩山城此地秋吟苦時來遶菊行

早秋　杜牧

疎雨洗空曠秋標驚意新大熱去酷吏清風來故人尊酒酌未酌晚花嚬不嚬銖秤與縷雪誰覺老陳陳

早秋客舍　前人

風吹一片葉萬物已驚秋獨夜他鄉淚年年爲客愁別離何處盡搖落幾時休不及磻溪叟身閒長自由

早秋　許渾

遙夜汎清瑟西風生翠蘿殘螢委玉露早雁拂金河高樹曉還密遠山晴更多淮南木葉下自覺老煙波

和韋潘七月十二日夜泊池州城下先寄上李使君　李商隱

桂含爽氣三秋首蓂吐中旬二葉新正是澄江如練處元暉應喜寄詩人

新秋雨霽宿王處士東郊　馬戴

夕陽逢一雨夜木洗清陰露氣竹窻靜秋光雲月深煎嘗靈藥味話及故山心得意兩不寐微風生玉琴

旅中早秋　劉威

金威生止水爽氣遍遙空草色蕭條路槐花零落風夜來萬里月覺後一聲鴻莫問生程事飄然沙上蓬

早秋山居　溫庭筠

山近覺寒早草堂霜氣晴樹凋窻有日池滿水無聲果落見猿過葉乾聞鹿行素琴機慮靜空伴夜泉清

早秋宿田舍　曹鄴

凋草疎疎螢火光山月朗朗楓樹長南邨犢子夜聲急應是欄邊新有霜

新秋即事三首　皮日休

癡號多於顛愷之更無餘事可從知酒坊吏到常先見鶴料符來每探支凉後每謀清月社晚來專赴白蓮期共君無事堪相賀又到金虀玉鱠時

堪笑高陽病酒徒幅巾瀟灑在東吳秋期淨掃雲根瘦山信迴緘乳管粗白月半窻抄朮序清泉一器授芝圖乙求待得西風起盡挽煙帆入太湖

露槿風杉滿曲除高秋無事似雲廬醉多已任家人厭病久還甘吏道疎青桂巾箱時寄藥白綸臥具半抛書君卿脣舌非吾事且向江南問鱖魚

和襲美新秋即事　陸龜蒙

聲利從來解破除秋灘惟憶下桐廬鸕鷀陣合殘陽少蜻蛚吟高冷雨疎辯伏南華論指指才非元晏借書書當晴任使頭堪笑波上三年學炙魚

早秋山中　李山甫

誰到山中語雨餘風氣秋煙嵐出澗底瀑布落林頭不道亦非遠僻詩須苦求千峯有佳探扛杖獨巡遊

和薛先輩見寄初秋寓懷即事之作二十韻　韋莊

王律初移候清風乍遠襟一聲蟬到耳千炬火然心嶽靜雲堆翠樓高日半沉引愁憎暮角驚夢怯殘碪露白凝湘簟風篁韻蜀琴鳥喧從果爛塔淨任苔侵

柹葉添紅景槐柯減綠陰採珠逢寶窟閱石見瑤林
魯殿鏗寒玉苔山激碎金鄒堂流桂景陳巷集車音
名自張華顯詞因葛亮吟水深龍易失天遠鶴難尋
鑒貌寧慙樂論才豈謝任義心孤劒直學海怒濤深
旣睹文兼質翻疑古在今慙聞紆綠綬即候挂朝簪
晚樹連秋塢斜陽映暮岑夜蟲方唧唧疲馬正駸駸
託跡同吳燕依人似越禽會隨仙羽化香蟻且同斟

同舊韻　前人

大火收殘暑清光漸惹襟謝莊千里思張翰五湖心
暮角迎風急孤鐘向暝沈露滋三徑草日動四鄰砧
篋委班姬扇蟬悲蔡琰琴方愁丹桂遠已怯二毛侵
鬢石迴泉脈移棊就竹陰獨絲蛛竄網避隼鳥投林
貌愧潘郎璧文慙呂相金但埋酆獄氣未發爨桐音
靜笑劉琨舞閒思阮籍吟野花和雨斷怪石入雲尋
跡競終非切幽閒且自任趨時慙藝薄託質仰恩深
美價方稀古淸名已絕今旣聞留縞帶詎肯擲華簪
遲客虛高閣迎僧出亂岑壯心徒戚戚逸足自駸駸
安羨倉中鼠危同幕上禽期君調鼎鼐他日俟羊斟

・三用韻　前人

素律初迴馭商飆暗觸襟乍傷詩客思還動旅人心
蟬噪因風斷鱗遊見鷺沈笛聲隨晚吹松韻激遙砧
地覆靑袍草窻橫綠綺琴煙霄難自致歲月易相侵
澗柳橫孤彴巖藤架密陰瀟湘期釣侶鄠杜別家林
遺愧虞卿璧言依季布金鏦鏦聞郢唱次第發巴音
螢影銜簾落蟲聲擁砌吟樓高思共釣寺遠想同尋
入夜愁難遣逢秋恨莫任蝸遊苔徑滑鶴步翠塘深
莫問榮兼辱寧論古與今固窮憐瓮牖感舊惜蒿簪

晚日舒霞綺遙天倚黛岑鴛鴦方翩翾驊騄整駸駸
未化投陂竹空思出谷禽感多聊自遣桑落且閒斟

早秋夜作　前人

翠簟初淸暑半銷撤簾松韻送輕飆莎庭露永琴書
潤山郭月明砧杵遙傍砌綠苔鳴蟋蟀遶簷紅樹織
蠨蛸不須更作悲秋賦王粲辭家鬢已凋

早秋吟眺　孟貫

新秋初雨後獨立對遙山去鳥望中沒好雲吟裏還
長年慙道薄明代取身閒從有西征思園林懶閉關

新秋夜雨　釋貫休

夜雨洗河漢詩懷覺有靈籬聲新蟋蟀草影老蜻蜓
靜引閒機發涼吹遠思醒逍遙向誰說時泥漆園經

宮詞　花蘂夫人徐氏

新秋女伴各相逢罨畫船飛別浦中旋折荷花伴歌
舞夕陽斜照滿衣紅

欽定古今圖書集成曆象彙編歲功典

第六十三卷目錄

孟秋部藝文三 詩詞
初秋 宋錢惟演
初秋寓直 晏殊
初秋普明寺竹林小飲餞梅聖俞分韻得亭皐 歐陽修
木葉下 五首 歐陽修
七月二日 劉敞
七月一日休假作 曾鞏
初秋 邵雍
秋懷 二首 前人
和李文思早秋 二首 前人
七月五日 蘇軾
七月八日要劉公達承義說酌 郭祥正
丙戌閏七月九日與王必大登姑蘇臺招王浚
明陳淵叔耿時舉避暑次韻 范成大
初秋 前人
立秋後二日泛舟越來溪 前人
七月十六日石湖路中書事 前人
南軒 陸游
初秋 前人
秋懷 前人
七月一日 前人
七月十四日 前人
初秋暮雨 楊萬里
立秋後一日雨天欲暮小立問月亭 前人
秋雨 朱熹
暑退喜秋 姜特立
新秋 徐璣
初秋 方岳
早秋迴文 宋伯仁
早秋吟 釋契嵩
七月十五夜顯仁寺東軒對月 金郝俁
和新秋 李俊民
早秋 元劉因
秋閨 元淮
初秋夜坐 趙孟頫
次韻陳湖中待制初秋 袁桷
新秋卽事 許有壬
次和可翁新秋卽事 許有孚
秋日招飲湖上 楊維楨
雙寺精舍新秋追和戎昱長安秋夕 倪瓚
早秋 張雨
秋景 明宣宗
早秋 益莊王厚燁
早秋江墅晚步 楊基
早秋旅夕 郭奎
秋信 王翰
新秋早朝 王璲
秋初有懷呈曾侍講彭修撰二公 王直
秋意 于謙
新秋 四首 陳繼儒
秋日村居 以上詩 媛桑貞白
一葉落 初秋 後唐莊宗
竹馬子 宋柳永
浣溪沙 晏幾道
多麗 觀輕盈彈琵琶 晁補之
更漏子 初秋雨後 毛滂
蝶戀花 杜安世
愁倚闌令 蔡伸
賀新郎 憶別 姚勉
臺城路 初秋 王月山
謁金門 金王庭筠
揚州慢 初秋 元吳元可
江城子 明劉基
浪淘沙 新秋 以上詞 媛劉氏
孟秋部選句
孟秋部紀事
孟秋部雜錄
孟秋部外編

歲功典第六十三卷

孟秋部藝文三 詩詞

初秋　宋錢惟演

蜜脾初滿若榴紅秋意知侵玉井桐薤簟自憑南郭月縠巾猶臥北窻風雲迷候雁辭遙塞露濕飛螢起暗叢病已不須傳七發粉箋香墨寄詩筒

初秋寓直　晏殊

絳河星斗夜闌干禁署沉沉閉九關上帝冊書藝玉府仙人宮闕巨鼇山凉蟾影度秋陰薄促漏聲來夜

唱開擁鼻吟多愁欲遶叢鐘凄斷樹鳥還

初秋普明寺竹林小飲餞梅聖俞分韻得亭皐木葉下五首　歐陽修

臨水復敧石陶然共醉醒山霞坐未斂池月來亭亭

洛城風日美秋色滿蘅皐誰同茂林下掃葉酌松醪

野木竹間清秋山酒中綠送子此酣歌淮南應落木

勸君芙蓉杯欲娶芙蓉葉垂楊礙行舟演漾回輕檝

山水日已佳登臨同上下褰蘭尚可採欲贈離居者

七月二日　劉敞

西風過庭樹天氣颯然秋山雨纔成潤高雲淡不流平分感一葉遠興憶扁舟蟋蟀何須急羈人始欲留

七月一日休假作　曾鞏

初秋尚苦暑歸沐乃君恩地閒少來客日晏猶閉門家之念藜藿開顏無一樽況復辭貌拙故隨車馬奔盥濯何所事讀書坐前軒豈堪當世用空味古人言頗喜市朝內獨無塵土喧終年但如此眞竊大官餐

初秋　邵雍

夏去暑猶在雨餘涼始來堦前已流水天外尚驚雷曲几靜中隱衡門閒處開壯心都已矣何事更裴懷

秋懷二首　前人

七月夜初長星斗爭煌煌庭除經小雨枕簟生微涼照物無遁形虛鑑自有光照事無遁情虛心自有常

疎雨滴梧桐微風掇楊柳此景歲歲同世人自白首俗慮易縈仍塵襟難抖擻浮生已夢中其間強爲有

和李文思早秋二首　前人

一雨洗瓠稜三川氣象清林風傳顥氣木葉送商聲

忽忽蓮生菂看看菊吐英太平時裏老何以報虛生

池畔掩垂柳闌邊笑晚霞敗荷傾敝蓋老檜露枯槎

歲晏驚時態年高惜物華東陵風未替解憶故園瓜

七月五日　蘇軾

何處覓新秋蕭然北臺上秋來未云幾風日已清亮雲間聳孤翠林表浮遠漲新裝漸堪剝晚瓜猶可餉西風送落日萬竅含悽愴念當急行樂白髮不汝放

七月八日要閣公達承議晚酌　郭祥正

河橋散靈鵲曜景逾佳期池華延鄰月尚可傾一巵欲以邀良賓秋事言凄其歲往豈再得綠髮含霜滋寓意不在飲營駕君莫辭

丙戌閏七月九日與王必大登姑蘇臺招王浚明陳調叔瑊時舉避暑次韻　范成大

始賀火流西還嗟斗斜閒條暑猶强顏新涼頗難進燥剛渴欲坼焦卷禿如燼炎官扶日轂輝赫不停運登臨有高臺勇往得三俊仍將王郎子飛步凌坳仞風從噫氣來雲作壞山陣郊如垂頭魚忽已蟄蟲振空明晚逾清更愛孤月印青牛乃易與俛仰更喜慍悪闘天爲高果酒山欲近奇書鐵鉤鎖麗句錦窠暈茲遊我輩獨難挽輭紅軔君看籠中鳥寧識咸池韶

初秋　前人

急雨過窻紙新涼生簟藤蹣跚老鈴下來炷壁間燈

立秋後二日泛舟越來溪　前人

西風初入小溪帆旋織波紋綯淺藍行入鬧荷無水面紅蓮沉醉白蓮酣

七月十六日石湖路中書事　前人

白葛烏紗稱老農溪南溪北水車風稻頭的皪黏朝露步入明珠翠網中

南軒　陸游

今年秋早涼七月已蕭然南山修竹下枕簟終日眠時將半殘夢聽此欲斷蟬推枕起太息四序忽已遷功名墮渺茫衰疾方連綿新月獨多情窺窻淡娟娟

初秋　前人

藉草沾衣露沿溪掠面風桐凋無茂綠蓮老有疎紅小彴敧危度鄰園曲折通新秋得强健一笑莫怱怱

秋懷　前人

園丁傍架摘黃瓜村女沿籬采碧花城市尚餘三伏熱秋光先到野人家

七月一日　前人

几做胡牀酒半醒釣筒收盡畋舟橫風生細葛無三伏月上疎林正四更北斗陸離低欲盡明河脈脈去無聲升仙豈復塵中戀便擬騎鯨返玉京

七月十四日　前人

不復微雲滓太清浩然風露欲三更開簾一寄平生快萬頃空江看月明

初秋暮雨　楊萬里

不礙輕黃尚淺青村舂已報隔林聲忽驚暮色翻成曉仰見雙虹雨外明

立秋後一日雨天欲暮小立問月亭　前人

雨後林中別樣凉意行幽徑不知長風蟬幸自無心事強爲閒人報夕陽

秋雨　朱熹

一雨散林表淸陰生廣庭喜茲新秋夜起向高齋行

暑退喜秋　姜特立

頹齡厭濁暑瘦骨便淸秋蓐收方回鑣顥氣橫九州
老鶴生精神孤松鬱颼飀如飲寒露漿貯以靑瑤甌
既蠲膏肓疾復洗熱惱憂斟酌楚人賦併作商聲謳

新秋　徐璣

新秋一雨洗林闕晚色淸澄滿望間風靜白雲橫不
斷山前又疊一重山

初秋　方岳

殘暑何時退秋風日夜生已嫌湘簟冷稍覺楚天淸
山路晴猶濕星河夜自明時聞梧葉落一似打門聲

早秋廻文　宋伯仁

秋天一餉晚風涼笑語人傳早稻香樓上醉時簾半
卷愁添客鬢雨蒼蒼

早秋吟　釋契嵩

山家昨夜房櫳冷梧桐一葉飄金井長天如水淨藏
雲明月含暉變秋景桂枝花折風飄飄誰在高樓吹
玉簫人間不見槎升漢天上將石問作橋年少征人
在何處白露沾衣未歸去海畔今無漂母家江南誰
與王孫遇徘徊月下空長吟若徒自古難知音欲上
高臺問明月明月何不照人心

七月十五夜顯仁寺東軒對月　金鄘偰

野迥雲歸盡山高月上遲暗螢依露草驚鵲遶風枝
素影隨波遠新涼與酒宜中秋更有味試為卜歸期

和新秋　李俊民

簾捲西山雨午停自知時節候蟲聲新涼邂逅如佳
客殘暑流連似宿酲可見韓檠燈下志且憐班扇篋
中情若爲解得吾民慍更鼓南風一再行

早秋　元劉因

昨朝一葉見秋生今日千巖萬壑清欲借西風蘇病
骨暫來石上聽松聲

秋閨　元淮

團扇初隨碧簟收畫簾歸燕尚遲留閒堦弄影穿明
月笑捻流螢說早秋

初秋夜坐　趙孟頫

夜深庭院寂無聲明月流空萬影橫坐對荷花兩三
朶紅衣落盡覺風生

次韻陳剛中待制初秋　袁桷

岸幘倚書楹寒砧徹四城馬蹄人獨語雁過月初生
寂寂候蟲急淒淒落葉淸客懷誰與共搔首見參橫

新秋即事　許有壬

莫躡蒼苔破茨門晝亦關林風秋入樹波日晚搖山
原野蒼茫外煙雲指顧間更須安一榻月夜不須還

次和可翁新秋即事　許有孚

池亭殘暑去樂事日相關徑列霜前菊窗招雨後山
好詩來枕上爽氣滿人間極目重臺晚遙天一鶴還

秋日招飲湖上　楊維楨

七月六日流火驕故人重有濠梁招洗車快借雙星
雨打鼓如迎八月潮下馬題詩岳王寺解貂沽酒投
家橋西湖顏面晚更好水晶宮中吹玉簫

雙寺精舍新秋追和戎昱長安秋夕　倪瓚

秋著晚差涼茗餘眠獨早淸風振庭柯寒蛩吟露草
晨興面流水西望吳門道不知人事劇但見靑山好

早秋　張雨

每嫌新酒少尚喜故交稠籬落三家墅梧桐十日秋
月生微顧兔星淡沒牽牛亦欲觀多稼江湖雨未周

秋景　明宣宗

新秋涼露濕荷叢不斷淸香逐曉風滿目濃華春意
在晚霞澄錦照芙蓉

早秋　益莊王厚燁

庭樹初飛葉天高爽氣澄檻花藏晚蝶簾竹聚秋蠅
紅熟枝頭棗靑浮水面菱金風蘋末起頓喜失炎蒸

早秋江墅晚步　楊基

秋前秋後十日雨郵北郵南千頃麻晚渚芙蓉輕落
片午前秔稻細含花仙翁蠟屐高巾幘溪女銀釵小
髻鬟老我不知官府事水邊吟到日西斜

早秋旅夕　郭奎

初月涼風夜向闌倚樓愁到笛聲殘天高閶闔銀河
白露滴梧桐金井寒多病馬卿猶是客幾時張翰也
辭官年年怕近淸秋日憶殺湖邊舊釣竿

秋信　王翰

寒來消息是誰傳金井梧桐一葉先殘暑已消團扇
底新涼纔到短檠前問愁多在蛩聲裏寄遠常從雁
影邊流浪浮生渾不覺知機林外有鳴蟬

新秋早朝　王璲

宮井梧桐一葉飛新涼先到侍臣衣蒼龍闕上銀河
轉丹鳳樓頭玉漏稀曉仗分行環御輦夕郎鳴佩出
仙闈自憐虎觀叨陪從簪筆慚無補萬幾

秋初有懷呈曾侍講彭修撰二公　王直

律應淸商動涼生大火流梧飄金井露雁度玉門秋
爽氣消殘暑砧聲報遠愁佳期七夕近來月却登樓

秋意　于謙

溽暑隨風散微涼趁雨生蕭蕭樹頭葉已解作秋聲

新秋四首　陳繼儒

一片秋聲入楚塘西風蕭瑟翠寒蟄馬嘶大漠川沙白鷺下平原草木黃疎菊籬邊如待酒芰荷池上可爲客懷人萬里情無限隔岸蒹葭夜未霜

悲秋無奈獨高歌歌罷其如秋色何金屋佳人啼素扇玉門老將枕琱戈元蟬咽露鷺飛葉烏鵲披星欲渡河聞說洞庭湖水闊朝添新綠漾微波

西望瀟湘秋水長大風初捲白雲揚銀河夜落機中錦玉露朝侵陌上桑螢度空梁棲燕幕魚翻靜渚戲蓮房亦知此日行吟者一投愁心挂夕陽

門掩秋風正寂寥荒原落日草蕭蕭獼猴趁月窺山果鳥雀驚人下黍苗華屋珠簾嬌白苧疎燈角枕怯冰綃閒來偶渡前溪口柳葉菱花一尺潮

秋日村居　媛桑貞白

素節金風度商聲應律初碧霞浮遠漢黃葉覆閒居籬下霜催菊天邊雁作書小窗蛩語切明月照窗疎

一葉落 初秋　後唐莊宗

一葉落褰朱箔此時景物正蕭索畫樓月影寒西風吹羅幕吹羅幕往事思量著

竹馬子　宋柳永

登孤壘荒凉危亭曠望靜臨煙渚對雌霓挂宇雄風拂檻微收煩暑漸覺一葉驚秋殘蟬噪晚素商時序覽景想前歡指神京非霧非煙深處　向此成追感新愁易積故人難聚憑高盡日凝佇贏得銷魂無語極目霽靄霏微暝鴉零亂蕭索江城暮南樓畫角又送殘陽去

浣溪沙　晏幾道

團扇初隨碧簟收畫簾歸燕尚遲留靨朱眉翠喜清秋　風意未應迷狹路燈痕猶自記高樓露花煙葉與人愁

多麗 觀輕盈彈琵琶　晁補之

新秋近晉公別館開筵喜清時銜杯樂聖未饒綠野堂邊繡屏深麗人午出座中雷雨起蹋絃花暖間關冰凝幽咽寶釵搖動墜金鈿未彈了昭君遺怨四座已凄然西風裏香街駐馬嬉笑微傳　算從來司空見慣斷腸初對雲鬟夜將闌井梧下葉砌蛩收響悄林蟬賴得多愁潯陽司馬當時不在綺筵前競歎賞檀槽倚困沉醉倒觥船芳春調紅英翠萼重變新妍

更漏子 初秋雨後　毛滂

綠牕寒清漏短帳底沉香火暖殘燭暗小屏彎雲峰遮夢還　那些愁推不去分付一簷寒雨簷外竹試秋聲空庭鶴喚人

蝶戀花　杜安世

池上新秋簾幕卷菡萏嬌紅鏡裏西施面衰柳搖風尚柔軟眠沙鸂鶒臨清淺　新翻歸翅雲間燕滿地槐花盡日蟬聲亂獨倚闌干暮山遠一場寂寞無人見

愁倚闌令　蔡伸

天如水月如鉤正新秋月影參差人窈窕小紅樓如今往事悠悠樓前水腸斷東流舊物忍看金約腕玉搔頭

賀新郎 憶別　姚勉

薄暮收殘暑歎西風暗換流年又還如許獨背斜陽初斂影雲澹新涼天宇人袖手闌干凝佇鄰笛喚將鄉思動聽愁聲又入梧桐雨秋到也尚覊旅　故人只在江南渚想應嫌久戀東華軟紅塵土寄遠裁衣知念否新月家家砧杵魂夢想鵝黃金縷雁影不來天更遠寫書成欲寄憑誰與知客恨兩蛩語

臺城路 初秋　王月山

夜來疎雨鳴金井一葉舞風紅淺蓮渚生香蘭皋浮爽涼思頓欺班扇秋光冉冉任老却蘆花西風不管清興難磨幾回有句到詩卷　長安故人別後料征鴻聲裏畫欄凭遍橫竹吹商疎砧點月好夢又隨雲遠閒情似線共繫損柔腸不堪裁剪聽著寒蛩一聲聲是怨

謁金門　金王庭筠

秋蕭索燈火新涼簾幕翠被不禁臨曉薄南樓聞畫角　想見玉壺冰萼一夜西風開却夢覺啼烏殘月落幽香無處著

揚州慢 初秋　元吳元可

露葉猶青巖花初動幽幽未似秋陰似梅風帶溽暑吹度長林記當日西廊共月小屏輕扇人語涼深對清觴醉笑醒顰何似如今　臨風欲賦甚年來漸減狂心爲誰倚多才難憑易感早付銷沉解事張郎風致鱸魚好歸聽吳音又夜闌聞笛故人忽到幽襟

江城子　明劉基

西風吹樹暮涼初露如珠月如梳鴻雁無情不帶半行書漫倚闌干成小立人老矣倩誰扶　中庭梧葉待霜疎有棲烏夜相呼門外一池寒水落芙蕖爲問

閒愁幾許多似草不勝鋤

浪淘沙 新秋　媛劉氏

昨夜雨綿綿涙濕燈煙薄衾蕭索不成眠曉起牀頭看曆日换了秋天　綠葉尚新鮮猶想爭妍教他知道也淒然眼底韶光容易過樹且堪憐

孟秋部選句

後漢崔駰西征賦襲孟秋而西征跨雍梁而遠蹤

魏曹植詩初秋凉氣發庭樹微銷落

晉陸雲喜霽賦炎神送暑素靈迎秋

阮籍詩開秋兆凉氣蟋蟀鳴牀帷

宋謝靈運山居賦送夏早秀迎秋晚成

梁江淹麗色賦西陸始秋白道月弦金波照戶玉露曖天

陳張正見詩高軒揚麗藻自是賦新秋

北周庾信詩殘月如初月新秋似舊秋

唐許敬宗詩脩想追嘉豫臨軒御早秋又舞商初赴節湘燕遠迎秋

盧照鄰詩龍柯疎玉井鳳葉下金堤

張九齡詩林鳥飛舊里園果讓新秋又孤雲愁自遠一葉感何深

王勃詩早是他鄉值早秋江亭明月帶江流

駱賓王螢火賦林塘改夏尖物迎秋又初秋登王司馬樓宴詩序陵散秋灰橙移夏火鴻飛漸陸流斷吹以來寒鶴鳴在陰振中天而警露於是傑開玉饌交雜佩而薰蘭洒泛金翹映清樽而湛菊又初秋於竇六郎宅宴詩序一葉驚寒下陳柯而捲翠百花凝照淡處牖以披紅又秋日餞陸道士陳文林詩序赤煙沉節青女司辰霜雁銜蘆爭鶩行而候氣寒蟬噪柳帶凉序以含情又秋日送尹大赴京詩序兔苑東上龍火西流劍彩沉波碎楚蓮於秋水金輝照岸秀陶菊於寒堤又詩璧彩澄虛漏輕光於雲葉珪陰散迴搖碎影於風梧

賀知章詩隨雲晴半雨邊草夏先秋

孟浩然詩洞庭去遠近楓葉早驚秋又緒風初減熱新月始登秋

李白詩池花春映日窗竹夜鳴秋

韋應物詩橫河俱半落泛露忽驚秋

錢起詩風吹山帶遙知雨露濕荷裳已報秋

皇甫冉詩浦外野風初入戶窗中海月早知秋又千里相思如可見淮南水落早驚秋

權德輿詩客心宜靜夜月色淡新秋

韓愈詩長安雨洗新秋出極目寒鏡開塵函

李賀詩今日槿花落明朝桐樹秋

李遠詩客思偏來夜蟬聲覺送秋

杜牧詩南陵水面漫悠悠風緊雲輕欲變秋又一夜風欺竹連江雨送秋

劉得仁詩開共野人臨野水新秋高樹挂晴暉

趙嘏詩溪上郵亭氣早秋樹邊溪色遶牀流

曹鄴詩女蘿力弱難逢地桐樹心孤易感秋

于武陵詩北風吹楚樹此地獨先秋

曹唐詩碧落香銷蘭露秋

李咸用詩帆冒新秋雨鼓傳微浪風

方干詩軒窗纔過雨枕簟即知秋

羅虬詩長恨西風送早秋低眉深恨嫁牽牛

黃滔詩紅樓入夜笙歌合白社驚秋草木疎

殷文圭詩月中青桂漸看老星畔白榆還報秋

李中詩千里夢隨殘月斷一聲蟬送早秋來又離京梅雨歇到邑早蟬秋

宋歐陽修詩欲將何物招嘉客惟有新秋一味凉

蘇軾詩星河淡欲曉鼓角冷知秋

陸游詩荷盤時瀉露螢火早知秋又山步溪橋入早秋

金元好問詩百花岡頭藉草坐瀟灑正值金蓮秋

明孫太初詩菰米蓮房作好秋

孟秋部紀事

詩經豳風七月章七月亨葵及菽朱注葵菜名菽豆也

七月食瓜

周禮春官典瑞兩圭有邸以祀地注謂所祀於北郊神州之神疏案河圖括地象崑崙東南萬五千里神州是也但三王之郊一用夏正未知神州用何月祭之或解郊用三陽之月神州既與郊相對宜用三陰之月當七月祭之

古今注漢惠帝五年七月黃鵠二集蕭池

漢書武帝本紀建元元年秋七月詔曰衛士轉置送迎二萬人其省萬人罷苑馬以賜貧民議立明堂遣使者安車蒲輪束帛加璧徵魯申公注養馬之苑舊禁百姓不得芻牧采樵今罷之

昭帝本紀始元六年詔有司問郡國所舉賢良文學民所疾苦議罷鹽鐵榷酤秋七月罷榷酤官

後漢書光武本紀建武三十年秋七月丁酉幸魯國復濟陽縣是年徭役

章帝本紀章和元年秋七月詔曰秋令是月養衰老授几杖行糜粥飲食其賜高年二人共布帛各二匹以爲醴酪

和帝本紀永元六年秋七月京師旱丁巳幸洛陽寺錄囚徒舉冤獄未及還宮而澍雨

安帝本紀永初三年秋七月庚子詔長吏案行在所皆令種宿麥蔬食務盡地力其貧者給種餉

延光三年七月潁川上言木連理

順帝本紀陽嘉元年秋七月史官始作候風地動銅儀注時張衡爲太史令作之

晉書武帝本紀泰始二年秋七月辛巳營太廟致荊山之木采華山之石鑄銅柱十二塗以黃金鏤以百物綴以明珠

泰始五年秋七月延羣公詢讜言

咸寧二年秋七月有星孛于大角吳臨平湖自漢末壅塞至是自開父老相傳云此湖開天下平

藝術傳韓友善占卜宣城太守殷祐有病友筮之曰七月晦日將有大鶴鳥來集廳事上宜勤伺取若獲者爲善不獲將成禍祐乃謹爲其備至日果有大鶴垂尾九尺來集廳事上掩捕得之祐乃還爲石頭都督

禮志故事祀皋陶於廷尉寺新禮移祀於律署以同祭先聖於太學也故事祀以社日新禮改以孟秋之月以應秋政

律曆志趙石勒十八年七月造建德殿得圓石狀如水碓銘曰律權石重四鈞同律度量衡有辛氏造續咸議是王莽時物

宋書符瑞志晉成帝咸和四年七月長沙郡邏吏黃光於南郡道遇白鹿驅之不去直來就光追尋光二百餘步光遂抱取遣李堅奉獻

晉書成帝本紀咸和七年秋七月景辰詔諸養獸之屬損費者多一切除之

王紹之晉安紀義熙二年七月夜彩虹出西方蔽月

風土記越俗每歲七月二十五日種類四集於廟扶老攜幼環宿其旁凡五日祠以牛彘酒解椎歌歡飲即還惟不用犬云

元嘉起居注元嘉元年七月有白燕集於齊郡遊翔庭宇經九日乃去衆燕翼隨有數千

異苑張仲舒爲司空在廣陵城北以元嘉十七年七月中晨夕間輒見門側有赤氣赫然空中忽雨絳羅於其庭廣七八分長五六寸皆以箋紙繫之紙廣長亦與羅等紛紛甚駛

宋書孝武本紀大明五年七月丙辰詔曰雨水猥降街衢泛溢可遣使巡行窮弊之家賜以薪粟

南史褚彥回傳嘗聚袁粲舍初秋涼夕風月甚美彥回援琴奏別鵠之曲宮商既調風神諧暢王彧謝莊並在粲坐撫節而歎曰以無累之神合有道之器宮商暫離不可得已

梁書諸夷傳芮芮國其地苦寒七月流澌亙河

陳書宣帝本紀太建十一年七月辛卯初用大貨六銖錢

魏書靈徵志世祖太平真君二年七月天有黃光洞照議者僉謂榮光也

世宗景明三年七月魯陽獻烏芝王者慈仁則生食之令人度世

孝昌二年揚州刺史李憲表云門下督周伏興以去年七月忠假還家至十一日夜夢渡肥水行至草堂寺南遙見七人一人乘馬著朱衣籠冠六人從後興路左而立至使再拜問興何人興對曰李公門下督暫使硤石其人語興君可回我是孝文皇帝中書舍人遺語李憲勿憂賊堰此月破矣興寤遂還城具語夢狀七月二十七日堰破

北齊書文宣帝本紀天保九年秋七月辛丑給京畿老人劉奴等九百四十三人版職及杖帽各有差

周書明帝本紀二年七月丙申順陽獻三足烏羣臣上表稱慶詔曰夫天不愛寶地稱表瑞鳳巢阿閣龍躍洺豈直日月珠連風雨玉燭是以鉤命決曰王者至孝則出元命苞曰人君至治所有虞舜烝烝來茲異趾周文翼翼翔此靈禽文考至德下覃遺仁爰被遠符千載降斯三足將使三方歸本九州翕定惟此大體景福在民予安敢讓宗廟之善弗宣大惠可大赦天下文武官普進二級

舊唐書食貨志武德四年七月十日丁卯鑄開元通

寶徑八寸重二銖四參十錢重一兩得輕重大小之中共文以八分隸篆三體

唐書百官志中尚署令七月獻細針

唐會要貞觀十六年七月以素屏几賜魏徵

建康實錄貞觀二十一年七月帝遊幸勑奉御王孝積於顯道門內起紫微殿十三間文壁重基高敞弘壯帝見之甚悅

貞觀二十七年七月宴五品已上於飛霜殿絲竹遞奏羣臣上壽賜綾錦殿在元武門北因地形高敞層閣三成引水爲潔滌池以滌炎暑

唐會要永徽二年七月二日詔禮官學士議立明堂柳宣依鄭康成議九室孔志約據大戴禮及盧植蔡邕議九室趙慈皓薛文思等各造明堂圖樣上以九室之議理有可依令所司詳定明堂形制大小階基高下及辟雍門闕等制度

玉海儀鳳三年七月丁巳宴近臣諸親於九成宮之咸亨殿上謂霍王元軌等曰甘雨頻降夏麥豐熟秋稼滋榮思與叔等同爲此歡因賦七言效柏梁體霍王相王侍臣並和

唐書王方翼傳方翼征西域七月次葉河無舟而冰一昔合時以爲祥

全唐詩話景龍三年七月幸望春宮送朔方節度張仁亶赴軍

沈佺期霹靂引秋七月火伏而金生客有鼓琴於門者奏霹靂之商聲

唐書元宗本紀開元二年七月乙未焚錦繡珠玉於前殿戊戌禁采珠玉及爲刻鏤器玩珠繩帖縧服者廢織錦坊

玉海興慶宮本明皇舊第也開元二年七月宋王成器請獻興慶坊宅爲離宮二十九日甲寅制許之故作興慶宮

舊唐書元宗本紀開元二十四年七月己巳初置壽星壇祭老人星及角亢等七宿

唐會要天寶九載七月五日諸衛隊仗緋色旗旛改爲赤黃以符土運

上元二年七月甲辰延英殿御座梁上生玉芝一莖三花親製玉靈芝詩三章章八句曰玉殿肅肅靈芝煌煌重英發秀連葉分房宗廟之福垂其景光（此章缺二句）元氣產芝明神合德紫微間采白蘚呈色載啓端圖庶得皇極天心有眷王道惟直幸生芳本當我扆旒放此靈質貢其王猷神惟不愛道亦無求端拱思惟永荷天休

大曆八年七月解縣安邑兩池生乳鹽戶部侍郎韓滉請薦清廟編之史冊從之

甘澤謠許雲封樂工之笛者貞元初韋應物爲和州牧夜泊靈璧驛忽聞雲封笛聲韋公謂其聲似天寶中梨園法曲李暮所吹者名問之乃是李暮外孫韋公曰吾有乳母之子嘗受笛李供奉舊吹之笛即李君所賜遂囊出舊笛雲封曰信是佳笛但非外祖所吹者竹生雲夢之南鑒在柯亭之下以今年七月望前生明年七月望前伐過期不伐則其音實未期而伐則其音沉浮者外澤中乾乾者受氣不全氣不全則其竹夭凡發揚一聲出入九息古之至音者一疊十二節一節十二敲其已夭之竹遇至音必破韋公曰欲信女鑒笛破無傷雲封乃奉笛吹六州遍一疊未盡劃然中裂韋公驚嘆久之

韓愈洛北東林寺題名韓愈李景興侯喜尉遲汾貞元十七年七月二十二日漁於溫洛宿此而歸

舊唐書憲宗本紀元和四年七月乙巳朔御製前代君臣事迹十四篇書於六扇屏風是月出書屏以示宰臣李藩等表謝之

容齋隨筆唐穆宗即位之初年詔曰七月六日是朕載誕之辰其日百僚命婦宜於光順門進名參賀朕於門內與百僚相見

前定錄陸賓虞舉進士在京師有僧曰惟瑛知術數寶曆二年春賓虞欲罷舉歸吳惟瑛留止一宿謂曰來歲成名不必歸但取京兆薦送至七月六日若食水族則殊等與及第必矣賓虞從孫聞禮之舍既入聞禮喜迎曰向有人惠雙鯉魚方欲候翁而烹之賓虞素嗜魚便令作羹則七月六日也遽命駕詣惟瑛且紿之曰將遊蒲關瑛笑曰水族已食矣遊蒲關何爲賓虞深信之因取薦京兆府果得殊等明年登第

唐實錄太和四年七月文宗於太液亭名翰林學士鄭覃已下對賜錦綵

唐會要開成元年七月戊辰朔分察使奏祕書省四庫見在新舊書籍共五萬六千四百七十六卷

大中二年七月十一日史館奏續選堪上凌烟閣功臣除所有舊眞形并有子孫在中外任官令寫進外三十七人敕旨令御史臺牒諸州尋訪子孫圖寫眞形以進

七月十六日福建觀察使殷儼進瑞粟十一莖莖有五六穗

唐書韋丹傳丹子宙爲永州刺史邑中少年常以七月擊鼓羣入民家號行盜皆迎爲辦具謂之起盆後爲解素喧呼疾鬬宙至一切禁之

懿宗本紀咸通四年七月辛卯朔弛廉州珠池禁

洽聞記河州鳳林關有靈巖寺每七月十二日溪穴流出聖柰大如盞以爲常

南唐書李景達生於吳順義四年是歲大旱烈祖方輔政極於焦勞七月既望雩而得雨景達以是日生烈祖喜故小名雨師

宋史侯益傳益晉初名爲奉國都校領光州防禦使范延光反大名張從賓據河陽爲聲援晉祖名益謂曰宗社危若綴旒卿能爲朕死耶益曰願假銳卒五千人破賊必矣以益爲西面行營副都部署率禁兵數千人次虎牢從賓軍萬餘人夾汜水而陣益親鼓士乘之大敗其衆擊殺殆盡汜水爲之不流從賓乘馬入水溺死築京觀刻石紀功晉祖大喜拜河陽三城節度充鄭都行營都虞候會延光以城降移鎮潞州天福四年晉祖追念虎牢之功遷武寧軍節度同平章事遣中使謂益曰朕思卿前年七月九日大立戰功故復以此月此日徙卿鎮彭門領相印仍賜門戟改鄉里爲將相鄉勳賢里

玉海周太祖七月二十八日誕爲永壽節

錄異記壬子歲七月十三日青城鬼城山因滯雨崖崩暴水大至在丈人觀後高百餘丈殿當其下將憂摧壞俄有墮石如岸堰水向東竟免漂陷觀中常汲溪水以供日食甚以爲勞自得此暴水出處常有流泉直注廚內其味甘香冬夏不絕

遼史太宗本紀天顯五年秋七月戊子薦時果於太祖廟

會同四年秋七月己巳有司奏神纛車有蜂窠成蜜史占之吉

樂志七月十三日皇帝出行宮三十里卓帳十四日設宴應從諸軍隨各部落動樂十五日中元大宴用漢樂

景宗本紀保寧元年有司請以帝生日七月六日爲天清節從之

金史太祖本紀遼道宗時有五色雲氣屢出東方司天孔致和曰其下當生異人建非常之事天以象告也咸雍四年戊申七月一日太祖生

玉海乾德二年七月二十三日乙未幸北郊觀稼

乾德二年七月詔吏部南曹以人才可副升擢者送中書門下引驗以聞上慮銓衡止憑資歷英俊或沉於下僚故也四年七月癸酉令吏部南曹引驗選人可升擢者具名聞奏對見

乾德四年七月丁亥詔州縣復置俸戶

開寶六年七月己未命參政盧多遜知制誥扈蒙張澹參詳長定循資格取悠久可用之文爲長定格三卷總二百八十七事書成上之頒爲永式自是銓選益有倫矣

宋史胡旦傳旦上平燕議曰歲之所臨其地受福今年春末至來年歲在宋分今年初秋至六年鎮在燕分

玉海宋太宗七月七日誕爲乾明節

宋史五行志太平興國五年七月蓬萊縣民王明田穀隔隴合穗相去一尺許

玉海太平興國八年七月癸未幸含芳園習射

雍熙四年七月乙丑御製早秋詩二首立秋日暮雨詩一首賜近臣

至道三年七月四日眞宗語宰臣曰朕欲觀邊防郡縣山川形勢可擇使以往乃選左藏副使楊允恭崇儀副使竇神寶閤門祇候李允則乘傳視山川形勢

咸平三年七月命宰臣錄內外庶官歷任功過編冊以進其該恩復用者別編以備觀覽

宋史禮志咸平四年七月十一日詔近臣寇準馮拯觀內苑穀遂宴於玉宸殿

玉海咸平五年七月庚戌幸三館祕閣閱四庫書賜直官校理器幣

宋史五行志咸平六年七月陟縣民連罕田隔四隴同穎

禮志眞宗景德六年七月二十九日詔輔臣觀粟於後苑御山子觀御製文閣御書及嘉禾圖賜飮是日皇子從游

青箱雜記景德中夏公初授館職時方早秋上多宴後庭酒酣遽命中使詣公索新詞公問上在甚處中使曰在拱宸殿按舞公即抒思立進喜遷鶯詞曰霞散綺月沉鉤簾捲未央樓夜涼河漢截天流宮闕鎖新秋瑤階金莖露鳳髓香和雲霧三千珠翠擁宸遊水殿按梁州中使入奏上大悅

宋史禮志眞宗以七月一日聖祖降日爲先天節休

假宴樂並如天慶節中書親王節度樞密三司以下
至駙馬都尉詣長春殿進金縷延壽帶金絲續命縷
上保生壽酒改御崇德殿賜百官飲如聖節儀前一
日以金縷延壽帶金塗銀結續命縷緋綵羅延壽帶
綵絲續命縷分賜百官節日戴以入禮畢宴百官於
錫慶院
玉海大中祥符元年七月乙酉詔泰山靈液亭北天
書再降之地建殿以天貺爲名
大中祥符三年七月壬寅詔南宮北宅大將軍已下
各赴書院講讀經史書院十歲已上並入學受經學
書委侍教勤心誘勸
華山志宣澤亭在太華驛之側大中祥符四年七月
二十日眞宗拜嶽之所也賜名爲宣澤亭有御製碑
龍首龍座在焉
玉海大中祥符六年七月詔在京諸軍內選江淮習
水卒於金明池試戰棹立爲虎翼軍置營於池側其
江浙淮南諸軍並令准此選卒置營
大中祥符八年七月十九日幸瑞聖園觀稼作觀稼
五言詩
名勝志諫院起明道元年七月辛卯陳執中爲諫官
以諫官無治所屢請置院乃以門下省爲諫院而別
創門下省於右掖門之西宋置諫院自此始
玉海景祐三年七月乙酉翰林侍讀學士馮元上金
華五箴示詔褒答三史判官謝絳言事進聖治五箴
曰紹聞君臣內戒謹命敬變云
慶曆元年七月戊申朔上命圖畫前代帝王美惡之
事可爲監戒者號觀文監古圖上自爲記名輔臣至

迎陽門觀之
圖畫見聞志仁宗皇帝御畫御馬一疋其毛赭白玉
銜勒上有宸翰題云慶曆四年七月十四日御畫兼
有押字印寶
玉海皇祐三年七月九日丁巳翰林承旨王堯臣言
按太常天地宗廟四時祠祀樂曲凡八十九曲自景
安而下七十五章率以安名曲豈特本道德政教嘉
靖之美亦繇神祇祖考安樂之故上議國朝樂宜名
曰大安
皇祐五年七月二十二日己未召近臣觀後苑瑞蓮
宋會要至和元年七月二十二日楊維德言客星見
微有光采黃色按黃帝掌握占云客星來犯畢明盛
者主國有大賢詔送史館
玉海宣仁聖烈高皇后七月十六日誕爲坤成節
熙寧三年七月四日詔京西淮浙江西荊湖六路各
置鑄錢監一江荊以十五萬餘以萬緡爲額
熙寧八年七月四日右諫議大夫沈立進都水記二
百卷名山記一百卷
宋史兵志紹聖三年七月詔選弩手兼習神臂弓
蘇軾集七月二十四日以久不雨出禱磻溪是日宿
虢縣二十五日晚自虢縣渡渭宿於僧舍見壁有前
縣令趙荐留名有懷其人詩龕燈明滅欲三更敧枕
無人夢自驚深谷留風終夜響亂山銜月半牀明故
人漸遠無消息古寺空來有姓名欲向磻溪問姜叟
僕夫屢報斗杓傾
宋史河渠志大觀元年七月詔自京至八角鎮積水
妨行旅轉運司選官疏導修治橋梁毋使病涉

玉海政和六年七月五日造大路如玉路之制唯不
飾以玉樊纓一就以尚質又制大旗十有二旒龍章
而設日月建於大路之上以象天
七月二十一日御書大成殿榜刻石首善閣下
東京夢華錄七月瓜果梨棗方盛京師棗有數品靈
棗牙棗青州棗亳州棗雞頭上市則梁門裏李和家
最盛中貴戚里取索供賣內中泛索金合絡繹士庶
買之一裹十文用小新荷葉包糝以麝香紅小索兒
繫之賣者雖多不及李和一色揀銀皮子嫩者貨之
宋史胡安國傳紹興二年七月入對高宗曰聞卿大
名渴於相見何爲累詔不至安國辭謝乞以所進時
論二十一篇施行
玉海紹興三年七月丁卯詔錄用六朝勳臣自曹彬
至蓋元振三百二十八人子孫先是徽猷閣待制宋伯
友入對言功臣子孫凋喪殆盡乞訪其後量才錄用
故有是詔其後得趙普趙安仁范質錢若水諸孫皆
官之
紹興十六年七月乙酉陳泰初進神哲御集百有十
人冊上論大臣令立定賞格重則進官輕則賜帛
隆興元年七月二十三日製手輦及條衣禘郊祀禮
畢用之
宋史刑法志淳熙勅令格式帝以其書散漫用法之
際官不暇徧閱吏因得以容姦令勅令所分門編類
爲一書名曰淳熙條法事類四年七月頒之
朱子大全集淳熙戊戌七月二十九日與子晦淳叟
伯休同發屏山西登雲谷越夕乃至而季通德功亦
自山北來會賦詩

玉海淳熙六年七月二十八日御書明堂明堂之門六字并嗣天子臣御名恭書六字令修內司製碑禮成上曰積雨驟霽星月粲然殊可喜

宋史王居安傳劉孝韙七月八日過其家艴見居安異凡兒使賦八夕詩援筆成之有思致孝韙驚拊其背曰子異日名位必過我

異聞總錄陳伯修爲宣城守臨政之暇多在頤白堂講易賓客來聽者常十數一日講罷客退獨坐禪榻忽見朱衣人前揖曰請殿院看雪時方七月末暑風猶盛伯修異焉疑此際不應有雪又吾爲庶僚安得朱衣吏報事勉起之方離席數步大聲如雷堂梁已折禪榻壓碎無餘

癸辛雜識周子功云南丹州男女之未婚嫁者於每歲七月聚於州主之廳鋪大毯於地女衣青花大袖用青絹蓋頭手執小青蓋男子擁髻皂衣皂帽各分朋而立既而左右除長各以男女一人推仆於毯男女相抱持以口相呵謂之聽氣合者卽爲正偶或不合則別擇一人配之蓋必如是而後成婚否則論以姦罪也

金史太宗本紀天會三年七月己卯錦州野蠶成繭奉其絲帛來獻

食貨志中都西京北京上京遼東臨潢陝西地寒稼穡遲熟夏稅限以七月爲初

輝縣志元至元五年秋七月鸜鵒食蝗時蝗生牧野鸜鵒自西北飛來方六七里林木皆滿遂將蝗食且盡作陣飛去

周伯琦天馬行序至正二年七月十有八日西域拂郎國遣使獻馬一匹高八尺三寸修如其數而加半色漆黑後二蹄白曲項昂首神俊超逸上御慈仁殿臨觀敕翰林學士承旨巎巎命工畫者圖之直學士揭傒斯贊之蓋自有國以來未嘗見也殆古所稱天馬者耶

輟耕錄至正庚子秋七月九日飲松江泗濱夏氏清樾堂上酒半折正開荷花置小金卮於其中命歌姬捧以行酒客就姬取花左手執枝右手分開花瓣以口就飲其風致又過碧筩遠甚因名爲解語杯

歲華紀麗譜七月十八日大慈寺散盂蘭盆宴於寺之設廳宴已就華嚴閣下散

眞臘風土記七月燒稻其時新稻已熟迎於南門外燒之以供佛婦女車象往觀者無數

帝京景物略七月始鬬促織壯夫士人亦爲之鬬有場場有主者其養之又有師鬬盆筩罐無家不貯焉

北京歲華記晦日地藏佛誕供香燭於地積水湖泡子湖各有水燈

續文獻通考舊制歲虞河決有司常以孟秋豫調築塞之物稍芟薪柴楗橛竹石茭索十餘萬謂之春料

西湖志餘嘉靖三十一年七月十八日大風雨清湖橋胡氏家有異物起馬廐中開片瓦騰空而上火光燭天覓馬廐中有坎廣尺許深二丈餘泉水清瑩蓋龍潭也

名勝志明隆慶五年有雙龍見於莆田縣東華山僉事余一鵬記云隆慶辛未七月二十日當午雙龍出自連江里海中初黑霧彌漫疎雨甚大色黃氣腥有頃雨止龍擁水高丈餘闊數丈長乃亙野聲若烈爆勢若折湖

歸化縣志隆慶六年七月十三日有牧兒忽聞地下如雷鳴驚視之則田中水湧高丈許急歸呼其主往視之已成深潭惟有金鯉游泳其中遂爲一方灌溉之利

名勝志番禺縣蒲澗去玉虹洞五里澗中產菖蒲一寸九節南越志云宋咸平中姚成甫於澗側遇一丈夫曰此菖蒲安期生所餌可以忘老倏然而逝今俗以七月二十五日安期生上昇相率爲蒲澗之遊履綦駢錯

荔枝譜中元紅荔枝將絕纔熟以晚重於時尋常七月二十四日得之

孟秋部雜錄

禮記祭統草艾則墨未發秋政則民弗敢草也注草艾則墨者謂初秋草堪艾給炊爨之時則行小刑之墨夏節雖盡人君未發行秋政則民不敢艾草也

左傳歲云秋矣我落其實而取其材注周九月夏之七月孟秋也今歲已秋風吹落山木之實則材爲人所取

公羊秋七月傳秋七月此無事何以書春秋雖無事首時過則書首時過則何以書春秋編年四時具然

後爲年

內經陰陽交期在溓水 注 溓水者七月建申水生於申也溓水靜也

管子輕重己篇以夏日至始數四十六日夏盡而秋始而黍熟

陶朱公書龍眼七月實熟荔枝纔過後龍眼卽熟故謂之荔枝奴

史記天官書涒灘歲歲陰在申星居未以七月與東井輿鬼晨出曰大音昭昭白其失次有應見牽牛

春秋繁露四祭篇嘗者以七月嘗黍稷也

京房易妖占七月建申爲夷則蟋蟀鳴

星經織女三星在天市東常以七月一日六七日見東方色赤精明女功善

後漢書襄楷傳布穀鳴於孟夏蟋蟀吟於始秋

白虎通五行篇七月律謂之夷則何夷傷則法也言萬物始傷被刑法也

四民月令七月收柏實

月令章句自張十二度至軫六度謂之鶉尾之次處暑居之楚之分野

魏文帝與吳監書中國珍果甚多且復爲說葡萄當其朱夏涉秋尚有餘暑醉酒宿醒掩露而食甘而不飴脆而不酸冷而不寒味長汁多除煩解倦

吳氏本草蒲陰實在平谷或圃中延蔓如瓜葉實如桃七月采止瘟延年

博物志海上有草名篩其實食之如大麥七月熟俗名曰自然穀或曰禹餘糧

風土記七月螻蛄鳴於朝寒螿鳴於夕

中華古今注紺蝶一曰青令似蜻蛉而色元紺江東人謂紺幡亦曰童幡好以七月羣飛天海邊

廣志龍眼樹葉似荔枝蔓延緣木生子如酸棗色黑純甜無酸七月熟

物理論古有阮師之刀天下之所寶貴也初阮之作刀受法於金精之靈七月庚辛見金神於冶監之門向而再拜金神教以水火之齊五精之鍊用陰陽之候取剛輭之和三年作刀千七百七十口其刀平背夾刃方口洪首截輕微不絕絲髮之系斫堅剛無變動之異

范汪祠制孟秋之祭菱芡

沙洲記自龍涸至大浸川一千九百里夜肅肅常有風寒七月雨便是雪遙望四山皓然皆白

名醫別錄水蘇生九眞池澤七月采本草經云久服通神輕身耐老

薇銜生漢中川澤及寃句邯鄲七月采莖葉陰乾久服輕身明目

桃核仁七月采取陰乾

新雉木味苦香溫無毒可作沐藥七月陰乾實如桃

龍眼一名益智稽含南方草木狀云木高一二丈似荔枝而枝葉微小淩冬不凋春末夏初開細白花七月實熟殼青黃色文作鱗甲形圓大如彈丸核若木梡子而不堅肉薄於荔枝白而有漿實極繁每枝二三十顆作穗如葡萄

魏書律曆志次卦七月恆節同人損否

齊民要術凡愛田常以五月耕六月再耕七月勿耕謹摩平以待種

蔓菁七月初種之一畝用子三升

種蕪菁法近市良田一頃七月初種之 注 六月種者根雖粗大葉復蟲食七月末種者葉雖膏潤根復細小七月初種根葉俱得

崔寔曰七月別種薤

又曰七月可種大小葱 注 夏葱曰小冬葱曰大

又曰七月藏韭菁

收葱子必薄布陰乾勿令浥鬱其擬種之地至七月耕數徧一畝用子四五升炒穀拌和之兩耬重構竅瓠下之以批契繼腰曳之七月納種

種苜蓿地宜良熟七月種之畦種水澆一如韭法

作黃蒸法七月中取生小麥細磨之以水溲而蒸之氣餾好熟便下之攤令冷布置覆蓋成就一如麥䴬法

坑藍七月中作坑令受百許束作麥稈泥泥之令深五寸以苫蔽四壁刈藍倒豎於坑中下水以木石鎮壓令沒熱時一宿冷時再宿漉去荄內汁於甕中率十石甕著石灰一斗五升急抨之一食頃止澄清瀉去水別作小坑貯藍澱著坑中候如強粥還出甕中盛之藍澱成矣

凡作三斛麥麴法蒸炒生各一斛磨乾合和之七月取甲寅日使童子著青衣日未出時面向殺地汲水二十斛勿令人潑人長水亦可瀉却莫令人用其和麴之時面向殺地和之令使絕強團麴之人皆是童子小兒亦面向殺地當日使訖不得隔宿

神麴法以七月上寅日造不得令雞狗見麥分三分細磨和之溲時熟採使童男小兒餅之須西廂東向

開戶屋中淨掃地地上布麴十字立巷令通人行四角各造麴奴一枚訖泥戶勿令泄氣又方以七月中旬以前作麴爲上時亦不必須寅日祝麴文某年月日敬啓五方五土之神謹以七月上辰造作麥麴數千百餅阡陌縱橫以辨疆界須建立五王各布封境酒脯之薦以相祈請願垂神力勤鑒所願使出類絕蹤穴蟲潛影衣色錦布或蔚或炳殺熱火熯以烈以猛芳越椒熏味超和鼎飲利君子既醉既逞惠彼小人亦恭亦靜敬告再三格言斯整神之聽之福應自冥人願無爲希從畢永急急如律令

荊楚歲時記七月采瓜犀以爲面脂本草圖經曰犀瓣也

隋書禮儀志秋迎白招拒者招集拒大也言秋時集成萬物其功大也

酉陽雜俎䕷齊香出波斯國拂林呼爲頂勃梨咃長一丈圍一尺許皮青色薄而極光淨葉似阿魏每三葉生於條端無花實西域人常八月伐之至臘月更抽新條極滋茂若不剪除枯死七月斷其枝有黃汁其狀如蜜微有香氣入藥療百病

白豆蔻出伽古羅國呼爲多骨形如芭蕉葉似杜若長八九尺冬夏不凋花淺黃色子作朵如葡萄其子初出微青熟則變白七月采

秦中歲時記進士下第當年七月復獻新文求拔解故曰槐花黃舉子忙

周易集解乾飛龍在天乃位乎天德何妥曰此當七月萬物盛長天功大成故云天德也

坤六三含章可貞干寶曰陰氣在三七月之時自否來也陽降在四三公位也陰升在三三公事也

坤以藏之九家易曰建申之月坤在乾下包藏萬物也

望氣經七月三日有霧歲熟

宋史河渠志七月菽豆方秀謂之豆華水

聖惠方七月取松實過時即落難收也去皮搗如膏收之每服雞子大酒調下日三服百日身輕三百日行五百里絕穀久服神仙渴即飲水亦可以鍊過松脂同服之

夢溪筆談七月百穀成實自能任持故曰太乙

臨漢詩話寇萊公七月十四日生魏野詩云何時生上相明日是中元

政和本草威靈仙出商州上洛及華山平澤初生比衆草最先莖使如釵股四稜葉似柳葉作層每層六七葉如車輪有六層至七層者七月內生花淺紫或碧白色

詩序七月陳王業也周公陳后稷先公風化之所由致王業之艱難也

桂海果志芽蕉子小如雞蕉尤香嫩甘美秋初實

筍譜箭筍七月生至十月間箭雲以苕多出然味苦而筍疎筍可大於箭筍少許山人採剝以灰汁熟煑之都爲金色然後可食苦味減而甘食甚佳也

紀曆撮要七月十六雨名洗鉢雨

處暑雨不通白露枉相逢

荔枝譜磨盤皮粗厚味甘大如雞子近蒂處甚平七月熟

勝畫皮厚刺尖味甘肉豐大似桂林七月熟出長樂縣六都者最佳他種不及

鵲卵皮薄實圓斑如鵲卵味微酸山枝中之佳者七月熟

雞引子一朵數十枚大小錯出其大者核小小者無核七月熟

家塾事親七月雷大吼有急令

緋史月表七月花盟主紫薇蕙花客卿秋海棠重臺朱槿花使令波斯菊水木香綬雞冠向日葵

花曆七月葵傾赤玉簪搔頭紫薇浸月木槿朝榮蓼花紅菱花乃實

月令演七月軀劉立秋曝腹書七日鵲橋七夕鬬巧宴八日盂蘭盆十五鬼燈節十八

野菜譜菱科初秋時采之熟食

田家曆七月浣故衣製新衣作夾衣以備新凉

田家五行七月朔日虹見主年內米貴

農政全書蜀秫在北方地不宜麥禾者乃種此尤宜下地立秋後五日雖水潦至一丈深不能壞之立秋前水至即壞故北土築堤一二尺以禦暴水

本草綱目莣草葉如茅而大長四五尺甚快利傷人如鋒刃七月抽長莖開白花成穗如蘆葦花花將放時剝其籜皮可爲繩箔草履諸物其莖穗可爲掃帚也

澤蘭根紫黑色如粟根苗高二三尺莖幹青紫色作四稜葉生相對如薄荷微香七月開花帶紫白色萼通紫色

都桷子生廣南山谷樹高丈餘開花連著實大如雞卵七月熟

天仙果樹高八九尺葉似荔枝而小無花而實子如櫻桃纍纍綴枝間七月熟其味至甘宋祁方物贊云有子孫枝不花而實薄言采之味埒蜂蜜

使君子俗傳潘州郭使君療小兒多獨用此物後因號爲使君子也今嶺南州郡皆有之生山野中及水岸其莖作藤如手指大其葉如兩指頭長二寸三月生花淡紅色久乃深紅有五瓣七八月結子如拇指大長一寸許大類梔子而有五稜其殼青黑色內有仁白色七月採之

厚朴子名逐折殺鼠益氣明目一名厚實生木間莖黃七月實黑如大豆

鹽麩子生吳蜀山谷樹狀如椿七月子成穗粒如小豆上有鹽似雪可爲羹用嶺南人取子爲末食之酸鹹止渴將以防瘴後魏書云勿吉國水氣鹹凝鹽生樹上卽此物也

胡麻花七月採最上標頭者陰乾用之

槐實作莢連珠中有黑子子上房七月收之堪染皂

海金沙出黔中郡湖南亦有生作小株高一二尺七月收其全科於日中暴之小乾以紙襯承以杖擊之有細沙落紙上且暴且擊以盡爲度

野記七月江南有大風相傳以爲孟婆發怒按山海經帝之女遊於江中出入風雨自隨以帝女故曰孟婆

多能鄙事初秋新藕沸湯焯過五分熟去皮切作條或片每一斤用白梅四兩湯浸取汁一大碗候冷浸一時許漉出控乾用蜜六兩淩去肉水別以蜜十兩慢火煎令琥珀色放冷收之

名勝志大同府沃野鎮沃野者其地沃艮沙土盡黑功省穫倍每至七月皆熟

孟秋部外編

佛書七月十九力吉祥國聖母化生賢刧千佛之日

眞仙通鑑右英夫人西王母第十三女名媚蘭字申林治滄浪山受書爲雲林夫人晉哀帝興寧三年七月降句曲山

三洞珠囊西王母以上皇元年七月於南浮洞室下教以授清虛眞人

雲笈七籤元始天尊以開皇元年七月一日於西那玉國鬱察山浮羅之嶽長桑林中授太上大道君智慧上品大誡法文

薛氏者河中少尹馮徽之妻也適馮二十年乃言素志托疾獨處焚香念道持黃庭經咸通十五年甲午七月十四日紫虛元君與侍女羣眞二十七人降於其室

太平廣記謝自然入金泉道場七月十一日上仙杜使降石壇上以符一道丸如藥丸使自然服之十五日可焚香五爐於壇上五爐於室中至時眞人來

清涼山志中臺靈跡曰佛足碑在大塔左側萬曆壬午秋少林嗣祖沙門威縣明成德州如意一夕一夢蓮花一莖月輪現於塔際既覺各言所夢異之及曉少室僧正道持佛足圖貽之及展見是雙輪印相喜曰此夢禎也遂傾囊兼募衆立石時孟秋既望也是夕衆聞空中珠佩雜樂之聲出戶視之神燈點點

欽定古今圖書集成曆象彙編歲功典

第六十四卷目錄

立秋部彙考
禮記 月令
左傳 丹鳥司閉
易通卦驗 黄氣出坤 離氣見 陰雲出 虎嘯 化螢 蜻蛚上堂
詩紀曆樞 促織鳴
春秋元命苞 鷹擊
孝經緯 斗指西南
樂緯 立秋樂
汲冢周書 時訓解
陶朱公書 梧桐葉落
漢書 天文志
淮南子 天文訓 時則訓
京房易占 坤王
後漢書 禮儀志 祭祀志
符瑞圖 颷風
月令占候圖 立秋占候 驗影
唐書 禮樂志
宋史 禮志
農政全書 立秋雨
遵生八牋 立秋事宜 立秋事忌
本草綱目 立秋
事物原始 立秋
直隸志書 昌平州 永平府 交河縣 饒陽縣
山東志書 陽信縣
江南志書 常熟縣 嘉定縣 太倉州 崇明
浙江志書 龍泉縣
江西志書 新城縣 新淦縣 南康縣
湖廣志書 慈利縣 寧遠縣
福建志書 建陽縣
立秋部藝文一
西郊迎秋賦 唐張秀明
西郊迎秋賦 馬逢
立秋部藝文二 詩詞
立秋 陳周弘讓
立秋日題安昌寺北山亭 唐孫逖
立秋雨院中有作 杜甫
和王卿立秋卽事 司空曙
立秋 前人
立秋日與陸華原於縣界南館送鄒十八 武元衡
立秋夕涼風忽至炎暑稍消卽事味懷寄汴州節度使李二十尚書 白居易
立秋日曲江憶元九 前人
立秋日登樂遊園 前人
立秋夕有懷夢得 前人
立秋日 劉言史
立秋前一日覽鏡 李益
立秋後自京歸來 李郢
立秋日禱雨宿靈隱寺同周徐二令 宋蘇軾
次韻和張道濟長老立秋後作 孔平仲
三伏暑甚七月八日立秋是日風作爽涼炎酷頓消老病欣然乃命酒成詩 張耒
立秋 前人
立秋 范成大
前題 前人
立秋日同子澄寺簿及僉判教授二同僚星子令尹約周君投君同遊三峽過山房登折桂分韻賦詩得萬字輒成十韻呈諸同遊 朱熹
立秋日 劉翰
立秋 沈說
立秋 金趙渢
立秋 史肅
立秋日書事 三首 元周伯琦
立秋寄獻吉 明何景明
立秋日曲江別業作 許宗魯
立秋日早泛舟入郭 張羽
立秋 蘇祐
立秋日次甫掃二諸洞汲中流水煮茶遲余兄弟及少連康虞飛卿同過 汪道貫
立秋日郭次甫掃三諸洞汲江水煑岕茶招余兄弟及少連康虞挾飛卿同至 汪道會
立秋日居田園有感 施漸
客中立秋 陳第
立秋日九龍溝觀蓮 李維楨
舟次立秋 范鳳翼
立秋夜作 陳昂
立秋後夜起見明月 胡宗仁

立秋　宮媛夏雲英
立秋以上詩　媛周潔
菩薩蠻立秋以上詞　宋黃昇
立秋部選句
立秋部紀事
立秋部雜錄
立秋部外編

歲功典第六十四卷

立秋部彙考

禮記

月令

孟秋之月　是月也以立秋先立秋三日太史謁之天子曰某日立秋盛德在金天子乃齊立秋之日天子親帥三公九卿諸侯大夫以迎秋於西郊還反賞軍帥武人於朝天子乃命將帥選士厲兵簡練桀俊專任有功以征不義詰誅暴慢以明好惡順彼遠方

左傳

丹鳥司閉

郯子曰少皞摯為鳥師而鳥名丹鳥氏司閉者也

註丹鳥鷩雉也疏立秋謂之閉此鳥以秋來故以名官使之主立秋

易通卦驗

黃氣出坤

立秋晡時黃氣出坤正氣也

離氣見

離氣見立秋則歲大熟

陰雲出

立秋濁陰雲出如赤繒

虎嘯

立秋虎始嘯

化螢

立秋日腐草化為螢

蜻蛚上堂

立秋白露下蜻蛚上堂

詩紀曆樞

促織鳴

立秋促織鳴女工急促之候也

春秋元命苞

鷹擊

瑤光星散為鷹立秋之日鷹鷙擊

孝經緯

斗指西南

大暑後十五日斗指西南維為立秋

樂緯

立秋樂

坤主立秋樂用磬

汲冢周書

時訓解

立秋之日涼風至涼風不至無嚴政

陶朱公書

梧桐葉落

立秋之刻必脫一葉

漢書

天文志

月有九行立秋西從白道

淮南子

天文訓

大暑加十五日斗指背陽之維則夏分盡故曰有四十六日而立秋涼風至音比夾鍾

時則訓

立秋之日天子親率三公九卿大夫以迎秋於西郊還乃賞軍率武人於朝命將帥選卒厲兵簡練桀俊專任有功以征不義詰誅暴慢順彼四方命有司修法制繕囹圄禁姦塞邪審決獄平詞訟天地始肅不可以贏

京房易占

坤王

立秋坤王涼風用事坤土也

後漢書

禮儀志

立秋之日夜漏未盡五刻京都百官皆衣白施皁領緣中衣迎氣於白郊禮畢皆衣絳至立冬

立秋之日自郊禮畢始揚威武斬牲之郊東門以薦陵廟其儀乘輿御戎路白馬朱鬣躬執弩射牲牲以鹿麛太宰令謁者各一人載獲車馳駟送陵廟還宮遣使者齎束帛以賜武官武官肄兵習戰陣之儀斬牲之禮名曰貙劉兵官皆肄孫吳兵法六十四陣名曰乘之貙劉之禮祠先虞執事告先虞已烹鮮時有司乃逡巡射牲獲車畢有司告事畢

注 古今注曰永平元年六月乙卯初令百官貙膢白幕皆霜風俗通稱韓子書山居谷汲者膢臘而買水楚俗常以十二月祭飲食也又曰當新始殺食曰貙膢

祭祀志

立秋之日迎秋於西郊祭白帝蓐收車旗服飾皆白歌西皓八佾舞育命之舞使謁者以一特牲先祭先虞於壇有事天子入囿射牲以祭宗廟名曰貙劉

注 月令章句曰西郊九里因金數也 皇覽曰自夏至數四十六日則天子迎秋於西堂距邦九里堂高九尺堂階九等白稅九乘旗旄尚白田車載兵號曰助天收唱之以商舞之以干戚此迎秋之樂也

符瑞圖

飈風

立秋西方閶闔風一名飈風

月令占候圖

立秋占候

立秋坤卦用事其神攝提荆州分也晡時申西南涼風至黃雲如羣羊宜粟穀若晴朗風雲不至萬物不成望西南坤上有黃雲氣是正氣立秋應節萬物皆榮赤氣出其右萬物半死豆穀半收

驗影

立秋日午時豎竿影得四尺五寸二分半五穀熟

唐書

禮樂志

立秋祀白帝以少昊氏配太白三辰七宿蓐收之位如赤帝

宋史

禮志

立秋祀白帝以帝少昊氏配蓐收太白三辰七宿從祀

立秋日祀西嶽華山於華州西鎮吳山於隴州西海河瀆並於河中府西海就河瀆廟望祭

農政全書

立秋雨

立秋日小雨吉大雨主傷禾

立秋事宜

遵生八牋

立秋太陽未升採楸葉熬膏搽瘡瘍立愈名楸葉膏熬法以葉多方稠

立秋事忌

立秋日勿宜沐浴令人皮膚粗燥因生白屑

月令云立秋食煑餅及水溲餅勿多食猪肉損人神氣

本草綱目

立秋

立秋日五更井華水長幼各飲一盃能却瘧痢百病

事物原始

立秋

夢華錄云立秋日唐宋時京城滿街賣楸葉婦女兒童爭買剪成花朶戴之楚詞云菊嫩金風起荷疎珠露圓將秋數行鴈離夏幾林蟬

直隸志書 各省風俗同者不載

昌平州

孟秋月立秋日婦女插戴楸葉

永平府

立秋戶掛蒺藜云蚊不入戶或曰中元將至而鬼畏之是日占晴主萬物少成熟雷多尤忌之初庚爲後伏十八日寸草實如夏至之麥刻期不爽焉孟秋月朔忌立秋

交河縣

立秋日東北風霜早西南風霜遲

饒陽縣

七月占立秋東風人疫草木更榮南風主秋旱西風主大雨北風主冬多雪

山東志書

陽信縣

立秋七月節芟草治糞蓺苜蓿

江南志書

常熟縣

立秋日食瓜或以赤豆七顆和水吞之以防瘧痢

嘉定縣

立秋日食瓜飲新汲水云令人不瘧痢立秋白露在奇日謂之雄在偶日謂之雌謂雌雄相配爲稔

太倉州

立秋日忌雷諺云雷孛鹿損萬斛立秋後虹見爲天收雖大稔亦減數處暑日喜雨諺云處暑若還天不雨總然結實也無收

崇明縣

立秋日農家各於田畔插青竹夾雲馬紙符名標秋

子釀錢作青苗齋卽古者方社遺意

浙江志書

龍泉縣

立秋日天氣清明萬物不成有小雨吉大雨傷五穀其日屬火不宜老人雷雨折木多怪異其日東風禾豐實稀南風人民安秋旱西風秋有大雨賊盜起米穀賤北風有忠孝人出多多雪雨水大東北風穀米貴應在四十五日內西南風年豐民樂

江西志書

新城縣

立秋處暑俱宜晴正早稻大收之時

新淦縣

立秋宜是月占曰七月秋殷殷收

南康縣

立秋日聚衆作木船以香楮送於江亦曰禳災仍豐其酒食聚飲而罷

湖廣志書

慈利縣

立秋在六月晦則早稻遲諺云六月秋要到秋七月秋不到秋

寧遠縣

七月立秋後涼風蕩暑地氣漸平田有宿水

福建志書

建陽縣

立秋逢朔日主人多疾風雨主人不安立秋處暑日俱宜晴後亦宜雨諺云立秋無雨亦堪愁萬物從來祇半收處暑雨不通白露宜用功

立秋部藝文一

西郊迎秋賦　唐張秀明

彼元天平分以成乎歲也惟日有令將法於王者服蒼玉而應春居明堂而順夏既隨時而有義皆率禮而無捨若乃律中夷則神司蓐收涼風以厲大火西流草木不芳誰忍開於鶗鴂囹圄再繕亦申命於鷞鳩先三日而太史以謁率百官而天子乃遊然後天仗齊列野慶淸秋乘白輅而啓行載白旗而扈從天顏迺穆帝典攸重彼詞客與使臣咸作歌而陳頌既啓鑾輅爰居總章備水潦修隄防鴻鴈將賓待橫舟於汾曲鷹隼已擊且較獵於長楊實惟道映三五何啻聲超百王而已哉別有原憲長貧仲尼少賤朝遊白社驚一葉之辭秋夜宿蘿臺聚羣螢而燭卷既覩西郊之禮將述東山之禪欣庇影於禹陰願陳力於周諺

西郊迎秋賦以題爲韻　馬逢

稽夫王者御極上法璿衡分五方以辨位察四時以作程節既云徂躬履端而御厤氣之將始必出郊以親迎然後人心不惑君德用明是時火官威寢金精氣浮有司來奏詰旦迎秋皇帝乃齋心以待曉御袞龍以垂旒俄而金闕戒辰司魚鑰以撤鍊玉漏將曉直鷄人以獻籌乘輿乃駕赫奕皇州天仗倏以雲合風旗閃而星流馳六飛以啓道騰八駿以夾轅祝三辰與七宿儼公卿與諸侯在位則其帝少皞配坐則其神蓐收我皇乃順時候育黔黎佩白綬執白圭盛德在金就金方以蕆事西成有望出國門以面西豈比夫簫鼓徒樂於汾水玉帛空朝於會稽誠辰既畢酒縮靈茅笙鏞謁廟粱稻充庖日轉天旋既將歸於北極雲行雨霈匪空自於西郊是月也天地始肅秋冬疑將布勞我農民張我王度疑獄在斷命司寇而按囚徒遠方來賓發天兵而開武庫然後人畏威而自正俗知禁而刑措休祥畢至則河湧靈圖慶賜遂行乃山呼聖祚於赫哉國容既備時令將徂樂萬姓以雍熙惣疑百川而奔注余亦願於賓王效武賁而作賦

立秋部藝文二詩詞

立秋　陳周弘讓

兹辰戒流火商飆早已驚雲天改夏色木葉動秋聲

立秋日題安昌寺北山亭　唐孫逖

樓觀倚長霄登攀及霽朝高如石門頂勝擬赤城標天路雲虹近人寰氣象遙山圍伯禹廟江落伍胥潮徂暑迎秋薄涼風是日飄果林餘苦李萍水覆甘蕉覽古嗟夷漫凌空愛泬寥更聞金刹下鐘梵晚蕭蕭

立秋雨院中有作　杜甫

山雲行絕塞大火復西流飛雨動華屋蕭蕭梁棟秋窮途愧知己暮齒借前籌已費淸晨謁那成長者謀解衣開北戶高枕對高樓樹濕風涼進江喧水氣浮禮寬心有適節爽病微瘳主將歸調鼎吾還訪舊丘

和王卿立秋卽事　司空曙

秋宜何處看試問白雲官暗入蟬鳴樹微侵蝶繞闌向風涼稍動近日暑猶殘九陌浮埃減千峰爽氣攢換衣防竹暮沈果訝泉寒宮響傳花杵天淸出露盤高禽當側弁游鮪對憑欄一奏招商曲空令繼唱難

立秋　前人

律變新秋至蕭條自此初花酣蓮報謝葉在柳呈疎
澹日非雲映清風似雨餘卷簾涼暗度迎扇暑先除
草靜多翻燕波澄乍露魚今朝散騎省作賦興何如

立秋日與陸華原於縣界南館送鄒十八　武元衡

風入昭陽池館秋片雲孤鶴兩難留明朝獨向青山
郭唯有蟬聲催白頭

立秋夕涼風忽至炎暑稍消卽事咏懷寄汴州節度使李二十尚書　白居易

嫋嫋簷樹動好風西南來紅缸霏微滅碧幌飄飖開
披襟有餘涼拂簟無纖埃但喜煩暑退不惜光陰催
河秋稍清淺月午方徘徊或行或坐臥體適心悠哉
美人在浚都旌旗繞樓臺雖非滄溟阻難見如蓬萊
蟬迎節又換鴈送書未迴君位日寵重我年日摧頽
無因風月下一共平生杯

立秋日曲江憶元九　前人

下馬柳陰下獨上堤上行故人千萬里新蟬三兩聲
城中曲江水江上江陵城兩地新秋思應同此日情

立秋日登樂遊園　前人

獨行獨語曲江頭回馬遲遲上樂遊蕭颯涼風與衰
鬢誰教計會一時秋

立秋夕有懷夢得　前人

露簟荻竹清風扇蒲葵輕一與故人別再見新蟬鳴
是夕涼飆起閒境入幽情迴燈見棲鶴隔竹聞吹笙
夜茶一兩杓秋吟三數聲所思渺千里雲水長洲城

立秋日　劉言史

商風動葉初蕭索一貧居老性容茶少羸肌與簟疎
舊醅難重漉新菜未勝鉏才薄無潘興便便畫偃廬

立秋前一日覽鏡　李益

萬事銷身外生涯在鏡中惟將滿鬢雪明日對秋風

立秋後自京歸家　李郢

籬落秋歸見豆花竹門當水岸橫槎松齋一雨宜清
簟佛室孤燈對絳紗盡日抱愁跧似鼠移時不動懶
於蛇西江近有鱸魚否張翰扁舟始到家

立秋日禱雨宿靈隱寺同周徐二令　宋蘇軾

百重堆案掣身閒一葉秋聲對榻眠牀下雪霜侵戸
月枕中琴筑落堦泉崎嶇世味嘗應遍寂寞山棲老
漸便惟有問農心尚在起占雲漢更茫然

次韻和張道濟長老立秋後作　孔平仲

萬里悄然若有霜南山秋色兩蒼蒼已經晚雨驅除
熱更得西風斷送涼瀚海人空雲弄白吳江波闊葉
吹黃知君昨夜書帷夢半在親庭半在鄉

三伏暑甚七月八日立秋是日風作爽涼炎酷頓消老病欣然乃命酒成詩　張耒

西風吹淡白窗戶令凄清炎涼一朝變徂暑逝不停
山堂曉瀟灑病叟葛巾輕平時干雲樹芳葉亦復零

立秋　前人

西風嫋嫋木颼颼身在江湖北岸洲自古楚人詞最
好爲君重賦竟陵秋

立秋　范成大

三伏熏蒸四大愁暑中方信此生浮歲華過半休惆
悵且對西風賀立秋

前題　前人

折枝楸葉起園瓜赤豆如珠咽井花洗濯煩襟酬節
物安排笑口問生涯

立秋日同子澄寺簿及僉判教授二同僚呈子令尹約周君毅君同遊三峽過山房登折桂分韻賦詩得萬字輙成十韻呈諸同遊　朱熹

抗塵幾何時猿鶴共悲怨豈知朱墨暇乃適山林願
兹晨秋令初休沐謹邦憲佳賓忽四來英僚亦二勸
駕言北郭門謝此旗隼建散目山崔嵬縱轡路修曼
凭欄快倒峽躋壑困悅輓追攀林樾深歡喜脚力健
登高眺遠浦衆景爭自獻何必仍丹丘徑欲淩九萬

立秋日　劉翰

亂鴉啼散玉屏空一枕新涼一扇風睡起秋聲無覓
處滿階梧葉月明中

立秋　沈說

昨日午時秋西風夜轉頭吹來溪外雨藏却樹間樓
暝帶棲鴉色涼催客燕愁一尊吟未了衰鬢冷颼颼

立秋　金趙渢

日月如川流去矣不復回萬物各有營榮悴更相催
餘生苦多艱壯志久摧頹念欲學還丹鬱紆殊未諧
今朝立新秋庭樹西風來舉首望天宇飛雲獨徘徊
呼兒且沽酒浩歌豁秋懷醉中得妙理逸興何悠哉

立秋日　史肅

畏景流庭過涼飈卽坐來物隨時共換人覺老相催
憩蝶依叢穩嘶蟬抱樹哀玉簪香好在牆角數枝開

立秋日書事二首　元周伯琦

大駕流西內茲辰祀典揚龍衣遵質樸馬酒薦馨香望祭園林邈追崇廟祏光艱難思創業萬葉祚無疆自注國朝歲以七月七日或九日天子與后素服望祭北方陵園奠馬酒執事者皆世臣子弟是日擇日南行

鐵刹標山影金鋪耀日華龍廻秋歇雨燕落晝翻沙苑御調驍騎宮官拄幰車長楊誰共賦滿耳沸寒笳自注上京西山上樹鐵旛竿高數十丈以其下海中有龍用梵家說作此鎮之

凉亭千里內相望列東西秋獮聲容備時巡典禮稽揭旄隨矢落猳鹿應弦迷乾豆歸時薦康莊頌耄倪自注上京之東五十里有東凉亭西百五十里有西凉亭其地皆饒水草有禽魚山獸置離宮巡守於此歲必獮較

立秋寄獻吉　明何景明

山城一葉下水槲已迎秋夜廻霜風至天空大火流稍蘇司馬病翻遣宋生愁日暮關河外思君重倚樓

立秋日曲江別業作　許宗魯

垂柳晝陰村居門巷深秋光來此日時序感吾心水鳥浮沈浴風蟬斷續吟江皋餘著在竹下且披襟

立秋日早泛舟入郭　張羽

迷森啓秋期金氣晨已兆谿雲合餘陰水霞相照耀登艫泛凉颸乘流駕奔峭廻波蕩塵襟青山列遠眺蒲葓迷森沈菱荷爭窅窕沙明衆女浣潭淨孤禽嘯端居積百憂暫出窺衆妙好爵豈不懷衞生乃其要寄謝滄海人予亦堪同調

立秋　蘇祐

夜半西風入凉雲滿晉樓蟬聲帶秋響螢火傍宵流已抱張翰興能禁宋玉愁年華浪拋擲歸思繞滄洲

立秋日文甫掃三詔洞汲中流水煑茶遲余兄弟及少連康虞飛卿同過　汪道貫

靈洞何寥寞焦仙有遺跡山人冰雪姿疑是浮丘伯奐然滏江流洞門煑白石青鳥忽飛來致書不盈尺招我戲雲中飲我以金液玉女廻飇車羣仙躡遊屐清露晨自流遙天片雲白三山若置杯江流凝如席相對共忘言焚香視老易百年一何足胡爲遂行役吾當從天遊永言適其適

立秋日郭文甫掃三詔洞汲江水煑岕茶招余兄弟及少連康虞挾飛卿同至　汪道會

秋風江介來爽氣澄浮玉洞口薜蘿深蕭蕭滌煩燠上有幽人居無石常抱朴神清寢不寐晨遊事遐矚明月時在天白雲滿空谷引縻汲江流敲火然石竹招我二三子相將訪巖曲彼美西方人娥娥新結束拾翠臨高臺飄飄翔袪服恍若逢羣仙聯翩下王屋海日倏東升金波漾明旭樂事不可耽旋車命更僕廻望江南山青螺淨如沐

立秋日居田園有感　施漸

霏霏輕靄薄朝暉又見凉颸一葉飛氣早疇官已應閏天移星火欲流輝黍苗徧野勞歌少杞菊成畦生事微誰謂門閒可羅雀秋風轉覺雀來稀

客中立秋　陳第

蒸濕前朝雨淒凉今夜風秋聲先蟋蟀露氣到梧桐頓覺絺衣薄尤憐旅橐空路河問舟楫明月向吳中

立秋日九龍溝觀蓮　李維楨

徑僻山深事事幽塵情如洗坐夷猶相看菡萏千花色不受梧桐一葉秋帶雨香從衣上惹凌波影入酒中浮宜入少女風微扇無數紅裙蕩小舟

舟次立秋　范鳳翼

俄驚一葉下長河客路兼秋意若何乍喜清颸將暑去更憐新雨贈凉多陰森岸樹如寒幕碎曳波紋似織羅風檻半扃螢巧入夜砧初動雁偏過魚鱗片片黏青漢蟾影娟娟濯素波局罷壺乾宵漏斷一聲何處起漁歌

立秋夜作　陳昂

是夜秋相見律歸夷則中草心蒙白露衣領受凉風舞覺蜻蜓爽聲添蟋蟀工吾其先散髮作賦答天公

立秋後夜起見明月　胡宗仁

深夜見明月漸低西南隅光華射虛檐照我牀頭書開函見細字歷歷如貫珠老眼未能讀惆悵坐庭除

立秋　宮媛夏雲英

風生梧葉鳴光景殊蕭疎昨方入秋序清凉便有餘

秋風吹雨過南樓一夜新凉是立秋寶鴨香銷沉火冷侍兒閒自理箜篌

立秋　媛周潔

白帝嚴金駕乘風下紫微德惟宣湛露令即屏炎暉乍驚青梧落將催赤雁飛何須賦團扇恩顧似君稀

菩薩蠻 立秋　宋黃昇

西風半夜驚羅扇蛩聲入夢傳幽怨碧藕試初涼露痕啼粉香　淸冰凝簟竹不許雙鴛宿又是五更鐘鴉啼金井桐

立秋部選句

晉陸雲喜霽賦炎神送暑素靈迎秋

盧諶感運賦朱明送夏白藏迎秋凉氣漸居溽暑日收氣激激而侵冷霜微微而日華翠葉紛以朝落朱華慘以夕捐

孫楚鴈賦迎素秋而南遊背青春而北息

宋謝靈運山居賦送夏早秀迎秋晚成

唐許敬宗詩舞商初赴節湘燕遠迎秋

杜審言詩自憐春色罷團扇復迎秋

駱賓王螢火賦林塘改夏雲物迎秋

韋應物詩况兹風雨夜蕭條梧葉秋

張仲素詩笙歌臨水檻紅燭乍迎秋

吳融詩鼓角迎秋晚韻長斷虹疎雨間微陽

李中詩門巷凉秋至高梧一葉驚

宋朱熹詩野迥長風入天秋凉氣分

立秋部紀事

周禮春官大宗伯以白琥禮西方 訂義 鄭康成曰禮西方以立秋謂白精之帝少昊蓐收食焉琥猛象秋嚴易氏曰琥威也其色以白象秋之肅物西方之義也鄭鍔曰琥乃西方之義獸白色黑文尾倍其身一名曰騶故唐開元中辟諱而云禮西方以騶虞六玉之制不同獨於琥則取其形以物形成於秋故也古者鹽爲虎形以示武敵爲虎形以止樂亦此意而已李嘉會曰陰至於秋氣肅物成象之以琥言物雖已成威則可畏易於臨卦二陽已復亦曰至於八月有凶觀物思變宜豫防如此

漢官儀高祖選能引關蹶張材力武猛者爲輕車騎士材官樓船常以立秋後講肄課試各有員數平地用車騎山阻用材官水泉用樓船

漢書武帝本紀太初二年春三月幸河東祠后土令天下大酺五日膢五日祠門戶比臘 注 漢儀注立秋貙膢伏儼曰膢音劉殺也蘇林曰祭名也貙虎屬常以立秋日祭獸王者亦以此日出獵還以祭宗廟故有貙膢之祭也臘者師古曰冬至後臘祭百神也

孫寶傳寶爲京兆尹故吏侯文以剛直不苟合常稱疾不肯仕寶以恩禮請文欲爲布衣友日設酒食妻子相對文求受署爲掾進見如賓禮數月以立秋日署文東部督郵入見敕曰今日鷹隼始擊當順天氣取姦惡以成嚴霜之誅掾部渠有其人乎文卬曰無其人不敢空受職寶曰誰也文曰霸陵杜穉季寶曰其次文曰豺狼横道不宜復問狐狸

韋元成傳廟歲二十五祠 注 立秋貙膢又嘗粢

後漢書百官志每立秋貙劉之日暫置水衡都尉事訖乃罷之

劉元傳王匡張卬爲鄧禹所破還奔長安卬與諸將議曰赤眉且暮且至見滅不久不如復入湖池中爲盜耳申屠建等皆以爲然共入說更始更始怒不應及赤眉立劉盆子建等與御史大夫隗囂合謀欲以立秋日貙膢時共刼更始成前計侍中劉能卿知其謀以告之更始託建等入斬之

李通傳材官都試騎士日 注 漢法以立秋日都試騎士謂課殿最也

魯恭傳永初元年上疏月令孟夏斷薄刑仲夏挻重囚今孟夏之制可從此令其決獄案考皆以立秋爲斷以順時節

宋書禮志漢獻帝建安二十一年魏國有司奏古四時講武皆於農隙漢西京承秦制三時不講唯十月都試今兵革未偃士民習素可無四時但以立秋擇日大朝車騎號曰治兵上合禮名下承漢制奏可

延康元年魏文帝爲魏王是年六月立秋治兵於東郊公卿相儀王御華蓋親令金鼓之節

祠令立秋日白帝於西郊少昊配蓐收從祀

立秋後辰祀靈星於國城東南

隋書禮儀志後齊立秋讀令則施御座於中楹南向

隋迎氣白郊爲壇國西開遠門外道南去宮八里以立日祀其方之帝

開皇初於國城東南七里延興門外爲靈星壇立秋後辰令有司祀以一少牢

通典立秋後辰日祀靈星祝曰九穀方成三時不害馮玆多祜介其農稽開元祀於國城東南天寶四載升中祠

山家清供劉禹錫著樗根餛飩法立秋前後謂世多痢及腰痛取樗根一兩握搗篩和麵捻餛飩清水煮空腹十枚並無禁忌

金史禮志立秋祭西嶽華山於華州西鎮吳山於隴州望祭西海西瀆於河中府

熙朝樂事立秋之日男女咸戴楸葉以應時序或以石楠紅葉剪刻花瓣簪插鬢邊

帝京景物略立秋日相戒不飲生水曰呷秋頭水生暑痱子

立秋部雜錄

內經歲半之前天氣主之歲半之後地氣主之注歲半謂立秋之日也

物成於差夏注差夏謂立秋之後一十日也

陶朱公書稻田立秋後不添水曬十餘日謂之閣稻

鹽鐵論月令涼風至殺氣動蜻蛚鳴衣裘成天子行微刑始貙膢以順天令

月令章句自張十二度至軫六度謂之鶉尾之次立秋居之楚之分野

晉書禮志傳咸云立秋一日白路光於紫庭白旂陳於玉堦然則是日旂路皆白也

陸機要覽列子御風常以立秋遊乎風穴是風生則草木發生去則搖落謂之離合風

三禮義宗七月立秋秋之言湫湫縮之意陰意出地始殺萬物故以秋為節名

齊民要術大小麥立秋前治訖蒿艾簞盛之良注立秋後則蟲生

隋書禮儀志秋迎白招拒者招集拒大也言秋時集成萬物其功大也

周易集解致役乎坤崔憬曰立秋則坤王而萬物致養也

楊凝式帖當一葉報秋之初乃韭花逞味之始助其肥羜實謂珍羞

唐人制漢家授御史多於立秋日蓋以風霜已嚴鷹隼初擊之時候云耳

易說坤西南也主立秋

文錄唐人有詩云山僧不解數甲子一葉落知天下秋及觀陶元亮詩云雖無紀曆志四時有成歲便覺唐人費力

紀曆撮要立秋日要西南風主稻禾倍收三日三石四日四石

立秋日雷名躃踣損晚禾亦云秋霹靂主晚稻秕

朝立秋暮颼颼夜立秋熱到頭

立秋日天氣晴明萬物多不成熟

家塾事親虹以立秋四十六日內出正西貫兌中秋有水有旱

萬寶全書立秋日申時西南方有赤雲宜粟

羣芳譜梧桐如某時立秋至期一葉先墜

立秋部外編

登真隱訣立秋日日中五岳諸真人詣黃老君於黃房雲庭山會仙官於日中定天下神圖雲圖雲樂

紀異嵩山之上有玉女擣帛石瑩徹光潔人莫能測岳下人云立秋前一日中夜常聞杵聲響

欽定古今圖書集成曆象彙編歲功典

第一百六十五卷目錄

七夕部彙考

荊楚歲時記 牛女聚會 穿鍼乞巧

遵生八牋 七日事宜 七日事忌

本草綱目 七日

事物原始 七夕

酌中志略 宮中七夕

直隸志書 良鄉縣 遵化州 永平府 河間府 肅寧縣 南和縣 內丘縣 宣府鎮

山東志書 禹城縣 霑化縣 沂州 堂邑縣 范縣 諸城縣 招遠縣 福山縣

山西志書 臨晉縣 平遙縣 朔州 廣靈縣

河南志書 陳留縣 汲縣 宜陽縣

陝西志書 白水縣 蒲城縣

江南志書 崇明縣 武進縣 無錫縣 金壇縣 高郵州 通州 太湖縣 建平縣

浙江志書 烏程縣 台州府 西安縣 開化縣 遂昌縣

江西志書 鉛山縣 建昌府 廣昌縣

湖廣志書 雲夢縣 應山縣 公安縣 彝陵州 攸縣 衡州府 祁陽縣 新田縣

福建志書 羅源縣 浦城縣 長汀縣 邵武府 漳州府

四川志書 眉州

廣東志書 龍門縣 英德縣 潮州府 揭陽縣 新興縣 高明縣 瓊州府 西寧縣

七夕部總論

兼明書 七夕

癸辛雜識 牛女

七夕部藝文一

七夕賦　齊謝朓

七夕賦　北周庾信

七夕賦　唐王勃

乞巧文　柳宗元

七夕賦　闕名

乞巧賦　宋梅堯臣

送羅提舉京子七夕啓　文天祥

乞巧賦　元楊維楨

七夕賦　明陳山毓

七夕部藝文二 詩

古詩　漢闕名

七夕觀織女　晉王鑒

七月七日　李充

七月七日詠織女　蘇彥

七日夜女郎歌 九首　闕名

七夕 二首　宋孝武帝

七夕詠牛女　南平王鑠

爲織女贈牽牛　顏延之

七夕夜詠牛女應制　謝莊

七夕詠牛女　謝靈運

七月七日夜詠牛女　謝惠連

和王義興七夕　鮑照

七夕月下　王僧達

七夕　梁武帝

七夕　簡文帝

七夕穿鍼　同前

織女贈牽牛　沈約

望織女　范雲

七夕穿鍼　柳惲

奉使江州舟中七夕　庾肩吾

七夕　前人

七夕　何遜

代牽牛答織女　王筠

詠織女　劉孝儀

七夕穿鍼　劉孝威

七夕穿鍼　劉遵

答唐娘七夕所穿鍼　徐悱妻劉氏

七夕宴重詠牛女各爲五韻　陳後主

同管記陸瑜七夕五韻　同前

七夕宴樂修殿各賦六韻　同前

七夕宴元圃各賦五韻　同前

同管記陸瑜七夕四韻　同前

初伏七夕已覺微涼既引應徐且命燕趙清風朗月以望七襄之駕置酒陳樂各賦四韻　同前

七夕　江總

七夕　北齊邢卲

七夕 二首　隋王眘

七夕看新婦隔巷停車　陳子良

歲功典第六十五卷

七夕部彙考

荊楚歲時記

牛女聚會

七月七日爲牽牛織女聚會之夜

按戴德夏小正云是月織女東向蓋言星也春秋運斗樞云牽牛神名略石氏星經云牽牛名天關佐助期云織女神名收陰史記天官書云是天帝外孫傅元擬天問云七月七日牽牛織女會天河此則其事也河鼓黃姑牽牛也皆語之轉

穿鍼乞巧

是夕人家婦女結綵樓穿七孔鍼或以金銀鍮石爲鍼陳瓜果於庭中以乞巧有喜子網於瓜上則以爲符應

遵生八牋

七日事宜

雲笈七籤云七日暴皮裘可以辟蛀

法天生意云七日採麻花陰乾爲末烏麻油浸每夜擦上脊毛脫落者立生

又云又可辟蛀收芙蓉葉可以治腫乾爲末醋調一味敷腫上可消

又云七日取百合根熟搗新瓦器盛之掛於屋內陰乾百日拔白以此摻之可生黑髮

又云是日取蜂窠中蜂蛹子一窠陰乾爲末用蜜調塗可除面䵟

又云七日取螢火十四枚撚白髮自黑

常氏日抄云七日採蒺藜子陰乾搗末食後服治眼失明

又曰七月七日採蓮花七分八月八日採藕根八分九月九日採蓮實九分陰乾搗細煉蜜爲丸服之令人不老千葉蓮服之令人羽化

又曰七日取烏雞血和三月三日收起桃花片爲末塗面令人瑩白如玉

又曰取赤小豆男女各吞七粒令人終歲無病

家塾事親曰七日取角蒿置氈褥書籍中可以辟蠹

又曰七日取蜘蛛一枚著領中令人不忘

又七日採麻花五月五日收麻葉搗作炷圓灸生瘰癧瘡上百壯次燒胡桃松脂研敷卽愈

本草云七月七日採愼火花苗葉五兩鹽三兩同搗絞汁治熱毒丹小兒痘疹不出在皮膚內者以此汁手摩之日再卽出丹瘡亦如此法

七日事忌

楊公忌曰是月初七爲道德臘戒夫婦入房

本草綱目

七日

七月七日取紫背浮萍日乾爲末半升入好酒消風散五兩每服五錢水煎頻飲仍以煎湯洗浴忌豬魚雞蒜大風癘疾可愈

七月七日收麻勃一升人參二兩爲末蒸令氣遍每臨臥服一刀圭能盡知四方之事此乃治健忘服之能記四方事也陶弘景言逆知未來事過言矣

七月七日取苦瓠白瓤絞汁一合以醋二升古錢七文同以微火煎減半每日取沫納背中神效

面上黶子七月七日午時取瓜葉七枚直入北堂中向南立逐枚拭黶卽滅去也

槐實治五痔瘡瘻七月七日取之搗汁銅器盛之日煎令可丸如鼠屎納竅中日三易乃愈

事物原始

七夕

續齊諧記云桂陽成武丁有仙道忽謂其弟曰七月七日織女當渡河吾向被名弟問織女何事渡河答曰暫詣牽牛世人至今云織女嫁牽牛也風土記云織女七夕渡河使鵲爲橋古詩云寂然香滅後鵲散渡橋空唐宮中七夕穿九孔針梁時七夕穿雙眼針荊楚歲時記云七夕女人結綵樓穿七孔針陳瓜果於庭中以乞巧有蟢子羅於瓜果之上以爲得巧

酌中志略

宮中七夕

七月初七日七夕節宮眷穿鵲橋補子宮中設乞巧山子

直隸志書各省風俗同者不載

良鄉縣

七月七日婦女乞巧投針於水借日影以驗工拙至夜仍乞巧於織女

遵化州

七夕女子屏庭院設瓜果削瓜牙錯如花瓣置針瓣上奉以祭望拜河漢祝而退頃視瓜上有蛛絲羅結者曰得巧

永平府

七月七日曝洗作麴合藥又爲牛生命日挂花枝於牛角可無災以麵餠賞牧童及交早視鴉鵲頂禿爲

取塡河之驗焉

河間縣

七夕乞巧浣衣

肅寧縣

七月七夕乞巧月中穿針滌油器瓶罐之類

南和縣

七夕婦女樓上穿針乞巧

內丘縣

七月七日暴衣書不知乞巧

宣府鎮

七月七夕人家設酒果殽醑在庭院中談牛女銀河之會

山東志書

禹城縣

七月七日牧童採野花插牛角謂之賀牛生日

霑化縣

七月七日女子陳瓜果祭王母乞巧

沂州

七月七夕儲露水作麴

堂邑縣

七月七夕女紅乞巧造雲麴設祭丘隴謂之薦新

范縣

七月七夕陳瓜果祀牛女乞巧

諸城縣

七月七夕各家婦女皆具瓜果香餌拜織女乞巧俗謂是日織女將嫁牽牛哭淚多成雨

招遠縣

七月七日續齊諧記曰桂陽成武丁有仙道謂其弟曰七月七日織女當渡河諸仙悉還宮弟問曰織女何事渡河答曰織女暫詣牽牛又西京雜記曰七夕前後雨則謂之織女淚又云織女渡河使鵲爲橋故是日人間無鵲至八日則鵲尾皆禿

福山縣

七月七夕祀陰主於磁山

山西志書

臨晉縣

七夕先期以麥豆浸瓦器內生芽六七寸許謂之巧芽是夕兒女掐麥豆芽尖置盂水上曰漂鍼試巧視鍼影作筆尖鞋底之狀以爲得巧

平遙縣

七月七日於田不上掛花紅紙條以辟冰雹夜放河燈以濟鬼

朔州

七月七夕乞巧作泥美人高尺許名暮和樂無此則女兒不喜

廣靈縣

七月七日折柳枝掛楮錢插田中以報田公

河南志書

陳留縣

七月七日寫疏提紙墓前焚薦晚夕兒女皆穿針乞巧

汲縣

七月七夕陳酒脯瓜果於庭見天河中有白雲便拜得福

宜陽縣

七夕爲女節陳瓜果祀天孫以乞巧

陝西志書

白水縣

七月七日男家饋女儀競豐幾與聘等

蒲城縣

七夕迎新嫁女避節

江南志書

崇明縣

七月七日食餃餌油食捏就名曰喫巧

武進縣

七月七日婦女採鳳仙花染指甲祀織女星乞巧而士大夫家餽遺必以巧果相餉者志時也

無錫縣

七夕乞巧女子以雜花浸水露置庭中旦則取以靧面謂能好顏色

金壇縣

七夕道德臘女子設瓜果於堂中乞巧

高郵州

七月七夕前望漢河影出沒占蕎麥豐歉

通州

七月七日士人祀魁斗婦女則望綵雲見者爲得巧

太湖縣

七夕相傳是日銀河沒以其去口遠近卜穀價多寡

建平縣

七月七夕日中曝書辟蠹

浙江志書

烏程縣
七夕俗無穿針乞巧事但用茄餅亦有設宴乘涼者公門人役俱用炒肉燒餅祀金元七總管之神
台州府
七月七夕置水於簷外散花其上以乞巧於織女次日婦女滌梳具幷濯髮
西安縣
七月七日小兒以五日所繫之綵索剪之泛以水送置屋上以為鵲橋之渡七夕不行瓜果乞巧之事
開化縣
七夕童男女晨起以木槿葉舂水沐髮
遂昌縣
七夕兒童浴髮於河女子間有乞巧
江西志書
鉛山縣
七夕以前占河影沒三日而後見則穀賤七日而後見則穀貴
建昌府
七夕婦女作乞巧會羅拜月下多用米粉煎油餽食
廣昌縣
七月七日婦女作乞巧會羅拜月下以諸果置糖蜜水中露一宿厥明飲之謂之巧水
湖廣志書
雲夢縣
七夕婦女乞巧騷人俠士或調吟白雪或坐擁紅妝觥籌交作達旦乃休
應山縣
七夕俗儉薄婦女務紡無乞巧事士人或舉酒
公安縣
七夕治酒露坐徹夜謂之觀巧雲會
彝陵州
七夕家家樹點荷燈取荷葉極大者插蒲燭灌脂其中燃置竿頭於戶外樹之相傳秦白起欲夜燒彝陵望多燈而止今遂遺為故事鄉人以蒲黃浸香油燃於中庭謂之照毛蠟燭
攸縣
七月七日婦女採柏葉桃枝煎湯沐髮
衡州府
七夕乞巧之會衡俗不甚重但以此後數夜天河隱現定來歲米價歸早米貴歸遲米賤
祁陽縣
七夕或見天漢中有奕奕正白氣光耀五色見者便拜而願乞富乞壽及子唯得乞一不得兼求三年連求之頗有受其許者
新田縣
七月七日晨起兒童散髮以取草露冀髮青長此日多定婚納采又氣候七日不宜赴河沐浴生花瘢
福建志書
羅源縣
七夕各家以桃仁雜果點茶相遞飲
浦城縣
七日食桃仁淘井
長汀縣
七夕社學小生清晨歌詩擊鼓竹懸紙葫蘆藏所習課紙焚郊外謂之乞巧
邵武府
七月七日以麪作餅謂之巧餅以篾縛為層樓飾以綵紙繪牛女之像於其上下層左右及後俱蔽之以紙前一面則蔽之以絳紗而蓄蟢子一枚於其中謂之巧樓是夕女子置庭中祀之瞻拜乞巧若蟢子結網於其中謂之得巧
漳州府
七夕女兒乞巧持熟豆相遺謂之結緣
四川志書
眉州
七月七日相傳以是日為土地生日家家設酒饌紙錢祀之
廣東志書
龍門縣
七夕是夜雞初鳴即汲河水貯之家中以療熱病若雞二唱則水味不同不能久貯仍備酒殽針線夜半乞巧
英德縣
七夕女星傍有小女星婦女於是夜靜俟焚香修供得好顏色
潮州府
七夕酒集多用龍眼謂之結星
揭陽縣
七月七日曬衣祭房中神報產育功晚乞巧具酒集飲
新興縣

七夕童子焚書紙女子焚麻縷醑以果酒曰乞巧

高明縣

七夕早俗取海水浸物不壞

瓊州府

七月七夕乞巧用綵色紙糊製冠履衣裙剪金銀紙備牲醴祀祖先謂之燒冥衣富室齋醮焚紙衣以賑孤魂

西寧縣

七夕五鼓各取河水收藏之云可經歲不壞用作酒醋大佳故醋亦謂之七醋

七夕部總論

兼明書

七夕

明曰古書皆以七月七日之夕謂之七夕今北人即以七月六日之夕乞巧詢其所自則說有異端靜而思之抑有由也蓋鼎峙之世或中分之時南北異文車書不一必北朝帝王有當七日而崩者故其俗間用六日之夕南人不爲之忌不移七日之夕由此而論昭然可見

癸辛雜識

牛女

七夕牛女渡河之事古今之說不同非惟不同而二星之名莫能定荊楚歲時記云黃姑織女時相見太白詩云黃姑與織女相去不盈尺是皆以牽牛爲黃姑然李後主詩云迢迢牽牛星杳在河之陽粲粲黃姑女耿耿遙相望若此則又以織女爲黃姑何耶然以星曆考之牽牛去織女隔銀河七十二度古詩所謂盈盈一水間脈脈不得語又安得如太白相去不盈尺之說又歲時記則又以黃姑即河鼓爾雅則以河鼓爲牽牛又焦林大斗記云天河之西有星煌煌與參俱出謂之牽牛天河之東有星微微在氐之下謂之織女晉天文志云河鼓三星即天鼓也牽牛六星天之關梁又謂之星紀又云織女三星在天紀東端天女也漢天文志又謂織女天之貞女其說皆不一至於渡河之說則洪景盧辨析最爲精當蓋渡河乞巧之事多出於詩人及世俗不根之論何可盡據然亦似有可怪者楊纘繼翁大卿倅湖日七夕夜其侍姬田氏及使令數人露坐至夜半忽有一鶴西來繼而有鶴千百從之皆有仙人坐其背如畫圖所繪者綵霞絢粲數刻乃沒楊卿時已寢姬急報起而視之尚見雲氣紛郁之狀然則流俗之說亦有時而可信耶

七夕部藝文一

七夕賦　齊謝朓

金祇司矩火耀方流素鍾登御夷律鳴秋朱光既夕凉雲始浮盈多露之藹藹升明月之悠悠步廣階而延脉屬天媛之淹留嗟斯靈之淑景招好仇於服箱邁姮娥而擢質陵瑤華而擅芳厭白玉以爲飾霏丹霞而爲裳迴龍駕之容裔亂鳳筦之凄鏘騰燭光於西極命二妃於瀟湘軾帝車而捐玦凌天津而上翔悵漢渚之夕漲忻河廣之既梁臨瑤席而宴語綿含睇而蛾揚嗟蘭夜之難永泣會促而怨長忌纖阿之方駕吝長庚之未光撫鳴琴而修悅浩安歌而自傷歌曰清絃愴兮桂觴酬雲幄靜兮香風浮龍鑣蹀兮玉鸞整睠星河兮不可留分雙袂之一斷何四氣之可周斯乃嚮像恍惚彷彿幽曖耳之無聞目之無纘故鐘鼓聞而延予隱白日沉而季後對豈形氣之所求亦理將其如昧君王壯思風飛沖情雲上顧楚詩而縱轡瞻蘭書而競爽實研精之多暇聊餘日之騁蕩賦幽靈以去惑排視聽而元往晒陽雲於荊夢賦洛篇於陳想乃澄心而閑邪庶綢繆於茲賞

七夕賦　北周庾信

兎月先上羊燈次安覩牛星之曜景視織女之闌干於是秦娥麗妾趙艷佳人窈窕名燕逶迤姓秦嫌朝牀之半故憐曉飾之全新此時併捨房櫳共往庭中縷條緊而貫矩針鼻細而穿空

七夕賦　唐王勃

若夫乾靈鵲識之端地輔龍驂之始憑紫都而授曆按元丘而命紀鳳毛鍾桂闕之祥麟角粲椒庭之祉

綠朱軒於九域振黃麾於萬里抗芝館而星羅擢蘭宮而霧起則有皇慈霧洽聖渥天浮庭分玉禁邸瞰金樓剪鳧洲於細柳披鶴籞於長楸啓魚鑰而分帝術授虹壁而控神州擁黃山於石磴洩元灞於銅溝列瑤䆗而送燠闢銀牓而迎秋君王乃排靑幌搖朱鳥戒鵷輿靜鸞掖繞霞廊而轉步傃雲阡而縱跡嘯陳客於金牀命淮仙於桂席翔翠罕於雲旬迎簫吹於鳳驛佇靈匹於星期眷神姿於月夕於時玉繩湛色金漢斜光煙淒碧樹露濕銀塘視蓮潭之變彩見松院之生凉引鷩蟬於寶瑟宿蘭燕於瑤筐綠臺兮千仞䆊樓兮百常拂花筵而慘惻披彩序而徜徉結遙情於漢陌飛末眄於霞莊想佳人兮如在怨靈歡兮不揚促遙悲於四運味遺歌於七襄於是蚪箭晚靜魚扃夜飭忘帝子之光華下君王之顏色握犀管展魚牋顧執事招仲宣仲宣跪而稱曰臣聞九變無津三靈有作布元氣於浩蕩運太虛於寥廓辨河鼓於西壖下天孫於東埒循五緯而淸黃道正三衡而澄紫落海人支石之機江女穿針之閣鄙塵情於春念擬仙契於秋諾於是光淸地岀氣斂天標霜凝碧宙水瑩丹霄躍麟軒於霧術褰翠羽於星橋徵赤螭而架渚漾靑翰而乘潮停翠梭兮卷霜縠引鴛杼兮割冰綃舉黃花而乘月豔籠黛葉而卷雲嬌撫今情之恨促指來緒而傷遙旣而丹軒萬棋紫芳千篇仙御透遲靈徒擾弱風驚雨驟煙迴電爍嫋皇名巨野之龍莊叟命雕陵之鵲駐麟駕披鸞幕奏雲懸汎霞酌碧虬玉室之饌白兔銀臺之藥荷葉槙鮫芙蓉靑雀上元錦書傳寶字王母瓊箱薦金約綵䉛魚頭比目縫香緘燕尾同心縛羅帳五花懸珉砌百枝然下芸幬而𩋛枕弛蘭服而交筵託新歡而密勿懷往眷而潺湲於是羈鸞切鏡旅鶴驚絃悲侵玉履念起金鈿儼歸裝而容曳整還蓋而遷延洞庭波兮秋水急闕山晦兮夕霧連謂河漢之無浪似參商之未年君王乃背雕砌陟元室冲想自閑神情如逸痛靈妃之稀偶喜沈思之可畢荆豔齊升燕佳並出金聲玉貌蕙心蘭質珠櫳綺檻北風臺繡戶雕窻南向開響曳紅雲歌面近香隨白雪舞腰來掩淸琴而獨進凌絳樹而輕迴盧女黃金之盌張家碧玉之杯奉君王於終夕夫何怨於良媒俄而月還西漢霞臨東沼鳬氏鳴秋雞人唱曉玉關控鶴瓊林飛鳥君王乃馭風殿而長懷俯雲臺而自矯矜雅範而霜厲穆沖衿而煙渺迎十客名三英香涵蕉酎吹肅蘭旌娃館疎兮綠草積歡房寂兮紫苔生聳詞鋒於月徑披翰藪於雲扃方絕元凱而高視豈與梁楚而騈聲

乞巧文　　柳宗元

柳子夜歸自外庭有設祠者餈餌馨香蔬果交羅插竹垂綏剖瓜犬牙且拜且祈怪而問焉女隸進曰今茲秋孟七夕天女之孫將嬪於河鼓邀而祀者幸而與之巧驅去蹇拙手目開利組紝縫製將無滯於心焉爲是禱也柳子曰苟然歟吾亦有所大拙儻可因是以求去之乃纓弁束衽促武縮氣旁趨曲折傴僂將事再拜稽首稱臣而進曰下土之臣竊聞天孫專巧於天轇轕璇璣經緯星辰能成文章黼黻帝躬以臨下民欽聖靈仰光耀之日久矣今聞天孫不樂其獨得貞卜於元龜將蹈石梁款天津儷於神夫於漢之濱兩旗開張中星耀芒靈氣翕欻茲辰之良幸而弭節薄遊民閒臨臣之庭曲聽臣言臣有大拙智所不化醫所不攻威不能遷寬不能容乾坤之量包含海嶽臣身甚微無所投足蟻適於垤蝸休於殼龜黿螺蚌皆有所伏臣物之靈進退唯辱彷徉爲狂局束爲諂吁吁爲詐坦坦爲忝他人有身動必得宜周旋獲笑顛倒逢嘻己所尊昵人或怒之變情徇勢射利抵巇中心甚憎爲彼所奇忍仇佯喜悅譽遷隨胡執臣心常使不移反人是己曾不惕疑貶名絕命不負所知抃嘲似傲貴者啓齒臣旁震驚彼且不恥叩稽匍匐言語譎詭令臣縮恧彼則大喜臣若效之瞋怒蹴己彼誠大巧臣拙無比王侯之門狂吠狴犴臣到百步喉喘顛汗睢盱逆走魄遁神叛欣欣巧夫徐入縱誕毛羣掉尾百怒一散世途昏險擬步如漆左低右昂鬬冒衝突鬼神恐悸聖智危慄泯焉直透所至如一是獨何工縱橫不恤非天所假彼智焉出獨嗇於臣恒使玷黜沓沓騫騫恣口所言迎知喜怒默測憎憐搖唇一發徑中心原膠加鉗夾誓死無違探心扼膽踊躍拘牽彼雖佯退胡可得旃獨結臣舌喑抑銜寃擘眥流血一辭莫宣胡爲賦授有此奇偏眩耀爲文瑣碎排偶抽黃對白啽哢飛走駢四儷六錦心繡口宮沈羽振笙簧觸手觀者舞悅誇譚雷吼獨溺臣心使甘老醜嚚昏莽鹵樸鈍枯朽不期一時以俟悠久旁羅萬金不鬻弊帚晚呈豪傑投弃不有眉矉頞蹙喙唾胷歐大赧而歸塡恨低首天孫司巧而窮臣若是卒不余畀獨何酷歟敢願聖靈悔禍矜臣獨艱付與姿媚易臣頑顏鑿臣方心規以大圓拔去吶

舌訥以工書文詞婉軟步武輕便齒牙饒美眉睫增妍突梯卷臠爲世所賓公侯卿士五屬十連彼獨何人長享終天言訖又再拜稽首俯伏以俟至夜半不得命疲極而睡見有靑袖朱裳手持絳節而來告曰天孫告汝汝詞良苦凡汝之言吾所極知汝擇而行嫉彼不爲汝之所欲汝自可期胡不爲之而誑我爲汝唯知恥諂貌淫詞寧辱不貴自適其宜中心已定胡妄而祈堅汝之心密汝所持得之爲大失不汙卑凡吾所有不敢汝施致命而昇汝愼勿疑嗚呼天之所命不可中華泣拜欣受初悲後懌抱拙終身以死誰惕

七夕賦

闕名

若夫銅儀改候金氣迎辰驚飛灰於素管送流水於清旻聽凉風之嘹響視秋露之凝津月蒼蒼而上桂風蕭蕭而吹筠步廣庭而延佇仰層漢而馳神惟暮序之靈匹仰良宵而展會息龍杼於仙機駕羽橋於淺瀨耀九微之華彩澄八極之氛靄儼翠鳳以翔鑣舉丹蜺而振旆籠霧縠於雕輦壘雲花於綺蓋舟容裔於水濱駕逶迤於煙外若乃仙娥侍轂玉女承騑嬴簫後唱洛鼓前揮褰九霄之雲幄曳五色之霞衣珮搖星而玉振扇掩月而紈飛陵紫宮而沉景欄黃道而騰輝始徘徊而好密契方阻而情違悵此夕之行盡恨前秋之未歸悵背光之不駐泣晨露之將晞於是蚪水移箭魚關驚鑰槎客河低鍼樓月落分一筵於俄頃解雙袂於今昨河漢忽其無梁秋期杳其無度銜別緒而惆悵對離居之寂寞思纏綿於曉雞情顧盼於歸鵲浩長歌於耿介弔孤影其焉託歌曰

悲莫悲兮離別長怨莫怨兮私自傷斂橫波而向秋野垂玉筯兮霑羅裳歌響既畢恍然如失獨盈盈兮一水間空望望兮三秋日

乞巧賦

宋梅堯臣

孟秋七日夕戸未扃余歸自外見家人之在庭列時花與美果祈織女而丁寧乞天巧之付與惡心手之鈍冥余既寢而弗顧又烏辨乎列星兒女前曰故事所傳倏千百齡何獨守拙迷猶未醒遂起坐而歎曰吾試語汝汝其各聽夫芒忽之間變而有氣氣而有形形而有生生而有靈愚愚慧慧自然之經賦已定矣今返妄嘗則何異高山之木兮不能守枝葉之亭亭欲戕而爲犧象兮利塗飾乎丹靑且復天巧與人巧將不同也天孫又安得此而輒私天之巧者總陰陽運四時懸日月星辰而不忒其璇璣鼓雷風雨雪而不失其施生萬物死萬物而物得其宜此天之所以任大巧而不虧人之巧者非他直心口手足也心巧於慮口巧於辭手巧於技足巧於馳亦各有極不可强爲故慮之巧不過多智謀使爾多謀多智則精駑而魄離辭之巧不過多辯言使爾多言多辯則辭仁而行遺技之巧不過多能藝使爾多能多藝則藝成而跡卑馳之巧不過多履歷使爾多履多歷則速老而筋疲如是則吾焉用而乞之吾學聖人之仁義尚恐沒而無知肯乞世間之輕巧以汨吾道而奪吾之所持吾決守此而已矣爾勿吾疑

送羅提舉京于七夕啓

文天祥

瞻兩旗之耀獨立秋風依六轡之光相望七夕來繡口錦心之巧贈玉盤金錯之英鄰酒春深客堂凉透牽牛織女看夜度於天衢語燕畱人且鳥吟於湘水

乞巧賦

元楊維楨

楊子振衣內湢蹀足外庭龍火迫汜織阿弦晶天高無雲仰見明星倬彼雲漢複道其昂兩宿東西脈脈相望已而童子有請於前者曰今夕七夕天女停織帝命嬪於河西而河鼓是匹神官役烏塡者選翼兩旗既褰七襄攸輟是以人間之世穹樓開張雜組經緯瓜果招蠹蛛絲格瑞可壽可嗣可富可貴心開目明手便足利凡有所求靡不如意先生以拙累官曷不隨而祠之乎楊子聞言將信將疑爰命童子與峻八薦潔巵列瓜果插竹綏仰叩靈匹俯瀝凡辭再拜稽首稱臣而晉告於天之孫曰竊念微臣某實病至拙靈匕莫鍼神機莫抉冥心頑尸悾傺偪屼謇言贅行斆卷貌虺他人有心百慧橫生舉一反三推縱達衡算無遺策籌無不成臣獨不然關聰塞明利在而趨害萌而背首鼠兩端覩望進退動輒得宜步無狠狽臣獨不然手礓足礙周容以爲度詭隨以爲遷脅肩以立羔膝以前低頸出跨矯笑承拳破怒而嬉柄鑿相便臣羞見之執方愈堅柔和熟軟滑稽宛轉突梯炙膏截截善諞移易是非售佞若簧口電舌聽者舞忭臣欲效之喉若有鍵人之巧宦鑽隙尋岐頫要銀艾時更色衣意匠所發隨觸其機右官左調我獨差池特行兮遭媢皎志兮逢疑法吏蘖事以眛是非翻手升降我執弗依甘即曲罰以爲世嗤彼實盜蹠迺名之爲隨夷凡此拙疾更僕不了竊聞天孫司天之巧幸逢歡旦仰瞻皎皎乞與餘恩實臣蒙之再造也辭訖收聲屛息俯伏以聽命寥廓中若有所令

曰勛哉某我巧不可加於汝亦猶汝拙不可加諸人也相汝下民淫巧滋新至德有世塡塡瞋瞋道術相忘野鹿標薪煩告瀆訓巧於說言非以泄民之天者邪刑羅憲網巧於法術非以賊民之質者邪雕龍騁馬巧於譚辯非以離民之款者邪提仁提義巧於文章非眩民以多方者邪魑魅魃貪巧於機械非淪胥民以敗者邪是以知詐漸毒民極佻巧盱盱以為誕瓊瓊以為狡相譸相張相倣相矯世巧靡究帝心是慄我之所有豈自祕寶獲罪於帝無所事禱勛哉某保爾之拙庶近大道楊子闡靈音鐵而懼少焉怡而悟於是再拜稽首祇承靈命退而引酒以自歌歌曰彼木者樗不才而自如兮彼獸者狙恃巧而卒自屠兮巧者自巧吾不知其巧愚者自愚吾不知其愚兮遊無為兮為途休無用兮為居吾不知抱朴翁之徒還眞子之徒兮

七夕賦　　明陳山毓

楚襄王與宋玉遊雲夢之浦舍層臺俯深坻略江潯涉漢湄浮三湘之浩淼溯七澤之漭瀁兼葭蒼蒼以拂珮白露塗塗而漸軾於時炎精弛故金帝乘新臨朏月迫蕭辰商風權輿涼雲烟熅白門遒肅元穹就旻爾乃東沼匿煇西冥扶魄宵兔翔而一足幽娥揚而半額微光乘几繫象衣天浮清質之澹淡散澄暉之嬋娟玉聚冰凝綺筵霜潔輕袿搖采微波揚冽鏡涼輝兮長河明天孫嬪兮施蘭旌時則唐勒景差便嬛徐來王乃撿毫還牘爰命宋玉宋玉於是稱曰爾其長贏送夏白藏迎秋熛爓停驂涼飈褰幬於是天媛鬖屑駕言于歸斂織纖之素手靜札札之輕機結霓裳曳雲襬被白玉蠡元芝脂霧縠弭霞輜竚婉晚之落景睎泬寥之升規於是橋成漢曲駕肅河陰倭遲星道紆餘煙潯越修渚而釋轡集長幕而褫衿邈滂沲以遙騖究徂曠之遐心爾乃跨北沚兮佇南陽舒赬顏兮逞清揚展朱脣揚青蛾履會筵敘離歌歌曰竚涼年兮從奔軺並雲幄兮亂淸簫宵珮解兮抽無聊獨嬋媛兮今夕時既遒兮不可朝於是離宮麗妾別館佳人靚妝曉罷妖飾夕新哀湛湛之元露驚肅肅之猋風遂蹀足周除瞬目層穹矚靈漢之好仇經四氣而相從抽彩縷弄元鍼映柔暉之豔靄引纖指而幽尋怨輕絲之多亂傷弦月之易零歸閒房而含態襲長夜之愔愔復有中朝逐臣江皋怨士汨春日兮永離悵秋風兮乍起望皎皎之空褰排雲旗而旖旎乃盼傾河邀靈駕驪烏鵲之旣梁羌超搖而先迓顧懲違以屈體甘柔嫕而善化替博謇之常度背時俗之箬偶於是玉避席獻欷襄王怡乎若失惝乎若有遺也玉復稱曰爾其歡讌未申晨暉欲瞰新知不故生別何寃恫夕漏之不永撫曉驂而斷魂怨今歡之易沒數來愛之難原復歌曰凌天津兮心憂纖御忽兮不可留款雙情兮何期哀四候之悠悠悼往歡而來愁兮永還路而自惆於是明星耀輝若華收皦漢汜惝慌河梁渼渺眺靈會其何在睠天庭而逾杳

七夕部藝文二　詩

古詩　　漢闕名

迢迢牽牛星皎皎河漢女纖纖擢素手札札弄機杼
終日不成章泣涕零如雨河漢淸且淺相去復幾許
盈盈一水間脈脈不得語

七夕觀織女　　晉王鑒

牽牛悲殊館織女悼離家一稔期一宵此期良可嘉
赫奕元門開飛閣鬱嵯峨隱隱驅千乘闐闐越星河
六龍奮瑤轡文螭負瓊車火丹秉瑰燭素女執瓊華
絳旗若吐電朱蓋如振霞雲韶何嘈嗷靈鼓鳴相和
停軒佇高盼眷予在岌峩澤因芳露沾恩附蘭風加
明發相從遊翩翩鸞鷟羅同遊不同觀念子憂怨多
敬因三祝末以爾屬皇娥

七月七日　　李充

朗月垂元景洪漢截皓蒼牽牛難牽牛一作牧織女守
空箱一作襄河廣尙可越怨此漢無梁

七月七日詠織女　　蘇彥

火流涼風至少昊協素藏織女思北沚牽牛嘆南陽
時來嘉慶集整駕巾玉箱瓊珮垂藻蕤霧裾結雲裳
金翠耀華輜軿轅散流芳釋轡紫微庭解衿碧琳堂
歡讌未及究晨暉照扶桑仙童唱淸道盤螭起騰驤
悵悵一宵促遲遲別日長

七日夜女郎歌九首　　闕名

三春怨離泣九秋忻期歌駕鸞行日時月明濟長河
長河起秋雲漢渚風涼發含欣出霄路可笑向明月
金風起漢曲素月明河邊七章未成匹飛燕起長川
春離隔寒暑明秋暫一會兩歎別日長雙情苦饑渴

婉變不終夕一別周年期桑蠶不作繭晝夜長懸絲
靈匹怨離處索居隔長河元雲不應雷是儂啼歎歌
振玉下金堦拭眼矚星闌惆悵登雲軺悲恨兩情殫
風驂不駕纓翼人立中庭簫管且停吹展我敘離情
紫霞煙翠蓋斜月照綺窗銜悲握離袂易爾還年容

七夕二首　宋孝武帝

白日傾晚照弦月升初光炫炫葉露滿肅肅庭風揚
瞻言媚天漢幽期濟河梁服箱從奔軺紈綺闕成章
解帶遽迴軫誰云秋夜長愛聚雙情款念離兩心傷
開庭鏡天路餘光不可臨沿風被弱縷迎輝貫元鍼
斯藝成無取時物聊可尋

七夕詠牛女　南平王鑠

秋動清風扇火移炎氣歇廣詹含夜陰高軒通夕月
安步巡芳林傾望極雲闕組幕縈漢陳龍駕凌霄發
誰云長河遙頗覺促筵悅沉情未申寫飛光已飄忽
來對眇難期今歡自茲沒

為織女贈牽牛　顏延之

婺女儷經星姮娥棲飛月慚無二媛靈託身侍天闕
閶闔殊未暉咸池豈沐髮漢陰不夕張長河為誰越
雖有促讌期方須涼風發虛計雙曜周空遲三星沒
非怨杼軸勞但念芳菲歇

七夕夜詠牛女應制　謝莊

輟機起春暮停箱動秋衿璇居照漢右芝駕肅河陰
容裔泛星道逶迤濟煙潯陸離迎宵珮倏爍望昏簪
俱傾環氣怨共歇浹年心珠殿釭未沫瑤庭路已深
夕清豈淹拂弦輝無久臨

七夕詠牛女　謝靈運

火逝首秋節新明弦月夕月弦光照戶秋首風入隙
凌蜂步層崖悲雲肆遙脈徙倚西北庭竦踊東南覿
紈綺無報章河漢有駿軛

七月七日詠牛女　謝惠連

落日隱櫚楹升月照簾櫳團團滿葉露析析振條風
蹀足循廣除瞬目矖曾穹雲漢有靈匹彌年闕相從
遐川阻暱愛修渚曠清容弄杼不成藻聳轡騖前蹤
昔離秋已兩今聚夕無雙傾河易迴斡款情難久悰
沃若靈駕旋寂寥雲幄空留情顧華寢遙心逐奔龍
沉吟為爾感情深意彌重

和王義興七夕　鮑照

宵月向掩扉夜霧方當白寒機思孀婦秋堂泣征客
匹命無單年偶影有雙夕暫交金石心須臾雲雨隔

七夕月下　王僧達

遠山斂氛祲廣庭揚月波氣往風集隙秋還露泫柯
節氣既已孱中宵振綺羅來歡詎終夕收淚泣分河

七夕　梁武帝

白露月下團秋風枝上鮮瑤臺含碧霧羅幕生紫煙
妙會非綺節佳期乃涼年玉壺承夜急蘭膏依曉煎
昔悲漢難越今傷河易旋怨咽雙念斷悽悼兩情懸

七夕　簡文帝

秋期此時浹長夜徙河靈紫煙凌鳳羽紅光隨玉軿

七夕穿鍼　同前

洛陽疑劍氣成都怪客星天梭織來久方逢今夜停

織女贈牽牛　沈約

憐從帳裏出相見夜窗開鍼欹疑月暗縷散怪風來

紅妝與明鏡二物本相親用持施點畫不照離居人
往秋雖一照一照復還塵塵生不復拂蓬首對河津
冬夜寒如此寧遠道陽春初商忽云至暫得奉衣巾
施衿已成故每聚忽如新

望織女　范雲

盈盈一水邊夜夜空自憐不辭精衛苦河流未可塡
寸情百重結一心萬處懸願作雙青鳥共舒明鏡前

七夕穿鍼　柳惲

代馬秋不歸緇紈無復緒迎寒理衣縫映月抽纖縷
的皪愁睇光連娟思眉聚清露下羅衣秋風吹玉柱
流陰稍已多餘光欲誰與

奉使江州舟中七夕　庾肩吾

九江逢七夕初弦値早秋天河來映水織女欲攀舟
漢使俱為客星槎共逐流莫言相送浦不及穿鍼樓

七夕　前人

玉匣卷懸衣鍼樓開夜扉嫦娥隨月落織女逐星移
離前忿促夜別後對空機倩語雕陵鵲塡河未可飛

七夕　何遜

仙車駐七襄鳳駕出天潢月映九微火風吹百和香
來懽暫巧笑還淚已沾裳依稀如洛汭倏忽似高唐
別離未得語河漢漸湯湯

代牽牛荅織女　王筠

新知與生別由來儻相値如何寸心中一宵懷兩事
歡娛未繾綣倏忽成離異終日遙相望祇益生愁思
猶想今春悲尚有故年淚忽遇長河轉獨喜涼飇至
奔精翊鳳軫纖阿警龍轡

詠織女　劉孝儀

金鈿已照耀白日未蹉跎欲待黃昏後含嬌渡淺河

七夕穿鍼　劉孝威

縷亂恐風來衫輕羞指現故穿雙眼鍼持縫合歡扇

七夕穿鍼　劉遵

步月如有意情來不自禁向光抽一縷舉袖弄雙鍼

答唐娘七夕所穿鍼　徐悱妻劉氏

倡人效漢女靚妝臨月華連鍼學並蔕縈縷作開花

孀閨絕綺羅攬贈自傷嗟雖言未相識聞道出良家

曾停霍君騎經過柳惠車無由一共語暫看日升霞

七夕宴重詠牛女各爲五韻　陳後主

明月照高臺仙駕忽徘徊雷徙聞車度霞上見妝開

房移看動馬斗轉望斟杯髮邑隨星去髻影雜雲來

更覺今宵短只遽日輪催

同管記陸琛七夕五韻　同前

亭亭秋月明團團夕露輕鳳駕今時度霓騎此宵迎

疏上采霞動粉外白雲生故嬌隔分別新歡起舊情

含笑不終夜香風空自停

七夕宴樂修殿各賦六韻　同前

初秋芰荷殿寶帳芙蓉開玉笛隨弦上金鈿逐照迴

釵光搖玳瑁柱色輕玫瑰笑靨人前斂衣香動處來

非同七襄駕詎隔一春梅神仙定不及寧用流霞杯

七夕宴元圃各賦五韻　同前

殿深炎氣少日落夜風清月小看鍼暗雲開見縷明

絲調聽魚出吹響閘蟬聲度更銀燭盡陶暑玉巵盈

星津雖可望詎得似人情

同管記陸瑜七夕四韻　同前

河漢言清淺相望限煙霄雲生劍氣沒槎還客宿遙

月上仍爲鏡星連可作橋唯當有今夕一夜不迢迢

初伏七夕已覺微涼既引應徐且命燕趙清風

朗月以望七襄之駕置酒陳樂各賦四韻　同前

廣席多才俊重合引珠妍管絃檐外響羅綺樹中鮮

舉鍼還向月上㒒復依筵度河將闕殿相看併是仙

七夕　江總

漢曲天楡冷河邊月桂秋婉變期今夕飄颻渡淺流

輪隨列宿動路逐彩雲浮横波翻瀉淚束素反緘愁

此時機杼息獨向紅妝羞

七夕　北齊邢邵

盈盈河水側朝朝長歎息不悋漸衰苦波流詎可測

秋期忽云至停梭理容色束衿未解帶迴鑾已沾軾

不見眼中人誰堪機上織願逐青鳥去暫因希羽翼

七夕二首　隋王眘

天河横欲曉鳳駕儼應飛落月移妝鏡浮雲動別衣

權逐今宵盡愁隨還路歸猶將宿昔淚更上去年機

終年恆弄杼今夕始停梭卻鏡看斜月移車渡淺河

長裙動星珮輕帳拚雲羅舊愁雖暫止新愁還復多

七夕看新婦隔巷停車　陳子良

隔巷遙停幰非復爲來遲只言更尚淺未是渡河時

欽定古今圖書集成曆象彙編歲功典

第六十六卷目錄

七夕部藝文三 詩詞

七夕宴元圃 二首 唐高宗
七夕賦詠成篇 陸敬
七夕賦詠成篇 沈叔安
七夕賦詠成篇 何仲宣
奉和七夕宴元圃應制 二首 許敬宗
七夕賦詠成篇 前人
七夕 張文恭
七夕泛舟 二首 盧照鄰
和東觀羣賢七夕臨泛昆明池 任希古
和李公七夕 前人
和長孫祕監七夕 前人
七夕 宋之問
牛女 前人
奉和七夕兩儀殿會宴應制 李嶠
同賦山居七夕 前人
七夕 杜審言
奉和七夕侍宴兩儀殿應制 前人
奉和七夕宴兩儀殿應制 劉憲
奉和七夕宴兩儀殿應制 蘇頲
奉和七夕兩儀殿會宴應制 李乂
七夕曝衣篇 沈佺期
七夕 前人
奉和七夕兩儀殿會宴應制 趙彥昭
閏月七夕織女 王灣
七夕 崔國輔
七夕 崔顥
七夕 祖詠
他鄉七夕 孟浩然
七夕 韋應物
七夕泛舟 梁鍠
牽牛織女 杜甫
七夕 竇常
七夕 盧綸
前題 前人
七夕 權德輿
前題 前人
七夕見與諸孫題乞巧文 前人
七夕 二首 劉禹錫
七夕 李賀
七夕 白居易
七夕歌 劉言史
七夕 杜牧
辛未七夕 李商隱
壬申七夕 前人
七夕 前人
七夕偶題 前人
題七夕圖 趙璜
七夕 前人
七夕 劉威
池塘七夕 溫庭筠
七夕 前人
前題 前人
七夕寄張氏兄弟 李郢
七夕 羅隱
前題 前人
七夕 唐彥謙
前題 前人
七夕 曹松
七夕 李中
七夕 釋清江
戊申年七夕 宋楊億
戊申年七夕 五首 劉筠
戊申年七夕 三首 錢惟演
戊申年七夕 薛映
戊申年七夕 劉秉
七夕 范鎮
七夕一首呈席上 孔平仲
七夕歌 張耒
七夕後一日寄陳巨濟 歐陽澈
七夕南定樓飲同官 魏了翁
七夕 嚴粲
七夕織女歌 方夔
七夕 金邊元勳
七夕長短言 朱之才
七夕和韻應教 劉迎
七夕 酈權
七夕 元德明
七夕 史學

十月七日　元于石
七夕舟中苦熱　馬祖常
七夕露坐感牛女事因成駁雜無實之言　許有壬
七夕　吳師道
七夕宮詞　陳樵
七夕　傅若金
巧夕偶書　黃淸老
七夕　趙雍
七夕　張昱
七夕　媛賈雲華
辛亥七夕　明貝瓊
乞巧詞　郭武
河仙謠　張泰
七夕　何景明
七夕　石珤
甲戌七夕作　侯一元
七夕同趙令燕賦　張獻翼
七夕懷舊作　汪道貫
七夕送友應試　汪道會
七夕　盧柟
金陵七夕貽皇甫司勳　周天球
七夕　張位
舟中七夕　陳薦夫
七夕公讌賦得博望槎　陳邦瞻
七夕　前人
七夕有懷　黃宗昌
七夕　陳子龍
七夕桃花　顧開雍
七夕　王錡
七夕立秋二首　吳懋謙
七夕　釋以貞
七夕　媛馬間卿
七夕　鄧氏
七夕　黃淑德
四時宮意　倪仁吉
七夕以上詩　妓景翩翩
浣溪沙　前蜀毛文錫
漁家傲七夕　宋歐陽修
前調　前人
前調　前人
鷓鴣天七夕　晏幾道
二郎神七夕　柳永
鵲橋仙　秦觀
菩薩蠻　陳師道
前調　前人
鵲橋仙　葛勝仲
前調　前人
減字木蘭花　謝逸
鷓鴣天七夕　趙師俠
鵲橋仙　范成大
南歌子七夕　前人
南歌子　陳三聘
賀新郎七夕　朱自遜
鵲橋仙　謝懋
柳梢青七夕　劉鎭
南唐浣溪沙七夕　高觀國
隔浦蓮七夕　前人
鵲橋仙七夕舟中　史達祖
夜飛鵲七夕　趙以夫
惜秋華七夕　吳文英
荔支香七夕　前人
六幺令七夕　前人
奪錦標七夕　元張埜
滿庭芳閏六月七夕　明王世貞
滿江紅七夕　錢繼章
滿庭芳七夕以上詞　媛沈宜修
七夕部選句

歲功典第六十六卷

七夕部藝文三詩詞

七夕宴元圃二首　唐高宗

羽蓋飛天漢鳳駕越層巒俱歎三秋徂共敘一宵歡
璜虧夜月落靨碎曉星殘誰能重操杼纖手濯淸瀾
霓裳轉雲路鳳駕儼天潢虧星羽夜靨殘月落朝璜
促歡今夕促長離別後長輕梭聊駐織掩淚獨悲傷

七夕賦詠成篇　陸敬

鳳駕鳴鸞啓閶闔霓裳遙裔儼天津五明霜紈開羽

扇百和香車動畫輪婉孌夜分能幾許靚妝冶服爲
誰新片時歡娛自有極已復長望隔年人

七夕賦詠成篇　沈叔安

皎皎宵月麗秋光耿耿天津橫復長停梭且復留殘
緯拂鏡及早更新妝彩鳳齊駕初成輦雕鵲塡河已
作梁雖喜得同今夜枕還愁重空明日牀

七夕賦詠成篇　何仲宣

日日思歸勤理鬢朝朝佇望懶調梭凌風寶扇遙臨
月映水仙車遠渡河歷歷珠星疑拖珮冉冉雲衣似
曳羅通宵道意終無盡向曉離愁已復多

奉和七夕宴元圃應制二首　許敬宗

牛閨臨淺漢鸞駟涉秋河兩懷縈別緒一宿慶停梭
星模鉛裏曆月寫黛中蛾奈許今宵度長嬰離恨多
婺閨期今夕娥輪泛淺潢迎秋伴暮雨待暝合神光
蕙寢低雲鬢呈態解霓裳喜中愁漏促別後怨天長

七夕賦詠成篇　前人

一年抱怨嗟長別七夕含態始言歸飄飄羅襪光天
步灼灼新妝鑒月輝情催巧笑開星靨不惜呈露解
雲衣所歎却隨更漏盡掩泣還弄昨宵機

七夕　張文恭

鳳律驚秋氣龍梭靜夜機星橋百枝動雲路七香飛
映月迴雕扇凌霞曳綺衣含情向華幄流態入重闈
歡餘夕漏盡怨結曉驂歸誰念分河漢還憶兩心違

七夕泛舟二首　盧照鄰

汀葭肅徂暑江樹起初涼水疑通織室舟似泛仙潢
連橈渡急響鳴櫂下浮光日晚菱歌唱風煙滿夕陽
鳳杼秋期至鳧舟野望開微吟翠塘側延想白雲隈
石似支機罷槎疑犯宿來天潢殊漫漫日暮獨悠哉

和東觀羣賢七夕臨泛昆明池　任希古

秋風始搖落秋水正澄鮮飛眺牽牛渚激賞鏤鯨川
岸珠淪曉魄池灰斂曙煙泛查分寫（一作鴻）漢儀星別
構（一作架）天雲光波處動日影浪中懸鶩鴻絓蒲弋遊
鯉入莊筌萍葉疑江上菱花似鏡前長林代輕幄細
草即芳筵文峯開翠激筆海控清漣不挹蘭樽聖空
仰桂舟仙

和李公七夕　前人

落日照高牖涼風起庭樹悠悠天宇平昭昭月華度
開軒卷綃幕延首晞雲路層漢有靈妃仙居無與晤
履化悲流易臨川怨遲暮昔從九春徂方此三秋遇
瑤駕越星河羽蓋凝珠露便妍耀井色窈窕凌波步
始閱故人新俄見新人故掩淚收機石銜啼襞紈素
惆悵何傷已裴回勞永慕無由西北歸空自東南顧

和長孫祕監七夕　前人

二秋叶神媛七夕望仙妃影照河陽妓色麗平津闈
鵲橋波裏出龍車霄外飛露泣低珠佩雲移薦錦衣
更深黃月落夜久靨星稀空接靈臺下方恧辨支機

七夕　宋之問

傳道仙星媛年年會水隅停梭借蟋蟀留巧付蜘蛛
去晝從雲請歸輪竚日輸莫言相見闊天上日應殊

牛女　前人

粉席秋期緩針樓別怨多奔龍爭渡月飛鵲亂塡河
失喜先臨鏡含羞未解羅誰能留夜色來夕倍還梭

奉和七夕兩儀殿會宴應制　李嶠

靈匹三秋會仙期七夕過查來人泛海橋渡鵲塡河
帝縷升銀閣天機罷玉梭誰言七襄詠重入五絃歌

同賦山居七夕　前人

明月靑山夜高天白露秋花庭開粉席雪岫敞針樓
石類支機影池似泛槎流暫驚河女鵲終狎野人鷗

七夕　杜審言

白露含明月靑霞斷絳河天街七襄轉閣道二神過
袪服鏘環珮香筵拂綺羅年年今夜盡機杼別情多

奉和七夕侍宴兩儀殿應制　前人

一年銜別怨七夕始言歸斂淚開星靨微步動雲衣
天迴兔欲落河曠鵲停飛那堪盡此夜復往弄殘機

奉和七夕宴兩儀殿應制　劉憲

秋吹過雙闕星仙動二靈更深移月鏡河淺度雲軿
殿上呼方朔人間失武丁天文茲夜裏光映紫微庭

奉和七夕宴兩儀殿應制　蘇頲

靈媛乘秋發仙裝警夜催月光窺欲渡河色辨應來
機石天文寫針樓御賞開竊觀棲鳥至疑向鵲橋迴

奉和七夕兩儀殿會宴應制　李乂

桂宮明月夜蘭殿起秋風雲漢彌年阻星筵此夕同
倏來疑有處旋去已成空睿作鈞天響魂飛在夢中

七夕曝衣篇　沈佺期

君不見昔日宜春太液邊披香畫閣與天連燈火灼
爍九微映香氣氛氳百和然此夜星繁河正白人傳
織女牽牛客宮中擾擾曝衣樓天上娥娥紅粉席曝
衣何許曛半黃宮中綵女提玉箱珠履奔騰上蘭砌
金梯宛轉出梅梁絳河裏碧煙上雙花伏兔畫屏風
四子盤龍擎斗帳舒羅散縠雲霧開綴玉垂珠星漢
迴朝霞散彩羞衣架晚月分光劣鏡臺上有仙人長

命絡中看玉女迎歡繡瑇瑁簾中別作春珊瑚窻裏翻成畫椒房金屋寵新流意氣嬌奢不自由漢文宜惜露臺費晉武須焚前殿裘

七夕 前人

秋近鴈行稀天高鵲夜飛妝成應懶織今夕渡河歸月皎宜穿線風輕得曝衣來時不可覓神驗有光輝

奉和七夕兩儀殿會宴應制 趙彥昭

青女三秋節黃姑七日期星橋度玉珮雲閣掩羅帷河氣通仙掖天文入睿詞今宵望靈漢應得見蛾眉

閏月七日織女 王灣

耿耿曙河微神仙此會稀今年七月閏應得兩回歸

七夕 崔國輔

閣下陳書籍閨中曝綺羅遙思漢武帝青鳥幾時過

七夕 崔顥

長安城中月如練家家此夜持鍼線仙裙玉珮空自知天上人間不相見長信深陰夜轉幽瑤堦金閣數螢流班姬此夕愁無限河漢三更看斗牛

七夕 祖詠

閨女求天女更闌意未闌玉庭開粉席羅袖捧金盤向月穿鍼易臨風整線難不知誰得巧明旦試相看

他鄉七夕 孟浩然

他鄉逢七夕旅館益羇愁不見穿鍼婦空懷故國樓緒風初減熱新月始臨秋誰忍窺河漢迢迢問斗牛

七夕 韋應物

人世拘形迹別去間山川豈意靈仙偶相望亦彌年夕衣清露濕晨駕秋風前臨歡定不住當為何所牽

七夕汎舟 梁鍠

雲端有靈匹掩映拂妝臺夜久應摇珮天高響不來片歡秋始展殘夢曉翻催却怨填河鵲留橋又不迴

牽牛織女 杜甫

牽牛出河西織女處其東萬古永相望七夕誰見同神光意難候此事終蒙朧颯然精靈合何必秋遂通亭亭新妝立龍駕具曾空世人亦為爾祈請走兒童稱家隨豐儉白屋達公宮膳夫翊堂殿鳴玉淒房櫳曝衣遍天下曳月揚微風蛛絲小人態曲綴瓜果中初筵浥重露日出甘所終嗟汝未嫁女秉心鬱忡忡防身動如律竭力機杼中雖無姑舅事敢昧織作功明明君臣契咫尺或未容義無棄禮法恩始夫婦恭小大有佳期戒之在至公方圓苟齟齬丈夫多英雄

七夕 竇常

露盤花水望三星髣髴虛無為降靈斜漢沒時人不寐幾條蛛網下風庭

七夕 盧綸

祥光若可求閨女夜登樓月露浩方下河雲凝不流鉛華潛警曙機杼暗傳秋迴想斂餘眺人天俱是愁

前題 前人

涼風吹玉露河漢有幽期星彩光仍隱雲容掩復離良宵驚曙早閏歲怨秋遲何事金閨子空傳得網絲

七夕 權德輿

佳期人不見天上喜新秋玉珮沾清露香車渡淺流東西一水隔迢遞兩年愁別有穿針處微明月映樓

前題 前人

今日雲軿渡鵲橋應非脈脈與迢迢家人競喜開妝鏡月下穿針拜九霄

七夕見與諸孫題乞巧文 前人

外孫爭乞巧內子共題文隱映花匳對參差綺席分鵲橋臨片月河鼓掩輕雲羨此嬰兒輩歡呼徹曙聞

七夕二首 劉禹錫

河鼓靈旗動嫦娥破鏡斜滿空天是幕徐轉斗為車機罷猶安石橋成不礙槎誰知觀津女竟夕望雲涯

天衢啓雲帳神馭上星橋初喜渡河漢頻驚轉斗杓餘霞張錦幛輕電閃紅綃非是人間世還悲後會遙

七夕 李賀

別浦今朝暗羅帷午夜愁鵲辭穿線月花入曝衣樓天上分金鏡人間望玉鉤錢塘蘇小小更值一年秋

七夕 白居易

煙霄微月澹長空銀漢秋期萬古同幾許歡情與離恨年年并在此宵中

七夕歌 劉言史

星寥寥兮月細輪佳期可想兮不可親雲衣香薄妝態新彩軿悠悠度天津玉幌相逢夜將極妖紅慘黛生愁色寂寞低容入舊機歇著金梭思往夕人間不見因誰知萬家閨豔求此時碧空露重彩盤濕花上乞得蜘蛛絲

七夕 杜牧

雲階月地一相過未抵經年別恨多最恨明朝洗車雨不教回腳渡天河

辛未七夕 李商隱

恐是仙家好別離故教迢遞作佳期由來碧落銀河畔可要金風玉露時清漏漸移相望久微雲未接過

來遲豈能無意酬烏鵲惟與蜘蛛乞巧絲

壬申七夕　前人

已駕七香車心心待曉霞風輕惟響珮日薄不嫣花桂嫩傳香遠楡高送影斜成都過卜肆曾妬識靈槎

七夕　前人

鸞扇斜分鳳幄開星橋橫過鵲飛迴爭將世上無期別換得年年一度來

七夕偶題　前人

寶婺搖珠珮姮娥照玉輪靈歸天上匹巧遺世間人花果香千戶笙竽濫四鄰明朝曬犢鼻方信阮家貧

題七夕圖　趙璜

帝子吹簫上翠微秋風一曲鳳皇歸明年七月重相見依舊高懸織女機

七夕　前人

烏鵲橋頭雙扇開年年一度過河來莫嫌天上稀相見猶勝人間去不迴欲減煙花饒俗世暫煩雲月掩樓臺別時舊路長清淺豈肯離情似死灰

七夕　劉威

烏鵲橋成上界通千秋靈會此宵同雲收喜氣星樓滿香拂輕塵玉殿空翠輦不行青草路金鑾徒駐白楡風綵盤花閣無窮意只在遊絲一縷中

池塘七夕　溫庭筠

月出西南露氣秋綺羅河漢在鍼樓楊家繡作鴛鴦幔張氏金為翡翠鉤銀燭有花妨宿燕畫屏無睡待牽牛萬家砧杵三篙水一夕橫塘是舊遊

七夕　前人

鳴機札札停金梭芙蓉澹蕩秋水波夜軒紅粉陳香羅鳳低蟬薄愁雙蛾微光奕奕凌曙河鸞咽鶴唳飄颻歌彎橋銷盡奈愁何天氣駘蕩雲陂陁平明花木有愁意露濕綵盤蛛網多

前題　前人

鵲歸燕去兩悠悠青瑣西南月似鉤天上歲時星右轉世間離別水東流金風入樹千門夜銀漢橫空萬象秋蘇小橫塘通桂楫未應清淺隔牽牛

七夕寄張氏兄弟　李郢

新秋牛女會佳期紅粉筵開玉饌時好與檀郎寄一作記花朵莫教清曉羨蛛絲

七夕　羅隱

絡角星河菡萏天一家懽笑設紅筵應傾謝女珠璣篋盡寫檀郎錦繡篇香帳簇成排窈窕金鍼穿能拜嬋娟銅壺漏報天將曉惆悵佳期又一年

前題　前人

月帳星房次第開兩情惟恐曙光催時人不用穿鍼待沒得心情送巧來

七夕　唐彥謙

露白風清夜向晨小星垂珮月埋輪絳河浪淺休相隔滄海波深尚作塵天外鳳凰何寂寞世間烏鵲漫辛勤倚闌殿北斜樓上多少通宵不寐人

前題　前人

會合無由歎久違一年一度是緣非而予願乞天孫巧五色紉鍼補袞衣

七夕　曹松

牛女相期七夕秋相逢俱喜鵲橫流彤雲縹緲迴金輅明月嬋娟掛玉鉤燕羽幾曾添別恨花容終不更含羞更殘便是分襟處曉箭東來射翠樓

七夕　李中

星河耿耿正新秋絲竹千家列綵樓可惜穿鍼方有興纖纖初月苦難留

七夕　釋清江

七夕景迢迢相逢只一宵月為開帳燭雲作渡河橋映水金冠動當風玉珮搖惟愁更漏促離別在明朝

戊申年七夕　宋楊億

蘭夜沈沈鶴漏移羽車雲幄有佳期應將機上迴文錦分作人間乞巧絲

戊申年七夕　劉筠

華寢星陳夜未央明河奕奕動神光一年暫得停機杼不奈秋蛩促織忙

戊申年七夕五首　錢惟演

烏鵲飛來接斷雲祇貪清淺渡星津不知一夜支機石却屬乘槎上漢人

玉露金河顥氣涼辛夷車轉桂旗香姮娥可是多猜忌不駐瓊輪放夜長

一歲佳期一夕過羽旗雲蓋涉微波明朝若寄相思淚玉枕金莖得最多

青鳥當時下紫雲綺囊書祕露桃新莫嫌夜半移牀遠朱雀牕中別有人

驪阜凌雲對玉鉤千門高切絳河秋欲聞天語猶嫌遠更結三層乞巧樓

戊申年七夕三首　薛映

月放冰輪傍絳河相期寶婺夜經過姮娥不惜宮中桂乞與天香分外多

碧天如水月如鉤金露盤高玉殿秋青鳥前來報消
息一時西望九天虬
漢殿初呈楚舞時月臺風榭鎮相隨如何牛女佳期
夕又待鑾輿百子池
戊申年七夕　劉秉
斜漢西傾桂魄新停梭今夕渡天津世間縱有支機
石誰是成都賣卜人
七夕　范鎮
翠幕瑤梯百尺樓樓前星斗自悠悠天家仙會能多
少未到平明已別愁
七夕一首呈席上藥名　孔平仲
琥珀杯濃酒味醇鬱金裙轉舞腰新鉛華第一人中
白歌響幾多梁上塵玉漏將沈香嘆斷銀潢雖遠志
相親合歡促席酉君醉最苦參斜夜向晨
七夕歌　張耒
人間一葉梧桐飄蓐收行令回斗杓神官召集役靈
鵲直渡銀河雲作橋河東美人天帝子機杼年年勞
玉指織成雲霧紫貝衣辛苦無歡容不理帝憐獨居
無與娛河西嫁與牽牛夫自從嫁後廢織紝綠鬢雲
鬟朝夕梳貪歡不歸天帝怒謫歸却踏來時路但令
一歲一相逢七月七日河邊渡別長會少知奈何却
悔從前歡不多忽忽萬事說不盡燭龍已駕隨羲和
河邊靈官曉催發令嚴不管輕離別空將淚眼濕帝
車淚痕有盡愁無歇我言織女君勿歎天地無窮會
相見猶勝嫦娥不嫁人夜夜孤眠廣寒殿
七夕後一日寄陳巨濟　歐陽澈
高樓昨夜西風轉耿耿銀河雲葉卷擎空皎月弄嬋
娟領略溪山堪指點秋光次第磨青銅一味清涼襲
庭院遙知天外鵲橋成牛渚黃姑會佳燕凭高翻憶
鳳樓人懨懨乞巧陳芳奠可堪目斷心旌搖砌成幽
恨無人展促樽欣得莫逆交脈脈閒愁憑理遣淸狂
舉白話平生午夜香然殘寶篆淒涼此際憶年時爛
漫瓊樓興不淺
七夕南定樓飲同官　魏了翁
誰將明星貼天宇州國宮垣象官府更將四七隨天
旋常以昏中殿四序迢迢河漢衡秋旻前有蒼龍履
元武牽牛正向西南來左右兩旗北河鼓鼓星之側
爲天桴鼓上三星爲織女何年人號天女孫便把牛
郎擬夫婦不知此是天關梁河漢之精有常度晦明
伏見莫非教肯爲文人給嘲侮班曹庾謝猶讐言世
上兒曹更堪數臨風三誦大東詩須信詞章有今古
七夕　嚴粲
織巧逐時新誰將大雅陳天孫古機錦笑殺世間人
七夕織女歌　方夔
牛郎咫尺隔天河鵲橋散後離恨多今夕不知復何
夕遙看新月橫金波拋梭擲紝愁零亂彩鳳飄飄度
霄漢重來指點昔遊處香奩寶篋蟲絲滿一年一度
承君顏相別相逢比夢間舊愁未了新愁起已見紅
日銜青山當初謾道仙家別日遠月長不相接不似
人間夫與妻百歲光陰長會合
七夕　金邊元勳
高樓人散酒樽空謾擬新文送五窮獨倚南牕夜沈
寂一鉤涼月下疎桐
七夕長短言　朱之才
牛不可以服箱女不可以成章其名則然實豈爾政
如箕斗難挹揚河漢特水象安有波浪爲津航惟鵲
乃巢居詎能上天搆橋梁星經有躔次東西未相望
今夕復何夕乃謂合并如纖皇一人唱誕惑萬世浪
令兒女爭猖狂瓠牛載粲何等秩金梭擲地殊荒唐
吾命有貴賤吾性本直方採官與乞巧是豈吾所臧
何如舉酒邀明月更遣清風屏炎熱星光落盡黃金
空露華滲袂眞珠滑我方幕天席地醉兀兀癡牛騃
女知何物
七夕和韻應教　劉迎
今古良宵此會同望窮雲物有無中人間鈿合三山
隔天上靈槎一水通鳩鵲樓空紈扇月鴛鴦機冷苧
羅風不須更乞蛛絲巧久矣人間百巧窮
七夕　酈權
縹緲針樓外天教彩羽過步雲楡送影拂月桂交柯
繡縷縈芳袂瓜蓮得巧梭姮娥如解妒還與試斜河
七夕　元德明
天河惟有鵲橋通萬劫歡緣一瞬中惆悵五更仙馭
遠寂寥雲幄掩秋風
七夕　史學
箱牛迴馭錦機閒天上悲懽亦夢間月夜並肩人不
見蕭蕭風葉滿驪山
七月七日　元于石
西風掃殘暑微月澹新秋相傳織女星今夕嫁牽牛
翩翩聯鵲橋亭亭擁龍輈多少乞巧人笑語穿針樓
吾嘗夜觀象細與推其由惟有五緯星順逆有去留
經星二十八歷歷如綴旒萬古儼不動各列十二州

其餘衆常星爛然滿四周休咎必有證君德修不修胡爲牛與女不與衆星伴乃知塵世人配偶相綢繆少陵號詩史萬象窮冥搜亦云年年渡秋期何用愁彼哉柳河東抱拙不自謀傍趨事曲折竊效兒女求誰與倡邪說誕謾不復收淫褻轉相襲寖使其辭浮仙槎儻可乘我欲凌空遊再拜二星靈一洗千古羞天高不可問河漢空西流

七夕舟中苦熱　馬祖常

嘗憶銀牀桐泣露更思玉椀蔗流漿天孫初嫁龍綃薄却恐秋河入夜凉

七夕露坐感牛女事因成駁雜無實之言　許有壬

別況經年慣佳期此夕通終天爲伉儷一水任西東人世非無鵲羈愆漸有蛩鄜州共明月應是憶衰翁

七夕　吳師道

木槿籬邊絡緯哀臥看河漢遠天迴西風不管扁舟客吹下樓頭笑語來

七夕宮詞　陳樵

內人拜月金鋪戶鳳宿梧枝秋葉下露華入袂玉階寒織署錦工催祭杼月下金鈿照骨明同心絲繪紅生縷素瓜碧寶上華樓夜闌颸馭下銀州

七夕　傅若金

耿耿玉京夜迢迢銀漢流影斜烏鵲樹光隱鳳皇樓雲錦虛張月星房冷閉秋遙憐天帝子辛苦會牽牛

巧夕偶書　黃清老

幾葉梧桐暴雨收綵棚貪俎候牽牛青鸞西去瑤池冷烏鵲南飛碧水流屋角月明三尺竹河邊雲濕數星秋天風掃退塵間蔓一曲金徽獨倚樓

七夕　趙雍

初月纖纖照露臺枉將瓜果餉嬰孩今宵自有經年約何暇閒情送巧來

七夕　張昱

乞與人間巧全憑此夜秋如何鍼線月容易下西樓

七夕　媛賈雲華

斜䡝香雲倚翠屏紗衣先覺露華零誰云天上無離合看取牽牛織女星

辛亥七夕　明貝瓊

五夜天邊輾鳳梭長生殿裏望星河玉環他日無窮恨更比牽牛織女多

乞巧詞　郭武

明河拖天玉繩遠新月招雲銀甲淺丁東細漏滴金荷百子樓前桂花滿三三五五試新粧鶴扇如霜羅帶長雲母屏前齊下拜鮫綃帳底共焚香焚香爭乞天孫巧穿斷蛛絲繡針小夢裏傳來是有無入門巧已知多少織女牽牛別有情螢飛鵲度兩難憑芙蓉舞困西風薄楊柳垂低北斗橫

河仙謠　張泰

銀河迢迢界秋昊碧沙兩岸生瑤草冰輪半浸練影寒兔杵聲乾桂花老錦雞宮對烏鵲橋鸞車輾雲天女嬌河西郎君雙髻小牽牛耕煙種蘭苕翠帔仙裙笑相遇星羅斗帳穠香護嬴女吹簫慶合歡羿姬獨宿啼清露天上恩情惟此夕求巧女兒那刺促踆烏不管經年思須臾日上扶桑枝

七夕　石珤

七月七日風雨多御橋南望水增波鴛鴦自向沙頭宿不管牛郎信若何

七夕　何景明

逝節忽不處佳夕復我臨神飇汎光蕙渥露霑華林緬彼牛女會茲端竟難諶形影晳相望胡由接徽音飄飄翠龍駕髣髴青瑤簪長河坐移轉素波斂白沈靈彩欻以晦游雲起層陰同歡戀膠漆異處悲辰參翹思慕遠匹感此涕流衿

甲戌七夕作　侯一元

靈匹經年恨已違佳期此夕儼相依悲歡轉首成陳迹明日橋邊鵲又飛

七夕同趙令燕賦　張獻翼

翠帳紅妝送客亭佳人眉黛遠山青試從天上看河漢今夜應無織女星

七夕懷舊作　汪道貫

憶昔重光歲茲辰乞巧時明河天外落烏鵲望中疑已作千秋別空餘此日思寂寥虛夜月原草正離離

七夕送友應試　汪道會

星河織月夕風露識秋期濯錦大堤女流黃憶漢姬馬騎千里道人賦七襄詩好自持顏色蛾眉正好時

七夕　盧柟

銀闕含秋星欲爛天孫脈脈度河漢仙鬟玉珮那可聞佳人夜半開簾看階前月色疑有霜獨坐穿針向畫廊東方日出烏鵲曉天上人間枉斷腸

金陵七夕貽皇甫司勳　周天球

片雨明河拭雙星閣道臨論歡天上別驚候旅中深夕吹催飛雀商聲動早砧城南倦游客同折此時心

七夕　張位

寒月催砧急天風襲袂深星河良夜色牛女隔年心
莎徑流螢度花陰促織吟平生江海意荏苒二毛侵

舟中七夕　陳薦夫

碧漢淹靈駕神仙渡鵲橋如何江上客空對可憐宵

七夕公讌賦得博望槎　陳邦瞻

梧桐聲脫秋聲起迢迢秋色澹如水天上佳期玉露
中人間良夜金波裏此時漢使向河源此夕乘槎犯
斗垣但驚城舍嚴官府那識天孫迴河鼓雲階月地
難久留飄然枯木復乘流歸來不問成都卜肯信身
親見女牛從此人疑有天路俱言河漢清可度帝子
英靈空有人千秋別淚自沾巾可憐匹練高樓色年
年愁殺問津人

七夕　前人

歲時還七夕風俗更杭州聞道湖船女爭歸乞巧樓
輕雲籠月度疎樹帶星流不有乘槎客誰憑識斗牛

七夕有懷　黃宗昌

危坐撫佳節蕭蕭但雨聲閒中兒女態天上別離情
秋入元蟬急年侵白髮生所嗟垂老意張角總無成

七夕　陳子龍

輕飈流海月仙瀣落庭柯杳杳飛雕鵲沈沈失絳河
鍼樓秋思滿玉宇夜情多未夕愁無寐清輝奈爾何

七夕桃花　顧開雍

月下穿鍼乞巧歸玉階露染素秋衣長河尚有桃花
浪紅暈偏侵織女機

七夕　王鏳

悠悠湘竹斷娥皇漠漠巫雲侍楚襄淚盡便成千古
別情深堪待一年長九枝燈焰侵微月七孔鍼囊解
暗香空擬乘槎問消息黃河無影到衡陽

七夕立秋二首　吳懋謙

銀河脈脈女牛通竹影涼生枕簟風情是隔年留繾
綣秋從今日落梧桐關城吹角三更外瓜果驚心萬
里中佳節異鄉逢雨度倚樓遙望嶺雲空
仙槎渺渺渡河濱孤客虔中倍愴神星漢清深秋色
早天街寂歷珮聲新殊方白鴈愁邊鳥故國紅樓夢
裏人一葉乍涼時序爽旅懷無那獨逡巡

七夕　釋以貞

空庭疎雨歇秋思夜來多一葉初離樹雙星已渡河

七夕　媛馬閒卿

月明花裊露風動水增波乞巧人間事吾生奈拙何
靈鵲成橋事有無人間今夜憶黃姑倚牕坐久秋聲
動一葉西風到碧梧

七夕　鄧氏

誰遣鵲梁貫絳河靈妃應是早停梭雲鬟待駕輕飛
螢月鏡催粧淺步羅紈氏鳳聲方未已漢庭鸞使更
相過佳期只恐真星妒風雨休教浪作波是夜陰

七夕　黃淑德

鵲駕成橋事有無年年今夕會星娥時人莫訝經年
隔倘勝人間長別多

四時宮意　倪仁吉

秋到長生巧太多正逢牛女會天河蛛絲瓜果無心
祝百子池頭月蕩梭

七夕　妓景翩翩

樓前蕭史憶吹簫雁足西風倍寂寥望斷支機應化
石愁填烏鵲未成橋素毫月冷吟梧葉紈扇秋回識
柳條姊妹東鄰如乞巧莫教瓜果浪相招

浣溪沙　前蜀毛文錫

七夕年年信不違銀河清淺白雲微蟾光鵲影伯勞
飛　每恨蟪蛄憐婺女幾回嬌妒下鸞機今宵嘉會
兩依依

漁家傲七夕　宋歐陽修

喜鵲填河仙浪淺雲軿早在星橋畔街鼓黃昏霞尾
暗炎光斂金鉤側倒天西面　一別經年今始見新
歡往恨知何限天上佳期貪眷戀良宵短人間不合
催銀箭

前調　前人

乞巧樓頭雲幔卷浮花催洗嚴妝面花上蛛絲尋得
徧顰笑淺雙眸望月牽紅線　奕奕天河光不斷有
人正在長生殿暗付金釵清夜半千秋願年年此會
長相見

前調　前人

別恨長長歡計短疎鐘促漏真堪怨此會此情都未
半星初轉鸞琴鳳管匆匆卷　河鼓無言西北眄香
娥有恨東南遠脈脈橫波珠淚滿歸心亂離腸便逐

星橫斷

鵲鴣天 七夕　晏幾道

當日佳期鵲誤傳至今猶作斷腸仙橋成漢渚星波外人在鸞歌鳳舞前　歡盡夜別經年別多歡少奈何天情知此會無長計咫尺涼蟾亦未圓

二郎神 七夕　柳永

炎光謝過暮雨芳塵輕灑乍露冷風清庭戶爽天如水玉鉤遙掛應是星娥嗟久阻敘舊約飈輪欲駕極目處微雲暗渡耿耿銀河高瀉　閒雅須知此景古今無價運巧思穿鍼樓上女擡粉面雲鬟相亞鈿合金釵私語處算誰在回廊影下願天上人間占得歡娛年年今夜

鵲橋仙　秦觀

纖雲弄巧飛星傳恨銀漢迢迢暗度金風玉露一相逢便勝却人間無數　柔情似水佳期如夢忍顧鵲橋歸路兩情若是久長時又豈在朝朝暮暮

菩薩蠻 七夕　陳師道

倚樓小小穿鍼女秋光點點蛛絲雨今夕是何宵龍車烏鵲橋　經年謀一笑豈解令人巧不用問如何人間巧更多

前調　前人

銀潢清淺填烏鵲畫簷急雨長河落初月未成圓明星惜此筵　愁來無斷絕歲歲年年別不用淚紅滋年年歲歲期

鵲橋仙　葛勝仲

鵲橋仙偶天津輕渡却笑嫦娥孤皎平時五夜似經年問何事今宵便曉　雲車將駕神夫留戀更吐心期多少支機休浪與閒人莫倚賴芳心索巧

前調　前人

涼颸破暑清歌縈座缺月稀星庭戶瓜華草草具杯盤喜共泛初筵清露　天孫東處牽牛西望勸汝一杯清醑精靈何必待秋通爲一洗朦朧今古

減字木蘭花　謝逸

荷花風細乞巧樓中涼似水天幕低垂新月彎環淺暈眉　橋橫烏鵲不負年年雲外約淺漏疎鐘腸斷朝霞一縷紅

鵲鴣天 七夕　趙師俠

一葉驚秋風露清砌蟲初聽傍牕聲人逢役鵲飛烏夜橋渡牽牛織女星　銀漢淡暮雲輕新蟾斜挂一鉤明人間天上佳期處涼意還從過雨生

鵲橋仙　范成大

雙星良夜耕慵織懶應被羣仙相妒娟娟月姊滿眉顰更無奈風姨吹雨　相逢草草爭如休見重攪別離心緒新歡不抵舊愁多倒添了新愁歸去

南歌子 七夕　前人

銀渚盈盈渡金風緩緩吹曉香浮動五雲飛月姊妒人顰畫一彎眉　短夜難留處斜河欲淡時半愁半喜是佳期一度相逢添得兩相思

南歌子　陳三聘

月傍雲頭吐風將雨脚吹夜深烏鵲向南飛應是星娥顰恨入雙眉　舊怨垂千古新歡只片時一年屈指數佳期到得佳期別了又相思

賀新郎 七夕　宋自遜

靈鵲橋初就記迢迢重湖風浪去年時候歲月不留人易老萬事茫茫宇宙但獨對西風搔首巧拙豈關今夕事奈癡兒騃女流傳謬添話柄柳州柳　道人識破灰心久只好風涼月佳時疎狂如舊休笑雙星經歲別人到中年已後雲雨夢可能常有雪藕調冰花薰茗正梧桐雨過新涼透且隨分一杯酒

鵲橋仙　謝懋

鉤簾借月染雲爲幌花面玉枝交映涼生河漢一天秋問此會今宵孰勝　銅壺尚滴燭龍已駕淚浥西風不盡明朝烏鵲到人間試說向青樓薄倖

柳梢青 七夕　劉鎮

乾鵲收聲濕螢度影庭院秋香步月移陰梳雲約翠人在迴廊　醺醺宿酒殘妝待付與溫柔醉鄉却扇藏嬌牽衣索笑今夜差涼

南唐浣溪沙 七夕　高觀國

嫋嫋天風響珮環鵲橋有女夜乘鸞也恨別多相見少似人間　銀浦無聲雲路渺金風有信玉機閒生怕河梁分袂處曉光寒

隔浦蓮 七夕　前人

銀灣初霽暮雨鵲赴秋期去淺月窺清夜涼生一天風露纖巧雲暗度河橋路縹緲乘鸞女正容與　西廂舊約玉嬌誰見私語柔情不盡好似冰綃雲縷回首天涯又怨阻無語西風魂斷機杼

鵲橋仙 七夕舟中　史達祖

河深鵲冷雲高鸞遠水珮風裳縹緲却推離恨下人間第一個黃昏過了　舟行有限愁來無限去去長安漸杳應將巧思入相思覺淚比銀灣較少

夜飛鵲 七夕　趙以夫

凝雲拂斜月萬籟聲沈涼露暗墜桐陰蛾眉乞得天孫巧愔愔樓上穿鍼佳期鵲橋誤到年時此夕歡淺愁深人間兒女說風流直至如今　河漢幾會風浪因景物牽情自是人心長記秋庭往事鈿花翦翠釵股分金道人無著正蕭然竹枕疎衾夢回時天淡星稀閒弄一曲瑤琴

惜秋華七夕　吳文英

露肴朱絲小樓陰墮月秋驚華鬢宮漏未央當時細叙遺恨人間夢隔西風算天上年華一瞬相逢縱相疎勝却巫陽無準　何處動涼訊聽露井梧桐楚騷成韻綵雲斷翠羽散此情難問銀河萬古秋聲但望中婺星清潤輕俊度金鍼漫牽方寸

荔支香七夕　前人

睡起時聞晚鵲噪庭樹又說今日天津西畔重歡遇蛛絲暗鎖紅樓燕子穿簾處天上未比人間更情苦　秋鬢改妒月姊長眉嫵過雨西風數葉井梧愁舞夢入藍橋幾點疎星映朱戶淚濕河邊凝佇

六幺令七夕　前人

露蛩初響機杼還催織婺星爲情慵懶佇立明河側不見津頭艇子望絕南飛翼雲梁千尺塵緣一點回首西風又陳迹　那知天上計拙乞巧樓南北瓜果幾度淒涼寂寞羅池客人自回廊縹緲誰見金釵擘今夕何夕杯殘月墮但耿銀河橫天碧

奪錦標七夕　元張埜

涼月橫舟銀潢浸練萬里秋容如拭冉冉鸞驂鶴馭橋倚高寒鵲飛空碧問歡情幾許早收拾新愁重織恨人間會少離多萬古千秋今夕　誰念文園病客夜色沈沈獨抱一天岑寂忍記穿鍼亭榭金鴨香寒玉徽塵積凭新涼半枕又依稀行雲消息聽窗前淚雨浪浪夢裏檐聲猶滴

滿庭芳閏六月七夕　明王世貞

玉露初零金飆微動銀浦垂靜還波七襄人倦織手擲魚梭記得年時此夜雙星聚樂事還多生綃底天雞唱醒低語別牛哥　黃昏腸斷處無情烏鵲忘却填河漸轉低瑤斗墮損靑蛾方悟朱明寄閏排年月恨殺羲和常記得人間天上要好便多磨

滿江紅七夕　錢繼章

一士蕭凉陳筦簟小庭閒坐良宵靜與排瓜果柳州餘課兒訝銀河無一帶客占喜宿剛雙箇道年年此際訂佳期空傳播　覓佩怯罡輪鞭雲裳冷昏參度怕廣寒孤枕有人相妒天上自無情債滿人間不免風流過歎獨擔憔悴庾樓來誰酬和

滿庭芳七夕　媛沈宜修

玉樹香浮金波彩泛細風輕送雲行橋邊烏鵲千古說多情何事歡娛易散空悵望玉鏡銀屏堪憐處年年芳草靑黛鎖秋橫　盈盈增悵望更更漏點處處雞聲看疎星漸曉珠露飛英腸斷鮫綃帊上休回首枉白魂驚還須問長河渺渺流向幾時平

七夕部選句

晉潘尼詩商風初授辰火微流朱明送夏少皡迎秋嘉禾茂園芳草被疇

陳張正見詩月下姮娥落風驚織女秋

唐劉禹錫詩織女分明銀漢秋

白居易歌七月七日長生殿夜半無人私語時

杜牧詩天階夜色凉如水坐看牽牛織女星

李商隱詩七夕來時先有期洞房簾箔至今垂　又　捧月三更斷藏星七夕明

宋蘇軾詩得句牛女夕轉頭參尾中

劉克莊詩粵人重巧夕燈火到天明

明何景明詩楚客羈魂驚七夕燕京風俗鬬穿鍼

欽定古今圖書集成曆象彙編歲功典

第六十七卷目錄

七夕部紀事
七夕部雜錄
七夕部外編

歲功典第六十七卷

七夕部紀事

物原楚懷王初置七夕

續齊諧記桂陽成武丁有仙道常在人間忽謂其弟曰七月七日織女當渡河諸仙悉還宮吾向已被召不得停與爾別矣弟問曰織女何事渡河去當何還答曰織女暫詣牽牛吾後三年當還明日失武丁至今云織女嫁牽牛

西京雜記戚夫人侍兒賈佩蘭後出爲扶風人段儒妻說在宮內時至七月七日臨百子池作于闐樂樂畢以五色縷相羈謂爲相連愛

漢彩女常以七月七日穿七孔鍼於開襟樓人俱習之

漢武帝故事景帝夢高祖謂己曰王美人生子可名爲彘以乙酉年七月七日旦生武帝於猗蘭殿

宋卜子楊園苑疏太液池西有武帝曝衣閣常至七月七日宮女登樓曝衣

初學記世傳竇后少小頭禿不爲家人所齒遇七夕皆看織女獨不許后出乃有神光照室爲后之瑞

王隱晉書魏武帝辟高祖高祖以漢祚將終不欲屈節於曹氏辭以風痺不能起居魏武帝遣親信令史微服於高祖門下樹陰下息時七月七日高祖方曝書令史竊知還具以告乃重遣辟之勅行者曰若復不動便可收之高祖懼而應命

陸機與弟書在平原嘗按行曹公器物書刀五枚琉璃筆一枝景初二年七月七日

水經注百蟲將軍姓伊氏諱益字隤敳帝高陽之第二子伯益者也晉元康五年七月七日順人吳義等建立堂廟

晉書阮咸傳咸任達不拘與叔父籍爲竹林之游當世禮法者譏其所爲咸與籍居道南諸阮居道北北阮富而南阮貧七月七日北阮盛曬衣服皆錦綺粲目咸以竿挂大布犢鼻於庭人或怪之答曰未能免俗聊復爾耳

博物志毋丘儉遣王頎追高句麗王宮盡沃沮東界問其耆老言國人常乘船捕魚遭風吹數十日東得一島上有人言語不相曉其俗常七夕取童女沈海

世說郝隆七月七日出日中仰臥人問其故答曰我曬書

風土記七月七日其夜灑掃于庭露施几筵設酒脯時果散香粉于河鼓織女言此二星神當會守夜者咸懷私願或云見天漢中有奕奕正白氣有耀五色以此爲徵應見者便拜而願乞富乞壽無子乞子唯得乞一不得兼求三年乃得言之頗有受其祚者

神境記武陵一孤山嶺有池魚鼈無不備有七月七日乃出游嶺顛族類各別

致虛雜俎七夕徐婕妤雕鏤菱藕作奇花異鳥攢于水晶盤中以進上極其精巧上大稱賞賜以珍寶無數上對之竟日喜不可言至定昏時上自散置宮中几上令宮人暗中摸取以多寡精粗爲勝負謂之鬭巧以爲歡笑

輿地志齊武帝起層城觀七月七日宮人多登之穿針世謂之穿針樓

魏書序紀昭成帝建國五年秋七月七日諸部畢集設壇埒講武馳射因以爲常

太祖本紀母獻明賀皇后寢息夢日出室內寤而見光自牖屬天欻然有感以建國三十四年七月七日生太祖於參合陂北其夜復有光明

張普惠傳世宗轉任城王澄爲雍州刺史啓普惠爲錄事參軍澄功衰在身欲於七月七日集會文武北園馬射普惠奏記停之

酉陽雜俎魏僕射收臨代七月七日登舜山徘徊眺謂主簿崔曰吾所經多矣至於山川沃壤襟帶形勝天下名州不能過此唯未審東陽何如崔對曰青有古名齊得舊號二處山川形勝相似曾聽所論不能踰越公遂命筆爲詩於時新故之際司存缺然求筆不得乃以五伯杖畫堂北壁爲詩曰述職無風政復路阻山河還思廳蓋日留謝此山阿

唐書百官志織染署七月七日祭杼

紀事李行言中宗時爲給事中能唱步虛歌帝七月七日御兩儀殿會宴命爲之行言於御前長跪作三洞道士音詞歌數曲貌偉聲暢上頗歎美

開元天寶遺事帝與貴妃每至七月七日夜在華清宮遊宴時宮女輩陳瓜花酒饌列於庭中求恩於牽牛織女星也又各捉蜘蛛於小盒中至曉開視蛛網稀密以爲得巧之候密者言巧多稀者言巧少民間亦效之

宮中以錦結成樓殿高百尺上可以勝數十人陳以瓜果酒炙設坐具以祀牛女二星嬪妃各以九孔針五色線向月穿之過者爲得巧之候動清商之曲宴樂達旦士民之家皆效之

長恨歌傳有道士楊通幽自蜀來知上皇念楊貴妃自云有李少君之術上皇大喜命致其神方士乃竭其術以索之不至又能遊神馭氣出天界入地府求之竟不見又旁求四虛上下東極絕大海跨蓬壺見最高山上多樓闕洎至西廂下有洞戶東向闔其門額署曰玉妃太眞院方士抽簪扣扉有雙鬟童女出應問方士造次未及言雙鬟復入俄有碧衣侍女至詰其所從來方士因稱天子使者且致其命碧衣云玉妃方寢請少待之逾時碧衣延入且引曰玉妃出冠金蓮披紫綃佩紅玉曳鳳舄左右侍女七八人揖方士問皇帝安否次問天寶十四載已還事言訖憫然指碧衣女取金釵鈿合各折其半授使者曰爲我謝太上皇謹獻是物尋舊好也方士將行色有不足玉妃因徵其意乃復前跪致詞請當時一事不聞於他人者驗於太上皇不然恐金釵鈿合負新垣平之詐也玉妃茫然退立若有所思徐而言曰昔天寶十年侍輦避暑驪山宮秋七月牽牛織女相見之夕上憑肩而立因仰天感牛女事密相誓心願世世爲夫婦言畢執手各嗚咽此獨君王知之耳因悲曰由此一念又不得居此復墮下界且結後緣或爲天或爲人決再相見好合如舊也

雲仙雜記洛陽人家乞巧使蜘蛛結萬字造明星酒裝同心膾

糚樓記薛瑤英於七月七日令諸婢共剪輕綵作連理花千餘朶以陽起石染之當午散於庭中隨風而上徧空中如五色雲霞久之方沒謂之渡河吉慶花藉以乞巧

祕閣閒話蔡州丁氏女精女工每七夕禱以酒果忽見流星墜筵中明日瓜上有金梭自是巧思益進

國史補興元元年七月七日斬僞官喬琳將臨刑書曰琳以七月七日生亦以此日死豈非命也

唐詩紀事林傑幼而秀異言則成文五歲所爲盈軸明年遂獻唐中丞唐命子弟延入學院時會七夕賦乞巧詩傑援筆曰七夕今宵看碧霄牛郎織女渡河橋家家乞巧望秋月穿盡紅絲幾百條唐嘆曰眞神童耳

酉陽雜俎焉者七月七日祀生祖

雜異書時有女子尚幼七夕見家人出庭望候天門開獨在室中不出日若合當見者雖暗室中亦當見之至夜深忽見上天門開雲氣赫奕因求富及長嫁而富家累鉅萬

五代史蜀世家秋七月皇太子元膺殺太子太保唐襲元膺建次子也是月七夕元膺名諸王大臣置酒而集王宗翰樞密使潘峭翰林學士毛文錫不至元膺怒曰集王不來峭與文錫敎之耳明日元膺白建峭及文錫離間諸王建怒將罪之元膺出而襲入建以問之襲曰太子謀作亂欲名諸將諸王以兵錮之然後舉事爾建疑之襲請名屯營軍入衛元膺聞襲名兵以爲誅己乃率兵出拒襲與襲戰神武門襲中流矢死

五國故事南唐後主李煜每七夕延巧必命紅白羅百匹以豎爲日宮天河之狀一夕而罷乃收之

避暑漫抄李煜歸朝後鬱鬱不樂見於詞語在賜第七夕命故妓作樂聞於外太宗怒又傳小樓昨夜又東風併坐之遂被禍

玉海七月七日宋太宗乾明節

墨莊漫錄元祐六年七夕日東坡時知揚州與發運使晁端彥吳倅晁无咎大明寺汲塔院西廊井與下院蜀井二水校其高下以塔院水爲勝

東京夢華錄七月七夕潘樓街東宋門外瓦子州西梁門外瓦子北門外南朱雀門外街及馬行街內皆賣磨喝樂乃小塑土偶耳悉以雕木彩裝欄座或用紅紗碧籠或飾以金珠牙翠有一對直數千者禁中及貴家與士庶爲時物追陪又以黃蠟鑄爲鳧鴈鴛鴦鸂鶒龜魚之類彩畫金縷謂之水上浮又以小板上傅土旋種粟令生苗置小茅屋花木作田舍家小人物皆村落之態謂之穀板又以瓜雕刻成花樣謂之花瓜又以油麪糖蜜造爲笑靨兒謂之果食花樣奇巧百端如捺香方勝之類若買一斤數內有一對被介冑者如門神之像蓋自來風流不知其從謂之果食將軍又以菉豆小豆小麥於磁器內以水浸之生芽數寸以紅藍綵縷束之謂之種生皆於街心綵

幕帳設出絡貨賣七夕前三五日車馬盈市羅綺滿街旋折未開荷花都人善假做雙頭蓮取玩一時提攜而歸路人往往嗟愛又小兒須買新荷葉執之蓋效顰磨喝樂兒童輩特地新裝競誇鮮麗至初六日七日晚貴家多結綵樓於庭謂之乞巧樓鋪陳磨喝樂花瓜酒炙筆硯針線或兒童裁詩女郎呈巧焚香列拜謂之乞巧婦女望月穿針或以小蜘蛛安合子內次日看之若網圓正謂之得巧里巷與妓館往往列之門首爭以侈靡相尚

乾淳歲時記七夕節物多尚果食茜鷄及泥孩兒號摩睺羅有極精巧飾以金珠者其直不貲併以蠟印鳧鴈水禽之類浮之水上婦人女子夜對月穿鍼餖飣盃盤飲酒爲樂謂之乞巧及以小蜘蛛貯合內以候結網之疎密爲得巧之多少小兒女多衣荷葉半臂手持荷葉效顰摩睺羅大抵皆中原舊俗也

七夕前修內司例進摩睺羅十卓每卓三十枚大者至高三尺或用象牙雕鏤或用龍涎佛手香製造悉用鏤金珠翠衣帽金錢釵鋜佩環眞珠頭鬚及手中所執戲具皆七寶爲之各護以五色鏤金紗廚制閫貴臣及京府等處至有鑄金爲貢者宮姬市娃冠花衣領皆以乞巧時物爲飾焉

宋史鎭王竑傳竑好鼓琴丞相史彌遠買美人善鼓琴者納諸御而厚廩其家使美人瞷竑動息必以告美人知書慧黠竑嬖之宮壁有輿地圖竑指瓊厓曰吾他日得志置史彌遠於此又嘗呼彌遠爲新恩以他日非新州則恩州也彌遠聞之嘗因七月七日進乞巧奇玩以覘之竑乘酒碎於地彌遠大懼日夕思以處竑而竑不知也

賈氏說林陳豐與葛勃屢通音問而歡會未由七月七日豐以靑蓮子十枚寄勃勃啗未竟墜一子於盆水中有喜鵲過惡汙其上勃遂棄之明早有並蔕花開於水面如梅花大勃喜曰吾事濟矣取置几頭數日始謝房亦漸長剖之各得實五枚如豐來數卽書其異以報豐自此鄉人改雙星節爲雙蓮節

齊東野語朱慶之寓永嘉時適逢七夕學徒醵飲有借法辨善五星每以八煞爲說酒邊一士致仙叩試事忽箕動大書文章伯降朱怪之漫云姑置此且求一七夕新詞卽以八煞爲韻意欲困之忽運箕如飛大書鵲橋仙一闋云鸞輿初駕牛車齊發隱隱鵲橋迎軋尤雲殢雨正歡濃但只怕來朝初八霞垂綵幔月明銀蠟馥郁香噴金鴨年年此際一相逢未審是甚時結煞

癸辛雜識楊纘繼翁大卿倅湖日七夕夜其侍姬田氏及使令數人露坐至夜半忽見一鶴西來繼而有鶴千百從之皆有仙人坐其背如畵圖所繪者綵霞絢粲數刻乃沒時楊卿已寢姬急報起而視之尚見雲氣紛郁之狀

中吳紀聞崑山縣東地名黃姑父老相傳嘗有織女牽牛星降於此地織女以金篦劃河水河水湧溢牽牛因不得渡今廟西有水名百沸河鄉人異之爲之立祠祈禱甚靈每至七夕人皆合錢爲靑苗會以祈穀焉

元氏掖庭錄九引臺七夕乞巧之所至夕宮女登臺以五綵絲穿九尾鍼先完者爲得巧遲完者謂之輸巧各出資以贈得巧者焉

至大中洪妃寵於後宮七夕諸嬪妃不得登臺臺上結綵爲樓妃獨與宮官數人升焉剪綵散臺下令宮嬪拾之以色艶淡爲勝負次日設宴大會謂之鬬巧宴負巧者罰一席

歲華紀麗譜七月七日晚宴大慈寺設廳暮登寺門樓觀錦江夜市乞巧之物皆備焉

熙朝樂事七夕人家盛設瓜果酒殽於庭心或樓臺之上談牛女渡河事婦女對月穿針謂之乞巧或以小盒盛蜘蛛次早觀其結網疎密以爲得巧多寡市中以土木雕塑孩兒衣以綵服而賣之號爲摩睺羅

孳碎錄七夕俗以蠟作嬰兒形浮水中以爲戲爲婦人宜子之祥謂之化生

帝京景物略七月七日之午丟巧鍼婦女曝盎水日中頃之水膜生面繡鍼投之則浮看水底鍼影有成雲物花頭鳥獸影者有成鞋及剪刀水茄影者謂乞得巧其影粗如槌細如絲直如軸蠟此拙徵矣

北京歲華記七夕宮中最重市上賣巧果人家設宴兒女對銀河拜

七夕部雜錄

淮南畢萬術七月七日採守宮陰乾之合以井華水和塗女身有文章卽以丹塗之不去者不淫去者有姦

風俗通義織女七夕當渡河使鵲爲橋

四民月令卷耳伏後二十日爲麴至七月七日乾之覆以胡枲

七月七日作麴合藍丸及蜀漆丸暴經書及衣裳不蠹

風土記魏時人或問董勛云七月七日爲良日飲食不同於古何也勛云七月黍熟七日爲陽數故以糜爲珍今此日惟設湯餅無復有糜矣

抱朴子雜應篇或問魏武帝曾收左元放而桎梏之而得自然解脫以何法乎抱朴子曰吾不能正知左君所施用之事然歷覽諸方書有以七月七日東行跳脫蟲塗之自解然左君之變化無方未必由此也自用六甲變化其眞形不可得執也

食經七月七日作酒法方一石麴作糗餅編竹甕下羅餅竹上密泥甕頭二七日出餅曝令燥還內甕中一石米合得三石酒也

齊民要術作大酢法七月七日取水作之大率麥䴷二斗勿揚簸水三斗粟米熟飯三斗攤令冷任甕大小依法加之以滿爲限

千金方七月七日取菖蒲爲末酒服方寸匕飲酒不醉好事者服而驗之久服聰明忌鐵器

外臺祕要七月七日以大豆拭疣上三過使本人種豆於南向屋東頭第二溜中豆生葉以熱湯沃殺卽愈

蚘蟲心痛吐清水七月七日採蒺藜子陰乾方寸匕日三服又三十年失明補肝散用蒺藜子七月七日收陰乾擣散食後水服方寸七日二服

酉陽雜俎厭鼠法七日以鼠九枚置籠中埋於地秤九百斤土覆坎深各二尺五寸築之令堅固雜五行書曰亭部地上土塗竈水火盜賊不經塗屋四角鼠不食蠶以塞埳百鼠種絕

歲時雜記七月六日有雨謂之洗車雨七日雨曰灑淚雨

爾雅翼涉秋七日鵲首無故皆禿相傳是日河鼓與織女會於漢東役烏鵲爲梁以渡故毛皆脫去

容齋三筆太平興國三年詔七夕嘉辰著於令甲今之習俗多用六日非舊制也宜復用七日且名爲七夕而用六不知始自何時然唐世無此說必出於五代耳

燕翼詒謀錄北俗遇月三七日不食酒肉蓋重道教之故而七夕改用六日太平興國三年七月乙酉詔曰七夕佳辰近代多用六日宜以七日爲七夕頒行天下蓋方其改用六日之時始於朝廷故釐正之自朝廷始

紀曆撮要七夕天河去採米價囘快米賤囘遲米貴

彥周詩話作詩壓韻是一巧嘗記人作七夕詩押潘尼字衆人竟和無成詩者僕時不曾賦後因讀藏經呼喜鵲爲芻尼乃知讀書不厭多

宋裴詩曉涼門巷柳陰蟬九陌晴泥著錦韉到處簾櫳盡相似巧棚人靜五生蔫注七夕前數日種麥於小瓦器爲牽牛星之神謂五生盆

委巷叢談宋時行都節序皆有休假惟七夕百司皆入局不准假有時相古朴問堂吏云七夕不作假有何典故吏應云七夕古今無假時相但唯唯不知其有所侮也蓋用柳詞七夕二郎神云須知此景古今無價

代醉編七夕乞巧其來已久續博物志山東風俗正月取五姓女年十餘歲共臥一榻覆之以衾以箕扇之良久如夢寐或欲刺文繡事筆硯理管絃俄頃乃寤謂之扇天卜以乞巧是正月亦有乞巧事然不如七夕瓜果陳列穿針弄絲爲有風致

筆峯雜興咽喉骨鯁七月七日取絲瓜根陰乾燒存性每服二錢以原鯁物煮湯服之

讕言長語文人辭勝於理者多曹植七夕詠曰目牽牛兮挑織女交有際兮會有期張文潛七夕歌言牽牛織女二星云帝憐獨居無與娛河西嫁與牽牛夫世人遂實其事白樂天長恨歌敘明皇思貴妃天上人間會相見云云人讀之不覺可喜元艾性夫作臨邛道士招魂歌云安得天上蓬萊宮却著人間馬嵬鬼今剪燈新話餘話等一切鬼話啓蒙故事收之後人遂以爲實然

常氏日錄七夕將午時酒服菖蒲一二寸飲酒不醉

七夕部外編

道書七月七日爲慶生中會此日地官三宮九府四十二曹同會天水二官六宮十八府七十八曹同考罪福

列仙傳王子喬周靈王太子晉也好吹笙作鳳鳴遊伊洛之間浮丘公接以上嵩高山三十餘年後於山中謂桓良曰告我家七月七日待我緱氏山頭是日果乘白鶴駐山嶺望之不得到舉手謝時人數日而去

陶安公者六安鑄冶師也一朝火散上紫色冲天安公伏冶下求哀須臾朱雀止冶上曰安公安公冶與天通七月七日迎汝以赤龍至日龍來安公騎之東南而去邑中數萬人預共送之皆與辭訣

神仙傳王遠字方平欲東入括蒼山過吳往胥門蔡經家經小民而骨相當仙遠於是告以要言乃委經而去經後入室以被自覆忽然失之去十餘年忽還家語家人曰七月七日王君當來可多作飲食以供從官至其日王君果來經舉家皆見之前後麾節幡旗導從威儀奕奕如大將軍也遠坐因遣人名麻姑麻姑至蔡經亦舉家見之是好女子年可十八九許坐定各進行廚擘脯而食之云麟脯麻姑手爪似鳥經心中念曰背大癢時得此爪以爬背當佳也遠已知經心中所言卽使人牽經鞭之謂曰麻姑神人也汝何忽謂其爪可爬背耶但見鞭著經背亦莫見有人持鞭者遠去後經家所作飲食數百斛皆盡亦不見有人飲食也

漢武帝內傳元封元年正月甲子登嵩山起道宮帝齋七日祠訖乃還至四月戊辰帝閒居承華殿東方朔董仲舒在側忽見一女子著青衣美麗非常帝愕然問之女對曰我墉宮玉女王子登也乃爲王母所使從崐崘山來語帝曰聞子輕四海之祿尋道求生降帝王之位而屢禱山嶽勤哉有似可教者也從今日清齋不閑人事至七月七日王母暫來也帝下席跪諾言訖玉女忽然不知所在帝問東方朔此何人朔曰是西王母紫蘭宮玉女常傳使命往來扶桑出入靈州交關常陽傳言元都阿母昔出配北燭仙人近又名還使領命祿眞靈官也帝於是登延靈之臺盛齋存道其四方之事權委於冢宰焉到七月七日乃修除宮掖設坐大殿以紫羅薦地燔百和之香張雲錦之幃然九光之燈列玉門之棗酌蒲萄之醴宮監香果爲天宮之饌帝乃盛服立於堦下勅端門之內不得有妄窺者內外寂謐以候雲駕到夜二更之後忽見西南如白雲起鬱然直來逕趨宮庭須臾轉近聞雲中簫鼓之聲人馬之響半食頃王母至也縣投殿前有似鳥集羣仙數千光耀庭宇既至從官不復知所在唯見王母乘紫雲之輦駕九色斑龍別有五十天仙側近鸞輿皆長丈餘咸住殿下王母唯扶二侍女上殿侍女年可十六七容眸流盼神姿清發眞美人也王母上殿東向坐著金褡襹文采鮮明光儀淑穆帶靈飛大綬腰佩分景之劍頭上太華髻戴太眞晨嬰之冠履元璚鳳文之舄視之可年三十許修短得中天姿掩藹容顏絕世眞靈人也下車登牀帝跪拜問寒暄畢立因呼帝共坐帝面南王母自設天廚眞妙非常帝不能名也又命侍女更索桃果須臾以玉盤盛仙桃七顆以呈王母母以四顆與帝三顆自食桃味甘美口有盈味帝食輒收其核王母問帝帝曰欲種之母曰此桃三千年一生實中夏地薄種之不生帝乃止王母乃遣侍女郭密香與上元夫人相問云王九光之母敬謝夫事勞我致以愆面劉徹好道適來視之若能屈駕當停相須臾夫人至從官文武千餘人夫人上殿向王母拜王母坐而止之呼同坐北向帝拜問寒溫還坐王母巾笈中有一卷書盛以紫錦之囊出以示之曰此五嶽眞形圖也今以相與上元夫人語帝曰今雖得眞形而無五帝六甲左右靈飛之符十二事何以名山靈朝地神攝總萬精驅策百鬼束虎豹役蛟龍乎卽命侍女紀離容到扶廣山勅青眞小童出六甲左右靈飛致神之方以授須臾侍女還捧五色玉笈鳳文之蘊出六甲之文夫人一一手指所施用節度示帝焉凡十二事帝拜受

潛居錄漢武帝七夕幸開襟樓忽見殿北方綵雲縹緲有美女騎一物蹁躚而下卽以所騎物上帝曰此槃東之劍羣仙寶之能辟諸邪妾乘之而來頃刻百里矣後人吳宮大帝號曰辟邪亦曰百里

神仙感遇傳李筌號達觀子好神仙之道至嵩山虎口巖得黃帝陰符經本絹素書朱漆軸緘以玉匣題曰大魏眞君二年七月七日上清道士寇謙之藏諸名山用傳同好其本糜爛筌抄讀數千遍竟不曉其義理因入秦至驪山下逢一老母與筌說陰符之義曰此符凡三百言一百言演道一百言演術一百言演法上有神仙抱一之道中有富國安民之法下有

強兵戰勝之術本命日誦七遍益心機加年壽每年七月七日寫一本藏名山石巖中得加算久之母出一瓠令筌谷中取水及還已失老母筌有將略作太白陰符十卷有相業著中台志十卷竟入名山訪道不知所終

感遇集郭子儀至銀州夜見左右皆赤光仰視空中駢車繡幄中有一美女自天而下子儀拜祝今七月七夕必是織女降臨願賜長壽富貴女笑謂曰大富貴亦壽考言訖冉冉升天子儀後立功貴盛年九十餘薨

說淵開元中有李氏者嫁於賀若氏卒乃舍俗爲尼號曰眞如家于鞏縣孝義橋其行高潔遠近宗推之天寶元年七月七日眞如于精舍戶外盥濯之間忽有五色雲起自東而來雲中引手不見其形徐以囊授眞如曰寶之愼勿言也眞如謹守不敢失墜

博異志天寶中有陳仲躬假居一宅其宅有井甚大好溺人仲躬閒窺井上忽見水影中一女子年狀少麗依時樣妝飾以目仲躬仲躬神魂恍惚歎曰斯乃溺人之由也遂不顧而退後數月炎旱此井亦不減忽一日水頓竭淸旦有一人扣門云敬元穎請謁仲躬命入乃井中所見者仲躬與坐訊曰卿何以殺人元穎曰妾實非殺人者此井有毒龍好食人血自漢以來已殺三千七百人矣水不曾耗涸某乃國初方墮於井遂爲龍所驅使爲妖惑以誘人用供龍所食辛苦非所願昨爲太一使者交替天下龍神盡須集駕昨夜子時已朝太一今井內已無水君子誠能命匠淘之則脫難矣仲躬命匠入井至底無別物唯獲古銅鏡一枚面闊七寸八分仲躬令洗淨安匣中焚香以潔之一更後忽見元穎直造燭前設拜曰謝生成之恩某本師曠所鑄十二鏡之第七者也其鑄時皆以日月爲大小之差元穎則七月七日午時鑄者也貞觀中爲許敬宗婢蘭苔所墮遂爲毒龍所役幸遇君子乃獲重見人間耳

桂苑叢談鄭代肅宗時爲潤州刺史兄侃嫂張氏女年十六名采娘淑愼其儀七夕夜陳香筵祈於織女是夕夢雲輿雨蓋蔽空駐車命采娘曰吾織女汝祈何福曰願丐巧耳乃遺一金針長寸餘綴於紙上置裙帶中令三日勿語汝當奇巧不爾化成男子經二日以告其母母異而視之則空紙矣其針迹猶在張數女皆卒至娠母病而不言張氏有恨言曰男女五人皆卒復懷何爲將復服藥以損之藥至將服采娘昏奄之內忽稱殺人母驚而問之曰某之若終當爲男子母之所懷是也聞藥至情急是以呼之母異之乃不服藥采娘尋卒既葬母悲念乃收常所戲之物而匿之未逾月遂生一男子有動所匿之物兒卽啼哭張氏哭女孩兒卽啼哭罷卽愈及能言常戲弄之物乃采娘後身也因名曰叔子後位至柱史

宣室志進士李員河東人也居長安延壽里元和初夏一夕員獨處其室方偃於榻寐未熟忽聞室之西隅有微聲纖而遠鏘然若韻金石樂如是久不絕俄而有歌者其音極淸越泠泠然又久不已員竊誌其歌詞曰色分藍葉靑聲比磬中鳴七月初七日吾當示汝形歌竟其音闃員且驚且異朝日命家僮窮其跡不能得焉是夕員方獨處又聞其聲悽越且久亦歌如前詞竟員心知爲怪也默然異之如是凡數夕亦聞焉後至秋始六日夜有甚雨隤其堂之北垣明日垣北又聞其聲員驚而視之於北垣下得一缶僅尺餘制用金成形狀奇古與今之缶甚異苔蘚其光隱然有文視不可見蓋千百年之器也叩之則其韻極長卽命滌去塵蘚方可讀之字皆小篆書乃崔子玉座右銘也員得而異之然竟不知何代所製也

奚囊橘柚袁伯文七月六日過高唐遇雨宿於山家夜夢女子甚都自稱神女伯文欲留之神女曰明日當爲織女造橋違命之辱伯文驚覺天已辨色啓牕視之有羣鵲東飛有一稍小者從牕中飛去是以名鵲爲神女也

名勝志鐵船山在融縣西三十里有仙女泉以七月七夕嘗有仙女浴於泉側故名

欽定古今圖書集成曆象彙編歲功典

第六十八卷目錄

中元部彙考

荊楚歲時記中元事考

遼史禮志

遵生八牋中元事宜　中元事忌

本草綱目藥方

事物原始中元

直隸志書宛平縣良鄉縣武淸縣房山平谷縣永平府南皮縣慶雲縣冀州新河縣棗強縣趙州內丘縣任縣廣平縣淸河縣宣府鎮

山東志書淄川縣齊東縣霑化縣博平縣恩縣登州府

山西志書臨汾縣太平縣永和縣長子縣陽城縣馬邑縣

河南志書商丘縣孟津縣商城縣郟縣

江南志書松江府靖江縣金壇縣徽州府來安縣

浙江志書杭州府嘉善縣烏程縣桐廬縣

江西志書廣昌縣上高縣安遠縣

湖廣志書蘄州公安縣彝陵州善化縣攸縣茶陵州寧遠縣永興縣

福建志書福州府永福縣延平府尤溪縣建寧縣漳州府

四川志書茂州

廣東志書曲江縣樂昌縣歸善縣澄海縣饒平縣德慶州

中元部藝文一

盂蘭盆賦　唐楊炯

中元部藝文二

七月十五日題章敬寺　唐德宗

奉和聖製中元日題章敬寺　崔元翰

中元日贈張尊師　令狐楚

中元日觀法事　盧拱

中元日觀法事步虛　殷堯藩

中元作　李商隱

中元夜　李郢

中元夜寄道侶二首　陸龜蒙

宮詞　花蘂夫人徐氏

中元夜百花洲作　宋范仲淹

中元雨中呈子晉　朱熹

中元夜祭太乙罷對月二首　金趙秉文

中元見月　明邊貢

中元日齋中作　朱曰藩

中元對客　趙舜舉

中元部紀事

中元部雜錄

中元部外編

歲功典第六十八卷

中元部彙考

荊楚歲時記

中元事考

七月十五日僧尼道俗悉營盆供諸佛

按盂蘭盆經云有七葉功德並幡花歌鼓果食送之蓋由此也經云目連見其亡母在餓鬼中卽鉢盛飯往餉其母食未入口化成火灰遂不得食目連大叫馳還白佛佛言汝母罪重非汝一人奈何當須十方衆僧威神之力至七月十五日當爲七代父母厄難中者具百味五果以著盆中供養十方大德佛勑衆僧皆爲施主祝願七代父母行禪定意然後受食是時目連母得脫一切餓鬼之苦目連白佛未來世佛弟子行孝順者亦應奉盂蘭盆供養佛言大善故後人因此廣爲華飾乃至刻木割竹飴蠟剪綵模花葉之形極工妙之巧

遼史

禮志

歲時雜儀七月十三日夜天子於宮西三十里卓帳宿焉前期備酒饌翼日諸軍部落從者皆動蕃樂飲宴至暮乃歸行宮謂之迎節十五日中元動漢樂大宴十六日昧爽復往西方隨行諸軍部落大譟三謂之送節國語謂之賽咿唲奢奢好也

遵生八牋

中元事宜

修真指要曰中元十五日可修齋謝罪

中元事忌

是月十五日爲中元戒夫婦入房

本草綱目

藥方

七月十五日取紫色浮萍曬乾爲細末煉蜜和丸彈子大每服一粒以豆淋酒化下治左癱右瘓三十六種風偏正頭風口眼喎斜大風癩風一切無名風及脚氣并打撲傷折及胎孕有傷服過百粒卽爲全人此方後人名紫萍一粒丹

事物原始

中元

七月十五謂之中元大藏經云目連以母生餓鬼中佛令作盂蘭盆以奇果素食置盤中供佛而後母得食夢華錄云中元先數日市井賣冥器靴鞋帽帶綵衣之屬以竹斫成三脚高三五尺織燈窩之狀謂之盂蘭盆掛冥錢衣服備素食以供養先祖城外有墳即往拜埽禁中亦出車馬詣墳本院官給祠部令僧設大會焚錢山祭陣亡軍士設孤魂道場今時亦然

直隸志書各省風俗同者不載

宛平縣

七月十五日諸寺建盂蘭會是夜於水陸放燈以度鬼祭埽如清明時

良鄉縣

七月十五日門兩旁供芝穀省墓祀先薦麻穀釋氏作水陸大醮放水燈及路燈

武清縣

七月十五日祭先謂之薦麻穀

房山縣

七月十五日中元之節俗以麻穀秫三物並縛一處樹於各家大門及天地祖先兩旁仍設果品牲醴或負麻穀詣墳奠祭者或有夜間門首焚祭者

平谷縣

中元設麻穀於堂中祭先祖薦時食謂之鬼節

永平府

七月十五日中元爲地官赦罪辰僧家建盂蘭會人家有持齋誦經謂之大齋日前一日採麻穀歸置門左右或逕奠祀祖考復墓祭或負麻穀往謂之麻穀節官祭厲里社亦行之穀始登

南皮縣

七月十五日攜瓜果脯醴楮錢登丘隴持麻穀至隴上謂之薦新

慶雲縣

七月十四日祭晚陳瓜果祀祖先戸左東向月麻穀黍稷薦新厥明祭於墓鄉人以爲目連救母之辰人各薦亡謂之盂蘭盆會

冀州

七月中元節祭墓獻麻穀蓋告穡事將成薦新也

新河縣

七月十五日攜瓜果脯醴楮錢登丘隴祭奠持麻穀數莖樹之隴上謂之送麻穀

棗強縣

七月十五中元日先一日取麻與穀獻神及祖先置門左右日供麻穀亦秋成報衣食之原意至日用以祭埽墳墓又六日各具紙錢置禾稼上曰掛地頭

趙州

中元節早赴地頭用楮錢供麻穀於家至晚送於塋焚之

內丘縣

七月十五日祭墓持麻穀掛之隴上

任縣

七月中元不行盂蘭之會

廣平縣

中元薦時食祀先祖其果蔬蒸羊遺之外孫名曰送羊

清河縣

七月十五日上墳祭埽有蒸麵羊餽女者

宣府鎮

七月十五日爲中元節俗傳地官赦罪之辰人家多持齋誦經薦奠祖先攝孤判斛

山東志書

淄川縣

中元祀先必以瓜果穀秫黍麻數莖於几右薦新也

齊東縣

七月十五日家祀祖先設瓜果俗名瓜節

霑化縣

七月十四日各家採麻柯及諸鮮禾架棚名曰麻屋請祖先主其中以祭

博平縣

七月十五日登祭先隴如清明農家取麻穀數莖焚香獻之於中庭至夕送置廟宇謂之送麻穀

恩縣

七月中元祭先在黃昏儀如正旦然必折麻穀以獻蓋告穡事成也

登州府

七月十五日中元祭先祖薦時食謂之鬼節

山西志書

臨汾縣

七月十五日上先塚焚寒衣

太平縣

七月十五日祀祖先薦麻穀先一日掛紙馬於田間以迎秋收

永和縣
七月十五日士祭魁星農掛田旛佛寺設盂蘭醮
長子縣
中元舊俗牧羊家於是日屠羊賽神則畜羊繁庶頒胙於親族貧無羊者蒸麪作羊形代之
陽城縣
中元道家爲解厄之辰設醮禳災僧尼奉釋氏盂蘭會燃河燈祓除厲疫農夫以麥屑爲貓虎及諸五穀之形祭於隴畝名行田
馬邑縣
中元以麥麪蒸作孩提狀曰麪人互饋親戚之卑幼者

河南志書
商丘縣
七月十五日祀地官各掛紙旗於門禳蟲
孟津縣
七月十五日供養麻穀祭掃墳墓放風鳶
商城縣
七月十五日祀先祀穀神
郟縣
七月十五日門前畫灰圈焚紙錢於內以祀先亡

江南志書
松江府
中元祀先以素羞往僧舍設齋爲人薦亡夜放水燈
靖江縣
中元煠茄餠薦先
金壇縣
七月十五日中元祀先散滿池燈
徽州府
七月十五日燒盂蘭盆於寺中設伊蒲塞之饌是皆故越好巫之俗邇年女郎益喜諷呪齋薰以祈禱云
來安縣
七月望祀先農家置酒勞力田者

浙江志書
杭州府
七月十五日係白帝乘時地官按籍各寺院作盂蘭盆會延請衆僧施食鐃鼓笙磬之聲相聞是日茹素者十居八九屠門罷市親戚有喪者各以酒餚攢盒楮錢相饋夜則施食放河燈以資冥福
嘉善縣
七月十五日雨則主收水稻
烏程縣
中元節僧家建盂蘭盆會夜則放燄口施食沿河放燈謂之照冥
桐廬縣
七月十五日各家具素羹祀祖先而男女亦不茹葷其夜名浮屠誦呪度亡人謂之判斛仍有鳴鑼灑飯於野謂之施食無非效釋氏之盂蘭盤供也

江西志書
廣昌縣
中元先一晚焚香點茶迎祖宗次日祭之
上高縣
七月十五日家家焚經楮燒冥衣亦追報之意
安遠縣
中元節俗傳祖先歸家各家自十二夜起焚香潔茗朝夕上食至十五夜具楮衣冠錢鏹祭送

湖廣志書
蘄州
七月半是日郡內士民以三牲薦祖名曰半年福
公安縣
中元爲盂蘭盆會俗傳是日亡者當返送錢割豕通貴賤皆然盡室凜凜若先鬼之至
彝陵州
七月十五日士民具牲醴餠果祀神及先以紙封楮錢成帙上書祖先親姻名號收用謂之寄包袱
善化縣
中元設羹飯酒食祀祖先凡五日以紙爲衣冠包紙錢至晚焚之名曰薦祖
攸縣
七月十二日晚至十五晚設亡過祖先牌位早晚二時上茶飯如生前十五日作綵衣巾履箱籠焚送之新喪者用僧道二教大開法壇富者七日五日貧者一日衣飾輿馬生前備用之物無不悉具皆以五色紙馬焚於郊外
茶陵州
中元以楮爲衣列先祖名其上而焚之夜半設瓜果酒具於中庭曰別先祖
寧遠縣
七月中元日戒江浴生瘢駁禾苗已定俗有立秋處暑定禾苗之說
永興縣

中元先五日焚香點茶供飯以迎先祖是日具酒餚化楮衣畢家人聚飲

福建志書

福州府

中元遊神光寺寺有佛涅槃像傍列十弟子有捫心按趾哭泣躃踊出涕失聲之類是日盂蘭盆會因怪像以招遊人遂成墟市相傳謂之看死佛舊記閩王於薛老峰西作百道階每歲中元閩人盛遊於此

永福縣

中元自朔至望日設酒饌焚紙衣以獻先祖女子適人者皆歸祭其祖考妣

延平府

中元祀祖先焚楮錢衣冠袍笏皆紙爲之女子於是日送以祀其先父母是月或家設醮壇或聚衆爲欲口具齋餛飩楮錢冥物延僧與黃冠爲之謂之施食

尤溪縣

中元家家祀祖先種冥福者廣焚楮衣於厲壇以濟無祀

建寧縣

中元日巫師女巫跳號作法爲小兒除關煞

漳州府

七月半作盂蘭會延僧設食祀無祀之鬼夜以竹竿燃燈天際聯綴數枝如滴如墜望之若星謂之作中元

四川志書

茂州

七月十五日作岷山土主會歷代傳來塑有行神一龕內外城議定會首供神一年若神在城內則外城之衆具香楮以子弟扮作婦女仙佛神將等故事高置木架凌空而行迎神至外城會首家供養會飲演戲三日至次年內城亦如之循年遞接競勝爭奇不較所費

廣東志書

曲江縣

猺俗七月十五日祀其祖有狗頭王者以小男女著花衣歌舞爲侑

樂昌縣

中元俗傳祖考魂歸自朔至望供設如事生禮望日復以楮衣焚之曰燒衣以饘饍多盛米食曰餞先

歸善縣

舊俗惠民多居南雄因元兵將至預十四日祀祖次日避兵故今居惠猶循十四日爲中元節家備酒餚薦楮衣祀祖先

澄海縣

七月中元祀祖先及竈神

鎭平縣

中元取蓮葉爲蓋以送其先幷化冥衣

德慶州

中元以冬葉裹粉作餅名曰架橋以祀祖先

中元部藝文一

盂蘭盆賦　唐楊炯

粵大周如意元年秋七月聖神皇帝御洛城南門會十方賢衆蓋天子之孝也渾元告秋羲和奏曉太陰望兮圓魄皎閶闔開兮凉風嫋四海澄兮百川晶陰陽肅兮天地杳掃離宮清重閣設皇邸張翠幕鸞飛鳳翔睒暘倏爍雲舒霞布翕赫曶霍陳法供飾盂蘭壯神功之妙物何造化之多端靑蓮吐而非夏赬果搖而不寒銅鐵鉛錫璆琳琅玕映以甘泉之玉樹冠以承露之金盤憲章皇極儀形萬類上寥廓兮法天下安貞兮像地殫怪力窮神異少君王子擊曳曳兮若來玉女瑤姬翩躚躚兮必至鳴鶴鸛與鸑鷟舞鵾雞與翡翠毒龍擊兮赫然狂象奔兮沉醉怖魍魎潛魑魅離婁明目不足見其精微匠石洗心不足徵其奧祕繽繽紛紛氛氛氳氳五色成文若榮光休氣發彩於重雲奮奮粲粲煥煥爛爛三光啓旦若合璧連珠耿耀於長漢夫其遠也天台傑起繞之以赤霞夫其近也削成孤峙覆之以蓮花晃兮瑤臺之帝室赩兮金闕之仙家其高也出諸天於大梵其廣也遍法界於恆沙上可以薦元符於七廟下可以納羣動於三車者也於是乎騰聲明列部伍前朱雀後元武左蒼龍右白虎環衛匝羽林周雷鼓八面龍旂九斿星戈耀日霜戟含秋三公以位百僚乃入鳴珮鏘鏘高冠岌岌規矩中威容翕無族談無錯立若乃山中禪定樹下經行菩薩之權現如來之化生莫不汪洋在列歡喜充庭天人儼而同會龍象寂而無聲聖神皇帝乃冠通天佩玉璽冕旒垂目紸纊塞耳前後正臣

左右直史身爲法度聲爲宮徵穆穆然南面而覩矣人伎初會四影高懸上妙之座取於燈王之國大悲之飯出於香積之天隨藍寶味含衞金錢麵爲山兮酪爲沼花作雨兮香作煙明因不測大福無邊鏗九部撞六律歌千人舞八佾孤竹之管雲和之瑟麒麟在郊鳳凰蔽日天神下降地祇咸出於是乎上公列卿大夫學士再拜稽首而言曰聖人之德無以加於孝乎散元氣運洪罏斷鼇足受龍圖定天寶建皇都至於立宗廟平圭臬繡桷文楣山楶藻棁昭穆敘樽罍設以覲嚴祖之耿光以揚先皇之大烈孝之始也考辰耀制明堂廣四修一上圓下方布時令合蒸嘗配天而祀文考配帝而祀高皇孝之中也宣大乘昭羣聖光祖考登靈慶發深心展誠敬刑於四海加於百姓孝之終也夫孝始於顯親中於禮神終於法輪武盡美矣周命維新聖神皇帝於是乎惟寂惟靜無營無欲壽命如天德音如玉任賢相惇風俗遠佞人措刑獄省遊讌披圖籙損珠璣寶菽粟罷官之無事恤人之不足鼓天地之化淳作皇王之軌躅太陽夕乘輿歸下端闈入紫微

中元部藝文二 詩

七月十五日題章敬寺　唐德宗

招提邇皇邑複道連重城法筵會早秋駕言訪禪扃
嘗聞大仙教清淨宗無生七物匪吾寶萬行先求成
名相既雙寂繁華奚所榮金風扇微凉遠煙凝翠晶
松院靜苔色竹房深磬聲境幽眞慮恬道勝外物輕
意適本非說含毫空復情

奉和聖製中元日題章敬寺　崔元翰

妙道非本說殊途成異名聖人得其要俱以化羣生
鳳吹從上苑龍宮連外城花鬘列後殿雲車駐前庭
松竹含新秋軒窻有餘清緬懷崆峒事須繼簫管聲
離相境都寂忘言理更精域中信稱大天下乃爲輕
屈己由濟物堯心豈所榮

中元日贈張尊師　令狐楚

偶來人世值中元不獻元都永日閑寂寂焚香在仙
觀知師遙禮玉京山

中元日觀法事　盧拱

四孟逢秋序三元得氣中雲迎碧落步章奏玉皇宮
壇滴槐花露香飄柏子風羽衣淩縹緲瑤轂轢虛空
久慕餐霞客常悲集蓼蟲靑囊如可授從此訪鴻蒙

中元日觀法事步虛　殷堯藩

元都開祕籙白石禮先生上界秋光淨中元夜氣清
星辰朝帝處鸞鶴步虛聲玉洞花長發珠宮月最明
埽壇天地肅投簡鬼神驚倘賜刀圭藥還留不死名

中元作　李商隱

絳節飄飄宮國來中元朝拜上清迴羊權須得金條
脫溫嶠終虛玉鏡臺曾省驚眠聞雨過不知迷路爲
花開有娀未抵瀛洲遠青雀如何鴆鳥媒

中元夜　李郢

江南水寺中元夜金粟欄邊見月娥紅燭影迴仙態
近翠環光動見人多香飄彩殿凝蘭麝霧繞輕衣雜
綺羅湘水夜空巫峽遠不知歸路欲如何

中元夜寄道侶二首　陸龜蒙

學餌霜茸骨未輕每逢眞夕夢還清丁寧獨受金妃
約許與親題玉篆名月苦撼殘臨水珮風微飄斷繫
雲纓須臾枕上桐窻曉露壓千枝滴滴聲

橘齋風露已淸餘東郭先生病未除孤枕易爲蛩破
夢短簷難得燕傳書廣雲披日君應近倒影栽花我
尚疎唯羨羽人襟似水平持旄節步空虛

宮詞　花蘂夫人徐氏

法雲寺裏中元節又是官家誕降辰滿殿香花爭供
養內園先占得鋪陳

中元夜百花洲作　宋范仲淹

南陽太守淸狂發未到中秋先賞月百花洲裏夜忘
歸綠梧無聲露光滑天學碧海吐明珠寒輝射宮星
斗踈西樓下看人間世瑩然都在淸玉壺從來酷暑
不可避今夕凉生豈天意一笛吹銷萬里雲主人高
歌客大醉客醉起舞逐我歌弗歌弗舞如老何

中元雨中呈子晉　朱熹

徂暑尚繁鬱大火空西流茲辰喜佳節凉雨忽驚秋
晼晚蘭徑滋蕭蔚庭樹幽炎氣一以去恢台逝不留
刀筆隨事屏塵囂與心休端居諷道言焚香味眞諏
子亦謝文史及此同優遊

中元夜祭太乙罷對月二首　金趙秉文

今夕知何夕白露涵秋空褰衣踏明月如在瓊瑤宮細數秋兔毫桂樹何玲瓏當年誰所種翳此天公瞳淸光知人意飛影入杯中流霞酌不盡淸光淸無窮我欲遊白雲一訪東坡翁扁舟下赤壁此樂將無同疇昔縞衣仙化作羽衣童酒酣邀我去鶴背聆松風靈官夜醮餘香霧飛不起吏衣步石壇風露皓如洗月波走金蛇入我淸樽裏引杯入復疑弓影正如此夜深一鴈過獄見巾落几松間龍一吟風庭落松子空中步虛聲隱隱猶未已

中元見月　明邊貢

坐愛淸光好更深不下樓不因逢閏月今夜是中秋

中元日齋中作　朱曰藩

陶枕單衾障素屛空齋獨臥雨冥冥輞川舊擬施爲寺內史新邀寫得經窻竹弄秋偏寂歷盂蘭乞食信飄零年來會得逃禪理長日沈冥不願醒

中元對客　趙舜泉

京國中元日微風暑乍收鵲飛明月樹人汎洞簫舟且喜深杯滿休嗟大火流盂蘭僧社近鐘鼓雜更籌

中元部紀事

壽陽記趙伯符爲豫州刺史立義樓每至七月半乃於樓上作樂樓下男女盛飾遊觀行樂

杜子春傳杜子春者周隋間人少落魄不事家產方冬衣破腹空徒行長安中有一老人與錢二百萬不告姓名而去一二年間稍稍而盡嘆於市門發聲而老人到與錢一千萬不三四年貧過舊日復遇老人於故處與三千萬子春曰吾落魄邪遊生涯罄盡親戚無相顧者獨此叟三給我我何以當之因謂老人曰感叟厚惠唯叟所使老人曰吾心也子來歲中元見我於老君雙檜下及期而往老人方嘯於二檜之陰遂與登華山雲臺畔

開元天寶遺事明皇在便殿甚思姚元崇論時務七月十五日苦雨不止泥濘盈尺上令侍御者擡步輦名學士來時元崇爲翰林學士中外榮之自古急賢待士帝王如此者未之有也

唐書王縉傳縉上言國家慶祚靈長福報所憑雖時多難無足道者祿山思明毒亂方熾而皆有子禍僕固懷恩臨亂而踣西戎內寇未及擊輒去非人事也故帝信愈篤七月望日宮中造盂蘭盆綴飾鏐琲設高祖以下七聖位幡節衣冠皆具各以帝號識其幡自禁內分詣道佛祠鐃吹鼓舞奔走相屬是日立仗百官班光順門奉迎導從歲以爲常羣臣承風皆言生死報應故人事置而不修大曆政刑日以堙陵由縉與元載杜鴻漸倡之也

唐會要貞元七年七月癸酉中元日幸章敬寺賦詩九韻皇太子進和兼題於壁百僚畢和後京尹薛珏請以上詩序皇太子書刻於石而塡以金從之

唐六典中尚署七月十五日進盂蘭盆

龍城錄賈宣伯愛金華山卽今雙谿別界其北有仙洞俗呼爲劉先生隱息處其內有三十六室廣三十六里石刻上以松炬照之云劉巖字仲卿漢室射聲校尉當恭顯之際極諫被貶於東輒隱迹於此莫知所終卽道士蕭至元所記也山口人時得玉篆牌俗傳劉仲卿每至中元日來降洞中州人祈福尋谿口邊得此者當巨富

杜陽雜編元和八年大軫國貢碧麥紫米碧麥大於中華之麥粒表裏皆碧香氣如粳米食之體輕久則可以御風紫米有類苣藤炊一升得飯一斗食之令人髭髮縝黑顏色不老久則後天不死上因中元日薦於元元皇帝故當時道士有得食者

雲笈七籤僖宗皇帝中和元年辛丑七月十五詔內臣元易簡刺史王茲縣令崔正規與朕詣青城山修醮封爲五岳大人希夷眞君是時縣界亢旱苗穀將燋封醮之後龍吟於觀側溪中風雨大至枯苗再茂縣境乃豐

洽聞記河州鳳林關有靈巖寺每七月十五日溪穴流出聖柰大如盞以爲常

錄異記蜀乾德元年七月十五日庚辰降誕廣聖節堋口鎭將王彥徽於羅眞人宮內得白龜以進

宋史禮志太平興國二年七月中元節御東角樓觀燈賜從官宴飮

錢氏世家太平興國三年封俶爲淮海國王仍改賜寧淮鎭海崇文耀武宣德守道功臣卽以禮賢宅賜之體貌隆盛冠絕一時是歲七月中元京城張燈令有司於俶宅前設燈山陳聲樂以寵之

茅亭客話范處士名德昭蜀人也不知所修之道著通宗論契眞刊謬論金液還丹論僞蜀主頻召入內問道稱旨頗優禮之處士談論多及物情以鑒戒爲先蜀人每中元節多生五穀俗謂之盆草盛以供佛初至時介意禁觸謂嘗有雷護之旣中元節後卽棄之糞壤處士太息曰豈知聖人則天之明生其六氣因地之性用其五行斲木爲耜揉木爲耒耨之利

以教天下播種五穀以育於人而不知天地生育之恩輕棄五穀如是宜乎神明不祐而云獲禍悲夫

東京夢華錄七月十五日中元節先數日市井賣冥器靴鞋幞頭帽子金犀假帶五綵衣服以紙糊架子盤遊出賣潘樓并州東西瓦子亦如七夕要鬧處亦賣果食種生花果之類及印賣尊勝目連經又以竹竿斫成三脚高三五尺上織燈窩之狀謂之盂蘭盆掛搭衣服冥錢在上焚之構肆樂人自過七夕便般目連經救母雜劇直至十五日止觀者增倍中元前一日即賣楝葉享祀時鋪襯卓面又賣麻穀窠兒亦是繫在卓子脚上乃告祖先秋成之意又賣雞冠花謂之洗手花十五日供養祖先素食纔明即賣穄米飯巡門叫賣亦告成意也又賣轉明菜花花油餅餕餡沙餡之類城外有新墳者即往拜埽禁中亦出車馬詣道者院謁墳本院官給祠部十道設大會焚錢山祭軍陣亡歿設孤魂道場

乾淳歲時記七月十五日道家謂之中元節各有齋醮等會僧寺則於此日作盂蘭盆齋而人家亦以此日祀先例用新米新醬冥衣時果綵段麪棊而茹素者幾十八九屠門爲之罷市焉

老學庵筆記老葉道人龍舒人不食五味年八十八平生未嘗有疾弟子曰小道人極愿慤嘗歸淮南省親至七月望日鄰有住庵僧名老葉飯飯已亟辭歸問其故則曰小道人約今日歸矣僧笑曰相去二三千里豈能必如約哉葉曰不然此子平日未嘗妄也僧乃送之歸及門小道人者已弛擔矣

山家清供溫陵人前中元數日以水浸黑豆暴之及芽以糠皮置盆內鋪沙植豆用板壓及長則覆以桶曉則曬之中元則陳於祖宗之前越三日出之洗焯漬以油鹽苦酒香料可爲茹卷以麻餅尤佳色淺黃名鵝黃豆生

金史太祖本紀收國元年七月十五日拜天射柳歲以爲常

熙朝樂事七月十五日俗傳爲中元節地官赦罪之辰人家多持齋誦經薦奠祖考攝孤判斛屠門罷市僧家建盂蘭盆會放燈西湖及塔上河中謂之照冥官府亦祭郡厲邑厲壇張伯雨西湖放燈詩云共泛蘭舟燈火鬧不知風露濕青冥如今池底休鋪錦此夕槎頭直掛星爛若金蓮分夜炬空於雲母隔秋屏却憐牛渚情狂甚苦欲燃犀走百靈劉邦彥詩云金蓮萬朵漾中流疑是潘妃夜出遊光射魚龍離窟宅影搖鴻鳥亂汀洲淩波未必通銀浦趁月偏憐近綵舟忽憶少年清泛處滿身風露獨凭樓

帝京景物略七月十五日諸寺建盂蘭盆會夜於水次放燈曰放河燈最勝水關次泡子河也上墳如清明時或製小袋以往祭甫訖輒於墓次掏促織滿袋則喜秫竿肩之以歸

中元夜酒人水嬉縛烟火作鳧鴈龜魚水火激射至萎花焦葉

中元部雜錄

齊民要術蜀芥蕓薹取葉者皆七月半種地欲糞熟蜀芥一畝用子一升蕓薹一畝用子四升種法與蕪菁同

舊唐書禮儀志考圖汶上僅存公玉之儀度室圭瓛才紀中元之製

食譜張手美家中元盂蘭餅餡

青箱雜記魏野陝州人有詩名寇萊公每加前席野獻萊公生日詩云何時生上相明日是中元以萊公七月十四日生故也

老學菴筆記故都殘暑不過七月中旬俗以望日具素饌享先織竹作盆盎狀貯紙錢承以一竹焚之視盆倒所向以占氣候謂向北則冬寒向南則冬溫向東西則寒溫得中謂之盂蘭盆蓋俚俗老嫗輩之言也又每云盂蘭盆倒則寒來矣晏元獻詩云紅白薇英落朱黃槿艷殘家人愁溽暑計日望盂蘭蓋亦戲述俗語耳

北京歲華記中元節前上冢搭衣服冥錢如清明各寺設盂蘭會以長椿寺爲盛

中元部外編

道藏經七月十五日乃太上老君同元始天尊會集福世界

道經七月十五日中元之節地官考校搜選衆人分別善惡諸天聖衆普詣宮中簡定劫數人鬼簿錄餓鬼囚徒一時俱集以其日作元都大獻於玉京及採諸花果世間所有奇異之物玩弄服飾幡幢寶蓋莊嚴供養之具淸膳飲食百味芬芳獻諸衆聖道士於其日夜講誦是經十方大聖齊詠靈篇囚徒餓鬼當時解脫免於衆苦得還人中若非如斯難可拔贖

謝承後漢書佛以癸丑七月十五日託生於淨住國摩耶夫人腹中至周莊王十年甲寅四月八日生

歲華紀麗荊楚記注十五日僧尼坐草爲一歲云四月八日結夏至七月十五日解衆僧長養之節在外恐傷草木蟲類故九十日安居又經云四月八日坐樹下至七月十五日爲一歲故曰衆僧解夏

太平廣記貞元中有崔煒者尚豪俠時中元日番禺人多陳設珍異集百戲於開元寺煒見乞食老嫗蹶而覆人酒甕當壚者毆之煒脫衣爲償其値嫗曰吾善灸贅疣今有越井岡艾少許奉子每遇贅疣只一炷耳煒受之嫗倏不見有任翁者有斯疾煒因出艾一爇而愈任曰謝君子痊我所苦有錢十萬奉子幸從容勿去煒因留彼煒善絲竹聞堂前彈琴聲詰家童對曰主人之愛女也因請其琴彈之女潛聽而有意焉夜將半女於窻隙間告煒曰吾家事鬼今夜當殺爾而祭之汝可遁去煒驚悸斷窻櫺而走迷道失足墜枯井中及曉視之乃一巨穴深百餘丈中有一白虵煒叩祝之虵遂蜿蜒將有所適煒跨虵而去於洞中行數十里觸一石門莫測是何洞府須臾有四女命酌醴傳觴煒叩首求歸女曰羊城使者當來可以隨往遂有一白羊冉冉自空而下背有一丈夫女酌醴飲使者曰崔子欲歸番禺願爲挈往使者唱喏女謂煒曰中元日須具美酒豐饌於廣州蒲澗寺靜室我輩當送夫人往煒再拜告去女曰知有鮑姑艾可留少許煒但留艾不知鮑姑何人也瞬息出穴殘於平地俄聞蒲澗寺鐘聲抵寺遂歸廣州及中元遂設豐潔香饌留蒲澗寺僧室夜將半果四女子伴夫人至將曉告去崔子遂與夫人歸問曰昔四女云鮑姑何人也曰鮑靚女葛洪妻也多行灸於南海煒方歎駭昔日之嫗耳後乃挈室往羅浮訪鮑姑竟不知所適

古今說海顏濬傳會昌中進士顏濬下第遊廣陵遂之建業賃小舟抵白沙同載有靑衣年二十許服飾古朴言辭淸麗濬揖之問其姓氏對曰幼芳姓趙問其所適曰亦之建業濬甚喜每住舟即買酒果與之宴飲多說陳隋間事濬頗異之或諧謔即正色斂衽不對及抵白沙各遷舟航靑衣謝濬曰數日承君深顧其陋拙不足奉歡笑然亦有一事可以奉酬中元必遊瓦棺閣此時當爲君類會一神仙中人況君風儀才調亦甚相稱望不渝此約至時某候於彼言訖各登舟而去濬志其言中元日決遊瓦棺閣士女闐咽及登閣果有美人從二女僕皆雙鬟而有媚態美人倚闌獨語悲歎久之濬注視不易美人亦訝之又曰幼芳之言不謬耳使雙鬟傳語曰西廊有惠監闍梨院則某舊門徒君可至彼幼芳亦在此濬深喜躡其蹤而去果見同舟靑衣出而微笑濬遂遂美人敘寒暄言語竟日

太平廣記謝自然金泉林中七月十五日五更有靑衣七人內一人稱中華云食時上眞至良久盧使至須臾金母降於庭自然拜禮母曰別爾兩劫矣自然坐初盧使侍立久亦令坐盧云暫詣紫極宮看中元道場逡巡來云此一時全勝以前問其故曰此度不燒乳頭香乳頭香天眞惡之唯可燒和香耳

玉堂閒話南中有選仙場場在峭崖之下其絕頂有洞穴相傳爲神仙之窟宅也每年中元日拔一人上昇學道者築壇於下至時則遠近冠帔咸萃於斯備科儀設齋醮焚香祝數七日而後衆推一人道德最高者嚴潔至誠端簡立於壇上餘人皆摻袂別而退遙頂禮顧望之於時有五色祥雲徐自洞門而下至於壇場其道高者冠衣不動合雙掌躡五雲而上昇觀者靡不涕泗健羨望洞門而作禮如是者年一兩人次年有道高者合選忽有中表間一比丘自武都山往與訣別比丘懷雄黃一斤許贈之曰道中唯重此藥請密寘於腰腹之間愼勿遺失道高者甚喜遂懷而昇壇至時果躡雲而上後旬餘大覺山巖臭穢數日後有獵人自巖旁攀緣造其洞見有大蟒蛇腐爛其間前後上昇者骸骨山積於巨穴之間蓋五色雲者蟒之毒氣常呼吸此無知道士充其腹哀哉

茅亭客話益州大聖慈寺開元中興創周迴廊廡皆累朝名畫冠於坤維東廊有維摩居士堂蓋有唐李洪度所畫其筆妙絕時値中元日士庶遊寺有二少

年俱善音律因至此指天女所合樂云是霓裳羽衣曲第二疊頭第一拍也其中勾生者即云某不愛樂但娶得妻如抱箏天女足矣遂將壁畫者項上掐一片土吞之爲戲既而各歸勾生是夜夢在維摩堂內見一女子明麗絕代光彩溢目引生於窻下狎昵因是每夜或就生所止或在寺宇中繾綣迨月餘生舅氏范處士者見生神志癡散似爲妖氣所侵或云服符藥設醮拜章除之始得生父母領之其夜天女對生歔欷不自勝曰妾本是帝釋侍者仰承思慕不奪君願託以神契君今疑妾妾不可住君亦不必服諸符藥妾亦不欲忘情於衣帶中解玉琴爪一對曰聊爲思念之物君宜保愛之自此永訣生捧之無言酬答但彼此嗚咽而已既去生自是日漸羸瘠不逾月而卒玉琴爪其家收得至順寇時方失之壁畫天女至今項上指甲痕尚存焉

欽定古今圖書集成曆象彙編歲功典

第六十九卷目錄

仲秋部彙考

易經 風地觀卦

書經 堯典 舜典

禮記 月令

爾雅 月陽

左傳 元鳥司分

易通卦驗 白氣出兌 黃陰雲 白陰雲

詩含神霧 秦地位仲秋

春秋元命苞 候南極星

春秋感精符 鶴警露

孝經援神契 祭社稷

樂緯 秋分樂

素問 診要經終論篇

汲冢周書 時訓解

師曠占 候月知雨

呂氏春秋 季夏紀音律篇

史記 律書

漢書 律歷志 天文志

淮南子 天文訓 時則訓

春秋繁露 陰陽出入上下篇

大戴禮記 夏小正

京房易候 虹出西方

西京雜記 飲酎

後漢書 禮儀志

月令章句 白風

說文 酉月

晉書 樂志

梁元帝纂要 仲秋

齊民要術 八月事宜

隋書 禮儀志

唐書 曆志

遼史 禮志

農政全書 仲秋事宜 農事占候

遵生八牋 曜仙月占 八月修養法 八月事宜 八月事忌

賞心樂事 八月

本草綱目 仲秋 白露

酌中志略 宮中八月

直隸志書 懷柔縣 薊州 豐潤縣 永平府 盧龍縣 撫寧縣 慶雲縣 饒陽縣

山東志書 陽信縣 海豐縣 諸城縣

河南志書 儀封縣

陝西志書 商州 平涼府

江南志書 吳縣 長洲縣 常熟縣 嘉定縣 松江府 通州 池州府 貴池縣 石埭縣

浙江志書 杭州府 平湖縣 嘉善縣 寧波府 永康縣 龍泉縣

江西志書 寧州 新城縣 上高縣

湖廣志書 通山縣 德安府 石首縣 寧遠縣 新田縣

福建志書 羅源縣 建陽縣 順昌縣 清流縣

四川志書 天全和東

廣東志書 南雄府 長樂縣

廣西志書 隆安縣

仲秋部藝文一

雍城門銘　後漢李尤

南呂八月啓　梁昭明太子

仲秋部藝文二 詩詞

仲秋獮田　晉傅元

雜詩　左思

秋日　孫綽

八月侍華林曜靈殿八關齋　宋謝莊

景龍三年八月十三日太平公主山亭侍宴應制　唐李嶠

送劉昱　李頎

歸燕　杜甫

八月十六夜翫月　前人

十七夜對月　前人

江行 二首　錢起

贈別韋兵曹歸池州　韓翃

長安秋夕　戎昱

邊城曲　戴叔倫

秋中過獨孤郊居　盧綸

和太常李主簿秋中山下別墅卽事　前人

晴江秋望　崔季卿

八月十一日夜作　王建

八月十二日夜翫月　前人

八月十三夜翫月　前人

八月十四夜翫月　前人

仲秋夜郡內西亭對月　張登

酬彭州蕭使君秋中言懷　羊士諤

郡樓懷長安親友　前人
秋日送客至潛水驛　劉禹錫
秋中暑退贈樂天　前人
八月十四夜翫月　元稹
八月三日夜作　白居易
秋霖中過尹縱之仙遊山居　前人
南湖晚秋　前人
吳中好風景二首　前人
八月　章孝標
千秋樂　張祜
八月十二日得替後移居霅溪因題長句四韻　杜牧
八月二十九日宿懷　趙嘏
仲秋八日雲臺觀羣花盛開　宋韓琦
八月十四夜月　范仲淹
秋懷　邵雍
小春天　前人
八月十四夜　徐積
八月三日舟行自蔡河赴臨淮　張耒
秋日登海州乘槎亭　前人
仲秋苦熱半格　蘇籀
八月十七夜月　朱熹
八月十六日見梅　文天祥
八月三日卽事　葛長庚
八月十三夜漫成寄江南友人　元李裕
八月十六日送張仲舉至泰郵驛是夕郤文卿
置酒雲峯臺望月　成廷珪
天台道上聞天香　李孝光
秋涼　明周憲王有燉
秋思　蔡羽
十六夜孤山看月歌　王穉登
癸未八月一日至山居以上詩　岳岱
滿庭芳八月十六夜　宋李之儀
惜秋華八月飛翼樓登高　吳文英
臨江仙小春以上詞　明陳子龍

仲秋部選句

歲功典第六十九卷

仲秋部彙考

易經

風地觀卦

䷓（本義）此卦四陰長而二陽消正爲八月之卦

書經

堯典

分命和仲宅西曰昧谷寅餞納日平秩西成宵中星虛以殷仲秋厥民夷鳥獸毛毨

（孔傳）餞送也日出言導日入言送因事之宜秋西方萬物成平序其政助成物（蔡傳）西謂西極之地也曰昧谷者以日所入而名也餞禮送行者之名納日方納之日也蓋以秋分之莫夕方納之日而識其景也西成秋月物成之時所當成就之事也宵夜也宵中者秋分夜之刻於夏冬爲適中也晝夜各五十刻舉夜以見日故曰宵星虛北方元武七宿之虛星秋分昏之中星也亦曰殷者秋分陰之中也夷平也暑退而人氣平也毛毨鳥獸毛落更生潤澤鮮好也

舜典

八月西巡守至于西岳

禮記

月令

仲秋之月日在角昏牽牛中旦觜觿中其日庚辛其帝少皞其神蓐收其蟲毛其音商律中南呂其數九其味辛其臭腥其祀門祭先肝

（陳注）角在辰壽星之次南呂酉律長五寸三分寸之一

盲風至鴻鴈來元鳥歸羣鳥養羞

（陳注）此記酉月之候

天子居總章太廟乘戎路駕白駱載白旂衣白衣服白玉食麻與犬其器廉以深

（陳注）總章太廟西堂當太室也

是月也養衰老授几杖行糜粥飲食

（陳注）時以陽衰陰盛爲秋人以陽衰陰盛爲老養衰老順時令也

乃命司服具飭衣裳文繡有恆制有小大度有長短衣服有量必循其故冠帶有常乃命有司申嚴百刑斬殺必當毋或枉撓枉撓不當反受其殃是月也乃命宰祝循行犧牲視全具按芻豢瞻肥瘠察物色必比類量小大視長短皆中度五者備當上帝其饗

（陳注）宰主牲者祝降神者全謂色不雜具謂體無損也比類者比附陰陽之類而用之也

天子乃難以達秋氣以犬嘗麻先薦寢廟

陳澔 季春命國難以畢春氣此獨言天子難者此爲除過時之陽暑陽者君象故諸侯以下不得難也暑氣退則秋之凉氣通達故云以達秋氣也

是月也可以築城郭建都邑穿竇窖修囷倉

陳注 四者皆爲斂藏之備

乃命有司趣民收斂務畜菜多積聚

陳注 孟秋已有收斂之命矣此又趣之以時不可緩也菜所以助穀之不足故畜之多積聚凡可以爲歲備者無不貯也

乃勸種麥毋或失時其有失時行罪無疑

陳注 麥所以續舊穀之盡而及新穀之登

是月也日夜分雷始收聲蟄蟲坏戶殺氣浸盛陽氣日衰水始涸

陳注 坏益其蟄穴之戶使通明處稍小至寒甚乃墐塞之也水本氣之所爲春夏氣至故長秋冬氣返故涸也

日夜分則同度量平權衡正鈞石角斗甬

陳注 此與仲春同

是月也易關市來商旅納貨賄以便民事四方來集遠鄉皆至則財不匱上無乏用百事乃遂凡舉大事毋逆大數必順其時慎因其類

陳注 大事如土功徭役合諸侯舉兵衆之事皆不可悖陰陽之大數因循依也如慶賞者乃發生之類刑罰者乃肅殺之類必順時令而謹依其類以行之也

仲秋行春令則秋雨不降草木生榮國乃有恐行夏令則其國乃旱蟄蟲不藏五穀復生行冬令則風災數起收雷先行草木蚤死

爾雅

月陽

八月爲壯

左傳

元鳥司分

郯子曰少皞摯爲鳥師而鳥名元鳥氏司分者也

注 元鳥燕也疏 此鳥以秋分去故以名官使之主秋分

易通卦驗

白氣出兌

秋分日入酉白氣出直兌此正氣也

黃陰雲

白露黃陰雲出

白陰雲

秋分白陰雲出

詩含神霧

秦地位仲秋

秦地處仲秋之位男懦弱女高膫白色秀身音中商其言舌舉而仰聲清以揚

春秋元命苞

候南極星

直弧北有一大星爲老人星見則治平主壽常以秋分候之

春秋感精符

鶴警露

八月白露降鶴即高鳴相警

孝經援神契

祭社稷

仲秋穫禾拜祭社稷

樂緯

秋分樂

兌主秋分樂用鐘

素問

診要經終論篇

七月八月陰氣始殺人氣在肺

注 始殺者氣始肅殺也申酉二月屬金而人氣在肺

汲冢周書

時訓解

白露之日鴻鴈來又五日元鳥歸又五日羣鳥養羞鴻鴈不來遠人背畔元鳥不歸室家離散羣鳥不養羞下臣驕慢秋分之日雷始收聲又五日蟄蟲培戶又五日水始涸雷不始收聲諸侯淫佚蟄蟲不培戶□靡有賴水不始涸甲蟲爲害

師曠占

候月知雨

候月知雨多少八月一日二日三日凡月色黃者其月少雨月色靑者其月多雨

呂氏春秋

季夏紀音律篇

南呂之月蟄蟲入穴趣農收聚無敢懈怠以多爲務

注 南呂八月也仲秋大雨故收聚務循事也

史記

律書

北至於濁濁者觸也言萬物皆觸死也故曰濁北至於留留者言陽氣之稽留也故曰留八月也律中南呂南呂者言陽氣之旅入藏也其於十二子爲酉酉者萬物之老也故曰酉

漢書

律歷志

南呂南任也言陰氣旅助夷則任成萬物也位於酉在八月

天文志

日有中道一曰光道秋分日至婁角去極中而晷中立八尺之表而晷景長七尺三寸六分

月有九行秋分西從白道

淮南子

天文訓

處暑加十五日斗指庚則白露降音比仲呂加十五日指酉中繩故曰秋分雷戒蟄蟲北鄉音比蕤賓

南呂之數四十八主八月上生姑洗

太陰在亥歲名曰大淵獻歲星舍角亢以八月與之晨出東方奎婁爲對

時則訓

仲秋之月招搖指酉昏牽牛中旦觜巂中其位西方其日庚辛其蟲毛其音商律中南呂其數九其味辛其臭腥其祀門祭先肝涼風至候鴈來玄鳥歸羣鳥翔天子衣白衣乘白駱服白玉建白旗食麻與犬服八風水爨柘燧火西宮御女白色衣白采撞白鐘其兵戈其畜犬朝於總章太廟命有司申嚴百刑斬殺必當無或枉撓決獄不當反受其殃是月也養長老授几杖行糜粥飲食乃命宰祝行犧牲案芻豢視肥臞全粹察物色課比類量小大視少長莫不中度天子乃儺以御秋氣以犬嘗麻先薦寢廟是月可以築城郭建都邑穿竇窖修囷倉乃命有司趣民收斂畜采多積聚勸種宿麥若或失時行罪無疑是月也雷始收聲蟄蟲培戶殺氣浸盛陽氣日衰水始涸日夜分一度量平權衡正鈞石角斗稱理關市來商旅入貨財以便民事四方來集遠方皆至財物不匱上無乏用百事乃遂仲秋行春令則秋雨不降草木生榮國有大恐行夏令則其國乃旱蟄蟲不藏五穀皆復生行冬令則風災數起收雷先行草木蚤死八月官尉其樹柘

六合

仲春與仲秋爲合仲春始出仲秋始內故八月失政二月雷不發

春秋繁露

陰陽出入上下篇

中秋之月陽在正西陰在正東謂之秋分秋分者陰陽相半也故晝夜均而寒暑平陽日損而隨陰陰日益而鴻故至於季秋而始霜至於孟冬而始大寒下雪而物咸成大寒而物畢藏天地之功終矣

大戴禮記

夏小正

八月剝瓜畜瓜之時也玄校玄也者黑也校也者若綠色然婦人未嫁者衣之剝棗剝也者取也栗零零也者降也零而後取之故不言剝也丹鳥羞白鳥丹鳥者謂丹良也白鳥者謂蚊蚋也其謂之鳥也重其養者也有翼者爲鳥羞也者進也不盡食也辰則伏辰也謂星也伏也者入而不見也鹿人從者從羣也鹿之養也離羣而善而之離而生非所知時也故記從不記離君子之居幽也不言或曰人人從也者大者於外小者於內率之也鴽爲鼠參中則旦

京房易候

虹出西方

虹八月出西方粟貴

西京雜記

飲酎

漢制宗廟八月飲酎用九醞太牢皇帝侍祠以正月旦作酒八月成名曰酎一曰九醞一曰醇酎

後漢書

禮儀志

仲秋之月縣道皆案戶比民年始七十者授之以玉杖餔之糜粥八十九十禮有加賜玉杖長尺端以鳩鳥爲飾鳩者不噎之鳥也欲老人不噎是月也祀老人星于國都南郊老人廟

月令章句

盲風

仲秋白露節盲風至秦人謂蓼風爲盲風

說文

酉月

酉就也八月黍成可爲酎酒

晉書

樂志

八月之辰謂爲酉酉者緧也謂時物皆緧縮也

八月之管名爲南呂南呂任也謂時物皆秀有懷任之象也

梁元帝纂要

仲秋

秋曰仲秋亦曰仲商

齊民要術

八月事宜

八月暑退命幼童入小學如正月焉涼風戒寒趣練縑帛染綵色擘絲治絮製新浣故及韋履賤好預買以備冬寒刈萑葦芻茭涼燥可上弓弩繕理檠鋤正縛鎧絃遂以習射弛竹木弓弧糶種麥糴黍

隋書

禮儀志

禮天子以春分朝日於東郊秋分夕月於西郊漢法不俟二分於東西郊常以郊泰畤旦出竹宮東向揖日其夕西向揖月魏文譏其煩褻似家人之事而以正月朝日於東門之外前史又以爲非時及明帝太和元年二月丁亥朝日於東郊八月己丑夕月於西郊始合於古

後齊立太社帝社太稷三壇於國方每仲秋月之元辰各以一太牢祭焉皇帝親祭則司農卿省牲進熟司空亞獻司農終獻

後周以秋分夕月於國西門外爲壇於㘰中方四丈深四尺燔燎禮如朝日

後周仲秋教練兵如振旅之陣遂以彌田如蒐法致禽以祀方

開皇初社稷並列於含光門內之右仲秋吉戊以一太牢祭焉

開皇初於國西開遠門外爲壇每以秋分夕月牲幣與周同

隋制仲秋祭馬祖於大澤以剛日牲用少牢

唐書

曆志

離以陽包陰故自南正微陰生於地下積而未章至於八月文明之質衰離運終焉仲秋陰形於兌始循萬物之末爲主於內則羣陽降而承之極於北正而天澤之施窮兌功究焉

遼史

禮志

歲時雜儀八月八日國俗屠白犬於寢帳前七步瘞之露其喙後七日中秋移寢帳於其上國語謂之捏褐耐褐犬也耐首也

農政全書

仲秋事宜

栽種　大蒜　罌粟　寒豆　苦蕒　苧麻　諸般菜　葱子　蔓菁　大麥　牡丹　芍藥　分韭根　芥子　麗春　小麥　木瓜　花椒　烏芋根　茭

收藏　醋薑　茄醬　茄乾　糟茄　棗子　晚黃瓜　醃韭　芝麻　栗子　柿子　韭花　地黃酒　柿漆　斫竹

移植　早梅　橙橘　枇杷　牡丹

雜事　踏麴　鋤竹園地　是月防霧傷棗棗熟著霧則多損苘麻散絟於樹枝上則可辟霧氣或用稭稈於樹上四散絟縛亦得

農事占候

八月早禾怕北風晚禾怕南風　朔日晴主冬旱宜蓋畧得雨宜麥一云風雨宜麥主布貴麻子貴十倍又云凡朔要晴惟此日要雨好種麥　白露雨爲苦雨稻禾霑之則白颯蔬菜霑之則味苦諺云白露日個雨來一路苦一路又云白露前是雨白露後是鬼其時之雨片雲來便雨稻花見日吐出陰雨則收正吐之時暴雨忽來卒不能收遂致白颯之患若連朝雨反不爲災不免擔閣吐秀有皮殼厚之病　秋分要微雨或陰天最妙主來年高低田大熟　喜雨諺云麥秀風搖稻秀雨澆此言將秀得雨則堂肚大穀穗長秀實之後雨則米粒圓見收數　畏旱諺云田怕秋乾人怕老窮秋熱損稻旱則必熱　怕秋水潦稻諺云雨水淹沒産全收不見半　八月又作新涼堂乾　中旬作熱謂之潮熱又名八月小春　十八日潮生日前後有水謂之橫港水

遯生八牋

臞仙月占

八月秋分後忌多霜主病

八月事宜

孝經緯曰處暑後十五日斗指庚爲白露陰炁漸重露凝而白也後十五日斗指酉爲秋分陰生於午極於亥故酉其中分也仲月之節爲秋分秋爲陰中陰陽適中故晝夜長短亦均焉律南呂南者任也呂者

助也言陽氣尚有姙生陰助陽成功也辰酉酉者緧也謂時物皆緧縮也提要曰八月爲桂月爲仲商

元樞曰天道東北行作事出行俱宜向東北吉不宜用酉日犯月建不吉

纂要曰十九日拔白永不生初二初四十五二十五日同

又曰是月初三日初七日宜沐浴令人聰明二十五日宜浴却病

雜纂曰是月採百合曝乾蒸食之甚益氣力

千金月令曰此月可食韭菜露葵

圖經曰八月楮實子經熟甲子日採來水浸去皮穰仙方單服其實水服二錢服久乃佳

又云採柏子曬乾爲末服方寸匕稍增至多欲絕穀恣意取飽渴則飲水久服延年

雲笈七籤曰是月八日取枸杞煎湯沐浴令人不老不病二十二日沐浴令人無非禍

又曰二十五日天倉開宜入山修道

又曰是月十五日金精正旺宜採銅鐵鑄鼎劒

八月事忌

千金方曰勿食萌芽傷人神膽喘悸脅肋炁急勿多食新薑勿食生蒜勿食猪肺及飴和食令人發疽勿食雉肉勿食猪肚冬成嗽疾

本草云勿食獐肉動氣勿食芹菜恐病瘕發則似顛小腹脹勿食生蜜勿多食生果勿食鷄子傷神勿食蟹霜降後方可食蟹蓋中膏內有腦骨當去勿食有毒

千金月令曰秋分之日勿殺生勿用刑勿處房帷勿弔喪問疾勿大醉君子當齋戒靜事以自檢

二十九日忌遠行水陸不吉

雲笈七籤曰是月行路間勿飲陰地流泉令人發瘧脚軟

又曰起居勿犯賊邪之風勿多食肥腥令人霍亂

又曰是月初八日勿買布鞋履跗足大忌

楊公忌曰二十七日不宜問疾

八月修養法

仲秋之月大利平肅安寧志性收斂神氣增酸養肝毋令極飽令人壅塞是月宜祈謝求福封觀觀者觀也風在地上萬物興昌之時也生氣在未坐臥宜向西南方吉

孫眞人攝養論曰是月心臟氣微肺金用事宜減苦增辛助筋補血以養心肝脾胃勿犯邪風令人生瘡以作疫痢十八日乃天人興福之時宜齋戒存想吉事

賞心樂事

八月

湖山尋桂　現樂堂秋花　社日糕會　衆妙峰山木犀　霞川野菊　綺互亭千葉木犀　羣仙繪幅樓觀月　浙江觀潮　桂隱攀桂　杏花莊鷄冠黃葵

本草綱目

仲秋

八月朔日收取百草頭上露磨墨點太陽穴止頭痛點膏肓穴治勞瘵謂之天灸

白露

白露節內井水有毒造菓釀酒醋一應食物皆易敗壞人飲之亦生脾胃疾

酌中志略

宮中八月

八月宮中賞秋海棠玉簪花

直隸志書各省風俗同者不載

懷柔縣

八月朔日食來豐糕糜白露後種麥

薊州

八月秋成報社如祈年禮

豐潤縣

八月採綿花以供衣紡

永平府

八月朔日雨謂之苦雨占菜味不嘉丁戊祭壇廟白露既零里中各祭土神不必用分前後戊日爲壇爲社也分日喜陰及西方微雲忌熱主旱

盧龍縣

八月木綿始登婦紡績

肅寧縣

雨占八月初一下一陣旱到來年五月盡

慶雲縣

八月初一雨自冬徂來歲春多旱

饒陽縣

白露東風主收成南風主豐收西風主天下山木伐絕北風主霜降早秋分東風主早田收南風主白露早降西風主滿天雲北風主蟲喫人

山東志書

陽信縣

白露八月節登棉秋分八月中納禾剝棗種麥女始織

海豐縣

八月朔日昧爽取露研墨療痞疾

諸城縣

八月一日好事老媼於黎明取草頭清露迨正午以好墨研露濃汁用箸頭蘸墨汁於兒童心窩及四下點百點謂之點百病

河南志書

儀封縣

八月一日候陰晴占明春雨旱

陝西志書

商州

八月上丁祭先師啓聖祠名宦鄉賢上戊祭風雲雷雨山川城隍社稷八蜡東嶽元帝魁星文昌倉帝元王關帝龍王都土地獄神馬祖蕭酇侯裴晉公四皓原都憲

平凉府

八月稷有香水大至山葉黃社飲祭新禾炒芋稷使香食之菹嘉蔬馬羊牛大肥川薪芻種麥葱波蕎羊再剪毛始孕寒霜凝禾登植黃麗春紫花六月菊治場

江南志書

吳縣

八月十八夜並登楞伽山望寶帶橋下月影環連洞中日串月蓋四時之月惟是夜躔度到此

長洲縣

八月二十四日以新秫米為糍餌祀竈

常熟縣

八月十八日往釜山觀潮云是潮生日奔濤矗立勢若排空然不恆遇也

嘉定縣

八月十二日為鹽生日十三日為滷生日雨則鹽貴二十四日為稻藁生日雨則雖得穀藁必腐

松江府

八月十八日俗謂潮生日有至浦口縱觀者二十四日割新稻謂之開稻門以祀竈是月田家祀先農釀錢為會曰青苗社亦曰謝天節白露日雨主損菜諺云白露日雨到一處壞一處俗言二十四日上午雨為竈上荒言米貴也下午雨則竈下荒言薪貴也秋分日在社前則田有收而穀賤社日在秋分前則田無收而穀貴諺云分了社白米徧天下社了分白米如錦墩是月露下而雨為淋露雨

通州

八月初一日士人祀金甲神

池州府

八月朔日青陽俗尚掃墓除墓草

貴池縣

八月十二日粧各神會迎昭明像於郡城祝聖寺焚修者拜跪於道不絕至十八日復迎像還西廟

石埭縣

八月各神慶賀昭明聖帝有酬五福愿者俱於十一日供像於堂至十五日賽肖神為假面盛飾執械不下四五百會進西門出東門從昭明聖帝後迎遊入廟笙歌沸耳裝演眩目觀者如堵極為糜費又醵錢演戲積月方休

浙江志書

杭州府

八月望至十八日浙江之潮最盛為天下鉅觀始若銀城終如雪嶺千軍萬騎簇擁而來不可卒遏吳兒有善泅者持大旗爭先鼓勇迎潮而上出沒於層波巨浪中騰身百變而旗尾略不霑濡豪富登樓以望爭賞銀綵無算

平湖縣

八月白露前後小兒為鬬蟋蟀之戲

嘉善縣

八月朔欲雨白露日晴則有收

寧波府

八月各鄉祠廟為會祀神以龍舟競渡謂之報賽與各處端午競渡不同

永康縣

八月十三日佑順侯胡公生辰各分村落為會掛大帛為旗長二三丈導以鼓樂從以傘蓋或以紙為馬登方岩賽神而還蓋一郡香火之盛也

龍泉縣

八月初一日至初三日陰雨宜麥布貴油麻貴十倍其日陰雨大熟畜災月內虹見來春米貴秋分日晴明萬物不生小雨天陰吉魚鹽平其日東風萬物不實穀貴西風民安歲稔西北風有刼掠是月行春令國有恐行夏令旱六畜災行冬令風災數起民多恐

懽

江西志書

寧州

八月俗稱木犀寒

新城縣

八月初一日霧重則生疫白露晴則小麥熟

上高縣

俗多祀康王有在八月十五廿四廿六日各鄉市備牲醴香楮演戲祝壽迎賽甚衆

湖廣志書

通山縣

處暑種蕎白露種菜

德安府

八月醮坐如清明制間有不行者行則自朔日起先後不拘日送往

石首縣

八月間早稻收穫婦子相率收揀綿花以備紡織

寧遠縣

八月白露後清凉人物和平稻皆垂穟

新田縣

八月晚稻吐穗不宜疾風暴雨再加雷鳴則晚稻無成

福建志書

羅源縣

八月朔後家長令子弟掃塚芟草

建陽縣

八月十三日至二十三日號瘖家天忌凡事男女各往寺觀禮佛焚香謂之受生廣南香秋分在社前斗米換斗錢秋分在社後斗米換斗豆

順昌縣

白露祭掃墳墓祭畢以楮錢掛樹

清流縣

八月十三日起至二十三日止爲蒹葭天多陰少晴

四川志書

天全和夷

八月初旬家家記晴雨謂一日兆來歲一月占諺云要食來年飯八月初旬看

廣東志書

南雄府

端正月用籩實鸞脚肥羜首相饋送市上用大柚子剔刻成燈造駁脚故事又以紙面造長和尚沿街戲耍唱木魚歌婦女列坐而觀或相邀茶會婦人設茶酒果於月下罩以竹箕用青帕覆之取一箸倒插箕上左右二人捷之作書問事吉凶又畫花樣謂之踏月姊令未嫁幼女拜唱請歌且拜且唱箕重時即來矣

長樂縣

仲秋之月桂香栗熟橄欖可食芙蓉開

廣西志書

隆安縣

八月禾登場始種麥鴈來賓促織鳴綿花盛出民婦日夜攻綿收穫兩急詩曰驚寒燈夜短半枕動鷄鳴顛倒衣裳夫田間滿銍聲

仲秋部藝文一

雍城門銘　後漢李尤

雍門處中位月在酉盲風寒濁燕歸山阜

南呂八月啓　梁昭明太子

一歎分飛三秋限隔遐思盛德將何以伸白雲斷而音信稀青山暝而江湖遠敬想足下羽儀勝地領袖嘉賓傾玉醅於風前弄瓊駒於月下但某登山失路涉海迷津問猿嘯而寸寸斷腸聽鳥聲而雙雙下淚當以黃花笑冷白羽悲秋旣傳蘇子之書更沉陶公之酌聊因三鳥略敘二難面會取書不能盡述或叩風念不黜魚緘

仲秋部藝文二 詩詞

仲秋獮田　晉傅元

古遠期行古今樂錄曰仲秋獮田言大晉雖有文德不廢武事順時以殺伐也

仲秋獮田金德常剛凉風淸且厲凝露結爲霜白藏司辰蒼隼時鷹揚鷹揚猶尚父順天以殺伐春秋時序雷霆振威曜進退由鉦鼓致禽祀祊羽毛之用充軍府赫赫大晉德芬烈陵三五敷化以文雖治不廢武光宅四海永享天之祜

雜詩　左思

秋風何冽冽白露爲朝霜柔條旦夕勁綠葉日夜黃明月出雲崖皎皎流素光披軒臨前庭嗷嗷晨雀翔高志局四海塊然守空堂壯齒不恆居歲暮常慨慷

秋日　孫綽

蕭瑟仲秋日飆唳風雲高山居感時變遠客興長謠疎林積涼風虛岫結凝霄湛露灑庭樹密葉辭榮條撫菌悲先落攀松羨後凋垂綸在林野交情遠市朝澹然古懷心濠上豈伊遙

八月侍華林曜靈殿八關齋　宋謝莊

玉桴乘夕遠金枝終夜舒澄淳元化闡希微寂理孚

景龍三年八月十三日太平公主山亭侍宴應制　唐李嶠

黃金瑞牓絳河隈白玉仙輿紫禁來碧樹青岑雲外聳朱樓畫閣水中開龍舟下瞰鮫人室羽節高臨鳳女臺遽惜歡娛歌吹晚揮戈更却曜靈回

送劉昱　李頎

八月寒葦花秋江浪頭白北風吹五兩誰是潯陽客鸕鷀山頭微雨晴揚州郭裏暮潮生行人夜宿金陵渚試聽沙邊有鴈聲

歸燕　杜甫

不獨避霜雪其如儔侶稀四時無失序八月自知歸春色豈相訪衆雛還識機故巢倘未毀會傍主人飛

八月十六夜翫月　前人

舊挹金波爽皆傳玉露秋關山隨地闊河漢近人流谷口樵歸唱孤城笛起愁巴童渾不寢半夜有行舟

十七夜對月　前人

秋月仍圓夜江村獨老身捲簾還照客倚杖更隨人光射潛虬動明飜宿鳥頻茅齋依橘柚清切露華新

江行二首　錢起

好日當秋半層波動旅腸已行千里外誰與共秋光

秋雲久無雨江燕社猶飛却笑舟中客今年未得歸

贈別韋兵曹歸池州　韓翃

南陵八月天暮色遠峯前楚竹青陽路吳江赤馬船竊金諸客貴佩玉主人賢終日應相逐歸期定幾年

長安秋夕　戎昱

八月更漏長愁人起常早閉門寂無事滿院生秋草昨宵西窗夢夢入荆南道遠客歸去來在家貧亦好

邊城曲　戴叔倫

人生莫作遠行客遠行莫戍黃沙磧黃沙磧下八月時霜風裂膚百草衰塵沙晴天迷道路河水悠悠向東去胡笳聽徹雙淚流羇魂慘慘生邊愁原頭獵火夜相向馬蹄蹴蹋層冰上不似京華俠少年清歌妙舞落花前

秋中過獨孤郊居　盧綸

開園過水到郊居共引家童拾野蔬高樹夕陽連古巷菊花梨葉滿荒渠秋山近處行過寺夜雨寒時起讀書帝里諸親別來久豈知王粲愛樵漁

和太常李主簿秋中山下別墅卽事　前人

清秋來幾時宋玉已先知曠朗霞映竹澄明山滿池彗橋雙鶴赴收果衆猿隨韶樂方今奏雲林徒蔽虧

晴江秋望　崔季卿

八月長江萬里晴千帆一道帶風輕盡日不分天水色洞庭南是岳陽城

八月十一日夜作　王建

半秋初入中旬夜已向階前守月明從未圓時看却好一分分見傍輪生

八月十二日夜翫月　前人

亂雲遮却臺東月不許教依次第看莫爲詩家先見鏡被他籠與作艱難

八月十三夜翫月　前人

今夜月明勝昨夜新添桂樹近東枝立多地濕舁牀坐看過牆西寸寸遲

八月十四夜翫月　前人

月似圓來色漸凝玉盆盛水欲侵稜夜深盡放家人睡直到天明不炷燈

仲秋夜郡內西亭對月　張登

天高月滿影悠悠一夜炎荒併覺秋氣與露清凝衆草色如霜白怯輕裘高臨華宇還知隙靜映長江不共流〈缺〉直西傾河漢曙遺風猶想武昌樓

酬彭州蕭使君秋中言懷　羊士諤

右職移青綬雄藩拜紫泥江回玉壘下氣爽錦城西皐鶴驚秋律琴烏怨夜啼離居同舍念宿昔奉金閨

郡樓懷長安親友　前人

殘暑三巴地沈陰八月天氣昏高閣雨夢倦下簾眠愁鬢華簪小歸心社燕前相思杜陵野溝水獨潺湲

秋日送客至潛水驛　劉禹錫

候吏立沙際田家連竹溪楓林社日鼓茅屋午時雞鵲噪晚禾地蝶飛秋草畦驛樓宮樹近疲馬再三嘶

秋中暑退贈樂天　前人

暑服宜秋著清琴入夜彈人情皆向菊風意欲摧蘭
歲稔貧心泰天涼病體安相逢取次第却甚少年歡

八月十四夜玩月　元稹

猶欠一宵輪未滿紫霞紅襯碧雲端誰能喚得嫦娥
下引向堂前子細看

八月三日夜作　白居易

露白月微明天涼景物清草頭珠顆冷樓角玉鉤生
氣爽衣裳健風疎砧杵鳴夜衾香有思秋簟冷無情
夢短眠頻覺宵長起暫行燭凝臨曉影蟲怨欲寒聲
槿老花先盡蓮凋子始成四時無了日何用嘆衰榮

秋霖中過尹縱之仙遊山居　前人

慘慘八月暮連連三日霖邑居尚愁寂況乃在山林
林下有志士苦學惜光陰歲晚千萬慮并入方寸心
巖鳥共旅宿草蟲伴愁吟秋天牀席冷夜雨燈火深
憐君寂莫意攜酒一相尋

南湖晚秋　前人

八月白露降湖中水方老旦夕秋風多衰荷半傾倒
手攀青楓樹足蹋黃蘆草慘澹老容顏冷落秋懷抱
有兄在淮楚有弟在蜀道萬里何時來烟波白浩浩

吳中好風景二首　前人

吳中好風景八月如三月水荇葉仍香木蓮花未歇
海天微雨散江郭纖埃滅暑退衣服乾潮生船舫活
兩衙漸多暇亭午初無熱騎吏語使君正是遊時節
吳中好風景風景無朝暮曉色萬家烟秋聲八月樹
舟移管絃動橋擁旌旗駐改號齊雲樓重開武丘路
況當豐歲熟好是歡遊處州民勸使君且莫拋官去

八月　章孝標

徙倚仙居遶翠樓分明宮漏靜兼秋長安夜夜家家
月幾處笙歌幾處愁

千秋樂　張祜

八月平時花萼樓萬方同樂奏千秋傾城人看長竿
出一伎初成趙解愁

八月十二日得替後移居霅溪因題長句四韻　杜牧

萬家相慶喜秋成處處樓臺歌板聲千歲鶴歸猶有
恨一年人住豈無情夜涼溪館留僧話風定蘇潭看
月生景物登臨閒始見願為閒客此閒行

八月二十九日宿懷　趙嘏

秋天晴日菊還香獨坐書齋思已長無奈風光易流
轉強須傾酒一杯觴

仲秋八日雲臺觀羣花盛開　宋韓琦

春早凡花百種榮秋芳能得幾多名仙家八月靈葩
發不與尋常俗豔爭

八月十四夜月　范仲淹

光華豈不盛賞宴尚遲遲天意將圓夜人心待滿時
已知千里共猶訝一分虧來夕如澄霽清風不負期

秋懷　邵雍

八月炎涼均氣味亦自好臨虛喬木低遠望行人小
有跡事皆妄無心物都了何須更問辛願君自食蓼

小春天　前人

八月小春天如人強少年偷生誠有謂却老固無緣
既有神仙術能迴草木妍安知太平日不得似堯天

八月十四夜　徐積

有人望月吟太虛半夜秋風吹碧蘆碧蘆風起吹老
桂吟聲入月驚蟾蜍明夜中秋更好吟兔肥蟾大桂
成林桂兔之外有何物玉池水到中秋溢秋風刮水
如霜滴

八月二日舟行自蔡河赴臨淮　張耒

野曠天垂地川晴水見沙河回遠向背岸斷忽桑麻
水闊時浮鷺陂寒乍集鴉年饑田灋落歲晚客悲嗟
新月排雲去西風送日斜孤舟何處宿故國已天涯

秋日登海州乘槎亭　前人

海上西風八月涼乘槎亭外水茫茫人家日暖漁樵
樂山路秋清松柏香隔水飛來鴻陣闊趁潮歸去櫓
聲忙蓬萊方丈知何處烟浪參差在夕陽

仲秋苦熱半格一首　蘇轍

老火薪蒸鼎竈然柔金低伏聽熺煎慮愈煩懣攢三
峽冷枕清颸直萬錢俛仰生涯恃林井包纏冠韍哂
毷氉朝蠅夕蚋嗟何集山雪河冰渴沃湔子夜涼生
秋思肇午時炎熾赫曦鮮蔭僥華椭單絺叟嬉愛清
川泳月船巾幨垢氛勤櫝濯果脊剖劓萃新妍芸夫
望望瞻雲漢銀鶴聲聲唳碧天瀑水何山千尺瀉洗
心安得賞懸泉

八月十七夜月　朱熹

忽忽秋逾半清輝萬里同遙知竹林夜共賞碧雲空
寂寞盈尊酒淒涼滿院風寒塘空自綠不似小園東

八月十六日見梅　文天祥

廣寒殿裏玉樓開那得孤山處士來半夜西風半身
影夢中騎得雪驢回

八月三日即事　葛長庚

烟冷潭沾水溪清可數魚鴉翻千點墨鷹草數行書

今日征帆下前年上國初詩盟寒復講無酒興何如

八月十三夜漫成寄江南友人　元李裕

草井庭凉螢風簾燭焰清長秋爲客日明月搗衣聲歸夢頻宵見愁心徹曉生故園有叢菊早晚掇秋英

八月十六日送張仲舉至秦郵驛是夕邵文卿置酒雲峯臺望月　成廷珪

雲峯臺上今宵月奇絕平生此一行天木光搖秋萬頃星河凉轉夜三更謫仙破酒騎鯨去游女吹簫學鳳鳴明發星查上河漢定傳詩話到蓬瀛

天台道上聞天香　李孝光

八月天台路清風物物嘉晴虹生遠樹過鴈帶平沙日氣常蒸稻天香喜釀花門前五株柳定是故人家

秋凉　明周憲王有燉

蒼凉初日照簾櫳秋氣清高八月中滿砌寒蛩啼冷露一天新鴈度西風病懷得酒如春暖老眼看花似葉紅獨坐小軒無個事悶來聊復理絲桐

秋思　蔡羽

清秋山色淨簾櫳八月芙蓉滿鏡中醉任嶺雲連海綠愁禁楓葉接天紅養魚好伴鴟夷子飲水如無桑苧翁江上美人期不到吹簫獨自向虛空

十六夜孤山看月歌　王穉登

白頭田父出當年寺下江深水拍天滄海自從成陸後禪宮漸與月宮連

癸未八月一日至山居　岳岱

別業諧新跡林廬返故情竹添秋徑密花洗早窻明地遠千家市山啼八月鶯尋源從穉子石澗繞門清

滿庭芳 八月十六夜　宋李之儀

一到江南三逢此夜舉頭羞見嬋娟黯然懷抱特地遣誰寬分外清光瀲眼迷滉漾無計拘攔天如洗星河盡掩全勝異時看　佳人還憶否年時此際相見方難漫紅綾偷寄孤被添寒何事佳期再覩翻悵望重疊關山歸來呵休教獨自腸斷對團圓

惜秋華 八月飛翼樓登高　吳文英

思渺西風悵行蹤浪逐南飛高鴈怯上翠微危樓更堪凭晚蓬萊對起幽雲澹埜色山容乍捲清潑眼滄波靜銜秋痕一線　十載寄吳苑慣東籬深處把露黃偷翦移暮景照越鏡意銷香斷秋娥賦得閒情倚翠尊小眉初展深勸待明朝醉巾重岸

臨江仙 小春　明陳子龍

西風料峭黃花暮斜陽一角紅樓羅衣添得又還休銀蟬寒約指寶鴨暖藏鉤　忽憶軟金杯自捧重攜殘燭淹留於今玉漏更悠悠不知千里夢無奈五更愁

仲秋部選句

唐宋之問詩恆碣青雲斷衡漳白露秋

張說詩旅宿青山夜荒庭白露秋

劉禹錫詩從來海上仙桃樹肯逐人間風露秋

杜牧詩歌吹千秋節樓臺八月凉　又　雨過一蟬噪飄蕭松桂秋

許渾詩烟開翠扇清風曉水泛紅衣白露秋　又　潭冷薜蘿晚山香松桂秋

李郢詩高臺月照帝猨曙石室烟含古桂秋

徐夤詩數鍾龜鶴千年算律正乾坤八月秋

錢珝詩行背青山郭吟當白露秋

嚴巨川詩南呂初開律金風已戒凉

宋朱熹詩淒凉梧葉變芬馥桂花秋

欽定古今圖書集成曆象彙編歲功典

第七十卷目錄

仲秋部紀事

仲秋部雜錄

仲秋部外編

歲功典第七十卷

仲秋部紀事

詩經豳風七月章八月萑葦朱注七月暑退將寒是歲禦冬之備亦庶幾其成矣又當預擬來歲治蠶之用故於萑葦既成之際而收蓄之將以爲曲薄也

八月載績正義績緝麻之名八月絲事畢而麻事起故始績也

八月其穫朱注穫禾之早者可穫也

八月剝棗朱注剝擊也

八月斷壺朱注壺瓠也

周禮天官司裘中秋獻良裘王乃行羽物訂義鄭康成曰良善仲秋鳥獸毛毨因其良時而用之良裘玉藻所謂黼裘歟鄭司農曰行羽物以羽物飛鳥賜羣吏

春官籥章中春晝擊土鼓龡豳詩以逆暑中秋夜迎寒亦如之訂義易氏曰中秋爲歲陰之中夜爲宵陰之中如是而迎寒與堯典所謂宵中星虛寅餞納日同意萬物生於土反於土則土者物之終始也逆暑迎寒所以皆擊土鼓爲

夏官大司馬中秋教治兵如振旅之陳訂義崔氏曰中秋陰氣始肅在於殺物故用治兵爲稱

司弓矢中秋獻矢箙訂義薛氏曰槀人曰春獻素秋獻成鄭氏亦謂矢箙春作秋成是矢箙之制必以秋而成

穆天子傳仲秋丁巳天子射鹿於林中乃飲於孟氏爰舞白鶴二八

仲秋甲戌天子東遊次於雀梁蠹書於羽陵

孔庭纂要周靈王二十一年庚戌卽魯襄公二十一年是年冬十月庚子日先聖生十月庚子卽今之八月二十七日

祖庭廣記顏氏禱於尼丘升之谷草木之葉皆上起降之谷草木之葉皆下垂及懷姙十月而生是夕有二龍繞室五老降庭五老者五星之精也顏氏之房聞鈞天之樂空中有聲云天感生聖子故降以和樂之音

左傳昭公十七年冬有星孛於大辰西及漢申須曰彗所以除舊布新也天事恆象今除於火火出必布焉諸侯其有火災乎梓愼曰若火作其四國當之在宋衛陳鄭乎水火之牡也其以丙子若壬午作乎水火所以合也若火入而伏必以壬午不過其見之月注夏之八月辰星見在天漢西今孛星出辰西光芒東及天漢天道恆以象類告示人今火向伏故知當須火出乃布散爲災牡雄也丙午火壬子水水火合而相薄水少火多故水不勝火火見周之五月疏冬以十月爲初故以夏之八月解之

風俗通義周秦常以八月遣輶軒使採異俗方言藏之祕府

漢書高帝本紀四年八月初爲算賦注漢儀注民年十五以上至五十六出賦錢人百二十爲一算爲治庫兵車馬

十一年秋發上郡北地隴西車騎巴蜀材官注材官騎士習射御騎馳戰陳常以八月太守都尉令長丞會都試課殿最水處則習船

武帝本紀元光五年八月徵吏民有明當世之務習先聖之術者縣次給食令與計偕注計者上計簿使也令所徵之人與上計者俱來而縣次給之食

宣帝本紀元康四年秋八月賜故右扶風尹翁歸子黃金百斤以奉其祭祀又賜功臣適後黃金人二十斤

西京雜記戚夫人侍兒賈佩蘭後出爲扶風人段儒妻說在宮內時八月四日出雕房北戶竹下圍棊勝者終年有福負者終年疾病取絲縷就北辰星求長命乃免

漢書兩龔傳昭帝時涿郡韓福以德行徵至京師賜策書束帛遣歸詔長吏以時存問常以八月賜羊一頭酒二斛

神爵三年秋八月詔曰吏不廉平則治道衰今小吏皆勤事而奉祿薄欲其無侵漁百姓難矣其益吏百石以下奉十五

成帝本紀河平三年八月謁者陳農使使求遺書於天下

漢舊儀皇帝惟八月酎車駕夕牲牛以絳衣之皇帝暮視牲以鑑燧取水於月以火燧取火於日爲明水

火左袒以木沃牛右肩手執鸞刀以切牛毛薦之卽更衣侍中上熟乃祀之

後漢書百官志外十有二州每州刺史一人諸州常以八月巡行所部郡國錄囚徒考殿最

鄧彪傳彪爲太尉在位清白爲百僚式元和元年賜策罷詔河南尹遣丞存問常以八月旦奉羊酒

章帝本紀章和元年八月己丑遣使祠沛高原廟豐枌榆社

宋書禮志漢安帝元初四年詔曰月令仲秋養衰老授几杖行糜粥方今八月按比方時郡縣多不奉行雖有糜粥糠粃泥土相和半不可飲食按此詔漢時猶依月令施政事也

後漢書安帝本紀延光三年八月戊子穎川上言麒麟一白虎二見陽翟

杜蘭香傳蘭香以建興四年春數詣張碩至其年八月旦復來出薯蕷子三枚大如雞子云食此令君不畏風波辟寒溫

魏志周宣傳宣爲郡吏太守楊沛夢人曰八月一日曹公當至必與君杖飲以藥酒使宣占之是時黃巾賊起宣對曰夫杖起弱者藥治人病八月一日賊必除滅至期賊果破

宋書禮志魏明帝太和四年八月帝東巡遣使者以特牛祠中嶽

晉書武帝本紀魏咸熙二年八月長人見於襄武長三丈告縣人王始曰今當太平

十二眞君傳許遜舉孝廉拜蜀旌陽令慕道棄官歸師大洞君吳猛傳三清法要至太康二年八月一日於洪州西山舉家四十二口白日拔宅上昇

隋書禮儀志建武元年創有太社帝社太稷凡三壇門牆並隨其方色每以仲秋幷令郡國縣祠社稷先農縣又兼祀靈星風伯雨師之屬

晉書元帝本紀太興二年八月肅愼獻楛矢石砮

孝武帝本紀太元十一年八月庚午封孔靖之爲奉聖亭侯奉宣尼祀

博物志舊說云天河與海通近世有人居海濱者年年八月有浮槎去來不失期人有奇志立飛閣於槎上多齎糧乘槎而去十餘日中猶觀星月日辰自後芒芒忽忽亦不覺晝夜去十餘日奄至一處有城郭狀居舍甚嚴遙望宮中多織婦見一丈夫牽牛渚次飲之牽牛人乃驚問曰何由至此此人具說來意幷問此是何處答曰君還至蜀都訪君平則知之竟不上岸因還如期後至蜀問君平曰某年月日有客星犯牽牛宿計年月正是此人到天河時也

搜神記東越閩中有庸嶺高數十里其西北隙中有大蛇長七八丈大十餘圍土俗常懼或與人夢或下諭巫祝欲得啗童女年十二三者都尉令長共請求人家生婢子兼有罪家女養之至八月朝祭送蛇穴口累年已用九女將樂縣李誕家有小女名寄應募欲行父母不可禁止乃告請好劍及咋蛇犬至八月朝懷劍將犬先將數石米餈用蜜麨灌之以置穴口蛇便出頭大如囷目如二尺鏡聞餈香氣先啗食之寄便放犬犬就嚙咋寄從後斫得數創瘡痛急蛇因踊出而死於是寄女緩步而歸越王聞之聘寄女爲后

元嘉起居注泰始二年八月嘉蓮一雙駢花並實合跗同莖生豫章鱧湖

南史梁孝元帝本紀帝母在采女次侍始褰戶幔有風回裾武帝意感幸之采女夢月墮懷中遂孕天監七年八月丁巳生帝舉室中非常香有紫胞之異武帝奇之因賜采女姓阮進爲修容

梁書扶南國傳大同三年八月高祖改造阿育王寺塔出舊塔下舍利及佛爪髮髮青紺色衆僧以手伸之隨手長短放之則旋屈爲蠡形

南史梁武帝本紀大同五年八月乙酉扶南國獻生犀

顏氏家訓梁孝元帝年少之時每八月六日載誕之辰常設齋講

梁書林邑國傳林邑國大姓號婆羅門嫁娶必用八月女先求男由賤男而貴女也

北史魏文成帝本紀興安二年八月戊戌詔曰朕卽位以來風雨順序衆瑞兼呈又於苑內獲方寸玉印其文曰子孫長壽羣公卿士咸曰休哉豈朕一人克臻斯應實由天地祖宗降祐之所致也思與兆庶共茲嘉慶其令百姓大酺三日

魏孝文帝本紀帝諱宏皇興元年八月戊申生於平城紫宮神光照室天地氛氳和氣充塞

魏書禮志太和十五年八月壬辰詔郡國有時果可薦者並送京師以供廟薦

北齊書神武帝本紀天平三年八月丁亥神武請均斗尺班於天下

酉陽雜俎鳥山下無木魏末有人掘井遇槃石下有

木流洶洶然遂鑿石穿水北流甚駛俄有一船觸石而至匠人窺船上得一杉木板板刻字曰吳赤烏二年八月十日武昌王子義之船

北齊書文宣帝本紀天保九年八月帝如晉陽先是發丁匠三十餘萬營三臺於鄴下因其舊基而高博之大起宮室及遊豫園至是三臺成改銅爵曰金鳳金獸曰聖應冰井曰崇光

孝昭帝本紀皇建元年八月壬辰詔分遣大使巡省四方觀察風俗問人疾苦考求得失搜訪賢良景申詔九州勳人有重封者聽分授子弟以廣骨肉之恩

荊楚歲時記八月十四日民並以朱水點兒頭額名為天灸以厭疾又以錦綵為眼明囊遞相餉遺注述征記云八月一日作五明囊盛取百草頭露洗眼令眼明也續齊諧記云弘農鄧紹嘗以八月旦入華山採藥見一童子執五綵囊承柏葉上露皆如珠滿囊紹問用此何為答曰赤松先生取以明目言終便失所在今世人八月旦作眼明袋此遺象也或以金薄為之遞相餉焉

隋書文帝本紀開皇四年八月甲午遣十使巡行天下

大業雜記煬帝築西苑周二百里其內造十六院每秋八月月明之夜帝引宮人三五十騎人定之後開閶門入西苑歌管達曙

唐書百官志太府寺主簿掌印省鈔目勾檢稽失平權衡度量歲以八月印署然後用之

節度使歲以八月考其治否銷兵為上考足食為中考邊功為下考觀察使以豐稔為上考省刑為中考辦稅為下考團練使以安民為上考懲奸為中考得情為下考防禦使以無虞為上考清苦為中考政成為下考經略使以計度為上考集事為中考修造為下考

太宗本紀貞觀二年八月甲戌省冤獄於明堂

唐會要貞觀四年八月十九日丙午詔三品以上服紫四品五品以上服緋六品七品以綠八品九品以青

貞觀二十一年八月十七日骨利幹遣使朝貢獻良馬百匹其中十匹尤駿太宗奇之各為製名曰十驥

永徽二年八月二十九日下詔來月一日太極殿受朝此後每五日一御太極殿視事朔望朝即永為常式

永徽六年八月二十九日己酉京東西二市置常平倉置常平司官

景龍元年八月二十五日長子縣嘉禾合穗

唐詩紀事景龍三年八月三日幸安樂公主西莊李適詩平陽金牓鳳凰樓沁水銀河鸚鵡洲綵仗遙臨丹壑裏仙輿暫幸綠亭幽前池錦幔蓮花豔後嶺香爐桂蘂秋貴主稱觴萬年壽還輕漢武濟汾遊

唐會要景龍三年八月令特進佩魚散職佩魚自茲始

景雲三年八月二日庚寅敕諸州置司田參軍一員

事物紀原唐先天二年八月二十日封西嶽為金天王

唐會要開元六年八月十四日制令中書門下及文武百官入乾元殿就東廊觀書內庫出絹綵分賜褚無量及四庫官有差

集異記唐裴伷開元七年都督廣州仲秋夜漏未艾忽然天曉星月皆沒禽鳥飛鳴眾郡異之未能喻然已晝矣裴公於是衣冠而出軍州將吏則已集門遂名參佐泊賓客至即詢挈壺氏曰常夜三更尚未也因留賓客於廳事共須日之昇良久天色昏暗夜景如初官吏執燭而歸詰旦命使四訪合界皆然北訪湘嶺之北則無斯事數月後有商船自遠南至謂郡人云我八月十一日夜舟行忽遇巨龍出海舉首北向而雙目若日照曜千里毫末皆見久之復沒夜色依然徵其時則裴公集賓僚之夕也

舊唐書明皇本紀開元十七年八月癸亥上以降誕日讌百僚於花萼樓下百僚表請以每年八月五日為千秋節王公以下獻鏡及承露囊天下諸州咸令讌樂休假三日仍編為令從之

隋唐嘉話源乾曜張說以八月初五今上生之日請為千秋節百姓祭皆就此日名為賽白帝羣臣上萬歲壽王公戚里進金鏡綬帶士庶結綵承露囊更相遺問

唐書張九齡傳初千秋節王公並獻寶鑑九齡上事鑒十章號千秋金鑑錄

唐月令注明皇生於八月以仲秋日月會於壽星特置壇用千秋節日祭老人星及角亢七宿著之常式

唐書明皇本紀開元十八年八月丁亥上御花萼樓以千秋節百官賀賜四品以上金鏡珠囊縑綵五品以下衣帛有差

禮樂志明皇嘗以馬百匹盛飾分左右施三重榻舞

傾杯數十曲壯士舉榻馬不動樂工少年姿秀者十數人衣黃衫文玉帶立左右每千秋節舞於勤政樓下其日內閑廐使引戲馬五坊使引象犀入場拜舞宮人數百衣錦繡衣出帷中擊雷鼓奏小破陣樂歲以爲常

五行志開元二十二年八月楡關虸蚄蟲害稼入平州界有羣雀來食之一日而盡

唐會要開元二十四年請兩京各改一殿以萬壽爲名千秋節會百僚於此殿

天寶四載八月戊子有斑鹿產白鹿於苑中獻之上曰縞質霜毛變林麌之獸族殊姿馴性實雲駕之龍媒

唐明皇實錄天寶七載蕭照等請改千秋節爲天長節從之

開元天寶遺事明皇秋八月太液池有千葉白蓮數枝盛開帝與貴戚宴賞焉左右皆歎羨久之帝指貴妃示於左右曰爭如我解語花

唐書禮樂志上元元年肅宗以歲旱罷中小祀而文宣之祭至仲秋猶祀之於太學

唐會要上元元年八月二十一日戊戌敕一品以下文武並帶手巾算袋刀子磨石

唐書禮樂志永泰二年八月修國學祠堂成祭酒蕭昕始奏釋奠宰相元載杜鴻漸李抱玉及常參官六軍將軍就觀焉

唐會要元和二年八月二十四日敕鄉貢明經進士見訖就國子學官講論質定疑義仍令百僚觀禮

通鑑太和七年李德裕請依楊綰議進士試論議不試詩賦八月庚寅停試詩賦禮部奏先試帖經略問大義次試議論一首大義以通二通四爲格明年後並依此例

舊唐書文宗本紀太和九年八月丁丑幸左軍龍首殿因幸梨園含光殿大合樂

通鑑大中元年八月上崇睦兄弟作雍和殿於十六宅數臨幸置酒作樂

唐會要宣宗大中三年八月己丑旣復河湟河隴高年千餘見闕下天子爲御延喜樓賜冠帶

酉陽雜俎八月四日勿市履屣

傳載略武肅王天祐丙寅思欲拓捍海塘先是江心有石卽秦望山脚橫截波濤中出崔嵬然商旅船到此輒爲風濤所困而傾覆遂呼此爲羅剎石我國八月旣望必迎潮設祭動樂鼓舞於上尋命更呼鎭江石開平已來沙漲遂作木闌圍頂今祭江亭是也

楓窻小牘吳越忠懿王以天成四年八月二十四日四鼓生

玉海周恭帝八月四日誕爲天壽節

遼史太宗本紀天顯五年秋八月丁酉以大聖皇帝皇后宴寢之所號日月宮因建日月碑

玉海建隆元年八月十九日丙戌有司請造新量衡以頒天下詔精考古制按前代舊式作之禁私造者

乾德四年八月九日辛丑名宰臣宴紫雲樓下論及民間事謂趙普等曰下恩之民不分菽麥如藩侯不爲撫養務行苛虐朕斷不容之普等曰陛下愛民如此堯舜之用心也

乾德五年八月有象自嶺南來至都城外獲之其後吳越廣南交州繼獻象四十五頭於南薰門外玉津園東北置養象所作馴象旗

宋史五行志端拱元年八月廣州鳳集合歡樹下得芝三本

宣和書譜秦忠懿王錢俶藝祖應運率先臣服太宗卽位之明年盡籍其府庫地圖以獻端拱元年八月二十四日太宗以其誕日遣使賜器幣且示寵焉

宋會要淳化元年八月一日祕書監李至請李昉宋琪徐鉉及學士侍郎給諫舍人等詣閣觀御書圖籍帝知之詔賜御筵出書籍令縱觀

玉海淳化二年八月己卯詔置審刑院於禁中以樞密直學士李昌齡知院事凡具獄案牘先經大理斷讞旣定關報審刑知院定成文章奏訖然後下丞相府丞相又以聞始命論決蓋重謹之至也

淳化四年八月丙辰朔上草書宋玉大言賦賜翰林承旨蘇易簡因擬宋玉作大言賦以獻其詞曰聖人興兮告成功登崐崘兮展升中上覽賦嘉賞詔褒之

宋史禮志眞宗咸平元年二月宴羣臣於崇德殿二年八月七日再宴用樂

實錄咸平二年八月丙寅十六日大閱諸軍命殿前都指揮王超爲左右廂教陣都總管是日軍儀整肅天氣爽霽有司奏成列上升臺東向御戎幄召從臣坐而觀之王超執五方旗以進退又以行列遐遠號令所不能及遂於兩陣中起候臺相望使人執旗如臺上招之初舉黃旗則諸軍旅拜舉赤旗則騎進舉青旗則步進每旗動則鼓作而士譟之聲振于百里皆三挑而後退次舉白旗則諸軍復拜呼萬歲者三

遂舉黑旗以振旅軍於右者略左陣以還由臺前出西南閥軍於左者略右陣而還由臺前出西北閥並凱旋而入上顧王超曰士衆嚴整戎行練習卿之力也退御輕殿名從臣宴飲同御東華門閱諸軍還營釣容奏樂於樓下

玉海咸平四年八月己酉十日御崇正殿試賢良方正何亮孫暨孫僅丁遜命宋白等考所對遜僅第四等亮暨次之

景德三年八月十一日風琶蠻貢犀象封牛青羊及馬賜冠帶錦袍

大中祥符三年八月八日甲寅名近臣觀瑞物於崇和殿上作七言詩從臣皆賦

宋史五行志大中祥符三年八月解州鹽池紫泉場水次二十里許不種自生其味特嘉命屯田員外郎何敏中往祭池廟八月東池水自成鹽僅半池潔白成塊晶瑩異常祀汾陰經度制置使陳堯叟繼獻凡四千七百斤分賜近臣及諸列校

玉海大中祥符六年八月辛未十二日瑞聖園觀稼宴從臣作郊外觀稼七言詩近臣皆和

大中祥符七年八月二十五日戊寅眞遊殿上梁名近臣焚香因宴於長春殿帝作七言詩令近臣繼和

天聖八年八月六日宋仁宗名輔臣宗室於龍圖天章閣觀三聖御書元眞殿觀瑞穀宴蘂珠宮宰臣以下賦詩

宋史五行志明道元年八月黃州橘木及柿木連枝

實錄景祐二年八月丁丑出御製樂髓新經賜羣臣

玉海本朝冠服多沿唐舊循用之久有司寖爲繁文漸失法度景祐二年八月丙子二十七日始詔內侍省與太常禮院詳典故造冠冕蠲減珍華務從簡約俾繪圖以進

至和元年八月二十四日知制誥賈黯乞修注官入侍邇英閣事有可書隨即記錄

嘉祐三年交趾貢異獸二八月二十五日癸亥御崇政殿名輔臣等觀之

嘉祐五年八月壬申詔祕書府視開元多遺軼開賞科以廣獻書之路

嘉祐六年八月十七日知諫院司馬光上保業惜時遠謀重微務實五規

熙寧六年八月詔畿縣都保置木契左畱司農寺右付其縣凡追閱試則出契

熙寧八年八月詔州學教授先名赴舍人院試大義五道取優通者選差孫諤試法中第一壬子命監制敕庫

熙寧九年八月二日大理國奉表貢金裝碧玗山氈罽刀劍犀皮甲

宋史五行志熙寧十年八月乙巳惠州柚木有文曰皇帝萬年天下太平

玉海元豐七年八月二十二日己丑造兩圭有邸二以爲社稷禮神玉

元祐六年八月二十三日呂大防言乞令史院修進先朝寶訓以備邇英進讀從之

元符二年八月四日製寶符旗

蘇軾瓶笙詩引庚辰八月二十八日劉幾仲餞飲東坡觴中聞笙簫聲杳杳若在雲霄間徐而察之則出於雙瓶水火相得自然吟嘯座客驚嘆請作瓶笙詩記之

玉海崇寧元年八月二十三日州縣置小學十歲以上入學五年立課試法

崇寧二年八月三十日詔曰大司徒以六德六行教萬民而師氏之教國子則三德三行而已詳於訓士略於治親崇寧教養宗子法倣辟廱太學宜參酌輕重降於內外之法使易以跂及

崇寧四年八月三日增文宣王冕十有二旒是年詔文宣王廟立戟二十四改用鎭圭

崇寧初議大樂四年八月二十七日賜名大晟置府建官府在宣德門外天街之東隸禮部以大司樂典樂爲長貳次曰大樂令主簿協律郎工有樂正至舞師

宋史禮志政和三年以八月九日青華帝君生辰爲元成節

研北雜志翰林學士王寓宣和七年八月二十一日一夕凡草四制翌日遣中使至玉堂賜以上所常御筆研等十三事

玉海建炎四年八月戊寅上手寫郭子儀傳付范宗尹示諸將韓世忠等

紹興五年八月二十日高宗賜趙鼎御書尚書一部鼎奏謝上曰尚書所載君臣相戒之言所以賜卿欲共由此道以成治功

紹興十六年八月二十一日庚寅交趾賀升平獻黃金器明珠沉香翠羽綾絹馬十象九

紹興二十五年八月十七日刑部郎許興古言靈芝

生於廟楹瑞麥秀於留都宜如漢齋房之歌製爲樂章登歌郊廟詔學士院於圜壇景靈宮太廟所奏樂章增製

紹興二十八年八月晦復古殿書御製損齋記蕩心侈目惑心害性者罔不掃除清心寡欲省緣薄費者奉以周旋揮毫弄墨眞草自如濃淡斜行茂密如意未能忘情似賢乎已朝夕清燕視以自儆以漢武明皇爲戒凡二百五十八字吏書賀允中請布之中外

乾道六年八月二十六日大學正薛元鼎請以周之南仲侑食武成王上喜以爲南仲之孫皇父猶爲中興之將便宜舉行二十八日御書漢議郎崔寔政論賜宰臣虞允文等

乾道七年八月六日宋孝宗名吏部侍郎王之奇侍事陳良翰禮部侍郎周必大同對選德殿賜坐從容訪以治道久之袖出御筆一通首以魏徵答唐太宗德仁功利之問

西湖志餘淳熙十年八月十八日駕詣德壽宮奉迎上皇觀潮諭侍官各賦酹江月一曲至晚呈上以吳琚爲第一其詞曰玉虹遙挂望青山隱隱有如一抹忽覺天風吹海立好似春霆初發白馬凌空瓊鼇駕水日夜朝天闕飛龍舞鳳鬱葱環拱吳越此景天下應無東南形勝偉觀眞奇絕好是吳兒飛彩幟蹴起一江秋雪黃屋天臨水犀雲擁看擊中流楫晚來波靜海門飛上明月

乾淳歲時記浙江之潮天下之偉觀也自八月既望以至十八日爲最盛方其遠出海門僅如銀線既而漸近則玉城雪嶺際天而來大聲如雷霆震撼激射吞天沃日勢極雄豪楊誠齋詩云海闊銀爲郭江橫玉繫腰者是也每歲京尹出浙江亭教閱水軍艨艟數百分列兩岸既而盡奔騰分合五陣之勢幷有乘騎弄旗標槍舞刀於水面者如履平地倏爾黃烟四起人物略不相覩水爆轟震聲如山崩烟消波靜則一舸無迹僅有敵舟爲火所焚隨波而逝吳兒善泅者數百皆披髮文身手持十幅大綵旗爭先鼓勇泝迎而上出沒於鯨波萬仞中騰身百變而旗尾略不霑濕以此誇能而豪民貴宦爭賞銀綵江干上下十餘里間珠翠羅綺溢目車馬塞途飲食百物皆倍常時而僦賃看幕雖席地不容閒也禁中例觀潮於天開圖畫高臺下瞰如在指掌都民遙瞻黃繖雉扇於九霄之上眞若蕭臺蓬島也

玉海嘉定七年八月二十六日詔建宗學置六齋生員以百人爲額

齊東野語賈師憲當國日臥治湖山作堂曰半閒又治圃曰養樂然名爲就養其實怙權固位欲罷不能也每歲八月八日生辰四方善頌者以數千計悉俾翹館謄考以第甲乙一時傳誦爲之紙貴

金史選舉志大定十三年八月於憫忠寺策試女直進士寺舊有雙塔進士入院之夜半聞東塔上有聲如音樂西達於宮考試官完顏蒲涅等曰文路始開而有此得賢之祥也

元史世祖本紀中統三年八月郭守敬請開玉泉水以通漕運從之

選舉志鄉試八月二十日蒙古色目人試經問五條漢人南人明經經疑二問經義一道二十三日蒙古色目人試策一道漢人南人古賦詔誥章表內科一道二十六日漢人南人試策一道

祭祀志每歲駕幸上都以八月二十四日祭祀謂之灑馬嬭子用馬一羯羊八綵緞練絹各九疋以白羊毛纏若穗者九貂鼠皮三命蒙古巫覡及蒙古漢人秀才達官四員領其事再拜告天又呼太祖成吉思御名而祝之曰托天皇帝福蔭年年祭賽者禮畢掌祭官四員各以祭幣表裏一與之餘幣及祭物則凡與祭者共分之

英宗本紀至治二年八月詔畫蠶麥圖於盝頂殿壁以時觀之

西湖志餘元至正庚寅浙江鄉試八月二十二日夜二鼓貢院彷彿見一物馳走甚疾其狀若猛獸軍卒因而喧哄遂以角端命賦題

元氏掖庭記己酉仲秋之夕武宗與諸嬪妃泛月於禁苑太液池月色射波池光映天綠荷含香魚鳥羣集

眞臘風土記八月挨藍者舞也點差伎樂每日就國宮內挨藍且鬬猪鬬象國主亦請奉使觀焉如是者一旬

熙朝樂事郡人觀潮自八月十一日爲始至十八日最盛蓋因宋時以是日教閱水軍故傾城往看至今猶以十八日爲名非謂江潮特大於是日也是日郡守以牲醴致祭於潮神而郡人士女雲集僦倩幕次羅綺塞塗上下十餘里間地無寸隙伺潮上海門則泅兒數十執綵旗樹畫傘踏浪翻濤騰躍百變以誇材能豪民富客爭賞財物其時優人百戲擊毬關撲

魚鼓彈詞聲音鼎沸蓋人但藉看潮爲名往往隨意酣樂耳瞿宗吉看潮詞云嘉會門邊翠柳垂海鮮橋上赤欄莪行人指點山前石曾刻先朝御製詩出郭遊人不待招相逢都道看江潮今年秋暑何曾減映日爭將畫扇搖一線初看出海遲司封祠下立多時須臾金鼓連天震忙殺中流踏浪兒壚頭酒美勸人嘗紫蟹初肥綠橘香店婦也知非俗客奚奴背上有詩囊沙河塘上路岐睽扶醉歸來日已斜怪底香風來不斷擔頭插得木犀花步入重門小院偏金猊飛裊夜香煙家人笑問歸何晚已備中秋賞月筵

熹宗實錄舊規經筵秋講以八月十二日起

囧政要覽太僕寺祭馬神在通州北四十里安德鄉鄭村壩秋祭在八月二十八日

名勝志湖州古防風氏之國今武康縣封禺二山間有防風廟歲以八月二十五日有司致祭

仲秋部雜錄

詩經豳風七月章八月在宇正義蟋蟀之蟲八月在堂宇之下

公羊傳秋八月壬午大閱大閱者何閱兵車也修教明論國道也平而修戎事非正也其日以爲崇武故謹而日之

國語少采夕月注夕月以秋分

孝經說秋分日在內衡

本草經地膽生汶山山谷八月采之注眞地膽狀如大馬蟻有翼是芫青所化亦名蚖青

內經寒風曉暮蒸熱相薄草木凝烟濕化不流則白露陰布以成秋令

金鑾之發夜零白露林莽聲悽注夜濡白露曉聽風悽乃爲金發徵也

管子輕重己篇以夏日至始數九十二日謂之秋至秋至而禾熟

禽經仲秋之節鳩復化爲鷹

文子下德篇老子曰天地之氣莫大於和者陰陽調日夜分故萬物春分而生秋分而成

史記天官書作鄂歲歲陰在酉星居午以八月與柳七星張晨出曰爲長王作作有芒國其昌穀熟其失次有應見危曰大章有旱而昌有女喪民疾

辰星仲秋秋分夕出郊角亢氐房東四舍爲漢

漢書五行志秋分而微霜降

于易雷以八月入其卦曰歸妹言雷復歸入地則孕毓根核保藏蟄蟲避盛陰之害

淮南子天文訓辰星正四時常以八月秋分效角亢

淮南畢萬術八月榆檽以美酒漬曝同青粱米紫莧蒸熟爲末每服三指撮酒下令人辟穀不饑檽音面

京房易候古秋分而人君釋鐘鼓之懸

星經角二星東方首宿南左角名天津蒼色北右角爲天門黃色中間名天關八月日在北南去北辰九十一度凡日月五星皆從天關行爲黃道

後漢書陳蕃傳人君有事於苑囿惟仲秋西郊順時講武殺禽助祭以敦孝敬

白虎通五行篇八月律謂之南呂何南者任也言陽氣尚有任生薺麥也故陰拒之也

說文酉爲秋門萬物已入

龍春分登天秋分潛淵

風俗通義世本垂作鐘秋分之音也

月令章句自軫六度至亢八度謂之壽星之次白露秋分居之鄭之分野

參同契觀其權量察仲秋情任蓄微稚老枯復榮薺麥芽蘖因冒以生

五經通義鐘者秋分之氣萬物至秋而成堅成不滅絕莫如金故金爲鐘相繼不絕也

秋分閶闔風至解懸垂琴瑟不張

晉書天文志老人一星在弧南一曰南極常以秋分候之南郊

博物志西羌仲秋月取赤頭鯉以爲鮨

風土記白鶴性警至八月白露降流於草葉上滴滴有聲即鳴

臨海異物志黃雀常以八月入海化爲魚

抱朴子仙藥篇七明九光芝皆石也生臨水之高山石崖之間狀如盤椀不過徑尺以還有莖蒂連綴之起三四寸有七孔者名七明九孔者名九光光皆如星百餘步內夜皆望見其光其光自別可散不可合也常以秋分伺之得之擣服方寸匕入口則翕然身熱五味甘美盡一斤則得千歲令人身有光所居暗地如月可以夜視也

宋書百官志前漢世刺史乘傳周行郡國無適所治後漢世所治始有定處止八月行部不復奏事京師

名醫別錄神護草生常山北八月采可使獨守叱咄

人寇盜不敢入門物類志謂之護門草置門上人衣
過草必叱之王筠詩霜被守宮槐風驚護門草卽此
蛇含以八月採陰乾有兩種並生石上及黃土地當
用細葉有黃花者劉敬叔異苑云有田父見蛇被傷
一蛇含一草著瘡上經日傷蛇乃去田父因取草治
蛇瘡皆驗遂名蛇含草
酸棗生河東川澤八月采實陰乾似武昌棗而味極
酸東人噉之以醒睡
魏書律曆志坎卦八月巽萃大畜賁觀
齊民要術掐秋菜必留五六葉凡掐必待露解八月
半剪去㮲生肥嫩比至收時高與人膝等莖葉皆美
科雖不高菜實倍多
棠熟時收種之八月初天晴時摘葉薄布曬令乾可
以染絳
白羊八月初胡枲子未成時又鉸之注漠北塞之羊
則八月不鉸鉸則不耐寒中國必須鉸不鉸則毛長
相著作氈難成也
作漉酪法八月中作取好淳酪生布袋盛懸之當有
水出滴滴水不盡著鐺中暫炒卽出於盤上日曝浥
浥時作團大如梨許亦數年不壞
種芡法芡一名雞頭卽今芰子是也由子形上花似
雞冠故名曰雞頭八月中收取擘破取子散著池中
自然生也
作糵法八月中作盆中浸小麥卽傾去水日曝之一
日一度著水卽去之脚生布麥於席上厚二寸一日
一度以水澆之芽生便止卽散收令乾勿使餅餅成
則不復任用此糵白餳糵若煑黑餳卽待芽生靑成

餅然後以刀劚取乾之欲令傷如琥珀色者以大麥
爲其糵
崔寔曰凡種大小麥得白露節可種薄田秋分種中
田後十日種美田
又曰八月可種大蒜
荆楚歲時記豆花雨乃八月雨也
唐書曆志秋分後五日日在氐十三度龍角盡見時
雨可以畢矣
唐本草蘭卽蘭澤香草也圓莖紫萼八月花白俗名
蘭香煑以洗浴生溪澗水旁人間亦多種之以飾庭
池
元和志浙江濤每日晝夜再上常以月十日二十五
日最小月三日十八日極大小則水漸漲不過數尺
大則濤湧高至數丈每年八月十八日數百里士女
共觀舟人漁子泝濤觸浪謂之弄潮
陸璣詩疏茹藘茅蒐蒨草也齊人謂之茜蜀本圖經
云染緋草葉似棗葉頭尖下闊莖葉俱澀四五葉對
生節間蔓延草木上根紫赤色今所在有八月採根
六典旱甚則修雩秋分已後雖旱不雩
通典周仲秋辰日祭靈星於國之東南王者所以復
祭靈星者爲人祈時以種五穀故別報其功
酉陽雜俎蓽撥出摩伽陁國呼爲蓽撥梨佛林國呼
爲阿梨訶咃苗長三四尺莖細如箸葉似蕺葉子似
桑椹八月採
蝤蛑大者長尺餘兩螯至強八月能與虎鬬虎不如
隨大潮退殼一退一長
周易集解說言乎兌崔憬曰秋分則兌王而萬物所

說
宋史河渠志八月菼亂華謂之荻苗水
太平御覽八月雨夜菰菜生於洿下池中作羹臑甚
美吳中以鱸魚作膾菰菜爲羹
開寶本草縮砂蔤生南地苗似廉薑子形如白豆蔻
其皮緊厚而皺黃赤色八月採之辛香可調食味及
蜜煎糖纏用
成都古今記八月有桂市
圖經本草蟹俗傳八月一日取稻芒兩枝東行輸送
其長故今南方捕蟹差早則有銜芒須霜後輸芒方
可食之
白微一名薇草莖葉俱靑頗類柳葉八月結實其根
黃白色類牛膝而短小今人八月采之
蒟黃今江廣蜀川多有之葉靑綠長一二尺闊三四
寸有斜文如紅蕉葉而小花紅白色根盤屈黃色類
生薑而圓有節八月采根片切曝乾蠻人生噉云可
以祛邪辟惡
菊花秋八月合花收曝乾切取三四斤以生絹囊盛
貯三大斗酒中經七日服之日三次常令酒氣相續
爲佳
黃蓍根長二三尺獨莖或作叢生枝幹去地二三寸
其葉扶疎作羊齒狀又如蒺藜苗開黃紫花其實作
莢子長寸許八月中采根用其皮折之如綿謂之綿
黃蓍時珍曰嫩苗亦可煠淘茹食
政和本草雞頭八月采實服餌家取其實並中子搗
爛暴乾再搗篩末熬金櫻子煎和丸服之補下益人
謂之水陸丹

治脣上生瘡連年不差以八月藍葉一斤擣取汁洗
不過三度差
搜采異聞錄唐元宗以八月五日生以其日爲千秋
節張說上大衍曆序云謹以開元十六年八月端午
赤光照室之夜獻之唐類表有宋璟請以八月五日
爲千秋節表云月惟仲秋日在端午然則凡月之五
日皆可稱端午也
會稽志鶖一名舂鋤步於淺水好自低昂故曰舂鋤
也色雪白頂上有絲毿毿然長尺餘欲取魚則弭之
山陰瀕水人家多畜之皆馴不去惟白露一日能之
不然飛去
本草圖經酸棗野生多在坡坂及城壘間似棗木而
皮細其木心赤色莖葉俱青花似棗花八月結實紫
紅色似棗而圓小味酸當月采實取核中仁陰乾四
十日成
野客叢談懶眞子讀杜牧之詩千秋佳節名空在承
露絲囊世已無謂漢以金盤承露而唐以絲囊絲囊
可以承露乎此不可解按華山記弘農鄧紹八月曉
入華山見童子執五綵囊盛柏葉露食之此事在漢
武帝之前是以武帝於其地造望仙等宮觀又觀梁
簡文帝眼囊賦序曰俗之婦人八月旦多以錦翠珠
寶爲眼明囊因凌晨拭目唐人千秋節以絲囊盛露
亦襲其舊正八月初故事
山家淸事八月八日爲竹醉日種竹易活
通攷八月十一日卜來年水旱侵晨或隔夜於水邊
無風浪處作一水則至晚看之若沒主水露主旱
平主小水又主本年好種麥名曰橫港

朔日値白露果穀不實値秋分主物價貴
紀曆撮要白露日屬火難種菜蔬
元王柏長嘯山游記辛卯秋八月與客游於北山於
時丹楓纈林香桂染袖金粟垂穎翠英吐英芙蓉靚
冶蘺菊敷茂紫蘭兮抗莖濯藥於深幽香稻兮春玉
簸珠於踐蹂懸穎苞於棗栗粲青黃於橘柚日暄而
不熇雨寒而不驟正一年之佳景候也
楊升菴集蜀西南多雨名曰漏天杜子美詩鼓角漏
天東是也自秋分後遇壬謂之入霑巽下曰入液
瓶史月表八月花盟主丹桂木犀芙蓉花客卿寶頭
雞冠楊妃槿花使令水紅花剪秋羅秋牡丹山査花
花曆八月槐花黃桂香飄斷腸始嬌白蘋開金錢夜
落丁香紫
月令演八月五明囊朔日圍棋局四日廣陵濤八日天灸十日
梯月十五牡丹誕十五
田家雜占八月中氣前後起西北風謂之霜降信未
風先雨謂之料信雨
農政全書龍眼花與荔支同開樹亦如荔支但枝葉
稍小殼青黃色形如彈丸肉白而帶漿其甘如蜜熟
於八月白露後方可採摘荔枝過卽龍眼熟謂之荔
支奴
氾勝之書曰夏至後九十日晝夜分天地氣和以此
時耕田一而當五名曰膏澤
種麥八月白露節後逢上戊爲上時中戊爲中時下
戊爲下時種須簡成實者棉子油拌過則無蟲而耐
旱
本草綱目芎藭古人因其根節狀如馬銜謂之馬銜

芎後世因其狀如雀腦謂之雀腦芎出關中者爲京
芎亦曰西芎出蜀中者爲川芎出天台者爲台芎出
江南者爲撫芎淸明後宿根生苗分其枝橫埋之節
節生根八月根下始結芎藭掘取蒸曝救荒一種似
蛇牀葉而粗嫩葉可煠食
江寧府信州一種小梨名鹿梨葉如茶根如小拇指
彼人取皮治瘡八月採之時珍曰山梨野梨也處處
有之梨大如杏可食
杜若楚地山中時有之山人亦呼爲良薑根似薑圖
經所謂山薑也開紫花不結子八月採根入藥
亞麻子出兖州威勝軍苗葉俱青花白色八月上旬
采其實用時珍曰卽壁虱胡麻也其實亦可榨油點
燈
蠶豆南土種之蜀中尤多八月下種冬生嫩苗可茹
射干按張揖廣雅云鳶尾射干也土宿眞君本草云
射干卽扁竹葉扁生如側手掌形莖亦如之一種紫
花一種黃花一種碧花多生江南湖廣川浙平陸間
八月采根取汁煑雄黃伏雌黃制丹砂能拒火
石南桂陽呼爲風藥充茗及浸酒飲能愈頭風故名
別錄曰生華陰山谷八月采實陰乾
橙名鵠殼樹似橘而葉大其形圓大於橘而香皮厚
而皺八月熟
樣子一名食茱萸高木長葉黃花綠子叢簇枝上味
辛而苦八月采擣濾成汁入石灰攪成名曰艾油亦
曰辣米油始辛辣挃口入食物中用
木綿有二種似木者名吉貝似草者名古終江南淮
北所種莖弱如蔓高者四五尺葉有三尖如楓葉入

秋開花黃色如葵花而小亦有紅紫者結實大如桃中有白綿亦有紫綿者八月採捄謂之綿花

曼陀羅花法華經言天雨曼陀羅花後人因以名曼陀羅梵言雜色也綠莖碧葉葉如茄葉八月開白花凡六瓣狀如牽牛花而大

果類有海紅卽海棠梨之實狀如木瓜而小實至八月乃熟沈立海棠譜云海棠其實狀如梨大如櫻桃至秋可食

甘松香黔蜀州郡及遼州皆有之叢生山野葉細如茅草根極繁密八月採之作湯浴令人身香

雷丸生石城山谷及漢中土中八月採根暴乾按遯齋閑覽云楊勔中年得異疾每發語腹中有小聲應之久漸聲大有道士見之曰此應聲蟲也但讀本草取不應者治之讀至雷丸不應遂頓服數粒而愈

本草集解荆芥葉似獨帚葉而狹小淡黃綠色八月開小花作穗成房房如紫蘇房內有細子如葶藶子

羣芳譜八月爲竹小春

談叢八月一日雨則角田下熟角田豆也

枕譚續漢禮儀志云仲秋之月賜八九十老人杖杖端有玉鳩鳩不咽之鳥蓋取不咽也風俗通記漢高故事恐未可據

名勝志藍溪源出太姥山頂每歲八月烏桕落葉溪中色皆秀碧俗傳太姥染衣居民候其時取水漚藍染帛最佳

仲秋部外編

雲笈七籤漢平帝元壽二年八月己酉五帝各乘方而色車從羣官來下受大帝之命授茅盈爲司命東卿上眞君

搜神記宋時弘農馮夷華陰同鄉隄首人也以八月上庚日渡河溺死天帝署爲河伯又五行書曰河伯以庚辰日死不可治船遠行溺沒不返

魏書靈徵志尉元表臣於彭城遣別將以八月至睢口邀賊將陳顯達有戰士於營外五里芻牧見一白頭翁乘白馬將軍呼之語稱至十八日辰必來到此語汝將軍領衆從東北臨人我當驅賊令走中時賊必大破後十日此人復於彭城南戲馬臺東二里見白頭翁亦乘白馬從東北來呼此人謂曰我與東海四瀆太山北嶽神共行淮北助汝二將蕩除已定汝上下喜否因忽然不見

集仙傳八月九日羣仙來傳金母敕令女仙謝自然披髮四十日金母當自來所降使或言姓崔將一板闊二尺長五尺其上有五色每羣仙欲至驚壁間悉熒煌似鏡自然每披髮則黃雲繚繞其身又有七人黃衣戴冠侍於左右

宣室志長慶中有王先生者弘農晦之聞其術往謁爲王留之宿乃八月十二也先生召其女七娘謂之曰汝爲吾刻紙狀今夕之月置於室東之垣上有頃七娘以紙月施於垣上忽月光洞然一室毫髮盡辨晦之驚嘆不測

雲笈七籤古人以秋分之日爲秋判之日所以留者秋分之日乃會九天八地衆眞人神上皇至尊三日三夕共定萬民之命所聚議者咸多而神尊並集故也

仙忌眞記曰子欲昇天慎秋分罪無大小皆上聞以罪求仙仙甚難是故學道爲心寒

秋分淸旦南望有素赤黃雲者是南極眞人上皇赤帝三素雲也存禮密祝三見雲輩白日昇仙

欽定古今圖書集成曆象彙編歲功典

第七十一卷目錄

中秋部彙考

提要錄月夕

本草綱目剪壺鬚

事物原始中秋

酌中志略宮中中秋

直隸志書宛平縣 昌平州 平谷縣 遵化州 永平府 河間府 慶雲縣 棗強縣 衡水縣

山東志書淄川縣 霑化縣

山西志書潞安府 襄垣縣 永寧州

河南志書鄭州 羅山縣

陝西志書西鄉縣

江南志書句容縣 常熟縣 松江府 無錫縣 揚州府 如皐縣 通州 太湖縣 石埭縣 建德縣 滁州

浙江志書溫州府

江西志書新建縣 新城縣

湖廣志書雲夢縣 應山縣 蘄州 巴陵縣 永州府 永興縣

福建志書建陽縣 浦城縣 上杭縣 建寧府 龍巖縣 海澄縣

四川志書涪州 嘉定州

廣東志書曲江縣 乳源縣 英德縣 揭陽縣 四會縣 新興縣 澄邁縣

中秋部藝文一

回董提舉中秋請宴啓　宋文天祥

中秋賞月賦　明章懋

秦淮看月記　潘之樞

歲功典第七十一卷

中秋部彙考

提要錄

月夕

八月十五爲月夕

本草綱目

剪壺鬚

中秋日剪壺盧鬚如環子脚者陰乾於除夜煎湯浴小兒則可免出痘

事物原始

中秋

八月十五爲中秋何也歐陽詹翫月序云秋之于時後夏先冬八月于秋季始孟終十五於夜又月之中稽之天道則寒暑均取諸月數則蟾魄圓故曰中秋言此日爲三秋之中也又謂之月夕龍城錄云唐明皇於此夜遊月宮

酌中志略

宮中中秋

八月十五日供月餅瓜藕候月上焚香即大肆飲啗多竟夕始散

直隸志書各省風俗同者不載

宛平縣

八月十五日祭月其祭用果餅剖瓜瓣錯如蓮花設月光紙向月而拜焚紙撤供散家人必遍

昌平州

八月中秋祭月設果品香楮乘月歡飲戚里率以瓜餅等物相餽俗名團圓節

平谷縣

八月十五日夕設瓜果于庭院坐待月華祭畢萃飲爲樂謂之賞月

遵化州

中秋日祭月祭以瓜果製大餅繪廣寒宮式候月出拜祭

永平府

中秋占月爲雲蔽來年燈節必雪

河間府

中秋日雨謂之苦雨占菜味不佳

慶雲縣

八月十五日農家祭土穀神名青苗社祭畢共享其餘

棗強縣

中秋日陳瓜果祭月光共設酒饌燕飲曰圓月

衡水縣

中秋親友於尊長佃田賃房者於主家各餽送月餅瓜果酒殽謂之翫月

山東志書

淄川縣

中秋皓月臨空碧天如水友朋歡讌竟夜爲常

霑化縣

八月望多宴會抵晚廛鄰合樽席地歌飲於市者不下十餘團足徵和氣

山西志書

潞安府

中秋拜月與海內同潞俗以是日招壻飲

襄垣縣
八月十五日邀親友夜飲玩月謂之團圓會
永寧州
中秋節親友餽送月餅瓜果酒殽之屬夕則守夜燒香恭祀太陰星主
河南志書
鄭州
中秋備月餅祭月謂之玩月古詩云此日若無月一年虛度秋學道呂邦耀詩云今宵偏有月天亦愛中秋
維山縣
八月中秋祭月簪桂親友彼此相饋
陝西志書
西鄉縣
中秋夜置酒玩月賞桂男泛舟登紅崖婦女亦設佳筵卽貧者亦無不食西瓜慶節氣
江南志書
句容縣
八月中秋辦餅筵大會親朋翫月色昏明驗來歲元宵晴雨
常熟縣
八月望日以月餅相餽遺遊人操舟集湖橋望月
松江府
中秋食月餅登樓臺賞月觀鶴宋朱之純三山亭詩注云華亭每中秋夜有仙鶴下不多見也
無錫縣
中秋夜結高臺置香盈斗而爇之名燒斗香

揚州府
中秋郡城多製燈船水嬉自初一日至十五日往往好事者爲之
如皋縣
中秋夜設瓜果餅餌祀月兒女羅拜作月餅相餉好事家亦飾燈船設雅座玉簫金管清謳達旦如白下秦淮故事
通州
中秋以瓜餅餽節折桂賞月候月華恆至天曉
太湖縣
八月中秋拜祀月宮考唐明皇雜錄云八月十五夜葉靜能邀上遊月宮將行請上衣裘而往及至月宮寒凜特異上不能禁靜能出丹二粒進上服之後祀月宮始此
石埭縣
八月十五日各神慶賀昭明聖帝有酬五福願者例於十一日供像於堂至十五日賽會肖神爲假面盛飾執械不下四五百尊進西門出東門從昭明聖帝後迎遊入廟笙歌沸耳裝演眩目觀者如堵極爲靡費
建德縣
八月中秋迎祀余公司徒供具甚盛演雜劇刲羊豕酧以路酒比屋皆然
滁州
八月十五是夜忌雨如雨則上元燈不利諺云雲暗中秋月雨打上元燈
浙江志書

溫州府
中秋是夜邀賓朋賞月或至江干看潮外邑亦有以十六夜爲中秋者
江西志書
新建縣
八月十五日許旌陽拔宅上昇居民感德立祠宋徽宗勅修賜額玉隆萬壽宮歷元明迄今自八月朔四遠朝拜不絕至十五日最盛居民輻輳成市
新城縣
中秋羅椅爨吹月餅以觀月華親戚餽禮打鞦韆自十一夜起懸通草燈用鼓樂迎於市至十七止中秋月無光則魚少若雲重則來歲元宵多雨
湖廣志書
雲夢縣
八月十五日爲月夕親友以月餅相餽貽中宵讌集候賞月華
應山縣
中秋閭里無他務木棉花出紡磚之聲與砧杵相雜多就月下至夜分士人多舉酒吟哦
蘄州
中秋俗取促織蟲相鬬是日設高案以貼金大餅焚香秉燭祭月畢切分親黨
巴陵縣
中秋坊間設酒具瓜餅賞月觀月華見之則吉以月之明暗卜江魚之有無
永州府
中秋夜家家祀月兒童拾瓦礫爲寶塔於門首有高

至丈餘者致亦鱗緻可觀燃燈設供以爲戲

永興縣

中秋俗尚飲桂酒

福建志書

建陽縣

中秋多夜宴夜間女子出遊云走百病然亦有謹愼不出者

浦城縣

中秋夜女子行南浦橋祈長壽

上杭縣

中秋兒女於月下設果餅膜拜致詞號請月姑置筐於盤神降則筐自舉爲剝啄聲審其數以卜災祥

建寧府

八月中秋夜置酒玩月食月餅近有掛旛燈乞嗣月宮者

龍巖縣

中秋爲賞月會各鄉迎土神作偶人燈列隊而行雖無如元夕獅鬼之戲而諸燈喧鬨如之

海澄縣

中秋祀土神所以秋報也饋遺則有月餅月果餅圓如三尺月厚徑寸而高起皆蟾輪桂殿兔杵人立或哭竇倚樹或姮娥竊藥精緻奪目

四川志書

涪州

中秋夜士民設香燭供月餅鳴金鼓以達旦曰賞中秋

嘉定州

八月中秋里中賽土地神扮演雜劇聲樂文物亦各相競謂之看會

廣東志書

曲江縣

中秋置酒爲夜飲亦扮故事遊闤闠中自初八至十五日止

乳源縣

八月中秋啖月餅剝芋皮喙鼓子果謂之剝鬼皮去疥癩

英德縣

八月中秋酌桂樽剝熟芋爲大餅以象璧月又十五夜謂之太陰還元宜焚香守夜

揭陽縣

中秋翫月陳酒饌兒童多拾瓦片結塔燃之爲樂

四會縣

中秋設果餅望月而拜致詞謂之請月姑

新興縣

中秋作月餅煮芋魁具殽酒飲會謂之賞月兒童有燒番塔舞火鬼之戲

澄邁縣

八月中秋聚親朋以賞月烹天南星去皮食名剝鬼皮此月諺謂之餓月

中秋部藝文一

同董提舉中秋請宴啓　宋文天祥

照江疊節載畫舫之清冰待月舉杯呼芳樽於綠淨拜華星之墜几約明月之浮槎風雨滿城何幸兩重陽之近江山如畫尚從前赤壁之遊臯秸申酬輪囷嗣布

中秋賞月賦　明章懋

素昊司時蓐收行政日道西陸斗回酉柄大火下於坤維虛宿中乎離正掃赤煒之煩酷布金行之清靜豆雨飽兮初歇梧風颯兮漸勁涼露零而金莖香巔氣浮而玉宇淨燕翩翩以東歸兮雁嘹嘹而南競蟬咽聲以不鳴兮鷹飛迅而欲橫南呂之律始中西兌之治方盛緊三五之良宵適平分之秋令暮烟霽而雲容四斂潦水澄而山光遙映斯時也陰精揚彩坎象懸空西魄已載東魄未終望舒御兮駕冰輪於海東素娥舞兮調霓裳於曲中穆穆兮金波有彩團團兮玉斧無功寒玉臂兮清輝皓皓濕雲鬟兮香霧濛濛既委照兮珠簾華屋亦容光兮甕牖桑蓬普貞明而無私兮羌萬里之攸同人世總清虛之府皇都一蘂珠之宮于於是盍朋簪開賓筵酌清酤調朱絃暢幽懷之寥廓邀勝賞於嬋娟歌坡翁之水調兮唱晁叟之洞仙修歐陽之翫事兮賦逸輿之佳篇喜美難之兼具樂風景之無邊已而銀河斜漢玉繩低躔爽籟發於林外天香散於庭前惜光陰兮易度愛良夜兮無眠羣囂既息衆音並傳幾處樓臺絲管沸兮樂歌舞於芳年誰家門巷砧杵急兮碎窮愁之萬千慨人間之憂樂感上天之缺圓徘徊俯仰不覺爲之太

息而淒然客有語予者曰賞心易負美景難留可人明月屬此清秋今夕之會也追玉堂之勝賞無天柱之遠遊據牀笑傲兮若登武昌之樓咏詩諷誦兮如泛牛渚之舟騁清談之亹亹浩清興之悠悠人生有幾不樂何求子獨感慨而惆悵兮殆有類乎宋玉之窮戚而悲憂乎乃喟然嘆曰子豈予知者哉予竊怪夫少年之倫間兮寧能爲時物而解顏吁嗟乎哲人之用心兮固將視一世以爲悲歡月明而無貴貧兮人情見月抑忻戚之多端有天涯兮遊子家山萬里兮疎問安今茲之夕兮望白雲而倚欄有遠地兮孤臣懷耿耿兮寸丹今茲之夕兮念瓊樓之高寒彼閭閻之饑饉兮十室九空擷草穗以爲糧對明月兮賦鴻鴈而自傷彼邊城之將卒兮胡笳羌笛老征戍於沙場對明月兮指玉關爲故鄉月照兮深閨有佳人兮愁斷腸裁邊衣兮未寄盼良人兮天一方月照兮閨扉有縲囚兮悲夜長雉罹羅兮未脫刻木畫地兮那可忘富貴歡會兮貧苦憂思今夕之樂者幾何人兮而悲窮悼屈者紛其若茲伊苦樂之相忘兮抑亦居之所移蹇予懷之鬱鬱兮良獨有感於斯志先憂而後樂兮謂希文其吾師彼風流之庾謝兮徒曠達其奚爲今九重之仁聖兮憂元元之瘡痍極宵旰以孜孜兮曾不暇乎樂漢武影娥之池顧書生之竊祿兮一升合皆民脂愧無才以上佐天子而下弔蒼生兮其何心乎樂明月而娛嬉予以爲悲秋之騷客兮其不淺之爲小丈夫也嗚呼噫嘻客聞予言亦悚然若驚焦然而勿寧遂相與泉杯酬月稽首乞靈願國家隆唐虞之治使斯人爲堯舜之氓老安少懷兮各得其所遠來近悅兮咸遂其生囹圄空兮期有司之不犯兵甲洗兮寧復有苗之徂征家家見月兮有忻然之色人人對景兮無嘆息之聲豈若唐人聯句而專長日之樂殆猶虞氏鼓琴而公解愠之情則吾與子非特誇今夕一時之樂事且將祝皇朝萬世之太平

秦淮看月記　潘之恆

戊午中秋登虎丘見月而思秦淮也幾望及望月色如晝逢麗姬金王兩姓從千人中獨見而月不能爲之奪時善音者皆集金陵子夜聞之靡靡耳至己未是日則余居金陵已七見圓魄斬一而將行秦淮人謀之曰胡襄之不思而去之是將又思乃發慨而止上弦以來猶吳昨也幾及兩夕而忽若失之則人或勝於吳非人勝而情勝也匝青溪夾岸競傳吳音而閣中以眞情勝者則元女之珠獻彩女之簫隨其孤調皆緣雲之音其爲劇如琵琶明珠更爲奇絶余悔其聞之晚而娛耳淺也應爲廢吳思而胡以又之令當吳游片石盡肯可中易仄劍池一勺若海印發光矣因擲筆空中俄而雲開月出恍置身於虎丘間因爲歌曰我之思兮雲隱月中生兮風中殞忽如夢兮如醒我又思兮瀛海龍銜光兮鳳舒彩忽以遊兮以嬉願千秋兮無改

欽定古今圖書集成曆象彙編歲功典

第七十二卷目錄

中秋部藝文二 詩詞

中秋月 二首 唐李嶠
八月十五夜月 二首 杜甫
中秋夜登樓望月寄人 戎昱
和崔中丞中秋月 張南史
和元郎中八月十五夜翫月 王建
十五夜望月寄杜郎中 前人
八月十五酬從兄常望月有懷 武元衡
中秋夜與諸公錦樓望月得中字 前人
和武相公錦樓翫月得濃字 柳公綽
和武相公中秋錦樓翫月得蒼字 張正一
奉和武相公中秋錦樓翫月得來字 徐放
和武相公中秋錦樓翫月得前字秋字 二首 崔備
奉和中秋夜錦樓翫月 王良會
酬裴端公八月十五日夜對月見懷 權德輿
八月十五日夜瑤臺寺對月 前人
襄城驛池塘翫月 羊士諤
中秋夜臨鏡湖望月 陳羽
翫月 歐陽詹
太原和嚴長官八月十五日夜西山童子上方翫月寄中丞少尹 前人
八月十五夜桃源翫月 劉禹錫
八月十五日夜半雲開然後翫月因書一時之景寄呈樂天 前人
奉和中書崔舍人八月十五日夜翫月二十韻 前人
酬樂天八月十五夜禁中獨直翫月見寄 元稹
八月十五日夜翫月 前人
華陽觀中八月十五日夜招友翫月 白居易
八月十五日夜禁中獨直對月憶元九 前人
八月十五日夜聞崔大員外翰林獨直對酒翫月因懷禁中清景偶題是詩 前人
中秋月 前人
八月十五日夜湓亭望月 前人
答夢得八月十五日夜翫月見寄 前人
八月十五日夜同諸客翫月 前人
八月望夕雨 徐凝
八月燈夕寄游越施秀才 前人
八月十五夜 前人
中秋夜君山臺望月 李涉
秋暮八月十五夜與王璠侍御賞月因愴遠離聊以奉寄 鮑溶
八月十五夜看月 姚合
中秋夜洞庭圓月 前人
中秋月 張祜
中秋夜杭州翫月 前人
同樂天中秋夜洛河翫月 二首 裴夷直
八月十五夜 前人
旅中秋月有懷 朱慶餘
中秋月 前人
中秋日拜起居表晨渡天津橋即事十六韻獻居守相國崔公兼呈工部劉公 杜牧
八月十五夜宿鶴林寺翫月 許渾
中秋宿鄧逸人居 劉得仁
中秋 前人
中秋夜懷 項斯
中秋夜坐有懷 馬戴
中秋月 前人
中秋月直禁苑 鄭畋
中秋夜寄李湞 薛能
中秋旅居 前人
中秋維舟君山看月 二首 李羣玉
中秋廣江驛示韋益 前人
中秋越臺看月 前人
中秋夜南樓寄友人 前人
中秋寄南海梁侍御 前人
八月十五日夜翫月 劉滄
八月十五夜對月 李頻
中秋夜思鄭延美有作 孫緯
中秋月 潘緯
中秋夜對月 許棠
中秋夜戲酬顧道流 孫蜀

天竺寺八月十五日夜桂子　皮日休
中秋待月　陸龜蒙
中秋夜寄友生　前人
和襲美天竺寺八月十五日夜桂子　前人
中秋　司空圖
中秋月　方干
中秋夜不見月　羅隱
中秋不見月　前人
八月十五日夜同衞諫議看月　秦韜玉
中秋夜翫月　唐彥謙
荆渚八月十五夜値雨寄同年李嶼　鄭谷
中秋禁直　韓偓
八月十五日夜禁直寄同僚　吳融
中秋陪熙用學士禁中翫月　前人
八月十五夜　殷文圭
中秋月　許晝
中秋對月　曹松
中秋月　裴說
中秋月　李洞
中秋月　廖凝
中秋月　成彥雄
中秋夜不見月　元凜
中秋月　釋無可
中秋夜隴州徐常侍座中詠月　前人
八月十五夜翫月　栖白
中秋十五夜月　貫休
中秋月　齊己
中秋十五夜寄人　前人
中秋夜獨遊安國寺山亭院步月李益進明至寺中乘興聯句　廣宣
中秋夜泊武昌　媛劉淑柔
中秋月　宋韓琦
酬王君玉中秋席上待月値雨　歐陽修
中秋月　邵雍
中秋吟　前人
秋懷　前人
八月十五夜寄友人　司馬光
中秋月二首　文同
中秋見月和子由　蘇軾
八月十五日看潮　前人
中秋月　前人
中秋見月寄子瞻　蘇轍
中秋登望海樓　米芾
中秋月　秦觀
八月十五夜月　唐庚
中秋前一日邀賀子忱爲對月之款乃審放意山林扁舟東去引企不已偶得小詩　曹勛
中秋賞月　朱松
中秋夜雨　前人
中秋招葉子謙　王銍
和仲寧中秋赴飲莊宅　周必大
中秋步月　翁卷
中秋集鮑樓作　徐璣
中秋呈潘德久　韓琥
中秋李漕冰壺燕集　戴復古
中秋　趙希楷
中秋憶山中人　謝翶
中秋翫月　媛朱淑眞
中秋不見月　前人
中秋　金趙渢
中秋　趙秉文
應制中秋　閻長言
中秋　王中立
中秋二首　李俊民
倪莊中秋　元好問
中秋應教　段克己
中秋　元楊載
八月十五夜　范梈
谿行中秋望月　薩都剌
中秋待月不見却懷魯子翬學士時留城　柳貫
中秋泊淮安望張仲舉助教不至　吳師道
中秋次同院人韻　前人
中秋廣陵對月　張翥
中秋張外史招賞月失約賦以謝之　前人
中秋望亭驛對月代祀北還　前人

中秋有感　陳安
八月十五夜待月　張雨
中秋不見月　明解縉
中秋對月　童軒
查城十五夜對月 五首　何景明
中秋吳門即事　汪道會
中秋同何大復看月　韓邦靖
中秋禁中對月　楊慎
中秋長干曲 三首　周天球
中秋　石沆
中秋夜坐 以上詩　王泰際
燕歸梁　宋張先
水調歌頭 丙辰中秋歡飲達旦大醉作此篇兼懷子由　蘇軾
前調 子由徐州中秋作　前人
念奴嬌 中秋　前人
洞仙歌 中秋　晁補之
踏莎行 中秋　毛滂
沙塞子 中秋無月　周紫芝
醉蓬萊 中秋懷無逸兄　謝邁
綠頭鴨 中秋　晁端禮
朝中措 中秋姿湖舟中　趙師俠
水調歌頭 中秋　趙長卿
八聲甘州 中秋前數夕久雨方晴　向子諲
念奴嬌 中秋　葉夢得
念奴嬌 和陳元載中秋小集　劉一止
念奴嬌 己卯中秋和韻　張元幹
水調歌頭 虎丘中秋　前人

前調　前人
一斛珠 中秋　張掄
燕山亭 中秋諸王席上作　曾覿
多麗 中秋　楊无咎
滿江紅 中秋上劉恭甫舍人　侯寘
玉樓春 中秋閏月　前人
滿江紅 中秋寄遠　辛棄疾
前調 中秋　前人
水調歌頭 桂林中秋　張孝祥
水調歌頭 中秋和施司諫　羅願
木蘭花慢 丁未中秋　劉克莊
念奴嬌 中秋　趙彥端
八聲甘州 中秋　張鎡
念奴嬌 中秋呈徐叔至　謝懋
念奴嬌 中秋　毛幵
菩薩蠻 中秋　高觀國
滿江紅 中秋夜潮　史達祖
玉漏遲 中秋　吳文英
鷓鴣天 閏中秋　前人
玉樓春 中秋　蔣捷
夜飛鵲 中秋會仇山村深居　張炎
鷓鴣天 中秋夜　石孝友
唐多令 吳江中秋　汪元量
念奴嬌 中秋月　范端臣
鵲橋仙 中秋待月不至　金廢帝
鷓鴣天 中秋飲蓮花白　元好問
浪淘沙 中秋雨　元蕭漢傑

賀新郎 淮上中秋　張埜
落梅風 中秋望月應制　明解縉
念奴嬌 中秋和鐘石　周用
念奴嬌 中秋對月　文徵明
唐多令 中秋與二客泛舟　楊慎
采桑子 中秋夜　馮鼎位
河滿子 中秋　張萱
南歌子 中秋　沈宗塙
念奴嬌 中秋 以上詞　李福謙

歲功典第七十二卷

中秋部藝文二 詩詞

中秋月二首　唐李嶠

盈缺青冥外，東風萬古吹。何人種丹桂，不長出輪枝。

桂魄上寒空，皆言四海同。安知千里外，不有雨兼風。

八月十五夜月二首　杜甫

滿目飛明鏡，歸心折大刀。轉蓬行地遠，攀桂仰天高。水路疑霜雪，林棲見羽毛。此時瞻白兔，直欲數秋毫。

稍下巫山峽，猶銜白帝城。氣沉全浦暗，輪側半樓明。刁斗皆催曉，蟾蜍且自傾。張弓倚殘魄，不獨漢家營。

中秋夜登樓望月寄人　戎昱

西樓見月似江城，脈脈悠悠倚檻情。萬里此情同皎潔，一年今日最分明。初驚桂子從天落，稍誤蘆花帶雪平。知稱玉人臨水見，可憐光彩有餘清。

和崔中丞中秋月　張南史

秋夜月偏明，西樓獨有情。千家看露濕，萬里覺天清。映水金波動，銜山桂樹生。不知飛鵲意，何用此時驚。

和元郎中八月十五夜翫月　王建

合望月時常望月分明不得似今年仰頭五夜風中立從未圓時直到圓

十五夜望月寄杜郎中　前人

中庭地白樹棲鴉冷露無聲濕桂花今夜月明人盡望不知秋思在（一作落）誰家

八月十五酬從兄常望月有懷　武元衡

坐愛圓景滿况茲秋夜長寒光生露草夕韻出風篁地遠驚金奏天高失鴈行如何北樓望不得共池塘

中秋夜與諸公錦樓望月得中字　前人

玉輪初滿空迴出錦城東相向秦樓鏡分飛碣石鴻桂香隨窈窕珠綴隔玲瓏不及前秋月圓輝鳳沼中

和武相公錦樓翫月得濃字　柳公綽

此夜年年月偏宜此地逢近看江水淺遠辨雪山重萬井金花（一作風）肅千林玉露濃不唯樓上思飛蓋亦陪從

和武相公中秋夜錦樓翫月得蒼字　張正一

高秋今夜月皓色正蒼蒼遠水澄如練孤鴻迴帶霜旅人方積思繁宿稍沉光朱檻叨陪賞尤宜清漏長

奉和武相公中秋錦樓翫月得來字　徐放

玉露中秋夜金波碧落開鵲驚初泛灩鴻思共徘徊遠月清光徧高空爽氣來此時陪末望更得上燕臺

和武相公中秋錦樓翫月得前字秋字二首　崔備

清景同千里寒光盡一年竟天多鴈過通夕少人眠照別江樓上添愁野帳前隋侯恩未報猶有夜珠圓

四時皆有月一夜獨當秋照耀初含露徘徊正滿樓遙連雪山淨迴入錦江流願以清光末年年許從遊

奉和中秋夜錦樓翫月　王良會

德星搖此夜珥月滿重城杳靄煙雲色飄颻砧杵聲令行秋氣爽樂感素風輕共賞千年聖長歌四海清

酬裴端公八月十五夜對月見懷　權德輿

涼夜清秋半空庭皓月間動搖隨積水皎潔滿晴天多病嘉期阻深情麗曲傳偏懷賞心處同望庾樓前

八月十五日夜瑤臺寺對月　前人

嬴女乘鸞已上天仁祠空在鼎湖邊涼風遙夜清秋半一望金波照粉田

褒城驛池塘翫月　羊士諤

夜長秋始半圓景麗銀河北渚清光溢西山爽氣多鶴飛聞墜露魚戲見層波千里家林望涼飇換綠蘿

中秋夜臨鏡湖望月　陳羽

鏡裏秋宵望湖平月彩深圓光珠入浦浮照鵲驚林澹動（一作蕩）光還碎嬋娟影不沈遠時生岸曲空處落波心迴徹輪初滿孤明魄未侵桂枝如可折何惜夜登臨

翫月并序　歐陽詹

月可翫翫月古也謝賦鮑詩朓之亭亮之樓中皆翫月也貞元十二年閩君子陳可封遊在秦寓於永崇里華陽觀予與鄉人安陽邵楚長濟南林蘊穎川陳詡亦旅長安秋八月十五夜詣陳之居修厥翫事月之為翫冬則繁霜大寒夏則蒸雲大熱雲蔽月霜侵人蔽與侵俱害乎翫秋之於時後夏先冬八月於秋季始孟終十五於夜又月之中稽於天道則寒暑均取於月數則蟾兔圓况埃壒不流大空悠悠嬋娟徘徊桂華上浮昇東林入西樓肌骨與之疎涼神氣與之清冷四君子悅而相謂曰斯古人所以為翫也既得古人所翫之意宜襲古人所翫之事作翫月詩云

八月十五夕舊嘉蟾兔光斯從古人好共下今宵堂素魄皎孤凝芳輝紛四揚徘徊林上頭泛灩天中央皓露助流華輕風佐浮涼清冷到肌骨潔白盈衣裳惜此苦宜玩攬之非可將含情顧廣庭願勿沈西方

太原和嚴長官八月十五日夜西山童子上方翫月寄中丞少尹　前人

西寺碧雲端東溟白雪團年來一夜翫君在半天看

八月十五夜桃源翫月　劉禹錫

塵中見月心亦閒况是清秋仙府間凝光悠悠寒露墜此時立在最高山碧虛無雲風不起山上長松山下水羣動翛然一顧中天高地平千萬里少君引我昇玉壇禮空遙請真仙官雲軿欲下星斗動天樂一聲肌骨寒金霞昕昕漸東上輪敧影促猶頻望絕景良時難再并他年此日應惆悵

八月十五日夜半雲開然後翫月因書一時之景寄呈樂天　前人

半夜碧雲收中天素月流開城邀好客置酒賞清秋影透衣香潤光凝歌黛愁斜輝猶可翫移宴上西樓（西樓白居易常賦詩之所也）

奉和中書崔舍人八月十五日夜翫月二十韻

前人

暮景中秋爽陰靈既望圓浮精離碧海分照接虞淵迥見孤輪出高從倚蓋旋二儀含皎澈萬象共澄鮮整御當西陸舒光麗上弦從星變風雨順日助陶甄遠近同時望晶熒此夜偏運行調玉燭潔白應金天曲沼疑瑤鏡通衢若象筵逢人盡冰雪遇景即神仙引素吞銀漢凝清洗綠煙皐禽警露下鄰杵思風前水是還珠浦山成種玉田劍沈三尺影燈麗九枝然象外形無迹寰中影有遷稍當雲闕正未映斗城懸靜對揮宸翰閒臨襞彩牋境同牛渚上宿在鳳池邊興掩尋安道詞勝命仲宣從今紙貴後不復咏陳篇

八月十五日夜翫月　前人

天將今夜月一遍洗寰瀛暑退九霄淨秋澄萬景清星辰讓光彩風露發晶英能變人間世翛然是玉京

酬樂天八月十五夜禁中獨直翫月見寄　元稹

一年秋半月偏深況就煙霄極賞心金鳳臺前波漾漾玉鉤簾下影沈沈宴移明處清蘭路歌待新詞促翰林何意枚臯正承詔瞥然塵念到江陰

華陽觀中八月十五日夜招友翫月　白居易

人道秋中明月好欲邀同賞意如何華陽洞裏秋壇上今夜清光此處多

八月十五日夜禁中獨直對月憶元九　前人

銀臺金闕夕沈沈獨宿相思在翰林三五夜中新月色二千里外故人心渚宮東面煙波冷浴殿西頭鐘漏深猶恐清光不同見江陵卑濕足秋陰

八月十五日夜聞崔大員外翰林獨直對酒翫月因懷禁中清景偶題是詩　前人

秋月高懸空碧外仙郎靜翫禁闈間歲中惟有今宵好海內無如此地閒皓色分明雙闕牓清光深到九門關遙聞獨醉還惆悵不見金波照玉山

中秋月　前人

萬里清光不可思添愁益恨繞天涯誰人隴外久征戍何處庭前新別離失寵故姬歸院夜沒蕃老將上樓時照他幾許人腸斷玉兔銀蟾遠不知

八月十五日夜湓亭望月　前人

昔年八月十五夜曲江池畔杏園邊今年八月十五夜湓浦沙頭水館前西北望鄉何處是東南見月幾迴圓臨風一歎無人會今夜清光似往年

答夢得八月十五日夜翫月見寄　前人

南國碧雲客東京白首翁松江初有月伊水正無風遠思兩鄉斷清光千里同不知娃館上何似石樓中

八月十五日夜同諸客翫月　前人

月好共傳唯此夜境閒皆道是東都嵩山表裏千重雪洛水高低兩顆珠清景難逢宜愛惜白頭相勸強歡娛誠知亦有來年會保得晴明強健無

八月望夕雨　徐凝

今年八月十五夜寒雨蕭蕭不可聞如練如霜在何處吳山越水萬重雲

八月燈夕寄游越施秀才　前人

四天淨色寒如水八月清輝冷似霜想得越人今夜見孟家珠在鏡中央

八月十五夜　前人

皎皎秋空八月圓嫦娥端正桂枝鮮一年無似如今夜十二峰前看不眠

中秋夜君山臺望月　李涉

大堤花裏錦江前詩酒同遊四十年不料中秋最明夜洞庭湖上月當天

秋暮八月十五夜與王璠侍御賞月因愴遠離聊以奉寄　鮑溶

前月月明夜美人同遠光清塵一以間今夕坐相忘風落芙蓉露凝餘繡服香

八月十五夜看月　姚合

亭亭千萬里三五復秋中此夕光應絕常時思不同九霄微有露四海靜無風惆悵逡巡別誰能看碧空

中秋夜洞庭圓月　前人

素月開秋景騷人況洞庭滄波正澄霽涼葉未飄零練彩凝葭菼霜容靜杳冥曉樓河畔鶴宵映渚邊螢圓彩含珠魄微飈發桂馨誰憐採蘋客此夜宿孤汀

中秋月　張祜

碧落桂含姿清秋是素期一年逢好夜萬里見明時絕域行應久高城下更遲人間繁情事何處不相思

中秋夜杭州翫月　前人

萬古太陰精中秋海上生鬼愁緣辟照人愛為高明歷歷華星遠霏霏薄暈縈影流江不盡輪曳谷無聲似鏡當樓曉如珠出浦盈岸沙全借白山木半含清小檻循環看長堤躡陣行殷勤未歸客煙水夜來情

同樂天中秋夜洛河翫月二首　裴夷直

清洛半秋懸璧月綵船當夕泛銀河蒼龍頷底珠皆

沒白帝心邊鏡乍磨海上幾時霜雪積人間此夜管絃多須知天地爲爐意盡取黃金鑄作波

八月十五夜　前人

不熱不寒三五夕晴川明月正相臨千珠競沒蒼龍頷一鏡高懸白帝心幾處淒涼緣地遠有時惆悵值雲深如何清洛如清晝共見初升又見沈

八月十五夜　前人

去年今夜在商州還爲清光上驛樓宛是依依舊顏色自憐人換幾般愁

旅中秋月有懷　朱慶餘

久客未還鄉中秋倍可傷暮天飛旅雁故國在衡陽島外歸雲過林間墜葉黃數宵千里夢時見舊書堂

中秋月　前人

自古分功定唯應缺又盈一宵當皎潔四海盡澄清靜覺風微起寒過雪乍傾孤高稀此遇吟賞倍牽情

中秋日拜起居表晨渡天津橋即事十六韻獻居守相國崔公兼呈工部劉公　杜牧

碧樹康莊內清川鞏洛間壇分中岳頂城繞大河灣廣殿含涼靜深宮積翠閒（內有含涼殿積翠樓）樓齊雲漠漠橋東水潺潺過雨檉枝潤迎霜柿葉殷紫鱗衝晚浪白鳥背秋山月拜西歸表晨趨北向班鴛鴻隨半仗貔虎護重關玉帳才容足金罇暫解顏跡畱傷墮屨恩在樂銜環南省蘭先握東堂桂早攀龍門君夭矯鶯谷我綿蠻分薄稀心懶哀多庾鬢斑人慙公幹臥頻送子牟還自覩宸居壯誰憂國步艱只應時與醉因病縱疎頑

八月十五夜宿鶴林寺翫月　許渾

待月東林月正圓廣庭無樹草無煙中秋雲淨出滄海半夜露寒當碧天輪影漸移金殿外鏡光猶掛畫樓前莫辭達曙殷勤望一墜西巖又隔年

中秋宿鄧逸人居　劉得仁

偶與山僧宿吟詩坐到明夜涼耽月色秋渴漱泉聲礀木如竿聳窗雲作片生白衣閒自貴不揖漢公卿

中秋　前人

塵裏兼塵外咸期此夕明一年惟一度長恐有雲生露洗微埃盡光濡是物清朗吟看正好惆悵又西傾

中秋夜懷　項斯

趨馳早晚休一歲又殘秋若只如今日何難致白頭滄波歸處遠旅食尚邊愁賴見前賢說窮通不自由

中秋夜坐有懷　馬戴

秋光動河漢耿耿曙難分墜露垂叢藥殘星間薄雲心懸赤城嶠志向紫陽君鴈過海風起蕭蕭時獨聞

中秋月　前人

陰魄出海上望之增苦吟冷搜驪頷重寒徹蚌胎深皓氣籠諸夏清光射萬岑悠然天地內皎潔一般心

中秋月直禁苑　鄭畋

禁署方懷忝綸闈已再加暫來西掖路還整上清槎恍惚歸丹地深嚴宿絳霞幽襟聊自適閒弄紫薇花

中秋夜寄李湞　薛能

滿魄斷埃氛牽吟並舍聞一年唯此夜到曉願無雲待賞從初出看行過二分嚴城亦已閉悔不預期君

中秋旅居　前人

雲卷庭虛月逗空一方秋草盡鳴蟲是時兄弟正南北黃葉滿階來去風

中秋維舟君山看月二首　李羣玉

汗漫鋪澄碧朦朧吐玉盤雨師清滓穢川后掃波瀾氣射繁星滅光籠八表寒來從雲漲迴路上碧霄寬熠燿遊何處蟾蜍食漸殘棹翻銀浪急林映白虹攢

練彩連河曉冰輝壓樹乾夜深高不動天下仰頭看

中秋廣江驛示韋益　前人

莫惜三更坐難消萬里情同看一片月俱在廣州城淚逐金波滿魂隨夜鵲驚支頤鄉思斷無語到雞鳴

中秋越臺看月　前人

海雨洗塵埃月從空碧來水光籠草樹練影挂樓臺皓曜迷鯨目晶瑩失蚌胎宵分凭檻望應合見蓬萊

中秋夜南樓寄友人　前人

海月出銀浪湖光射高樓朗吟無淥酒賤價買清秋氣冷魚龍寂輪高星漢幽他鄉此夜客對景饒多愁

中秋寄南海梁侍御　前人

海靜大高景氣殊鯨睛失彩蚌潛珠不知今夜越臺上望見瀛洲方丈無

八月十五日夜翫月　劉滄

中秋朗月靜天河烏鵲南飛客恨多寒色滿窗明枕簟清光凝露拂煙蘿桂枝斜漢流靈魄蘋葉微風動細波此夜空庭聞木落蒹葭霜磧雁初過

八月十五夜對月　李頻

陰盛此宵中多爲雨與風坐無風雨至看與雪霜同抱濕離瑤海傾寒向迥空年年不可値還似命難通

中秋夜思鄭延美有作　孫緯

中秋中夜月世說慴妖精顧兔雲初蔽長虵誰與勍未追良友玩安用玉輪盈此意人誰諭裁詩穿禁城

中秋月　潘緯

古今逢此夜共羨沈寥明豈是月華別祇應秋氣清影當中土正輪對八荒平尋客徒留望璿璣自有程

中秋夜對月　許棠

月月勢皆圓中秋朗最偏萬方期一夕到曉是經年影蔽星芒盡光分物狀全唯應苦吟者目斷向遙天

中秋夜戲酬顧道流　孫蜀

不那此身偏愛月等閒看月即更深仙翁每被嫦娥使一度逢圓一度吟

天竺寺八月十五日夜桂子　皮日休

玉顆珊珊下月輪殿前拾得露華新至今不會天中事應是嫦娥擲與人

中秋待月　陸龜蒙

轉缺霜輪上轉遲好風偏似送佳期簾斜樹隔情無限燭暗香殘坐不辭最愛笙調聞北里漸看星瀲失南箕何人爲校清涼力未似初圓欲午時

中秋夜寄友生　前人

秋來一度滿重見色難齊獨坐猶過午同吟不到西疎芒唯斗在殘白合河迷更憶前年望孤舟泊大溪

和襲美天竺寺八月十五日夜桂子　前人

霜實常聞秋半夜天台天竺墮雲岑（垂拱中天台桂子落一百餘日方止）如何兩地無人種却是湘灕是桂林

中秋　司空圖

閒吟秋景外萬事覺悠悠此夜若無月一年虛過秋

中秋月　方干

涼宵煙靄外三五玉蟾秋列野星辰正當空鬼魅愁泉澄寒魄瑩露滴冷光浮未折青青桂吟看不忍休

中秋夜不見月　羅隱

陰雲薄暮上空虛此夕清光已破除只恐異時開霽後玉輪依舊養蟾蜍

中秋不見月　前人

風簾淅淅漏燈痕一半秋光此夕分天爲素娥孀怨苦併教西北起浮雲

八月十五日夜同衛諫議看月　秦韜玉

常時月好賴新晴不似年年此夜生初出海濤疑尚濕漸來雲路覺偏清寒光入水蛟龍起靜色當天鬼魅驚豈獨坐中堪仰望孤高應到鳳凰城

中秋夜翫月　唐彥謙

一夜高樓萬景奇碧天無際水無涯只留皎月當層漢並送浮雲出四維霧靜不容玄豹隱冰生惟恐夏蟲疑坐來離思憂將曉爭得嫦娥仔細知

荆渚八月十五夜值雨寄同年李嶼　鄭谷

共待輝光夜翻成黯澹秋正宜清路望潛起滴堦愁棹倚袁宏渚簾垂庾亮樓桂無香實落蘭有露花休玉漏添蕭索金尊阻獻酬明年佳景在相約向神州

中秋禁直　韓偓

星斗疎明禁漏殘紫泥封後獨憑闌露和玉屑金盤冷月射珠光貝闕寒天襯樓臺籠苑外風吹歌管下雲端長卿只爲長門賦未識君臣際會難

八月十五日夜禁直寄同僚　吳融

中秋月滿盡相尋獨入非煙宿禁林曾恨人間千里隔更堪天上九門深明涵太液魚龍定靜鎖圓靈象緯沈目斷枚皋何處在闌干十二憶登臨

中秋陪熙用學士禁中翫月　前人

月圓年十二秋半每多陰此夕無纖靄同君宿禁林未高知海闊當午見宮深衣似繁霜透身疑積水沈遭逢陪侍輦歸去憶抽簪太液池南岸相期到曉吟

八月十五夜　殷文圭

萬里無雲鏡九州最團圓夜是中秋滿衣冰彩拂不落遍地水光凝欲流華岳影寒清露掌海門風急白潮頭因君照我丹心事減得愁人一夕愁

中秋月　許岦

應是蟾宮別有情每逢秋半倍澄清光不向此中見白髮爭教何處生閒地占將眞可惜幽窗分得始爲明殷勤好長來年桂莫遣平人道不平

中秋對月　曹松

無雲世界秋三五共看蟾盤上海涯直到天頭天盡處不曾私照一人家

中秋月　裴說

一歲幾盈虧當軒重此期幸無偏照處剛有不明時色靜雲歸早光寒鶴睡遲相看吟未足皎皎下疎籬

中秋月　李洞

四十五秋宵月分千里毫冷沈中嶽短光溢太行高不寐清人眼移棲濕鶴毛露華臺上別吟望十年勞

中秋月　廖凝

九十日秋色今宵已半分孤光含列宿四面絕微雲衆木排疎影寒流疊細紋遙遙望丹桂心緒更紛紛

中秋月　成彥雄

王母妝成鏡未收倚闌人在水精樓笙歌莫占清光盡留與溪翁一釣舟

中秋夜不見月　元凜

蟾輪何事色全微賺得佳人出繡幃四野霧凝空寂寞九霄雲瑣絕光輝吟詩得句翻停筆翫處臨尊却掩扉公子倚闌猶悵望嬾將紅燭草堂歸

中秋月　釋無可

蟾宜天地靜三五對堦蓂照耀超諸夜光芒掩衆星影寒池更澈露冷樹銷青枉值中秋半長乖宿洞庭

中秋夜隴州徐常侍座中詠月　前人

隴城秋月滿太守待停歌與鶴來松杪開煙出海波氣籠星欲盡光滿露初多若遣山僧說高明不可過

八月十五夜翫月　栖白

尋常三五夜不是不嬋娟及至中秋滿還勝別夜圓清光凝有露皓魄爽無煙自古人皆望年來又一年

中秋十五夜月　貫休

噀雪噴霜滿碧虛王孫公子翫相呼從來天匠爲輪足自是人心此夜餘靜入萬家危露滴清埋衆象叫鴻孤坐來惟覺情無極何況三湘與五湖

中秋月　齊己

空碧無雲露濕衣羣星光外湧清規東樓莫礙漸高勢四海待看當午時還許分明吟皓魄肯教幽暗取丹枝可憐半夜嬋娟影正對五侯殘酒池一作卮

中秋十五夜寄人　前人

高河瑟瑟轉金盤散露吹光逆凭欄四海魚龍精魄冷五山鸞鶴骨毛寒今宵盡向圓時望後夜誰當缺處看何事清光與蟾兔却教才小少留難

中秋夜獨遊安國寺山亭院步月李益遲明至寺中乘興聯句　廣宣

九重城接天花界三五秋生一夜風行聽漏聲雲散後遙聞天樂月明中廣宣含涼閣迥通仙掖承露盤高出上宮誰問獨愁門外客清談不與此宵同李益

中秋夜泊武昌　媛劉淑柔

兩城相對峙一水向東流今夜素娥月何年黃鶴樓悠悠蘭棹晚渺渺荻花秋無奈柔腸斷關山總是愁

中秋月　宋韓琦

月滿中秋夜人人惜最明悲歡徒自感圓缺本無情天外有相憶世間多不平嫦娥難借問寂寞趁西傾

酬王君玉中秋席上待月值雨　歐陽修

池上雖然無皓魄樽前殊未減清歡綠醅自有寒中力紅粉尤宜燭下看羅綺塵隨歌扇動管絃聲雜雨荷乾客舟閒臥王夫子詩陣教誰主將壇

中秋月　邵雍

一年一度中秋夜十度中秋九度陰求滿直須當夜半要明仍候到天心無雲照處情非淺不睡觀時意更深徒愛古人詩句好何堪千里共如今

中秋吟　前人

中秋光景好況復月團圓大抵衆所愛奈何兼獨難天晴仍客好酒美更身安四者若闕一不能成此歡

秋懷　前人

良月滿高樓高樓仍中秋午夜冷露下千里寒光流何人將此鑑拂拭新磨休照破萬古心白盡萬古頭

八月十五夜寄友人　司馬光

故人音信絕對月動相思清露滴紅葉此懷當告誰秋風廣陵郭正是望濤時

中秋月二首　文同

隔林澀澀生寒浪倚漢岧岧數亂峯記得舊山曾此夕碧巖千尺坐高松

望外物容澄似水坐中秋力凜如刀此身直願乘雙翼飛上三峯第一高

中秋見月和子由　蘇軾

明月未出羣山高瑞光千丈生白毫一杯未盡銀闕湧亂雲脫壞如崩濤誰爲天公洗眸子應費明河千斛水遂令冷看世間人照我湛然心不起西南火星如彈丸角尾奕奕蒼龍蟠今宵注眼看不見更許螢火爭清寒何人艤舟臨古汴千燈夜作魚龍變曲折無心逐浪花低昂赴節隨歌板青熒滅沒轉山前浪颭風回豈復堅明月易低人易散歸來呼酒更重看堂前月色愈清好咽咽寒螿鳴露草卷簾推戶寂無人窗下咿啞唯楚老南都從事莫羞貧對月題詩有幾人明朝人事隨日出怳然一夢瑤臺客

八月十五日看潮　前人

定知玉兔十分圓已作霜風九月寒寄語重門休上鑰夜潮留向月中看

中秋月　前人

暮雲收盡溢清寒銀漢無聲轉玉盤此生此夜不長好明月明年何處看

中秋見月寄子瞻　蘇轍

西風吹暑天益高明月耿耿分秋毫彭城閉門青嶂合臥聽百步鳴飛濤使君攔客登燕子月色著人如著水筵前不設鼓與鐘處處笛聲相應起浮雲捲盡流金丸戲馬臺西山鬱蟠杯中綠酒一時盡衣上白露三更寒扁舟明月浮古汴迴首逡巡陵谷變河吞

巨野入長淮城沒黃流只三板明年築城城似山伐木爲堤堤更堅黃樓未成河已退空有遺跡令人看城頭看月應更好河流深處今生草子孫免被魚龍食歌舞聊寬使君老南都從事老更貧羞見靑天月照人飛鶴投籠不能出曾是彭城座上客

中秋登望海樓　米芾

目窮淮海滿如銀萬道虹光育蚌珍天上若無修月戶桂枝撐損向西輪

中秋月　秦觀

雲山簷楯接低空公宴初開氣鬱葱照海旌旛秋色裏激天鼓吹月明中香槽淅滴珠千顆歌扇驚圍玉一叢二十四橋人望處台星正在廣寒宮

八月十五夜月　唐庚

應緣人望望故作出遲遲幾歲一相見浮雲寧別時吟拚雞膈膊甑覺兔迷離此夕登樓興非關有所思

中秋前一日邀賀子忱爲對月之欵乃審放意山林扁舟東去引企不已偶得小詩　曹勛

積除埽秋風吹作今夕月山岳四高寒天地一澄澈幽人渺何許應喜淸輝發一樽不同樂孤光共愁絕

中秋賞月　朱松

去年中秋雨野廬淒薄寒驚塵暗一方客枕那得安起呼對牀弟攬衣步蹣跚握手仰太息宇宙何時寬今年中秋月並海窺濤瀾坐看蔚藍天忽湧白玉盤眷言雙峰客倚閣念衣單亦復取樽酒承顏有餘歡天涯等牢落世路方艱難且遵秉燭語毋爲泣河歎停杯甑飛轍河漢靜不湍癡兒亦不眠苦覓蟾兔看

洲出暗潮落鬢衰香霧薄佳句付惠連何時解歸鞍

中秋夜雨　前人

秋雨定何心忍翳今夕月尚嫌微點綴況迺都漫滅他日任氛霾數日望淸澈倦投衲子窻行雨聽騷屑對牀不成夢有酒那能設螢飛矜意氣蟲語轉幽咽心知層陰表皎皎玉輪潔何當夌倒景從倚甑飛轍

中秋招葉子謙　王銍

堂上月已滿樽中酒更空故人眇何許出門惟淸風不如一夕光所至皆能同悄然望玉杵無聲桂影中

和仲寧中秋赴飮莊宅　周必大

方語頑陰蔽月堂坐看凉吹動枯腸疾驅雲陣千重翳盡放氷輪萬丈光莫問蚌珠圓合浦且聽羯鼓打西涼疎狂自我何須撓撓取吹笙玉雪郎

中秋步月　翁卷

幽興苦相引水邊行復行不知今夜月曾動幾人情光逼流螢斷寒侵宿鳥驚欲歸猶未忍淸露滴三更

中秋集飽樓作　徐璣

秋在湖樓正可過扁舟竆窕逐菱歌淡雲遮月連天白遠水生凉入夜多已是高人難會聚矧逢佳節共吟哦明朝此集喧城市應說風流似永和

中秋呈潘德父　韓琥

一年明月在中秋幾日陰雲不奈愁忽喜新晴轉書室極知淸夜照歌樓醉當弄影如坡老詩就撞鐘憶貫休千里故人應若此吾生常好更何求

中秋李漕氷壺燕集　戴復古

把酒氷壺接勝遊今年喜不負中秋故人心似中秋月肯爲狂夫照白頭

中秋　趙希𢎞

白露薄空萬葉飛生香渾在桂花枝一千里月正圓夜九十日秋纔半時溢浦風流元亮興鄜州牢落少陵詩不妨吟盡蟾蜍影此別分明隔歲期

中秋憶山中人　謝翱

茲夕發淸嘯爲君楚舞終西風五陵夢涼露九霄中野暹煙常起溪流榜不通天陰無乳兔林盡見飛鴻濕濕雲垂髮丸丸樹偃弓劍歌元武暮塵語白鷗空祇有淮南泪應沾靑桂叢

中秋翫月　媛朱淑眞

獨占秋光盛天工信有偏淸暉千里共皓魄十分圓光影寒猶弄蟾蜍老更堅只愁看未足一去又經年

中秋不見月　前人

不許蟾蜍此夜明今知天意是無情何當撥去閒雲霧放出光輝萬里淸

中秋　金趙渢

秋氣平分月正明蘂珠宮闕對蓬瀛已驅急雨消殘暑不遣微雲點太淸簾外淸風飄桂子夜深凉露滴金莖聖朝不奏霓裳曲四海歌謳卽樂聲

中秋　趙秉文

天風吹河漢明月懸淸光淸光不可掇流影入杯觴吸此風露魄洗我氷炭腸向來功名心一笑雪沃湯人生幾中秋彈指三萬場胡爲置熱惱不使心淸涼此心如秋月虛朗洞八方此身萬化中太山一毫芒尚無物與我何者爲彭殤推琴黃葉落矯首白雲翔解衣一盤礴淸境隨渺茫

應制中秋　閻長言

璧月當秋夜未闌漢宮高會浹宸歡塊蘇塵世三千界珠翠瑤光十二欄桂實飄香浮壽斝露華零潤溢仙槃都人側聽雲韶奏共指天家是廣寒

中秋　王中立

素丸東溟來飛上玻璨盆聊揮五輪手撥去萬里陰印透山河影照開天地心人世有昏曉我未嘗古今

中秋二首　李俊民

露下天街一氣涼月明不復被雲妨正當金帝行秋令疑是銀河洗夜光鮫室影寒珠有淚蟾宮風散桂飄香席間醉客忙歸去獨共三人盡此觴

共對青天好舉觴從前三五是尋常一年佳節秋將半萬里清暉夜未央纔向缺時舒窈窕欲從盈後斂光芒姮娥會得長生藥我欲停杯問此方

倪莊中秋　元好問

强飯日逾瘦狹衣秋已寒兒童漫相憶行路豈知難露氣入茅屋谿聲喧石灘山中夜來月到曉不曾看

中秋應教　段克己

萬籟聲沉夜漏收長河瀉浪洗清秋遙天千里淡如水明月一輪光滿樓隨意傾囊謀勝賞誰家橫玉調新愁可憐白髮蟾宮客羞對姮娥說舊遊

中秋　元楊載

攬雲憑結搆步月上林皐不記金尊竭頻瞻玉宇高神清存夜氣天闊數秋毫百尺樓如在何煩臥汝曹

八月十五夜　范梈

城上初開柝天邊獨倚樓可憐今夜月還照異鄉秋燭暗頻移席簾虛不上鉤回文機錦字寫得大刀頭

谿行中秋望月　薩都剌

去歲南閩客今年此日還中秋八月半一水萬山間皓月飛回鏡迴流轉曲環攜家共清賞何異在鄉關

中秋待月不見却懷魯子翬學士時留城　柳貫

婺女城頭柝亂鳴二更起坐聽江聲為渠滿月常圓景奈此浮雲點太清蓬鬢羞明寒燼落桂花養魄嫩寒生去年官燭風簾夜對酒人今在玉京

中秋泊淮安望張仲舉助教不至　吳師道

中秋淮浦夜誰共好懷開看月坐復坐可人來不來獨謠慚短思多病負深杯想見蕪城路吹簫擁醉回

中秋次同院人韻　前人

鳴騶雜遝款庭中宴罷扶攜看醉翁禁鑰鎖深秋院月天香吹濕露華風終宵倚樹憐吳質何處登樓覓庾公挹取清光照方寸此時分散莫怱怱

中秋廣陵對月　張翥

散盡浮雲月在東白蕉衫冷小庭空星河夜影尊罍裏城郭秋聲鼓吹中落葉有光時墜露鳴蛩無響不含風此生五十三回見只遣姮娥笑禿翁

中秋張外史招賞月失約賦以謝之　前人

明月中天霧氣消酒醒涼思正飄飄星河不動秋空闊鐘鼓無聲夜寂寥露下遠山皆落木風生滄海欲生潮仙家玩事無由到虛負瓊樓聽玉簫

中秋望亭驛對月代祀北還　前人

月色滄波共渺茫驛亭雅坐看湖光仙家刻玉青蟾兔帝子吹笙白鳳凰蘆葉好風生晚思桂花清露濕空涼回槎使者秋懷闊倒瀉銀河入酒觴

中秋有感　陳安

晝省會陪冠蓋遊華筵詩酒宴中秋星河不動天如水風露無聲月滿樓皓齒纖腰催象板珠簾涼影上銀鉤於今寂寞江城暮烏帽西風嘆白頭

八月十五夜待月　張雨

移牀露坐闌臨水浴鶴灣頭足芰荷秋已平分催節序月還端正照山河老憐宋玉生悲思狂憶桓伊作浩歌雲漢茫茫一巵酒白頭慚愧古人多

中秋不見月　明解縉

吾聞廣寒八萬三千修月斧暗處生明缺處補不知七寶何以修合成孤光洞徹乾坤萬萬古三秋正中夜當午佳期不擬姮娥悞酒杯狼籍燭無輝天上人間隔風雨玉女莫乘鸞仙人休伐樹天柱不可登虹橋在何處帝閽悠悠叫無路吾欲斬蜍蛙礫冥兔坐令天宇絕纖塵世上青霄粲如故黃金為節玉為輅縹緲鸞車爛無數水晶簾外河漢橫冰壺影裏笙歌度雲旗盡下飛元武青鳥銜書報王母但期歲歲奉宸遊來看霓裳羽衣舞

郎瑛七修類稾云永樂中中秋開宴不見月聖情不懌學士解縉口占落梅風一闋云姮娥面今夜圓下雲簾不著臣見揍今宵倚闌不去眠看誰過廣寒宮殿又賦長短句一首上覽之歡甚為停杯以待夜午月復見上大笑曰解縉真才子奪天手也命宮人滿酌宣勸盡懽而罷此事國史家傳俱未載實千古君臣美談盛事也謹識之於此

中秋對月　童軒

吟倚南樓思爽然蟾光飛上一輪圓九霄清露溥金
鏡萬頃澄波泛白蓮雲母屏開秋似練水晶簾捲夜
如年何因得步臨皐下喚起坡仙共泛船

登城十五夜對月五首　何景明

中秋看月色移席又前楹河漢三更沒關山萬里明
風煙依獨戍砧杵閉空城此夜高堂上多應念遠征
天上何所有團團白玉盤可憐秋半月只是客中看
彭直朱樓午輪高靑嶂寒美人何處共光彩隔雲端
驛舍東山下閒吟月出歌婆娑籠夕桂窈窕入雲蘿
玉魄中天滿淸暉近水多廣寒高幾許臺殿鎖嫦娥
小市無兼味鄰家酒亦慳佳期三五夕遠客萬重山
霄漢分秋色風塵照旅顏去年當此夜坐對紫薇間
我愛秋宵永西林待月斜百年幾圓缺今夜倍光華
兄姊俱殊土田廬有舊家金波如客淚獨灑向天涯

中秋吳門即事　汪道會

八月吳臺暑氣微素魄濯露揚淸輝菱舟出浦欸乃
唱蓮塘夾岸熠燿飛浣紗女兒雙白足織錦小婦流
黃機靑絲畫舫冶遊子挾瑟鳴琴午夜歸

中秋同何大復望月　韓邦靖

今節他鄉酒關山獨夜情看花秋露下望月海雲生
碧漢逼檻近朱樓隔水明南飛有鴻鴈作意向人鳴

中秋禁中對月　楊愼

漢家臺殿號明光月滿秋光夜未央銀箭金壺催漏
水仙音法曲獻霓裳路車天遠鸞聲靜宮扇風多雉
影涼千里可憐同此夕美人迢遞隔西方

中秋長干曲三首　周天球

內橋南走是長干十里平鋪白玉寒踏盡馬蹄塵不
動半窻明月此中看
花燈百隊走兒童盡道仙娥降月中縱是霓裳看不
見白毫光裏度香風
玉笙低引紫簫長不許商音斷客腸聽到月斜纔入
破飛來七十二鴛鴦

中秋　石沆

江邨此夕意如何道是橋平水不波彷彿空中倚樓
閣分明鏡裏現山河當筵自對賢人酒得意閒吟孺
子歌明月若敎陪盡夜只拚淸露滴漁蓑

中秋夜坐　王泰際

次第秋聲變草蟲漸驚零露滿芳叢月於靜夜看方
好人肯無眠便不同何處山窻千座酒自消蕉閣一
牀風百年幾度當頭見忍使良宵委夢中

燕歸梁　宋張先

去歲中秋玩桂輪河漢淨無雲今年江上共瑤尊都
不是去年人　水精宮殿琉璃臺閣紅翠兩行分點
脣微破秀眉顰淸影外見歌塵

水調歌頭 丙辰中秋歡飲達旦大醉作此篇兼懷子由　蘇軾

明月幾時有把酒問靑天不知天上宮闕今夕是何
年我欲乘風歸去又恐瓊樓玉宇高處不勝寒起舞
弄淸影不似在人間　轉朱閣低綺戶照無眠不應
有恨何事長向別時圓人有悲歡離合月有陰晴圓
缺此事古難全但願人長久千里共嬋娟

前調 子由徐州中秋作　前人

離別一何久七度過中秋去年東武今夕明月不勝
愁豈憶彭城山下同泛淸河古汴船上載涼州鼓吹
助淸賞鴻鴈起汀洲　坐中客翠羽帔紫綺裘素娥
無賴西去曾不爲人留今夜淸尊對客明夜孤帆水
驛依舊照離憂但恐同王粲相對永登樓

念奴嬌 中秋　前人

憑高眺遠見長空萬里雲無留迹桂魄飛來光射處
冷浸一天秋碧玉宇瓊樓乘鸞來去人在淸涼國江
山如畫望中煙樹歷歷　我醉拍手狂歌舉杯邀月
對影成三客起舞徘徊風露下今夕不知何夕便欲
乘風翻然歸去何用騎鵬翼水晶宮裏一聲吹斷橫
笛

洞仙歌 中秋　晁補之

靑煙冪處碧海飛金鏡永夜閒階臥桂影露涼時零
亂多少寒螿神京遠惟有藍橋路近　水晶簾不下
雲母屛開冷浸佳人淡脂粉待都將許多明月付與
金尊投曉共流霞傾盡更攜取胡牀上南樓看玉做
人間素秋千頃

踏莎行 中秋　毛滂

碧樹陰圓綠堦露滿金波瀲灩堆瑤盞行雲會事不
飛來長空一片琉璃淡　玉燕釵寒藕絲袖短只應
未倚朱闌徧隨人全不似嬋娟桂花影裏年年見

沙塞子 中秋無月　周紫芝

秋雲微淡月微羞雲黯黯月彩難留只應是嫦娥心
裏也似人愁　幾時回步玉移鈎人共月同上南樓

却重聽畫闌西角月下輕謳

醉蓬萊（中秋懷無逸兄）　謝薖
望晴峯染黛暮靄澄空碧天無漢圓鏡高飛又一年
秋半皓色誰同歸心暗折聽唳雲孤雁問月停杯錦
袍何處一尊無伴　好在南鄰詩盟酒社刻燭爭成
引觴愁緩今夕樓中繼阿連淸謳飲劇狂歌終起
舞醉冷光寒亂樂事難窮疎星易曉又成浩歎

緑頭鴨（中秋）　晁端禮
晚雲收淡天一片琉璃爛銀盤來從海底皓色千里
澄輝瑩無塵素娥淡佇淨可數丹桂參差玉露初零
金風未凜一年無似此佳時向坐久疎星時度烏鵲
正南飛瑤臺冷闌干凭煖欲下遲遲　念佳人音塵
隔後對此應解相思最關情漏聲正永暗斷腸花影
漸移料得來宵淸光未減陰晴天氣又爭知共凝戀
如今別後還是隔年期人總健淸尊素月長願相隨

朝中措（中秋麥湖舟中）　趙師俠
西風著意送歸船家近總欣然去日梅開爛漫歸時
秋滿山川　京華倦客難堪羈思歷盡愁邊寄語姮
娥休笑月圓人亦團圓

水調歌頭（中秋）　趙長卿
今夕知何夕秋色正平分姮娥此際底事越樣好精
神已是天高氣肅那更淸風灑灑萬里沒纖雲把酒
臨風飲酒面起紅鱗　歌一曲舞一曲捧金尊從他
妄想老兎顚顚正紛紛我爲桂花拚醉明日扶頭不
起顚倒白綸巾天欲知人意夜雨莫傾盆

八聲甘州（中秋前數夕久雨方晴）　向子諲
恨中秋多雨及晴時追賞且探先縱玉鉤初上氷輪
未正無恙嬋娟飲客不來自酌對影亦淸妍任笑癖
林老雪鬢霜顏　好在章江西畔有凌雲玉筍空翠
相連巉崎嶇林麓則窈窕溪邊自斷此生休問顚顚
甕中長有酒如泉人世間是誰得似月下尊前

念奴嬌（中秋）　葉夢得
洞庭波冷望氷輪初轉滄海沈沈萬頃孤光雲陣卷
長笛吹破層陰洶湧三江銀濤無際遙帶五湖深酒
闌歌罷至今猶怒龍吟　回首江海平生漂流容易
散佳會難尋縹緲高城風露爽獨倚危檻重臨醉倒
淸尊姮娥應笑猶有向來心廣寒宮殿爲余聊借瓊
林

念奴嬌（卯陳元載中秋小集）　劉一止
燕臺暮集對秋容淒緊松陰羃羃徙倚闌邊臨翠壑
千頃風煙橫出坐待氷輪天空雲散一色如蒼璧姮
娥有意爲誰來赴今夕　身世如許飄流佳時輕過
了他年空憶我輩情鍾端未愧昔日蘭亭陳迹坐上
何人驪歌淒斷語別還應惜有心紅燭替人珠淚頻
滴

念奴嬌（己卯中秋和韻）　張元幹
垂虹望極埽太虛纖翳明河翻雪一碧天光波萬頃
湧出廣寒宮闕好事浮家不辭百里俱載如花頰琴
高雙鯉鼎來同醉孤絕　浩蕩今夕風煙人間天上
別似尋常月陶冶三高千古恨賞我中秋淸節八十
仙翁雅宜圖畫寫取橫江楫平生奇觀夢回猶竦毛
髮

水調歌頭（虎丘中秋）　前人
萬里氷輪滿千丈玉盤浮廣寒宮殿西望湖海冷光
流埽盡長空纖翳散亂疎林淸影風露迫人愁徐步
行歌去危坐不眠休　問孤蓬緣底事苦淹留倦遊
回首向來雲臥兩星周此夜此生長好明月明年何
處歸典在南州老境一傖父異縣四中秋

前調　前人
今夕是何夕秋水滿東甌悲涼懷抱何事還倍去年
愁萬里碧空如洗寒浸十分明月簾捲玉波流非是
經年別一歲兩中秋　坐中庭風露下冷颼颼素娥
無語相對尊酒且遲留琴罷不堪幽怨遙想三山影
外人倚夜深樓矯首望霄漢雲海路悠悠

一斛珠（中秋）　張掄
光輝皎潔古今但賞中秋月尋思豈是月華別都爲
人間天上氣淸徹　廣寒想望裴瓊闕琤琤玉杵聲
奇絕何時賜我長生訣飛入蟾宮折桂餌丹雪

燕山亭（中秋諸王席上作）　曾覿
河漢風淸庭戶夜涼皓月澄秋時候氷鑑乍開躋海
飛來光掩滿天星斗四捲珠簾漸移影寶階鴛甃還
又看歲歲嬋娟向人依舊　朱邸高宴簪纓正歌吹
瑤臺舞翻宮袖銀管競酬棣萼相輝風流古來誰有
玉笛橫空更聽徹霓裳三奏難偶拚醉到參橫曉漏

多麗（中秋）　楊无咎
晚風淸濟雲捲盡輕羅看銀蟾初離海上碧溪萬里
澄波碾雲衢玉輪緩駕照山影寶鏡新磨光徹庭除
寒生綺席無聊淸興助吟哦共宴賞明宵天氣晴晦
又知他無眠處夜深湛露目斷明河　念年來靑雲
失志舉頭羞見姮娥且高歌細敲檀板拚痛飲傾倒
金荷斷約他年重揮大手桂枝須砍最高柯怎時節

清光比似今夕更應多功名事到頭須在休用忙呵

滿江紅 中秋上劉恭甫舍人　侯寘

天闊江南秋未老空江澄碧江外月飛來千丈水天同色萬屋覆銀清不寐一城踏雪寒無跡況楚風連陌競張燈如元夕　山撩靜棠陰寂秋稼盛香醪直聽子城吹角青樓橫笛不見蘇仙翻醉墨一篇水調鏘金石念良辰美景賞心時誠難得

玉樓春 中秋閏月　前人

今秋仲月逢餘閏月姊重來風露靜未勞玉斧整蟾宮又見冰輪浮桂影　尋常經歲睽佳景閱月那知還賞詠庾樓江闊碧天高遙想飛觴清夜永

滿江紅 中秋寄遠　辛棄疾

快上西樓怕天教浮雲遮月但喚取玉纖橫笛一聲吹裂誰做冰壺涼世界最憐玉斧修時節問姮娥孤處有愁無應華髮　雲液滿瓊杯滑長袖舞清歌咽歎十常八九欲磨還缺但願長圓如此夜人情未必看承別把從前離恨總包藏歸時說

前調 中秋　前人

美景良辰算只是可人風月況素節揚輝長是十分清徹著意登樓瞻玉兔何人張幕遮銀闕倩飛廉特特爲吹開憑誰說　弦與望從圓缺今與昨何區別羨夜來把手桂花堪折安得便登天柱上從容陪伴酬佳節更如今不聽麈談清愁如髮

水調歌頭 桂林中秋　張孝祥

今夕復何夕此地過中秋賞心亭上喚客追憶去年遊千里江山如畫萬井笙歌不夜狹路看鼇頭玉界湧銀闕珠箔捲瓊鉤　馭風去忽吹到嶺南州去年明月依舊還照我登樓樓下水明沙淨樓外參橫斗轉搔首思悠悠老子與不淺聊復少淹留

水調歌頭 中秋和施司諫　羅願

秋宇淨如水月鏡不安臺鬱孤高處張樂語笑脫塵埃檐外白毫千丈座上銀河萬斛心境兩佳哉俯仰共清絕底處著風雷　問天公邀月姊媿凡才婆娑人世羞見蓬鬢漾金罍來歲公歸何處照耀彩衣簪橐禁直且休催一曲庾江上千古繼韶陔

木蘭花慢 丁未中秋　劉克莊

水亭凝望久期不至擬還差隔翠幌銀屏新眉初畫半面猶遮須臾淡煙薄霧被西風掃盡不留些失了白衣蒼狗奪回雪兔金蟆　乘雲徑到玉皇家人世鼓三撾試自判此生更看幾度小住爲佳何須如鉤似玦便相將只有半菱花莫遣素娥知道和他髮也蒼華

念奴嬌 中秋　趙彥端

姮娥萬古弄清光常共山青水綠我欲蓬萊風露頂渺視寰瀛一粟攜手羣仙廣寒遊戲玉砌琉璆屋歸來一笑葛陂還訪騎竹　此夕縱飲清歡吸寒輝萬丈快如飛瀑傾倒銀河斟斗杓莫問人間榮辱獨倚闌干浩歌長嘯驚墮雲飛鵠亂呼蟾兔搗霜爲駐顏玉

八聲甘州 中秋　張鎡

歎流光迅景百年間能醉幾中秋正淒蛩響砌驚烏翻樹煙濟蘋洲誰喚金輪出海不帶一雲浮纔上青林頂俄轉朱樓　人老歡情已減料素娥信我不爲閒愁念幾番清夢常是故鄉留倩風前數聲橫管叫玉鸞騎向碧空遊誰能顧黍炊榮利蟻戰仇讎

念奴嬌 中秋呈徐叔至　謝懋

霽天湛碧正新涼風露冰壺清澈河漢無聲光練練湧出銀蟾孤絕巖桂香飄井梧影轉冷浸宮袍纈西廂往事一簾幽夢悽切　腸斷楚峽雲歸尊前無緒只有愁如髮此夕嫦娥應也恨冷落瓊樓金闕禁漏迢迢邊鴻杳杳幽意憑誰決闌干星斗落梅三弄初闋

念奴嬌 中秋　毛幵

素秋新霽風露洗寥廓珠宮瓊闕簾幕生寒人未定鵲羽驚飛林樾河漢無聲微雲收盡相映寒光發三千銀界一時無此奇絕　正是老子南樓多情辜負了十分佳節起舞徘徊誰爲我傾倒杯中明月欲攬姮娥扁舟滄海戲濯凌波韤漏殘鐘斷坐愁人世超忽

菩薩蠻 中秋　高觀國

何須急管吹雲暝高寒灩灩開金餅今夕不登樓一年空過秋　桂花香露冷梧葉西風影客醉倚河橋清光愁玉簫

滿江紅 中秋夜潮　史達祖

萬水歸陰故潮信盈虛因月偏只到涼秋半破闕成雙絕有物揩磨金鏡淨何人拏攫銀河決想子胥今夜見嫦娥沈寃雪　光直下蛟龍穴聲直上蟾蜍窟對望中天地洞然如刷激氣已能驅粉黛舉杯便可吞吳越待明朝說與似兒曹心應折

玉漏遲 中秋　吳文英

鴈邊風信小飛瓊望杳碧雲先晚露冷闌干定怯藕

絲冰腕淨洗浮雲片玉勝花影春燈相亂秦鏡滿素
娥未肯分秋一半　每圓處卽良宵甚此夕偏饒對
歌臨怨萬里嬋娟幾許霧屏雲幔孤兎淒涼照水曉
風起銀河西轉摩淚眼瑤臺夢回人遠

鷓鴣天閨中秋　前人

丹桂花開第二番東籬展却宴期寬人間寶鏡離仍
合海上仙槎去復還　分不盡半凉天可憐閑剩此
嬋娟素娥未隔三秋夢贏得今宵又倚闌

玉樓春中秋　蔣捷

去年雲掩冰輪皎喜今歲微陰俱掃乾坤一片玉琉
璃怎算得淸光多少　無歌無酒癡頑老對愁影翻
嫌分曉天公元不負中秋我自把中秋誤了

夜飛鵲中秋會仇山村溧陽　張炎

林霏散浮暝河漢空雲都綠水國秋淸綠房一夜迎
向曉海影飛落寒冰蓬萊在何處但危峯縹緲玉籟
無聲文簫素約料相逢依舊光陰　登眺尚餘佳興
零露下衣襟欲醉還醒明月明年此夜頭顱萬里同
此陰晴霓裳夢斷到如今不許人聽正婆娑桂底誰
家弄笛風起潮生

鷓鴣天中秋夜　石孝友

霜葉披殘露顆傳明星著地月流天不辭獨賞窮今
夜應爲相逢憶去年　辜窈窕負嬋娟誰知兩處照
孤眠姮娥不怕離人怨有甚心情獨自圓

唐多令吳江中秋　汪元量

莎草被長洲吳江拍岸流憶故家西北高樓十載客
窻憔悴損搔短鬢獨悲秋　人在塞邊頭斷鴻書寄
不記當年一片閒愁舞罷羽衣塵滿面誰伴我廣寒
遊

念奴嬌中秋月　范端臣

尋常三五問今宵何夕嬋娟多勝天闊雲收崩浪靜
深碧琉璃千頃銀漢無聲冰輪直上桂濕扶疎影綸
巾玉塵庾樓無限淸興　誰念江海飄零不堪回首
驚鵲南枝冷萬點蒼山何處是修竹吾廬三徑香霧
雲鬟淸輝玉臂醉了愁重醒參橫斗轉轆轤聲斷金
井

鵲橋仙中秋待月不至　金廢帝

停杯不舉停歌不發等候銀蟾出海不知何處片雲
來做許大通天障礙　虬髯撚斷星眸睜裂唯恨劍
鋒不快一揮截斷紫雲腰子細看嫦娥體態

鷓鴣天中秋飮蓮花白　元好問

月窟秋淸桂葉丹仙家釀熟水芝殘香來寶地三千
界露入金莖十二盤　天澹澹夜漫漫五湖豪客酒
腸寬醉來獨跨蒼鸞去太華峯前玉井寒

浪淘沙中秋雨　元蕭漢傑

愁似晚天雲醉亦無憑秋光此夕屬何人貧得今年
無月看留滯江城　夜起候簷聲似雨還晴舊家誰
信此時情唯有桂香時入夢勾引詩成

賀新郎淮上中秋　張埜

晩蝀收殘雨喜晴空冰輪飛上月明三五前歲錢塘
江上看去歲京華客與今歲又秋風淮浦料得姮娥
應笑我笑星星鬢影今如許空浪走竟何補　此生
此夜還知否問幾人滄浪抖擻衣裾塵土獨倚篷窻
誰共飮萬象不分賓主恍疑在玉霄高處擊碎珊瑚
歌未徹見洪濤千丈魚龍舞舟一葉任掀舉

落梅風中秋望月應制　明解縉

嫦娥面今夜圓下雲簾不著羣僊見拚今宵倚闌不
去眠看誰過廣寒宮殿

念奴嬌中秋和鍾石　周用

中秋三五悄依稀猶是去年風物雲捲靑霄開夕殿
一色瑤堦銀壁萬斛天香千尋仙桂下界霏丹雪岧
嶢鷲嶺聊讓唐人四傑　堪愛更漏聲沈明河影澹
特地淸輝發天許姮娥呈素面半點綠煙都滅肅肅
冰綃泠泠玉珮冉冉垂雲髮問儂何事家家今夜圓
月

念奴嬌中秋對月　文徵明

桂花浮玉正月滿天街夜凉如洗風泛鬚眉並骨寒
人在水晶宮裏蛟龍偃蹇觀闕嵯峨縹緲笙歌沸霜
華滿地欲跨彩雲飛起　記得去年今夕釃酒溪亭
淡月雲來去千里江山昨夢非轉眼秋光如許靑雀
西來姮娥報我道佳期近矣寄言儔侶莫負廣寒沈
醉

唐多令中秋與二客泛舟　楊愼

飛鏡露雲頭金波水面浮水晶宮今夜中秋喚取官
奴吹玉笛香霧濕錦雲留　二客亦風流蝦川泛小
舟問何如赤壁黃州坡老有靈應鼓掌天地裏寄蜉
蝣

采桑子中秋夜　馮鼎位

銀河澹灩秋如水人是今年月似前年重上南樓思
悄然　繁絃急管催淸漏昨夜難圓明夜難圓滿泛
金尊醉綺筵

河滿子中秋　張草

月破秋寒灑背霜沾露影侵牀鐵笛幾聲今夜起記
來曲子霓裳孤杵響聽畫角吹笳人夢瀟湘　鉛水
漱如青淚江楓倩似紅妝啼鴈半行蘆荻老晶晶波
下橫塘往事思量一夜朝來直却迴腸

南歌子 中秋　沈宗塙

雲與山同潔溪將煙共澄嬋娟儘力稱人情欲照一
天美滿到微明　桂子開梁苑桐陰點楚萍誰家玉
笛弄秋聲一夜相思清影夢難成

念奴嬌 中秋　李福謙

空庭秋晚趁花陰把盞臨風獨適醉眼模糊潦倒處
今夕不知何夕桂子飄香銀河瀉今秋意平分拆淒
凉往事不堪回首重憶　堪笑蒼狗白衣人間幻影
轉盼成陳迹記得去年今夜語都在心頭歷歷壯志
空埋此身依舊漂泊江南客明朝酒醒又添一段於
邑

欽定古今圖書集成曆象彙編歲功典

第七十三卷目錄

中秋部紀事
中秋部雜錄
中秋部外編

歲功典第七十三卷

中秋部紀事

龍城錄開元六年上皇與申天師道士鴻都客八月望日夜因天師作術三人同在雲上遊月中過一大門在玉光中飛浮宮殿往來無定寒氣逼人露濡衣袖皆濕頃見一大宮府榜曰廣寒清虛之府其守門兵衞甚嚴白刃粲然望之如凝雪時三人皆止其下不得入天師引上皇起躍身如在煙霧中下視王城崔巍但聞清香靄鬱視下若萬里琉璃之田其間見有仙人道士乘雲駕鶴往來遊戲少焉步向前覺翠色冷光相射目眩極寒不可進下見有素娥十餘人皆皓衣乘白鸞往來舞笑於廣陵大桂樹之下又聽樂音嘈雜亦甚清麗上皇素解音律熟覽而意已傳頃天師亟欲歸三人下若旋風忽悟若醉中夢迴爾次夜上皇欲再求往天師但笑謝而不允上皇因想素娥風中飛舞袖被編律成音製霓裳羽衣舞曲自古洎今清麗無復加於是矣

湫石閒談明皇中秋夜羅公遠擲杖化爲銀橋請遊月宮見廣寒庭女翠仙舞問是何曲曰霓裳羽衣帝記其聲回遂製其曲舞

集異記明皇八月望夜與葉法善同遊月宮還過潞州城上俯視城郭悄然而月色如畫法善因請上以玉笛奏曲時玉笛在寢殿中法善命人取之旋頃而至曲奏既復以金錢投城中而還旬餘潞州奏是夜有天樂臨城兼獲金錢以進

明皇雜錄八月十五夜葉靜能出丹一粒進上服之

楊太眞外傳逸史云羅公遠天寶初侍元宗八月十五日夜宮中翫月曰陛下能從臣月中遊乎乃取一枝桂向空擲之化爲一橋其色如銀請上同登約行數十里遂至大城闕公遠曰此月宮也有仙女數百素練寬衣舞於廣庭上前問曰此何曲也曰霓裳羽衣也上密記其聲調遂回橋却顧隨步而滅旦諭伶官象其聲調作霓裳羽衣曲

開元天寶遺事蘇頲與李乂對掌文誥元宗顧念之深也八月十五夜於禁中直宿諸學士翫月備文酒之宴時長天無雲月色如晝蘇曰清光可愛何用燈燭遂使撤去

元宗八月十五日夜與貴妃臨太液池凭欄望月不盡帝意不快遂勅令左右於池西岸別築百尺高臺與吾妃子來年望月後經祿山之兵不復置焉惟有基址而已

李鄴侯外傳鄴侯爲兒童時身輕能於屏風上立熏籠上行道者云十五歲必白日昇天父母保惜親族憐愛聞之皆若有甚厄也一旦空中有異香之氣及音樂之聲李氏之血屬必迎罵之至其年八月十五日笙歌在室時有彩雲掛於庭樹李氏之親愛乃多貯蒜虀至數斛伺其異音奇香之至潛令人登屋以巨杓颺濃蒜潑之香樂遂散自此更不復至

酉陽雜俎長慶中有人翫八月十五夜月光屬於林中如疋布共人尋視之見一金背蝦蟆疑是月中者工部員外郎周封嘗說此事忘人姓名

宣室志唐太和中周生有道術中秋夜與客會時月色方瑩謂坐客曰我能挈月置之懷袂因命虛一室取筯數百條繩而駕之曰我將梯取此月俄覺天地曛晦因開室曰月在某衣中因以手舉衣懷中出月寸許忽一室盡明寒入肌骨

誠齋雜記鍾陵西山有游帷觀每至中秋車馬喧闐十里若闤闠豪傑多召名姝善謳者夜與丈夫間立握臂連踏而唱惟對答敏捷者勝太和末有書生文簫往觀覩一姝甚妙其詞曰若能相伴陟仙壇應得文簫駕綵鸞自有繡襦并甲帳瓊臺不怕雪霜寒生意其神仙植足不去姝亦相盼歌罷獨秉燭穿大松逕將盡陟山扣石冒險而升生躡其蹤姝曰莫是文簫耶相引至絕頂坦然之地後忽風雨裂帷覆機俄有仙童持天判曰吳綵鸞以私欲洩天機謫爲民妻一紀姝乃與生下山歸鍾陵爲夫婦

三水小牘九華山道士趙知微乃皇甫元眞之師咸通辛卯歲知微使元眞來京師寓於玉芝觀之上清院皇甫枚時居蘭陵里第日與相從因詢趙君事業元眞曰自吾師得道常云分杯結霧之術化竹釣鯔之方吾久得之固恥爲耳去歲中秋自朔霖霪至於望夕元眞謂同門生曰堪惜良宵而阻苦雨語頃趙

君忽命侍童曰可備酒果遂遍名諸生謂曰能昇天柱峯翫月否諸生雖唯應而竊議以爲濃陰駛雨如斯若果行將有墊巾角折屐齒之事少頃趙君曳杖而出諸生景從既闢荊扉而長天廓清皓月如晝捫蘿援篠及峰之巔趙君處元豹之茵諸生藉芳草列侍俄舉卮酒詠郭景純遊仙詩數篇諸生有清嘯者步虛者鼓琴者以至寒蟾隱於遠岑方歸山舍既各就榻而淒風飛雨宛然衆方服其奇致

舊唐書東夷傳新羅國重八月十五日設樂飲宴賚羣臣射其庭

酉陽雜俎婆羅遮並服狗頭猴面男女無晝夜歌舞八月十五日行像及透索爲戲

錄異記江州南五十里有店名七里店在蚍江之南小山上有石青色堅膩俗云石中有珠每至中秋往往羣飛凡十餘枚如流星往來或聚或散石上時有光景相傳云珠藏於此乃無價寶也或有見者密認其處尋亦不得

茅亭客話綿州羅江縣羅璝山有羅璝洞昔羅眞人名璝修道上昇之所也其洞凡有水旱疾癘禱之靈無不應太平興國五年庚辰歲中秋彩霧輕煙月光如畫香風瑞氣瀰漫山谷四遠村民登層巒而望之唯聞音樂環珮之聲遲明但見車轍之迹

談苑晏元獻公留守南郡王君玉時已爲館閣校勘公特請於朝以爲府僉判朝廷不得已使帶館職從公外官帶館職自君玉始賓主相得日以賦詩飲酒爲樂佳時勝日未嘗輒廢也嘗遇中秋陰晦齋廚夙爲備公適無命既至夜君玉密使人伺公曰已寢矣君玉亟爲詩以入曰只在浮雲最深處試憑絃管一吹開公枕上得詩大喜卽索衣起徑名客治具大合樂至夜分果月出遂樂飲達旦前輩風流固不凡然幕府有佳客風月亦是如人意也

錢氏私誌岐公在翰苑時中秋有月上問當直學士是誰左右以姓名對命小殿對設二位名來賜酒公至殿側侍班俄頃女童小樂引步輦至宣學士就坐公奏故事無君臣對坐之禮上云天下無事月色清美與其醉聲色何如與學士論文若要正席則外廷賜宴正欲略去苛禮放懷飲酒公固請不已再拜就坐上引謝莊賦李白詩美其才又出御製詩示公公歎仰聖學高妙每起謝必勑內侍挾掖不令下拜夜漏下三鼓上悅甚令左右宮嬪各取領巾裙帶或團扇手帕求詩內侍舉牙牀以金鑲水晶硯珊瑚筆格玉管筆皆上所用者於公前來者應之輒不停綴都不蹈襲前人盡出一時新意仍稱其所長如美貌者必及其容色人人得其歡心悉以進呈上云豈可虛辱須與學士潤筆遂各取頭上珠花一朶裝公幞頭簪不盡者置公服袖中宮人旋取針線縫聯袖口宴罷月將西沈上命撤金蓮燭令內侍扶掖歸院翌日問學士夜來醉否奏云雖有酒不醉到玉堂不解帶便上牀取幞頭在面前抱公服兩袖坐睡恐失花也都下盛傳天子請客

本草綱目宋仁宗天聖丁卯八月十五夜月明天淨杭州靈隱寺月桂子降其繁如雨其大如豆其圓如珠其色有白者黃者黑者殼如芡實味辛拾以進呈寺僧種之得二十五株

復雅歌詞東坡居士以丙辰中秋歡飲達旦大醉作水調歌頭詞都下傳唱神宗問內侍外面新行小詞內侍錄此進呈讀至又恐瓊樓玉宇高處不勝寒上曰蘇軾終是愛君乃命量移汝州

過庭錄趙軏信可許人也以才稱鄉里爲陝曹屬淶倒選調先子與之鄉舊既在太原趙沿檄相謁因館於書室是夕八月十四日夜先子具酒飲食宣使張末錫名先子會酌趙獨處寂寥就枕卽作一詞達先子云今夜陰雲初霽晝樓外月華如水露靄晴空風吹高樹滿院中秋意皎皎蟾光當此際怎奈何不成兒味莫近簷間休來窻上凡放離人睡末錫見之大喜贈上尊數壺先子爲求薦章僅改秩而終

東京夢華錄中秋節前諸店皆賣新酒重新結絡門面綵樓花頭畫竿醉仙錦旆市人爭飲至午未間家家無酒拽下望子是時螯蟹新出石榴榲勃梨棗栗孛萄弄色棖橘皆新上市中秋夜貴家結飾臺榭民間爭占酒樓翫月絲篁鼎沸近內庭居民夜深遙聞笙竽之聲宛若雲外閭里兒童連宵嬉戲夜市駢闐至於通曉

王十朋蓬萊閣序中秋之夕與同僚會飲於茲閣覽湖山之勝翫月於尊俎間卽席賦詩

花月新聞建炎二年春揚州一士人緩步出西隅遙見紅暈如赤環自地吐出徐行入觀有機數張經以素絲女子四五輩組織重花交葉之內成字數行第一行之首曰李易稍空尖又有一人姓名如此以十數乃問之曰織此何爲對曰登科記也到中秋時候知之是歲高宗車駕南巡揚都貢士雲集至八月始

唱名放榜第一名曰李易其下甲乙之次無一差易始悟初春所居蓋蟾宮云

機警幸幼安在長沙欲於後圃建樓賞中秋時已八月初旬吏曰宅皆可辦唯瓦難辦幼安命於市上每家以錢一百賃簷前瓦二十片限兩日以瓦收錢於是瓦不可勝用沂陽子曰建樓賞月細事也尤能速成示敏也且以起衆心云蓋幼安志存恢復若以無瓦止它日用兵何以鼓之殆徙木立信之意

癸辛雜識德壽宮有橋乃中秋賞月之所橋用吳璘所進階石甃之瑩徹如玉以金釘校橋下皆千葉白蓮花御几御榻至於缾爐酒器皆用水晶爲之水南岸皆宮女童奏清樂水北岸皆教坊樂工吹笛者至二百人

乾淳歲時記中秋禁中是夕有賞月延桂排當如倚桂閣秋暉堂碧岑皆臨時取旨夜深天樂直徹人間御街如絨線蜜煎香鋪皆鋪設貨物誇多競好謂之歇眼燈燭華燦竟夕乃止此夕浙江放一點紅羊皮小水燈數十萬盞浮滿水面爛如繁星有足觀者或謂此乃江神所喜非徒事觀美也

西湖志餘淳熙九年八月十五日孝宗過德壽起居上皇遂留賞月名小劉妃吹白玉笙霓裳中序侍宴曾覿進壺中天詞云素飈颺碧看天衢穩送一輪明月翠水瀛壺人不到比似世間秋別玉手瑤笙一時同色小按霓裳疊天津橋上有人偷記新闋當日誰幻銀橋阿瞞兒戲一笑成痴絕肯信羣仙高宴處移下水晶宮闕雲海塵清山河影滿桂冷吹香雪何勞玉斧金甌千古無缺

中州集道陵中秋賞月瑞光樓名趙渢文孺對御賦詩以清字爲韻渢詩云秋氣平分月正明蘂珠宮闕對蓬瀛已驅急雨銷殘暑不遣微雲點太清簾外輕風飄桂子夜深涼露滴金莖聖朝不奏霓裳曲四海歌謳卽樂聲道陵讀至落句大加賞異手酌金鍾以賜且字之曰文孺以此鍾賜汝作酒直士林榮之

歲華紀麗譜八月十五日中秋玩月舊宴於西樓望月於錦亭今宴於大慈寺

元氏掖庭記己酉仲秋之夜武宗與諸妃嬪泛月於禁苑太液池中月色射波池光映天綠荷含香芳藻吐秀游魚浮鳥競戲羣集於是畫鷁中流蓮舟夾持舟上各設女軍居左者冠赤羽冠服斑文甲建鳳尾旂執泥金畫戟號曰鳳隊居右者冠漆朱帽衣雪氅裘建鶴翼旂執瀝粉雕戈號曰鶴團又綵帛結成採菱採蓮之舟輕快便捷往來如飛當其月麗中天彩雲四合帝乃開宴張樂薦蟕翅之脯進秋風之鱠酌元霜之酒啗華月之糕令宮女披羅曳縠前爲八展舞歌賀新涼一曲帝喜謂妃嬪曰昔西王母宴穆天子於瑤池人以爲古今莫有此樂也朕今與卿等際此月圓共此佳會液池之樂不減瑤池也惜無上元夫人在坐不得聞步元之聲耳有駱妃者素號能歌趨出爲帝舞月照臨而歌曰五華兮如織照臨兮一色麗正兮中域同樂兮萬國歌畢帝悅其以月喻己賜八寶盤玳瑁琖諸妃各起賀酒半酣菱舟進鮮紫角玉心之奇山犇而至蓮艇奉實絳房金的之異陵壘而來由是下令兩軍水擊爲戲風旋雲轉戟刺戈橫戰既畢軍中樂作唱龍歸洞之歌而還

凝香兒本都下官妓也以才色選入宮遂充才人善鼓瑟曉音律能爲翻冠飛履之舞舞間冠履皆翻覆飛空尋如故少頃復飛一舞中屢飛屢復雖百試不差帝嘗中秋夜泛舟禁池香兒著瑣里綠蒙之衫瑣里夷名產撒哈剌蒙茸如氈毳但輕薄耳宜於秋時著之有紅綠二色至元間進貢帝又命工以金籠之糚出鸞鳳之形製爲十大衫香兒得一焉至此服之又服玉河花藥之裳于闐國烏玉河生花藥草採其藥織之爲錦香兒以小艇蕩漾於波中舞婆娑之隊歌弄月之曲其詞云蒙衫兮藥裳瑤環兮瓊璫泛予舟兮芳渚擊予楫兮徜徉明皎皎兮水如鏡弄蟾光兮捉娥影露團團兮氣清風颼颼兮力勁月一輪兮高且圓華綵發兮鮮復妍願萬古兮每如此予同樂兮終年帝復置酒於天香亭爲賞月飲香兒復易服趨亭前衣絳綃方袖之衣帶雲肩迎風之組執十昂鸞縮鶴而舞乃歌曰天風吹兮桂子香來閶闔兮下廣寒塵不揚兮玉宇淨萬籟泯兮金堦涼元漿兮進酒兔霜兮爲侑舞亂兮歌狂君飲兮一斗鷄鳴沈兮夜未央樂有餘兮遇霓裳吾君吾王兮壽萬歲得與秋香月色兮酬酹乎樽觴歌畢帝笑曰昔唐明皇遊月宮見女娥數十著素衣歌舞於樹下朕今酌綠醽對才人歌香桂長秋曲可謂絳綃娥唱小搖金調者矣邀香風於屏閭呼華月以入座衆譁俱寂絲竹交奏人間之樂當不減天上

已瘧編三山門外有醉仙樓以中秋與學士劉三吾宋濂董倫王景陶安等醉飲得名

藝林瀋餘長安婦女有好事者曾侯家覩綵箋曰一

輪初滿萬戶皆清若乃狎處衾帷不惟辜負蟾光竊恐嫦娥生妒涓於十五十六二宵聯女伴同志者一著一爐相從上夜名曰伴嫦娥凡有冰心竚垂玉允朱門龍氏拜啓

熙朝樂事八月十五日謂之中秋民間以月餅相遺取團圓之義是夕人家有賞月之燕或攜榼湖海沿遊徹曉蘇堤之上聯袂踏歌無異白日

帝京景物略八月十五日祭月其祭果餅必圓分瓜必牙錯瓣刻之如蓮花紙肆市月光紙繪滿月像趺坐蓮華者月光徧照菩薩也華下月輪桂殿有兔杵而人立搗藥臼中紙小者三寸大者丈緻工者金碧繽紛家設月光位於月所出方向月供而拜則焚月光紙徹所供散家之人必遍月餅月果戚屬餽相報餅有徑二尺者女歸寧是日必返其夫家曰團圓節也

北京歲華記中秋夜人家各置月宮符像符上兔如人立陳瓜果於庭餅面繪月宮蟾兔男女肅拜燒香旦而焚之

莘野纂聞吳甘泉長洲呂山人也博物洽聞於書無所不讀而尤精於數其學主先天加一倍法而以時日占之吉凶成敗之理具有左驗時都御史俞公諫撫吳都諜報者日至公以爲憂延甘泉而問焉甘泉以數推之曰賊必來來未及城而敗計其時蓋中秋節也已而果然

中秋部雜錄

枚乘七發客曰將以八月之望與諸侯遠方交遊兄弟並往觀濤於廣陵之曲江

後山談叢中秋陰晴天下如一中秋無月則兔不孕蚌不胎喬麥不實兔望月而孕蚌望月而胎喬麥得月而秀世兔皆雌惟月兔雄爾故望月而孕

臨溪詩話寇萊公七月十四日生魏野詩云何時生上相明日是中元李文定公迪八月十五日生於黔中杜默作中秋詩以獻僅數百言皆以月況文定其中句有蟾輝吐光育萬種我公蟠屈爲心胷老桂根株撼不折我公得此爲清節孤輪碾空周復圓我公得此爲機權餘光燭物無洪細我公得此爲經濟終篇大率皆如此雖造語粗淺亦豪爽也默少以歌行自負石介贈三豪詩謂之歌豪以配石曼卿歐陽永叔曉節益縱酒落魄文章尤狂鄙熙寧末以特奏名得同出身一命得臨江軍新淦縣尉

玉澗雜書今歲中秋初夜微陰不見月吾與周子集適自山中還是時暑猶未退相與散髮披衣坐溪上二更後雲始解三更遂洞澈澄爽月色正午溪面如鏡平月在波間不覺水流意甚瀟然並溪居人樓閣相上下時聞飲酒歌呼雜以簫鼓計人人皆以得極所欲爲至樂然不過有狂樂淫聲不失此時節耳安知吾二人眞有此月乎世多言李太白以醉入水捉月溺死此談者好奇之過太白對月能作今人不見古時月今月曾經照古人之句意氣本自超出宇宙對影三人雖醉豈復狂惑至此因舉寒山頌吾心如秋月碧潭清皎潔無物堪比倫敎我如何說四海今夕共爲中秋不知有一人能作此公見處否雪竇禪師初住洞庭翠峯寺道未甚行從學者無幾寺在太湖中所謂東山者嘗有詩云太湖四萬八千頃月在波心說向誰固自已有津梁斯道之意然月一也寒山以爲無物可比而不可說雪竇以爲無人可說而不可說可說乎不可說乎吾不能奈靜聊復造此一重公案

彥周詩話作詩壓韻是一巧中秋夜月詩押尖字數首之後一婦人詩云蚌胎光透殼犀角暈盈尖

賸夫錄汴中節食中秋翫月羹

春渚紀聞東坡先生云中秋月明則是秋必多兔野人或言兔無雄者望月而孕信斯言則木蘭詩云雌兔眼迷離雄兔脚撲握何也

入蜀記巫山十二峯不可悉見所見八九峯惟神女峯最爲纖麗奇峭宜爲仙眞所托每八月十五夜月明時有絲竹之音往來峯頂山猿皆鳴達旦方止

西溪叢語瓊田草生於分寧山谷間有瓊田草經一卷八月十五日採之草有十名曰不死草長生草又云苦天之類

使燕錄蘇東坡曰故人史生爲予言嘗見海賈云中秋之月雖相去萬里他日會合相問陰晴無不同者公集中有中秋詩嘗鬪此背月萬里同陰晴天公自著意此會那可輕又詠月詩暮雲收盡溢清寒銀漢無聲轉玉盤此生此夜不常好明月明年何處看

通考八月十五爲移花日

荔枝譜中秋綠邑綠亦山枝種味微酸熟最後故名

中秋綠

月令演八月十五梯月

事文類聚前輩名中秋月爲端正月韓愈詩云三秋端正月今夜出東溟張雨八月十五夜待月詩秋已平分催節序月還端正照山河

七修類藁杭之鳳凰山有石如片雲拔地高數丈巔有一竅尺餘名曰月巖惟中秋之月穿竅而出餘時則斜出竅外矣

清閟供八月十五日牡丹誕

名勝志太和縣洱河東岸有分水厓自岸下分水爲兩南河北海八月望夜河海正中有珊瑚樹出水面漁人往往見之世傳海龍獻寶內典云珊瑚撑月即此

一統志南陽府有龍泉在汝州西南其水瑩潔中秋之夕陰雲蔽月俯觀泉中魄形自若

中秋部外編

諸山記武夷山神號武夷君秦始皇二年一日語鄉人曰汝等以八月十五日會山頂是日鄉人畢集見幔亭彩屋設寶座施紅雲紫霞褥器用甚設令男女分坐聞空中人聲不見其形須臾樂聲亦但見樂器不見其人酒行命食味皆甘美唯酒差薄諸仙既去衆皆欣喜因與神君同會名其地曰同庭

武夷山記玉皇與太姥魏眞人武夷君建幔亭綵屋八月十五日與鄉人宴飮曰汝等皆吾之曾孫也

名勝志葛仙山在鉛山縣南五十里由山北眞淨寺循澗且盡始緣鳥道至山之半猶歷三十六屛一屛一高方至絕頂有上下馬試劍息心等石丹井仙壇孝先以吳赤烏七年甲子八月十五日平旦於此上昇

鄉嬛記九天先生降王方平宅書尺牘遺龍女曰汝謫以來月輪周圍減一寸矣更減其半汝得復還本處幸自努力方平問故先生對月屈指曰自垂象以來至黃帝時減若干自黃帝以至唐堯又減若干自唐堯以至三代漸減至今則愈減矣減之又減以至於無則天地毀不但是也即世間聲色滋味莫不漸減如人自少至老精神消損頃刻不停亦復如是非日變而月化也人皆不覺以眞人觀之若日影過庭分毫不差耳時八月十五日也

申宗傳梓潼薛君胄好服食多尋異書日誦黃老一百紙徙居鶴鳴山下草堂三間戶外駢植花木泉石縈繞八月十五日長嘯獨飮因酣暢大言曰薛君胄疎淡若此豈無異人降旨忽覺兩耳中有車馬聲因頹然思寢頭纔至席遂有小車朱輪青蓋駕赤犢出耳中各高二三寸亦不覺出耳之難車有二童綠幘青帔亦長二三寸憑軾呼御者踏輪扶下而謂君胄曰吾自兜元國來向聞長嘯月下韻甚淸激私心奉慕願接淸論君胄大駭曰君適出吾耳何謂兜元國來二童子曰兜元國在吾耳中君耳安能處我君胄曰君長二三寸豈復耳有國土儻若有之國人當盡焦螟耳二童曰胡爲其然吾國與汝國無異不信請從吾遊或能便留則君離生死苦矣一童因傾耳示君胄君胄覘之乃別有天地花卉繁茂甍棟連接淸泉縈遶巖岫杳冥因捫耳投之已至一都會城池樓堞窮極壯麗君胄彷徨未知所之顧見向二童已在側謂君胄曰君至此盍從吾謁蒙元眞伯蒙元眞伯居大殿牆垣階陛盡飾以金碧垂翠簾帷帳玉童四人立侍左右一執白拂一執犀如意二人既入拱手不敢仰視有高冠長裾綠衣人宣靑紙制曰肇分太素國既有億爾淪下土賦卑萬品聿依於此實由冥合況爾淸節躬誠叶于眞宰大官厚爵俾宜享之可爲主錄大夫君胄拜舞出門即有黃帔三四人引至一曹署其中文簿多所不識每月亦無請受但有所念左右必先知當便供給因暇登樓遠望忽有歸思賦詩曰風軟景和煦異香馥林塘登高一長望信美非吾鄉二童子見詩怒曰以君質性沖寂引至吾國鄙俗餘態果乃未去遂疾逐君胄如陷落地仰視乃自童子耳中落已在舊去處隨視童子亦不復見因問諸鄰人云失君胄已七八年矣

集異記李汾秀才者越州上虞人也性好幽寂常居四明山山下有張老莊其家富多養豕天寶末中秋之夕汾步月於庭撫琴自適忽聞戶外有嘆美之聲問之曰誰人夜久至此山院請聞命矣俄有女子笑曰冀覩長卿之妙耳汾啓戶視之乃人間之極色也唯覺其口有黑色汾問曰子得非神仙乎女曰非也妾乃山下張家女也夕來以父母暫過東村竊至於此私面君子幸無責也汾忻然曰娘子既能降顧聊可從容女乃昇階展敘言笑談謔汾莫能及夜闌就寢備盡繾綣俄爾晨雞報曙女起告辭汾意惜別乃

滑取女靑氈履一隻藏衣笥中時汾敧枕假寐女乃撫汾悲泣求索其履曰願無畱此今夕再至朎君畱之妾身必死謝於君子汾不允女號泣而去汾覺視牀前鮮血點點出戶汾異之乃開笥視靑氈履則一猪蹄殼耳汾惶駭尋血至山前張氏溷中見一牝豕後足刓一殼豕覩汾瞑目咆哮如有怒色汾以事白張叟叟卽殺之汾乃棄山院別遊他邑

靈異記許至雍妻某氏儀容淡雅早歲亡沒至雍頗感歎每風景閑夜笙歌盡席未嘗不歎泣悲嗟至雍八月十五夜於庭前撫琴蹵月已久忽覺簾屛間有人行吁嗟數聲至雍問曰誰人至此必有異也良久聞有人語云乃是亡妻云若欲得相見遇趙十四莫惜三貫六百錢至雍驚起問之乃無所見自此常記其言則不知趙十四是何人也後數年至雍閒遊蘇州時方春見少年十餘輩皆婦人裝乘畫船將謁吳泰伯廟許君因問曰彼何人也而衣裲若是人曰此州有男巫趙十四者言事多中爲士人所敬伏皆趙生之下輩也許生問曰趙生之術所長者何也曰能善致人之魂耳許生乃知符其妻之說也明日早詣趙十四具陳懇切之意趙生曰某之所致者生魂耳今名死魂又令生人見之某久不爲不知名得否知郎君有重念之意又神理已有所白某安得不爲名之乃計其所費之直果三貫六百耳遂擇良日於其內灑掃焚香施牀几於西壁下於簷外結壇場致酒脯呼嘯舞拜彈胡琴至夕令許君處於堂內東隅趙生乃於簷下垂簾臥不語至三更忽聞庭際有人行聲趙生乃問曰莫是許秀才夫人否聞吁嗟數四應云是趙生曰以秀才誠意懇切故敢相邀夫人無怪也請夫人入堂中逡巡似有人揭簾見許生妻淡服薄粧拜趙生徐入堂內西向而坐許生涕泗嗚咽問君行若此無枉橫否妻曰此皆命也安有枉橫因問兒女家人及親舊閭里等事往復數十句許生又問人間尚佛經呼爲功德此誠有否妻曰皆有也又問冥間所重何物春秋奠享無不得然最重者漿水粥也趙生致之須臾粥至向口如食收之復如故許生又曰要功德否妻云某卒生無惡豈有罪乎足下前與爲者亦已盡得良久趙生曰夫人可去矣恐多時卽有譴謫妻乃出許生相隨泣涕曰願惠一物可以爲記妻泣曰幽冥唯有淚可以傳於人代君有衣服可投一事於地許生脫一汗衫置之於地其妻取之於庭樹前懸一樹枝以汗衫蔽其面大哭良久揮手却許生掛汗衫樹枝間若乘空而去許生取汗衫視之淚痕皆血也許生痛悼數日不食盧求著幽居蘇州識趙生趙生名何蘇州人皆傳其事

冷齋夜話周貫自號木鴈子治平熙寧間至袁州見市井李生者有秀韻欲攜以同歸林下而李嗜酒色意欲無行貫指畫藥鑰作偈示之曰頑鈍天教合作鑰縱生三足豈能行雖然有耳不聽法只愛人間戀火坑尋死於西山方將化人問其幾何歲貫曰八十西山作酒傴麻鞋軋斷布衣穿相逢甲子君休問太極光陰不計年後有人見於京師橋付書與袁州李生云我明年中秋夕時當上謁也至時果造李生生時以事出乃用白土大書其門而去曰今年中秋夕來赴去年約不見破鐵鑰彈指空剝剝李生後覺墮馬折一足

欽定古今圖書集成曆象彙編歲功典

第七十四卷目錄

季秋部彙考
易經山地剝卦
詩經豳風七月章
禮記月令
國語單襄公論
爾雅月陽
易通卦驗正陰雲　太陰雲
春秋感精符順天肅殺
素問診要經終論篇
汲冢周書時訓解
師曠占粟米占
呂氏春秋季夏紀音律篇
史記律書
漢書律歷志
淮南子天文訓　時則訓　六合
春秋繁露援煖孰多篇
大戴禮記夏小正
後漢書禮儀志
月令章句入學習吹　教田獵
說文戌月
晉書樂志
梁元帝纂要季秋
三禮義宗寒露霜降
齊民要術九月事宜
隋書禮儀志
農政全書季秋事宜　農事占候
遵生八牋九月事宜　九月事忌　九月修養法
居家宜忌食蟹
賞心樂事九月
本草綱目寒露
酌中志略宮中九月
直隸志書豐潤縣　永平府　饒陽縣　延慶州
山東志書陽信縣　黃縣
山西志書永和縣
陝西志書商州　平涼府
江南志書常熟縣　嘉定縣　松江府　青浦縣　高郵州　池州府　貴池縣
浙江志書杭州府　富陽縣　嘉興縣　嘉善縣　烏程縣　歸安縣　寧波府　常山縣　龍泉縣
江西志書瀘溪縣　上高縣
湖廣志書茶陵州　寧遠縣
四川志書天全和夷
廣東志書保昌縣　長樂縣　西寧縣
廣西志書隆安縣
雲南志書雲南府　嵩明州
季秋部藝文一
上西門銘　後漢李尤
無射九月啓　梁昭明太子
授衣賦　唐周存
授衣賦　李子卿
授衣賦　李觀
霜降賦　崔損
授衣賦　張何
季秋部藝文二詩詞
九月侍宴　齊蕭子良
大同八年秋九月　梁簡文帝
秋夕納涼奉和刑獄舅　江淹
暮秋答朱記室　何遜
九月酌菊酒　劉孝威
和司徒鎧曹陽辟疆秋晚　北齊蕭慤
晚秋　北周庾信
聘齊秋晚館中飲酒　前人
暮秋野興賦得傾壺酒　前人
季秋觀海　隋煬帝
山閣晚秋　唐太宗
秋暮言志　同前
九月十八賜百寮追賞因書所懷　德宗
暮秋山行　岑參
蜀秋會嚴京兆後廳竹齋　前人
遣懷　杜甫
大曆二年九月三十日　前人
秋盡　前人
季秋蘇五弟纓江樓夜宴崔十三評事韋少府姪三首　前人
暮秋揚子江寄孟浩然　劉昚虛
途次維揚望京口寄白下諸公　蔣渙
九月　范燈
季秋　劉蕃
九月十日郡樓獨酌　羊士諤
九月十日即事　陳羽

楚宮行　張籍
晚秋　元稹
賦得九月盡　前人
晚秋閒居　白居易
九月八日酬皇甫十見贈　前人
晚秋江上作　張祜
秋晚懷茅山石涵村舍　杜牧
夜雨　前人
長安晚秋　趙嘏
十日菊　鄭谷
晚秋同何秀才谿上　伍喬
杪秋夕吟懷寄宋維先輩　李中
九月三十夜雨　徐鉉
秋殘　翁宏
晚秋寄賈島　釋無可
九月十五日夜宿鄭尚書絪東亭望月寄杜給事　廣宣
十日宴江濱亭　宋宋祁
秋晚凝翠亭　歐陽修
九月十五日夜北樓望太湖　梅堯臣
九月二十八日題牡丹　前人
秋暮西軒　邵雍
秋懷　前人
秋日飲後晚歸　前人
暮秋江上逢端州朱使君詩以申餞　祖無擇
九月二十一日微雪懷子由弟　蘇軾
九月二十二日西館雨中　孔武仲
九月二十三日天氣始寒　唐庚
秋晚即事　李彌遜
九月五日晴緩步後園　范成大
九月二十八日湖上檢校籬落　前人
九月初郊行　陸游
九月二十五日早起待旦　前人
九月晦日作 二首　前人
秋晚　前人
九月初四日分得然字　徐璣
秋晚即事　高翥
漁浦晚秋旅懷　眞桂芳
回文詩 二首　金宇文虛中
辛未九月二十一日雪　王琢
九月三日晚與鄭元秉對坐至日暮小雨後歸
宿偶成　元貝安卿
九月一日紀事　周伯琦
九月一日清溪道中 二首　曹文晦
秋暮會楊仲章　金涓
秋思　明揭軌
秋暮旋自西村道經衞河　周世選
院中九月桃花　汪道昆
高秋　汪道會
暮秋遊眺　岳岱
季秋赤城衙齋晚眺　陳如京
晚秋雜興 三首　陳子龍
暮秋 以上詩　媛馬閑卿
謁金門　前蜀牛希濟
滿庭芳 重陽後夬元直　宋舒亶
水龍吟　呂渭老
水調歌頭 九月望日與客習射西園　葉夢得
驀山溪 暮秋賞梨花　曾覿
滿庭芳 臨安晚秋登臨　程垓
朝中措 九月末水仙開　王炎
謁金門　黃機
好事近　葛長庚
瑞鶴仙 秋歸　前人
蝶戀花 題九月海棠 以上詞　明仁宗
季秋部選句

歲功典第七十四卷

季秋部彙考

易經

山地剝卦

䷖

本義 剝落也五陰在下而方生一陽在上而將盡陰盛長而陽消落九月之卦也

詩經

豳風七月章

九月在戶
正義謂蟋蟀也九月則在室戶之內朱注暑則在野寒
則依人
九月肅霜
傳肅縮也霜降而收縮萬物疏九月之時收縮萬
物者是露爲霜也朱注氣肅而霜降也

禮記

月令

季秋之月日在房昏虛中旦柳中其日庚辛其帝少
皞其神蓐收其蟲毛其音商律中無射其數九其味
辛其臭腥其祀門祭先肝
陳注房在卯大火之次也無射戌律長四寸六千五
百六十一分寸之六千五百二十四
鴻雁來賓爵入大水爲蛤鞠有黃華豺乃祭獸戮禽
陳注此記戌月之候
天子居總章右个乘戎路駕白駱載白旂衣白衣服
白玉食麻與犬其器廉以深
陳注總章右个西堂北偏也
是月也申嚴號令命百官貴賤無不務內以會天地
之藏無有宣出
陳注務內專務收斂諸物於內
乃命冢宰農事備收舉五穀之要藏帝籍之收于神
倉祗敬必飭
陳注農事備收百穀皆斂也要者租賦所入之數籍
田所收歸之神倉將以供粢盛也
是月也霜始降則百工休乃命有司曰寒氣總至民
力不堪其皆入室
陳注總至凝聚而至也
上丁命樂正入學習吹
陳注吹主樂聲而言
是月也大饗帝嘗犧牲告備于天子
陳注仲夏大雩祈也此月大饗報也饗嘗皆用犧牲
仲秋已視全具至此則告備而後用焉
合諸侯制百縣爲來歲受朔日與諸侯所稅於民輕
重之法貢職之數以遠近土地所宜爲度以給郊廟
之事無有所私
陳注朔日與稅貢等事皆天子總命之諸侯而諸侯
頒之百縣使奉行也舊說秦建亥此月爲歲終故
行此數事者得之
是月也天子乃教於田獵以習五戎班馬政命僕及
七騶咸駕載旌旐授車以級整設于屏外司徒搢扑
北面誓之
陳注田獵而教之以戰陳之事習用弓矢殳矛戈戟
之五兵班布乘馬之政令其毛色之同異力之强
弱各以類相從也僕戎僕也天子馬有六種各一
騶主之并總主六騶者爲七騶也授車於乘者以
尊卑爲等級各使正其行列向背而設於軍門之
屏外於是司徒插扑於帶於陳前北面誓戒之此
時六軍皆向南而陳也扑卽夏楚二物
天子乃厲飾執弓挾矢以獵命主祠祭禽于四方
陳注奉祭祀之物當親殺獵竟則命典祀之官取獵
地所獲之獸祭於郊以報四方之神
是月也草木黃落乃伐薪爲炭蟄蟲咸俯在內皆墐
其戶乃趣獄刑毋留有罪收祿秩之不當供養之不
宜者
陳注此亦順秋令之嚴肅也
是月也天子乃以犬嘗稻先薦寢廟季秋行夏令則
其國大水冬藏殃敗民多鼽嚏行冬令則國多盜賊
邊竟不寧土地分裂行春令則煖風來至民氣解惰
師興不居
陳注大水未中東井主之不居不得止息也

國語

單襄公論

辰角見而雨畢天根見而水涸本見而草木節解駟
見而隕霜火見而清風戒寒故先王之教曰雨畢而
除道水涸而成梁草木節解而備藏隕霜而冬裘具
注辰角大辰倉龍之角星名也見者朝見東方建
戌之初寒露節也雨畢者殺氣日盛雨氣盡也天
根氐亢之間涸竭也謂寒露之後五日天根朝見
水潦盡竭也月令仲秋水始涸天根見乃盡竭本
氐也謂寒露之後十日陽氣盡草木之枝節皆理
解也駟天駟房星也隕落也謂建戌之中霜始降
霜降之後清風先至所以戒人爲寒備也季秋農
事畢收孟冬則天子始裘故九月可以具之

爾雅

月陽

九月爲元

易通卦驗

正陰雲

寒露正陰雲出如冠纓
太陰雲

霜降太陰雲出上如羊下如蟠石

春秋感精符

順天肅殺

霜殺伐之表季秋霜始降鷹隼擊王者順天行誅以成肅殺之威

素問

診要經終論篇

九月十月陰氣始冰地氣始閉人氣在心

注 收藏之氣從天而降肺屬乾金而主天爲心藏之蓋故秋冬之氣從肺而心心而腎也少陰主冬令故先從手少陰而至足少陰王氏曰火墓于戌

汲冢周書

時訓解

寒露之日鴻雁來賓又五日爵入大水化爲蛤又五日菊有黃華鴻雁不來小民不服爵不入大水失時之極菊無黃華土不稼穡霜降之日豺乃祭獸又五日草木黃落又五日蟄蟲咸俯豺不祭獸爪牙不良草木不黃落是爲愆陽蟄蟲不咸俯民多流亡

師曠占

粟米占

粟米常以九月爲本若貴賤不時以最賤之日爲本粟以秋得本貴在來夏以冬得本貴在來秋此收穀遠近之期也

呂氏春秋

季夏紀音律篇

無射之月疾斷有罪當法勿赦無留獄訟以亟以故

注 無射九月有罪當斷故勿赦亟疾故事也

史記

律書

閶闔風居西方閶者倡也闔者藏也言陽氣道萬物闔黃泉也其於十母爲庚辛庚者言陰氣庚萬物故曰庚辛者言萬物之辛生故曰辛北至於胃胃者言陽氣就藏皆胃胃也北至於婁婁者呼萬物且內之也北至於奎奎者主毒螫殺萬物也奎而藏之九月也律中無射無射者陰氣盛用事陽氣無餘也故曰無射其於十二子爲戌戌者言萬物盡滅故曰戌

漢書

律歷志

亡射射厭也言陽氣究物而使陰氣畢剝落之終而復始亡厭已也位於戌在九月

淮南子

天文訓

秋分加十五日斗指辛則寒露音比林鍾加十五日斗指戌則霜降音比夷則

秋三月地氣不藏乃收其殺百蟲蟄伏靜居閉戶青女乃出以降霜雪

注 秋三月季秋之月青女天神青皇女主霜雪

無射之數四十五主九月上生仲呂

太陰在子歲名曰困敦歲星舍氐房心以九月與之晨出東方胃昴畢爲對

時則訓

季秋之月招搖指戌昏虛中旦柳中其位西方其日庚辛其蟲毛其音商律中無射其數九其味辛其臭腥其祀門祭先肝候雁來賓雀入大水爲蛤菊有黃華豺乃祭獸戮禽天子衣白衣乘白駱服白玉建白旗食麻與犬服八風水爨柘燧火西宮御女白色衣白采撞白鐘其兵戈其畜犬朝於總章右个命有司申嚴號令百官貴賤無不務入以會天地之藏無有宣出乃命冢宰農事備收舉五穀之要藏帝籍之收於神倉是月也霜始降百工休乃命有司曰寒氣總至民力不堪其皆入室上丁入學習吹大饗帝嘗犧牲合諸侯制百縣爲來歲受朔日與諸侯所稅於民輕重之法貢賦之數以遠近土地所宜爲度乃教於田獵以習五戎命太僕及七騶咸駕載旌授車以級皆正設於屏外司徒搢扑北嚮以贊之天子乃厲服厲飾執弓操矢以獵命主祠祭禽四方是月草木黃落乃伐薪爲炭蟄蟲咸俛乃趣獄刑毋留有罪收祿秩之不當供養之不宜者通路除道從境始至國而后已是月天子乃以犬嘗麻先薦寢廟季秋行夏令則其國大水冬藏殃敗民多鼽窒行冬令則國多盜賊邊境不寧土地分裂行春令則煖風來至民氣解惰師旅並興九月官候其樹槐

六合

季春與季秋爲合季春大出季秋大內故九月失政三月春風不濟

春秋繁露

煖燠孰多篇

季秋九月陰乃始多於陽天乃於是時出漯下霜出漯下霜而天降物固已皆成矣故九月者天之功大究於是月也

大戴禮記

夏小正

九月內火內火也者大火大火也者心也遰鴻雁遰往也主夫出火主夫也者主以時縱火也陟元鳥蟄陟升也元鳥者燕也先言陟而後言蟄何也陟而後蟄也能羆貊貉鼬鼪則大若蟄而榮鞠鞠草也鞠榮而樹麥時之急也王始裘者何也衣裘之時也辰繫於日雀入於海爲蛤蓋有矣非常入也

後漢書

禮儀志

季秋之月祠星於城南壇心星廟

月令章句

入學習吹

季秋之月上丁入學習吹所以通氣也管簫笙竽塤篪皆以吹鳴者也

教田獵

季秋之月天子乃敎於田獵習五戎班馬政其出以順時取禽其禮將軍執晉鼓師率執提旅率執鼙以教坐作進退疾徐之節

說文

戌月

戌滅也九月陽氣微萬物畢成陽下入地也

晉書

樂志

九月之辰謂之戌戌者滅也謂時物皆衰滅也

九月之管名爲無射射者出也言時陽氣上升萬物收藏無復出也

梁元帝纂要

季秋

九月曰季秋亦曰暮秋末秋暮商季商杪商又曰元月

三禮義宗

寒露霜降

九月寒露爲節者九月之時露氣轉寒故謂之寒露節霜降爲中露變爲霜故以霜降爲中

齊民要術

九月事宜

九月治場圃塗囷倉修竇窖繕五兵習戰射以備寒凍窮厄之寇存問九族孤寡老病不能自存者分厚徹重以救其寒

隋書

禮儀志

後齊常以季秋皇帝講武於都外有司先萊野爲場爲二軍進止之節又別墠於北埸輿駕停觀遂命將簡士敎衆爲戰陣之法

農政全書

季秋事宜

栽種 椒 菊 茱萸 地黃 蠶豆 牡丹 水仙（宜九月初九日） 柿 蒜 萱草 芥菜 苡麥 罌粟 芍藥 諸般冬菜

分栽 櫻桃 楊 桃

移植 枇杷 橙 雜果木

收藏 栗 諸色豆稈 五穀種 油麻 甘蔗 梔子 紫蘇 木瓜 韭子 牛蒡子 菉豆 冬瓜子 茄種 茶子 枸杞 榧子 皂角 黃菊 槐子 蟹殼（治產後兒枕疼） 紫草子

雜事 掘薑出土 草包石榴橘栗葡萄 采菊 築牆圃 斫竹木 斫竿 收雜種

農事占候

九月初有雨多謂之秋水 中氣前後起西北風謂之霜降信有雨謂之濕信未風先雨謂之料信雨霜降前來信易過善後來信了信必嚴毒此信乾濕後信必如之諺云霜降了布衲著得言已有暴寒之色也

遵生八牋

九月事宜

孝經緯曰秋分後十五日斗指辛爲寒露謂露冷寒而將欲凝結矣後十五日斗指戌爲霜降氣肅露凝結而爲霜矣故云駟見而隕霜律無射射者出也言陽氣上升萬物收藏無復出也然隨陽而終當隨陰而起無終已也辰爲戌戌者滅也謂時物皆衰滅也夏小正曰九月納火大火心星也故九月授衣提要曰九月爲霜月菊月暮秋末秋暮商季商杪秋霜辰授衣

是月也天道南行作事出行俱宜向南吉不宜用戌日犯月建不吉

是月二十日宜齋戒沐浴其日雞鳴時沐浴令人辟兵二十一日取枸杞煎湯沐浴令人光澤不老二十八日宜沐浴

二十一日天倉開宜入山修道

千金月令曰宜進地黃湯其法取地黃洗淨以竹刀切薄曬乾用時火焙爲末篩細充湯服煎如茶法

四時纂曰取枸杞子浸酒飲令人耐老
聖惠方曰甘菊花曬乾三升入糯米一斗蒸熟菊花搜拌如常造酒法多用細麪麯候酒熟飲一小杯治頭風旋運等疾
雲笈七籤曰是月採白术蒸曝九次曬乾爲末日服三次不餓延年益壽
食療本草曰此月後宜食野鴨多年小熱瘡不愈食多即瘥
纂要曰是月宜合三勒漿過此月則不佳矣用訶梨勒批梨勒菴摩勒三味和核搗如麻豆大用三兩次用蜜一斗以新汲水二斗調均傾瓮中即下三勒熟攪密封三四日後開又攪之以乾淨布拭去汗候發定密封共三十日方成味甚美飲之消食下氣
本草曰採太乙餘糧久服不饑輕身耐寒暑
千金方曰是月內於戌地開坎深二三尺埋炭五斤土覆戌爲火之墓地以禳火災炭多可加
眞誥曰十六日宜拔白永不生

九月事忌

千金月令曰是月勿食脾季月土旺在脾也
雲笈七籤曰季秋節約生冷以防痢疾勿食新薑食之成痼疾勿食小蒜傷神損壽魂魄不安勿食蓼子勿以猪肝同飴食冬成嗽病經年不瘥勿食雉肉損人神氣勿多食雞令人魂魄不安九日勿起動牀蓆當修延算齋
又曰是月十八日忌遠行
月忌曰勿食犬肉傷人神氣勿食霜下瓜冬發翻胃勿食葵菜令食不消化
楊公忌曰二十七日不宜問疾

九月修養法

季秋之月草木零落衆物伏蟄氣清風暴爲朗無犯朗風節約生冷以防癘病二十八日陽炁未伏陰炁既衰宜進補養之藥以生氣卦剝剝落也陰道將旺陽道衰弱當固精斂神生氣在申坐臥宜向西南
孫眞人曰是月陽炁已衰陰炁太盛暴風時起切忌賊邪之風以傷孔隙勿冒風邪無恣醉飽宜減苦增甘補肝益腎助脾胃養元和

居家宜忌

食蟹

自霜降後方可食蟹蓋中膏內有腦骨勿食有毒

賞心樂事

九月

重九登城把萸　把菊亭采菊　蘇堤看芙蓉　珍林嘗時果　景全軒金橘　芙蓉池三色拒霜　杏花莊篘新酒

本草綱目

寒露

寒露日取井水宜浸造滋補五臟及痰火積聚蟲毒諸丹丸井煮釀藥酒與雪水同功

酌中志略

宮中九月

九月初四日宮眷內臣換穿羅衣重陽景菊花補子蟒衣

直隸志書各省風俗同者不載

豐潤縣

季秋月釀菊酒醃瓜果

永平府

季秋月朔占値寒露主寒溫不時値霜降主多雨及來年饑有風雨主來年春旱夏水麻貴若東風半日不止則米麥皆貴霜降官祭旗纛月內忌雷主穀貴虹主人災霜不下來年二月多陰寒

饒陽縣

寒露東風主三日內有雨南風主種麥難成西風主平安無事北風主米貴如珠霜降東風主來年紅南風主刀兵西風主有雪北風主人有災

延慶州

九月下旬里中彼此相邀飲謂之了場

山東志書

陽信縣

寒露九月節刈菽霜降九月中刈蕎

黃縣

九月霜降官祭旗於演武場較射行賞

山西志書

永和縣

九月十三日祭賽關聖帝君

陝西志書

商州

九月霜降有司祭旗纛火神

平涼府

九月饋糕或酒果禾大登六畜鳥獸大肥菊有華農晨夜穫隕場必空衣綿始縱畜醃冬菜蕣芥窖蘿葍菜根造裘氈襪惰農乃偷鮮食或始擊麥冬乃寒餓

江南志書

常熟縣

九月十三日爲小重陽宜晴

嘉定縣

九月十三日爲稻籮生日宜晴又云十三晴不如十四靈十四晴釘靴掛斷鼻頭繩

松江府

九月霜降而雲爲護霜雲

青浦縣

九月初造新酒名曰開青

高郵州

九月霜降上霜

池州府

九月銅陵爲龍燭會以迎官山神民間戲竹馬逐疫

貴池縣

各鄉大賽土神每年東鄉有案會西鄉有朝會皆以迎梁昭明爲主而諸神附之或演戲文設酒食以待親友與孝鄉則逢閏年爲朝會期於九十月間其不爲朝會者不一二姓

浙江志書

杭州府

霜降前一日迎旗將左右前中衛所各營兵編爲隊伍次第相承戈鋋矛戟弓矢劍盾籐牌狼筅鳥銃火炮之類揚於道上以肅軍威次日五鼓於旗纛廟祭旗炮聲振地動搖山岳

富陽縣

霜降前一日縣令命捕職查點民壯保甲揚兵大道民多往觀謂之迎霜降至日縣令詣演武場親閱操演較射以行賞罰

嘉興縣

九月藝麥豆栽桑築場子婦竭作亦謂之忙月

嘉善縣

九月朔日欲晴及重陽日晴主冬晴十三日晴易刈穫

烏程縣

九月二十八日爲華光菩薩誕辰城鄉之人俱往道場山燒香亦有移酒山遊者

歸安縣

九月霜降禾盡登

寧波府

九月在城各坊各與祠廟神像遊行街市導以兵仗綵亭金鼓雜劇各相競賽觀者塞路謂之社夥

常山縣

九月之望婦女修高禖之祀以郵孕城隍爲主

龍泉縣

九月初一日風雨芝麻貴其日有東風半日不止禾不收穀大貴其日值寒露霜降主饑荒月內多雨米貴柴缺其月上卯日風從北來米貴三倍應在來年三七月東風米大貴月內雷鳴穀米大貴俱應在來年是月行夏令大水傷田行冬令國多盜賊邊境有警

江西志書

瀘溪縣

九月初一至初九日凡北風則穀賤以日值月占之諺云重陽無雨一冬晴

上高縣

九十月間收穫已畢農家設辦祭品以祀神名曰秋社一以報土穀一以慶豐年

湖廣志書

茶陵州

五六九月逢福德諸神誕生市民大飾楮衣祀之扮演戲文名曰慶神會

寧遠縣

九月寒露後稍寒禾至是盡熟俗驗九月逢戊寅多雨大約秋三月嵐風瘴霧忌夜行晨出

四川志書

天全和夷

九月家釀新酒曰九月酒佳有菊者釀菊歌曰菊花照酒滿缸香

廣東志書

保昌縣

九月取金鷄藥搗去汁合兒茶毛茶爲香茶是月上日延先天師人建九皇會謂之朝皇九晝夜止齋戒沐浴至壇禁言笑有不潔者非死卽病往往暇昧事對神信誓吉凶如響

長樂縣

季秋之月蔗可嚼菊盛開

西寧縣

九月二十九日俗謂本縣城隍誕日陰陽官暨各鄉老各具牲醴詣廟朝賀設戲棚金鼓鬧神爲慶

廣西志書

隆安縣

九月霜始降菊初華萎枝蕃栗子落晚禾盡收

雲南志書

雲南府

九月朔日至九日禮北斗祈年

嵩明州

九月以牲醴祭先嗇略如祭先農之儀此卽古者報賽之禮

季秋部藝文一

上西門銘　後漢李尤

上西在季位月惟戌菊黃豹察號令嚴悉

無射九月啓　梁昭明太子

宿昔親朋平生益友不謂窮通有分雲雨將乖旣深伐木之聲更問採葵之詠屬以重陽變敘節景窮秋霜抱樹而摧柯風拂林而下葉金堤翠柳帶星采而均調紫寒蒼鴻追風光而結陣敬想足下秀標東箭價重南金才過吞鳥之聲德邁懷蛟之智但某衡門賤士甕牖微生旣無白馬之談且乏碧雞之辯歎分飛之有處嗟會面以無期聊申佈服之言用述倂糧之志

授衣賦 以霜風轉厲遊子未歸爲韻　唐周存

二儀斡化分四運環周大火中而退暑白露泫而成秋元鳥去巢望雲海以幽蟄旅雁違漠指煙江而遨遊農事云就婦功聿修感蟲鳴之促織念客恨之衣裘慮之云誰彼姝者子弄機杼以成績秉刀尺以循理揣其修短運纖手以俱營善乃規模敏惠心而獨揆爾其上下有序度量有常咸循故以取制豈崇異而違方隨貴賤以合則處元素而有章伊四人之所授必九月之降霜彼美衣工獻華服之楚楚彼都人士被狐裘之黃黃清霜旣降商飈亦厲哀草萎庭墜葉流砌氣蕭瑟以增冷天泬寥而澄霽雖人將入室知所以戒寒而時或無衣則何以卒歲是乃背豳風者無備違月令者有繼也若乃白日向昏愁雲四展歸鳥時聚斷蓬孤轉風生虛室之寒服念輕裘之善則晏平仲悔累年之未易桓將軍授新衣而不遺也爰有別江山之墅客遊他鄉而未歸驚歲序之云暮恨籌謀之尚違矧夫搖落秋聲淒切霜氣巡階除而不樂撫心曲而誰謂且士有知己而我獨無人皆授衣而我獨未因感時而增歎聊作歌以自慰歌曰秋霜落兮歲已終秋雁吟兮悲遠空短褐不完兮憂思充庭蕭蕭兮冷暮風

授衣賦 以霜降此時女工云就爲韻　李子卿

九月肅霜山靜風落天高氣涼蟋蟀入兮堂戶近鴻雁飛兮天路長欲備歲之無衣無褐始禦冬而載元載黃命婦女事爲公子裳若乃田畯入室居人在巷警殺氣之秋嚴切嚴霜其夜降物藏於時人感於是雖懷有稔而及節亦念無衣而在此績我絲麻具爾紈綺將備服之纁素豈徒事夫紅紫則知王者之德聖人之思禮法在矣古今以之事陳王業功當天時澤及周王之道歌得豳人之詩旣而滌場穹窒熏鼠乘其農閒以入室處爰邀載績之功始命縫裳之女摻摻柔腕札札鳴杼天寒夜靜旣閱西鄰之光月明更深齊度南軒之杵夫如是事合其制禮亦有序物嚮政方人知義所將前規不昧故斯事必衆賁爾績而卒歲是裳授余衣而窮冬可禦方今四隩旣宅九州攸同人悅物茂時和年豐男勤耕於稼穡女務績於蠶工雖悅當今之化亦猶行古之風於是彼其之子各稱其服此生之物咸得其羣念彼及此務稽勸分雖非後作抑有前云豈上帝之私我實下人之戴君客有聞而歌曰天之高兮無不覆君之大兮無不祐生人殖物旣庶且富爾在於時爾茅於晝霜始降兮女工就歲時窮兮寒衣授

授衣賦　李觀

窮秋之月寒露旣降陽精旣衰陰氣初壯川流清迴天宇寥曠觸物易悲幽懷難狀於時元鳥已逝白駒迅奔枯木盡落愁雲正昏於是輕裘公子長纓王孫隕如雨之涕驚離憂之魂絕朱炎之盛夏想冰紈之微溫匪一腋之克成賞千金而靡論則有征人之戍遊客遠道蕭條萬里葉下如埽輾轉百年志何能保纖絺未轍華髮先老責頹光之不駐歎涼吹之云早繫帛書於勁翮秣戰馬於征草蘭閨少婦瑤琴徐繫散涼風於幽幔流皓月於遙夕生不工於機杼意頗妙於刀尺忘其圍帶忖以疇昔靑泥密封紅牋淚滴庶因夢寐遂達行役則有如賢非賢烈心悢然茹菜郊墟被褐不全方覩飛礫振野遊氛翳天海上斷雁林間獨蟬使我踟躕不進捫心自憐忽遇翰林大夫揚眉奮鬚叱僕問曰幾年業儒衣不完縷體無肌膚豈不爲連蹇雖伏遁迴守株今欲邀之以同袍策之以並驅審將焉如僕謂曰道之未行節曷可渝請俟天命汝無我虞

霜降賦以霜降之日豺乃祭獸爲韻 崔損

天地之氣嚴凝爲霜候高秋於玉琯體正色於金方表肅殺而順時戒節協變化而開陰闔陽激清風而搯厲淨皓月而浮光驚鴻雁之嗷嗷落蒹葭之蒼蒼所以從地而升應律而降詠團扇而見託班姬豈恨於長門履堅冰以是階袁安欲驚於陋巷達重陰而首出啓沍寒以先期陰與律而相感寒與氣而相資百工由是休矣萬物於焉成之原夫日次於氐月窮於戌當青女以紀候從白露以受質洞庭之葉驚波豐山之鍾應律詩人可比庶欲徹於玉壺大國是資亦將慚於淩室凝於地也似和光以同塵凋於木也類去華而取實其進也則有俟於青霄其退也則見晞於旭日若乃林有擊隼野有祭豺翻繽紛之稾葉宿莽草之枯荄烈女覩之而壯志羈人對此而感懷皚皚其姿皎皎其彩既無惡於菅蒯亦何情於蘭茝佐昊天之有成參神功而不宰笳聲乍沸怨楊柳之衰劍鍔可封發芙蓉之厲乃國家順乾坤之德法天地之制布澤如春肅物成歲申其令以敦乎風俗宣其威以殄厥災沴服用有度修典禮而罔差稻熟可羞先寢廟而攸祭名籍籍於憲府法稜稜於司寇却炎蒸而克敘四節淒金石而率舞百獸客有惜歲星之屢遷傷志業而未就獨沈吟於軒屏望泬寥於宇宙聞萬戶之輕砧聽九重之末漏近瞻庭樹空聞槭槭而有聲緬想澗松誰惜青青而獨秀夫如是則可知霜降之候

授衣賦以霜降此時女工云就爲韻 張何

惟玫歲之弘典爰授衣於肅霜稽月令之前制得豳詩之首章夫其損益從時取其觀古人象元黃既績可以爲公子裳促機上之寒杼發桑間之懿筐零露既溥肅霜夕降聚於燎火無資於借人勸其功傭俾率於同巷爾其敎質素黜華靡翔葛屨之儉嗇笑麻衣之浮侈裂素之潔既無取於流黃我朱孔陽復何爲乎惡紫苟狸製之可識諒羔羊之在此且德惟稱服道在隨時惜光陰之暮矣恐絺綌之淒其會斯蠶績取彼狐狸既申之以雜佩又組之以素絲信物之美者惟君子宜之借如輕裘被服之客纖手縫裳之女晝蘋綺紈夜調砧杵微芳發素袖舉絲兮衣兮爰笑爰語莫不遵向晦以宴息樂盛陰之室處於戲聖實作則皇惟降衷禮章度數服制卑崇陋羔袖之非類愼鷸冠之不衷豈可褎然充耳不念女工俾僭亂以陵上興怨言於大東而已是以帶裳表儉黻衪昭文襲緇衣之改造追補袞之清芬故能宜象服集元纁將菲薄以爲寶豈浮奢之足云有守道固窮至圖未就卒歲無褐憂心如疚四時迭運竊獨悲此凜秋萬物有託予何爲乎巖岫空負悲哉之感徒爲咎矣之富儻有彈冠之期不忘綈袍之舊

季秋部藝文二詩詞

九月侍宴 齊蕭子良

月殿風轉層臺氣寒高雲斂色遙露已團式昭司礬言戾秋囿輕觴時薦落英可食

大同八年秋九月 梁簡文帝

大君重九節下蹔上林中酒闌嘉宴罷車騎各西東時余守西掖脂車歸北宮車分獨坐道扇拂冶城風落照灃中滿浮煙槐外通長樂含初紫安榴折晚紅

秋夕納凉奉和刑獄舅 江淹

蕭條晚秋景旻雲承景斜虛堂起靑靄崦嵫生暮霞空居寂以欷左右自幽歌騎星謝辰箕一作尾灌髮慚陽阿年歌元圃璧歲減天津波金箭哀夜長瑤琴怨暮多四時逼信黯春風日夜過楚水徒有蘭憂至竟如何

暮秋答朱記室 何遜

游揚日色淺騷屑風音勁寒潭見底清風色極天淨寸陰坐銷鑠千里長遼迥桃李爾繁華松柏余本性故心不存此高文徒可詠

九月酌菊酒 劉孝威

露花疑始摘羅衣似適薰餘杯度不取欲持嬌使君

和司徒鎧曹陽辟疆秋晚 北齊蕭愨

葉疎知樹落香盡覺荷衰山數良多思田園聊復歸

晚秋 北周庾信

淒清臨晚景疎索望寒階濕庭凝墜露摶風卷落槐日氣斜還冷雲峰晚更霾可憐數行雁點點遠空排

聘齊秋晚館中飲酒 前人

欣茲河朔飮對此洛陽才殘秋欲屏扇餘菊尚浮盃

漳流鳴二水日色下三臺無因侍淸夜同此月徘徊

暮秋野興賦得傾壺酒　前人

劉伶正捉酒中散欲彈琴但使逢秋菊何須就竹林

季秋觀海　隋煬帝

孟軻敘遊聖枚乘說瘉疾逖聽乃前聞臨深驗茲日浮天迥無岸含靈固非一委輸百谷歸朝宗萬川溢分城空一作碧霧晴連洲彩雲密欣同夫子觀深愧元虛筆

山閣晚秋　唐太宗

山亭秋色滿巖牖涼風度疎蘭尚染煙殘菊猶承露古石衣新苔新巢封古樹歷覽情無極咫尺輪光暮

秋暮言志　同前

朝光浮燒野霜華淨碧空結浪冰初鏡在逕菊方叢約嶺煙深翠分旗霞散紅抽思滋泉側飛想傅巖中已獲千箱慶何以繼薰風

九月十八賜百寮追賞因書所懷　德宗

雨霽霜氣肅天高雲日明繁林已墜葉寒菊仍舒榮懿此秋節時更延追賞情池臺列廣宴絲竹傳新聲至樂非外奬浹歡同中誠庶敦朝野意未使風化淸

暮秋山行　岑參

疲馬臥長坂夕陽下通津山風吹空林颯颯如有人蒼旻霽涼雨石路無飛塵千念集暮節萬籟悲蕭辰鶗鴂昨夜鳴蕙草色已陳況在遠行客自然多苦辛

暮秋會嚴京兆後廳竹齋　前人

京兆小齋寬公庭半藥闌甌香茶色嫩牕冷竹聲乾盛德中朝貴淸風畫省寒能將吏部鏡照取寸心看

遣懷　杜甫

愁眼看霜露寒城菊自花天風隨斷柳客淚墮淸笳水淨樓陰直山昏塞日斜夜來歸鳥盡啼殺後栖鴉

大曆二年九月三十日　前人

爲客無時了悲秋向夕終瘴餘夔子國霜薄楚王宮草敵虛嵐翠花禁冷葉紅年年小搖落不與故園同

秋盡　前人

秋盡東行且未迴茅齋寄在少城隈籬邊老却陶潛菊江上徒逢袁紹杯雪嶺獨看西日落劍門猶阻北人來不辭萬里長爲客懷抱何時得好開

季秋蘇五弟纓江樓夜宴崔十三評事韋少府姪三首　前人

峽險江驚急樓高月迥明一時今夕會萬里故鄉情星落黃姑渚秋辭白帝城老人因酒病堅坐看君傾

明月生長好浮雲薄漸遮悠悠照邊塞悄悄憶京華淸動杯中物高隨海上査不眠瞻白兔百過落烏紗

對月那無酒登樓況有江聽歌驚白鬢笑舞拓秋窗尊蟻添相續沙鷗並一雙盡憐君醉倒更覺片心降

暮秋揚子江寄孟浩然　劉眘虛

木葉紛紛下東南日煙霜林山相晚暮天海空靑蒼暝色況復久秋聲亦何長孤舟兼微月獨夜仍越鄉寒笛對京口故人在襄陽咏思勞今夕江漢遙相望

途次維揚望京口寄白下諸公　蔣渙

北望情何限南行路轉深晚帆低荻葉寒日下楓林雲白蘭陵渚煙靑建業岑江天秋向盡無處不傷心

九月　范燈

憶長安九月時登高望見昆池上苑初開露菊芳林正獻霜梨更想千門萬戶月明砧杵參差

季秋　劉蕃

江南季秋天栗實大如拳楓葉紅霞舉蒼蘆白浪穿

九月十日郡樓獨酌　羊士諤

掾吏當授衣郡中稀物役嘉辰悵已失殘菊誰爲惜檯軒一尊泛天景洞虛碧暮節獨賞心寒江鳴湍石歸期北州里舊交東山客飄蕩海雲深相思桂花白

九月十日卽事　陳羽

漢江天外東流去巴塞連山萬里秋節過重陽人病起一枝殘菊不勝愁

楚宮行　張籍

章華宮中九月時桂花半落紅橘垂江頭騎火照輦道君王夜從雲夢歸霓旌鳳蓋到雙闕臺上重重歌吹發千門萬戶開相當燭籠左右列成行下輦更衣入洞房洞房侍女盡焚香玉階羅幕微有霜齊言此夕樂未央玉酒湛湛盈華觴絲竹次第鳴中堂巴姬起舞向君王迴身垂手結明璫願君千年萬年壽朝出射麋夜飲酒

晚秋　元稹

竹露滴寒聲離人曉思驚酒醒秋簟冷風急夏衣輕寢倦解幽夢慮閒添遠情誰憐獨攲枕斜月透窗明

賦得九月盡　前人

霜降三旬後蓂餘一葉秋元陰迎落日涼魄盡殘鉤半夜灰移琯明朝帝御裘潘安過今夕休詠賦中愁

晚秋閒居　白居易

地僻門深少送迎披衣閒坐養幽情秋庭不掃攜藤杖閒踏梧桐黃葉行

九月八日酬皇甫十見贈　前人

君方對酒綴詩章我正持齋坐道場處處追遊雖不去時時吟詠亦無妨霜蓬舊鬢三分白露菊新花一半黃惆悵東籬不同醉陶家明日是重陽

晚秋江上作　張祜

萬里窮秋客蕭條對落暉煙霞山鳥散風雨廟神歸地遠蛩聲切天長鴈影稀那堪正砧杵幽思想寒衣

秋晚懷茅山石涵村舍　杜牧

十畝山田近石涵村居風俗舊曾諳簾前白艾驚春燕籬上青桑待晚蠶雲暖採茶來嶺北月明沽酒過溪南陵陽秋盡多歸思紅樹蕭蕭覆碧潭

夜雨　前人

九月三十日雨聲如別秋無端滿堦葉共白幾人頭點滴侵寒夢蕭騷著淡愁漁歌聽不唱蓑濕棹廻舟

長安晚秋　趙嘏

雲物凄涼拂曙流漢家宮樹動高秋殘星幾點鴈橫塞長笛一聲人倚樓紫艷半開籬菊靜紅衣落盡渚蓮愁鱸魚正美不歸去空戴南冠學楚囚

十日菊　鄭谷

節去蜂愁蝶不知曉庭還繞折殘枝自緣今日人心別未必秋香一夜衰

晚秋同何秀才谿上　伍喬

閒步秋光思杳然荷藜因共過林煙期收野藥尋幽路欲采谿菱上小船雲吐曉陰藏霽岫柳含餘靄咽殘蟬倒尊盡日忘歸處山磬數聲敲暝天

杪秋夕吟懷寄宋維先輩　李中

江島窮秋木葉稀月高何處搗寒衣苦嗟不見登龍客此夜悠悠一夢飛

九月三十夜雨　徐鉉

獨聽空堦雨方知秋事悲寂寥旬暇日蕭颯夜長時別念紛紛起寒更故故遲情人如不醉定是兩相思

秋殘　翁宏

又是秋殘也無聊意若何客程江外遠歸思夜深多峴首飛黃葉湘湄走白波仍聞漢都護今歲合休戈

晚秋寄賈島　釋無可

暗蛩生暮色默思坐秋林聽雨寒更盡開門落葉深昔因京邑病併起洞庭心亦是吾兄事遲回直至今

九月十五日夜宿鄭尚書綱東亭望月寄杜給事　廣宣

霜天晴夜宿東齋松竹交陰惬素懷迴出風塵心得地可憐三五月當階清光滿院恩情見寒色臨門笑語諧霄漢路殊從道合往來人事不相乖

十日宴江瀆亭　宋宋祁

節去歡猶在賓來賞更延悠揚初短日淒緊乍寒天霽沼元非漲秋花自少妍蟻醅新獻酎蕙續不殘煙戲艑衝餘藻遊龜避折蓮流芳眞可惜從此遂凋年

秋晚凝翠亭　歐陽修

黃葉落空城青山繞官廨風雲淒已高歲月驚何邁陂田寒未收野水淺生派晴林紫榴折霜日紅梨曬蕭疎喜竹勁寂寞傷蘭敗叢菊如有情幽芳慰孤介嘉客日可攜寒醅美新醡登臨無厭頻冰雪行即届

九月十五日夜北樓望太湖　梅堯臣

東吳臨海若看月上青冥河漢微分練星辰淡布螢細煙沉遠水重露裛空庭孤坐饒淸興唯將影對形

九月二十八日題牡丹　前人

香苞已向青春發又見秋深特地開應笑菊殘無意思不能邀賦洛陽才

秋暮西軒　邵雍

遶欄種菊一齊芳戶牖軒窻總是香得意不能無興詠樂時况復遇豐穰深秋景物隨宜好向老筋骸麤且康飲罷何妨更登眺爛霞堆裏有斜陽

秋懷　前人

九月氣乍肅衰柳猶有蟬霜外疎鐘斷風餘淸籟傳千山亂遠月一鴈摩高天自非出世人而敢危行言

秋日飲後晚歸　前人

水竹園林秋更好忍把芳樽容易倒重陽已過菊方開多情不學年光老雲陰不動柳條低風遞輕寒梧葉槁無涯逸興不可收馬蹄漫踏天街草

暮秋江上送端州朱使君詩以中餞　祖無擇

奕葉清芬遠朱君素履恢人皆推世德我亦愛卿材新命一麾守長途萬里來畫船江雨暗紅旆海風開服嶺先聲浹編甿美化該此行眞邂逅幾日共沿洄去矣瞻仙棹依然對酒杯前程如見憶爲寄早春梅

九月二十一日微雪懷子由弟　蘇軾

岐陽九月天微雪已作蕭條歲暮心短日送寒砧杵急冷官無事屋廬深愁腸別後能消酒白髮秋來已上簪近買貂裘堪出塞忽思乘傳問西琛

九月二十二日西館雨中　孔武仲

西館蕭然擁蔽裘渾無桃李似潘侯路多綠竹遮闌雨池有殘荷掩映秋蠻獠謳歌逢樂歲江湖風景憶扁舟衣冠到底爲身累祇奉逍遙寄一丘

九月二十三日天氣始寒　唐庚

朝來怪底冷前此已重陽漸逼袴襦節稍聞灰火香煙嵐向冬淨橘柚得霜黃嶺表雖多暑天時亦有常

晚秋即事　李彌遜

霜樹今無一葉留日邊雲暗使人愁獨憐揚子灣頭岸猶有黃花戀晚秋

九月五日晴緩步後園　范成大

海氣烘晴入斷霞半空雲影界山斜輕羅小扇游蜂畔只比東風有菊花

九月二十八日湖上檢校籬落　前人

村北村南打稻聲荒園殘菊亦嬉晴菊邊更覺朝陽好松下偏聞晚吹清一歲無非吾樂事千金不博此閒行週遭踏遍芙蓉岸足痺腰頑栩栩輕

九月初郊行　陸游

九月吳中尚袷衣江郊策馬踏斜暉蓼花浸漫連山路豆莢離離映板扉蒼兔避鷹投磵去黃鶴脫網傍人飛農家光景關心事不爲無才也合歸

九月二十五日早起待旦　前人

堪笑枯腸漸畏茶夜闌坐起聽城笳爐溫自撥深培火燈暗猶垂半結花斷夢不妨尋枕上孤愁還似客天涯掃塵拾得殘詩藁滿紙風鴉字半斜

九月晦日作二首　前人

菊枝傾倒不成叢桐葉凋零已半空自是老來多感慨不須蕭瑟爲秋風

炊煙漠漠衡門寂寒日昏昏倦易還數樹丹楓映蒼檜天工解作范寬山

秋晚　前人

新築場如鏡面平家家歡喜賀秋成老來懶惰慚丁壯美睡中聞打稻聲

九月初四日分得然字　徐璣

去載羇旅身千里望羣賢今夕良燕會況乃佳節前涼風日已多歲序日已遷春時種叢菊秋花滿籬邊採之不盈把泛彼清清泉行樂不易得貧賤焉可捐惟當從爾遊吟哦思陶然

秋晚即事　高翥

江頭楓葉舞低回催得濃雲頃刻開萬里碧天紅日晚數聲新鴈送寒來

漁浦晚秋旅懷　眞桂芳

西風吹夢越中遊剪剪輕寒入短裘鴈字不將鄉信寫蛩聲空和旅吟愁郵亭冷雨孤燈夜漁市斜陽一笛秋是處山川即吾土仲宣何用怯登樓

回文詩二首　金宇文虛中

短葦低殘雨虛舟帶晚橋斷鴻歸暗浦疎葉墮寒梢

慼慼蛩吟苦茫茫水驛孤日銜山色暮霜帶菊叢枯

辛未九月二十一日雪　王琢

幾日西郊霧連宵北牖風菊花猶泛酒雪片忽填空草樹秋容濕河關曉氣濛聽初疑落葉仰不辨高鴻爛漫三冬意憑凌百國功披裘赴雞黍埽徑惜籬叢豈料元英巧來爭白帝雄剪裁渾草草飛舞太怱怱祇作干時令非關兆歲豐冬雷怪相似春雹冷應同安得蛟龍蟄何由翳靄通日華升赤壁天色湛青銅尚有登臨興寧無賦詠工煙霞狂嘯傲一發醉顏紅

九月三日晚與鄭元秉對坐至日暮小雨後歸宿偶成　元岑安卿

歸人歸未得天際復生陰小雨濕官道清砧傷客心蕭肥蘭蕙瘦雀語鳳鸞瘖坐對滎陽老空懷正始音

九月一日紀事　周伯琦

九月灤陽道寒煙暗遠坰有山皆積雪無水不成冰獵犬高於鹿鳴鴉大似鷹欲爲風土記問俗果誰憑

九月一日清溪道中二首　曹文晦

老樹依沙岸柴門上下鄰斷橋歸郭路細雨過溪人白鷺雙飛去黃花數點新惜無遺世客聯句坐苔茵

微月懸孤榻殘雲過斷塍松風林外笛茅屋水邊燈久坐忘爲客清吟未得朋沙頭有饑鶻昏暝亦飛騰

秋暮會楊仲章　金涓

矮褐淒涼淹別館故人一見話綢繆溪頭水落魚龍夜塞北雲深鼓角秋爛醉豈知猶是酒相逢誰謂不封侯江湖明日重分手滿眼西風獨倚樓

秋思　明揭軌

綺窗紅燭淡秋光鳳帳流蘇減夕香機杼隔花聞翠戶轆轤臨水凍銀牀秋風紫塞書千里夜月清砧淚數行望斷金鞍秋又杪芙蓉零落玉池霜

秋暮旋自西村道經衛河　周世選

野望平蕪秋色闌疎雲斜照鴈南天臨風楊柳流霜葉夾岸村墟起暮煙漁唱寒汀孤棹迴笛聲哀草幾人旋籃輿遠道催歸思籬菊噴香正爛然

院中九月桃花　汪道昆

孤亭依桂樹九月見桃花白眼驚春事紅顏逼歲華香凝蟬外露色借霧邊霞避世甘浮海尋源好問家

高秋　汪道會

高秋寒氣苦憭慄易霑裳獨往不成適端居忽若忘

霜澗楓葉赤露裛菊花黃回漾天南雁飛鳴尚一行

暮秋遊眺　岳岱

千里秋風雙眺目孤懷落日共悠然村居繚繞寒原外人鳥縱橫夕逕前山寺紫煙盤曲礎石梁黃葉擁流泉北因病肺時行藥物色幽鮮一可憐

季秋赤城衙齋晚眺　陳如京

北望仙山一帶斜千巖分映赤城霞山隈隱處茅茨出村逕低回薜荔遮桐樹早凋風似雨楓林晚醉葉疑花坐來不覺煙光暝回首西峯散暮鴉

晚秋雜興三首　陳子龍

江關海嶠接天流玉露商飈萬里愁九月星河人出塞一城砧杵客登樓荒原返照黃雲暮絕壁迴風錦樹秋極望蒼蒼寒色遠數聲清角滿神州

太行東出擁神京古塞秋風右北平笙鶴已辭滄海使貂蟬初撤羽林兵清霜玉冶芙蓉苑旭日金鋪翡翠城魚鑰時傳宣召急侍臣通籍在承明

玉泉西去翠微宮碧瓦丹樓極望中連騎每從三市出題名時在五陵東金莖夜飲仙人露銀漢秋高少女風迴首欲陳閶闔迥昇平今已屬群公

暮秋　媛馬閒卿

野色滿園中閒情立晚風菊花含雨艷楓葉醉霜紅

謁金門　前蜀牛希濟

秋已暮重疊關山岐路嘶馬搖鞭何處去曉禽霜滿樹　夢斷禁城鐘鼓淚滴枕檀無數一點凝紅和薄霧翠蛾愁不語

滿庭芳 重陽後次元直　宋舒亶

寒日穿簾澄江浸檻繡光浮動餘霞蓼汀蘆渚黃葉襯孤花天外征帆隱隱殘雲共流水無涯登臨處瓊枝激灩風帽醉敧斜　豐年時節好玉香田舍酒滿漁家算浮世勞生事事輸他便恁從今酩酊休更問白雪籠紗還須仗神仙妙手傳向畫圖誇

水龍吟　呂渭老

年年九月西湖繡船纔日笙簫擁五雲深處紅簾一桁語鶯歌鳳羣玉峰頭影娥池畔煙霞飛動認蓬瀛仙子雲程路遠貪人世瑤池夢　要看黃塵青海戲眞珠麻姑清縱曲門自有菊金芳砌月筵浮棟子著宮桃舞翻官柳霞杯纖捧待明年更把西風妙曲按成新弄

水調歌頭 九月望日與客習射西園　葉夢得

霜降碧天靜秋事促西風寒聲隱地初聽中夜入梧桐起瞰高城回望寥落關河千里一醉與君同疊鼓鬧清曉飛騎引雕弓　歲將晚客爭笑問衰翁平生豪氣安在走馬爲誰雄何似當筵虎士揮手弦聲響處雙雁落遙空老矣眞堪愧回首望雲中

驀山溪 暮秋賞梨花　曾覿

凋紅減翠正是清秋杪深院孀香風看梨花一枝開早瓏璁映面依約認嬌顰天澹澹月溶溶春意知多少　清明池館芳信年年好更向五侯家把江梅風光占了休教寂寞辜負向人心檀板響寶杯傾潘鬢從他老

滿庭芳 臨安晚秋登臨　程垓

南月驚烏西風破雁又是秋滿平湖採蓮人盡寒色戰菰蒲舊信江南好景一萬里輕覓蓴鱸誰知道吳儂未識蜀客已情孤　憑高增悵望湘雲盡處都是平蕪問故鄉何日重見吾廬縱有荷紉芰製終不似菊短籬疏歸情遠三更雨夢依舊遶庭梧

朝中措 九月末木仙開　王炎

薔薇露染玉香肌欲試縷金衣一種出塵丰度偏宜月伴風隨　初疑邂逅湘妃洛女似是還非只恐乘雲輕舉翩然飛度瑤池

謁金門　黃機

秋向晚秋晚蕙根猶暖碧染羅裙湘水淺羞紅微到臉　窣窣繡簾圍徧月薄霜明亭院粧罷寶奩慵不捲無風香自滿

好事近　葛長庚

何事雁來遲獨步秋園默默莫恨桂花開盡有菊花堪惜　回頭顧影背斜陽聽西風蕭瑟無限詩情酒思那早梅知得

瑞鶴仙 秋歸　前人

殘蟾明曉照政一番霜訊四山秋老孤村帶清曉有鳴鞭歸騎亂林啼鳥青帘縹緲嫩行時持杯自笑甚年來破帽彫喪慣得淡烟芳草　多少客愁羈思雨泊風餐水邊雲杪西風正好疎竹外粉牆下念歸期相近夢魂無奈不爲輕羅寒峭怕無人料理黃花等閒過了

蝶戀花題九月海棠　明仁宗

煙抹霜林秋欲困吹破臙脂便覺西風潤翠袖怯寒
愁一寸誰家庭院黃昏信　明月修容生遠恨旋摘
餘嬌簪滿佳人髻醉倚小闌花影近不應先有春風
分

季秋部選句

晉子夜歌適憶三陽初今已九秋暮
左思蜀都賦大火流涼風厲白露凝微霜結
宋鮑照秋晴賦是月也聲暑合朝野分筵收耀虹戢
文炎都塞埃旻寓滌氛曳悲泉之凝露轉絕垠之嚴
雲又白紵曲窮秋九月荷葉黃北風驅雁天雨霜又
詩木落江渡寒雁還風送秋
謝靈運詩杪秋臨遠山山遠行不近
齊王儉詩寥寥清景藹藹微霜草木搖落幽蘭獨芳
卞伯玉齋賦終風掃於暮節霜露交於杪秋
梁簡文帝詩玉署清餘熱金城含暮秋
江淹別賦珠與玉兮艷暮秋
庾肩吾詩早花少餘雪春寒及晚秋
何遜詩凜凜窮秋暮初寒入洲渚
北周王褒詩苑寒梨樹紫山秋菊葉黃
庾信詩蒼茫望落景羈旅對窮秋
隋煬帝詩風亭芳樹迎早夏長皐麥隴送餘秋
唐李適詩鳳輦乘朝霽鶴林對晚秋

陳子昂詩復此窮秋日芳樽別故人
沈佺期詩郊筵乘落景亭傳理殘秋
陰行先詩山堂紅葉下岸菊紫花開
王維詩雲山新雨後天氣晚來秋
孟浩然詩去國似如昨倏然驚杪秋
李嘉祐詩朝霞映日同歸處暝柳搖風欲別秋
錢起詩黛葉輕筠綠金花笑菊秋又門閒謝病日心
醉授衣秋
皇甫冉詩洛下聞新雁江東想暮秋
韓愈詩窮秋感平分新月憐半破
柳宗元詩杪秋霜露重晨起行幽谷
白居易詩殘暑蟬催盡窮秋雁送來又江南九月未
搖落柳青蒲綠稻穟香
李紳詩俱是海天黃葉信兩逢霜節菊花秋
朱慶餘詩山深松翠冷潭靜菊花秋
李遠詩客思偏來夜蟬聲覺送秋
杜牧詩一夜風欺竹連江雨送秋
許渾詩青桂一枝年少事莫因鱸鱠涉窮秋
趙嘏詩坐見一方金變化獨吟紅葉對殘秋
薛能詩清晨起閒院疏雨似深秋
李咸用詩晚雨霏微思杪秋
黃滔詩樹色川光入暮秋
李中詩千里夢魂迷舊業一城砧杵搗殘秋又影疎
當夕照花亂正深秋
宋蘇軾詩且放幽蘭春莫爭霜菊秋
秦觀詩莫誇春色欺秋色未信桃花勝菊花
朱熹詩風高木落晚秋時

金元好問詩荷經凍雨綠全枯葦到窮秋影亦疎
元曹伯啓詩菊花不識秋光老獨向桑陰密處開
葉顒詩黃花有恨驚秋老
明蔣山卿詩歲熟村多釀秋深菊始華

欽定古今圖書集成曆象彙編歲功典

第七十五卷目錄

季秋部紀事
季秋部雜錄
季秋部外編

歲功典第七十五卷

季秋部紀事

帝王世紀扶始以季秋下旬夢白帝遺鳥喙子旦而升丘見白虎其上有雲感已而生皐陶於曲阜

史記周本紀有聖瑞疏季秋之月甲子赤爵銜丹書入於酆止於昌戶其書云敬勝怠者吉怠勝敬者滅義勝欲者從欲勝義者凶凡事不強則不枉不敬則不正枉者廢滅敬者萬世以仁得之以仁守之其量百世以不仁得之以仁守之其量十世以不仁得之不仁守之不及其世此蓋聖瑞

尚書中候周文王爲西伯季秋之月甲子赤雀銜丹書入酆部止於昌戶乃拜稽首受取

詩經豳風七月章九月授衣朱注九月霜降始寒而蠶績之功亦成故授人以衣使禦寒也

九月叔苴采荼薪樗食我農夫正義叔苴拾取麻實以供食也荼以爲菜樗以爲薪

九月築場圃朱注場圃同地物生之時則耕治以爲圃而種菜茹物成之際則築堅之以爲場而納禾稼

周禮天官司裘季秋獻功裘以待頒賜訂義鄭康成曰功裘人功微麤謂狐青麛裘之屬鄭鍔曰詩之七月言一之日于貉取彼狐狸爲公子裘此乃獻於季秋之月者蓋九月授衣之候寒氣將至隕霜而裘可具王者襲重裘則思臣下之寒故使先獻於授衣之時待時至則頒之

夏官司爟季春出火民咸從之季秋內火民亦如之訂義鄭鍔曰東方七宿心爲大火出於夏之三月其位在辰伏於夏之九月其位在戌戌爲火伏之位辰爲火出之方古之火正或食於味以出內火其或出或內皆視天之大火伏見以爲節薛氏曰火之象在天既有伏見之時火之用在人亦有出內之節傳曰火見於辰故辰至巳其方爲火所王當是時雖烈山焚萊不禁也何則因其王而出之以宣其氣耳傳曰火伏於戌自戌至亥其方爲火所休當是時雖鑠金燒雉不爲也何則因其休而內之以息其氣耳或者徒泥於出內之文謂火者民事之大者也季春則出之始用季秋則內而不用不幾於廢民事乎且出火於季春非謂季春之時始用火也出其新火而導達乎陽之氣也內火於季秋非謂季秋之時而不用火也內其舊火而順適其陰之氣也司爟所謂四時變其出內之火宮正所謂春秋脩火禁者脩其出內之禁尚何季春始用而季秋不用乎昔子產鑄刑書士文伯曰火未出而作火以鑄刑器藏爭辟焉是不知先王納火之制也單襄公假道於陳火朝覿矣道茀而不可行是不知先王出火之制也

左傳襄公十七年十一月宋皇國父爲平公築臺妨農功子罕請俟農畢公弗許築者謳曰澤門之皙實興我役邑中之黔實慰我心杜預注周十一月今九月也今版築役大歇以應杵本此

漢官儀辟雍去明堂三百步車駕幸辟雍從北門入九月於中行鄉射禮

漢書文帝本紀二年九月初與郡守爲銅虎符竹使符注應劭曰銅虎符第一至第五國家當發兵遣使者至郡合符符合乃聽受之竹使符皆以竹箭五枚長五寸鐫刻篆書第一至第五師古曰與郡守爲符者謂各分其半右留京師左以與之

二年九月詔曰農天下之大本也民所恃以生也而民或不務本而事末故生不遂朕憂其然故今茲親率羣臣農以勸之其賜天下民今年田租之半

十五年九月詔諸侯王公卿郡守舉賢良能直言極諫者上親策之傅納以言注傅讀曰敷敷陳其言而納用之

十六年秋九月得玉杯刻曰人主延壽令天下大酺

武帝本紀元鼎二年九月詔曰仁不異遠義不辭難今京師雖未爲豐年山林池澤之饒與民共之今水潦移於江南迫降冬至朕懼其饑寒不活江南之地火耕水耨方下巴蜀之粟致之江陵遣博士中等分循行諭告所抵無令重困吏民有振救饑民免其戹者具舉以聞

漢書刑法志宣帝選于定國爲廷尉求明察寬恕黃霸等以爲廷平季秋後請讞時上常幸宣室齋居而決事獄刑號爲平矣

宣帝本紀地節四年九月詔曰朕惟百姓失職不贍

遣使者循行郡國問民所疾苦吏或營私煩擾不顧厥咎朕甚閔之今年郡國頗被水災已賑貸鹽民之食而賈咸貴衆庶重困其減天下鹽賈又曰令甲死者不可生刑者不可息今繫者或以掠辜若饑寒瘐死獄中何用心逆人道也朕甚痛之其令郡國歲上繫囚以掠笞若瘐死者所坐名縣爵里丞相御史課殿最以聞

拾遺記漢宣帝五鳳二年於淋池之南起桂臺以望遠氣帝常以季秋之月泛蘅蘭雲鷁之舟窮晷係夜釣於臺下以香金爲鉤縞絲爲綸丹鯉爲餌釣得白蛟長三丈若大蛇無鱗甲命太官爲鮓肉紫骨青味甚香美班賜羣臣

漢書成帝本紀陽朔二年九月詔曰儒林之官四海淵原宜皆明於古今溫故知新通達國體故謂之博士否則學者無述焉爲下所輕非所以尊道德也丞相御史其與中二千石二千石雜舉可充博士位者使卓然可觀

後漢書光武本紀建武十三年九月日南徼外獻白雉白兔

建武十九年九月幸南陽進幸汝南南頓縣舍置酒會賜吏人復南頓田租歲

章帝本紀建初七年九月甲戌幸偃師東涉卷津至河內下詔曰車駕行秋稼觀收穫因涉郡界皆精騎輕行無他輜重不得輒修橋道遠離城郭遣吏逢迎刺探起居出入前後以爲煩擾動務省約但患不能脫粟瓢飲耳所過欲令貧弱有利無違詔書遂覽淇園己酉進幸鄴勞饗魏郡守令已下至於三老門闌走卒賜錢各有差勞賜常山趙國吏人復元氏租賦三歲

異苑漢興平元年九月桑再椹時劉元德軍小沛年荒穀貴士衆皆饑仰以爲糧

魏志建安十八年九月作金虎臺鑿渠引漳水入白溝以通河

晉書武帝本紀泰始三年九月甲申詔曰古者以德詔爵以庸制祿雖下下猶食上農外足以奉公忘私內足以養親施惠今在位者祿不代耕非所以崇化之本也其議增吏俸賜王公以下帛各有差

泰始六年九月大宛獻汗血馬

禮志穆帝納后欲用九月九月是忌月范汪問王彪之答云禮無忌月不敢以所不見便謂無之博士曹耽荀訥等並謂無忌月之文不應有妨王洽曰若有忌月當復有忌歲

宋書文帝本紀元嘉二十三年九月己卯車駕幸國子學策試諸生答問凡五十九人

孝武帝本紀大明七年九月乙卯詔曰近炎精亢序苗稼多傷今二麥未晚甘澤頻降可下東境郡勤課墾殖尤弊之家量貸麥種

南史陳宣帝本紀太建七年九月甘露頻降樂遊苑丁未輿駕幸苑採甘露宴羣臣詔於苑龍舟山立甘露亭

魏書靈徵志太宗泰常七年九月溫泉出於涿鹿人有風寒之疾入者多愈

水經注虎圈東魏太平眞君五年城之以牢虎也季秋之月親御圈上敕虎士效力於其下事同奔戎生制猛獸卽詩所謂袒裼暴虎獻于公所也故魏有退虎圖

魏書靈徵志高祖承明元年九月幽州民齊淵家杜樹結實既成一朝盡落花葉復生七日之中蔚如春狀

太和二年九月鼎出於洛州滍水送於京師王者不極滋味則神鼎出也

宋瓊傳瓊少以孝行稱母曾病季秋之月思瓜不已瓊夢想見之求而遂獲時人稱異

洛陽伽藍記綏民里東崇義里有京兆人杜子休宅地形顯敞門臨御道時有隱士趙逸云是晉武時人晉朝舊事多所記錄見子休宅歎息曰此宅中朝時太康寺也龍驤將軍王濬平吳之後始立寺本有三層浮圖用甎爲之指子休園中曰此是故處子休掘而驗之果得甎數十萬兼有石銘云晉太康六年歲次乙巳九月甲戌朔八日辛巳儀同三司襄陽侯王濬敬造

隋書高祖本紀開皇三年九月壬子幸城東觀稼穀

唐書選舉志四門學生補太學太學生補國子學每歲九月有授衣假

舊唐書禮儀志季秋祀五方天上帝於明堂元帝配牲用蒼犢二五人帝五官並從祀用方犢十

唐書食貨志凡新附之戶秋以九月課役皆免

唐會要武德元年九月二十二日高祖詔置常平監官以均天下之貨

老學庵筆記唐高祖實錄武德二年正月甲子下詔曰釋典微妙淨業始於慈悲道教沖虛至德去其殘

暴兇乎四時之禁毋伐麛卵三驅之禮不取順從蓋欲敦崇仁惠蕃衍庶物立政經邦咸率斯道朕祗膺靈命撫遂羣生言念亭育無忘鑒寐殷帝去網庶踵前修齊王捨牛實符本志自今每年正月五月九月十直日竝不得行刑所在公私宜斷屠殺此三長月斷屠殺之始也

唐會要高祖武德七年九月十七日給事中歐陽詢奉敕撰藝文類聚成上之

通鑑武德八年九月癸卯初令太府檢校諸權量

唐會要武德九年九月太宗卽位於弘文殿聚四部羣書二十餘萬卷於殿側置弘文館選天下賢良文學之士虞世南褚亮姚思廉歐陽詢蔡允恭蕭德言等以本官兼學士令更宿直聽朝之隙引入內殿講論文藝商榷政事或至夜分方罷貞觀初令褚遂良檢校館務號館主因爲故事其後有張太素劉禕之范履冰相次爲館主

唐書太宗本紀貞觀二年九月壬子以有年賜酺三日

舊唐書太宗本紀貞觀二年九月丙午詔內外文武羣官年高致仕抗表去職者參朝之日宜在六品見任之上

玉海貞觀三年九月癸丑十六日諸州置醫學御製廣濟廣利等方書

唐書太宗本紀貞觀四年九月壬午禁芻牧於古明君賢臣烈士之墓者

唐會要貞觀六年九月二十九日幸慶善宮宴從臣於渭濱其宮卽太宗降誕之所上賦詩十韻賞賜閭里有同漢之豐沛焉於是起居郎呂才播於樂府名曰功成慶善樂

唐書太宗本紀貞觀七年九月縱囚來歸皆赦之

唐會要貞觀十四年九月二十四日平高昌於西州置安西都護府治交河城

玉海貞觀十七年九月紫芝生於太廟寢室二十四莖爲龍鳳形

唐會要景龍二年九月十五日臨淄王將朝京師使術士韓從禮筮之卦未成而一蓍翹立從禮曰此天人之瑞

天授元年九月二十六日改內外官佩魚爲龜

唐書武后本紀長壽元年改用九月社賜酺七日

玉海肅宗以景雲二年九月三日乙亥生於東宮之別殿祥光照室

唐書明皇本紀開元二年九月丁酉宴京師侍老於含元殿庭賜九十以上几杖八十以上鳩杖婦人亦如之賜於其家

唐會要開元二年九月二十五日以穀賤傷農令諸州加時價糴米貴減價以糶

開元五年九月八日始令鄉貢明經進士見訖國子監謁先師學官開講問義有司具食五品以上官及朝集使皆往閱禮

蘇氏記自永徽已來正員官始佩魚至開元八年九月十四日中書令張嘉貞奏致仕及內外官五品已上檢校試判及內供奉官準正員例佩魚自後恩制賞緋紫例兼魚袋謂之章服

唐會要開元十三年九月十三日潞州獻瑞應圖上謂宰臣曰朕在潞州但靖以恭職不記此事今既固請編錄可名藩邸聞其實事然後修圖

唐明皇帝鶺鴒頌并序朕之兄弟惟有五人每聽政之後延入宮掖申友于之志詠棠棣之詩邕邕如怡怡如展天倫之愛也秋九月辛酉有鶺鴒千數棲集於麟德殿之庭樹竟旬焉飛鳴行搖得在原之趣昆季相樂縱目而觀者久之左清道率府長史魏光乘預觀其事以獻其頌美其彬蔚俯同頌云伊我軒宮奇樹青葱藹周廬兮冒霜停雪以茂以悅恣卷舒兮連枝同榮吐綠含英曜春初兮靡收御節寒露微結氣清虛兮桂宮蘭殿惟所息宴棲雍渠兮行搖飛鳴急難有情情有餘兮顧惟德涼夙夜兢惶慚化疎兮上之所教下之所效實在予兮天倫之性魯衛分政親賢居兮爰遊爰處爰笑爰語巡庭除兮觀此翔禽以悅我心良史書兮

通典天寶二年敕朕承丕業肅恭祀事至於諸節常修薦享且詩著授衣令存休澣在於臣子猶及恩私恭事園陵未標令式自今以後每至九月一日薦衣於陵寢貽範千載庶展孝思

金石論明皇注孝經四卷天寶四載九月八分書御製序云舉六家之異同會五經之旨趣約文敷義分注錯經寫之琰琬庶補將來

唐會要天寶八載九月三日肅宗生日帝製仁孝詩六章札於步障以示朝臣宰相奏曰宸章煥發睿札凝暉垂日月而齊光自雲霄而下濟爰於誕育之日勉以仁孝之經上揚祖宗之美傍考天人之際發揮前古垂範將來

楊太眞外傳初開元末江陵進乳柑橘上以十枚種於蓬萊宮室天寶十載九月秋結實宣賜宰臣曰朕近於宮內種柑子樹數株今秋結實一百五十餘顆乃與江南及蜀道所進無別亦可謂稍異者宰臣表賀曰伏以自天所育者不能改有常之性曠古所無者乃可謂非常之感是知聖人御物以元氣布和大道乘時則殊方叶致且橘柚所植南北異名實造化之有初匪陰陽之有革陛下元風眞紀六合一家雨露所均混天區而齊被草木有性憑地氣以潛通故茲江外之珍果爲禁中之佳實綠蔕含霜芳流綺殿金衣爛日色麗彤庭云云乃頒賜大臣

續博物志天寶中河南緱氏縣太子陵仙鶴觀每年九月三日夜有道士一人得仙已有舊例至日具姓名申府張竭忠爲令不之信陰令二勇士執兵覘之至三更有黑虎入觀來銜一道士射之不中棄道士而去令於是申府請弓矢大獵石穴中格殺數虎或金簡玉籙冠帔髮骨甚多其觀遂廢爲陵使之居

揮麈錄肅宗以九月三日生爲地平天成節

唐會要上元元年九月甲寅御翔鸞閣觀酺時赤縣與太常音樂分東西朋帝詔雍王賢主東周王顯主西因以角勝

寶應元年九月甲午太州至陝州二百餘里河清澄澈見底

舊唐書代宗本紀廣德二年九月己未左丞楊綰知東京選禮部侍郎賈至知東都舉兩都分舉選自至始也

唐會要大曆五年九月太原奏文水縣冬蠶成繭

舊唐書德宗本紀貞元五年九月壬戌詔以褚遂良已下至李晟等二十七人圖形於凌烟閣以繼國初功臣之像

因話錄德宗嘗暮秋獵於苑中是日天色微寒上謂近臣曰九月衣衫二月衣袍與時候不相稱欲遞遷一月何如左右皆拜謝翌日命翰林議之而後下詔李趙公吉甫時爲承旨以聖人能上順天時下盡物理表請宣示萬方編之於令李相程初爲學士獨不署名具狀奏曰臣謹按月令十月始裘月令是元宗皇帝刪定不可改易上乃止由是與吉甫不協

前定錄延陵包隰泝舟於隋河時已迫選限率僮僕爲之挽過符離縣西古樹下有穴若廢井然一僕忽誤墜落久而方出提一片石有小篆曰旁有水上有道八百年中逢栲栳衆咸異之而莫知所謂尋問墜坑者名栲栳也時元和三年九月二十一日矣

玉海憲宗元和十二年九月初二日出內庫羅綺犀金玉帶賜裴度

通鑑憲宗元和十二年九月甲寅李愬將攻吳房諸將曰今日往亡愬曰吾兵少不足戰宜出其不意彼以往亡不吾虞正可擊也遂往克其外城斬首千餘級注陰陽家之說九月以寒露後第二十七日爲往亡

唐書敬宗本紀寶曆二年九月甲戌陳百戲於宣和殿三日而罷

事物紀原唐王昌遇梓州人得道號易元子大中十三年九月九日上昇自是以來天下貨藥輩皆於九月初集於梓州城八日夜於州院街易元飛冲地貨其所齎藥川俗因謂之藥市遲明而散

玉海唐昭宣帝九月三日誕爲乾和節

紀異錄鄭珏與李愚同爲學士鄭閣上麻生李曰承旨入相矣霜降成實乃白麻也是夜制出拜相蓋拜相用白麻也

玉海梁末帝九月十二日誕爲明聖節

唐明宗九月九日誕爲應聖節

周世宗九月二十四日生名天清節百僚上表曰壽丘降跡爰符出震之期星社迎祥式契承乾之運候屬澄河時當降聖鰈水鶼林望堯雲而獻祝桓圭穀璧趨禹會以駿奔請以二十四爲天清節所冀金相玉振負寶曆以彌新地久天長煥文綸而不朽從之

遼史太祖本紀天贊三年九月丙申朔庚子拜日於蹛林丁巳鑿金河水取烏山石輦致潢河木葉山以示山川朝海宗嶽之意

聖宗本紀統和元年九月辛未有司請以帝生日爲千齡節從之

興宗本紀重熙五年九月獵黃花山獲熊三十六

玉海建隆四年九月五日詔選樂工八百三十人隷太常習鼓吹

乾德四年九月十四日觀衛兵騎射張樂賜從官飲

宋史五行志太平興國元年九月隰州獻合穗禾長尺餘

玉海太平興國二年九月辛亥二十日幸講武臺大閱二十八日丙辰校獵於近郊帝御弧矢射走兎四

太平興國三年九月二日賜進士胡旦以下綠袍鞾笏自是以爲定制

淳化元年九月八日召近臣後苑習射因御崇政殿觀角抵之戲

宋史太宗本紀淳化二年九月帝飛白書玉堂之署四字以賜翰林承旨蘇易簡

玉海淳化五年九月壬子二十三日中書門下獻大射圖大約如朝謁元會之禮酒三行有司奏賜王公下射侍中稱制可皇帝改服武弁射於殿上布七埒於殿下自公卿大夫各有著位開樂虡於東廂中設熊虎等侯陳賞物於東階以賞能者設體爵於西階以罰否者並畫其冠冕儀式表著埻埒之位以進上覽嘉之

麟臺故事淳化七年九月詔翰林學士承旨李昉等閱前代文集撮其精要以類分之爲文苑英華續命翰林學士蘇易簡等共成之雍熙三年上之凡一千卷

玉海至道元年九月三日西南蕃王龍漢璿遣使進奉西南牂牁諸蠻來貢方物帝召其使詢以地理風俗因令作本國歌舞一人吹瓢笙數十輩連袂宛轉以足頓地爲節問其曲譯者曰水曲詔加漢璿等官賜使者遣還

景德元年九月河北轉運使劉綜言每歲朝廷遣使賜邊城冬服諸軍將校皆給錦袍惟轉運使副止放皁花丁亥并賜河東陝西三路使副方勝練鵲錦袍

宋史禮志眞宗景德三年九月詔許羣臣士庶選勝宴樂御史臺皇城司毋得糾察

玉海大中祥符二年九月二日司天奏紫微宮中瑞光及含譽星見告天地宗廟及昭應宮

宋史眞宗本紀大中祥符三年九月丁亥作宗室座右銘賜諸王

玉海大中祥符三年九月辛巳賜近臣及三館祕閣解州瑞鹽

大中祥符八年九月二日己酉注輦國主羅乍遣使奉表來貢詣承明殿以盤捧珠碧玻瓈布於御座前降殿再拜

燕翼詒謀錄大中祥符八年九月直史館張復上言乞纂朝貢諸國衣冠畫其形狀錄其風俗以備史官廣記從之

玉海大中祥符九年九月壬戌永靜軍言禾異壟合穗

天禧二年九月二十四日壬午上御樓觀酺宴是日慶雲見於樓上日生赤黃珥

天聖二年九月辛卯祠太一宮駐輦賜道左耕者茶帛

事物紀原梓州九月初八日藥市建本朝天聖中燕龍圖肅知郡事又展爲三日至十一日而罷

玉海景祐二年九月十二日依新黍定律尺每十黍爲一寸

康定元年九月辛酉賜陝西軍士羊裘言者以塞上苦寒請以羊裘賜戰士一裘用五羊皮聽軍士自製

慶曆二年簡河東弓手武勇者爲義勇陝西弓手爲保捷每歲九月農隙訓閱

慶曆三年九月樞密副使富弼請考祖宗故事可行者爲書置在二府俾爲模範得以遵守上嘉其奏丙戌命史館檢討王洙集賢校理余靖歐陽修祕閣校理孫甫等同編命弼領之名曰太平故事四年九月上之凡九十六門二十卷弼爲序

皇祐二年九月十四日庚子皇城司上新作文德殿香檀魚契契有左右左留中右付本司各長尺有一寸博二寸八分厚六分刻魚形繫柄相合鏤金爲文車駕至門勘契官執右契奏閤門使降左契勘契官勘畢奏云外契合二十五日己酉以大饗明堂具大駕鹵簿赴景靈宮行薦饗禮畢齋於太廟翼日庚戌詣七室行朝饗之禮降神樂作帝密諭樂卿令備其音節禮儀使請憩小次帝拱立益莊

皇祐四年九月己未十三日御閣召賈昌朝講乾卦用九曰外以剛健決事內以謙恭應物詔褒答以卦義付史館上曰昌朝位將相而執經朝廷美事也

皇祐五年九月十二日戊寅鑄鼎十有二圜丘用五宗廟七又作鸞刀郊廟各一初賈昌朝侍經筵帝問鼎卦聖人亨以享上帝今郊何以無鼎昌朝不能對曰容退而講求於是詔禮官議以爲郊有亨牲進熟遂命阮逸胡瑗鑄銅鼎制鸞刀帝親書刻之牛鼎容一斛羊鼎五斗豕鼎三斗

至和元年九月王洙爲學士仁宗嘗以塗金龍水牋爲飛白詞林二字賜之

嘉祐二年翰林侍讀學士李淑以九月十一日出守河州御製五言六韻詩示之

治平三年九月丙辰夜召學士王珪至蘂珠殿特詔中書除端明殿學士翌日又賜盤龍金盆一曰知卿忠純有守故有此賜

宋史禮志元祐二年九月經筵講論語徹章賜宰臣

執政經筵官宴於東宮帝親書唐人詩賜之

玉海紹聖四年九月十七日兵部侍郎黃裳言今九域志所載甚略願詔職方取四方郡縣山川民俗物產古跡之類輯爲一書補綴遺缺詔祕省錄山海經等送職方檢閱

師友談記東坡云國朝試科目昔在八月中旬頃與黃門將試黃門忽感疾臥病相國韓魏公知之輒奏上曰今歲召制科之士惟蘇軾蘇轍最有聲望今聞蘇轍偶病如此人兄弟中不得一人就試甚非衆望欲展限以俟上許之凡比常例展二十日自後試科目並在九月始此

蘇軾詩集九月十五日邇英講論語終篇賜執政講讀史官燕於東宮又遣中使就賜御書詩各一首臣軾得紫薇花絕句翌日各以表謝又進詩篇

玉海崇寧二年九月六日壬午何執中奏禮部郎陳暘撰樂書二百卷欲加優獎賜欲考定中聲更乞送講義可施行遷暘一秩

大觀二年九月十八日州縣藏書閣賜名稽古

宋史樂志政和三年九月詔大晟樂頒於太學辟廱諸生習學所服冠以弁袍以素紗皁緣紳帶佩玉從劉昺製也

燕翼詒謀錄政和六年九月手詔天下人才富盛趨事赴功者衆不足以待多士可增置直徽猷閣直顯謨閣直寶文閣直天章閣祕閣修撰集英殿修撰凡九等

政和七年九月辛巳製定命寶範圍天地幽贊神明保合太和萬壽無疆爲文廣九寸號九寶

玉海建炎二年九月十七日戊戌上書資治通鑑第四冊賜黃潛善二十二日內出親書座右素屏旅獒一篇大有大畜二卦與孟子之言七凡十扇遣中使宣示宰執

延平府志文山在青印溪濱隔溪爲公山邑人義齋鄭氏居此宋韋齋先生朱松爲尤溪尉任滿假館於鄭氏建炎庚戌九月十五日考亭夫子生焉先是二山草木蘩密及考亭既生野燒同時盡焚山形畢露儼若文公二字

玉海紹興三年九月六日丁巳大理卿李與權以聖賢之訓與謹獄之事分章取義類聚條分凡三百事列十門總爲一書上之繕寫成五冊名曰士師總龜詔錄副本申尚書省

紹興五年九月十九日賜新及第汪應辰以下御書石刻中庸篇廷試畢賜御書自此始二十庚寅日賜趙鼎御書尚書一部翼日鼎奏謝上曰尚書所載君臣相戒敕之言所以賜卿欲共由此道以成治功

紹興十三年九月四日御書尚書終篇刊石頒諸州學謂輔臣曰學寫字不如便寫經書不惟可學字又得經書不忘

紹興二十五年九月十三日丁巳辛臣上寬恤詔令一百六十八卷目錄三十一卷修書旨揮一卷共二百卷五十門詔名曰紹興編類寬恤詔令頒行之

乾道二年九月祕書少監汪大猷言陛下樂聞忠言內之臺諫外之監司郡守又有輔臣之轉對公車之名見隆寬廣問殆無虛日欲望凡臺諫侍從章奏各置一簿隨所上錄之一畱禁中時備觀覽或可采付外施行一授大臣使詳閱庶幾言皆底績二十四日甲子詔臺諫章奏置籍以便觀覽

乾道六年九月二十一日成都曆學進士賈浚上曆法九議一冊

淳熙元年九月十八日幸玉津園宴射賦七言詩賜曾懷以下與宴者皆和二十七日詔臨安府擇寬閒地建射圃備百僚習射

西湖志餘淳熙三年九月十五日明堂大禮十三日雨未時奏請宿齋十四日駕詣景靈宮回太廟宿齋雨不止十五日晴色甚佳車駕自太廟乘輅還內日映龍袍天顏甚喜張掄進臨江仙云聞道彤庭森寶仗霜風逐雨驅雲六龍扶輦下青冥香隨鸞扇遠日映赭袍明簾捲天街人頂戴滿城喜氣氤氳等閒散作八荒春祇知天意好昨夜月華新

玉海淳熙四年九月丙辰詔侍讀史浩錫燕澄碧殿浩進古詩三十韻御製俯同其韻云皓首持六經日侍明光裏翼乎鴻遇風縱矣魚在水眷言澄碧行勝賞得紆趾亦屢引公卿對此談政理虛心欲受人忠言谷逆耳朕瘠天下肥至樂無易此期爾罄嘉謀使我勳業起

淳熙五年九月十二壬申日幸祕書省受朝右文殿移御祕閣入東西壁觀累朝御書上手以光堯太上皇帝所書琴賦示羣臣諭曰此鍾王所不及既又修太平興國故事張宴右文酒五行罷翌日癸酉賜御製詩詩有宴開芸閣坐對蓬山之語

淳熙六年九月三日詔明堂兗奏祥瑞上曰朕自有眞祥瑞豐年是也百姓家給人足瑞莫大焉

乾淳歲時記是月遣使朝陵如寒食儀都人亦出郊拜墓用絲毬樁衣之類

戶部點檢所十三酒庫例於九月初開清每庫各用疋布書庫名高品以長竿縣之謂之布牌以木牀鐵擎爲仙佛鬼神之類駕空飛動謂之臺閣雜劇百戲之外又爲漁父習閑竹馬出獵八仙故事命妓家女使裹頭花巾爲酒家保庫妓皆珠翠盛飾銷金紅背乘繡韉寶勒駿騎各有皁衣黃號私身數對訶導於前浮浪閑客隨逐於後少年俠客往往簇飣持杯爭勸馬首金錢綵段霑及輿臺所經之地高樓邃閣繡幕如雲累足騈肩眞所謂萬人海也

宋史禮志光宗以九月四日爲重明節

玉海嘉定四年九月徐天麟表進所編西漢會要七十卷總爲十五門分三百六十有七事十一日丁卯有旨藏祕閣

嘉定五年九月二十四日吏部彭龜年之子欽纂龜年勸講所得聖語及事實本末名聖德記上之詔付史館

樂郊私語己亥秋九月晦余曉詣嘉禾時曉星猶在樹杪忽西南天裂數十百丈光燄如猛火照徹原野一時村犬皆吠宿鳥驚飛諦觀裂處蠖蠖而動若金融於冶鑄者少時方合操舟者謂余曰此天開眼也

宋史理宗本紀景定三年九月丁丑溫州布衣李元老讀書安貧不事科舉今已百四歲詔補迪功郎致仕本郡給奉

禮志瀛國公以九月二十八日爲天瑞節

金史太宗本紀天會五年九月丁未詔曰內地諸路每耕牛一具賦粟五斗以備歉歲

熙宗本紀皇統元年九月戊申詔賜鰥寡孤獨不能自存者人絹二疋絮三斤

章宗本紀明昌四年九月甲子朔天壽節御大安殿受親王百官及宋高麗夏使朝賀

元史祭祀志每歲九月內及十二月十六日以後於燒飯院中用馬一羊三馬湩酒醴紅織金幣及裏絹各三疋命蒙古達官一員偕蒙古巫覡掘地爲坎以燎肉仍以酒醴馬湩雜燒之巫覡以國語呼累朝御名而祭焉

郝經傳汴中民射鴈金明池得繫帛書詩云霜落風高恣所如歸期回首是春初上林天子援弓繳窮海纍臣有帛書後題曰至元五年九月一日放鴈獲者勿殺國信大使郝經書於眞州忠勇軍營新館

盱眙志天曆元年九月十八日未時太祖高皇帝誕生

龍興慈記太祖誕時擕浴於河忽水中浮起紅羅一方取爲襁今名紅羅障云

眞臘風土記九月則壓獵壓獵者聚一國之衆皆來城中教閱於國宮之前

識小編永樂十七年九月十二日欽頒佛經至大報恩寺當日夜本寺塔現舍利光如寶珠次現五色毫光慶雲捧日

懸笥瑣探天順七年九月十六日有一物見於中天淡白垂長數丈尾微曲少頃不見忽又垂出閃閃若動細如數百丈線人言此龍也

熙朝樂事霜降之日帥府致祭旗纛之神已而張列軍器以金鼓導之遶街迎賽謂之揚兵旗幟刀戟弓矢斧鉞盔甲之屬種種精明有颷騎數十飛轡往來逞弄解數如雙燕綽水二鬼爭環隔肚穿鍼枯松倒掛魁星踢斗夜叉探海八蠻進寶四女呈妖六臂哪吒二仙傳道圯橋進履玉女穿針擔水救火踏梯望月之屬窮態極變難以殫名騰躍上下不離鞍鐙之間猶猿猱之寄木也

季秋部雜錄

書經引征乃季秋月朔辰弗集於房（蔡傳）集合也不合則日蝕可知

詩經國風蟋蟀章蟋蟀在堂（朱注）蟋蟀蟲名似蝗而小九月在堂

左傳哀公十有二年冬十二月螽季孫問諸仲尼仲尼曰丘聞之火伏而後蟄者畢今火猶西流司曆過也（注）火心星也火伏在今十月猶西流言未盡沒知是九月曆官失一閏

詩紀歷樞天霜樹落葉而鴻鴈南飛

內經各差其分（注）戌之月霜淸肅殺而庶物堅

山海經豐山有九鐘焉是知霜鳴（注）霜降則鐘鳴故言知也

管子輕重甲篇歲租九月而具粟又美桓公名管子而問曰此何故也管子對曰萬乘之國千乘之國不能無薪而炊今北澤燒莫之續則是農夫得居裝而賣其薪蕘一束十倍則春有以傳耜夏有以決芸此租稅所以九月而具也

輕重乙篇桓公曰寡人欲毋殺一士毋頓一戟而辟
方都二爲之有道乎管子對曰涇水十二空汶淵洙
浩滿三之於乃請以令使九月種麥日至日穫則時
雨未下而利農事矣桓公曰諾令以九月種麥日至
而穫量其艾一收之積中方都二故此所謂善因天
時辯於地利而辟方都之道也
菁茅謀篇九月斂實平麥之始也
家語本命解霜降而婦功成嫁娶者行焉注季秋霜
降嫁娶者始於此
楚辭靚杪秋之遙夜兮心繚戾而有哀
史記天官書閹茂歲歲陰在戌星居巳以九月與翼
軫辰出曰天睢白色大明其失次有應見東壁歲水
注索隱曰爾雅在戌曰閹茂孫炎云萬物皆蔽冒故
曰閹茂
李斯傳秋霜降者草花落水搖動者萬物作此必然
之效也
後漢書律歷志注自亢八度至危四度謂之大火之
次寒露霜降居之宋之分野
洞冥記曰露池西有靈池方四百步有浮根菱根出
水上葉沈波下實細薄皮甘香葉半青半黃霜降彌
美因名青冰菱也
白虎通五行篇九月謂之無射何射者終也言萬物
隨陽而終也當復隨陰起無有終已
四民月令九月作葵菹乾葵
九月藏茈薑注字林曰薑御溼之菜
雜五行書青桐九月收子
抱朴子仙藥篇欲求芝草入名山必以三月九月此
山開出神藥之月也勿以山佷日必以天輔時三奇
會尤佳
廣州記鬼目樹似棠梨葉如楮皮白樹高大如木瓜
而小邪傾不周正味酢九月熟
潯陽記廬山頂上有三石雁霜降則飛
食經作白醪酒法生秫米一石方麴二斤細剉以泉
水漬麴密蓋再宿麴浮起炊米三升酘之使和調蓋
滿五日乃好酒甘如乳九月半後可作也
三禮義宗九月大享帝於明堂之中孝經云宗祀文
王於明堂是也
魏書律曆志次卦九月歸妹无妄明夷困剝
洛陽伽藍記景陽觀山南百果園有仙人桃其色赤
表裏照徹得嚴霜乃熟亦出崐崘山一曰王母桃也
仙人棗長五寸把之兩頭俱出核細如鍼霜降乃熟
食之甚美一曰西王母棗
齊民要術葵子收待霜降榜簇皆須陰中其碎者劀
訖即地中尋手糺之注傷早黃爛傷晚黑澀見日亦
澀待萎而亂者必爛
蒜宜良輭地三徧熟耕九月初種種法黃暘時以耬
耩逐壟手下之五寸一株
茄子九月熟時摘取擘破水淘子取沉者速曝乾裹
置至二月畦種
藏蟹法九月內取母蟹得則水中勿令傷損及死者
一宿腹中浮先煑薄糖著活蟹於冷糖甕中一宿著
蓼湯和白鹽特須極鹹待令甕盛半汁取糖中蟹內
著鹽蓼汁中便死泥封二十日出之舉蟹臍著薑末
還復臍如初內著坩甕中百箇各一器以前鹽蓼汁
澆之令沒密封勿令漏氣便成矣特忌風裏則壞而
不美也
冬米明酒法九月漬湇稻米一斗擣令細末沸湯一
石澆之麴一斤末攪和三日極酢合二斗釀米炊之
氣刺人鼻便爲大發攪成用方麴十五斤酘之米三
斗水四斗合和釀之也
作酃酒法以九月中取秫米一石六斗炊作飯以水
一石宿漬麴七斤炊飯令冷酘麴汁中覆甕多用荷
箬令酒香燥復易之
蘘荷九月中取旁生根爲菹亦可醬中藏之
大豆九月中候近地葉有黃落者速刈之注葉少不
黃必浥鬱刈不速逢風則葉落盡遇雨澤爛不成
薑九月掘出置屋中中國土不宜薑僅可存活勢不
滋息種者聊擬藥物小小耳
大業拾遺吳郡獻松江鱸魚乾鱠六瓶瓶容一斗作
鱠法一同鮸魚然作鱸魚鱠須九月霜降之時收鱸
魚三尺以下者作乾鱠浸漬訖布裹瀝水令盡散置
盤內取香柔花葉相間細切和鱠撥令調勻霜後鱸
魚肉白如雪不腥所謂金虀玉鱠東南之佳味也紫
花碧葉間以素鱠亦鮮潔可觀
唐書曆志先寒露三日天根朝覿時訓爰始收潦而
月令亦云水涸後寒露十日日在尾八度而本見又
五日而駟見故隕霜則蟄蟲墐戶
霜降六日日在尾末火星初見
百官志凡津梁道路治以九月
酉陽雜俎汝西有練溪多異柏及暮秋葉上斂俗呼
合掌柏

周易集解黃裳元吉干寶曰陰氣在五九月之時自剝來也

續本事詩北方白鴈似鴈而小色白秋深乃來白鴈至則霜降河北人謂之霜信杜甫詩云故國霜前白鴈來謂此

六一題跋漢韓明府修孔子廟器碑云永壽二年靑龍在涒灘霜月之靈皇極之日永壽桓帝年號也按爾雅歲在申曰涒灘霜月之靈皇極之日莫曉其義疑是九月五日

雲笈七籤季秋肝藏氣微肺金用事宜減辛增酸助筋補血以及其時

夢溪筆談九月木可爲枝幹故曰太衝

忘懷錄造乾地黃法九月末掘取肥大者去鬚熟蒸微暴乾又蒸微暴食之如蜜可停久遠

長公外紀九月十二日東坡在儋耳與客飲酒小醉信筆書曰吾始至南海環視天木無際悽然傷之曰何時得出此島耶已而思之天地在積水中九州在大瀛海中中國在少海中有生孰不在島者覆盆水於地芥浮於水蟻浮於芥茫然不知所濟少焉水涸蟻卽徑去見其類出涕曰幾不復與子相見豈知俯仰之間有方軌八達之路乎念此可以一笑

曲洧舊聞草烏頭近畿如嵩少具茨諸山亦多有之花開九月色靑可愛玩人多移植園圃號鴛鴦菊蓋取其近似耳

朱子家禮集說禰祭考曰禰禰近也季秋擇日而祭程子曰季秋成物之始亦象其類而祭之

壘莊漫錄杜子美祭房相國九月用茶藕蓴鯽之奠蓴生於春至秋則不可食不知何謂而晉張翰亦以秋風動而思菰菜蓴羹鱸鱠鱸固秋物而蓴不可曉也

臥遊錄雲陽谷流潦沸騰飛泉激灑凜然凝冱每入穴中朱明盛暑當晝暫暄涼秋晚候緼袍不暖

錦繡萬花谷拒霜花樹叢生葉大而其花甚紅九月霜降時開故名拒霜

溪蠻叢笑富洞以九月燕爲大設

豹隱紀談吳興之水晶宮不載圖經刺史楊漢公九月十五日夜絕句云江南地暖少南風九月炎凉正得中溪上玉樓樓上月清光合作水晶宮後來林子中聞滕元發得湖州以詩賀何洵直邦彥曰淸風樓下兩溪春三十餘年一夢新欲識玉皇香案吏水晶宮主謫仙人因爲故事

燕山叢錄寶坻銀魚都下所珍北人稱爲麪條魚形似東吳鱠殘而倍大出海中蛤山下秋深霜降上溫泉產子映日望之波浪皆成銀色人每候其至網之

太平清話九月尊鱸正美秫酒新香勝客晴窗出古人法書名畫焚香評賞無過此時

銷夏葉石林云景修與吾同爲郎夜宿尚書新省之祠曹廳步月庭下爲吾言往嘗以九月望夜道錢塘與詩僧可久泛西湖至孤山已夜分是歲早寒月色正中湖面渺然如鎔銀傍山松檜參天露下葉間疑皆有光微風動湖水晃漾與林葉相射可久淸臞苦吟坐中淒然不勝寒索衣無所有空米囊覆其背謂平生得此無幾吾爲作詩記之云霜風獵獵將寒威林下山僧見亦稀怪得題詩無俗語十年肝鬲湛寒輝此景暑中想像亦可一洒然也

鉼史月表九月花盟主菊花花客卿月桂花使令老來紅葉下紅

花曆九月菊有英芙蓉冷漢宮秋老芰荷化爲衣橙橘登山藥乳

月令演九月皇極日五日息日七日趨糕九日小重陽十日菊花節　御溝紅葉

四時占候九月雨大宜收禾

戎事類占自一日至九日以日占月遇此日風則此月穀賤

九月雷主穀貴

霜不下則來年三月多陰寒多雨主米貴

雜占朔日値寒露主冬寒嚴凝値霜降主歲歉

朔日風雨主春旱夏雨芝麻貴又朔日東風半日不止主米麥貴

九月上卯日北風主來年三七月米大貴東風亦然西北平平

十三日晴則冬晴柴賤

文林廣記虹以九月出西方大小豆貴又朔日虹見麻貴油貴

九月雨雹不利牛馬

九月庚辰辛卯日雨主冬穀貴一倍

本草綱目凡棗九月采日曬乾補中益氣久服神僊

鴈來紅莖葉穗子並與雞冠同其葉九月鮮紅望之如花故名吳人呼爲老少年

辛夷其樹似杜仲子似冬桃而小九月采實暴乾去心及外毛毛射人肺令人欬

香薷中州人呼爲香菜方莖尖葉九月開紫花成穗有細子細葉者僅高數寸葉如落帚葉卽石香薷也

兎絲子蔓延草木之上九月采實暴乾色黃而細者爲赤綱色淺而大者爲菟虆

女貞葉似冬青樹其實九月熟黑似牛李子

水仙花葉似蒜其花香甚清九月初栽於肥壤則花茂盛瘦地則無花

南燭是木而似草故號南燭草木其子如茱萸九月熟酸美可食

蔓荆生水濱苗莖蔓延長丈餘九月有實黑斑大如梧子而虛

補骨脂俗訛爲破故紙生嶺南諸州及波斯國莖高三四尺葉小似薄荷花微紫色實如麻子圓扁而黑九月采

山茵蔯其莖如艾其葉如淡色青蒿而背白葉岐緊細而扁整九月開細花黃色結實大如艾子花實並與菴蕳相似

九仙子出均州太和山一根連綴九枚大者如雞子小者如半夏白色葉如烏桕葉而短扁不圓每葉椏生子枝或一或二裊裊下垂九月采根

華茇嶺南有之多生竹林內叢高三四尺其莖如筋葉靑圓如蕺菜闊二三寸如桑面光而厚開花白色結子如小指大青黑色類椹子而長九月收采暴乾南人愛其辛香或取葉生茹之

枸骨樹如杜仲詩云南山有枸是也結實如女貞及菝葜子九月熟時緋紅色人采其木皮煎膏以粘鳥雀謂之粘黐

天南星卽虎掌九月采根去皮臍入器中湯浸五七日日換三四遍洗去涎暴乾用或再火炮製用

烈節生榮州多在林箐中莖葉俱似丁公藤而纖細無花實九月采莖暴乾楊倓家藏經驗方有烈節酒治歷節風痛

菰米一名彫胡九月抽莖開花如葦芀結實長寸許霜後采之大如茅鍼皮黑褐色其米甚白而滑膩作飯香脆杜甫詩波漂菰米沈雲黑卽此

赤瓜棠梂子山樝一物也九月霜後取蔕熟者去核暴乾或蒸熟去皮核搗作餅子日乾用

名勝志平南縣蛇黃岡在縣北四里岡勢盤紆出蛇黃每歲九月邑人掘深七八尺始得大如雞子小者如彈丸其色紫磨之可傳腫毒尤治小兒驚癇

季秋部外編

法苑珠林佛言九月者少陰用事乾坤改位萬物畢終衰落無牢衆生蟄藏神氣歸本因道自寧故持九月一日齋竟十五日

雲笈七籤秦始皇三十一年九月庚子茅盈高祖濛於華山之中乘雲駕鶴白日昇天

法苑珠林漢明帝永平七年九月帝夢神人長丈六面作眞金色太子舍人傳毅奏稱臣聞外國淨飯王太子號悉達出家成道陛下夢將無感也卽敕使西尋抄聖教六十萬五千言以白馬馱還

雲笈七籤方丈臺東宮昭靈李夫人以湯時得道白日昇天受書爲東宮昭靈夫人治方丈臺第十三朱館中東晉哀帝興寧三年乙丑九月三日降於眞人楊羲之家

唐詩紀事鶴林寺杜鵑花貞元中外國僧自天台鉢盂中以藥養其根來植於此寺僧見女子遊花下或謂花神也周寶鎭浙西與道人殷七七善謂曰鶴林寺花天下奇絕能開頃刻花可開於重九乎曰可乃前二日往寺宿中夜女子謂七七曰妾爲上元命下司此花非久卽歸閬苑今與道者開之來日晨起花漸拆至九日爛漫

茅亭客話遂州小溪縣石城鎭仙女塢村民程君友遇道士隨往靑城山道士曰爾有仙表得至於此開囊取丹一粒令吞之曰若有饑渴則可嚼柏葉柏實君友懇祈願往仙齋道士曰爾且歸家吾至九月八日當來迎爾君友歸別止一室嘗焚柏子柏實靜坐無營時嚼柏實三五顆而已門外柏樹下有大盤石嘗偃息於上至九月七日夜如有所待達旦雲霞相映五色君友躡空而去

欽定古今圖書集成曆象彙編歲功典
第七十六卷目錄
重陽部彙考
風土記 飲菊花酒 插茱萸
南齊書 禮志
太清記 不老方
荊楚歲時記 九日事攷
玉燭寶典 食蓬餌飲菊花酒
遼史 禮志
農政全書 農事占候
遵生八牋 九日事宜
賞心樂事 重九
本草綱目 重陽
事物原始 重陽
直隸志書 宛平縣 良鄉縣 香河縣 昌平州 遵化州 永平府 肅寧縣 南皮縣 慶雲縣 冀州 邢臺縣 曲周縣 淸河縣 淸豐縣
山東志書 淄川縣 范縣 棲霞縣
山西志書 曲沃縣 絳州 隰州
陝西志書 高平縣 同州 西鄉縣
江南志書 句容縣 長洲縣 常熟縣 松江府 武進縣 無錫縣 淸河縣 睢寧縣 儀眞縣 蕭縣 懷寧縣 桐城縣 太湖縣 銅陵縣 太平府 和州
浙江志書 紹興府 桐廬縣
江西志書 新建縣 德興縣 建昌府
湖廣志書 武昌縣 應城縣 荊州府
福建志書 福州府 建陽縣 松溪縣 長汀縣 海澄縣
廣東志書 連州 南雄府 歸善縣 平遠縣 新興縣 陽江縣 定安縣 臨高縣
廣西志書 懷集縣 宣化縣 隆安縣
重陽部藝文一
與鍾繇九日送菊書 魏文帝
九月九日臨凌囂館賦 宋傅亮
九日紫氣賦 唐潘炎
送江丞相九日禮啓 宋文天祥
謝江丞相九日禮啓 前人
請羅提舉京子九日宴啓 前人
九日賦 明俞允文

歲功典第七十六卷

重陽部彙考

風土記

飲菊花酒

漢俗九日飲菊花酒以祓除不祥

插茱萸

九月九日律中無射而數九俗尚此日折茱萸房以插頭言辟除惡氣而禦初寒

南齊書

禮志

九月九日馬射或說云秋金之節講武習射象漢立秋之禮

太清記

不老方

九月九日採菊花與茯苓松脂久服之令人不老

荊楚歲時記

九日事攷

九月九日四民並藉野飲宴

按杜公瞻云九月九日宴會未知起於何代然自漢至宋未改今北人亦重此節佩茱萸食餌飲菊花酒云令人長壽近代皆宴設於臺榭又續齊諧記云汝南桓景隨費長房遊學長房謂之曰九月九日汝南當有大災厄急令家人縫囊盛茱萸繫臂上登山飲菊花酒此禍可消景如言舉家登山夕還見鷄犬牛羊一時暴死長房聞之曰此可代也今世人九日登高飲酒婦人帶茱萸囊始於此

玉燭寶典

食蓬餌飲菊花酒

九日食蓬餌飲菊花酒者其時黍秫並收因以黏米嘉味觸類嘗新遂成積習

遼史

禮志

重九儀北南臣僚旦赴御帳從駕至圍場賜茶皇帝就坐引臣僚御前班立所司各賜菊花酒跪受再拜酒三行揖起

歲時雜儀九月重九日天子率羣臣部族射虎少者爲負罰重九宴射畢擇高地卓帳賜蕃漢臣僚飲菊花酒兔肝爲臡鹿肝爲醬又研茱萸酒灑門戶以禬禳國語謂是日爲必里遲離九月九日也

農政全書

農事占候

重九日晴則冬至元日上元清明四日皆晴雨則皆雨又主寵荒括云重陽無雨一冬晴又云九日雨米成脯又云重陽濕漉漉穰草千錢束

遵生八牋

九日事宜

呂公記曰九日天明時以片糕搭兒女頭額更祝曰願兒百事俱高作三聲

救民易方曰九月九日採稀薟草即白花菜是也去根花井子淨用莖葉入甑九蒸九曝曆研洒酒與蜜水蒸完極香爲末蜜丸皂角子大每服五七丸米湯下服至百日去周身癱瘓風疾口眼歪斜涎痰壅塞久臥不起又能明目白髮變黑筋力强健效不可言

雲笈七籤曰九日勿起動牀席當修延算齋

賞心樂事

重九

重九登城把萸

本草綱目

重陽

九月九日采白菊花名曰金精菊花二斤茯苓一斤擣羅爲末每服二錢溫酒調下日三服或以煉過松脂和丸雞子大每服一丸主頭眩久服令人好顏色不老

六月六日采蒼耳葉九月九日采野菊花爲末酒服三錢治一切癰疽丁腫

重陽日取高梁根名爪龍陰乾橫生難產者取爪龍燒存性酒服二錢即下

墜損跌撲散血止痛重陽日收老茄子百枚去帶四破切之消石十二兩擣碎不津器先鋪茄子一重乃下消石一重如此間鋪令盡以紙數層密封安置淨處上下以新磚承覆勿犯地氣至正月後取出去紙兩重日中曝之逐日如此至二三月度茄已爛開瓶傾出濾去滓別入新器中以薄綿蓋頭又曝至成膏乃可用每以酒調半匙空腹飲之日再惡血散則痛止而愈矣若膏久乾硬即以飯飲化動用之圖經本草

事物原始

重陽

九月九日爲重陽魏文帝書曰歲往月來忽復九月九日九爲陽數其日與陽並應故曰重陽續齊諧記云汝南桓景隨費長房遊學謂曰九月九日汝家當有災急令家人縫絳囊盛茱萸繫臂上登高以飲菊酒此禍乃消景從其言舉家登山夕還而雞犬一時暴死仙書云茱萸爲辟邪翁菊花爲延壽客假此二物以消陽九之厄今人九月登高本此夢華錄云唐時都人出郊登高各以粉麪蒸糕上插剪綵小旗糝飣果實之類各相餽遺

直隸志書各省風俗同者不載

宛平縣

九月九日載酒具茶爐食榼尋園樹丘阜爲娛曰登高麪餅嵌棗栗爲花糕父母家必迎女歸亦曰兒女節

良鄉縣

九月九日士民蒸糕移菊相贈登高賦詩

香河縣

九月九日蒸糕相餽結婚之家則送禮名曰追節

昌平州

季秋月九日做花糕以棗栗雜果爲之親友相餽問

遵化州

有攜酒遊山謂之登高亦謂之辭青九日載酒具茶爐食榼登高作麪餅九級以次合尖嵌棗栗於級縫曰花糕餽送戚屬似午日

永平府

九月初九重陽日晴則冬至元日上元清明皆晴雨則皆雨又占是日晴則一冬凝雨則一冬晴占風色爲來年豐歉喜東北忌西北其爲節稍如荆楚歲時記家製棗糕俻果殽餽遺姻家簪菊佩萸登高多酩酊而歸釀菊酒醃瓜菜

肅寧縣

九月初九晴一冬冰初九陰一冬溫

南皮縣

重陽以麪裹棗蒸糕謂之菊花糕新釀黍酒謂之菊花酒邀賓觀菊插茱萸出郊野飲謂之登高

慶雲縣

九月九日婚姻家相餽用麪爲糕五色錯雜謂之重陽糕詩人高士尋菊登高飲茱萸酒菊花茶占候重陽遇戊一冬晴

冀州

九月九日重陽節蒸菊花糕獻先女氏亦以送婿家追節農家率於是日報賽

邢臺縣

九日重陽餽糕酒於嫁女曰迎九

曲周縣

九月九日登高本縣無山樓上城頭借以眺望採菊花把茱萸飲酒

清河縣

九月九日無高可登惟以花糕菊酎相餽亦有邀親

友賞菊者
清豐縣
重陽士大夫倣古遺事率登高飲菊花酒兒童放紙
鳶爲戲
山東志書
淄川縣
九日登高時高秋氣爽場圃初登黃菊乍開紅葉方
綴行吟載酒最宜登眺蘇東坡云人生惟寒食重九
不可虛度亦沿費長房故事也
范縣
九月九日賞菊花飲茱萸酒送新嫁女衣糕
棲霞縣
九月九日作絳囊盛茱萸以繫臂登高飲菊花酒始
於費長房桓景而龍山落帽白衣送酒騷人韻士往
往以是日爲令節
山西志書
曲沃縣
九月重陽日食糕登高爭致菊花作盆盎觀是日占
冬陰晴
絳州
九月重陽婦女歸寧各攜棗糕以還
隰州
九月九日設飯延新婿
陝西志書
富平縣
九月九日餽棗糕於女家曰送糕
同州
重陽蒸棗糕相餽自五六七及是月各以其月之日
餉時物於歸女及所聘待年之女曰追節
西鄉縣
九月九日親友贈以菊花菊糕登高飲茱萸酒或在
雲盤山或在武子峯丹崖黃菊徧山徧野士人以詩
酒相賞婦人以口採茱萸有可治心疼之說
江南志書
句容縣
九月九日登高賞菊酌茱萸酒舂米糍解蟹特用薦
先隆師逆女追節
長洲縣
重陽吳山登高游治平寺寺中牽羊賭采爲攤錢之
戲飲黃花酒以麪作駱駝蹄食之
常熟縣
九月九日兒童以五色紙接爲條長一二丈粘竿首
植於庭戶間曰放紙條若登浮圖山顛有攜至五十
餘丈者
松江府
九月九日蒸重陽糕標以紅紙旗供神佛舂紅糍薦
先對菊泛茱萸嘗新酒或載酒於九峯泖塔等處爲
登高會
武進縣
九月九日登太平寺塔紅梅閣亦有作落帽故事者
無錫縣
九日啖重陽糕九品羹
清河縣
重九蒸糕相送好事者以米粉爲二羊加之間亦有
攜酒饌登高者
睢寧縣
重九賞菊登高城中紳士登青雲亭
儀眞縣
重陽舊事有茱萸佩囊今俗相餽用麻葛糕儀邑則
以糖秫雜揉爲之市鬻標以綵幡供小兒嬉戲惟有
逸趣者必登高把菊賦詩
蕭縣
九月九日登高是日晴一冬晴諺云重陽無雨看十
三十三無雨一冬乾
懷寧縣
九月九日鄉俗多以糖餡巨勝雜黏米爲糕糍餉食
且以飼牛而放牧之諺云九月重陽散放牛羊白役
弛牲畜之禁聽逐水草焉
桐城縣
九月九日登高宴樂里語云橘綠橙黃最是一年好
景披襟吹帽依稀百代高風視白衣載酒孟嘉落帽
逸興猶存
太湖縣
九月九日或採野菊插滿頭而歸亦有蓄家菊庭前
宴賞者
銅陵縣
九月重陽爲龍燭會以迎官山神民間置糍糕頒食
互相遺饋戲竹馬逐疫
太平府
重陽日攜酒登高插茱萸遠望以避邪穢鄉俗餽糍
糕蕪邑鄉村是日擊鼓喧譁以驅貍豕謂之禳災

和州

九月重陽炊糕餅薦先

浙江志書

紹興府

九月重陽日俗忌不相過必有喪者乃往哭其靈几且致祭焉不知其所始也

桐廬縣

九月九日有備猪羊品物以合祭其先者謂之秋祭即古霜露之思也有作角黍以相遺者謂之重陽粽天氣晴爽亦有登高者而佩萸之事無復行矣

江西志書

新建縣

九日士夫多於龍沙開宴設五色糕泛菊唐孟浩然有龍沙九日詩權德輿有九日龍沙陪宴詩

德興縣

九月九日刈晚稻

建昌府

九月九日用百果及肉雜米粉蒸菊花糕不限老幼登鳳凰岡以做登高避難之意

湖廣志書

武昌縣

重陽日造酒極清冽久藏不壞諸家或聚米成之

應城縣

重陽各鄉村還願以報方社田祖之神

荊州府

九日民間以粉麪蒸糕上置小鹿數枚號言鹿糕

福建志書

福州府

九月九日登高臨賞稽記九仙山亦名九日山無諸王是日於此鑿石樽以泛菊石樽可盛三斛猶存天聖中陳工部絳重陽遊於此山閏月九日遊越山縣尉黃虛舟獻詩席和者至四十三篇

建陽縣

重陽九日以東北風占來歲穀貴賤一日占正月二日占二月至九日止諺云不怕重陽雨只怕重陽風又云重陽無雨一冬晴

松溪縣

重陽插茱萸泛酒以祀先并延親串共飲之

長汀縣

重陽家蒸栗糕採田中毛豆相餽謂之毛豆節

海澄縣

重陽日放紙鷂曰風槎夜繫蠟而縱之明徹星河可通牛女重問君平也

廣東志書

連州

重陽日童男女於州城外相聚答歌州人多往觀之

南雄府

九月九日請茅山教師建王母會少年婦女求嗣者常聚數十人巫師皮冠緋衣唱舞吹牛角謂之海角

歸善縣

重陽拜掃墳墓亦如清明之儀童子放紙鳶爲樂

平遠縣

九月重陽造酒留至開歲杜鵑時始佳謂之杜鵑酒

新興縣

重陽北地清明放風箏南方重陽風力始適上以此日放紙鷂多其式樣高者侵雲

陽江縣

重陽放紙鳶爲鳥獸蛺蝶之狀有名椗雲者懸藤弓其巔半空聲繹嘹喨晚落始息

定安縣

九月九日官紳士子會赴文筆峯登高具酒肴飲謂之興文運

臨高縣

重陽日早起羣呼曰趕山猶以爲安富之兆

廣西志書

懷集縣

重陽登高俱集登雲觀是日爲元帝得道之辰男女少長傾城而出賽神酬愿皆用大炮作會飲酒抵暮方散

宣化縣

九月重陽具牲肴拜掃先塋謂之秋祭

隆安縣

九月九日牛羊縱放俗曰九月九牛羊各自守

重陽部藝文一

與鍾繇九日送菊書　魏文帝

歲往月來忽復九月九日九爲陽數而日月並應俗嘉其名以爲宜於長久故以宴享高會是月律中無射言羣木庶草無有射地而生惟芳菊紛然獨榮非夫含乾坤之純和體芬芳之淑氣孰能如此故屈平悲冉冉之將老思餐秋菊之落英輔體延年莫斯之貴謹奉一束以助彭祖之術

九月九日登凌囂館賦　宋傅亮

歲九旻之暮月肅晨駕而北逝度迴巒以停轅夌孤館而遠想何物慘而節哀又雲悠而風厲悴綠繁於寒渚隕豐灌於荒瀅玩中原之芬菊惜蘭圃之彫蕙旌竹柏之勁心謝梧楸之零脆俯乃流眄平臨落日還皋千感具盈在物同騷聆離鵾之棲響聽鳴林之瀏飀彼遊子之苦傷每寤歎於我勞劉集悲而鍾苦疚寸心其如惻眇天末以遙瞪悵故鄉之阻遼

九日紫氣賦并序　唐潘炎

景龍三年九月九日帝與羣官登日山升高時有紫氣光彩照日賦曰

吾王不遊人何以休望壺口之千里值重陽之九秋山對翠屏動輝光之赫赫雲成紫蓋扶晚日之油油宛轉浮空輪囷不散應一人之盛德爲萬歲之觀榮氤氳瑞色無孤峯斷障之嵯峨搖曳晴空雜玉葉金枝之燦爛亦何異出蒼梧入大梁爲漢武之蓋升軒轅之堂忽兮改容形難爲狀紛紛郁郁用表靈貺還用芒碭之間非比崐崘之上豈徒合而膚寸垂以飄扇河汾水兮天之眷紫氣凝兮人罕見位當用九果符九日之祥運極通三未御三雲之殿

送江丞相九日禮啓　宋文天祥

宴龍山九九之節夙侈雄藩開鶴林七七之花今逢眞宰風清六蘊霜肅九州恭惟某官赤烏元圭璘戈錫盾酌長沙酒快春水之曉行賦北門詩喜秋花之晚香小馳戲馬重補袞龍某託影星垣驚心驛館跂芙蓉之頃想千乘之登高折茱萸之房爲三公而特壽

謝江丞相九日禮啓　前人

天開紫蓋秋高淡圃之杏星下碧泉春到長沙之酒飛蓋五雲之風雨光華九日之山川味也米深恩斯曷稱北門看菊幸與分玉帳之清內殿傳柑閑已下金甌之信

請羅提舉京子九日宴啓　前人

紅杏脊陰甫迎天困之綠黃花佳節又飛冰篆之丹官車已動於行雲流馬正來於今雨偶鼇明日薄燕清風莫借錦屠蘇且拚小飲已鑄黃金印行慶異除

九日賦　明俞允文

肇九旻之令節肅淩晨之始霜悴百卉於綠林斂萬寶於白藏於時律中無射日躔在房山椒凝丹禽華吐黃感靈錫於豐穰收帝籍於神倉惟日月之並應數溝九而皆陽懿嘉名之宜久故高會而薦觴或助術於彭祖或彌禍於長房或羞寶以效術或矜服以致康若乃駕言龍山於茲戲館登戲馬之臺弋翔鴻於沙苑成宴凱而稱詩悉鉤奇而摛核至如紫塞草白胡山氣高雲物無擾上屬澄霄勑竿精堅弓勁鷹豪狐兔鮮肥人馬並驕發千緷之赤羽勒萬騎之黑貂或翔畋於廣虛之野或校獵於莽蒼之郊彌岡縣而掩格被川谷而橫捎莫不致奇獲以耀武聊割鮮而勞豪及夫蘭閨少婦榆關嫂客結離思之幽遐念佳期之未隔盼來鴈而增欷學裁鴛而掩泣寒聲壯兮悽心罥夜被空兮月入室徒有地兮限南北欲授服兮無由得恰無由兮思彌深鍼縷列跡兮抽余心心之抽兮魂四溢魂四溢兮夢難集雖有刀尺兮忘疇昔或有放臣去國感平分以測景志士思名薄迅商而孤鶱悰慄兮逝迢淹留兮蹇連繫陰積兮變素川雲脊督兮蔽穹天怳踟躕而延佇眇去楚而辭燕於是僕本畸人棲遲丘樊於焉逍遙聊以盤桓鶩四序之改節悲倏忽之徂年想前蹤之攸邁覽窮達之異源超遐迴以暢志妙衆慮而爲言憂歡軋其相承兮心與蹟猶未泯世固智寡而難多兮孰云喻其萌祇之所先齊萬旅乃無累兮求周賈之冥筌庶憑化以無咎兮還吾反乎自然

欽定古今圖書集成曆象彙編歲功典

第七十七卷目錄

重陽部藝文二 詩

九日閑居　晉陶潛
己酉歲九月九日　前人
九日從宋公戲馬臺集送孔令　宋謝靈運
九日從宋公戲馬臺集送孔令　謝瞻
九日侍宴　齊蕭子良
侍太子九日宴元圃　王儉
九日侍皇太子樂遊苑　梁簡文帝
九日賦韻　同前
爲臨川王九日侍太子宴　沈約
九日侍宴樂遊苑　前人
九日侍宴樂遊苑　丘遲
九日侍宴樂遊苑　任昉
九日侍宴樂遊苑應令　庾肩吾
九日侍宴樂遊苑 爲西封侯作　何遜
九日酌菊酒　劉孝威
九日侍宴樂遊苑正陽堂　劉苞
九日　王修己
同管記陸瑜九日觀馬射　陳後主
衡州九日　江總
於長安歸還揚州九月九日行薇山亭賦韻　前人
九日從駕　北周王褒
九月九日　唐高宗
九月九日幸臨渭亭登高　中宗
豐年多慶九日示懷　德宗
重陽日中外同歡以詩言志因示羣官餘字韻　同前
重陽日即事　同前
重陽日賜宴曲江亭賦六韻詩用清字　同前
九日　同前
重陽錫宴羣臣　宣宗
擬江令於長安歸揚州九日賦　許敬宗
九月九日贈崔使君善爲　王績
九月九日　崔善爲
答王無功九日　前人
九月九日登元武山旅眺　盧照鄰
奉和九月九日應制　賀敳
奉和九月九日登慈恩寺浮圖應制　崔日用
奉和九日幸臨渭亭登高應制得暉字　蘇瓌
奉和九日幸臨渭亭登高應制得歡字　宋之問
奉和九月九日登慈恩寺浮圖應制　前人
蜀中九日登元武山旅眺　王勃
九日　前人
重九日宴江陰　杜審言
奉和九月九日登慈恩寺浮圖應制　前人
閏九月九日幸總持寺登浮圖應制　李嶠
九日登元武山旅眺　邵大震
奉和九日幸臨渭亭登高應制得筵字　閻朝隱
奉和九日幸臨渭亭登高應制得月字　韋元旦
奉和聖製九日侍宴應制　李適
奉和九月九日聖製登慈恩寺浮圖應制　劉憲
奉和九日幸臨渭亭登高應制得時字　蘇頲
九日進茱萸山詩 五首　張說
湘州九日城北亭子　前人
奉和九日幸臨渭亭登高應制得深字　韋嗣立
奉和九日侍宴應制得濃字　李乂
奉和九月九日登慈恩寺浮圖應制　前人
閏九月九日幸總持寺登浮圖應制　前人
九日幸臨渭亭登高應制得開字　前人
奉和九月九日登慈恩寺浮圖應制　盧藏用
九月九日幸臨渭亭登高應制得涘字　前人

岑羲
奉和九月九日登慈恩寺浮圖應制　前人
九日幸臨渭亭登高應制得曆字　薛稷
慈恩寺九日應制　前人
九日幸臨渭亭登高應制得酒字　馬懷素
奉和九月九日登慈恩寺浮圖應制　前人
九日臨渭亭侍宴應制得長字　沈佺期
白蓮花亭侍宴應制　前人
奉和九日幸臨渭亭登高應制　趙彥昭
奉和九月九日登慈恩寺浮圖應制　前人
奉和九日幸臨渭亭登高應制得餘字　蕭至忠
奉和九月九日登慈恩寺浮圖應制　前人
奉和九日幸臨渭亭登高應制得風字　李迥秀
奉和九月九日登慈恩寺浮圖應制　前人
奉和九日幸臨渭亭登高應制得亭字　楊廉
奉和九月九日登慈恩寺浮圖應制　前人
奉和九日幸臨渭亭登高應制得枝字

韋安石
奉和九日幸臨渭亭登高應制得明字　竇希玠
奉和九日幸臨渭亭登高應制得臣字　陸景初
奉和九日幸臨渭亭登高應制得日字　鄭南金
奉和九日幸臨渭亭登高應制得直字　李咸
奉和九日幸臨渭亭登高應制得花字　趙彥伯
奉和九日幸臨渭亭登高應制得樽字　于經野
奉和九日幸臨渭亭登高應制得還字　盧懷慎
奉和九月九日登慈恩寺浮圖應制　王景
奉和九月九日登慈恩寺浮圖應制　畢乾泰
奉和九月九日登慈恩寺浮圖應制　麴瞻
奉和九月九日登慈恩寺浮圖應制　樊忱
奉和九月九日登慈恩寺浮圖應制　孫佺
奉和九月九日登慈恩寺浮圖應制　李從遠

奉和九月九日登慈恩寺浮圖應制　周利用
奉和九月九日登慈恩寺浮圖應制　張景源
奉和九月九日登慈恩寺浮圖應制　李恆
奉和九月九日登慈恩寺浮圖應制　張錫
奉和九月九日登慈恩寺浮圖應制　解琬
奉和九月九日登慈恩寺浮圖應制　鄭愔
九日　張諤
九日宴　前人
九日陪潤州邵使君登北固山　張子容
九日　崔國輔
九日侍宴應制　前人
九月九日憶山東兄弟　王維
奉和聖製重陽節宰臣及羣官上壽應制　前人
九日作　王縉
九月九日劉十八東堂集　李頎
九日登高　王昌齡
九日登李明府北樓　劉長卿
九日岳陽待黃遂張湲　前人
九日陪元魯山登北城留別　蕭穎士
九日登望仙臺呈劉明府容　崔曙

盧明府九日峴山宴袁使君張郎中崔員外　孟浩然
九日得新字　前人
宣州九日聞崔四侍御與宇文太守遊敬亭余時登響山不同此賞醉後寄崔侍御　二首　李白
九日登山　前人
九日　前人
九日龍山飲　前人
九月十日即事　前人
九日　韋應物
九日灃上作寄崔主簿倬二李端繫　前人
行軍九日思長安故園　岑參
九月九日酬顏少府　高適
同崔員外綦毋拾遺九日宴京兆府李士曹　前人
重陽　前人

歲功典第七十七卷

重陽部藝文二　詩

九日閑居　并序　晉陶潛

余閑居愛重九之名秋菊盈園而持醪靡由空服九華寄懷於言

世短意常多斯人樂久生日月依辰至舉俗愛其名露淒暄風息氣澈天象明往燕無遺影來鴈有餘聲酒能祛百慮菊為制頹齡如何蓬廬士空視時運傾塵爵恥虛罍寒華徒自榮斂襟獨閑謠緬焉起深情棲遲固多娛淹留豈無成

己酉歲九月九日　前人

靡靡秋已夕淒淒風露交蔓草不復榮園木空自凋清氣澄餘滓杳然天界高哀蟬無歸響叢鴈鳴雲霄萬化相尋繹人生豈不勞從古皆有沒念之中心焦何以稱我情濁酒且自陶千載非所知聊以永今朝

九日從宋公戲馬臺集送孔令　宋謝靈運

季秋邊朔苦旅鴈違霜雪淒淒陽卉腓皎皎寒潭潔良辰感聖心雲旗興暮節鳴葭戾朱宮蘭巵獻時哲餞宴光有孚和樂隆所缺在宥天下理吹萬羣方悅歸客遂海嵎脫冠謝朝列弭棹薄枉渚指景待樂闋河流有急瀾浮驂無緩轍豈伊川途念宿心愧將別彼美丘園道喟焉傷薄劣

九日從宋公戲馬臺集送孔令　謝瞻

風至授寒服霜降休百工繁林收陽彩密苑解華叢巢幕無留燕遵渚有來鴻輕霞冠秋日迅商薄清穹聖心眷嘉節揚鑾戾行宮四筵霑芳醴中堂起絲桐扶光迫西汜歡餘宴有窮逝矣將歸客養素克有終臨流怨莫從歡心歎飛蓬

九日侍宴　齊蕭子良

月殿風轉層臺氣寒高雲斂色遙露已團式詔司警言戾秋轥輕觴時薦落英可餐

侍太子九日宴玄圃　王儉

明明儲后沖默其量徘徊禮樂優游風尚微言外融幾神內王就日齊暉儀雲等望本茂條繁源澄流潔漢稱間平周云魯衛谷我潘華方軌前軌秋日在房鴻鴈來翔寥寥清景靄靄微霜草木搖落幽蘭獨芳眷言淄苑尚想濠梁旣暢旨酒亦飽徽猷有來斯悅無遠不柔

九日侍皇太子樂遊苑　梁簡文帝

離光麗景神英春裕副極儀天金鏘玉度監撫昭明善物宜布惠潤蜿瑣澤熙垂露秋晨精曜駕動宮闈露點金節霜沈玉璲元戈側影翠羽翻暉庭迴鶴蓋木照犀衣蘭羞薦俎竹酒澄芬千音寫鳳百戲承雲紫燕躍武赤兔越空橫飛鳥箭半轉蛇弓

九日賦韻　同前

是節協陽數高秋氣已精禁芝遂月啓帷風依夜清遠燭承歌黛斜橋聞履聲梁塵下未息共愛賞心幷

為臨川王九日侍太子宴　沈約

涼風北起高鴈南翻葉浮楚水草折梁園淒涼霜野惆悵晨鵾雲輕寒樹日麗秋原三金廣設六羽高陳寒英始獻涼酎初醇靡靡神襟鏘鏘羣彥思媚儲猷洽和奉宴恩暢蘭席歡同桂殿景遽樂推臨風以谷麗景天枝位非德舉任伍辰階祚均河楚負獄未勝瞻雲難侶望古與惕心焉載佇

九日侍宴樂遊苑　前人

悲玉宅海端辰御天止流飛轡靜宸騰川凝神貫極摛道淵泉西裘委祚南風在紘暮芝始綠年桂初丹上林葉下滄池水寒霜露玉樹鴈動輕瀾停蹕玉陛徙衛璿墀珮箱鳳綵羽蓋鸞委虹旌迢遞翠華葳蕤禮弘灞滻義高洛湄

九日侍宴樂遊苑　丘遲

朱明已謝蓐收司禮爰理秋祓備揚旌棨奉璋峩峩

金貂濟濟上林弘敞離宮非一綵殿迴風丹樓映日
隨珠甲帳屯衛周悉睟客徐動天儀澄謐雲物游颺
光景高麗枯葉未落寒花委砌絲桐激舞楚雅閒慧
參差繁響殷勤流詣

九日侍宴樂遊苑　任昉

帝德峻韶夏王功書頌平共貫泓五勝獨道邁三英
我皇撫歸運時乘信告成一唱華鍾石再撫被絲笙
黃草歸雒木梯山薦玉榮時來濁河變瑞起溫洛清
物色動宸眷民豫降皇情

九日侍宴樂遊苑應令　庾肩吾

轍跡光周頌巡遊盛夏功鈞陳萬騎轉閶闔九關通
秋暉逐行漏朔氣繞相風獻壽重陽節迴鑾上苑中
疏山開輦道間樹出離宮玉醴吹巖菊銀床落井桐
御梨寒更紫仙桃秋轉紅飲羽山西射浮雲冀北驄
塵飛金埒滿葉破柳條空騰猨疑矯箭驚鴈避虛弓
彫材濫杞梓花綬接鵷鴻愧乏天庭藻徒參文雅雄

九日侍宴樂遊苑為西封侯作　何遜

皇德無餘禮重規襲帝勛垂衣化比屋聽顧慎為君
翔飛悅有道卉木荷平分宸襟動時豫歲序屬涼氛
城霞旦晃朗槐霧曉氤氳鑾輿和八襲鳳駕啓千羣
羽觴懽湛露佾舞奏承雲禁林終宴晚華池物色曛
疏樹飜高葉寒流聚細紋晴軒連瑞氣同一作飛惹御
香芬日斜迨遐宇風起嘆羲雲運偶參侯服恩洽厠
朝聞於焉藉多幸歲暮仰遊汾

九日酌菊酒　劉孝威

露花疑始摘羅衣似適薰餘杯度不取欲持嬌使君

九日侍宴樂遊苑正陽堂　劉苞

六郡良家子幽并遊俠兒立乘爭飲羽側騎競紛馳
鳴珂飾華眊金鞍映玉羈膳羞殫海陸和齊眂秋宜
雲飛雅琴奏風起洞簫吹曲終高宴罷景落樹陰移
微薄承嘉惠飲德良不貲取効績無紀感恩心自知

九日　王修己

霜威始落翠寒氣初入堂隋珠爛似燭魏黎疑夜光
舞步因絃折歌聲隨袂揚夜深聞漏緩簷虛覺唱長

同管記陸瑜九日觀馬射　陳後主

晴朝麗早霜秋景照堂皇幹慘風威切荷彫池望荒
樓高看鴈下葉散覺山涼歘霧含空翠新花濕露黃
飛禽接旆影度日轉鈹光連翩北幽騎馳射西園傍
勒移瑪瑙色鞭起珊瑚揚已同過隙遠更異良弓藏
且觀千里汗仍瞻百步楊非為從逸賞方追塞外羌

衡州九日　江總

秋日正淒淒茅茨復蕭瑟姬人薦初醞幼子問殘疾
園菊抱黃華庭榴剖珠實聊以著書情暫遣他鄉日

於長安歸還揚州九月九日行薇山亭賦韻　前人

心逐南雲逝形隨北鴈來故鄉籬下菊今日幾花開

九日從駕　北周王褒

黃山獵地廣青門官路長律改三秋節氣應九鐘霜
曙影初分地晴色始成光高旆長楸坂縱棨杏間堂
射馬垂雙帶豐貂佩兩璜苑寒梨樹紫山秋菊葉黃
華露霏霏冷輕飈颯颯涼終慚屬車對空假侍中郎

九月九日　唐高宗

端居臨玉扆初律啓金商鳳闕澄秋色龍闈引夕涼
野淨山氣斂林疎風露長砌蘭虧半影巖桂發全香
滿蓋荷凋翠圓花菊散黃揮鞭爭電烈飛羽亂星光
柳空穿石碎弦虛側月張怯猿啼落岫驚鴈斷分行
斜輪低夕景歸旆擁通莊

九月九日幸臨渭亭登高并序　中宗

陶潛盈把既浮九醞之歡畢卓持螯須盡一生之
興人題四韻同賦五言其最後成罰之引滿

九日正乘秋三杯興已周泛桂迎罇滿吹花向酒浮
長房萸早熟彭澤菊初收何藉龍沙上方得恣淹留

豐年多慶九日示懷　德宗

爽氣申時令早衣聞朔鴻重陽有佳節具物欣年豐
皎潔露澄色芬敷新菊叢芳樽滿衢室繁吹凝煙空
德合信在道保和惟爾同推誠至元化天下期為公

重陽日中外同歡以詩言志因示群官餘字韻　同前

炎節在重九物華新雨餘清秋黃葉下菊散金潭初
萬寶行就稔百工欣所如歡心暢遐邇殊俗同車書
至化自敦睦任賢宜宴胥鏘鏘聞絲竹濟濟盛簪裾
此樂匪足耽此誠期永孚

重陽日即事　同前

令節曉澄霽四郊煙靄空天清白露潔菊散黃金叢
寡德荷天貺順時休百工豈懷歌鐘樂思為君臣同
至化在亭育相成資始終未知康衢詠所仰惟年豐

重陽日賜宴曲江亭賦六韻詩用清字并序　同前

朕在位僅將十載實賴忠賢左右克致小康是以
擇三令節錫茲宴賞俾大夫卿士得同歡洽也夫
共其憂者同其休有其初者貴其終咨爾群寮順

朕不暇樂而能節職思其憂咸若時則庶乎理矣
因重陽之會聊示所懷
早衣對庭燎躬化勤意誠時此萬機暇適與佳節并
曲池潔寒流芳菊舒金英乾坤爽氣滿臺殿秋光清
朝野慶年豐高會多歡聲永懷無荒戒良士同斯情

九日　同前
禁苑秋來爽氣多昆明風動起滄波中流簫鼓誠堪
賞詎假橫汾發櫂歌

重陽錫宴羣臣時收復河皇　宣宗
款塞旋征騎和戎委廟賢傾心方倚注叶力共安邊

擬江令於長安歸揚州九日賦　許敬宗
本逐征鴻去還隨落葉來菊花應未滿請待詩人開

九月九日贈崔使君善爲　王績
野人迷節候端坐隔塵埃忽見黃花叶方知素節回
映巖千段發臨浦萬株開香氣徒盈把無人送酒來

九月九日　崔善爲
九日重陽節三秋季月殘菊花催晚氣萸房辟早寒
霜濃鷹擊遠霧重雁飛難誰憶龍山外蕭條邊興闌

答王無功九日　前人
秋來菊花氣深山客重尋露葉疑涵玉風花似散金
摘來還泛酒獨坐即徐斟王弘貪自醉無復覓楊林

九月九日登元武山旅眺　盧照鄰
九月九日眺山川歸心歸望積風煙他鄉共酌金花
酒萬里同悲鴻鴈天

奉和九月九日應制　賀敳
商飆凝素籥元覽賁黃圖曉霜驚斷鴈晨吹結棲烏
寒花低岸菊涼葉下庭梧澤宮申舊典相圃叶前模
玉砌分雕戟金溝轉鏤衢帶星飛夏箭映月上軒弧
慶展簪裾洽恩融雨露濡天文發丹篆寶思掩元珠
承歡徒抃舞負弛竊忘軀

奉和九月九日登慈恩寺浮圖應制　崔日用
紫宸歡每洽紺殿法初隆菊泛延齡酒蘭吹解慍風
咸英調正樂香梵徧秋空臨幸浮天瑞重陽日再中

奉和九日幸臨渭亭登高應制得暉字　蘇瓌
重陽早露晞睿賞瞰秋磯菊氣先熏酒萸香更襲衣
清切絲桐會縱橫文雅飛恩深答效淺留醉奉宸暉

奉和九日幸臨渭亭登高應制得歡字　宋之問
令節三秋晚重陽九日歡仙杯還泛菊寶饌且調蘭
御氣雲霄近乘高宇宙寬今朝萬壽引宜向曲中彈

奉和九月九日登慈恩寺浮圖應制　前人
鳳刹侵雲半虹旌倚日邊散花多寶塔張樂布金田
時菊芳仙醞秋蘭動睿篇香街稍欲晚清蹕扈歸天

蜀中九日登元武山旅眺　王勃
九月九日望鄉臺他席他鄉送客杯人情已厭南中
苦鴻鴈那從北地來

九日　前人
九日重陽節開門有菊花不知來送酒若箇是陶家

重九日宴江陰　杜審言
蟋蟀歸期晚茱萸節候新降霜青女月送酒白衣人
高興要長壽卑棲隔近臣龍沙即此地舊俗坐爲鄰

奉和九月九日登慈恩寺浮圖應制　李嶠
瑞塔千尋起仙輿九日來萸房陳寶席菊蕊散花臺
御氣鵬霄近升高鳳野開天歌將梵樂空裏共徘徊

閏九月九日幸總持寺登浮圖應制　前人
閏節開重九真遊下大千花寒仍薦菊座晚更披蓮
刹鳳回雕輦帆虹間綵旃還將西梵曲助入南薰弦

九日登元武山旅眺　邵大震
九月九日望遙空秋水秋天生夕風寒鴈一向南去一作飛
遠游人幾度菊花叢

奉和九日幸臨渭亭登高應制得筵字　閻朝隱
九九侍神仙高高坐半天文章二曜動氣色五星連
簪紱趨皇極笙歌接御筵願因茱菊酒相守百千年

奉和九日幸臨渭亭登高應制得月字　韋元旦
雲物開千里天行乘九月絲言丹鳳池旆轉蒼龍闕
灞水歡娛地秦京游俠窟欣承解慍詞聖酒黃花發

奉和聖製九日侍宴應制　李適
禁苑秋光入宸遊霽色高萸房頒綵筍菊蕊薦香醪
後騎縈堤柳前旌拂御桃王枚俱得從淺淺愧飛毫

奉和九月九日聖製登慈恩寺浮圖應制　劉憲
飛塔雲霄半清晨羽旆遊登臨憑季月寥廓見中州
御酒新寒退天文瑞景留辟邪將獻壽茲日奉千秋

奉和九日幸臨渭亭登高應制得時字

嘉會宜長日高筵順動時曉光雲外洗晴色雨餘滋
降鶴因韶德吹花入御詞願陪陽數節億萬九秋期　蘇頲

九日進茱萸山詩五首　張說

家居洛陽下舉目見嵩山刻作茱萸節情生造化間
黃花宜泛酒青岳好登高稽首明廷內心爲天下勞
菊酒攜山客萸囊繫牧童路疑隨大隗心似問鴻蒙
九日重陽數三秋萬寶成時來謁軒后罷去坐蓬瀛
晚節歡重九高山上五千醉中知遇聖夢裏見尋僊

湘州九日城北亭子　前人

西楚茱萸節南淮戲馬臺寧知沅水上復有菊花杯
亭帳憑高出親朋自遠來短歌將急景同使興情催

奉和九日幸臨渭亭登高應制得深字　韋嗣立

塏觀遠沈沈鸞旗九日臨帷（一作行）宮壓水岸步輦入
煙岑枝上萸新採樽中菊始斟願陪歡樂事長與歲
時深

奉和九日侍宴應制得濃字　李乂

望幸紆千乘登高自九重臺疑臨戲馬殿似接疏龍
捧篋萸香遍稱觴菊氣濃更看仙鶴舞來此慶時雍

奉和九月九日登慈恩寺浮圖應制　前人

涌塔臨玄地高層瞰紫微鳴鑾陪帝出攀橑翊天飛
慶洽重陽壽文含列象輝小臣叨載筆欣此頌巍巍

閏九月九日幸總持寺登浮圖應制　前人

清蹕幸禪樓前驅歷御溝還疑九日豫更想六年遊
聖藻輝纓絡仙花綴冕旒所欣延億載寧祇慶重秋

九日幸臨渭亭登高應制得開字　盧藏用

上月重陽滿中天萬乘來萸依佩裏發菊向酒邊開
聖澤煙雲動宸文象緯迴小臣無以答願奉億千杯

奉和九月九日登慈恩寺浮圖應制　前人

化塔龍山起中天鳳輦迂彩旒牽畫刹雜佩冒香萸
寶葉擎千座金英漬百盂秋雲飄聖藻霄（一作府）極捧
連珠

九月九日幸臨渭亭登高應制得溪字　岑羲

重九開科曆千齡逢聖紀爰豫矚秦垌升高臨灞涘
玉醴浮仙菊瓊筵薦芳芷一聞帝舜歌歡娛良未已

奉和九月九日登慈恩寺浮圖應制　前人

寶臺耸天外玉輦步雲端日麗重陽景風搖季月寒
梵堂遙集鴈帝樂近翔鸞願獻延齡酒長承湛露歡

九日幸臨渭亭登高應制得曆字　薛稷

萃節乘原野宜遊俯崖壁秋登華實滿氣嚴鷹隼擊
仙菊含霜泛聖藻臨雲錫願陪九九辰長奉千千曆

慈恩寺九日應制　前人

寶宮星宿劫香塔鬼神功王遊盛塵外睿覽出區中
日宇開初景天詞掩大風微臣謝時菊薄采入芳叢

九日幸臨渭亭登高應制得酒字　馬懷素

睿賞叶通三宸遊契重九蘭將葉布席菊用香浮酒
落日下桑榆秋風歇楊柳幸齊東戶慶希薦南山壽

奉和九月九日登慈恩寺浮圖應制　前人

季月啓重陽金輿陟寶坊御旗橫日道仙塔儼雲莊
帝蹕千官從乾詞七曜光顧慚文墨職無以頌時康

九日臨渭亭侍宴應制得長字　沈佺期

御氣幸金方憑高薦羽觴魏文頒菊蘂漢武賜萸囊
秋變銅池色晴添銀樹光年年重九慶日月奉天長

白蓮花亭侍宴應制　前人

九日陪天仗三秋幸禁林霜威變綠樹雲氣落青岑
水殿黃花合山亭絳葉深朱旗夾小徑寶馬駐清潯
苑吏收寒果饔人膳野禽承歡不覺暝遙響素秋砧

奉和九日幸臨渭亭登高應制　趙彥昭

秋豫凝仙覽宸遊轉翠華呼鷹下鳥路戲馬出龍沙
紫菊宜新壽丹萸辟惡邪須陪長久宴歲歲奉吹花

奉和九月九日登慈恩寺浮圖應制　前人

出豫乘秋（一作佳）節登高（一作憩）陟梵宮皇心滿塵界佛
跡現虛空日月宜長壽人天得大通喜聞題寶偈受
記莫由同

奉和九日幸臨渭亭登高應制得餘字　蕭至忠

望幸三秋暮登高九日初朱旗巡漢苑翠帟俯秦墟
寵極萸房遍恩深菊酎餘承歡何以答萬億奉宸居

奉和九月九日登慈恩寺浮圖應制　前人

天蹕三乘啓星輿六轡行登高凌寶塔極目徧王城

神衛空中遶仙歌雲外清重陽千萬壽率舞頌昇平

奉和九日幸臨渭亭登高應制得風字　李迥秀

重九臨商節登高出漢宮正逢萸實滿還對菊花叢霽雲開就日（一作曉色）仙藻麗秋風微臣預在鎬竊抃遂無窮

奉和九月九日登慈恩寺浮圖應制　前人

沙界人天塔金繩梵帝遊言從祇樹賞行玩菊叢秋御酒調甘露天花拂綵旒堯年將（一作）佛日同此慶時休

奉和九日幸臨渭亭登高應制得亭字　楊廉

遠目瞰秦坰重陽坐滿亭既開黃菊酒還降紫微星簫鼓諳仙曲山河入畫屏幸茲陪宴喜無以效丹青

奉和九月九日登慈恩寺浮圖應制　前人

萬乘臨真境重陽眺遠空慈雲浮鷹塔定水映龍宮寶鐸含飇響仙輪帶日紅天文將瑞色輝煥滿寰中

奉和九日幸臨渭亭登高應制得枝字　韋安石

重九開秋節得一動宸儀金風飄菊蘂玉露泫萸枝睿覽八紘外天文七曜披臨深應作則居高豈忘危

奉和九日幸臨渭亭登高應制得明字　竇希玠

鑾輿巡上苑鳳駕瞰層城御座丹烏麗宸居白鶴驚玉旗縈桂葉金杯泛菊英九辰陪聖膳萬歲奉承明

奉和九日幸臨渭亭登高應制得臣字　陸景初

九秋光順豫重節霽良辰登高識漢苑問道侍軒臣菊花浮聖酒萸房插縉紳聖化遐陲謐長洲鴻鴈賓

奉和九日幸臨渭亭登高應制得日字　鄭南金

重陽玉律應萬乘金輿出風起韻虛籟雲開吐堯日菊花浮聖酒萸香挂衰質欲知恩煦多順動觀秋實

奉和九日幸臨渭亭登高應制得直字　李咸

重陽乘令序四野開晴色日月數初并乾坤聖登極菊黃迎酒泛松翠凌霜直遊海難爲深負山徒倦力

奉和九日幸臨渭亭登高應制得花字　趙彥伯

九日報仙家三秋轉歲華呼鷹下烏路戲馬出龍沙簪挂丹萸蘂杯浮紫菊花所願同微物年年共辟邪

奉和九日幸臨渭亭登高應制得樽字　于經野

御氣三秋節登高九曲門桂筵羅玉俎菊醴泛芳樽遵渚歸鴻度承雲舞鶴鶱微臣濫陪賞空荷聖明恩

奉和九日幸臨渭亭登高應制得還字　盧懷慎

時和素秋節宸豫紫機關鶴似聞琴至人疑宴鎬還曠望臨（一作迷）平野潺湲俯暝灣無因酬大德空此愧崇班

奉和九月九日登慈恩寺浮圖應制　王景

玉輦移中禁珠梯覽四禪重階清漢接飛寶紫霄懸綴葉披天藻吹花散御筵無因鑾蹕暇俱舞鶴林前

奉和九月九日登慈恩寺浮圖應制　畢乾泰

鷲林花塔啓鳳輦順時遊重九昭皇慶大千揚帝休耆闍妙法闢王舍睿文流至德覃無極小臣歌詎酬

奉和九月九日登慈恩寺浮圖應制　解琬

屆蹕遊元地陪儒瞰紫微似邈銖衣劫將同羽化飛雕戈秋日麗寶劍曉霜霏獻觴乘菊序長願奉天暉

奉和九月九日登慈恩寺浮圖應制　樊忱

淨境重陽節仙遊萬乘來插萸登鷲嶺把菊坐蜂臺十地祥雲合三天瑞景開秋風詞更遠竊抃樂康哉

奉和九月九日登慈恩寺浮圖應制　孫佺

應節萸房（一作香）滿初寒菊圃新龍旗煥辰極鳳駕儼香闉蓮井偏宜夏梅梁（一作染）更若春一忻陪鷹塔還似得天身

奉和九月九日登慈恩寺浮圖應制　李從遠

九月從時豫三乘爲法開中霄日天子半座寶如來摘果珠盤獻攀萸玉輦迴願將塵露點遙奉光明臺

奉和九月九日登慈恩寺浮圖應制　周利用

出豫乘金節飛文煥日宮萸房開聖酒杏（一作菊）（一作杏）苑彼元功塔向三天迴輦（一作迴）收（一作背）八解空明恩奉

蘭籍終媿洽薰風

奉和九月九日登慈恩寺浮圖應制　張景源

飛塔凌霄起宸遊一届焉金壺新泛菊寶座即披蓮
就日摇香輦憑雲出梵天祥氛與佳色相伴雜鑪煙

奉和九月九日登慈恩寺浮圖應制　李恆

寶地鄰（一作臨）丹掖香臺瞰碧岑河山天外出城闕樹
中分睿藻蘭英秀僊杯菊蘂薰願將今日樂長奉聖
明君

奉和九月九日登慈恩寺浮圖應制　張錫

九秋霜景淨千門曉望通仙遊光御路瑞塔迥凌空
菊彩揚堯日萸香遶舜風天文麗辰象竊抃仰層穹

奉和九月九日登慈恩寺浮圖應制　解琬

瑞塔臨初地金輿幸上方空邊有清淨覺處無馨香
雨霽微塵斂風秋定水凉茲辰采仙菊薦壽慶重陽

奉和九月九日登慈恩寺浮圖應制　鄭愔

涌霄開寶塔倒影駐僊輿鴈子乘堂處龍王起藏初
秋風聖主曲佳氣史官書願獻重陽壽承歡萬歲餘

九日　張諤

秋天林下不知春一種佳遊事也均絳葉從朝飛著
夜黃花開日未成旬將曛栢樹頻驚鳥半醉歸途數
問人城遠登高併九日茱萸凡作幾年新

九日宴　前人

秋葉風吹黃颯颯晴雲日照白鱗鱗歸來得問茱萸
女今日登高醉幾人

九日陪潤州邵使君登北固山　張子容

五馬向西（一作山）椒重陽坐麗譙徐州帶綠水楚國在
青霄張幕連江樹開筵接海潮凌雲詞客語迴雪舞
人嬌梅福慙仙吏羊公賞下僚新豐酒舊美况是菊
花朝

九日　崔國輔

江邊楓落菊花黃少長登高一望鄉九日陶家雖載
酒三年楚客已沾裳

九日侍宴應制　前人

運偶千年聖時傳九日神堯樽列鐘鼓漢闕闢鉤陳
金籙三清降瓊筵五老巡始驚蘭佩出復詠柏梁新
雲鴈樓前晚霜花酒裏春歡娛無限極書劍太平人

九月九日憶山東兄弟　王維

獨在異鄉為異客每逢佳節倍思親遥知兄弟登高
處遍插茱萸少一人

奉和聖製重陽節宰臣及羣官上壽應制　前人

四海方無事三秋大有年百生無此日萬壽願齊天
芍藥和金鼎茱萸插玳筵玉堂開右个天樂動宮懸
御柳疎秋景城鴉拂曙煙無窮菊花節長奉柏梁篇

九日作　王縉

莫將邊地比京都八月嚴霜草已枯今日登高樽酒
裏不知能有菊花無

九月九日劉十八東堂集　李頎

風俗尚九日此情安可忘菊花辟惡酒湯餅茱萸香
雲入授衣假風吹閑宇凉主人盡歡意林景晝微茫
清切晚砧動東西歸鳥行淹留悵為别日醉秋雲光

九日登高　王昌齡

青山遠近帶皇州霽景重陽上北樓雨歇亭皋仙菊
潤霜飛天苑御梨秋茱萸插鬢花宜壽翡翠橫釵舞
作愁漫說陶潛籬下醉何曾得見此風流

九日登李明府北樓　劉長卿

九日登高望蒼蒼遠樹低人煙湖草裏山翠縣樓西
霜降鴻聲切秋深客思迷無勞白衣酒陶令自相攜

九日岳陽待黃遂張渙　前人

別君頗已久離念與時積楚水空浮煙江樓望歸客
徘徊正佇想彷彿如暫覿心目徒自親風波尚相隔
青林泊舟處猿鳥愁孤驛遥見郭外山蒼然雨中夕
季鷹久踈曠叔度早疇昔返棹來何遲黃花候君摘

九日陪元魯山登北城留别　蕭穎士

山縣繞古堞悠悠快登望雨餘秋天高目盡無隱狀

九日登望仙臺呈劉明府容　崔曙

漢文皇帝有高臺此日登臨曙色開三晉雲山皆北
向二陵風雨自東來關門令尹誰能識河上仙翁去
不回且欲近尋彭澤宰陶然共醉菊花杯

盧明府九日峴山宴袁使君張郎中崔員外　孟浩然

宇宙誰開闢江山此鬱盤登臨今古用風俗歲時觀
地理荆州分天涯楚塞寬百城今刺史華省舊郎官
共美重陽節俱懷落帽歡酒邀彭澤載琴報武城彈
獻壽先浮菊尋幽或藉蘭煙虹鋪藻翰松竹挂衣冠
叔子神如在山公興欲闌傳聞騎馬醉還向習池看

九日得新字　前人

九日未成旬重陽即此辰登高聞故事載酒訪幽人落帽恣歡飲授衣同試新茱萸正可佩折取寄情親

宣州九日聞崔四侍御與宇文太守遊敬亭余時登響山不同此賞醉後寄崔侍御二首　李白

九日茱萸熟插鬢傷早白登高望山海滿目悲古昔遠訪投沙人因爲逃名客故交竟誰在獨有崔亭伯重陽不相知載酒任所適手持一枝菊調笑二千石日暮岸幘歸傳呼隘阡陌形猶雙白鹿賓從何輝赫夫子在其間遂成雲霄隔良辰與美景兩地方虛擲晚從南峰歸蘿月下水壁却登郡樓望松色寒轉碧咫尺不可親棄我如遺舄

九卿天上落五馬道傍來列戟朱門曉褰帷碧嶂開登高望遠海名客得英才紫綬懽情洽黃花逸興催山從圖上見溪即一作向鏡中迴遙羨重陽作應過戲馬臺

九日登山　前人

淵明歸去來不與世相逐爲無杯中物遂偶本州牧因招白衣人笑酌黃花菊我來不得意虛過重陽時題輿何俊發遂結城南期築土按響山俯臨宛水湄胡人叫玉笛越女彈霜絲自作英王胄斯樂不可窺赤鯉涌琴高白龜道馮夷靈仙如彷彿奠酹遙相知古來登高人今復幾人在滄洲違宿諾明日猶可待連山似驚波合沓出溟海揚袂揮四座酩酊安所知齊歌送清揚起舞亂參差賓隨落葉散帽逐秋風吹別後登此臺願言長相思

九日　前人

今日雲景好水綠秋山明攜壺酌流霞搴菊泛寒榮地遠松石古風揚弦管清窺觴照歡顏獨笑還自傾落帽醉山月空歌懷友生

九日龍山飲　前人

九日龍山飲黃花笑逐臣醉看風落帽舞愛月留人

九月十日即事　前人

昨日登高罷今朝再舉觴菊花何太苦遭此兩重陽

九日　韋應物

今朝把酒復惆悵憶在杜陵田舍時明年九日知何處世難還家未有期

九日灃上作寄崔主簿倬二李端繫　前人

凄凄感時節望望臨灃涘翠嶺明華秋高天澄遙滓川寒流愈迅霜交物初委林葉索已空晨禽迎颸起時菊乃盈泛濁醪自爲美良遊雖可娛殷念在之子人生不自省營欲無終已孰能同一酌陶然冥斯理

行軍九日思長安故園　岑參

強欲登高去無人送酒來遙憐故園菊應傍戰場開

九月九日酬顏少府　高適

簷前白日應可惜籬上黃花爲誰有行子迎霜未授衣主人得錢始沽酒蘇秦憔悴人多厭蔡澤棲遲世看醜縱使登高只斷腸不如獨坐空搔首

同崔員外綦毋拾遺九日宴京兆府李士曹　前人

今日好相見羣賢仍廢曹晚晴催翰墨秋興引風騷絳葉擁虛砌黃花隨濁醪閉門無不可何事更登高

重陽　前人

節物驚心兩鬢華東籬空繞未開花百年將半仕三已五畝就荒天一涯豈有白衣來剝啄一從烏帽任敧斜眞成獨坐空搔首門柳蕭蕭噪暮鴉

欽定古今圖書集成曆象彙編歲功典

第七十八卷目錄

重陽部藝文三詩詞

九日曲江　唐杜甫
九日楊奉先會白水崔明府　前人
九日諸人集於林　前人
復愁　前人
九日藍田崔氏莊　前人
九日登梓州城　前人
九日二首　前人
九日　前人
登高　前人
九日奉寄嚴大夫　前人
九日閑居寄登高數子　錢起
九日田舍　前人
九日登玉山　前人
九日寄姪䇲篔亭　前人
九日巴丘楊公臺上宴集　張繼
同徐侍郎五雲谿新亭重陽宴作　獨孤及
九月九日李蘇州東樓宴　前人
重陽日酬李觀　皇甫冉
九日送別　王之渙
九日陪崔峒郎中北山讌　嚴維
九日賈明府見訪　戎昱
九日與敬處士左學士同賦采菊上東山便爲首句　戴叔倫
九日奉陪侍中宴白樓　盧綸
九日奉陪侍中宴後亭　前人
九日奉陪令公登白樓同詠菊　前人
九日同司直九叔崔侍御登寶雞南樓　前人
九日奉陪侍郎登白樓　前人
和趙端公九日登石亭上和州家兄　前人
九日贈司空文明　李端
九日陪皇甫使君泛江宴赤岸亭　暢當
九日登高　司空曙
九日登青山　朱灣
重陽日陪韋卿讌　前人
奉和聖製重陽日百寮曲江宴示懷　崔元翰
九日與楊凝崔淑期登江上山會有故不得往因贈之　朱放
九日陪劉中丞宴送客　前人
奉和聖製重陽日即事　武元衡
奉和聖製九日言懷賜中書門下及百寮　權德輿
奉和聖製重陽日中外同歡以詩言志因示百僚　前人
奉和聖製重陽日即事六韻　前人
奉和聖製豐年多慶九日示懷　前人
嘉興九日寄丹陽親故　前人
九日北樓宴集　前人
酬九日　前人
奉陪李大夫九日龍沙宴會　前人
九月九日勤政樓下觀百僚獻壽　前人
九日廣陵同陳十五先輩登高懷林十二先輩　歐陽詹
和令狐相公九日對黃白二菊花見懷　劉禹錫
重陽日至峽道　張籍
禁中九日對菊花酒憶元九　白居易
九日寄行簡　前人
九日與友人登高　鮑溶
九日病起　殷堯藩
九日憶硯山舊居　姚合
奉和大梁相公重九日軍中宴會之什　裴夷直
奉和大梁相公同張員外重九日宴集　前人
九日齊山登高　杜牧
九日登樟亭驛樓　許渾
九日　李商隱
九日陪越州元相宴龜山寺　趙嘏
重陽　前人
重陽日即事　前人
重陽日次荊南路經武寧驛　崔櫓
九日　李羣玉
九日陪崔大夫宴清河亭　前人
重陽日寄浙東諸從事　李郢

九日衛使君筵上作　武瓘
重陽四首　司空圖
金陵九日　唐彥謙
高平九日　前人
九日遊中溪　前人
重陽日訪元秀上人　鄭谷
婺州水館重陽日作　韋莊
九日　黄滔
九日陪董內名登高　廖匡圖
九日雨中　徐鉉
九日和于使君　釋靈澈
九日陪顏使君真卿登水樓　皎然
九月九日上幸慈恩寺登浮圖羣臣上菊花壽
酒　上官昭容
九日遇雨二首　薛濤
九日水閣　宋韓琦
壬子重九　前人
重九會光化二園　前人
九日永叔長文原甫景仁鄰幾持國過飲
梅堯臣
重陽日再到共城百源故居　邵雍
九日　前人
九日次韻王鞏　蘇軾
次韻蘇伯固主簿重九　前人
九日閑居和陶詩　前人
九日次韻定國　前人
九日舟中望見有美堂上魯少卿飲以詩戲之

前人
丙子重九二首　前人
九日黄樓作　前人
重九會郡樓　米芾
九日寄秦觀　陳師道
重陽九經堂作　范成大
重陽後菊花　前人
九日即事呈尤延之　楊萬里
九日登天湖以菊花須插滿頭歸分韻賦詩得
歸字　朱熹
重九日與賓佐登龍山　前人
己未九日子服老弟及仲宜諸友載酒見過坐
間居厚廟出示佳句歎伏之餘次韻爲謝
前人
九日登臥龍山呈同官　王十朋
九日同出真珠園　林光朝
九日登資福山呈胡宣教　呂聲之
重陽舟中　戴復古
閏九　嚴粲
九日道中淒然憶潘邠老之句　方岳
舟中九日　宋伯仁
重陽　文天祥
重九　金姚孝錫
九日　周昂
九日月中對菊　張本
九日郭外　元郝經
九日感懷　黄庚

潛昭九日賠龍圖次韻　袁桷
九日　張養浩
次德衡弟九日以黄酒來貺　蒲道源
九日　范梈
九日登石頭城　薩都剌
九日　周權
和李源仲九日　王都中
九日行湖上　張翥
九日　曹文晦
九日登玉笥峯　前人
九日　倪瓚
九日寄興　葉顒
九日感懷二首　前人
九日登定海虎蹲山　丁鶴年
九日同馬君卿任宏器登高　明何景明
九日獨酌　劉效祖
單騎九日天壽山登高獻三閣下　潘緯
閏九月燕子磯登高用寒字　吳兆
重陽折梅以上詩　顧開雍
漁家傲　宋歐陽修
西江月重陽　蘇軾
浣溪沙　前人
醉蓬萊重九　前人
南鄉子重九涵輝樓　前人
尾犯九日　秦觀
臨江仙　晁補之
八六子重九呈漢高叔　前人

惜春令　杜安世
鷓鴣天　周紫芝
滿庭芳九日　前人
臨江仙重九　謝逸
六幺令重陽　周邦彥
鳳簫吟九日　王之道
南歌子道中直重九　趙長卿
滿江紅重陽賞菊時余已除代　葉夢得
驀山溪九日　劉子翬
倒垂柳九日　楊无咎
鷓鴣天重九席上　辛棄疾
水調歌頭燕山九日作　范成大
水調歌頭九日奉辛稼軒韻　韓元吉
木蘭花慢重陽　京鏜
念奴嬌九日　袁去華
踏莎行重九牛山　劉克莊
賀新郎九日　前人
念奴嬌重九登金石臺　管鑑
水調歌頭九日　王千秋
清平樂江上九日　黃璣
踏莎行九日西山　高觀國
浣溪沙　韓淲
尾犯九日　趙以夫
一落索九日　方岳
水調歌頭九日醉中　前人
前調九日多景樓　前人
洞仙歌　沈端節
念奴嬌　前人
南歌子重九　黃昇
浪淘沙九日　吳文英
聲聲慢閏重九飲郭園　前人
惜秋華重九　前人
霜葉飛重九　前人
浪淘沙重九　蔣捷
六幺令重陽　陳允平
徵招九日有懷楊守齋　周密
大有九日　潘希白
摸魚兒重九　徐一初
醉花陰　媛李清照
念奴嬌九日　金蔡松年
點絳脣重陽菊開小酌　李俊民
紫萸香九日　元姚雲文
聲聲慢九日賞菊値海棠盛開　張翥
江城子　倪瓚
金菊對芙蓉九日　明馬洪
昭君怨　陳繼儒
鳳凰臺上憶吹簫風雨重陽　沈懋德
滿庭芳以上詞　媛陳契
重陽部選句

歲功典第七十八卷

重陽部藝文三詩詞

九日曲江　唐杜甫

綴席茱萸好浮舟菡萏衰季秋時欲半九日意兼悲
江水清源曲荊門此路疑晚來高興盡搖蕩菊花期

九日楊奉先會白水崔明府　前人

今日潘懷縣同時陸浚儀坐開桑落酒來把菊花枝
天宇清霜淨公堂宿霧披晚酣留客舞鳧舄共差池

九日諸人集於林　前人

九日明朝是相要舊俗非老翁難早出賢客幸知歸
舊采黃花賸新梳白髮微漫看年少樂忍淚已霑衣

復愁　前人

每恨陶彭澤無錢對菊花如今九日至自覺酒須賒

九日藍田崔氏莊　前人

老去悲秋強自寬興來今日盡君歡羞將短髮還吹
帽笑倩旁人為正冠藍水遠從千澗落玉山高並兩
峯寒明年此會知誰健醉把茱萸子細看

九日登梓州城　前人

客心驚暮序賓雁下襄州共賞重陽節言尋戲馬遊
湖風秋戍柳江雨暗山樓且酌東籬菊聊祛南國愁

九日二首　前人

舊日重陽酒傳杯不放杯即今蓬鬢改但媿菊花開
北闕心長戀西江首獨回茱萸賜朝士難得一枝來
舊與蘇司業兼隨鄭廣文采花香泛泛坐客醉紛紛
野樹歌還倚秋砧醒却聞歡娛兩冥漠西北有孤雲

九日　前人

重陽獨酌杯中酒抱病起登江上臺竹葉於人既無

分菊花從此不須開殊方日落元猿哭舊國霜前白
雁來弟妹蕭條各何在干戈衰謝兩相催

登高 前人

風急天高猿嘯哀渚清沙白鳥飛迴無邊落木蕭蕭
下不盡長江滾滾來萬里悲秋常作客百年多病獨
登臺艱難苦恨繁霜鬢潦倒新停濁酒杯

九日奉寄嚴大夫 前人

九日應愁思經時冒險艱不眠持漢節何路出巴山
小驛香醪嫩重巖細菊斑遙知簇鞍馬迴首白雲間

九日閒居寄登高數子 錢起

初服棲窮巷重陽憶舊遊門閒謝病日心醉授衣秋
酒盡寒花笑庭空暝雀愁今朝落帽客幾處管絃留

九日田舍 前人

今日吾家野興偏東籬黃菊映秋田浮雲暝鳥飛將
盡始達青山新月前

九日登玉山 前人

霞景青山上誰知此勝遊龍沙傳往事菊酒對今秋
步石隨雲起題詩向水流忘歸更有處松下片雲幽

九日寄姪篯篔亭 前人

采菊偏相憶傳香寄便風今朝竹林下莫使桂樽空

九日巴丘楊公臺上宴集 張繼

淒淒霜日上高臺水國秋涼客思哀萬壑銀山寒浪
起一行斜字早鴻來誰家搗練孤城暮何處題衣遠
信回江漢路長身不定菊花三笑旅懷開

同徐侍郎五雲谿新亭重陽宴作 獨孤及

萬家蒼翠色雙谿清淺流已符東山趣況值江南秋
白露天地肅黃花門館幽山公惜美景肯為芳樽留
五馬照池塘繁絃催獻酬臨風孟嘉帽乘興李膺舟
騁望傲千古當歡遺四愁豈令永和人獨擅山陰遊

九月九日李蘇州東樓宴 前人

是菊花開日當君乘興秋風前孟嘉帽月下庾公樓
酒最留征客歌能破別愁醉歸無以贈祇奉萬年酬

重陽日酬李觀 皇甫冉

不見白衣來送酒但令黃菊自開花愁看日晚良辰
過步步行尋陶令家

九日送別 王之渙

薊庭蕭瑟故人稀何處登高且送歸今日暫同芳菊
酒明朝應作斷蓬飛

九日陪崔峒郎中北山讌 嚴維

上客南臺至重陽此會文菊芳寒露洗杯翠夕陽曛
務簡人同醉溪閒鳥自羣府中官最小惟有孟參軍

九日賈明府見訪 戎昱

獨掩衡門秋景閒洛陽才子訪柴關莫嫌濁酒君須
醉雖是貧家菊也斑同人願得長攜手久客深思一
破顏却笑孟嘉吹落帽登高何必上龍山

九日與敬處士左學士同賦采菊上東山便為
首句 戴叔倫

采菊上東山山高路非遠江湖乍逢覓城郭亦在眼
晝日市井喧閭年禾稼晚開尊會佳客長嘯臨絕巘
戲鶴唳且閒斷雲輕不卷鄉心各萬里醉話時一展
喬木列遙天殘陽貴平坂徒憂征車重自笑謀慮淺
却顧郡齋中寄傲與君同

九日奉陪侍中宴白樓 盧綸

露白菊氛氳西樓盛襲文玉筵秋令節金鉞漢元勳
說劍風生座抽琴鶴遶雲諛儒無以答願得備前軍

九日奉陪侍中宴後亭 前人

玉壺傾菊酒一顧得淹留彩筆徵枚叟花筵舞莫愁
管弦能駐景松桂不停秋為謝蓬蒿輩如何霜霰稠

九日奉陪令公登白樓同詠菊 前人

瓊尊猶有菊可以獻留侯願比三花秀非同百卉秋
金英分蘂細玉露結房稠黃雀知恩在銜飛亦上樓

九日同司直九叔崔侍御登寶雞南樓 前人

把菊歎將老上樓悲未還短長新白髮重疊舊青山
霜氣清衿袖琴聲引醉顏竹林惟七友何幸亦登攀

九日奉陪侍郎登白樓 前人

碧霄孤鶴發清音上宰因添望闕心睥睨三層連步
障茱萸一朵映華簪紅霞似綺河如帶白露團珠菊
散金此日所從何所問儼然冠劍擁成林

和趙端公九日登石亭上和州家兄 前人

洛浦想江津悲歡共此辰采花湖岸菊望國舊樓人
雁別聲偏苦松寒色轉新傳書問漁叟借寇爾何因

九日贈司空文明 李端

我有惆悵詞待君醉時說長來逢九日難與菊花別
摘却正開花暫言花未發

九日陪皇甫使君泛江宴赤岸亭 暢當

羈旅逢佳節逍遙忽見招同傾菊花酒緩檝木蘭橈
平楚堪愁思長江去寂寥猿啼不離峽灘沸鎮如潮
舉目關山異傷心鄉國遙徒言歡滿座誰覺客魂消

九日登高　司空曙

詩家九日憐芳菊遂客高齋瞰浙江漁浦浪花搖素壁西陵樹色入秋窻木奴向熟懸金實桑落新開瀉玉缸四子醉時爭講德笑論黃霸屈為邦

九日登青山　朱灣

昔人惆悵地繫馬又登臨舊處煙霞在多時草木深水將天一色雲與我無心想見龍山會良辰亦似今

重陽日陪韋卿讌　前人

何必龍山好南亭賞不睽清規陳侯事雅興謝公題入座青峯近當軒遠樹齊仙家自有月莫歎夕陽西

奉和聖製重陽日百寮曲江宴示懷　崔元翰

偶聖覩昌期受恩慙弱質幸逢良宴會況是清秋日遠岫對壺觴澄瀾映簪紱包羞備豐膳象鳳調鳴律薄劣廁英豪歡娛忘衰疾平皋行雁下曲渚雙鳧出沙岸菊開花霜枝果垂實天文見成象帝念資勤恤探道得元珠齋心居特室豈如橫汾唱其事徒驕逸

九日與楊凝崔淑期登江上山會有故不得往因贈之　朱放

欲從攜手登高去一到門前意已無那得更將頭上髮學他年少插茱萸

九日陪劉中丞宴送客　前人

獨坐三臺妙重陽百越間水心觀遠俗霜氣入秋山不棄遺簪舊寧辭落帽還仍聞西上客咫尺謁天顏

奉和聖製重陽日即事　武元衡

玉燭降寒露我皇歌古風重陽德澤展萬國歡娛同綺陌擁行騎香塵凝曉空神都自藹藹佳氣助葱葱律呂陰陽暢景光天地通徒然被鴻霈無以報元功

奉和聖製九日言懷賜中書門下及百寮　權德輿

令節在豐歲皇情喜又安絲竹調六律簪裾列千官煙霜暮景清水木秋光寒筵開曲池上望盡終南端天文麗慶霄墨妙驚飛鸞顧言黃花酒永奉今日歡

奉和聖製重陽日中外同歡以詩言志因示百僚　前人

玉醴宴嘉節拜恩歡有餘煌煌菊花秀馥馥萸房舒白露秋稼熟清風天籟虛和聲度簫韶瑞氣深儲胥百辟皆醉止萬方今晏如宸衷在化成藻思煥瓊琚微臣徒竊抃豈足歌唐虞

奉和聖製重陽日即事六韻　前人

嘉節在陽數至歡朝野同恩隨千鍾洽慶屬五稼豐時菊洗露華秋池涵霽空金絲響仙樂劍舄羅宗公天道光下濟睿詞敷大中多慙擊壤曲何以答堯聰

奉和聖製豐年多慶九日示懷　前人

寒露應秋杪清光澄曙空澤均行葦厚年慶華黍豐聲明暢八表宴喜陶九功文麗日月合樂和天地同聖言在推誠臣職惟匪躬瑣細何以報翾飛淳化中

嘉興九日寄丹陽親故　前人

窮年路岐客西望思茫茫積水曾南渡浮雲失舊鄉海邊尋別墅愁裏見重陽草露荷衣冷山風菊酒香獨謠看墜葉遠目徧秋光更羨登攀處煙花滿練塘

九日北樓宴集　前人

蕭颯秋聲樓上聞霜風漠漠起陰雲不見攜觴王太守空思落帽孟參軍風吟蟋蟀寒偏急酒泛茱萸晚易醺心憶舊山何日見併將愁淚共紛紛

酬九日　前人

重九共歡娛秋光景氣殊他時頭似雪還對插茱萸

奉陪李大夫九日龍沙宴會　前人

龍沙重九會千騎駐旌旗水木秋光淨絲桐雅奏遲煙蕪斂暝色霜菊發寒姿今日從公醉全勝落帽時

九月九日勤政樓下觀百僚獻壽　前人

御氣黃花節臨軒紫陌頭早陽生綵仗霽色入仙樓獻壽皆鵷鷺瞻天盡冕旒菊樽過九日鳳曆肇千秋樂奏薰風起杯酬瑞影收年年歌舞席此地慶皇休

九日廣陵同陳十五先輩登高懷林十二先輩　歐陽詹

客路重陽日登高寄上樓風煙今令節臺閣古雄州泛菊聊斟酒持萸懶插頭情人共惆悵良久不同遊

和令狐相公九日對黃白二菊花見懷　劉禹錫

素萼迎寒秀金英帶露香繁華照旄鉞榮盛對銀黃琮璧交輝映衣裳雜彩章晴雲遙蓋覆秋蝶近悠揚空想逢九日何由陪一觴滿叢佳色在未肯委嚴霜

重陽日至峽道　張籍

無限青山行已盡迴看忽覺遠離家逢高欲飲重陽酒山菊今朝未有花

禁中九日對菊花酒憶元九　白居易

賜酒盈杯誰共持宮花滿把獨相思相思只傍花邊立盡日吟君詠菊詩

九日寄行簡　前人

摘得菊花攜得酒繞邨騎馬思悠悠下邽田土平如

掌何處登高望梓州
九日與友人登高　鮑溶
吳木踈黃秋滿川茱萸風裏一尊前幾廻爲客逢佳
節曾見何人再少年霜報征衣冷針指雁驚幽夢淚
婵娟古來醉樂皆難得留取窮通付上天
九日病起　殷堯藩
重陽開滿菊花金病起樯牀惜賞心紫蟹霜肥秋縱
好綠醅蟻滑晚慵斟眼窺薄霧行殊倦身怯寒風坐
未禁沈醉又成來歲約遣懷聊作記時吟
九日憶硯山舊居　姚合
帝里閒人少誰同把酒杯硯山籬下菊今日幾枝開
曉角驚眠起秋風引病來長年歸思切更值鴈聲催
奉和大梁相公重九日軍中宴會之什　裴夷直
今古同嘉節歡娛但異名陶公緣綠醑謝傅爲蒼生
酒泛金英麗詩通玉律清何言辭物累方繫萬人情
奉和大梁相公同張員外重九日宴集　前人
重九思嘉節追歡從謝公酒清欺玉露菊盛愧金風
不待秋蟾白須沈落照紅更將門下客酬和管絃中
九日齊山登高　杜牧
江涵秋影雁初飛與客攜壺上翠微塵世難逢開口
笑菊花須插滿頭歸但將酩酊酬佳節不用登臨恐
落暉古往今來只如此牛山何必淚沾衣
九日登樟亭驛樓　許渾
鱸鱠與蓴羹秋風片席輕潮回孤島遠雲斂衆山晴
丹羽下高閣黃花垂古城因秋倍多感鄉樹接咸京

九日有序　李商隱
商隱爲令狐楚從事楚既歿子綯繼有章平之拜
悲商隱從鄭亞之辟疎之重陽日商隱留詩於其
廳事綯覩之慙悵扃閉此廳終身不處
曾共山翁把酒時霜天白菊繞堦墀十年泉下無人
問九日樽前有所思不學漢臣栽苜蓿空教楚客詠
江蘺郎君官貴施行馬東閣無因再得窺
九日陪越州元相宴龜山寺　趙嘏
佳晨何處泛花遊丞相筵開水上頭雙影旆搖山雨
霽一聲歌動寺雲秋林光靜帶高城晚湖色寒分半
檻流共賀萬家逢此節可憐風物似荊州
重陽　前人
節逢重九海門外家在五湖煙水中還向秋山覓詩
句伴僧吟對菊花風
重陽日郎事　前人
病酒堅辭綺席春菊花空伴水邊身由來舉止非閒
雅不是龍山落帽人
重陽日荊南路經武寧驛　崔櫓
茱萸冷吹溪口香菊花倒遶山脚黃家山去此强百
里弟妹待我醉重陽風健早鴻高曉景露清圓碧照
秋光莫有時節年年好騎送搔頭逐手霜
九日　李羣玉
年年羞見菊花開十度悲秋上楚臺半嶺殘陽銜樹
落一行斜雁向人來行雲永絕襄王夢野水偏傷宋
玉懷絲管闌珊歸客盡黃昏獨自詠詩廻
九日陪崔大夫宴清河亭　前人
玉醴泛金菊雲亭敞玳筵晴山低畫閫斜雁遠書天

謝朓離都日殷公出守年不知瑤水宴誰和白雲篇
重陽日寄浙東諸從事　李郢
野人多病門長掩荒圃重陽菊自開愁裏又聞清笛
怨望中難見白衣來元瑜正及從軍樂甯戚誰憐叩
角哀紅旆紛紛碧江暮知君醉下望鄉臺
九日衞使君筵上作　武瓘
佳晨登賞喜還鄉謝守開筵晚興長滿眼黃花初泛
酒隔煙紅樹欲迎霜千家門戶笙歌發十里江山白
鳥翔共賀安人豐樂歲幸陪珠履侍銀章
重陽四首　司空圖
簷前減燕菊添芳燕盡庭前菊又荒老大比他年少
少每逢佳節更悲涼
雨寒莫待菊花催須怕晴空暖并開開却一枝開却
盡且隨幽蝶更徘徊
青娥懶唱無衣換黃菊新開乞酒難長有長亭惆悵
事隔河更得對憑欄
白髮怕寒梳更懶黃花晴日照初開籬頭應是蝶相
報已被鄰家攜酒來
金陵九日　唐彥謙
野菊西風滿路香雨花臺上集壺觴九重天近瞻鍾
阜五色雲中望建章綠酒莫辭今日醉黃金難買少
年狂清歌驚起南飛鴈散作秋聲送夕陽
高平九日　前人
雲淨南山紫翠浮憑陵絕頂望悠悠偶然佳節牽詩
興漫把芳尊遣客愁霜染鴉楓迎日醉寒衝涇水帶
冰流烏紗頻岸西風裏笑插黃花滿鬢秋
九日遊中溪　前人

悠悠循澗行磊磊據石坐林垂短長雲山綴丹碧顆
蓼花最無數照水嬌婀娜何知是節序風日自清妥
羣童競時新萬果間蔬蓏欣然為之醉烏帽危不墮
此日山中懷孟公不如我

重陽日訪元秀上人　鄭谷

紅葉黃花秋景寬醉吟朝夕在樊川却嫌今日登山
俗且共高僧對榻眠別畫長懷吳寺壁宜茶偏賞霅
溪泉歸來童稚爭相笑何事無人與酒船

婺州水館重陽日作　韋莊

異國逢佳節憑高獨苦吟一杯今日酒萬里故鄉心
水館紅蘭合山城紫菊深白衣雖不至鷗鳥自相尋

九日　黃滔

陽數重時陰數殘露濃風硬欲成寒莫言黃菊花開
晚獨占樽前一日歡

九日陪董內召登高　廖匡圖

祝融峯下逢嘉節相對那能不愴神煙裏共尋幽澗
菊樽前俱是異鄉人遙山帶日應連越孤鴈來時想
別秦自古登高盡惆悵茱萸休笑淚盈巾

九日雨中　徐鉉

茱萸房重雨霏微去國逢秋此恨稀目極暫登臺上
望心遙長向夢中歸荃蘼路遠愁霜早兄弟鄉遙羨
鴈飛惟有多情一枝菊滿杯顏色自依依

九日和于使君　釋靈澈

清晨有高會賓從出東方楚俗風煙古汀洲草木涼
山情來遠思菊意在重陽心憶華池上從容鵷鷺行

九日陪顏使君眞卿登水樓　皎然

重陽荊楚尚高會此難陪偶見登龍客同遊戲馬臺
風文向水疊雲態擁歌迴持菊煩相問捫襟愧不才

九月九日上幸慈恩寺登浮圖羣臣上菊花壽
酒　上官昭容

帝里重陽節香園萬乘來却邪萸入佩獻壽菊傳杯
塔類承天湧門疑待佛開睿詞懸日月長得仰昭回

九日遇雨二首　薛濤

萬里驚飆朔氣深江城蕭索晝陰陰誰憐不得登山
去可惜寒芳色似金
茱萸秋節佳期阻金菊寒花滿院香神女欲來知有
意先令雲雨暗池塘

九日水閣　宋韓琦

池館隳摧古樹荒此延嘉客會重陽雖慚老圃秋容
淡且看寒花晚節香酒味已醇新過熟蟹黃先實不
須霜年來飲興衰難強漫有高吟力尚狂

壬子重九　前人

菊有黃花氣候移重陽香蕊已乾枝金鈴後坼孤芳
在玉液輕浮一醉宜煙渚大來鴻自適霜叢飛遶蝶
何知風前客帽從吹落且伴山翁倒接籬

重九會光化二園　前人

誰言秋色不如春及到重陽景自新隨分笙歌行樂
處菊花萸子更宜人

九日永叔長文原甫景仁鄰幾持國過飲　梅堯臣

秋堂雨更靜粲粲佳菊芳置酒延羣公掇英浮新黃
心猶慕淵明歸來醉柴桑莫問市馬之去跡亂康莊

重陽日再到共城百源故居　邵雍

故國逢佳節登臨但可悲山川一夢外風月十年期
白髮飄新鬢黃花遶舊籬鄉人應笑我晝錦是男兒

九日　前人

九日登高會尋幽講雅歡俗風追故事天氣薦輕寒
白酒連醅飲黃花帶露觀消沈浮世事何足重汍瀾

九日次韻王鞏　蘇軾

我醉欲眠君罷休已教從事到青州鬢霜饒我三千
丈詩律輸君一百籌聞道郎君閉東閣且容老子上
南樓相逢不用忙歸去明日黃花蝶也愁

次韻蘇伯固主簿重九　前人

雲間朱袖拂雲和應是長松掛女蘿髻重不嫌黃菊
滿手香新喜綠橙搓墨翻衫袖吾方醉紙落雲煙子
患多只有黃雞與白髮玲瓏應識使君歌

九日閑居和陶詩　前人

九日獨何日欣然愜平生四時靡不佳樂此古所名
龍山憶孟子栗里懷淵明鮮鮮霜菊豔溜溜糟牀聲
閑居知令節樂事滿餘齡登高望雲海醉覺三山傾
長歌振履商起舞帶索榮坎軻識天意淹留見人情
但願飽杭稌年年樂秋成

九日次韻定國　前人

菊盡萸囊自古傳長房寧復是臞仙應教漢武橫汾
日數到劉公戲馬年對玉山人今老矣見恆河性故
依然王郎九日詩千首今賦黃樓第二篇

九日舟中望見有美堂上魯少卿飲以詩戲之　前人

指點雲間數點紅笙歌正擁紫髯翁誰知愛酒龍山
客却在漁舟一葉中

丙子重九二首　前人

三年瘴海上越嶠眞我家登山作重九蠻菊秋未花
惟有黃茆浪堆隴生坳窊蠻酒孽衆毒酸甜如梨查
何以侑一尊鄰翁饋蟲蛇亦復强取醉讙謠雜悲嗟
今年吁惡歲僵仆如亂麻此會我雖健狂風卷朝霞
使我如霜月孤光掛天涯西湖不欲往暮樹號寒鴉
窮途不擇友過眼如亂雲餘子誰復數坐閱兩使君
共飲去年堂俯看秋水紋此水與此人相追兩沄沄
老去各休息造物嗟長勤佳哉此令節不惜與子分
何以娛我客游魚在清濆水師三百指鐵網欲掩羣
獲多雖一快買放尤可欣此樂眞不朽明年我歸耘

九日黃樓作　前人

去年重陽不可說南城夜半千漚發水穿城下作雷
鳴泥滿城頭飛雨滑黃花白酒無人問日暮歸來洗
靴韈豈知還復有今年把盞對花容一呷莫嫌酒薄
紅粉陋終勝泥中千柄鍤黃樓新城壁未乾青荷已
落霜初殺朝來白露細如雨南山不見千尋刹樓前
便作海茫茫樓下空聞櫓鴉軋薄寒中人老可畏熱
酒澆腸氣先壓煙消日出見漁村遠水鱗鱗山齾齾
詩人猛士雜龍虎楚舞吳歌亂鵝鴨一杯相屬君勿
辭此境何殊泛清霅

重九會郡樓　米芾

山清氣爽九秋天黃菊紅茱滿泛船千里結言寧有
後羣賢畢至猥居前杜郎閑客今爲是謝守風流古
所傳獨把秋英緣底事老來情味向詩偏

九日寄秦觀　陳師道

疾風回雨水明霞沙步叢祠欲暮鴉九日清樽欺白
髮十年爲客負黃花登高懷遠心如在向老逢辰意
有加淮海少年天下士可能無地落烏紗

重陽九經堂作　范成大

俗間佳節自怱怱老去悲秋又客中青嶂卷簾三面
月黃花吹鬢幾絲風十年故國新栽柳萬里他鄉舊
轉蓬誰與安排今夜夢片帆飛到小籬東

重陽後菊花　前人

寂寞東籬濕露華依前金蕋照泥沙世情兒女無高
韻只看重陽一日花

九日即事呈尤延之　楊萬里

昨日茱萸未苦香今朝籬菊頓然黃浮英泛蘂多多
著舊酒新醅細細嘗節裏且追千載事鬢邊管得幾
莖霜正冠落帽多兒態自笑狂夫老不狂

九日登天湖以菊花須插滿頭歸分韻賦詩得
歸字　朱熹

去歲瀟湘重九時滿城寒雨客思歸故山此日還佳
節黃菊清罇更晚暉短髮無多休落帽長風不斷且
吹衣相看下視人寰小祇合從今老翠微

重九日與賓佐登龍山　前人

曉風獵獵笛橫秋澤國名山九日遊萬里煙雲歸老
眼千年形勢接中州江原到處堪懷古黃菊隨時豈
解愁此日此心誰共領朝宗江漢自東流

己未九日子服老弟及仲宣諸友載酒見過坐
閒居厚廟出示佳句歎伏之餘次韻爲謝　前人

雛菊斑斑半吐黃汧中又報紫萸香裝成令節秋還
曉放得高情老更任載酒極知非勝踐沾衣却免欷
斜陽餘年只恐逢辰少吟罷君詩引興長

九日登臥龍山呈同官　王十朋

老逢佳節强躋攀興逸東籬媿未還與客攜壺登縹
緲尋僧對榻臥幽閑白鹽照日一峯古烏帽吹風雙
鬢斑坐上元非孟嘉輩臥龍山却勝龍山

九日同出眞珠園　林光朝

來自清源葛巳覃君王問獵我猶堪百年耆舊如畫
見九日登臨得縱談才子不知汾水上仙人長在大
江南明珠照夜應無數要是層波更好探

九日登資福山呈胡宣教　呂聲之

飛履來登最上峯千山擁翠景無窮遙看雲影參差
外靜聽泉聲斷續中今日黃花重九約何時青眼一
樽同好天風月閑相寄早晚南來有過鴻

重陽舟中　戴復古

扁舟何寂寞絕不見人家無處沽邨酒何從問菊花
谿山淡相對節序漫云嘉牢裹烏紗帽西風日又斜

閏九　嚴粲

前月登高去猶嫌菊未黃秋風不相負特地再重陽

九日道中淒然憶潘邠老之句　方岳

滿城風雨近重陽城脚誰家菊自黃又是江南離別
處煙寒吹雁不成行

舟中九日　宋伯仁

巴得重陽未到家短篷根底憶黃花烏紗不爲西風
舞空與同舟說孟嘉

重陽　文天祥

萬里飄零兩鬢蓬故鄉秋色老梧桐鴈棲新月江湖
滿燕別斜陽巷陌空落葉何心定流水黃花無主更
西風乾坤遺恨知多少前日龍山如夢中

重九　金姚孝錫

天邊今日又重陽隴樹紅飛雁信霜且插茱萸慰霜鬢莫將詩句撓迴腸歌勤皓齒人俱醉舞戀晴暉蝶也忙來日預期扶宿酒未應籬菊減秋香

九日　周昂

不堪馬上逢佳節況是天涯望故鄉高會未容陪戲馬舊遊空復憶臨香凝雲黯黯方垂地小雪霏霏欲度牆猶賴多情數枝菊肯留金蘂待重陽

九日月中對菊　張本

花上清光花下陰素娥惜此萬黃金一杯寒露三更後誰信幽人更苦心

九日郭外　元郝經

谿上蒼煙一道開誰家日夕採菱回片帆不舉波間過無限好山波底來

九日感懷　黃庚

新橙初試蟹螯肥一曲清歌酒一巵料得故園秋正好黃花應怪客歸遲

潛照九日贈龍團次韻　袁桷

月碾舊裁玉胯雲鑪溫浴銀芽九日殷勤相贈淡羅猶記金花

九日　張養浩

一行作吏廢懽遊九日登臨擬盡酬詩有少陵難著語菊無元亮不成秋雲山自笑頭將鶴人海誰知我亦鷗幸遇佳辰莫辭醉浮雲今古劇悠悠

次德衡弟九日以萸酒來貺　蒲道源

萸如蠅子攢頭赤酒似鵝兒破殼黃饋我眞成兩奇絕爲君大醉作重陽

九日　范梈

楚楚臨階菊重陽特地開慰人良有意報汝愧無才巷杵聞雞發鄰觴送蟹來采英吾欲寄悵望倚江臺

九日登石頭城　薩都剌

九日吟鞭聚石頭翠微高處倚晴秋西風不定鴈初度落木無邊江自流兩眼欲窮天地闊一杯深護古今愁烏臺賓主黃華宴未必龍山是勝遊

九日　周權

座上風流憶孟嘉憑高目斷楚天涯百年歲月催蓬鬢十載江湖負菊花小雨釀寒侵白苧西風憐醉避烏紗閒攜椰栗吟歸路流水殘雲帶晚鴉

和李源仲九日　王都中

我愛秋容淡東籬皜皜輝黃花依舊發白髮幾時歸明月輝官舍清風爽客衣今年好光景長歎故人稀

九日行湖上　張翥

是節最關情隨山得散行西風片雨過落日半湖明野菊黃堪把官醅綠可傾坐來無限思散入遠鴻聲

九日　曹文晦

殘日淒風岸登臨感物華早禾千頃雪秋樹半村霞酩酊攜壺牧風流落帽嘉古人那可作一笑對黃花

九日登玉霄峯　前人

嶺頭回首是官塘野樹青紅天雨霜清氣著人吟不盡玉霄峯頂過重陽

九日　倪瓚

自笑不能孤九日一壺濁酒對西山遙憐玉樹秋風裏靜看冥鴻落日間草木蕭蕭雲更碧山川漠漠鳥飛還長途誰是陶彭澤被褐行吟意自閒

九日寄典　葉顒

黃菊香殘夜雨烏紗醉落秋風回首十年舊事亂雲流水西東

九日感懷二首　前人

門掩東籬處士家每逢佳節惜年華黃花有恨驚秋老白髮無情對日斜杜牧仙遊詩寡和王弘人去酒須賒烏紗醉裏西風冷千古令人憶孟嘉

悠悠江影鴈南飛黃菊飄香蝶滿枝斜日西風彭澤酒殊方異國杜陵詩煙巒慘淡山林暮霜葉蕭疎草木悲醉後不思時節異半攲烏帽任風吹

九日登定海虎蹲山　丁鶴年

東海十年多契闊西風九日獨登臨天高雲靜鴈初度水碧沙明龍自吟籬下菊花憐我瘦杯中竹葉爲誰深凭高眺遠無窮恨去國懷鄉一寸心

九日同馬君卿任宏器登高　明何景明

歲歲重陽菊開時不在家那知今日酒還對故園花野靜雲依樹天寒鴈聚沙登臨無限意何處望京華

九日獨酌　劉效祖

南山遙對菊花開欲采無人爲舉杯縱說柴桑貧謝客何曾不許白衣來

聖駕九日天壽山登高獻三闕下　潘緯

仙輿九日駐郊圻清蹕傳呼上翠微朔塞秋聲連畫角陵園霜色雜朱旂千官馬逐層岩轉萬乘龍隨磴道飛欲記明良遊豫盛野人終媿賦才非

閏九月燕子磯登高用寒字　吳兆

閏月蕭蕭萬木殘危磯梟梟壓江湍却登高處萸重佩尚有餘秋菊再看浦口雲深帆影暮石頭風急鴈

聲寒松亭蘺磴閒行遍正近斜陽莫倚闌
重陽折梅　顧開雍
摘得黃花換綠醽登高偏到寄梅亭那知白鴈哀鳴
急吹入羌中笛裏聽
漁家傲　宋歐陽修
九日歡遊何處好黃花萬蘂雕闌遶通體清香無俗
調天氣好煙滋露結功多少　日脚清寒高下照寶
釘密綴圓斜小落蘂西園風嫋嫋催秋老叢邊莫厭
金尊倒
西江月重陽　蘇軾
點點樓前細雨重重江外平湖當年戲馬會東徐今
日淒涼南浦　莫恨黃花未吐且教紅粉相扶酒闌
不必看茱萸俯仰人間今古
浣溪沙　前人
珠檜絲杉冷欲霜山城歌舞助淒涼且餐山色飲湖
光　共挽朱轓留半日強揉青蘂作重陽不知明日
爲誰黃
醉蓬萊重九　前人
笑勞生一夢羈旅三年又還重九華髮蕭蕭對荒園
搔首賴有多情好飲無事似古人賢守歲歲登高年
年落帽物華依舊　此會應須爛醉仍把紫菊茱萸
細看重嗅搖落霜風有手拔雙柳來歲今朝爲我西
顧酧羽觴江口會與州人飲公遺愛一江醇酎
南鄉子重九涵輝樓　前人
霜降木痕收淺碧鱗鱗露遠洲酒力漸消風力軟颼
颼破帽多情却戀頭　佳節若爲酬但把清尊斷送
秋萬事到頭都是夢休休明日黃花蝶也愁
尾犯九日　秦觀
客裏遇重陽孤館一杯聊賞佳節日暖天晴喜秋光
清絕霜乍降寒山凝紫霧初消澂潭皎潔闌干閒倚
庭院無人顛倒飄黃葉　故園當此際遙想弟兄羅
列攜酒登高把茱萸簪徹歎籠鳥羈縱難去望征鴻
歸心漫切長吟抱膝就中深意憑誰說
臨江仙　晁補之
自古齊山重九勝登臨夢想依依偶來恰值菊花時
難逢開口笑須插滿頭歸　昨夜一江風色好平明
秋浦帆飛可憐如赴使君期且當酬令節不用歎斜
暉
八六子重九呈祖禹叔　前人
喜秋晴淡雲縈縷天高羣鴈南征正露冷初減蘭紅
風緊潛彫柳翠愁人漏長夢驚　重陽景物淒清漸
老何時無事當歌好在多情暗自想朱顏並遊同醉
宦名韁鎖世路蓬萍難相見賴有黃花滿把從教綠
酒深傾醉休醒醒來舊愁旋生
惜春令　杜安世
此夕重陽秋意深籬邊散嫩菊黃金萬里霜天林葉
墜蕭索動離心　臂上茱萸新似舊年堪賞光陰百
盞香醪且酬身牛山會難尋
鷓鴣天　周紫芝
終日看山不厭山尋思百計不如閒何時得到重陽
日醉把茱萸仔細看　敧烏帽倚雕欄偶然攜酒却
成歡籬邊黃菊關心事觸忤愁人到酒邊
滿庭芳九日　前人
江遶淮城雲昏楚觀一枝煙笛誰橫曉風吹帽霜日
照人明暗惱潘郎舊恨應追念菊老殘英秋空晚茱
萸細撚醽醁爲誰傾　人間眞夢境新愁未了綠鬢
星星問明年此會誰寄幽情倚盡一樓殘照何妨更
月到簾旌憑闌久歌君妙曲誰是米嘉榮
臨江仙重九　謝逸
木落江寒秋色晚颼颼吹帽風清丹楓樓外擣衣聲
望高懷遠山影鴈邊橫　露染宮黃庭菊淺茱萸煙
拂紅輕尊前誰整醉冠傾酒香熏臉落日斷霞明
六幺令重陽　周邦彥
快風收雨亭館清殘燠池光靜橫秋影岸柳如新沐
聞道宜城酒美昨日新醅熟輕鑣相逐衝泥策馬來
折東籬半開菊　華堂花豔對列一一驚郎目歌韻
巧共泉聲間雜琤琮玉惆悵周郎已老莫唱當時曲
幽歡難卜明年誰健更把茱萸再三囑
鳳簫吟九日　王之道
雨溟濛年年今日農夫共卜時豐登高隨處好銀屏
突兀南峙對三公眞珠團露菊更芙蓉照水勻紅但
華髮衰顏不堪頻鑑青銅　相逢行藏休借問且徘
徊目送飛鴻十年湖海千里雲山幾番殘照淒風蟹
螯黿似臂金英碎琥珀香濃細讀離騷爲君一飲千
鍾
南歌子道中遇重九　趙長卿

此日知何日他鄉憶故鄉亂山深處過重陽走馬吹花無復少年狂　黃菊擎枝重紅茱濕露香扁舟隨鴈過瀟湘遙想萊庭應恨不同觴

滿江紅（重陽賞菊時余已除代）　葉夢得

一朵黃花先催報秋歸消息滿芳枝凝露爲誰裝飾便向尊前拚醉倒古今同是東籬側問何須特地賦歸來拋彭澤　回首去年時節開口笑眞難得使君今那更自成行客霜鬢不辭重插滿他年此會何人憶記多情曾作小闌干親攀摘

驀山溪（九日）　劉子翬

浮煙冷雨此日還重九秋去又秋來但黃花年年依舊平臺戲馬無處問英雄茅舍小竹籬疏几坐空搔首　客來何有草草三杯酒一醉萬緣空休貪他金印如斗山翁倦矣誰共賦歸與芰隴麥綱溪魚未落他人後

倒垂柳（九日）　楊无咎

曉來煙露重爲重陽增勝致記一年好處無似此天氣東籬白衣至南陌芳筵啓風流曾未遠登臨都在眼底　人生如寄謾把茱萸仔細擊節聽高歌痛飲莫辭醉烏帽任敎顚倒風裏墜黃花明日縱好無情味

鷓鴣天（重九席上）　辛棄疾

戲馬臺前秋鴈飛管絃歌舞更旌旗要知黃菊淸高處不入當年二謝詩　傾白酒遶東籬只於陶令有心期明朝九日渾瀟灑莫使尊前欠一枝

水調歌頭（燕山九日作）　范成大

萬里漢家使雙節照淸秋舊京行徧中夜呼嘯濟黃流寥落桑榆西北無限太行紫翠相伴過蘆溝歲晚客多病風露冷貂裘　對重九須爛醉莫牽愁黃花爲我一笑不管鬢霜羞袖裏天書咫尺眼底關河百二歌罷此生浮惟有平安信隨雁到南州

水調歌頭（九日大干[illegible]）　韓元吉

今日俄重九莫負菊花開試尋高處攜手躡屐上崔嵬放目蒼崖萬仞雲護曉霜成陣知我與君來古寺倚修竹飛檻絕塵埃　笑談間風滿座酒盈杯仙人跨海休問隨處是蓬萊落日平原西望鼓角秋聲悲壯戲馬但荒臺細把茱萸看一醉且徘徊

木蘭花慢（重陽）　京鏜

算秋來景物皆勝賞況重陽正露冷欲霜煙輕不雨玉宇開張蜀人從來好事遇良辰不肯負時光藥市家家簾幕酒樓處處絲簧　婆娑老子興難忘聊復與平章也隨分登高茱萸綴席菊蘂浮觴明年未知誰健笑杜陵底事獨淒涼不道頻開笑口年年落帽何妨

念奴嬌（九日）　袁去華

一番雨過一番涼秋入蒼崖青壁苦日多陰還又是重九飄零江國瘦水粼粼長煙裊裊楓葉千林赤南山入望爲誰依舊佳色　隨分綠酒黃花聯鑣飛蓋總龍山豪客人世高歌狂笑外擾擾於身何得短髮蕭蕭風吹烏帽醉裏從敧側明年雖健未知何處相憶

踏莎行（重九牛山）　劉克莊

日月跳丸光陰脫兎登臨不用深懷古向來吹帽插花人盡隨殘照西風去　老矣征衫飄然客路炊煙三兩人家住欲攜斗酒答秋光山深無覓黃花處

賀新郎（九日）　前人

湛湛長空黑更那堪斜風細雨亂山如織老眼平生空四海賴有高樓百尺看浩蕩千崖秋色白髮書生神州淚儘淒涼不向牛山滴追往事去無迹　少時自負凌雲筆到如今春華落盡滿懷蕭瑟常恨世人新意少愛說南朝狂客把破帽年年拈出若對黃花辜負酒怕黃花也笑人岑寂鴻北去日西匿

念奴嬌（重九登金石臺）　管鑑

登高作賦歎老來筆力多非年少古觀重遊秋色裏冷却西風吹帽千里江山一時人物迴出塵埃表危闌同凭皎然玉樹相照　惆悵紫菊紅萸年年簪鬢應笑人空老北關西江君賜遠難得一枝來到莫話升沈且乘閒暇贏得淸尊倒飲酣歸暮浩歌聲振林杪

水調歌頭（九日）　王千秋

壯日遇重九躍馬恣歡遊如今何事多感霜鬢不禁秋日斷五陵臺路無復登高千騎鼓吹簇輕裘霜露下南國淮淡遶神州　釣松鱸斟郢酒聽吳謳壯心鑠盡今夕重見紫茱羞月落笳鳴沙磧烽靜人耕榆塞此志恐悠悠擬欲墮淸淚生怕菊花愁

清平樂（江上九日）　黃機

西風獵獵又是登高節一片情深無處說秋滿江頭紅葉　誰憐鬢影淒涼新來更點吳霜孤負萸囊菊盞年年客裏重陽

踏莎行（九日西山）　高觀國

水減堤痕秋生屐齒瘦筇喚起登高意翠微煙冷夢

淒涼黃花香曉人憔悴　懷古風流悲秋情味紫萸
勸入旗亭醉玉人相見說新愁可憐又溼西風淚

浣溪沙　韓淲

山氣吹雲寶月涼園林承露菊花黃吾生只合醉爲
鄉　悵望佳人因共賦分明佳節是重陽酒邊猶發
少年狂

尾犯 九日　趙以夫

長嘯躡高寒回首萬山空翠零亂縹緲清秋與斜陽
天遠引光祿清吟興動憶龍山舊遊夢斷袂衣初試
破帽多情自笑霜蓬短　黃花長好在俛仰節物驚
換紫蟹青橙覓東籬幽伴感今古風淒霜冷想關河
煙昏月澹舉杯相屬殷勤更把茱萸看

一落索 九日　方岳

瘦得黃花能小一簾香杳東籬雲冷正愁予猶幸是
西風少　葉下亭皐渺渺秋何爲老無錢持蟹對黃
花又孤負重陽了

水調歌頭 九日醉中　前人

左手紫螯蟹右手綠螺杯古今多少遺恨俯仰已塵
埃不共青山一笑不與黃花一醉懷抱向誰開舉酒
屬吾子此興正崔嵬　夜何其秋老矣盍歸來試問
先生歸否茅屋欲生苔窮則簞瓢陋巷達則鼎彝清
廟吾意兩悠哉寄語雪溪外鷗鷺莫驚猜

前調 九日多景樓　前人

醉我一壺玉了此十分秋江濤還似當日擊楫渡中
流問訊重陽煙雨俯仰人間今古此意渺滄洲天地
幾今夕舉白與君浮　舊黃花新白髮笑重遊滿船
明月猶在何日大刀頭誰跨揚州鶴去已怨故山猿
老借箸欲前籌莫倚闌干北天際是神州

洞仙歌　沈端節

重陽近也漸秋光淒勁宿雨初收好風景正干戈者
定禾黍豐登人意樂歌舞賢侯美政　醉翁遊歷處
勝槩依然木落淮南見山影有客共登臨醉裏疎狂
敧烏帽從嘲華鬢但目送孤鴻傍危闌笑問道黃花
似誰風韻

念奴嬌　前人

重陽恁好正秋清天色大谷如舊時閒處高香霧滿
採菊無人同把堪笑淵明蓬頭曳杖吟賞東籬下孤
風遠韻至今猶作佳話　爭似太守仁賢慈祥愷悌
賦政多閒暇千里江山供勝踐尊俎延登儒雅只恐
相將吹花春宴不許斯民借花朝使座尚懷方外司
馬

南歌子 重九　黃昇

蘭佩秋風冷茱囊曉露新多情多感怯芳辰強折黃
花來照碧粼粼　落帽參軍醉空尊靖節貧世間那
復有斯人目送歸鴻西去一傷神

浪淘沙 九日　吳文英

山遠翠眉長高處淒涼菊花清瘦杜秋孃淨洗綠杯
牽露井聊薦幽香　烏帽壓吳霜風力偏狂一年佳
節過西廂秋色雁聲愁幾許都在斜陽

聲聲慢 閏重九飲郭園　前人

檀欒金碧婀娜蓬萊遊雲不蘸芳洲露柳霜蓮十分
點綴殘秋新彎畫眉未穩似含羞低度牆頭愁送遠
駐西臺車馬共惜臨流　知道池亭多宴掩庭花長
是驚落秦謳膩粉闌干猶聞凭袖香留輸他翠漣拍
甃瞰新妝終日凝眸簾半捲帶黃花人在小樓

惜秋華 重九　前人

細響殘蛩傍燈前似說深秋懷抱怕上翠微傷心亂
煙殘照西湖鏡掩塵沙翳曉影秦鬟雲擾新鴻喚淒
涼漸入紅萸烏帽　江上故人老視東籬秀色依然
娟好晚夢趁鄰杵斷乍將愁到秋娘淚濕黃昏又滿
城雨輕風小閒了看芙蓉畫船多少

霜葉飛 重九　前人

斷煙離緒關心事斜陽紅映霜樹半壺秋水薦黃花
香噀西風雨縱玉勒輕飛迅羽淒涼誰弔荒臺古記
醉踏南屏彩扇咽寒蟬倦夢不知蠻素　聊對舊節
傳杯塵箋蠹管斷闋經歲慵賦小蟾斜影轉東籬夜
冷殘蛩語早白髮緣愁萬縷驚飆從捲烏紗去漫細
將茱萸看但約明年翠微高處

浪淘沙 重九　蔣捷

明露浴疏桐秋滿簾櫳掩琴無語意忡忡掐破東窗
窺皓月早上芙蓉　前事渺茫中烟水孤鴻一尊重
九又成空不解吹愁吹帽落恨殺西風

六么令 重陽　陳允平

授衣時節猶未定寒燠長空雨收雲霽湛碧秋容沐
還是鱸肥蟹美橡栗村村熟不堪追逐龍山夢遠惆
悵田園自黃菊　醉中還念倦旅觸景傷心目羞破
帽把茱萸更憶尊前玉愁立梧桐影下月轉迴廊曲
歸期將卜西風吹雁嬾寄斜封但相囑

微招 九日有懷楊守齋　周密

江蘺搖落江楓冷霜空雁程初到萬景正悲秋奈曲
終人杳登臨嗟老矣問今古情愁多少一夢東園十

年心事恍然驚覺　腸斷紫霞深知音遠寂寂怨琴淒調短髮已無多怕西風吹帽黃花空自好問誰識對花懷抱楚山遠九辨難招更曉煙殘照

大有（九日）　潘希白

戲馬臺前采花籬下問歲華還是重九恰歸來南山翠色依舊簾櫳昨夜聽風雨都不是登臨時候一片宋玉情懷十分衛郎清瘦　紅萸佩空對酒砧杵動微寒暗欺羅袖秋已無多早是敗荷衰柳強整帽簷攲側曾經向天涯搔首幾回憶故國尊罏霜前鴈後

摸魚兒（重九）　徐一初

對茱萸一年一度龍山今在何處參軍莫道無勳業消得從容尊俎君看取破帽飄零也得傳千古當年幕府知多少時流等閒收拾有个客如許　追往事滿目山河晉土征鴻又過邊羽登臨莫上高層望怕見故宮禾黍觴綠酹澆萬斛牢愁淚閣新亭雨黃花無語畢竟是西風披拂猶識舊遊侶

醉花陰　媛李清照

薄霧濃雰愁永晝瑞腦銷金獸佳節又重陽玉枕紗幮半夜凉初透　東籬把酒黃昏後有暗香盈袖莫道不銷魂簾捲西風人似黃花瘦

念奴嬌（九日）　金蔡松年

倦遊老眼放閒身管領黃華三日客子秋高茅舍外滿眼秋嵐欲滴澤國清霜澄江爽氣染出千林赤感時懷古尊前一笑都釋　千古栗里高情雄豪割據戲馬空陳迹醉裏誰能知許事俯仰人間今昔三弄據牀九層飛觀喚取穿雲笛凉蟾有意爲人點破空碧

點絳脣（重陽菊開小酌）　李俊民

秋樹風高可憐憔悴門前柳白衣去後閒却持杯手　一笑相逢落帽年時友君知否南山如舊人比黃花瘦

紫萸香（九日）　元姚雲文

近重陽偏多風雨絕憐此日暄明問秋香濃未待攜客出西城正自羇懷多感怕荒臺高處更不勝情向尊前又憶漉酒插花人只座上已無老兵　淒清淺醉還醒愁不肯與詩平記長楸走馬雕弓榨柳前事休評紫萸一枝傳賜夢誰到漢家陵儘烏紗便隨風去要天知道華髮如此星星歌罷涕零

聲聲慢（九日賞菊值海棠盛開）　張翥

西風墜綠暝起春嬌嫣然困倚修竹落帽人來花豔乍驚郎目相思尚帶舊恨甚淒凉未忺妝束吟鬢底俾寒香一朵並簪黃菊　却待金盤華屋園林靜多情怎禁幽獨蛺蝶應愁明日落紅難觸那堪點霜漸重怕黃昏欲睡未足翠袖冷且莫辭花下秉燭

江城子　倪瓚

滿城風雨近重陽濕秋光暗橫塘蕭瑟汀蒲岸柳送淒凉親舊登高前日夢松菊徑也應荒　堪將何物比愁長綠泱泱遶秋江流到天涯盤屈九回腸煙外青蘋飛白鳥歸路阻思微茫

金菊對芙蓉（九日）　明馬洪

過鴈行低鳴蛩韻急紛紛葉下亭皋向霜庭看菊颭館題糕依然賓主東南美勝龍山迢遞登高繡屏孔雀金盤橘柚銀甕蒲桃　痛飲鯨捲波濤笑百年春夢萬事秋毫問臺前戲馬海上連鼇當時二子今安在乾坤大容我麤豪四絃裂帛雙鬟舞雪左手持螯

昭君怨　陳繼儒

記得東坡老叟莫負清明重九今日正重陽菊花黃花插滿頭歸去落日前村楓樹樹裏唱歌聲釣漁人

鳳凰臺上憶吹簫（風雨重陽）　沈懋德

每遇重陽常攜佳客東郊遂隊登高看碧空雲靜雁陣蕭蕭著帽丹楓數點催好句試共推敲又何必雙攜紅袖醉盡醇醪　飄飄今年風雨偏當落帽日阻却征軺聊自弄柔翰擬答人嘲幸有東籬黃菊獨未我今夕今朝任從他茱萸紅滿雨裏笑吾曹

滿庭芳　媛陳娶

湛碧池塘空青戶院清霜又已深秋遶籬香韻黃菊伴人幽怪是重陽佳節凭闌處吹帽風稠思前古淵明此際淡漠幾曾愁　江山無異感悲深語澀志壯身柔惟圖書經卷风社新修憶昔雲鬟穠服菱鏡裏未展眉頭時暮矣數聲哀雁葉落滿沙洲

重陽部選句

晉鍾會菊花賦季秋初月九日數并置酒華堂高會娛情百卉彫瘁芳菊始榮

梁昭明太子啓重陽變序節景窮秋霜抱樹而摧柯風拂林而下葉金堤翠柳帶星采而均調紫塞蒼鴻追風光而結陣

唐李白詩登高素秋月下望青山廓

杜甫詩去年登高郪縣北今日重在涪江濱苦遭白髮不相放羞見黃花無數新

嚴維詩菊度重陽少
李端詩細雨雙林暮重陽九日寒
杜牧詩重陽酒百缸
司空圖詩重陽未到已登臨探得黃花且獨斟
杜荀鶴詩重陽酒熟茱萸紫
王貞白詩無酒泛金菊登高但憶秋
劉兼詩重陽不忍上高樓寒菊年年照暮秋
宋趙抃詩更上高峯最高處黃花新酒醉重陽
陸游詩但憶社醅挼菊蘂敢希朝士賜萸枝
元耶律楚材詩鴈門九日西風高綿梨萬樹垂金綃
明沈士柱詩異鄉逢九日深殿送三秋

欽定古今圖書集成曆象彙編歲功典

第七十九卷目錄

重陽部紀事
重陽部雜錄
重陽部外編

歲功典第七十九卷

重陽部紀事

物原　齊景公始爲登高

西京雜記　戚夫人侍兒賈佩蘭後出爲扶風人段儒妻說在宮內時九月九日佩茱萸食蓬餌飲菊花酒令人長壽菊花舒時並採莖葉雜黍米釀之至來年九月九日始熟就飲焉故謂之菊華酒

襄陽記　望楚山有三名一名馬鞍山一名災山高處有三磴劉弘山簡九日宴賞之所也

晉書孟嘉傳　嘉爲征西桓溫參軍溫甚重之九月九日溫燕龍山寮佐畢集時佐吏並著戎服有風至吹嘉帽墮落嘉不之覺溫使左右勿言欲觀其舉止嘉良久如廁溫令取還之命孫盛作文嘲嘉著嘉坐處嘉還見卽答之其文甚美四坐嗟歎

姑孰記　縣南十里有九井山卽殷仲文九日從桓公九井賦詩之所

續晉陽秋　寧康三年九月九日上講孝經謝安侍坐陸納卞眈執讀謝石袁宏並執經車引王溫摘句

宋書陶潛傳　潛徵著作佐郎不就江州刺史王弘欲識之不能致也潛嘗往廬山弘令潛故人龐通之齎酒具於半道栗里要之潛有脚疾使一門生二兒轝籃輿既至欣然便共飲酌俄頃弘至亦無忤也先是顏延之爲劉柳後軍功曹在尋陽與潛情款後爲始安郡經過日日造潛每往必酣飲致醉臨去留二萬錢與潛潛悉送酒家稍就取酒嘗九月九日無酒出宅邊菊叢中坐久值弘送酒至卽便就酌醉而後歸

豫章記　龍沙在郡北帶江沙甚潔白高峻而陂有龍形俗爲九日登高處

臨海記　郡北四十里有湖山形甚平正可容數百人坐民俗極重九日每菊酒之辰讌會於此山者常至三四百人

南齊書禮志　宋武爲宋公在彭城九日出項羽戲馬臺至今相承以爲舊准

武帝本紀　永明五年九月己丑詔曰九日出商飆館登高宴羣臣辛卯車駕幸商飆館館上所立在孫陵岡世呼爲九日臺者也

建康宮殿簿　商飆觀在東北十三里離門亭後亭墩上齊武帝重九日登以宴羣臣

南史蕭子顯傳　子顯嘗爲自序云前代賈傅崔馬邯鄲繆路之徒並以文章顯所以屢上歌頌自比古人天監六年始預九日朝宴稠人廣坐獨受旨云今雲物甚美卿何不斐然賦詩詩既成又降旨曰可謂才子余退謂人曰一顧之恩非望而至遂方賈誼何如哉未易當也

魏書裴粲傳　粲沉重善風儀歷正平恆農二郡太守高陽王雍曾以事屬粲粲不從雍甚爲恨後因九日馬射勅畿內太守皆赴京師雍時爲州牧粲往脩謁雍含怒待之粲神情閑邁舉止抑揚雍目之不覺解顏及坐定謂粲曰相愛舉動可更爲一行粲便下席爲行從容而出

啓顏錄　唐宋國公蕭瑀不解射九月九日賜射瑀箭俱不著垛一無所獲歐陽詢詠之曰急風吹緩箭弱手馭強弓欲高翻復下應西還更東十迴俱著地兩手併擎空借問誰爲此乃應是宋公

令[illegible]人太常選來歲九日宴羣臣酒賜湖南新橘

唐會要　貞觀十六年九月九日賜文武五品以上射於元武門

唐書王勃傳　勃父左遷交阯令勃往省道出鍾陵九月九日都督大宴滕王閣宿命其壻作序以夸客因出紙筆徧請客莫敢當至勃汎然不辭都督怒起更衣遣吏伺其文輒報一再報語益奇乃矍然曰天才也請遂成文極歡罷

摭遺　王勃年十三侍父宦遊江左九月八日舟次馬當山遇老叟曰子非王勃乎來日重九南昌都督命客作滕王閣序子有清才盍往賦之勃曰此去七百餘里今已九月八日矣夫何復言叟曰吾助清風一席勃登舟翼日昧爽抵南昌

千金月令　重陽之日必以肴酒登高眺遠爲時讌之遊賞以暢秋志酒必採茱萸甘菊以泛之既醉而還

唐書李適傳　凡天子遊幸秋登慈恩浮圖獻菊花酒

稱壽
唐詩紀事景龍三年九月九日中宗幸臨渭亭登高御製序云陶潛盈把既浮九醞之歡畢卓持螯須盡一生之興人題四韻同賦五言其最後成罰之引滿是宴也韋安石蘇瓌詩先成于經野盧懷愼最後成罰酒
景龍文館記景龍三年九月九日中宗幸慈恩寺登浮圖羣臣獻菊花酒稱壽詩昭容賦詩
集異記明皇天寶十三載重陽日獵於沙苑雲間有孤鶴徊翔上親御弧矢一發而中其鶴則帶箭徐墜將及地丈許欻然矯翰西南而逝萬衆極目良久乃滅益州城距郭十五里有明月觀焉依山臨水松桂深寂道流非修習精愨者莫得而居觀之東廊第一院尤爲幽絕每有自稱青城道士徐佐卿者風局清古一歲率三四至觀之者舊因虛其院之正堂以俟其來而佐卿至則栖焉或三五日或旬朔言歸青城甚爲道流之所傾仰一日忽自外至神爽不怡謂院中人曰吾行山中偶爲飛矢所加尋已無恙矣然此箭非人間所有吾留之於壁上後年箭主到此卽宜付之愼無墜失仍援毫記壁云留箭之時則十三載九月九日也元宗避敵幸蜀暇日命駕行遊偶至斯觀樂其佳景因遍幸道室旣入此堂忽覩挂箭則命侍臣取而翫之蓋御箭也上深異之因詢觀之道士皆以實對卽是佐卿所題乃前歲沙苑縱獵之日也佐卿蓋中箭孤鶴耳究其題乃沙苑翻飛當日集於斯歟上大奇之因收其箭而寶焉自後蜀人亦無復有逢佐卿者矣

舊唐書劉太眞傳貞元四年九月賜宴曲江亭詔曰卿等重陽會宴朕想歡洽欣慰良多情發於中因製詩序令賜卿等一本可中書門下簡定文詞士三五十人應制同用淸字明日納於延英門進來宰臣李泌等雖奉詔簡擇難於取捨由是百僚皆和上自考其詩以太眞及李紓等四人爲上等鮑防于卲等四人爲次等張濛殷亮等二十四人爲下等而李晟馬燧李泌三宰相之詩不加考第
玉海貞元十年九月十日戊子以重陽賜百僚追賞
舊唐書德宗本紀貞元十三年九月辛卯九日宴宰臣百官於曲江上賦詩以賜之
貞元十八年九月癸亥賜羣臣宴於馬璘山池上賦九日賜宴詩六韻賜之
唐書韋貫之傳貫之兄綬德宗時爲翰林學士感心疾罷還第不極於用九月九日帝爲黃菊歌顧左右曰安可不示韋綬卽遣使持往綬遽奉和附使進帝曰爲文不已豈頤養耶敕自今勿復爾
嘉話錄袁師德給事中高之子九日客出糕謂坐客曰某不忍喫請諸公宴俛首久之蓋以父名高故不忍食糕也
唐書韋綬傳穆宗時九月九日宴羣臣曲江綬請集賢學士得別會帝一顺聽
北夢瑣言李商隱依令狐楚以箋奏受知相國旣歿子綯繼有韋平之拜疎隴西未嘗展分重陽日義山詣宅於廳事上題詩曰曾共山翁把酒卮霜天白菊正離披十年泉下無消息九日尊前有所思莫道漢臣栽苜蓿還應楚客詠江離郎君官貴施行馬東閣無由更再窺綯覩之慙悵扃閉此廳終身不處
抒情詩宣宗因重陽賜宴羣臣有御製詩其略曰款塞旋征騎和戎委廟賢傾心方倚注叶力共安邊宰臣以下應制皆和上日宰相魏謩詩最出其兩聯云四方無事去宸豫杪秋來八水寒光起千山霽色開上嘉賞久之魏蹈舞拜謝羣寮竦覩魏有德色極歡而罷
江南野史唐尹氏善歌因重陽與羣女戲登南山文峯而同輩命之歌乃斂眉緩頰怡然一曲聲聞數里故俗耆舊云尹氏之歌聞於長安
輦下歲時記都城重九後一日宴賞號小重陽
六典膳部節日食料九月麻葛糕
金門歲節記洛陽人家重九作迎涼脯羊肝餠佩瓔木符
五代史蜀世家王衍嘗以九日宴宣華苑嘉王宗壽以社稷爲言言發流涕韓昭等曰嘉王酒悲爾諸狎客共以慢言謔嘲之坐上喧然衍不能省也
幸蜀記重陽宴羣臣於宣華苑夜分未罷衍自唱柳宗元詩曰梁苑隋堤事已空萬條猶舞舊春風何須思想千年事誰見楊花入漢宮侍臣宋光溥咏韓偓詩曰吳王恃霸棄雄才貪向姑蘇醉綠醅不覺錢塘江上月一宵西送越兵來衍聞之不樂於是宴罷
遼史聖宗本紀統和三年閏九月重九駐蹕山登高賜羣臣菊花酒
宋史仁宗本紀慶曆五年九月辛卯以重陽曲宴近臣宗室於太淸樓
莆田縣志君溪上有仙人巖巖上野橘甘實無時得

者爲瑞宋元祐間方亞夫薛蕃皆以九日遊巖入得一橘並登第

事文類聚韓忠獻嘗遇重陽置酒私第惟歐文忠與一二執政而蘇明允乃以布衣參其間都人以爲異禮席間賦詩明允有佳節屢從愁裏過壯心還倚醉中開之句其志氣不少衰

李彥平錄韓魏公在北門九日燕諸寮佐有詩云不羞老圃秋容淡猶有寒花晚節香

退齋雅聞錄劉拱衛遠宣和初守郴州嘗接伴北使李處能處能謂遠曰本朝道宗皇帝好文先人昔荷異眷嘗於九日進菊花賦次日賜批答一絕句云昨日吟卿菊花賦碎剪金英作嘉句至今襟袖有餘香冷落秋風吹不去

冷齋夜話黃州潘大臨工詩多佳句然甚貧東坡山谷尤喜之臨川謝無逸以書問有新作否潘答曰秋來景物件件是佳句恨爲俗氛所蔽翳昨日閒臥聞攪林風雨聲欣然起題其壁曰滿城風雨近重陽忽催租人至遂敗意止此一句奉寄聞者笑其迂闊

溪堂集潘邠老有滿城風雨近重陽之句今去重陽四日而雨大作遂以邠老之句續爲三絕其最滿城風雨近重陽無奈黃花惱意香雪浪翻天迷赤壁令人西望憶潘郎

鐵圍山叢談往時川蜀俗喜行毒而成都故事歲以重陽時開大慈寺多聚人物出百貨其間號名藥市者於是有於隱隙間呼貨藥一聲人識其意亟投以千錢乃從隱隙間度藥一粒號解毒丸故一粒可救一人命夫迹既叵測故時多疑出神仙

東京夢華錄九月重陽都下賞菊有數種其黃白色蕊若蓮房曰萬齡菊粉紅色曰桃花菊白而檀心曰木香菊黃色而圓者曰金鈴菊純白而大者曰喜容菊無處無之酒家皆以菊花縛成洞戶都人多出郊外登高如倉王廟四里橋愁臺梁王城硯臺毛駞岡獨樂岡等處宴聚前一二日各以粉麪蒸糕遺送上插剪綵小旗摻飣果實如石榴子栗黃銀杏松子肉之類又以粉作獅子蠻王之狀置於糕上謂之獅蠻諸禪寺各有齋會惟開寶寺仁王寺有獅子會諸僧皆坐獅子上作法事講說遊人最盛下旬即賣冥衣靴鞋席帽衣段以十月朔日燒獻故也

乾淳歲時記禁中例於八日作重九排當於慶瑞殿分列萬菊燦然眩眼且點菊燈略如元夕內人樂部亦有隨花賞如前賞花例蓋賞燈之宴權輿於此自是日盛矣或於清燕殿綴金亭賞橙橘遇郊祀歲則罷宴都人是日飲新酒汎萸簪菊且各以菊糕爲饋以糖肉秫麪雜物爲之上縷肉絲鴨餅綴以榴顆標以綵旗又作蠻王獅子於上及糜栗爲屑合以蜂蜜印花脫餅以爲果餌又以蘇子微漬梅滷雜和蔗霜梨橙玉榴小顆名曰春蘭秋菊雨後新涼則已有炒銀杏梧桐子吟叫於市矣

是日御前供進夾羅御服臣僚服錦襖子夾公服授衣之意也自此御爐日設火至明年二月朔止皇后殿開爐節排當是月遣使朝陵如寒食儀都人亦出郊拜墓用綿毯楮衣之類

歲時雜記二社重陽尚糕而重陽爲盛大率以棗爲之或加以栗亦有用肉者

紹熙行禮記紹熙四年九月重陽節以疾不過宮宰執侍從兩直百僚及諸生皆有疏乞過宮

二老堂詩話慶元丙辰重九風雨中七兄約登高於神岡西喜因記康與之在高宗時謔詞云重陽日四面雨垂垂戲馬臺前泥拍肚龍山路上水平臍淹浸倒東籬茱萸胖黃菊濕滋滋落帽孟嘉尋箬笠漉巾陶令買蓑衣都道不如歸爲之一笑與之自語人云末句或傳兩個一身泥非也

韋居聽輿福州舊有讖云獅兒走狗吼狀元在門首皆莫曉至黃樸賜第之年九日其家相對屋上瓦獅墜地羣犬走而吠之已而黃魁天下

清波雜志毘陵士大夫有仕成都者九日藥市見一銅鼎已破闕旁一人贊取之既得問何所用曰歸以數爐炷香環此鼎香氣皆聚於中試之果然乃名聚香鼎

金史太祖本紀收國元年九月九日拜天射柳歲以爲常

禮志金因遼舊俗重九日行拜天之禮於都城外其制刳木爲盤如舟狀赤爲質畫雲鶴文爲架高五六尺置盤其上薦食物其中聚宗族拜之若至尊則於常武殿築臺爲拜天所

帝京景物略九月九日載酒具茶爐食榼曰登高香山諸山高山也法藏寺高塔也顯靈宮報國寺高閣也釋不登賃園亭闖坊曲爲娛耳麪餅種棗栗其面星星然曰花糕糕肆標紙綵旗曰花糕旗父母家必迎女來食花糕或不得迎母則詬女則怨詫小妹則泣望其姊姨亦曰女兒節

筆記王元美公以重九母忌終身不登高萬曆甲申有閏九月邀余登弇山園縹緲樓是日大醉殊覺有婆娑之致

燕都遊覽志重九日勅賜百官花糕宴

重陽部雜錄

四民月令九月九日可採菊花

齊民要術笨麴桑落酒法預前淨劃麴細剉曝乾作釀池以蘘茹甕黍米淘須極淨九月九日日未出前收水九斗浸麴九斗當日卽炊米九斗爲饋下饋著空甕中以釜內炊湯及熱沃之令饋上者水深一寸餘便止以盆合頭良久水盡饋熟極輭瀉著席上攤之令冷挹取麴汁於甕中搦塊令破瀉甕中復以酒杷攪之每酘皆然兩重布蓋甕口七日一酘每酘皆用米九斗隨甕大小以滿爲限假令六酘半前三酘皆用沃饋半後三酘作再餾黍其七酘者四炊沃饋三炊黍飯甕滿好熟然後押出香美勢力倍勝常酒

食譜張手美家重九米錦糕

嘉話錄爲詩用僻字須有來處緣明日是重陽欲押一糕字尋思六經竟未見有糕字不敢爲之

酉陽雜俎焉耆九月九日麻撒

十道志臨川郡吳太平二年分豫章之臨汝南城縣立晉王羲之爲臨川內史宅於郡城東偏荀伯子臨川記曰右軍故宅其地爽塏山川若畫每重陽日二千石多萃於斯舊宅及墨池猶存

宋史河渠志九月以重陽紀節謂之登高水

聖惠方治頭風頭旋用九月九日菊華暴乾取家糯米一斗蒸熟用五兩菊華末搜拌如常醞法多用細麪麴爲酒候熟卽壓之去滓每暖一小盞服

聞見後錄劉夢得作九日詩欲用糕字以五經中無之輟不復爲宋子京以爲不然故子京九日食糕有詠云颷館輕霜拂曙袍糗餈花飲鬬分曹劉郎不敢題糕字空負詩中一世豪遂爲古今絕唱

蘇軾集嶺南氣候不常余嘗謂菊花開時卽重陽十月初吉菊始開乃與客作重九

蘇文忠公與李公擇書秋色佳哉想有以爲樂人生爲寒食重九愼不可虛擲四時之變無如此節者

後山詩話孟嘉落帽前世以爲勝絕杜子美九日詩云羞將短髮還吹帽笑倩旁人爲正冠其文雅曠達不減昔人謂詩非力學可致正須胷中度世爾

本草圖經吳茱萸木高丈餘皮青綠色葉似椿而闊厚紫色三月開花紅紫色七八月結實嫩時微黃至成熟則深紫九月九日採

搜采異聞錄唐文宗開成元年歸融爲京兆尹時兩公主出降府司供帳事繁又俯近上巳曲江賜宴奏請改日上曰去年重陽取九月十九日未失重陽之意今改取十三日可也且上巳重陽皆有定日而至展一旬乃知鄭谷所賦十日菊詩云自緣今日人心別未必秋香一夜衰亦爲未盡也惟東坡公有菊花開時卽重九之語故記其在海南蓺菊九畹以十月望與客泛酒作重九云

野客叢談宋景文公曰夢得嘗作九日詩欲用糕字思六經中無此字遂止故景文九日詩曰劉郎不敢題糕字虛負詩中一世豪余讀周禮疏羞籩之實糗餌粉餈鄭箋今之餈糕安謂六經中無此字邪又觀揚雄方言亦有此字苕溪漁隱謂古人九日詩未有用糕字惟崔德符和呂居仁一詩有買糕沽酒之語

歲時記京師士庶多於重九後一日再會謂之小重陽

四時占候九月九日是雨歸路日有雨來年熟

重陽部外編

太平廣記孫夫人三天法師張道陵之妻煉金液還丹依太乙元君所授黃金之法積年丹成變形飛化無所不能漢桓帝永壽二年丙申九月九日與天師於閬中雲臺白日昇天位至上眞東岳夫人

搜神記淮南全椒縣有丁新婦者本丹陽丁氏女適全椒謝家其姑嚴酷使役有程不如限者輒捶不堪九月九日乃自經死遂有靈響發言於巫祝曰念人家婦女作息不倦使避九月九日勿用作事江南人

晉呼爲丁姑九月九日咸以爲息日今所在祠之異中有一書生皓首稱胡博士教授諸生忽復不見九月初九日士人相與登山遊觀聞講書聲命僕尋之見空冢中羣狐羅列見人即走老狐獨不去乃是皓首書生

天上玉女記魏濟北郡從事掾弦超中夜獨宿夢有神女來從之自稱天上玉女姓成公字知瓊如此三四夕一旦顯來遊姿顏容體狀若飛仙遂爲夫婦後泄漏其事玉女遂求去去若飛迅超憂感積日幾至委頓去後五年超奉郡使至洛到濟北魚山下遙望曲道頭有一車馬似知瓊驅馳前至果是也悲喜交切同來至洛遂爲室家克復舊好至太康中猶在但不日日往來每於九月九日輒下往來經宿而去

續仙傳潤州鶴林寺有杜鵑花高丈餘每春末爛漫節使賓僚一城士庶無不賞玩者時或見三女子紅裳豔粧共遊花下俗傳花神也周寶鎮浙西謂道人殷七七曰鶴林之花天下奇絕聞君能非時開花今重九將近君能開此花副此日乎七七曰可乃前二日宿鶴林寺中中夜女子來謂七七曰妾爲上元所命下司此花今與道者共開之來日晨起寺僧忽訝花漸拆蘂及九日爛漫如春乃以聞寶一城士庶咸驚之游賞復如春間

龍川別志張安道知成都日以醫官白隨重九請出觀藥市五更市方合而雨作入五局觀避之至殿上見一道人臨堦而坐往就之相問勞已道人曰張端明入蜀今已再矣醫曰始一至蜀耳曰子不知也凡人元氣重十六兩漸老而耗張公所耗過半矣吾與之夙相好今見子非偶然也解衣襦出藥兩圓曰一圓可補一兩氣醫曰張公雖好道然性重愼恐未信也道人曰所以二圓正爲爾也取一圓并水銀一兩納銚中以盞蓋之燒之良久軋軋有聲揭盞以松脂末投之當有異三投而藥成當知此非凡藥也醫徑歸白公試之如其言每投松脂燄起先所坐小亭至三投燄如金色傾出則紫金也乃服其一圓而使醫遍遊成都冀復遇焉後見之孔明廟前復得一圓藥然服之亦無他異

欽定古今圖書集成曆象彙編歲功典

第八十卷目錄

冬部彙考

易經 說卦傳

書經 周官

詩經 小雅四月章

禮記 王制

周禮 春官　秋官　冬官

爾雅 釋天

易飛候 不周風用事

易通統圖 北陸

尚書考靈耀 昴爲冬期

春秋感精符 山大寒

春秋說題辭 稽含水

孝經鉤命決 時政

素問 四氣調神大論篇　玉機眞藏論篇　六節藏象論篇　診要經終論篇　脈要精微論篇　藏氣法時論篇

管子 幼官篇　四時篇　五行篇　七臣七主篇　禁藏篇　度地篇　輕重己篇

尸子 冬爲信

漢書 律歷志　天文志

淮南子 天文訓　時則訓　五位　主術訓　氾論訓

春秋繁露 五行逆順篇　五行五事篇

大戴禮記 千乘篇

晉書 律曆志

梁元帝纂要 冬時景略

農政全書 冬氣十八候

遵生八牋 冬三月調攝總類　修養腎藏法　冬三月行腎臟導引法　冬季攝生消息論　冬時幽賞

直隸志書 肅寧縣

江西志書 武寧縣　寧州

福建志書 福寧州

廣東志書 新安縣　石城縣　儋州

冬部藝文一

感時賦 晉陸機

冬日可愛賦 唐齊映

冬日可愛賦 席夔

冬賦 宋吳淑

冬部藝文二 詩詞

元冥 漢鄒子樂

雜詩 晉張華

雜詩 張協

時興詩 盧諶

詠冬 曹毗

詠冬 宋謝惠連

冬日 鮑照

冬緒羈懷示蕭咨議虞田曹劉江二常侍 齊謝朓

冬日晚郡事隙 前人

冬曉 梁簡文帝

元圃寒夕 同前

奉和湘東王冬曉應令 庾肩吾

冬曉 蕭子暉

奉和湘東王冬曉應令 劉孝綽

冬日家園別陽羨始興 劉孝勝

奉和湘東王冬曉應令 劉孝威

冬曉 劉孝先

冬日傷志篇 北齊邢卲

冬夜酬魏少傅直史館 前人

冬宵各爲四韻 唐太宗

冬日臨昆明池 同前

冬宵引 宋之問

冬郊行望 王勃

冬日見牧牛人擔青草歸 張說

子夜冬歌 崔國輔

冬夜書懷 王維

冬日野望 于良史

賦得冬日可愛 庾承宣

賦得冬日可愛 陳諷

負冬日 白居易

冬日峽中旅泊 劉言史

冬日觀早朝 施肩吾

冬日山居思鄉 周賀

冬日五湖館水亭懷別 杜牧

同州冬日陪吳常侍閒宴 馬戴

冬日寫懷 薛能

冬夜和范祕書宿祕省中作 李頻

冬日 方干

冬日 韓偓

冬日道中 伍喬

答宋之問冬宵引 司馬承禎

冬日寄僧友 釋無可

宮詞　花蘂夫人徐氏
冬夜寄溫飛卿　魚玄機
山中冬日　宋林逋
冬不出吟　邵雍
貧女吟冬　前人
冬夜　孔平仲
冬日雜興四首　張耒
冬日道間　黃公度
冬日田園雜興　范成大
冬夜吟　陸游
冬日二首　朱熹
冬日早作　裘萬頃
冬日書懷　徐璣
次韻胡翁冬日　利登
冬日　戴昺
冬　金宇文虛中
蘭溪道中　元王惲
山中冬日寄綠坡　尹廷高
冬　張養浩
山中樂　何中
東湖冬景　楊載
冬景四首　葉顒
冬詞　郭珏
冬月詞　鄭奎妻
冬暖　明劉基
冬日道中　童冀
冬　康海
冬江　高世彥
香奩冬詞以上詩　媛孟淑卿
桃源憶故人　宋秦觀
菩薩蠻　舒亶
少年遊　周邦彥
滿路花　前人
憶王孫　李甲
念奴嬌冬日賞梅聞岑守得嗣　管鑑
柳梢青冬月海棠　盧炳
菩薩蠻　黃昇
念奴嬌冬晚山陰溪上　張炎
滿庭芳冬以上詞　明吳子孝
冬部選句

歲功典第八十卷

冬部彙考

易經

說卦傳

勞乎坎

疏坎是象水之卦水行不舍晝夜所以爲勞卦又是正北方之卦斗柄指北於時爲冬冬時萬物閉藏納受爲勞是坎爲勞卦也

書經

周官

司空掌邦土居四民時地利

蔡傳冬官卿主國空土以居士農工商四民順天時以興地利按周禮冬官則記考工之事與此不同蓋本闕冬官漢儒以考工記當之也

詩經

小雅四月章

冬日烈烈飄風發發

朱注烈烈猶栗烈也　大全呂氏曰冬日猶云冬時也

禮記

王制

天子諸侯宗廟之祭冬曰烝

陳注疏曰烝者衆也冬時物成者衆也

周禮

春官

大宗伯以烝冬享先王

訂義鄭鍔曰冬以備物爲主烝者物畢皆可烝於是而備物也

秋官

以賓禮親邦國冬見曰遇

訂義鄭康成曰遇偶也欲其若不期偶至也

大行人掌大賓之禮及大客之儀以親諸侯冬遇以協諸侯之慮

訂義鄭鍔曰冬者收藏之時慮欲其隱故取收藏之時以協之

冬官闕漢儒以考工記代之

訂義趙氏曰先王建官始於天官掌邦治至冬官而

經理之事終矣名官以冬此其旨也

爾雅

釋天

冬爲元英

疏 冬之氣和則黑而清英

冬爲安寧

注 此亦冬之別號

易飛候

不周風用事

冬乾王不周風用事人君當興邊兵治城郭行刑斷獄訟繕宮殿

易通統圖

北陸

冬日行北方黑道曰北陸

尚書考靈耀

昴爲冬期

虛星爲秋候昴爲冬期陰氣相佐德乃不邪子助母收合子符

春秋感精符

山大霧

山冬大霧十日已上不除者山崩之候

春秋說題辭

稻含水

稻之爲言藉也稻冬含水盛其德也故稻太陰精含水漸洳乃能化也江旁多稻固其宜也

孝經鉤命決

時政

冬政不失少疾喪

素問

四氣調神大論篇

冬三月此爲閉藏

注 萬物收藏閉塞而成冬也

水冰地坼無擾乎陽

注 坼裂也陽氣收藏故不可煩擾以泄陽氣

早臥晚起必待日光

注 早臥晚起順養閉藏之氣必待日光避寒邪也

使志若伏若匿若有私意若已有得

注 若伏若匿使志無外也若有私意若已有得神氣內藏也夫腎藏志心藏神用三若字者言冬令雖主閉藏而心腎之氣時相交合故曰私者心有所私得也

去寒就溫無泄皮膚使氣亟奪

注 去寒就溫養標陽也膚腠者陽氣之所主也夫陽氣根於至陰發於膚表外不固密則裏氣亟起以外應故無泄皮膚之陽而使急奪其根氣也此言冬令雖主深藏而標陽更宜固密

此冬氣之應養藏之道也

注 凡此應冬氣者所以養藏氣之道也

逆之則傷腎春爲痿厥奉生者少

注 腎屬水王於冬逆冬藏之氣則傷腎腎氣傷至春爲痿厥之病因奉生者少故也蓋肝木生於冬水主春生之氣而養筋筋失其養則爲痿生氣下逆則爲厥

玉機眞藏論篇

帝曰冬脈如營何如而營岐伯曰冬脈者腎也北方水也萬物之所以合藏也故其氣來沈以搏故曰營反此者病

注 營居也言冬氣之安居於內如萬物之所以合藏也沈而搏者沈而有石也

帝曰何如而反岐伯曰其氣來如彈石者此謂太過病在外其去如數者此謂不及病在中

注 如彈石者石而強也腎爲生氣之原數則爲虛生氣不足也

帝曰冬脈太過與不及其病皆何如岐伯曰太過則令人解㑊脊脈痛而少氣不欲言其不及則令人心懸如病饑𦝫中清脊中痛小腹滿小便變帝曰善

注 腎爲生氣之原而主閉藏太過則氣外泄而根本反傷故爲懈惰少氣生陽之氣不足故脊中痛心主言而發原於腎根氣傷故不欲言也其不及則心腎水火之氣不能交濟故令人心懸如病饑𦝫中脇骨之杪當兩腎之處腎之生陽不足故𦝫中冷也腎合膀胱腎虛而不能施化故小便變而小腹滿也

六節藏象論篇

腎者主蟄封藏之本精之處也其華在髮其充在骨爲陰中之少陰通於冬氣

注 冬令之時陽氣封閉蟄蟲深藏腎主冬藏故爲蟄封藏之本蓋蟄乃生動之物以比生陽之氣至春一陽初生而蟄蟲復振矣腎爲水藏受五藏之精液而藏之故爲精之處也髮乃血之餘血乃精之化故其華在髮腎主骨故其充在骨也腎爲陰

藏而有坎中之陽故爲陰中之少陰而通於冬氣冬主水也

診要經終論篇

九月十月陰氣始冰地氣始閉人氣在心

注收藏之氣從天而降肺屬乾金而主天爲心藏之蓋故秋冬之氣從肺而心心而腎也少陰主冬令故先從手少陰而至於足少陰

十一月十二月冰復地氣合人氣在腎

注冰復者一陽初復也地氣合者地出之陽復歸於地而與陰合也腎主冬藏之氣故人氣在腎

脈要精微論篇

冬日在骨蟄蟲周密君子居室

注冬令閉藏故脈沈在骨如蟄蟲之封閉如君子之居室藏而勿出也

藏氣法時論篇

腎主冬足少陰太陽主治其日壬癸腎苦燥急食辛以潤之開湊理致津液通氣也

注腎主冬水之令足少陰主癸水太陽主壬水二經相爲表裏而主治其經氣壬屬陽水癸屬陰水在時主冬在日爲壬癸腎者水藏喜潤而惡燥宜食辛以潤之謂辛能開湊理使津液行而通氣故潤也

管子

幼官篇

冬行秋政霧行夏政雷行春政烝泄十二始寒盡刑十二小榆賜予十二中寒收聚十二中榆大收十二寒至靜十二大寒之陰十二大寒終三寒同事六行時節君服黑色味鹹味聽徵聲治陰氣用六數飲於黑后之井以鱗獸之火爨藏慈厚行薄純坦氣修通凡物開靜形生理器成於僇教行於鈔動靜不記行止無量戒審四時以別息異出入以兩易明養生以解固審取與以總之一會諸侯令曰非元帝之命毋有一日之師役再會諸侯令曰養孤老食常疾收孤寡三會諸侯令曰田租百取五市賦百取二關賦百取一毋乏耕織之器四會諸侯令曰修道路偕度量一稱數藪澤以時禁發之五會諸侯令曰修春秋冬夏之常祭食天壤山川之故祀必以時六會諸侯令曰以爾壤生物共元官請四輔將以祀上帝七會諸侯令曰官處四體而無禮者流之焉莠命八會諸侯令曰立四義而無議者尚之於元官聽於三公九會諸侯令曰以爾封內之財物國之所有爲幣九會大命焉出常至千里之外二千里之內諸侯三年而朝習命二年三卿使四輔一年正月朔日令大夫來修受命三公二千里之外三千里之內諸侯五年而會至習命三年名卿請事二年大夫通吉凶十年重適入正體義五年大夫請受變三千里之外諸侯世一至置大夫以爲廷安入共受命焉此居於圖北方

四時篇

北方曰月其時曰冬其氣曰寒寒生水與血其德淳越溫怒周密其事號令修禁徙民令靜止地乃不泄斷刑致罰無赦有罪以符陰氣大寒乃至甲兵乃強五穀乃熟國家乃昌四方乃備此謂月德月掌罰罰爲寒冬行春政則泄行夏政則雷行秋政則旱是故冬三月以壬癸之日發五政一政曰論孤獨恤長老二政曰善順陰修神祀賦爵祿授備位三政曰效會計毋發山川之藏四政曰捕姦遁得盜賊者有賞五政曰禁遷徙止流民圉分異五政苟時冬事不過所求必得所惡必伏

五行篇

睹壬子水行御天子出令命左右使人內御御其氣足則發而止其氣不足則發撊瀆盜賊數剿竹箭伐檀柘令民出獵禽獸不釋巨少而殺之所以貴天地之所閉藏也然則羽卵者不段毛胎者不贕䴎婦不銷弃草木根本美七十二日而畢

按撊謂遮禁也羣聚之謂其閉藏之氣不足則撊防盜賊以助其閉藏之也剿削竹箭以爲矢也伐檀柘所以爲弓也貴天地閉藏故校獵取禽以助也生氣泄殺氣藏泄盛虛藏實之驗之足不足者驗天地之氣藏也藏足者來復歸根所謂暢月是也陽氣生而止不助以殺不足者陰內疏而不窒陽外浮而不反必助陰抑陽遏使下藏閉盜賊之中漏殺草木鳥獸之外榮是爲貴藏也以殺得生殺中之生貞下之元也謂贊氣化以養元之道

睹壬子水行御天子決塞動大水王后夫人薨不然則羽卵者投毛胎者贕䴎婦銷弃草木根本不美七十二日而畢也

七臣七主篇

冬無賦爵賞祿傷伐五穀冬政不禁則地氣不藏

禁藏篇

冬收五藏最萬物所以內作民也

度地篇

當冬三月天地閉藏暑雨止大寒起萬物實熟利以塡塞空郄繕邊城塗郭術平度量正權衡虛牢獄實廥倉君修樂與神明相望凡一年之事畢矣舉有功賞賢罰有罪遷有司之吏而第之不利作土功之事利耗什分之七土剛不立

常以冬日順三老里有司伍長以冬賞罰使各應其賞而服其罰

輕重己篇

以秋日至始數四十六日秋盡而冬始天子服黑絻黑而靜處朝諸侯卿大夫列士循於百姓發號出令曰毋行大火毋斬大山毋塞大水毋犯天之隆天子之冬禁也

以秋日至始數九十二日天子北出九十二里而壇服黑而絻黑朝諸侯卿大夫列士號曰發繇趣山人斷伐具械器趣菹人薪雚葦足蓄積三月之後皆以其所有易其所無謂之大通三月之蓄凡在趣耕而不耕民以不令不耕之害也宜芸而不芸百草皆存民以僅存不芸之害也宜穫而不穫風雨將作五穀以削士民零落不穫之害也宜藏而不藏霧氣陽陽宜死者生宜蟄者鳴不藏之害也張耜當弩銚耨當劍戟穫渠當脅軻蓑笠當掭櫓故耕械具則戰械備矣

尸子

冬爲信

冬爲信北方爲冬冬終也北伏方也是故萬物冬皆伏貴賤若一美惡不減信之至也

漢書

律歷志

太陰者北方北伏也陽氣伏於下於時爲冬冬終也物終藏乃可稱

天文志

辰星曰北方冬水知也聽也知虧聽失逆冬令傷水氣罰見辰星

淮南子

天文訓

北方水也其帝顓頊其佐元冥執權而治冬其神爲辰星其獸元武其音羽其日壬癸

秋分四十六日而立冬草木畢死音比南呂加十五日斗指亥則小雪音比無射加十五日指壬則大雪音比應鍾加十五日指子則冬至音比黃鍾加十五日指癸則小寒音比應鍾加十五日指丑則大寒音比無射

太陰治冬則欲猛毅剛彊

時則訓

冬行春令泄行夏令旱行秋令霧

五位

北方之極自九澤窮夏晦之極北至令正之谷有凍寒積冰雪雹霜霰漂潤羣水之野顓頊元冥之所司者萬二千里其令曰申羣禁固閉藏修障塞繕關梁禁外徙斷罰刑殺當罪閉關閭大搜客止交游禁夜樂蚤閉晏開以塞姦人已得執之必固天節已幾刑殺無赦雖有盛尊之親斷以法度毋行水毋發藏毋釋罪

主術訓

人君上因天時下盡地財中用人力丘陵阪險不生五穀者以樹竹木冬伐薪蒸以爲民資

氾論訓

古者民澤處復穴冬日不勝霜雪霧露聖人乃作爲之築土構木以爲宮室

春秋繁露

五行逆順篇

水者冬藏至陰也宗廟祭祀之始敬四時之祭禘祫昭穆之序天子祭天諸侯祭土閉門閭大搜索斷刑罰執當罪飭關梁禁外徙恩及於水則醴泉出恩及介蟲則黿鼉大爲靈龜出如人君簡宗廟不禱祀廢祭祀執法不順逆天時則病流腫水脹痿痺孔竅不通咎及於水霧氣冥冥必有大水水爲民害咎及介蟲則龜深藏黿鼉呴

五行五事篇

王者無失謀然後冬氣得故謀者主冬冬陰氣始盛草木必死王者能聞事審謀慮之則不侵伐不侵伐且殺則死者不恨生者不怨冬日至之後大寒降萬物藏於下於時暑爲賊故王者輔之以急斷之以事水潤下也冬行夏政則蒸行春政則雷行秋政則旱冬失政則夏草木不實霜五穀疾枯

大戴禮記

千乘篇

司空司冬以制度制地事準揆山林規表衍沃畜水行衰濯浸以節四時之事治地遠近以任民力以節民食太古食壯之食攻老之事公曰功事不少而餼糧不多乎子曰太古之民秀長以壽者食也在今之

民羸醜以嵩者事也太古無游民食節事時民各安其居樂其宮室服事信上上下交信地移民在今之世上治不平民治不和百姓不安其居不樂其宮老疾用財壯狡用力於茲民游薄事貪食於茲民憂古者殷書爲成男成女名屬升於公門此以氣食得節作事得時勸有功夏服君事不及暍冬服君事不及凍是故年穀不成天之饑饉道無殣者在今之世男女屬散名不升於公門此以氣食不節作事不成天之饑饉於時委民不得以疾死是故立民之居必於中國之休地因寒暑之和六畜育焉五穀宜焉辨輕重制剛柔和五味以節食時事東辟之民曰夷精以僥至於大遠有不火食者矣南辟之民曰蠻信以朴至於大遠有不火食者矣西辟之民曰戎勁以剛至於大遠有不火食者矣北辟之民曰狄肥以戾至於大遠有不火食者矣及中國之民曰五方之民有安居和味咸有實用利器知通之信令之及量地度居邑有城郭立朝市地以度邑以度民以觀安危距封後利先慮久固依固可守爲輿可久能節四時之事霜露時降方冬三月草木落庶虞藏五穀必入於倉於時有事蒸於皇祖皇考息國老六人以成冬事

晉書

律曆志

水音羽三分商去一以生其數四十八屬水者以爲最淸物之象也冬氣和則羽聲調

梁元帝纂要

冬時景略

冬曰三冬九冬天曰上天風曰寒風勁風嚴風厲風哀風陰風景曰冬景寒景時曰寒辰節曰嚴節鳥曰寒鳥寒禽草曰寒卉黃草木曰寒木寒柯素木寒條

農政全書

冬氣十八候

立冬之節首五日水始冰次五日地始凍後五日雉入大水爲蜃次小雪中氣初五日虹藏不見次五日天氣騰地氣降後五日閉塞而成冬次仲冬大雪節氣初五日鶡鴠不鳴次五日虎始交後五日荔挺出次冬至中氣初五日蚯蚓結次五日麋角解後五日水泉動次季冬小寒節氣初五日鴈北鄉次五日鵲始巢後五日雉始雊次大寒中氣初五日雞始乳次冬華次五日征鳥厲疾後五日水澤腹堅凡此六氣一十八候皆冬氣正養藏之令

遵生八牋

冬三月調攝總類

禮記曰北方爲冬冬之爲言中也中者藏也管子曰陰氣畢下律志曰北方陰也伏也陽伏於下於時爲冬蔡邕曰冬者終也萬物於是終也日窮於次月窮於紀星迴於天數將幾終君子當審時節宣調攝以衞其生

立冬水相冬至水旺立春水休春分水廢立夏水囚夏至水死立秋水歿秋分水胎言水孕於金矣

修養腎臟法

當以冬三月面北向平坐鳴金梁七飲玉泉三更北吸元宮之黑氣入口五吞之以補吹之損

冬三月行腎臟導引法

可正坐以兩手聳托右引脅三五度又將手返著膝挽肘左右同綟身三五度以足前後踏左右各數十度能去腰腎風邪積聚

冬季攝生消息論

冬三月天地閉藏水冰地坼無擾乎陽早臥晚起以待日光去寒就溫毋泄皮膚逆之腎傷春爲痿厥奉生者少斯時伏陽在內有疾宜吐心膈多熱所忌發汗恐泄陽氣故也宜服酒浸補藥或山藥酒一二杯以迎陽氣寢臥之時稍宜虛歇宜寒極方加綿衣以漸加厚不得一頓便多惟無寒即已不得頻用大火烘炙尤甚損人手足應心不可以火炙手引火入心使人煩躁不可就火烘炙食物冷藥不治熱極熱藥不治冷極水就濕火就燥耳飲食之味宜減鹹增苦以養心氣冬月腎水味鹹恐水剋火心受病耳故宜養心宜居處密室溫煖衣衾調其飲食適其寒溫不可冒觸寒風老人尤甚恐寒邪感冒多爲嗽逆麻痺昏眩等疾冬月陽氣在內陰氣在外老人多有上熱下冷之患不宜沐浴陽氣內蘊之時若加湯火所逼必出大汗高年骨肉疏薄易於感動多生外疾不可早出以犯霜威早起服醇酒一杯以禦寒晚服消痰涼膈之藥以平和心氣不令熱氣上湧切忌房事不可多食炙煿肉麪餛飩之類

雲笈七籤云冬月夜臥叩齒三十六通呼腎神名以安腎臟（神名元冥）晨起亦然書云冬時忽大熱作不可忍受致生時患故曰冬傷於汗春必溫病

又云大雪中跣足做事不可便以熱湯浸洗觸寒而回寒若未解不可便喫熱湯熱食須少頃方可

又云冬夜臥被蓋太煖睡覺即張目吐氣以出其積

毒則永無疾
又云冬臥頭向北有所利益宜溫足凍腦
又云冬夜不宜以冷物鐵石爲枕或焙煖枕之令人目暗
冬夜漏長不可多食硬物并濕輭果餠食乾須行百步摩腹法搖動令消方睡不爾後成脚氣
金匱要略曰冬夜伸足臥則一身俱煖
又曰冬三月勿食猪羊等腎
本草云惟十二月可食芋頭他月食之發病
又云冬月不宜多食葱令人發疾
千金方曰冬三月宜服藥酒一二杯立春則止終身常爾百病不生
纂要曰鍾乳酒方服之補骨髓益氣力逐寒濕其方用地黃八兩巨勝子一升熬搗爛牛膝四兩五加皮四兩地骨皮四兩桂心二兩防風二兩仙靈皮三兩鍾乳粉五兩甘草湯浸三日更以牛乳一碗將乳石入瓷瓶浸過於飯上蒸之乳盡傾出煖水淘淨碎研右諸藥爲中末入絹囊盛浸好醇酒三斗罎內五日後可取服之十月初一日服起至立春日止
冬氣寒宜食黍以熱性治其寒焚炙飲食并火焙衣服
冬三月六氣十八候皆正養藏之令人當閉精塞神以厚斂藏
瑣碎錄曰冬月勿以梨攪熱酒飲令人頭旋不可支吾

冬時幽賞

湖凍初晴遠泛

西湖之水非嚴寒不氷氷亦不堅氷合初晴朝陽閃爍湖面氷澌瓊珠點點浮泛時操小舟敲氷浪遊觀氷開水路儼若舟引長蛇晶瑩片片堆壘家僮善擊氷片舉手鏗然聲遍百步恍若星流或衝激破碎狀飛玉屑大快寒眼幽然此與恐人所未同扣舷長歌把酒豪舉覺我陽春滿抱白雪知音忘却氷湖雪岸之爲寒也舊聞戒涉春氷胷中不抱懼心又何必以涉氷爲戒

雪霽策蹇尋梅

畫中春郊走馬秋溪把釣策蹇尋梅莫不以朱爲衣色豈果無爲哉似欲襯點景象與時相宜有超然出俗之趣且衣朱而遊者亦非常客故三冬披紅氈衫裹以氈笠跨一黑驢禿髮童子挈尊相隨踏雪溪山尋梅林壑忽得梅花數株便欲傍梅席地浮觴劇飲沈醉酣然梅香撲袂不知身爲花中之我亦忘花爲目中景也然尋梅之蹇扣角之犢去長安車馬何涼涼鼻哉且爲衆嗤究境幸免覆轍

三茅山頂望江天雪霽

三茅乃郡城内山高處襟帶江湖爲勝覽最歡喜地時乎積雪初晴疎林開爽江空漠漠寒煙山迴重重雪色江帆片片風度銀梭村落殘梁影寒玉瓦山徑人跡板橋客路車驢縞帶樵歌凍餒漁釣冰蓑目極去鳥歸雲感我遠懷無際時得僧茶烹雪村酒浮香坐傍幾樹梅花助人清賞更劇

西溪道中玩雪

往年因雪霽偶入西溪何意得見世外佳景日雖露影雪積未疎竹眠低地山白排雲風廻雪舞僕馬嘶寒玉墮氷柯沾衣生濕遙想梅開萬樹目亂飛花自我人跡遠來踏破瑤街十里生平快賞此景無多因念雪山苦行妙果以忍得成吾人片刻冲風便想擁爐醉酒噫恣慾甚矣雖未能以幽冷攝心亦當以清寒煉骨

山頭玩賞茗花

兩山種茶頗蕃仲冬花發若月籠萬樹每每入山尋茶勝處對花默共色笑忽生一種幽香深可人意且花白若剪雲絨心黃儼抱檀屑歸折數枝插觚爲供枝梢苞萼顆顆俱開足可一月清玩更喜香沁枯腸色憐青眼素艷寒芳自與春風姿態迥隔幽閒佳客孰過於君

登眺天目絕頂

武林萬山皆自天目分發故地鈐有天目生來兩乳長渴冬日木落作天目看山之遊時得天氣清明煙雲淨盡扶策躡巔四望無際兩山東引高下起伏屈曲奔騰隱隱到江始盡真若龍翔鳳舞目極匹練橫隔知爲錢塘江也外此茫茫是爲東海幾簇松筠山僧指云往宋王侯廢塚噫山川形勝千古一日曾無改移奈何故宮黍離陵墓丘壑今幾變遷哉重可慨也

山居聽人說書

老人畏寒不涉世故時向山居曝背茅簷看梅初放鄰友善談炙糍共食令說宋江最妙回數歡然撫掌不覺日暮吾觀道左豐碑人間銘頌是亦水滸傳耳豈果眞實不虛故說更惜未必得同此傳世傳人口

掃雪烹茶玩畫

茶以雪烹味更清冽所爲半天河水是也不受塵垢幽人啜此足以破寒時乎南窻日暖喜無觸發惱人靜展古人畫軸如風雪歸人江天雪棹溪山雪竹關山雪運等圖即假對真以觀古人摹擬筆趣要知實景畫圖俱屬造化機局即我把圖是人玩景對景觀我謂非我在景中千古塵緣孰爲真假當就圖畫中了悟

雪夜煨芋談禪

雪夜偶宿禪林從僧擁爐旋摘山芋煨剝入口味較市中美甚欣然一飽因問僧曰有爲是禪無爲是禪有非所有無非所無是禪乎僧曰子手執芋是禪更從何問余曰何芋是禪僧曰芋在子手有耶無耶謂有何有謂無何無有無相滅是爲真空非空非非空空無所空是名曰禪執空認禪又著實相終不悟禪此非精進力到得慧根緣未能頓覺子曷觀芋乎芋不得火口不可食火功不到此芋猶生須火到芋熟方可就齒舌消滅是從有處歸無芋非火熟子能生嚼芋乎芋相終在不滅手芋嚼盡謂無非無無從有來謂有非有有從無滅子手執芋今著何處余時稽首慈尊禪從言下喚醒

山窻聽雪敲竹

飛雪有聲惟在竹間最雅山窻寒夜時聽雪洒竹林淅瀝蕭蕭連翩瑟瑟聲韻悠然逸我清聽忽爾迴風交急折竹一聲使我寒氊增冷暗想金屋人歡玉笙聲醉恐此非爾歡

除夕登吳山看松盆

除夕惟杭城居民家戶架柴燔燎火光燭天撾鼓鳴金放炮起火謂之松盆無論他處無敵即杭之鄉村亦無此勝斯時抱幽趣者登吳山高曠就南北望之紅光萬道炎燄火雲衢巷分岐光爲界隔聒耳聲喧震騰遠近觸目星丸錯落上下此景是大奇觀幽立高空俯眺囂雜覺我身在上界

雪後鎭海樓觀晚炊

滿城積雪萬瓦鋪銀鱗次高低盡若堆玉時登高樓凝望目際無痕大地爲之片白日暮晚炊千門青烟四起縷縷若從玉版紙中界以烏絲闌畫幽勝妙觀快我冷眼恐此景亦未有人知得

直隸志書各省風俗同者不載

肅寧縣

冬天南風三日雪

江西志書

武寧縣

冬東風則雪冬冰不堅諸種宜豫

寧州

冬霧九暘

福建志書

福寧州

十月爲小陽春倏變而煖花有非其時而開者忽然寒生人人挾纊十一月十二月則皆炙火矣寒甚則雨加以風之凜栗則雪深山窮谷雪逾大

廣東志書

新安縣

三冬少雪

石城縣

秋冬之交濕鬱中人多染寒熱或成困瘧冬有霜無雪水極寒不冰草枯諸木惟桃李梅柳黃落時或盛燠單衣揮箑盛寒則明年豐熟

儋州

冬夜煖雨

冬部藝文一

感時賦　晉陸機

悲夫冬之爲氣亦何憯懍以蕭索天悠悠其彌高霧鬱鬱而四幕夜綿邈其難終日晼晚而易落敷層雲之葳蕤墜零雪之揮霍冰冽冽而寢興風漫漫而妄作鳴枯條之泠泠飛落葉之漠漠山崆巃以含翠川蜲蛇而抱涸望八極以曭漭普宇宙而寥廓伊天時之方慘曷萬物之能歡魚微微而求偶獸岳岳而相攢猨長嘯於林杪鳥高鳴於雲端矧余情之含悴恆覩物而增酸歷四時之迭感悲此歲之已寒撫傷懷以嗚咽望永路而汍瀾

冬日可愛賦　唐齊映

閉天地成四時者元冬麗乎天明萬方者白日至若斗杓移指寒氣入律霜涵冰以凝冱風落木兮蕭颼始成乾以運行乃宅巽而是出明在地上望杲杲於扶桑光搖水中疑泛泛而萍實故日出暘谷衆人熙熙苦寒者自我而燠若即幽者自我而明之將所鑒而並鑒故無私而不私懿夫吾君之威可畏可愛象

嚴凝以神武配耀靈於光大是以愚智必仰賴者也又如殘夜猶昧破積陰以重光晨霜正繁濟輿民於附火聖人納諫亦替否而獻可同彼天象發陽明以自東觀乎道經體人庶而居左君法日也申文明於九重臣諫君也扇和氣於三冬故時以泰歲以豐方夔龍而並騖與步驟而追蹤

冬日可愛賦以陽德浮耀消鑠寒氣爲韻　席夔

冬竇窮節日爲至陽節窮而栗冽凝慘陽至而焜耀舒光方傷竹彫松之嚴物無不懼覩麗天出地之旭愛何可忘觀其昇曈朧以自東蕩沈陰於有北不赫矣以難向誠溫然而可卽依巢之烏感微煦而和鳴帶雪之林假餘光而改色所以就之稱堯帝之聖比之成晉臣之德彼谷隱巖居之子無衣無褐之人照臨遐夫和氣偃曝得夫天眞慘怛潛收戚戚之容咸華溫仁遠被熙熙之化斯淳故得廓開曀霾洞達遐徼融液冰渚依稀雪嶠散九陌以無氛委千門以遍照彼繩樞甕牖旣臨砌而樂我無私雖熊席狐裘亦舍爐而欣夫有曜且四月歌其烈烈雨雪苦其瀌瀌旣飄風而忽至何見晛而聿消豈若儲精在於宣明舒德本乎洪暢異春晝暄妍之色無夏天赫曦之狀徼溫俶寢之中稍暖秦樓之上是知時當則慘物鮮其歡非愛景而斯出處窮冬而固難曠亦不留志士徒爭於短晷輝光可附小人寧怨於祁寒故曰太上化人德之爲貴咸欣欣而可悅不炎炎以求畏當垂煦嫗之仁以釋幽陰之氣所以賦冬日之事歌德政之謂

冬賦　宋吳淑

冬終也萬物於是而終者也若夫冬日烈烈飄風發發履此元英感茲陽月知盛德之在水慨窮陰之殺節若乃地氣下降天氣上騰水澤腹堅閉塞而成旣習射而角力亦聽獄而論刑爾其磬擊北宮禮成長樂方乘坎而執權見冰凝而木落魏則季冬而平夷唐則孟冬而磽确燧竈必脩槐檀斯改日馭行北斗杓指亥無祁寒而怨咨蓋呼吸而藏內善卷方衣於皮毛孝子更驚於梅柰或求菫而流連或泣竹而悲慨至於應北陸而藏冰當南至而書雲循薙氏之去草美顏裴之致薪孝武嘗被於單衣西華猶憶於練裙至有問來歲之吉凶獻羣臣之蔓菁詔司寇而獻民數命司空而論地事歲旣暮而時旣昏月窮紀而日窮次延年流血於決獄溫舒頓足於用事盛吉書法以垂泣虞經斷囚而流涕此時令之攸遵而循酷之異致至若守關梁而塞蹊徑謹蓋藏而閉門閭凌人斬冰天子嘗魚趙衰之賢同愛日和叔之職在幽都農旣云其事畢學方勸於歲餘笑田夫之負暄美掾史之送徒歎黃香之無袴偉王祥之得魚營窟攸居旨蓄以御以黃鐘爲天統謂艮月爲盈數苦志而越王抱冰勵俗而隱之披絮若乃周正在候履長伊始閉蘆灰而潛應黃鐘獲寶鼎而自當天紀融風布序亞歲迎祥立以八神成以三光或以安形性而去聲色或以繕宮室而修囷倉日軌異維風行廣莫動彼木泉解茲麋角或以合八能之士或以從五日之樂君道方長天地交讓斯長至之令旦故時訓之攸尙復有嘉平之節祭本伊耆索饗有戴記之紀問賀有徐氏之儀鳴楚鼓以逐疫出土牛而應時蓋一日之澤而百神是祠故其新故交接星回歲終或遊於魯觀或祈彼天宗於是先以大儺次之小歲吹豳詩以愉樂覽魏臺之訪議慕范喬之寬恕識五倫之悲涕長文有江源之政何鳳有建安之治景輿慕子魚之德魯公旌母師之禮斯清祀之嘉辰而前賢之遺美也

冬部藝文二詩詞

元冥　漢鄒子樂

元冥陵陰蟄蟲蓋藏草木零落抵冬降霜易亂除邪
革正異俗兆民反本抱素懷樸條理信義望禮五嶽
籍斂之時掩收嘉穀

雜詩　晉張華

晷度隨天運四時互相承東壁正昏中涸陰寒節升
繁霜降當夕悲風中夜興朱火青無光蘭膏坐自凝
重衾無暖氣挾纊如懷冰伏枕終遙夕寤言莫予應
永思慮崇替慨然獨拊膺

雜詩　張協

朝霞迎白日丹氣臨暘谷翳翳結繁雲森森散雨足
輕風摧勁草凝霜竦高木密葉日夜疎叢林森如束
疇昔歎時遲晚節悲年促歲暮懷百憂將從季主卜

時興詩　盧諶

亹亹圓象運悠悠方儀廓忽忽歲云暮游原采蕭藿
北踰芒與河南臨伊與洛凝霜霑蔓草悲風振林薄
摵摵芳葉零橤橤芬華落下泉激洌清曠野增遼索

登高眺遐荒極望無崖𡑹形變隨時化神感因物作澹乎至人心恬然存元漠

詠冬　曹毗

綿邈冬夕永凜厲寒氣升離葉向晨落長風振條興夜靜輕響起天清月暉澄寒冰盈渠結素霜竟𢛮凝今載忽已暮來紀奄相仍

詠冬　宋謝惠連

七宿乘運曜三星與時滅履霜冰彌堅積寒風愈切繁雲起重陰迴飈流輕雪園林粲斐皓庭除秀皎潔墀瑣有凝汙逵衢無通轍

冬日　鮑照

嚴風亂山起白日欲還次𥉌霧蔽窮天夕陰晦寒地烟霾有氛氲精光無明異風急野田空饑禽稍相棄含生共通閉懷賢斂爲利天窺苟平圓寧得已偏媚瀉海有歸潮衰容不還稚君今且安歌無念老方至

冬緒羈懷示蕭諮議虞田曹劉江二常侍　齊謝朓

去國懷丘園入遠滯城闕寒燈耿宵夢清鏡悲曉髮風草不留霜冰池共如月寂寞此閒帷琴尊任所對客念坐嬋媛年華稍菴薆夙慕雲澤遊共奉荆臺績一作績一聽春鶯喧再視秋鴻沒疲驂良易返恩一作思波不可越誰慕臨淄鼎常希茂陵渴依隱幸自從求心果蕪昧方軫歸與願故山芝未歇

冬日晚郡事隙　前人

案牘時閒暇偶坐觀卉木颯颯滿池荷翛翛蔭𣡾竹檐隙自周流房櫳閒且肅蒼翠望寒山崢嶸瞰平陸已惕慕歸心復傷千里目風霜旦夕甚蕙草無芬馥

云誰美笙簧孰是厭𦼚軸顧言税逸駕臨潭餌秋菊

冬曉　梁簡文帝

冬朝日照梁含怨下前牀帷褰竹葉帶鏡轉菱花光會是無人見何用早紅粧

元圃寒夕　同前

洞門扉未掩金壺漏已催曛煙生澗曲暗色起林隈雪花無有帶冰鏡不安臺階楊始倒插浦桂半新栽陳根委落蕙細藥發香梅雁去銜蘆上猨戲繞枝來

奉和湘東王冬曉應令　庾肩吾

鄰雞聲已傳愁人竟不眠月光侵曙後霜明落曉前縈鬟起照鏡誰忍插花鈿

冬曉　蕭子暉

步欄光欲通曙烏向西東燭滅傳餘氣帷香開曉風繁花無處盡還銷寒鏡中

奉和湘東王冬曉應令　劉孝綽

冬曉風正寒偏念客衣單臨牎罷鉛黛含淚翦綾紈寄語龍城下詎知書信難

冬日家園別陽羨始興孝儀爲陽羨令　劉孝勝

四鳥怨離羣三荆悅同處如今腰艾綬東南各殊舉日欣棠棣集彌惜光陰遽黜吏本須裁豪民亦難御願助千金水思闘五湖譽

奉和湘東王冬曉應令　劉孝威

妾家邊洛城慣識曉鐘聲鐘聲猶未盡漢使報應行天寒硯冰凍心悲書不成

冬曉　劉孝先

晨霞影翠帷思婦織霜絲轄寒牽杼澀釧冷調梭遲乍廢倡樓粉貪赴遠人期

冬日傷志篇　北齊邢邵

昔時惰遊士任性少矜裁朝驅瑪瑙勒夕銜熊耳杯折花步淇水撫瑟望叢臺繁華夙昔改衰病一時來重以三冬月愁雲聚復開天高日色淺林勁鳥聲哀終風激簷宇餘雪滿條枚遨遊昔宛洛踟躕今草萊時事方去矣撫己獨傷懷

冬夜酬魏少傅直史館　前人

年病從橫至動息不自安兼豆未能飽重裘詎解寒況乃冬之夜霜氣有餘酸風音響北牖月影度南端燈光明且滅華燭新復殘衰顏依候改壯志與時闌體羸不盡帶髮落强扶冠夜景將欲近夕息故無寬忽有淸風贈辭氣婉如蘭先言歎三友次言慙一官麗藻高鄭衛專學美齊韓審諭雖有屬筆削少能干高足曰無限積風良可摶空想青門易寧見赤松難寄語東山道高駕且盤桓

冬宵各爲四韻　唐太宗

雕宮靜龍漏綺閣宴公侯珠簾燭燄動繡柱月光浮雲起將歌發風停與管遒琐除任多士端扆竟何憂

冬日臨昆明池　同前

石鯨分玉溜劫燼隱平沙柳影冰無葉梅心凍有花寒野凝朝霧霜天散夕霞歡情猶未極落景遽西斜

冬宵引　宋之問

河有冰兮山有雪北戶墐兮行人絕獨坐山中兮對松月懷美人兮屢盈缺明月的的寒潭中青松幽幽吟徑風此情不向俗人說愛而不見恨無窮

冬郊行望　王勃

桂密巖花白梨疎林葉紅江皋寒望盡歸念斷征蓬

冬日見牧牛人擔青草歸　張說

塞上綿應折江南草可結欲持梅嶺花遠競榆關雪
日月無他照山川何頓別苟齊兩地心天問將何說

子夜冬歌　崔國輔

寂寞抱冬心裁羅又一作文褁褁夜久頻挑燈霜寒剪
刀冷

冬夜書懷　王維

冬宵寒且永夜漏宮中發草白靄繁霜木衰澄清月
麗服映頹顏朱燈照華髮漢家方尚少顧影慙朝謁

冬日野望　于良史

地際朝陽滿天邊宿霧收風兼殘雪起河帶斷冰流
北闕馳心極南圖尚旅遊登臨思不已何處可銷憂

賦得冬日可愛　庾承宣

宿霧開天霽寒郊見初日林疎照逾遠冰輕影微出
豈假陽和氣暫忘元冬律愁抱望自寬羈情就如失
欣欣事幾許曈曈狀非一傾心儻知期良願自兹畢

賦得冬日可愛　陳諷

寒日臨清晝寥天一望時未消埋逕雪先暖讀書帷
屬思光難駐舒情影若遺晉臣會比德謝客昔言詩
散彩寧偏照流陰信不追餘輝如可就迴燭幸無私

負冬日　白居易

杲杲冬日出照我屋南隅負暄閉目坐和氣生肌膚
初似飲醇醪又如蟄者蘇外融百骸暢中適一念無
曠然忘所在心與虛空俱

冬日峽中旅泊　劉言史

霜月明明雪復殘孤舟夜泊使君灘一聲鐘出遠山
裏暗想雪窗僧起寒

冬日觀早朝　施肩吾

紫煙捧日爐香動萬馬千車踏新凍繡衣年少朝欲
歸美人猶在青樓夢

冬日山居思鄉　周賀

大野始嚴凝雲天曉色澄樹寒稀宿鳥山迴少來僧
背日收窗雪開爐釋硯冰忽然歸故國孤想寓西陵

冬日五湖館水亭懷別　杜牧

蘆荻花多觸處飛獨凭虛檻雨微微寒林葉落鳥巢
出古渡風高漁艇稀雲抱四山終日在草荒三徑幾
時歸江城向晚西流急無限鄉心聞擣衣

同州冬日陪吳常侍閒宴　馬戴

中天白雲散集客郡齋時陶性聊飛爵看山忽罷碁
雪花凝始散木葉脫無遺靜理良多暇招邀愜所思

冬日寫懷　薛能

幕府盡平蠻客畱戎閫間急流霜夾水輕靄日連山
設醴徒慙楚爲郎未姓顏斯文苦不勝會擬老民間

冬夜和范秘書宿秘省中作　李頻

每日得閒吟清曹闕下深因知遙夜坐別有遠山心
芸細書中氣松疎雪後陰歸時高興足還復插朝簪

冬日　方干

燒火掩關坐窮居客訪稀凍雲愁暮色寒日淡斜暉
穿牖竹風滿邊庭雲葉飛已嗟周一歲羈寓尚何依

冬日　韓偓

蕭條古木銜斜日戚一作蕭歷晴寒滯早梅愁處雪煙
連野起靜時風竹過牆來故人每憶心先見新酒偷
嘗手自開景狀入詩兼入畫言情不盡恨無才

冬日道中　伍喬

去去天涯無定期瘦童羸馬共依依暮煙江口客來
絕寒葉嶺前人住稀帶雪野風吹旅思入雲山火照
行衣釣臺吟閣滄洲在應爲初心未得歸

答宋之問冬宵引　司馬承禎

時既暮兮節欲春山林寂兮懷幽人登奇峯兮望白
雪悵緬邈兮象郁紛白雲悠悠去不返寒風颼颼吹
日晚不見其人誰與言歸坐彈琴思逾遠

冬日寄僧友　釋無可

斂履入寒竹安禪過漏聲高松殘葉落深井凍痕生
罷磬風枝動懸燈雪屋明何當招我友乘月上方行

宮詞　花蘂夫人徐氏

密室紅泥地火爐內人冬日晚傳呼今宵駕幸池頭
宿排比椒房得暖無

冬夜寄溫飛卿　魚元機

苦思搜詩燈下吟不眠長夜怕寒衾滿庭木葉愁風
起透幌紗窗惜月沈疎散未閒終遂願盛衰空見本
來心幽棲莫定梧桐處暮雀啾啾空遶林

山中冬日　宋林逋

殘雪照籬落空山無俗喧雞寒慵下樹人晏獨開門
廢圃春榮動回塘霧氣昏誰家歲酒熟輟棹憶西郵

冬不出吟　邵雍

冬非不欲出欲出苦日短年老恐夜長天寒怕歸晚
山翁頭有風鄉友情非淺必欲相招延春光况不遠

貧女吟冬　前人

巧梳手欲冰小顰爲寒怯有時衿肘露頗與雪爭潔

冬夜　孔平仲

冬夜一何永幽房靜無侶青燈弄微風敗葉鳴疎雨

淒清角聲動悲散穿雲去展轉臥帷羈愁欲誰語

冬日雜興四首　張耒

水落橋痕在沙乾岸草枯霜餘槐老壯風際竹清踈啄木高逾響鶺鴒飛且呼二年親友絕唯有對禽魚

空山身欲老徂歲臘還來愁怯年年柳傷心處處梅綠蔬挑甲短紅蠟點花開冰雪如何有東風日夜回

小園晴自掃曝日坐前軒野鼠穿山葉寒鳥啄草根短籬藩隙地別徑入孤邨幽趣供岑寂淹留不復論

擊柝山城閉疎燈野店扃疾風鳴夜谷晴水動浮星霜翼歸何晚鄰機織未停短歌時自和愁絕更誰聽

冬日道間　黃公度

歲熟牛羊飽村寒鳥雀呼霜餘山骨露水落澗毛枯歸艇收魚網行人問酒壚微軀任南北未覺旅懷孤

冬日田園雜興　范成大

放船閒看雪山晴風定奇寒晚更凝坐聽一篙珠玉碎不知湖面已成冰

冬夜吟　陸游

昨夜凝霜皎如月碧瓦鱗鱗凍將裂今夜明月卻如霜竹影橫窗更清絕造物有意娛詩人供與詩材次第新饑鴻病鶴自無寐山窮水絕誰爲鄰西村梅花消息動唧唧寒醅漸鳴瓮儘將醉帽插幽香此生莫作長安夢

冬日二首　朱熹

蕭索時序晚已復度高秋回澗白波起通川絳樹稠晨風散清霜嘉稻卷平疇獨懷志士感歲事幸將休

清霜染澗樹蕭索向嚴冬密雨有時集寒雲無定容波明橫瀨出風急遠林空一極騘間眺高旻矗亂峯

冬日早作　裘萬頃

黃昏月姊剪雲開夜半雷車載雨來晨起鉤簾望宵漢風花吹墮萬瓊瑰

冬日書懷　徐璣

門庭黃葉滿園樹盡玲瓏寒水終朝碧霜天向晚紅蔬餐如野寺茅舍近鄰翁非是分甘寂由來趣不同

冬日　利登

藤果纍纍熟山晴白遶簷斷薪經雨濕野菜著霜甜詩少客相笑家貧鶴不嫌誰能更惆悵凝坐卷疎簾

次韻屏翁冬日　戴昺

曉起衝寒出霜明日未稀麥豐來歲本梅漏早春機水涸魚深隱蜜成蜂倦飛靜中參物理一一見精微

冬　金守文虛中

鶻健呼風急烏啼促景殘窟深宜兔蟄蒲折蔭魚寒

蘭溪道中　元王惲

豫樟蔽日無黃落竹箭經霜更碧鮮記取江南光景異暖煙晴日是冬天

山中冬日寄綠坡　尹廷高

畏寒終日閉柴門世事炎涼總不聞老鶴蹐翻松頂雪亂猿啼裂隴頭雲強呼竹葉澆閒悶吟對梅花正憶君何日相過茅屋下夜燒黃葉坐論文

冬　張養浩

歲晏日南至場圃靡所勞告我三務功盈耳康衢謠鴉飛嶺外陂虹斷林邊橋將期養疎拙山林居寂寥負暄坐晴檐煦煦春滿袍對山閱吾書懷古酌彼醪此樂天所靳何幸及草茅雖非鹿門龐或庶彭澤陶爲詩寫幽尚刊落華與豪集以貽知音悵望心搖搖

山中樂　何中

千花重作陽春節野杏山桃隨意發莫思前度看花誰已見荒原芳草歇穆山山下數轉月華山山崖千丈雪幽人獨在雪月中要與梅花成四絕山中之樂誰得知我獨知之來何爲除卻山家新臘醞世間無事可相宜

東湖冬景　楊載

雲氣低藏十萬家東湖飛雪又交加玉禾舊布仙山種瓊樹新開帝所花別浦移舟聞過鴈高樓凭檻見歸鴉侯門似有相如客膡賦篇章與世誇

冬景四首　葉顒

鷺立寒江

青苔白石魚鱗腥盡日獨拳寒雨汀疑是晴江沙上雪黃昏一點不分明

霜天曉角

城上征人吹角聲月寒霜重聲冥冥孤舟萬里南遷客起著衣裳帶夢聽

江路梅香

漠漠江雲路不分小橋流水夕陽村吟翁馬上頻回首一陣東風暗斷魂

書舍寒燈

青燈黃卷伴更長花落銀缸午夜香異日長檠來舉處苦心寒餒莫相忘

冬詞　郭玨

疎林晴旭散啼鴉高閣朱簾卒地遮爲問王孫歸也未玉梅開到北枝花

冬月詞　鄭奎妻

山茶未開梅先吐風動簾旌雪花舞金盤冒冷塑狻
猊繡幕圍春護鸚鵡倩人呵筆畫雙眉脂冰凝寒上
臉遲妝罷扶頭重照鏡鳳釵斜壓瑞香枝

冬暖　明劉基

今年南國天氣暖十月赤城桃有花江楓未肯換故
色汀草强欲抽新芽野畔落日舞殘蝭小池過雨喧
鳴蛙城上幾時能擊柝愁見海雲蒸晚霞

冬日道中　童冀

日落疎林度小橋天寒歲晚路迢遙道人已是歸心
急更爲梅花住一宵

冬　康海

雲凍欲雪未雪梅瘦將花未花流水小橋山寺竹籬
茅舍人家

冬江　高世彥

秋盡寒潭斂水痕斷雲殘雪送朝昏深冬野鳥巢溪
樹近渚人家掩石門何處洞簫吹夜雨一竿漁火徹
朝暾蜀江氣暖春光早已有林花映小村

香奩冬詞　媛孟淑卿

默坐深閨思有餘霜威漸覺襲衣裾靑綾被冷無鴛
夢紫塞天寒斷雁書竹葉舞風侵戶響梅花和月上
窻虛雙蛾爭似庭前柳臘盡春來忽又舒

桃源憶故人　宋秦觀

秦樓深鎖薄情種淸夜悠悠誰共羞見枕衾鴛鳳悶
即和衣擁　無端畫角嚴城動驚破一番新夢窻外
月華霜重聽徹梅花弄

菩薩蠻　舒亶

江梅未放枝頭結江樓已見山頭雪待得此花開知
伊來不來　風帆雙畫鷁小雨隨行色空得鬱金裙
酒痕和淚痕

少年遊　周邦彥

幷刀如水吳鹽勝雪纖手破新橙錦幄初溫獸香不
斷相對坐吹笙　低聲問向誰行宿城上已三更馬
滑霜濃不如休去直是少人行

滿路花　前人

金花落燼燈銀礫鳴窻雪庭深微漏斷行人絕風扉
不定竹圃琅玕折玉人新間闊著這情懷更當恁地
時節　無言欹枕帳底流淸血愁如春後絮來相接
知他那裏爭信人心切除共天公說不成也還似伊
無箇分別

憶王孫　李甲

同雲風埽雪初晴天外孤鴻三兩聲獨擁寒衾不忍
聽月朧明窻外梅花瘦影橫

念奴嬌冬日賞梅閩岑寺得嗣　管鑑

寒梢冰破問何人遠寄江南春色似是天憐爲客久
報我春歸消息茅舍疎籬故園開處兩歲關山隔天
涯重見向人風味如昔　誰念月底風前當時占髩
漸與花顏白不恨一番花落早恨把年華虛擲嚼蘂
含香攀條覓句拚醉禁愁得酒醒還是夢魂數徧歸

驛

柳梢靑冬月海棠　盧炳

笑菊欺梅嫌蜂却蝶歷盡寒芟月下精神醉時風韻
紅透香腮　天工造化難猜甚怪我愁眉未開故遣
名花凌霜帶露先送春來

菩薩蠻　黃昇

南山未解松梢雪西山已掛梅梢月說似玉林人人
間無此淸　此身元是客小住娛今夕拍手凭闌干
霜風吹鬢寒

念奴嬌冬晚山陰溪上　張炎

行行且止把乾坤收入蓬牕深裏星散白鷗三四點
數筆橫塘淸意岸嘴衝波籬根受月野逕通郁市疎
風迎面濕衣原是空翠　堪歎敲雪門荒爭棋墅冷
苦竹鳴山鬼縱使如今猶有晉無復淸遊如此落日
沙黃遠天雲澹弄影蘆花外幾時歸去翦取一半煙
水

滿庭芳冬　明吳子孝

堤水初冰山雲欲暮雪花飛近簾櫳早貂帳小開讌
射堂東屛內辟寒金鳳偎寶色無數驚鴻燒獸炭碧
壺湯沸禱錦隱腥紅　膽瓶梅弄蘂歌聲不斷酒琖
頻空猶自道陶家風味難同燈影遙翻朱袖私語處
豆蔻香濃人酩酊翠裘半軃敧帽受霜風

冬部選句

晉李顒感冬篇高陽攬元轡太皞御冬始望舒游天策曜靈協燕紀

宋鮑照詩凜冽倦元冬

齊謝朓詩元冬寂修夜天閨靜且閒亭皋霜氣愴松宇清風來 又 愴愴緒風興祁祁族雲布嚴氣集高軒稠陰結寒樹

陳張正見詩九冬飄遠雪六出表豐年

北周庾信詩寂寞歲陰窮蒼茫雲貌同鶴毛飄亂雪車轂轉飛蓬鴈歸知向暖鳥巢解背風寒沙兩岸白獵火一山紅

唐劉孝孫詩凍柳含風落寒梅照日鮮

駱賓王詩雪明書帳冷水靜墨池寒

吳少微詩歲晏風落山天寒水歸壑

韋應物詩日日欲爲報方春已徂冬

杜甫詩蟄龍三冬臥 又 雪片一冬深

郎士元詩高松殘子落寒井凍痕生

韓愈詩喜氣排寒冬

張籍詩梅花發草連冬有行處無家不滿園

皮日休詩寓居無事入清冬

黃滔詩邊沙住隔冬

宋晁補之詩何必悲無衣縕賁聊御冬

張耒詩一臥孤村兩見冬

朱熹詩君看蟄龍臥三冬頭角不與蚯爭雄

元薩都刺詩江南飛盡千株雪孤負梅花過一冬

岑安卿詩梅花一味只宜冬

明沈明臣詩敝盡春袍憶舊冬

欽定古今圖書集成曆象彙編歲功典
第八十一卷目錄
冬部紀事
冬部雜錄
冬部外編

歲功典第八十一卷

冬部紀事

帝王世紀顓頊黃帝之孫昌意之子以水承金位在北方主冬以水事紀官

周禮天官小宰之職六曰冬官其屬六十掌邦事大事則從其長小事則專達

庖人凡用禽獻冬行鱻羽膳膏羶訂義史氏曰用鱻羽於冬冬時陽氣大魚潛鴈定而肥也飲食之滋冬膳羊脂曰膏羶以其物之所便而調和之也

獸人冬獻狼訂義楊謹仲曰疏謂狼山獸山主聚故狼膏聚而溫狼陽物其性自溫故冬獻之

食醫飲齊眂冬時訂義賈氏曰眂猶比也方氏曰齊與王制遲速異齊之齊同飲齊水漿醴涼之類飲齊視冬固以寒為主然飲潤物而清之亦冬之事

凡和冬多鹹訂義易氏曰冬為水味多鹹以養腎

疾醫冬時有嗽上氣疾訂義史氏曰寒之餘毒傳於華蓋而上升故冬有嗽上氣之疾

掌皮掌冬斂革訂義史氏曰皮已乾謂之革賈氏曰獸皮治去其毛曰革革須治用功深故冬斂之

染人冬獻功訂義賈氏曰纁元與夏纁染至冬功成並獻於王

春官司尊彝冬烝祼用黃彝訂義鄭鍔曰黃彝者畫為黃目也人目未嘗黃龜目則黃氣之清明未有如龜者故記曰黃者中也目者清明也言酌於中而清明於外也冬者萬物歸根復命之時祼用黃彝言明於外而欲以觀其復

司巫冬堂贈無方無算訂義鄭鍔曰冬則贈送不祥與季冬贈惡夢之贈同凡送行必自堂始自內而外故於堂上行贈送禮以送之其送也無定方或東或西或南或北其路則無算數或千里或萬里欲其去之遠劉執中曰冬者歲之窮理宜推故以納新者也況堂乃人之所寢而安之者不宜有邪氣以妨春陽之來不宜有妖祟以礙吉祥之至故男巫以脯醢幣帛遣堂而贈以遣之故曰無方小大多少莫不除之故曰無算

夏官挈壺氏凡軍事縣壺以序聚欜凡喪縣壺以代哭者皆以水火守之分以日夜及冬則以火爨鼎水而沸之而沃之訂義王昭禹曰縣壺以盛水分刻漏也鄭康成曰擊欜兩木相敲行夜時也分以日夜者異晝夜漏也漏之箭晝夜共百刻冬夏之時間有長短焉大史立成法有四十八箭鄭司農曰冬水凍漏不下故以火炊水沸以沃之謂沃漏也薛氏曰以火爨鼎使之不凝以火守壺使之不差施之於軍事所以嚴守警施之於喪事所以嚴凶哀朝廷朝夕之禮亦常以是為節然春官雞人卜國事為期則告之時而此復特掌之挈壺氏者蓋天子備官挈壺掌漏雞人告時諸侯則掌漏告時一於挈壺氏而已

校人冬祭馬步獻馬講馭夫訂義鄭康成曰馬步神為災害馬者鄭鍔曰寒氣總至馬方在廄必存其神使不為災唐人之頌曰冬祭馬步存神也王昭禹曰馬步為馬禱行冬則大閱之時故祭馬步賈氏曰馬神稱步若元冥之步人鬼之步之類與酺字異音同義鄭鍔曰及冬之時自春所養乘者至是皆見其良矣乃擇其良者以獻於王如物至冬成而可獻也於是之時則講馭夫謂講論其知馭車之法能與不能也與臧僕之意同講必以冬馭夫則主馭者將使之馭使車貳車佐車之人五馭必有法安可不講其藝乎於冬講之一年之事也

圉師冬獻馬訂義項氏曰冬則所產之馬成矣故獻之

秋官薙氏掌殺草冬日至而耜之訂義鄭鍔曰冬日已至陰極而凍於時則以耜而剗之剗覆其根凍死於冬則來春不能萌

冬官考工記弓人冬析幹則易訂義鄭康成曰易理滑致也鄭鍔曰凡木之材至冬則堅凝可治治於冬則節目易去其理滑易矣

拾遺記周穆王東巡大騎之谷西王母來共玉帳高會進崐流素蓮素蓮者一房百子凌冬而茂

韓子說林篇管仲隰朋從桓公伐孤竹春往冬返迷惑失道管仲曰老馬之智可用也乃放老馬而隨之遂得道行山中無水隰朋曰蟻冬居山之陽夏居山之陰蟻壤一寸而仞有水乃掘地遂得水

左傳襄公十三年冬城防書事時也於是將早城臧

武仲請侯畢農事禮也注土功雖有常節通以事閒爲時

晏子諫上篇景公時雨雪三日而不霽公被狐白之裘坐堂側陛晏子入見公曰怪哉雨雪三日而天不寒晏子對曰嬰聞古之賢君飽而知人之饑溫而知人之寒今君不知也公曰善乃令出衣發粟與饑寒

諫下篇景公爲履黃金之綦飾以銀連以珠良玉之絇其長尺冰月服之以聽朝晏子朝公迎之履重僅能舉足問曰天寒乎晏子曰君奚問天之寒也古聖人製衣服也冬輕而暖夏輕而清今君之履冰月服之是重寒也履重不節是過任也失生之情矣

列子周穆王篇老成子學幻於尹文先生深思三月遂能於冬月起雷

殷湯篇鄭師文及冬而叩徵弦以激蕤賓陽光熾烈堅冰立散

左傳昭公九年冬築郎囿書時也季平子欲其速成也叔孫昭子曰詩曰經始勿亟庶民子來焉用速成其以勦民也

說苑景差相鄭鄭人有冬涉水者出而脛寒後景差過之下陪乘而載之覆以上衽晉叔向聞之曰景子爲人國相豈不固哉吾聞良吏居之三月而溝渠修十月而津梁成六畜且不濡足而況人乎

呂氏春秋分職篇衞靈公天寒鑿池宛春諫曰天寒起役恐傷民公曰天寒乎宛春曰公衣狐裘坐熊席陬隅有竈是以不寒今民衣敝不補履決不組君則不寒矣民則寒矣公曰善令罷役

列子楊朱篇昔者宋國有田夫常衣黂僅以過冬暨春東作自曝於日不知天下之有廣厦隩室綿纊狐貉顧其妻曰負日之暄人莫知者以獻吾君將有重賞

吳越春秋越王欲復吳仇冬則抱冰懸膽於戶出入嘗之

烈士傳孟嘗君食客三千齊士有乞食馮煖寒冬無袴面有饑色

漢書郊祀志高祖二年冬東擊項籍而還入關問故秦時上帝祠何帝也對曰四帝有白青黃赤帝之祠高祖曰吾聞天有五帝而四何也吾知之矣迺待我而具五也迺立黑帝祠名曰北時

食貨志冬民既入婦人同巷相從夜績女工一月得四十五日必相從者所以省費燎火同巧拙而合習俗也注服虔曰一月之中又得夜半爲十五日凡四十五日也

魏相傳中謁者趙堯舉春李舜舉夏兒湯舉秋貢禹舉冬四人各職一時注應劭曰四時各舉所施行政事服虔曰主一時衣服禮物朝祭百事也

西京雜記漢制天子玉几冬則加綈錦其上謂之綈几以象牙爲火籠籠上皆散華文後宮則五色綾文以酒爲書滴取其不冰以玉爲硯亦取其不冰夏設羽扇冬設繒扇公侯皆以竹木爲几冬則以細罽爲橐以憑之不得加綈錦

漢書武帝本紀元鼎三年冬徙函谷關於新安以故關爲弘農縣

元封五年冬行南巡狩至於盛唐望祀虞舜於九疑登灊天柱山自尋陽浮江親射蛟江中獲之舳艫千里薄樅陽而出作盛唐樅陽之歌遂北至琅邪並海所過禮祠其名山大川

辟寒溫室殿武帝建冬處之溫煖也以椒塗壁被之文繡香桂爲柱設火齊屏風鴻羽帳規地以罽賓氍毹

漢書杜延年傳延年子緩爲太常治諸陵縣每冬月封具獄日常去酒省食官屬稱其有恩

于定國傳定國爲廷尉食酒至數石不亂冬月治請讞飲酒益精明

召信臣傳信臣徵爲少府大官園種冬生葱韭菜茹覆以屋廡晝夜爇蘊火待溫氣乃生信臣以爲此皆不時之物有傷於人不宜以奉供養及他非法食物悉奏罷省費歲數千萬注爇古然字

元后傳莽知太后婦人厭居深宮中欲虞樂以市其權令太后四時車駕巡狩四郊存見孤寡貞婦冬饗飲飛羽校獵上蘭登長平館臨涇水而覽焉

桓譚新論太原郡民以隆冬不火食五日雖有病緩急猶不敢犯爲介之推故也

後漢書鍾離意傳意辟大司徒侯霸府詔部送徒詣河內時冬寒徒病不能行路過弘農意輒移屬縣使作徒衣縣不得已與之而上書言狀意亦具以聞光武得奏以見霸曰君所使掾何乃仁於用心誠良吏也

光武本紀建武二十一年冬鄯善王車師王等十六國皆遣子入侍奉獻願請都護帝以中國初定未遑外事迺還其侍子厚加賞賜

桓郁傳注上謂郁曰卿經及先師致復文雅其冬上

親於辟雍自講所制五行章句已復令郁說一篇上謂郁曰我爲孔子卿爲子夏起予者商也

章帝本紀元和二年詔曰春秋於春每月書王者重三正愼三微也律十二月立春不以報囚月令冬至之後有順陽助生之文而無鞫獄斷刑之政朕咨訪儒雅稽之典籍以爲王者生殺宜順時氣其定律無以十一月十二月報囚

安陸府志後漢黃香事親至孝冬則以身溫被

後漢書虞詡傳祖父經爲郡縣獄吏案法平允務存寬恕每冬月上其狀恆流涕隨之嘗稱曰東海于公高爲里門而其子定國卒至丞相吾決獄六十年雖不及于公其庶幾乎子孫何必不爲九卿耶故字詡曰升卿

崔寔傳寔爲五原太守五原土宜麻枲而俗不知織績民冬月無衣積細草而臥其中見吏則衣草而出寔至官斥賣儲峙爲作紡績織絍練縕之具以教之民得以免寒苦

東夷傳挹婁古肅愼之國也土氣極寒常爲穴居好養豕食其肉衣其皮冬以豕膏塗身厚數分以禦風寒

三輔決錄孫晨字允公家貧不仕居杜城中織箕爲業明詩書爲郡功曹冬月無被有藁一束暮臥其中旦收之

楚國先賢傳孟宗至孝母好食筍宗入林中哀號方冬爲之出因以供養時人皆以爲孝感所致

魏志杜畿傳畿爲河東太守課民畜牸牛草馬下逮雞豚犬豕皆有章程百姓勸農家家豐實畿乃曰民富矣不可不教也於是冬月修戎講武又開學宮親自執經教授郡中化之

邴原別傳原家貧早孤鄰有書舍原過其旁而泣師曰童子苟有志我徒相教不求資也於是遂就書一冬之間誦孝經論語自在童齔之中嶷然有異及長金玉其行

魏志鄭渾傳渾遷陽平沛郡二太守郡界下濕患水潦百姓饑乏渾於蕭相二縣界興陂遏開稻田郡人皆以爲不便渾曰地勢洿下宜溉灌終有魚稻經久之利此豐民之本也遂躬率吏民興立功夫一冬間皆成比年大收頃畝歲增租入倍常民賴其利刻石頌之號曰鄭陂

廣志魏時漢中太守王圖每冬獻笴謂之籔笴籔音快

魏略顏斐字文林爲京兆尹課民當輸租時車牛各致薪兩束爲冬寒冰炙筆硯風化大行

述異記三國時昆明國貢魏嗽金鳥鳥形如雀吐金屑如粟至冬此鳥畏霜雪帝乃起溫室以處之名曰辟寒臺故謂吐此金爲辟寒金

魏世河內冬雨棗

晉書禮志武帝咸寧元年太康四年六年冬皆自臨宣武觀大閱衆軍

王祥傳祥繼母常欲生魚時天寒冰凍祥解衣將剖冰求之冰忽自解雙鯉躍出持之而歸鄉里驚嘆以爲孝感所致焉

劉殷傳殷曾祖母王氏盛冬思堇而不言食不飽者一旬矣殷怪而問之王言其故殷時年九歲乃於澤中慟哭曰王母在堂無旬月之養殷爲人子而所思無獲皇天后土願垂哀愍聲不絕者半日於是忽若有人云止止聲殷收淚視地便有堇生焉因得斛餘而歸食而不減至時堇生乃盡

石崇傳崇每冬得韭蓱虀王愷密貨崇帳下問其所以答云韭蓱虀是擣韭根雜以麥苗耳

周顗傳王敦素憚顗每見顗輒面熱雖復冬月扇面手不得休

公孫鳳傳鳳隱於昌黎之九城山谷冬衣單布寢土牀彈琴今咏陶然自得

孫登傳登汲郡共人無家屬於郡北山爲土窟居之冬則被髮自覆

世說晉孝武帝年十二時冬天晝日不著複衣但著練衫五六重夜則累茵褥謝公諫曰聖體宜令有常陛下晝過冷夜過熱恐非攝養之術帝曰晝動夜靜謝公出歎曰上理不減先帝

晉書吳隱之傳隱之遷左衞將軍雖居清顯祿賜皆頒親族冬月無被嘗澣衣乃披絮勤苦同於貧庶

會稽典錄盛吉爲廷尉每至冬月罪囚當斷其妻執燭吉持丹筆相向垂泣

裴啟語林羊稚舒冬月釀酒令人抱甕須臾復易人速成而味好

辟寒荀奉倩與婦至篤冬月婦病熱乃出中庭自取冷還以身熨之

晉書張駿傳謙光殿北曰元武黑殿冬三月居之其傍有直省內司寺署一同方色

鄴中記石虎冬月施熟錦流蘇斗帳四角安純金龍頭銜五色流蘇或用黃地博山文錦或有紫綈及小

明光文錦

石虎皇后出女騎一千冬月皆著紫綸巾

石虎冬月爲複帳四角安純金銀鑿鏤香爐

宋書沈道虔傳道虔冬月無複衣戴顒聞而迎之爲作衣服幷與錢一萬及還分身上衣及錢悉供諸兄弟子無衣者

朱百年傳百年與孔凱友善百年家素貧母以冬月亡衣幷無絮自此不衣綿帛嘗寒時就凱宿衣悉裌布飲酒醉眠凱以臥具覆之百年不覺也既覺引臥具去體謂凱曰綿定奇溫因流涕悲慟凱亦爲之傷感

清異錄丹陽鍾忠以元嘉冬月晨行見有蛇長二尺許文色似青琉璃頭有雙角白如玉感而畜之自是貲業日登

荆州記新陽縣惠澤中有溫泉冬月未至數里遙望白氣浮蒸如烟上下采映狀若綺疏

南越志獠人冬編鵝毛雜木葉爲衣

南史王僧孺傳僧孺幼聰慧有餽其父冬李先以一與之僧孺不受曰大人未見不容先嘗

王虛之傳虛之庭中楊梅樹隆冬三實墓上橘樹一冬再實時人咸以爲孝感所致

梁書武帝本紀帝勤於政務孜孜無怠每至冬月四更竟卽敕把燭看事執筆觸寒手爲皴裂

昭明太子傳太子每霖雨積雪遣腹心左右周行閭巷視貧困家有流離道路密加振賜又出主衣綿帛多作襦袴冬月以施貧凍若死亡無可以斂者爲備棺槥

南史梁安成康王秀傳天監十三年爲郢川刺史每冬月常作襦袴以賜凍者

梁書顧協傳協少清介有志操初爲廷尉正冬服單薄寺卿蔡法度謂人曰我願解身上襦與顧郎恐顧郎難衣食者竟不敢以遺之

小名錄任昉字彥升樂安人文章之美冠絕一時官至太常昉有四子東里西華南容北叟俱小名並無術墜其家業劉孝標見昉諸子流離不能自振平生舊交莫有收恤者西華冬月著葛被練裙路逢峻峻惕然矜之乃廣朱公叔絕交論到漑見其論抵几於地終身爲恨

南史沈瑀傳湖熟縣方山埭高峻冬月公私行侶以爲艱明帝使瑀行修之瑀乃開四洪斷行客就作三日便辦

建康實錄陳後主禎明二年初覆舟山及松柏林冬月出木醴後主以爲甘露之瑞俗呼爲雀餳

魏書靈徵志興和元年冬西兗州濟陰郡宛句縣濮水南岸有泉湧出色清味甘飲者愈疾

夢雋後魏宋瓊母病冬月思瓜瓊夢見人與瓜覺得之手中時稱孝感

隋書禮儀志大業三年煬帝在榆林突厥啓民及西域東胡君長並來朝貢帝欲誇以甲兵之盛乃命有司陳冬狩之禮詔虞部量拔延山南北周二百里並立表記前狩二日兵部建旗於表所五里一旗分爲四十軍軍萬人騎五千匹前一日諸將各帥其軍集於旗下鳴鼓後至者斬詔四十道使並揚旗建節分申佃令卽留軍所監獵布圍圍闕南面方幀而前帝服紫袴褶黑介幘乘闟豬車其飾如木輅重輞漫輪蚪龍繞轂漢東京鹵簿所謂獵車者也駕六黑騮太常陳鼓笳鐃簫角於帝左右各百二十百官戎服騎從鼓行入圍諸將並鼓行赴圍乃設驅逆騎千有二百闟豬停轜有司斂大綏王公已下皆整弓矢陳於駕前有司又斂小綏乃驅獸出過於帝前初驅過有司整御弓矢以前待詔再驅過備身將軍奉進弓矢三驅過帝乃從禽鼓吹皆振坐而射之每驅必三獸以上帝發抗大綏次王公發則抗小綏次諸將發射之無鼓驅逆之騎乃止然後三軍四夷百姓皆獵佃將止虞部建旗於圍內從駕之鼓及諸軍鼓俱振卒徒皆譟諸獲禽者獻於旗所致其左耳大獸公之以供宗廟使歸薦腊於京師小獸私之

大業雜記煬帝築西苑周二百里其內造十六院庭植名花秋冬卽剪雜綵爲之色渝則改著新者其池沼之內冬月亦剪綵爲芰荷

大業五年吳郡送扶芳二百樹其樹蔓生纏繞他樹葉圓而厚凌冬不凋

辟寒隋末長安禁苑內一大樹冬月雪中忽花葉茂盛及凋謝結實其子光明燦爛如火之明數日皆化爲蛺蝶飛去

譚景升冬則緣布衫或臥於風雪霜中經日人謂已斃視之氣休休然父常念之每遣家僮尋訪春冬必寄之衣及錢帛景升捧之喜復書遽遣家僮乃厚遺之纔去便以錢帛及所寄衣出街路見貧寒者與之及寄於酒家一無所留

李意期於城角中作一土窟居其中冬雖單衣但飲

酒食脁及𥼶或百日或二百日不出

鄴嫏記貞觀中冬月鄗集韋維家池水徹底俱凍至季春水無停流而此地凝結如故使人鑿之乾堅如石維往諦視皆水晶也人以爲祥瑞其近岸方丈餘有疎松樹影依然在內維製爲屛風置室中遠視皆以爲眞松樹也爭以紙摹之後舉進士自大理卿累至戶部郎中善於剖判時人稱之

唐六典京畿及天下諸縣令若應受之田皆起十月里正勘造簿曆十一月縣令親自給授十二月內畢

凡天下朝集使皆令都督刺史及上佐更爲之皆以十月二十五日至京都十一月一日戶部引見訖於尚書省與羣官禮見然後集於考堂應考績之事

凡注官皆對面唱示若官資未相當及以爲非便者聽至三注三注不伏注至冬檢舊判注擬

唐書百官志光宅元年改工部曰冬官

李適傳天子饗會游豫惟宰相及學士得從冬幸新豐歷白鹿觀上驪山賜浴湯池給香粉蘭澤

酉陽雜俎明皇嘗冬月名山人包超令致雷聲超對曰來日及午有雷遂令高力士監之一夕醮式作法及明至巳矣曾無纖翳力士懼之超曰將軍視南山當有黑氣如盤矣力士望之如其言有頃風起黑氣漫空疾雷數聲

集異記開元中詩人王昌齡高適王之渙齊名一日天寒微雪三詩人共詣旗亭貰酒小飲忽有梨園伶官十數人登樓會宴俄有妙妓四輩尋續而至旋則奏樂皆當時之名部也昌齡等私相約曰我輩各擅詩名每不自定其甲乙今可密觀諸伶所謳若詩入歌詞之多者則爲優矣俄而一伶拊節而唱乃曰寒雨連江夜入吳平明送客楚山孤洛陽親友如相問一片冰心在玉壺昌齡則引手畫壁曰一絕句尋又一伶謳曰開篋淚沾臆見君前日書夜臺何寂寞猶是子雲居適則引手畫壁曰一絕句尋又一伶謳曰奉帚平明金殿開强將團扇共徘徊玉顏不及寒鴉色猶帶昭陽日影來昌齡則又引手畫壁曰二絕句之渙自以得名已久因謂諸人曰此輩皆潦倒樂官所唱皆巴人下里之詞耳因指諸妓之中最佳者曰待此子所唱如非我詩則終身不敢與子爭衡矣須臾次至雙鬟發聲則曰黃河遠上白雲間一片孤城萬仞山羌笛何須怨楊柳春風不度玉門關之渙卽揶揄二子曰田舍奴我豈妄哉因大諧笑諸伶皆起詣曰不知諸郎何此歡噱昌齡等因話其事諸伶競拜曰俗眼不識神仙乞降淸重俯就筵席三子從之醉歡竟日

雍錄學士院北廳前有花磚道冬中日及五磚爲入直之候李程性懶好晩入常過八磚乃至衆呼爲八磚學士

開元天寶遺事內庫中有七寶硯罏曲盡其巧每至冬寒硯凍置於罏上硯冰自消冬月帝常用之

岐王少惑女色每至冬寒手冷不近於火惟於妙妓懷中揣其肌膚稱爲暖手常日如是

岐王有玉鞍一面每至冬月則用之雖天氣嚴寒則此鞍在上坐如溫火之氣

申王每至冬月有風雪苦寒之際使宮妓密圍於坐側以禦寒氣自呼爲妓圍

楊國忠於冬月常選婢妾肥大者行列於前以遮風蓋藉人之氣以相暖故謂之肉陣

楊國忠家以炭屑用蜜捏塑成雙鳳至冬月則然於爐中及先以白檀木鋪於爐底餘灰不可參雜也

巨豪王元寶每至冬月大雪之際令僕夫自本家坊巷口掃雪爲逕路躬親立於坊巷前迎揖賓客就本家具酒炙宴樂之爲煖寒之會

逸人王休居太白山下日與僧道異人往還每至冬時取溪冰敲其精瑩者煮建茗共賓客飲之

開元時高太素隱商山起六逍遙館各製一銘其三爲冬日初出銘曰折膠墮指夢想負背金鑼騰空映簷白醉嘗取白醉二字以銘閣

續博物志李泌在衡山事明瓚禪師瓚云欲學者先將筆硯碎却明瓚北宇大照之門人性懶羣僧令看鹽雨至流於池羣僧毆之不怒冬月臥於竈前不起以粥灑其頭因就頭取喫號懶瓚作明心論

太平御覽唐大曆中太原府清源縣人韓景輝養冬蠶成繭詔給服終身

清異錄裴晉公盛冬常以魚兒酒飲客其法用龍腦凝結刻成小魚形狀每用沸酒一盞投一魚其中

杜陽雜編同昌公主堂中設却寒簾類玳瑁班有紫色云却寒之鳥骨所爲也

辟寒唐隱君子田游巖一日冬晴就湯泉沐髮風於朝暉之下適所親者至曰高年豈不自愛而草草若是耶游巖笑而答曰天梳日帽他復何需

藍采和常衣破藍衫六銙黑木腰帶一脚著靴一脚跣冬則臥雪中氣出如蒸

雲仙雜記竇雲溪有借舍盛冬若客至則燃薪火暖
一柱滿室如春人歸更取餘燼
遼史營衛志冬捺鉢曰廣平淀在永州東南三十里
本名白馬淀東西二十餘里南北十餘里地既坦夷
四望皆沙磧木多榆柳其地饒沙冬月稍暖牙帳多
於此坐冬與北南大臣會議國事時出校獵講武兼
受南宋及諸國禮貢皇帝牙帳以槍爲硬寨用毛繩
連繫每槍下黑氈傘一以芘衞士風雪槍外小氈帳
一層每帳五人各執兵仗爲禁圍
國老談苑宋太祖嘗冬月徹獸炭左右啓曰今日苦
寒上曰天下民寒者衆朕何獨溫愉哉
歸田錄曹武惠王彬國朝名將勳業之盛無與爲比
其所居堂室敝壞子弟請加修葺公曰時方大冬牆
壁瓦石之間百蟲所蟄不可傷其生其仁心愛物如
此
清異錄廬山白鹿洞遊士輻輳每冬寒醵金市烏薪
爲禦冬備號黑金社
宋史范仲淹傳仲淹少有志操既長依戚同文學晝
夜不息冬月憊甚以水沃面食不給至以糜粥繼之
人不能堪仲淹不苦也
戚同文傳同文尚信義宗族閭里貧乏者周給之冬
月多解衣裘與寒者不積財不營居室深爲鄉里推
服
呼延贊傳贊幷州太原人歷行宮內外都巡檢服飾
詭異性復鄙誕不近理盛冬以水沃孩幼冀其長能
寒而勁健
邵氏聞見前錄謝希深歐陽永叔官洛陽時同遊嵩
山自潁陽歸暮抵龍門香山雪作登石樓望都城各
有所懷忽於烟靄中有策馬渡伊水來者既至乃錢
相遣廚傳歌妓至吏傳公言曰山行良勞當少留龍
門賞雪府事簡無遽歸也錢相遇諸公之厚類此
長編宋仁宗朝河北河東初置義勇至英宗朝推行
其法漸及陝西皆以地接胡羌有守禦之備每歲冬
教一月民雖以爲勞而邊防之計有不得已
玉海熙寧四年冬詔以諸寺監祠事隸太常以肅奉
神之禮
東京夢華錄賣生魚則用淺抱桶以柳葉間串淸水
中浸或循街出賣冬月卽黃河諸遠處客魚來謂之
車魚每斤不上一百文
乾淳歲時記都下自十月以來朝天門內外競售錦
裝新曆諸般大小門神桃符鍾馗狻猊虎頭及金綵
縷花春帖旛勝之類爲市甚盛
談藪韓侂胄暮年以冬月攜家遊西湖畫船花輿徧
覽南北二山之勝末乃置宴於南園族子判院與焉
席間有獻牽絲傀儡爲土偶負小兒者名爲迎春黃
胖韓顧族子汝名能詩可詠卽承命一絕云脚踏虛
空手弄春一人頭上要安身忽然線斷兒童手骨肉
都爲陌上塵韓大不樂不終宴而歸末幾禍作
奚囊橘柚陶士行貧時冬日母子皆著敝葛及士行
貴母恆於公服袖口內縫二片曰汝當作佳官盡心
恤民勿忘著葛衫時也
鷄肋編燕地婦女冬月以苦蔞塗面謂之佛妝但皆
傅而不洗至春煖方滌去久不爲風日所侵故潔白
如玉也
談苑雄霸沿邊塘泊冬月載蒲葦悉用凌牀官員亦
乘之
元氏掖庭記淑妃龍瑞嬌貪而且妒宮人少有不如
意笞撻至死有不欲置之死地者則百計千方致其
苦楚冬則臥冰謂之煉肋
畜德錄夏忠靖公原吉嘗得賜古硯冬月僕炙冰破
損甚恐公知名喩之曰受賜不加愛惜吾之罪也遂
釋之
近峯紀略正德戊寅冬駕幸揚州河冰方合上問何
時當解江彬對曰立春然尚有旬餘日也上曰春迎
之卽至耳焉能候之命迎春於揚州之東郊明日百
花盛開河水流澌臣民駭覩
菽園雜記吳中民家計一歲食米若干石至冬月舂
白以蓄之名冬舂米嘗謂開春農務將興不暇爲此
及冬預爲之聞之老農云不特爲此春氣動則米芽
浮起粒亦不堅此時舂者多碎而爲秫折耗頗多冬
月米堅折耗少故及冬舂之

冬部雜錄

詩經邶風谷風章我有旨蓄亦以御冬箋蓄聚美菜
者以御冬月乏無時也
春秋宣公十五年冬蝝生注蝝子以冬生遇寒而死
故不成螽
禮記月令天地不通閉塞而成冬
禮運昔者先王未有宮室冬則居營窟
儒行儒有冬夏不爭陰陽之和
鄉飲酒義北方者冬冬之爲言中也中者藏也

爾雅冬獵爲狩注得獸取之無所擇
公羊傳冬曰烝注薦尚稻鴈烝衆也氣盛貌冬萬物畢成所薦衆多芬芳備具故曰烝
素問風論篇以冬壬癸中於邪者爲腎
四時刺逆從論篇冬者蓋藏血氣在中內著骨髓通於五藏
山海經堯光之山有獸焉其狀如人而彘鬣穴居而冬蟄其名曰猾褢其音如斲木見則縣有大繇
管子五行篇黃帝得后土而辯乎北方故使爲李冬者李也注李獄官也取使象水平之也
禁藏篇冬日之不濫非愛冰也爲不適於身便於體也
版法解冬既閉藏百事盡止往事畢登來事未起方冬無事慎觀終始審察事理
菁茅謀篇大冬任甲兵糧食不給黃金之賞不足謀守五穀黃金之謝物且爲之舉
文子精誠篇政失於冬辰星不效其鄉冬政不失國家寧康
列子殷湯篇吳楚之國有大木焉其名爲櫾碧樹而冬生實丹而味酸食其皮汁已憤厥之疾齊州珍之渡淮而北而化爲枳焉
莊子齊物論篇其殺如秋冬以言其日消也
則陽篇暍者反冬乎冷風
盜跖篇古者民不知衣服夏多積薪冬則煬之故命之曰知生之民
鶡冠子斗柄指北而天下皆冬
荀子天論篇天不爲人惡寒而輟冬

韓子解老篇周公曰冬日之閉凍也不固則春夏之長草木也不茂天地不能常侈常費而況於人乎
五蠹篇堯之王天下也冬日麑裘
楚辭嘉南州之炎德兮麗桂樹之冬榮
呂氏春秋離俗覽冬之德寒寒不信其地不剛地不剛則凍閉不開
史記天官書月行角天門十月爲四月十一月爲五月十二月爲六月水發近三尺遠五尺注謂月行入角與天門若十月犯之當爲來年四月成災十一月則主五月也
河渠書天子既臨河決作歌曰吾山平兮鉅野溢魚沸鬱兮柏冬日注柏猶迫也漢書音義曰鉅野滿溢則衆魚沸鬱而滋長也迫冬日乃止
匈奴傳土地苦寒漢馬不能冬能音耐
漢書東方朔傳朔上書曰臣年十三學書三冬文史足用注貧子冬日乃得學書言文史之事足可用也
魏相傳北方之神顓頊乘坎執權司冬注水爲智智者謀謀者重故爲權
越絕書冬三月之時草木既死萬物各異藏故陽氣避之下藏伏壯於內使陰陽得成功於外
賈誼新書懸弧之禮義北方之弧以棗棗者北方之草冬木也
淮南子俶眞訓冬日之不用翣者非簡之也清有餘於適也
時則訓冬爲權權者所以權萬物也權之爲度也急而不贏殺而不割充滿以實周密而不泄敗物而弗取罪殺而不赦誠信以必堅慤以固糞除苛慝不可以曲故冬正將行必弱以強必柔以剛權正而不失萬物乃藏
精神訓知冬日之箑夏日之裘無用於己則萬物之變爲塵埃矣
主術訓冬日之陽萬物歸之而莫使之然
齊俗訓貧人冬則羊裘解札短褐不掩形而煬竈口
春秋繁露官制象天篇冬者太陰之選也
五行之義篇水居北方而主冬氣
陽尊陰卑篇人生而天而取化於天哀氣取諸冬
天辯在人篇大陰因水而起助冬之藏也
冬哀志也
人無冬氣何以哀死而恤喪天無哀氣亦何以激陰而冬閉藏
陰陽出入上下篇冬右陰而左陽
治水五行篇七十二日水用事其氣清寒而黑閉門閭大搜索斷刑罰執當罪飭梁關禁外徙無決池隄
祭義篇冬上敦實敦實稻也冬之所畢熟也畢熟故曰烝烝之言衆也
天地之行篇務以冬美冬水氣也務甘味也乘於水氣而美者甘勝寒也
威德所生篇冬者天之威也
如天之爲篇聖人冬修刑而致清方致清之時見大善亦立舉之
京房易傳夏旱殺人冬則物華實
說苑主冬者昴昏而中可以斬伐田獵蓋藏上告之天子下布之民
後漢書律歷志日行北陸謂之冬

傳恭傳易曰潛龍勿用言十一月十二月陽氣潛藏
未得用事雖煦嘘萬物養其根荄而猶盛陰在上地
凍水冰陽氣否隔閉而成冬
班固傳靈草冬榮神木叢生
白虎通五祀篇冬祭井井者水之深藏在地中冬亦
水王萬物伏藏
論衡感虛篇夫雲出於丘山降散則爲雨矣人見其
從上而墜則謂之天雨水也冬日天寒則雨凝而爲
雪皆由雲氣發於丘山不從天上降集於地明矣
釋名冬曰上天其氣上騰與地絕也冬終也物終成
也
桃諸藏桃也諸儲也藏以爲儲待給冬月用之也
瓠蓄皮瓠以爲脯蓄積以待冬月時用之也
說文竹冬生草也象形下垂者箬箬也
農家諺冬青花不落濕沙
獨斷行冬爲太陰盛寒爲水祀之於行在廟門外之
西軷壤厚二尺廣五尺輪四尺北面設主於軷上
王粲務本論對積踰冬奪者無罪
抱朴子仙藥篇雲母有五色並具而多黑者名雲母
宜以冬服之
廣譬篇非分之達猶林卉之冬華也
拾遺記背明國在扶桑東見日出於西方其國昏昏
常暗有醇和麥爲麴以釀酒一醉累月食之凌冬可
袒
崐崘山有柰冬生子碧色以玉井水洗食之骨輕柔
能騰虛也
岱輿山有草名莽煌葉圓如荷去之十步炙人衣則

燋刈之爲席方冬彌溫以枝相摩則火出
南方草木狀南方冬無積藁瀕海郡邑多馬有草葉
類梧桐而厚取以秣馬謂之肥馬草馬頗嗜而食果
肥壯矣
冬葉薑葉也苞苴物交廣皆用之南方地熱物易腐
敗惟冬葉藏之乃可持久
竹譜箱筩竹類一尺數節亦中作矢其筍冬生
傳休奕紫華賦序紫華一名長樂華舊生於蜀其東
界特饒中國奇而種之余嘉其華純耐久可歷冬而
服故與友生各爲之賦
盧諶祭法冬祀用雉腊兔腊用甘用荆錫
述異記杏園洲在南海洲中多杏海上人云仙人種
杏處漢時嘗有人舟行遇風泊此洲五六日日食杏
故免死云洲中有冬杏王充果賦云冬實之杏春熟
之甘晉郭太儀果賦云杏或冬而實
劉勰新論履信篇冬之得寒寒不信則水土不堅水
土不堅則安靜之德廢
名醫別錄朮以蔣山白山茅山者爲勝十一月十二
月採者好多脂膏而甘其苗可作飲甚香美
忍冬藤生凌冬不凋故曰忍冬
益州記蒻之莖蜀人於冬月取以春碎炙之水淋一
宿爲菹
水經注黃水出零陽縣西北連巫山溪出雌黃頗有
神異採常以冬月祭祀鑿石深數丈方得佳黃故溪
水取名焉
丹水東南歷西巖下巖下有大泉湧發洪源巨輪淵
深不測蘋藻冬芹竟川含[illegible]雖嚴辰肅月燕麥暄萋

齊民要術區種瓜法以瓜子布坑中以糞覆之又以
土薄散糞上以足微躡之冬月大雪時速併力推雪
於坑上爲大堆至春草生瓜亦生莖葉肥茂異於常
者又法冬天以瓜子數枚內熱牛糞中凍即拾聚置
之陰地正月地釋即耕布之糞土覆之肥茂早熟
溲種可用雪汁雪汁者五穀之精也使稼耐旱常以
冬藏雪汁器盛埋於地中治種如此則收常倍
隋書吐谷渾傳青海周迴千餘里中有小山其俗至
冬輒放牝馬於其上言得龍種
舊唐書南蠻傳林邑國漢日南象林之地在交州南
千餘里地氣冬煖不識冰雪常多霧雨
唐本草醍醐酥之精液好酥一石有三四升醍醐在
酥中盛冬不凝
食療本草石燕在乳穴石洞中者冬月采之堪食
種樹書麥最宜雪諺云冬無雪麥不結
北戶錄山橘子冬熟有大如土瓜者次如彈丸者皮
薄下氣普寧多有之
西陽雜俎水耐冬此草經冬在水不死成式於城南
村墅池中見之
熊膽冬在右足
嶺南有蟻大於秦中馬蟻結窠於甘樹甘實時常循
其上故甘皮薄而滑往往甘實在其窠中冬深取之
味數倍於常者
太原晉祠冬有水底蘋不死食之甚美
嶺表錄異山薑莖葉皆薑也但根不堪食亦與豆蔻
花相似而微小爾花生葉間作穗如麥粒醃藏入甜
糟中經冬如琥珀色辛香可愛用爲膾無以加矣

五色綫王旻好勸人食蘆菔根葉云冬食功多力甚養生之物也

靑田溪冬天水熱如湯衆魚歸之名曰魚倉

瀟湘錄長安城禁苑內一大樹冬月雪中忽花葉茂盛及凋落結實其子光明燦爛如火之明焉數日皆化爲紅蛺蝶飛去至明年唐高祖自唐國長安此必前兆也

太平御覽南夷志水札鳥出昆明池冬月遍於水際

淸異錄酴醾盛開時置書冊中冬間取以插鬢蕤花骴耳

開寶本草威靈仙出商州上洛山及華山并平澤以不聞水聲者爲艮生先於衆草方莖數葉相對冬月丙丁戊己日採根用

益部方物記芎葉爲蘼蕪楚辭謂江蘺者根爲芎藭落時可用作羹蜀少寒莖葉不萎今醫家最貴川芎云

長生草山陰蔽地多有之修莖茸葉色似檜柏而澤經冬不凋損故號長生

羞寒花蜀地處處有之根莖綴花蔽葉自隱俗曰羞天花予易爲羞寒花

燖麻葉能螫人有花無實冒冬弗悴可以袪疾

皇極經世觀物內篇冬爲藏物之府

觀冬則知春秋之所存注春秋者五伯之事業也五伯之時如冬

圖經本草預知子蔓生依大木上葉綠有三角實作房生靑熟深紅色每房有子五七枚斑褐色光潤如飛蛾蜀人每貴重之其根冬月采之陰乾治蠱其功勝於子也相傳取子二枚綴衣領上遇有蠱毒則聞其有聲當預知之故名

蒺藜冬月采之黃白色郭璞云布地蔓生細葉子有三角刺人

菩薩草生江浙州郡凌冬不凋秋中有花直出赤子如蒻頭冬月采根用味苦主中諸毒研服之又諸蠱傷搗汁飲井傳之

雲笈七籤治腎當用吹吹爲瀉吸爲補夫腎者陰之精坎之氣其色黑其象如圓石其神如白鹿兩頭化爲玉童長一尺出入於腎藏腎者冬之用事常以十月十一月十二月面北平坐鳴金梁七飲玉泉三吸元宮之黑氣入口九吞之以補吹之損以符呦鹿之詞以致玉童之饌益腎氣神和體安可致長生之道

欽硯說水紋坑在眉子坑外臨溪至冬水涸方能取之入地丈餘石多金花

夢溪筆談宋次道春明退朝錄言天聖中靑州盛冬濃霜屋瓦皆成百花之狀又慶曆中集禧觀渠中冰紋皆成花果林木元豐末秀州人家屋瓦上冰亦成花每瓦一枝正如畫家所爲折枝有大花似牡丹芍藥者細花如海棠萱草者皆有枝葉無毫髮不具氣象生動雖巧筆不能爲之以紙搨之無異石刻

政和本草冬靑冬月靑翠故名江東人呼爲凍靑

物類相感志伏中收松柴斫碎以黃泥水浸皮脫曬乾冬月燒之無烟

冬月令水不冰以楊花鋪硯槽名文房春風膏硯

秀水閒居錄瘞鶴銘潤州揚子江焦山足石巖下惟冬序水退始可摸打世傳以爲王逸少書

曲洧舊聞溱洧之源出馬嶺今在河南府永安界號玉仙山歷城東南爲溱洧其水淸有魚數種土人不善施網罟冬積柴水中爲罧以取之以擣澤蓼雜糞大麥撒深潭中魚食之輒死浮水可俯掇久之復活謂之醉魚云

密縣有一種冬桃秋花夏實八九月間桃自開其核璺地而復合肉生滿其中至冬而熟味如淇上銀桃而加美亦異也

吳船錄眉州城外卽玻璨江也冬時水色如此

詩序潛季冬薦魚疏冬月旣寒魚不行乃性定而肥充故冬薦之也天官庖人注云魚鴈水涸而性定則十月已定矣但十月初定季冬始肥取其尤美之時薦之也

蠡海集人身類冬之日坎用事陽在內喜嗜熱物滋其陽也

氣候類冬爲陰冬之夜半爲嚴寒三建雖曰天開於子地闢於丑人生於寅然却但以冬至爲一建小寒爲二建大寒爲三建也何以知其然也蓋造曆始於冬至察天氣也候花信之風始於小寒察地氣也辨人身之氣始於大寒以厥陰爲首察人氣也豈非三建之氣只在於立春之前也歟

證類本草列仙傳云赤松子服天門冬齒落更生細髮復出太原甘始服天門冬人間三百餘年聖化經云以天門冬茯苓等分爲末日服方寸匕則不畏寒大寒時單衣汗出也

法帖刊誤今洛水冬月不冰古人謂之溫洛下有碁石取此石置甕水中水亦不冰

楊慎集張伯玉蓬萊閣詩敲冰呈好手織素競交鴛注越俗競誇敲冰紙剡水清潔山又多藤楮以敲冰時製之佳蓋冬水也

湧幢小品白冬瓜一二十許大冬月收爲菜又蜜餞代果可以禦冬故曰冬瓜今皆誤書曰東瓜因西瓜之對也

耕史月表冬花小友風蘭天茄金豆金柑金橘

農政全書冬天近晚忽有老鯉斑雲起漸合成濃陰者必無雨名曰護霜天

冬天南風三兩日必有雪

木瓜爛蒸擂作泥入蜜與薑作煎飲用冬月尤美

冬月乾塘取魚寄別池內或入大桶速乾水取生泥壅池生泥只取爛泥弗取乾者取過泥速栽荇草放水入魚凡小池定在大池之旁以便冬月寄魚

用馬牙硝爲細末唾調塗手及面寒月迎風不冷

霜後芋子上芋白擘下以液漿水煠過焙乾冬月炒食味勝蒲筍

本草綱目韭黃北人至冬移根於土窖中培以馬屎暖則即長高可尺許不見風日其葉黃嫩謂之韭黃豪貴皆珍之

冬葱即慈葱或名大官葱謂其莖柔細而香可以經冬大官上供宜之故有數名

埤雅云鯽魚旅行以相即也故謂之鯽不食雜物故能補胃冬月肉厚子多其味尤美

南方有玉面貍專上樹木食百果冬月極肥人多糟爲珍品大能醒酒

鼬似貂而大色黃而赤其毫與尾可作筆嚴冬用之不折世所謂鼠鬚栗尾者是也

德慶果廣之德慶州出之其樹冬榮子大如盃炙而食之味如豬肉

冰鼠東方朔云生北荒積冰下皮毛甚柔可爲席臥之却寒

伏翼善服氣故能壽冬月不食

兔至冬月齕木皮得金氣而氣內實故味美至春食草麥而金氣衰故不美也

續隨子一名拒冬蘇頌曰葉中出葉數數相續而生故名續隨子冬月始長故又名拒冬

苦菜一名遊冬經歷冬春故名

群芳譜柳寄生狀類冬青亦似紫藤經冬不凋冬月望之雜百樹中榮枯各異出蜀中

清閒供冬時晨起飲醇醪負暄盥櫛禺中置氈褥市烏薪會名士作黑金社晌午挾筴理舊稿看苔影移階濯足午後攜都統籠向古松懸崖間敲冰煮建茗日晡布衣皮帽裝嘶風鐙策蹇驢問寒梅消息薄暮圍爐促膝煨芋魁說無上妙偈談劍術

峩眉山志海梅高僅二尺冬月開小花結實如櫻桃

邵武縣志樵嵐山一名金蓮峯樵溪之水出焉溪產魚曰鯛紅翼而白鰓冬月始出漁人競取之

閩部疏延福以南有竹叢生涉冬抽萌慈竹類也而長刺雲大者拱把吳越慈竹迴出其下

冬部外編

列仙傳丁次都不知何許人爲遼東丁氏作奴丁氏常使買葵冬得生葵問何得此葵云從日南買來

南史滕曇恭傳門外有冬生樹二株時忽有神光自樹而起俄見佛像及夾侍之儀容光顯著自門而入曇恭家人咸共禮拜久之乃滅遠近道俗咸傳之

春明退朝錄歐陽少師言爲河北都轉運使冬月按部至滄景間於野夜半聞車旗兵馬之聲幾達旦不絕問宿彼處人云是海神移徙九七年間一有之

欽定古今圖書集成曆象彙編歲功典

第八十二卷目錄

孟冬部彙考

易經 坤爲地卦

詩經 小雅采薇章

禮記 月令

爾雅 月陽

素問 診要經終論篇

汲冢周書 時訓解

師曠占 占五穀貴賤

呂氏春秋 季夏紀音律篇

史記 律書

漢書 律歷志

淮南子 天文訓　時則訓　六合

大戴禮記 夏小正

說文 亥月

晉書 禮志　樂志

梁元帝纂要 孟冬

齊民要術 十月事宜

荆楚歲時記 秦歲首

遼史 禮志

農政全書 孟冬事宜　農事占候

遵生八牋 十月事宜　十月事忌　十月修養法

賞心樂事 十月

本草綱目 孟冬

事物原始 小春　朔朝　下元

酌中志略 宮中十月

直隸志書 [illegible]

山東志書 齊河縣　陽信縣　青州　壽光縣　登州府

山西志書 臨汾縣　太平縣　臨晉縣　夏縣　馬邑縣

河南志書 陳州　洛陽縣　宜陽縣　羅山縣　商城縣　郟縣

陝西志書 蒲城縣　西鄉縣　平涼府

江南志書 吳縣　崑山縣　常熟縣　嘉定縣　松江府　無錫縣　金壇縣　高郵州　興化縣　泰州　通州　太平府　六安州　滁州

浙江志書 杭州府　富陽縣　嘉善縣　平湖縣　烏程縣　餘姚縣　龍泉縣

江西志書 德興縣　鉛山縣　都昌縣　瀘溪縣　新淦縣

湖廣志書 通山縣　鍾祥縣　應城縣　[illegible]山縣　石首縣　瀏陽縣　衡州府　祁陽縣　寧遠縣　新田縣

福建志書 建寧府　建陽縣

四川志書 [illegible]江縣

廣東志書 廣州府　連州　曲江縣　英德縣　始興縣　長樂縣　澄邁縣　文昌縣

廣西志書 隆安縣

雲南志書 建水州　羅平州

歲功典第八十二卷

孟冬部彙考

易經

坤爲地卦

䷁ 本義 剝盡則爲純坤十月之卦

詩經

小雅采薇章

歲亦陽止

朱注 陽十月也時純陰用事嫌於無陽故名之曰陽月也 大全 程子曰疑於無陽故謂陽月然何時無陽如日有光之類蓋陰陽之氣有常而不移者有消長而無窮者　問十月何以爲陽月朱子曰剝盡而坤復則一陽生也復之一陽不是頓然便生乃自坤卦積來如一月三十日以復之一陽分作三十分從小雪後一日生一分到十一月半一陽始成以此見天地無休息　孔氏曰十月名爲陽君子愛陽而惡陰也四月秀葽靡草死豈無陰乎明陰陽常兼有也

禮記

月令

孟冬之月日在尾昏危中旦七星中其日壬癸其帝顓頊其神元冥其蟲介其音羽律中應鍾其數六其味鹹其臭朽其祀行祭先腎

陳注 尾在寅析木之次顓頊黑精之君元冥水官之臣少皡氏之子曰脩曰熙相代爲水官左傳云脩及熙爲元冥是也羽音屬水應鍾亥律長四寸二十七分寸之二十水成數六鹹朽皆水屬水受惡穢故有朽腐之氣也行者道路往來之處冬陰往而陽來故祀行也春夏秋皆祭先所勝冬當先心以中央祭心故但祭所屬又以冬主靜不尚克制故也

水始冰地始凍雉入大水爲蜃虹藏不見

陳注 此記亥月之候

天子居元堂左个乘元路駕鐵驪載元旂衣黑衣服元玉食黍與彘其器閎以奄

陳注元堂左个北堂之西偏閎者中寬奄者上窄

是月也以立冬先立冬三日太史謁之天子曰某日立冬盛德在水天子乃齊立冬之日天子親帥三公九卿大夫以迎冬于北郊還反賞死事恤孤寡

陳注死事爲國事而死也孤寡卽死事者之妻子

是月也命太史釁龜筴占兆審卦吉凶

陳注馮氏曰釁龜而占兆釁筴而審卦

是察阿黨則罪無有掩蔽

陳注獄吏治獄寧無阿私必是正而省察之

是月也天子始裘命有司曰天氣上騰地氣下降天地不通閉塞而成冬命百官謹蓋藏命有司循行積聚無有不斂坏城郭戒門閭修鍵閉愼管籥固封疆備邊竟完要塞謹關梁塞徯徑

陳注鍵鎖須也閉鎖筩也徯徑野獸往來之路也

飭喪紀辨衣裳審棺槨之厚薄塋丘壟之大小高卑厚薄之度貴賤之等級

陳注朱氏曰喪者人之終冬者歲之終故於此時而飭喪紀焉

是月也命工師效功陳祭器按度程毋或作爲淫巧以蕩上心必功致爲上物勒工名以考其誠功有不當必行其罪以窮其情

陳注諸器皆成獨主祭器祭器尊也

是月也大飲烝

陳注因烝祭而與羣臣大爲燕飲也舊說烝升也此乃饗禮升牲體於俎上謂之房烝未知是否

天子乃祈來年于天宗大割祠于公社及門閭臘先祖五祀勞農以休息之

陳注天宗日月星辰也割祠割牲以祭也社以上公配祭故云公社又祭及門閭之神也臘之言獵以田獵所獲之物而祭先祖及五祀之神勞農卽周禮黨正屬民飲酒之禮也

天子乃命將帥講武習射御角力是月也乃命水虞漁師收水泉池澤之賦毋或敢侵削衆庶兆民以爲天子取怨於下其有若此者行罪無赦孟冬行春令則凍閉不密地氣上泄民多流亡行夏令則國多暴風方冬不寒蟄蟲復出行秋令則雪霜不時小兵時起土地侵削

爾雅

月陽

十月爲陽

疏 十月得癸則曰極陽

素問

診要經終論篇

九月十月陰氣始冰地氣始閉人氣在心

注 收藏之氣從天而降肺屬乾金而主天爲心藏之蓋故秋冬之氣從肺而心心而腎也少陰主冬令故先從手少陰而至足少陰王氏曰火墓於戌

汲冢周書

時訓解

立冬之日水始冰又五日地始凍又五日雉入大水爲蜃水不冰是謂陰負地不始凍咎徵之咎雉不入大水國多淫婦小雪之日虹藏不見又五日天氣上騰地氣下降又五日閉塞而成冬虹不藏婦不專一天氣不上騰地氣不下降君臣相嫉不閉塞而成冬母后淫佚

師曠占

占五穀貴賤

十月朔日占春糴貴賤風從東來春賤逆此者貴

呂氏春秋

季夏紀音律篇

應鍾之月陰陽不通閉而爲冬修別喪紀審民所終

注 應鍾十月陽伏在下陰閉於上故不通審愼終卒也修別喪服親疎輕重之紀故曰審民所終也

史記

律書

不周風居西北主殺生東壁居不周風東主辟生氣而東之至於營室營室者主營胎陽氣而產之東至於危危垝也言陽氣之危垝故曰危十月也律中應鍾應鍾者陽氣之應不用事也其於十二子爲亥亥者該也言陽氣藏於下故該也

漢書

律歷志

應鍾言陰氣應亡射該藏萬物而雜陽閡種也位於亥在十月

注 孟康曰閡臧塞也陰雜陽氣臧塞爲萬物作種也晉灼曰外閉曰閡

淮南子

天文訓

立冬加十五日斗指亥則小雪音比無射

應鍾之數四十二主十月上生蕤賓

太陰在丑歲名曰赤奮若歲星舍尾箕以十月與之

晨出東方觜觿參爲對

時則訓

孟冬之月招搖指亥昏危中旦七星中其位北方其日壬癸盛德在水其蟲介其音羽律中應鍾其數六其味鹹其臭腐其祀井祭先腎水始冰地始凍雉入大水爲蜃虹藏不見天子衣黑衣乘元驪服元玉建元旗食黍與彘服八風水爨松燧火北宮御女黑色衣黑采擊石磬其兵鎩其畜彘朝於元堂左个以出冬令命有司修羣禁禁外徙閉門閭大搜客斷罰刑殺當罪阿上亂法者誅立冬之日天子親率三公九卿大夫以迎歲於北郊還乃賞死事存孤寡是月命太祝禱祀神位占龜策審卦兆以察吉凶於是天子始裘命百官謹蓋藏命司徒行積聚修城郭警門閭修楗閉愼管籥固封璽修邊境完要塞絕蹊徑飭喪紀審棺槨衣衾之厚薄營丘壟之小大高庳使貴賤卑尊各有等級是月也工師效功陳祭器案度程堅致爲上工事苦慢作爲淫巧必行其罪是月也大飲烝天子祈來年於天宗大禱祭於公社畢饗先祖勞農夫以休息之命將率講武肄射御角力勁乃命水虞漁師收水泉池澤之賦毋或侵牟孟冬行春令則凍閉不密地氣發泄民多流亡行夏令則多暴風方冬不寒蟄蟲復出行秋令則雪霜不時小兵時起土地侵削十月官司馬其樹檀

六合

孟夏與孟冬爲合孟夏始緩孟冬始急故十月失政四月草木不實

大戴禮記

夏小正

十月豺祭獸善其祭而後食之也初昏南門見南門者星名也及此再見矣黑鳥浴者何也烏浴也者飛乍高乍下也時有養者長也若日之長也元雉入於淮爲蜄蜄者蒲盧也織女正北鄉則其織女星名也

說文

亥月

亥荄也十月微陽起接盛陰

晉書

禮志

漢以高帝十月定秦旦爲歲首至武帝雖改用夏正然每月朔朝至於十月朔猶常饗會其儀夜漏未盡七刻受賀及贄公侯璧中二千石二千石羔千石六百石鴈四百石以下雉三公奉璧上殿御座前北面太常讚曰皇帝爲君興三公伏皇帝坐乃前進璧古官皆賀二千石以上上殿稱萬歲舉觴御食司徒奉羹大司農奉飯奏食舉之樂百官受賜宴饗大作樂如元正之儀

樂志

十月之辰謂爲亥亥者劾也言時陰氣劾殺萬物也十月之管名爲應鍾應者和也謂歲功皆成應和陽功收而聚之也

梁元帝纂要

孟冬

十月孟冬月曰上冬

齊民要術

十月事宜

十月培築垣牆塞向墐戶上辛命典饋漬麴釀冬酒作脯腊農事畢令成童入大學如正月焉五穀既登家儲畜積乃順時令勑喪紀同宗有貧窶久喪不堪葬者則糾合宗人共興舉之以親疎貧富爲差正心平斂無相踰越先自竭以率不隨先冰凍作涼餳煑暴飴可拆麻緝績布縷作白履不借賣縑帛弊絮糴粟豆麻子

注　草履之賤者曰不借

荆楚歲時記

秦歲首

十月朔日黍曤俗謂之秦歲首

未詳黍曤之義今北人此日設麻羹豆飯當爲其始熟嘗新耳禰衡別傳云十月朝黃祖在艨艟上會設黍曤是也

遼史

禮志

歲時雜儀歲十月五京進紙造小衣甲槍刀器械萬副十五日天子與羣臣望祭木葉山用國字書狀并焚之國語謂之戴辣戴燒也辣甲也

農政全書

孟冬事宜

移植　橙　柑　橘

栽種　大小豆　春菜　生薑　蘿蔔

收藏　地黃　君達菜　天蘿子　茶子　橘皮

天豆　粟子　薏苡　椒　冬瓜子　芙蓉條

石橘　蘿蔔　山藥　枸杞　皂角　苧

雜事　移葵　接花果　澆灌花木　穫稻　納木

稼　開碑　責膠　收炭　造牛衣　修牛馬

塞北戶　用蓋爐　石堦砌　收二桑葉　壅苧

麻　耘麥地　收猪種　泥飾牛馬屋　壓桑

農事占候

冬前霜多主來年旱冬後多晚禾好　十六日爲寒婆生日晴主冬暖此說得之崇德舉人徐伯和自江東石洞秩滿而歸云彼中客旅遠出專看此日若晴暖則但隨身衣服而已不必他備言極有准也　月內有雷主災疫諺云十月雷人死用耙推有霧俗呼曰沫露主來年水大仍相去二百單五日水至老農咸謂極驗或云要看霧著水面則輕離水面則重諺云十月沫露塘瀊十一月沫露塘乾　冬初和暖謂之十月小春又謂之𪍿糯殺天漸見天寒日短必須夜作諺云十月無工只有梳頭吃飯工　又云河東西好使犁河射角好夜作　月內風頻作謂之十月五風信　諺云冬至前後鴻水不走

遲生八殘

十月事宜

孝經緯曰立冬後十五日斗指亥爲小雪天地積陰溫則爲雨寒則爲雪時言小者寒未深而雪未大也律應鍾鍾者動也言物應陽而動下藏也辰亥亥者劾也言時陰氣劾殺萬物也西京雜記曰十月爲正陰曰陰月要纂曰上冬

是月天道南行作事出行宜正南方吉不宜用亥日犯月建不吉

十六日天倉開宜入山修道

又曰初十日十三日宜拔白

五行書曰是月亥日食餅令人無病

是月宜進棗湯其方取大棗去皮核於文武火上翻覆焙香然後泡作湯服

攝生圖曰初一日宜修成福齋初五日修三會齋勿行譴責

四時纂要逐瘟方地黃八兩巨勝子一升二物熬爛牛膝五加皮地骨皮各四兩官桂防風各二兩仙靈皮三兩用牛乳五兩同甘草湯浸三日以半升同乳拌仙靈皮磁瓶盛入炊食上蒸之待其牛乳盡出方以暖水淨淘碎如麻豆同前藥細剉入布袋盛之浸於二斗酒中五日後取看味重取去藥渣十月朔飲至冬至日止忌葱蒜臭物

決明子主青盲目淫膚赤白膜痛淚又療唇口青色十月十日採陰乾百日可服

又云是月取枸杞子淸水洗淨瀝乾研爛以細布袋盛榨出汁水去渣慢火熬膏勿令黏底候少稠卽以瓦器盛之蠟紙密封勿令透氣每朝酒調一二匙服之夜臥再服百日輕身壯氣耳目聰明鬚髮烏黑

冬三月戊寅己卯癸酉辛巳丁亥及壬丙戌癸宜煉丹藥

是月宜服棗湯鍾乳酒枸杞膏地黃煎等物以養和中氣

雲笈七籤曰十月十四日取枸杞煎湯沐浴令人光澤不病初一日十八日並宜沐浴吉

修眞指要曰十五日下元吉辰可修謝過齋

經驗方是月上亥日採枸杞子二升採時面東再搗生地黃汁三升以好酒五升同攪均三味共入磁瓶內密封三重浸二十一日安置立春前三日每早空心飲一杯至立春後鬚髮皆黑補益精氣輕身無比忌食蘿蔔

太淸草本方云槐子乃虛星之精是月上巳日採而吞之每服二十一粒去百病長生通神

是月宜食芋無礙

十月事忌

是月初一十四日忌裁衣交易

白雪忌十月忌食猪肉發宿氣且亥爲猪肖宜忌之人能終身忌之其有益於人自多本草考之可見

千金方十月勿食椒傷血脈勿食韭令人多涕唾勿食霜打熟菜令人面上無光勿食獐肉動氣勿食猪腎十月腎旺也不令死氣入腎

又曰是月夫婦戒同寢忌純陰用事

是月勿帶煖帽使腦受凍則無眩暈之疾

法天生意云十月初四勿責罰人故刑官是日罷刑大忌

是月二十五日不宜問疾

是月初一日爲民歲臘十五日爲下元二日戒夫婦入房

二十日忌遠行

十月修養法

孟冬之月天地閉藏水凍地坼早臥晚起必候天曉使至溫暢無泄大汗勿犯冰凍雪積溫養神氣無令邪氣外入卦坤坤者順也以服健爲正故君子當安於正以順時也生氣在酉坐臥宜向西方

孫眞人修養法曰十月心肺氣弱腎氣强盛宜減辛

苦以養腎氣毋傷筋骨勿泄皮膚勿妄針灸以其血澀津液不行十五日宜靜養獲吉

賞心樂事

十月

現樂堂煖爐　滿霜亭密橘　烟波觀買市　賞小春花　杏花莊挑薺　詩禪堂試香

本草綱目

孟冬

陶弘景曰槐子以十月上巳日采相連多者新盆盛合泥百日皮爛為水核如大豆服之令腦滿髮不白而長生

事物原始

小春

荊楚歲時記云十月天時和暖似春故曰小春月內一雨謂之液雨百蟲飲此水而藏蟄呼為藥水來春二月雷鳴啟蟄

朔朝

十月一日宰臣已下受冬著錦襖三日夢華錄云士庶皆出城上墳禁中車馬出道院及西京朝陵寢宗室車馬亦如寒食節有司進煖爐炭民間皆置酒作煖爐會九月下旬即買冥衣靴鞋衣帽以備十月朔日燒獻

下元

道藏經曰十月十五為下元水官檢察人間善惡此日適衛岳眞人昇仙之日鍾離先生飛昇亦此日也

酌中志略

宮中十月

十月初一日頒曆初四日宮眷內臣換穿紵衣

直隸志書各省風俗同者不載

宛平縣

十月一日裁五色紙作男女衣曰寒衣修具祀其先持楮錠焚之曰送寒衣新喪白紙為之或有祀於墓者是月天始寒里中父老多捐貲濟貧轉相勸募就寺廟施粥施湯施綿衣

懷柔縣

冬初種麥謂之凍黃積柴養魚謂之下溺

豐潤縣

孟冬畢場功蒸麵飯以犒農工

永平府

孟冬月朔日南風則冬暖北風寒又占十六日謂寒婆晴主冬暖竟月畢場功勞農遣工人歸設醮燕享至醉如古蜡祭之風焉虹主麻穀貴月食魚鹽貴雷人多死雷而霧離水面則二百五日水至

肅寧縣

十月初一日陰柴米貴如金又云雨攪雪無休歇

慶雲縣

十月初一日無貧富皆祭墓送寒衣名燒衣節

冀州

十月朔日祭墓如清明中元儀兼剪衣焚之謂之送寒衣亦曰履霜露而悽愴也農家亦以是日具酒脯辭場

饒陽縣

十月朔日風雨主來年夏旱芝麻貴小雪日雪則穀賤東風主民多流亡南風主多暴風西風主雨雪不時北風主冬不寒

趙州

十月民間多嫁娶凡力不前者求救於人名曰告助

清豐縣

十月一日以西成告畢作樂祀廟謂之報賽

宣府鎮

十月朔日人家出城拜掃先墓其鄉飲酒則舉於學宮無祀祭則舉於厲壇皆不敢缺十五日為下元節俗傳水官解厄之辰亦效持齋誦經

山東志書

齊河縣

十月滌場以後綿花在野取之不禁

陽信縣

小雪十月中塞向墐戶

沂州

十月朔祭墓農家皆設酒殽燕傭人名散場

壽光縣

十月望日與浴佛日同

登州府

十月朔田家祀先穡以報成是日散農作

山西志書

臨汾縣

十月初一日啖餛飩祀先焚紙被

太平縣

十月十五日祭天地號為閉神門

臨晉縣

十月十日古有牛馬王會民間多釀金罌牲醴以賽

神祭畢割胙懽飲醉飽而散樊橋站尤盛是日商賈四集諸貨略備買賣交易三日乃罷

夏縣

十月初十日山中農家報祀土穀之神

馬邑縣

下元農家於是日祭獻龍王會飲廟中曰閉廟門

河南志書

陳州

十月農工已畢田家置農器於場備牲醴香楮祭之祭畢相餉勞及佃人俗曰臥𥟖宰牲命樂賽土穀之神歡飲一日謂之牛王社

洛陽縣

秋成十月間各祀土穀之神豐潔酒醴以奢侈相尚

宜陽縣

十月初一日祀山神散農作初十日祀牛王報成

羅山縣

十月初一日朝靈山飯僧十五日亦舉行之

商城縣

十月初一日墓祭焚楮衣亦插紙標於墓

郟縣

十月朔日焚紙錢冥衣於墓或畫灰圈祀於家

陝西志書

蒲城縣

孟冬朔暮陳黃麪角於祀焚紙衣備幽寒

西鄉縣

十月一日祭青苗神用蕎麪爲角黍祀先祖於門外雇工人皆於是日放還諺云十月一送雇的

平涼府

十月朔祭農功於先祖妣或烹豚羊獻新酒大具裘墐戶霜大至地凍登芻穰采野薪山薪燒炭大縱六畜農之任者以者放罷宜飲酒始獵

江南志書

吳縣

十月十五日爲五風生日太湖漁者千餘家盛陳牲醴賽並湖諸神祠祈是月有風每五日如期而至終歲皆然可以揚帆捕魚謂之五風信

崑山縣

十月朔富家多用是日開爐熾炭

常熟縣

是月吾谷楓林如錦遊人載酒挈榼多往觀之

嘉定縣

十月朔晴主少寒一日南風當三日雨三日南風當九日晴

松江府

十月朔日晴和則一冬少寒賈人以此卜棉之售否小雪日雪則穀賤舊志云是日開爐用麪裹菠菜爲餠獻祠堂

無錫縣

十月十三進香保安寺大士之前通邑多至

金壇縣

十月一日民歲臘節祀食作湯餈

高郵州

十月一日東南風主冬暖忌霧諺云十月三朝霧老牛岡上渡

興化縣

十月小至祀神及祖先少長夜宴略如除夕謂之冬末夜

泰州

十月朔舉祀先禰炊占米合赤豆爲飯見西成事畢之徵

通州

十月十三日士人祀朱衣星君

太平府

孟冬朔日古謂之民歲臘塗邑是日始以火禦寒市糕作供曰暖爐親戚相餽

六安州

十月朔舊謂之秦歲首今人於是日祀其先祖

滁州

十月十日祀先如七月望日上冢如三月清明

浙江志書

杭州府

十月初一日奉郡城隍於武林郭外社稷壇祭無祀鬼神人多盛服持旛蓋纓絡香花班迎道上肅隊而行或充執事輿衞務極一時之盛是月初旬民咸出城拜墓不異寒食以餕餘遊兩山看紅葉昔人云霜葉紅於二月花

富陽縣

孟冬二十七日太平村潭上天鍾菴作佛會禮佛約千許人謂之千人會

嘉善縣

十月忌南風遇南風必雨雷鳴人疫且恆險孟冬朔

日食米圓祀祖先間有祭墓者曰開爐節

平湖縣

十月一日相傳日月同度初月纔許旭日乘之從陳山上觀如玉盤走珠亦一奇也是月上旬釀酒蓄之曰十月白

烏程縣

十月漸寒家家類坐火箱曉起衣服及暮夜臥被必焙其中煞坐火箱雖有鬱蒸而澤國木氣散之故不爲病

餘姚縣

十月中迎桑神以大纛爲導紙傘隨之其初甚盛今亦少衰

龍泉縣

十月初一日有風雨年內旱來年夏多水二日風寒正月米貴如大雨米大貴小雨米小貴其日值立冬雨血地生毛值小雪有東風來年米賤風從西來米貴民流月內有三卯米平麥賤月內虹見來年五月米貴麥平月內月蝕來秋穀貴是月行春令民多流亡行夏令多暴風蟄蟲復出行秋令小寇時起土地有警

江西志書

德興縣

十月朔日犂田曬白以俟東作

鉛山縣

十月荆楚歲時記天時和暖似春謂之小陽春一日宜晴十月雨連連高山亦是田

都昌縣

十月朔日以秫米作糍祭先各鄉有謂牛之生辰或將糍塗其角上者

瀘溪縣

十月以南風久暫占晴雪諺云一日南風三日雪三日南風晴皎潔以雪有無多寡占來歲豐凶

新淦縣

十月朔縣例以是日開倉糧長迺徇於里辦稅斎鷄豕爲布峙谷以需罔敢費釀酒積薪以禦寒修治牆屋池塘道路及婚娶恆以是冬織女北向是月也宜雨占曰十月無流落高田不用作秋收畢滌場塈茨版築斧斤畢舉

湖廣志書

通山縣

孟冬十月爲陽月曰良月曰正冬曰小春月朔曰陽朔

鍾祥縣

十月朔日民間飲酒作煖爐會

應城縣

十月初一日鄉城登新墓農家放牛羊不禁

應山縣

十月朔俗傳十月朝作糍糕飼服耕之牛至日午河飲則照其角端有糕懸則已無則有淚下者殊不足信大率土人愼服田作勞之意也

石首縣

十月天氣漸寒名曰小陽春讀者慶館議事耕者佈種菜麥以糞來春小熟婦女紡績以供饘粥以禦冬寒

瀏陽縣

十月朔日縣令祭無祀鬼神名曰祭黃葉落

衡州府

十月初一至初十日俗言此旬墓門開子孫各上祖塋掃除宿草設酒食奠之霜露之感也

祁陽縣

冬日其暖如春故十月謂之小春峽人十月一日多以蒸裹爲節物又名爊糟杜詩蒸裹如千室焦糟幸一柈

寧遠縣

十月寒暑相停若鳴雷則多病

新田縣

十月西成畢各村祭社稷諸神以報田功

福建志書

建寧府

十月之朔謂之十月朝以豆米作糍祀先

建陽縣

小雪值朔日有東風主春米賤西風主春米貴

四川志書

夾江縣

十月家作米食給力田者又穿於牛角以償其苦租他人牛者以是日納租覘以肉食不便則另易之

廣東志書

廣州府

十月儺數十人衣紅衣擊鑼鼓迎神前驅輒入人家謂之逐疫或禱於里社以禳火災

連州

十月十六日各里醵金爲會飮畢以神之衣冠出遊于市日賽神

曲江縣

十月朔日各鄕大舖製米糍相饋粘大糍於耕牛角上用爲酉成之犒謠云十月朝放牛滿山標此日牛不穿繩謂之放閒

英德縣

十月農夫爲飼養穿牛角併菜以飯牛謂之牛年

始興縣

十月請先天師人茅山教師在荒郊中建廠演法事預祈來歲收穫豐稔

長樂縣

孟冬之月晩稻登蘿蔔可食是月也寒暑倏異一日而裘葛屢更冬十月朔至十二日陰晴卜明歲一年水旱

遂溪縣

十月農家割禾相助以畢其事佃僕醉飽喧歌道路蓋傭佃之家饔飧粥食惟割禾乃飯也收成正於此時而小熟此月播種

文昌縣

十月朔祭先兒童擊木得樂旋行嬲嚾以爲戲

廣西志書

隆安縣

十月角麥實豆始收寒氣漸侵草木黃落朔風厲急授衣民採木以修房屋厚蓋藏鄕俗始婚姻送死喪營葬占日十月雨浮塘來年缺飯

雲南志書

建水州

十月七女祭八蜡祠報賽十五日祭老鸛樹義塚分祭合祭與清明同

羅平州

十月有水官會

欽定古今圖書集成曆象彙編歲功典
第八十三卷目錄
孟冬部藝文一
雒陽城銘　後漢李尤
應鍾十月啓　梁昭明太子
孟冬部藝文二 詩詞
步出東西門行 一作冬十月　後漢曹操
孟冬篇　魏陳思王植
擬孟冬寒氣至　宋南平王鑠
從拜陵登京峴　鮑照
大同十年十月戊寅　梁簡文帝
十月樂遊詩　唐郭震
十月梅花書贈　盧僎
南中感懷　樊晃
同羣公十月朝宴李太守宅　高適
十月一日　杜甫
孟冬　前人
孟冬　謝良輔
十月　樊珦
小雪日戲題　張登
酬樂天初冬早寒見寄　劉禹錫
孟冬蒲津關河亭作　呂溫
湓浦早冬　白居易
初冬酒熟　前人
早冬　前人
和杜錄事題紅葉　前人
初冬偶作寄南陽潤卿　皮日休
和襲美初冬偶作　陸龜蒙
和初冬偶作寄南陽潤卿次韻　前人
小雪後書事　前人
十月七日早起作時氣疾初愈　韓偓
和蕭郎中小雪日詩　徐鉉
初冬旅懷　釋懷浦
十月二日　宋劉敞
次孟堅初冬晴和見梨桃二花作　鄭俠
初冬　蘇軾
十月初吉菊始開乃與客作重九　前人
十月十五日觀月黃樓　前人
十月二十日晨起見枇杷　周紫芝
十月五日集李野家歸作　程俱
初寒　陸游
初冬　前人
次仲庸初冬即事 二首　裘萬頃
閒吟初冬　岳柱芳
初冬　前人
十月十四夜　葛長庚
十月白牡丹鄆州孫氏家植也　元范梈
初冬作　方瀾
十月　釋善住
十月　明文徵明
初冬　鄭明選
孟冬作 八首 已上詩　張若羲
漁家傲 小春　宋歐陽修
滿庭芳 小春　張炎
減字木蘭花　明吳子孝
臨江仙 小春 已上詞　陳子龍
孟冬部選句
孟冬部紀事
孟冬部雜錄
孟冬部外編

歲功典第八十三卷

孟冬部藝文一

雒陽城銘　後漢李尤

夏門值孟位月在亥陰陽不通蝃蝀匿彩迎冬北壇從陰所在

應鍾十月啓　梁昭明太子

節居元英鍾應陰律然天拂岫帶枯葉以飄空翔氣浮川映危樓而疊迥胡風起截耳之凍趙日興懸背之思敬想足下山岳鍾神星辰挺秀潛明晦跡隱於朝市之間縱法化人不混鄉閭之下某陋巷孤遊窮觸白活終朝息槩若孔子之爲貧竟日棲遲如范生之在職牛衣當被畏見王章犢鼻親操恐逢夫子雖此甑賤而不羞貧綺服有時此言何述

孟冬部藝文二（詩詞）

步出東西門行（一作冬十月）　後漢曹操

孟冬十月北風徘徊天氣肅清繁霜霏霏鵾雞晨鳴鴻鴈南飛鷙鳥潛藏熊羆窟栖錢鎛停置農收積場逆旅整設以通賈商幸甚至哉歌以詠志

孟冬篇　魏陳思王植

孟冬十月陰氣厲清武官誡田講旅統兵元龜襲吉元光著明蚩尤蹕路風弭雨停乘輿啓行鸞鳴幽軋虎賁采騎飛象珥鶡鐘鼓鏗鏘簫管嘈喝萬騎齊鑣千乘等蓋夷山塡谷平林滌藪張羅萬里盡其飛走趯趯狡兔揚白跳翰獵以青骹掩以修竿韓盧宋鵲呈才騁足噬不盡緤牽麋掎鹿魏氏發機養基撫弦都盧尋高搜索猴猨慶忌孟賁蹈谷超巒張目決眥髮怒穿冠頓熊扼虎蹴豹搏貙氣有餘勢負象而趨獲車既盈日側樂終罷役解徒大饗離宮亂曰聖皇臨飛軒論功校獵徒死禽積如京流血成溝渠明詔大勞賜大官供有無走馬行酒醴驅車布肉魚鳴鼓舉觴爵擊鍾酬無餘絕綱（一作網）縱麟麂弛罩出鳳雛收功在羽校威靈振鬼區陛下長懽樂永世合天符

擬孟冬寒氣至　宋南平王鑠

白露秋風始秋風明月初明月照高樓露落（一作白露）皎元除迨及涼風起行見寒林疎客從遠方至贈我千里書先叙懷舊愛末陳久離居一章意不盡三復（一作惜）情有餘願遂平生志無使甘言虛

從拜陵登京峴　鮑照

孟冬十月交殺氣陰欲終風烈無勁草寒甚有凋松軍井冰晝結士馬氈夜重晨登峴山首霜雪凝未逼息鞍循隴上支劍望雲峰表裏觀地險升降究天容東嶽覆如礪瀛海安足窮傷哉良永矣馳光不再中衰賤謝遠願疲老還舊邦深德竟何報徒令田陌空

大同十年十月戊寅　梁簡文帝

暄塵是時息靜坐對重巒冬深柳條落雪後桂枝殘星明霧色淨天白鴈行單雲飛乍想閣冰結遠疑紈晚橘隱重屏枯藤帶廻竿荻陰連水氣山峯添月寒

十月樂遊詩　唐郭震

十月嚴陰盛霜氣下玉臺羅衣羞自解綺帳待君開銀箭更籌緩金爐香氣來愁仍夜未幾已使炭成灰

十月梅花書贈　盧僎

君不見巴鄉氣候與華別年年十月梅花發上苑今應雪作花寧知此地花爲雪自從遷播落黔巴三見江上開新花故園風花虛洛汭窮峽凝雲度歲華花情縱似河陽好客心倍傷邊候早春候颯驚樓上梅霜威未落江潭草江水侵（一作浸）天去不還樓花覆簾空坐攀一向花前看白髮幾回夢裏憶紅顏紅顏白髮雲泥改何異桑田移碧海却想華年故國時唯餘一片空心在空心弔影向誰陳雲臺仙閣舊遊人儻知巴樹連冬發應憐南國氣長春

南中感懷　樊晃

南路蹉跎客未回常嗟物候暗相催四時不變江頭草十月先開嶺上梅

同羣公十月朝宴李太守宅　高適

良牧徵高賞褰帷問考槃歲時當正月甲子入初寒已聽甘棠頌欣陪旨酒歡仍憐門下客不作布衣看

十月一日　杜甫

有瘴非全歇爲冬亦不難夜郎溪日暖白帝峽風寒蒸裹如千室焦糖幸一柈茲辰南國重舊俗自相歡

孟冬　前人

殊俗還多事方冬變所爲破柑霜落爪嘗稻雪翻匙巫峽寒都薄烏蠻瘴遠隨終然減灘瀨暫喜息蛟螭

孟冬　謝良輔

江南孟冬天荻穗軟如綿綠絹芭蕉裂黃金橘柚懸

十月　樊珣

憶長安十月時華清士馬相馳萬國來朝漢闕五陵共獵秦祠晝夜歌鐘不歇山河四塞京師

小雪日戲題　張登

甲子徒推小雪天刺桐猶綠槿花然陽和長養無時歇却是炎州雨露偏

酬樂天初冬早寒見寄　劉禹錫

乍起衣猶冷微吟帽半攲霜凝南屋瓦雞唱後園枝洛水碧雲曉吳宮黃葉時兩傳千里意書札不如詩

孟冬蒲津關河亭作　呂溫

息駕非窮途未濟豈迷津獨立大河上北風來吹人雪霜自茲始草木當更新嚴冬不肅殺何以見陽春

湓浦早冬　白居易

潯陽孟冬月草木未全衰祇抵長安陌涼風八月時日西湓水曲獨行吟舊詩蓼花始零落蒲葉稍離披但作城中想何異曲江池

初冬酒熟　前人

霜繁脆庭柳風利剪池荷月色曉彌苦鳥聲寒更多秋懷久寥落冬計又如何一甕新醅酒萍浮春水波

早冬　前人

十月江南天氣好可憐冬景似春華霜輕未殺萋萋
草日暖初乾漠漠沙老柘葉黃如嫩樹寒櫻枝白是
狂花此時却羨閒人醉五馬無由入酒家

和杜錄事題紅葉　前人

寒山十月旦霜葉一時新似燒非因火如花不待春
連行排絳帳亂落剪紅巾解駐籃轝看風前唯兩人

初冬偶作寄南陽潤卿　皮日休

寓居無事入清冬雖設樽罍酒半空白菊爲霜翻帶
紫蒼苔因雨却成紅迎潮預遣收魚笱防雪先教蓋
鶴籠唯待支硎最寒夜共君披氅訪林公

和襲美初冬偶作　陸龜蒙

桐下空階疊綠錢貂裘初綻擁高眠小爐低幌還遮
掩酒滴灰香似去年

和初冬偶作寄南陽潤卿次韻　前人

逐日生涯敢計冬可嗟寒事落然空窗憐返照緣書
小庭喜新霜爲橘紅衰柳尚能和月動敗蘭猶擬倚
煙籠不知海上今清淺試與飛書問洛公

小雪後書事　前人

時候頻過小雪天江南寒色未全偏楓汀尚憶逢人
別麥隴惟應欠雉眠更擬結茅臨水次偶因行藥到
村前鄰翁意緒相安慰多說明年是稔年

十月七日早起作時氣疾初愈　韓偓

疾愈身輕覺數通山無嵐瘴海無風陽精欲出陰精
落天地包含紫氣中

和蕭郎中小雪日詩　徐鉉

征西府裏日西斜獨試新爐自煮茶籬菊盡來低覆
水塞鴻飛去遠連霞寂寥小雪閒中過斑駁輕霜鬢
上加算得流年無奈處莫將詩句祝蒼華

初冬旅懷　釋懷浦

枕上角聲微離情未息機夢回三楚寺寒入五更衣
月沒棲禽動霜晴凍葉飛自慚行役早深與道相違

十月二日　宋劉敞

十月黃河冰未澌柳條弱弱草離離寒蛩遂馬聲相
續却是江南秋半時

次孟堅初冬晴和見梨桃二花作　鄭俠

十月南天尚若襟幽花何怪動清吟半扉素蘂呈修
徑幾朵夭紅出茂林地借小春回暖氣日勻疏影轉
輕陰惟應幕府多才俊不負行臺醉客心

初冬　蘇軾

荷盡已無擎雨蓋菊殘猶有傲霜枝一年好景君須
記正是橙黃橘綠時

十月初吉菊始開乃與客作重九　前人

今日我重九誰謂秋冬交黃花與我期草中實後彫

十月十五日觀月黃樓　前人

中秋天氣未應殊不用紅紗照坐隅山下白雲橫匹
素水中明月臥浮圖未成短棹還三峽已約輕舟泛
五湖爲問登臨好風景明年還憶使君無

十月二十日晨起見枇杷　周紫芝

枝頭紅日退霜華矮樹低牆密護遮黃菊已殘秋後
朶枇杷又放隔年花

十月五日集季野家歸作　程俱

賢愚孰無營忽景信可惜如何闔廬城乃有此閒客
懷安豈初志迎甓有餘力相從無何鄉邂逅一日適
虛窗得朝陽寒凜作春色琴書雜棐几一一淨如拭
盡妙見奇蹤落筆非近識似追永和還未覺正始隔
崢嶸衡崔閣莽蒼雲夢澤時華互低昂幽鳥共深寂
誰驅此變幻戲納方丈域慚公磬春釀澆我發思積
豈無車公語頗匹伯仁匹長檠蠟華摧起視霜月白
酣歌美清夜擁鼻侍道德參差吐幽妍鑿落轡芳碧
觥籌不留行爲問此何夕言歸謝主人五斗安可極

初寒　陸游

重雲蔽白日陂港日夜涸秋風纔幾時已見雪霜作
人生各有分豈必衣狐貉吳中冬蔬茂盤筯不寂寞
摶泥治牆屋伐篠補籬落薄酒亦醉人問予何不樂

初冬　前人

鉏犂滿野及冬耕時聽兒童叱犢聲逐客固宜安散
地閒民何幸樂升平雪花漫漫蕎初熟綠葉離離薺
可烹飯飽身閒書有課西窗來趁夕陽明

次仲庸初冬即事二首　裘萬頃

常歲霜天分外晴一谿如練浸冰輪今年風雨無寧
夜誰與谿梅作小春
君家秋實洞庭種小子持來獨未黃莫作蘇州書後
夢只今正欠滿林霜

閒吟初冬　眞桂芳

一架琴書一筆牀杜門花苒送年光甕空儘可償詩
債脚倦猶能入醉鄉既老菊花偏耐久未開梅蘂已
先香眼邊管領閒風景不識人間更有忙

初冬　前人

林葉新經數夜霜地爐獨擁一山房塵書邀我共高
閣濁酒勸人歸醉鄉豈省家貧還似富身閒日短亦
如長梅花苦欲催詩興又破梢頭半點香

十月十四夜　葛長庚
十月十四夜寒燈焰寸長披衣臨曲水把筆向清霜
月透詩情冷風吹醉面凉故人知得否空斷早梅腸
十月白牡丹鄧州孫氏家植也　元范梈
霜檻枝頭結素雲分明便有繡成羣紫皇爲愛春風
早時向瑤臺折贈君
初冬作　方瀾
次夔蕭瑟後霽色却怡人霜已千林變天猶十月春
黃花蝶過晚白菜鴨銜新野性自夷曠非關絕世塵
十月　釋善住
清霜欲重小春天楊柳蕭疏帶曉烟無奈東皇苦多
事又傳春信到梅邊
十月　明文徵明
江南十月午風埃簾箔垂寒晝不開身計蕭蕭存斷
簡人情黯黯付深杯雨中秋事芙蓉盡霜後時新橘
柚來抱病經旬賓客減臥看香鼎篆縈迴
初冬　鄭明選
數日風纔罷初冬水始冰門寒朝嬾出山近午還登
密竹藏斑雉枯松下黑鷹千村穡事早生計稍堪憑
孟冬作八首　張若羲
莫謂歲寒無友當軒老樹亭亭水面風來白山頭
日上先青
負郭汙邪五畝前村沿沚一灣烏啄荒畦隊隊魚遊
滿水游游
天邊鴻鴈雙雙波際鷺鷥一一梟頭仰看行雲轉盼
回思落日
睡熟鳥喧不覺客來我醉欲眠樹色年年如此山光
處處依然
隔溪錦樹初殘對牖蠟梅微吐鳥依枝上輕啼花隱
林間暗數
昨夜霜飛似雪今朝霧散無煙坐處白雲滿地起時
紅日半天
梅市人家大隱桃源時節小春禮數山翁簡略懽情
野老殷勤
照檻一潭寒月當窗四面微風弱柳千條未綠野燒
萬井齊紅
漁家傲小春　宋歐陽修
十月小春梅蘂綻紅樓畫閣新妝遍鴛帳美人貪睡
暖羞起懶玉壺一夜冰澌滿　樓上四垂簾不捲天
寒山色偏宜遠風急鴈行吹字斷紅日晚江天雪意
雲撩亂
滿庭芳小春　張炎
晴皎霜花曉鎔冰羽開簾覺道寒輕臥聞啼鳥生意
又園林閒了凄凉賦筆便而今不聽秋聲消凝處一
枝借暖終是未多情　陽和能幾許尋紅探粉也恁
忺人笑鄰娃癡小料理花鈴却怕驚回睡蝶恐和他
草夢都醒還知否能消幾日風雪灞橋深
減字木蘭花　明吳子孝
青山無數雲擁金吾亭下路十月溪堂竹外梅花已
試香　再賞旨酒笑指青山來獻壽百歲平安人共
梅花老歲寒
臨江仙小春　陳子龍
西風料峭黃花暮斜陽一角紅樓羅衣添得又還休
銀蟬寒約指寶鴨暖藏鉤　忽憶軟金杯自捧重擕
殘燭淹留於今玉漏更悠悠不知千里夢無奈五更
愁

孟冬部選句
古詩玉衡指孟冬衆星何歷歷白露沾野草時節忽
復易
漢司馬相如上林賦背秋涉冬天子校獵乘鏤象六
玉虬拖蜺旌靡雲旗又封禪文濯濯之麟遊彼靈畤
孟冬十月君徂郊祀馳我君輿帝以享祉
後漢張衡西京賦孟冬作陰寒風肅殺雨雪飄飄冰
霜慘烈
晉李顒感冬篇高陽攬元轡太皞御冬始望舒游天
策曜靈協燕紀
庾儵冰井賦孟冬之月羣陰畢升霜雪紛其交淪流
波結而成凌啓南墉之重隩將却熱以藏冰
宋鮑照詩鉦歌首寒物歸吹踐開冬
唐王珪詩十月五星聚七年四海賓
沈佺期詩星明應天游十月戒豐鎬
杜甫詩漢源十月交天氣凉如秋草木未黃落況聞
山水幽又漁舟上急水獵火著高林
宋韓維詩場功十月畢田家足幽事

陸游詩桐落井牀多槁葉菊殘衫袖尚餘香

孟冬部紀事

國語昔武王伐殷歲在鶉火月在天駟日在析木之津注歲歲星也鶉火次名謂武王始發師東行時殷之十一月二十八日戊子於夏爲十月是時歲星在張十三度張鶉火也天駟房星也謂戊子日月宿房五度津天漢也析木次名謂戊子日日宿箕七度

詩經豳風七月章十月穫稻爲此春酒以介眉壽朱注介助也

十月納禾稼黍稷重穋禾麻菽麥箋納內也治於場而內之囷倉也箋十月之終納禾稼之所收穫者黍稷重穋禾麻菽麥之等納之於囷倉之中

十月滌場朋酒斯饗曰殺羔羊躋彼公堂稱彼兕觥萬壽無疆箋十月民事男女俱畢無饑寒之憂國君閒於政事而饗羣臣

周禮秋官小司寇孟冬祀司民獻民數於王王拜受之以圖國用而進退之訂義鄭鍔曰軒轅之角有大民小民之星其神實主民說者謂春官祭之然春官天府但受其數耳司民之官書司寇及孟冬祀司民之日獻其數則司民之祀正司寇之所主明矣先王以爲民之登耗必有神主之故每歲孟冬物成之時使司寇祀之亦以刑者所以馭民而民之多寡皆本乎刑之繁省故也司民已祀則獻民數於王見其奉天以用刑而刑不至於殘民故其生成之數如此王拜受之以圖國用則以民之登耗知斂之豐匱由是而進退所用之物民多賦足則進之而備禮民少賦乏則退而殺禮楊氏曰冢宰雖制國用而進退之則在王而已

左傳莊公十六年鄭伯治與於雍糾之亂者九月殺公子閼刖强鉏公父定叔出奔衛三年而復之曰不可使共叔無後於鄭使以十月入曰良月也就盈數焉君子謂强鉏不能衛其足

僖公五年八月甲午晉侯圍上陽問於卜偃曰吾其濟乎對曰克之公曰何時對曰童謠云丙之晨龍尾伏辰均服振振取虢之旂鶉之賁賁天策焞焞火中成軍虢公其奔其九月十月之交乎丙子旦日在尾月在策鶉火中必是時也冬十二月丙子朔晉滅虢虢公醜奔京師注龍尾尾星也日月之會曰辰日在尾故尾星伏不見鶉鶉火星天策傅說星交晦朔交會是夜日月合朔於尾月行疾故至旦而過在策周十二月夏之十月

襄公十八年十二月楚師伐鄭晉人聞有楚師董叔曰天道多在西北南師不時必無功注歲在豕韋月又建亥故曰多在西北不時謂觸歲月疏豕韋一名娵訾當亥之次也周十二月夏之十月其月又建亥故曰多在西北

國語單襄公假道於陳以聘於楚火朝覿矣道茀不可行也注火心星也覿見也朝見謂夏正十月晨見於辰

史記秦始皇本紀始皇推終始五德之傳以爲周得火德秦代周德從所不勝方今水德之始改年始朝賀皆自十月朔衣服旄旌節旗皆上黑

封禪書秦以冬十月爲歲首故常以十月上宿郊見通權火拜於咸陽之旁而衣上白其用如經祠云注李奇曰宿猶齋戒也張晏曰權火烽火也狀若井潔皋也其法類稱故謂之權欲令光明遠照通祀所也漢祀五畤於雍五里一烽火如淳曰權舉也索隱曰權如字一音爟周禮有司爟爟火官張晏解非也

漢書高祖本紀元年冬十月五星聚於東井沛公至霸上注如淳曰張倉傳云以高祖十月至霸上故因秦以十月爲歲首

二年春二月舉民年五十以上有修行能率衆爲善置以爲三老鄉一人擇鄉三老一人爲縣三老與縣令丞尉以事相教復勿繇戍以十月賜酒肉

叔孫通傳漢七年長樂宮成諸侯羣臣朝十月儀先平明謁者治禮引以次入殿門廷中陳車騎戍卒衛官設兵張旗志傳曰趨殿下郎中俠陛陛數百人功臣列侯諸將軍軍吏以次陳西方東鄉文官丞相以下陳東方西鄉大行設九賓臚句傳於是皇帝輦出房百官執戟傳警引諸侯王以下至吏六百石以次奉賀自諸侯王以下莫不振恐肅敬至禮畢盡伏置法酒諸侍坐殿上皆伏抑首以尊卑次起上壽觴九行謁者言罷酒御史執法舉不如儀者輒引去竟朝

置酒無敢讙譁失禮者於是高帝曰吾乃今日知爲皇帝之貴也注漢時尚以十月爲正月故行朝歲之禮史家追書十月志與幟同音

高帝本紀九年冬十月淮南王梁王趙王楚王朝未央宮置酒前殿上奉玉卮爲太上皇壽

十一年詔曰欲省賦甚今獻未有程吏或多賦以爲獻而諸侯王尤多民疾之令諸侯王通侯常以十月朝獻及郡各以其口數率人歲六十三錢以給獻費

十二年冬十月上還過沛留置酒沛宮悉召故人父老子弟佐酒發沛中兒得百二十人教之歌酒酣上擊筑自歌曰大風起兮雲飛揚威加海內兮歸故鄉安得猛士兮守四方令兒皆和習之

西京雜記戚夫人侍兒賈佩蘭後出爲扶風人段儒妻說在宮內時十月十五日共入靈女廟以豚黍樂神吹笛擊筑歌上靈之曲既而相與連臂踏地爲節歌赤鳳凰來

漢書景帝本紀元年冬十月詔曰蓋聞古者祖有功而宗有德制禮樂各有由歌者所以發德也舞者所以明功也高廟酎奏武德文始五行之舞孝惠廟酎奏文始五行之舞孝文皇帝臨天下德厚侔天地利澤施四海靡不獲福明象乎日月而廟樂不稱朕甚懼焉其爲孝文皇帝廟爲昭德之舞以明休德然後祖宗之功德施於萬世永永無窮朕甚嘉之其與丞相列侯中二千石禮官具禮儀奏

武帝本紀元狩元年冬十月行幸雍祠五時獲白麟作白麟之歌注獲白麟因改元曰元狩也

元封元年詔曰朕登封泰山至於梁父然後升禮肅然自新嘉與士大夫更始其以十月爲元封元年行所巡至博奉高蛇丘歷城梁父民田租逋賦貸已除加年七十以上孤寡帛人二匹四縣無出今年算賜天下民爵一級女子百戶牛酒

宋書符瑞志漢宣帝神爵四年十月鳳凰十一集杜陵

光武建武十七年十月鳳凰五高八九尺毛羽五采集潁川郡羣鳥並從行列蓋地數頃留十七日乃去

後漢書鄧惲傳汝南舊俗太守十月享會百里內縣皆齎牛酒到府讌飲

明帝本紀永平二年十月壬子幸辟雍初行養老禮詔曰開暮春吉辰初行大射令月元日復踐辟雍尊事三老兄事五更注東觀記曰十月元日

永平五年冬十月行幸鄴常山三老言於帝曰上生於元氏願蒙優復詔曰豐沛濟陽受命所由加恩報德適其宜也今永平之政百姓怨結而吏人求復令人愧笑重逆此縣之拳拳其復元氏縣田租更賦六歲勞賜縣掾史及門闌走卒

章帝本紀建初五年始行月令迎氣樂注東觀記曰馬防上言聖人作樂所以宣氣致和順陰陽也臣愚以爲可因歲首發太蔟之律奏雅頌之音以迎和氣時以作樂器費多遂獨行十月迎氣樂也

陳寵傳帝敬納寵言每事務於寬厚是後人俗和平屢有嘉瑞漢舊事斷獄報重常盡三冬之月是時帝始改用冬初十月而已

宋書符瑞志安帝延光三年十月壬午鳳凰集京兆新豐西界槐樹

後漢書東夷傳高句驪以十月祭天大會名曰東盟其國東有大穴號隧神亦以十月迎而祭之

濊常用十月祭天晝夜飲酒歌舞名之爲舞天

通鑑魏文帝黃初二年十月己亥公卿朝朔旦并引楊彪待以客禮賜延年杖憑几

名畫錄曹弗興之筆代不復傳祕閣之內一龍而已吳赤烏元年十月大帝遊青溪見一赤龍自天而下凌波而行遂命弗興圖之

拾遺記岱輿山有員淵千里常沸騰以金石投之則爛如土孟冬水涸中有黃烟從地出起數丈烟色萬變山人掘之入數尺得燋石如炭滅有碎火以蒸燭投之則然而青色深掘則火轉盛

紀聞晉太和中廣陵人楊生者畜一犬憐惜甚至常以自隨後生飲醉臥於荒草之中時方冬燎原風勢極盛犬乃周匝嗥吠生都不覺犬乃就水自濡還即臥於草上如此數四周旋跬步草皆沾濕火至免焚爾

前涼錄建興三年冬十月蘭池長趙嬰上言軍士張氷於青澗水中得一玉璽鈕光照水外文曰皇帝行璽張寔曰是非人臣所得留遣使送於京師

弘明集梁有廣州南海郡人何規以天監十四年十月二十三日採藥於豫章胡翼山遇一僧手提書一卷授規規開視卷內題名爲慧印三昧經

雲笈七籤至德二年十月二十八日詔曰江油符壤境帶靈山自符巴梁屢昭感應眷茲郡邑合有增崇可升龍州爲都督府賜號應靈郡

魏書高祖本紀太和八年詔曰俸制已立宜時班行

其以十月爲首每季一請於是內外百官受祿有差

北史魏孝文帝本紀太和十一年冬十月甲戌詔曰孟冬十月人閒歲隙宜於此時導以德義可下諸州黨里之內推賢而長者敎其里人父慈子孝兄友弟順夫和妻柔不率長敎者具以名聞

通典後魏景穆帝立五嶽四瀆廟於桑乾水之陰春秋遣有司祭其山川諸神三百二十四所每歲十月遣祠官詣州鎭徧祀

北齊書神武本紀普泰元年十月歲星熒惑鎭星太白聚於觜參色甚明太史占云當有王者興是時神武起於信都

北史顏惡頭傳惡頭妙於易筮遊州市觀卜有婦人負囊粟來卜歷七人皆不中而強索其粟惡頭尤之卜者曰君若能中何不爲卜惡頭因筮之曰登高臨下水洞洞惟聞人聲不見形婦人曰娠身已七月矣向井上汲水忽聞胎聲故卜惡頭曰吉十月三十日有一男子請卜者乃驚服曰是顏生耶相與具羊酒謝焉

山堂考索後周以十月祭神農伊耆以下至毛介等神於五郊五方天地星宿四靈五帝五官嶽鎭下至原隰各分其方合祭之

隋書禮儀志開皇初社稷並列於含光門內之右孟冬下亥祭之

孟冬祭神州之神以太祖武元皇帝配牲用犢二

袁充傳充年十餘歲其父黨至門時冬初充尚衣葛衫客戲曰袁郎子絺兮綌兮淒其以風充應聲答曰唯絺與綌服之無斁以是大見嗟賞

玉海唐武德元年十月四日詔殺氣方嚴宜順天時耀威武可大集諸軍朕將臨校閱

唐會要武德二年十月二十九日甲子親祠華嶽

唐書禮樂志孟冬祭神州地祇以太宗配又祭司寒一獻

選舉志每歲五月頒格於州縣選人應格則本屬或故任取選解列其罷免善惡之狀以十月會於省過其時者不敘其以時至者乃考其功過同流者五五爲聯京官五人保之一人識之刑家之子工賈異類及假名承僞隱冒升降者有罰文書粟錯隱倖者駮放之非隱倖則不

唐六典軍衛武官選授之制每歲孟冬以三旬會其人去王城五百里集於上旬千里之內集於中旬千里之外集於下旬

舊唐書太宗本紀貞觀四年冬十月十日校獵於貴泉谷十三日校獵於魚龍川自射鹿獻於大安宮

唐會要貞觀十八年十月八日山南獻木連理交錯玲瓏有同羅目一丈之餘并枝者二十餘所司徒長孫無忌曰自頃嘉祥雜遝陛下推而不居遂令史臣閣筆無以示後因相率拜賀帝曰瑞應之來朕當苦心勞力以答天地何煩致賀

法苑珠林唐貞觀十八年十月汾州井州文水縣兩界天大雷震空中雲內落一石下大如碓觜存高腹平時西域摩伽陀菩提寺長年師來到西京內外博知敕問答云是龍食二龍相爭故落下

玉海顯慶三年十月八日呂才以御製雪詩爲白雪歌

唐高宗龍朔三年十月十六日絳州介山麟見

唐會要乾封元年十月十四日上以四部羣書傳寫訛謬乃詔東臺侍郎趙仁本兼蘭臺侍郎李懷儼兼東臺舍人張文瓘等集儒學之士刊正然後繕寫

唐書王綝傳武后欲季冬講武有司不時辦遂用明年孟春綝曰按月令孟冬天子命將帥講武習射御角力此乃三時務農一時講武安不忘危之道今孟春講武以陰政犯陽氣害發生之德願陛下不違時令前及孟冬以順天道

唐會要開元十三年十月三日癸丑新造銅儀成置於武成殿前以示百官

唐六典天寶十三載十月一日御勤政樓試四科舉人問策外更試詩賦各一道制舉試詩賦自此始

開元天寶遺事李白於便殿對明皇撰詔誥時十月大寒凍筆莫能書字帝敕宮嬪十人侍於李白左右令各執牙筆呵之遂取而書其詔其受眷如此

柳氏舊聞肅宗與皇后侍寢不寐呻呼若有痛苦氣不屬者肅宗呼之不解秉燭視之良久乃寤問之后以手按其左脅曰妾夢神人長丈餘介金甲操劍顧謂妾曰帝命吾與汝爲子自左脅以劍決而入痛不可忍今未已也肅宗驗之於燭下則若有綖而赤者存焉遂以十月十三日生代宗

揮麈前錄唐代宗十月十三日天興節

唐會要大曆十一年十月十八日太府少卿韋光輔奏請改造銅斗斛尺稱等行用

唐書李程傳德宗季秋出畋有寒色顧左右曰九月猶衫二月而袍不爲順時朕欲改月謂何左右稱善

程獨日明皇著月令十月始裘不可改

日帖金部格云敕松當悉維翼等州熟羌每年十月已後即來彭州互市易法時差上佐一人於蠶崖關外依市法至市場交易勿令百姓與往還

通鑑綱目太和三年十月立聽訟觀置律博士

舊唐書文宗本紀太和七年十月壬辰上降誕日僧徒道士講論於麟德殿翼日宰相路隨等奏誕日齋會誠資景福臣伏見開元十七年張說源乾曜請以誕日為千秋節內外宴樂以慶昌期頗為得禮上深然之宰臣因請十月十日為慶成節上誕日也從之開成二年又敕慶成節宜令京兆尹准上巳重陽例於曲江會文武大僚

玉海唐文宗開成二年十月陳許奏野蠶自生桑上三遍成繭連綿九十里百姓以為絲綿紬絹

千金月令十月朔都城士庶皆出城饗墳禁中車馬朝陵如寒食節

唐書西域傳東女國女巫者以十月詣山中布糟麥呪呼羣鳥俄有鳥來如雞狀剖視之有穀者歲豐否則有災名曰鳥卜

酉陽雜俎焉耆十月十日王為厭法王領家出宮首領代王焉一日一夜處分王事十月十四日每日作樂至歲窮拔汗那

玉海梁太祖十月二十一日誕為大明節

錦繡萬花谷蜀孟昶十月宴芳林園賞紅梔子花其花六出而紅清香如梅

遼史太祖本紀神冊四年冬十月丙午次烏古部天大風雪兵不能進上禱於天俄頃而霽

燕翼詒謀錄前代賜時服惟將相翰林學士令諸軍大校而止建隆三年太祖皇帝謂宰相曰時服不賜百官甚無謂也宜並賜之乃以冬十月朔賜文武常參官時服自後遂為定例

宋史五行志乾德二年十月眉州獻禾生九穗圖

玉海乾德四年京兆果州進嘉禾十月十九日和峴請作嘉禾雅曲

燕翼詒謀錄開寶二年十月丁亥詔西川山南荊湖等道所薦舉人並給來往公券令樞密院定例施行蓋自初起程以至還鄉費皆給於公家

玉海開寶八年十月十九日將議巡幸遣王仁珪李仁祐焦繼勳同修洛陽宮室

宋史食貨志江南兩浙荊湖廣南福建土多秔稻須霜降成實自十月一日始收租

清異錄廬山白鹿洞遊士輻輳每冬寒醵金市烏薪為禦冬備號黑金社十月旦日命酒為龍爐會蓄禦密隱家張置毯褥以是日始也

宋史禮志太宗以十月七日為乾明節復改為壽寧節

太平興國五年十月下元節依中元例張燈三夜

五行志太平興國五年十月龍水縣華嚴寺舊枯竹為筒引水忽生枝葉長二丈許知州姜宣以聞

玉海太平興國八年十月五日祀土德於黃帝壇圭幣牢具如大祠

燕翼詒謀錄太平興國九年十月嵐州獻獸一角似鹿無斑角端有肉性馴善詔羣臣參驗徐鉉滕中正王佑等上奏曰麟也宰相宋琪等賀

玉海雍熙三年十月庚戌下元節宴輔臣于樞密使王顯第夜分就賜御製雅詩一篇

雍熙四年十月丙申乾明節羣臣上壽

楓窗小牘淳化三年冬十月太平興國寺牡丹紅紫盛開

辟寒學士舊規十月初賜錦長襖子國初以來賜翠毛錦太宗改賜黃盤雕錦

玉海咸平四年十月二十七日甲子詔曰國家設廣內石渠之宇訪羽陵汲冢之書廣獻書之路每卷給千錢三百卷以上量才錄用

咸平五年十月十七日幸龍圖閣觀五經圖賜宴

咸平六年十月三日己未對輔臣龍圖閣觀种放山居圖注放別業在終南林泉幽勝帝命畫工圖之

宋史真宗本紀大中祥符元年十月甲寅次太平驛賜從官辟寒丸花茸袍

玉海大中祥符元年十月二十六日東封禮成御朝覲壇肆赦少府監所設金雞竿盤木馬夾耳等物下經度制置使製造

宋史禮志真宗大中祥符四年十月二十九日詔皇太子宗室近臣諸帥赴玉宸殿翠芳亭觀稻賜宴仍以稻分賜之

山堂考索宋真宗大中祥符五年十月三日奉天書於朝元殿恭謝上聖大帝聖祖配位在東太祖太宗在西

玉海大中祥符八年十月丙午命吏部取選人先試判擇可者送學士院試詩賦論命入館校勘書籍三年改官

天禧二年十月十一日名近臣於玉宸殿觀刈小香
占城稻賜宴安福殿
景祐二年十月八日名近臣後苑觀稼殿賞稻賜酒
三行
康定元年十月朔翰林學士賜對衣紅錦袍
慶曆八年十月二日南蕃塗渤國遣使奉表貢佛金
骨眞珠犀牛角象齒
宋仁宗實錄皇祐二年十月五日詔禮神玉令少府
擇寬潔之室奉藏
玉海皇祐二年十月以大饗慶成十三日賜飲福宴
於集英殿上舉觴屬羣臣畢酹曰與卿等均受其福
酒九行罷二十二日乙亥宴京畿父老百五十人于
錫慶院
皇祐五年十月二十一日御延和殿名輔臣觀指南
車
嘉祐四年十月十七日司天言十二日朔中行禮月
色皎然有黃雲捧月
嘉祐五年十月深州言野蠶成繭被于原野
熙寧六年十月十二日熙河奏捷紫宸殿稱賀上解
所服白玉帶賜宰臣十八日親閱軍校兵士試武藝
賜銀有差上厲精武事訓肄有法每旬一御後殿程
能否而勸沮之不數月兵氣一新
蘇軾河復詩敘熙寧十年秋河決澶淵注鉅野入淮
泗自澶魏以北皆絕流而濟楚大被其害彭門城下
水二丈八尺七十餘日不退吏民疲于守禦十月十
三日澶州大風終日既止而河流一支已復故道聞
之喜甚庶幾可塞乎乃作河復詩

玉海元豐二年十月二日後苑觀稻
桯史元祐丁卯十月定襄守臣得禾異畝同穎部使
者臣商英作嘉禾篇
東坡詩話元祐六年十月二十六日禱雨張龍公得
景貺履常二歐陽子作詩云夢回聞剝啄誰乎趙陳
予景貺拊掌曰何法甚新前人未有此法季默曰有
之長官請客吏請客目曰主簿少府我即此語也
志林紹聖元年十月十二日與幼子過遊白水巖佛
迹院浴于湯池熱甚其源殆可熟物循山而東少北
有懸水百仞山八九折折處輒爲潭深者縋石五丈
不得其所止雪濺雷怒可喜可畏水涯有巨人迹數
十所謂佛迹也暮歸倒行觀山燒火甚俛仰度數谷
至江山月出擊汰中流掬弄珠璧到家二鼓復與過
飲酒食餘甘煑菜顧影頹然不復甚寐書以付過
蘇軾後赤壁賦是歲十月之望步自雪堂將歸于臨
皐二客從予過黃泥之坂霜露既降木葉盡脫人影
在地仰見明月顧而樂之行歌相答
蘇軾集嶺南氣候不常余嘗謂菊花開時即重陽十
月初吉菊始開乃與客作重九
宋史禮志徽宗以十月十日爲天寧節定上壽儀
玉海崇寧元年十月十七日戊辰初建辟雍外圓內
方爲屋一千八百七十二楹宰臣言奉詔天下立學
官貢士仍建外學于王國之南待其歲考行藝升之
太學增上舍二百人內舍六百人處上舍內舍于太
學處外舍于外學
政和三年十月二十日禮部請以南仲召虎方叔吉
甫尉繚配食武成王廟

宋史禮志政和三年以十月二十五日爲天符節
春渚紀聞謝石成都人宣和間至京師以相字言人
禍福無不奇中者名聞九重上皇因書一朝字令中
貴人持往試之石見字以手加額曰朝字離之爲十
月十日字非此月此日所生之天人當誰書也一座
盡驚中貴馳奏翌日召至後苑錫賚甚厚并與補承
信郎
東京夢華錄十月一日宰臣以下受衣著錦襖三日
今則五日士庶皆出城饗墳禁中車馬出道者院及西京
朝陵宗室車馬亦如寒食節有司進煖爐炭民間皆
置酒作煖爐會也初十日天寧節前一月教坊集諸
妓閱樂初八日樞密院率修武郎以上初十日尚書
省宰執率宣教郎以上並詣相國寺罷散祝聖齋筵
次赴尚書省都廳賜宴十二日宰執親王宗室百官
入內上壽大起居搢笏舞蹈樂未作集英殿山樓上
教坊樂人效百禽鳴內外肅然止聞半空和鳴若鸞
鳳翔集百官以下謝坐訖宰執禁從親王宗室觀察
使以上并大遼高麗夏國使副坐于殿上諸卿少百
官諸國中節使人坐兩廊軍校以下排在山樓之後
皆以紅面青徹黑漆矮偏釘每分列環餅油餅棗塔
爲看盤次列果子惟大遼加之豬羊雞鵝兔連骨熟
肉爲看盤皆以小繩束之又生葱韭蒜醋各一楪三
五人共列漿水一桶立杓數枚教坊色長二人在殿
上欄干邊皆諢裹寬紫袍金帶義襴看盞斟御酒看
盞者舉其袖唱引曰綏御酒聲絕拂雙袖于欄干而
止宰臣酒則曰綏酒如前教坊樂部列于山樓下綵
棚中皆裹長脚幞頭隨逐部服紫緋綠三色寬衫黃

義襴鍍金凹面腰帶前列拍板十串一行次一色畫面琵琶五十面次列箜篌兩座箜篌高三尺許形如半邊木梳黑漆鏤花金裝畫下有臺座張二十五絃一人跪而交手擘之以次高架大鼓二面綵畫花地金龍擊鼓人背結寬袖別套黃窄袖垂結帶金裹鼓棒兩手高舉互擊宛若流星後有羯鼓兩座如尋常番鼓子置之小桌子上兩手皆執杖擊之杖鼓應焉次列鐵石方響明金綵畫架子雙垂流蘇次列簫笙塤篪觱篥龍笛之類兩旁對列杖鼓二百面皆長腳幞頭紫繡抹額背繫紫寬衫黃窄袖結黃義襴諸雜劇色皆諢裹各服本色紫緋綠寬衫義襴鍍金帶自殿陛對立直至樂棚每遇舞者入場則排立者叉手舉左右肩動足應拍一齊群舞謂之挼曲子第一盞御酒歌板色一名唱中腔一遍訖先笙與簫笛各一管和又一遍衆樂齊舉獨聞歌者之聲宰臣酒樂部起傾杯百官酒三臺舞旋多是雷中慶其餘樂人舞者諢裹寬衫唯中慶有官故展裹舞曲破攧前一遍舞者入場至歇拍續一人入場對舞數拍前舞者退獨後舞者終其曲謂之舞末第二盞御酒歌板色唱如前宰臣酒慢曲子百官酒三臺舞如前第三盞左右軍百戲入場一時呈拽所爲左右軍乃軍師坊市兩廂也非諸軍之軍百戲乃上竿跳索倒立折腰弄盌注踢瓶筋斗擎戴之類卽不用獅豹大旗神鬼也藝人或男或女皆紅巾綵服殿前自有石鐫柱窠百戲入場旋立其戲竿凡御宴至第三盞方有下酒肉鹹豉爆肉雙下駝峰角子第四盞如上儀舞畢發譚子參軍色執竹竿拂子念致語口號諸雜劇色打和再作語勾合大曲舞下酒榼炙子骨頭索粉白肉胡餅第五盞御酒獨彈琵琶宰臣酒獨打方響凡獨奏樂並樂人謝恩訖上殿奏之百官酒樂部起三臺舞如前畢參軍色執竹竿子作語勾小兒隊舞小兒各選年十二三者二百餘人列四行每行隊頭一名四人簇擁並小隱士帽著緋綠紫青生色花衫上領四契義襴束帶各執花枝排定先有四人裹卷腳幞頭紫衫者擎一綵殿子內金貼字牌擂鼓而進謂之隊名牌上有一聯謂如九韶翔綵鳳八佾舞青鸞之句樂部舉樂小兒舞步進前直叩殿陛參軍色作語問小兒班首近前進口號雜劇人皆打和畢樂作群舞合唱且舞且唱又唱破子畢小兒班首入進致語勾雜劇入場一場兩段時教坊雜劇色鼈膨劉喬侯伯朝孟景初王顏喜而下皆使副也內殿雜劇爲有使人預宴不敢深作諧謔惟用群隊裝其似像市語謂之拽串雜戲畢參軍色作語放小兒隊又群舞應天長曲子出場下酒群仙炙天花餅太平畢羅乾飯縷肉羹蓮花肉餅駕興歇座百官退出殿門幕次須臾追班起居再坐第六盞御酒笙起慢曲子宰臣酒慢曲子百官酒三臺舞左右軍築毬殿前旋立毬門約高三丈許雜綵結絡留門一尺許左軍毬頭蘇述長腳幞頭紅錦襖餘皆卷腳幞頭亦紅錦襖十餘人右軍毬頭孟宣并十餘人皆青錦衣樂部哨笛杖鼓斷送左軍先以毬團轉衆小築數遭有一對次毬頭小築數下待其端正卽供毬與毬頭打大膁過毬門右軍承得毬復團轉衆小築數遭次毬頭亦依前供毬與毬頭以大膁打過或有卽便復過者勝勝者賜以銀盌錦綵拜舞謝恩以賜錦共披而拜也不勝者毬頭喫鞭仍加抹搶下酒假黿魚密浮酥捺花第七盞御酒慢曲子宰臣酒皆慢曲子百官酒三臺舞訖參軍色作語勾女童隊入場女童皆選兩軍妙齡容豔過人者四百餘人或戴花冠或仙人髻鴉霞之服或卷曲花腳幞頭四契紅黃生色銷金錦繡之衣結束不常莫不一時新妝曲盡其妙杖子頭四人皆裹曲腳向後指天幞頭簪花紅黃寬袖衫義襴執銀裹頭杖子皆都城角者當時乃陳奴哥俎姐哥李伴奴雙奴餘不足數亦每名四人簇擁多作仙童丫髻仙裳執花舞步進前成列或舞采蓮則殿前皆列蓮花檻曲亦進隊名參軍色作語問隊杖子頭者進口號且舞且唱樂部斷送采蓮訖曲終復群舞唱中腔畢女童進致語勾雜戲入場亦一場兩段訖參軍色作語放女童隊又群唱曲子舞步出場比之小兒節次增多矣下酒排炊羊胡餅炙金腸第八盞御酒歌板色一名唱踏歌宰臣酒慢曲子百官酒三臺舞合曲破舞旋下酒假沙魚獨下饅頭肚羹第九盞御酒慢曲子宰臣酒慢曲子百官酒三臺舞曲如前左右軍相撲下酒水飯簇飣下飯駕興御筵酒盞皆屈卮如菜盌樣而有手把子殿上純金廊下純銀食器金銀鈒漆盌楪也宴退臣僚皆簪花歸私第呵引從人皆簪花並破官錢諸女童隊出右掖門少年豪俊爭以寶具供送飲食酒果迎接各乘駿騎而歸或花冠或作男子結束自御街馳驟競逞華麗觀者如堵省宴亦如此

是月立冬前五日西御園進冬菜京師地寒冬月無

蔬菜上至宮禁下及民間一時收藏以充一冬食用於是車載馬馳充塞道路時物萱苡製子紅絲末臘鵝梨榅桲蛤蜊螃蟹

楓窻小牘紹興九年十月二十一日詔皇太后宮殿名慈寧

玉海紹興二十五年十月九日周麟之言太廟生靈芝九莖連葉宜製華旗繪靈芝之形以章偉績奏可十一日禮部侍郎王珉等言贛州太平瑞木黎州甘露道州連理木遂寧嘉禾鎮江瑞瓜南安雙蓮嚴信州芝草皆太平盛事請命有司圖狀製爲華旗從之乾道四年戊子十月十六日甲辰幸茅灘大閱前一日於教場東列幕宿營皇帝登臺舉黃旗諸軍呼拜者三舉白旗變方陣爲避敵之形舉黃旗變圓陣爲自環內固之形舉赤旗變銳陣諸軍魚貫斜列爲衝敵之形舉青旗變直陣上親御甲冑指授方略歡呼犒賞有加焉上謂王逵曰軍律整肅卿之力也

孝宗時陳良祐因會慶節撫唐太宗事百二十條議其當否目曰會慶萬年金鑑錄上之

辟寒十月二十二日孝宗皇帝會慶聖節至日車駕過宮太上外殿起居簪花拜舞進壽酒太上回賜次至太后殿行禮乃從太上至後苑梅坡看早梅流溪亭看小春海棠午初至載忻堂排當官裏換素帽太后賜官裏女樂二十八人上再拜謝恩教坊都管王喜等進新製會慶萬年薄媚曲破對舞並賜銀絹太上以白玉桃杯賜上御酒云學取老爺年紀早早還京上飲酒再拜謝恩三杯後官家換背兒免拜皇后換團花背兒太子免繫裹再坐本宮御侍六人並陞都夫人就賜誥謝恩照例支散月子錢太上又賜官裏玉酒器十件纍珠嵌寶器一千兩苞絲作金龍裝花軟套榼子一副侍宴官吳郡王以下各賜金盤盞投疋薇露酒香茶等是日官裏大醉申牌後宣逍遙子入便門升輦還內

十月御前供進夾羅御服臣僚服錦襖子夾公服授衣之遺意自是御爐日設火至明年二月朔止皇后殿開爐節排當是月遣使朝陵如寒食儀都人亦出郊拜墓用緜裘楮衣之類

紹熙行禮記紹熙四年十月會慶節工部尚書趙彥逾等上疏重華乞會慶聖節先期諭旨勿免過宮詩皇御筆朕自秋凉以來思與皇帝相見所有卿等奏劄已令進御前矣庚申詔過宮又不果出至戊寅上始朝重華都人皆大喜

宋史禮志寧宗以十月十九日爲天祐節尋改爲瑞慶節

近異錄宋慶元二年十月二十夜三更後月初出時臨安嘉興兩郡人未寢者皆見其團圓如望夕太史奏是爲上瑞其地當十年大稔

眞德秀跋敕封慧應大師後記建寧府浦城縣崇祐南豐院故淨空禪師嘉定十五年汀邵劍三州疫者各以萬計將及縣境時既十月矣而炎鬱不少衰知縣亟詣師禱焉風雨旋至瑞雪繼之浹旬之間癘氣如洗

元好問滿庭芳詞幷序正大四年戊子十月汴京遇仙樓酒家楊廣道趙若端皆山後人其鄉僧李菩薩者狂人也常就之借宿每酒客散從外來臥具有闕剩則就之不然赤地亦寢一日天寒甚楊憐其羈窮飲之酒僧若愧焉晨起僧持酒盌出同宿者聞嘆聲少焉僧云增明亭前牡丹開矣速往看之人狂而不信也已乃果有兩花僧亦去京師觀者塡咽酒壚爲之一空楊因獲利不貲蓋僧以是報楊也天上殷韓解羈官府爛遊舞榭歌樓開花釀酒來看帝王州常見牡丹開候獨占斷穀雨風流仙家好霜天槁葉穠豔破春柔狂僧誰借手一盃噀起綠怨紅愁看天香國豔梅菊替人羞盡揭紗籠護日容光動玉斝瓊舟都人士女年年十月常記遇仙樓

續夷堅志道士楊谷字洞微代州人隱居華山晚愛中方上居之中方舊無泉苦於遠汲洞微言山秀如此不應無泉乃沐齋致禱筮之得吉徵是時十月菴旁近葵花榮茂洞微云於文草癸爲葵此始水徵也與道士行尋之見異隈草樹隱隱有微潤掘之果得泉可供數百指然東隔絕澗南限羣峰石壁峻峭幾百步不可越乃就壁取石鑿竅嵌之疊爲石梁甃泉爲池自是中方得水甚異至今人目爲楊公泉

眞臘風土記每用中國十月爲正月是月也名爲佳得當國宮之前縛一大棚上可容千餘人盡掛燈毬花朵之屬其對岸遠離二十丈地則以木接續縛成高棚如造塔撲竿之狀可高二十餘丈每夜設三四座或五六座裝煙火爆杖於其上此皆諸屬郡及諸府第認直遇夜則請國王出觀點放煙火爆杖煙火雖百里之外皆見之爆杖其大如炮聲震一城其官屬貴戚每人分以巨燭檳榔所費甚夥國主亦請奉使觀焉如是者半月而後止

江西通志贛州呂氏手植白牡丹於洪武六年冬十
月冰雪中盛開狀若玉盤盂照耀風日
太平清話孫漢陽十月便以新草縛柑橘上余曰此
爲木奴著裘
熙朝樂事十月朔日人家祭奠於祖考或有舉掃松
澆墓之禮者八日則以白米和胡桃榛松乳蕈栗
之類作粥謂之臘八粥十五日爲下元節俗傳水官
解厄之辰亦有持齋誦經者
帝京景物略十月一日紙肆裁紙五色作男女衣長
尺有咫曰寒衣有疏印緘識其姓字輩行如寄書然
家家修具夜奠呼而焚之其門曰送寒衣新喪白紙
爲之曰新鬼不敢衣綵也送白衣者哭女聲十九男
聲十一是月羊始市兒取羊後脛之膝之輪骨曰貝
石置一而一擲之置者不動擲之不過置者乃擲置
者若動擲之而過勝負以生其骨輪四面兩端凹曰
真凸曰詭勾曰騷輪曰背立曰頂骨律其頂岐亦曰
真平亦曰詭盡真勝詭負而騷背間頂平再勝頂岐
三勝其勝負也以貝石
右安門外南十里草橋北土近泉宜花居人以種花
爲業冬則溫火暄之十月中旬牡丹已進御矣
昌平山水記黃花鎮有鼠色如貂而毛淺初冬掇榛
實貯穴中爲岐洞貯之多至二三斗美好倍於人所
收者土人每掘取之

孟冬部雜錄

易經坤上六龍戰于野集解侯果曰坤十月卦也乾位
西北又當十月陰窮于亥窮陰薄陽所以戰也干寶
曰陰在上六十月之時也爻終于西而卦成于乾乾
體純剛不堪陰盛故曰龍戰
詩經鄘風定之方中章定之方中作于楚宮朱注定北
方之宿營室星也此星昏而正中夏正十月也於是
時可以營制宮室故謂之營室
豳風七月章十月隕蘀朱注隕墜蘀落也謂草木隕落
也
十月蟋蟀入我牀下正義至于十月則蟋蟀之蟲入于
我之牀下朱注暑則在野寒則依人
儀禮鄉飲酒之禮注今郡國十月行此飲酒之禮疏
周謂之十二月卽夏之十月
燕禮注燕于路寢相親昵也今辟雍十月行此燕禮
國語十月成梁其時儆曰收而場功偫而畚挶營室
之中土功其始火之初見期于司里此先王之所以
不用財賄而廣施德于天下者也注成梁所以便民
使不涉也儆儆告其民也收而場功使人收囷倉也
偫具也畚土籠也挶舁土之器定謂之營室謂建亥
小雪之中定星昏正于午土功可以始也期會也致
其築作之具會于司里之官施德謂因時警戒謹蓄
藏成築功也
國語日月會于龍豵土氣含收天明昌作百嘉備舍
羣神頻行國於是乎烝嘗家于是乎嘗祀百姓夫婦
擇其令辰奉其犧牲敬其齋盛潔其糞除愼其采服
禋其酒醴帥其子姓從其時享虔其宗祝道其順辭
以昭祀其先祖注豵龍尾也謂周十二月夏十月也
日月合辰于尾
詩含神霧唐地處孟冬之位得常山太岳之風音中
羽其地磽确而收其民儉而好蓄此唐堯之所處
呂氏春秋任地篇草諯大月
史記天官書大淵獻歲歲陰在亥星居辰以十月與
角亢辰出曰大章蒼蒼然星若躍而陰出旦是謂正
平起師旅其率必武其國有德將有四海其失次有
應見婁
司馬相如傳揭車衡蘭槀本射干注郭璞曰揭車一
名乞輿槀本射干十月生皆香草
漢書食貨志冬則畢入于室其詩曰十月蟋蟀入我
牀下嗟我婦子聿爲改歲入此室處所以順陰陽備
寇賊習禮文也
春秋繁露四祭篇蒸者以十月進初稻也
後漢書張純傳禘祭以冬十月冬者五穀成熟物備
禮成故也
烏桓傳其土地宜穄及東牆東牆似蓬草實如穄子
至十月而熟
白虎通五行篇十月律謂之應鍾何鍾動也言萬物
應陽而動下藏也
風俗通義謹按明堂月令孟冬之月其祀竈也五祀
之神王者所祭古之神聖有功德於民非老婦也
四民月令十月作脯以供臘祀
十月農事畢五穀既登家備儲畜乃順時令也
月令章句自尾四度至斗十六度謂之析木之次小雪
居之燕之分野

范汪祠制孟冬祭用㮕柿

名醫別錄遂陽木味甘無毒主益氣生山中如白楊葉三月實十月熟赤可食

雲實一名雲英主治消渴生河間川谷十月采暴乾

三禮義宗十月小雪爲中者氣敘轉寒雨變成雪故以小雪爲中

魏書律曆志爻卦十月艮既濟噬嗑大過坤

齊民要術布菜種十月中于牆南日陽中掘作坑深四五尺取雜菜種別布之一行菜一行土去坎一尺便止

栽石榴法十月中以藁裹而纏之不裹則凍死

用生薑淨洗削治十月酒糟中藏之泥頭十日熟出水洗內蜜中

廣志曰枳椇葉似蒲柳子似珊瑚其味如蜜十月熟樹乾者美出南方邳郯大如指

十月收蕪菁訖時收蜀芥蕓薹足霜乃收不足霜卽澀

種茄子法十月種者如區種瓜法推雪著區中則不須栽

冬瓜越瓜瓠子十月區種如區種瓜法冬則推雪著區上爲堆潤澤肥好乃勝春種

蘘荷宜在樹陰下種之十月終以穀麥種覆之

種葵十月末地將凍散子勞之人足踐踏之乃佳

胡荽十月足霜乃收之取子者仍留根間拔令稀以草覆

造酒法用黍米麴一斗殺米一石秫米令酒薄不任事治麴必使表裏四畔孔內悉皆淨削然後細剉令如棗栗驟使極乾一斗麴用水一斗五升十月桑落初凍則收水釀者爲上時春酒

通典古之爲理在周知人數乃均其事役周官有比閭族鄉黨遂之制維持其政綱紀其人孟冬獻民數于王王拜受之其敬之守之如此其重也

酉陽雜俎王母桃洛陽華林園內有之十月始熟形如栝樓俗語曰王母甘桃食之解勞亦名西王母桃

周易集解龍蛇之蟄以存身也虞翻曰龍潛而蛇藏陰息初巽爲蛇陽息初震爲龍十月坤成十一月復生姤巽在下龍蛇俱蟄初坤爲身故龍蛇之蟄以藏身

乾以君之荀爽曰謂建亥之月乾坤合居君臣位得也

星氣經十月癸巳霧赤爲兵青爲殃

宋史河渠志十月水落安流復其故道謂之復槽水

本草衍義蒴藋花白子初青如綠豆顆十月方熟紅

圖經本草十月上巳日取槐子去皮納新瓶中封口二七日初服一枚再服二枚日加一枚至十日又從一枚起終而復始令人可夜讀書

桑葉神仙服食方以四月桑茂盛時采葉又十月霜後三分二分已落時一分在者名神仙葉卽采取與前葉同陰乾搗末丸散任服或煎水代茶飲之

夢溪筆談十月萬物登成可以會計故曰功曹

補筆談世俗十月遇壬日北人謂之入易吳人謂之倒布壬日氣候如本月癸日差溫類九月甲日類八月如此倒布之直至辛日如十一月遇春秋時節卽溫夏卽炎冬則寒辛日以後自如時令此不出陰陽書然每歲候之亦時有准莫知何謂

事物紀原禮雜記曰子貢觀于蜡子曰百日之蜡一日之澤鄭康成謂歲十二月索鬼神而祭祀則黨正以禮屬民而飲酒勞農而休息之使之燕樂是君之澤也今賽社則其事爾今人以歲十月農功畢里社致酒食以報田神因相與飲樂世謂里社始于周人之蜡云

岳陽風土記岳州地極熱十月猶單衣或搖扇蛙鳴似夏鳥鳴似春濃雲疎星震雷暴雨如中州六七月間

歲時雜記京人十月朔沃酒乃炙臠肉于爐中團坐飲啗謂之煖爐

路史每歲陽月盍百種萃萬民蜡戲于國中

山家清供牛蒡脯孟冬采根去皮淨洗煮槌匾壓以鹽醬茴蘿薑椒熟油諸料研細火焙乾食之如肉脯之味

杜甫十月一日有粔籹作人情之句考楚辭粔籹蜜餌粔籹乃蜜麪之乾也十月開爐餅也

山堂肆考邑管溪峒風俗以十月取鵝之軟毛爲被以禦寒故柳宗元峒氓詩有鵝毛禦臘縫山罽之句

山堂考索月令孟冬祈於天宗盧植注云天宗六宗之神李郃謂六宗上不及天下不及地旁不及四方在六合之中

病榻手吹秦以建亥之月爲歲首自是不思古之亂制漢之陋儒僞造易緯云堯以甲子天元爲推術甲子爲蔀首起十月朔而謂秦首亥本此是其瞽說與堯典背矣宋朱震又曰連山首艮風始於不周實居

西北於辰爲亥此顓頊所以首十月也是因漢儒之陋而又誣顓頊矣

太平清話吳人於十月采小春茶此時不獨逗漏花枝而尤喜月光晴暖從此蹉過霜凄鴈凍不復可堪

耕史月表十月花盟主白寶珠茶梅花客卿山茶花甘菊花花使令野菊寒菊芭蕉花

花曆十月木葉脫芳草化爲薪苔枯蘆始荻朝菌歇花藏不見

月令演十月秦歲首朔日儲穀　煖爐會　小春　下元十五祭司寒亥日

本草綱目貝母生晉地十月采根暴乾詩云言采其莔即此一作蝱謂根狀如蝱也

無患子名菩提子十月采實煑熟去核搗和麥麪作澡藥去垢同于肥皁用洗眞珠甚妙

孟冬部外編

補衍開闢後光音天人誕降大聖曰渾敦氏卽盤古氏初天皇氏也龍首人身神靈一日九變一萬八千歲爲一甲子荆湖南以十月十六日爲生辰有初地皇氏初人皇氏

道經道家以十月一日爲民歲臘三萬六千神煞其日可謝罪祈求延年益壽

十月三日四海三元龍王奏水府曰龍聚日

十月六日天曹諸司五嶽五帝注生籍日

藏經十月十九五百羅漢會經日

法苑珠林宋尼釋慧玉長安人也行業勤修經戒通備嘗南渡樊鄧住江陵靈收寺元嘉十四年十月夜見寺東樹有紫光爛起暉映一林以告同學妙光等而悉弗之見也二十餘日玉常見焉後寺主釋法弘將于樹下營築禪基仰首條間得金座像高尺許

宋路昭太后大明四年造普賢菩薩乘寶舉白象安于中興禪房因設講于寺其年十月八日齋畢解座會僧二百人于時寺宇始構帝輦蹕臨幸旬必數四僧徒勤整禁衞嚴肅忽有一僧預於座次手貌秀舉闔堂驚矚忽不復見列筵同覩識其神人矣

傳燈錄梁武帝遣使迎請達摩十月一日師至金陵帝問如何是聖諦第一義師曰廓然無聖帝曰對朕者誰師曰不識帝不領悟師知幾不契是月十九日潛迴江北十一月二十三日屆于洛陽當後魏孝文太和十年也

師以化緣已畢傳法得人端坐而逝卽後魏孝文帝太和十九年丙辰歲十月五日也葬熊耳山起塔于定林寺後三歲魏宋雲奉使西域遇師于葱嶺見手攜隻履翩翩獨逝雲問師何往曰西天去

柳宗元曹溪六祖大鑒禪師碑扶風公廉問嶺南三年以佛氏第六祖未有稱號疏聞于上詔諡大鑒禪師塔曰靈照之塔元和十月十三日下尚書祠部符到都府公命部吏告于其祠幢蓋鐘鼓增山盈谷萬人咸會若聞鬼神

原化記崔希眞十月初一日雪遇老父于門獻松花酒老父曰花酒無味乃于懷中取丸藥置酒中味極美後問天師天師曰此眞人葛洪第三子其藥乃千歲松膠也

雲笈七籤十月五日名建生大會齋三官考覈功過依日齋戒可祈景福

貴耳錄陳習菴名塤省元父母求子於佛照光禪師就上寫一偈末後二句云諸菩提齊著力只今生箇大男兒此十月三十日書至十二月三十日習菴生父母乞名于佛照光曰覺老奈親見一狀習菴無髭有則去之凡有除目卽先夢見住院前身卽一尊宿也

欽定古今圖書集成曆象彙編歲功典

第八十四卷目錄

立冬部彙考
禮記 月令
左傳 丹鳥司閉
易通卦驗 不周風至
孝經緯 斗指西北
樂緯 立冬樂
河圖稽耀鉤 立冬爲節
汲冢周書 時訓解
漢書 天文志
淮南子 天文訓　時則訓
京房易占 立冬乾王
後漢書 禮儀志　祭祀志
唐書 禮樂志
宋史 禮志
農政全書 農事占候
家塾事親 立冬日占影
遵生八牋 臞仙月占
直隸志書 永平府　饒陽縣
山東志書 陽信縣
江南志書 宿松縣　黟縣
浙江志書 杭州府　嘉善縣　歸安縣　龍泉縣
江西志書 德安縣　瀘溪縣
湖廣志書 安化縣
福建志書 建寧府　建陽縣
廣東志書 石城縣
立冬部藝文一
寒苦謠　晉夏侯湛
北郊迎冬賦　唐王起
立冬部藝文二 詩
立冬後作　宋唐庚
立冬　明王穉登
立冬部紀事
立冬部雜錄
立冬部外編

歲功典第八十四卷

立冬部彙考

禮記

月令

孟冬之月　是月也以立冬先立冬三日太史謁之天子曰某日立冬盛德在水天子乃齊立冬之日天子親帥三公九卿大夫以迎冬於北郊還反賞死事恤孤寡

左傳

丹鳥司閉

郯子曰少皞摯爲鳥師而鳥名丹鳥氏司閉者也

註丹鳥鷩雉也疏立冬謂之閉此鳥以冬去故以名官使之主立冬

易通卦驗

不周風至

立冬不周風至水始冰薺麥生雀入水爲蛤

孝經緯

斗指西北

霜降後十五日斗指西北維爲立冬

樂緯

立冬樂

乾主立冬樂用柷敔

河圖稽耀鉤

立冬爲節

十月立冬爲節者冬終也立冬之時萬物終成因爲節名

汲冢周書

時訓解

立冬之日水始冰水不冰是謂陰負

漢書

天文志

月有九行立冬北從黑道

淮南子

天文訓

霜降加十五日斗指蹏通之維則秋分盡故曰有四十六日而立冬草木畢死音比南呂

時則訓

立冬之日天子親帥三公九卿大夫以迎歲於北郊還乃賞死事存孤寡

京房易占

立冬乾王

立冬乾王不周風用事人君當興邊兵治城郭行刑斷獄訟繕宮殿

後漢書

禮儀志

立冬之日夜漏未盡五刻京都百官皆衣皂迎氣於黑郊禮畢皆衣絳

祭祀志

立冬之日迎冬於北郊祭黑帝元冥車旗服飾皆黑歌元冥八佾舞育命之舞

月令章句曰北郊六里因水數也　皇覽曰自秋分數四十六日則天子迎冬於北堂距邦六里堂高六尺堂階六等黑稅六乘旗旄尚黑田車載甲鐵鍪號曰助天誅唱之以羽舞之以干戈此迎冬之樂也

唐書

禮樂志

立冬祀黑帝以顓頊氏配辰星三辰七宿元冥氏之位如白帝

宋史

禮志

立冬祀黑帝以帝高陽氏配元冥辰星三辰七宿從祀

立冬祀北嶽恆山北鎮醫巫閭山並於定州北鎮就北嶽廟望祭北海濟瀆並於孟州北海就濟瀆廟望祭

農政全書

農事占候

立冬晴則一冬多晴雨則一冬多雨亦多陰寒諺云賣絮婆子看冬朝無風無雨哭號咷　立冬日西北風主來年旱天熱　晴過寒諺云立冬晴過寒弗要樞柴積又主有魚　雨主無魚諺云一點雨一個撲魚鮝　立冬前後起南北風謂之立冬信

家塾事親

立冬日占影

立冬日先立一丈竿占影得一尺大疫大旱大暑大饑二尺赤地千里三尺大旱四尺五尺低田收六尺高低田熟七尺高田收八尺澇九尺大水一丈水入城郭

遵生八牋

臞仙月占

十月立冬日忌北風主殃六畜

直隸志書（各府風俗同者不載）

永平府

立冬日謂之陽月値朔有災異晴主則冬爲然晴雖過寒而有魚占來年前霜多主早黍善後霜多主晚禾善惟北風主來年大熟

饒陽縣

立冬東風主來年兵南風主人荒亂西風主來年冷北風主人疾病

山東志書

陽信縣

立冬十月節衣始絮田獵

江南志書

宿松縣

立冬後上冢培土始修築塘堰

黟縣

十月立冬山家卜晴雨是日晴冬多晴薪炭不售是日陰冬多陰寒薪炭售

浙江志書

杭州府

立冬日各以菊花煎湯澡浴曝菊茶以爲茗椀之需

嘉善縣

十月立冬日無雨則過寒皆晴

歸安縣

十月立冬夜祭竈

龍泉縣

立冬値初一二日雨血地生毛

江西志書

德安縣

孟冬之月以立冬之日占冬之寒煖

瀘溪縣

立冬日晴雨占一冬晴雨霜宜多不宜太早多則來年豐早則損蕎麥

湖廣志書

安化縣

立冬以後行嫁娶禮冰泮乃止

福建志書

建寧府

立冬過壬日至庚日得雨謂之液雨來春宜耕諺云液雨不流擇高田不用作

建陽縣

立冬値朔日多陰寒有災異下年主人多死稻薄收

廣東志書

石城縣

立冬各街社禳火災

立冬部藝文一

寒苦謠　晉夏侯湛

惟立冬之初夜天慘懍以降寒霜皚皚以被庭冰溏瀩於井幹草槭槭以疏葉木蕭蕭以零殘松隕葉於翠條竹摧柯於綠竿

北郊迎冬賦（有序節錄）　唐王起

我皇審緹幕候元英法天之序作人之程律變於冬必順時而冬命水盛於北亦隨方而北迎所以修舊典闡鴻名受太史之先謁率羣辟而躬詧況肅殺以北陸將昭宣乎上京於時時和歲豐勞農息力結冰於坎改火於國天欣玉燭之太和人受銅渾之罔忒由是文物成聲明飾皇皇濟濟鏘鏘翼翼向仙蹕之駐方引旆於司南望曉星之殘尚建杓於禮北及夫禁城啓寒漏極分天仗而雲布遵皇衢而繩直嚴颾絕元輅之響愛日動鐵驪之色一人由之而展容萬姓於焉而仰德既而臻靈壇薦嘉節奠之以玉縮之以茅雖布政於元堂以居乎左个而司歲者黑帝必祭於北郊蓋示敬於端冕非取樂於懸匏及夫宸儀廻天步考時訓而咸若稽月令而畢賦導嚴凝之氣無奪其倫應廣莫之風不愆於度則知北郊之爲禮所以佐天而成功亦以感神而叶中故宜百神肸蠁萬寓朝宗豈止運行而成歲閉蟄而爲冬

立冬部藝文二（詩）

立冬後作　宋唐庚

啗蔗入佳境冬來幽興長瘴鄉得好語昨夜有飛霜籬下重陽在醅中小至香西鄰蕉向熟時致一流黃

立冬　明王穉登

秋風吹盡舊庭柯黃葉丹楓客裏過一點禪燈半輪月今宵寒較昨宵多

立冬部紀事

周禮春官大宗伯以元璜禮北方（注）鄭康成曰禮北方以立冬謂黑精之帝顓頊元冥食焉半璧曰璜象冬閉藏地上無物唯天半見易氏曰黃者用藏也其色以元象乎物之歸藏北方之義也鄭鍔曰陽生於子終於午子者北方之正位陰方用事而陽已生則冬者陰陽各居其半禮以半璧見陽功居其半也

中華古今注漢文帝以立冬日賜宮侍承恩者及百官披襖子多以五色繡羅爲之或以錦爲之始有其名

大帽子本嚴叟野服魏文帝詔百官常以立冬日貴賤通戴謂之溫帽

南史齊武帝本紀永明六年冬十月庚申立冬初臨太極殿讀時令

隋書禮儀志後齊立冬如立春於西廂東向以其時之色服儀並如春禮

隋迎氣黑郊爲壇宮北十里以立日祀其方之帝

隋制於國城西北十里亥地爲司中司命司祿三壇同壝祀以立冬後亥

唐書禮樂志立冬後亥日祀司中司命司人司祿

清異錄唐制立冬日進千重襪其法以羅帛十餘層錦夾絡之

東京夢華錄立冬前五日西御園進冬菜京師地寒冬月無蔬菜上至宮禁下及民間一時收藏以充一冬食用

通考當陽人以立冬後己酉日爲臘先祭其先後安親故

金史禮志立冬祭北嶽恆山於定州北鎮醫巫閭山於廣寧府望祭北海北瀆大濟於孟州

熙朝樂事立冬日以各色香草及菊花金銀花煎湯沐浴謂之掃疥

立冬部雜錄

左傳凡分至啓閉必書雲物爲備故也立春爲啓立冬爲閉

家語五帝篇立冬則燕雀入海化爲蛤蠶食而不飲蟬飲而不食蜉蝣不飲不食萬物之所以不同

月令章句自尾四度至斗六度謂之析木之次立冬居燕之分野

漢上易解連山首艮者八風始於不周實居西北之方七宿之次是爲東壁營室於辰爲亥於律爲應鍾

於時爲立冬此顓帝之曆所以首十月也

抱朴子雜應篇或問不寒之道抱朴子曰或以立冬之日服六丙六丁之符或閉口行五火之炁千二百遍則十二月中不寒也或服太陽酒或服紫石英朱漆散或先服雄丸一後服雌丸二亦可堪一日一夕不寒也雌丸用雌黃曾青礬石磁石也雄丸用雄黃丹砂石膽也

隋書禮儀志冬迎叶光紀者叶拾光華祀法也言冬時收拾光華之色伏而藏之皆有法也

廣濟方治眼立冬日采桑葉一百二十片遇閏年多采十片每用十片遇洗眼日期煎湯洗之治眼百疾

周易集解戰乎乾崔憬曰立冬則乾王而陰陽相薄乾爲寒爲冰崔憬曰乾主立冬已後冬至已前故爲爲冰也

立冬部外編

雲笈七籤立冬淸旦西南望有綠紫靑雲者是上淸眞人帝君皇祖三素雲也

立冬之日日中時陽臺眞人會諸仙官玉女定新得道始入仙籙之人

欽定古今圖書集成曆象彙編歲功典

第八十五卷目錄

仲冬部彙考
易經地雷復卦
書經堯典　舜典
詩經豳風七月章
禮記月令
周禮天官　地官　夏官　秋官
爾雅月陽
詩紀曆樞陰陽合過
春秋感精符天統
素問診要經終論篇
汲冢周書周月解　時訓解
尚書大傳周正
呂氏春秋季夏紀音律篇
史記律書
漢書律歷志
淮南子天文訓　時則訓　六合
大戴禮記夏小正
說文子月
晉書樂志
梁元帝纂要仲冬
齊民要術仲冬事宜
隋書禮儀志
唐書禮樂志
農政全書仲冬事宜　農事占候
遵生八牋仲冬月事宜　十一月事忌　十一月修養法　十一月
賞心樂事十一月
本草綱目仲冬
直隸志書豐潤縣　永平府　河間府　饒陽縣
山東志書陽信縣
江南志書常熟縣　嘉定縣　武進縣　建德縣
浙江志書桐鄉縣　龍泉縣
湖廣志書石首縣　常寧縣　新田縣
四川志書彭水縣
廣東志書長樂縣　樂會縣
廣西志書隆安縣
仲冬部總論
乘明書天地氣篇

歲功典第八十五卷

仲冬部彙考

易經

地雷復卦

䷗

本義復陽復生於下也一陽之體始成而來復故十有一月其卦爲復

書經

堯典

申命和叔宅朔方曰幽都平在朔易日短星昴以正仲冬厥民隩鳥獸氄毛

蔡傳朔方北荒之地謂之朔者朔之爲言蘇也萬物至此死而復蘇猶月之晦而有朔也日行至是則淪於地中萬象幽暗故曰幽都在察也朔易冬月歲事已畢除舊更新所當改易之事也日短晝四十刻也星昴西方白虎七宿之昴宿冬至昏之中星也亦曰正者冬至陰之極子爲正陰之位也隩室之內也氣寒而民聚於內也氄毛鳥獸生耎毳細毛以自溫也

舜典

十有一月朔巡守至于北岳

詩經

豳風七月章

一之日觱發

朱注一之日謂斗建子一陽之月觱發風寒也

禮記

月令

仲冬之月日在斗昏東壁中旦軫中其日壬癸其帝顓頊其神玄冥其蟲介其音羽律中黃鍾其數六其味鹹其臭朽其祀行祭先腎

陳注斗在丑星紀之次也黃鍾子律長九寸

冰益壯地始坼鶡旦不鳴虎始交

陳注此記子月之候

天子居玄堂太廟乘玄路駕鐵驪載玄旂衣黑衣服玄玉食黍與彘其器閎以奄

陳注玄堂太廟北堂當太室也

飭死事

陳注誓戒六軍之士以戰陳當厲必死之志也

命有司曰土事毋作慎毋發蓋毋發室屋及起大衆以固而閉地氣沮泄是謂發天地之房諸蟄則死民必疾疫又隨以喪命之曰暢月

陳注順閉藏之令以安伏蟄之性也沮者壞散之義暢充也言所以不可發泄者以此月萬物皆充實於內故也朱氏謂陽久屈而後伸故云暢月未知孰是

是月也命奄尹申宮令審門閭謹房室必重閉省婦事毋得淫雖有貴戚近習毋有不禁

陳注重閉內外皆閉也減省婦人之事務順陰靜也淫謂女功之過巧者

乃命大酋秫稻必齊麴蘗必時湛熾必潔水泉必香陶器必良火齊必得兼用六物大酋監之毋有差貸

陳注大酋酒官之長也秫稻酒材也必齊多寡中度也必時造制及時也湛漬而滌之也熾蒸炊也必潔無所汚也必香無穢惡之氣也必良無罅漏之失也必得適生熟之宜也

天子命有司祈祀四海大川名源淵澤井泉

陳注冬令方中水德至盛故爲民祈而祀之也

是月也農有不收藏積聚者馬牛畜獸有放佚者取之不詰

陳注罪在不收斂也

山林藪澤有能取蔬食田獵禽獸者野虞教道之其有相侵奪者罪之不赦

陳注惡其不相共利也

是月也日短至陰陽爭諸生蕩

陳注蕩者動也

君子齊戒處必掩身身欲寧去聲色禁耆欲安形性事欲靜以待陰陽之所定

陳注此皆與夏至同而有謹之至者彼言止聲色而此言去彼言節耆欲而此言禁蓋仲夏之陰猶微而此時之陰猶盛陰微則盛陽未至於甚傷陰盛則微陽當在於善保故也

芸始生荔挺出蚯蚓結麋角解水泉動

陳注此又言子月之候十二月惟子午之月皆再記其候者詳於陰陽之萌也

日短至則伐木取竹箭是月也可以能官之無事去器之無用者

陳注陰盛則材成故伐而取之

塗闕廷門閭築囹圄此以助天地之閉藏也仲冬行夏令則其國乃旱氛霧冥冥雷乃發聲行秋令則天時雨汁瓜瓠不成國有大兵行春令則蝗蟲爲敗水泉咸竭民多疥癘

陳注雨雪雜下曰汁

周禮

天官

大宰之職正月之吉始和布治於邦國都鄙乃縣治象之法於象魏使萬民觀治象挾日而斂之

訂義鄭康成曰正月周之正月吉謂朔日　劉執中曰正月之吉陽生陰復其氣始和歲事將與而春令行矣故因其始和而布治焉　鄭司農曰從甲至甲謂之挾日凡十日

地官

大司徒之職正月之吉始和布教於邦國都鄙乃縣教象之法於象魏使萬民觀教象挾日而斂之

訂義鄭康成曰正月之吉周正月朔日也司徒以布五教至正歲又書教法而縣焉

夏官

大司馬之職正月之吉始和布政於邦國都鄙乃縣政象之法於象魏使萬民觀政象挾日而斂之

訂義鄭康成曰以正月朔日布王政於天下至正歲又縣政法之書

秋官

大司寇之職正月之吉始和布刑於邦國都鄙乃縣刑象之法於象魏使萬民觀刑象挾日而斂之

訂義王昭禹曰刑者侀也侀者成也宜無所加損亦量時而有輕重正月之吉始和布刑於邦國都鄙爲是故也先王之法若江河貴乎易避而難犯使民觀象者凡使之知所避而已

爾雅

月陽

十一月爲辜

詩紀曆樞

陰陽會遇

陰陽之會一歲再遇遇於北方者以中冬

春秋感精符

天統

天統者十一月建子天始施之端也周以爲正

素問

診要經終論篇

十一月十二月冰復地氣合人氣在腎

注 冰復者一陽初復也地氣合者地出之陽復歸於地而與陰合也腎主冬藏之氣故人氣在腎

汲冢周書

周月解

惟一月既南至昏昴畢見日短極基踐長微陽動於黃泉陰慘於萬物是月斗柄建子始昏北指陽氣虧草木萌蕩日月俱起於牽牛之初右回而行月周天起一次而與日合宿日行月一次周天歷舍於十有二辰終則復始是謂日月權輿周正歲道數起於時一而成於十次一爲首其義則然凡四時成歲有春夏秋冬各有孟仲季以名十有二月中氣以著時應春三月中氣雨水春分穀雨夏三月中氣小滿夏至大暑秋三月中氣處暑秋分霜降冬三月中氣小雪冬至大寒閏無中氣斗指兩辰之間萬物春生夏長秋收冬藏天地之正四時之極不易之道夏數得天百王所同其在商湯用師於夏除民之災順天革命改正朔變服殊號一文一質示不相沿以建丑之月爲正易民之視若天時大變亦一代之事亦越我周王致伐於商改正異械以垂三統至於敬授民時巡狩祭享猶自夏焉是謂周月以紀於政

時訓解

大雪之日鶡鳥不鳴又五日虎始交又五日荔挺生鶡鳥不鳴原闕二字虎不始交原闕四字荔挺不生卿士專權冬至之日蚯蚓結又五日麋角解又五日水泉動蚯蚓不結君政不行麋角不解兵甲不藏水泉不動陰不承陽

尚書大傳

周正

周以仲冬爲正色尚赤以夜半爲朔

呂氏春秋

季夏紀音律篇

黃鍾之月土事無作愼無發蓋以固天閉地陽氣且泄

注 黃鍾十一月也且將也

史記

律書

廣莫風居北方廣莫者言陽氣在下陰莫陽廣大也故曰廣莫東至於虛虛者能實能虛言陽氣冬則宛藏於虛日冬至則一陰下藏一陽上舒故曰虛東至於須女言萬物變動其所陰陽氣未相離尚相如胥也故曰須女十一月也律中黃鍾黃鍾者陽氣踵黃泉而出也其於十二子爲子子者滋也滋者言萬物滋於下也其於十母爲壬癸壬之爲言任也言陽氣任養萬物於下也癸之爲言揆也言萬物可揆度故曰癸

漢書

律歷志

黃鍾黃者中之色鍾者種也陽氣施種於黃泉孳萌萬物爲六氣元也始於子在十一月

淮南子

天文訓

小雪加十五日斗指壬則大雪音比應鍾黃鍾位子其數八十一主十一月下生林鍾

太陰在寅歲名曰攝提格其雄爲歲星舍斗牽牛以十一月與之晨出東方東井輿鬼爲對

時則訓

仲冬之月招搖指子昏壁中旦軫中其位北方其日壬癸其蟲介其音羽律中黃鍾其數六其味鹹其臭腐其祀井祭先腎冰益壯地始坼鶡鴠不鳴虎始交天子衣黑衣乘鐵驪服元玉建元旗食黍與彘服八風水爨松燧火北宮御女黑色衣黑采擊石磬其兵鍛其畜彘朝於元堂太廟命有司曰土事無作無發室居及起大衆是謂發天地之藏諸蟄則死民必疾疫又隨以喪急捕盜賊誅淫泆詐僞之人命曰暢月命奄尹申宮令審門閭謹房室必重閉省婦事乃命大酋秫稻必齊麴糵必時湛熾必潔水泉必香陶器必良火齊必得無有差忒天子乃命有司祀四海大川名澤是月也農有不收藏積聚牛馬畜獸有放失者取之不詰山林藪澤有能取疏食田獵禽獸者野虞教導之其有相侵奪罪之不赦是月也日短至陰陽爭君子齋戒處必掩身欲靜去聲色禁嗜欲寧身體安形性是月也荔挺出芸始生丘螾結麋角解水泉動則伐樹木取竹箭罷官之無事器之無用者塗闕庭門閭築囹圄所以助天地之閉仲冬行夏令則其國乃旱氛霧冥冥雷乃發聲行秋令則其時雨水瓜瓠不成國有大兵行春令則蟲螟爲敗水泉咸竭民多疾癘十一月官都尉其樹棗

六合

仲夏與仲冬爲合仲夏至修仲冬至短故十一月失

政五月下雹霜

大戴禮記

夏小正

十有一月王狩狩者言王之時田冬獵爲狩陳肋革陳肋革者省兵甲也嗇人不從不從者弗行於時月也萬物不通隕麋角隕墜也日冬至陽氣至始動諸向生皆蒙符矣故麋角隕記時焉爾

說文

子月

子十一月陽氣動萬物滋入以爲稱

晉書

樂志

十一月之辰謂爲子子者孳也謂陽氣至此更孳生也

十一月之管謂之黃鍾黃者陰陽之中色也天有六氣地有五才而天地數畢焉或曰冬至德氣爲土土色黃故曰黃鍾

梁元帝纂要

仲冬

是月日元明月又曰廣寒月

齊民要術

仲冬事宜

冬十一月陰陽爭血氣散冬至日先後各五日寢別內外硯水凍命幼童論孝經論語篇章入小學可釀醢糯秔稻粟豆麻子

隋書

禮儀志

後周仲冬教大閱如振旅之陣遂以狩田如蒐法致禽以享烝

隋制仲冬祭馬步於大澤以剛日牲用少牢

唐書

禮樂志

仲冬之月講武於都外前期十有一日所司奏請講武兵部承詔遂命將帥簡軍士除地爲場方一千二百步四出爲和門又爲步騎六軍營域左右廂各爲三軍北上中間相去三百步立五表表間五十步爲二軍進止之節別墠地於北廂南向前三日尚舍奉御設大次於墠前一日講武將帥及士卒集於墠所建旗爲和門如方色都墠之中及四角皆建五采牙旗旗鼓甲仗大將以下各有統帥大將被甲乘馬教習士衆少者在前長者在後其還則反之長者持弓矢短者持戈矛力者持旌勇者持鉦鼓刀楯爲前行持矟者次之弓箭者爲後使其習見旌旗金鼓之節旗臥則跪旗舉則起講武之日未明十刻而嚴五刻而甲步軍爲直隊以俟大將立旗鼓之下六軍各鼓十二鉦一大角四未明七刻鼓一嚴侍中奏開宮殿門及城門五刻再嚴侍中版奏請中嚴文武官應從者俱先至文武官皆公服所司爲小駕二刻三嚴諸衛各督其隊與鈒戟以次入陳於殿庭皇帝乘革輅至墠所兵部尚書介冑乘馬奉引入自北門至兩步軍之北南向黃門侍郎請降輅乃入大次兵部尚書停於東廂西向領軍減小駕騎士立於都墠之四周侍臣左右立於大次之前北上九品以上皆公服東西在侍臣之外十步所重行北上諸州使人及蕃客先集於北門外東方南方立於道東西方北方立於道西北上駕將至奉禮曰可拜在位者皆再拜皇帝入次謁者引諸州使人鴻臚引蕃客東方南方立於大次東北西方北方立於西北觀者立於都墠騎士仗外四周然後講武吹大角三通中軍將各以鞞令鼓二軍俱擊鼓三鼓有司偃旗步士皆跪諸帥果毅以上各集於其中軍左廂中軍大將立於旗鼓之東西面諸軍將立於其南右廂中軍大將立於旗鼓之西東面諸軍將立於其南北面以聽大將誓左右三軍各長史二人振鐸分循誥果毅各以誓詞告其所部遂擊鼓有司舉旗士衆皆起行及表擊鉦乃止又擊三鼓有司偃旗士衆皆跪又擊鼓有司舉旗士衆皆起騾及表乃止東軍一鼓舉青旗爲直陣西軍亦鼓舉白旗爲方陣以應次西軍鼓舉赤旗爲銳陣東軍亦鼓舉黑旗爲曲陣以應次東軍鼓舉黃旗爲圓陣西軍亦鼓舉青旗爲直陣以應次西軍鼓舉白旗爲方陣東軍亦鼓舉赤旗爲銳陣以應次東軍鼓舉黑旗爲曲陣西軍亦鼓舉黃旗爲圜陣以應凡陣先舉者爲客後舉者爲主每變陣二軍各選刀楯五十人挑戰第一第二挑戰迭爲勇怯之狀第三挑戰爲敵均之勢第四第五挑戰爲勝敗之形每將變陣先鼓而直陣然後變從餘陣之法既已兩軍俱爲直陣又擊三鼓有司偃旗士衆皆跪又擊鼓舉旗士衆皆起騎馳徒步左右軍俱至中表相擬擊而還每退至一行表跪起如前遂復其初侍中跪奏請觀騎軍承制曰可二軍騎軍皆如步軍之法每陣各八騎挑戰五陣畢大擊鼓而前盤馬相擬擊而罷遂振旅侍中

跪奏稱侍中臣某言禮畢乃還

皇帝待田之禮亦以仲冬前期兵部集衆庶修田法虞部表所田之野建旗於其後前一日諸將帥士集於旗下質明幣旗後至者罰兵部申田令遂圍田其兩翼之將皆建旗及夜布圍闕其南面駕至田所皇帝鼓行入圍鼓吹令以鼓六十陳於皇帝東南西向六十陳於西南東向皆乘馬各備簫角諸將皆鼓行圍乃設驅逆之騎皇帝乘馬南向有司斂大綏以從諸公王以下皆乘馬帶弓矢陳於前後所司之屬又斂小綏以從乃驅獸出前初一驅過有司整飭弓矢以前再驅過有司奉進弓矢三驅過皇帝乃從禽左而射之每驅必三獸以上皇帝發抗大綏然後公王發抗小綏驅逆之騎止然後百姓獵凡射獸自左而射之達於右腢爲上射達右耳本爲次射左髀達於右䯚爲下射羣獸相從不盡殺已被射者不重射不射其面不剪其毛凡出表者不逐之田將畢虞部建旗於田內乃雷擊駕鼓及諸將之鼓士從譟呼諸得禽獻旗下致其左耳大獸公之小獸私之其上者供宗廟次者供賓客下者充庖廚乃命有司饁獸於四郊以獸告至於廟

農政全書

仲冬事宜

冬十一月如有雪則收貯雪水埋地中混穀種倍收不怕

栽種　小麥　油菜　萵苣　桑

移植　松柏　檜

收藏　鹽水蘿蔔　牛蒡子　豆餅　木果子　鹽菜宜冬至前

澆培　石榴　柑　橘　橙　柚　梨　栗　棗　柿

雜事　做酒藥　接雜木　造農具　夾笆籬　澆菜　伐木　斫竹　打豆油　置碎草牛脚下春糞田　窨芙蓉條　試穀種　鋤油菜

農事占候

沈存中筆談云是月中遇東南風謂之歲露有大毒若饑感其氣開年著瘟病又云風色多與下年夏至相對　月內雨雪多主冬春米賤有雷主春米貴

遵生八牋

臞仙月占

十一月忌行夏令主多疥癘之疾

十一月事宜

孝經緯曰小雪後十五日斗指壬爲大雪言積陰爲雪至此栗烈而大矣呂氏曰仲冬爲暢月

月纂天道東南行作事出行宜向東南吉

月令曰君子齋戒愼處必掩身心身欲寧去聲色禁嗜欲安形性事欲靜以待陰陽之所定凡此以微陽方生陰未退聽陰陽相爭而未定故君子當齋戒以待之凡事與夏至同此又當謹之至者彼只止言節此只却言禁蓋仲夏之陰猶微而此時之陰猶盛陰微則盛陽未至於甚傷陰盛則微陽當在於善保故坤復之月宜靜攝爲最

七籤曰是月初十日取枸杞葉煎湯洗浴至老光澤

十五十六日俱宜沐浴

千金月令曰是月可服丙藥不可餌大熱之藥宜早食宜進宿熱之肉

纂要曰是月初十日宜拔白髮

五經通義曰至後陽氣始萌陰陽交精萬物氣微在下不可動泄

保生心鑑曰子月火氣潛伏閉藏以養其本然之眞而爲來春發生升動之本此時若戕賊之至春升之際下無根本陽氣輕浮必有溫熱之病

仙經曰十一日天倉開宜入山修道修啓福齋

十一月事忌

纂要曰是月勿食龜鼈肉令人水病勿食陳脯勿食鴛鴦令人惡心勿食生菜發宿疾勿食生韭多涕唾勿食黃鼠損神氣勿食蝦蚌帶甲之物勿食獐肉動氣勿食火焙肉食

又曰是月十二日二十二日忌裁衣交易

翰墨全書曰是月二十五日爲掠剩大夫忌勿犯交姤凶至後十日夫婦當戒容止

千金翼曰冬至後庚辛日不可交合大凶

又曰勿枕冷石鐵物令人目暗

又曰初四日勿責譴下人大忌

又曰十一日不可沐浴勿以火炙背

又曰勿食螺螄螃蟹損人志氣長屍蟲

雲笈七籤曰二十日不宜遠行二十三日不可問疾不用子日犯月建作事不吉

又曰仲冬腎氣旺心肺衰宜助肺安神調理脾胃無乖其時勿暴溫煖勿犯東南賊邪之風令人多汗腰脊強痛四肢不通

十一月修養法

仲冬之月寒氣方盛勿傷水凍勿以炎火炙腹背毋發蟄藏順天之道卦復復者反也陰陽於下以順上行之義也君子當靜養以順陽生是月生氣在戌坐臥宜向西北

孫眞人修養法是月腎臟正旺心肺衰微宜增苦味絕鹹補理肺胃閉關靜攝以迎初陽使其長養以全吾生

賞心樂事

十一月

摘星軒枇杷花　冬至節餛飩　味空亭蠟梅　蒼寒堂南天竺　花院水仙　羣仙繪幅樓前觀雪

本草綱目

仲冬

陽燧一名陽符取火於日陰燧一名陰符取水於月並以銅作之謂之水火之鏡五月丙午日午時鑄爲陽燧十一月壬子日子時鑄爲陰燧

直隸志書 各省風俗同者不載

豐潤縣

十一月農治糞婦治織

永平府

仲冬月大雪節朔日大雪主凶災不利農至日亦然

河間府

臘前雨雪宜菜麥且卜來歲豐稔

饒陽縣

大雪東風主民多疥痢南風主旱西風主有驚恐北風主五穀熟月內雪主冬春米價平

山東志書

陽信縣

大雪十一月節衣始裘

江南志書

常熟縣

十一月十七日爲彌陀生日早起占風南風主米貴北風主米賤冬至後家舂一歲糧藏之囊囤謂之冬舂

嘉定縣

十一月十七日爲彌陀生日忌南風相傳有偈云南風吹我面有米也不賤北風吹我背無米也不貴極驗

武進縣

十一月初三日白雲渡以水神晏公生日作會

建德縣

十一月一日製麻糍用荷葉裹以飼牛云酬耕作之勞

浙江志書

桐鄉縣

十一月施薑湯

龍泉縣

十一月初一日値冬至井大雪年饑布貴月內有雪米價平冬至日有青雲從北來人安樂無雲凶有赤雲旱災有火黑雲水多泉溢巳上竝子時占其日得壬旱及千里二日壬小旱人憂三日壬旱四日壬五穀大熟五日壬水多魚賤六日壬大水壞田七日壬河決流八日壬海翻騰九日壬大熟人喜初十十一十二日壬五穀不成晦日風雨春旱夏好是月行夏令旱雷乃發聲行秋令瓜瓠不成國有大警行春令蝗蟲

湖廣志書

石首縣

十一月種作已辦戶戶打柴辦草以備冬寒整理廬舍以蔽霜雪男長女大之戶紡綿織布染青出藍以備婚娶飼豬造酒以供親朋致賀之歡

常寧縣

十一月初一十一二十一三日晴雨占來歲米價貴賤晴則賤雨則貴初一占來歲正二月十一占來歲三四月二十一占來歲五六月亦有驗者

新田縣

十一月農功盡畢地近山猺恆多雨雪茅綯乘屋之役蓋兢兢云

四川志書

彭水縣

十一月剪茅覆屋乏食者採蕨於山至春三月乃止

廣東志書

長樂縣

仲冬之月橘柚熟楓不落草不枯芥菜茂燕始歸蟄閉戶

樂會縣

仲冬後兒童以堅木旋圓下置鐵釘以索纏抽相賽三五五鬭名曰得樂又於山坡掘地深數尺以椰皮蓋之上加木釘以繩橫兩頭擊之聞聲一二里名曰擊土鼓

廣西志書

隆安縣
十一月柑橙香熟角麥收風益嚴織聲頻寒砧動地始坼陰陽爭諸生蕩民聚於室擁火環居

仲冬部總論

兼明書

天地氤氳

繫辭云天地氤氳萬物化醇論者以爲氤氳天中之氣明曰氤氳未散之名也其氣結於黃泉非在天之謂也若已在天安能化生萬物直由氣自黃泉而生萬物資之以化萬物者動植之總名也動植初化未有交接故曰化醇及其交接萬物由此蕃滋故曰男女媾精萬物化生男女者雌雄牝牡之稱也夫人之精既皆自下豈氤氳不自下乎按月令建子之月律中黃鍾黃者地中之色也鍾者種也言十一月陽氣種於黃泉也故知渾天之形其半常居地下地之下有水水之下有氣氣之下有天天之元氣自水而昇地自地而昇天自天而迴還水下所謂一陰一陽而無窮也故復象曰復其見天地之心乎天地之心陽氣在下即知氤氳之氣所存焉

欽定古今圖書集成曆象彙編歲功典

第八十六卷目錄

仲冬部藝文一
黃鍾十一月啓　梁昭明太子
仲冬時令賦　唐叔孫元觀
仲冬時令賦　蕭昕
仲冬時令賦　張欽敬
仲冬部藝文二詩詞
大同十一月庚戌　梁簡文帝
早發交崖山還太室作　唐崔曙
草堂卽事　杜甫
仲冬　呂渭
十一月　劉蕃
仲月賞花　韋同則
十一月中旬至扶風界見梅花　李商隱
丙子仲冬紫閣寺聯句　宋蘇舜欽
十一月二十六日松風亭下梅花盛開　蘇軾
直玉堂十一月一日鎖院是日苦寒詔賜官燭法酒書呈同院　前人
仲冬南樓野望　陳允平
翰林三朝御容戊戌仲冬朔把香前宮　元張翥
丁酉仲冬卽景二首　葉顒
二年十一月和暖如春上遊觀上苑名侍臣危素宋濂詹同吳琳及觀等賜宴于奉天門東紫閣蒙御製一序賜之曰卿等各賦一詩以述今日之樂　明魏觀
十一月十五日吳園見梅花有感以上詩　汪道貫
浣溪沙仲冬見花塢櫻桃花以上詞　宋毛滂
仲冬部紀事
仲冬部雜錄
仲冬部外編

歲功典第八十六卷

仲冬部藝文一

黃鍾十一月啓　梁昭明太子

日往月來灰移火變暫乖語默頓隔秦吳旣傳蘇李之書更共范張之志冷風盛而結鼻寒氣切而凝唇虹入漢而藏形鶴臨橋而送語彤雲垂四面之葉玉雪開六出之花敬想足下世號冰壺時稱武庫命長袂而留客施大被以招賢酌醇酒而據切骨之寒溫獸炭而祛透心之冷某攜戈日久荷戟年深揮白刃而萬定死生引紅旗而千決成敗退龍劍而却步月下開營進鯨鼓而橫行雲前起陣徒勞斬斫豈用功勳諸不具陳謹申微意

仲冬時令賦以爲韻以題　唐叔孫元觀

乾知大始變化惟衆白日貞輝以著乎運行素月虧盈以紀乎孟仲陰旣往而陽受晷旣驟而寒送景長而土圭可測氣肅而玉律潛中若乃搖落旣謝戚戚無悰霜雪凝凌以戒節天地閉塞而成冬義和在茲敬授人時周之正則建子爲首冬之夜則問如何其北斗闌干乘招搖而直子元堂在座列羣后以聽辭冬之日可愛開乎晉史一之日觱發著於豳詩其神元冥厥德在水共器閎奄事官有司植元玤以䌌櫝乘元輅以載旗順物以終乃安共性因宜制節用必克正使夫有爲而天下御正無事而天下分定先王以之狩田孝子以之溫凊萬人以之休息羣辟以之殷聘一以明國家之盛再以昭誦事之令夫唯敢度起功逆時典務重其徭役急彼征賦動衆不隨其物宜馭人不以其寬裕災異必降甲己之氣乘癘疾必行哭泣之哀聚則知邦國與否噫時令之可懼

仲冬時令賦以題爲韻　蕭昕

歲杪星窮時臨月仲元冥氣肅黃鍾律中北陸陰凝西成物衆觀四郊而息老朝萬國而來貢於是我皇乃親帥百辟觀隙三農整六軍以耀武肆大閱於仲冬然後乃卽太廟建元旗事神率禮撫俗觀詩斥聲色以不御守和平而自持山澤從宜候飛霜而校獵川源有秩因涸凍而沈祠謹門閭而守法愼蓋藏以應期斬木陽崖采周官於是月藏冰陰室詠豳詩於此時然後受計郡國大頒錫命祭必先賢室惟行慶駕鐵驪以軌物居元堂而布政因宜制變必酌於古文授時鄉方乃行乎夏令爾其謀猷克臧備物必具飭王政之禮戒土功之務天地旣貞陰陽乃裕茍慾伏之必節豈雪霜之是遇故當北辰正而衆星拱東海深而百川赴旣一人而作哲惟四方之所注撫空懷以自憐愧揚雄之作賦

仲冬時令賦以題爲韻　張欽敬

粵若大君光宅海內文思開帝王之洪緒振皇紀之

綱維敷化布和設明堂以聽政發祥儲祉坐宣室而受釐有典有則念茲在茲負扆恭己凝旒肅祗享會必依乎是月寒暑不易乎斯時若乃睦以神人施乎政令普惠澤以流渥鼓薰風而入詠日月唯朗星辰克正調曆數之璿衡叶乾坤之寶命況乎陽氣告始豳歌御冬惟時是恤維政之雍穆元堂以敷化感黃冠以勞農命魯史之登臺或書雲物審周官之有祀時命秩宗於是極憲聿修舊章遐布飭蓋藏之是密警門閭而必固一以末寧各知攸措滌器物之疏奄釐冰池之凝沍休力役省征賦養國中之鰥寡罷官守之尸素是使風雨丕順會不爽於豐年霜露以時諒匪僭於歲暮撫三五之遐軌案道德之平裕方見與義農而比崇豈直等成周之景祚而已顧慙眇質叨承選衆神仙作尉非漢氏之稱梅孝友承家媿詩人之歌仲謬昌言於聖德共緣情而有中

仲冬部藝文二 詩詞

大同十一月庚戌　梁簡文帝

茲園植蓺積山谷久紆威直與轉多緒眞事亦因依是節歲冬景寒雲掩落暉遠聞風瑟瑟亂視雪霏霏浪起川難渡林深人至稀山禽背遲走野馬歷塘飛

早發交崖山還太室作　唐崔曙

東林氣微白寒鳥急高翔吾亦自茲去北山歸草堂仲冬正三五日月遙相望蕭蕭過潁上朧朧辨少陽川冰生積雪野火出枯桑獨往路難盡窮陰人易傷傷此無衣客如何蒙雪霜

草堂即事　杜甫

荒村建子月獨樹老夫家雪裏江船渡風前徑竹斜寒魚依密藻宿鷺起圓沙蜀酒禁愁得無錢何處賒

仲冬　呂渭

江南仲冬天紫蔗節如鞭海將鹽作雪山用火耕田

十一月　劉蕃

憶長安子月時千官賀至丹墀御苑雪開瓊樹龍堂冰作瑤池獸炭氈爐正好貂裘狐白相宜

仲月賞花　韋同則

梅花似雪柳含煙南地風光臘月前把酒且須拚却醉風流何必待歌筵

十一月中旬至扶風界見梅花　李商隱

匝路亭亭艷非時裛裛香素娥惟與月青女不饒霜贈遠虛盈手傷離適斷腸爲誰成早秀不待作年芳

丙子仲冬紫閣寺聯句　宋蘇舜欽

白石太古水（才翁）蒼崖六月冰昏明咫尺變（子美）身世逗畱墱橋與飛霞亂（才翁）人間獨鳥升風泉冷相搏（子美）樓閣暮逾澄反覆青冥上（才翁）躋攀赤日稜唄音充別壑（子美）塔影弔寒藤仙掌挂太一（才翁）佛壇依古層巖喧聞鬬虎（子美）臺靜下饑鷹晴檻通年雨（才翁）濃羅四面晉日光平午見（子美）霧氣半天蒸潭碧寒疑裂（才翁）鐘清遠自凝陽陂冬聚筍（子美）陰壁夏垂繒有客饒佳思（才翁）高吟出遠凭雄心翻表裏（子美）遠目著軒騰岑寂來清夜（才翁）沈冥接定僧宿猿深更杳（子美）落水靜相仍松竹高無奈（才翁）烟嵐翠不勝甘酸收脫實（子美）坳隩布淸塍北野才沈著南天更勃興忝雖超一氣（才翁）黷默起孤鵬並澗寒堪摘看雲重欲崩行中向背失（子美）呼處下高應庭樹巢金爵樵兒弄玉繩斷香浮缺月（才翁）古像守昏燈乳管明相照沙褥綠自矜深疑嘯神物（子美）敲欲敵殺陵俯仰孤心撓回翔百感登畫圖風動壁詩句涕霑膺（先公什畱題在澄心閣）歲月看流矢（才翁）心腸劇斷絙追攀初有象悲憤遂相乘故賞知無逅遺靈若此憑依然忍回首（子美）愁絕下崚嶒（才翁）

十一月二十六日松風亭下梅花盛開　蘇軾

羅浮山下梅花村玉雪爲骨冰爲魂紛紛初疑月挂樹耿耿獨與參橫昏先生索居江海上悄如病鶴棲荒園天香國艷肯相顧知我酒熟詩清溫蓬萊宮中花鳥使綠衣倒挂扶桑暾抱叢窺我方醉臥故遣啄木先敲門麻姑過君急灑掃鳥能歌舞花能言酒醒人散山寂寂惟有落蘂黏空樽

直玉堂十一月一日鏁院是日苦寒詔賜官燭法酒書呈同院　前人

微霰疏疏點玉堂詞頭夜下攬衣忙分光御燭星辰爛拜賜宮壺雨露香醉眼有花書字大老人無睡漏聲長何時却逐桑榆暖社酒寒燈樂未央

仲冬南樓野望　陳允平

繡幕香溫生暮寒淡煙漠漠水漫漫吟殘庾嶺梅千樹夢遶湘江竹萬竿風捲亂鴉棲古塔雪迷孤鴈落前灘一聲玉笛人何所更上南樓獨倚闌

翰林三朝御容戊戌仲冬朔把香前宮　元張翥

嘉禧殿前初日高瑞光先映赭黃袍雲間瑞露收金

掌仗外徼風颭彩旄黃鶴仙人周子晉碧雞使者漢王褒禁園尚覺餘寒在未放春紅上小桃

丁酉仲冬即景二首　葉顒

煙梢深處隱棲鵶標格孤高迥出羣只恐聽來驚夢醒踏翻松頂一巢雲

樹頭清嘯兩三聲紙帳梅花睡欲成喚醒冷泉亭上夢嶺雲飛動月初明

二年十一月和煖如春上遊觀上苑召侍臣危素朱濂詹同吳琳及觀等賜宴於奉天門東紫閣蒙御製一序賜之曰卿等各賦一詩以述今日之樂　明魏觀

深冬晴暖動逾旬內苑遊觀詔侍臣五色慶雲開鳳尾九重麗日繞龍鱗和鸞喜奉彤車御式燕慚叨紫闥賓淑氣已從天上轉人間無地不陽春

十一月十五日吳園見梅花有感　汪道貫

獨樹梅花倍可憐爲傷遲暮得愁先物華莫負登臨興時序頻催犬馬年眼底雲光偷碧海歌中雪色照瑤篇因君轉憶揚州事官閣於今月正圓

浣溪沙 仲冬見花塢櫻桃花　宋毛滂

小浦韶光不待邀早通消息與合桃晚來芳意半寒梢　含笑不言春淡淡試妝未徧雨蕭蕭東家小女可憐嬌

仲冬部紀事

宋書禮志高陽氏以十一月爲正薦玉以赤繒

國語武王伐殷星在天黿注星辰星也天黿次名從須女八度至危十五度爲天黿謂周正月辛卯朔二日壬辰辰星始見三日癸巳武王發行二十八日戊午渡孟津距戊子三十一日二十九日己未晦冬至辰星在須女伏天黿之首

詩經豳風七月章一之日于貉取彼狐狸爲公子裘

周禮地官鄉大夫之職正月之吉受教法於司徒退而頒之於其鄉吏使各以教其所治

州長正月之吉各屬其州之民而讀法以攷其德行道藝而勸之以糾其過惡而戒之

山虞仲冬斬陽木訂義鄭康成曰陽木在山南者王昭禹曰斬陽木必以仲冬以水之盛氣養其堅則齊諸其陰也

夏官大司馬中冬教大閱訂義鄭鍔曰春秋凡書大蒐大事大閱皆謂事之尤大也左氏爲之說曰大閱簡車徒也以大司馬觀之春教以鐃鼓夏教以號名秋教以旗物至冬農隙則合三時所教者大習之故名曰大閱奚止簡車徒而已

秋官布憲掌憲邦之刑禁正月之吉執旌節以宣布於四方而憲邦之刑禁訂義鄭鍔曰大司寇正月之吉布刑於邦國都鄙又縣刑象以示萬民小司寇於正歲帥屬觀刑象及宣布於四方憲刑禁矣布憲復掌之者蓋大司寇布之者舉其綱也小司寇宣之者行於朝也四方萬里或未之知布憲執旌節適四方而宣布之所至之處又從而表縣之無有不明刑禁之爲不可犯也

漢書高帝本紀元年十一月詔諸縣豪桀曰父老苦秦苛法久矣誹謗者族耦語者棄市吾與諸侯約先入關者王之吾當王關中與父老約法三章耳殺人者死傷人及盜抵罪餘悉除去秦法吏民皆按堵如故凡吾所以來爲父兄除害非有所侵暴毋恐

十二年十一月行自淮南還過魯以太牢祠孔子

漢舊儀惠帝三年相國奏諸御史監祭三輔郡所祭者九條監者二歲一更常以十一月奏事

漢書武帝本紀元光元年冬十一月初令郡國舉孝廉各一人

元鼎四年十一月甲子立后土祠於汾陰脽上禮畢行幸滎陽還至洛陽詔曰觀於周室邈而無祀詢問耆老迺得孽子嘉其封嘉爲周子南君以奉周祀注子南其封邑之號以爲周後故總言周子南君

宣帝本紀地節三年十一月詔曰朕既不逮導民不明反側晨興念慮萬方不忘元元惟恐羞先帝聖德故並舉賢良方正以親萬姓歷載臻茲然而俗化闕

蔣傳曰孝弟也者其爲仁之本與其令郡國舉孝弟
有行義聞於鄉里者各一人
後漢書明帝本紀永平二年十一月甲申遣使者以
中牢祀蕭何霍光帝謁陵園過式其墓
永平十七年冬十一月初置西域都護戊己校尉
章帝本紀建初四年十一月壬戌詔下太常將大夫
博士議郎郎官及諸生諸儒會白虎觀講議五經同
異使五官中郎將魏應承制問侍中淳于恭奏帝親
稱制臨決如孝宣甘露石渠故事作白虎議奏注今
白虎通
和帝本紀永元三年十一月癸卯詔曰高祖功臣蕭
曹爲首有傳世不絕之義曹相國後容城侯無嗣朕
望長陵東門見二臣之壟循其遠節每有感焉忠義
獲寵古今所同可遣使者以中牢祀大鴻臚求近親
宜爲嗣者須景風紹封以章厥功
永元十三年冬十一月安息國遣使獻師子及條枝
大爵丙辰詔曰幽并涼州戶口率少邊役衆劇束脩
良吏進仕路狹其令緣邊郡口十萬以上歲舉孝廉
一人不滿十萬二歲舉一人五萬以下三歲舉一人
安帝本紀建光元年十一月癸卯詔三公特進侯卿
校尉舉武猛堪將帥者各五人
延光二年十一月甲辰校獵上林苑
順帝本紀陽嘉元年十一月辛卯初令郡國舉孝廉
限年四十以上諸生通章句文吏能牋奏乃得應選
其有茂才異行若顏淵子奇不拘年齒
玉海黃初元年十一月柴於繁陽有黃鳥銜丹書集
於尚書臺於是改元

晉書禮志武帝泰始三年十一月改宗聖侯孔震爲
奉聖亭侯詔太學及魯國四時備三牲以祀孔子
武帝本紀泰始六年冬十一月幸辟雍行鄉飲酒之
禮賜太常博士學生帛牛酒各有差
咸寧四年十一月太醫司馬程據獻雉頭裘帝以奇
技異服典禮所禁焚之於殿前
傅咸款冬賦序予曾逐禽登於北山於時仲冬之月
冰凌盈谷積雪被崖顧見款冬煒然始敷
孝子傳焦華西秦時人父病甚仲冬思瓜求之不得
忽夢一人黃冠謂曰聞子父病思瓜故送瓜以助子
華拜受之及寤瓜在手馨香非常父食而愈
宋書符瑞志孝武帝大明三年十一月己巳肅慎氏
獻楛矢石砮高麗國譯而至
李華復練塘序練湖幅員四十里永泰元年十一月
二十三日拜韋損爲潤州增理故塘繚而合之廣湖
爲八十里象月之規儔金之固灝灝如吞吐日月沈
沈如韞蓄風雨所潤者遠原隰皆春疏爲斗門河渠
通流
魏書成淹傳顯祖於仲冬之月欲巡漠北朝臣以寒
甚固諫並不納淹上接輿釋遊論顯祖覽之詔尚書
李訢曰卿等諸人不如成淹論通釋人意乃勅停行
北齊書文宣帝本紀天保九年詔限仲冬一月燎野
不得他時行火損昆蟲草木
北史周高祖本紀建德元年十一月景午帝親御六
軍講武於城南
荆楚歲時記仲冬之月采擷霜蕪菁葵等雜菜乾之
並爲鹹葅注有得其和者並作金釵色今南人作鹹

葅以糯米熬搗爲末并研胡麻汁和釀之石榨令熟
葅既甜脆汁亦酸美其莖爲金釵股醒酒所宜也
北史婆利國傳祭祀必以月晦盤貯酒殽浮之流水
每十一月必設大祭
舊唐書職官志諸府折衝都尉每歲十一月以衛士
帳上尚書省天下兵馬之數以聞
六典禮部尚書侍郎之職掌天下貢舉之政凡舉試
之制每歲仲冬率與計偕其科有六一曰秀才二曰
明經三曰進士四曰明法五曰書六曰算凡此六科
求人之本必取精究理實而升爲第其有博綜兼學
須加甄獎不得限以常科
集賢注記自置院之後每年十一月內卽命書院寫
新曆日一百二十本頒賜親王公主及宰相公卿等
皆令朱墨分布具注曆星遞相傳寫謂集賢院本
通典唐貢士之科每歲仲冬郡縣館監課視其成者
長史會屬寮設賓主有鄉飲酒禮歌鹿鳴之詩既薦
而與計偕
凡府在赤縣爲赤府在畿縣爲畿府衛士以三百人
爲團團有校尉五十人爲隊隊有正十人爲火火有
長火備六馱馬驢米糧介胄戎器鍋幕貯之府庫以
備武事每歲十一月以衛士帳上於兵部以侯徵發
中華古今注武德九年十一月太宗詔自今以後天
子服烏紗帽百官士庶皆同服之
唐書太宗本紀貞觀元年十一月己未許子弟年十
九以下隨父兄之官所
通鑑貞觀四年十一月上讀明堂鍼灸書云人五臟
之系咸附於背戊寅詔自今毋得笞囚背

唐會要貞觀九年十一月康國獻金桃銀桃詔命植苑中

實錄貞觀十一年十一月乙未狩於濟源之陵山親御弓矢以所獲鹿薦廟

通鑑貞觀十二年十一月丁未初置左右屯營飛騎於元武門以諸將軍領之又簡飛騎才力驍健善騎射者號百騎衣五色袍乘駿馬以虎皮爲韉凡遊幸則從焉

唐會要貞觀十三年十一月三日揚州長史李襲譽撰忠孝圖二十卷上之太宗覽而稱善

冊府元龜貞觀十六年十一月甲子幸慶善宮名武功之部城立節三時豐義四鄉士女七十以上及居宮側數百人賜宴父老爭上壽賜帛有差

唐書太宗本紀貞觀十七年十一月壬午以涼州獲瑞石赦涼州

唐會要貞觀十七年十一月二十八日誕皇孫宴宮寮於弘教門太宗幸東宮自殿北門入謂宮臣曰頃來生業稍可非乏酒食而唐突公等宴會朕有甲觀之慶故就卿等爲樂耳

唐書太宗本紀貞觀十八年十一月庚辰遣使巡問鄭汝懷澤四州高年宴賜之

唐會要永徽三年詔律學未有定疏宜廣名解律人修義疏使中書門下監定參撰律疏成三十卷四年十一月九日上之詔頒行天下

顯慶二年十一月二十一日講武滻水之南行三驅禮設夾於尚書臺以觀之許州長史封道弘奏臺本漢南郡太守馬融講尚書於此因以爲名今陛下親降此臺以觀校習請改爲講武臺從之

玉海上元舞者高宗所作也舞者百八十人衣畫雲五色衣以象元氣其樂有上元二儀三才四時五行六律七政八風九宮十洲得一慶雲之曲大祠享皆用之至上元三年十一月三日詔惟圜丘方澤太廟乃用餘皆罷

唐會要儀鳳二年十一月六日太常少卿韋萬石奏據貞觀禮郊享日文舞奏元和順和永和等樂舞人著委貌冠舞執籥翟武舞奏凱安舞人著平冕執干戚詔錄凱安六變法象奏聞

調露元年十一月十一日于陽城周公測景所得土圭長丈二尺七寸

全唐詩話景龍二年十一月十五日中宗誕辰內殿聯句爲柏梁體

冊府元龜景龍三年十一月庚子幸兵部尚書韋嗣立莊舍宴賜甚厚特封谷爲幽棲谷

唐書武后本紀天授元年以十一月爲正月

唐會要聖曆三年十一月二十八日造三陽宮于嵩陽縣

玉海開元十年十一月乙未詔宰相共食實封三百戶以七丁爲限堂封自此始

通鑑開元十三年十一月丙戌至泰山上問禮部侍郎賀知章曰前代玉牒之文何故祕之對曰或密求神仙故不欲人見上曰吾爲蒼生祈福耳乃出玉牒宣示羣臣太僕卿王毛仲以牧馬數萬匹從色別爲羣望之如雲錦上嘉毛仲之功甲午車駕發自泰山庚申上還至宋州宴從官于樓上刺史寇泚預焉上謂張說曰曏者屢遣使臣分巡諸道察吏善惡今因封禪歷諸州乃知使臣負我多矣懷州刺史王丘魏州刺史崔沔濟州刺史裴耀卿三人者不勞人以市恩眞良吏矣顧謂寇泚曰比亦屢有以酒饌不豐訴于朕者知卿不借譽于左右也自舉酒賜之宰臣率羣臣起賀樓上皆稱萬歲

唐書明皇本紀開元二十年十一月庚申如汾陰祠后土大赦免供頓州今歲稅賜文武官階勳爵諸州侍老帛武德以來功臣後及唐隆功臣三品以上子官

唐會要開元二十六年十一月十四日敕武貢以求才實比委郎官未稱其事今後令侍郎知武舉

開元二十九年十一月陝郡太守李齊物鑿三門山路通流便漕運開渠得古犂鏵三於石下皆有文曰平陸遂改河北縣爲平陸

天寶四載十一月十六日勅御史依舊置黃卷書闕失每歲委知雜御史長官比類能否送中書門下改轉日褒貶

大曆二年嶺南節度使徐浩奏十一月二十五日當管懷集縣陽鴈來乞編入史從之先是五嶺之外翔鴈不到浩以爲陽爲君德鴈隨陽者臣歸君之象也

實錄大曆六年十一月文單國王來朝獻馴象十有一宰臣上言曰春秋載異國之朝周書美西旅之獻重其德化及遠也

唐會要建中元年十一月二日禮儀使顏眞卿等奏郡縣主見舅姑請於禮會院過事明日早執笲盛以棗栗服脩奠于舅姑席前赴光順門謝恩駙馬加以

璋郡主壻加以壁以代用焉

貞元三年十一月二十六日勅京官及京兆府縣官加給料錢

舊唐書德宗本紀貞元九年十一月甲辰冬制薦官宜令尚書丞郎于都堂訪以理術論時務狀考其通否及歷任考課事迹定爲三等并舉主姓名仍令御史一人爲監試如授官後政事能否委御史臺觀察使以聞而殿最舉主

唐會要元和七年十一月梓州上言龍州界嘉禾生有麟食之每來一鹿引之羣鹿隨之使畫工就圖之并嘉禾一函以獻

玉海十一月十四日唐懿宗生名延慶節

舊唐書東女國傳東女國以十一月爲正

名畫錄道士張素卿性好畫惟畫道門尊像甲寅歲十一月十一日値蜀主誕生之辰安公進素卿所畫十二仙眞形十二幀蜀主玩因命翰林學士歐陽炯次第讚之凡有醮奏于玉局開懸供養

宋史禮志建隆二年禮院准禮部貢院移按禮閣新儀云舊儀無貢舉人謁先師之文開元二十六年詔諸州貢舉人見訖就國子監謁先師官爲開講質問疑義所司設食昭文崇文兩館學士及監內諸舉人亦準此自後諸州府貢舉人十一月朔日正衙見訖擇日謁先師遂爲常禮

玉海建隆三年十一月七日辛酉以殿前侍衛諸軍及京都兵從駕出元化門大閱西郊

宋史禮志建隆四年十一月詔以郊祀前一日遣官奏告東嶽城隍浚溝廟五龍廟及子張子夏廟他如儀

乾德元年禮儀使陶穀言饗廟郊天兩日行禮從祀官前七日皆合於尚書省受誓戒自來一日之內受兩處誓戒有虧虔潔今擬十一月十六日行郊禮望依禮文於八日先受從享太廟誓戒九日別受郊天誓戒其日請放朝叅從之自後百官受誓戒於朝堂宗室受於太廟

玉海乾德元年十一月甲子南郊將升壇有司具黃禱爲道上命徹之

宋史禮志開寶元年十一月郊以燎臺稍遠不聞告燎之聲始用爟火令光明遠照通於祀所

開寶四年十一月五日江南李煜吳越錢俶各遣子弟來朝宴於崇德殿

玉海開寶四年十一月二十七日合祭天地於圜丘始用繡衣鹵簿

開寶九年十一月八日庚午太宗命轉運以三科察舉官吏政績尤異爲上恪居官次職務粗治爲中臨事弛慢所涖無狀爲下歲終以聞

宋史選舉志凡命士應舉謂之鎖廳試所屬先以名聞得旨而後解既集什伍相保家狀并試卷之首署年及舉數場第鄉貫不得增損移易以仲冬收納月終而舉將臨試期知舉官先引問聯保與狀僉同而定焉

玉海雍熙二年十一月戊子以時雪未降命羣臣分禱京師祠廟是日雨雪上大悅製詩二首賜宰相等令屬和

宋史禮志太宗雍熙二年十一月詔曰夫順時蒐狩禮有舊章非樂畋遊將薦宗廟久隳前制闕孰甚焉爰遵時令暫狩近郊既躬獲禽用以薦俎其今月十一日畋獵親射所獲田禽並付所司以備太廟四時薦享著爲令

玉海雍熙四年十一月四日禮儀使言御耒耜二具并緡並飾以青准乾元故事其制如農人所執者不加雕飾事畢內中尚收之載以耕根車

端拱二年十一月九日詔曰國家先定車服制度閒七庶尚有奢僭於是鞍轡服帶幞頭巾子並爲條制復禁泥金真珠服飾

待制候對唐制也每正衙待制官兩員正衙退後又令六品以下于延英候對皆所以備顧問其後每入閤即有待制次對官後唐天成中廢淳化二年十一月一日詔復百官次對每起居日常參官兩人次對閤門受其章

淳化五年十一月十七日上幸國子監賜直講孫奭五品服復幸太學賜羣臣坐時侍講李至執經講堯典一篇未畢命奭講說命三篇帝曰尚書主言治世之道說命最備文王得太公高宗得傅說皆賢相也飲從官酒三行賜奭帛三十匹

至道元年十一月十七日上閱武便殿衛士挽弓有及一石五斗者矢二十發而綽有餘力因謂近臣曰事有奇異驚聽者此是也方今寰海無事美才間出悉在我彀中矣朕向於行伍中選氣質端謹勇而知禮進退有度者授以挽強之法俾相講教所以弧矢之妙亘古無比又令騎步兵各數百東西列陣發矢如一容止中節上曰數百人猶兵威可觀況堂堂之

陣數萬成列者乎

宋史五行志至道六年十一月襄州民劉士家生木有文如魚龍鳳鶴之狀

玉海咸平三年十一月五日上御崇政殿閱捧日天武右廂第一指揮使教戰前列騎士步卒次之舉赤旗則騎進青旗則步進弓弩齊發矢下如雨復以金鼓節其進退擢射御超倫者遞補軍職

宋史禮志眞宗咸平四年十一月二十日御龍圖閣曲宴詔近臣觀太宗草行飛白篆籀八分書及畫

玉海咸平四年十一月二十二日庚寅校獵近郊至棘店頓宴從臣

宋史天文志景德三年十一月周伯星復見在氐自是常以十一月辰見東方

玉海景德四年十一月十八日雪宴近臣於中書館閣於崇文院帝作瑞雪五言詩令館閣即席和進

大中祥符元年十一月一日幸曲阜縣謁文宣王廟禮畢於殿西序召見孔氏子孫撫諭問宣尼墳隴所在令子孫前至孔林以林木擁道降輿乘馬至墓設奠再拜退坐北序與從臣閱碑版詔追謚曰元聖文宣王

宋史禮志大中祥符元年十一月二十五日詔天慶節聽京城燃燈一晝夜

玉海大中祥符三年十一月三日召輔臣至龍圖閣觀銅渾儀其制爲天輪二一平一側各分三百六十一度又爲黃赤道立管於側輪中以測日月星辰行度皆無差

十一月庚子陝州言寶鼎縣河清遣官往祭羣臣稱賀

大中祥符四年十一月丁丑占城國所獻師子命近臣視之上作七言詩預觀者咸賦又作長歌命近臣屬和

宋會要大中祥符四年十一月二十九日詔加上東嶽淑明后南嶽景明后西嶽肅明后北嶽靖明后中嶽正明后之號

玉海大中祥符七年十一月十日御乾元門觀酺耆五日是日近臣咸與宴京畿父老於樓下賜錦袍茶絹日有五色暈慶雲見

宋史五行志大中祥符八年十一月通州軍言醴泉出汶山下有疾者飲之皆愈

玉海大中祥符九年十一月壬寅甘露降玉清昭應宮太初殿檜柏上作歌羣臣皆和甲辰降會靈觀柏木上作七言六韻詩羣臣咸和

天禧二年十一月十三日召近臣至太清樓觀太宗御書及聖製羣書賜宴樓下上作太清樓閱書歌詩二首

天聖六年十一月癸卯益州獻異花似桃四出上異之目爲太平瑞聖花

天聖九年十一月十日癸未翰林侍講學士孫奭知兗州賜近臣館閣官餞於瑞聖園帝作七言詩寵其行詔近臣皆賦

景祐四年詔禮部貢舉舉人到以十一月二十五日爲限先是崇政說書賈昌朝言舉人有親戚在本貫守官及隨侍遠地并發解官之親戚令轉運司差官類試每十人解三人其距本貫二千里內者令歸赴秋試學士丁度等議謂二千里內舉人赴試不及故有是詔

寶元二年十一月二日己丑遣內侍就輔臣第賜御飛白書各一軸輔臣張士遜等入謝奏曰陛下萬幾之煩翰墨不倦神筆奇奧曠古未有上曰朕聽政之暇無所用心以此自娛耳

康定元年十一月十日加封四瀆

燕翼詒謀錄慶曆元年十一月郊祀赦文功臣不限品數詔私門立戟文武臣僚許立家廟已賜門戟給官修建

玉海慶曆三年十一月壬辰五星皆東方占曰中國安寧

慶曆六年十一月二十九日獵城南之東韓郵初至玉津園降輦乘馬分騎士四千爲左右翼節以旌鼓合圍場徑十餘里部隊相屬上按轡中道親挾弓矢而屢獲禽至棘店御幄殿召父老問以子孫供養幾何土地種植宜否慰勞久之詔免所過民田租獵城南還次近郊遣衛士更奏技於前皆兩兩相當掉鞅挾槊以相決勝謂輔臣曰此可以觀才勇也

慶曆八年十一月癸亥賜王貽永李用和笏頭金帶故事非二府文臣不賜惟張耆在密院兼侍中嘗賜之

嘉祐三年十一月二十二日置在京都水監以呂景初判監罷河渠司

天中記嘉祐八年冬十一月京師有道人遊卜於市莫知所從來貌體古怪不與常類飲酒無筭未嘗見醉都人士異之相與諠傳好事者潛圖其狀後近侍

達帝引見賜酒一石飲及七斗次日司天臺奏壽星臨帝座忽失道人所在仁宗嘉歎久之

玉海治平二年十一月壬申祀圜丘故事親祀皇帝將就版位祀官皆回班嚮上詔勿回班

治平四年十一月十二日命韓琦判永興兼陝府西路經略安撫使賜手札趣令治裝並封示蔡挺李肅之所奏事故事節度使辭賜窄衣束帶甲馬上以琦再世宰輔位處三公特賜對衣笏頭帶鞍轡馬仍令常服引對

元祐二年十一月壬申詔講讀官遇不開講日具漢唐故事有益政體者二條進入從蘇頌之請也頌每進可爲規戒有補時政者述以己意反復言之

道山清話元祐丁卯十一月雪中予過范堯夫于西府先有五客在坐予既見因衆人論說民間利害公甚喜書室中無火坐久寒甚公命溫酒來公與坐客各舉兩大白公曰說得逼透復令人心神融暢

東坡文集元祐四年十一月二十八日既雨微雪予以寒疾在告危坐至夜與王元直飲薑蜜酒一杯醺然徑醉親執銚匕作薺青蝦羹食之甚美他日歸鄉勿忘此味也

蘇軾聚星堂雪詩序元祐六年十一月一日禱雨張龍公得小雪與客會飲聚星堂忽憶歐陽文忠公作守時雪中約客賦詩禁體物語于艱難中特出奇麗爾來四十餘年莫有繼者僕以老門生繼公後雖不足追配先生而賓客之美殆不減當時公之二子又適在郡故輒舉前令各賦一篇窻前暗響鳴枯葉龍公試手行初雪暎空先集疑有無作態斜飛正愁絕衆賓起舞風竹亂老守先醉霜松折恨無翠袖點橫斜秖有微燈照明滅歸來尚喜更鼓永晨起不待鈴索掣未嫌長夜作衣稜却怕初陽生眼纈欲浮大白追餘賞幸有回飈驚落屑模糊檜頂獨多時歷亂瓦溝裁一瞥汝南先賢有故事醉翁詩話誰續說當時號令君聽取白戰不許持寸鐵

辟寒東坡臥病逾月請郡不許復直玉堂十一月一日鎖院是日苦寒詔賜官燭法酒

玉海元祐七年十一月十三日南郊蘇軾爲鹵簿使導駕內中紅車爭道亂行軾于車上草奏明日勅有司嚴整仗衛自皇后以下皆不復迎謁中道

崇寧元年十一月十二日諸王宮置大小二學增置教授二員立考選法

崇寧三年十一月四日甲戌幸太學辟雍手詔賜司業吳絪等學官遷秩賜章服兩學授官免舉賜帛

宋史河渠志大觀元年十一月詔曰禹貢三江既入震澤底定今三江之名既失其所水不趨海故蘇湖被患其委本路監司選擇能臣檢按古迹循導使之趨下並相度圩岸以聞於是復詔陳仲方爲發運司屬官再相度蘇州積水

玉海大觀元年詔講求典禮尚書省置議禮局二年十一月十七日御製冠禮沿革十卷付議禮局餘五禮令視此編次

大觀三年十一月算學尊黃帝爲先師風后等配享商巫咸至周王朴七十人從祀

宋史禮志政和三年十一月五日以修祀事天眞示見詔爲天應節

政和七年十一月一日上御明堂南面以朝百辟退坐於平朔頒政其禮百官常服立明堂下乘輿自內殿出負斧扆坐明堂大晟樂作百官朝于堂下大臣升階進呈所頒布時令左右丞一員跪請付外施行宰相承制可之左右丞乃下授頒政官頒政官受而讀之訖出閤門奏禮畢帝降座百官乃退自是以爲常

玉海政和八年著雍閹茂之歲太一臨乾維建北太一宮於龍德宮後直都城之西北隅前殿曰黃祕次曰統元神貺殿門曰黃祕之門仲冬上辛蒇事

紹興五年十一月庚午朔初置節度使以下象牙牌其法自節鉞正任至橫行遙郡第其官資書之於牌御書押字刻金塡之仍合同製造一留禁中一降付都督府相臣主其事緩急臨敵果有建立奇勳之人量功勞先給賜以爲執守

紹興六年十一月上書大成殿牓賜成都府學用敎授范仲殳請也學殿建於東漢之初平漢人以大隸記修築歲月刻於東楹至今九百四十三年天下棟宇之古無過於此

紹興十九年太史令胡平言十一月十二日行禮景靈宮登輦出內天氣開明見帝座及三台星體明耀十三日車駕至青城陰霧收斂登壇至禮畢天氣澄肅星月明瑩回鑾肆赦有彩雲之瑞乞宣付史館從之上因是親製喜霽詩宰輔從臣皆和以進

紹興二十三年十一月九日賜講讀官御筵於祕書省就賜香茗皆作詩以謝自是爲故事

辟寒宋王十朋遊天衣寺序紹興戊寅冬十有一月

己卯日南至後二日遊天衣者八人皆前進士宦遊於越者黎明成裝集於賀監之故居天氣旣佳愛日初長籃輿出蠡城之南道乎稽山之陰徜徉乎秦望鑑湖千巖萬壑之間有松陰十里林麓靜深山轉徑迂烟靄出沒初行若迷俄有鐘磬聲出乎翠微之端蓋天衣寺也十峰堆秀雙澗涵碧朝陽法華二峰尤蒼然嶄絕乎其中寺有唐人李泰和徐季海元微之白樂天李公華諸作者詩文其碑刻尚無恙有化身普賢飛來銅像蕭梁衣鉢雙鳥故事緇徒頗能道之方杖屨尋幽有府吏將使君之命餉以百榼旣拜賜有舉杯而言者曰今日之集蓋不偶然也昔王謝蘭亭之游羣賢少長畢集可謂雅會矣然賦不就者十有六人豈若吾儕臭味之同遊從之勝乎白衣之來非王弘之酒乃楚元之醴也歡其可以不旣乎於是舉白飛觴唱酬交作雜以諧笑咸有餘適僧有勸游雲門者夕陽薄山遂不果往乃舍車聯騎探梅而還

宋史禮志隆興二年詔曰朕恭覽國史太祖乾德詔書有云務從省約無至勞煩仰見事天之誠愛民之仁所以垂萬世之統者在是今歲郊見可令有司除禮物軍賞其餘並從省約初降詔以十一月行事以冬至在晦日以至道典故改用獻歲上辛遂改來年元爲乾道

乾道二年十一月二十四日幸白石教場閱兵皇帝登臺舉黃旗諸軍皆拜舉白旗三司馬軍首尾相接舉紅旗向臺合圍射生官兵出馬射獐兔舉黃旗射生官兵就臺下獻所獲帝遂慰勞賜賚諸將鞍馬金帶以及士卒諸軍懽騰鼓舞就列百姓觀者如山時久陰曀暨帝出郊雲霧解駁風日開霽

楓窻小牘浙江石塘坍於錢氏乾道七年十一月十八日帥臣沈夐修石隄成增石塘九十四丈

玉海乾道九年十一月八日太廟行禮陰雲開雨旣成謂饗瑞雪應時

宋會要乾道九年十一月四日詔郊祀免奏符瑞九日親郊十一日宰臣曾懷等奏郊祀禮成兼以瑞雪應時未明而霽以至青城宿齋圜丘蕆事天氣澄爽此皆聖德昭著高穹降格上曰君臣之間正當修飭以答天貺

玉海嘉定二年十一月十六日侍讀章穎等言前此未有晚講坐講自陛下始行之書之國史爲法來世按講官十員兩日一次五人上講早二晚三早講殿上晚小衫坐講

文獻通考高句麗歲以建子月祭天

康居國十一月鼓舞乞寒以水交潑爲樂

金史食貨志泰和五年簽南京按察司事李革言近制令人戶推收物力置簿標題至通推時止增新强銷舊弱庶得其實今有司奉行滅裂恐臨時冗併卒難詳審可定期限以督之遂令自今年十一月一日令人戶告詰推收標附至次年二月一日畢違期不言者坐罪

研北雜志趙子昂學士言嵇侍中廟在蕩陰縣西門外二里延祐元年十一月十九日彰德朱長孺道邦人之意求書晉嵇侍中之廟六字敬其忠節不辭而書之運筆如飛若有神助是夜京口石民瞻館於書室夢一丈夫云今日趙子昂爲余書廟額故來謝之

元史祭祀志至順元年冬十一月望曲阜兗國復聖公新廟落成

辟寒倪雲林云十一月十七日過輿之洛澗山居留宿忽大雪作及明起視戶外巖岫如玉琢削竹柎壓倒逕無行蹤飄瞥竟日至暮未已雪深尺餘因賦詩留別

泊庵集永樂十五年十一月金水河太液池冰凝結衆像態狀奇巧其時密雲亦獻瑞冰如水晶含玉者凡七與金水河所結無異

菊隱紀聞明慈聖太后事佛甚謹宮中稱爲九蓮菩薩每歲十一月十九日爲其誕辰百官率於午門前稱賀長安百姓婦孺俱於佛寺進香祝釐

北京歲華記十一月琢石如彈丸置於地童子以足送之前後交擊爲勝始擊羯鼓用鐵爲圈單皮覆之每十人五人聚擊女子亦然

仲冬部雜錄

詩經豳風七月章曰爲改歲入此室處疏以仲冬陽氣始萌可以爲年之始故改正朔者以建子爲正從養蠶而至此時一歲之女功止故告婦子令之入室避寒也

公羊傳春王正月疏凡草物皆十一月動萌而赤王者應以十一月爲正則命以赤瑞

國語辰在斗柄注辰日月之會斗柄斗前也謂戊子後三日得周正月辛卯朔於殷爲十二月夏爲十一

月是日月合辰斗前一度
易通卦驗十一月廣莫風至則蘭射干生射音亦卽
今之鳥扇
孝經援神契仲冬昴星中收莒芋
史記天官書困敦歲歲陰在子星居卯以十一月與
氐房心晨出曰天泉元色甚明江池其昌不利起兵
其失次有應在昴
辰星仲冬晨出郊東方與尾箕斗牽牛俱西爲中國
漢書律歷志太極元氣函三爲一極中也元始也行
於十二辰始動於子注元氣始起於子未分之時天
地人混合爲一故子數獨一也
淮南子天文訓北斗之神有雌雄十一月合子謀德
後漢書陳寵傳冬至之節陽氣始萌故十有一月有
蘭射干芸荔之應
白虎通禮樂篇壎在十一月壎之爲言勳陽氣於黃
泉之下默蒸而萌
五行篇十一月律謂之黃鍾何中和之色鍾者動也
言陽氣動於黃泉之下動養萬物也
紼冕篇麻冕者何周宗廟之冠也禮曰周冕而祭十
一月之時陽氣冕仰黃泉之下萬物被施前冕而後
仰故謂之冕
士冠經曰委貌周道所以謂之委貌何周統十一月
爲正萬物萌小故爲冠飾最小故曰委貌委貌者委
曲有貌也
四民月令冬十一月可釀醢
廣雅羊以仲冬產者爲次羔
西京雜記純陰用事未冬至前一日

名醫別錄莧實一名莫實細莧亦同生淮陽川澤及
田中葉如藍十一月采弘景曰細莧卽是糠莧食之
乃勝而並冷利被霜乃熟故云十一月采
款冬花生常山山谷及上黨水旁十一月采花陰乾
三禮義宗十一月大雪爲節者形於小雪爲大雪時
雪轉甚故以大雪名節
魏書律曆志次卦十一月未濟蹇頤中孚復
齊民要術廣志有冬李十一月熟
永嘉記曰凡諸竹筍十一月掘土取皆得長八九寸
十一月筍土中已生但未出須掘土取
神仙服食經曰七禽方十一月采旁勃旁勃白蒿也
白兔食之壽八百年
卓異記憲宗皇帝朝元和元年十一月一日斬劉闢
西川之亂元和十二年十一月一日斬吳元濟淮西
之亂元和二年十一月一日斬李錡浙西之亂憲宗
誅三賊皆同月同日自古無等
周易集解雨以潤之荀爽曰謂建子之月含育萌芽
也
坎爲赤孔穎達曰十一月一陽爻生在坎陽氣初生
於黃泉其色赤也
唐會要周禮太宰正月之吉布政干寶注云周正建
子之月告朔日也
宋史河渠志十一月斷冰雜流乘寒復結謂之蹙凌
水
成都古今記十一月梅市
花譜會芙蓉條十一月斫舊枝條奩稻草灰內二日
乃種

圖經本草蘘荷荊襄江湖間多種之荊楚歲時記云
仲冬以鹽藏蘘荷用備冬儲又以防蠱
楓香脂南方及關陝多有之實大如鴨卵曝乾可燒
十一月採之其皮甚澀止水痢水煎飲之
彰明附子記其播種以冬盡十一月止
爾雅翼十一月雷在地中雉先知而鳴
蓴菜十一月萌在泥中麤短名瑰蓴味苦體澀取以
爲羹猶勝雜菜宜雜鮒鯉爲羹又宜老人
便民圖纂十一月種大小麥稻收割畢將田鋤成行
壟令四畔溝洫通水下種以灰糞蓋之諺云無灰不
種麥須灰糞均調爲上宜雪壓易長
十一月壅椒宜用焦土乾糞培壅與草蓋免致凍死
遇旱用水澆灌此物乃陽中之樹所以不耐寒
十一月羊羔酒宜和殿方米一石蒸熟後蒸羊肉七
斤麪十四斤將肉切四方仍爛煮杏仁一斤同煮留
汁七斗將飯麪加木香一兩同醖毋下水十日成酒
味極甘滑
十一月香蘿蔔切作骰子塊鹽醃一宿曬乾薑絲橘
絲蒔蘿茴香拌勻煎滾常醋潑用磁器盛曝乾收貯
之
自冬至後皆可醃鴨子每鴨子一百個用鹽十兩灰
三升米飲調成團收乾甕內可留至來年夏間食
農桑撮要十一月修池塘宜於農隙之時塡補圩岸
令高中間要挑掘令深則聚水寬廣可以防有乾旱
溉灌田禾
家塾事親十一月醃冬菜取上好菜洗淨用草束一
周時下缸每百斤入鹽七斤壓以石塊三日後番一

大去石待鹽水入菜三日後仍以石壓半月可食每株䅉緊入罐內納實以原鹹水浸之可至來夏不壞

食物本草雉肉味酸寒無毒雖野味之貴食之損多益少十一月食之有補

兔肉味辛平無毒主補中益氣孟詵云十一月可食服丹石人相宜以其性冷故也不宜與薑橘同食

麂肉味甘濇無毒補益五臟十一月食之甚美餘月食之動氣

性理大全程子曰早梅冬至已前發方一陽未生然則發生者何也其榮其枯此萬物一箇陰陽升降大節也然逐枝自有一箇榮枯分限不齊此各有一乾坤也各自有箇消長只是箇消息惟其消息此所以不窮

餅史月表十一月花盟主紅梅花客卿楊妃茶花使令金盞花

花曆十一月蕉花紅枇杷橤松柏秀蜂蝶蟄剪綵時行花信風至

月令演十一月懸土炭（至前三日）迎長（至前一日）添宮線（至日）妓圍　黑金社　天竺至節（十六）

農政全書採柏子在中冬但以熟爲候採須連枝條剝之但畱取指大以上枝其小者總無子亦宜剝去則明年枝實俱繁盛

遵生八牋治療牡丹法冬至前後以鍾乳粉和硫磺一二錢掘開泥培之則花至來春大盛種時以白斂拌土欲絕蟒螬土蠶食根有蛀眼以硫磺末入孔杉木削針針之蟲斃若有空眼折斷捉蟲亦可

本草綱目夏枯草生平澤冬至後生葉似旋復

羣芳譜凡要菊盛花大更無別法十一月大小雪中分盆邊旺苗栽之如未發苗有青葉頭白芽者種之遮霜雪要見日色開春花自盛

草花譜茶梅花開十一月中正諸花凋謝之候花如鵝眼錢而色粉紅心黃開且耐久望之雅素無此則子月虛度矣

北京歲華記十一月人家壋戸藏花木於窖

一統志雷陽界稻十一月下種揚雪耕耘

仲冬部外編

翰墨全書十一月二十三日南斗六司星君奏上生籍之辰

眞誥萼綠華者女僊也年可二十許上下青衣顏色絕整以晉穆帝昇平三年己未十一月十日夜降於羊權家自云是南山人不知何僊也自此一月輒六過其家

太平廣記楊正見通義縣民楊寵女舅姑會親故市魚使正見爲膾正見憐魚之生竟不忍殺既晡舅姑促責正見懼竄野徑中見一女冠具以其由白之女冠因畱止山舍常使汲澗泉泉所有一小兒潔白可愛正見因抱之歸漸近家兒已殭矣視之如草樹之根女冠見而識之乃茯苓也命潔甑蒸之會女冠出山此夕大風雨山水盜道阻十日不歸正見饑甚聞甑中物香因竊食之數日俱盡女冠歸嘆曰此山有人形茯苓得食之者白日昇天吾伺之二十年矣汝今遇而食之眞得道者也自後正見容貌光彩常有羣仙降其室歲餘白日昇天卽開元二十一年十一月三日也

實記肅宗元年建子月十八夜尼眞如爲神人召往化城見天帝授以八寶俾獻於朝以消沴氣

續仙傳馬湘有道術嘗於江南刺史馬植坐上仲冬月以酒杯盛土種瓜須臾引蔓生實食之味甚美

太平廣記謝自然十一月二十日辰時於金泉道場白日昇天須臾五色雲遮亙一川異香散漫所著衣冠簪帔一十事脫留小繩牀上結繫如舊

感應經方諸用十一月壬子日夜半時鍊五色石爲之狀如玙杯向月卽得津水

湘山野錄向大資敏中大中祥符四年爲東嶽奉冊使奏奉冊前十日雨雪日甚至十一月五日詣本廟奉冊豔陽忽至景氣晴和宛若春意又得兗州狀稱據黃現鋪人員夏興狀今月四日將兵巡至馬嶺見五人各服黃紫衣執旛蓋與等恐是冊使向前迎接忽然氛霧漸起卽不見又得天貺觀道士孫守一狀冊使詣本殿燒香畢有皁鶴兩隻至殿盤旋飛翥甚久詞臣各進頌

西湖志餘辨才住天竺善持呪水飲病者輒愈熙寧九年嘉興令陶象有子得疾甚異辨才適至秀州令聞其名卽馳詣告曰兒始得疾時見一女子自外來相調笑久之俱去行至水濱遺詩曰生爲木卯人死作幽獨鬼泉門長夜開衾幃待君至且曰仲冬之月二七之間月盈之夕車馬來迎今妖期逼矣未知所處辨才因至其家除地爲壇取楊枝霑水灑而呪之三遶壇而去是夜女子與兒舉觴爲別作詩云仲冬二七是良時江下無緣與子期今日臨岐一杯酒共

君千里遠相離遂不復見

內觀日疏姚姥住長離橋十一月夜半大寒夢觀星墜於地化爲水仙花一叢甚香美摘食之覺而產一女長而令淑有文因以名焉觀星卽女史在天柱下故迄今水仙名女史花又名姚女兒

欽定古今圖書集成曆象彙編歲功典

第八十七卷目錄

冬至部彙考一
上古黃帝一則
陶唐氏帝堯一則
周總一則
漢文帝一則　武帝元鼎一則　太初一則
後漢總一則　章帝元和一則
魏明帝景初一則
晉武帝泰始一則
宋武帝永初一則
梁武帝天監一則
北魏太祖登國一則　孝文帝太和一則　孝武帝太昌一則
北齊總一則
隋高祖開皇一則　仁壽一則
唐高祖武德一則　太宗貞觀一則　元宗開元一則　德宗貞元二則
後梁太祖開平一則
遼總一則　太宗會同一則　穆宗應曆一則　景宗乾亨一則　聖宗統和一則　道宗清寧一則
宋太祖乾德二則　開寶二則　太宗太平興國一則　雍熙一則　至道一則　眞宗咸平一則　景德一則　仁宗天聖二則　明道一則　慶曆三則　神宗元豐二則　哲宗元祐一則　徽宗政和二則　高宗建炎二則　紹興三則　孝宗淳熙一則　光宗紹熙一則　理宗寶慶二則　淳祐一則　寶祐一則
金章宗承安一則
元成宗大德一則　武宗至大二則
明太祖洪武一則　世宗嘉靖二則

歲功典第八十七卷

冬至部彙考一

上古

黃帝以冬至迎日推策

按史記五帝本紀不載　按封禪書黃帝得寶鼎神策是歲己酉朔旦冬至得天之紀終而復始於是黃帝迎日推策後率二十歲復朔旦冬至凡二十推三百八十年黃帝仙登於天

陶唐氏

帝堯命和叔宅朔方以正仲冬

按書經虞書堯典申命和叔宅朔方曰幽都平在朔易日短星昴以正仲冬厥民隩鳥獸氄毛

蔡傳日短晝四十刻也星昴西方白虎七宿之昴宿冬至昏之中星也亦曰正者冬至陰之極子爲正陰之位也又按此冬至日在虛昏中昴今冬至日在斗昏中壁中星不同者葢天有三百六十五度四分度之一歲有三百六十五日四分日之一天度四分之一而有餘歲日四分之一而不足故天度常平運而舒日道常內轉而縮天漸差而西歲漸差而東此歲差之由唐一行所謂歲差者是也古曆簡易未立差法但隨時占候修改以與天合至東晉虞喜始以天爲天以歲爲歲乃立差以追其變約以五十年退一度何承天以爲太過乃倍其年而又反不及至隋劉焯取二家中數七十五年爲近之然亦未爲精密也因附著於此

周

周以冬日至命大司樂奏六變之樂於圜丘而降天神

按周禮春官大司樂凡樂圜鍾爲宮黃鍾爲角太蔟爲徵姑洗爲羽雷鼓雷鼗孤竹之管雲和之琴瑟雲門之舞冬日至於地上之圜丘奏之若樂六變則天神皆降可得而禮矣

訂義王氏曰圜鍾正東方之律帝與萬物相見於是出焉天無不覆求天神而禮之則其樂之宮宜以帝所出之方故以圜鍾　鄭鍔曰先王用樂各以其義類取聲而用之天功始於子故用黃鍾爲角角言功之始天功成於寅故用太蔟爲徵徵言功之成天功終於辰故用姑洗爲羽羽言功之終也樂用員鍾鼓取天聲管取陽聲琴瑟取雲和舞取雲門而丘之體又象天之員祭之日用冬至一陽始生之日以類求類所謂天神之屬乎陽者安得而不降此所以可得而禮

漢

文帝十六年日冬至上祠泰一親郊

按漢書文帝本紀不載　按郊祀志孝文十六年日冬至祠泰一幷祠五帝而共一牲上親郊拜

武帝元鼎五年十一月辛巳朔旦冬至立泰畤於甘泉天子親郊見朝日夕月

按漢書武帝本紀云云　按郊祀志十一月辛巳朔旦冬至昒爽天子始郊拜泰一朝朝日夕夕月則揖而見泰一如雍郊禮

太初元年十一月甲子朔旦冬至祀上帝於明堂

按漢書武帝本紀云云

後漢

天子於冬至日命八能之士以次行事

按後漢書禮儀志冬至前後君子安身靜體百官絕事不聽政擇吉辰而後省事絕事之日夜漏未盡五刻京都百官皆衣絳至立春諸王時變服執事者先後其時皆一日日冬至夏至陰陽晷景長短之極微氣之所生也故使八能之士八人或吹黃鍾之律間竽或撞黃鍾之鍾或度晷景權水輕重水一升冬重十三兩或擊黃鍾之磬或鼓黃鍾之瑟軫間九尺二十五弦宮處於中左右爲商徵角羽或擊黃鍾之鼓先之三日太史謁之至日夏時四孟冬則四仲其氣至焉先氣至五刻太史令與八能之士卽坐於端門左塾太子具樂器夏赤冬黑列前殿之前西上鍾爲端守宮設席於器南北面東上正德席鼓南西面令晷儀東北三刻中黃門持兵引太史令八能之士入自端門就位二刻侍中尙書御史謁者皆陛一刻乘輿親御臨軒安體靜居以聽之太史令前當軒溜北面跪舉手曰八能之士以備請行事制曰可太史令稽首曰諾起立少退顧令正德曰可行事正德曰諾皆旋復位正德立命八能士曰以次行事間音以竽八能曰諾五音各三十爲闋正德曰合五音律先唱五音竝作二十五闋皆音以竽訖正德曰八能士各言事八能士各書板言事文曰臣某言今月若干日甲乙日冬至黃鍾之音調君道得孝道褒商臣角民徵事羽物各一板否則召太史令各板書封以皁囊送西陛跪授尙書施當軒北面稽首拜上封事尙書授侍中常侍迎受報聞以小黃門幡麾節度太史令前曰禮畢制曰可太史令前稽首曰諾太史令八能士詣太官受賜陛者以次罷

注樂叶圖徵曰夫聖人之作樂不可以自娛也所以觀得失之效者也故聖人不取備於一人必從八能之士故撞鍾者當知鍾擊鼓者當知鼓吹管者當知管吹竽者當知竽擊磬者當知磬鼓琴者當知琴故八士曰或調陰陽或調律曆或調五音故撞鍾者以知法度鼓琴者以知四海擊磬者以知民事鍾音調則君道得君道得則黃鍾蕤賓之律應君道不得則鍾音不調鍾音不調則黃鍾蕤賓之律不應鼓音調則臣道得臣道得則太蔟之律應管音調則律曆正律曆正則夷則之律應磬音調則民道得民道得則林鍾之律應竽音調則法度得法度得則無射之律應琴音調則四海合歲氣百川一合德鬼神之道行祭祀之道得如此則姑洗之律應五樂皆得則應鍾之律應天地以和氣至則和氣應和氣不至則天地和氣不應鍾音調下臣以法賀主鼓音調主以法賀臣磬音調主以德施於百姓琴音調主以德及四海八能之士常以日冬至成天文日夏至成地理作陰樂以成天文作陽樂以成地理　蔡邕獨斷曰冬至陽氣始動夏至陰氣始起麋鹿角解故寢兵鼓身欲寧志欲靜故不聽事迎送五日臘者歲終大祭縱吏民宴飲非迎氣故但送不迎正月歲首亦如臘儀冬至陽氣起君道長故賀夏至陰氣起君道衰故不賀鼓以動衆鍾以止衆故夜漏盡鼓鳴則起晝漏盡鍾鳴則息

章帝元和二年冬十一月壬辰日南至初閉關梁

按後漢書章帝本紀云云

魏

明帝景初元年十二月壬子冬至始祀皇皇帝天於圜丘以始祖有虞帝舜配

按魏志明帝本紀不載　按晉書禮志景初元年十月乙卯始營洛陽南委粟山爲圜丘詔曰昔漢氏之初承秦滅學之後採摭殘缺以備郊祀自甘泉后土雍宮五畤神祇兆位多不經見並以興廢無常一彼一此四百餘年廢無禘禮古代之所更立者遂有缺焉曹氏世系出自有虞氏今祀圜丘以始祖帝舜配號圜丘曰皇皇帝天方丘所祭曰皇皇后地以舜妃伊氏配天郊所祭曰皇天之神以太祖武皇帝配地郊所祭曰皇地之祇以武宣皇后配宗祀皇考高祖文皇帝於明堂以配上帝十二月壬子冬至始祀皇皇帝天於圜丘以始祖有虞帝舜配

晉

武帝泰始二年十一月定二至合祀之議冬至親祠圜丘於南郊

按晉書武帝本紀泰始二年十一月己卯幷圜丘方丘於南北郊二至之祀合於二郊　按禮志泰始二年十一月有司議奏古者丘郊不異宜幷圜丘方丘於南北郊更修立壇兆其二至之祀合於二郊帝從之是月庚寅冬至帝親祠圜丘於南郊自是後圜丘方澤不別立

宋

武帝永初元年八月詔停慶冬之儀

按宋書武帝本紀不載　按禮志魏晉冬至日受萬

國及百寮稱賀因小會其儀亞於歲旦晉有其注宋永初元年八月詔曰慶冬使或遣不役宜省今可悉停唯元正大慶不得廢耳郡縣遣冬使詣州及都督府者亦宜同停

梁

武帝天監三年定冬至祀天之儀

按梁書武帝本紀不載　按隋書禮儀志天監三年左丞吳操之啓稱傳云啓蟄而郊郊應立春之後尚書左丞何佟之議今之郊祭是報昔歲之功而祈今年之福故取歲首上辛不拘立春之先後周冬至於圓丘大報天也夏正又郊以祈農事故有啓蟄之說自晉泰始二年幷圓丘方澤同於二郊是知今之郊禋禮兼祈報不得限以一途也帝曰圓丘自是祭天先農卽是祈穀但就陽之位故在郊也冬至之夜陽氣起於甲子旣祭昊天宜在冬至祈穀時可依古必須啓蟄在一郊壇分爲二祭自是冬至謂之祀天啓蟄名爲祈穀

北魏

太祖登國　年冬至祭天用樂奏舞

按魏書太祖本紀不載　按樂志太祖初冬至祭天於南郊圓丘樂用皇矣奏雲和之舞事訖奏維皇將燎

孝文帝太和十九年十有一月行幸委粟山議定圓丘甲申有事於圓丘

按魏書孝文帝本紀云云　按禮志太和十九年十一月詔曰我國家常聲鼓以集衆易稱二至之日商旅不行后不省方以助微陽微陰今若依舊鳴鼓得無闕寢鼓之義員外郎崔逸曰臣案周禮當祭之日雷鼓雷鼗八面而作猶不妨陽臣竊謂以鼓集衆無妨古義

孝武帝太昌元年十有一月丁酉日南至車駕有事於圓丘

按魏書孝武帝本紀云云

北齊

北齊以冬至日祀昊天上帝於圓丘

按隋書禮儀志後齊制圓丘在國南郊丘下廣輪二百七十尺上廣輪四十六尺高四十五尺三成成高十五尺上中二級四面各一陛下級方維八陛周以三壝去丘五十步中壝去內壝外壝去中壝各二十五步皆通八門又爲大營於外壝之外輪廣三百七十步其營壍廣一丈二尺深一丈四面各通一門又爲燎壇於中壝之外當丘之景地廣輪三十六尺高三尺四面各有陛以蒼犢束帛正月上辛祀昊天上帝於其上以高祖神武皇帝配五精之帝從祀於其中丘面皆內向日月五星北斗二十八宿司中司命司人司祿風師雨師靈星於下丘爲衆星之位遷於內壝之中合用蒼牲九夕牲之旦太尉告廟陳幣於神武廟訖埋於兩楹間焉皇帝初獻太尉亞獻光祿終獻司徒獻五帝司空獻日月五星二十八宿太常丞已下薦衆星其後諸儒定禮圓丘改以冬至云

隋

高祖開皇　年定冬至圓丘祀典及朝賀之儀

按隋書禮儀志高祖受命欲新制度乃命國子祭酒辛彥之議定祀典爲圓丘於國之南太陽門外道東二里其丘四成各高八尺一寸下成廣二十丈再成廣十五丈又三成廣十丈四成廣五丈冬至之日祀昊天上帝於其上以太祖武元皇帝配五方上帝日月五星內官四十二座次官一百三十六座外官一百一十一座衆星三百六十座皆從祀上帝日月在丘之第二等北斗五星十二辰河漢內官在丘第三等二十八宿中官在丘第四等外官在內壝之內衆星在內壝之外其牲上帝配帝用蒼犢二五帝日月用方色犢各一五星已下用羊豕各九　又按志冬至文物充庭皇帝出西房卽御座皇太子鹵簿至顯陽門外入賀復詣皇后御殿拜賀訖還宮皇太子朝訖羣官客使入就位再拜上公一人詣西階解劍升賀降階帶劍復位而拜有司奏諸州表羣官在位者又拜而出皇帝入東房有司奏行事訖乃出西房坐定羣官入就位上壽訖上下俱拜皇帝舉酒上下舞蹈三稱萬歲皇太子預會則設座於御東南西向羣臣上壽畢入解劍以升會訖先興

仁壽元年十一月己丑有事於南郊

按隋書高祖本紀云云　按禮儀志仁壽元年冬至祠南郊置昊天上帝及五方天帝位並於壇上如封禪禮

唐

高祖武德　年冬至祭皇地祇於方丘神州地祇於北郊以景帝配

按唐書高祖本紀不載　按禮樂志云云

太宗貞觀十四年十一月甲子朔日南至有事於圓丘

按舊唐書太宗本紀云云

元宗開元　年定冬至朝賀之禮

按唐書元宗本紀不載　按禮樂志皇帝冬至受羣臣朝賀而會前一日尚舍設御幄於太極殿有司設羣官客使等次於東西朝堂展縣置案陳車輿又設解劒席於縣西北橫街之南文官三品以上位於橫街之南道東褒寧侯位於三品之下介公酅公位於道西武官三品以上位於介公之西少南文官四品五品位於縣東六品以下位於橫街之南又設諸州朝集使位都督刺史三品以上位於文武官三品之東西四品以下分方位於文武官當品之下諸州使人又於朝集使之下諸親於四品五品之南設諸蕃方客位三等以上東方南方在東方朝集使之東西方北方在西方朝集使之西每國異位重行北面四等以下分方位於朝集使六品之下又設門外位文官於東朝堂介公酅公在西朝堂之前武官在介公之南少退每等異位重行諸親位於文武官四品五品之南諸州朝集使東方南方位宗親之南使人分方於朝集使之下諸方客東方南方在東方朝集使之南西方北方在西方朝集使之南每國異位重行其日將士塡諸街勒所部列黃麾大仗屯門及陳於殿庭羣官就次侍中版奏請中嚴諸侍衛之官詣閤奉迎吏部兵部主客戶部贊羣官客使俱出次通事舍人各引就朝堂前位引四品以下及諸親客等應先置者入就位侍中版奏外辦皇帝服通大冠絳紗袍御輿出自西房卽御座南向坐符寶郎奉寶置於前公王以下及諸客使等以次入就位典儀曰再拜贊者承傳在位者皆再拜上公一人詣西階席脫舃跪解劒置於席升當御座前北面跪賀稱某官臣某言天正長至景福維新伏惟開元神武皇帝陛下如日之昇乃降階詣席跪佩劒俛伏興納舃復位在位者皆再拜侍中前承詔降詣羣官東北西面稱有制在位者皆再拜宣制曰履長之慶與公等同之在位者皆再拜舞蹈三稱萬歲又再拜初羣官將朝中書侍郎以諸州鎭表別爲一案俟於右延明門外給事中以祥瑞案俟於左延明門外侍郎給事中俱就侍臣班初入戶部以諸州貢物陳於太極門東東西廊禮部以諸蕃貢物可執者蕃客執入就位其餘陳於朝堂前上公將入門中書侍郎給事中皆降各引其案入詣東西階下立上公將升賀中書令黃門侍郎俱降各立取所奏之文以次升上公已賀中書令前跪奏諸方表黃門侍郎又進跪奏祥瑞俱降置所奏之文於案侍郎與給事中引案退至東西階前案出初侍中已宣制朝集使及蕃客皆再拜戶部尚書進詣階間跪奏稱戶部尚書臣某言諸州貢物請付所司侍中前承制退稱制曰可禮部尚書以次進詣階間跪奏稱禮部尚書臣某言諸蕃貢物請付所司侍中前承制退稱制曰可太府帥其屬受諸州及諸蕃貢物出歸仁納義門執物者隨之典儀曰再拜通事舍人以次引北面位者出侍中前跪奏稱侍中臣某言禮畢皇帝降座御輿入自東房侍臣從至閤引東西面位者以次出蕃客先出冬至不奏祥瑞無諸方表其會則太樂令設登歌於殿上二舞入立於縣南尚舍設羣官升殿者坐文官三品以上於御座東南西向介公酅公在御座西南東向武官三品以上又於其後朝集使都督刺史蕃客三等以上座如立位設不升殿者座各於其位又設羣官解劒席於縣之西北橫街之南尚食設壽尊於殿上東序之端西向設坫於尊南加爵一太官令設升殿者酒尊於東西廂近北設在庭羣官酒尊各於其座之南皆有坫冪俱障以帷吏部兵部戶部主客贊羣官客使俱出次通事舍人引就朝堂前位又引非升殿者次入就位侍中版奏外辦皇帝服通天冠絳紗袍御輿出自西房卽御座典儀一人升就東階上通事舍人引公王以下及諸客使以次入就位侍中進當御座前北面跪奏稱侍中臣某言請延諸公王等升又侍中稱制曰可侍中詣東階上西面稱制延公王等升殿上典儀承傳階下贊者又承傳在位者皆再拜應升殿者詣東西階至解劒席脫舃解劒升上公一人升階少東西面立於座後光祿卿進詣階間跪奏稱臣某言請賜羣臣上壽侍中稱制曰可光祿卿退升詣酒尊所西向立上公詣酒尊所北面尚食酌酒一爵授上公上公受爵進前北面授殿中監殿中監受爵進置御前上公退北面跪稱某官臣某等稽首言天正長至臣某等不勝大慶謹上千秋萬歲壽再拜在位者皆再拜立於席後侍中前承制退稱敬舉公等之觴在位者又再拜殿中監取爵奉進皇帝舉酒在位者皆舞蹈三稱萬歲皇帝舉酒訖殿中監進受虛爵以授尚食尚食受爵於坫初殿中監受虛爵殿中典儀唱再拜階下贊者承傳在位者皆再拜上公就座後立殿中典儀唱就坐階下贊者承傳俱就坐歌者琴

歌升座笙管立階間尚食進酒至階殿上典儀唱酒至典階下贊者承傳坐者皆俛伏起立於席後殿中監到階省酒尚食奉酒進皇帝舉酒太官令又行羣官酒酒至殿上典儀唱再拜階下贊者承傳在位者皆再拜搢笏受觶殿上典儀唱就坐階下贊者承傳皆就坐皇帝舉酒尚食進受虛爵復於坫觴行三周尚食進御食食至階殿上典儀唱食至興階下贊者承傳坐者皆起立座後殿中監到階省案尚食品嘗食訖以次進置御前太官令又行羣官案設食訖殿上典儀唱就坐階下贊者承傳皆就坐皇帝乃飯上下俱飯御食畢仍行酒遂設庶羞二舞作若賜酒侍中承詔詣東階上西面稱賜酒殿上典儀承傳階下贊者又承傳坐者皆起再拜立受觶就席坐飲立授虛爵又再拜就坐酒行十二遍會畢殿上典儀唱可起階下贊者承傳上下皆起降階佩劍納舃復位位於殿庭者仍立於席後典儀曰再拜贊者承傳在位者皆再拜若有賜物侍中前承制降詣羣官東北西面稱有制在位者皆再拜侍中宣制又再拜以次出侍中前跪奏稱侍中臣某言禮畢皇帝興御輿入自東房東西面位者以次出

德宗貞元六年十一月庚午日南至親祀郊丘

按舊唐書德宗本紀貞元六年九月己卯詔十一月八日有事南郊太廟行從官吏將士一切並令自備食物其諸司先無公廚者以本司闕職物充其王府官度支量給廩物其儀仗禮物並仰御史樽節處分十一月庚午日南至上親祀昊天上帝於郊丘禮畢還宮御丹鳳樓宣赦見禁囚徒減罪一等立仗將士及諸軍兵賜十八萬段匹

貞元九年十一月乙酉日南至上親郊圓丘

按舊唐書德宗本紀貞元九年十一月乙酉日南至上親郊圓丘是日還宮御丹鳳樓制曰朕以寡德祇膺大寶勵精理道十有五年夙夜惟寅罔敢自逸小大之務莫不祇勤皇靈懷顧宗社垂祐年穀豐阜荒服會同遠至邇安中外咸若永惟多祜實荷元休是用虔奉禮章躬薦郊廟克展因心之敬獲申報本之誠慶感滋深悚惕惟勵大福所賜豈獨在予思與萬方均其惠澤可大赦天下

後梁

太祖開平三年冬十一月甲午日南至告謝於南郊

按五代史梁太祖本紀云云

注　南至不必書因其以日至告謝而書告謝主用至日故書之不日有事於南郊亦從其本語蓋比南郊禮差簡

遼

遼以冬至受羣臣朝賀仍率羣臣詣皇太后行禮

按遼史禮志冬至朝賀儀臣僚齊班如正旦儀皇帝皇后拜日臣僚陪位再拜皇帝皇后升殿坐契丹舍人通臣僚入合班親王祝壽宣答皆如正旦之儀謝訖舞蹈五拜鞠躬出班奏聖躬萬福復位再拜鞠躬班首出班俛伏跪祝壽訖伏興舞蹈五拜鞠躬贊各祇候分班不出合班御牀入再拜鞠躬贊進酒臣僚平身引親王左階上殿就欄內褥位搢笏執臺琖進酒皇帝皇后受琖訖退就褥位置臺出笏俛伏跪少前自通全銜臣某等謹進千萬歲壽酒俛伏興退復褥位再拜鞠躬殿下臣僚皆再拜鞠躬宣答如正旦儀親王搢笏執臺分班皇帝皇后飲酒奏樂殿上下臣僚皆拜稱萬歲壽樂止教坊再拜臣僚合班親王進受琖至褥位置臺琖出笏引左階下殿出御牀親王復丹墀位再拜鞠躬贊祇候分班引出班首右階上殿奏表目進奉諸道進奉教坊進奉過訖贊進奉收班首舞蹈五拜鞠躬贊各祇候班首出臣僚復入合班謝舞蹈五拜鞠躬贊各祇候分班引出聲警皇帝皇后起赴北殿皇太后於御容殿與皇帝皇后率臣僚再拜皇太后上香皆再拜贊各祇候可矮墩以上上殿皇太后三進御容酒陪位皆拜皇太后升殿坐皇帝就露臺上褥位親王押北南臣僚班丹墀內立皇帝再拜臣僚皆拜鞠躬皇帝欄內跪祝皇太后壽訖復位再拜凡拜皆稱萬歲贊各祇候臣僚不出皇帝皇后側座親王進酒臣僚陪拜皇太后宣答皆如正旦之儀臣僚分班不出班首右階上殿奏表目合班奏宣宴上殿就位如儀御牀入皇帝進皇太后酒如初各就座行酒宣飲盡如皇太后生辰之儀皇后進酒如皇帝之儀三進酒行茶教坊致語行殽膳大饌七進酒曲破臣僚起御牀出謝宴皆如皇太后生辰儀

太宗會同四年十一月壬午以冬至受賀著令

按遼史太宗本紀云云

穆宗應曆二年十一月己卯日南至始用舊制行拜日禮

按遼史穆宗本紀云云

景宗乾亨元年十一月辛丑冬至赦改元乾亨

按遼史景宗本紀云云

聖宗統和四年十一月戊寅日南至上率從臣祭酒景宗御容

按遼史聖宗本紀云云

道宗清寧元年十一月戊寅冬至有事於太祖景宗興宗廟不受羣臣賀

按遼史道宗本紀云云

宋

太祖乾德元年十一月甲子有事南郊大赦改元百官奉玉冊上尊號

按宋史太祖本紀乾德元年十一月甲子有事南郊大赦改元乾德百官奉玉冊上尊號曰應天廣運仁聖文武至德皇帝　按禮志乾德元年十一月日至皇帝服袞冕執圭合祭天地於圜丘還御明德門樓肆赦

乾德三年冬至受朝賀於文明殿

按宋史太祖本紀不載　按禮志云云

開寶元年十一月癸卯日南至有事南郊改元大赦再上尊號

按宋史太祖本紀開寶元年十一月癸卯日南至有事南郊改元開寶大赦宰相普等奉玉冊寶上尊號曰應天廣運大聖神武明道至德仁孝皇帝

開寶四年十一月己未日南至有事南郊大赦詔置諸州幕職官奉戶

按宋史太祖本紀云云

太宗太平興國二年十一月庚寅日南至帝始受朝

按宋史太宗本紀云云

雍熙元年冬至親郊從禮儀使扈蒙之議復以宣祖配

按宋史太宗本紀不載　按禮志云云

至道三年眞宗卽位十一月有司言冬至圜丘請奉太宗配詔可

按宋史眞宗本紀不載　按禮志云云

眞宗咸平三年十一月辛卯日南至御朝元殿受朝

按宋史太宗本紀云云

景德四年十一月戊辰日南至御朝元殿受朝併從孫奭圜丘天神從祀之請

按宋史眞宗本紀云云　按禮志景德四年判太常禮院孫奭言準禮冬至祀圜丘有司攝事以天神六百九十位從祀今惟有五方上帝及五人神十七位天皇大帝以下並不設位且太昊勾芒惟孟夏雩祀季秋大享及之今乃祀於冬至恐未協宜翰林學士晁迥等言按開寶通禮圜丘有司攝事祀昊天配帝五方帝日月五星中官外官衆星總六百八十七位雩祀大享昊天配帝五天帝五人帝五官總十七位方丘祭皇地祇配帝神州岳鎭海瀆七十一位今司天監所設圜丘雩祀明堂方丘並七十位卽是方丘有岳瀆從祀圜丘無星辰而反以人帝從祀望如奭請以通禮及神位爲定其有增益者如後敕從之

仁宗天聖二年十二月庚午詔開封府每歲冬至禁刑三日

按宋史仁宗本紀云云

天聖七年十一月癸亥冬至率百官上皇太后壽於會慶殿遂御天安殿受朝

按宋史仁宗本紀云云

明道元年十一月己卯冬至率百官賀皇太后於文德殿御天安殿受朝

按宋史仁宗本紀云云

慶曆四年十一月壬午冬至祀天地於圜丘大赦

按宋史仁宗本紀云云

慶曆五年十一月丁亥冬至宴宗室於崇政殿

按宋史仁宗本紀云云

慶曆七年十一月戊戌冬至祀天地於圜丘大赦

按宋史仁宗本紀云云

神宗元豐元年命定冬至朝會儀注

按宋史神宗本紀不載　按禮志神宗元豐元年詔龍圖閣直學士史館修撰宋敏求等詳定正殿御殿儀注敏求遂上朝會儀二篇令式四十篇詔頒行之其制冬至大朝會有司設御座大慶殿東西房於御座之左右少北東西閣於殿後百官宗室客使次於廟堂之內外五輅先陳於庭兵部設黃麾仗於殿之內外大樂令展宮架之樂於橫街南鼓吹令分置十二案於宮架外協律郎二人一位殿上西階之前楹一位宮架西北俱東向陳輿輦御馬於龍墀繖扇於沙墀餘則列大慶門外陳布將士於街左右金吾六軍諸衛勒所部列黃麾大仗於門及殿庭百僚客使等俱入朝文武常參官朝服陪位官公服近仗就陳於閤外太樂令樂工協律郎入就位中書侍郎以諸方鎭表案俟於大慶門外之左右諸侍衛官各服其器服輦出至西閤降輦符寶郎奉寶詣閤門奉迎百官客使陪位官俱入就位侍中版奏中嚴又奏外辦

殿上鳴鞭宮縣撞黃鐘之鐘右五鐘皆應內侍承旨索扇扇合帝服通天冠絳紗袍御輿出協律郎舉麾奏乾安樂鼓吹振作帝出自西房降輿卽座扇開殿下鳴鞭協律郎偃麾樂止爐煙升符寶郎奉寶置御座前中書侍郎給事中押表案入詣東西階下對立百官宗室及遼使班分東西以次入正安樂作就位樂止押樂官歸本班起居畢復案位三師親王以下及御史臺外正任遼使俱就北向位典儀贊在位者皆再拜起居訖太尉將升中書令門下侍郎俱降至西階下立太尉詣西階下解劍脫舃升殿中書令門下侍郎各於案取所奏之文詣褥位解劍脫舃以次升分東西立以俟太尉詣御座前北向跪奏文武百寮太尉具官臣某等言晷運推移日南長至伏惟皇帝陛下膺乾納祐與天同休俛伏興降階佩劍納舃還位在位官俱再拜舞蹈三稱萬歲再拜侍中進當御座前承旨退臨階西向稱制宣答曰履長之慶與公等同之贊者曰拜舞蹈三稱萬歲橫行官分班立中書令門下侍郎升詣御座前各奏諸方鎭表訖侍中進當御座前奏禮畢殿上承旨索扇殿下鳴鞭宮縣撞㽔賓之鐘左五鐘皆應協律郎舉麾宮縣奏乾安樂鼓吹振作帝降座御輿入自東房扇開偃麾樂止侍郎奏解嚴百官退還次客使陪位官並退有司設食案大樂令設登歌殿上二舞入立於架南預坐當升殿者位御座之前文武相向異位重行以北為上非升殿者位於東西廊下尚食奉御設壽尊於殿東楹少南設坫於尊南加爵一有司設上下羣臣酒尊殿下東西廂侍衛官及執事者各立其位仗衛仍立俟上壽百官立班如朝賀儀侍中版奏中嚴外辦聞鳴鞭索扇帝服通天冠絳紗袍御輿出東房樂作帝卽坐扇開樂止贊拜畢光祿卿詣橫街南跪奏具官臣某言請允羣臣上壽興侍中承旨稱制可少退舍人曰拜光祿卿再拜訖復位三師以下就位贊者曰拜在位者皆拜舞三稱萬歲太尉升殿詣壽尊所北向尚食奉御酌御酒一爵授太尉搢笏執爵詣前跪進帝執爵太尉出笏俛伏興少退跪奏文武百寮太尉具官臣某等稽首言天正長至臣等不勝大慶謹上千萬歲壽俛伏興降復位贊者曰拜在位者皆再拜三稱萬歲侍中承旨退西向宣曰舉公等觴贊者曰拜在位者皆再拜三稱萬歲北向班分東西序立太尉自東階侍立舉第一爵和安樂作飲畢樂止太尉受虛爵復於坫降階三師以下贊拜舞蹈稱萬歲如上儀侍中進奏侍中具官臣某言請延公王等升殿俛伏興降復位侍中承旨退稱有制贊者曰拜在位者皆再拜宣曰延公等升殿贊者曰拜在位者皆再拜公王等詣東階升立於席後尚食奉御進酒殿中監省酒以進帝舉第二爵登歌作甘露之曲飲訖殿中監受爵樂止羣臣升殿就橫行位舍人曰各賜酒贊者曰拜羣官皆再拜三稱萬歲舍人曰就坐太官令行酒搢笏受酒宮縣作正安之樂文舞入立宮架北觴行一周凡行酒訖並太官令奏巡周樂止尚食進食升階以次置御座前又設羣官食訖太官令奏食徧太樂丞引盛德升聞之舞入作三變止出殿中監進第三爵羣官立席後登歌作瑞木成文之曲飲訖樂止殿中丞受虛爵舍人曰就坐羣官皆坐又行酒作樂進食如上儀太樂丞引天下大定之舞作三變止出殿中監進第四爵登歌奏嘉禾之曲如第三爵太官令行酒又一周樂止舍人曰可起百寮皆立席後侍中進御座前跪奏禮畢俛伏興與羣官俱降階復位贊者曰拜皆再拜舞蹈三稱萬歲起分班立殿上索扇扇合殿下鳴鞭太樂令撞㽔賓之鐘左右鐘皆應協律郎俛伏舉麾太樂令令奏乾安之樂鼓吹振作帝降座御輿入自東房扇開樂止侍中奏解嚴所司承旨放仗百寮再拜相次退

元豐六年十一月甲辰冬至祀昊天上帝以太祖配始罷合祭不設皇地祇位

按宋史神宗本紀不載　按禮志云云

哲宗元祐五年十一月冬至親祠南郊合祭天地詔罷飲福宴

按宋史哲宗本紀不載　按禮志云云

徽宗政和　年定皇太子冬至受賀之禮

按宋史徽宗本紀不載　按禮志政和新儀前一日有司於東門外量地之宜設三公以下文武羣官等次如常儀典儀設皇太子答拜褥位於階下南向又設文武羣官版位於門之外其日禮直官舍人先引三公以下文武羣臣以次入就位立定禮直官舍人引左庶子詣皇太子前跪請內嚴少頃又言外備內侍褰簾皇太子常服出次左右侍衛如常儀皇太子降階詣南向褥位典儀曰再拜贊者承傳曰再拜三公以下皆再拜皇太子答拜班首少前稱賀云天正長至景福維新伏惟皇太子殿下與時同休賀訖少退復位左庶子前承命詣羣臣前答云天正長至與

公等均慶典儀曰再拜班首以下皆再拜皇太子答拜訖禮直官通事舍人引三公以下文武百官以次出內侍引皇太子升階還次降簾侍衛如常儀少頃禮直官舍人引知樞密院官以下入就位立定內侍引皇太子降階詣南向褥位樞密官以下參賀如上儀訖退次引師傅保賓客以下入就位參賀如上儀師傅保以下以次出內侍引皇太子升坐禮直官引文武宮官入就位重行北向立典儀曰再拜在位官皆再拜左庶子少前跪言具官某言天正長至伏惟皇太子殿下與時同休俛伏興復位典儀曰再拜在位者皆再拜分東西序立左庶子少前跪言禮畢左右近侍降簾皇太子降座宮官退左右侍衛以次出

政和二年十一月戊寅日南至受元圭於大慶殿赦天下

按宋史徽宗本紀云云

按東京夢華錄冬至前三日駕宿大慶殿殿庭廣闊可容數萬人盡列法駕儀仗於庭不能周徧有兩樓對峙謂之鐘鼓樓上有太史局生測驗刻漏每時刻作雞唱鳴鼓一下則一服綠者執牙牌而奏之每刻曰某時幾棒鼓一時則曰某時正宰執百官皆服法服其頭冠各有品從宰執親王加貂蟬籠巾九梁從官七梁餘六梁至二梁有差臺諫增廌角也所謂梁者謂冠前額梁上排金銅葉也皆絳袍皂緣方心曲領中單環珮雲頭履鞋隨官品執笏餘執事人皆介幘緋袍亦有等差惟閤門御史臺加方心曲領爾入殿祗應人給黃方號餘黃長號緋方長號各有所至去處儀仗車輅謂信幡龍旗相風烏指南車木輅象輅革輅金輅玉輅之類自有三禮圖可見更不縷縷排列殿門內外及御街遠近禁衛全裝鐵騎數萬圍繞大內是夜內殿儀衛之外又有裹錦緣小帽錦絡縫寬衫兵士各執銀裹頭黑漆杖子謂之喝探兵士十餘人作一隊聚首而立凡數十隊各一名喝曰是與不是衆曰是又曰是甚人衆曰殿前都指揮使高俅更互喝叫不停或如雞叫又置警場於宣德門外謂之武嚴兵士畫鼓二百面角稱之其角皆以綵帛如小旗腳裝結其上兵士皆小帽黃繡抹額黃繡寬衫青窄襯衫日晡時三更時各奏嚴也每奏先鳴角角罷一軍校執一長軟藤條上繫朱拂子擂鼓者覷拂子隨其高低以鼓聲應其高下也次日五更攝大宗伯執牌奏中嚴外辦鐵騎前導番袞自三更時相續而行象七頭各以文錦被其身金蓮花座安其背金轡籠絡其腦錦衣人跨其頸次第高旗大扇畫戟長矛五色介冑跨馬之士或小帽錦繡抹額者或黑漆圓頂幞頭者或以皮如兜鍪者或漆皮如犀斗而籠巾者或衣紅黃罨畫錦繡之服者或衣純青純皂以至鞋袴皆青黑者或裹交腳幞頭者或以錦爲繩如蛇而繞繫其身者或數十人唱引持大旗而過者或執大斧者胯劍者執銳牌者持鐙棒者或持竿上懸豹尾者或持短杵者其矛戟皆綴五色結帶銅鐸其旗扇皆畫以龍或虎或雲彩或山河又有旗高五丈謂之次黃龍駕詣太廟青城並先到立齋宮前叉竿舍索旗坐約百餘人或有交腳幞頭胯劍足靴如四直使者千百數不可名狀餘諸司祗應人皆錦襖諸班直親從親事官皆帽子結帶紅錦或紅羅上紫團褡戲獅子短後打甲背子執御從物御龍直皆眞珠結絡短頂頭巾紫上雜色小花繡衫金束帶看帶絲鞋天武官皆頂朱漆金裝笠子紅上團花背子三衙并帶御器械官皆小帽背子或紫繡戰袍跨馬前導千乘萬騎出宣德門由景靈宮太廟駕乘玉輅冠服如圖畫間星官之服頭冠皆北珠裝結頂通天冠又謂之卷雲冠服絳袍執元圭其玉輅頂皆鏤金大蓮葉攢簇四柱欄檻鏤玉盤花龍鳳駕以四馬後出旗常輅上御座惟近侍二人一從官傍立謂之執綏以備顧問挾輅衛士皆裹黑漆團頂無腳幞頭著黃生色寬衫青窄襯衫青袴繫以錦繩輅後四人輦行馬前有朝服二人執笏面輅倒行是夜宿太廟喝探警嚴如宿殿儀至三更車駕行事執事皆宗室宮架樂作主上在殿上東南隅西面立有一朱漆金字牌曰皇帝位然後奉神主出室亦奏中嚴外辦逐室行禮畢甲馬儀仗車輅番袞出南薰門駕御玉輅詣青城齋宮所謂青城舊來止以青布幕爲之畫砌甃之文旋結城闕殿宇宣政間悉用土木蓋造矣鐵騎圍齋宮外諸軍有紫巾緋衣素隊約千餘羅布郊野每隊軍樂一火行宮巡檢部領甲馬來往巡邏至夜嚴警喝探如前三更駕詣郊壇行禮有三重壝牆駕出青城南行曲尺西去約一里許乃壝也入外壝東門至第二壝裏面南設一大幕次謂之大次更換祭服平天冠二十四旒青袞龍服中單朱舄純玉佩二中貴扶侍行至壇前壇下又有一小幕殿謂之小次內有御座壇高三層七十二級壇面方圓三丈許有四踏道正南曰午階東曰卯階西曰酉階北曰子階壇

上設二黄褥位北面南曰昊天上帝東南面曰太祖皇帝惟兩矮案上設禮料有登歌道士十餘人列鐘磬二架餘歌色及琴瑟之類三五執事人而已壇前設宮架樂前列編鐘玉磬其架有如常樂方響增其高大編鐘形稍㘣上下兩層掛之架兩角綴以流蘇玉磬狀如曲尺繫其曲尖處亦架之上下兩層掛之次列數架大鼓或三或五用木穿貫立於架座上又有大鐘曰景鐘曰節鼓有琴而長者如箏而大者截竹如簫管兩頭存節而橫吹者有土燒成如圓彈而開竅者如笙而大者如簫而增其管者有歌者其聲淸亮非鄭衛之比宮架前立兩竿樂工皆裹介幘如籠巾緋寬衫勒帛二舞者頂紫色冠上有一橫板皁服朱裙履樂作初則文舞皆手執一紫囊盛一笛管結帶武舞一手執短矟一手執小牌此文舞加數人擊銅鐃響環又擊如銅竈突者又兩人共攜一銅甕就地擊者舞者如擊刺如乘雲如分手皆舞容矣樂作先擊柷以木爲之如方壺畫山水之狀每奏樂擊之內外共九下樂止則擊敔如伏虎脊上如鋸齒一曲終以破竹刮之禮直官奏請駕登壇前導官皆躬身側引至壇止惟大禮使登之先正北一位拜跪酒殿中監東向一拜進爵盡再拜興復詣正東一位纔登壇而宮架聲止則壇上樂作降壇則宮架樂復作武舞上復歸小次亞獻終獻上亦如前儀當時燕越王爲亞終獻也第二次登壇樂作如初跪酒畢中書舍人讀冊左右兩人舉冊而跪讀降壇復歸小次亞終獻如前再登壇進玉爵盡皇帝飲福矣亞終獻畢降壇駕小次前立則壇上禮料幣帛玉冊由酉階而下南壝門外去壇百餘步有燎爐高丈許諸物上臺一人點唱入爐焚之壇三層回踏道之間有十二龕祭十二宮神內壝外祭百星執事與陪祠官皆面北立班宮架樂罷鼓吹未作外內數十萬衆肅然惟聞輕風環珮之聲一贊者唱曰贊一拜皆拜禮畢駕自小次祭服還大次惟近侍椽燭二百餘條列成圍子至大次更服袞冕登大安輦輦如玉輅而大無輪四垂大帶輦官服色亦如挾輅者纔升輦教坊在外壝東門排列鈞容直先奏樂一甲士舞一曲破訖教坊進口號樂作諸軍隊伍鼓吹皆動聲震天地回靑城天色未曉百官常服入賀賜茶酒畢而法駕儀仗鐵騎鼓吹入南薰門御路數十里之間起居幕次貴家看棚華綵鱗砌略無空閒去處車駕登宣德樓樓前立大旗數口內一口大者與宣德樓齊謂之蓋天旗旗立御路中心不動次一口稍小隨駕立謂之次黃龍靑城太廟隨逐立之俗亦呼爲蓋天旗亦設宮架樂作須臾擊柝之聲旋立雞竿約高十數丈竿尖有一大木盤上有金雞口銜紅幡子書皇帝萬歲字盤底有綵索四條垂下有四紅巾者爭先緣索而上捷得金雞紅幡則山呼謝恩訖樓上以紅綿索通門下一綵樓上有金鳳銜赦而下至綵樓上而通事舍人得赦宣讀開封府大理寺排列罪人在樓前罪人皆緋縫黃布衫獄吏皆簪花鮮潔聞鼓聲疎枷放去各山呼謝恩訖樓下鈞容直樂作雜劇舞旋御龍直裝神鬼斫眞刀倬刀樓上百官賜茶酒諸班直呈撲馬隊六軍歸營至日晡時禮畢駕還內

高宗建炎二年十一月壬寅冬至祀昊天上帝於圜丘以太祖配大赦

按宋史高宗本紀云云

建炎四年十一月壬子日南至率百官遙拜二帝

按宋史高宗本紀云云

紹興十二年十月詔從受臣僚冬至朝賀之儀

按宋史高宗本紀不載　按禮志紹興十二年十月臣僚言竊以元正一歲之首冬至一陽之復聖人重之制爲朝賀之禮焉自上世以來未之有改也漢高祖以五年即位而七年受朝於長樂宮我太祖皇帝以建隆元年即位受朝於崇元殿主上臨御十有六年正至朝賀初未嘗講艱難之際宜不遑暇茲者太母還宮國家大慶四方來賀亶惟其時欲望自今元正冬至舉行朝賀之禮以明天子之尊庶幾舊典不至廢墜禮部太常寺考定朝會之禮依國故事設黃麾大仗車路法物樂舞等百寮服朝服再拜上壽宣王公升殿間飲三周詔自來年舉行十一月權禮部侍郎王賞等言朝會之禮正旦冬至及大慶受朝受賀係御大慶殿其文德紫宸垂拱殿禮制各有不同月朔視朝則御文德殿謂之前殿正衙仍設黃麾半仗紫宸垂拱皆係側殿不設儀仗元正在近大慶殿之禮事務至多乞候來年冬至別行取旨詔從之

紹興十三年十一月庚申日南至合祀天地於圜丘太祖太宗並配大赦

按宋史高宗本紀云云

紹興三十二年孝宗即位十一月冬至上詣德壽宮稱賀上壽禮畢入見太后如宮中禮

按宋史孝宗本紀不載　按禮志云云

孝宗淳熙二年十一月冬至加大上皇帝尊號冊寶併行大朝會之儀

按宋史孝宗本紀不載　按禮志淳熙二年十一月詔太上皇帝聖壽無疆新歲七十以十一日冬至加上尊號冊寶

按乾淳歲時記朝廷冬至行大朝會儀則百官冠冕朝服備法駕設黃麾仗三千三百五十人視東京已減三之一用太常雅樂宮架登歌太子上公親王宰執並赴紫宸殿立班進酒上千萬歲壽上公致詞樞密宣答及諸國使人及諸州入獻朝賀然後奏樂進酒賜宴此禮不能常行每歲禁中止是以三茅鐘鳴駕興上服幞頭玉帶靴袍先詣福寧殿龍墀及聖堂炷香用蠟沉腦子次至天章閣祖宗神御殿行酌獻禮次詣東朝奉賀復回福寧殿受皇后太子皇子公主貴妃至郡夫人內官大內已下賀賀畢駕始過大慶殿御史臺閤門分引文武百寮追班稱賀大起居十六拜致詞上壽樞密宣答禮畢放仗是日後苑排辦御筵於清燕殿用插食盤架午後修內司排辦晚筵於慶瑞殿用煙火進市食賞燈並於元夕

光宗紹熙三年十一月丙戌日南至丞相率百官詣重華宮拜表稱賀

按宋史光宗本紀云云

理宗寶慶二年十一月丙子日南至上詣慈明殿

按宋史理宗本紀云云

寶慶三年十一月辛巳日南至郊大赦改明年爲紹定元年

按宋史理宗本紀云云

淳祐二年十一月己亥日南至雷電交作詔避殿減膳求直言

按宋史理宗本紀云云

寶祐二年十一月壬寅日南至忠王冠

按宋史理宗本紀云云

金

章宗承安二年十一月甲辰冬至有事於南郊

按金史章宗本紀云云

元

成宗大德九年十一月庚午冬至祀昊天上帝於南郊

按元史成宗本紀大德九年十一月庚午祀昊天上帝於南郊牲用馬一蒼犢一羊豕鹿各九其文舞曰崇德之舞武舞曰定功之舞以攝太尉右丞相哈剌哈孫左丞相阿忽台御史大夫鐵古迭而爲三獻官

按郊祀志大德九年冬至用純色馬一蒼犢一羊鹿野豕各九

武宗至大二年十一月定冬至郊祀之制

按元史武宗本紀至大二年十一月乙酉尚書省及太常禮儀院言郊祀者國之大禮今南郊之禮已行而未備北郊之禮尚未舉行今年冬至祀天南郊請以太祖皇帝配明年夏至祀地北郊請以世祖皇帝配制可

至大三年十一月冬至合祭南郊尊太祖皇帝配享昊天上帝

按元史武宗本紀至大三年十月甲辰三寶奴及司徒田忠良等言曩奉旨舉行南郊配位從祀北郊方丘朝日夕月典禮臣等議欲祀北郊必先南郊今歲冬至祀圜丘尊太祖皇帝配享來歲夏至祀方丘尊世祖皇帝配享春秋朝日夕月實合祀典有旨所用儀物其令有司速備之十一月丙申有事於南郊尊太祖皇帝配享昊天上帝　按祭祀志至大三年冬十月三日奉旨十一月冬至合祭南郊太祖皇帝配

明

太祖洪武二十六年定冬至朝賀之禮

按明會典洪武二十六年定凡冬至前一日尚寶司陳御座於奉天殿及寶案於御座之東又設香案於丹陛之南教坊司設中和部樂於殿內之東西北向其日清晨錦衣衛陳鹵簿儀仗於丹陛及丹墀之東西設朋扇於殿內東西列車輅步輦於丹墀東西相向鳴鞭四人左右北向教坊司陳大樂於丹陛之東西北向儀禮司設同文玉帛案於丹陛之東金吾衛設護衛官於殿內及丹陛之東西陳甲士於午門外奉天門外及丹墀東西錦衣衛設將軍於奉天門外丹陛丹墀及奉天門列旗幟於奉天門外東西典牧官陳仗馬犀象於文武樓南東西相向欽天監設司晨郎報時位於內道東近北立糾儀御史二人於丹墀北東西相向內贊二人於殿內外贊二人於丹墀北東西相向設傳制宣表等官位於殿內東西相向鼓初嚴文武官具朝服齊班於午門外鼓次嚴引禮引百官由左右掖門入詣丹墀東西北向立鼓三嚴執事官詣華蓋殿伺候內官跪奏皇帝具袞冕陞座鐘聲止儀禮司官跪奏各執事官行禮贊五拜禮畢贊供事執事官各就位儀禮司官跪奏請陞殿駕興

中和韶樂奏聖安之曲尚寶官捧寶前行導駕官前導扇開簾捲尚寶官置寶於案樂止鳴鞭報時雞唱曉對贊唱排班班齊贊禮唱鞠躬大樂作贊四拜平身樂止典儀唱進表大樂作給事中二人詣同文案前導引序班舉案由東門入置殿中樂止內贊唱宣表目宣表目官跪宣訖俯伏興唱宣表展表官取表宣表官至簾前外贊唱衆官皆跪宣表訖內外皆唱俯伏興平身序班卽舉表案於殿東外贊唱衆官皆跪代致詞官跪於丹陛中致詞云具官臣某等茲遇律應黃鍾日當長至恭惟皇帝陛下膺乾納祜奉天永昌賀訖外贊唱衆官皆俯伏興樂作四拜興平身樂止傳制官詣御前跪奏傳制俯伏興由東門靠東出至丹陛之東西向立稱有制贊禮唱跪百官皆跪宣制云履長之慶與卿等同之贊禮唱俯伏興平身樂止贊搢笏鞠躬三舞蹈贊跪唱山呼百官拱手加額曰萬歲唱山呼曰萬歲唱再山呼曰萬萬歲凡呼萬歲樂工軍校齊聲應之贊出笏俯伏興大樂作贊四拜平身樂止儀禮司官跪奏禮畢中和樂作奏定安之曲駕興尚寶官捧寶導駕官前導至華蓋殿樂止引禮官引百官以次出　又按會典凡冬至日典璽官設東宮座於文華殿中錦衣衛設儀仗於殿外東西教坊司陳大樂於文華殿內東西北向府軍衛列甲士旗幟於門外錦衣衛設將軍十二人於殿中門外及文華門外東西相向立儀禮司官設箋案於殿東門外設文武官拜位於文華殿門外設傳令宣箋等官位於殿內東西執事官先行四拜禮訖各就位引禮引各官詣文華門外北向立儀禮司官啓請陞座導引官奉迎東宮具冕服出樂作陞座樂止贊禮唱班齊鞠躬樂作四拜興平身樂止唱進箋給事中前導箋案由殿東門入置殿中內贊唱宣箋目宣訖俯伏興平身唱宣箋外贊唱跪展箋官詣案前取箋宣箋官宣訖內外皆贊俯伏興平身卽舉案於殿東外贊唱衆官皆跪代致詞官中道跪致詞云具官臣某等茲遇律應黃鍾日當長至敬惟皇太子殿下茂膺景福賀畢唱衆官皆俯伏興平身傳令官跪啓傳令由東門左出至丹陛東西向立稱有令贊衆官皆跪宣令云履長之節同增嘉慶贊俯伏興樂作四拜平身樂止儀禮司官跪啓禮畢

世宗嘉靖九年定冬至大祀慶成之儀

按明會典舊制冬至日卽行賀禮嘉靖九年分祀二郊以冬至大報是日行慶成禮次日行冬至朝賀禮畢舉慶成宴本年再定次日上詣內殿行節祭禮又詣母后前行賀禮畢始御奉天殿受百官賀

嘉靖十六年更定冬至朝會之儀

按明會典嘉靖十六年更定冬至前一日尚寶司設寶案於奉天殿寶座之東鴻臚寺設表案二於殿東中門外禮部主客司設各國貢方物案八於丹陛中道左右欽天監設定時鼓於文樓之上教坊司設中和韶樂於奉天殿內東西設大樂於奉天門內東西俱北向至期錦衣衛陳鹵簿儀仗於丹陛及丹墀東西設朋扇於殿內東西陳車輅步輦於奉天門丹墀中道北向金吾等衛列甲士軍仗於午門外奉天門外及丹墀東西旗手衛設金鼓於午門外列旗幟於奉天門外御馬監設仗馬錦衣衛設馴象於文武樓南東西相向欽天監設報時位於丹陛之東鼓初嚴百官具朝服齊班於午門外鼓次嚴引班官引百官幷進表人員及四夷人等次第由左右掖門入詣丹墀序立欽天監雞唱官司晨一員於文樓下西向錦衣衛將軍六員於殿內之南北向將軍四員於丹陛四隅東西相向鳴鞭四人於丹墀中道左右北向金吾等衛護衛官二十四員於丹陛之南六員於丹陛之北俱東西相向陳設方物鴻臚寺司賓署丞一員徹方物案鴻臚寺序班十六員於丹陛中道左右外贊鴻臚寺鳴贊等官十二員於丹陛及丹墀東西糾儀御史十二員於丹墀之東西殿前侍班錦衣衛千戸六員光祿寺署官四員序班二員傳呼鳴鞭錦衣衛百戸四員俱於殿中門外東西相向導表六科都給事中二員序班二員於表案左右掌領侍衛官二員於殿內東西相向錦衣衛正直指揮一員於簾右東向百戸二員於簾下左右相向各豫立以俟鼓三嚴執事禮部堂上官幷內贊鳴贊一員陳設表案幷舉案序班五員典儀鴻臚寺司儀署丞一員捧表禮部儀制司官四員展表六部都察院通政司大理寺堂上官二員宣表致詞倂傳制等項鴻臚寺堂上官五員捧寶尚寶司官二員導駕六科給事中十員殿內侍班翰林院官四員中書官四員糾儀御史四員序班二員及各遣祭官俱詣華蓋殿外候上具袞冕陞座鐘聲止入序立遣祭官以次復命訖各趨入丹墀班禮部堂上官跪奏方物幷請上位看馬候得旨復位鴻臚寺卿跪奏執事官行禮贊五拜叩頭畢贊各供事鴻臚寺卿跪請陞殿駕興導駕官前導尚寶

官捧寶前行中和樂作奏聖安之曲上御奉天殿陞座導駕官立於殿內柱下東西相向侍班翰林官立於東導駕官之後中書官立於西導駕官之後糾儀御史序班分立於侍班官之下尚寶官置寶於案分立於導駕官之上樂止鳴鞭報時雞唱訖外贊唱排班班齊鞠躬大樂作四拜興平身樂止內贊贊進表大樂作導表官導表案至殿東中門止序班舉案入置殿中退立於東西柱下樂止贊宣表目禮部堂上官并宣表目官詣殿中跪宣畢各叩頭退贊宣表展表官取表同宣表官詣殿中跪外贊贊跪衆官皆跪宣畢展表官分東西先退內外皆贊俯伏大樂作興平身樂止宣表官退序班舉案置殿東外贊贊跪衆官皆跪代致詞官跪於丹陛中道致詞云公侯駙馬伯文武百官某官臣等賀訖外贊贊俯伏衆官皆俯伏大樂作四拜興平身樂止傳制官詣御前跪奏傳制俯伏興由東門罪東出至丹陛之東西向立稱有制外贊贊跪衆官皆跪宣制宣訖外贊贊俯伏大樂作興平身樂止贊搢笏鞠躬三舞蹈贊跪唱山呼百官拱手加額曰萬歲唱山呼曰萬歲唱再山呼曰萬萬歲贊出笏俯伏大樂作四拜興平身樂止鴻臚卿詣御前跪奏禮畢鳴鞭中和樂作奏定安之曲駕興尚寶官捧寶導駕官前導至華蓋殿樂止引班官引百官人等以次出序班徹方物案所司設黃幄於丹陛上陳王府及勳臣總兵官外夷所進馬匹於丹墀內禮部并鴻臚寺官立於丹墀東候上易便服御黃幄甲士行禮畢禮部官詣御道中跪奏御馬過奏畢復位候馬過詣御道中跪奏馬過畢駕還宮

欽定古今圖書集成曆象彙編歲功典

第八十八卷目錄

冬至部彙考二

易經 復卦

禮記 月令 郊特牲

左傳 伯趙司至

易通卦驗 雲送迎日 晷如度 初陽雲 廣漠風至 迎日至 鼓瑟 鼓用馬革

尚書璇璣鈐 冬至雲

尚書考靈曜 懸璧耀珠

孝經緯 斗指子

孝經說 冬至三義

樂稽耀嘉 冬至祭天

樂緯 冬至樂

神農書 忌出遊

汲冢周書 周月解 時訓解

陶朱公書 冬至觀雲 冬至占風

呂氏春秋 有始覽

史記 天官書

漢書 律歷志 天文志

淮南子 天文訓

後漢書 律歷志 禮儀志

春秋繁露 陰陽出入上下篇

京房易占 虛風 虹貫艮中

太元經 近元

月令章句 三極

風角書 候赦法

五經通義 冬至陽微

晉書 天文志

風土記 赤豆爲糜

隋書 禮儀志

玉燭寶典 履長之賀

遼史 禮志

農政全書 農家占候

遵生八牋 冬至事宜 冬至事忌

本草綱目 冬至井水

事物原始 冬至

酌中志略 宮中冬至

直隸志書 宛平縣 東安縣 懷柔縣 豐潤縣 永平府 樂亭縣 雄縣 河間府 肅寧縣 吳橋縣 南皮縣 新河縣 棗強縣 饒陽縣 廣平府 廣平縣 清豐縣

山東志書 臨邑縣 濱州 滋陽縣 鄒縣 范縣

山西志書 猗氏縣 永和縣 陽城縣

河南志書 陳州 寶豐縣

陝西志書 商州 同州 蒲城縣 洋縣 西鄉縣 平涼府

江南志書 句容縣 崑山縣 嘉定縣 松江府 金壇縣 高郵州 如皋縣 霍山縣 宿松縣

浙江志書 杭州府 嘉善縣 桐鄉縣 蕭山縣 諸暨縣 上虞縣 仙居縣 龍泉縣

江西志書 鉛山縣 永豐縣 湖口縣 新昌縣 雩都縣

湖廣志書 崇陽縣 邵陽縣 寧遠縣

福建志書 福州府 福清縣 建安縣 建陽縣 浦城縣 漳浦縣

廣東志書 順德縣 連山縣 曲江縣 乳源縣 始興縣 澄海縣

廣西志書 隆安縣

歲功典第八十八卷

冬至部彙考二

易經

復卦

象曰雷在地中復先王以至日閉關商旅不行后不省方

程傳 陽始生於下而甚微安靜而後能長先王順天道當至日陽之始生安靜以養之故閉關使商旅不得行人君不省視四方觀復之象而順天道也

本義 安靜以養微陽也月令是月齋戒掩身以待陰陽之所定

禮記

月令

仲冬之月 是月也日短至陰陽爭諸生蕩

陳注 蕩者動也

君子齋戒處必掩身身欲寧去聲色禁耆欲安形性事欲靜以待陰陽之所定

陳注 此皆與夏至同而有謹之至者彼言止聲色而此言去彼言節耆欲而此言禁蓋仲夏之陰猶微而此時之陰猶盛陰微則盛陽未至於甚傷陰盛則微陽當在於善保故也

日短至則伐木取竹箭

陳注 陰盛則材成故伐而取之

郊特牲

郊之祭也迎長日之至也

陳注 至猶到也冬至日短極而漸舒故云迎長日之至

大全 方氏曰日爲陽夜爲陰故陽生則日浸長而

夜短陰生則夜浸長而日短郊之祭在建子之月而陽生於子故曰迎長日之至也至猶來也與月令仲夏日長至異矣故言迎焉祭天必迎長日之至者當是時陽始事矣天以始事爲功也周官以冬日至致天神蓋謂是矣

左傳

伯趙司至

郯子曰少皡摯爲鳥師而鳥名伯趙氏司至者也

注伯趙伯勞也　疏　此鳥以冬至去故以名官使之主冬至

易通卦驗

雲送迎日

冬至之日見雲送迎從下鄉來歲大美人民和不疾疫無雲送迎德薄歲惡故其雲赤者旱黑者水白者爲兵黃者有土功諸從日氣送迎其效也

晷如度

冬至之日立八神樹八尺表日中視其晷如度者則歲美人和晷進則水晷退則旱進一尺則日食退一尺則月食

注進謂長於度也

初陽雲

冬至初陽雲出箕如樹木之狀

廣漠風至

冬至廣漠風至

迎日至

冬至之始人主與羣臣左右從樂五日天下之衆亦家家從樂五日爲迎日至之禮

鼓瑟

人君冬至日使八能之士鼓黃鐘之瑟瑟用槐木長八尺一寸

鼓用馬革

冬至日鼓用馬革圓徑八尺一寸

注馬坎類

尚書璇璣鈐

冬至雲

冬至陰雲祁寒有雲迎日者來歲大美

尚書考靈曜

懸璧編珠

冬至日月五緯俱起牽牛初日月若懸璧五星若編珠

孝經緯

斗指子

大雪後十五日斗指子爲冬至

孝經說

冬至三義

至有三義一者陰極之至二者陽氣始至三者日行南至故謂之至

樂稽耀嘉

冬至祭天

冬至日祭天於圜丘用蒼璧牲同玉色樂用夾鍾爲宮樂作六變

樂緯

冬至樂

坎主冬至樂用管

神農書

忌出遊

冬至陰陽合精天地交讓天爲尸位地爲不凍君爲不朝百官爲不親事不可出遊必有變悔

汲冢周書

周月解

惟一月既南至昏昴畢見日短極基踐長微陽動於黃泉陰慘於萬物是月斗柄建子始昏北指陽氣虧草木萌蕩日月俱起於牽牛之初右回而行月周天起一次而與日合宿日行月一次周天歷舍於十有二辰終則復始是謂日月權輿

時訓解

冬至之日蚯蚓結蚯蚓不結君政不行

陶朱公書

冬至觀雲

冬至日觀雲須於子時至平旦觀之若青雲起主歲稔民安赤雲主旱黑雲主水白雲主人災黃雲大熟無雲主凶

冬至占風

冬至日占風若南風主穀貴北風主歲稔西風主禾熟若東南風久有重霧主水西南風主久陰諺云冬至西南百日陰半晴半雨到清明

呂氏春秋

有始覽

冬至日行遠道周行四極命爲元明

史記

天官書

冬至短極縣土炭炭動鹿解角蘭根出泉水躍略以知日至要決晷景歲星所在五穀逢昌其對爲衡歲乃有殃

註正義曰言晷景歲星行不失次則無灾異五穀逢其昌盛若晷景歲星行而失舍有所衝則歲乃有殃

漢書

律歷志

推至日以中法乘中元餘盈元法得一名曰積日不盈者名曰小餘小餘盈二千五百九十七以上中大數除積日如法算外則冬至也

天文志

日有光道冬至至於牽牛北遠極故晷長立八尺之表而晷景長三尺一寸四分

月有九行冬至北從黑道

冬至日南極晷長南不極則溫爲害

淮南子

天文訓

日冬至則斗北中繩陰氣極陽氣萌故曰冬至爲德日夏至則斗南中繩陽氣極陰氣萌故曰夏至爲刑陰氣極則北至北極下至黃泉故不可以鑿地穿井萬物閉藏蟄蟲首穴故曰德在室陽氣極則南至南極上至朱天故不可以夷丘上屋萬物蕃息五穀兆長故曰德在野日冬至則水從之日夏至則火從之故五月火正而水漏十一月水正而陰勝陽氣爲火陰氣爲水水勝故夏至濕火勝故冬至燥燥故炭輕濕故炭重日冬至井水盛盆水溢羊脫毛麋角解鶡始巢八尺之修日中而景丈三尺日夏至而流黃澤石精出蟬始鳴半夏生蚊虻不食駒犢鷙鳥不搏黃口八尺之景修徑尺五寸景修則陰氣勝景短則陽氣勝陰氣勝則爲水陽氣勝則爲旱

大雪加十五日斗指子則冬至音比黃鍾

冬至日則陽乘陰是以萬物仰而生

日冬至德氣爲土土色黃故曰黃鍾

以日冬至數來歲正月朔日五十日者民食足不滿五十日者日減一斗有餘日日益一升

日冬至日出東南維入西南維

後漢書

律歷志

推二十四氣術曰置入蔀年減一以月餘乘之滿中法得一名曰大餘不滿爲小餘大餘滿六十除去之其餘以蔀名命之算盡之外則前年冬至之日也

斗之二十一度去極至遠也日在焉而冬至群物於是乎生故律首黃鍾曆始冬至月先建子時平夜半

當漢高皇帝受命四十有五歲陽在上章陰在執徐冬十有一月甲子夜半朔旦冬至日月閏積之數皆自此始立元正朔謂之漢曆

禮儀志

冬至鑽燧改火

春秋繁露

陰陽出入上下篇

中冬之月相遇北方合而爲一謂之曰至別而相去陰適右陽適左適左者其道順適右者其道逆逆氣左上順氣右下故下煖而上寒以此見天之冬右陰而左陽也上所右而下所左也冬月盡而陰陽俱南還陽南還出於寅陰南還入於戌此陰陽所始出地入地之見處也

京房易占

虛風

冬至日南風爲虛風舊傳入夜半至者其民皆臥而弗犯故其歲民少病晝至者民皆中於虛風當病

虹貫艮中

虹以冬至四十六日內出東北方貫艮中春多旱夏多火災粟貴

太元經

近元

冬至及夜半以後者近元之象也進而未及往而未至虛而未滿故謂之近元也

月令章句

三極

冬至爲三極晝漏極短去極極遠晷景極長

風角書

候赦法

冬至後盡丁己之日有風從巳上來滿三日以上必有大赦

五經通義

冬至陽微

冬至寢兵鼓商旅不行君不聽政事又曰冬至陽氣萌陰陽交精始成萬物氣微在下不可動泄王者承天理故率天下靜而不擾也

晉書

天文志

冬至極低而天運近南故日去人遠而斗去人近北天氣至故冰寒也

風土記

赤豆爲糜

天正日南黃鍾踐長是日始牙動爲饘粥以養幼俗尚以赤豆爲糜所以象色也

隋書

禮儀志

周官云冬日至祠天於地之圜丘

玉燭寶典

履長之賀

十一月建子周之正月冬至日南極景極長陰陽日月萬物之始律當黃鍾其管最長故有履長之賀

遼史

禮志

歲時雜儀冬至日國俗屠白羊白馬白鴈各取血和酒天子望拜黑山黑山在境北俗謂國人魂魄其神司之猶中國之岱宗云每歲是日五京進紙造人馬萬餘事祭山而焚之俗甚嚴畏非祭不敢近山

農政全書

農事占候

十一月冬至古語云明正暗至又諺云晴乾冬至濕瀌年二說相反諺曰乾冬濕年坐了種田又云鬧熱冬至冷淡年蓋吳人尚冬至欲晴故也或云冬至雨年必晴冬至晴年必雨此說頗準　至後九九氣諺云一九二九相喚弗出手三九二十七籬頭吹觱篥四九三十六夜眠如露宿五九四十五太陽開門戶六九五十四貧兒爭意氣七九六十三布衲擔頭擔八九七十二猫狗尋陰地九九八十一犂耙一齊出

農桑輯要云欲知來年五穀所宜是日取諸種各平量一升布囊盛之埋窖陰地後五日發取量之息多者歲所宜也　冬至前米價長後必賤落則反貴諺云冬至前米價長貧兒受長養冬至前米價落貧兒轉蕭索有霧主來年旱

遵生八牋

冬至事宜

冬至日陽氣歸內腹宜溫煖物入胃易化

纂要曰共工氏子不才以冬至日死爲疫鬼畏赤小豆是日以赤小豆煮粥厭之

千金月令曰至日於北壁下厚鋪草而臥以受元氣

簡易方曰冬至日鑽燧取火可免瘟疫

歲時雜記至日以赤小豆煮粥合門食之可免疫氣

冬至事忌

是日勿多言當閉關靜坐以迎一陽之生不可用作

本草綱目

冬至井水

冬至日取井華水宜浸造滋補五臟及痰火積聚蟲毒諸丹丸并煮釀藥酒與雪水同功

事物原始

冬至

漢雜記云冬至陽氣生而君道長故賀今冬至慶賀是漢始至前三日垂土炭於衡之兩端輕重適均陰氣至則土重陽氣至則炭重晉書云魏晉冬至日受方國及百僚稱賀因小會其儀亞於正旦崔浩禮儀曰近古至日婦上履襪於舅姑踐長至之義夢華錄云京師最重冬至更易新履襪美飲食慶賀往來一如年節

酌中志略

宮中冬至

十一月冬至節宮眷內臣皆穿陽生補子蟒衣宮中多掛綿羊太子畫司禮監刷印九九消寒詩圖每九詩四句自一九初寒纔是冬起至日月星辰不住忙止皆瞽詞俚語之類非詞臣應制所作又非御製不知何緣相傳年久遵而不敢改也

直隸志書 各省風俗同者不載

宛平縣

十一月冬至日百官朝賀畢退祀其先具刺互拜如元旦儀俗畫梅一枝爲瓣八十有一日染一瓣瓣盡而九盡則春深矣

東安縣

十一月冬至煖爐獵兔人皆祀先賀節拜師

懷柔縣

冬至量日影以占豐凶交日算九九以占寒暖

豐潤縣

仲冬長至日晚煮水角以祀先祖

永平府

冬至曰日至謂之亞歲官府五鼓望闕拜賀畢彼此拜賀如正旦民間祭先祖多逆女婿女婿有獻履舄長者共往來拜賀惟山海爲然至後九日爲一節語云一九二九水上走三九四九不舒手五九六九沿

河蕁柳七九八九賞花飲酒伏訖而寒生九訖而煖至北方節氣雖同而東北視西北正矣

樂亭縣

十一月至日士大夫家麪食祀先第不甚重農工華議嫁娶以後商賈聚赴京師

雄縣

十一月長至樹八尺之表以驗來歲水旱大抵據表之長而中分之日影中正則豐不及則旱過則水

河間府

十一月冬至隆師逆女煖爐出獵

肅寧縣

十一月冬至其日太乙於叶蟄之宮其候也天必應之以風雨風從南來者爲虛風邪傷人者也民多病其風夜至者民皆臥而弗犯也故其歲民少病

吳橋縣

冬至日拜賀如元旦禮今漸不行只有冬節免拜之字猶如告餼羊也

南皮縣

冬至互相拜賀擁爐會飲謂之扶陽

新河縣

十一月長至日拜聖壽外鄉塾弟子各拜業師謂之拜冬餘不私賀

棗強縣

冬至士大夫行拜禮於官師弟子行拜於師長蓋取迎陽報本之意

饒陽縣

冬至東風主人有災南風主穀大貴西風主禾熟北風主年豐

廣平府

十一月冬至飲酒相賀次於元旦儀老農以布囊盛各色穀種埋之於地至元日取視用原器量之以驗年之所宜

廣平縣

冬至具酒餚於先塋野祭

清豐縣

冬至前夕民家奠酒告先亦有行拜賀禮者

山東志書

臨邑縣

長至不作節事

濱州

十一月冬至至後日漸長故曰長至杜子美詩刺繡五紋添弱線蓋唐宮女繡工日添一線云

滋陽縣

冬至修燧籠以祈壽

鄒縣

十一月冬至官府拜節庶民禮廢按孟子卒於至日邑人哭之遂廢賀冬至之禮竟以成俗

范縣

冬至互相拜往賀一陽生也

山西志書

猗氏縣

長至農人掇視麥根白蕊多則豐穰婦女挑薺及春方止

永和縣

十一月冬至俗名追節

陽城縣

冬至謂之喜冬官率合屬前一日習儀五鼓望闕拜賀畢紳士家亦行拜賀禮民間止以麪角祀先遍奉家長

河南志書

陳州

冬至俗煑赤小豆食之以湯灑地曰辟瘟

寶豐縣

冬至不出拜鄉里不行餽遺禮是日以餛飩爲祭卽以爲食蓋取開闢混沌之意也

陝西志書

商州

十一月冬至日官吏朝賀相賀長至飲酒迎長

同州

冬至日束紙如素而焚之曰送寒

蒲城縣

長至祀先用餛飩綿著紙爲被焚之詩禮家拜尊長如元旦

洋縣

冬至拜祖先父母謁長上謂是日一歲之首也

西鄉縣

十一月冬至日向巴山看雪以占來歲豐歉遍山有蠟梅開放大雪積山頭士人有攜酒遊賞者

平涼府

十一月冬至祭享先祖妣或烹豚羊雞酒重裘薪炭大登六畜咸秣穀冰堅車不陷大獵網罟機陷鳥獸

江南志書

句容縣

冬至賀陽生祀始祖行慶拜禮罷市三日

崑山縣

冬至親朋饋送交馳於道拜賀者互相往來紛紛三日

嘉定縣

冬至邑人最重前一日名節夜亦謂之除夜太平廣記盧項傳云是夕冬至除夜或謂之冬住朱陳師錫家享儀謂冬至前一日爲冬住家祭竈有用葷品者祭畢家人聚而食之明日官府民間各相馳賀略如元旦之儀近日此禮已覺稍弛舂粢糕以祀先祖并以饋遺更速燕飲謂之節酒亦名分冬酒冬至前米價喜長諺云冬前米價長窮人男女倒好養冬前米價落窮漢人家越蕭索冬至後逢第三戌爲臘諺云臘雪是被春雪是鬼又主來年豐殺蝗蟲子云一寸雪入泥一尺一尺雪入泥一丈東坡詩遺蝗入地應千尺是也

松江府

十一月冬至治花糕刲羊豕祀先冠蓋者相賀相傳明成弘時冬至前三日罷市交賀如歲首鼓吹喧闐號豁聽

金壇縣

冬至賀冬合祀於宗祠同族團拜

高郵州

冬至占霜有無卜來年之豐歉

如皐縣

冬至前一夕設牲醴享神祀先昔時至日民間罷市相賀近惟官僚放假一日

灊山縣

十一月冬至日祀聖壽外不私賀

宿松縣

十一月冬至女紅試線進履襪於舅姑

浙江志書

杭州府

冬至日各以牲果祀神享先煮赤豆飯蒸新米糕爇栗炭於圍爐各衙署懸綵黎明拜表後交相致賀按南宋建都時最重一陽並如元正三日之內店肆皆罷市垂簾飲博謂之做節車馬皆鮮好服色華麗往來如雲

嘉善縣

十一月冬至晴則來歲必稔

桐鄉縣

冬至祀祖先縉紳行慶賀禮民家雖不槩行然傭工者休沐三日

蕭山縣

冬至各家用糯米粉麥麪裹肉餡相遺殺牲以祭祭畢而宴

諸暨縣

冬至養糕奠其先人及親友之在殯者

上虞縣

冬至丐人飾鬼容執器仗沿門逐疫如古之儺

仙居縣

冬至聚家廟用牲帛祭其始祖

龍泉縣

冬至日有青雲從北來人安樂無雲凶有赤雲旱災有火黑雲水多泉溢已上並子時占其日得壬旱及千里

江西志書

鉛山縣

冬至日青雲見於北方吉應來歲豐稔否則主旱災

永豐縣

冬至舉烝俗名燒冬牲醴楮幣之陳與中元相埒

湖口縣

冬至民家早設羹飯以祀祖先名曰冬飯

新昌縣

冬至各姓相萃大宗祭饗始祖

雩都縣

冬至以後日行南陸就日頗近故寒亦視中土大減

湖廣志書

崇陽縣

冬至先一日謂小至至日謂長至後一日謂至後家以羹飯奉祖先及遠下按長至本蜀王宮刺繡添一線故事又占候一陽生則日長至夏而極午中一陰生則日短至冬而極子中崇俗尤重冬至

邵陽縣

冬至陽生君子道長家相拜稱賀魏曹植舊儀冬至獻履貢襪所以踐長迎福作赤小豆粥以禳疫劉子翬詩豆糜厭勝憐荊俗

寧遠縣

冬至在上旬則冬寒中旬則暖下旬則來年正二三

月極寒

福建志書

福州府

冬至粉米爲圓祀先又粘門楹間取其圓以達陽氣民間不相賀

福清縣

冬至禮記月令律中黃鍾乃陽之極萬物之始也邑之是日具牲醴祭祖先以粉米爲丸取團圓之義

建安縣

冬至不拜賀用糯米粉爲圓或曰天圓也陽也取其圓以達陽氣祀先饋遺俗謂團圓子

建陽縣

冬至月頭抱絮上樓至在月中央無雪又無霜冬至月尾冷用火烘

浦城縣

冬至祀祖用米丸陳牲酒於堂迎來歲之福設饌親朋會飲送寒衣各造紙衣詣先塋焚之感時悽愴之意也

漳浦縣

冬至日人家作米丸家人團圞而食謂之添歲古所謂亞歲也李瑞和詩云家家搗米作團圓知是明朝冬至天又作細丸遍塗門戶器皿中號祀耗謂可禳耗數凡有喪之家則不作米丸與不薦角黍同

廣東志書

順德縣

冬至祀祖燕宗族風寒名客則以魚肉臘味蜆菜雜烹環鼎而食謂之邊爐卽東坡之骨董羹

連山縣

冬至各家祀先有初喪者百日則名併祀之謂之得冬不足百日之數則不祀

曲江縣

冬至各製冬丸互相問遺

乳源縣

冬至家各祀祖亦至墳墓掛紙俗云掛冬

始興縣

冬至日巨族宗祀子孫祭祀主祭則較爵不論齒鼓厲後裔是月或僧衆或先天師人或茅山敎師各聚衆會謂之建萬人緣

澄海縣

冬至不作務不用牛力覆井不汲猶有閉關息旅遺意

廣西志書

隆安縣

冬至諺曰冬至日晴人共喜遙占惟欲愛風寒

欽定古今圖書集成曆象彙編歲功典

第八十九卷目錄

冬至部藝文一

冬至獻襪履表　魏陳思王植
南至雲物賦　唐王諲
至日圜丘祀昊天上帝賦　蕭穎士
至日圜丘祀昊天上帝賦　賈餗
南至郊壇有司書雲物賦　崔立之
南至郊祭司天奏雲物賦　郭遵
迎長日賦　柳宗元
迎長日賦　李程
長至賦　宋田錫
賀江丞相冬啓　文天祥
回江丞相送冬酒啓　前人
賀李安撫肯齋冬啓　前人
送前人冬啓　前人
回吉守李寺丞芾送冬禮啓　前人
送董提舉楷冬至酒啓　前人
回諸郡守冬啓　前人
回諸郡倅賀冬啓　前人
回諸僉幕賀冬啓　前人
至日早朝賦　明劉球

冬至部藝文二 詩詞

冬至初歲小會樂歌　晉張華
冬至　陳新塗妻李氏
冬至　宋鮑照
詠冬至　袁淑
奉和冬至應教　北齊蕭慤
冬至乾陽殿受朝　隋煬帝
奉和冬至乾陽殿受朝應詔　牛弘
至後　唐杜甫
冬至　前人
小至　前人
至日遣興奉寄北省舊閣老兩院故人　前人
長至日上公獻壽　張叔良
長至日上公獻壽　崔琮
長至日上公獻壽　李竦
南至日太史登臺書雲物　裴達
南至日太史登臺書雲物　于尹躬
冬至夜郡齋宴別前華陰盧主簿　張登
南至日隔霜仗望含元殿爐煙　王良士
朔旦冬至攝職南郊因書即事　權德輿
冬至宿齋時郡君南內朝謁因寄　前人
至日登樂遊園　裴度
南至隔仗望含元殿爐煙　崔立之
南至日隔仗望含元殿爐煙　郭遵
冬至夜　白居易
冬至宿楊梅館　前人
至日荷李常侍過郊居　熊孺登
日南至　獨孤鉉
冬至酬劉使君　殷堯藩
冬至日祥風應候　蔣防
至日上公獻壽酒　白敏中
冬至日遇京使發寄舍弟　杜牧
和湖州杜員外冬至日白蘋洲見憶　李郢
冬至夜作　韓偓
冬至日陪裴端公使君清水堂集　釋皎然
冬至吟 二首　宋邵雍
冬至日與諸生飲　蘇軾
冬至日獨遊吉祥寺　前人
預作冬至　張耒
和冬至紫蒙館書事　蘇頌
冬至日遙想郊禋慶成口號　范成大
長至日與同舍遊北山　前人
冬至節後賀皇太子及平陽郡主　楊萬里
乙未冬至　金李俊民
十一月二十七日冬至　元朱德潤
冬至次張宣撫韻 二首　楊載
至節即事 七首　馬臻
送朱謝二博士進賀冬至表赴京師聽宣諭畢還吳　明高啓
丙子冬至　李夢陽
至日懷諸太史陪祀南郊　王穉登
冬至南郊扈從紀述和陳玉壘太史韻 六首　于慎行
冬至恭侍慶成大宴　前人
館課冬至齋居　前人

長安冬至　董其昌
至日　盛鳴世
冬至夜集曹能始園亭觀妓　吳兆
長至日以上詩　樊鵬
少年遊長至　宋毛滂
滿江紅冬至　范成大
西江月丙午冬至　吳文英
風入松冬至以上詞　李肎吾

冬至部選句

歲功典第八十九卷

冬至部藝文一

冬至獻襪履表　魏陳思王植

伏見舊儀國家冬至獻履貢襪所以迎福踐長先臣或爲之頌臣旣玩其嘉藻願述朝慶千載昌期一陽嘉節四方交泰萬彙昭蘇亞歲迎祥履長納慶不勝感節情繫帷幄拜表奉賀并獻紋履七量襪若干副茅茨之陋不足以入金門登玉臺也

南至雲物賦　唐王諲

於赫至化時惟大君推曆比夫軒后授人齊乎放勳北風戒節南至司分驗律飛灰遙應乎懸炭登臺覗祲必在乎書雲麗乎時方別色天斂殘氛星連珠而候曉日合璧而呈文衆瑞咸集禎祥薦至雲散黃光天浮喜氣金柯郁郁而蔽野玉葉飄飄而委地廻紀天表末無兵意災沴靡作罷札瘥之虞水旱不行誅京坻之事得此先甲還同漢日之觀報以豐年不假春秋之備於時帝在暘谷風后陪驂會玉帛而塗山有愧朝公卿而汾水懷慚佳氣從龍遙連渭北非烟拂日俯對終南獻聖壽之典萬美皇道而超三保章告其符祉太史視其簪紱應子月兮生一陽奏黃鍾兮動萬物乃明南至者日極之數視雲物者歲占之故其在必書不愆常度慶瑞滿於圖牒獻納盈其府庫鳳凰下於元都銅雀栖於溫樹調玉燭而陰陽變和撫黔首而時令大布日之方夕歲聿云暮才非簪史未知天道之祥文似相如願獻淩雲之賦

至日圜丘祀昊天上帝賦以題爲韻　蕭穎士

政教之始莫重乎郊祀郊祀之先莫尊乎昊天是以前王垂之於典訓後帝奉之以周旋以事大矣其儀盛焉日之至也所以明氣之至丘之圜也亦以象天之圜於是致齋於宮合樂於律羣有司肅肅以儆戒百執事乾乾而莊慄牲用騂犢以貴誠酌用元酒以明質豈但愛人而尊祖蓋欲報天而主日天子迺乘玉輅駕蒼虯搢方珽服大裘率九儀之卿士從五等之諸侯旌旗露卷冠蓋雲浮展國容於御路行大禮乎郊丘百役旣備司儀辨位劍佩紛紜以陸離鐘鼓鏗訇而沸渭君明其義臣敬其事執鸞刀以啓毛炱蒼璧以爲贄爵一獻而上下胥悅樂六成而神祇曆至後乃取血膋陳玉幣置於積薪之上燔於嘉壇之際飛燎煙於太淸合蕭光於上帝是以神降我福人懷我惠時罔凶荒物無疵癘致洪化於仁壽豈不由肅敬於大祭客有旅遊函關欽玆至道觀祀事於國典仰明靈於有昊敢陳輿頌式播元造頌曰日南至兮旣望祀太一兮圜丘上萬斯年兮承天貺

至日圜丘祀昊天上帝賦以題爲韻　賈餗

惟天爲大惟聖奉天所以就陽位郊上元禮高明之覆育答生植之陶甄告太一以祗敬擁神休而吉蠲於是採範於周故封土以成丘取法於乾故象形以應圓顧椒糈之莫達憑柴燎以斯傳是時星昏東壁日躔南至爰命有司肅將祀事羅幄帟以雲敞騈罍俎以鱗次藉白茅兮取諸潔薦蒼璧兮象其類皇威允穆司儀辨等而以班明德惟馨祝史陳詞而不愧於是啓禁扃警仙蹕千官拱立六龍齊臻濟濟鏘鏘匪徐匪疾奉常告備乘輿乃出覆玉葉之卿雲昭扶桑之初日齋心滌慮所以感無不通樂徧禮成故能神降之吉覿夫廣場還合泰壇五時告萬物之生成當一陽之初晷揖羣望以咸秩列衆靈以備祀紫微開兮天意通元氣調兮薰風起祀之大者莫盛茲道展敬乎皇心報功乎元造奏搏拊之淸樂徹純殽之蒼昊實祀典之所崇諒邦家之攸保若乃陳以牲幣酌以秬鬯歌大呂以爲節舞雲門以爲狀達誠於氤氳之際降靈於閶闔之上騰瑞氣而宛延燭神光兮溥暢我國家報本克禮順時修祭配太祖於座於以敬宗祀皇天於郊爲能饗帝此所以神祇降鑒天人合契保昌運兮永貞崇明祀兮不替

南至郊壇有司書雲物賦以題爲韻　崔立之

惟皇動天辨方正位稽大明於北陸郊上元於南至五夜祇肅載惟列祖之誠三日罔愆用表致齋之意於是乘法駕鳴和鸞玉漏聲曉金波影殘環衞儼以星拱簪裾列而雲攢備肅肅之盛禮咸濟濟於靈壇大呂雲門旣六變而斯闋嘉粟旨酒感百神而具懽剡器用陶匏藉以包茅光逾泰畤馨邁周郊朱火煬烟遠浮於華蓋元酒明水近映乎長旂懿夫宇宙氛

氤晴郊景矄宗伯司禮保章辨雲榮光燭於九野佳氣覆於六軍飄飄飆飆郁郁紛紛足以昭上帝瑞吾君時謂唐時歌卿雲之五色德稱虞德詠南風之再薰是以惟聖惟壽可大可久既豐稔之足徵復災癘之何有既而旋天步廻象輿大孝是展皇情未攄將欲超羲軒於上古方淳樸於太初俾時和俗阜塗謠史書土階攸則而瓊室靡居且慮乎賢哲倘屈所以敦於雲物緬乎德化未覃所以郊於國南祈動植之攸濟匪娛樂而是甘然後景福來格無疆在茲笑竹宮之求應鄙宣室之受釐是以降哀矜之詔宣惻隱之慈布政施德逮悼與癃舉沈淪於是日庶聞之於有司

南至郊祭司天奏雲物賦（以題為韻）　郭遵

惟肇祀於上元必展禮於南至至者作候故用其吉辰南則嚮明故就於陽位蓋取諸吉土以父事天降皇車以盡敬奉蒼璧以告虔至誠遂通禎祥不能以自閟幽贊不昧雲物於是乎昭宣及夫盛禮既畢大駕言旋兆人仰觀於空際太史伏奏於君前曰當此和煦靜無纖氛照曜兮天垂愛景霏微乎山出祥雲度青霄而匪徐匪疾向丹闕而乍合乍分應乎一陽之始煥乎五彩之文氤氳搖曳去來無際望之雖曰崇朝慶之知其嗣歲誰謂其有葉本乎觸石而來誰謂其無心偏舒捧日之勢豈非夫表王者之殊祉答泰壇之禋祭者也天子乃命有辟治有司載筆以茲記事祝史叶其正辭國慶可徵寧虞於水旱年豐有待先詠其京坻自躋仁壽之域皆繼春秋之時且南正上言休徵無咈昔比大觀臺之望將為備於雲物子月之祀陰陽始交豈比夫甸史所紀候啓蟄而乃郊我禮踰舊我祥靡究望歲而知歲之穰祀天而受天之祜五雲八風之異寸晷遂占三百六旬之期一日可候不然者何以炳煥圖牒發揮草奏是知郊祀而漢武奚匹推曆而軒后懷慙照臨之明兮將日月並出覆載之廣兮與天地同參臣有覩盛儀而瞻瑞物願齊聖壽於終南

迎長日賦（以三王郊禮日用夏正為韻）　柳宗元

惟饗帝於事天必推策而迎日寅方肇建候啓蟄以展儀卯位將初爰用牲而協吉送烈烈之凝氣道遲遲之陽律猶分可愛之輝式停寅賓之質稽之虞典期匪疾而匪徐行以夏時契惟精而惟一職在馮相事傳小正符上春以備儀必修其始先仲春而有事故謂之迎時也淑景初延幽陽潛啓當四時之首位用三代之達禮探賾索隱得郊祀之元辰極往知來正邦家之大體事冠前古儀標後王皮弁乍臨土圭之影猶積泰壇既罷玉漏之聲漸長變熙熙之純曜流杲杲之晴光璧彩始融麗景欲凝於城闕輪形尚疾斜暉未駐乎康莊是知迎長日之儀實王心之所共兆南郊之正位乘陽事之所用故可以知上下之分際見天人之交動浮晨光於俎豆散微照於苞茅周流金石輝照陶匏異乎天紀不修秦伯尚矜於泰時日官失職晉侯徒繼乎夏郊於以迎之則無違者委照將久豈三舍之足憑延光可期胡再中之云假自然應以繁祉錫之純嘏禮儀允洽於神人正朔克周於戎夏今我后再新古禮與天地相參應職穀之宜受之千億奉郊祀之報至於再三然則迎長日恭祀事並虞夏而何慙

迎長日賦（以三王郊禮日用夏正為韻）　李程

氣之至兮景之長郊之初兮國之陽將有事於新日以無忘乎舊章太史先期而以告天子齋心而有常且曰經紀不忒乃貞明而成象疾徐中度胡躔次而可量俟一人天臨而斯出俾羣后景從而有光可以冠千古之嘉禮軼三代之盛王然後五輅乃駕六龍是驂迎炎精表著明於君象就陽位乃展禮於國南斯可以人詠明哉且知配虞帝之二工升歌也奚獨美文王之三且天有兩曜兮日無其匹域有四大兮王居其一將報本而郊天因宜明而主日大司徒執圭以表位羣有司奉璋而有秩羲和御之而有倫疇人則之而無失運行之次望遲遲以就陽寅賓之時見杲杲而已出始也戒職司明國體十郊之典無闕迎日之義爰啓受命於祖作龜於禰是皆匪懈於儀未有不謹於禮禮容必呈祀事孔明迎扶桑之初乃實柴而薦敬因吉土之兆同掃地而貴誠信列辟之盛節俾歷代而作程魏則朝於獻歲夏則置乎小正今則聽封人之善祝採從臣之嘉頌時令空美於風行帝力孰知其日用人悅於下禮行於郊不獨服尚元素器遵陶匏是知禮之設也教之大者彼孔稱從周殷因於夏會未若我后敬授人時而天錫純嘏

長至賦　宋田錫

伊沍寒之嘉節美長至之良辰考天時於司曆驗星躔於疇人陰極陽生復卦應連山之象珠聯璧合斗樞廻柳木之津爵太史登樓以觀祲周天王服袞以嚴禋黃鍾應律兮咸韶韻逸緹幕飛灰兮山川氣新

表權輿於陽德信兆朕於芳春圭測而羲和漸未衡懸而土炭交陳始觀玉殿歡呼金觴獻壽慶一陽之肇至祝千齡而未久廣庭燎設明環珮於儀容滄海日升照晃旒於元首或恩緣長至而賞加或禮罷闈丘而赦有歡聲大洽於寰中至信旁孚於飛走所以金張貴戚田竇權門喜近增於爵土悅新益於封動遇履長之納祐符元吉而承恩歌鐘鼎沸朱翠雲繁華堂列席高燭羅軒輝煌聯曜雜遝嘩喧賓榮以玳瑁飾簪主貴以珊瑚映樽或饋履襪於舅姑或祝弓箕於子孫協周正之故事慶堯曆之垂文唯有羈旅之客流年可惜長亭近歸孤懷自戚殘陽晚簾寒燈夜室形影相弔精誠未適雖有樽酒誰飛觴而舉白雖有鑪火誰方襟而比席將何消遣自圖悅懌天既付我以文遂攄懷而命筆

賀江丞相冬啓　文天祥

春入重緹欣聽雷鼗之奏台明上衮具瞻井鉞之輝穀我寵臣裒時疇祉恭惟某官量包元氣心見先天冠漢殿之仙班火城如晝補舜裳之五色宮線猶香卷舒昭文館之春風布濩祝融峯之曉露茁蘭出色芸荔含和愛日迎長開一氣八荒之壽瑞雲促覲頜五更三點之朝某迹囿轉鈞心馳獻履近依星軫愧直指之繡衣遙贊雲門歸碩膚之赤舄薄言燕賀末矢螽鳴

回江丞相送冬酒啓　前人

嘑嶰谷之陽方覃鈞播照郿湖之滌忽拜袞題有華舞袖之春風增賁繡絲之曉日淺深存燮理滿傾北斗之天漿德澤布光輝跪沐南山之雲氣輪囷鏤感稟秸刊中

賀李安撫肯齋冬啓　前人

黃鍾噓暖繡線紀長錦堂增履襪之春綠野換荔芸之色某謏馳令雨阻造下風險聆翠蓬莫遂前茅之拜第瞻鶴從早催元會之朝

送前人冬啓　前人

灰管移新律暖轉茁蘭鐘鼓樂清時春生花竹隔幔緹之醲郁阻履襪之從容薄汴郿清式歌魯瑞俯慚雲繡又添愛日之紋險聽雷鼗趣侍含光之宴微芹馳瀆采菲知榮

回吉守李寺丞芾送冬禮啓　前人

周曆紀正魯臺書至禱謠雷動恰先七日之來棨座春生共慶一陽之長頌聲盈耳和氣滿城某未薦賀言猥屢傀禮岸容待臘正棲寂寞之濱谷律先春多謝溫存之貺赧然登受略此控酬餘俟別陳仰干情亮

送董提舉楷冬至酒啓　前人

五紋添繡線日麗旌旗一節鑄黃金春生霄漢馳想雲和之瑟莫陪壽軫之觴薄汴郿清式歌魯瑞九疑仙人之韉正快曉行四牡使臣之車即催元會瀆嚴增惕賜頓爲榮

回諸郡守冬啓　前人

陽氣應黃鍾時哉南至兵衞森畫戟貺我東風昭黼黻於魯臺噓塵埃於楚觀恭惟某官陽明人物雷動聲名麗曉旌旗照映壺冰之潔行春鼓角發舒圭影之和近七日之朋來進三朝之元會某坐馳梅影險借芸香宮線添長正覿顏於把繡雲門入奏惟洗耳於歌襦

回諸郡倅賀冬啓　前人

九寸黃鍾律和動緹帷五丈畫堂旗春生錦設芸香在手梅意彌襟某官氣類陽明精神冰潔賡庾樓之曲聲徹雷鼗續溢浦之吟文裁宮線清露曉濡於韉尾部風夜度於鴛行某隅繡何工屏泥借潤瀟湘波暖照明月於胡牀峋嶁烟寒倚行雲於仙韉

回諸僉幕賀冬啓　前人

黃鍾陽氣應緹幔香深冰壺幕下清彩毫煥轉芸香在手梅意彌襟某官氣類陽明聲名雷動胄蟠五色卷舒宮線之紋音度九韶出入雲和之瑟小分光於烏幕即翔舞於鴛行某軫野相望繡隅何補招呼和氣險看仙韉之華上下春輝密贊賓帷之勝

至日早朝賦　明劉球

維宣德紀元之五載逮元冥司令之中旬羲和回馭於北陸招搖指子於初昏玉琯之灰乃動黃鍾之候維新開萬物之太始轉一氣於鴻鈞幸遇昇平之會於今日宜致履長之慶於紫宸焉故時則靈臺是定禮則鴻臚是宰儀物則內外畢備執事則大小恪戒莫不齋沐宵興敬恭以待是日也及東方之未曙仰明星之猶光車塵紛紜以起途燭影燦爛以交張聽玉漏之滴瀝望庭燎之輝煌九門闢兮既廓三鼓發而有鎧塡兩掖以競進鳴雙珮兮鏗鏘陛衞羅以萬隊鹵簿設其兩傍合之則爲耦離之則成行牙旗羽蓋龍文鳳章玉節金鍪殳矛戈揚衆不能名美不能方少焉日曈曨兮東躋雲縹緲兮下幕浮佳氣於簾櫳燦祥光於碧落飛鳥隼兮垂翔凝冰霜兮融液爐

烟起而香風飄廷鞭響而羣囂寂閶象端厥容止伎馬不敢喘息然後啓璘扃來警蹕鴻鐘鈞鑾輿出高明衮衣之日月遠覩天位之飛龍黼扆後設而斷必自乎睿思冕旒前隨而明不掩於重瞳無動聲色篤恭其容儼然帝舜之正位於南面何異周武之垂拱乎九重其臣則王公侯伯貂蟬炫幘玉帶懸牙朱衣襲裼卿大夫士降至百職濟濟蹡蹡莫不盛飾冠以品分班以次設東文西武鴛排鵠植旁及服左衽之遠夷言侏㒧之羣貊詩書所未道其名唐虞所不賓之國皆奉玉帛而遠來亦幸觀光乎其側於是絳幘雞人長鳴東廡伶官發音金石柷敔琴瑟簫管交宣迭鼓聲洋洋乎盈耳節鏗鏗乎有序禮官唱讚登降拜俯進退起跪或躍或舞咸中乎儀罔愆於素諸方暨進之辭既退萬口嵩呼之聲齊舉喜動乎天顏聲振乎寰宇迨乎大禮既成祥慶薦臻荷天子之有命賜衆臣休暇於浹辰宴幣既頒恩禮復勤凡有生之衆庶莫不願戴於一人且夫冬之爲節自古所尚豈但魯史備雲物之書周官重圜丘之享蓋其在易卦則爲復而復之爲義取乎陰消而陽長陽長則君子道泰之漸陰消則小人道否之象上必體此而思君子之道當崇下必體此而思小人之道不足仗上下同情是則是懲務使邪枉不得勝乎正直讒慝不得妨乎賢能則天下可納之仁義之域功德可齊乎唐虞之稱皇圖於焉而鞏固福物自是而駢增

冬至部藝文二 詩詞

冬至初歲小會樂歌　晉張華

日月不留四氣迴周節慶代序萬國同休庶尹羣后奉壽升朝我有嘉禮式宴百僚繁肴綺錯旨酒泉渟笙鏞和奏磬管流聲上隆其愛下盡其心宣其壅滯訓之德音乃宣乃訓配享交泰永載仁風長撫無外

冬至　陳新塗妻李氏

靈象尋數迴四氣平運散陰律鼓微陽大明啓修且

冬至　宋鮑照

感與時來興心隨逝化歎式宴集中堂賓客盈朝館舟還莊甚笑水流孔急歎景移風度改日至晷迴換眇眇負霜鶴皎皎帶雲鴈長河結瓓玕層冰如玉岸哀哀古老容慘顏愁歲晏催促時節過逼迫聚離散美人還未央鳴箏誰與彈

詠冬至　袁淑

連星貫初曆令月臨首歲薦樂行陰政登歌贊陽滯收凉降天德萌華宣地惠司瑞記夜晞書雲掌朝誓

奉和冬至應教　北齊蕭慤

天宮初動磬緹室已飛灰暮風吹竹起陽雲覆石來折水開荔色除雪出蘭栽戀無宋玉辨濫吹楚王臺

冬至乾陽殿受朝　隋煬帝

北陸元冬盛南至晷漏長端拱朝萬國守文繼百王至德慙日用治道愧時康新邑建嵩岳雙闕臨洛陽圭景正八表道路均四方碧空霜華淨朱庭皎日光纓珮既濟濟鍾鼓何鍠鍠文戟翊高殿采旄分修廊元首乏明哲股肱貴惟良舟檝行有寄庶此王化昌

奉和冬至乾陽殿受朝應詔　牛弘

恭己臨萬寓宸居御八埏作貢菁茅集來朝圭黻連司儀三揖盛掌禮九賓虔重欄映如璧複殿繞非煙

至後　唐杜甫

冬至至後日初長遠在劍南思洛陽青袍白馬有何意金谷銅駝非故鄉梅花欲開不自覺棣萼一別永相望愁極本憑詩遣興詩成吟詠轉淒涼

冬至　前人

年年至日長爲客忽忽窮愁泥殺人江上形容吾獨老天涯風俗自相親杖藜雪後臨丹壑鳴玉朝來散紫宸心折此時無一寸路迷何處是三秦

小至　前人

天時人事日相催冬至陽生春又來刺繡五紋添弱線吹葭六琯動浮灰岸容待臘將舒柳山意衝寒欲放梅雲物不殊鄉國異教兒且覆掌中杯

至日遣興奉寄北省舊閣老兩院故人　前人

去歲茲辰捧御牀五更三點入鵷行欲知趨走傷心地正想氛氳滿眼香無路從容陪語笑有時顛倒著衣裳何人錯憶窮愁日愁日愁隨一線長

長至日上公獻壽　張叔良

鳳闕晴鐘動雞人曉漏長九重初啓鑰三事正稱觴日至龍顏近天旋聖曆昌休光連雪淨瑞氣雜爐香化被君臣治恩沾士庶康不因稽舊典誰得紀朝章

長至日上公獻壽　崔琮

應律三陽首朝天萬國同斗邊看子月臺上候祥風五夜鐘初度千門日正融玉階文物盛仙仗武貔雄率舞皆羣辟稱觴即上公南山爲聖壽長對未央宮

長至日上公獻壽　李諫

候曉金門闢乘時玉曆長羽儀瞻上宰雲物麗初陽漢禮方傳珮堯年正捧觴日行臨觀闕帝錫洽珪璋盛美超三代洪休降百祥自憐朝末坐空此詠無疆

南至日太史登臺書雲物　裴達

圜丘禋展禮佳氣近初分太史方簪筆高臺紀彩雲天容和縹緲曉色共氛氳道泰資賢輔年豐倚聖君恭惟司國瑞衆用察人文應念懷鉛客終朝望碧雰

南至日太史登臺書雲物　于尹躬

至日行時令登臺約禮文官稱趙伯氏色辨五方雲晝漏聽初發陽光望漸分司天爲歲備持簡出人羣惠愛周微物生靈荷聖君長當有嘉瑞郁郁復紛紛

冬至夜郡齋宴別前華陰盧主簿 并序　張登

范陽盧君道濟以適越越人悅之稅車休徙三旬之間然後飭行李之命時日南至登與賓客僚吏會別於郡齋釃酒卜夜夜艾酒酣而不能自已故咸請詩之由是探韻而賦賦不出志大抵感時傷遠又美盧君擇其所從而不惑頌征南有奔走之德焉

虎宿方冬至雞人積夜籌相逢一尊酒共結兩鄉愁王儉花爲府盧諶幄內璆明朝更臨水悵望嶺南流

南至日隔霜仗望含元殿爐煙　王良士

抗殿疏龍首高高接上元節當南至日星是北辰天寶戟羅仙仗金爐引御煙霏微雙闕麗容曳九門連拂曙祥光滿分晴瑞色鮮一陽今在曆生植仰陶甄

朔旦冬至攝職南郊因書卽事　權德輿

大明南至慶天正朔旦圓丘樂六成文軌盡同堯曆象齋祠忝備漢公卿星辰列位祥光滿金石交音曉奏清更有觀臺稱賀處黃雲捧日瑞昇平

冬至宿齋時郡君南內朝謁因寄　前人

清齋獨向丘園拜盛服想君興慶朝明日一陽生百福不辭相望阻寒宵

至日登樂遊園　裴度

陰律隨寒改陽和應節生祥雲觀魏闕瑞氣映秦城驗炭論時政書雲受歲盈晷移長日至霧斂遠霄清景暖仙梅動風柔御柳傾那堪封得意空對物華情

南至隔仗望含元殿爐煙　崔立之

千官望長至萬國拜含元隔仗爐光出浮霜煙氣翻飄飄縈內殿漠漠澹前軒聖日開如捧卿雲近欲渾輪囷灑宮闕蕭索散乾坤願倚天風便披香奉至尊

南至日隔仗望含元殿爐煙　郭遵

晃旒親負扆卉服盡朝天暘谷移初日金爐出御煙芬馨流遠近散漫入貂蟬霜仗凝逾白朱欄映轉鮮如看浮闕在稍覺逐風遷爲沐皇家慶來瞻羽衛前

冬至夜　白居易

老去襟懷常濩落病來鬢髮轉蒼浪心灰不及爐中火鬢雪多於砌下霜三峽南賓城最遠一年冬至夜偏長今朝始覺房櫳冷坐索寒衣說孟光

冬至宿楊梅館　前人

十一月中長至夜三千里外遠行人若爲獨宿楊梅館冷枕單牀一病身

至日荷李常侍過郊居　熊孺登

賤子守柴荆誰人記姓名風雲千騎降草木一陽生禮異江河動歡殊里巷驚稱觴容侍坐看竹許同行遇覺滄溟淺恩疑太嶽輕盡搜天地物無驗此時情

日南至　獨孤鉉

玉曆頒新律凝陰發一陽輕暉猶惜短圭影漸欣長晷度經南斗流晶盡北堂乍疑周戶耀可愛逗林光積雪消微照初萌動渺茫更升臺上望雲物已昭彰

冬至酬劉使君　殷堯藩

異鄉冬至又今朝回首家山入夢遙漸喜一陽從地復却憐羣沴逐冰消梅含露蘂知迎臘柳拂宮袍憶候朝多少故人承宴賞五雲堆裏聽簫韶

冬至日祥風應候　蔣防

節逢清景空氣占二儀中獨喜登高日先知應候風瑞呈光舜化慶表盛堯聰況與承時叶還將入律同微微萬井遍習習九門通遶殿爐煙起殷勤報歲功

至日上公獻壽酒　白敏中

候曉天門闢朝天萬國同瑞雲昇觀闕香氣映華宮日色臨仙藥龍顏對昊宮羽儀瞻百姓獻壽侍三公化被君王洽恩沾草木豐自欣朝玉座宴此詠皇風

冬至日遇京使發寄舍弟　杜牧

遠信初憑雙鯉去他鄉正遇一陽生尊前豈解愁家國輦下惟能憶弟兄旅館夜憂姜被冷暮江寒覺晏裘輕竹門風過還惆悵疑是松窗雪打聲

和湖州杜員外冬至日白蘋洲見憶　李郢

白蘋亭上一陽生謝脁新裁錦繡成千嶂雪消溪影淥幾家梅綻海波清已知鷗鳥長來狎可許汀洲獨有名多媿龍門重招引卽拋田舍棹舟行

冬至夜作　韓偓

中宵忽見動葭灰料得南枝有早梅四野便應枯草綠九重先覺凍雲開陰冰莫向河源塞陽氣從今地底迴不道慘舒無定分却憂蚊響又成雷

冬至日陪裴端公使君清水堂集　釋皎然

亞歲崇佳宴華軒照綠波渚芳迎氣早山翠向晴多推往知時訓書祥辨政和從公惜日短留賞夜如何

冬至吟二首　宋邵雍

冬至天之半天心無改移一陽初動處萬物未生時元酒味方淡太音聲正希此言如不信更請問庖犧

何者謂之幾天根理極微今年初盡處明日未來時此際易得意其間難下辭人能知此意何事不能知

冬至日與諸生飲　蘇軾

小酒生黎法乾糟瓦盎中芳辛知有毒滴瀝取無窮凍醴寒初泫春醅煖更饛華夷兩樽合醉笑一歡同里閈峩山北田園震澤東歸期那敢說安訊不曾通鶴髮驚全白犀圍尚半紅愁顏解符老壽耳鬭吳翁得穀鵝初飽亡貓鼠益豐黃薑收土芋蒼耳斫霜叢兒瘦緣儲藥奴肥爲種菘頻頻非竊食數數尚乘風河伯方夸若靈媧自舞馮歸途陷泥淖炬火燎茆蓬膝上王文度家傳張長公和詩仍醉墨戲海亂羣鴻

冬至日獨遊吉祥寺　前人

井底微陽回未回蕭蕭寒雨濕枯荄何人更似蘇夫子不是花時肯獨來

預作冬至　張耒

紫壇會從貪琳琅親被天人五冕光今日黃州山下寺五更聞雁滿林霜

和冬至紫蒙館書事　蘇頌

秦時迎長日殊方展慶杯關山猷沙磧星斗望昭回月共寒更永風隨協氣來欲知玉曆正候律應孳荄

冬至日遙想郊禮慶成口號　范成大

漸漸霜風不滿旗紫煙黃氣捧朝曦五更貫索埋光後萬里鉤陳放仗時留滯周南無舊事布宣漢德有新詩豐年四海皆溫飽願把芳心壽玉巵

長至日與同舍遊北山　前人

歲晚山同色湖平霧不收寒雲低閣雪佳節靜供愁竹柏森嚴立蒲荷索莫休瘦筇知腳力政爾耐清遊

冬至節後賀皇太子及平陽郡主　楊萬里

長樂鐘聲繞夢鸞建章星影照人行千官燈語聽殘點一夜霜寒在五更金鑰玉筦開北闕銀戟綵韡謁東明青宮朱邸環天極五色祥雲覆帝城

乙未冬至　金李俊民

已應黃宮律初生復卦陽道隨天在北愁與日俱長節物驚時換年光有底忙浮雲多變態試與問何祥

十一月二十七日冬至　元朱德潤

卷地顛風響怒雷一宵天上報陽回日光繡戶初添線雪意屏山欲放梅雙闕倚天瞻象魏五雲書彩望靈臺江南水暖不成凍溪叟穿魚換酒來

冬至次張宣撫韻二首　楊載

北去關河遠南歸歲月長居龍雖有技相馬獨無方雲水連天暗霜蕪滿地荒客遊應未已塵土在衣裳

瀛海無消息冥冥鳥道長已經雙鬢短更待兩瞳方落日依平嶂洪河入大荒憂來那可得揮淚欲沾裳

至節即事七首　馬臻

天街曉色瑞煙濃名紙相傳盡賀冬繡幕家家渾不卷呼盧笑語自從容

閑看來往坐多時雨洒香塵土潤微珠翠壓頭行不穩嬌羞兒女把人衣

昨夜梅花已報春地爐移擁更精神酒酣纖手爭來折鸚鵡回頭不敢嗔

已有紗籠照舞兒喧喧鼓笛自相隨誰家院落來呼喚門外天明也不知

簾旌壘壘繡鮫綃遮護香風不放消却恐酒闌先睡去預教小玉問明朝

新詞聽徹思徘徊侍女鞾尖下著遲紅燭有花心暗喜流蘇雙挂玉梅枝

店舍喧嘩徹夜開熒煌燈火映樓臺歡遊未曉不歸去早有元宵氣象來

送宋謝二博士進賀冬至表赴京師聽宣論畢還吳　明高啓

驛騎雙馳捧綠章都門逢舊喜洋洋小儒方幸瞻天近遠使初來賀日長仗下丹墀晴雪盡朝回紫陌曉塵香承宣歸去難留駐乞報平安到故鄉

丙子冬至　李夢陽

奉天門下玉闌橋此日催班早侍朝占史奏雲催萬國大官傳宴散層霄苑梅迎律春先動宮柳臨風色欲搖一出忽驚今十載百年勳業有漁樵

至日懷諸太史陪祀南郊　王稺登

圜丘馳道草芊芊曠典重逢御極年聖壽長如南至

日皇恩高似北溟天葭灰應氣迎鄒律松籟含風入舜絃最羨翰林供奉客揮毫先進慶雲篇

冬至南郊扈從紀述和陳玉壘太史韻六首　于慎行

聖后乘乾奉帝禋日躔南陸協靈辰九關肅啓天門鑰萬姓歡隨御輦塵樓雪初融丹禁曉葭灰微動玉衡春虛慚珥筆親文物賓有甘泉賦未陳

玉闈東畔畫簾前到處常隨豹尾旋聖代儀文今日盛儒臣雨露向來偏琅函賜錦馳中騎寶鼎分餐出御筵齋室受釐應有問朝回猶恐夜深宣

絳闕陰沉啓祕扃鑾輿肅穆款貞庭霜凝碧落天衣濕月上仙壇玉樹青帝座三重開萬象雲門六變走羣靈祠臣秉笏香煙裏時向珠躔望景星

絳節氤氳上太清紫煙縹緲冠層城鵷行不動瑤墀影鳳幄微聞玉藻聲律應一陽璇象轉福凝五位泰階平禮成回蹕傳行漏百尺華燈闕下明

燈火薰天夾路旁屬車旋處翠華張非煙擁蓋璇霄麗若月乘輪御陌長十里香花連泰畤千門鼓吹徹昭陽皇誠已自通天貺萬祀應知寶祚昌

紫氣葱葱繞禁廬南郊近日履長初皇王禮樂光前殿侍從聲華滿後車漢時龍麟金匱紀周臺雲物彩毫書雄文亦是鄉人似齊客談天恐不如

冬至恭侍慶成大宴　前人

南郊夜燎泰壇煙內殿朝開大慶筵兩陛衣冠承湛露千門鐘鼓震鈞天親瞻玉几雲霄上久汎仙杯日月邊溫旨三傳咸已醉歡聲動地未央前

館課冬至齋居　前人

緹室灰飛晷欲長淸齋偃館坐焚香雪殘樓閣虛瓊樹月出簪裾滿玉堂筆望五雲迎舜日心隨一線入堯裳明朝負扆趨陪地只在瑤壇帝座旁

長安冬至　董其昌

子月風光雪後看新陽一縷動長安禁鐘乍應雲門曲寶樹先驅黍谷寒

至日　盛鳴世

曝背便暄暖灰心任歲時衰年聊對酒至日一題詩洗藥冰初薄探梅雪半垂轉應貧與病不厭老相隨

冬至夜集曹能始園亭觀妓　吳兆

佳候要佳麗山齋啓草扉入園鶯荔發窺琯見灰飛梅亂歌中落春爭笑裏歸橙香寒靧面桂氣暖熏衣粉壁斂橫影雕窗燭散輝不堪絃管歇殘月尚樓幃

長至日　樊鵬

大地初陽子夜回洞房元籥散蘆灰金堤暗約催春柳仙苑初傳破野梅壽祝南山同魏闕雲瞻北斗即蓬萊忻隨澤草知生意爲報和風聖域開

少年遊　長至　宋毛滂

遙山雪氣入疎簾羅幕曉寒添暖日騰波朝霞入戶一線過冰簷　綠尊香嫩葡萄暖滿酌破冬嚴庭下早梅已含芳意春近瘦枝南

滿江紅　冬至　范成大

寒谷春生熏叶氣玉筩吹穀新陽後便占新歲吉雲淸穆休把心情關藥裹但逢節序添詩軸笑强顏風物豈非癡終非俗　淸晝末佳眠熟門外事何時足且團圞同社笑歌相屬著意調停雲露釀從頭檢舉梅花曲縱不能將醉作生涯休拘束

西江月　丙午冬至　吳文英

添線繡牀人倦翻香羅幕煙斜五更簫鼓貴人家門外曉寒嘶馬　帽壓半簷朝雪鏡開千靨春霞小帘沽酒醉梅花夢到林逋山下

風入松　冬至　李肩吾

霜風連夜做冬晴曉日千門香葭暖透黃鐘管正玉臺彩筆書雲竹外南枝意早數花開對淸尊　香閨女伴笑輕盈倦繡停鍼花瓶一線添紅影看從今邐新春寒食相逢何處百單五箇黃昏

冬至部選句

漢崔駰銘陽升於下日永於天長履景福至于億年

宋傅亮詩星昴殷仲冬短晷窮南陸柔荔迎時萋芳芸應節馥

唐韋應物詩子月生一氣陽景極南端

權德輿詩令節一陽新西垣宿近臣曉光連鳳沼殘漏近雞人白雪飛成曲黃鐘律應均

薛能詩九九已從南至盡芊芊初傍北籬新

宋王十朋詩觀臺雲物端可書宮線初長日南至

汪元量詩三殿乘輿去賀冬

元陳高詩白髮頻添隨繡線壯心都冷類葭灰中興早看雲臺築老去何妨臥草萊

明尹耕詩臘凍嶺梅難索笑春遲宮柳未舒眉浮灰不送囊中賦弱線還添鬢上絲

欽定古今圖書集成曆象彙編歲功典

第九十卷目錄

冬至部紀事
冬至部雜錄
冬至部外編

歲功典第九十卷

冬至部紀事

周禮地官大司徒以土圭之灋測土深日至之景尺有五寸謂之地中（訂義）鄭鍔曰嘗聞土圭之法於師冬夏二至晝漏正中立一表以八尺爲度於表之傍立一尺五寸之土圭焉日南者南表也晝漏正而中表之景已與土圭等其南方之表則於表南得一尺四寸之景不及土圭之長是其地於日爲近南故其景短南方偏乎陽則知其地之多暑日北者北表也晝漏正而中表之景已與土圭等其北方之表則於表北得一尺六寸之景有過土圭之長是其地於日爲近北故其景長北方偏乎陰則知其地之多寒

春官家宗人以冬日至致天神人鬼（訂義）鄭康成曰天人陽也陽氣升而祭鬼神所以順其人也

秋官柞氏掌攻草木及林麓夏日至令刊陽木而火之冬日至令剝陰木而水之（訂義）鄭鍔曰攻之之法夏至日則刊陽木而令燔燎以火冬至日則剝陰木而令浸漬以水木之生於山南者爲陽木夏日至則陽氣之極又兄火之炎陽乎於是時則刊陽木而火之彼將不勝乎陽而死矣生於山北者爲陰木冬日至則陰之極又兄水之凝陰乎於是時則剝陰木而水之彼將不勝乎陰而死矣蓋陰陽相濟則沖氣以爲和此物之所以生陰陽偏勝則乖沴而爲疾此物之所以死陽木言刊陰木言剝先儒以爲互言余以爲刊除也與隨山刊木之刊同陽木堅而難除故以刊言之剝剝也與易柔變剛之剝同陰木柔而易去故以剝言之刊剝者除草木而空其地或居民或作室未必欲爲耕種之地

薙氏掌殺草冬至日而耜之（訂義）鄭鍔曰冬日已至陰極而凍於時則以耜而剗之剗覆其根凍死於冬則來春不能萌

左傳僖公五年正月辛卯朔日南至公旣視朔遂登觀臺以望而書禮也（注）周正月今之十一月蓋十一月一日冬至也自秋分日行南陸至冬至之日日南極

後漢書律歷志元封七年十一月甲子朔旦冬至詔太史令司馬遷治曆鄧平等更建太初改元易朔行夏之正乾鑿度八十分之四十三爲日法設清臺之候驗六異課效觕密太初爲最

漢書薛宣傳宣入守左馮翊日至休吏賊曹掾張扶獨不肯休坐曹治事宣出教曰蓋禮貴和人道尚通日至吏以令休所繇來久曹雖有公職事家亦望私恩意掾宜從衆歸對妻子設酒肴請鄰里壹关相樂斯亦可矣扶慙媿官屬善之（关古笑字）

中華古今注漢有繡鴛鴦履昭帝令冬至日上舅姑

後漢書律歷志天子常以日冬至御前殿合八能之士陳八音聽樂均度晷景候鍾律權土灰放陰陽冬至陽氣應則樂均淸景長極黃鍾通土灰輕而衡仰進退於先後五日之中八能以候狀聞太史封上效則和否則占候氣之法爲室三重戶閉塗釁必周密布緹縵室中以木爲案每律各一內庳外高從其方位加律其上以葭莩灰抑其內端案歷而候之氣至者灰去其爲氣所動者其灰散人及風所動者其灰聚殿中候用玉律十二惟二至乃候

晉書律歷志漢靈帝時會稽東部尉劉洪作乾象法冬至日日在斗二十二度以術追日月五星之行推而上則合於古引而下則應於今名爲乾象歷

歲華紀麗後漢盛吉爲廷尉每冬至夜定罪決斷妻執燭吉持丹筆夫妻相向垂泣決事

四民月令冬至之日薦黍糕先薦元冥以及祖禰其進酒肴及謁賀君師耆老如正日

先後冬至各五日買白犬養之以供祖禰

歲華紀麗魏文帝黃初元年冬至日黃雀集於文昌殿前

歲時記晉魏宮中以紅線量日影冬至後日添長一線

辟寒王武子好馬冬至則斷風鐙除日則藥王鞍每節日則飼馬以明沙豆薔薇草

晉書列女傳周顗母李氏常冬至置酒舉觴賜三子曰吾本渡江託足無所不謂爾等並貴列吾目前吾復何憂嵩起曰恐不如尊旨伯仁志大而才短名重而識闇好乘人之弊此非自全之道嵩性抗直亦不

容於世唯阿奴碌碌當在阿母目下耳阿奴謨小字也後果如其言

南史席闡文傳闡文爲東陽太守在郡有能名冬至悉放獄中囚依期而至

梁書王志傳志爲東陽太守郡獄有重囚十餘人冬至日悉遣還家過節皆返惟一人失期獄司以爲言志曰此自太守事主者勿憂明旦果自詣獄辭以婦孕吏民益歎服之

傳岐傳岐除始新令有囚當死會冬至岐乃放其還家使過節一日復獄曹掾固爭曰古者乃有此於今不可行岐曰其若負信縣令當坐竟如期而反

魏書高閭傳冬至高祖文明太后大饗羣官高祖親舞於太后前羣臣皆舞高祖乃歌仍率羣臣再拜上壽閭進曰臣聞大夫行孝行合一家諸侯行孝聲著一國天子行孝德被四海今陛下聖性自天敦行孝道稱觴上壽靈應無差臣等不勝慶踊謹上千萬歲壽高祖大悅

北齊書綦容儼傳厙狄伏連天保初儀同三司家口有百數盛夏之日料以倉米二升不給鹽菜常有饑色冬至之日親表稱賀其妻爲設豆餅伏連問此豆因何而得妻對向於食馬豆中分減充用伏連大怒典馬掌食之人並加杖罰

西陽雜俎北朝婦人常以冬至日進履韈及鞾

隋書禮儀志大業十年冬至祀圓丘帝不齋於次詰朝備法駕至便行禮是日大風帝獨獻上帝三公分獻五帝禮畢御馬疾驅而歸

唐書禮樂志冬至祀昊天上帝於圓丘以高祖神堯皇帝配東方青帝靈威仰南方赤帝赤熛怒中央黃帝含樞紐西方白帝白招拒北方黑帝叶光紀及大明夜明在壇之第一等天皇大帝北辰北斗天一太一紫微五帝座並差在行位前餘內官諸座及五星十二辰河漢四十九座在第二等十有二陛之間中官市垣帝座七公日星帝席大角攝提太微五帝太子明堂軒轅三台五車諸王月星織女建星天紀十七座及二十八宿差在前列其餘中官一百四十二座皆在第三等十二陛之間外官一百五在內壝之內衆星三百六十在內壝之外

登科記調露元年詔曰今年冬至有事嵩獄令諸州明揚側陋或文武兼資才堪將相或學藝該博業標儒首或藻思宏麗辭擅文宗或洞曉音律識均牙曠或深明曆數妙同京管者咸令薦舉

明皇實錄上御含元殿受朝太史奏云朔日冬至曆數之元嘉辰之會按樂叶圖徵云朔日冬至聖主厚祚又按春秋感精符云冬至陰雲祁寒有雲迎日至者來歲大美此並聖德光被上感天心請付有司以彰嘉瑞從之

辟寒開元二年冬至交趾國進犀一株色黃如金使者請以金盤置於殿中溫溫然有煖氣襲人上問其故使者對曰此辟寒犀也頃自隋文帝時本國曾進一株直至今日上甚悅厚賜之

玉海開元十一年十一月癸酉日長至太史奏有雲迎日祥風至日有冠珥太平之嘉應

開元十三年撫州三脊茅生詔張說等於集賢院刊撰東封儀注十一月丸日日南至上備法駕登山十日祀昊天上帝於封臺之前壇禮畢還齋宮慶雲隨馬祥風繞輅張說等舞蹈拜賀十一日祀享地祇於社首之泰折壇至岳西大風裂幕折柱張說昌言海神來迎至升壇休氣四塞登歌奏樂有祥風自南而至絲竹之聲飄若天外及禪社首五色雲見日重輪十二日上御朝覲之帳殿朝羣臣大赦天下上製紀泰山銘親札勒於山頂之石中書令張說撰封祀壇頌侍中源乾曜撰禪社首壇頌禮部尚書蘇頲撰朝覲壇頌以紀聖德

開元十六年十一月日南至御含元殿受朝太史奏黃雲扶日

開元天寶遺事冬至日大雪至午雪霽有晴色因寒所結簷溜皆爲冰條妃子使侍兒敲下二條看玩帝自晚朝視政回問妃子曰所玩何物耶妃子笑而答曰妾所玩者冰筯也帝謂左右曰妃子聰慧比象可愛也

唐會要貞元四年李泌請冬至朝賀中書令讀諸方表

唐書宣宗本紀大中九年七月以旱庚申罷淮南宣歙浙西冬至常貢以代下戶租稅

國史補每元日與冬至大朝會百官已集而宰相方至珂傘列燭多至五六百炬謂之火城宰相火城至則衆火皆撲滅以避之東坡云萬人爭看火城還是也

翰林志唐學士重陽冬至及其餘時各有賞賜又時果新茗瓜新曆是爲經制凡正冬至不受朝俱入進名奉賀受賜

雲仙雜記洛陽人家冬至煎餳綵珠戴一陽巾

遼史穆宗本紀應曆十四年十一月壬午日南至宴飲達旦

應曆十八年十一月癸卯冬至被酒不受賀

宋史禮志鑄九鼎於中太乙宮南爲殿奉安之曰九成宮北方曰寶鼎其色黑祭以冬至幣用皁

避暑錄話藝祖四年郊日至在晦先無知之者至期賓儼始上聞不得已乃用十六日甲子非日至而郊惟此一舉

玉海至道二年呂奉天上言起商王小甲七年十二月甲申朔旦冬至自此後每七十六年得一朔旦冬至詔令撰爲一書

咸平五年十一月壬寅合祭圜丘丙午大雪上謂呂蒙正曰郊祀之祭重陰變晴今茲成禮又獲嘉雪

曲洧舊聞龐莊敏公帥延安日因冬至奉祀家廟齋居中夜恍惚間天象成文云龐某後十年作相以仁佐天子凡十有三字駐視久之方滅公因自作詩紀其事云冬至子時陽已生道隨陽長物將萌星辰賜告銘心骨願以寬章輔至平按實錄自慶曆元年初分陜西四路公與韓忠獻公范文正公王聖源三公俱爲帥至皇祐三年登庸適十年天道遠矣而告人諄諄若此

澠水燕談錄王元規慶曆末赴吏部選一夕夢一人衣冠高古因訪以當授何地官期早晚書八字與之云時生一陽體合三水既覺不悟意及注官河南河清主簿凡三字從水到官日正冬至

避暑錄話古者舉大事皆避月晦說者以陰之窮爲諱南郊必用冬至之日周禮也皇祐四年當郊而日至適在晦宋元憲公爲相預以爲言遂改爲明堂議者以爲得禮

墨客揮犀蔣堂侍郎爲淮南轉運使日屬縣例致賀冬至書皆投書即還有一縣令投書人獨不肯去須索回書左右諭之皆不聽以至呵逐亦不去曰寧得罪不得書不敢回邑時蘇子美在坐頗駭怪曰皁隸如此野狠其令可知蔣曰不然此必健者能使人不敢慢其命如此乃爲一簡答之方去子美歸吳中月餘得蔣書曰縣令果健者遂延譽後卒爲名臣

墨莊漫錄蘇頌子容丞相博學無所不通熙寧十年爲大遼生辰國信使在遼中適遇冬至時本朝曆先北朝一日北朝曆後一日北人問公孰是公曰曆家筭術小異遲速不同謂如亥時節氣當交則猶是今夕若踰數刻即屬子時爲明日矣曆家布筭容有遲速或先或後故有一日之異然各從本朝之曆可也遼人深以爲然遂各以其日爲節慶賀使還奏之上喜曰朕思之此最難處卿之所對極中事理

宋史禮志元祐二年十一月冬至詔賜御筵於呂公著私第遣中使賜上尊酒香藥果實鏤金花等以御酒器勸酒遣教坊樂工給內帑錢賜之及暮賜燭傳宣令繼燭皆異恩也

東坡志林子開將往河北相度河寧以冬至前一日被旨過節遂行僕以節日來賀且別之留飲數盞頹然徑醉案上有此佳紙故爲作草露書數紙遲其北還則又春矣當爲我置酒蟹山藥桃李是時當復從公飲也

東京夢華錄十一月冬至京師最重此節雖至貧者一年之間積累假借至此日更易新衣備辦飲食享祀先祖官放關撲慶賀往來一如年節

乾淳歲時記朝廷大朝會慶賀排當並如元正儀而都人最重一陽賀冬車馬皆華整鮮好五鼓已塡擁雜遝於九街婦人小兒服飾華炫往來如雲嶽祠城隍諸廟炷香者尤盛三日之內店肆皆罷市垂簾飲博謂之做節享先則以餛飩有冬餛飩年餺飥之諺貴家求奇一器凡十餘色謂之百味餛飩

玉海淳熙二年十一月朔旦冬至臣僚言至朔同日凡十九年一遇雲物輝華請宣示史館

豹隱紀談吳門風俗多重至節謂曰肥冬瘦年互送節物顏侍郎度有詩曰至節家家講物儀迎來送去費心機脚錢盡處渾閒事原物多時却再歸

癸辛雜識丙申十一月十七日冬至是夜三鼓有大聲如發火炮震動可畏雞犬皆鳴次日金一山自山中來云山中之聲尤可畏雉皆鳴或云天狗墜故也

元史天文志冬至晷影堂爲屋五間屋下爲坎脊開南北一罅以直通日晷隨罅立壁附壁懸尺以往來窺運直望漏屋晷影以定冬至

元氏掖庭記刺繡亭冬至則候日於此亭邊有一線竿竿下爲緋袞堂至日命宮人把刺以驗一線之功

歲華紀麗譜冬至節宴於大慈寺後一日早宴金繩寺晚宴大慈寺清獻公記云至前一日太守領客出北門石魚橋具樽豆觀醮已乃即天長觀晚宴蓋文潞公始爲之後復罷

明會典洪武十七年令冬至節錢支鈔不等本日爲

始放假三日

孤樹裒譚京師最重冬節不問貴賤賀者奔走往來置一簿題名滿幅

熙朝樂事冬至謂之亞歲官府民間各相慶賀一如元日之儀吳中最盛故有肥冬瘦年之說春粢糕以祀先祖婦女獻鞋韈於尊長亦古人履長之義也

帝京景物略十一月冬至日百官賀冬畢吉服三日具紅牋互拜朱衣交於衢一如元旦民間不爾惟婦製履爲上其舅姑日冬至晝素梅一枝爲瓣八十有一日染一瓣瓣盡而九九出則春深矣曰九九消寒圖有直作圈九叢叢九圈者刻而市之附以九九之歌述其寒燠之候歌曰一九二九相喚不出手三九二十七籬頭吹觱篥四九三十六夜眠如露宿五九四十五家家堆鹽虎六九五十四口中呬暖氣七九六十三行人把衣單八九七十二猫狗尋陰地九九八十一窮漢受罪畢纔要伸脚睡蚊蟲蠟蚤出

金臺記聞北人驗時以天明三星入地爲河凍之候正德丙寅冬至在十一月二十八日都下寒最遲而河亦遲凍是月望日與諸吉士早朝共試觀之黎明三星正入地而河冰亦適合云

冬至部雜錄

易經復卦復其見天地之心乎 本義 積陰之下一陽復生天地生物之心幾於滅息而至此乃復可見在人則爲靜極而動惡極而善本心幾息而復見之端也

詩經召南鵲巢章維鵲有巢 箋 鵲之作巢冬至架之至春乃成

禮記雜記孟獻子曰正月日至可以有事於上帝 陳注 正月周正建子之月也日至冬至也

周禮六律六同疏冬至之節陽氣在地中始生而上長也陰氣在上而始入於地其深九寸乃與陽合而陽長上通焉故葭灰未動黃鍾之管九寸中空皆陰氣也冬至而陽生上實於九寸之空而葭灰動焉

左傳莊公二十九年冬十二月城書及防書時也凡土功龍見而畢務戒事也火見而致用水昏正而栽日至而畢 注 日南至微陽始動故土功息

昭公二十有一年秋七月壬午朔日有食之公問於梓慎曰是何物也禍福何爲對曰二至二分日有食之不爲災日月之行也分同道也至相過也其他月則爲災陽不克也故常爲水

易通卦驗冬至射干生麋角解

春秋考異郵冬至日辰星升

春秋感精符南至有雲迎日年豐之象

孝經緯日在外衡牽牛之初冬至之日

黃帝鍼灸經冬至日風從南來者名爲虛賊傷人也

管子輕重已篇以冬至之日始數四十六日冬盡而春始教民鑽燧墐竈泄井所以壽民也

陶朱公書朔日値大雪或冬至皆主有災風雨主麥好西風主盜賊起

子華子陽城胥渠問篇陽氣爲火火勝故冬至之日燥

呂氏春秋任地篇冬至後五旬七日菖始生菖者百草之先生者也於是始耕

史記律書日冬至則一陰下藏一陽上舒

氣始於冬至周而復始神生於無形成於有形然後數形而成聲

天官書凡候歲美惡謹候歲始或冬至日產氣始萌

辰星仲冬冬至晨出郊東方與尾箕斗牽牛俱西爲中國

封禪書冬日至祀天于南郊

漢書律歷志參天九兩地十是爲會數參天數二十五兩地數三十是爲朔望之會以會數乘之則周於朔旦冬至是爲會月

傳不曰冬至而曰日南至極於牽牛之初日中之時景最長以此知其南至也

湯爲天子用事十三年十二月乙丑朔旦冬至故書序曰成湯既沒太甲元年使伊尹作伊訓篇曰惟太甲元年十有二月乙丑朔伊尹祀於先王誕資有牧方明言雖有成湯太丁外丙之服以冬至越茀祀先王於方明以配上帝是朔旦冬至之歲也後九十五歲商十二月甲申朔旦冬至亡餘分是爲孟統

郊祀志曰冬至使有司奉祠南郊高帝配而望羣陽以助致微氣通道幽弱當此之時后不省方故天子不親而遣有司所以正承天順地復聖王之制顯太祖之功也

魏相傳日冬至則八風之序立萬物之性成各有常職不得相干

淮南子天文訓辰星正四時常以十一月冬至效斗牽牛

冬至廣漠風至則閉關梁決刑罰

日冬至子午夏至卯酉冬至加三日則夏至之日也

歲遷六日終而復始

春秋繁露陰陽終始篇冬至之後陰俛而西入陽仰而東出

陰陽出入上下篇初薄大冬陰陽各從一方來而移於後陰由東方來西陽由西方來東至於中冬之月相遇北方合而爲一謂之曰至別而相去陰適右陽適左適左者其道順適右者其道逆逆氣左上順氣右下故下暖而上寒以此見天之冬右陰而左陽上所右而下所左也

循天之道篇陰陽之會冬合北方而物動於下在日至之後爲寒則凝木裂地

十洲記冬至後月養於廣寒宮

說苑大聖至治之世天地之氣合以生風日至則日行其風以生十二律故仲冬短至則生黃鍾

太元經調律者度竹爲管蘆莩爲灰列之九閉之中漠然無動寂然無聲微風不起纖塵不形冬至夜半黃鍾以應

後漢書律歷志冬至之聲以黃鍾爲宮太簇爲商姑洗爲角林鍾爲徵南呂爲羽應鍾爲變宮蕤賓爲變徵此聲氣之元五音之正也

日道發南去極彌遠其景彌長遠長乃極冬乃至焉

桓譚新論月從天元已來訖十一月朔朝冬至日月若連璧

白虎通誅伐篇冬至所以休兵不舉事閉關商旅不行何此日陽氣微弱王者承天理物故率天下靜不復行役扶助微氣成萬物也故孝經讖曰夏至陰氣始動冬至陽氣始萌易曰先王以至日閉關商旅不行夏至陰始起反大熱何陰氣始起陽氣推而上故大熱也冬至陽始起陰氣推而上故大寒也

禮樂篇樂記曰壎坎音也壎在十一月壎之爲言動陽氣於黃泉之下默蒸而萌

八風篇冬至廣漠風至則斷大辟行獄刑

說文冬至斗指子夜半時加午者也

四民月令冬十一月陰陽爭血氣散冬至日先後各五日寢別內外

蔡邕律曆紀候鍾律權土炭冬至陽氣應黃鍾通土炭輕而衡仰夏至陰氣應蕤賓通土炭重而衡低進退先後五日之中

後漢書陳寵傳夫冬至之節陽氣始萌故十一月有蘭射干芸荔之應

廣志桂枝瓜長一尺餘蜀地食瓜冬至熟

西京雜記純陰用事未冬至前一日

三禮義宗冬至日祭天於圜丘玉用蒼璧牲用玉色樂用夾鍾爲宮樂作六變

符瑞圖冬至東北方融風至

顏氏家訓南人冬至歲首不詣喪家若不修書則過節束帶以申慰北人至歲之日重行弔禮禮無明文則吾不取己孤而履歲及長至之節無父拜母祖父母世叔父母姑兄姊則皆泣無母拜父外祖父母舅姨兄姊亦如之此人情也

歲華紀麗伏羲斷龜文以立八卦冬至一陽生配乾之初九

唐書曆志日在虛一則鳥火昴虛皆以仲月昏中合於堯典劉炫依大明曆四十五年差一度則冬至在虛危而夏至已過中矣

治曆之本必推上元日月如合璧五星如連珠夜半甲子朔旦冬至自此七曜散行不復餘分

食譜張手美家冬至宜盤

唐雜錄唐宮中以女功揆日之長短冬至後日晷漸長比常日增一線之功

周易集解勞乎坎崔憬曰冬至則坎王而萬物之所歸也

易經復卦疏復謂反本靜爲動本冬至一陽生是陽動用而陰復於靜也

洽聞志赤土國在崖州南渡海經雞籠島冬至之日影在南其窗戶皆向北

西域志天竺國以十一月十六日爲冬至則麥秀

春明退朝錄宋太祖建隆四年南郊改元乾德是歲十一月二十九日冬至而郊禮在十六日何也乃檢日曆其赦制云律且協於黃鍾日正臨於甲子乃避晦而用十六日甲子郊也及修實錄以此兩句太質而刪去之遂失其義

談苑收冰之法冬至前所收者堅而耐久冬至後所收者多不堅也黃河亦必以冬至前凍合冬至後雖

凍不復合矣川子乳糖師子冬至前造者色白不壞冬至後者易敗多蛀陽氣入物其理如此

夢溪筆談曆法布步歲之法以冬至斗建所抵至明年冬至所得辰刻衰杪謂之斗分故歲文從步從戌戌者斗魁所抵也

十一月月建在子日大吉予按大吉者冬至之氣小往大來君子道長大人之吉也故主文武大臣之事程傳陰盛既極冬至則一陽復生於地中故爲復也

爾雅翼覷今之河豚其出有時率以冬至後來每三頭相從號爲一部江陰得之最早率以冬至日輒有之故說者解易信及豚魚以爲卽此蓋中孚十一月冬至之卦此魚應之而來是信之著者也

老學菴筆記陳師錫家享儀謂冬至前一日爲冬住與歲除夜爲對蓋閩音也予讀太平廣記三百四十卷有盧頊傳云是夕冬至除夜乃知唐人冬至前一日亦謂之除夜詩唐風日月其除除音直慮反則所謂冬住者冬除也蓋傳其語而失其字耳

陸游冬至詩家貧輕過節身老却增年自注鄉俗謂喫盡至飯卽添一歲

家禮冬至祭始祖通考云此厥初生民之祖也冬至一陽之始故象其類而祭之朱子曰始祖之祭似僭今不敢祭

齊東野語古有數九九之語蓋自至後起數至九九則春已分矣如至後一百六日爲寒食之類也余嘗聞判太史局鄧宗文云豈特此爲然凡推算皆有約法推閏歌括云欲知來歲閏先算至之餘更看大小盡決定不差殊謂如來歲合置閏止以今年冬至後餘日爲率且以今年十一月二十二日冬至則本月尚餘八日則來年之閏當在八月或小盡則止餘七日則當閏七月若冬至在上旬則以望日爲斷十二日足則復起一數焉

癸辛雜識凡造酒令冬至前最佳勝於臘中蓋氣未動故也今造鹽菜者亦必於冬至前則可以久留矣此說極有理

石湖居士戲用鄉語云土俗以二至後九日爲寒燠之候故諺有夏至未來莫道熱冬至未來莫道寒之語

研北雜志吾家太史云冬至後九日遇壬法當有年

性理大全程子曰冬至一陽生却須陡寒正如欲曉而反暗也

潛室陳氏曰日月運轉於天如人之行步故推曆謂之步曆步曆之始謂之上元必以日月全數爲始於前更無餘分以此日爲端首卽十一月甲子夜半朔旦冬至也故言履端於始也

臨川吳氏曰楊子建以歲氣起冬至者冥契先天始震終坤之義子午歲之冬至起燥金而生丑中之寒水丑未歲之冬至起寒水而生丑中之風木寅申歲起風木卯酉歲起君火辰戌歲起濕土巳亥歲起相火皆肇端於子半六氣相生循環不窮歲氣起於子中盡於子中故曰冬至子之半天心無改移子午之歲始冬至燥金三十日然後禪於寒水以至相火日各六十者五而小雪以後其日三十復終於燥金丑未之歲始冬至寒水三十日然後禪於風木以至燥金日各六十者五而小雪以後其日三十復終於寒水寅申以下皆然如是六十年至千萬年氣序相生而無間

夢餘錄唐人以冬至前一日亦謂之除夜予謂除字止可施於歲前一日若又有冬除之說則夏至前又可謂之夏除乎殆非通論也

戒菴漫筆海棠欲花盛而鮮須冬至日用糟水澆根下世謂海棠無香惟西蜀潼川府昌州海棠獨香成都人謂海棠爲花尊貴之也

田家五行冬至得壬一日主旱二日小旱三日赤旱四日五穀大熟五日小水六日大水七日河決八日海翻九日大熟十日至十二日得壬五穀不成

枕談詩人冬至用書雲事宋人小說爲分至啓閉必書雲物獨以爲冬至事非也按春秋感精符云冬至有雲迎送日者來歲美宋忠注曰雲迎日出雲送日沒也冬至獨用書雲蓋指此

遵生八牋治療牡丹法冬至前後以鍾乳粉和硫黃一二錢掘開泥培之則花至來春大盛種時以白斂拌土欲絕蠐螬土蠶食根有蛀眼以硫黃入孔杉木削針針之蟲斃若有空眼處折斷捉蟲亦可

本草綱目夏枯草生平澤冬至後生葉似旋復

書蕉郭璞客傲云青陽之翠秀龍豹之委穎駿狼之長暉元陸之短景言著生於微盛生於衰也駿狼長暉言冬至之日也淮南子冬至日在駿狼山餘不可曉

稗史彙編杜甫有小至詩小至卽冬至也冬至陰極故曰小至

一統志郴州五蓋山歲冬至以雪占年云五蓋雪普

米賤如土雪若不均米貴如金

冬至部外編

雲笈七籤冬至清旦正東望有朱碧黃雲者是太霄玉妃太虛上眞人三素雲也存禮密祝三見雲輦白日昇僊

欽定古今圖書集成曆象彙編歲功典

第九十一卷目錄

季冬部彙考
易經地澤臨卦
詩經豳風七月章
禮記月令
周禮天官　地官　秋官
爾雅月陽
易通卦驗蒼陽雲　黑陽雲
素問診要經終論篇
汲冢周書周月解　時訓解
管子首憲篇
尚書大傳殷正
呂氏春秋季夏紀音律篇
史記律書
漢書律歷志
淮南子天文訓　時則訓　六合
大戴禮記夏小正
後漢書禮儀志
說文丑月
晉書樂志
梁元帝纂要季冬
齊民要術季冬事宜
隋書禮儀志
唐書禮樂志
農政全書季冬事宜　農事占候
遵生八牋臞仙月占　十二月事宜　十二月事忌　十二月修養法
賞心樂事十二月
本草綱目小寒大寒井水
酌中志略宮中十二月
直隸志書香河縣　昌平州　房山縣　永平府　新安縣　吳橋縣　棗強縣　饒陽縣　曲周縣
山東志書淄川縣　陽信縣　霑化縣　壽光縣　登州府
山西志書臨晉縣　解州　垣曲縣　澤州　馬邑縣
陝西志書平涼府
江南志書常熟縣　嘉定縣　崇明縣　松江府　無錫縣　宜興縣　高郵州　懷寧縣　潛山縣　太平府　旌德縣
浙江志書杭州府　海寧縣　諸暨縣　永康縣　樂清縣　龍泉縣
江西志書新建縣　靖安縣　鉛山縣　新城縣　新昌縣　上高縣　會昌縣
湖廣志書崇陽縣　大冶縣　鍾祥縣　攸縣　鄖陽縣　新田縣
福建志書尤溪縣　莆田縣
四川志書夾江縣
廣東志書南雄府　長樂縣
廣西志書隆安縣
雲南志書建水州

歲功典第九十一卷

季冬部彙考

易經

地澤臨卦

䷒

本義臨進而凌逼於物也二陽浸長以逼於陰故爲臨十二月之卦也

詩經

豳風七月章

二之日栗烈

朱注二之日謂斗建丑二陽之月栗烈氣寒也大全臨川王氏曰風而寒尚非其至也無風而寒於是爲至

禮記

月令

季冬之月日在婺女昏婁中旦氐中其日壬癸其帝顓頊其神元冥其蟲介其音羽律中大呂其數六其味鹹其臭朽其祀行祭先腎

陳注女在子元枵之次大呂丑律長八寸二百四十三分寸之百四

鴈北鄉鵲始巢雉雊雞乳

陳注此記丑月之候

天子居元堂右个乘元路駕鐵驪載元旂衣黑衣服元玉食黍與彘其器閎以奄

陳注元堂右个北堂東偏

命有司大難旁磔出土牛以送寒氣

陳注季春惟國家之難仲秋惟天子之難此則下及庶人又以陰氣極盛故云大難也旁磔謂四方之門皆披磔其牲以禳除陰氣不但如季春之九門磔攘而已出猶作也月建丑丑爲牛土能制水故特作土牛以畢送寒氣也

征鳥厲疾乃畢山川之祀及帝之大臣天之神祇

陳注征鳥鷹隼之屬以其善擊故曰征鳥疾猛厲而迅疾也帝之大臣謂五帝之佐句芒祝融之屬也孟冬言祈天宗此或司中司命風師雨師之屬

是月也命漁師始漁天子親往乃嘗魚先薦寢廟

陳注親往爲薦先
冰方盛水澤腹堅命取冰冰以入
陳注藏冰正在此時故命取冰冰入則陰事之終也
令告民出五種命農計耦耕事修耒耜具田器
陳注冰入之後大寒將退令典農之官告民出其五穀之種計度耦耕之事此皆豫備東作之事陽事之始也
命樂師大合吹而罷
陳注鄭氏曰歲將終與族人大飲作樂於太寢以綴恩也疏曰後年季冬乃復如此作樂以一年頓停故曰罷
乃命四監收秩薪柴以共郊廟及百祀之薪燎
陳注炊爨及夜燎之用也
是月也日窮于次月窮于紀星回于天數將幾終歲且更始
陳注去年季冬次元枵至此窮盡還次元枵紀會也去年季冬月與日會於元枵至此還復會於元枵也
專而農民毋有所使天子乃與公卿大夫共飭國典論時令以待來歲之宜
陳注歲既更始故事亦有異宜
乃命太史次諸侯之列賦之犧牲以共皇天上帝社稷之饗乃命同姓之邦共寢廟之芻豢命宰歷卿大夫至于庶民土田之數而賦犧牲以共山林名川之祀凡在天下九州之民者無不咸獻其力以共皇天上帝社稷寢廟山林名川之祀
陳注禮有五經莫重於祭故也

季冬行秋令則白露蚤降介蟲爲妖四鄙入保行春令則胎夭多傷國多固疾命之曰逆行夏令則水潦敗國時雪不降冰凍消釋

周禮

天官

大宰之職歲終則令百官府各正其治受其會聽其致事而詔王廢置
訂義王昭禹曰受其一歲功事財用之計聽其所致以告於上之事於是詔王廢置然此非特爲廢置也歲終平在朔易之時亦欲以知所當調制以待正月之吉布施之也

地官

小司徒之職歲終則考其屬官之治成而誅賞令羣吏正要會而致事
訂義鄭康成曰治成治事之計　賈氏曰要會謂月計歲計總爲簿書而致其事之功狀以待攷也

秋官

小司寇歲終則令羣士計獄弊訟登中於天府
訂義賈氏曰羣士謂鄉士遂士以下　王昭禹曰計獄者計其多寡之數弊訟者察其情而斷之爲有疑也計非不弊弊非不計各有攸當而已　王氏曰中獄訟之中言事實之書　鄭鍔曰天府之職掌受中也登於天府則實之至又以見允合乎天心之義

爾雅

月陽

十二月爲涂

易通卦驗

蒼陽雲

小寒合凍蒼陽雲出氐

黑陽雲

大寒降雪黑陽雲出心

素問

診要經終論篇

十一月十二月冰復地氣合人氣在腎
注冰復者一陽初復也地氣合者地出之陽復歸於地而與陰合也腎主冬藏之氣故人氣在腎

汲冢周書

周月解

其在商湯用師於夏除民之災順天革命改正朔變服殊號一文一質示不相從以建丑之月爲正

時訓解

小寒之日鴈北向又五日鵲始巢又五日雉始雊雁不北向民不懷主鵲不始巢國不寧雉不始雊國大水大寒之日雞始乳又五日鷙鳥厲疾又五日水澤腹堅雞不始乳淫女亂男鷙鳥不厲國不除兵水澤不腹堅言乃不從

管子

首憲篇

季冬之夕君自聽朝論罰罪刑殺亦終五日

尚書大傳

殷正

殷以季冬爲正色尚白以鶏鳴爲朔

呂氏春秋

季夏紀音律篇

大呂之月數將幾終歲且更起而農民無有所使

注 大呂十二月幾近終盡也使役也

史記

律書

東至牽牛牽牛者言陽氣牽引萬物出之也牛者冒也言地雖凍能冒而生也牛者耕植種萬物也東至於建星建星者建諸生也十二月律中大呂大呂者其於十二子爲丑丑者紐也言陽氣在上未降萬物厄紐未敢出

漢書

律歷志

大呂呂旅也言陰大旅助黃鍾宣氣而牙物也位於丑在十二月

淮南子

天文訓

冬至加十五日斗指癸則小寒音比應鍾加十五日斗指丑則大寒音比無射

大呂之數七十六主十二月下生夷則

太陰在卯歲名曰單閼歲星舍須女虛危以十二月與之晨出東方柳七星張爲對

時則訓

季冬之月招搖指丑昏婁中旦氐中其位北方其日壬癸其蟲介其音羽律中大呂其數六其味鹹其臭腐其祀井祭先腎鴈北鄉鵲加巢雉雊雞呼卵天子衣黑衣乘鐵驪服元玉建元旗食麥與彘服八風水爨松燧火北宮御女黑色衣黑采擊石磬其兵鍛其畜彘朝於元堂右个命有司大儺旁磔出土牛命漁師始漁天子親往射魚先薦寢廟令民出五種令農計耦耕事修耒耜具田器命樂師大合吹而罷乃命四監收秩薪以供寢廟及百祀之薪燎是月也日窮于次月窮于紀星周于天歲將更始令靜農民無有所使天子乃與公卿大夫飾國典論時令以待嗣歲之宜乃命太史次諸侯之列賦之犧牲以供皇天上帝社稷之享乃命同姓之國供寢廟之芻豢卿士大夫至於庶民供山林名川之祀季冬行秋令則白露早降介蟲爲祅四鄙失保行春令則胎夭傷國多痼疾命之曰逆行夏令則水潦敗國時雪不降冰凍消釋十二月官獄其樹櫟

六合

季夏與季冬爲合季夏德畢季冬刑畢故十二月失政六月五穀疾狂

大戴禮記

夏小正

十有二月鳴弋弋也者禽也先言鳴而後言弋者何也鳴而後知其弋也元駒賁元駒也者蟻也賁者何也走於地中也納卵蒜卵蒜也者本如卵者也納者何也納之君也虞人入梁虞人官也梁者主設罔罟者也隕麋角蓋陽氣旦睹也故記之也

後漢書

禮儀志

季冬之月星迴歲終陰陽以交勞農大享臘

注 高堂隆曰帝王各以其行之盛而祖以其終而臘火生於寅盛於午終於戌故火家以午祖以戌臘秦靜曰古禮出行有祖祭歲終有蜡臘無正月必祖之祀漢氏以午祖以戌臘午南方故以祖冬者歲之終物畢成故以戌臘而小數之學者因爲之說非典文也

先臘一日大儺謂之逐疫其儀選中黃門子弟年十歲以上十二以下百二十人爲侲子皆赤幘皁製執大鼗方相氏黃金四目蒙熊皮元衣朱裳執戈揚盾十二獸有衣毛角中黃門行之冗從僕射將之以逐惡鬼於禁中夜漏上水朝臣會侍中尚書御史謁者虎賁羽林郎將執事皆赤幘陛衛乘輿御前殿黃門令奏曰侲子備請逐疫於是中黃門倡侲子和曰甲作食𣧑胇胃食虎雄伯食魅騰簡食不祥攬諸食咎伯奇食夢強梁祖明共食磔死寄生委隨食觀錯斷食巨窮奇騰根共食蠱凡使十二神追惡凶赫女軀拉女幹節解女肉抽女肺腸女不急去後者爲糧因作方相與十二獸儛嚾呼周徧前後省三過持炬火送疫出端門門外騶騎傳炬出宮司馬闕門門外五營騎士傳火棄雒水中百官官府各以木面獸能爲儺人師訖設桃梗鬱儡葦茭畢執事陛者罷葦戟桃杖以賜公卿將軍特侯諸侯云

注 漢舊儀曰顓頊氏有三子生而亡去爲疫鬼一居江水是爲虎一居若水是爲罔兩蜮鬼一居人宮室區隅漚庾善驚人小兒月令章句曰日行北方之宿北方太陰恐爲所抑故命有司大儺所以扶陽抑陰也盧植禮記注曰所以逐衰而迎新方相帥百隸及童女以桃弧棘矢土鼓鼓且射之以赤丸五穀播灑之譙周論語注曰以葦矢射之

薛綜曰侲之言善善童幼子也　東京賦曰捐魑魅斮獝狂斬委蛇腦方良囚耕父於淸泠溺女魃於神潢殘夔魖與罔象殪壄仲而殲游光注曰魑魅山澤之神獝狂惡鬼委蛇大如車轂方良草澤神耕父女魃皆旱鬼惡水故囚溺於水中使不能爲害夔魖罔象木石之怪壄仲游光兄弟八人恆在人間作怪害也孔子曰木石之怪夔罔兩水之怪龍罔象臣昭曰木石山怪也夔一足越人謂之山繅罔兩山精好學人聲而迷惑人龍神物也非所常見故曰怪罔象食人一名沐腫埤蒼曰獝狂無頭鬼　東京賦曰煌火馳而星流逐赤疫於四裔注曰煌火光逐驚走煌然火光如星馳赤疫疫鬼惡者也侲子合三行從東序上西序下　東京賦注曰衞士千人在端門外五營千騎在衞七外爲三部吏送至雒水凡三輩逐鬼投雒水中仍上天池絕其橋梁使不得度還　山海經曰東海中有度朔山上有大桃樹蟠屈三千里其卑枝門曰東北鬼門萬鬼出入也上有二神人一曰神茶一曰鬱儡主閱領衆鬼之惡害人者執以葦索而用食虎於是黃帝法而象之毆除畢因立桃梗於門戶上畫鬱儡持葦索以御凶鬼畫虎於門當食鬼也史記曰東至於蟠木風俗通曰黃帝上古之時有神茶與鬱儡兄弟二人性能執鬼桃梗梗者更也歲終吏始受介祉也　漢官名秩曰大將軍三公臘賜錢各三十萬牛肉二百斤粳米二百斛特侯十五萬卿十萬校尉五萬尚書丞郎各萬五千石六百石各七千侍御史謁者議郎尚書令各五千郎官蘭臺令史二千中黃門羽林虎賁士二人共三千以爲當祠門戶直各隨多少受也

是月也立土牛六頭於國都郡縣城外丑地以送大寒

注　月令章句曰是月之昏建丑丑爲牛寒將極是故出其物類形象以示送迎之且以升陽也

說文

丑月

丑紐也十二月萬物動用事象手之形時加丑亦舉手時也

晉書

樂志

十二月之辰謂爲丑丑者紐也言終始之際以紐結爲名也

十二月之管名爲大呂呂者助也謂陽氣方之陰氣助也

梁元帝纂要

季冬

十二月曰季冬暮冬暮歲又曰杪冬涂月暮節窮稔窮紀

齊民要術

季冬事宜

十二月請名宗族婚姻賓旅講好和禮以篤恩紀休農息役惠必下浹遂合耦田器養耕牛選任田者以俟農事之起去豬盍車骨

隋書

禮儀志

後齊河淸中定令每歲十二月半後講武至晦逐除二軍兵馬右入千秋門左入萬歲門並至永巷南下至昭陽殿北二軍交一軍從西上閤一軍從東上閤並從端門南出閶闔門前橋南戲射並訖送至城南郭外罷

隋因周制季冬藏冰用黑牡秬黍於冰室祭司寒神

唐書

禮樂志

季冬之月正齒位則縣令爲主人鄉之老人年六十以上有德望者一人爲賓次一人爲介又其次爲三賓又其次爲衆賓年六十者三豆七十者四豆八十者五豆九十者及主人皆六豆賓主燕飲則司正北面請賓坐賓主各就席立司正適篚跪取觶興實之進立於楹間北面乃揚觶而戒之以忠孝之本賓主以下皆再拜司正跪奠觶再拜跪取觶飲卒觶興實主以下皆坐司正適篚跪奠觶興降復位乃行無算爵其大抵皆如鄉飲酒禮

農政全書

季冬事宜

栽種　橘　松　花樹　麥宜臘日　桑　蘇麻

收藏　臘米　臘水　臘酒　臘肉　臘葱　風魚　脯腊　臘糟　豬脂

雜事　造農具　舂米　舂粉　浸米可止鳩鵝　墩牡丹　土　剶桑　壓果木　添桑泥　浸燈心　合臘藥　掃　伐竹木　以豬脂陷馬　臘水作麪糊　褾背不蛀

農事占候

十二月立春在殘年主冬暖諺云兩春夾一冬無被暖烘烘　至後第三戌爲臘臘前三兩番雪謂之臘前三白大宜菜麥諺云若要麥見三白又云臘雪是被春雪是鬼又主來年豐稔諺云一月見三白田翁笑嚇嚇又主殺蝗子　占風諺云今夜東北明年大熱　月內有霧主來年有水風雨主來年六月七月內横水　十二月裏霧無水做酒醋霧主半月旱准十月內五日霧　冰結後水落主來年旱冰結後水漲名上木冰主水若緊厚來年大水　十二月謂之大禁月忽有一日稍暖卽是大寒之候諺云一日赤膊三日齷齪　諺云大寒須守火無事不出門　又云大寒無過丑寅大熱無過未申

遵生八牋

臞仙月占

十二月朔日忌西風主六畜疫忌行春令主多痼疾

十二月事宜

孝經緯曰冬至後十五日斗指癸爲小寒陽極陰生乃爲寒今月初寒尚少也後十五日斗指丑爲大寒至此栗烈極矣律大呂呂者拒也言陽氣欲出陰拒之也

月纂曰天道西行作事出行俱宜向西不宜用丑日犯月建作事不吉

黑子秘錄曰是月癸丑日造門盜賊不能進

瑣碎錄曰臘月子日曬薦蓆能去蚤虱

又曰是月取猪脂四兩懸於厠中入夏一家無蠅

又曰臘月晨起以蒸餅捲猪脂食之終歲不生瘡疥久服肌體光澤

二十四日牀底點燈謂之照虛耗也

二十四日取鼠一頭燒在於子地上埋之永無鼠耗

本草圖經云取活鼠用油煎爲膏敷湯火瘡滅瘢疵極良

七籤曰初一初二初八十三日十五二十日沐浴去災悔吉

法天生意云川烏炒黄絹袋盛裝酒浸服少許可療頭風

又云初七初十十八二十日拔白髮

便民要纂曰大寒早出含酥油於口中則耐寒

食物本草云雪水甘寒收藏能解天行時疫一切熱毒

是月收雄狐膽若有人暴亡未移時者急以溫水研灌些少入喉中卽活移時無及矣當預備之

是月取青魚膽陰乾如患喉閉及骨鯁者以此膽少入口中咽津卽解

家塾事親曰是月取猪板油脂背陰掛能治諸般瘡疥敷湯火良又法取猪脂一斤入瓷瓮中加雞子白十枚水銀二錢封瓮埋亥地上一百日取治癬疝極良

又曰是月取皁角燒爲末两起遇時疫早起以井花水調一錢服之效

歲時雜記曰臘月宜合茵陳丸料時疫瘟瘴山嵐瘴氣等證嶺表行客可常隨帶其方茵陳四兩大黄五兩豉心五合炒令香恒山三兩桃核仁三兩炒芒硝三兩杏仁三兩去皮尖鼈甲二兩酒醋塗炙巴豆一兩去皮膜去油炒另研共爲末蜜丸桐子大初得時三日內旦服五丸或利或吐汗若否再加一丸久不覺卽以熱湯飲促之老小以意酌服黄病痰癖時氣傷寒痎瘧發癇服之無不瘥者瘴氣如神赤白痢亦效春初一服一年不病收瓶以蠟封口置燥處忌食莧菜蘆笋

田家五行云十二月二十五日夜煑赤豆粥合家食之出外者留與名曰口數粥能祛瘟鬼

負暄雜錄是月二十四日取井花水平旦初汲者浸乳香數塊至元旦五鼓煖令溫從小飲乳香一豆大嚥水三口則一年不染時疫

多能鄙事曰是月取烏鴉一二隻入瓶泥封固燒爲末治一切勞瘦骨蒸咳嗽米飲調下二錢良

內景經曰二十八日修迎新齋是月初六日天倉開宜入山修道

本草云惟十二月可食芋頭他月食之發病

十二月事忌

千金方是月勿食猪脾旺在四季故耳

是月勿歌舞犯者凶勿食生韭勿食霜爛果菜勿食蚌蟹鼈蝦鱗蟲之物勿食獐肉勿食牛猪豘肉勿食生椒勿食葵菜大抵與十一月忌同勿犯大雪勿傷筋骨勿妄針刺

月忌二十一日不可問疾初七日不宜水陸遠行凶初九日二十五日忌裁衣交易

十二月修養法

季冬之月天地閉塞陽潛陰施萬物伏藏去凍就溫勿泄皮膚大汗以助胃氣勿甚溫煖勿犯大雪宜小宜勿大全補衆陽俱息勿犯風邪勿傷筋骨甚臨臨

者大也以剛居中爲大亨而利於貞也生氣在亥坐臥宜向西北

孫眞人曰是月土旺水氣不行宜減甘增苦補心助肺調理腎藏勿冒霜雪勿洩津液及汗初三日宜齋戒靜居焚香養道吉

賞心樂事

十二月

綺互亭檀香蠟梅　天街閙市　南湖賞雪　安閒堂試燈　湖山探梅　花院蘭花　瀛巒勝處觀雪　二十四夜餳果食　玉照堂看早梅　除夜守歲

本草綱目

小寒大寒井水

小寒大寒日取井水宜浸造滋補五臟及痰火積聚蟲毒諸丹丸并煑釀藥酒與雪水同功

酌中志略

宮中十二月

十二月初一日欽賞臘八果粥米廠中舊有香匠造香餅獸炭又塑造將軍或福判仙童鍾馗各成對高三尺許用金彩裝畫如門神黑面黑手以存炭制名曰彩裝於二十四日奏安於宮殿各門兩傍此亦歲暮植將軍炭於門旁之遺意至次年二月仍擡歸本廠修補裝新臨年節再安逆賢擅改則各增而大之所費百倍於前傀儡體做法高八九尺丈餘不等穿以眞正綾絹紵綢佩以眞正弓矢兵器鬚眉逈竪猛惡如生又恐無知之人戲弄損壞凡該看近侍必明燈看守雖冰雪寒夜不敢遠離必交接明白人人敢怒而不敢言也

直隸志書 各省風俗同者不載

香河縣

十二月二十四日夜設酒果糖餜祭竈謂之餞竈

昌平州

十二月二十四日掃舍宇新牆垣備薪米多嫁娶

房山縣

十二月二十四日是夜具果糖陳於棹上草料陳於棹下以祀竈神

永平府

季冬月朔日忌大寒有虎災喜小寒爲瑞是日以井水洗蠶子曰飲蠶通稱是月爲臘月臘前雨雪宜菜麥且十來歲稔下旬四日名交年或曰小年掃室宇葬設餠糖果菜祀竈俗以糖丸粘竈門云毋得言家長短以祈福庇鄉人秉高炬照田間修整門戶更造服飾整辦酒餚備具符帖僧道作疏送檀越醫士作辟瘟丹屠蘇袋送往來者

新安縣

十二月有司頒門神桃符按白虎通云黃帝立桃符於門前以禦凶鬼今之桃符亦其遺意

吳橋縣

二十三日掃舍宇祀竈用糖瓜黏糕主祭不用婦人

棗強縣

十二月二十四日備糖餠果實祭竈報一歲火食生養之恩

饒陽縣

小寒東風主大雪南風主天下太平西風主來年旱北風主人有災大寒東風主冬有雪南風主人民安西風主春旱北風主日月明

曲周縣

十二月二十四日夜婦以草豆少許及糖食果餠祀竈掃室割牲制寒具爲過歲計買草花飾女作爆竹驚歲

山東志書

淄川縣

十二月二十三日祀竈亦有用次日者禮曰竈者老婦之祭也盛於盆尊於瓶自漢武親祀竈而神益尊矣故士大夫家亦躬親之

陽信縣

大寒十二月中新衣服積米薪百工輟役

霑化縣

十二月二十五日親友互爲歲餽盤榼相望聘女家加幣或鮮衣薦菜花數十枝曰送花

壽光縣

臘月二十三日祠竈蓋沿漢陰子方祠竈之譌子方以臘日祠竈竈神見遂致巨富而祠辭同音因於是夕具莝豆爲竈神秣馬以餞神朝上帝而又必用飴餹云以膠神脣口使見上帝不言人家是非雖士大夫家皆然

登州府

十二月二十四日掃屋塵謂之除殘是日復多嫁娶月終謂之亂絲日

山西志書

臨晉縣

自臘月二十四日至除日民間紛紛嫁娶云諸神朝

天台無禁忌

解州

臘月五日食五色黃豆曰豆者毒也食之已五毒或云釀小兒痘疹

垣曲縣

十二月二十四日掃滌舍宇俗傳是夕諸神上閶闔謁帝各家夜設麪餅飴餹及蒭輿馬儀從於楮上焚而送之謂之送神

澤州

十二月初五日稻黍果豆和煑爲粥曰五豆粥

馬邑縣

二十四日爲交年節夢華錄交年節以酒盃供竈門謂之醉司命今俗以二十三日夜初滌釜灌鼎設香楮餅餹又以黑豆寸草爲秣馬具祭告竈前曰送竈君上天

陝西志書

平涼府

十二月業後各以鹿豕羊雞鵝鴨雉兔酒果諸物相賀大儺薪炭油燭伏雞土穴二十四日祭竈名曰送神歸天醃羊豕鹿兔肉

江南志書

常熟縣

十二月初一日乞人始偶男女傅粉墨粧爲鍾馗竈王持竿劍望門歌舞以乞亦儺之遺意云二十四日掃屋塵曰除殘至夕田間燃長炬名照田蠶各家祀竈以餳糖爲竈神之座積薪焚之火光如晝二十五日家戶多持清齋云爲玉皇下降日門外燃火爐焰

高者良古謂之枫盆

嘉定縣

十二月農事告成民間多有刲羊豕以祭五通之神謂燒利市其報歲事者在郭曰燒年常在野曰謝場祭畢速親友飲之謂之年常酒二十四日丐者塗抹變形裝成男女鬼判嚎跳驅儺索乞錢財俗呼跳竈王又有敲金瓶之祝者以逐疫鬼是夕早寢以爲行竈故安靜以避之二十五日夙興持齋誦經燒燭拈香俗傳天帝降世察人善惡故以此迎之謂之接玉皇

崇明縣

十二月二十四日打楊末不蛀

松江府

十二月朔日儺於街市飾爲鬼神揭竹枝鳴鑼跳舞至二十四日止丐者爲之二十五日舉家食赤豆粥云辟瘟出外者亦留以與之名口數粥兼餉親里之持喪者

無錫縣

臘月二十四日作馬糧糟以祀竈二十五作紅飯以祀牀然蒼朮以辟疫俗本工爲門神至是盡易新者

宜興縣

十二月進清醇以告蜡竭恭敬於神明二十四日作儺俗名逐疫或師巫或丐者爲之

高郵州

臘月中旬人家以糕物相饋送者幾半月謂之送年節禮

懷寧縣

十二月二十四日俗謂小年及昏洒掃堂宇陳餞具杏燭按祀先以次獻酒餞主婦點茶佈食子姓依執事同類拜如閤儀畢觀音祭祗竈儀慈翁祖禰之聚一堂也

潛山縣

十二月二十四日爲小年設席焚香迓祖先祀竈神分食家衆謂之完年除日夜宴家衆燒爆達旦祝明沒占來年休咎

歙縣

十二月遊旅謀歸修緝居室斥土掩骼是月也收蘿蔔擇五種齊秋稻謹蓋藏收竹箭

太平府

十二月爲嘉平月卽臘也熟酒藥杵米精鑿爲諸牲魚臘農人自酬勞其婦子

浙江志書

杭州府

臘月二十四日祀竈井祀土地亦歲終報賽之意數日前丐者貌竈君竈母裝鍾馗仗劍作捕鬼狀鳴鑼跳躍求乞財物蓋亦古逐疫之意

海寧縣

臘月十二日養蠶之家各以鹽擁茄灰蒸抹蠶子藏之穀殼中至二十四日則出之浴於川以待春至

諸暨縣

臘月以豕爲牲名巫祀之曰作年福以果物佐牲醴相遺餽歲粹掃屋上塵修垣宇備酒果爲新年燕客

永康縣

十二月二十五日謂之年頭禁是日不出財以赤豆

和米煮粥曰蠶花粥云食之利養蠶自此連日爲酒食相邀飲曰分歲洒掃沐浴用祓不祥選日具牲命僧道或師巫祀神於中堂曰送年

樂清縣

十二月民不知臘常以二十四日掃塵淨宇其夕祀竈送神至正月初五日乃迎之

龍泉縣

十二月初一日有風雨春旱氷平風從西來半日不止六畜大疫其日大寒有白兔見月內蝗見黍貴一云八月穀貴

江西志書

新建縣

臘月二十四日家家食懽喜團粿子糖取歡喜慶團圞早子祝螽斯也

靖安縣

十二月不問月之大小皆以二十四日爲小年若大年論月大小月小以二十八日月大則以二十九日

鉛山縣

十二月大小寒多風雪損畜

新城縣

十二月小寒晴則來年旱禾熟大寒晴則來年晚禾熟上中旬晴則歲時必雨二十四日新嫁女家加茶果燭炭之類名餽歲

新昌縣

十二月前後各涓吉名巫師裝花牌鳴鼓喧角俚歌魔舞祀五通神以極樂爲得福曰鋁祭又曰賽樂

上高縣

臘月二十四日俗呼爲小年亦有二十三日者親友互相餽遺曰送年母家以果餅之類遺女家謂之選年

會昌縣

三冬積陰雪霰間作盎盂池沼凝冰如紙見日即融禦寒之具祇需袷服裘綿毳裘人亦罕御但梅末雪而先開桃隔春而即放炎荒天氣不同如此

湖廣志書

崇陽縣

十二月二十四日送竈神考禮器云竈神老婦之祭尊以瓶盛以盆又許愼云神即祝融也姓蘇名吉利漢陰子方見竈神祀以黃犬謂之黃羊陰氏世獲福俗蓋本於此云

大冶縣

十二月二十四日爲小除夕祀竈用巫自此至除夕家集少長懽飲謂之團年放炮擊鼓謂之鬧年鼓

鍾祥縣

十二月二十三日夜供茶果糖餅芻豆以祀竈祭畢焚之謂竈神翌日五鼓朝天奏一年善惡故燃竈燈三夜前期禱送之俗曰焚餘糖併與粸糅小兒食之厭驚又於二十四日掃堂塵是夜迎祖先回家日祭飲食於除夕夜如中元祭送之茲日爲始

攸縣

十二月無貴賤率請巫師朱衣象笏音樂大作誦經殺豬報歲功也

祁陽縣

十二月二十五日人家門首然薪滿盆謂之相煖熱村落則以禿帚若麻藍竹枝然火炬縛長竿之杪以照田爛然遍野以祈絲穀謂之照田蠶與燒火盆同於爆竹之夕

新田縣

十二月忌南風古云九裏南風伏裏旱大寒小寒有雨雪次年小暑大暑不乾

福建志書

尤溪縣

臘月大寒節後邑人爭向龍山取土增竈爲一年利市兆

莆田縣

臘月二十四日祀竈按雜五行書云竈神名禪子郭衣黃衣夜披髮從竈出知其名呼之可除凶惡

四川志書

夾江縣

臘月民延巫覡慶壇神雖近古大儺之禮然歌舞鄙俗可笑必終夜乃止士大夫家間亦有之爲其神專司六畜故相沿莫禁也然亦有驗是以不廢

廣東志書

南雄府

臘月二十四日名爲小年凡初適嫁者男家盛備齋筵油糍饋送壻宅雖貧儉者亦不能缺謂之謝竈飯

長樂縣

季冬之月東京花開梅花盛發茇蔆蘿蔔俱可食間或薄凍下雪青陽漸暢

廣西志書

隆安縣

十二月桃梅花俱吐棉子結峻風寒雪不凍鵲始巢
收薯芋勤民犯雪犂坊巷諸兒童斂敗葉供老叟擁
火度寒朝

雲南志書

建水州

十二月下旬經管義倉紳士請於府州遍杏通郡縣
寡貧民赴倉散給米幷鹽柴

欽定古今圖書集成曆象彙編歲功典

第九十二卷目錄

季冬部藝文一

穀城門銘 後漢李尤
大寒賦 晉傅元
歲暮賦 陸雲
大呂十二月啓 梁昭明太子
歲暮直廬賦 蕭子雲

季冬部藝文二詩詞

歲暮和張常侍 晉陶潛
癸卯十二月中作與仲弟敬遠 前人
歲暮 宋謝靈運
彭城宮中直感歲暮 前人
歲暮悲 鮑照
蒜山被始興王命作 前人
冬盡難離和丘長史 梁江淹
就謝主簿宿 前人
效阮公詩 前人
歲暮還宅 陳江總
歲晚出橫門 北周庾信
冬夜 隋煬帝
歲窮應教 薛道衡
十二月一日三首 唐杜甫
歲暮客懷 戎昱
冬夜宴梁十三廳 前人
桂州歲暮 前人
歲暮懷崔峒耿湋 司空曙
歲晚自感 王建
季冬 丘丹
十二月 謝良輔
歲暮送舍人 武元衡
郊居歲暮 柳宗元
歲暮 白居易
歲晚旅望 前人
南浦歲暮對酒送王十五歸京 前人
寒夜 殷堯藩
窮冬曲江閒步 裴夷直
閑居冬末寄友人 朱慶餘
十二月拜起居表回 許渾
長安歲暮 前人
歲暮自廣江至新興往復中題峽山寺四首 前人
幽居冬暮 李商隱
歲暮江軒寄盧端公 趙嘏
歲晚苦寒 方干
暮冬書懷呈友人 前人
華下冬暮詠懷 鄭谷
冬末同友人泛瀟湘 杜荀鶴
次韻和友人冬日書齋 張蠙
冬暮山舍喜標上人見訪 黃滔
歲暮還家 于鄴
臘中作 李中
賀幸新豐溫泉宮獻詩三首 上官昭容
臘月 宋王禹偁
閏十二月望日立春禁中作 宋郊
十二月十四日夜微雪明日早往南谿小酌 蘇軾
歲暮獨酌書事奉懷晁永寧 張耒
歲暮書事二首 前人
歲晚 呂本中
臘月三日義烏道上寄潘義榮 鄭剛中
十二月中旬書戴溪亭 王銍
歲暮喜晴 范浚
臘月村田樂府十首 范成大
冬日 陸游
殘臘 朱熹
臘中感春 姜特立
舒州歲暮 張弋
十二月十日 方岳
歲寒即事 錢時
歲暮 姚勉
揚州歲暮 丁開
歲暮江南四憶 金吳激
歲暮 李之翰
寒夜 趙秉文
歲暮 元德明
臘月海棠 元尹廷高
十二月五日雪晴 張雨
歲暮即事 明陶安
歲暮客錢唐邦彥徵君以詩招飲席間次韻 文林

冬夜　文徵明

臘月望夜以上詩　張宇初

瑞鷓鴣　宋晏殊

御街行　程垓

玲瓏四犯越中歲暮　姜夔

鷓鴣天　范純仁

江城子　葛勝仲

滿庭芳歲暮過西村王叔濟川上詞　明沈際

季冬部選句

歲功典第九十二卷

季冬部藝文一

穀城門銘　後漢李尤

穀門北中位當於丑太陰主刑殺伐爲首

大寒賦　晉傅元

五行條而競騖兮四節紛而電逝暑往寒來十二月而成歲日月會於析木兮重陰凄而轉肅彩虹藏於虛廓兮鱗介潛而長伏若乃天地凜冽庶極氣否嚴霜夜結悲風晝起飛雪山積蕭條萬里百川咽而不流兮冰凍合於四海扶木憔悴於暘谷若華零落於濛汜

歲暮賦有序　陸雲

余祇役京邑載離永久永寧二年春忝寵北郡其夏又轉大將軍右司馬於鄴都自去故鄉荏苒六年惟姑與姊仍見背棄銜痛萬里哀思傷毒而日月逝速歲聿云暮感萬物之既改瞻天地而傷懷乃作賦以言情焉

夫何乾行之變通兮昏明迭而殊路羨飛轡之遠御兮轉六龍於天步時起宿而漸流兮氣移數而改度揮促節於短日兮振修策於長夜運悠忽其既周兮歲冉冉而告暮擬棘心之柔風兮滋豐草之湛露元聊逍以峻服兮黃裳皓而振素於是顓頊御時元冥統官天廟既底日月貞觀淪重陽於潛戶兮嚴積陰於司寒日回天以減景兮飈衝淵而無瀾堅冰涸於川底兮白雪隕於雲端普區宇之瘁景兮類萬物之衰顏時凜戾其可悲兮氣蕭索而傷心凄風愴其鳴條兮落葉翻而灑林獸藏丘而絕迹兮鳥攀木而栖音山振枯於層巘兮民懷慘於重襟寒與暑其代謝兮年冉冉其將老豐顏曄而朝榮兮元髮粲其夕皓感芳華之志學兮悲時暮而難考遠圖逝而辭懷兮密思集而盈抱羨厚德之洧載兮嘉豐化之大造恨盛來之苦晏兮悲哀至之常蚤指晞露而怵心兮術死生於靡草蒙時來之嘉運兮遊上京而凱入委乘軫於紫宮兮剖金虎而底邑懸台光之發暉兮荷寵靈而來集望故疇之迴邈兮泝南風而頹泣長歎息而永懷兮感逝物而傷悲哀年歲之攸往兮伊行人之思歸結隆思於朝日兮綴永念於汜暉表寸陰而貞吝兮盼盈尺其若遺嗟我行之久永兮何歸途之茫茫遵渚兮盼川攸逝兮江湘感孝敬於神丘兮結祇慕於惟桑瞻山川而物存兮思六親而人亡問仁姑而背世兮及伯姊而淪喪尋餘蹤於空宇兮想絕景於遺堂悲山林之杳藹兮痛華構之丘荒靖深情以遐慕兮思纏綿而懷楚涕垂頤以交頰兮哀淩心而洞駭神尋路而岩逝兮形塊處乎其所心悠悠其若懸兮音既絕而復舉悲人生之有終兮何天造而罔極偁年命之方中兮顧懸車而日昃百年逝其分嗟兮千歲疾於一息求大椿之萬祀兮同蟪蛄於木識歲難停而易逝兮情艱多而泰寡年有來而棄予兮時無算而非我祇生心於日願兮雖呼翕其難假攝貳生於逆旅兮欲淹留其焉可彼㸚緣之有時兮亦始卒之固然矜遠懷於千載兮悵同感乎中山鑒通人之炯戒兮懼晏平之達言啟貞心以自責兮體遺籍而問道充爽鳩之既徂兮故營丘之有締在吾儕之陋心兮豈取樂於東表苟長生而自得兮將奚待而有天考大德於天地兮知斯言之爲矯

大呂十二月啓　梁昭明太子

分手未遙翹心且積引領企踵朝夕不忘眷友思仁行坐未捨既屬嚴風極冷苦霧添寒冰堅漢地之池雪積袁安之宅敬想足下棲神鶴駕養想龍門披琛之間願無捐德某種瓜賤士賣餅貧生入闕庭以論辟不逢蔡子駕鹽車而顯跡罕遇孫陽徒懷卬角之心終想纍䏝之患既爲久要聊吐短章紙盡墨窮何能懸露

歲暮直廬賦　蕭子雲

日躔女度歲華云暮衡輕炭燥權重泉洞藏元武於太陰蟄騰蛇於高霧日臨圭而易落晷中杙而南儀凝寒氣於廣庭洞昏陰於端闈風饕切而晚作雲淹淚而晦景霰的皪於彤庭雪䨄䨄於丹屏紹罘罳之飛棟沒層甍之高影始飄舞於閶池終停華於方井

季冬部藝文二詩詞

歲暮和張常侍　晉陶潛

市朝悽舊人驟驥感悲泉明旦非今日歲暮余何言
素顏斂光潤白髮一已繁闊哉秦穆談脊力豈未愆
向夕長風起寒雲沒西山冽冽氣遂嚴紛紛飛鳥還
民生鮮常在矧伊愁苦纏屢闕清酤至無以樂當年
窮通靡攸慮顦顇由化遷撫己有深懷履運增慨然

癸卯十二月中作與仲弟敬遠　前人

寢跡衡門下邈與世相絕顧盼莫誰知荆扉晝常閉
淒淒歲暮風翳翳經日雪傾耳無希聲在目皓已潔
勁氣侵襟袖簞瓢謝屢設蕭索空宇中了無一可悅
歷覽千載書時時見遺烈高操非所攀深得固窮節
平津苟不由棲遲詎爲拙寄意一言外茲契誰能別

歲暮　宋謝靈運

殷憂不能寐苦此夜難頹明月照積雪朔風勁且哀
運往無淹物年逝覺已催

彭城宮中直感歲暮　前人

草草眷徂物契契矜歲殫楚豔起行戚吳趨絕歸懽
修帶緩舊裳素鬢改朱顏晚暮悲獨坐已一作鳴鶗歇
春蘭

歲暮悲　鮑照

霜露迭濡潤草木互榮落日夜改運周今悲復如昨
晝色苦沈陰白雪夜迴薄皦潔冒霜鴈飄揚出風鶴
天寒多顏苦妍容逐丹壑絲罥千里心獨宿乏然諾
歲暮美人還寒壺與誰酌

蒜山被始興王命作　前人

暮冬霜朔嚴地閉泉不流元武藏木陰丹鳥還養羞
勞農澤既周役車時亦休高薄符好禧藻駕及時遊
鹿苑豈淹睇兔園不足留升嶠眺日軌臨迴望滄洲
雲生玉堂裏風靡銀臺陬陂石類星懸嶼木似煙浮
形勝信天府珍寶麗皇州白日迴清景芳醴洽歡柔
參差出寒吹颯沓江上謳王德愛文雅飛瀚灑鳴球
美哉物會昌衣道服光猷

冬盡難離和丘長史　梁江淹

閒居深悵悵颸寒拂中閨寶禮自千里繼書果君題
山川吐幽氣雲景抱長懷茲別亦爲遠潮瀾鬱東西
汀皐日慘色桂閣猿方啼擘意誰侘傺屑涕在心乖
杜蘅念無沫石蘭終不睽冀總歲暮駕遊衍蒼山蹊

就謝主簿宿　前人

季月寒氣重滋蘭錯無芳北風漂夜色河凝暠如霜
悵哉心神晚燭滅此深堂芰衣如可贈寧濕岨雲梁

效阮公詩　前人

歲暮懷感傷中夕弄清琴戾戾曙風急團團明月陰
孤雲出北山宿鳥驚東林誰謂人道廣憂慨自相尋
寧知霜雪後獨見松竹心

歲暮還宅　陳江總

悒然想泉石驅駕出城臺翫竹春前筍驚花雪後梅
青山殊可對黃卷復時開長繩豈繫日濁酒傾一杯

歲晚出橫門　北周庾信

年華改歲陰遊客喜登臨據鞍垂玉帖橫腰帶錦心
冰弱浮橋沒沙虛馬跡深倚弓依石岸回牀向柳陰
智瑱來勸酒文君過聽琴明朝雲雨散何處更相尋

冬夜　隋煬帝

不覺歲將盡已復入長安月影含冰凍風聲淒夜寒
江海波濤壯崤潼坂險難無因寄飛翼徒欲動和鑾

歲窮應教　薛道衡

故年隨夜盡初春逐曉生方驗從軍樂飲至入西京

十二月一日三首　唐杜甫

今朝臘月春意動雲安縣前江可憐一聲何處送書
鴈百丈誰來上瀨船未將梅蘂驚愁眼更取椒花媚
遠天明光起草人所羨肺病幾時朝日邊
寒輕市上山煙碧日滿樓前江霧黃負鹽出井此谿
女打鼓發船何郡郎新亭舉目風景切茂陵著書消
渴長春花不愁不爛漫楚客唯聽棹相將
即看燕子入山扉豈有黃鸝歷翠微短短桃花臨水
岸輕輕柳絮點人衣春來準擬開懷久老去親知見
面稀他日一杯難強進重嗟筋力故山違

歲暮客懷　戎昱

異鄉三十口親老復家貧無事乾坤內虛爲翰墨人
歲華南去後愁夢北來頻惆悵江邊柳依依又欲春

冬夜宴梁十三廳　前人

故人能愛客秉燭會吾曹家爲朋徒罄心緣翰墨勞
夜寒銷臘酒霜冷重綈袍醉臥西窗下時聞鴈響高

桂州歲暮　前人

歲暮天涯客寒窗欲曉時君恩空自感鄉思夢先知
重疊人愁別驚棲鵲戀枝不堪樓上角南向海風吹

歲暮懷崔峒耿湋　司空曙

臘月江天見春色白花青柳疑寒食洛陽舊社各東
西楚國遊人不相識

歲晚自感　王建

人皆欲得長年少無那排門白髮催一向破除愁不

盡百方回避老須來草堂未辦終須置松樹難成亦且栽瀝酒願從今日後更逢二十度花開

季冬　丘丹

江南季冬月江蟹大如鱸湖水龍爲鏡爐峯氣作煙

十二月　謝良輔

憶長安臘月時溫泉彩仗新移瑞氣遙迎鳳輦日光先暖龍池取酒蝦蟆陵下家家守歲傳巵

歲暮送舍人　武元衡

邊城歲暮望鄉關身逐戎旌未得還欲別臨岐無限淚故園花發寄君攀

郊居歲暮　柳宗元

屏居負山郭歲暮鶯離索野迥樵唱來庭空燒燼落世紛因事遠心賞隨年薄默默諒何爲徒成今與昨

歲暮　白居易

已任時命去亦從歲月除中心一調伏外累盡空虛名宦意已矣林泉計何如擬近東林寺溪邊結一廬

歲晚旅望　前人

朝來暮去星霜換陰慘陽舒氣序牽萬物秋霜能壞色四時冬日最凋年煙波半露新沙地鳥雀羣飛欲雪天向晚蒼蒼南北望窮陰旅思兩無邊

南浦歲暮對酒送王十五歸京　前人

臘後冰生覆盆水夜來雲闇失廬山風飄細雪落如米索索蕭蕭蘆葦間此地二年留我住今朝一酌送君還相看漸老無過醉聚散窮通總是閒

寒夜　殷堯藩

雲冷江空歲暮時竹陰梅影月參差雞催夢枕司晨早更咽寒城報點遲人事紛華潛動息天心靜默運推移悲誰蕩滌窮殘候入眼東風喜在期

窮冬曲江閒步　裴夷直

雪盡南坡雁北飛草根春意勝春暉曲江未日無人到獨遶寒池又獨歸

閒居冬末寄友人　朱慶餘

短亭分袂後倚檻思偏孤雨雪落殘臘輪蹄在遠途人情難故舊草色易凋枯共有男兒事何年入帝都

十二月拜起居表回　許渾

一章西奏拜仙曹回馬天津北望勞寒水欲春冰彩薄曉山初霽雪峯高樓形向日攢飛鳳宮勢凌波壓抃鼇空鎖煙霞絕巡幸周人誰識鬱金袍

長安歲暮　前人

獨望天門倚劍歌干時無計老關河東歸萬里慚張翰西上四年羞卞和花暗楚城春醉少月涼秦塞夜愁多三山歲歲有人去唯恐海風生白波

歲暮自廣江至新興往復中題峽山寺四首　前人

夜醉晨方醒孤吟恐失羣海鯨潮上見江鵠霧中聞未臘梅先實經一作終冬草自薰樹隨山崦合泉到石稜分虎跡空林雨猨聲絕嶺雲蕭蕭異鄉鬢明日共絲棼

薄暮緣西峽停橈一訪僧鷺巢橫臥柳猨飲倒垂藤木曲巖千疊雲重樹百層山風寒殿磬溪雨夜船燈

灘漲危槎沒泉衝怪石崩中臺一襟淚歲杪別良朋

密樹分蒼壁長溪抱碧岑海風聞鶴遠潭日見魚深松蓋環清韻榕根架綠陰南方有大葉榕樹枝垂入地生根洞丁多斲石蠻女半淘金蠻州斷石壁崖谿淘金爲業南浦驚春至西樓送月沈江流不過嶺何處寄歸心

月在行人起千峰復萬峰海虛爭翡翠溪邏鬪芙蓉南方呼市爲虛野[illegible]邏新州有翡翠棠芙蓉謝古木高生榭陰池滿種松木榭花生於他樹榭地沼多松謂之水松火探深洞燕香送遠潭龍南方持火於乳洞中取燕窩食之最有溫銀龍部蛇也隨水往舟船令人[illegible]取了外皆以酒果送之藍塢寒先燒禾堂晚併舂種藍冬在秀中先燒其地人以木槽舂米謂之禾堂更投何處宿西峽隔雲鐘

幽居冬暮　李商隱

羽翼摧殘日郊園寂寞時曉雞驚樹雪寒鶩守冰池急景忽云暮頹年寖已衰如何匡國分不與夙心期

歲暮江軒寄盧端公　趙嘏

積水生高浪長風自北時萬艘俱擁棹上客獨吟詩路以重湖阻心將小謝期渚雲正愁斷江雁重驚悲笑憶遊星子歌尋罷貴池夢來孤島在醉醒百憂隨戍迴煙生晚江寒鳥過遲問山樵者對經雨釣船移敢歎今留滯猶勝曩別離醉從陶令得善必丈人知道蹇才何取恩深劍不疑此身同岸柳只待變寒枝

歲晚苦寒　方干

地氣寒不暢嚴風無定時挑燈青燼少呵筆尺書遲白兔沒已久晨雞僵未知詎看開聖曆喧煦立爲期

暮冬書懷呈友人　前人

空爲梁甫吟誰竟是知音風雪生寒夜鄉園來舊心滄江孤棹迴白閣一鐘深君子久忘我此懷甘自沈

輦下冬暮詠懷　鄭谷

永巷閒吟一徑蒿輕肥大笑事風騷煙含紫禁花期近雪滿長安酒價高失路漸驚前計錯逢僧更念此生勞十年春淚催衰颯羞向清流照鬢毛

冬末同友人泛瀟湘　杜荀鶴

殘臘泛舟何處好最多吟興是瀟湘就船買得魚偏
美踏雪沽來酒倍香猿到夜深啼嶽麓雁知春近別
衡陽與君剩採江山景裁取新詩入帝鄉

次韻和友人冬日書齋　張蠙

四季多花木窮冬亦不凋薄冰行處斷殘火睡來消
象版簽書帙蠻藤絡酒瓢公卿有知己時得一相招

冬暮山舍喜標上人見訪　黃滔

寂寞三冬杪深居業盡抛逕松開雪後砌竹忽僧敲
茗汲冰銷溜爐燒鵲去巢共談慵僻意微日下林梢

歲暮還家　于鄴

東西流不駐白日與車輪殘雪半成水微風應欲春
幾經他國歲已減故鄉人回首長安道十年空苦辛

臘中作　李中

冬至雖云遠渾疑朔漠中勁風吹大野密雪翳高空
泉凍如頑石人藏類蟄蟲豪家應不覺獸炭滿爐紅

駕幸新豐溫泉宮獻詩三首　上官昭容

三冬季月景隆年萬乘觀風出灞川遙看電躍龍爲
馬回矚霜原玉作田

鸞旗掣曳拂空回羽騎驂驔躡景來隱隱驪山雲外
聳迢迢御帳日邊開

翠幕珠幃敞月營金罍玉斝泛蘭英歲歲年年常扈
蹕長長久久樂昇平

臘月　宋王禹偁

臘月滁州始覺寒年豐歲暮郡齋閒官供好酒何憂
雪天與新詩合看山日照野塘梅欲綻燒廻荒徑草
猶斑吏人散後無公事門戟森森夕鳥還

閏十二月望日立春禁中作　朱郊

閏曆先春破臘寒綵花金勝寵千官冰從太液池邊
動柳向靈和殿裏看瑞氣因風生禁仗暖輝依日上
仙盤須知聖運隨生殖萬國年年共此歡

十二月十四日夜微雪明日早往南谿小酌　蘇軾

南谿得雪眞無價走馬來看及未消獨自披榛尋履
跡最先犯曉過朱橋誰憐屋破眠無處坐覺村饑語
不囂惟有暮鴉知客意驚飛千片落寒條

歲暮獨酌書事奉懷晁永寧　張耒

天涯催晚歲殘律去如奔入夜北風惡多陰寒月昏
野吹餘燒燼溪落舊沙痕霜重饑鷹疾田空宿鴈喧
山明千箭直雲積萬營屯足雨耕犂早豐年柿栗繁
地平秦接席土斷洛開門白首三年客黃桑數畝村
嬾梳悲髮短不寐守爐溫靑鶻披殘柄蒼龍臥老根
晚筐猶荇思幽藥助銷魂慷慨雙龍劍飄零一酒尊
琳琅思秀色環珮想淸言獨語看明燭空庭月出軒

歲暮書事二首　前人

風捲塵沙白雲垂雪意凝夜山時叫虎晚市早收燈
園栗炮還美村醪醉不能三年官兄味眞是冷於冰

牛羊已歸去殘照滿山陂霜鴈田中靜風鳶木杪悲
川原今自若龍虎昔交馳丘隴耕桑盡千年不復知

歲晚　呂本中

野竹新開徑疎籬自著行莽寒收雨雪落日散牛羊
生事顏公拙才名謝奕狂藥囊無奈汝春到莫相妨

臘月三日義烏道上寄潘義榮　鄭剛中

天風生莽寒一夜新雪積遲明兀徵輿亂入三逕窄
茅簷兩三家雞犬不見跡冬令頃弗嚴草木僭春色
愆陽入桃杏弄暖浪蘂坼肅然變霜威犯者輒衰息
獨餘山上松不動與寒敵十丈偉標致四面風淅瀝
時於翠葉中碎挂瓊玉白忘我道路艱但覺心志懌
擁鼻作孤吟淸思浩無極

十二月中旬書戴溪亭　王銍

天上東風轉斗星天涯羈客尚飄萍道途況復經殘
歲風雪那堪宿旅亭春到怯添雙鬢白夜寒愁對一
燈靑殘年萬古淒涼恨不計尊前一醉醒

歲暮喜晴　范浚

晴山喜見曉巑岏笑出蓬門不暇冠風埽斷雲齊萬
弩日融殘雪上三竿早黃楊柳漏春信晚翠枇杷凌
歲寒從此林芳入幽賞凍醪新壓味甘酸

臘月邨田樂府十首并序　范成大

余歸石湖往來田家得歲暮十事採其語各賦一
詩以識風土號邨田樂府其一冬春行臘日舂米
爲一歲計多聚杵臼盡臘中畢事藏之土瓦倉中
經年不壞謂之冬春米其二燈市行風俗尤競上
元一月前已買燈謂之燈市價貴者數人聚博勝
則得之喧盛不減燈市其三祭竈詞臘月二十四
夜祀竈其說謂竈神翌日朝天白一歲事故前期
禱之其四口數粥行二十五日煑赤豆作糜暮夜
闔家同饗云能辟瘟氣雖遠出未歸者亦留貯口
分至襁褓小兒及童僕皆預故名口數粥豆粥本
正月望日祭門故事流傳爲此其五爆竹行此他
郡所同而吳中特盛惡鬼蓋畏其聲古以歲朝而
吳以二十五夜其六燒火盆行爆竹之夕人家各

於門首然薪滿盆無貧富皆爾謂之相煖熱其七照田蠶行與燒火盆同日邨落則以禿帚若麻藍竹枝輩然火炬縛長竿之杪以照田爛然遍野以祈絲穀其八分歲詞除夜祭其先竣事長幼聚飲祝頌而散謂之分歲其九賣癡獃詞分歲罷小兒繞街呼叫云賣汝癡賣汝獃世傳吳人多獃故兒輩諱之欲賈其餘益可笑其十打灰堆詞除夜將曉鷄且鳴婢獲持杖擊糞壤致詞以祈利市謂之打灰堆此本彭蠡清洪君廟中如願故事惟吳下至今不廢云

冬舂行

臘中儲蓄百事利第一先舂年計米群呼步碓滿門庭運杵成風雷動地篩勻箕健無粞糠百斛只費三日忙齊頭圓潔箭子長隔籮耀日雪生光土倉瓦龕分蓋藏不蠹不腐常新香去年薄收飯不足今年頓頓炊白玉春耕有種夏有糧接到明年秋刈熟鄰叟來觀還歎嗟貧人一飽不可賒官租私債紛如麻有米冬舂能幾家

燈市行

吳臺今古繁華地偏愛元宵燈影戲春前臘後天好晴已向街頭作燈市疊玉千絲似鬼工剪羅萬眼人力窮兩品爭新最先出不待三五迎東風兒郎種麥荷鋤倦偷閒也向城中看酒壚博簺雜歌呼夜夜長如正月半災傷不及什之三歲寒民氣如春酣儂家亦幸荒田少始覺城中燈市好

祭竈詞

古傳臘月二十四竈君朝天欲言事雲車風馬小留連家有杯盤豐典祀猪頭爛熟雙魚鮮豆沙甘松粉餌圓男兒酌獻女兒避酹酒燒錢竈君喜婢子鬬爭君莫聞猫犬觸穢君莫嗔送君醉飽登天門杓長杓短勿復云乞取利市歸來分

口數粥行

家家臘月二十五淅米如珠和豆煑大杓轑鐺分口數疫鬼聞香走無處鍠薑屑桂澆蔗糖滑甘無比勝黃粱全家團圞罷晚飯在遠行人亦留分褓中孩子強教嘗餘波徧沾獲與臧新元叶氣調玉燭天行已過來萬福物無疵癘年穀熟長向臘殘分豆粥

爆竹行

歲朝爆竹傳自昔吳儂政用前五日食殘豆粥掃罷塵截筒五尺煨以薪節間汗流火力透健僕取將仍疾走兒童却立避其鋒當堦擊地雷霆吼一聲兩聲百鬼驚三聲四聲鬼巢傾十聲百聲神道寧八方上下皆和平却拾焦頭疊牀底猶有餘威可驅癘屏除衆累添酒杯畫日嬉遊夜濃睡

燒火盆行

春前五日初更後排門然火如晴晝大家薪乾勝豆藍小家帶葉燒生柴青烟滿城天半白棲鳥驚啼飛格磔兒孫團坐雞犬忙鄰曲欲笑遥相望黃宮氣應纔兩月歲陰猶驕風栗烈將迎陽令作好春政要火盆生煖熱

照田蠶行

鄉邨臘月二十五長竿然炬照南畝近似雲開森列星遠如風起飄流螢今春雨雹繭絲少秋日雷鳴稻堆小儂家今夜火最明的知新歲田蠶好夜闌風焰西復東北占最吉餘難同不惟桑賤穀芃芃仍更苧麻無節菜無蟲

分歲詞

質明奉祠今古同吳儂用昏蓋土風禮成廢徹夜未艾飲福之餘即分歲地爐火煖蒼朮香飣盤果餌如蜂房就中脆餳專節物四座齒頰鏘冰霜小兒但喜新年至頭角長成添意氣老翁把杯心茫然增年翻是減吾年荊釵勸酒仍祝願但願尊前且強健君看今歲舊交親大有人無此杯分老翁飲罷笑撚鬚明朝重來醉屠蘇

賣癡獃詞

除夕更闌人不睡厭禳鈍滯迎新歲小兒呼叫走長街云有癡獃召人買二物於人誰獨無就中吳儂仍有餘巷南巷北賣不得相逢大笑相揶揄櫟翁塊坐重簾下獨要買添令問價兒云翁買不須錢奉賒癡獃千百年

打灰堆詞

除夜將闌曉星爛糞埽堆頭打如願杖敲灰起飛撲籬不嫌灰涴新節衣老媼當前再三祝只要我家長富足輕舟作商重船歸大牸引犢雞哺兒野繭可繅麥兩岐短衲換著長衫衣當年婢子挽不住有耳猶能聞我語但如吾願不汝呼一任汝歸彭蠡湖

冬日　陸游

吳中寒歲薄歲暮亦和風移樹來村北尋僧度港東露葵收半綠霜柿結微紅一飽無餘念吾生正不窮

殘臘　朱熹

殘臘生春序愁霖遍歲昏小紅數點萼衆綠被陳根

陰墊泉方注原田水欲渾農家向東作百事集柴門

臘中感春　姜特立

小雨濕紅蕤輕颸動碧池東君送消息預作探春詩

舒州歲暮　張弋

窮冬日日愛天晴古寺門開絕送迎野鶴忽來橋上立山僧獨向水邊行過寒梅樹白全少入臘草芽青漸生又是舒州一年了怕看新曆動鄉情

十二月十日　方岳

酒醒開門雪滿山徑穿疎竹上危欄溪山與我俱成畫草樹惟梅大耐寒留伴夜深銀斃落莫緣春近玉闌珊老枝撐重供詩嚼一洗相如渴肺肝

歲寒卽事　錢時

鳥語春迴信蜂喧日釀和不消花滿院竹外一枝多

歲暮　姚勉

歲暮仍爲客書空默自嗟鴈聲催念友魚鱠起思家廊靜風鳴葉窻虛雪入花醉鄉聊避世天外自寒鴉

揚州歲暮　丁開

萬國春回日層城晚眺餘江聲隔吳楚原色到邗徐大閱軍容壯狂歌客禮疎百年寒荻裏風雨憶無廬

歲暮江南四憶　金吳激

瘦梅如玉人一笑江南春照水影如許怕寒妝未勻花中有倦骨物外見天眞驛使無消息憶君清淚頻

天南家萬里江上橘千頭夢繞閶門迥霜飛震澤秋林深宜映屋香遠解隨舟懷橘何時獻庭闈底處愁

吳淞潮水平月上小舟橫旋斫四腮鱠未輸千里羹擣韲香不厭照箸雪無聲幾見秋風起空悲白髮生

平生把螯手遮日負垂竿浩渺渚田熟青熒漁火寒憶看霜菊艷不放酒杯乾比老垂涎處糟臍個個團

歲暮　李之翰

休怪年來白髮新天涯三載困埃塵偶離沙磧窮陰地收得桑榆老病身對雪莫吟秦嶺句撥醅且醉漢江春此生自斷無餘事何必區區問大鈞

寒夜　趙秉文

歲晏寒無那夜深淸欲饑竹風驚夢斷雪意聽窻知稍稍鵲翻樹蕭蕭人語籬虛明滿吾室何許月來時

歲暮　元德明

簌簌霜力勁沈沈山氣冥北風半夜起吹動一天星

臘月海棠　元尹廷高

尤物眞能奪化工臘前偷洩數枝紅霜花不上臙脂面強飾春妍嫁北風

十二月五日雪晴　張雨

日光玉潔千峰立映雪蹋時一氣凝嘗晝爐亭催埽巷犯寒魚枋借收冰松皮石裂號饑鼠窻隙塵消觸凍蠅靑苗菜芽渾可愛倩誰春餠卷紅綾

歲暮卽事　明陶安

慰藉情懷臘酒香光陰背我去堂堂驛梅初破兩三蘂官曆惟餘五六行斷送殘年多雨雪逢迎老景是星霜街衢擊鼓驅儺出却喜邦民共樂康

歲暮客錢塘邦彥徵君以詩招飲席間次韻　文林

隱君瀟灑有高齋徑造何煩折簡催雪砌宜人寒不埽溪門待客夜還開離離燈火分春色奕奕梅花照酒杯笑殺山陰王長史不逢安道爲誰來

冬夜　文徵明

煙鎖塵凝四壁空青燈欲燼夜溶溶涼聲度竹風如雨碎影搖窻月在松病枕蕭條聞末漏草堂搖落已深冬不堪酒醒淒然地撫景懷人意萬重

臘月望夜　張宇初

臘半宜陰凍靑陽轉小和江梅春煖動霜月夜寒過霽雪隨鷗盡朝雲逐鴈多衰遲惟磵壑寧意紫芝歌

瑞鷓鴣　宋晏殊

江南殘臘欲歸時有梅紅亞雪中枝一夜前邨間破瑤英折端的千花冷未知　丹青改樣勻朱粉雕梁欲畫猶疑何妨向冬深密種秦人路夾仙溪不待桃天客自迷

御街行　程垓

住家不覺窮冬好向客裏方知道故園梅子正開時記得酒尊頻倒高燒紅燭暖熏羅幌一任花枝惱如今客裏傷懷抱忍雙鬢隨花老小窻獨自對黃昏只有月華飛到假饒眞箇鴈書頻寄何似歸來早

玲瓏四犯 越中歲暮　姜夔

疊鼓夜寒垂燈春淺匆匆時事如許倦遊歡意少俛仰悲今古江淹又吟恨賦記當時送君南浦萬里乾坤百年身世惟有此情苦　揚州柳垂官路有輕盈換馬端正窺戶酒醒明月下夢逐潮聲去文章信美知何用謾贏得天涯羈旅教說與春來要尋花伴侶

鷓鴣天　范純仁

臘後春前暖律催日和風暖欲開梅公方結客尋佳

景我亦忘形趁酒杯　添管裔續尊罍更闌秉燭未能回清歡莫待相期約乘興來時便可來

江城子　葛勝仲

昏昏雪意慘雲容獵霜風歲將窮流落天涯憔悴一山翁清夜小窻圍獸火傾酒綠借顏紅　官梅疎豔小壺中暗香濃玉玲瓏對景忽驚身在大江東上國故人誰念我晴嶂遠暮雲重

滿庭芳歲暮過西村王叔遠　明沈麐

歲暮偷閒殘冬訪道隔溪扶過危橋凝情懶骨傲俗自逍遙郵北郵南景兒完鄉社鄰父招邀眞閒甚開門汲水淺灌美人蕉　客來山犬吠不通名姓直入書巢笑吟握手木榻相勞綠淨幽光照几知交者野牧漁樵無今古清談一席爾我共蕭騷

季冬部選句

晉盧諶詩覺蹙圖象運悠悠方儀廓忽忽歲云暮遊原采蕭藿

宋鮑照詩幸值嚴冬暮幽夜方未央

北周王褒詩嚴冬桑柘落寒霜馬騎肥

唐駱賓王詩綠竹寒天筍紅蕉臘月花

孟浩然詩梅花殘臘月

韋應物詩猶嫌臘月酒更值早梅春

岑參詩向南風候暖臘月見春暉

杜甫詩窮冬急風水江山雪霧昏　又　姜侯設膾當嚴冬　又　高唐暮冬雪壯哉舊瘴無復似塵埃

韓翃詩一身千里寒無上單馬重裘臘月中

皇甫冉詩對酒閑齋晚開軒臘雪時

韓愈詩西來騎火照山紅夜宿桃林臘月中

杜牧詩攜茶臘月遊金碧合有文章病茂陵

宋張詠詩捕慶黃角正嚴冬

韓琦詩一箭尚留終在臘萬花潛發欲驚春

楊萬里詩將何功業過殘冬　又　臘月潮州見桃李元來不作好春看

明吳寬詩晏眠不覺過殘冬

王韋詩好記流年收柏葉乍消殘雪見梅枝

欽定古今圖書集成曆象彙編歲功典
第九十三卷目錄
季冬部紀事
季冬部雜錄
季冬部外編

歲功典第九十三卷

季冬部紀事

詩經豳風七月章二之日其同載纘武功朱注同竭作以狩纘習而繼之也

二之日鑿冰冲冲朱注鑿冰謂取冰於山也冲冲鑿冰之意周禮正歲十二月令斬冰是也

禮記王制冢宰制國用必於歲之杪五穀皆入然後制國用用地小大視年之豐耗以三十年之通制國用量入以爲出

司會以歲之成質於天子冢宰齊戒受質附注司會冢宰之屬掌治法之財用會計及王與冢宰齊置等事故歲之將終也質平其一歲之計要於天子而先之冢宰冢宰重其事而齊戒以受其質質者質於上而考正其當否也

大樂正大司寇市三官以其成從質於天子大司徒大司馬大司空齊戒受質陳注市司市也

百官各以其成質於三官大司徒大司馬大司空以百官之成質於天子百官齊戒受質然後休老勞農成歲事制國用

周禮天官小宰歲終則令羣吏致事訂義王昭禹曰歲終日窮于次月窮于紀星回于天數將幾終歲且更始天子與公卿大夫共飭國典論時令以待來歲之宜羣吏治事必有所致以告於上者焉大宰於歲終聽其致事小宰則令羣吏致事而已必小宰先令致事然後大宰得以聽之

膳夫歲終則會唯王及后世子之膳不會訂義鄭康成曰不會計多少優尊者

庖人歲終則會唯王及后之膳禽不會訂義鄭康成曰膳禽四時所膳禽獻如世子可以會之王氏曰膳夫於王及后世子之膳不會庖人於王及后之膳禽不會而不及世子是世子之膳禽則會矣曰膳常禮也膳禽非常禮也會者所以杜其窮奢極侈之心也

醫師歲終則稽其醫事以制其食十全爲上十失一次之十失二次之十失三次之十失四爲下訂義王氏曰稽其醫事以制食食功也鄭康成曰全猶愈也以失四爲下者五則半矣或不治自愈

酒正歲終則會唯王及后之飲酒不會以酒式誅賞訂義鄭鍔曰酒正掌酒之政令其始以式法授酒材彼違式而酒惡不可以無誅如式而酒美又烏得而不賞故曰以酒式誅賞

凌人掌冰正歲十有二月令斬冰三其凌訂義鄭鍔曰周雖改正朔每用夏正故凌人之職正歲十有二月令斬冰夏頒冰掌事秋刷皆夏月也如詩七月流火九月授衣每書月者皆夏正若周正則不書月一之日二之日是也賈氏曰周十二月冰未堅也詩曰二之日鑿冰冲冲三之日納于凌陰二之日謂周之二月夏之十二月也三之日謂之三月夏之正月與此周禮十二月藏冰校一月者豳地寒故納冰可用夏正月也鄭鍔曰冰不堅厚則不可取欲取諸冰厚腹堅之時故記則謂之伐詩則謂之鑿此則謂之斬杜氏曰三其凌三倍其冰鄭康成曰三之者爲消釋度也易氏曰三爲冰室以待亥子丑三月之用蓋天時不可預必有冬而無冰者凡亥子丑三月之間皆可藏冰故三其凌以待之

大府凡邦之賦用取具焉歲終則以貨賄之入出會之訂義林氏曰會其出入亦以待司會之會

外府歲終則會唯王及后之服不會訂義王昭禹曰王與后服不會則至尊不可以有司法數拘也世子則防其奢侈而亂法驕佚而敗禮不可以無會與酒正惟王及后之飲不會同意

職幣歲終則會其出凡邦之會事以式法贊之訂義黃氏曰王之用不會獨會其出以知餘見耳其數皆關白司會賈氏曰職幣主出故歲終與司會會之贊之亦謂贊司會之事

司裘凡邦之皮事掌之歲終則會唯王之裘與其皮事不會訂義王昭禹曰歲終則會者會其一歲用皮之數惟王之裘與其皮事不會所以優至尊不言后者后之服無以皮爲之

掌皮歲終則會其財齎訂義王昭禹曰泉布謂之財行費謂之齎斂之則用財斂而散之則有行費史氏曰歲終不會其皮事而會其財齎者皮革既斂春已獻而入於司裘用之者司裘耳至於斂時之財齎則在

掌皮也其曰財齎行者有裹囊也蓄禽獸達人不聚
於城郭而息於山林掌皮之斂豈敢千里疲人以輸
送必使齎其財而市之其財曰財齋以門斂者非強
取

內宰歲終則會內人之稍食稽其功事佐后而受獻
功者比其小大與其麤良而賞罰之會內宮之財用
訂義王氏曰內人王內之人王昭禹曰典婦以功獻於
后內宰則佐后而受之

女御以歲時獻功事訂義王昭禹曰歲時者歲終之時
典婦功所謂秋獻功是也鄭康成曰絲枲成功之事

典絲歲終則各以其物會之訂義鄭司農曰各以其所
飾之物會計傳著之王氏曰典絲典枲歲終各以其
物會之防其以賤貿貴

典枲歲終則各以其物會之訂義史氏曰歲終之會各
以其物知其出納之數

地官鄉師之職歲終則攷六鄉之治以詔廢置

鄉大夫之職歲終則令六鄉之吏皆會政致事訂義鄭
康成曰致事言其歲盡文書鄭鍔曰歲終則羣吏會
其所行之政而來致其事者將以攷之而上於長貳
故使之先自審也

州長歲終則會其州之政令

黨正國索鬼神而祭祀則以禮屬民而飲酒于序以
正齒位訂義王昭禹曰郊特牲以歲十有二月合聚萬
物而索饗之

歲終則會其黨政帥其吏而致事

族師歲終則會政致事

泉府歲終則會其出入而納其餘訂義賈氏曰出謂出
府會計用財入謂於廛人斂取絘布已下納其餘者
若國家來取財不盡而有餘則納與天官職幣

遂大夫令爲邑者歲終則會政致事

鄙師歲終則會其鄙之政而致事

舍人歲終則會計其政訂義鄭康成曰政用穀之多少

春官天府季冬陳玉以貞來歲之媺惡訂義鄭司農曰
貞問也鄭鍔曰先王防患遠憂民深故每長慮卻顧
以爲災害之防嘗之日卜戒社之日卜
稼穡以爲未足以知來歲之休咎又於季冬之月日
窮于次星窮于紀歲且更始之時而預卜之方其問
龜則天府之官陳玉以禮神玉之爲物陽精之純將
以交三靈而通之故必用玉也問龜者大卜之職天
府掌出玉而陳之

占人歲終則計其占之中否訂義鄭鍔曰俟歲終計會
其所占之中否而進退占人蓍卜之所占驗與否常
在後故俟歲終計之

占夢季冬聘王夢獻吉夢於王王拜而受之乃舍萌
于四方以贈惡夢遂令始難敺疫訂義鄭鍔曰先儒之
說於理不通安有一歲之夢當其時則不占至於季
冬始聘而問王焉季冬始問始贈何補於一歲之吉
凶惡夢不善至於是時雖贈亦無及矣聘問也如聘
女之聘聘而來也贈送也如贈行之贈贈之使往也
季冬之月歲旦更始迎新送舊之時也欲王新歲常
得吉夢故聘之欲王新歲常無惡夢故贈之如謂人
臣有吉夢獻於天子天子拜受亦無是理蓋亦迎新
之際聘其吉者欲其來故獻於王者曰自今以後夢
皆吉而無凶矣王乃拜受亦迎受福之意也舍萌謂
取菜之始萌者而祭也夢者禍福之萌用菜萌以祭
示去其萌芽之義鄭康成曰夢者事之祥吉凶之占
在日月星辰季冬日窮于次月窮于紀星迴于天數
將幾終于是發幣而問焉若休慶之云爾因獻羣臣
之吉夢於王歸美焉詩云牧人乃夢衆維魚矣旐維
旟矣此所獻吉夢令令方相氏也難謂執兵以有難
御也杜氏曰月令季春之月命國儺九門磔禳以畢
春氣仲秋之月天子乃儺以達秋氣季冬之月命有
司大儺旁磔出土牛以送寒氣賈氏曰子春雖引三
時之儺惟取季冬大儺以此經文承季冬之下是以
方相氏亦據季冬大儺而言李嘉會曰季春仲秋季
冬皆有儺令曰始儺者蓋在上始行儺禮則諸侯萬
民斯可儺也王昭禹曰既舍萌贈惡夢內無釁然後
自外至者可索而敺也鄭鍔曰惡夢已去亦不使疫
鬼或乘隙而來凡爲厲者一切皆絕則惡夢無自而
生矣易氏曰始儺所以迎和氣敺疫所以送戾氣

眡祲歲終則弊其事訂義鄭鍔曰歲終弊之以驗禳除
之有效否弊斷也斷其然否所以驗之也李嘉會曰
計其占之中否則賞罰黜陟不言可知

秋官士師之職歲終則令正要會訂義鄭鍔曰令刑官
之屬爾易氏曰少司寇於正歲命其屬入會乃致事
者入此歲終所正之要會也

穆天子傳冬甲戌天子東遊飲於留祈射於麗虎讀
書於藉丘曰獻酒於天子乃奏廣樂天子遺其靈鼓
乃化爲黃蛇

晏子諫上篇景公令兵摶治當臘冰月之間而寒民
多凍餒而功不成公怒曰爲我殺兵二人晏子曰昔

者先君莊公之伐於晉也其役殺四人令令而殺二人是師殺之半也公曰諾是寡人之過也令止之

史記范雎傳三歲不上計注凡郡長治民進賢勸功決訟檢姦常以歲盡遣吏上計

漂粟手牘呂后時冬十二月見未央宮前有一紫燕后以爲不祥使侍中陳當時逐之飛入廄內不得出値牝馬方仰首而嘶遂飛入其口中便有紫雲覆於馬首頃之而滅當時奏狀后異之詔有司專視此馬後生駒日馳數百里號曰紫燕

漢書武帝本紀太初元年十二月禮高里祠后土東臨勃海望祠蓬萊

述異記辟寒香丹丹國所出漢武時入貢每至大寒於室焚之暖氣翕然自外而入人皆減衣

漢書宣帝本紀地節三年十二月初置廷尉平四人秩六百石

桓譚新論元帝時漢中遇道人王仲都能忍寒乃於盛寒日令袒衣載以駟馬於昆明池上遶水而走御者厚衣狐裘甚寒而仲都獨無變也

後漢書光武帝本紀皇考南頓君初爲濟陽令以建平元年十二月甲子夜生光武於縣舍有赤光照室中欽異焉使卜者王長占之長辟左右曰此兆吉不可言

建武六年十二月詔曰今軍士屯田糧儲差積其令郡國收見田租三十稅一如舊制

章帝本紀建初八年十二月詔曰五經剖判去聖彌遠章句遺辭乖疑難正恐先師微言將遂廢絕非所以重稽古求道眞也其命羣儒選高才生受學左氏穀梁春秋古文尚書毛詩以扶微學廣異義焉

元和二年詔律十二月立春不以報囚月令冬至之後有順陽助生之文而無鞫獄斷刑之政朕咨訪儒雅稽之典籍以爲王者生殺宜順時氣其定律無以十一月十二月報囚

東夷傳夫餘國以臘月祭天大會連日飲食歌舞名曰迎鼓是時斷刑獄解囚徒

抱朴子至理篇左慈以氣禁水著中庭露之大寒不冰

異錄魏文帝至廣陵臨江觀兵兵有十餘萬旌旗彌數百里權嚴設固守時大寒冰舟不得入江帝見波濤洶湧歎曰嗟乎固天所以隔南北也遂歸

晉書武帝本紀泰始四年十二月帝臨聽訟觀錄廷尉洛陽獄囚親平決焉

禮志武帝泰始六年十二月帝臨辟雍行鄉飲酒之禮詔曰禮儀之廢久矣乃今復講肄舊典賜太常絹百匹丞博士及學生牛酒

元帝本紀太興元年十二月癸巳詔曰漢高經大梁美無忌之賢齊師入魯修柳下惠之墓其吳之高德名賢或未旌錄者具條列以聞

五行志穆帝永和九年十二月桃李華是時簡文輔政事多弛略舒緩之應也

韓伯傳伯母殷氏高明有行家貧窶伯年數歲至大寒母方爲作襦令伯捉熨斗而謂之曰且著襦尋當作複褌伯曰不復須母問其故曰火在斗中而柄尚熱今既著襦下亦當煖母甚異之

王延傳延繼母卜氏嘗盛冬思生魚勅延求而不獲杖之流血延尋汾叩凌而哭忽有一魚長五尺踊出水上延取以進母卜氏食之積日不盡於是心悟撫延如己生

宋書百官志太史令一人丞一人掌三辰時日祥瑞妖災歲終則奏新曆

法苑珠林宋元嘉十五年羅順爲平西府將戍十二月放鷹野澤見鷹雉俱落於時火燒野草惟有三尺許叢草不然遂披而覓鳥乃得金菩薩坐像工製殊巧遂收而供之

宋書文帝本紀元嘉十九年十二月詔尼父德表生民功被百代而墳塋荒蕪荆棘弗翦可蠲墓側數戸以掌洒掃魯郡上民孔景等五戸居近孔子墓側蠲其課役供給洒掃并種松柏六百株

梁書武帝本紀天監九年十二月輿駕幸國子學策試冑子賜訓授之司各有差

南史梁武帝本紀大同七年十二月於宮城西立士林館延集學者

隋書禮儀志陳制先元會十日百官並習儀注令僕以下悉公服監之設庭燎街闕城上殿前皆嚴兵百官各設部位而朝宮人皆於東堂隔綺疏而觀宮門既無籍外人但絳衣者亦得入觀

北史徐則傳則入天台山因絕粒養性所資惟松木而已雖隆冬沍寒不服綿絮

魏道武帝本紀天興四年冬十二月集博士儒生比衆經文字義類相從凡四萬餘字號曰衆文經

魏書高宗本紀和平三年十二月乙卯制戰陣之法十有餘條因大儺耀兵有飛龍騰蛇魚麗之變以示

威武

靈徵志高祖延興元年十二月徐州竹邑戍士邢德於彭城南一百二十里得蓍一株四十九枝下掘得大龜獻之詔曰龜蓍與經文相合所謂靈物也德可賜爵五等

北史魏孝文帝本紀延興元年十二月詔求舜後獲東萊人媯苟之復其家畢世以彰盛德之不朽

魏書釋老志延興三年十二月顯祖因田鷹獲鴛鴦一其偶悲鳴上下不去帝乃惕然問左右曰此飛鳴者爲雌爲雄左右對曰臣以爲雌帝曰何以知對曰陽性剛陰性柔以剛柔推之必是雌矣帝乃慨然而歎曰雖人鳥事別至於資識性情竟何異哉於是下詔禁斷鷙鳥不得畜焉

靈徵志世宗景明二年十二月南青州獻蒼烏君修行孝慈萬姓不好殺生則至

北史李順興傳順興年十餘乍愚乍智時莫識之其言未來事時有中者盛冬單布衣跣行冰上及入洗浴略不患寒

西域傳波斯國尤重十二月一日其日人庶以上各相命名設會作樂以極歡娛

啓顏錄隋朝有人敏慧然而口吃楊素每閒悶即召與劇談嘗歲暮無事對坐因戲問云今日家中有人治蛇咬足若爲醫治此人即應聲報云取取五月五日南牆下雪雪塗塗即治素云五月何處得有雪答云若五月五日無雪臘月何處有蛇咬素笑而遣之

舊唐書禮儀志季冬寅日蜡祭百神於南郊大明夜明用犢二神農氏伊耆氏各用少牢一后稷及五方十二次五官五方田畯五嶽四鎮四瀆以下方別各用少牢一當方不熟者則闕之

職官志凡兵馬在府每歲季冬折衝都尉率五敎之屬以教其軍陣戰鬬之法也具在教習簿籍

唐書百官志上林署季冬藏冰千段先立春三日納之冰井以黑牡秬黍祭司寒

唐會要武德六年十二月九日以武功宮改爲慶善宮

武德八年十二月十八日水部郎中姜行本請於隴州開五節堰引水通運許之

算學貞觀二年十二月二十一日置

貞觀十三年十二月十四日壬午詔於洛相幽徐齊并秦蒲等州置常平倉粟藏九年米藏五年下濕之地粟藏五年米藏三年皆著於令

律學顯慶元年十二月十九日于志寧奏置隸詳刑寺

唐詩紀事景龍二年十二月六日上幸薦福寺鄭愔詩先成宋之問後進二十一日幸臨渭亭李嶠等應制

景龍三年十二月十四日幸韋嗣立莊拜嗣立逍遙公名其居曰清虛原幽栖谷

唐會要開元八年十二月二十日詔張說修國史仍齎史本就并州隨軍修撰

開元九年十二月九日增修蒲津橋絙以竹葦引以鐵牛命兵部尚書張說刻石爲頌

開元十八年十二月二十九日有龍見於池勑太常韋縚草祭儀縚奏祭用二月牲用少牢樂用鼓鐘奏姑洗歌南呂

天寶三載十二月二十四日親祀九宮貴神於東郊

天寶六載十二月二十一日壬戌築會昌城於湯所置百司及公卿邸第

天寶七載十二月二日元元皇帝降於朝元閣改爲降聖閣

乾元元年十二月二十八日丙寅立春御宣政殿命太常卿于休烈讀春令

貞元八年十二月三日賜文武常參官綾袍

唐書禮樂志貞元九年季冬貢舉人謁先師日與親享廟同有司言上丁釋奠與大祠同即用中丁乃更用日謁於學

舊唐書張茂昭傳元和五年冬十二月十二日至京師故事雙日不坐是日特開延英殿對茂昭五刻乃罷

唐會要太和七年十二月敕於國子監講論堂兩廊創立石九經并孝經論語爾雅共一百五十九卷字樣四十九卷

舊唐書文宗本紀太和九年十二月辛卯置諫院印諫院舊無印有章疏各於本司請印人多知之至是特敕置印衆諸諫臣論事有關機密別以狀列之

闕史李彥佐在滄景唐太和九年有詔浮陽兵北渡黃河時冬十二月至濟南郡使擊冰進舟冰觸舟舟覆詔失彥佐驚懼不寢食六日鬢髮白至貌使膚削從事亦謬其儀形也乃令津吏不得詔盡死吏懼且請公一祝禱於河吏憑公誠明以死索之彥佐乃

令具爵酒及祝傳語詰河其旨曰明天子在上川瀆
山嶽祝史咸秩予境之內祀未嘗匱爾河伯洎鱗介
之長當衛天子詔何反溺之乎或不獲予將齋告於
天天將讁爾吏酹冰辭已忽有聲如震河冰中斷可
三十丈吏知彥佐精誠已達乃沈鉤索而出封角如
舊惟篆印微濕耳彥佐所至令嚴務簡推誠於物著
聲於官如河水色渾駛流大木與纖芥頃刻千里矣
安有舟覆六日一酹而堅冰陷一鉤而沈詔獲得非
誠之至乎
清異錄有刁蕭者攜一鏡色碧體瑩背有字曰碧金
僊大中元年十二月銅坊長老白九峰造余以俸粒
五石換之置於文瑞堂呼為銅此君
東觀奏記河東節度劉瑑在內署日上深器異大中
十年手詔追之既至拜戶部侍郎判度支十二月十
七日次對上以御案曆日付瑑令於下旬擇一吉日
瑑不諭旨上曰但揀一拜官日即得奏二十五日佳
上笑曰此日命卿為相秘世無知者高湜自集賢校
理為鳳翔從事湜即瑑舊寮也二十四日辭瑑於私
第湜曰竊度旬時必副具瞻之望瑑笑曰來日具瞻
何旬時也湜驚不敢發詰旦果爰立矣
三餘贅筆唐故事歲暮賜羣臣曆日并畫鍾馗劉禹
錫有代杜相公謝鍾馗曆日表云圖寫威神驅除羣
厲頒行元曆敬授四時張弛有嚴光增門戶之貴動
用協吉常為掌握之珍又代李中丞謝鍾馗曆日表
云續其神像表去厲之方頒以曆書敬授時之始
玉谿編事南詔以十二月十六日為星回節其日遊
於避風臺命清平官賦詩其國謂詞臣為清平官

雲仙雜記寶雲溪有僧舍盛冬若客至則燃薪火暖
香一炷滿室如春人歸更取餘燼
酉陽雜俎焉耆十二月及元日王及首領分為兩朋
各出一人著甲衆人執瓦石捧棍東西互擊甲人先
死即止以占當年豐儉
玉海唐莊宗十二月二十二日誕為萬壽節
續文獻通考段氏之先名儉魏者佐蒙氏有功六傳
生思平有異兆國主楊於眞忌捕之思平逃匿餓摘
野桃剖之核有文曰靑昔思平折之曰靑乃十二月
昔乃二十一日吾當以是日舉義遂借逐楊氏而有
蒙國改國號曰大理
遼史聖宗本紀統和元年十二月甲辰是夕然萬魚
燈於雙溪
統和十年十二月庚辰獵儒州東川拜天
禮志藏鬮儀至日北南臣僚常服入朝皇帝御天祥
殿臣僚依位賜坐契丹南面漢人北面分朋行鬮或
五或七籌賜膳入食畢皆起頃之復坐行鬮如初晚
賜茶三籌或五籌罷教坊承應若帝得鬮臣僚進酒
訖以次賜酒大康二年十二月二十二日始行是儀
是日不御朝
宋史王全斌傳全斌之入蜀也適屬冬暮京城大雪
太祖設氈帷於講武殿衣紫貂裘帽以視事忽謂左
右曰我被服若此體尚覺寒吾念西征將衝犯霜雪
何以堪處即解裘帽遣中黃門馳賜全斌仍諭諸將
以不徧及也全斌拜賜感泣
玉海建隆二年十二月初十日出元化門校獵
辟寒太平興國七年十二月十七日大雪御製雪詩

并酒賜學士詩云輕輕相亞擬如酥宮樹花裝萬萬
株今賜酒時卿一盞玉堂閒話道情無
實錄太平興國八年十一月庚辰詔史館所修太平
總類一千卷宜令日進三卷朕當親覽焉自十二月
一日為始宰相宋琪等言曰天寒景短日閱三卷恐
聖躬疲倦上曰朕性喜讀書頗得其趣開卷有益豈
徒然也因知好學者讀萬卷書非虛語耳
宋史禮志賜酺自秦始秦法三人以上會飲則罰金
故因事賜酺吏民會飲過則禁之唐嘗一再舉行太
宗雍熙元年十二月詔曰王者賜酺推恩與衆共樂
所以表昇平之盛事契億兆之歡心累朝以來此事
久廢蓋逢多故莫舉舊章今四海混同萬民康泰嚴
禋始畢慶澤均行宜令士庶之情共慶休明之運可
賜酺三日二十一日御丹鳳樓觀酺召侍臣賜飲自
樓前至朱雀門張樂作山車旱船往來御道又集開
封府諸縣及諸軍樂人列於御街音樂雜發觀者溢
道縱士庶遊觀遷市肆百貨於道之左右召畿甸耆
老列坐樓下賜之酒食明日賜羣臣宴於尚書省仍
作詩以賜明日又宴羣臣獻歌詩賦頌者數十人
雍熙三年十二月一日大雨雪帝喜御玉華殿詔宰
臣及近臣謂曰春夏以來未嘗飲酒今得此嘉雪思
與卿等同醉又出御製詩令侍臣屬和
玉海淳化二年十二月丙寅朔上御文德殿羣臣入
閤禮畢賜百官廊下餐
淳化五年十二月二十一日初置諸州應在司具元
管新收已支現在錢物申省
至道元年十二月十二日上以新增九絃琴五絃阮

宣示近臣曰古樂之用與鄭衛不同朕求古人之意有未盡者增琴爲九絃曰君臣文武禮樂正民心爲五絃阮曰金木水火土別造新譜凡三十七卷俾太常樂工肄習之

咸平三年十二月十四日幸殿前指揮使班院閱馬射遂宴射後苑上七中的

宋史禮志眞宗以十二月二日爲承天節其儀帝先御長春殿諸王上壽次樞密使副宣徽三司使次使相次管軍節度使兩使留後觀察使次節度使至觀察使次皇親任觀察使以下各上壽仍以金酒器銀馬袖表爲獻既畢咸赴崇德殿序班宰相率百官上壽賜酒三行皆用教坊樂賜衣一襲文武羣臣方鎮州軍皆有貢禮前一月百官內職牧伯各就佛寺修齋祝壽罷日以香賜之仍各設位賜上尊酒及諸果百官兼賜教坊樂景德二年始令樞密三司使副學士復赴百官齋會少卿監刺史以上及近職一子賜恩僧道則賜紫衣師號禁屠輟刑

景德二年十二月五日宴尙書省五品諸軍都指揮以上契丹使於崇德殿時契丹初來賀承天節擇膳夫五人齎本國異味就尙食局造食詔賜膳夫衣服銀帶器帛

玉海景德四年十二月禮部侍郎周起患貢舉不公因建糊名法

景德七年十二月十六日詔朝廷封樁錢物令尙書省歲終具旁通冊進入

宋史禮志大中祥符元年十二月二十四日聖祖降延恩殿日爲降聖節休假宴樂並如天慶節

眞宗本紀大中祥符三年十二月陝州黃河再清庚戌集賢校理晏殊獻河清頌

玉海天聖四年十二月壬午幸玉淸昭應宮開寶寺景靈宮祈雪故事車駕還必作樂前導上精意以禱命毋作樂既雪輔臣皆賀上喜曰力田之民自今有望矣

康定元年十二月十三日判太常宋祁言太廟藏神御及祕寶法物已滿夾室廟壖狹不可更爲藏室請於宗正寺西偏別建神御庫命宗寺領之

慶曆三年十二月澧州獻瑞木有文曰太平之道詔送史館劉敞作頌曰上天之載兮無臭無聲眷我聖德兮告以太平非筆非墨兮自然而成

長編皇祐三年十二月八日司天夏官正李用晦言重定渾儀鑄造已成欲乞依唐李淳風一行舊制紀年月以永將來從之

玉海至和元年十二月十八日宋咸上注周易十卷詔褒諭

嘉祐三年十二月十六日詔從臣觀河南所進芝草諭曰今日嘉雪大滋宿麥自勝芝草瑞也是日賜喜雪宴於中書

嘉祐四年十二月十五日磁州防禦使承亮上祫享受釐頌詔獎之

宋史禮志嘉祐七年十二月特召兩府近臣三司副使臺諫官皇子宗室駙馬都尉管軍臣僚至龍圖天章閣觀三聖御書及寶文閣爲飛白分賜下逮館閣官製觀書詩賜韓琦以下和進遂宴羣玉殿傳詔學士王珪撰詩序刊石於閣數日再會天章閣觀三朝瑞物復宴羣玉殿酒行上曰天下久無事今日之樂與卿等共之宜盡醉勿復辭因名韓琦至御榻前別賜一大巵出禁中名花金盤貯香藥令各持歸莫不霑醉至暮而罷

玉海治平元年十二月九日名輔臣觀御篆孝嚴殿額於迎陽門遂御延和殿賜茶

治平元年十二月庚子知制誥祖無擇獻皇極箴英宗善其言詔褒答之

宋史哲宗本紀熙寧九年十二月七日己丑生於宮赤光照室

玉海元豐元年十二月二十三日提舉司天監被旨校定館閣及私家所藏陰陽書置庫藏之編成七百十九卷上之

燕翼詒謀錄元豐二年十二月乙巳神宗命畢仲衍蔡京范鍾張璪詳定於太學創八十齋三十人爲額通計二千四百人內上舍生百人內舍生三百人外舍生二千人

蘇軾詩集元豐五年十二月十九日東坡生日也置酒赤壁磯下踞高峰俯鵲巢酒酣笛聲起於江上客有郭石二生頗知音謂坡曰笛聲有新意非俗工也使人問之則進士李委聞坡生日作新曲曰鶴南飛以獻呼之使前則青巾紫裘要笛而已既奏新曲又快作數弄嘹然有穿雲裂石之聲坐客皆引滿醉倒委袖出佳紙一幅曰吾無求於公得一絕句足矣坡笑而從之山頭孤鶴向南飛載我南遊到九疑下界何人也吹笛可憐時復犯龜茲

蘇軾記夢回文詩引十二月二十五日大雪始晴夢

人以雪水烹小團茶使美人歌以飲余夢中爲作回文詩覺而記其一句云亂點餘花唾碧衫意用飛燕故事也

東坡志林元豐六年十二月二十七日天欲明夢數吏人持紙一幅其上題云請祭春牛文余取筆疾書其上云三陽既至庶草將興爰出土牛以戒農事衣被丹青之好本出泥塗成毀須臾之間誰爲喜愠吏微笑曰此兩句復當有怒者旁一吏云不妨此是喚醒他

宋史禮志哲宗卽位宰臣請以十二月八日爲興龍節哲宗本七日生以避僖祖忌故後一日

玉海元祐四年十二月十七日始命大樂正葉防撰朝會二舞儀式曰威加海內之舞曰化成天下之舞威加海內舞爲猛賁趫速之狀坐作進退之儀以成一變化成天下舞作三揖三辭三謙之儀以成一變儀式既具再命協律郎陳沂按閱節奏詳備自是朝會則用之

元祐八年十二月二日乙巳左僕射呂大防言乞倣唐六典置局修官制一書爲國朝大典詔於祕書省置局令范祖禹王欽若編修宋匪躬晁補之檢討

李之儀跋古柏行後政和元年十二月二十二日積雪初霽希韓德循攜茶相期於天寧閬若庵首座之天竺軒希韓出此紙見邀作字輒以是應之既終二君又作山藥芋頭蘿蔔晚菘號甜羹爲潤筆貞一投佳事

雲麓漫抄故事百官入朝並乘馬政和三年十二月十一日以雪滑特許暫乘車轎不得入宮門候路通依常

宋史禮志政和五年十二月二十九日詔景龍門預爲元夕之具實欲觀民風察時態黼飾太平增光樂國非徒以遊豫爲事特賜公師宰執以下宴

艅艎日疏宣和五年令都城自臘月初一日放鼇山燈至大年正月十五日夜謂之預賞元宵徽宗至日出觀之時有謔詞末句云奈吾皇不待元宵景色來到恐後月陰晴未保

宋史禮志宣和六年十二月二十四日賜太師蔡京以下應兩府赴睿謨殿宴景龍門觀燈續有旨宣太傅王黼赴宴

東京夢華錄十二月街市盡賣撒佛花韭黃生菜蘭芽勃荷胡桃澤州餳初八日街巷中有僧尼三五人作隊念佛以銀銅紗羅或好盆器坐一金銅或木佛像浸以香水楊枝灑浴排門教化諸大寺作浴佛會并送七寶五味粥與門徒謂之臘八粥都人是日各家亦以果子雜料煑粥而食也臘日寺院送面油與門徒却入疏教化上元燈油錢閭巷家家互相遺送是月景龍門預賞元夕於寶籙宮一方燈火繁盛二十四日交年都人至夜請僧道看經備酒果送神燒合家替代錢紙帖竈馬於竈上以酒糟塗抹竈門謂之醉司命夜於牀底點燈謂之照虛耗此月雖無節序而豪貴之家遇雪卽開筵塑雪獅裝雪燈以會親舊近歲節市井皆印賣門神鍾馗桃板桃符及財門鈍驢回頭鹿馬之行帖子賣乾茄瓠馬牙菜膠牙餳之類以備除夜之用自入此月卽有貧者三數人爲一火裝婦人神鬼敲鑼擊鼓巡門乞錢俗呼爲打夜胡亦驅祟之道也

玉海紹興七年十二月十一日諭輔臣曰劉光世喜書前日來乞朕所臨蘭亭敘亦以一本賜之因論書法甚詳遂及法帖曰其間甚有可議如古帝王帖中有漢章帝千文千文是梁周興嗣所作何緣章帝書之舉此一事其他可知豈不悞後學者

乾道九年十二月二十二日臣僚請令太學生習射上曰玉津燕射惟武臣射文臣亦當與可討論典故以聞

淳熙六年十二月二十八日日有戴氣太史奏君德至於天爲萬民愛戴則有是瑞上於是議蠲租

乾淳起居注淳熙七年十二月二十八日南內遣御藥並後苑官管押進奉南宮守歲合食則劑金銀錢消夜歲軸果兒錦曆鍾馗爆仗羔兒法酒春牛花朵等

玉海淳熙十五年十二月辛卯書石湖二字賜范成大成大跋云天縱聖能游藝超絕典則高古爲伏羲畫體勢奇逸如神禹碑

乾淳歲時記都下自十月以來朝天門內外競售錦裝新曆諸般大小門神桃符鍾馗狻猊虎頭及金綵縷花春帖旛勝之類爲市甚盛八日則寺院及人家用胡桃松子乳蕈之類作粥謂之臘八粥醫家亦多合藥劑侑以虎頭丹八神屠蘇貯以絳囊饋遺大家謂之臘藥至於饋歲盤合酒檐羊腔充斥道路二十四日謂之交年祀竈用花餳米餌及燒替代及作糖豆粥謂之口數市井迎儺鑼鼓遍至人家乞求利市臘月賜宰執親王三衙從官內侍省官并外閫前宰

執等嚴藥係和劑局方造進及御藥院特旨製造銀合各一百兩以至五十兩三十兩各有差

桯史韓平原在慶元初其弟仰冑爲知閤門事頗與密議時人謂之大小韓求捷徑者爭趨之一日內宴優人有爲衣冠到選者自敘履歷材藝應得美官而留滯銓曹方徘徊浩歎又爲日者弊帽持扇過其旁遂邀使談庚甲日者曰君命甚高但於五星局中財帛宮若有所礙目下若欲亨達先見小寒更望成事必見大寒可也優蓋以寒爲韓侍宴者皆縮頸匿笑

玉海嘉定九年十二月五日始復置宗學改教授爲博士又置諭改隸宗正寺於是宗室疏遠者咸得就學

宋史外國傳勃泥國以十二月七日爲歲節地熱多風雨國人宴會鳴鼓吹笛擊鈸歌舞爲樂

文獻通考占城國每歲十二月十五日城外縛木爲塔王及人民各以衣物香藥置於塔上焚之以祭天

癸辛雜識鹽官縣學教諭黃謙之永嘉人甲午歲題桃符云宜入新年怎生呵百事大吉那般者爲人告之官遂罷去

吳郡志十二月十六日婦女祭廁姑男子不得至

金史禮志長白山大定十二年有司言長白山在興王之地禮合尊崇議封爵建廟宇十二月禮部太常學士院奏奉敕旨封興國靈應王卽其山北地建廟宇

天德二年命有司議薦新禮十二月羞以魚

元史祭祀志每歲九月內及十二月十六日以後於燒飯院中用馬一羊三馬湩酒醴紅織金幣及裏絹各三疋命蒙古達官一員偕蒙古巫覡掘地爲坎以燎肉仍以酒醴馬湩雜燒之巫覡以國語呼累朝御名而祭焉

每歲十二月下旬擇日於西鎭國寺內牆下灑掃平地太府監供綵幣中尚監供細氈鍼線武備寺供弓箭環刀束秆草爲人形一爲狗一剪雜色綵段爲之腸胃選達官世家之貴重者交射之非別速扎剌爾乃蠻忙古台列班塔達珊竹雪泥等氏族不得與列射至糜爛以羊酒祭之祭畢帝后及太子嬪妃幷射者各解所服衣俾蒙古巫覡祝讚之祝讚畢遂以與之名曰脫災國俗謂之射草狗

每歲十二月十六日以後選日用白黑羊毛爲線帝后及太子自頂至手足皆用羊毛線纏繫之坐於寢殿蒙古巫覡念呪語奉銀槽貯火置米糠於其中沃以酥油以其烟熏帝之身斷所繫毛線納諸槽內又以紅帛長數寸帝手裂碎之唾之者三幷投火中卽解所服衣帽付巫覡謂之脫舊災迎新福云

輟耕錄萬歲山在太液池之陽廣寒殿在山頂中有小玉殿前架黑玉酒甕一玉有白章隨其形刻爲魚獸出沒於波濤之狀其大可貯酒三十餘石

湧幢小品黃熒莆田人正統庚寅母林氏夢虛空中紫衣人呼授以物舉衣承之得鶴雛是歲臘月十有八日生公鑒形者謂之鶴相冠帶衣履書畫百物精緻庋潔居宇絕一塵既老樂五松號五松居士人謂得鶴之性

熙朝樂事十二月二十四日謂之交年民間祀竈以膠牙餳糯米花糖豆粉團爲獻丐者塗抹變形裝成鬼判叫跳驅儺索乞利物人家各換桃符門神春帖鍾馗福祿虎頭和合諸圖粘貼房壁買蒼朮貫衆辟瘟丹柏枝綵花以爲除夕之用自此街坊簫鼓之聲鏗訇不絕矣僧道作交年疏仙米湯以送檀越醫人亦送屠蘇袋同心結及諸品湯劑於常所往來者

帝京景物略十二月一日至歲除夜小民爲疾苦者奉香一尺背行衢中誦元君號自述香願其聲烏惻惻曰號佛行過井過寺廟則跪且拜而誦香盡尺乃歸八日先期鑿冰方尺至日納冰窖中鑑深二丈冰以入則固之封如阜內冰啓冰中涓爲政凡蘋婆果入春而市者附藏焉附乎冰者啓之如初摘於樹離乎冰則化如泥其窖在安定門及崇文門外是日家效菴寺豆果雜米爲粥供而朝食曰臘八粥廿四日以糖劑餅黍糕棗栗胡桃炒豆祀竈君以槽草秣竈君馬謂竈君翌日朝天去白家間一歲事祝曰好多說不好少說記稱竈老婦之祭今男子祭禁不令婦女見之祀餘糖果禁幼女不令得啖曰啖竈餘則食肥膩時口圈黑也廿五日五更焚香楮接玉皇曰玉皇下查人間也竟此日無婦嫗詈聲三十日五更又焚香楮送迎送玉皇上界矣迎新竈君下界矣是月小兒及賤閒人以二石毬置前先一人踢一令遠一人隨踢其一再踢而及之而中之爲勝一踢卽著焉卽過焉與再踢不及者同爲負也再踢而過焉則讓先一人隨踢之其法初爲趾踵苦寒設今遂用賭如博然有司申禁之不止也

續文獻通考各官坐蓬節年各省官員俱於十二月二十六日坐起至考察完日止

高坡異纂蔡畝守衢州日有一道士進謁畝畱飲入夕道士遣一童子去席百步解衣而立時方隆冬道士遙吐氣噓之卽汗出淋漓煖如盛夏旣而戸出風吹之寒氣襲人便欲僵仆

北京歲華記臘月束梅於盎匿地下五尺許更深三尺用馬通燃火使地微溫梅漸微白用紙籠之鬻於市小桃郁李迎春皆然餽遺尚鮮果羯鼓聲益喧曰迎年鼓

月令廣義燕俗圖竈神錢於木以紙印之曰竈馬士民競鬻以臘月二十四日焚之爲送竈上天別具小糖餅奉竈君具黑豆寸草爲秣馬具合家少長羅拜祝曰辛甘臭辣竈君莫言至次年元旦又具如前爲迎竈

名勝志洋縣臘節以蒲藻益鶡公石上江渚寒魚皆依之太守泛舟張樂揭取名曰揭蒲

季冬部雜錄

詩經唐風蟋蟀章蟋蟀在堂歲聿其暮

豳風七月章無衣無褐何以卒歲箋言此二陽之月

大寒之時無衣無褐不可終歲

小雅采薇章曰歸曰歸歲亦暮止

公羊傳王正月疏草物十二月萌芽始白

王正月疏王者應以十二月爲正則命以白瑞

左傳黑牡秬黍以享司寒注夏十二月日在虛危冰堅而藏之秬黑黍也司寒元冥北方之神故物皆用黑有事於冰故祭其神

日在北陸疏日在北陸夏之十二月也

國語及寒擊槀除田以待時耕注槀槀同寒謂季冬大寒之時也

易稽覽圖冬至後三十日極寒

陶朱公書念四夜黃昏時候鄉人束稻草於竿點火在田間行走名曰照田蠶看火色卜水旱色白主水色赤主旱猛烈年豐歲爇歲歉取北風爲上

韓子右倒言篇魯哀公問於仲尼曰春秋之記曰冬十二月霣霜不殺菽何爲記此仲尼對曰此言可以殺而不殺也夫宜殺而不殺梅李冬實天失道草木猶犯干之而況于君人乎

史記天官書赤奮若歲歲陰在丑星居寅以十二月與尾箕晨出曰天晧黫然黑色甚明其失次有應見參

春秋繁露五行五事篇冬至之後大寒降萬物藏於下于時暑爲賊故王者輔之以急斷之事

大戴禮記盛德篇天子常以季冬考德以觀治亂得失凡德盛者治也德不盛者亂也德盛者得之也德不盛者失之也是故君子考德而天下之治亂得失可坐廟堂之上而知也德盛則修法德不盛則飾政法政而德不衰故曰王也

白虎通禮樂篇貌之爲言施也在十二月萬物始施而勞

五行篇十二月律謂之大呂何大大也呂者拒也言陽氣欲出陰不許也呂之爲言拒者旅抑拒難之也

紼冕篇謂之謝者十二月之時施氣受化謝張而後得牙故謂之謝

士冠經曰章甫殷道殷統十二月爲正其飾微大故曰章甫章甫者尚未與極其本相當也

風俗通義管漆竹長一尺六孔十二月之音也物貫地而芽故謂之管

大寒既至霜雪既降吾是以知松柏之茂也

月令章句自須女二度至危十度謂之元枵之次小寒大寒居之齊之分野

晉書桓彝傳論交霜雪於杪歲時風雨於將晨

風土記蜀之風俗晚歲相與餽問謂之餽歲晚歲酒食相邀爲別歲

三禮義宗小寒爲節者亦形於大寒故謂之小言時寒氣猶未極也

大寒爲中者上形於小寒故謂之大十一月一陽爻初起至此始徹陰氣出地方盡寒氣併在上寒氣之逆極故謂大寒

魏書律曆志次卦十二月屯謙睽升臨

齊民要術作奧肉法先養宿豬令肥臘月中殺之擊訖以火燒之令黃用煖水梳洗之削刮令淨刳去五臟豬肪煼取脂肉臠方五六寸作令皮肉相兼著水令相淹漬於釜中煼之肉熟水氣盡更以向所煼肪膏煮肉大率脂二升酒三升鹽三升令脂渡沒肉緩水煮半日許乃佳漉出甕中餘膏仍瀉肉甕中令相淹漬食時水煮令熟而調和之如常肉法尤宜新韭新韭爛拌亦中炙啖其二歲豬肉未堅爛壞不任作也

苞肉法十二月中殺豬經宿汁盡浥浥時割作棒炙

形茅管中苞之無管茅稻稈亦得用厚泥封勿令裂裂復上泥懸著屋外北陰中至七八月如新殺肉

茖草色青黃紫花十二月稻下種之蔓延殷盛可以美田葉可食

作魚醬法去鱗淨洗拭令乾如膾法披破縷切之去骨大率成魚一斗用黃衣三升白鹽二斤乾薑一升橘皮一合和令調均內甕子中泥密封日曝熟以好酒解之作魚醬肉醬皆以十二月作之則經夏無蟲

十二月東門磔白雞頭可以合法藥

懸臘月豬羊耳著堂梁上可大富

作甜肥脯法臘月取麞鹿肉片厚薄如手掌直陰乾下著鹽脆如凌雪也

五味脯法臘月初作用鵝鴈雞鴨鶬鳵鳧雉兔鴿鶉生魚皆得作乃淨治去腥竅及翠上脂瓶全浸勿四破別煮牛羊骨肉取汁浸豉和調一同五味脯法浸四五日嘗味徹便出置箔上陰乾火炙熟搥亦名瘃腊亦名瘃魚腊

作腌脯法臘月初作任爲五味脯者皆中作唯魚不中耳白湯熟煑掠去浮沫欲去釜時尤須急火急則易燥置箔上陰乾之甜脆殊常

晉書王羲之傳唐太宗制獻之雖有父風殊非新巧觀其字勢疎瘦如隆冬枯樹

種樹書種水楊須先用木樁釘穴方入楊庶不損皮易長臘月二十四日種樹不生蟲

木自南而北多枯寒而不枯只於臘月去根傍土麥穰厚覆之燃火深培如故則不一二年皆結實

蜀楮木蜀中有木類柞衆木榮時枯槁隆冬方萌芽布陰蜀人呼爲楮木

乾陀國頭河岸有繫白象樹花葉似棗季冬方熟相傳此樹滅佛法亦滅

山茶葉似茶樹高者丈餘花大盈寸色如緋十二月開

北戶錄湘源縣十二月食斑皮竹笋諸笋無以及之

周易集解乾九二見龍在田干寶曰陽在九二十二月之時自臨來也

屯剛柔始交而難生崔璟曰十二月陽始浸長而交於陰故曰剛柔始交萬物萌芽生於地中有寒冰之難故曰難

艮以止之荀爽曰謂建丑之月消息畢止也

洽聞記鄭華林苑中西王母棗冬夏有葉九月生花臘月乃熟三子一尺又有圭角亦三子一尺

宋史河渠志十二月斷冰雜流乘寒復結謂之蹙凌水

太平御覽仙人採芝圖白符芝高四五尺似梅常以大雪而花季冬而實

清異錄黑太陽法出自韋郇公用精炭擣治作末研米煎粥搜和得所豫辦圓鐵範滿內炭末運鐵槌實擊五七十下出範陰乾盛寒爐中爇數枚烘燃徹夜晉人獸炭豈此類耶

蟹譜酒蟹須十二月間作於酒甕間撇清酒不得近糟和鹽浸蟹一宿却取出於瓮中去其糞穢重實椒鹽訖疊淨器中取前所浸鹽酒更入少新撇者同煎一沸以別器盛之隔宿候冷傾蟹中須令滿

圖經本草膃肭獸舊說似狐長尾今滄州所圖乃是魚類而豕首兩足其脐紅紫色上有紫斑點醫家多用之異魚圖云試其脐於臘月衝風處置盂水浸之不凍者爲眞

政和本草忍冬味甘溫主寒熱身腫久服輕身長年益壽十二月采陰乾

事物紀原江淮之俗每作諸戲必先設嗔拳笑面有諸行戲時嘗在故臘之末

李之儀詞朱脣玉羽下蓬萊佳時近早梅自注朱脣玉羽湖湘間謂之倒挂于嶺南謂之梅花使十二月半方出

橘錄綠橘比他柑微小色紺碧可愛不待霜食之味已珍畱之枝間色不盡變隆冬采之生意如新

桂海酒志老酒以麥麴釀酒密封藏之可數年士人家尤貴重每歲臘中家家造鮓使可爲卒歲計有貴客則設老酒冬鮓以示勤婚娶亦以老酒爲厚禮

桂海花志側金盞花如小黃葵葉似槿歲暮開與梅同時

演繁露湖州土俗歲十二月人家多設鼓而亂撾之晝夜不停至來年正月半乃止問其所本無能知者但相傳云此名打耗打耗云者言驚去鬼祟也世說禰衡作漁陽摻撾而前正是正月十五案時而言此說近之矣然其撾擊不待正月又似不相應也

清波雜志初寮進曲宴詩序臣比蒙聖恩召赴禁殿曲宴於時臘雪新霽風日妍暖已作春意御榻之前有寶檻植千葉桃花陛下指示羣臣曰杪冬隆寒花已盛開於是皆頓首曰陛下神聖能回造化草木實被生成之賜乃先時呈瑞以悅聖情

山家清供芋名土芝小者煨乾入甕候寒月用稻草盦熟色香如栗名土栗雅宜山舍擁爐之夜供

種竹法迎陽則取季冬順土氣則取雨時

通考十二月朔日値大寒主有虎出爲災値小寒主有祥瑞東風半日不止主畜大災風雨主春旱

月內有霧亦主來年有水有冷雨暴作主來年六月七月內橫水

紀歷撮要冰結後水落主來年旱冰結後水漲名上水冰主水若緊厚來年大水

筍譜箭筍十二月生會稽以東諸山絕多或叢生或蔓延可如筯大長三四寸

暖姝由筆大寒前後十日爲陽宅亂歲寒食前後十日爲陰宅亂歲今人不知但指臘底二十四夜爲亂歲

劉毅齋鴻臚乾在工部以主事監居庸關鈔馬草火焚火自中起前官於辛酉年大寒務早完事納者不計美惡束草雜以泥雪堆壘鬱蒸至春陽動故火發也猶腐草爲螢之義

耕史月表十二月花盟主蠟梅獨頭蘭花客卿茗花漳茶花使令枇杷花

花曆十二月蠟梅坼茗花發水僊負冰梅香綻山茶灼雪花六出

月令演十二月細腰鼓八日星廻節十大祀竈二十四送寒下旬驅儺歲除賣癡獃除夕

辟寒摩詰與裴迪書曰近臘月下景氣和暢故山殊可過足下方溫經猥不敢相煩輒往山中憩感配寺與山僧飯訖而去北涉玄灞清月映郭夜登華子岡輞水淪漣與月上下寒山遠火明滅林外深巷寒犬吠聲如豹村墟夜舂復與疎鐘相閒此時獨坐僮僕靜默每思曩昔攜手賦詩步仄徑臨清流也

田家五行十二月下雪而不消名曰等伴主再有雪久經日照而不消亦是來年多水之兆

田家雜占臘月二十五夜赤豆粥鑊淺則三年大發

雜占臘月柳眼青主來年夏秋米賤

臘月雷鳴雪裏主陰雨百日又月內雷主來年旱澇愆期

山居四要自入臘遇上水日勿令人見以少水灑薦席毯褥辟狗蚤壁虱

務本新書臘月刈茅草作蠶蔟則宜蠶

農政全書木槿細葉小黃花又名水椐臘月斬其條而插之易成大木

本草綱目木蘭生零陵山谷及太山皮似桂而厚十二月採皮陰乾

蠟梅小樹叢枝尖葉凡三種以子種出不經接者臘月開小花而香淡名狗蠅梅經接而花疎開時含口者名磬口梅花密而香濃色深黃如紫檀者名檀香梅

每臘月二十四日五更取第一汲井水浸乳香至元旦五更溫熱從小至大每人以乳香一塊飲水三杯則一年無時災孔平仲云此乃宣聖之方孔氏七十餘代用之也

催生用臘月兔腦髓一箇攤紙上夾勻陰乾剪作符子於面上書生字一箇候母痛極時用釵股夾定燈上燒灰煎丁香酒調下

治久聾臘月取鼠膽二枚熊膽一分水和旋取綠豆大滴耳中

狐目治破傷風臘月收取狐目陰乾臨時用二目一副炭火微燒存性研末無灰酒服之

臘雪密封陰處數十年亦不壞用水浸五穀種則耐旱不生蟲

老酒臘月釀造者可經數十年不壞

狼膏臘月煉淨收之周禮獸人冬獻狼取其膏聚也

鵲季冬始巢開戶背太歲向太乙

多能鄙事收梅花點茶法臘月梅將開時清旦摘半開花頭帶蔕置瓶內每一兩重用炒鹽一兩灑之不可用手觸壞以厚紙數重密封置陰處次年取時先置蜜於盞內然後取花二三朶滾湯一泡花頭自開香美

居家必用治喉閉方鯖魚膽一枚臘月收入白礬末少許懸西北屋簷下陰乾爲末備急用蘆筒吹入咽喉立瘥

季冬部外編

道經十二月十二日太素三元君朝眞闕之百稱日

初學記關令尹內傳曰周元極元年歲在癸丑冬十有二月二十五日老子度函谷關令尹喜先敕吏曰若有老翁從東來乘青牛白板車勿聽過關其日果見老翁乘青牛車求度關授喜道德經五千言

句容縣志茅山形如己字亦名己山漢末元間茅氏兄弟三人乘鶴至此今縣東三里有白鶴橋大茅君以嘉平月二日駕白鶴會羣仙處

雲笈七籤太微元清左夫人太微之上眞也晉興寧三年乙丑十二月十七日與太原眞人衆眞降於句曲金壇眞人楊羲之室吟北淳宮中歌詞曰鬱藹非眞墟太元爲我館元公豈有瓌榮蒙孤所難落鳳控紫霞矯轡登晨巘寂寂無濠涯暐暐空中觀隱芝秀鳳丘逡巡瑤林畔龍胎嬰爾形八瓊廻素旦琅華繁玉宮結葩凌巖粲鵬扇絕億嶺摲翮扶霄翰西庭命長歌雲璈乘虛彈八風纏綠宇叢烟豁然散靈童擲流金火徵啓辭案三元折腰舞紫皇揮袂讚朗朗扇景輝煜煜長庚煥超軿登明刃下昞使我惋顧哀地仙輩何爲棲林澗

傳燈錄神光聞達磨大士住止少林往彼日夕參承師常端坐面牆莫聞誨勵其年十二月九日夜天大雨雪光堅立不動遲明積雪過膝潛取利刀自斷左臂置於師前師知是法器因與易名曰慧可

辟寒董風子者不知其鄉里事母至孝以乾道元年冬過岳陽夜宿黃花市遇同店一叟破巾單袍而貌若嬰童絕無飢寒之態吟哦詩句油然自適董識其異就卽坐於傍問所從來殊不酬答良久再叩之始微笑云我待子多日矣遂挽手同出市西旗亭中買酒三升諭酒家僕不用煖熱董起白言某平日骨寒雖當暑盛亦去綿衣不得況今臘月若飲冷酒定足喪命惟先生亮之叟云毋慮董不獲已强進半杯便覺四肢和暢及再飲盡脫其衣移時出到大樹下授以至道之要董整襟再拜曰敢問先生姓氏曰吾本東晉抱黃翁也知君孝通於天故來相見語罷陰雲四合迨於開豁失叟所在矣

名勝志隱屏峰在武夷五曲溪之北有羅佚洞洞背卽鐵笛亭故址亭爲李陶眞人刱眞人以宋熙豐間至武夷出祀牒乃唐開元時所給眞人好吹鐵笛每遇節臘衆道人各於雲房招飲皆赴諸房笛聲同時並作一日別衆留詩云毛竹森森自剪裁試吹一曲下瑤臺當途不遇知音聽拂袖白雲歸去來遂吹鐵笛隱隱而去

欽定古今圖書集成曆象彙編歲功典

第九十四卷目錄

臘日部彙考
禮記　郊特牲
史記　秦本
後漢書　禮儀志
四民月令　小歲
風俗通義　戊日臘　臘考
獨斷　四代稱臘　五帝臘祖　歲終大祭
魏臺訪議　魏用辰臘
齊民要術　臘日祀
荊楚歲時記　臘日事考
隋書　禮儀志
唐書　用周臘
玉燭寶典　蜡臘同日
遼史　禮志
宋史　禮志
蠶書　蠶變種
養生要論　辟疫
農政全書　臘日事宜　農事占候
遵生八牋　臘日事宜　臘日事忌
本草綱目　臘雪
事物原始　臘
酌中志略　宮中臘八
直隸志書　宛平縣　房山縣　豐潤縣　永平府　任丘縣　吳橋縣　冀州
山東志書　淄川縣　恩縣　博興縣　文登縣
山西志書　馬邑縣
河南志書　陳州　真陽縣　新蔡縣
陝西志書　咸寧縣　富平縣　鳳翔縣　平涼府
江南志書　句容縣　嘉定縣　金壇縣　懷寧縣
浙江志書　嘉興府
湖廣志書　德安府　應山縣　瀏陽縣　攸縣　祁陽縣
四川志書　嘉定州
廣西志書　橫州
雲南志書　雲南府
臘日部總論
緗素雜記　臘臘　祖臘
臘日部藝文一
謝賜香藥面脂表　唐張九齡
謝臘日賜臘脂口脂表　李嶠
謝賜新曆日及口脂面藥等表　邵說
大蜡賦　楊諫
臘日部藝文二　詩詞
大蜡　晉裴秀
蜡日　陶潛
答賀蜡　江偉
蜡節　北齊魏收
臘日宣詔幸上苑　唐則天皇后
臘日　杜甫
臘日龍沙會　權德輿
臘夜對酒　羊士諤
林塘臘候　前人
臘日獵　姚合
臘日遊孤山訪惠勤惠思二僧　宋蘇軾
殘臘獨出　前人
臘日謝仰上人惠蘭　曹勛
臘日與同官小集八陣臺謁武侯新祠　王十朋
臘日次幽居韻　金劉從益
臘日偶題　元虞集
己卯臘八日雪爲魏伯亮賦　前人
臘日入安南　傅若金
臘日飲趙氏亭　張翥
臘日偕葉東白蔡伯恭登西岑　朱希晦
臘八日發桐城　明陶安
午門臘八日賜食次文徵仲韻　陸釴
臘日送野鷗先生赴清源訪狄將軍　邢侗
蜡日　以上詩　王象晉
南歌子　臘八飲懷民小閣　宋蘇軾
行香子　臘八日與客溪行夜雪　以上詞　汪莘
臘日部紀事
臘日部雜錄
臘日部外編

歲功典第九十四卷

臘日部彙考

禮記

郊特牲

天子大蜡八伊耆氏始爲蜡蜡也者索也歲十二月合聚萬物而索饗之也

陳註 索求索其神也合猶閉也閉藏之月萬物各已歸根復命聖人欲報其神之有功者故求索而享祭之也

史記

嘉平

始皇本紀三十一年十二月更名臘曰嘉平

註 太原眞人茅盈內紀曰始皇三十一年九月庚子盈曾祖父蒙乃於華山之中乘雲駕龍白日升天先是其邑謠歌曰神仙得者茅初成駕龍上升入泰清時下元洲戲赤城繼世而往在我盈帝若學之臘嘉平始皇聞歌謠而問其故父老具對此仙人之謠歌勸帝求長生之術於是始皇欣然乃有尋仙之志因改臘曰嘉平　索隱曰廣雅曰夏曰清祀殷曰嘉平周曰大蜡亦曰臘秦更曰嘉平蓋應歌謠之詞而改從殷號也

後漢書

禮儀志

季冬之月星迴歲終陰陽以交勞農大享臘

注 高堂隆曰帝王各以其行之盛而祖以其終而臘火生於寅盛於午終於戌故火家以午祖以戌臘秦靜曰古禮出行有祖祭歲終有蜡臘無正月必祖之祀漢氏以午祖以戌臘午南方故以祖冬者歲之終物畢成故以戌臘而小數之學者因爲之說非典文也　又漢官名秩曰大將軍三公臘賜錢各三十萬牛肉二百斤粳米二百斛特侯十五萬卿十萬校尉五萬尚書丞郎各萬五千石六百石各七千侍御史謁者議郎尚書令各五千郎官蘭臺令史二千中黃門羽林虎賁士二人共三千以爲當祠門戶直各隨多少受也

四民月令

小歲

十月上辛命典饋清麴釀冬酒以供臘祀臘明日謂小歲進酒尊長修刺賀君師

風俗通義

戌日臘

太史丞鄧平說臘者所以迎刑送德也大寒至常恐陰勝故以戌日臘戌者溫氣也用其氣日殺雞以謝刑德雄著門雌著戶以和陰陽調寒配水節風雨也

臘考

謹按禮傳夏曰嘉平殷曰清祀周曰大蜡漢改爲臘臘者獵也言田獵取獸以祭祀其先祖也或曰臘者接也新故交接故大祭以報功也漢家火行衰於戌故曰臘也

獨斷

四代稱臘

四代稱臘之別名夏曰嘉平殷曰清祀周曰大蜡漢曰臘

五帝臘祖

五帝臘祖之別名青帝以未臘卯祖赤帝以戌臘午祖白帝以丑臘酉祖黑帝以辰臘子祖黃帝以辰臘未祖

注 青帝太昊木行赤帝炎帝火行白帝少昊金行黑帝顓頊水行黃帝軒轅后土土行

歲終大祭

臘者歲終大祭縱吏民宴飲非迎氣故但送不迎

魏臺訪議

魏用辰臘

詔問何以用未祖丑臘臣崇對曰按月令孟冬十月臘先祖五祀謂薦田獵所得禽獸謂之臘左傳曰虞不臘矣惟見此二者而皆不書日聞先師說曰王者各以其行之盛祖以其終臘水始生於申盛於子終於辰故水行之君以子祖辰臘火始生於寅盛於午終於戌故火行之君以午祖戌臘木始生於亥盛於卯終於未故木行之君以卯祖未臘金始生於巳盛於酉終於丑故金行之君以酉祖丑臘土始生於未盛於戌終於辰故土行之君以戌祖辰臘今魏據土德宜以戌祖辰臘

齊民要術

臘日記

臘日祀炙箑東門磔白雞頭

注 箑一作萐燒飲治刺入肉中及樹瓜田中四角去蝨蟲磔白雞頭可以合法藥

荆楚歲時記

臘日事考

十二月八日爲臘日諺語臘鼓鳴春草生村人並擊

細腰鼓戴胡頭及作金剛力士以逐疫

按禮記云儺人所以逐厲鬼也呂氏春秋季冬紀注云今人臘前一日擊鼓驅疫謂之逐除晉陽秋王平子在荊州以軍國逐除以鬭故也元中記顓項氏三子俱亡處人宮室善驚小兒漢世以五營千騎自端門傳炬送疫棄洛水中故東京賦云卒歲大儺毆除羣厲方相秉鉞巫覡操茢侲子萬童丹首元製桃弧棘矢所發無臬宣城記云洪矩吳時作廬陵郡載土船頭逐除人就矩乞矩指船頭云無所載土耳小說孫興公常著戲頭與逐除人共至桓宣武家宣武覺其應對不凡推問乃驗也金剛力士世謂佛家之神按河圖玉版云天立四極有金剛力士兵長三十丈此則其義

其日並以豚酒祭竈神

按禮器竈者老婦之祭尊於瓶盛於盆言以瓶爲罇盆盛饌也許慎五經異義云顓項有子曰黎爲祝融火正祝融爲竈神姓蘇名吉利婦姓王名摶頰漢陰子方臘日見竈神以黃犬祭之謂爲黃羊陰氏世蒙其福俗人競尚以此故也

歲前又爲藏彄之戲

按周處風土記曰醇以告蜡竭恭敬於明祀乃行藏彄臘日之後叟嫗各隨其儕爲藏彄分二曹以校勝負辛氏三秦記以爲鉤弋夫人所起周處成公綏並作彄字藝經庾闡則作鉤字其事同也俗云此戲令人生離有禁忌之家則廢而不修

隋書

禮儀志

後齊立太社帝社太稷三壇於國方每仲春仲秋月之元辰及臘各以一太牢祭焉

開皇初社稷並列於含光門內之右臘祭之

唐書

用周臘

武后本紀天授元年以十一月爲臘月二年臘月己未始用周臘

玉燭寶典

蜡臘同日

臘者祭先祖蜡者報百神同日異祭也漢以戌日爲臘魏以辰晉以丑

注　王者各以其行盛日爲祖衰日爲臘漢火德火衰於戌故以戌日爲臘魏土德王土衰於辰故以辰爲臘晉金德金衰於丑故以丑爲臘

遼史

禮志

歲時雜儀臘辰日天子率北南臣僚並戎服戊夜坐朝作樂飲酒等第賜甲仗羊馬國語謂是日爲炒伍侕尀炒伍侕戰也

宋史

禮志

大蜡之禮自魏以來始定議王者各隨其行社以其盛臘以其終建隆初以有司言周木德木生火宜以火德王色尚赤遂以戌日爲臘三年戊戌臘有司畫日以七日辛卯和峴奏議曰按蜡始於伊耆後歷三代及漢其名雖改而其實一也漢火行用戌臘臘者接也新故相接畋獵禽獸以享百神報終成之功也王者因之上享宗廟旁及五祀展其孝心盡物示恭也魏晉以降悉沿其制唐乘土德貞觀之際以前寅日蜡百神卯日祭社宮辰日享宗廟開元定禮二祭皆於臘辰以應土德今以戌日爲臘而以前七日辛卯行蜡禮恐未爲宜況宗廟社稷並遵臘享獨蜡不以臘請下禮官議議如峴言今後蜡百神祀社稷享宗廟皆用戌臘一日

蠶書

蠶變種

臘之日聚蠶種沃以牛溲浴於川毋傷其藉迺縣之始審臥之五日色青六日白七日蠶已蠶尚臥而不傷

養生要論

辟疫

十二月臘夜令人持椒臥井旁無與人言內椒井中除疫病

農政全書

臘日事宜

收藏　臘米　臘水　臘酒　臘肉　臘葱　臘糟

雜事　合臘藥　臘水作麪糊褾背不蛀

農事占候

至後第三戌爲臘臘前三兩番雪謂之臘前三白大宜菜麥諺云若要麥見三白又云臘雪是被春雪是鬼又主來年豐稔諺云一月見三白田翁笑嚇嚇又主殺蝗子

遵生八牋

臘日事宜

農桑撮要曰臘八日收鱖魚燒存性研細用酒調服治小兒斑疹不出即發更安懸廚上不生蟲

內景經曰臘八日修百福齋

臘日事忌

瑣碎錄曰八日名王侯臘忌夫婦入房

本草綱目

臘雪

冬至後第三戌爲臘臘雪密封陰處數十年不壞用水浸五穀種則耐旱不生蟲洒几席間則蠅自去淹藏一切果食不蛀蠹主治解一切毒治天行時氣瘟疫小兒驚癇狂啼大人丹石發動酒後暴熱黃疸仍小溫服之洗目退赤煎茶煮粥解熱止渴宜煎傷寒火暍之藥抹痱亦宜

事物原始

臘

說文云冬至後三戌乃臘日也按大蜡之祭三代有之廣雅云夏曰嘉平商曰淸祀周曰大蜡秦名曰臘漢以下因之

酌中志略

宮中臘八

十二月初八日吃臘八粥先期一日泡棗湯至初八早加粳米白果核桃仁栗子菱米煮粥供佛聖前戶牖園樹井竈之上各分布之舉家皆吃或亦互相餽遺誇精美也

直隸志書各省風俗同者不載

宛平縣

十二月八日先期鑿冰方數尺納窖中封如阜是日循臘祭遺風以豆果雜米爲粥供朝食曰臘八粥

房山縣

十二月八日以各色米豆果品作粥食之又將粥同冰置花木果樹上以爲來歲結果充實此雖俗論間試之亦有驗者

豐潤縣

十二月以井水飲蠶子八日童男剃頭童女鈐耳

永平府

十二月初八日爲臘日以米豆果肉雜爲臘八粥或遍置花木下云來年無蟲且茂

任丘縣

十二月八日作臘酒

吳橋縣

臘八日合五穀棗栗等果品煮粥祭先農祭先祖鄉紳富民施粥

冀州

十二月八日煑穀八種爲粥獻先謂之臘八粥

山東志書

淄川縣

十二月八日乃釋迦佛成道日家作臘八粥好善者施粥於通衢

恩縣

臘月八日以五色豆和五穀作臘粥曰豆者毒也食之已五毒

博興縣

臘八日民間報賽蜡神

文登縣

十二月八日取兔血合蕎麥麪加雄黃硃砂茶葉爲塊令幼兒食之解豆毒神驗

山西志書

馬邑縣

臘八臘凡四十日而以十二月之八日爲勝俗於前夜煑諸豆和米雜以棗核爲粥黎明食之稍遲則忌之曰犯紅眼

河南志書

陳州

十二月八日食臘粥謂爲佛生日髡小兒謂剃臘葫蘆收雪入瓮置陰處俟署月煑肉食謂可以驅蠅汲臘水造酒糟取經年不壞

眞陽縣

十二月臘日蓄諸物

新蔡縣

臘八日蓄水作酒藏糟爲醋名臘脚經久不生蟲蛆

陝西志書

咸寧縣

臘月八日煑肉糜薦祖先送鄰舍拋糜花木俗謂不嗽枝

富平縣

十二月八日作酒曰臘脚

鳳翔縣

十二月八日貧富槩食粥是日以粥喂牲口及塗果木樹云牲口肥壯結果殷繁

平涼府

十二月八日多釀酒醞醃菹乃大新歲事

江南志書

句容縣

十二月八日食臘粥釀臘酒蒸粉爲假龍手抃肉修蜡祭致秋報祭畢頒胙於鄉黨姻戚

嘉定縣

臘雪主來年豐殺蝗蟲子云一寸雪入泥一尺一尺雪入泥一丈東坡詩遺蝗入地應千尺是也

金壇縣

臘月八日爲王侯臘煮豆粥雜以珍果花菜爲臘八粥月令廣義謂辟邪袪寒卻疾毒

懷寧縣

十二月初八日寺僧多建法會以雜蔬果作糜粥要諸檀施飲之

浙江志書

嘉興府

大寒逢戊立臘伐木動土諸無禁忌是月釀秫作酒煮而藏之曰煮酒先期用純白麪作麴井白米白水名三白酒

湖廣志書

德安府

臘月八日家以果餅爲粥以祀佛或亦爲女郎穿耳問盟

應山縣

臘月田家多乘屋輿版築陂塘而已僧家作臘八粥供佛

瀏陽縣

十二月俗稱臘月按禮傳夏曰嘉平殷曰清祀周曰大蜡秦曰臘漢因之臘者獵也田獵取獸以祀其先也或曰臘接也新舊相接大祭以報功也王者各以行盛日爲祖衰爲臘故漢臘以戌魏以辰晉以丑自是以後率以冬至後三戌日爲臘約計當在十二月故稱十二月爲臘月

攸縣

十二月初八日名臘八釋迦佛以是日成道宋東京諸大寺於臘八日作七寶五味粥攸僧寺猶用棗栗爲粥名臘八粥其遺教也

祁陽縣

十二月先臘一日大儺逐疫諺云臘鼓鳴春草生村人並擊細腰鼓作金剛力士形以逐之

四川志書

嘉定州

臘八日造酒及醋與豆豉貯水待用謂其不敗然亦不解作粥

廣西志書

橫州

臘八日食菜粥治臘味

雲南志書

雲南府

臘月八日作五味粥

臘日部總論

緗素雜記

膢臘

楊子曰不膢臘也歟注云膢八月旦也今河東俗奉以爲大節祭祀先人也臘蜡也玉篇云膢力侯切飲食祭也冀州八月楚俗二月臘力盍切說文云冬至後三戌爲臘祭百神也按禮記外傳云蜡祭即臘祭也夏曰清祀殷曰嘉平周謂之蜡祭秦曰臘黃衣黃冠而祭休息田夫也既蜡而後臘又云蜡與臘二祭也按史記始皇本紀始皇三十一年十二月更名臘曰嘉平注云先是其邑謠歌曰神仙得者茅初成帝若學之臘嘉平父老具言此神仙謠歌勸帝求長生術於是始皇乃欣然有尋仙之意因改臘曰嘉平則與外傳所載不同風俗通云夏曰嘉平殷曰清祀周曰大蜡漢曰臘此云秦曰臘蓋漢仍之也余謂史遷不當有誤然史記外傳乃後人所集故錯亂其名號竊意殷曰臘秦曰嘉平乃爲允當隋開皇中改周十二月爲臘蜡又白氏六帖云夏曰嘉平殷曰清祀周曰大蜡漢改爲臘注云夏曰嘉平出史記按史記所云始皇十二月始更名臘曰嘉平卽非夏后祭名疑六帖爲誤

祖臘

後漢陳寵傳云曾祖父咸成哀間以律令爲尚書莽篡位謝病不仕時三子參豐欽亦令解官父子相與歸閉門不出猶用漢家祖臘人問其故咸曰我先人豈知王氏臘乎注云應劭風俗通曰昔共工之子好遊歲終死爲祖神漢家火行火盛於午故以午日爲

祖也臘者遠近祭衆神之名臘接也新故交接大祭以報功也漢火行火衰於戌故臘用戌日也又按禮記外傳云漢則臘而不蜡受命之王皆以王日爲祖衰日爲臘又云周木德漢火德各以其五行之王日爲祖其休廢日爲臘也火王午木王卯水王子金王酉而臘各用其衰日如魏土行土衰於辰故魏臘用辰晉金行金衰於丑故晉臘用丑五運相承莫不皆然秦靜曰古禮出行有祖祭歲終有蜡臘無正月必祖之祀

臘日部藝文一

謝賜香藥面脂表　唐張九齡

臣某言某至宣敕旨賜臣裛衣香面脂及小通中散等藥捧日月之光寒移雪海沐雲雨之澤春入花門雕奩忽開珠囊暫解蘭薰異氣玉潤凝脂藥自天來不假淮王之術香宜風度如傳荀令之衣臣才謝中人位參上將疆埸效淺山嶽恩深唯因受遇之多轉覺輕身之速臣無任云云

謝臘日賜臘脂口脂表　李嶠

臣某等言品官劉阿道至奉墨敕賜臣等臘脂口脂等物恩命忽臨喜忭交至手舞足蹈心慚意悚伏以安寧戒序嘉平在節白日臨於暘谷繁霜入於露寒鶉秫始停桂筵罷暇青牛帳裏未輟爐香朱鳥牕前新調鉛粉因三冬之吉慶造六宮之脂澤糅之以辛夷甲煎燃之以桂火蘭蘇氣象溢奩香衝翠幄以光金屋之仙鄉以賜瑤房之帝嬪南國容華之人從來未識西京妖冶之妾何時可見臣等叨膺天命謬總酉臺雖天動星廻鑒還於侍從而雲行雨施更延於恩渥猥承郵驛曲賜綠綸分八子之膏腴及三臣之瑣賤竊窺明鏡已覺衣冠之不任旋傾粧奩遂欣箕箒之多幸身輕塵露佩德空深既等丘山殞身何答無任踴躍屏營之至

謝賜新曆日及口脂面藥等表　邵說

臣某言中使某至伏奉某月日墨詔賜臣新曆日一通幷口脂面藥紅雪紫雪等竊漢之上寵詔忽臨大蜡之辰慶賜爰及跪承慈渥戰汗失容臣往塵近掖實曠天心泊守退藩多昧戎略殊私未答官謗將營陛下聖德包荒宸嚴曲貸猶存寵任便浹恩波覆燾不遺於遐陬賜賚亟霑於尸素況日官頒曆承敬授之規綸旨宣慈沐逾涯之獎蘭膏滋潤絳雪珍芳捧持而炎瘴自消潤飾而衰容坐變丘山非重草芥至微鄙自其身豈酬鴻造無任感恩瞻戀之至

大蜡賦以暮冬律變新陽戢動爲韻　楊諫

大蜡之祭兮所以饗田神賞農務陰律窮元冬杪星廻於舊列日極於餘度必也介僎謀牲牷具狐裘以黃皮弁以素蓋欲息田夫而哀歲賦夫搜索之謂蜡閉藏之謂冬其索也可以舉羣祀其臧也可以勞三農欲碩苗而不害則迎猫暨於田鼠俾昆蟲之無作則祭坊與夫水庸以夫月建丑日在戌傑犧牲之體所以尚其腥登水草之菹所以貴其質詠豳詩以合雅擊土鼓以應律瑞穰穰芬苾苾百日之勤一日之薦或酬或酢既騰觚於無算爲宮爲徵方播樂於六變命清祀兮在殿復嘉平兮處秦繫率仁而終義實華故而迎新樂舉斯陶嗤子貢之來觀禮成而出美仲尼之爲賓故聖人之舉事也務於崇勸戒敦否臧樹之瓜華告多藏者必獲致乎女鹿示不德者斯亡豈惟乎其儀抑抑其樂洋洋是以伊耆之禮不易大羅之職有常嗣歲將與或祈穀於上帝人才不匱或觀政於四方則知德厚者必祀功高者必載司嗇之祐維末瑞於我唐先倣之神豈獨見於前代故曰蜡也移萬人登百種可以志陰陽之變動

臘日部藝文二詩詞

大蜡　晉裴秀

日躔星紀大呂司辰元象改次庶衆更新歲事告成八蜡報勤告成伊何年豐物阜豐禋孝祀介茲萬祜報勤伊何農功是歸穆穆我后務茲烝黎宣力菑畝沾體暴肌飲享清祀四方來綏充物郊甸鱗集京師交錯貿遷紛葩相追摻袂成幕連衽成帷有肉如丘有酒如泉有肴如林有貨如山率土同歡和氣來臻祥風協順降祉自天方隅清謐嘉祚日延與民優游享壽萬年

蜡日　陶潛

風雪送餘運無妨時已和梅柳夾門植一條有佳花我唱爾言得酒中適何多未能明多少章山有奇歌

答賀蜡　江偉

正元二年冬臘家君在陳郡余別在國舍不得集會弟廣平作詩以貽余余答之按古詩祀作旨人然皆無正元號也

蜡節之會廓然獨處晨風朝興思我慈父我心懷戀運首延佇

蜡節　北齊魏收

凝寒迫清祀有酒宴嘉平宿心何所道藉此慰中情

臘日宣詔幸上苑　唐則天皇后

明朝遊上苑火急報春知花須連夜發莫待曉風吹

臘日　杜甫

臘日常年暖尚遙今年臘日凍全消侵凌雪色還萱草漏洩春光有柳條縱酒欲謀良夜醉還家初散紫宸朝口脂面藥隨恩澤翠管銀罌下九霄

臘日龍沙會　權德輿

簾外寒江千里色林中樽酒七人期寧知臘日龍沙會却勝重陽落帽時

臘夜對酒　羊士諤

琥珀盃中物瓊枝席上人樂聲方助醉燭影已含春自顧行將老何辭坐達晨傳觴稱厚德不問吐車茵

林塘臘候　前人

南國冰霜晚年華已暗歸閒招別館客遠念故山薇野艇虛還觸籠禽倦更飛忘言亦何事酣賞步清輝

臘日獵　姚合

健夫結束執旌旗曉度長江自合圍野外狐狸搜得盡天邊鴻鴈射來稀蒼鷹落日饑唯急白馬平川走似飛蜡節畋遊非爲己莫驚刺史夜深歸

臘日遊孤山訪惠勤惠思二僧　宋蘇軾

天欲雪雲滿湖樓臺明滅山有無水清出石魚可數林深無人鳥相呼臘日不歸對妻孥名尋道人實自娛道人之居在何許寶雲山前路盤紆孤山孤絕誰肯廬道人有道山不孤紙窗竹屋深自暖擁褐坐睡依圓蒲天寒路遠愁僕夫整駕催歸及未晡出山迴望雲木合但見野鶻盤浮圖茲遊淡薄歡有餘到家恍如夢蘧蘧作詩火急追亡逋清景一失後難摹

殘臘獨出　前人

幽尋本無事獨往意自長釣魚豐樂橋採杞逍遙堂羅浮春欲動雪日有清光處處野梅開家家臘酒香路逢眇道士疑是左元放我欲從之語恐復化爲羊

臘日謁仰上人惠蘭　曹勛

未覺光風轉朔雲深懷乍見意增新欲先楚客傳清些未放江梅早占春自許幽香傳紉畹更煩白足下嶙峋爲君抖擻煩襟看要是都無一點塵

臘日與同官小集八陣臺謁武侯新祠　王十朋

伏幾何時臘又逢天涯樽酒已遊從未於山下祠黃石且向江濆謁臥龍青眼共看官舍柳白頭相對雪天峰虎符願逐桃符換萬里歸心一片濃

臘日次幽居韻　金劉從益

世路方擾擾人生何營營不如不出門坐顧天地情泰中有否來陰極即陽生掀髯一笑起窗外風鏘鳴看雲偶獨立踏雪時閒行最愛朝日升負暄向南榮

臘日偶題　元虞集

舊時燕子尾毿毿重見新巢冷未堪爲報道人歸去也杏花春雨在江南

己卯臘八日雪爲魏伯亮賦　前人

官橋柳外雪飛綿客舍樽前急管絃僧粥曉分驚臘日獄圍晨出憶殘年白頭長與青山對華屋誰爲翠黛憐惟有寒梅能老大獨將清豔向江天

臘日入安南　傅若金

冬入安南國雲迎使者軺郡聞秦日置柱想漢時標江路篁猶鐸山田稻始苗皇恩涵遠邇行役不辭遙

臘日飲趙氏亭　張翥

城上高亭一再過每看風物費吟哦近詩頗效寒山子往事徒成春夢婆臘買十千燕市酒閒聽二八越孃歌楊花杜報春消息祇遣今年別恨多

臘日偕葉東白蔡伯恭登西岑　朱希晦

絕頂雲深一逕通寒生短髮怯天風千年物色闌干外萬井人家圖畫中宿雨亂滋嵐樹碧朝暾深浴海波紅我來欲訪香山社醉酒長吟憶遠公

臘八日發桐城　明陶安

邑人生悵怏送別過東門凍木知春早晴風捲霧昏石橋分古道野燒露新痕行處山農說雷聲到子孫

午門臘八日賜食次文徵仲韻　陸釴

漢宮臘日千官會爛漫朱筵傍紫墀浴佛競傳南土俗賜酺初展上方儀瑤階霽雪輝金仗太液寒雲凍玉卮近侍恩波知爾共還家須擬少陵詩

臘日送野鷗先生赴清源訪狄將軍　邢侗

殘雪猶在地送君將奈何客衫翻酒汙鄉夢落梅多曉寺鐘初定寒林鳥始過行行遇知己按劍一長歌

蜡日　王象晉

蜡祭喧喧土鼓撾紛紛耄稚擁如波詠豳恍際周王世布令行宣青帝和冰筋迎陽辭碧瓦梅珠散彩耀繁柯春光積漸來茅舍對酒能忘鼓腹歌

南歌子（臘日飲懷民小閣）　宋蘇軾

衛霍元勳後韋平外族賢吹笙只合在緱山閒駕綠鸞歸去趁新年　烘暖燒香閣輕寒浴佛天他時一醉畫堂前莫忘故人憔悴老江邊

行香子（臘八日與客溪行夜雪）　汪莘

野店殘冬綠酒春濃念如今此意誰同溪光不盡山翠無窮有幾枝梅幾竿竹幾株松　籃輿乘興薄暮疎鐘望孤村斜日怨夜聰雪陣曉枕雲峰便擁漁蓑頂漁笠作漁翁

臘日部紀事

物原神農初置臘節

史記秦本紀惠文君十二年初臘（正義）十二月臘日也秦惠文王始效中國爲之故云初臘獵禽獸以歲終祭先祖因立此日也

家語觀鄉射篇子貢觀於蜡孔子曰賜也樂乎對曰一國之人皆若狂賜未知其爲樂也孔子曰百日之勞一日之樂一日之澤非爾所知也

左傳晉侯假道于虞以伐虢宮之奇諫弗聽宮之奇以其族行曰虞不臘矣

列女傳魯之母師者魯九子之寡母也臘日休家作名諸子謂曰婦人之義非有大故不出夫家然吾父母家多幼稚歲時祀不理吾從汝謁往監之愼房戶之守吾夕而反於是天陰還失早至閭外而止待夕而入魯大夫從臺上見而怪之使人問之對曰妾歸視私家諸奴孺子期夕而反妾恐其醉飽人情公有也妾反早故止閭外盡期而入穆公聞之賜號母師

漢書郊祀志高祖十年春有司奏會縣道常以春二月及臘祠社稷以羊豕

史記留侯世家良嘗步遊下邳圯上有一老父至良所出一編書曰讀此則爲王者師後十年興十三年孺子見我濟北穀城山下黃石卽我矣遂去後十三年從高帝過濟北果見穀城山下黃石取而葆祠之留侯死并葬黃石冢每上冢伏臘祠黃石

漢書嚴延年傳延年爲河南太守冬月傳屬縣囚會論府上流血數里河南號曰屠伯延年母從東海來欲從延年臘到雒陽適見報囚母大驚便止都亭不肯入府延年出至都亭謁母母閉閤不見延年免冠頓首閤下良久母乃見之因數責延年延年服罪重頓首謝因自爲母御歸府舍母畢正臘謂延年天道神明人不可獨殺我不意當老見壯子被刑戮也行矣去女東歸埽除墓地耳遂去歸郡後歲餘果敗東海莫不賢知其母

後漢書陰識傳初陰氏世奉管仲之祀謂爲相君宣帝時陰子方者至孝有仁恩臘日晨炊而竈神形見子方再拜受慶家有黃羊因以祀之自是已後暴至巨富田有七百餘頃輿馬僕隸比於邦君子方常言我子孫必將彊大至識三世而遂繁昌故後常以臘日祀竈而薦黃羊焉

陳寵傳寵曾祖父咸成哀閒爲尚書王莽篡位名咸以爲掌寇大夫謝病不肯應時三子參豐欽皆在位乃悉令解官父子相與歸鄉里閉門不出入猶用漢家祖臘人問其故咸曰我先人豈知王氏臘乎

酒譜王莽以臘日獻椒酒於平帝其屠蘇之漸乎

漢書元后傳王莽更漢家黑貂著黃貂又改漢正朔伏臘日太后令其官屬黑貂至漢家正臘日獨與其左右相對飲酒食

東觀漢記甄宇建武中徵拜博士每臘詔賜博士羊人一頭羊有大小肥瘦時博士祭酒議欲殺羊稱分其肉宇曰不可又欲投鉤宇復恥之宇因先自取其最瘦者

謝承後漢書第五倫母老不能之官每至臘日常悲戀垂淚

袁宏後漢書韓卓字子助陳留人臘日奴竊食祭先人卓義其心矜而免之

鄭元別傳元年十二隨母還家正臘宴會同列十數人皆美服盛飾語言閑通元獨漠然如不及父母私督數乃曰此非吾志不在所願

會稽典錄陳脩家貧爲吏嘗步擔上下恆食乾糗每至正臘僵臥不起同寮飲食請不肯往其志操如此

說文冬至後三戌爲臘祭百神

世說王朗中年以識度推伏華歆歆蜡日嘗集子姪宴飲王亦數之有人向張茂先稱此事張曰王之學華皆是形骸之外去之子魚所以更遠歆字子魚

晉宋舊事魏帝遜位祖以酉日臘以丑日魏名臣奏曰大司農董遇議曰土行之君故宜以未祖以丑臘爲得盛終之節不可以戌祖辰臘也

宋書禮志魏文帝黃初元年詔臘以丑牲用白

晉書范喬傳喬邑人臘夕盜斫其樹人有告者喬陽不聞邑人愧而歸之喬往喻曰卿節日取柴欲與父母相歡娛耳何以愧爲其通物善導皆此類也

歲華記麗尹軌或賜於神藥注尹軌字公度晉太康

元年臘日過洛陽城西一家求宿主人以明旦是臘
意不容又以曾聞公度名因爲設酒至旦乃賜主人
神藥一丸而去
晉起居注安帝隆安四年十二月辛丑臘祀作樂
風土記臘日叟嫗各隨其儕分爲二曹以較勝負始
於鉤弋夫人事也
齊民要術天竺十二月十六日爲臘臘麥熟
隋書禮儀志開皇四年十一月詔曰古稱臘者接也
取新故交接前周歲首今之仲冬建冬之月稱蜡可
也後周用夏后之時行姬氏之蜡考諸先代於義有
違其十月行蜡者停可以十二月爲臘於是始革前
制
唐書百官志中尚署臘日獻口脂
唐六典中尚署臘日進衣香囊
冬臘日前寅蜡百神於南郊
景龍文館記景龍三年臘日帝於苑中召羣臣賜臘
晚自北門入於內殿賜食加口脂臘脂或以碧鏤牙
筩
唐詩紀事天授二年臘卿相欲詐稱花發請幸上苑
有所謀也許之尋疑有異圖乃遣使宣詔云明朝遊
上苑火急報春知花須連夜發莫待曉風吹於是淩
晨名花布苑羣臣咸服其異后托術以移唐祚此皆
妖妄不足信也
唐書嚴挺之傳李林甫與張九齡同輔政戶部侍郎
蕭炅林甫所引不知書嘗與挺之言稱烝嘗伏臘乃
爲伏獵挺之白九齡省中而有伏獵侍郎乎乃出炅
岐州刺史

唐會典貞元九年十一月上曰比來京兆府每年及
臘日府縣捕養狐兔以充進獻自今以後宜停
貞元十一年十二月臘日畋於苑中止多殺行三驅
禮軍士無不知感
雲仙雜記洛陽人家臘日造脂花餤
清異錄孟昶時每臘日內官各獻羅體圈金花樹子
梁守珍獻忘憂花鏤金於花上曰獨立仙
遼史太宗本紀會同八年十二月戊辰臘賜諸國貢
使衣馬
禮志臘十二月辰日前期一日詔司臘官選獵地其
日皇帝皇后焚香拜日畢設圍命獵夫張左右翼司
獵官奏成列皇帝皇后升輿敵烈麻都以酒二尊盤
飱奉進北南院大王以下進馬及衣皇帝降輿祭東
畢乘馬入圍中皇太子親王率羣官進酒分兩翼而
行皇帝始獲兔羣臣進酒上壽各賜以酒至中食之
次親王大臣各進所獲及酒訖賜羣臣飲還宮應曆
元年冬漢遣使來賀自是遂以爲常儀統和中罷之
宋史太祖本紀建隆元年春三月定國運以火德王
色尚赤臘用戌
長編建隆四年和峴言聖朝以臘前七日蜡恐不應
於禮請依開元故事蜡臘同用戌日
宋史太祖本紀乾德元年夏六月詔蜡祀廟社皆用
戌臘一日
玉海淳化三年十二月八日大雪數年來涉冬無雪
至是降及尺餘上喜賜近臣宴於中書詔令盡醉上
賦詩親以八分書遣中使就宴所賜之是日又名祕
書監李至會三館學士宴於祕閣凡應制賦詩者二

十五人
東京夢華錄十二月初八日街巷中有僧尼三五人
作隊念佛以銀銅紗羅或好盆器坐一金銅或木佛
像浸以香水楊枝洒浴排門教化諸大寺作浴佛會
臘日寺院送面油與門徒却入疏教化上元燈油錢
閭巷家家互相遺送
乾淳歲時記八日寺院及人家用胡桃松子乳蕈柿
栗之類作粥謂之臘八粥
八日醫家多合藥劑佾以虎頭丹八神屠蘇貯以絳
囊饋遺大家謂之臘藥
帝京景物略十二月八日人家效菴寺豆果雜米爲
粥供而朝食曰臘八粥
燕都游覽志十二月八日賜百官粥民間亦作臘八
粥以米果雜成之品多者爲勝此蓋循宋時故事然
宋時臘八乃十月八日也

臘日部雜錄

晉博士張亮議案周禮蜡爲合聚百物而索饗之臘
者祭之祖廟臘則服元蜡則服黃蜡臘不同總之非
也
徐爰家儀蜡本施祭故不賀
風俗通義莬𧶜俗說臘正祖食得莬𧶜者名之曰幸
賞以寒酒幸善吉祥令人吉利也
謹按韓子書山居谷汲者膢臘而買水楚俗常以十
二月祭飲食也又曰嘗新始殺也食新曰貙膢

食譜張手美家臘日萱草麪法王料斗

種樹書臘日種麥及豆來年必熟

李氏刊誤夫節者因天地四時也而爲之節非人事推移而能變之禮云臘也歲十二月獵得禽獸爲祭百神以相其功夫火德之君以子祖戌臘土德之君以丑祖辰臘各繫五運盛衰推而用之非稟天地四氣是知臘月爲節則乖本義今代凡造作百物必取臘日欲其無壞腐之弊也但取臘月中合作自無朽蠹若須臘日豈謂達於事哉

東坡志林八蜡三代之戲禮也歲終聚戲此人情之所不免也因附以禮義亦曰不徒戲而已矣祭必有尸無尸曰奠始死之奠與釋奠是也今蜡謂之祭蓋有尸也猫虎之尸誰當爲之置鹿與女誰當爲之非倡優而誰葛帶榛杖以喪老物黃冠草笠以尊野服皆戲之道也子貢觀蜡而不悅孔子譬之曰一弛一張文武之道蓋爲是也

西溪叢語宋用漢臘蓋冬至後第三戌火墓日也是爲臘己酉年閏八月冬至後第三戌乃在十一月末太史局著曆遂以十一月第三戌爲臘識者云古法遇如此閏歲卽以第四戌爲臘臘不可在十一月也癸亥年合閏三月遂閏四月南渡後圖書散失所致

備忘小抄伏臘伏者金氣伏藏之日也冬至後祀百神曰臘

務本新書臘八日新水浸綠豆曬乾又淘白米控乾以上二物收頓以備大眠起用拌桑葉飼蠶

臘日部外編

事物紀原譬喻經云佛臘月八日降伏六師投佛請死言佛以法水洗我心垢今我請僧洗浴以除身穢仍爲常緣則設浴之事西域舊俗也亦今臘月灌佛之始

幽怪錄晉州刺史蕭至忠將以臘日出獵前一日有樵者見禽獸百許祈於元冥使者使者令老麋祈於東谷嚴四嚴四曰若令滕六降雪巽二起風不復出矣天未明忽風雪大作刺史不復出

欽定古今圖書集成曆象彙編歲功典

第九十五卷目錄

除夕部彙考
風俗通義 桃人
隋書 禮儀志
續博物志 荼壘
遼史 禮志
遵生八牋 除日事宜 除日事忌 冬時幽賞
本草綱目 除夕
事物原始 除日驅儺 燒松盆
酌中志略 宮中除夕
直隸志書 宛平縣 良鄉縣 房山縣 永平府 雄縣 深澤縣 交河縣 吳橋縣 慶雲縣 冀州
山東志書 海豐縣 寧陽縣 曹縣 博興縣
山西志書 臨晉縣 隰州 平遙縣 永寧州 廣靈縣
河南志書 光州
陝西志書 岐山縣
江南志書 嘉定縣 松江府 武進縣 高郵州 蕭縣 霍山縣 太湖縣
浙江志書 海寧縣 桐鄉縣 諸暨縣 永康縣 溫州府
江西志書 新建縣
湖廣志書 崇陽縣 黃州府 鄖縣 常德府
福建志書 福州府 松溪縣 壽寧縣 永定縣 建寧縣 福寧州
四川志書 涪州
廣東志書 潮州府 普寧縣 肇慶府 石城縣 樂會縣
雲南志書 南安州 大姚縣
除夕部藝文一
守歲序 唐王勃
與毛維瞻 宋蘇軾
除夕部藝文二 詩詞
歲盡應令 梁庾肩吾
共內人夜坐守歲 徐君蒨
守歲 唐太宗
除夜 同前
於太原名侍臣守歲 同前
守歲 高宗
奉和守歲應制 許敬宗
守歲侍宴應制 杜審言
除夜有懷 前人
欽州守歲 張說
岳州守歲 二首 前人
守歲應制 沈佺期
歲夜安樂公主滿月侍宴 前人
除夜樂城逢孟浩然 張子容
除日 前人
應詔賦得除夜 王諲
歲除夜會樂城張少府宅 孟浩然
除夜有懷 前人
除夜作 高適
杜位宅守歲 杜甫
除夜宿石頭驛 戴叔倫
除夜長安客舍 歐陽詹
除夜 二首 盧仝
除夜 元稹
除夜酬樂天 前人
小歲日對酒吟錢湖州所寄詩 白居易
客中守歲 前人
除夜 前人
除日答夢得同發楚州 前人
除夜言懷兼贈張常侍 前人
除夜書情 周弘亮
故鄉除夜 前人
嶺外守歲 李德裕
隋宮守歲 李商隱
歲盡 司空圖
除夜 方干
途中除夜 高蟾
歲除 唐彥謙
除夜有感 崔塗
歲除對王秀才作 韋莊
除夜 曹松
除夜野宿常州城外 宋蘇軾
歲晚相與饋問爲饋歲酒食相邀呼爲別歲至除夜達旦不眠謂之守歲蜀之風俗如是余官於岐下歲暮思歸而不可得故爲此三詩以寄子由 前人
除夜對酒贈少章 陳師道
除夜書懷 范成大
分歲詞 前人
賣癡獃詞 前人
打灰堆詞 前人
除日 金趙秉文

除夜　鄭權
歲除夕次東坡守歲韻　劉從益
次韻別歲　前人
除夕用少陵韻　前人
除夜　王寂
除夜　元好問
汴梁除夜　前人
癸巳除夜　前人
除夕　元何中
除夜自封溪歸高淵　前人
除夕　劉詵
除夜客中　戴良
辛亥除夕　前人
除夕　郭鈺
丙午除夕　明周孟簡
吳門同沈啓南方賀父守歲　程慶琉
除夕和邊太常庭實　顧璘
除夕示兒元炳兼憶元輝諸兒　謝榛
除夕憶社卒　汪道貫
除夕短歌 以上詩　星可中
浪淘沙 除夜　宋周紫芝
感皇恩 除夜　前人
鷓鴣天 丁巳除夕　趙師俠
雙雁兒 除夕　楊无咎
瑞鷓鴣 逆旅除夜大雨　盧炳
祝英臺近 除夜立春　吳文英
喜遷鶯 福山蕭寺歲除　前人
喜春來 除夜玉山舟中　元張雨
東風齊著力 除夕 以上詞　明張大烈
除夕部紀事
除夕部雜錄
除夕部外編

歲功典第九十五卷

除夕部彙考

風俗通義

桃人

謹按黃帝書上古之時有荼與鬱壘昆弟二人性能執鬼度朔山上章桃樹下簡閱百鬼無道理妄為人禍害荼與鬱壘縛以葦索執以食虎於是縣官常以臘除夕飾桃人垂葦茭畫虎於門皆追效於前事冀以衛凶也桃梗梗者更也歲終更始受介祉也

隋書

禮儀志

齊制季冬晦選樂人子弟十歲以上十二以下為侲子合二百四十人一百二十人赤幘皁褠衣執鞞一百二十人赤布袴褶執鞞角方相氏黃金四目熊皮蒙首玄衣朱裳執戈揚楯又作窮奇祖明之類凡十二獸皆有毛角鼓吹令率之中黃門行之冗從僕射將之以逐惡鬼於禁中其日戌夜三唱開諸里門儺者各集被服器仗以待事戌夜四唱開諸城門二衛皆嚴上水一刻皇帝常服即御座王公執事官第一品已下從六品已上陪列預觀儺者鼓譟入殿西門徧於禁內分出二上閤作方相與十二獸儛戲喧呼周徧前後鼓譟出殿南門分為六道出於郭外

續博物志

荼壘

海中有度朔山上有桃木蟠屈三千里枝東北鬼門萬鬼所出入也荼與鬱壘居其門執葦索以食鬼故十有二月歲竟臘之夜遂以荼壘并掛葦索於門

遼史

禮志

歲除儀初夕勅使及夷离畢率執事郎君至殿前以鹽及羊膏置爐中燎之巫及大巫以次贊祝火神訖閤門使贊皇帝面火再拜初皇帝皆親拜至道宗始命夷离畢拜之

遵生八牋

除日事宜

元樞曰除日以合家頭髮燒灰同腳底泥包投井中呪曰勅令我家眷屬竟年不害傷寒辟却五瘟疫鬼

七籤曰除夜枸杞湯洗浴令人不病

除日掘宅四角各埋一大石為鎮宅主災異不起

是日取圓石一塊雜以桃核七枚埋宅隅絕疫鬼

除夜取椒二十一粒勿與人言投於井中以絕瘟疫

其夜家奉神佛前併主人臥室然燈達旦主家宅光明

攢火圍爐合家共坐以助陽氣

除夜宜燒辟瘟丹并家中所餘雜藥焚之可辟瘟疫可焚蒼朮

法天生意云除夜有行瘟使者降於人間以黃紙朱書天行已過四字貼於門額吉

屠蘇方大黃十六銖白朮十五銖桔梗十五銖蜀椒十五銖去目桂心十八銖去皮烏頭六銖去皮臍茇葜十二銖右七味㕮咀絳囊盛之除日沉井中至泥底正月朔旦取藥置酒中煎數沸取起東向飲之從小至大一家無疫以藥滓投井中每歲飲之可長年無病

除日事忌

瑣碎錄曰除夜勿嗔罵奴僕并碎器皿仍不可大醉

冬時幽賞

除夕登吳山看松盆

除夕惟杭城居民家戶架柴燔燎火光燭天撾鼓鳴金放炮起火謂之松盆無論他處無敵即杭之鄉村亦無此勝斯時抱幽趣者登吳山高曠就南北望之紅光萬道炎焰火雲街巷分岐光爲界隔聒耳聲喧震騰遠近觸目星丸錯落上下此景是大奇觀幽立高空俯眺鴦雜覺我身在上界

本草綱目

除夕

除夕以小豆川椒各十七粒投井中勿令人知能却瘟疫又以麻子仁赤小豆二七枚著井中飲水能辟瘟疫

事物原始

除日驅儺

月令云是月也日窮于次月窮于紀星回于天數將幾終歲且更始呂氏春秋云歲前一日擊鼓驅疫癘之鬼亦曰驅儺李綽秦中歲時記云除日而儺皆作鬼神狀二老人爲儺公儺婆以逐疫南部新書云除日太常卿領官屬千人至晚入內至夜於寢殿前儺然蠟炬燎沈檀熒煌如晝上與親王妃以下觀之其夕賞賜甚多今人除夜滿室點燈是其故事也夢華錄云除日禁中呈大驅儺儀並用皇城親事諸班裝假面繡衣裝將軍門神判官鍾馗小妹土地竈神之類共千餘人自禁中驅祟出南薰門外而罷是夜禁中爆竹山呼士庶之家圍爐團坐達旦不寐謂之守歲按守歲之事三代前後典籍無文至唐杜甫守歲於杜位家詩云守歲阿戎家椒盤已頌花疑自唐始驅儺一事其來尚矣按禮緯曰高陽氏有三子生而亡去爲疫鬼一居江水之中爲瘧一居人宮室區隅之中善驚小兒於是十二月命祀官行驅儺事而逐疫鬼周禮有大儺歲終命方相氏率百隸索室驅疫以逐之其事始於周也

燒松盆

吳俗除夕各家燒松盆取家計鬆泛之義范至能燒松盆行云春前五日初更後排門然火如晴晝當時亦有不用除夜者或曰若正月六日立春即春前五日矣

酌中志畧

宮中除夕

歲莫守歲

直隸志書各省風俗同者不載

宛平縣

十二月三十日懸先亡像染五色葦架麻花餕枝編竹罩諸果以祀長幼畢拜詣諸尊長家拜之曰辭歲立桃符貼春聯門神掛錢插芝麻稭然松枝於庭熏蒼朮於室撤祀先之餘闔家飲食之曰守歲爆竹聲達旦

良鄉縣

十二月除夕農家以高長草把點照庭火占歲熟預綁千金木以備次早擲祀

房山縣

除日以祭品陳設天地祖宗前以大木塊燒之名曰焚祟一鼓後大門前焚紙放爆以掃除瘟疫

永平府

十二月除日官家易門神桃符下家亦易聯帖懸麻線匙筯葫蘆新箒於戶插芝麻稭於壁夕辭歲陳儀祀眞宰及土神祖禰設庭燎照星斗放爆竹驅鬼焚蒼朮辟疫或樹將軍炭或擊千金木取百穀種量較約一置之地面取稭莖一析之納豆十二閏加一束置之水中乃稱壽家讌少長咸集兒女終夜博戲謂之守歲官家用鼓吹及民間爆喧聒耳達旦亦有夜深持竈請方抱鏡出門潛聽市人偶然言語以卜新歲休咎云卜竈自祀竈後男女婚嫁不擇日至除夕止謂之亂娶成親無忌矣

雄縣

十二月三十日以麪爲燈十二準明年月數釜蒸之以驗水旱其月旱則其燈乾其月雨則其燈滿

深澤縣

除夕日置穀稭一束然之謂之照貞又曰燎星

交河縣

除夕日小兒戴鬼臉相戲以象儺

吳橋縣

除夕讀書百工技藝咸溫習本業

慶雲縣

十二月除夕設天地百神壇修除先祠設祭器較常豐盛爆竹驅疫門前燎火花爆呼噪羣曰大戶無憂小戶無憂清平世界黎民無愁

冀州

除夕焚辟瘟丹燒木炭於庭中曰烘歲

山東志書

海豐縣

除夕門前燎火爆竹呼噪俗曰叫明以芝麻幹置牀榻及地俗曰躧歲小兒按歲繫錢芝麻殼於衣帶曰帶歲

寧陽縣

除夕撒芝麻稭名曰踏歲

曹縣

除夕易門符陳祀儀飲辭歲酒凡寓器物悉取回謂守歲云而嫁娶之失時者輒於是夕行之故每換桃符貼門聯之際簫鼓屯擁銅吹噪天俗語諸神不在爲倫娶云

博興縣

除夕各家用稈草爲束設於大門外爇火照耀俗曰照廳

山西志書

臨晉縣

除日紛紛嫁娶云諸神朝天百無禁忌謂之亂宿日

隰州

除夕門上貼招財紙以硃抹馬形曰財神所乘也

平遙縣

除日早食糕曉醑飯至元日食名曰隔年飯夜哭於門外凡哭者皆係婦人名曰鬼節謂是日亡人來故哭耳至期滿城皆然村落亦爾崆峒詩曰底是鄰悲井巷哭雲中明日是新年正謂此也

永寧州

歲將除餽歲名曰歲儀至除日祀先飲守歲酒夕則放花爆焚香燭迎神俗傳忌用一切生物蓋避生之一字也

廣靈縣

除夕選木聲洪者於夾早震響以驚厲鬼

河南志書

光州

除夕祀神祀先名辭歲百物更新

陝西志書

岐山縣

除日寫春帖井碨俱封爆竹燒藥以辟鬼疫具酒餚圍爐聚飲深夜謂之守歲

江南志書

嘉定縣

除夜祭祖及門井之神是夕設饌於竈先爇火爐於門迎神而祭之名曰接竈復爆竹焚蒼朮及辟瘟丹家庭舉宴長幼咸集祝頌而散謂之分歲酒觴曰膠牙餳分歲罷小兒遶街呼叫云賣汝癡賣汝獃世傳吳人多獃故兒輩戲欲賣之更深人靜畫灰於道象弓矢戈戟之狀於以射祟以布囊或竹籃盛石灰印地上謂之白米囤兒女終夜不就寢名曰守歲謂可延年雞鳴持杖擊灰積致詞以獻利市謂之打灰堆是日官府封印不復判署至新正三日始開而諸行亦皆罷市男女服飾煥然一新

松江府

除日檐間徧插柏葉冬青先期取松柴豎方驪乾至是疊架於庭以麻稭豆萁實而燎之擊鑼鼓燒糕盆爆竹鄰互擎炒豆相逆僉搦而交納之且祭且祈曰湊投湊投去聲炳燭綸鄉閉門則舉爆竹三聲明旦開門亦如之

武進縣

武俗季冬二十四日送竈神除夕迎竈神送迎皆用酒果糗糍惟迎則益以金銀大錠亦粉米爲之　封井除日預潔罌盎貯水井覆竹木器物戒勿啓至春正始開祀用酒果越三日乃撤　關門爆仗爆仗聲至深宵始絕往往有達旦者閉門時持發三響比戶同聲若連珠自此迄王正三日啓關皆然　畫弓箭白石灰畫弓矢門戶前勢若沒羽間繪金錢鶴鹿米囤之屬又畫八寶於街衢作城垣狀　著飫爐架松木於大門之外四隅而中空之六六爲數實豆萁松柏枝以相威雜放爆仗銀花用張其勢一時紅光上徹星斗　做羹飯祀先也祭祠堂畢復陳先像於堂而祭之高曾祖考分獻酒食或像有失傳則缺而統祭於祠　人口攔計家人長幼人數各爲一攔取團圞之意大者如鉢小如盂又或如桃如鈴用彩粉作花勝於其上至元宵始分而啖之　糕糯粉和糖揉

之細賦如脂製無定形凡祀神祀先皆須此謂之節糕蓋日節節高也　燒路頭祀五路神卽古祭行遺意設位大門之左面逼於地故席地祀之酒三獻牲屬凡五焚楮無祝祠燒俗呼也　飲守歲酒吃年夜飯飲守歲酒畢必飯武俗早暮皆啜粥廉午則飯白歲除迄元宵則日三飯除夕預炊米藏之備半月糗糧不更作新飯　洗年殘長幼以次沐浴謂洗年殘取除舊生新之義　押歲錢押同壓恐歲之遂除也富家翁置金銀於牀笫兒童則繫綵囊貯錢爲樂又或覓古錢如太平等號者以取吉祥　撐門炭閤戶時擇炭之堅而鋭者三挺紅絲繚繞之厠之門角又以葱數本同結束或云於炭取剛於葱取蓊鬱也　掛盤香搗香泥約如箸大盤旋之縒以色絲層累以起形如塔面上下俱鋭懸神佛前焚之芳氣縺綿不散可匝晝夜三旬　種火除夕藏宿火爐中達旦燄不息歲朝弗得乞火蓋云水火不求人也　喂鼠飯飯一盂益以魚肉置之奧窔處而祝之曰鼠食此毋耗吾家

高郵州

十二月除夜卜碗內穀種一粒占來歲所宜以爲神賜又家設火具於門首曰生盆

蕭縣

除日汲水足三日之用以新年不敢犯井禁也

霍山縣

夜宴家衆燒燈達旦視明沒占來年休咎

太湖縣

除夕觀有星卜來歲多綿無犬吠聲卜來歲吉祥

浙江志書

海寧縣

除夕以酒果祀牀神祈兒女安寢

桐鄉縣

除夕門首置爐然薪名送年火

諸暨縣

除夕圍爐守歲夜半始就寢仍以是夕夢寐卜一歲休咎忌諱者至徹夜不睡

永康縣

除夕繫五彩紙爲錢曳長之掛於中堂之兩楹其中設香案列燈燭茶果曰下供越歲三日取其錢焚之曰燒年紙

溫州府

除夕炊半熟米淅之供節假內飯夜放爆竹然燭徧室謂之照歲

江西志書

新建縣

除夕守歲放爆竹擊鼓鳴鑼以待雞鳴曰迎歲

湖廣志書

崇陽縣

除日挑沙於門採柏葉蠟梅花遍插糊紙錢於戶婦女辦菓餚之類以待元旦飲謂之頭腦酒

黃州府

除夕村落間滌釜乞靈於竈卜來歲豐歉五鼓視之稻菽之屬豐者忽有數粒於釜中不知其何自來也

鄖縣

除夕鼓樂爆竹家人飲酒守歲凡一年一切稱貸俱於此日索償謂之鐵門限

常德府

歲將盡數日前鄉村多用巫師朱裳鬼面鑼鼓喧舞竟夜不止名曰還儺

福建志書

福州府

歲除鄉人儺古有之今州人以爲打夜狐曾師建云南史載曹景宗爲人好樂在揚州日至臘月則使人邪呼逐除徧往人家乞酒食以爲戲迄今閩俗乃曰打夜狐蓋唐敬宗夜捕狐狸爲樂謂之打夜狐閩俗豈以作邪呼逐除之戲與夜捕狐之戲同故云抑亦作邪呼之語訛而爲打夜狐歟

松溪縣

歲除夕以竹爇火爆於庭謂之驅儺又鳴火爆於將明謂之開正家具餚饌以迎新年相聚歡醵留宿炊謂之隔年飯

壽寧縣

除夕人家遍屋張燈謂之照年

永定縣

除夕房廚燈燭徹夜不斷謂之上燈

建寧縣

除夕下午送燭至先人墓所云照歲

福寧州

除夜祀先沿街各燒柴竹之屬名曰燒角富

四川志書

涪州

除夕治椒酒貯瓶中掛於井內俟元旦拜年畢卽出

往井內提回家中從卑幼先飲起以至尊長取不空回源源之意

廣東志書

潮州府

除夕設火井於廳相鬬以食謂之圍爐爆竹鳴金吹螺謂之辟邪禦盜

普寧縣

十二月二十九或三十各家盛舉辭年奉祀祖先吃毛芋頭謂之剝鬼皮

肇慶府

除夕以語言美惡卜周歲吉凶謂之聽讖

石城縣

除夕各家掃淨舍宇送箒於荒郊曰送窮尊長分錢於幼少以歲爲差曰守歲

樂會縣

除夕以竿掛紙錢以破筐箒舊燈盞其中遠拋門外數百步曰送殘閤家通宵不寐曰迎春

雲南志書

南安州

除夕燒兜羅香以辟邪

大姚縣

除夕彝人宰牲祀祖以松葉鋪地蓬頭跣足不序長幼席地坐洵壜酒插藤筒吸飲著綠衣吹蘆笙男女攜手舞蹈和歌團遶

除夕部藝文一

守歲序　唐王勃

歲月易盡光陰難駐春秋冬夏錯四序之涼炎甲乙丙丁紀三朝之曆數十二月之陰氣玉律窮年一萬歲之休禎金觴獻壽頁鼓雷動烟火星流侲子黃童統鉤陳而驅赤疫諸王等集陳玉帛而謁諸侯京兆天中棘樓臺而徹漢長安路上亂車馬而飛塵王丞相之登臨行將在目戴侍中之重席忽爾明朝槐火滅而寒氣消蘆灰用而春風起魚鱗布葉爛五色而翻光鳳腦吐花燦百枝而引照悲夫年將晚志事寥落公孫弘之甲第天子未知王仲宣之文章公卿不識對他鄉之風景憶故里之琴歌柏葉爲銘影泛新年之酒椒花入頌先開獻歲之詞作者七人同爲六韻

與毛維瞻　宋蘇軾

歲行盡矣風雨淒然紙窻竹屋燈火青熒時於此間得少佳趣無由持獻獨享爲媿想當一笑也

除夕部藝文二 詩詞

歲盡應令　梁庾肩吾

歲序已云殫春心不自安聊開柏葉酒試奠五辛盤金薄圖神燕朱泥却鬼丸梅花應可折倩爲雪中看

共內人夜坐守歲　徐君蒨

歡多情未極賞至莫停杯酒中喜桃子粽裏覓楊梅簾開風入帳燭盡炭成灰勿疑鬢釵重爲待曉光催

守歲　唐太宗

暮景斜芳殿年華麗綺宮寒辭去冬雪暖帶入春風階馥舒梅素盤花卷燭紅共歡新故歲迎送一宵中

除夜　同前

歲陰窮暮紀獻節啓新芳冬盡今宵促年開明日長冰銷出鏡水梅散入風香對此歡終讌傾壺待曙光

於太原召侍臣守歲　同前

四時運灰琯一夕變冬春送寒餘雪盡迎歲早梅新

守歲　高宗

今宵冬律盡來朝麗景新花餘凝地雪條含暖吹分綴叶芽猶嫩冰闕已鏤津薄紅梅色冷淺綠柳輕春送迎交兩節暄寒變一辰

奉和守歲應制　許敬宗

玉琯移元序金奏賞彤闈祥鸞歌裏轉春燕舞前歸壽爵傳三禮燈枝麗九微運廣薰風積恩深湛露晞送寒終此夜延宴待晨暉

守歲侍宴應制　杜審言

季冬除夜接新年帝子王孫捧御筵宮闕星河低拂樹殿庭燈燭上薰天彈絃奏節梅風入對局探鉤柏酒傳欲向正元歌萬壽暫留歡賞寄春前

除夜有懷　前人

故節當歌守新年把燭迎冬氛戀虯箭春色候雞鳴興盡聞壺覆宵闌見斗橫還將萬億壽更謁九重城

欽州守歲　張說

故歲今宵盡新年明旦來愁心隨斗柄東北望春迴

岳州守歲二首　前人

夜風吹醉舞庭戶對酣歌愁逐前年少歡迎今歲多桃枝堪避惡爆竹好驚眠歌舞留今夕猶言惜舊年

守歲應制　沈佺期

南渡輕冰解渭橋東方樹色起招搖天子迎春取今
夜王公獻壽用明朝殿上燈人爭烈火宮中侲子亂
驅妖宜將歲酒調神藥聖祚千春萬國朝

歲夜安樂公主滿月侍宴　前人

除夜子星回天孫滿月杯詠歌麟趾合簫管鳳雛來
歲炬常然桂春盤預折梅聖皇千萬壽垂曉御樓開

除夜樂城逢孟浩然　張子容

遠客襄陽郡來過海畔家樽開柏葉酒燈發九枝花
妙曲逢盧女高才得孟嘉東山行樂意非是競繁華

除日　前人

臘月今知晦流年此夕除拾樵供歲火帖牖作春書
柳覺東風至花疑小雪餘忽逢雙鯉贈言是上冰魚

應詔賦得除夜　王諲一作史青

今歲今宵盡明年明日催寒隨一夜去春逐五更來
氣色空中改容顏暗裏回風光人不覺已著後園梅

歲除夜會樂城張少府宅　孟浩然

疇昔通家好相知無間然續明催畫燭守歲接長筵
舊曲梅花唱新正柏酒傳客行隨處樂不見度年年

除夜有懷　前人

五更鐘漏欲相催四氣推遷往復迴帳裏殘燈纔去
焰爐中香氣盡成灰漸看春逼芙蓉枕頓覺寒銷竹
葉杯守歲家家應未臥相思那得夢魂來

除夜作　高適

旅館寒燈獨不眠客心何事轉淒然故鄉今夜思千
里霜鬢明朝又一年

杜位宅守歲　杜甫

守歲阿戎家椒盤已頌花盍簪喧櫪馬列炬散林鴉
四十明朝過飛騰暮景斜誰能更拘束爛醉是生涯

除夜宿石頭驛　戴叔倫

旅館誰相問寒燈獨可親一年將盡夜萬里未歸人
寥落悲前事支離笑此身愁顏與衰鬢明日又逢春

除夜長安客舍　歐陽詹

十上書仍寢如流歲又遷望家思獻壽算甲恨長年
虛牖傳寒柝孤燈照絕編誰應問窮轍泣盡更潸然

除夜二首　盧仝

衰殘歸未遂寂寞此宵情舊國餘千里新年隔數更
寒猶近北峭風漸向東生惟見長安陌晨鐘度火城

殷勤惜此夜此夜在逡巡燭盡年還別雞鳴老更新
儺聲方去疫酒色已迎春明日持杯處誰爲最後人

除夜　元稹

憶昔歲除夜見君花燭前今宵祝文上重疊敘新年
閒處低聲哭空堂背月眠傷心小兒女撩亂火堆邊

除夜酬樂天　前人

引儺綏旆亂毿毿戲罷人歸思不堪虛漲火塵龜浦
北無由珂傘鳳城南休官期限元同約除夜情懷老
共諳莫道明朝始添歲今年春在歲前三

小歲日對酒吟錢湖州所寄詩　白居易

獨酌無多興閒吟有所思一杯新歲酒兩句故人詩
楊柳初黃日髭鬚半白時蹉跎春氣味彼此老心知

客中守歲　前人

守歲尊無酒思鄉淚滿巾始知爲客苦不及在家貧
畏老偏驚節防愁預惡春故園今夜裏應念未歸人

除夜　前人

薄晚支頤坐中宵枕臂眠一從身去國再見日周天
老度江南歲春抛渭北田潯陽來早晚明日是三年

除日答夢得同發楚州　前人

共作千里伴俱爲一郡迴歲陰中路盡鄉思先春來
山雪晚猶在淮冰晴欲開歸歟吟可作休戀主人杯

除夜言懷兼贈張常侍　前人

三百六旬今夜盡六十四年明日催不用歎身隨日
老亦須知壽逐年來加添雪興憑氈帳消殺春愁付
酒杯惟恨詩成君去後紅箋紙卷爲誰開

除夜書情　周弘亮

何處風塵歲雲陽古驛前三冬不再稔曉日又明年
春入江南柳寒歸塞北天還傷知候客花景對韋編

故鄉除夜　前人

江亭閒望處遠近見秦源古寺遲春景新花發杏園
萼中輕蘂密枝上素姿繁拂面雲初起含風雪欲翻
容輝明十地香氣遍千門願莫隨桃李芳菲不爲言

嶺外守歲　李德裕

冬逐更籌盡春隨斗柄回寒暄一夜隔客鬢兩年催

隋宮守歲　李商隱

消息東郊木帝回宮中行樂有新梅沈香甲煎爲庭
燎玉液瓊蘇作壽杯遙望露盤疑是月遠聞鼉鼓欲
驚雷昭陽第一傾城客不踏金蓮不肯來

歲盡　司空圖

莫話傷心事投春滿鬢霜殷勤共尊酒今歲只殘陽

除夜　方干

玉漏斯須即達晨四時吹轉任風輪寒燈短燼方燒
臘晝角殘聲已報春明日便爲經歲客昨朝猶是少
年人新正定數隨年減浮世惟應百遍新

逆中除夜　高蟾

南北浮萍跡年華又暗催殘燈和臘盡曉角帶春來鬢欲漸侵雪心仍未肯灰金門舊知己誰爲脫塵埃

歲除　唐彥謙

索索風搜客沈沈雨洗年殘林生獵跡歸鳥避窰煙節物杯漿外溪山鬢影前行藏都未定筆硯或能捐

除夜有感　崔塗

迢遞三巴路羈危萬里身亂山殘雪夜孤燭異鄉人漸與骨肉遠轉於奴僕親那堪正飄泊明日歲華新

歲除對王秀才作　韋莊

我惜今宵促君愁玉漏頻豈知新歲酒猶作異鄉身雪向寅前凍花從子後春到明追此會俱是隔年人

除夜　曹松

殘臘即又盡東風應漸聞一宵猶幾許兩歲欲平分燎暗傾時斗春通綻處芬明朝遙捧酒先合祝堯君

除夜野宿常州城外　宋蘇軾

南來三見歲云徂直恐終身走道塗老去怕看新曆日退歸擬學舊桃符煙花已作青春意霜雪偏尋病客鬚但把窮愁博長健不辭最後飲屠蘇

歲晚相與饋問爲饋歲酒食相邀呼爲別歲至除夜達旦不眠謂之守歲蜀之風俗如是余官於岐下歲暮思歸而不可得故爲此三詩以寄子由　前人

饋歲

農功各已收歲事得相佐爲歡恐無及假物不論貨山川隨出產貧富稱小大寘盤巨鯉橫發籠雙兔臥富人事華靡綵繡光翻座貧者愧不能微摯出舂磨官居故人少里巷佳節過亦欲舉鄉風獨唱無人和

別歲

故人適千里臨別尚遲遲人行猶可復歲行那可追問歲安所之遠在天一涯已逐東流水赴海歸無時東鄰酒初熟西舍彘亦肥且爲一日歡慰此窮年悲勿嗟舊歲別行與新歲辭去去勿回顧還君老與衰

守歲

欲知垂盡歲有似赴壑蛇脩鱗半已沒去意誰能遮況欲繫其尾雖勤知奈何兒童彊不睡相守夜讙譁晨雞且勿唱更鼓畏添撾坐久燈燼落起看北斗斜明年豈無年心事恐蹉跎努力盡今夕少年猶可誇

除夜對酒贈少章　陳師道

歲晚身何托燈前客未空半生憂患裏一夢有無中髮短愁催白顏衰酒借紅我歌君起舞潦倒略相同

除夜書懷　范成大

運斗寅杓轉周天日御迴夜從冬後短春逐雨中來鬢綠看看雪心丹念念灰有懷憐斷鴈無思惜疎梅絮厚眼生纈蔬寒腸轉雷燭花紅瑣碎香霧碧徘徊昨夢書三篋平生酒一杯牀頭新曆日衣上舊塵埃搖落何堪柳紛紜各夢槐隙光能幾許世事劇悠哉岐路東西變羲娥日夜催頭顱元自覺懷抱故應開踴躍金何意青黃木自災身謀同斥鷃政爾願蒿萊

分歲詞　前人

質明分祠今古同吳儂用昏蓋土風禮成廢徹夜未艾飲福之餘即分歲地爐火煖蒼术香飣盤果餌如蜂房就中脆餳專節物四座齒頰鏘冰霜小兒但喜新年至頭角長成添意氣老翁把杯心茫然增年翻是減吾年荊釵勸酒仍祝願但願尊前且強健君看今歲舊交親大有人無此杯分老翁飲罷笑撚鬚明朝重來醉屠蘇

賣癡獃詞　前人

除夕更闌人不睡厭禳鈍滯迎新歲小兒呼叫走長街云有癡獃召人買二物於人誰獨無就中吳儂仍有餘巷南巷北賣不得相逢大笑相揶揄櫟翁塊坐重簾下獨要買添令問價兒云翁買不須錢奉賒癡獃千百年

打灰堆詞　前人

除夜將闌曉星爛糞埽堆頭打如願杖敲灰起飛撲籬不嫌灰涴新節衣老媼當前再三祝只要我家長富足輕舟作商重船歸大牸引犢雞哺兒野繭可繅麥兩岐短衲換著長衫衣當年婢子挽不住有耳猶能聞我語但如吾願不汝呼一任汝歸彭蠡湖

除日　金趙秉文

梅花無信報平安又聽譙門畫角殘荒郡人煙窮臘外上方樓閣晚雲端沈沈鳥沒天無盡漠漠煙昏山更寒日暮數峰猶帶雪城頭齊色入闌干

除夜　鄭權

殊方節物老堪驚病怯諸鄰爆竹聲梨栗異時鄉國夢琴書此夕故人情眼看曆日悲存沒淚濺屠蘇憶弟兄白髮明朝四十七又隨春草一番生

歲除夕次東坡守歲韻　劉從益

人生都百年誰問蠲龜蛇容顏鏡中換老醜不可遮殷勤守此歲來歲復何如南鄰祭竈喧北里驅儺譁須臾能無爲但聽樓鼓撾明朝四十過暮景眞易斜

初心自慷慨白首還蹉跎寄語少年子雖健不足誇

大韻別歲　前人

一日復一日其來不肯遲一冬復一春既去誰能追
問歲果安往惜不知津涯常於歲除夕知是相別時
鄰翁慣禮餞買酒烹鮮肥百挽不得留一別那須悲
年年例如此華髮吾何辭惟有學道心白覺老不衰

除夕用少陵韻　前人

悤送迢迢漏燈開豔豔花正愁聞過鴈久客羨棲鴉
放眼春猶好驚心日又斜一蓑江上雨歸思浩無涯

除夜　王賓

落託功名挽不前圍爐兀坐夜蕭然臘殘晝角東風
裏春到梅花小雪邊守得歲來慵覽鏡送將窮去白
裝船平明點檢人間事只有詩魔似去年

除夜　元好問

一燈明暗夜如何夢寐衡門在澗阿物外煙霞玉華
遠花時車馬洛陽多折腰真有陶潛興扣角空傳甯
戚歌三十七年今日過可憐出處兩蹉跎

汴梁除夜　前人

六街歌鼓待晨鐘四壁寒齋只病翁鬢雪得年應更
白燈花何喜也能紅養生有論人空老祖道無詩鬼
亦窮數日西闍看車馬一番桃李又春風

癸巳除夜　前人

山陰有歸客雪夜泛扁舟一笑遽云別知君靜者流
看山對明鏡濯足起飛鷗還載一壺酒相尋賀監遊

除夕　元何中

我有百除夕蘧廬是處安翻因歸路近始覺到家難
浦隔雁聲落篷孤燈影寒家人應共說賓閣尚盤桓

除夜自封溪歸高淵　前人

鴛鴦翻雨戲迴溪溪路迢遙濕翠圍隔竹杏花紅萬
點何因知我此時歸

除夕　劉詵

疎雨孤燈夜相看又歲除江山猶寓客親友絕來書
新酒初堪酌長愁未暫疎艱難吾敢恨百歲定何如

除夜客中　戴良

歲月遽如許蹉跎老却人一年惟此夜明日又逢春
湖海未歸客風塵多病身感時渾不寐燈火獨相親

辛亥除夕　前人

移居湖水上已是一年期客路頻辭歲家山忘別時
庭寒無鵲噪春近有梅知此夜傷情極椒觴懶獨持

除夕　郭鈺

短日如年度寧知歲又殘鄉關一水隔風雪五更寒
寄食囊垂罄更衣帶盡寬主人供帳好獨作太平看

丙午除夕　明周孟簡

爲客逢今夕寧親憶去年一尊終不醉孤館白無眠
家在雲山外身依日月邊何堪雙鬢改又值歲華遷

吳門同沈啓南方質父守歲　程慶琉

今夕知何夕朋簪慰獨居博誰呼得雉食不歎無魚
春逐酒杯轉年同燭跋除乾坤俱是客豈必限吾廬

除夕和邊太常庭實　顧璘

守歲椒盤宴歡然傍老親誦詩從稚子分肉遍鄰人
鼓水葱三釜柴荊寄一身青燈能送喜金蘂夜開頻

除夕示兒元炳兼憶元煇諸兒　謝榛

對汝還成歎寒更坐轉深異鄉垂老計春草隔年新
蠟炬明殘夜天風破積陰遙憐幾稚子酒罷一長吟

除夕憶社宰　汪道貫

中宵寒漏轉春聲此夕憐君尚遠征何處官梅供客
酒尊前歸夢隔玉程白榆歷落星初動綠鬢栖遲歲
幾更新柳依依青眼在即看匹馬到江城

除夕短歌　程可中

蜡月全晦歲華移原燒偷青春微露突冷連朝待東
薪牀空半夜抖殘絮年年逼除貧泥人今歲頗得貧
中趣小爬猜猜吹欲暗操劵都來徵逋負閉門龜縮
堅不出誑言白石庵中去東鄰貰酒喜盈罌西家乞
米剛半釜地爐榾柮四壁紅絕勝龍涎照銀炬紈袴
膏粱生無分執鞭未可吾奚慕蹇我亦非智術疎自
是君家合豪富且呼焚魚煖濁酒一勸一杯自寬諭
妻妾牛衣坐兩頭兩兒膝畔差歆悟得歲有慶失歲
罰椒花欲頌粗能句踰艾明朝老禿翁視此足驗平
生遇玉梅寒香撲鼻來大杯停手已無數

浪淘沙 除夜　宋周紫芝

江上送年歸還似年時屠蘇休恨到君遲覺得醉鄉
無事處莫放愁知　紅灺一燈垂應笑人衰鶴長梟
短怨他誰明日江樓春到也且醉南枝

感皇恩 除夜　前人

玉樹點椒花年華又杪絳蠟燒殘暗催曉小窻醒處
夢斷月斜江悄故山春欲動歸程杳　容易肯教人
生常少富貴應須致身早此宵長願贏取一尊娛老
假饒真百歲能多少

鷓鴣天丁巳除夕　趙師俠

爆竹聲中歲又除頓回和氣滿寰區春風解綠江南樹不與人間染白鬚　殘蠟燭舊桃符寧辭末後飲屠蘇歸與幸有園林勝次第花開可自娛

雙雁兒除夕　楊无咎

勸君今夕不須眠且滿滿泛觥船大家沈醉對芳筵願新年勝舊年

瑞鷓鴣逆旅除夜大雨　盧炳

客裏驚嗟又歲除蕭蕭寒雨滴茆廬山深溪轉泉聲碎夜永風搖燭影孤　冷甚只多燒木葉詩成無處寫桃符強酬節物聊䣷酌今歲屠蘇自取踈

祝英臺近除夜立春　吳文英

剪紅情裁綠意花信上釵股殘日東風不放歲華去有人添燭西窻不眠侵曉笑聲轉新年鶯語　舊尊俎玉纖曾擘黃柑柔香繫幽素歸夢湖邊還迷鏡中路可憐千點吳霜寒銷不盡又相對落梅如雨

喜遷鶯福山蕭寺歲除　前人

江亭年暮趁飛雁又聽數聲柔櫓棼尾杯單膠牙餳淡重省舊時羈旅雪舞野梅籬落寒擁漁家門戶晚風峭做初番花信春還知否　何處圍豔冶紅燭畫堂博簺良宵午誰念行人愁先芳草輕送年華如羽自剔短檠不睡空索綵桃新句便歸好料鵝黃已染西池千縷

喜春來除夜玉山舟中　元張雨

江梅的的依茅舍石瀨濺濺漱玉沙瓦甌篷底送年華問暮鴉何處阿戎家

東風齊著力除夕　明張大烈

爆竹驚寒疎梅送臘歲轉韶華振天簫鼓喧鬧在鄰家處處桃符貼換爭方勝秀隱嬌娃迎春早寶釵端正玉鬢排斜　心事暗中誇惟願取年年時斂福頻加金尊滿祝初添海屋霞且飲个宵歲酒膽瓶開明日鮮花全收來隔簾春色濟柳抽芽

除夕部紀事

物原巫咸始制除夕節

晉書曹攄傳攄補臨淄令獄有死囚歲夕攄行獄愍之曰卿等不幸致此非所如何新歲人情所重豈不欲蹔見家邪衆囚皆涕泣曰若得蹔歸死無恨也攄悉開獄出之剋日令還掾吏固爭咸謂不可攄曰此雖小人義不見負自為諸君任之其日相率而還並無違者一縣歎服

辟寒王武子好馬冬至則斷風鏺除日則槊玉鞍每節日則飼馬以明沙豆薔薇草

華陽國志王長文試守江原令縣收得盜賊長文引見誘慰時適臘節皆遣歸家獄先繫囚亦遣之謂曰教化不厚使汝等如此長吏之過也蜡節慶賞宜就汝歸上下善相懽樂過節來還當為思他理羣吏惶遽爭請不許尋有赦令無不感恩所有人輟不為惡曰不敢負王君

南史謝方明傳方明加晉陵太守復為驃騎長史南郡相嘗年終江陵縣獄囚事無輕重悉放歸家使過正三日還到罪重者二十餘人綱紀以下莫不疑懼時晉陵郡送故主簿弘季咸徐壽之並隨在西固諫方明不納一時遣之囚及父兄並驚喜涕泣以為就死無恨至期有重罪一人醉不能歸鄉村責讓率領將送竟無逃者遠近歎服焉

魏書禮志高宗和平三年十二月因歲除大儺之禮遂耀兵示武更為制令步兵陳於南騎士陳於北各擊鐘鼓以為節度其步兵所衣青赤黃黑別為部隊楯矟矛戟相次周回轉易以相赴就有飛龍騰蛇之變為函箱魚鱗四門之陳凡十餘法跪起前却莫不應節陳畢南北二軍皆鳴鼓角衆盡大譟各令騎將六人去來挑戰步兵更進退以相拒擊南敗北捷以為盛觀自後踵以為常

荆楚歲時記歲暮家家具肴蔌詣當宿歲之位以迎新年相聚酣飲留宿歲飯至新年十二日則棄之街衢以為去故納新也

辟寒唐貞觀初天下乂安時屬除夜太宗盛飾宮掖明設燈燭盛奏樂歌乃延蕭后觀之后曰隋主淫侈每除夜殿前諸院設火山數十盡沈香木根每一山皆焚沈香數車火光暗則以甲煎沃之焰起數丈香聞數十里一夜之間用沈香二百餘乘甲煎過二百石太宗口刺其奢心服其盛

唐書竇懷貞傳神龍中進左御史大夫會歲除中宗夜宴近臣謂曰聞卿喪妻今欲繼室可乎懷貞唯唯俄而禁中寶扇障衛有衣翟衣出者已乃韋后乳媼王所謂莒國夫人者故蠻婢也懷貞納之不辭世謂媪壻為阿䶣懷貞每謁見奏請輒自署皇后阿䶣而

人或謂爲國奢

瑯嬛記除夕梅妃與宮人戲鎔黃金散瀉入水中視巧拙以卜來年否泰梅妃一瀉得金鳳一隻首尾足翅無不悉備

雲仙雜記裴度除夜歎老迨曉不寐爐中商陸火凡數添也

賈島常以歲除取一年所得詩祭以酒脯曰勞吾精神以是補之

洛陽人家除夜銅刀刻門埋小兒硯點水盆燈

都下寺院每歲除用破磨是日作破磨齋

輦下歲時記都人至年夜請僧道看經備酒果送神帖竈馬於竈上以酒糟抹於竈門之上謂之醉司命夜於竈裏點燈謂之照虛耗

秦中歲時記歲除日進儺皆作鬼神狀內二老兒儺公儺母

九國志吳越錢鏐嘗歲除夜宴命諸子及諸孫鼓胡琴一再行遽止之曰人將以我爲長夜之飲也

茅亭客話蜀主每歲除日諸宮門各給桃符一對俾題元亨利貞四字

北戶錄南方逐除夜及將發船皆殺雞擇骨爲卜傳古法也

該聞錄李岐鄰叟家爲山魈所祟岐令除夕聚竹數十根於庭焚之使爆裂有聲至曉乃寂然

東京夢華錄至除日禁中呈大儺儀並用皇城親事官諸班直戴假面繡畫色衣執金槍龍旗教坊使孟初身品魁偉貫全副金鍍銅甲裝將軍用鎮殿將軍二人亦介胄裝門神教坊南河炭醜惡魁肥裝判官又裝鍾馗小妹土地竈神之類共千餘人自禁中驅祟出南薰門外轉龍灣謂之埋祟而罷是夜禁中爆竹山呼聲聞於外士庶之家圍爐團坐達旦不寐謂之守歲

墨莊漫錄東坡在黃州而王文甫家東湖公每乘興必訪之一日逼歲除至其家見方治桃符公戲書一聯於其上云門大要容千騎入堂深不覺百男歡

三山志州人除夕以竹著火燒爆於庭中兒童當街燒爆相望戲呼達旦謂之燒火爆張丞相浚爲帥日除夕甫入鄭樵客都中與觀火爆丞相命賦詩給筆字爲韻樵口占云駒隙光陰歲已殘千門竹爆競團圞燒成焰焰丹砂塊碎盡琅琅碧玉竿喚轉韶光新景煥辟除惡魅舊時寒主人從此占佳瑞再入爲霖洒旱乾

范成大村田樂府序除夜祭其先竣事長幼聚飲祝頌而散謂之分歲小兒繞街呼叫云賣汝癡賣汝獃世傳吳人多獃故兒輩諱之欲賈其餘

乾淳歲時記禁中以臘月二十四爲小節夜三十日爲大節夜呈女童驅儺裝六丁六甲六神之類大率如夢華所載後苑修內司各進消夜果兒以大合簇飣凡百餘種如蜜煎珍果下至花餳箕豆以至玉杯寶器珠翠花朶犀象博戲之具銷金斗葉諸色戲弄之物無不備具皆極小巧又於其上作玉輅高至三四尺悉以金玉等爲飾護以貼金龍鳳羅罩以奇侈求勝一合之費不啻中人十家之產止以資天顏一笑耳后妃諸閤又各進歲軸兒及珠翠百事吉利市袋兒小樣金銀器皿併隨年金錢一百二十文旋亦分賜親王貴邸宰臣巨璫至於爆仗有爲果子人物等類不一而殿司所進屏風外畫鍾馗捕鬼之類而內藏藥線一爇連百餘不絕簫鼓迎春雞人警唱而玉漏漸移金門已啓矣

都下除夕比屋以五色錢紙酒果以迎送六神於門至夜蕡燭糝盆紅映霄漢爆竹鼓吹之聲喧闐徹夜謂之聒廳小兒女終夜博戲不寐謂之守歲又明燈牀下謂之照虛耗及貼天行帖兒財神於楣祀先之禮則或昏或曉各有不同如飲屠蘇百事吉膠牙餳燒术賣懵等事多率東都之遺風焉守歲之詞雖多極難其選獨楊守齋一枝春最爲近世所稱并書於此竹爆驚春競喧闐夜起千門簫鼓流蘇帳暖翠鼎緩騰香霧停杯未舉奈剛要送年新句應自賞歌字清圓未誇上林鶯語從他歲窮日暮縱閒愁怎減劉郎風度屠蘇辦了迤邐柳欣梅妬宮壺未曉早驕馬繡車盈路還又把月夕花朝自今細數

鷄肋編廣南思俗歲除爆竹軍民環聚大呼萬歲

瑯嬛記五人國白玉城自女牆至城下俱以白玉爲之鬼不敢入蓋鬼陰物喜黑而畏白至今除夕人家用白堊繞門畫城池列干戈之類亦遺意也

熙朝樂事除夕人家祀先及百神架松柴齊屋舉火焚之謂之粈盆煙焰燭天爛如霞布爆竹鼓吹之聲遠近聒耳家庭舉燕則長幼咸集兒女終夜博戲藏鉤謂之守歲燃燈牀下謂之照虛耗以赤豆作粥雖猫犬亦食之更深人靜或有禱竈請方抱鏡出門窺聽市人無意之言以卜來歲休咎是日官府封印不復簽押至新正三日始開而諸行亦皆能市往來邀

飲蓋杭人奢靡不論貧富俱競市什物以慶嘉節而光飾門戶塗澤婦女衣服釵環之屬更造一新皆故都之遺俗也

帝京景物略十二月三十日插芝麻稭於門簷窗臺曰藏鬼稭中不令出也門窗貼紅紙葫蘆曰收瘟鬼夜以松柏枝雜柴燎院中曰燒松盆熰歲也懸先亡影像祀以獅仙斗糖麻花饊枝染五色葦架竹罩陳之家長幼畢拜已各自拜曰辭歲已叢食坐飲曰守歲

北京歲華記先除夕一日曰小除人家置酒宴往來交謁曰別歲焚香於戶外曰天香凡三日止帖安春字小兒女寫好字

除夕部雜錄

陶朱公書除夜燒盆爆竹與照田蠶看火色同是夜取安靜爲吉

桯史國學以古者五祀之義凡列齋扁榜至除夕必相率祭之遂以爲爐亭守歲之酌祝詞惟祈速化而已羣儒執事者帽而不帶以絹代之謂之叨帽爵中皆有數鴨脚每獻則以酒沃之謂之僥倖

癸辛雜識太學除夜各齋祀神用棗子荔枝蓼花三果蓋取早離了之讖遇出湖則多不至三賢堂蓋以樂天東坡和靖爲落酥林故也可發一笑

清波雜志鄭顧道侍郎居上饒享高壽輝不及識也嘗見其除夕小詩親筆可是今年老也無兒孫次第飲屠蘇一門骨肉知多少日出高時到老夫註胡德輝蒼梧志云或問屠蘇事於鮑欽止鮑曰平屋謂之屠蘇若今幕次之類往往取其少長均平之義

通考常以歲除夜五更視北斗占五穀善惡其星所主明則成熟暗則有損貪狼主稻巨門主粟祿存主黍文昌主芝麻廉貞主麥武曲主粳糯破軍主赤豆輔星主大豆

紀歷撮要除夜東北風主禾大熟

夢餘錄古人爆竹必於元日雞鳴之時今人易以除夜似失古意

唐人以冬至前一日亦謂之除夜乎謂除字止可施於歲前一日若又有冬除之說則夏至前又可謂之夏除乎殆非通論也

除夕部外編

金剛經鳩異何軫鬻販爲業妻劉氏少斷酒肉常持金剛經先焚香像前願年止四十五臨終心不亂先知死日至太和四年冬四十五矣悉捨資裝供僧欲人歲假遍別親故何軫以爲病而不信至歲除日請僧受八關沐浴易衣獨處一室趺坐高聲念經及辨色悄然兒女排室入看之已卒頂熱灼手軫以僧禮葬塔在荊州北郭

異聞總錄京師風俗每除夜必明燈於廚廁等處謂之照虛耗有趙再者令二小鬟主之一鬟利麻油澤髮遂易廁燈以桐膏夜分他婢如廁見婦人長三尺許被髮絳裙自廁出攜小箱盛雜色新衣摺於壁角婢驚呼而返告其同類皆往觀至則無所見獨易油之人大叫仆地衆扶歸救以湯劑移時方甦言先不合輒以桐膏易燈才至此爲鬼所擊云我爲人登溷不作聲致我生瘍痛甚正藉今夕油以塗之爾乃敢竊換方毆擊間家人輩來者多乃舍之

致虛閣雜俎司書鬼曰長恩除夕呼其名而祭之鼠不敢嚙蠹魚不生

欽定古今圖書集成曆象彙編歲功典

第九十六卷目錄

閏月部彙考
書經堯典
周禮春官
漢書律歷志
後漢書律歷志
晉書律歷志
杜預長曆閏月
魏書律曆志
唐書曆志
宋史律曆志
山堂考索閏 算閏法 閏惟正時
稗編置閏 太初閏餘 大餘小餘 氣朔分齊
閏月部總論
春秋四傳文公六年閏月不告月猶朝于廟
山堂考索大衍歸奇以象閏說 積餘分置閏說 閏月斗指兩辰間說 論十居門說
齊東野語漢改秦曆始置閏 長曆式閏盈數

歲功典第九十六卷

閏月部彙考

書經

堯典

帝曰咨汝羲暨和朞三百有六旬有六日以閏月定四時成歲允釐百工庶績咸熙

傳咨嗟也嗟嘆而告之也暨及也朞猶周也允信釐治工官庶衆績功咸皆熙廣也天體至圓周圍三百六十五度四分度之一繞地左旋常一日一周而過一度日麗天而少遲故日行一日亦繞地一周而在天爲不及一度積三百六十五日九百四十分日之二百三十五而與天會是一歲日行之數也月麗天而尤遲一日常不及天十三度十九分度之七積二十九日九百四十分日之四百九十九而與日會十二會得全日三百四十八餘分之積又五千九百八十八如日法九百四十而一得六不盡三百四十八通計得日三百五十四九百四十分日之三百四十八是一歲月行之數也歲有十二月月有三十日三百六十者一歲之常數也故日與天會而多五日九百四十分日之二百三十五者爲氣盈月與日會而少五日九百四十分日之五百九十二者爲朔虛合氣盈朔虛而閏生焉故一歲閏率則十日九百四十分日之八百二十七三歲一閏則三十二日九百四十分日之六百單一五歲再閏則五十四日九百四十分日之三百七十五十有九歲七閏則氣朔分齊是爲一章也故三年而不置閏則春之一月入於夏而時漸不定矣子之一月入於丑而歲漸不成矣積之之久至於三失閏則春皆入夏而時全不定矣十二失閏子皆入丑歲全不成矣其名實乖戾寒暑反易農桑庶務皆失其時故必以此餘日置閏月於其間然後四時不差而歲功得成以此信治百官而衆功皆廣也大全朱子曰天道左旋日月亦只左旋但天行健一日一夜而周常差過一度日月違天而退日是一日退一度月退十三度有奇周天三百六十五度四分度之一每歲只有三百六十日餘了五日四分日之一又除小月計六日所以置閏所餘六日爲氣盈所少六日爲朔虛 朞三百有六旬有六日而今一歲三百五十四日積朔空餘分以爲閏朔空者六小月也餘分者五日四分日之一也問如何見得天有三百六十五度甚麼人去量來只是天行得過處爲度天之過處便是日之退處日月會爲辰 問周天之度是自然之度是强分曰天左旋一晝一夜行一周而又過了一度以其行過處一日作一度三百六十五度四分度之一方是一周只將南北表看今日恁時看時有甚星在表處明日恁時看這星又差遠或別是一星了 天道與日月五星皆是左旋天道日一周天而常過一度日一日一周天起度端終度端故比天道常不及一度月行不及天十三度十九分度之七今人却云月行速日行遲此錯說也但曆家以右旋爲說取其易見日月之度爾

周禮

春官

太史正歲年

訂義 賈氏曰中數曰歲朔數曰年一年之內有二十四氣正月立春節雨水中至十二月小寒節大寒中皆節氣在前中氣在後節氣一各朔氣中數一名中氣節氣有入前月法中氣無入前月法中氣帀則爲歲朔氣帀則爲年假令十二月中氣在晦則閏十二月十六日得後正月立春節此卽朔數曰年至後年正月一日得雨水中此中氣帀此是中數曰歲中朔大小不齊不置閏則中氣入後月須置閏以補之正之以閏若今時作曆矣

漢書

律歷志

易曰天一地二天三地四天五地六天七地八天九地十天數五地數五五位相得而各有合天數二十有五地數三十凡天地之數五十有五此所以成變化而行鬼神也并終數爲十九易窮則變故爲閏法先王之正時也履端於始舉正於中歸餘於終履端於始序則不愆舉正於中民則不惑歸餘於終事則不誖此聖王之重閏也以五位乘會數而朔旦冬至是爲章月四分月法以其一乘章月是爲中法參閏法爲周至以乘月法以減中法而約之則六扐之數爲一月之閏法其餘七分此中朔相求之術也朔不得中是謂閏月言陰陽雖交不得中不生故曰法乘閏法是爲統歲三統是爲元歲元歲之閏陰陽災

推天正以章月乘人統歲數盈章歲得一名曰積月不盈者名曰閏餘閏餘十二以上歲有閏求地正加積月一求人正加二

推閏餘所在以十二乘閏餘加十得一盈章中數所得起冬至算外則中至終閏盈中氣在朔若二日則前月閏也

推星見月以閏分乘定見以章歲乘中餘從之盈見月法得一并積中則積月也不盈者名曰月中餘以元月除積月餘名曰月元餘以章月除月元餘則入章月數也以十二除之至有閏之歲除十三入章三歲一閏六歲二閏九歲三閏十一歲四閏十四歲五閏十七歲六閏十九歲七閏不盈者數起於天正算外則星所見月也

後漢書

律歷志

當漢高皇帝受命四十有五歲陽在上章陰在執徐冬十有一月甲子夜半朔旦冬至日月閏積之數皆自此始

四時推移故置十二中以定月位有朔而無中者爲閏月中之始日節與中爲二十四氣以除一歲日爲一氣之日數也其分積而成日爲沒并歲氣之分如法爲一歲沒沒分於終中中終於冬至冬至之分積如其法得一日四歲而終月分成閏閏七而盡其歲十九名之曰章

推閏月所在以閏餘減章法餘以十二乘之滿章閏數得一滿四以上亦得一算之數從前年十一月起算盡之外閏月也或進退以中氣定之

晉書

律歷志

炎帝分八節以始農功軒轅紀三綱而闡書契乃使羲和占日常儀占月車區占星氣伶倫造律呂大撓造甲子隸首作算數容成綜斯六術考定氣象建五行察發斂起消息正閏餘

杜預長曆

閏月

書稱三百六旬有六日以閏月定四時成歲允釐百工庶績咸熙是以天子必置日官諸侯必置日御世修其業以考其術舉全數而言故曰六日其實五日四分之一日日行一度而月日行十三度十九分度之有畸日官當會集此之遲疾以考成晦朔錯綜以設閏月閏月無中氣而北斗邪指兩辰之間所以異於他月也積此以相通四時八節無違乃得成歲其微密至矣得其精微以合天道事敘而不悖故傳曰閏以正時時以作事事以厚生生民之道於是乎在然陰陽之運隨動而差差而不已遂與曆錯故仲尼丘明每於朔閏發文蓋矯正得失因以宣明曆數也

魏書

律曆志

推閏術曰以閏餘減章歲五百五餘以歲中十二乘之滿章閏一百八十六得一月餘半法已上亦得一月數從天正十一月起算外閏月月也閏有進退以無中氣爲正

推閏又法術曰以歲中乘閏餘加章閏得一盈章中六千七百四十四數起冬至算外中氣終閏月也盈中氣在朔若二日卽前月閏

唐書

曆志

秦曆上元正月己巳朔晨初立春日月五星俱起營室五度部首日名皆直四孟假朔退十五日則閏在正月前朔進十五日則閏在正月後是以十有二節皆在盈縮之中而晨昏宿度隨之

宋史

律曆志

天正冬至乃曆之始必自冬至後積三年餘分而後可以置第一閏

山堂考索

閏

易曰歸奇于扐以象閏五歲再閏故再扐而後掛西漢志曰黃帝攷定星曆正閏餘自三苗亂德重黎之官廢而閏餘乖次堯命羲和以閏月定四時成歲周春官太史正歲年以序事頒告朔於邦國閏月詔王居門終月

注閏所以正中朔也中朔小大之不齊正之以閏

記玉藻天子元端閏月則闔門左扉立于其中春秋傳曰文公閏三月非禮也先王之正時也履端于始舉正于中歸餘于終履端于始序則不愆舉正于中民則不惑歸餘于終事則不詩此聖王之重閏也

注杜元凱釋例自文公十一年三月甲子至襄公二十七年凡七十一年當有二十六閏而長曆推得二十四閏是再失閏襄公哀公事見曆序

襄公二十八年書春無冰說者謂去年覺其失于是頓置兩閏以應天正

注去年謂二十七年

建子之月無冰乃書以記災一歲兩閏果是其理乎襄公十二年冬十二月螽季孫問仲尼曰聞之火伏而後蟄者畢

注心星也火伏在今十月

今火猶西流司曆過也註云失閏自秦用顓帝曆以十月爲歲首常以九月爲閏自以爲得歸餘於終之說而不知其非也漢興因之久而不革至武帝元封中乃悟其謬更造太初曆校中朔所差以正閏分傳曰閏以正時時以作事事以厚生生民之道於是乎在則閏可不重乎又曰曆數以閏正天地之中杜預曰閏月無中而北斗斜指兩辰之間所以異於他月

算閏法

切求之二十八宿循天而左行一日一夜一周天周天之外更行一度計一年三百六十五度四分度之一也日一日行一度則是一歲一周天也月一日行十三度十九分度之七凡二十七日而周天一匝更行十九度半餘逐於日與之會以所次之辰故傳曰日月相會謂之辰周天之度各分爲九百分則歲之變凡有三十三萬一千七百分一日九百分一年而餘小盡六日得五千四百分又計五百四分度之四凡有四千七百分幷之而爲一萬一千七百分以當十一日半弱兩歲則餘二萬三千四百分以當二十二日半小弱

注前剩一百分跨一日故曰弱此添剩四百分故曰小弱

三歲則餘三萬四千六百分以當三十四日小强

注凡四百五十分爲刻此六百故曰小强

所以曆家於三年置一閏用以歸受此三年之餘分也然三年一閏故用二十九日約周天之餘度二萬六千一百分耳尚更剩前二年中八千五百分通後第四年所餘一萬一千七百分而二萬零二百分以當二十三日半小弱

注餘四萬分故曰小弱

及五年則三萬一千九百分以當二十四日半强故五歲再閏也此三十四日猶有餘分又積歸後年置閏若前年正閏之月大餘則後閏大餘分也姚說同禮者曰周天三百六十五度四分度之一而一歲凡十二月餘月之小者而計其餘積三十二月而適得一月之數故三年而一閏五年而再閏八年而三閏十年而四閏十三年而五閏十六年而六閏十九年而七閏

閏惟正時

尚書正義周天三百六十五度四分度之一而日行一度則一朞三百五十五日四分度之一六曆諸緯與周髀皆云日行一度月行十三度十九分度之七爲每月二十九日過半日之于法分爲日九百四十分日之四百九十九即月有二十九日半强爲十二月六大之外有月分三百四十八是除小月無六日又大歲三百六十六日小歲三百五十五日則一歲所餘無十二日全之十三日者當以大率據蹔而計之其實一歲所餘止十一日弱也以爲十九年七閏十九年二十一月則三百九日其七月四九二分猶三百七日尣無四大乎爲每年十一日弱分明矣所以弱者以四分日之一于九百四十分則二分爲二

百三十五分少於小月餘分三百四十八以二百三十五減三百四十八不盡一百一十三是四分日之一餘矣皆以五日爲率其小月雖無歲日殘分所減猶餘一百一十三則實餘尚無六日就六日抽一月爲九百四十分減其一百一十三分不盡八百二十七分以不抽者五日并二百六十日外之五日爲一百其餘九百四十分日之八百三十七爲每歲之實餘今十九年二十日得整日一百九十又以十九乘八百二十七分得一萬五千一百一十三以日法九百四十除之得十六日以并一百九十日爲二百六十日不盡六百七十三分爲日餘今爲閏月得七每月二十九日七日爲二百三日又每四百九十九分以七乘之得三千四百九十三以日法九百四十分除之得三日以二百三日亦爲二百六日不盡亦六百七十三爲日餘亦相當矣所以無閏時不定歲不成若以無閏三年差一月則以正月爲二月每月皆差九年差三月卽以春爲夏若十七年差六月卽四時相反時何由定歲何由成乎

稗編

置閏

一年二年三年第一閏當在此年八月置或進在七月或退在九月者間亦有之四年五年六年第二閏當在此年五月置或進在四月或退在六月者亦有之七年八年九年第三閏當在此年二月置或進在正月或退在三月者間亦有之已上三閏皆是三年一閏十年十一年第四閏當在此年十月置或進在九月或退在十一月者間亦有之此是五年再閏十二年十三年十四年第五閏當在此年六月置或進在五月或退在七月者間亦有之十五年十六年十七年第六閏當在此年三月置或進在二月或退在四月者間亦有之已上二閏皆是三年一閏十八年十九年第七閏當於此年十二月置或進在十一月或退在明年正月者有之此是五年再閏右十九歲七閏之次大約如此

太初閏餘

周天三百六十五度四分度之一日一歲而周天月一月而周天以算法推之則一月之日止得二十九日半強是日之行也一月止行二十九度半強總一年計之止行三百五十五度有奇尚餘十一度有奇也算法曰一月之日二十九日又曰八十一分日之四十三者分一日爲八十一分也日雖西下未全黑日雖東升已先明故夜得三十八分是爲半日強也日一月而行二十九度半強則十二月計三百五十五度餘也每月餘半日弱則十二月餘六日弱卽月有六大六小之分也一年而餘六日弱爲閏餘又六旬之外有五日又四分日之一是又得五日強也六日弱與五日強一年共餘十一日有奇也五年共餘六十日爲兩閏月月有一小一大又餘一日強而附合爲一章七閏之數也　月之行也一月而周天以算法推之則二十七日強而月已周天總一年計之三百二十四日以上已周天三百六十五度有奇其餘三十日之度猶未計也算法曰月一日行一十三度十九分度之七夫一日而行一十三度有奇則二十七日強已得三百五十五度也一月計二十九度半強而月行止二十七日有奇則尚餘二日半強也一月而餘二日半強則十二月共餘三十日有奇也一日爲一度一度凡計幾分則三十度之積分可知矣三年一閏五年再閏以日之餘合月之餘而成之也曆法曰以小餘加大餘則知月之小大意其然也

大餘小餘

太史公曆書曰大餘日也小餘月也攷之曆書與諸史曆志大餘未有盈六十之數則知其爲甲子之日也日不盈甲子之數則爲大餘也故大餘日也書志凡曰小餘少則七八多則數百或有至於千餘者何也太史公所謂小餘者月豈以積年所餘之月而計之耶豈以一年之中月周天所餘之度積分而計之耶凡一年之中必曰大餘五十小餘六百又曰大餘十三小餘二十凡此等類所以重言之者又何意也豈未合朔未置閏則所餘計若干多已合朔已置閏則所餘計若干少耶按東漢志宗訢議曰百七十歲小餘六十三自然之數也夫一章計十九年九章計百七十年也一章凡七閏九章則六十三閏百七十年之中有六十三閏月此正與太史公小餘者月之說同又按班固志張壽王言太初曆虧四分月之三去小餘一百五分以故陰陽不調又按劉焯算術曰凡日不全爲餘一行大衍算法曰凡分爲小餘則知小餘謂之餘分亦可也大抵諸曆法大餘皆以一甲子之日計之其小餘或爲月或爲分皆以一月之中所餘之日之分積算之耳又元法紀法日紀所主之數不同故小餘說亦不同也其太史公重言大餘小餘之數者此乃太初曆法而他曆皆不然故不容旁

引曲說也

氣朔分齊

十有九歲七閏則氣朔分齊是爲一章按十九全數共計六千九百三十九日九百四十分日之七百單五於內除六千七百三十三日九百四十分日之三十二還十九年省數外其餘恰有二百六日九百四十分日之六百七十三當有十九年所閏之數無欠無餘蓋每年月與日十二會通得三百五十四日九百四十分日之三百四十八合十九年計之共是六千七百三十三日九百四十分日之三十二此卽十九之省數也每年當閏十日九百四十分日之八百二十七十九年當得全日一百九十餘分之積又一萬五千七百一十三如日法九百四十而一得一十有六不盡六百七十三通計得日二百單六九百四十分日之六百七十三

注 二百六日零六百七十三恰好是七箇二十九日零四百九十九分成七箇閏

此卽十九年所閏之數也合此二數滿得十九年之全數卽氣朔之分齊矣

又按一歲十二月則十九歲凡當有二百二十八箇月今十九歲之間月乃與日二百三十五會多此七會非閏而何但若以氣論之則一月二氣一年二十四氣十九年當有四百五十六氣十九年雖則有二百三十五會其實只有四百五十六氣恰好十九箇二十四氣則分齊之實又可見矣

閏月部總論

春秋四傳

文公六年閏月不告月猶朝于廟

春秋六年閏月不告月猶朝于廟

左傳閏月不告朔非禮也閏以正時時以作事事以厚生生民之道于是乎在矣不告閏朔棄時政也何以爲民

公羊傳不告月者何不告朔也曷爲不告朔天無是月也閏月矣何以謂之天無是月是月非常月也猶者何通可以已也

穀梁傳不告月者何也不告朔也不告朔則何爲不言朔也閏月者附月之餘日也積分而成于月者也天子不以告朔而喪事不數也猶之爲言可以已也

胡傳不告月者不告朔也不告朔則曷爲不言朔也因月之虧盈而置閏是主乎月而有閏也故不言朔而言月占天時則以星授民事則以節候寒暑之至則以氣百官修其政于朝庶民服其事于野則主乎是焉耳矣閏不可廢乎曰迎日推策則有其數轉璣觀衡則有其象歸奇于扐以象閏數也斗指兩辰之間象也象數者天理也非人所能爲也故以定時成歲者唐典也以詔王居門終月者周制也班告朔於邦國不以是爲附月之餘而弗之數也猶朝于廟者幸其不已之詞

大全汪氏曰周天三百六十五度四分度之一日一日一周在天爲不及一度積三百六十五日四分日之一而與天會爲一歲月一日不及天十三度十九分度之七積三百五十四日九百四十分日之三百四十八而與日會者十二爲一年大率三百六十日爲常數一歲多五日九百四十分日之二百三十五分爲二十四氣是爲氣盈而晝夜長短節氣寒暑於是定焉一年少五日九百四十分日之五百九十二分爲十二月是爲朔虛而晦朔弦望於是定焉積歲之有餘就年之不足而後有閏三年一閏尚餘三日有奇五年再閏則少五日有奇積十九年閏在十二月則氣朔分齊大率三十二月則有閏閏前之月中氣在晦閏後之月中氣在朔若曆不置閏則弦望晦朔皆非其正晝夜平分不在春秋之中而寒暑反易矣故書云以閏月定四時成歲周禮注中數曰歲朔數曰年中朔大小不齊正之以閏乃天地自然之理曆家因其自然而立積分之數以合之耳公羊謂閏月天無是月穀梁謂附月之餘日皆非是夫二十九日九百四十分日之四百九十九而晦朔交則爲一月月非有閏之名特以日月行天疾徐之不同而歲年盈縮之有異故謂之閏天與日月之行自然有閏豈可謂天無是月哉月非有餘也又豈可附月之餘哉月之有閏則由乎天而月之名閏乃由於人故於文王在門爲閏禮稱天子閏月則聽朔於明堂闔門左扉立於其中王之謹乎閏月者如此而諸侯安可不告月哉考之經傳凡言閏月多在歲終蓋是時曆法謬矣每置閏於歲終故左傳以閏三月爲非禮則無中者不謂之閏而名曰閏者非閏月矣秦之後九月實倣於此是宜當時之卿大夫以天無是月指爲曆家所置而導其君廢告

朔之禮也說經者且曰天子不告朔尚何責昏庸之魯文也哉春秋書猶朝廟卽聖人愛禮存羊之意謂朔雖不告而朝廟不廢則告朔之禮猶有存者公穀皆曰猶者可以已也杜預亦云可止之辭大失春秋之意蓋聖人傷魯文之怠慢政事故特書不告月猶朝于廟若曰不如此而尚幸其如此將已而不遂已是知其不可已而自不能已也與猶三望猶繹之義不同

山堂考索

大衍歸奇以象閏說

大衍之數五十說曰天一地二合而爲五位每位各衍爲十故曰大衍　其用四十有九說曰虛其一以象太極　分而爲二以象兩說曰兩者天地也　掛一以象三說曰掛者以蓍歸小指間三者人也人與天地爲三　揲之以四以象四時說曰揲者數也四時春夏秋冬也　歸奇于扐以象閏五歲再閏故再扐而後掛說曰奇者四揲之餘也或一或二或四扐指間也先揲左以其奇歸於中指無名指之間一扐也次揲右以其奇歸于中指食指間再扐也五歲再閏者一變之中自有五節掛爲一節揲左爲二節歸左之奇于扐爲三節揲右爲四節歸右之奇于扐爲五節三節一歸奇象三歲一閏五節再歸奇象五歲再閏後掛者再掛之後復以所餘之蓍合而爲一焉第二變再分再掛再揲也不言分二不言揲四而獨言掛一者明第二變不可不掛也　王弼曰演天地之數所賴者五十也其用四十有九則其一不用也不用而用之之道非數而數以之成則易之太極也四十有九數之極也夫無不可以無明必因于有故常於有物之極而必明其所由之宗也奇說于四揲之餘不足復揲也分而爲二旣揲之餘合掛于一故曰再扐而後掛凡閏者十九年七閏爲一章五歲再閏者二故略舉其凡也　易曰大衍之數五十其用四十有九歸奇于扐以象閏五歲再閏故再扐而後掛前志曰元始有象一也春秋二也三統三也四時四也合而爲十成五體以五成十大衍之數也而道據其一其餘四十九所當用也故著以爲數曰象兩之又以象三三之又以象四四之又歸奇象閏十九（歲有餘分滿十九前爲閏也）及所據一加之因以再扐兩之是爲月法之實如日法得一則一月之日數也而三辰之會交矣至五位乘會數而朔旦冬至是爲章月四分月法爲周至是乘月法以其一乘章月是爲中法參分閏法爲周至官乘月法減中法而約之則六扐之數爲一月之閏其餘七分此中朔相求之法也

積餘分置閏說

按堯典朞三百有六旬有六日以閏月定四時成歲蓋以周天之度推之此特人事參攷上天故以二十八宿分其度及星辰次舍循環一位乃知上天之度有三百六十五度外只四分度之一只此四分度之一有差乃一歲剋出六日爲剩又一歲抽出六月小故得六日湊剋出六日遂一歲合得十二日積三年已得三十六日卽置一閏又積至二年後得二十四日湊前閏所剩六日又得三十日足於是再閏所謂三年一閏五歲再閏職此之由也閏旣成則春夏秋冬四時從而定矣故曰閏以定四時成歲

閏月斗指兩辰間說

閏月斗指兩辰間古今之所常驗大槩以閏月無中氣亦非常月所可比而斗之居中央臨四方分陰陽建四時均五行移節度定諸紀在遷固等史必云皆繫於斗者的以斗之所指未嘗有差故也是以月令取昏旦之中星以王弼文必以月建之辰爲取信者不無謂也

詔王居門說

禮記外傳云明堂古天子布政之宮在國南十里之內七里之外南方陽明之地故謂之明堂太廟青陽三者之制同也（卽周制）唐虞時爲五府（府聚也合五帝之神而祭之）夏謂太廟爲世室（言世世不毀）商人謂路寢爲重屋周人謂五府爲明堂爲其形制同故在舉其名夏氏一堂之上爲五室木室在東北火室在東南金室在西南水室在西北土室在中南陛三階三面九一五室者象天地裁五行生於四時故每室有四達四窻相對一室有八窻象八節（夾室之窻）周人上有圓屋（卽太廟之宣室）以月令言之則十二室依十二辰以應其月之令四隅有八室各以左右个言之（个者隅也各有室不相通也今之東西廂亦以个名）中央正面各當四仲之月（正子正卯正午正酉也）通謂之廟東則青陽太廟西則總章太廟南則明堂太廟北則元堂太廟四面各五門此閏月詔王居門卽玉藻云每月就其時之堂而聽朔焉若閏月則闔門左扉而聽朔於明堂門中還處路寢門終月是也周官太史注亦謂門路寢門也鄭司農云月令分十二月在青陽明堂總章元堂左右之位惟閏月無所居居於門故於文王在門爲閏外傳又云天子五門自外入內第

一曰皐門其二庫門其中雉門其四應門極內則路門又云路門卽路寢之門然閏月必取寢門爲言者蓋閏月聽朔則亦明堂門中還處則路寢終月故也

周禮圖云閏非四時之正而四時不得則不正太史必於閏月詔王居門蓋歲月日時固有常矣而置閏則無常無常者變也有常者待是而後成王於是乎居門以門者一闔一闢而無常利用出入有常者待是而後成也蓋有常以爲利無常以爲用者天道之自然王之所爲凡所以承天而已法於四時春則青陽夏則明堂秋則總章冬則元堂其居固有常矣而閏月居門凡以明此而已

齊東野語

漢改秦曆始置閏

余嘗攷春秋置閏之異於前矣後閱程氏考古編謂漢初不獨襲秦正朔亦因秦曆以十月爲歲首不置閏當閏之歲率歸餘於終爲後九月漢紀表及史記自高帝至文帝其書後九月皆同是未嘗推時定閏也至太初九年改用夏正以建寅爲歲首然猶歷十四載至征和二年始於四月後書閏月豈史失書耶抑自此始置閏也余因其說深疑之精思其失頗得其說焉蓋閏月之不書者亦偶以其時無可書之事耳正如春秋經桓公四年七年其所紀事至夏而止以是年秋冬無可紀之事也定公十四年至秋而止亦以是年冬無可紀之事也魯史紀事之法大率如此其於閏月亦然觀文公六年經書閏月不告月春秋書閏方見於此復以杜預長曆攷之自隱至哀凡更三十餘閏至此方書豈曰前乎此者皆史失書抑豈曰自此始有閏耶今漢紀事正效春秋如太初元年三年天漢元年三年皆止于秋太始元年則止于夏皆以其後無事可紀故不書耳然則閏月不書亦若是乎蓋三歲一閏五歲再閏古曆法也若謂自此始置閏則今自此後三歲五歲累累書之然自征和二年至後元元年當置閏而不書自後元二年至昭帝始元元年乃因事而後書其後當閏歲又皆不書是知不書者偶無事耳然則非史失書亦非自此置閏也雖然此非予臆說也復證以史記曆書自太初更曆以至征和也如太初二年天漢元年四年太始二年皆有閏則知余言似可信云

長曆紀閏疏數

以杜征南長曆考春秋之月日雖甚精密而其置閏之法竊有疑焉如隱公二年閏十二月五年七年亦皆閏十二月然猶是三歲一閏五歲再閏如莊公二十年置閏其後則二十四年以至二十八年皆以四歲一閏無乃失之疏乎僖公十二年閏至十七年方閏二十五年閏至三十年方閏率以五歲一閏何其愈疏乎如定公八年置閏其後則十年以至十二年十四年皆以二年一閏無乃失之數乎閔之二年辛酉既閏矣僖之元年壬戌又閏僖之七年八年哀之十四年十五年皆以連歲置閏何其愈數乎至于襄之二十七年一歲之間頓置兩閏蓋曰十一月辰在申司曆過也于是旣覺其謬故前閏建酉後閏建戌以應天正然前乎此者二十一年旣有閏二十四年二十六年又有閏歷年凡六置閏者三何緣至此失閏已再而頓置兩閏乎近則十餘月遠或二十餘年其疏數殆不可曉併著于此以卯識者

欽定古今圖書集成曆象彙編歲功典
第九十七卷目錄

閏月部藝文一
閏賦　唐張季友
先王正時令賦　陳昌言
閏月部藝文二 詩詞
閏月折楊柳歌　晉闕名
奉和聖製閏九月九日登莊嚴總持二寺閣　唐宋之問
閏九月九日幸總持寺登浮圖應制　李嶠
閏九月九日幸總持寺登浮圖應制　劉憲
閏九月九日幸總持寺登浮圖應制　李乂
閏月七日織女詩　王灣
閏春宴花溪嚴侍郎莊　戎昱
閏月定四時　羅讓
閏月定四時　許稷
閏月樂詞　李賀
閏九月九日獨飲　白居易
壬申閏秋題贈烏鵲　李商隱
閏三月　劉威
閏春　方干
閏八月　黃滔
閏月定四時　杜周士
閏月定四時　樂伸
閏月定四時　徐至
閏十二月望日立春禁中作　宋宋郊
閏正月十一日呂殿丞寄新茶　曾鞏
閏十二月自城東泛舟還居城西安福寺舟中微雪　王庭珪
丙戌閏七月九日登姑蘇臺避暑　范成大
閏二月二十日遊西湖　陸游
閏六月立秋後暮熱追涼郡圃　楊萬里
閏九　嚴粲
閏月　元吳景奎
閏十一月朔日山路見梅 以上詩　郭鈺
鷓鴣天 閏中秋　宋向子諲
玉樓春 中秋閏月　侯寘
喜遷鶯 閏元宵　吳禮之
鷓鴣天 閏中秋　吳文英
聲聲慢 閏重九飲郭園　前人
風入松 閏元宵　張炎
天淨沙 閏月　元孟昉
閏月部選句
閏月部紀事
閏月部雜錄

歲功典第九十七卷

閏月部藝文一

閏賦　唐張季友

閏之所起自曆而推得餘日於終歲爰稽候於正時其始也日之行而疾月之行而遲躔次周流運將窮矣毫釐奸度失是遠而不歸餘何以定一歲之曆不小正何以序四時之紀於是太史授事義和敬理以日繫月積三年而成原始要終豈周月而已天時由之而式敘國令於焉而合軌春生夏長不失其常東作西成孰知所以雪應冬而絮落雲識夏而峯起秋之夕湛露為霜春之朝堅冰為水豈不以律之克中閏之匪虛以風以雨分各得其序曰寒曰燠分無悖於初國家握乾符正律書契洛下之言算定乎一日之設考容成之律閏生乎卒歲之餘故得氣正於今律移於昔履端於始節乃差而匪差歸餘於終日雖積而不積昊天之曆象咸若重黎之職司有辟候月盈缺豈資蓂莢而知推日短長不假土圭而測且夫夏有伏冬有臘匪閏則其氣不順月有縮日有盈匪閏則其氣不成故有慢時廢朔則曰不常無藝闕靡聽政則曰假時來歲歷前古之所重綿後王之取制矧可昭翼翼扇巍巍百王之理是倚庶績之廣焉依不赫哉我后之正時定曆堯典而同歸

先王正時令賦 以四時漸差置閏以正為韻　陳昌言

天序運氣王統時紀欽若是授人之初履端為步曆之始欲正時而罔忒非置閏其何以伊昔陶唐五帝之世申明推策之術表錫落蓂之異義和之職既分曆象之文始備於其寅亮帝圖式昭天事其則伊邇

其猷孔嘉日月運行故有遲速之異晦朔術軌因爲大小之差立分至則寒暑不忒積餘日而盈縮匪賒且正者王之不訓時者天之大信正得其序則面離而御乾時失其經則夏雹而冬震人疢於疫年不爲順故時不得不正歲不得不閏也昔周禮在魯曆法可推官或尸位順則迷時良史爲之追正議士爲之興辭俾夫司曆法者罔或二事建皇極者於焉愼思則序不愆而事不悖沴可伏而祥可期我唐百王居盛九葉伊聖昧爽無忘乎順序動息必繇乎時令茲歲也當仲秋而歸餘居位也闔左扉以舒政化災爲祥轉憂作慶南山之壽閏月而潛弘北戶之吡重譯而歸正於時金風半肅雕雲乍斂野樹丹舒遙峰翠點燕濵海以馳歸鴻剛漠而方漸止時之文存乎往志合之則玉燭不調得之則銅儀安爻可以使四夷稟朔之君萬代守文之士知我正往曆奉天時而置也

閏月部藝文二 詩詞

閏月折楊柳歌　晉闕名

成閏暑與寒春秋補小月念子無時閑折楊柳陰陽推我去那得有定主

奉和聖製閏九月九日登莊嚴總持二寺閣　唐宋之問

閏月再重陽仙輿歷寶坊帝歌雲稍白御酒菊猶黃風鐸喧行漏天花拂舞行豫游多景福梵宇日生光

閏九月九日幸總持寺登浮圖應制　李嶠

閏節開重九眞遊下大千花寒仍薦菊座晚更披蓮刹鳳迴雕甍幡虹間綵旃還將西梵曲助入南薰絃

閏九月九日幸總持寺登浮圖應制　劉憲

重陽登閏序上界叶時巡駐輦天花落開筵妓樂陳城端刹柱見雲表露盤新臨睨光輝滿飛文動脣神

閏九月九日幸總持寺登浮圖應制　李乂

清蹕幸禪樓前驅歷御溝還疑九日豫更想六年遊聖藻輝纓絡仙花綴冕旒所欣延億載寧祇慶重秋

閏月七日織女詩　王灣

耿耿曙河微神仙此會稀今年七月閏應得兩回歸

閏春宴花溪嚴侍郎莊　戎昱

一閏清聲色云是子陵家山帶新晴雨溪留閏月花瓶開巾漉酒地坼筍抽芽綵縟承顏面朝朝賦白華

閏月定四時　羅讓

月閏隨寒暑疇人定職司餘分將考日積算自成時律候行宜表陰陽運不欺氣薰灰琯驗數扐卦辭推六律文明序三年理暗移當知歲功立唯是奉無私

閏月定四時　許稷

玉律窮三紀推爲積閏期月餘因妙算歲遍自成時乍覺年華改翻憐物候遲六旬知不惑四氣本無欺月桂虧還正階蓂落復滋從斯分曆象共仰定毫釐

閏月樂詞　李賀

帝重光年重時七十二候迴環推天宮玉琯灰剩飛今歲何長來歲遲王母移桃獻天子羲氏和氏迂龍轡

閏九月九日獨飲　白居易

黃花叢畔綠尊前猶有些些舊管絃偶遇閏秋重九日東籬獨酌一陶然自從九月持齋戒不醉重陽十五年

壬申閏秋題贈烏鵲　李商隱

繞樹無枝月正高鄴城新淚濺雲袍幾年始得逢秋閏兩度塡河莫告勞

閏三月　劉威

三年皆一閏此閏勝常時莫怪花開晚都緣春盡遲律分炎氣近律應蕙風移夢得成蝴蝶芳菲幸不遺

閏春　方干

羃羃復蒼蒼微和傍早陽前春寒已盡得閏日猶長柳變雖因雨花遲豈爲霜自茲延聖曆誰不駐年光

閏八月　黃滔

無人不愛今年閏月看中秋兩度圓唯恐雨師風伯意至時還奪上樓天

閏月定四時　杜周士

得閏因貞歲吾君敬授時體元承夏道推曆法堯咨在取歸餘改非如再失欺葭灰初變律斗柄正當離寒暑功前定春秋氣可推更憐幽谷羽鳴躍尚須期

閏月定四時　樂仲

聖代承堯曆恆將閏正時六旬餘可借四序應如期分至寧愆素盈虛信不欺斗杓重指甲灰琯再推離羲氏兼和氏行之又則之願言符大化永永作元龜

閏月定四時　徐至

積數歸成閏羲和職有司分銖標斗建盈縮正人時

節候潛相應星辰自合期寸陰寧越度長曆信無欺
定向銅壺辨還從玉律推高明終不謬委鑑本無私
閏十二月望日立春禁中作　宋宋郊
閏曆先春破臘寒綵花金勝寵千官冰從太液池邊
動柳向靈和殿裏看瑞氣因風生禁仗暖暉依日上
仙盤須知聖運隨生殖萬國年年共此歡
閏正月十一日呂殿丞寄新茶　曾鞏
偏得朝陽借力催千金一銙過溪來曾坑貢後春猶
早海上先嘗第一杯
閏十二月自城東汎舟還居城西安福寺舟中
微雪　王庭珪
朔風吹雪江上來急槳迎風蕩不開渡口雲藏伏波
廟山腰霧失楚妃臺移居自作汎舟樂抱甕還如載
酒回歲晚浮家寄何處兩溪春水綠如醅
丙戌閏七月九日登姑蘇臺避暑　范成大
始賀火流西還嗟斗斜閏餘暑猶強顏新凉頗難進
燥剛渴欲坼焦卷禿如燼炎官扶日轂輝赫不停運
登臨有高臺勇往得三俊仍將王郎子飛步凌劫仞
風從噫氣來雲作壞山陣鄉如垂頭魚忽已蟄蟲振
空明晚愈清更要孤月印書生乃易與俛仰更喜慍
憑闌天為高舉酒山欲近奇書鐵鉤鎖麗句錦窠暈
茲遊我輩獨難挽輭紅軔君看籠中烏寧識咸池韻
閏二月二十日遊西湖　陸游
西湖二月遊人稠鮮車快馬巷無留梨園樂工教坊
優絲竹悲激雜清謳追逐上下暮始休外雖狂酲樂
則不豈如吾曹淡相求酒肴取具非預謀青梅苦筍
助歡酬意象簡樸足鎮浮尚慚一官自拘囚未免匹
馬從兩騶南山老翁亦出遊百錢自掛竹杖頭
閏六月立秋後暮熱追凉郡圃　楊萬里
夏欲盡頭秋欲初小凉未苦爽肌膚夕陽幸自西山
外一抹斜紅不肯無
閏九　嚴粲
前月登高去猶嫌菊未黃秋風不相負特地再重陽
閏月　元吳景奎
若華煌煌縈日馭氣朔盈虛積餘數低鬟斂黛拜嫦
娥孤負團圓十三度生物趨功得歲長山中獨厄黃
楊樹
閏十一月朔日山路見梅　郭鈺
蓓蕾微傳春信眞幾回夢想玉精神不知月落參橫
處猶有孤眠惆悵人
鷓鴣天閏中秋　宋向子諲
明月光中與客期一年秋半兩圓時姮娥得意為長
計織女歡盟可恨遲　瞻玉兔倒瓊彝追懷往事記
新詞浩歌且入滄浪去醉裏歸來冷不知
玉樓春閏月中秋　侯寘
今秋仲月逢餘閏月姊重來風露靜未勞玉斧整蟾
宮又見冰輪浮桂影　尋常經歲睽佳景閱月那知
還賞詠庾樓江闊碧天高遙想飛觴淸夜永
喜遷鶯閏元宵　吳禮之
銀蟾光彩喜稔歲閏正元宵還再樂事難并佳時罕
遇依舊試燈何礙花市又移星漢蓮炬重芳人海盡
勾引徧嬉遊寶馬香車喧隘　晴快天意教人月更
圓償足風流債媚柳烟濃夭桃紅小景物迥然堪愛
巷陌笑聲不斷襟袖餘香仍在待歸也便相期明日
踏青挑菜
鷓鴣天閏中秋　吳文英
丹桂花開第二番東籬展却宴期寬人間寶鏡離仍
合海上仙槎去復還　分不盡半凉天可憐閒剩此
嬋娟素娥未隔三秋夢贏得今宵又倚闌
聲聲慢閏重九飲郭園　前人
檀欒金碧婀娜蓬萊游雲不蘸芳洲露柳霜蓮十分
點綴殘秋新鴈書肩未穩似含羞低度牆頭愁送遠
駐西臺車馬共惜臨流　知道池亭多宴掩庭花長
是驚落秦謳膩粉闌干猶聞凭袖香留輪他翠漣拍
甃瞰新妝終日凝眸簾半捲帶黃花人在小樓
風入松閏九　張炎
向人圓月轉分明簫鼓又逢迎風吹不老蛾兒鬧繞
玉梅猶戀香心報道依然放夜何妨款曲行春　錦
燈重見麗繁星水影動梨雲今朝準擬花前醉奈今
宵別是光陰簾底聽人笑語莫教遲了梅青
天淨沙閏月　元孟昉
七十二候環催葭灰玉琯重飛莫道光陰似水羲和
迁轡金鞭懶著龍媒

閏月部選句

唐元稹詩辨時長有素數閏或餘青又歲閏覺春長又斗柄未回猶帶閏江痕潛上已生春

白居易詩夏閏秋候早七月風騷騷又自中風來三歷閏從懸車後幾逢春

李商隱詩入門暗數一千春願去閏年留月小

陸龜蒙詩月方行到閏霜始近來濃

驗坦之詩春兼三月閏人擬半年遊

宋司馬光詩爾來凡六閏轉轂飛炎凉

蘇軾詩園中草木春無數只有黃楊厄閏年

范成大詩幽懷青松獨直道黃楊閏

明高啓詩天邊暝爲秋陰早江上寒因歲閏遲又今年不是逢餘閏已過春光半月程

李夢陽詩春色閏冬後元宵驚蟄邊

閏月部紀事

禮記玉藻閏月則闔門左扉立于其中陳注鄭氏曰天子廟及路寢皆如明堂制明堂在國之陽每月就其時之堂而聽朔焉卒事反宿路寢閏月非常月也聽其朔於明堂門中還處路寢門終月

周禮春官大史閏月詔王居門終月訂義胡伸曰周天三百六十五度四分度之一日行天度之一故歲則周天月小餘之一故復減六積三歲未周之度與所減之日乃置閏鄭鍔曰治曆明時非置閏則四時無自而能定閏雖可以定四時然斗指兩辰之間天無是月也大史則詔王居門何邪以月令攷之王者之位春則青陽之左右个夏則明堂之左右个秋則總章之左右个冬則元室之左右个閏月非常月也大史詔王居路寢之門其意以爲門者往來不窮之地閏乃天道所由以變通也王者終月聽政于此示變通之意也李嘉會曰十二月天子各有所居者月令之說月令呂不韋集諸儒而作三代無明文今曰詔者得非閏月不常大史詔王居門以應之以順上天裁成制度之義其餘則有常居不在所詔矣王氏詳說曰明堂位曰大廟天子明堂其說出此故黃氏亦云明堂有四門路寢亦有四門閏月居門者聽朔於明堂中還處路寢門中終月以閏非常月故無常居之處案玉藻曰閏月則闔門左扉立於其中言立云者是謂聽閏月之朔於明堂門中此云居門終月言居云者是謂聽朔而退居於路寢門中若夫非閏之月則聽朔於路門之外而寢於燕寢矣楊謹仲曰孟子曰明堂者王者之堂也是天子聽政之堂故有四門八窗七十二牖取其明也非獨以祀上帝而已今鄭以此居門爲路寢之門疏復以爲明堂路寢宗廟皆有五室十二堂四門而曰十二月聽朔於十二堂以爲聽朔疑其爲宗廟此既言居門終月非特聽朔可知況天子班朔於諸侯藏之祖廟至朔告廟而受行之此諸侯事也今以天子居十二堂爲聽朔可乎又曰若在明堂告事之時立行祭禮無居坐之處以爲明堂無居坐之處疑其爲路寢此既言居中門與月令居青陽大廟居青陽左右个通閏月不居大廟及左右个乃明中門則居明堂矣惟於宗祀明堂無居坐之處若平時聽政焉得無居坐之義

史記秦始皇本紀宣公居陽宮初志閏月

呂后本紀代王後九月晦日己酉至長安舍代邸注文穎曰卽閏九月也時律曆廢不知閏謂之後九月也以十月爲歲首至九月則歲終後九月則閏月

漢書昭帝本紀始元元年九月閏月遣故廷尉王平等五人持節行郡國舉賢良問民所疾苦冤失職者

漢舊儀原廟一歲十二祠有閏加一祠皆用太牢

後漢書明帝本紀永平十年夏四月閏月甲午南巡狩幸南陽祠章陵

安帝本紀永初二年七月閏月癸未蜀郡徼外羌舉土內屬

順帝本紀陽嘉元年十二月閏月丁亥令諸以詔除爲郎年四十以上課試如孝廉科者得參廉選歲舉一人

晉書武帝本紀太康三年閏四月癸丑白龍二見於濟南

宋書符瑞志元嘉二十二年閏五月丙午白雀見華林園員外散騎侍郎長沙王瑾獲以獻

孝武帝孝建三年閏二月乙丑白兔見平原獲以獻

大明五年閏九月木連理生邊城豫州刺史垣護之以聞

明帝本紀泰始三年閏正月庚午大雨雪遣使巡行賑賜

南史齊文惠太子傳穆妃薨其年九月有閏小祥疑應計閏王儉議以爲三百六旬尚書明義文公納幣

春秋致義故先儒期喪歲數沒閏大功以下月數數閏所以吳商云含閏以正期允協情理沒閏之理固在苦先

梁武帝本紀天監十二年春正月辛巳新作太極殿改爲十三間以從閏數

玉海梁武帝命陶弘景造神劍十三以象閏月

陳書宣帝本紀太建七年閏九月甘露頻降樂遊園苑丁未輿駕幸樂遊苑採甘露宴羣臣詔於苑龍舟山立甘露亭

魏書世宗本紀世宗宣武皇帝諱恪高祖孝文皇帝第二子母曰高夫人初夢爲日所逐避於牀下日化爲龍繞己數匝寤而驚悸既而有娠太和七年閏四月生帝於平城宮

高祖本紀太和十有二年九月閏月甲子帝觀築圜丘於南郊

靈徵志太和十五年閏月濟州獻三足烏

世宗本紀延昌二年閏二月辛丑以苑牧之地賜代遷民無田者

隋書文帝本紀開皇九年夏四月閏月丁丑頒木魚符於總管刺史雌一雄一

通鑑武德二年閏二月甲辰上考第羣臣以李綱孫伏伽爲第一因置酒高會謂裴寂等曰李綱差進盡忠款孫伏伽可謂誠直朕視卿如愛子卿當視朕如慈父因命捨君臣之敬極歡而能

唐會要武德七年閏四月十三日長安古城鹽渠水中生鹽色紅白而味甘狀如方印

通鑑貞觀元年三月閏月壬申上謂太子少師蕭瑀曰朕少好弓矢得良弓十數自謂無以加近以示弓工乃曰皆非良材朕問其故工曰木心不直則脈理皆邪弓雖勁而發矢不直朕始悟辨者辨之未精也朕以弓矢定四方識之猶未能盡況天下之務其能徧知乎乃令京官五品以上更宿中書內省數延見問以民間疾苦政事得失

實錄貞觀六年閏八月乙卯宴近臣於丹霄殿樓賜錢帛

通鑑貞觀六年秋八月閏月戊辰祕書少監虞世南上聖德論上賜手詔稱卿論太高朕何敢擬上古但比近世差勝耳然卿適覩其始未知其終若朕能慎終如始則此論可傳如或不然恐徒使後世笑卿也

冊府元龜貞觀六年閏八月己巳至慶善宮宴三品以上於渭濱賦五言詩

唐會要貞觀二十年閏三月四日詔官令修纂所更撰晉書銓次舊聞裁成義類如修五代史故事於是司空房元齡中書令褚遂良太子左庶子許敬宗掌其事以臧榮緒晉書爲本爲十紀十志七十列傳三十載記其太宗所著宣武二帝及陸機王羲之四論稱制旨焉

唐書高宗本紀顯慶四年閏十月辛巳賜民八十以上氈衾粟帛

曆志永昌元年十一月改元載初用周正以十二月爲臘月建寅月爲一月神功二年司曆以臘爲閏而前歲之晦月見東方太后詔以正月爲閏十月是歲甲子南至改元聖曆

唐會要開元二年閏二月祀龍池

開元十二年閏十二月百官上表請封岳手詔不從於是侍中源乾曜中書令張說上言曰自古受命居大寶者必登崇高丘行封禪之禮高宗因文武之業盛岱亭之禮方策所記虞夏同風陛下即位十有四載創九廟禮二郊睦九族友兄弟天平地成人和歲稔可以拜於神明矣從之

通鑑開元二十九年上夢元元皇帝告云吾有像在京城西南百餘里汝遣人求之吾當與汝興慶宮相見上遣使求得之於盩厔樓觀山間夏閏四月迎置興慶宮

舊唐書元宗本紀天寶八載閏六月丁卯上御含元殿受冊大赦

春明退朝錄上元三年閏三月戊子敕制敕施行既爲永式比用白紙多有蟲蠧自今已後尚書省頒下諸司及州下縣宜并用黃紙

通鑑大曆十四年閏五月丙戌詔曰澤州刺史李鷃上慶雲圖朕以時和年豐爲嘉祥以進賢顯忠爲良瑞如卿雲靈芝珍禽奇獸怪草異木何益於人布告天下自今有此無得上獻先是諸國屢獻馴象凡四十有二上曰象費豢養而違物性將安用之命縱於荊山之陽又罷梨園使及樂工三百餘人所留者悉隸太常

唐書德宗本紀大曆十四年閏五月戊寅罷山南貢枇杷江南甘橘非供宗廟者癸未罷劍南貢生春酒丙戌罷獻祥瑞貢器以金銀飾者還之

舊唐書德宗本紀貞元十一年閏八月己丑國子司業裴澄表上乘輿月令十二卷

通鑑元和四年閏三月魏徵元孫稠貧甚以故第質錢於人平盧節度使李師道請以私財贖之上命白居易草詔居易奏言事關激勸宜出朝廷師道何人敢掠斯美望敕有司以官錢贖還後嗣上從之出內庫錢二千緡贖賜魏稠仍禁質賣

元和四年三月上以久旱欲降德音翰林學士李絳白居易上言以爲欲令實惠及人無如減其租稅又言宮人驅使之餘其數猶廣事宜省費物貴徇情又請禁諸道橫斂以充進奉又言嶺南黔中福建風俗多掠良人賣爲奴婢乞嚴禁止閏月己酉制降天下繫囚蠲稅租出宮人絕進奉禁掠賣皆如二人之請己未雨絳表賀

唐會要長慶二年閏十月甲寅詔江淮水旱以常平義倉出糶以惠貧民

舊唐書敬宗本紀太和二年閏三月丙戌朔內出水車樣令京兆府造水車散給鄭白渠百姓以溉水田

唐會要宣宗大中元年屯田奏應內外官請職田時月已準令式爲定然每遇閏月交替者即牒訴紛紜令式之中又不該說公田給用須用準程今後望請如交替者有閏即以十五日爲定式十五日已前上者入後人已後上者入前人從之

舊唐書僖宗本紀光啓元年閏三月鎭冀節度使王鎔獻耕牛千頭農具九千兵仗十萬

唐六典凡丁歲役二旬有閏之年加二日

唐會要西蕃諸國通唐使處悉置銅魚雌雄相合各十二隻皆銘其國名如貢使正月來齎第一魚餘月推此閏月則齎本月校其雌雄合乃依常禮待之差繆則推案聞奏

北夢瑣言僞蜀後主王衍以唐襲宅建上清宮於老君尊像殿中列唐朝十八帝眞乃備法駕謁之識者以爲拜唐乃歸命之先兆也先是司天監胡秀林進曆移閏在丙戌年正月有向隱者亦進曆用宣明法閏乙酉年十二月既有異同彼此紛訴仍於界上取唐國曆日近臣曰宜用唐國閏月也因更改閏十二月街衢賣曆者云只有一月也其年十二月二十八日國滅胡秀林是唐朝司天少監仕蜀別造永昌正象曆推步之妙天下一人然移閏之事不爽曆議常人不可輕知之

宋史樂志中書省言五聲六律十二管還相爲宮若以左旋取之如十月以應鐘爲宮則南呂爲商林鐘爲角仲呂爲閏微姑洗爲徵太簇爲羽黃鐘爲閏宮若以右旋七均之法如十月以應鐘爲宮則當用大呂爲商夾鐘爲角仲呂爲閏微蕤賓爲徵夷則爲羽無射爲閏宮明堂頒朔用左旋取之非是欲以本月律爲宮右旋取七均之法從之仍改正詔書行下自是而後樂律歲月右旋

閏月御明堂闔左扉樂以其月之律

玉海太平興國二年閏七月丁巳有司言八月一日入閤舊儀軍校等不入殿庭起居文武官至位蹈踏疾趨入沙墀再拜鞠躬不呼萬歲望如冬正朝賀例軍校陪位拜舞禮畢先退門外序立文武官舞蹈如中書門下班從之

太平興國二年閏七月二十八日有司上諸州所貢閏年圖故事三年令天下貢地圖與版籍皆上尚書省國初以閏爲限所以周知地理之險易戶口之衆寡淳化四年令諸州所上閏年圖至今再閏一造咸平四年職方員外郎祕閣校理吳淑言諸路所納閏年圖當在職方近者並納儀鸞司伏以山川險要皆王室祕奧國家急務周禮職方氏掌天下圖籍又詔上訓以夾王車漢祖入關中蕭何收秦圖籍由是周知天下險要請今閏所納圖並上職方又州郡地理犬牙相入向者獨畫一州地形何以傅合他郡請令諸路轉運使從今閏各畫本路諸州圖一面上之每十年各納本路圖一亦上職方所貴天下險要不窺牖而可知九州廣輪如指掌而斯在從之

太平興國五年閏三月丁卯賜新及第舉人宴於迎春苑

太平興國七年閏十二月庚戌詔諸道州府推擇一人練地土之宜明種植之法補爲農師令相視出畝沃瘠五穀所宜

雍熙二年閏九月己亥坊州獻一角獸左右皆曰麟也上謂宰相曰時和年豐兆民安泰此爲上瑞鳥獸草木夫何足云不必宣示中外

端拱元年閏五月丙申賜高年百二十人爵爲公士

淳化二年閏二月戊寅祕書監李至進新校御書三百八十卷上從容謂之曰人之嗜好不可不謹人君當澹然無欲勿使嗜好形見於外則奸佞無自入焉朕他無所欲但喜讀書多見古今成敗善者從之不善者改之至拜舞稱賀

咸平二年閏三月二日知揚州魏羽上唐李邕雩祀

五龍祈雨之法丁亥放諸路令長吏精潔行之
宋史五行志咸平二年閏二月宣池歙杭越睦衢婺
諸州箭竹生米如稻
景德四年閏五月四日中書門下言考試應制科陳
絳等文論陳絳夏竦史良三人詞理稍優可預名試
上謂輔臣曰比設此科欲求才識若但考文藝則積
學者方能中選苟有濟時之才安得而知朕以爲六
經之旨聖人用心固與子史異矣今策問宜有經義
參之時務王旦曰文風丕變由陛下道化因命兩制
各上策問而擇用之
大中祥符三年閏二月壬子翰林天文邢中和言正
旦至二月終日珥赤黃者十七青赤者九冠氣八承
氣六戴氣五日有黃色二五色雲見一背氣三占曰
國家有大慶之兆願進賢恤刑治兵經武其間背氣
宜謹邊防上嘉之
長編大中祥符三年閏二月甲寅冬官正韓顯符造
銅渾儀成并上所著經十卷其制則本唐李淳風及
一行之遺法云
玉海大中祥符三年閏二月龜茲貢馬玉鞍勒
大中祥符三年閏二月二十七日丁丑召輔臣至宣
聖殿朝拜太宗聖容帝作賞景觀花詩以賜從官即
席賦詩又御水心殿垂釣遂宴金華殿小苑花皆太
宗命中黃門所植滋茂異常輔臣所未至也
大中祥符五年閏十月丙子出玉宸殿新稻賜輔臣
上曰禁中種稻暇日臨觀刈穫見其勞力愈知耕農
可念也并以聖製七言詩示之丁丑作舒州瑞石符
應七言詩謁謝啓聖院太宗神御殿

山堂考索宋大中祥符五年閏十月以聖祖降誥詣
太廟行告謝之禮命置五使如郊禮
宋史五行志大中祥符八年閏六月眉山縣民楊文
繼邛州李義田禾並一莖九穗
玉海大中祥符八年閏六月庚寅作七言詩賜童子
蔡伯俙伯俙四歲誦詩百餘篇上名禁中命爲正字
天禧三年閏四月丁未醴泉出京師拱聖營上謂輔
臣曰營卒初睹龜建眞武祠今泉出其側有疾者飲
之多愈甲寅命王欽若建觀名祥源庚戌幸玉津園
觀刈麥
天聖七年夏竦執政請復制舉廣置科目以收遺才
上從之閏二月二十三日壬子上御延和殿謂宰臣
曰近夏竦奏自古得賢則治失賢則亂漢唐之間多
選賢良文學之士以條時政得失朕亦欲天下英豪
皆登於朝宜廣科目以收賢才於是置賢良方正直
言極諫科博通墳典明於教化才識兼茂明於體用
科詳明吏理可使從政科識洞韜略運籌決勝科軍
謀弘遠才任邊寄科應內外朝官不帶臺省館閣職
事不犯贓罪及私罪輕者許少卿監以上奏舉或於
逐處及閤門進策論十卷每卷五道下兩制看詳詞
理優長者召赴祕閣試論六首合格試制策一道又
置書判拔萃科應選人除流外人如實有才業者不
犯贓罪及私罪情理輕者並於逐處及南曹投狀乞
應先錄判詞三十首爲三卷於流內銓或附遞投納
本銓差官看詳詞理優長者名試判十道共限二千
字以上合格即就御試又置高蹈丘園沉淪草澤茂
才異等通爲十科並許白衣舉人非工商雜類本路

轉運司長吏奏舉或於本貫投狀乞應仍授策論十
卷五十道差官看詳委有文行可稱封送禮部選擇
名試
宋會要慶曆二年閏九月天章侍講王洙言國子監
每科詔下品官子弟試藝給牒充廣文太學律學三
館生或至千餘人即隨秋賦既而生徒散歸講官倚
席但爲遊士寄應之所殊無國子肄習之法國子監
詳定請聽學五百日方許取解釋奠陪位又國學惟
七品以上子孫試補八品以下至庶人子不與致容
僞妄宜倣唐制立四門學示國家育才之廣詔可
宋史律曆志皇祐圭表小寒測景長一丈二尺四寸
二年庚寅閏十一月十五日戊辰雲霧不測
樂志皇祐二年閏十一月中書門下集兩制太常官
置局於祕閣詳定大樂
五行志皇祐三年閏六月資州麥秀兩岐
天文志嘉祐四年正月朔日食日官楊維德等欲移
閏以避仁宗曰閏以正天時授民事不許
鄭樵金石略治平元年閏五月二日耀州所獻受命
寶玉簡赴都堂參驗命宰臣書玉簡以天授傳國受
命之寶爲文蓋漢魏間物也
玉海治平元年閏五月辛未詔御史臺閤門舊十日
具文武細書班簿以進自今大書爲冊月上之又詔
樞密院季一進者亦令爲冊
宋史河渠志熙寧二年閏十一月詔以府界道路積
水妨民輸納命都水監差官溝畎
玉海元祐元年閏二月十九日丁未詔曰漢家致孝
有朝夕供御之廷唐室承顏嚴歲時慶賀之禮逮於

列聖咸有舊章建太皇太后宮曰崇慶殿曰崇慶壽康皇太后宮曰隆佑殿曰隆佑慈徽
宋史河渠志紹聖四年閏二月楊琰乞依元豐例減放洛水入京西界太白龍坑及三十六陂充水匱以助汴河行運詔賈種民同琰相度合占頃畝及所用功力以聞
禮志政和六年正月七日御筆今歲閏餘候晚猶未春和晷短氣寒於宴集無舒緩之樂景靈宮朝獻移十四日東宮十五日西宮畢詣上清儲祥宮燒香十六日詣醴泉觀等處燒香上元節移於閏正月十四日爲始
河渠志政和六年閏正月知杭州李偃言湯村巖門白石等處並錢塘江通大海日受兩潮漸致侵嚙乞依六和寺岸用石砌壘乃命劉旣濟修治
玉海政和六年閏正月十二日大晟府言神宗命儒臣肇造玉磬藏之樂府久不施用宜略加磨礲俾與律令并造金鐘專用於明堂以薦在天之神從之
紹興五年閏二月二十三日丙寅殿中侍御史張絢言陛下復開經筵宜倣仁宗時讀三朝寶訓命侍讀之臣如李淑所請進讀帝命講筵錄進讀之又上曰朕昨日見毛剛中所進鑒古圖乃仁宗卽位之初采古人行事之迹繪而成圖便於省閱因以爲鑒
紹興十年閏六月丙子詔三衙管軍及觀察使已上舉智勇猛略才堪將帥者二人
紹興十三年閏四月禮官請玉輅並建旂常四輅各建所載之旂政和中玉輅以太常大旂建於左右而去闔戟今玉輅左建太常繡日月星辰右建龍旂繡交龍皆用青羅表裏文繡
紹興十五年閏十一月博士王之望請刋經義疏未有版者令臨安府雕造
紹興十八年閏八月二十三日改熟藥所爲太平惠民局
宋史高宗本紀紹興二十六年閏十月丙午罷廉州貢珠縱蜑丁自便
玉海紹興二十六年閏十月十八日詔克敵弓射遠徹札非弩可比降樣令建康都統王權軍製造以習射克敵弓斗力雄勁可洞犀象貫七札二十七日御書玉牒殿及殿門祖宗屬籍堂牓
乾道元年閏正月御製蘇軾集贊曰手抉雲漢斡造化機氣高天下乃克爲之猗嗟若人冠冕百代忠言讜論不顧身害敬想高風恨不同時掩卷三歎播以聲詩選德殿書賜蘇嶠
乾道九年閏正月二十三日敷文直學士胡銓言聖訓令臣進所解諸經今先繕寫周易周禮禮記春秋四經解詔令投進
范成大跋御書石湖下方淳熙八年三月庚戌制書擢臣居守金陵閏月丁亥朝行在所庚寅辭後殿翌日旣望詔賜淸燕苑中皇帝親御翰墨大書石湖二字以賜天縱聖能游藝超絕典則高古如伏羲畫體勢奇逸如神禹碑日光雲章垂耀緜系環列改觀禁籞動色臣驚定喜極不知抃蹈謹奉觴上千萬歲壽奉寶書以出越五日至於石湖藏焉
玉海嘉定元年閏四月二日戶部沈詵等條具估籍田產命有司掌之歲收所入貿金增充歲遺名曰安邊所以彥橚主管安邊庫
宋史律曆志咸淳六年十一月三十日冬至至後爲閏十一月旣已頒曆浙西安撫使準備差遣臧元震言曆法以章法爲重章法以章歲爲重蓋曆數起於冬至卦氣起於中孚十九年謂之一章一章必置七閏必第七閏在冬至之前必章歲至朔同日今算造官以閏月在十一月三十日冬至之後則此一章止有六閏曆法之差莫甚於此
癸辛雜識回回俗每歲無閏月亦無大小盡相承以每月歲首數三百六十日則爲一年乙酉歲以正月十二日爲歲首大慶賀注回回之曆歲月但以見月爲一月之首每歲則以把齋滿日爲慶賀謂之開齋節如把正月則一並三年皆把正月次月則退把十二月又三年周而復始凡三十六年則一周也皆倒退凡把齋月但見新月則開齋此非用古之禮乃夷俗也何足尙哉
金史章宗本紀承安二年閏月出西橫門觀稼
元史禮樂志至元二十二年冬閏十有一月太常卿忽都于思奏大樂見用石磬聲律不協稽諸古典磬石莫善於泗濱今泗在封疆之內宜取其石以製磬從之選審聽音律大樂正趙榮祖及識辨磬材石工牛全詣泗州採之得磬璞九十製編磬二百三十命大樂令陳革等料簡應律者百有五
續文獻通考元成宗元貞元年閏四月蘭州黃河清上下三百餘里淸凡三日
元史英宗本紀至治二年五月閏月戊戌封諸葛忠武侯爲威烈忠武顯靈仁濟王壬子作紫檀殿

續文獻通考宣德五年冬閏十二月二十夜含譽星見於九斿大如彈丸色黃白光耀有彗羣臣表賀榜葛剌本忻都州府西天東印度也曆有十二月無閏

閏月部雜錄

書經舜典三載考績疏三年一閏天道成人亦可以成功故以三年考校其功之成否也

左傳晉人不得志於鄭以諸侯復伐之十二月癸亥門其三門閏月戊寅濟於陰阪注以長曆參校上下此年不得有閏月戊寅是十二月二十日疑閏月當爲門五日五字上與門合爲閏則後學者自然轉日爲月晉攻鄭門門各五日自癸亥至戊寅凡十五日也

春秋元命苞三年一閏以起紀注紀法也三年加以一閏以成歲也

素問六節藏象論篇岐伯曰行有分紀周有道里日行一度月行十三度有奇故大小月三百六十五日而成歲積氣餘而盈閏矣

史記曆書黃帝考定星曆建立五行起消息正閏餘民是以能有信神是以能有明德民神異業敬而不瀆故神降之嘉生民以物享災禍不生所求不匱注物事也人皆順事而享福也

漢書律曆志魯曆不正以閏餘一之歲爲蔀首注當以閏盡歲爲蔀首今失正未盡一歲便以爲蔀首也文公元年距辛亥朔旦冬至二十九歲是歲閏餘十三正小雪閏當在十一月後而在三月故傳曰非禮也

後漢書律曆志承聖帝之命若昊天典曆象三辰以授民事立閏定時以成歲功羲和其隆也

朱浮傳五年再閏天道乃備天地之靈猶五載以成其化況人道哉注周天三百六十五度四分度之一日行一度一年十二月除小月六日即一歲三百五十四日是爲每歲日行天餘一十一度四分度之一不匝一年餘十一日四分日之一故三年即餘三十三日四分日之三閏月又小是五年即得再閏

張純傳三年一閏天氣小備五年再閏天氣大備故三年一袷五年一禘

白虎通巡狩篇所以五歲巡狩何爲太煩也過五年爲太疎也因天道時有所生歲有所成三歲一閏天道小備五歲再閏天道大備故五歲一巡狩

日月篇月有閏餘何周天三百六十五度四分度之一歲十二月日過十二度故三年一閏五年再閏明陰不足陽有餘也故讖曰閏者陽之餘

說文餘分之月五歲再閏告朔之禮天子居宗廟閏月居門中从王在門中周禮曰閏月王居門中終月也

獨斷閏月者所以補小月之減日以正歲數故三年一閏五歲再閏

宋書曆志祖沖之改章法三百九十一年有一百四十四閏戴法興議夫日有緩急故斗有闊狹古人制章立爲中格年積十九常有七閏晷或虛盈此不可革沖之削閏壞章倍減餘數則一百三十九年二月於四分之料頓少一日七千四百二十九年輒失一閏夫日少則先時閏失則事悖竊聞時以作事事以厚生以此乃生人之大本曆數之所先愚恐非沖之淺慮妄可穿鑿

沈約光宅寺刹下銘序大梁天監六年歲次星紀月旅黃鍾閏十月二十三日戊寅仲冬之節也乃樹刹元壤表峻蒼雲下洞淵泉仰迫星漢

齊民要術凡田欲早晚相雜有閏之歲節氣近後宜晚田

舊唐書禮儀志明堂按書一年十二月井象閏故高一丈三尺

曆志綜中朔盈虛分累益歸餘之掛每其月閏衰注凡歸餘之掛五萬六千七百六十以上其歲有閏因考其閏衰滿掛限以上其月及合置閏或有進退皆以定朔無中氣裁焉

唐書曆志前朔後朔迭相推校盈朒之課據實爲準損不侵朒益不過盈定朔日名與次朔同者大不同者小無中氣者爲閏月

麟德曆有總法開元曆有通法故積歲如月分之數而後閏餘皆盡

張齊賢傳穀梁氏稱閏月天子不告朔它月故告朔矣左氏言魯不告閏朔爲棄時政則諸侯雖閏告朔矣周太史頒朔於邦國玉藻閏月王居門是天子雖閏亦告朔

雲南志和山花樹高六七丈其質似桂其花白每朵十二瓣應十二月遇閏輒多一瓣俗以爲仙人遺種

優曇花在安寧州西北十里曹溪寺右狀如蓮有十二瓣閏月則多一瓣色白氣香種來西域亦娑羅花類也

宋史律曆志觀天地陰陽之體以正位辨方定時考閏莫近於圭表

樂志匏部有曰閏餘匏八音之中匏音廢絕久矣後世以木代匏乃更其制下皆用匏而并造十三簧者以象閏餘十者土之成數三者木之生數木得土而能生也

司馬光集歐陽公作正統論章民表作明統論以難之先儒謂秦爲閏者以其居二代之間而非正統如閏居兩月之間而非正月也夫霸之爲言伯也齊桓晉文能帥諸侯以尊周室故天子冊命使續方伯之職謂之伯主今章子以霸易閏似未爲得恐不足遵也

皇極經世日以遲爲進月以疾爲退日月一會而加半日減半日是以爲閏餘也日一大運而進六日月一大運而退六日是以爲閏差也

陳暘樂書琴徽自古十有三其一象閏蓋用螺蚌爲之

笙十三簧象鳳身其簧十二以應十二律其一以象閏也

埤雅黃楊木性堅緻難長俗云歲長一寸閏年倒長一寸

夢溪筆談開元大衍曆法最爲精密歷代用其朔法至熙寧中考之曆已後失五十餘刻而前世曆官皆不能知奉元曆乃移其閏朔熙寧十年天正元用午時新曆改用子時閏十二月改爲閏正月

國史纂異云潤州曾得玉磬十二以獻張率更叩其一曰晉某歲所造也是歲閏月造磬者法月數當有十二宜於黃鍾東九尺掘必得焉從之果如其言此妄也法月律爲磬當依節氣閏月自在其間閏月無中氣豈當月律此憒然者爲之也叩其一安知其是晉某年所造既淪陷在地中豈暇復按方隅尺寸埋之此欺誕之甚也

正蒙餘閏生於朔不盡周天之氣

物類相感志梧桐樹閏月多生一葉

爾雅翼茈菰種水中一莖收十二實歲有閏則十三實

牡丹遇閏歲花輒小

朱子語類中氣只在本月若趲得中氣在月盡後月便當置閏

周天之氣謂二十四氣也月有大小朔不得盡此氣而一歲日子足矣故置閏

容齋四筆十五夜爲半月兩半月爲一月三月爲一時兩時爲一行兩行爲一年二年半爲一雙此由閏故以閏月兼本月此謂月雙非閏雙也以五年再閏爲閏雙

沙隨程氏易解七閏爲一章二十七章爲一會三會爲一統三統爲一元

玉海天地之數惟奇則無窮置閏所以補奇數也

齊東野語推閏歌括云欲知來歲閏先算至之餘更看大小盡決定不差殊謂如來歲合置閏止以今年冬至後餘日爲率且以今年十一月二十二日冬至則本月尚餘八日則來年之閏當在八月或小盡則止餘七日則當閏七月若冬至在上旬則以望日爲斷十二日足則復起一數焉

牡丹榮辱志花亭泰閏二月

學齋佔嗶唐人作詩雖巧麗然有淺陋可笑者如李賀十二月詞又有閏月一首其中一句云天官葭灰剩飛是以閏通爲十三箇月也不知葭灰之飛每月只是一次而閏無中氣推置閏之年只是十二箇月二十四氣節候無十三箇月氣候之理今官曆自可見葭琯豈有剩飛一月之理乎

游宦紀聞書云朞三百有六旬有六日以閏月定四時成歲是一歲三百六十有六日明甚今以每歲十二月計之只三百六十日又有小盡不與焉世南嘗以此問學曆者所對皆未精切其說當以今歲立春數至來歲立春恰三百六十有六日世南始得其說未以爲然取百中經試加稽考殊無差者蓋三百六旬有六日言其凡也其實周天三百六十五度四分度之一日行一度一歲一周天一歲云者自今歲冬至數至明年冬至凡三百六十有五日奇三時所奇三時即四分日之一也若以十二月計之不滿三百六十日者月有小盡又積其餘五度有奇合之以置閏其所以有小盡有閏月者以月行速二十七日有奇已周天進三十三度與日合朔合朔之際即爲一月凡一歲十二合朔故曰十二月若論朞之一當以氣周斷不當以十二月斷也

文獻通考第五絃合乎五音十二絃合乎十二律而十三絃其一以象閏也

通考按曆法月無中氣爲閏凡閏月節前作前月用節後作後月用

紀曆撮要要知下年閏且看冬至幾日剩

眞臘風土記大小盡與中國不同閏歲彼亦必置閏但只閏九月殊不可曉

研北雜志舊說閏年少蟬驗之果然

性理大全氣則二十四氣自今年冬至至來年冬至前一日計三百六十五日二百三十五分是於三百六十日外多五日二百三十五分者爲氣盈朔則十二月朔自今年十一月初一至來年十一月初一前一日計三百五十四日三百四十八分是於三百六十日內少五日五百九十二分者爲朔虛合氣盈朔虛而閏生者一歲閏積氣朔之數計十日八百二十七分三歲一閏積氣朔之數三箇十日八百二十七分計三十二日六百單一分五歲再閏積氣朔之數五箇十日八百二十七分計五十四日二百七十五分

潛室陳氏曰古曆十九年爲一章章有七閏人章三年閏九月六年閏六月九年閏三月十一年閏十一月十四年閏八月十七年閏四月十九年閏十二月此據元首初章若於後漸積餘分大率三十二月則置閏不必同初章

本草綱目黃楊不花不實四時不凋其性難長俗說歲長一寸遇閏則退今試之但閏年不長耳

近峰聞略志藕生應月至閏月益一節東坡詩惟有黃楊厄閏年

日知錄左氏傳文公元年于是閏三月非禮也襄公二十七年十一月乙亥朔日有食之辰在申司曆過也再失閏矣哀公十二年冬十二月螽仲尼曰今火猶西流司曆過也並是魯曆春秋時各國之曆亦自有不同者經特據魯曆書之耳

史記秦宣公享國十二年初志閏月此各國曆法不同之一證

成公十八年春王正月晉殺其大夫胥童傳在上年閏月（上有十二月）哀公十六年春王正月己卯衛世子蒯聵自戚入于衛衛侯輒來奔傳在上年閏月（上有冬）皆魯失閏之證杜以爲從告非也

史記周襄王二十六年閏三月而春秋非之則以魯曆爲周曆非也平王東遷以後周朔之不頒久矣故漢書律曆志六曆有黃帝顓頊夏殷周及魯曆其于左氏之言失閏皆謂魯曆蓋本劉歆之說

五行志周衰天子不班朔魯曆不正置閏不得其月月大小不得其度

通鑑書閏月而不著其爲何月謂倣春秋之法非也春秋時閏未有不在歲終者自太初曆行每月皆可置閏若不著其爲何月或上月無事則後之讀者必費於追尋矣新唐書亦然惟高宗顯慶二年正月無事乃書曰閏正月壬寅如洛陽宮

欽定古今圖書集成曆象彙編歲功典

第九十八卷目錄

寒暑部彙考
易經 繫辭 說卦傳
書經 洪範
詩經 豳風七月章
禮記 月令
汲冢周書 時訓解
管子 度地篇
漢書 天文志
春秋繁露 五行五事篇
釋名 釋天
晉書 天文志
隋書 天文志
宋史 天文志
正蒙 參兩篇
皇極經世 觀物外篇
寒暑部總論
五經通義 論寒暑
漁樵問答 論寒暑
寒暑部藝文一
大暑賦 魏陳思王植
大暑賦 劉楨
大暑賦 王粲
暑賦 繁欽
大寒賦 晉傅玄
感涼賦 傅咸
大暑賦 夏侯湛
大暑賦 卞伯玉
納涼賦 隋盧思道
寒賦 唐趙自勵
火星中而寒暑退賦 宋王禹偁
病暑賦 歐陽修
病暑賦 張耒
溽暑賦 劉子翬
避暑賦 李曾伯
暑賦 晁公遡
苦寒賦 元劉因
逃暑賦 明朱灝
清暑賦 劉鳳

歲功典第九十八卷

寒暑部彙考

易經

繫辭

寒往則暑來暑往則寒來寒暑相推而歲成焉

大全誠齋楊氏曰觀諸寒暑折膠之寒不生於寒而生於烈日流金之暑流金之暑不生於暑而生於堅冰折膠之寒　臨川吳氏曰因寒之往而有暑之來因暑之往而有寒之來二氣相推以相代則歲成而不缺

說卦傳

乾爲寒爲冰

大全沙隨程氏曰乾爲寒位西北也爲冰寒之凝也　息齋余氏曰乾爲寒者陰不生於陰而生於陽也冰者陰之變而剛者也

書經

洪範

八庶徵曰燠曰寒

大全陳氏大猷曰陰退陽進則成燠陽退陰進而成寒燠寒則一氣之循環往來者爲之　陳氏曰燠熱涼寒四時之氣也止言燠寒者燠者熱之始寒者涼之極也

曰休徵曰哲時燠若曰謀時寒若

大全朱子曰哲是昭融便自有和暖底意思所以便說時燠順應之謀是藏密便自有寒結底意思所以便說時寒順應之

曰咎徵曰豫恆燠若曰急恆寒若

大全陳氏大猷曰哲之反則猶豫不明故爲豫豫則解緩故常燠謀之反則不深密而急躁急則縮栗故常寒

詩經

豳風七月章

一之日觱發二之日栗烈

朱注觱發風寒也栗烈氣寒也　大全臨川王氏曰風而寒尚非其至也無風而寒於是爲至

禮記

月令

仲春之月　仲春行秋令則其國大水寒氣總至行夏令則國乃大旱暖氣早來

季春之月　季春行冬令則寒氣時發草木皆肅

仲夏之月　小暑至

季夏之月　是月也土潤溽暑

季夏行冬令則風寒不時

孟秋之月　涼風至白露降寒蟬鳴

孟秋行夏令則國多火災寒熱不節

季秋之月　是月也霜始降則百工休乃命有司曰寒氣總至民力不堪其皆入室

孟冬之月　孟冬行夏令則國多暴風方冬不寒蟄蟲復出

季冬之月　命有司大難旁磔出土牛以送寒氣

汲冢周書

時訓解

小滿後十日小暑至小暑不至是謂陰慝

小暑之日溫風至溫風不至國無寬教

大暑又五日土潤溽暑土潤不溽暑物不應罰

處暑之日鷹乃祭鳥鷹不祭鳥師旅無功

寒露之日鴻鴈來賓鴻鴈不來小民不服

小寒之日鴈北向鴈不北向小民不懷

大寒之日雞始乳雞不始乳淫女亂男

管子

度地篇

當夏三月天地氣壯大暑至萬物榮華利以疾鎒殺草薉

當冬三月天地閉藏暑雨止大寒起萬物實熟利以填塞空郄繕邊城塗郭術平度量正權衡虛牢獄實廥倉君修樂與神明相望

漢書

天文志

日陽也陽用事則日進而北晝進而長陽勝故為溫暑陰用事則日退而南晝退而短陰勝故為涼寒也故日進為暑退為寒若日之南北失節晷過而長為常寒退而短為常燠此寒燠之表也故曰為寒暑

日為寒溫冬至日南極晷長南不極則溫為害夏至日北極晷短北不極則寒為害

春秋繁露

五行五事篇

夏至之後大暑隆萬物茂育懷任王者恐明不知賢不肖分明白黑於時寒為賊故王者輔之以賞賜之事

冬至之後大寒降萬物藏於下於時暑為賊故王者輔之以急斷之事

釋名

釋天

寒捍也捍格也

暑煑也熱如煑物也

晉書

天文志

冬至極低而天運近南故日去人遠而斗去人近北天氣至故冰寒也夏至極起而天運近北而斗去人遠日去人近南天氣至故蒸熱也

隋書

天文志

日去赤道表裏二十四度遠寒近暑而中和二分之日去天頂三十六度日去地中四時同度而有寒暑者地氣上騰天氣下降故遠日下而寒近日下而暑

大寒在冬至後二氣者寒積而未消也大暑在夏至後二氣者暑積而未歇也寒暑均和乃在春秋分後二氣者寒暑積而未平也

宋史

天文志

冬至日行南極去北極一百一十五度故景長而寒夏至日在赤道北二十四度去北極六十七度故景短而暑

正蒙

參兩篇

地有升降日有修短地雖凝聚不散之物然二氣升降其間相從而不已也陽日上地日降而下者虛也陽日降地日進而上者盈也此一歲寒暑之候也

注　二氣升降其間相從而不已非謂地之大體亦可升可降也蓋一歲之中自子月以後陽氣日升地氣日降則為春為夏而日以長陽上陰下故曰虛自午月以後陽氣日降地氣日升則為秋為冬而日以短陰上陽下故曰盈此一歲寒暑之候有在於地氣之升降也

皇極經世

觀物外篇

極南大暑極北大寒故南融而北結萬物之死地也

夏則日隨斗而北冬則日隨斗而南故天地交而寒暑和寒暑和而萬物乃生也

注 張氏衍義曰天之陽在南陰在北地之陽在北陰在南天之南陽在上故極南大暑見乎地者融而爲水地雖有陰乃能伏陽故也天之北陰在上故極北大寒見乎地者結而爲山地雖有陽爲陰所伏故也蓋陽性熙其極則融陰性凝其極則結也鮑氏發微曰地之北亙寒而下者氣熱南亙熱而高者氣寒從天也水柔也屬陰以陰不勝陽故爲陽用山剛也屬陽以陽不勝陰故爲陰用是以形則從乎地之柔剛氣則從乎天之寒暑極陽極陰氣非中和萬物不生故爲死地惟天地交寒暑利則萬物生

寒暑部總論

五經通義

論寒暑

冬至陽動於下推陰而上之故大寒於上夏至陰動於下推陽而上之故大熱於上故易云日月運行一寒一暑日在牽牛則寒在東井則暑牽牛外宿遠人故寒東井內宿近人故溫也

漁樵問答

論寒暑

漁者謂樵者曰春爲陽始夏爲陽極秋爲陰始冬爲陰極陽始則溫陽極則熱陰始則凉陰極則寒溫則生物熱則長物凉則收物寒則殺物皆一氣其別而爲四焉其生萬物也亦然

寒暑部藝文一

大暑賦　魏陳思王植

炎帝掌節祝融司方羲和按轡南雀舞衡蛇折鱗於靈窟龍解角於皓蒼遂乃溫風赫戲草木垂幹山折海沸沙融礫爛飛魚躍渚潛黿浮岸鳥張翼而近棲獸交遊而雲散於時黎庶徙倚棋布葉分機女絕綜農夫釋耘背暑者不羣而齊跡向陰者不會而成羣於是大人遷居宅幽綏神育靈雲屋重構閒房肅清寒泉涌流元木奮榮積素冰於幽館氣飛結而爲霜奏白雪於琴瑟朔風感而增凉

大暑賦　劉楨

其爲暑也羲和總駕發扶木太陽爲輿達炎燭靈威參垂步朱轂赫赫炎炎烈烈暉暉若熾燎之附體又溫泉而洗肌獸喘氣於元景鳥戢翼於高危農畯捉鎛而去疇織女釋杼而下機溫風至而增熱歊悒慴而無依披襟領而長嘯冀微風之來思

大暑賦　王粲

惟林鍾之季月重陽積而上昇喜潤土之溽暑扇溫風而至興或赫爔以瘴炎或鬱律而燠蒸獸狠望以倚喘鳥垂翼而弗翔根生苑而焦炙豈含雪而能當遠昆吾之中景天地翕其同光征夫瘁於原野處者困於門堂患衽席之焚灼譬洪燎之在牀起屏營而東西欲避之而無方仰庭槐而嘯風風既至而如湯氣呼吸以怯短汗雨下而沾裳就清泉以自沃猶淟涊而不凉體煩如以於悒心情悶而窘惶於是帝后順時幸九嵏之陰岡託甘泉之清野御華殿於林光潛廣室之邃宇激寒流於下堂重屋百層垂陰千廡九閭洞開周帷高舉堅冰常奠寒饌代敘

暑賦　繁欽

暑景方徂時維六月大火飄光炎氣酷烈翕翕盛熱蒸我層軒陰風淟涊動靜增煩雖託陰宮罔所避旃粉扇靡效宴戲撤歡庶望秋節慰我愁歎

大寒賦　晉傅元

五行倏而竟騖兮四節紛而電逝暑往寒來十二月而成歲日月會於析木兮重陰淒而轉肅彩虹藏於虛廓兮鱗介潛而長伏若乃天地凜冽數極氣否嚴霜夜結悲風晝起飛雪山積蕭條萬里百川咽而不流兮冰凍合於四海扶木顚顇於暘谷若華零落於濛汜

感凉賦有序　傅咸

盛夏困於炎熱熱甚不過旬日而復自凉以時之凉命親友曲會作賦云爾

踐朱明之中月暑鬱隆以肇興赫融融以彌熾乃沸海而焦陵獸竄伏於幽林兮鳥垂翼而弗升汗珠隕於玉體兮粉附身而沾凝於是景雲晨敷曜靈潛光

陰氣聿升凱風載揚忽輕箑於坐隅兮思暖服於蘭房

大暑賦　夏侯湛

惟靑春之謝兮接朱明之季月何太陽之赫曦乃鬱陶以興熱於是大呂統律祝融紀節蒸澤外熙太陰內閉若乃三伏相仍徂暑彤彤上無纖雲下無微風扶桑絕其增煩大氣煜其南升爾乃土墳壁坼谷枯川竭寒泉湣沸冰井騰沫洪液蒸於單簟兮珠汗霑乎絺葛溫風翕其至兮若灑湯於玉質沃新水以達夕振輕箑以終日

大暑賦　卞伯王

惟祝融之司運赫溽暑之方隆日貞曜於鶉首律遷度於林鍾溫風翕以晨至星火爛以昏中氣滔滔而方盛晷永路而難終流風兮莫繼朱煙兮四緯鬱悒兮中房展轉兮長筵體沸灼兮如燎汗流爛兮珠連

納涼賦　隋盧思道

祝融司方朱明屆序氣乃初伏節惟徂暑積歊蒸於簾櫳流煩溽於園籞陽風澳其長扇火雲赫而四舉爾乃警六御按三條擊鼉鼓吹鳳簫雲車錯轂麟馬齊鑣入雲宮之巉嵯登仙觀之岧嶢引雄風於洞穴承淸露於丹霄動颸飀於翠帳散霏微於綺寮

寒賦　唐趙自厲

儒有討混元搜緗祀既覿寒暑之終亦測興伏之始睨風驚於一葉委時換乎千里寒之厥狀自茲而起若夫大火宿藏靑霜晨烈則蜀井烟閉漲海氛滅長河天淚綴珠崖而生冰幽朔地窮濛飛沙而雨雪乃知蘇武增感李陵愁絕聽胡笳以攪思儷漢庭之仳別及幽林風掃時物霜殘柔條危勁奧室淒寒有美人兮心恍惚情怵悼而靡安陰凝柳塞怨龍庭之路隔月透羅幔憐鴛衾之夜單屣銀堦之悄悄雪珠淚之珊珊縫篋笥之紈素寄戎幕之艱難別有陸沉之子厠跡荒藪器宏偉而可觀命屯剝而不偶當其時也趨炎俯僂伺瞰噓吸無詩人卒歲之衣雨泉客將離之泣豈祁寒而致懟亦遭時而不息終乖挾纊之暄更悲綈袍之及層冰涸潘宋生則綴帳而相望皓雪盈門袁子則茹悲而於悒雖居榮而可貴亦憂道而不入於時倚歎窮律佇目遐坰伊鮮物之皆悴獨霜松之常靑縱寒苦之飄激淬堅明而自寧汨吾情之浩蕩願冥志於紫臺

火星中而寒暑退賦　宋王禹偁

惟大火之照臨亦符陽而慘陰寒暑將交於時令經躔必在於天心冬夕午焉栗烈之風自止夏宵中矣鬱蒸之氣爰沉不知誰爲種榆其名曰火隨衆星以拱極正二氣而在我小人怨咨之語望之則銷大鈞吹煦之期違之莫可所以指命顓頊迴旋祝融自然無出其右寧勞舉正於中乍疑日馭逐魯陽之戈再懸羿落定星示楚宮之役迴挂長空遂使祁寒知難而少抑暑雨交綏而自息垂緌之壤知止衣葛之人動色不知我者謂我執造化而弄權知我者謂我正陰陽而作則類聖人之南面令之而必從任天道以右旋踰之而莫得至若北陸凶殘人斯鮮歡層冰飛雪以俱至挾纊重裘而罔安我之中矣可以却彼司寒又若南訛赫怒人失其所焦砂爛石以何盛輕箑纖絺而曷禦我之中矣可以袪其酷暑是何表正二儀亭亭在茲營室楷巢兮取之於彼收藏長養兮何莫由斯標不宰之功所以均乎六義示無言之信所以成乎四時大矣哉行度無差寒暄自退天垂象以共仰世作程而斯在年年兮東作西成明明而可大

病暑賦　歐陽修

吾將東走乎泰山兮履崔嵬之高峰蔭白雲之搖曳兮聽石溜之玲瓏松林仰不見白日陰壑慘慘多悲風邈哉不可以坐致兮安得仙人之術解化如飛蓬吾將西登乎崑崙兮出於九州之外覽星辰之浮沒視日月之隱蔽披閶闔之清風飲黃流之巨派羽翰不可以插余之兩腋兮畏舉身而下墜既欲汎乎南溟兮瘴毒流膏而鑠骨何異避喧之趨市兮又如惡影之就日又欲臨乎北荒兮飛雪層冰之所聚鬼方窮髮無人跡兮乃龍蛇之雜處四方上下皆不得以往兮顧此大熱吾不知夫所逃萬物並生於天地豈余身之獨遭任寒暑之自然兮成歲功而不勞惟衰病之不堪兮譬燎枯而灼焦矧室廬之湫卑兮甚龜蝸之跼縮飛蚊幸余之露坐兮壁蝎俟余之入屋賴有客之哀余兮贈端石與蘄竹得飽食以安寢兮瑩枕冰而簟玉知其無可奈何而安之兮乃聖賢之高躅惟冥心以息慮兮庶可忘於煩酷

病暑賦　張耒

皇昌運之元祀兮余出守乎淸潁之區背國門而南騖兮弭楫乎太昊之墟方炎夏之隆赫兮閔時澤之不濡魃乘時而行虐兮盜威力乎陽烏駕畢方而驂熒惑兮回祿爲其前驅爐所及一燎兮何有瓦石與璠璵豐隆致其微陰兮飛廉蕩覆而無餘野曈曈而

揚塵兮何蕭艾之芬敷應龍矯首於下澤兮僅自免於槁枯烏呀咮而倦飛兮獸逃穴而深居嗟人胡獨不能兮無乃欲息而被驅昔蘄山之秋筠兮困冰卷而土舒效功能於幺麼兮曾何足以寧吾軀飽風而爲蝎兮又欲泳水而爲魚出寒泉於深井兮竭筋力於轆轤不計腹之所受兮尚問山蘜麯麥之有無辭曰陰陽循環靡窮極兮時至而變有常則兮融液金鐵爍山石兮謹視其報在朔易兮元陰大冬冰雪積兮無畏其機備其極兮補完裘褐飛紡績兮保我歲寒以終吉兮

溽暑賦　劉子翬

病翁筋骨支離當暑㸚劇望雨於南齋之上拊檻而歌曰使天賈珠不可以清煩袪使天賈玉不可以消炎酷想璺蜧之躍淵快商羊之舞陛已而飛霾斷野細電搖嶽簾綃生潤柱礎流渥心煩寃而若糾思淫裔而增濁疑環居乎曲突乍窘跡乎重橐客有問曰溽暑何氣哉翁曰陰陽之爭氣也席威者窮而未沮鼎盛者出而見閉也陰出爲姤陽來爲復自一卦推之消長盈虛曾不離乎六也蕤賓之日陰一在內陽五在外而六者之運如星循於次如輻旋於轂向之微者益大大者日益蹙也擧於豕蹢極於龍戰貫魚以柔順履虎而驕僭蓋弱則隨强則睽隨則睦而安睽則競而危兩雄不並居終必爲之變也方其爭也奇耦互生剛柔雜襲崩騰海逝巇嵯山立勢均力等屹若勍敵初如秦晉交綏而近旆又似漢楚相持而堅壁彼濕濕潰潰者傑爲大焦熙熙曜曜者煦爲蒸溼也其氣煙熅翁翁濛濛底滯膠漫澳涊油湊濡沮汗浥被金石而銷鎔襲衣冠而萎薾天地汩其清明日月沫其晶曜薄而爲雷則隱轔呼喨喑噫嗢咽旋空欲震鬱而不渫激而爲風則颵颵蓬勃燥冒翕忽揚汗發穢原谷呀呷歷庚而伏凡四五旬時猶未歇也客曰然則氣之爲沴厲者耶翁曰不然夫惟爭也四時之序平萬化之機行也子獨不聞烹飪之事乎實水以釜傳火以薪燀沸烜烈兮滋熾洶湧滿溢兮驟騖既山鳴而澗吼亦霧蓊而雲蒸糜堅革熟鼎俎之味成焉故水火不爭爲爨者怠麴蘖不爭爲醪者壞輔弼不爭爲國者敗斯言雖小可以喻大也客曰問一得三蒙昧曉然惟清論之慰沃斯煩歊之可捐者耶

避暑賦　李曾伯

淵獻編年蕤賓紀律當梧葉之十三餘蓂莢之六七庚金始萌離火正棘於時雪蓋張空日馭鑠石猶酷吏之堪畏類權門之可炙復以暑雨積潤溫風致淫動小民之怨咨起庶人之鬱悒遂使會達於閭閻歎燠若以暘若皆惔如而焚如喘形乎辛相之牛躁見乎丈人之烏重以小寇之蚊兮營營乎肆其擾細人之蠅兮紛紛乎爲之驅凡厥俯仰之內俱有賢愚之殊雖碧紗兮爲之呵禦白羽兮爲之吹噓晏子爽塏之宅不聋高明之居蓋未有不受乎陰陽之炭而獲出乎造化之爐者也是日客有屋不擡頭室僅容膝新浴而振靈均之衣當暑而袗尼父之絺陳以珍盤佐以饈實然而背與汗以相浹纓雖泉而莫濯雖哀絡之酒未遑飲而方朔之肉不暇食遠懷乎高山流水之勝近想乎修竹茂林之僻環視六合神遊八極卑驪山之仙遊陋摩訶之舊迹颼無扇金景已合璧顧無地之可避姑惟意之是適於是舉義扇披楚襟拄西爽之笏揖南薰之琴枕桃笙而高臥倚胡牀而長吟已而月明星稀籟靜機忱虛室生白元關不扃頓覺耳洗巢父之水不待而障元規之塵逡巡而肺腑之痞去逶迤而毛髮之寒生恍兮如駕黃鵠而訪河漢忽兮如跨青鸞而上蓬瀛殆莫知其爲朝市不避風雨之吏而其或爲山林不知寒暑之人也邪心既休夜漸未皤然而作若有所譬乃思天地兩間寒暑二證以四序之推遷猶兆人之告病而況中宇宙而立司民物之柄與其處唐帝之風殿兮人間苦於炎熱孰若罷漢文之露臺兮海內富乎清靜彼二老之遯海濱兮得不以其炮烙之刑四皓之避商山兮又焉非以其棄灰之令儻不思有司之酷於暑兮毋乃使元元之不堪命已矣哉兔沒兮烏升燕去兮鴻賓毋炎上其性兮毋熱中其情存乎我之夜氣兮聽夫物之秋聲彼赤熾之鬱鬱兮亦欲東耳天固將起涼於青蘋

暑賦　晁公遡

盛夏之月風緘土囊鬱伏不與陽亢滋驕鑠石流金草木焦然氣蒸山冥客有過其主人而告之曰吁可畏哉暑也吾聞朝歌令質從魏公子浮瓜清泉沉李寒水嗟人壽之無幾須富貴其何時南皮之樂僕甚慕之試與主人觀乎崤函伊闕東西二京平樂畢圭長楊上林高臺雖毀故基猶存苑多灌叢交蔭紛披渭濱徘雁彌皋被隄風來鳴枝影爲參差散於平中清清泠泠宗丘爽塏不煩不蒸則主人亦欲遊此耶

試又倘佯四方彭蠡洞庭太湖松江龍淵金隄汨羅瀟湘頮洞浩瀰周數千里蛟龍鬱怒水涌波起山谷震動草木盡靡觀者凜然髮立膽悸則王人亦欲遊此耶試又薄遊東陲四明會稽衡廬九疑玉霄赤城高唐峨嵋大木千章崇巘百常含陰翳陽不見日光深林窅冥六月飛霜則主人亦欲遊此耶主人笑曰佚者不覩勞崇者不觀庳終身戚戚何時樂為今夫大農之壟櫛比鉤聯穀稚草壯晝日出田擕畚荷插長後幼先此人適逢綫溜溢觴如驟赴泉齊魯之郊平原廣野黍稷盈疇百里一舍修途曼曼日赫如赭車殆人罷汗浹牛馬舉首而望不見尺瓦此人思得一丘息肩稅駕止咸陽遊邯鄲鄭衛溱洧五都之間迎夏之陽羣女條桑柔柯沃葉密不蔽日炎光下射膚澤沾溢此人登菅蒯之廬意猶自得從軍出戍奉車挾轂彖弭百鈞甲裳三屬荷戈而趨足蹈平陸毒陽中體炎沙燀目此人幸得休徒止舍以為至足繩樞之子宅不盈畝外逼闠闠縱步無所行者接武如穴中鼠銜窶甌甂偪仄環堵中置錡釜煬竈之煙煩寃勃鬱衡牖蔽戶此人困於煩囂不得動作一見大宇猶以為樂今吾偃仰一室息交謝客散髮弛帶蕭然終日客猶喔咿不滿於色豈不過矣哉客無乃貪佚忘勞挾崇棄庳視我之居若絆若縻窘不得馳我實不然自適其適以休以息其樂易給故自居此室而暑不我疾也且夫與客清談相對危坐隱几吾心湛然清若止水屏囂塵其已除視紛華而不起尚何有於暑哉而當世之士惡寒附炎焦爛不止弗內省於厥躬徙歸咎於一氣亦甚矣客起而謝曰僕小人也實不及此

苦寒賦　元劉因

嚴寒積元律窮北斗知春迴指於東惟功成而不去孰頊冥之可容乃鬱彼孽暴激彼威鋒凝愁雲而蔽日怒寒風而攪空奪陽春之生氣使天地闃然寂然如未判之鴻濛於時燭龍絕光熒惑失次陽烏斷足火鳥縮翅畢方高飛而遠翔凝牛毛寒而縮蝟炎帝為之收威祝融為之屏氣羲和倚日以潛身盤古開天而失視天吳死於朝陽之谷倏忽滅於海南之地若乃焦溪洞熱海滊沸潭止溫泉冰火井凍暘谷凝炎洲地冽裸壤垂縉熒臺烟滅瘴水生凌而我生於此時奚凜冽之可勝或有從軍永訣去國長違霜鋒寶劍鐵襯單衣積雪沒脛悲風激懷夜渡劍河曉上輪臺陰山雪漫瀚海冰厚當此苦寒十死者九又若寒門久客貧閻故居不爨不燭無衣無襦鼻酸氣失墮指裂膚火如紅金薪如桂枝兒號妻哭痛盡傷悲抱膝而苦竟死何裨噫嘻嗚呼天歟地歟神歟彼頊冥之不去我生死其何辜嗚呼噫嘻蓋嘗聞之無寒不溫無貞不元時之華化由是而門噓炎吹冷元氣所存貞極不元寒極不溫乖戾錯命罪坐東君於是易川牛馬走地上蟻蝨臣載拜東方發狂語脣凍舌澀難具陳告我東君胡甚不仁嗟生類而欲盡君奚為而不春匪我語汝其孰汝親匪君顧我孰活我人我藉汝力汝假我神挽天地之和氣黜頊冥於元根汲東海之泥以接地軸鍊泰山之石以補天輪以廣廈萬間庇吾民之凍骨以布裘千丈弔四海之冰魂使颼颼赤子鼓舞於春風熙熙然樂其天真胡為馳綱維而退避獨廉讓而謙尊我徒問汝汝且不言於是乎乃歸墐其戶而葺其楹襲其被而重其衣不尤乎神不怨乎天束手容足以順乎時之自然

逃暑賦　明朱灝

炎帝揚以赭旂兮自駐節於南陸羲和逞轡來會兮朱龍蜿蜿而推轂鶉鳥至以張翼兮祝融改乎赤服雲峰崔嵬鬱丹兮螢照還於腐谷砰磅聲隱霆車兮蒸煩空而未伏陽精出而賁海兮彤赫仇乎淵客黃雀扇彼熾威兮倏張熇於電宅景乘離以司衡兮霄厭冥而含赤丹衢列以環鑪兮媧皇爍其補石投焦害於雪國兮龍皮消乎熱液迎凉草以却炎兮要冰鳥之來適鑿昌山而守閉兮不隸壽麻之籍知東方不可託兮餐北方之鼠腊玉竹簟以佞肌兮復搖曳乎水帛服冰丸與雲散兮有壬甲之符辟狎淵以避天毒兮絕歊熱之氣驛舧石局而熨腹兮玩冷蛇之易熳堅息不納恢對兮能環十火以向邇蘭殿香飄汗粟兮習裳風與珮水乞蓮筏以敵炎井兮浥梧身之綠髓潛柳館而避霞蓋兮鞭旱石以消怒白羽握揮繁星兮承玉漿以醉兎弄輕紈之蟬翼兮引蕉睡於初寤望旃檀以入林兮浴甘瑞之新露翻銀河而注珠箔兮斷虹梁之烘渡紅沫已汙霧幕兮逐蚊雷之失諕陰岡已蔫苔薜兮設霜縑為夢護倚桂林之符玉兮裁龍湫之珠布闢劍閣以居峭兮移瀟湘為雨步晶盤植而瓜浮兮柰李流其丹乳挽杯航於曲沼兮吹凉律於風穴招冷蟾以入懷兮令赤道之燭滅渴蚪靜飲寒漏兮傳桂戶而不閉幌綃以牽水帳兮宿熱龍於藕關丹魚喁其紅浪兮旱烟淫而空咽

熏兮烈兮改凉轍兮纏彼鬱悒增内熱兮氣搆幽宮淡彈䕶兮津息大火開煩鑰兮心若草木亡灼虐兮

清暑賦　劉凰

暢暄繁而長寫慼遂發於徵音恢浩衍而駘蕩靚緯候之盈深倚高明以延佇悅燠陽之載臨恬疎達以究適旣倏旦而微吟萬物莫不乘時而辭越傷耿耿之蒿心若乃長離南掞辰燀赤熛蘭露朝泳融風賁驕高陵暄藹爽樹炎歊惠氣掩冉以迴薄輕光液冶而相飄爍軒楹之玓瓅肆莽莽而滔滔宛餘映之薰人中醇酎而鬱陶於是元雲忽興凝陰殆遍暘景就翳芳晦徐薦灑巖巘之青滋漸江海之浥泫空來染而無色窅然覩而不見潤何施於膏沐濊若淖而滇洒灑濯隰阿韜沈烟岸濛濛乍進霏霏輕散浸淫鬱軫紛紜晉亂流煩或傾溢曖斜半乃曉虛爽納霄清滌經慮攄燕情扶臺顯塏而延眺層軒峯燮而並迎移高蔭之肅蓬落飛颸之迅輕紈素弛而不御方空襲而涼生蕭條縱遣委謝何管長林逸跡當世無名被夾池之修竹激投澗之清泉迫攄地而疑隘榻當膝而幾穿石遐膩以漱噍暑消忘以屏捐託琴心以遠寄與魚鳥而流連憒怠前醒醒醲薄解起蘇蘇而餘酣悵吟連而未儻晥爾調泰毛髮淅灑絕嶺鶩以晨烟青虹矯而皚皚援英蘂以詠思披碧薜而遙待當斯時也疑想雪岫注情雲虛徘徊凌室結夢華胥溘滄浪之湝淡館瓓玉於神都元谷淒其以風北戶遠而扶疎寒梧音之沈響湍浮捷以調殊泠泠翠散而淫芳蕺颯沓無聲而落林焱於是晡景桑榆臨月廣除潔以香澤寥朗發舒寂鮮顥之空霄抗埃壒以宴如露清流以旁魄含六氣之琳腴擢嶕嶢而疎觀淨漢皋之明珠何銅梁與金庭吸玉水乎方諸精曜燭而颯纚迴繽紛以縈紆容不寢以逮明步列星而踟躕玩元夜之要紹躡高掌之莫濡排河漢而上出似縱體於天表與仙者而爲徒爾其飲日吐景榮益精晳懷珠抱玉營魄載靜津澤流洽不風自冷汲虛無之青熒晞光炫於陰井遊鵠蕩而何依鶩鯤徙而絕影鏡皓色之蒼蒼爛流瀾之千頃翩度索之單衣思白晝之易求黍何爲而雪桃瓜豈包而含穎靡蘭寢之麗姸彌芬烈而逸遲情滉瀁而焉窮幾欲劇而更整彼美淑之明豔飄素雪之秀領柔若無質寒瞀肌骨冰理無膩奇光自栗却顧笑而相命中徊徨而若失莊服氣而色矜辭泆志於燕暱擇淸商之遐負招結風於蘋末緒繚繞而多違纖空吹之屢絕白越芳而緒憐雲母嬌而藻咽挾輕訬而爲客超塵坌其如脫軑首疾之如焚厭内熱之嘈囋

欽定古今圖書集成曆象彙編歲功典

第九十九卷目錄

寒暑部藝文二 詩詞

黃竹詩 三首 周穆王
碣石篇 漢曹操
苦寒行 前人
嘲熱客 魏程曉
苦熱 晉傅元
苦寒行 陸機
苦寒行 宋謝靈運
代苦熱行 鮑照
寒晚敬和何徵君點 齊王融
苦熱行 梁簡文帝
納涼 同前
晚景納涼 同前
元圃納涼 同前
寒閨 同前
納涼 元帝
寒閨 同前
苦熱 任昉
奉和太子納涼梧下應令 庾肩吾
苦熱 何遜
寒夜直坊憶袁三公 蕭子雲
苦暑 王筠
苦暑 劉孝威
奉和逐涼 前人
寒夜怨 陶弘景
寒閨 鮑泉
內園逐涼 陳徐陵
和樂儀同苦熱 北周庾信
夏日聯句 唐文宗
和長孫祕監伏日苦熱 任希古
苦熱 王維
納涼 前人
寒夜 孟浩然
毒熱寄簡崔評事十六弟 杜甫
早秋苦熱堆案相仍 前人
熱 三首 前人
多病執熱奉懷李尚書 前人
前苦寒行 二首 前人
後苦寒行 二首 前人
避暑納涼 錢起
僧房避暑 嚴維
同崔峒補闕慈恩寺避暑 盧綸
自朔方還與鄭式瞻崔稱鄭子周岑贊同會法雲寺三門避暑 李益
避暑女冠 前人
苦熱 司空曙
寒夜聞霜鐘 鄭絪
林館避暑 羊士諤
夏日苦熱同長孫主簿過仁壽寺納凉 楊巨源
曲池潔寒流 崔立之
夏夜苦熱登西樓 柳宗元
苦寒吟 孟郊
寒江吟 前人
寒 元稹
精舍納涼 前人
早熱 二首 白居易
何處堪避暑 前人
時熱少見客詠懷 前人
消暑 前人
天竺寺七葉堂避暑 前人
夏日與閒禪師坐林下避暑 前人
苦熱題恆寂師禪房 前人
香山避暑 前人
新秋喜涼 前人
早寒 前人
寒閨夜 前人
晚寒 前人
避暑 二首 徐凝
慈恩寺避暑 殷堯藩
文殊院避暑 李遠
苦寒行 劉駕
避暑 李頻
寒日書齋即事 三首 皮日休
寒夜文宴得泉字 前人
寒夜文宴得驚字 陸龜蒙
歲晚苦寒 方干
山院避暑 韓偓

涼思　吳融
宮詞二首　花蘂夫人徐氏
北塘避暑　宋韓琦
夏熱　歐陽修
暑中閒詠　蘇舜欽
暑景　前人
夏熱　梅堯臣
燕臺暑飲　邵雍
苦寒寄瀘州汲師中　馮山
苦熱行　文同
北園避暑　前人
春寒　前人
七月一日出城舟中苦熱　蘇軾
苦寒　孔武仲
納涼　秦觀
和晁應之大暑書事　張耒
大暑息林下　彭汝礪
壬辰九月二十三日天氣始寒以詩紀之　唐庚
大暑竹下獨酌　鄭剛中
暑雨　前人
負暄　劉子翬
大暑舟行含山道中雨驟至霆奔龍挂可駭　范成大
次韻溫伯納涼　前人
劇暑　陸游
避暑江上　前人
初寒　前人
龜堂初暑　前人
新寒　前人
前苦寒歌　楊萬里
後苦寒歌　前人
新寒　前人
夏夜追涼　前人
秋暑　朱熹
豫章東湖避暑　戴復古
苦寒行　劉克莊
苦熱　方夔
山亭避暑　眞桂芳
暑月獨眠　媛朱淑眞
大暑　金趙元
避暑玉溪山　元劉因
寒夜作　揭傒斯
池亭納涼　明仁宗
京師苦寒　高啓
寒夜　樊阜
初寒擁爐欣而成詠　楊愼
枕流橋避暑口號　朱曰藩
夏日偕允兆德礪姪象先延清避暑興教寺分得持字　汪道貫
避暑呂叔與園亭因贈　盛鳴世
寒夕　王龍起
湖光山色樓避暑　顧德輝
暑夜　釋宗泐
避暑湖光山色樓二首以上詩　貝瓊
木蘭花夜起避暑　後蜀孟昶
鷓鴣天　宋李之儀
驀山溪北觀避暑　前人
滿庭芳　毛滂
洞仙歌納涼　葛郯
沁園春避暑　趙師俠
玉梅令石湖畏寒不出戲之　姜夔
清平樂藕園避暑　劉鎭
蘇幕遮　方千里
惜餘春慢避暑和韻　周密
意難忘　何夢桂
念奴嬌避暑　釋揮
天仙子避暑以上詞　明王世貞
寒暑部選句

歲功典第九十九卷

寒暑部藝文二詩詞

黃竹詩三章　周穆王

穆天子傳曰丙辰天子南遊于黃□室之丘獵苹澤有陰雨天子乃休日中大寒北風雨雪有凍人天子作詩三章以哀民

我徂黃竹□員閟寒帝收九行嗟我公侯百辟冢卿

皇我萬民旦夕勿忘

我徂黃竹□員閟寒帝收九行嗟我公侯百辟冢卿

皇我萬民旦夕勿窮
有皎者駱翩翩其飛嗟我公侯闕勿則還居樂甚寡
不如還土禮樂其民

碣石篇　漢曹操

鄉土不同河朔隆寒流澌浮漂舟船行難錐不入地
豐藾深奧水竭不流冰堅可蹈士隱者貧勇俠輕非
心常歎怨戚戚多悲幸甚至哉歌以詠志

苦寒行　前人

北上太行山艱哉何巍巍羊腸坂詰屈車輪爲之摧
樹木何蕭瑟北風聲正悲熊羆對我蹲虎豹夾路啼
谿谷少人民雪落何霏霏延頸長嘆息遠行多所懷
我心何怫鬱思欲一東歸水深橋梁絕中路一作道正
徘徊迷惑失故路薄暮無宿棲行行日已遠人馬同
時饑擔囊行取薪斧冰持作糜悲彼東山詩悠悠使
我哀晉樂所奏分六解每解叠首二句

嘲熱客　魏程曉

平生三伏時道路無行車閉門避暑臥出入不相過
今世䘖䘖子觸熱到人家主人聞客來顰蹙奈此何
謂當起行去安坐正咨嗟所說無一急㗖喈一何多
疲倦向之久甫問君極那搖羽腕中疾流汗正滂沱
莫謂爲小事亦是一大瑕傳戒諸高明熱行宜見呵

苦熱　晉傅元

朱明運將極溽暑晝夜興裁動四支廢舉身若山陵
珠汗洽玉體呼吸氣鬱蒸塵垢自成泥素粉隨手凝

苦寒行　陸機

北遊幽朔城涼野多險難俯入窮谷底仰陟高山盤
凝冰結重澗積雪被長巒陰雲興巖側悲風鳴樹端
不覩白日景但聞寒鳥喧猛虎憑林嘯元猿臨岸歎
夕宿喬木下慘愴恆鮮歡渴飲堅冰漿饑待零露餐
離思固已久寤寐莫與言劇哉行役人慊慊恆苦寒

苦寒行　宋謝靈運

歲歲層冰合紛紛霰雪落浮陽減清暉寒禽叫悲壑
饑爨烟不興渴汲水枯涸

代苦熱行　鮑照

赤阪橫西阻火山赫南威身熱頭且痛鳥墜魂來歸
湯泉發雲潭焦烟起石圻日月有恆昏雨露未嘗晞
丹蛇踰百尺元蜂盈十圍含沙射流影吹蠱病行暉
瘴氣晝熏體菵露夜沾衣饑猿莫下食晨禽不敢飛
毒涇尚多死度瀘寧具腓生軀蹈死地昌志登禍機
戈船榮既薄伏波賞亦微爵輕君尚惜士重安可希

寒晚敬和何徵君點　齊王融

疎酌候冬序閒琴改秋律如何將暮天復值西歸日
搖落迎軒牖飛鳴亂繩蓽烟灌共深陰風篁兩蕭瑟
虛堂無笑語懷君首如疾早輕北山賦晚愛東皐逸
上德可潤身下澤有餘律叶音必

苦熱行　梁簡文帝

六龍騖不息三伏起炎陽寢興煩几案俯仰倦幃牀
滂沱汗似鑠微靡風如湯洞池愧玉浪蘭殿非含霜
細簾時半卷輕幌乍橫張雲斜花影沒日落荷心香
願見洪崖井詎憐河朔觴

納涼　同前

斜日晚駸駸池塘生半陰避暑高梧側輕風時入襟
落花還就影驚蟬乍失林游魚吹水沫神蔡上荷心
翠竹垂秋采丹聚映疎砧無勞夜遊曲寄此託微吟

晚景納涼　同前

日移涼氣散懷抱信悠哉珠簾影空捲桂戶向池開
鳥棲星欲見河淨月應來橫階入細筍蔽地湮輕苔
草化飛爲火蚊聲合似雷於茲靜聞見自此歇氛埃

元圃納涼　同前

登山想劍閣逗浦憶辰陽飛流如凍雨夜月似秋霜
螢翻競晚熱蟲思引秋涼鳴波如礙石闇草別蘭香

寒閨　同前

綠葉朝朝黃紅顏日日異譬喻持相比那堪不愁思

納涼　元帝

高春斜日下佳氣滿欄楹池紅早花落水綠晚苔生
星稀月稍上雲開河尚橫白鳥翻帷暗丹螢入帳明
珠蔡趨北閣玳瑁徙南榮金鋪掩夕扇玉壺傳夜聲

寒閨　同前

鳥鵲夜南飛良人行未歸池水浮明月寒風送擣衣
願織迴文錦因君寄武威

苦熱　任昉

旭旦烟雲卷烈景入東軒傾光望轉蕙斜日照西垣
既卷蕉梧葉復傾葵藿根重簟無冷氣挾石似懷溫
歊霧類珠綴喘嚇狀雷奔

奉和太子納涼梧下應令　庾肩吾

北園涼氣早步輦暫逍遙避日交長扇迎風列短簫
山帶彈琴曲桐橫棲鳳條懸門開灑水錦石鎮浮橋
黑米生菰葉一作葑青花出稻苗無因學仙藻雲氣徒
飄颻

苦熱　何遜

昔聞草木焦今窺沙石爛嘻嘻風逾靜曈曈日漸盱

習靜闕衣巾讀書煩几案臥思清露浥坐待高星燦
蝙蝠戸中飛蠛蠓窻間亂實無河朔飲空有臨淄汗
遺金不自拾惡木寧無幹願以三伏晨催促九秋換

寒夜直坊憶袁三公　蕭子雲
滴滴雨鳴階愔愔茲夜靜風落宣猷樹寒凋承光屏
高帷曉獨垂華燭夜空冷一作圖所思不相見方知寒
漏永

苦暑　王筠
日坂散朱霧天隅斂青靄飛飈煥南陸炎津通北瀨
繁星聚若珠密雲屯似蓋月至每開襟風過時解帶

苦暑　劉孝威
暮日苦炎溽還坐接階廊月麗如娥影星含織女光
棲禽動夜竹流螢出閤牆香盤粽鮮粉雕壺承玉漿
白羽徒垂握綠水自周堂弱紈猶覺重纖絺尚少凉
弄風思漢朔戲雨憶吳王元冰術難驗赤道漏猶長
誰能更吹律還令黍谷凉

奉和逐凉　前人
鐘鳴夜未央避暑起徬徨長河似曳素明星若散璫
倚巖欣石冷臨池愛水凉月纖張敞畫荷妖韓壽香
對此遊清夜何勞娛洞房

寒夜怨　陶弘景
夜雲生夜鴻驚悽切嘹唳傷夜情空山霜滿高烟平
鉛華沈照帳孤明寒月微寒風緊愁心絕愁淚盡情
人不勝怨思來誰能忍

寒閨　鮑泉
行人消息斷空閨靜復寒風急朝機燥鏡暗晚妝難
從來腰自小衣帶就中寬

內園逐凉　陳徐陵
昔有北山北今余東海東納凉高樹下直坐落花中
狹徑長無迹茅齋本自空提琴就竹篠酌酒勸梧桐

和樂儀同苦熱　北周庾信
火井沈熒散炎洲高燄通鞭石未成雨鳴鳶不起風
思爲鵷翼扇願借明光宮臨淄迎子禮中散就安豐
美酒含蘭氣甘瓜開蜜筒寂寥人事屏還得隱牆東

夏日聯句　唐文宗
人皆苦炎熱我愛夏日長薰風自南來殿閣生微凉

和長孫祕監伏日苦熱　任希古
玉署三時曉金羈五日歸北林開逸徑東閣敞閒扉
池鏡分天色雲峰減日輝游鱗映荷聚驚翰遶林飛
披襟揚子宅舒嘯仰重闈

苦熱　王維
赤日滿天地火雲成山岳草木盡焦捲川澤皆竭涸
輕紈覺衣重密樹苦陰薄莞簟不可近絺綌再三濯
思出宇宙外曠然在寥廓長風萬里來江海蕩煩濁
却顧身爲患始知心未覺忽已甘露門宛然清凉樂

納凉　前人
喬木萬餘株清流貫其中前臨大川口豁達來長風
漣漪含白沙素鮪如游空偃臥盤石上翻濤沃微躬
漱流復濯足前對釣魚翁貪餌凡幾許徒思蓮葉東

寒夜　孟浩然
閨夕綺窻閉佳人罷縫衣理琴開寶匣就枕臥重幃
夜久燈花落薰籠香氣微錦衾重自煖遮莫曉霜飛

毒熱寄簡崔評事十六弟　杜甫
大暑運金氣荆揚不知秋林下有塌翼水中無行舟
千室但掃地閉關人事休老夫轉不樂旅次兼百憂
蝮蛇暮偃蹇空牀難暗投炎宵惡明燭況乃懷舊丘
開襟仰內弟執熱露白頭束帶負芒刺接居成阻修
何當清霜飛會子臨江樓載聞大易義諷詠詩家流
蘊藉異時輩檢身非苟求皇皇使臣體信是德業優
楚材擇杞梓漢苑歸驊騮短章達我心理爲識者籌

早秋苦熱堆案相仍　前人
七月六日苦炎熱對食暫餐還不能每愁夜中自足
蝎況乃秋後轉多蠅束帶發狂欲大叫簿書何急來
相仍南望青松架短壑安得赤脚踏層冰

熱三首　前人
雷霆空霹靂雲雨竟虛無炎赫衣流汗低垂氣不蘇
乞爲寒水玉願作冷秋菰何似兒童歲風凉出舞雩
瘴雲終不滅瀘水復西來閉戶人高臥歸林鳥却迴
峽中都是火江上只空雷想見陰宮雪風門颯沓開
朱李沈不冷雕胡炊屢新將衰骨盡痛被暍味空頻
欻翕炎蒸景飄颻征戍人十年可解甲爲爾一霑巾

多病執熱奉懷李尚書　前人
衰年正苦病侵陵首夏何須氣鬱蒸大水淼茫炎海
接奇峰硉兀火雲升思霑道暍黃梅雨敢望君恩玉
井冰不是尚書期不顧山陰野雪興難乘

前苦寒行二首　前人
漢時長安雪一丈牛馬毛寒縮如蝟楚江巫峽冰入
懷虎豹哀號又堪記秦城老翁荆揚客慣習炎蒸歲
絺綌元冥祝融氣或交手持白羽未敢釋
去年白帝雪在山今年白帝雪在地凍埋蛟龍南浦
縮寒刮肌膚北風利楚人四時皆麻衣楚天萬里無

晶輝三足之烏足恐斷羲和送將安歸

後苦寒行二首　前人

南紀巫廬瘴不絕太古以來無尺雪蠻夷長老怨苦寒崐崘天關凍應折元猨口噤不能嘯白鵠翅垂眼流血安得春泥補地裂

晚來江門失大木猛風中夜飛白屋天兵斬斷青海戎殺氣南行動坤軸不爾苦寒何太酷巴東之峽生凌澌彼蒼回斡人得知

避暑納涼　錢起

木槿花開畏日長時搖輕扇倚繩牀初晴草蔓緣新筍頻雨苔衣染舊牆十旬河朔應虛醉八柱天台好納涼無事始然知靜勝深垂紗帳詠滄浪

僧房避暑　嚴維

支公好閒寂庭宇愛林篁幽曠無煩暑恬和不可量蕙風清水殿荷氣雜天香明月談空坐怡然道術忘

同崔峒補闕慈恩寺避暑　盧綸

寺涼高樹合臥石綠陰中伴鶴慚仙侶依僧學老翁魚沈荷葉露鳥散竹林風始悟塵居者應將火宅同

自朔方還與鄭式瞻崔稱鄭子周岑贊同會法雲寺三門避暑　李益

予本疎放士朅來非外矯忽落邊城中愛山見山少始投清涼宇門值煙岫表參差互明滅彩翠竟昏曉泠泠遠風來過此羣木杪英英二三彥襟曠去煩撓游川出潛魚息陰倦飛鳥徇物不可窮唯於此心了

避暑女冠　前人

霧袖煙裾雲母冠碧琉璃簟井冰寒焚香欲使三清鳥靜拂桐陰上玉壇

苦熱　司空曙

暑氣發炎州焦煙遠未收嘯風兼熾燄揮汗訝成流鸛鵲投林盡黿魚擁石稠漱泉齊飲酎衣葛劇兼裘長簟貪欹枕輕巾懶挂頭招商如有曲一爲取新秋

寒夜聞霜鐘　鄭絪

霜鐘初應律寂寂出重林拂水宜清聽凌空散迥音春容時未歇搖曳夜方深月下和虛籟風前間遠砧淨兼寒漏徹閒畏曙更侵遙想千山外泠泠何處尋

林館避暑　羊士諤

池島清陰裏無人泛酒船山蜩金奏響荷露水精圓靜勝朝還暮幽觀白已玄家林正如此何事賦歸田

夏日苦熱同長孫主簿過仁壽寺納涼　楊巨源

火入天地鑪南方正何劇四郊長雲紅六合太陽赤赫赫沸泉壑燄燄焦砂石思減祝融權期匡諸子宅因投竹林寺一問青蓮客心空得清涼理證等喧寂開襟天籟回步屧雨花積微風動珠簾惠氣入瑤席境閒性方謐塵遠趣皆適淹駕殊未還朱欄敞虛碧

曲池潔寒流　崔立之

閒尋敧岸步因向曲池看透底何澄徹迴流乍屈盤稍隨高樹古迴與遠天寒月入鏡華轉星臨珠影攢纖鱗時蔽石轉吹或生瀾頗假涓微效來濡拙筆端

夏夜苦熱登西樓　柳宗元

苦熱中夜起登樓獨褰衣山澤凝暑氣星漢湛光輝火晶燥露滋野靜停風威探湯汲陰井煬竈開重扉憑闌久徬徨流汗不可揮莫辨亭毒意仰訴璿與璣諒非姑射子靜勝安能希

苦寒吟　孟郊

天色寒青蒼北風叫枯桑厚冰無裂文短日有冷光敲石不得火壯陰正奪陽調苦竟何言凍吟成此章

寒江吟　前人

冬至日光白始知陰氣凝寒江波浪凍千里無平冰飛鳥絕高羽行人皆晏興荻洲素浩渺碕岸斷崚嶒煙舟忽自阻風帆不相乘何況異形體信任爲股肱涉江莫涉凌得意須得朋結交非賢良誰免生愛憎凍水有再浪失飛有載騰一言從醜詞萬響無善應取鑒諒不遠江水千萬層何當春風吹利涉吾道弘

寒　元稹

江瘴節候暖臘初梅已殘夜來北風至喜見今日寒扣冰淺塘水擁雪深竹闌復此滿尊醁但嗟誰與歡

精舍納涼　前人

山景晦已寂野亭變蒼蒼夕風吹高殿露葉散林光清鐘初戒夜幽鳥尚歸翔誰復掩扉臥南軒多早涼

旱熱二首　白居易

彤雲散不雨赫日吁可畏端坐猶揮汗出門豈容易忽思公府內青衫折腰吏復想驛路中紅塵走馬使征夫更辛苦逐客彌顦顇日入尚趨程宵分不遑寐安知北窻叟偃臥風颯至簟拂碧魚鱗扇搖白鶴翅豈惟身所得兼示心無事誰言苦熱天元有清涼地

勃勃旱塵氣炎炎赤日光飛禽颺將墮行人渴欲狂壯者不耐饑饑火燒其腸肥者不禁熱喘急汗如漿到此方自悟老瘦亦何妨肉輕足健逸髮少頭清涼薄食不飢渴端居省衣裳數匙粱飯冷一領綃衫香持此聊過日焉知畏日長

何處堪避暑　前人

何處堪避暑林間背日樓何處好追凉池上隨風舟日高饑始食食竟飽還遊遊能睡一覺覺來茶一甌眼明見青山耳醒聞碧流脫襪閑濯足解巾快搔頭如此來幾時已過六七秋從心至百骸無一不自由拙退是其分榮耀非所求雖被世間笑終無身外憂此語君莫怪靜思吾亦愁如何三伏月楊尹謫虔州

時熱少見客詠懷　前人

冠櫛心多懶逢迎興漸微況當時熱甚幸遇客來稀溼灑池邊地凉開竹下扉露牀青篾簟風架白蕉衣院靜留僧宿樓空放妓歸衰殘强歡宴此事久知非

消暑　前人

何以消煩暑端居一院中眼前無長物窻下有清風熱散由心靜凉生爲室空此時身自得難更與人同

天竺寺七葉堂避暑　前人

鬱鬱復鬱鬱伏熱何時畢行入七葉堂煩暑隨步失檐雨稍霏微窻風正蕭瑟清宵一覺睡可以銷百疾

夏日與閑禪師坐林下避暑　前人

落景牆西塵土紅伴僧閑坐竹泉東綠蘿潭上不見日白石灘邊長有風熱閙漸知隨念盡清凉常願與人同每因毒暑悲親故多在炎方瘴海中

苦熱題恆寂師禪房　前人

人人避暑走如狂獨有禪師不出房可是禪房無熱到但能心靜卽身凉

香山避暑　前人

紗巾草履竹疎衣晚下香山踏翠微一路凉風十八里卧乘籃轝睡中歸

新秋喜凉　前人

過得炎蒸月尤宜老病身衣裳朝不潤枕簟夜相親樓月纖纖早波風嫋嫋新光陰與時節先感是詩人

早寒　前人

黃葉聚牆角青苔圍柱根被經霜後薄鏡遇雨來昏半卷寒簷幕斜開暖閣門迎冬兼送老只仰酒盈尊

寒閨夜　前人

夜半衾裯冷孤眠嬾未能籠香銷盡火巾淚滴成冰爲惜影相伴通宵不滅燈

晚寒　前人

急景流如箭淒風利似刀暝催雞翅斂寒束樹枝高縮水濃和酒加綿厚絮袍可憐冬計畢煖卧醉陶陶

避暑二首　徐凝

一株金染密數畝碧鮮疎避暑臨溪坐何妨直釣魚

斑多筒簟冷髮少角冠清避暑長林下寒蟬又有聲

寒夜　殷堯藩

雲冷江空歲暮時竹陰梅影月參差雞催夢枕司晨早更咽寒城報點遲人事紛華潛動息天機靜默運推移悲誰蕩滌窮殘候入眼東風喜在期

慈恩寺避暑　李遠

香荷疑散麝風鐸似調琴不覺清凉晚歸人滿柳陰

文殊院避暑　李羣玉

赤日黃埃滿世間松聲入耳卽心閑願尋五百仙人去一世清凉住雪山

苦寒行　劉駕

嚴寒動八荒刺刺無休時陽烏不自暖雪壓扶桑枝歲暮寒益壯青春安得歸朔鴈到海南越禽何處飛誰言貧士歎不爲身無衣

避暑　李頻

當暑憶歸林陶家借柳陰蟬從初伏噪客向晚凉吟白日欺元鬢滄江負素心神仙倘有術引我出幽岑

寒日書齋卽事三首　皮日休

參佐三間似草堂恬然無事可成忙移時寂歷燒松子盡日慇勤拂乳牀將近道齋先衣褐欲清詩思更焚香空庭好待中宵月獨禮星辰學步罡

不知何事有生涯皮褐親裁學道家深夜數甌唯柏葉清晨一器是雲華盆池有鷺窺蘋沫石版無人掃桂花江漢欲歸應未得夜來頻夢赤城霞

方朔家貧未有車肯從榮利捨樵漁從公未怪多侵酒見客唯求轉借書暫聽松風生意足偶看溪月世情疎如鉤得貴非吾事合向烟波爲五魚

寒夜文宴得泉字　前人

分明競襞七香牋王朗風姿盡列仙盈篋共開華頂藥滿缾同坼惠山泉蟹因霜重金膏溢橘爲風多玉腦鮮吟罷不知詩首數隔林明月過中天

寒夜文宴得驚字　陸龜蒙

各將寒調觸詩情旋見微澌入硯生霜月滿庭人暫起汀洲半夜鴈初驚三秋每爲仙題想一日多因累句傾千里建康衰草外含毫誰是憶昭明

歲晚苦寒　方干

地氣寒不暢嚴風無定時挑燈青燼少呵筆尺書遲白兔沒已久晨雞僵未知竚看開聖曆暄煦立爲期

山院避暑　韓偓

行樂江郊外追凉山寺中靜陰生晚綠寂慮延清風

運寒地維窄氣蘇天宇空何人識幽抱目送冥冥鴻

涼思　吳融

松間小檻接波平月淡烟沉暑氣清半夜水禽棲不定綠荷風動露珠傾

宮詞二首　花蘂夫人徐氏

夜寒金屋篆烟飛燈燭分明在紫微漏永禁宮三十六燕同爭踏月輪歸

金作蟠龍繡作麟壺中樓閣禁中春君王避暑來遊幸風月橫秋氣象新

北塘避暑　宋韓琦

盡室林塘滌暑煩曠然如不在塵寰誰人敢議清風價無樂能過白日閒水鳥得魚長自足嶺雲含雨只空還酒闌何物醒魂夢萬柄蓮香一枕山

夏熱　歐陽修

陽暉爍四野萬里纖雲收羲和困路遠正午當空畱枝條不動影草木皆含愁深林虎不嘯臥喘如吳牛蜩蟬一何微嗟爾徒啾啾

暑中閒詠　蘇舜欽

嘉果浮沉酒半醺牀頭書冊亂紛紛北軒涼吹開疎竹臥看青天行白雲

暑景　前人

溽暑倦幽齋縱橫書亂堆風多應秀麥雨密不黃梅乳燕並頭語紅葵相背開吟餘晴月上涼思入尊罍

夏熱　梅堯臣

六龍銜火燒寰宇魏王冰井若湯煑松枝桂葉凝若癡喘殺溪頭嘯風虎北冥融却萬丈冰千觔凍鼠忙如蒸我聞北上長飛雪此時日暵地皮裂仙芝瑤草不敢苗湘川竹焦琅玕折西郊雲好雨不垂堆青疊碧徒爾爲

燕堂暑飲　邵雍

燕堂通高明簷依斷崖欹涼風來松梢清泉飛竹陰佳果間紅綠旨酒隨淺深却思闤闠間鬱蒸不可任

苦寒寄瀘州汲師中　馮山

嚴颸肅林莽暖日沈烟霏遊子事行邁慘澹凌霜威斂策倦修阻迹往心自違層雲眺孤鴻徊翔鳴無依雍容念儔侶欲息洲渚非此地正苦寒盤身西南飛

苦熱行　文同

黃人頓駕畱天中金鴉吐火當碧空炎光染雲聳岌岌旱氣爍土飛蓬蓬龍搖乾胡不作雨虎引渴吻無生風安得有術劈海水入底一抑鮫人宮

北園避暑　前人

繚繞度迴塘紆餘轉短牆引笻聊散誕入竹得清涼

正午禽蟲靜初晴果木香移牀就高處更欲解衣裳

春寒　前人

東風何事力猶微凜凜邊寒上客衣舊雪未消新雪下南園春色幾時歸

七月一日出城舟中苦熱　蘇軾

涼飈呼不來流汗方被體稀星乍明滅暗水光瀰瀰香風過蓮芡驚枕裂魴鯉欠伸宿酒餘起坐濯清泚火雲勢方壯未受月露洗身微欲安適坐待東方啓

苦寒　孔武仲

晨風獵獵卷書堂坐愛松筠耐雪霜歲律崢嶸催暮景時光宛轉逼新陽金巵滿引顏雖解石火深籠襟不長安得仙家却寒術吸噓霞氣赤城傍

納涼　秦觀

攜杖來追柳外涼畫橋南畔倚胡牀月明船笛參差起風定池蓮自在香

和晁應之大暑書事　張耒

蓬門久閉謝來車畏暑尤便小閣虛青引嫩苔畱鳥篆綠垂殘葉帶蟲書寒泉出井功何有白羽邀涼計已踈忍待西風一蕭颯碧鱸銀鱠意何如

大暑息林下　彭汝礪

溪流轉東西日色不可障水風鼓炎熱如坐蒸炊上幽林續山谷弛楫投清曠行矣難少畱白雲在吾望

壬辰九月二十三日天氣始寒以詩紀之　唐庚

朝來怪底冷前此已重陽漸逼袴襦節稍聞灰火香煙嵐向冬淨橘柚得霜黃嶺表雖多暑天時亦有常

大暑竹下獨酌　鄭剛中

新竹日以密竹葉日以繁參差四窻外小大皆琅玕隆暑方盛氣勢欲焚山樊脩然此君子不容至其間清風如可人亦復怡我顏黃昏開竹杪放入月一彎綠陰隨合之碎玉光斕斑我舉大榼酒欲與風月懽清風不我畱月亦無一言獨酌徑就醉夢涼天地寬

暑雨　前人

結廬在深寂芳簷蔭松蘿天晴風日溫時有燕雀過今茲夏暑雨衡門可張羅永歎復自慰幽興吾亦多

負暄　劉子翬

宵寒臥增裯晝寒起增衣何如負暄樂高堂日暉暉引光扉盡闔追影榻屢移妙趣久乃酣閉目潛自知初如擁紅爐凍粟消頑肌漸如飲醇醪暖力中融怡

欠伸百骸舒爬搔隨意爲稍囘驕佚氣頓改酸寒姿
薰然沐慈仁天恩豈余私願披橫空雲四海同熙熙
翹首望扶桑傾心效園葵

大暑舟行含山道中雨驟至霆奔龍挂可駭　范成大

隤雲瞪前驅連鼓訌後殿駭駭失高丘擾擾暗古縣
白龍起幽蟄黑霧佐神變盆傾耳雙聵斗暗目四眩
帆重腹逾飽檣潤鳴更健圓漪暈雨點濺滴走波面
伶俜愁孤鴛颭閃亂饑燕麥老枕水臥秧稗與風戰
牛溪岌城沈蟻隧洶瓴建水車競施行歲事敢休宴
咿啞嘯簧鳴轣轆連鎖轉騈頭立婦子列舍望宗作
東枯駭西潰寸涸驚尺濺嗟余豈能賢與彼亦何辨
扁舟風露熟半世江湖徧不知憂稼穡但解加餐飯
遙憐老農苦敢厭遊子倦

次韻溫伯納凉　前人

日斜猶畏暑吏退合偷閒霞散紅綃薄溪迴碧玉彎
伴人惟羽扇娛客欠風鬟且復哦新句相嘲飯顆山

劇暑　陸游

六月暑方劇喘汗不支持逃之顧無術惟望樹陰移
或謂當讀書或勸把酒卮或誇作字好蕭然却炎曦
或欲溪上釣或思竹間棊亦有出下策買簟傾家貲
赤脚蹋層冰此計又絕癡我獨謂不然願子少留思
方今詔書下淮汴方出師黃旂立轅門羽檄晝夜馳
大將先擐甲三軍隨指揮行伍未盡食大將不言饑
渴不先飲水騾不先告疲吾儕獨安居茂林蔭茅茨
脫巾濯寒泉臥起從其私於此尙畏熱鬼神豈可欺
坐客皆謂然索紙遂成詩使覺窻几間颯颯清風吹

避暑江上　前人

苦熱厭城市初夜臨江湍風從西山來顚帶積雪寒
堰聲靜尤壯噴薄如急灘頓遠車馬喧更覺衣裳單
斷岸吐缺月恨不三更看且隨螢火歸城扉欲橫關

初寒　前人

船尾寒風不滿旗江邊叢祠常掩扉行人畏虎少晨
起舟子捕魚多夜歸茅葉翻翻帶宿雨葦花漠漠弄
斜暉傷心到處聞砧杵九月今年未授衣

龜堂初暑　前人

淪漪一曲遶茅堂葛帔紗巾喜日長多事林鳩管晴
雨依人海燕度炎涼深枝著子纍纍熟幽草開花冉
冉香安得此時江海上與君袖手看人忙

新寒　前人

碧蝶飛飛過短籬山薑石竹有殘枝誰知老子閒眠
處却是新寒細雨時

前苦寒歌　楊萬里

四大海潮打淸淮三萬里風平地來龜山橫身攔不
住潮波怒飛風倒囘欲晴不晴雪不雪井作苦寒凍
人絕古寺大鐘十字裂東山石崖一峰蹶勸君莫出
君須出冰脫君髯折君骨

後苦寒歌　前人

白鷗立雪脛透冷鸊鵜避風飛不正一雙野鴨欺晚
寒出沒冰河底心性絕憐紅船黃帽郎綠蓑青蒻牽
牙檣生愁墮指脫兩耳蘆花亦無何許藏遺軀前頭
買乾荻速烘焰火與一炙三足老鴉不肯出看雲訴
天天不泣

新寒　前人

寒力欺誰得知儂典却衣暮衾差慰眼不作一行歸

夏夜追涼　前人

夜熱依然午熱同開門小立月明中竹深樹密蟲鳴
處時有微凉不是風

秋暑　朱熹

晨興納新涼亭午倦猶暑臥對北窻扉淡泊將誰侶
疎樹含輕颸時禽轉幽語端居悟物情即事聊容與

豫章東湖避暑　戴復古

行坐自徜徉吟聲繞屋梁曉烟溼柳色晨露發荷香
以我一心靜忿他六月涼淵明知此意高臥到羲皇

苦寒行　劉克莊

十月邊頭風色惡官軍身上衣裘薄押衣敕使來不
來夜長甲冷睡難著長安城中多熱官朱門日高未
啓關重重帷薄施屛山中酒不知屛外寒

苦熱　方夔

六月紅雲不肯移淸心自合勝炎曦雲根劚藥移松
骨石罅分泉插木皮未用冰蠶來海嶠坐看凍蟻走
莪眉人間寒暑相催迫待寄東谿萬縷絲

山亭避暑　眞桂芳

怕礙淸風入丁寧莫下簾地皆宜避暑人自要趨炎
竹色水千頃松聲風四檐此中有幽致多取未傷廉

暑月獨眠　媛朱淑眞

紗幮困臥日初長解却紅裙小簟涼一篆爐香籠午
枕冰肌生汗白蓮香

大暑　金趙元

旱雲飛火燎長空白日渾如坐甑中不到廣寒冰雪
窟扇頭能有幾多風

避暑玉溪山　元劉因
風露撩人儘力清也應知我到禪扃秋聲滿谷有生
氣山意帶烟成遠形皎月欲升天失色白雲初出樹
留靑他年若訪經行處合有先生避暑亭

寒夜作　揭傒斯
疎星凍霜空流月濕林薄虛館人不眠時聞一葉落

池亭納凉　明仁宗
夏日多炎熱臨池憩午凉雨滋槐葉翠風過藕花香
舞燕來靑瑣流鶯出建章援琴彈雅操民物樂時康

京師苦寒　高啓
北風怒發浮雲昏積陰慘慘愁乾坤龍蛇蟠泥獸入
穴怪石凍裂生皴痕臨滄觀下飛雪滿橫江渡口驚
濤奔空山萬木盡立死未覺陽氣回深根茅簷老父
坐無褐舉首但望開朝暾苦寒如此豈宜客嗟我歲
晩飄羈魂尋常在舍信可樂牀頭每有松醪存山中
炭賤地爐暖兒女環坐忘卑尊鳥飛欲斷況無友十
日不敢開衡門朅來京師每晨出强逐車馬朝天閽
歸時顏色暗如土破屋暝作饑鳶蹲陌頭酒價雖苦
貴一斗三百誰能論急呼取醉徑高臥布被絮薄終
難溫却思健兒戍西北千里積雪連崐崘河冰踏碎
馬蹄熱夜斫堅壘收羌渾書生只解弄口頰無力可
報朝廷恩何不早上乞身疏一簑歸釣江南村

寒夜　樊阜
破屋難禁深夜雨布衾寒濕半牀雲愁來自起推窗
看人比梅花瘦幾分

初寒擁爐欣而成詠　楊愼
閉戶當嚴候圍爐似故人胡桃無賜炭（宋世御炭以胡桃文鵓鴿色爲上又賜內直學士）榾柮有窮薪兒免號寒喜翁便永夜親
皴鷹金莇苔灰聚玉麒麟剪燭休論跋傳杯莫記巡
煎茶浮蟹眼煨芋皺蚪鱗一點那容雪千門預借春
灞橋何事者凍縮苦吟身

枕流橋避暑口號　朱曰藩
竹牀花簟坐蕭閒好是儂家銷夏灣誰道屏風無九
曡綵雲飛作洞庭山

夏日偕允兆德礪姪象先延清避暑興教寺分得持字　汪道貫
蕭寺洽心期幽偏樂事宜清齋分法喜淨水瀉軍持

避暑呂叔與園亭因贈　盛鳴世
樹古綠陰覆庭虛白晝遲晩凉仍自恣餘興寄枯棊
避暑誰堪適壺冰若可餐一間高士論六月使人寒
雲起峰陰直亭孤日氣殘晩來山更好不礙隔簾看

寒夕　王龍起
疎林夕照將斜半嶺風吹斷霞無事柴門獨掩庭前
幾樹梅花

湖光山色樓避暑　顧德輝
天風吹雨過湖去溪水流雲出樹間樓上幽人不知
暑鉤簾把酒看虞山

暑夜　釋宗泐
此夜炎蒸不可當開門高樹月蒼蒼天河只在南樓
上不借人間一滴凉

避暑湖光山色樓二首　良琦
廻溪斷岸柳陰疎酒舍漁家竹逕過一片湖光暮雲
隔荷花荷葉帶平蕪
重重樓戶燕穿風曲曲紅橋綠水通薄暮鉤簾對凉
雨一時秋思在梧桐

木蘭花（夜起避暑）　後蜀孟昶
冰肌玉骨清無汗水殿風來暗香滿繡簾一點月窺
人攲枕釵橫雲鬢亂　起來瓊戶悄無聲時見疎星
渡河漢屈指西風幾時來只恐流年暗中換

鷓鴣天　宋李之儀
避暑佳人不著妝水晶冠子薄羅裳摩綿撲粉飛瓊
屑濾蜜調冰結絳霜　隨定我小蘭堂金盆盛水遶
牙牀時時浸手心頭熨受盡無人知處凉

驀山溪（北觀避暑）　前人
金柔火老欲避幾無地誰借一檐風鎖幽香愔愔清
邃瑤階珠砌如膜遇金鏡流水外落花前豈是人能
致　璧麟泛王笑語皆眞類惆悵月邊人駕雲軿何
方適意么絃咽處空感舊時聲蘭易歇恨偏長魂斷
成何事

滿庭芳　毛滂
爍石炎曦迷雲急雨院落槐午陰清藕花開偏綠細
一池萍槽下珍珠溜溜龍團破河朔餘醒闌干外梧
桐葉底金井轆轤聲　盈盈開霧帳珊瑚連枕雲母

圍屏對肌膚冰雪自有凉生翠袖風回畫扇拂香篆
蚪尾斜橫北牕晚娟娟靜色竹影上簾旌

洞仙歌 納凉　葛郯

璚樓十二無限神仙侶紫紱丹麾彩鸞馭步虛聲杳
靄碧落天高微雲澹點破瑤堦白露　暗香來水閣
冰簟紗幮一枕風輕自無暑更上水晶簾斗挂闌干
銀河淺天孫將渡終不如歸去在苕川看千頃菰蒲
亂鳴秋雨

沁園春 避暑　趙師俠

羊角飄塵金烏鑠石雨凉念秋有虛堂臨水披襟散
髮紗幮卷霧湘簟波浮遠列雲峰近參荷氣臥看文
書琴枕頭蟬聲寂向莊周夢裏栩栩無謀　茶甌醒
困堪求饑飽飯安居可以休算翛閒靜勝吾能自樂
榮華紛擾人浸多愁習嬾非癡覺迷是病一力那能
勝九牛但休問且追尋觴詠知友從遊

玉梅令 石湖畏寒不出戲之　姜夔

疏疏雪片散入南溪苑春寒鎖舊家亭館有玉梅幾
樹背立怨東風高花未吐暗香已遠　公來領客梅
花能勸花長好願公更健便揉春爲酒剪雪作新詩
拚一日繞花千轉

淸平樂 趙閣避暑　劉鎮

柳陰庭院簾約風前燕著雨荷花紅半斂消得盈盈
綠扇　竹光野色生寒玉纖雪藕冰盤長記酒醒人
靜暗香吹月闌干

蘇幕遮　方千里

扇留風冰却暑夏木陰陰相對黃鸝語薄晚輕陰還
閣雨遠岸烟深彷彿菱歌舉　燕歸來花落去幾度
逢迎幾度傷羈旅油壁西陵人識否好約追凉小艤
蒹葭浦

惜餘春慢 避暑和韻　周密

紺玉波寬碧雲亭小冉冉水花香細魚牽翠帶燕掠
紅衣雨窻萬荷喧睡臨檻自採瑤房鉛粉沾襟雪絲
縈指喜嘶蟬樹遠盟鷗鄉近鏡奩光裏　簾戶悄竹
色侵棋槐陰移漏晝永簟花鋪水清眠乍足晚浴初
慵瘦約楚裙尺二曲砌虛庭夜深月透龜紗凉生蟬
翅看銀潢瀉露金井啼鴉漸起

意難忘　何夢桂

避暑林塘數元戎小隊一簇紅妝旌幢雲影動簾幕
水沈香金縷徹玉肌凉慢拍舞輕颸更一般輕絃細
管孤竹空桑　風姨昨夜癡狂向華峯吹落雲錦天
裳波神藏不得散作滿池芳移綵鷁柳陰傍拚一醉
淋浪向晚來歌闌飲散月在紗牕

念奴嬌 避暑　釋揮

故園避暑愛繁陰翳日流霞供酌竹影篩金泉漱玉
紅映薇花簾館素質生風香肌無汗繡扇長閒却雙
鸞棲處綠筠時下風籜　吹斷舞影歌聲陽臺人去
有當年池閣佩結蘭英凝念久言語精神依約燕別
雕梁鴻歸紫塞音信憑誰託爭知好景爲君長是蕭
索

天仙子 酷暑　明王世貞

萬疊火雲堆落照一抹青山連晚燒不教蘋蔕吐微
颸天轉峭星仍鬧長安炙就紅爐小　枝上忽聞蟬
語噪爲問西風何日到男兒失足墮京塵炎也燥凉
也燥不如銷夏灣中好

寒暑部選句

漢班固詩來風堪避暑靜夜致清凉
魏王粲詩凉風撤蒸暑清雲却炎暉
晉張華詩四氣鱗次寒暑環周
宋謝惠連詩溽暑扇溫飈
梁沈約詩紅輪映早寒畫扇迎初暑
唐劉禕之詩林樹千霜積山宮四序寒
宋之問詩窻覆垂楊暖階侵瀑水寒
杜審言詩北地春光晚邊城氣候寒
駱賓王詩雪明書帳冷水靜墨池寒
張說詩南至三冬暖西馳萬里寒
盧從愿詩槐路淸梅暑蘅皐起麥凉
王維詩飽食不須愁內熱大官還有蔗漿寒
儲光羲詩當暑日方晝高天無片雲又逍遙高殿陰
六月無炎暑
李白詩田家秋作苦鄰女夜舂寒又千峰夾水向秋
浦五松名山常夏寒
岑參詩殘雲收夏暑新雨帶秋嵐又霜隨驅夏暑風
逐振江濤又珠箔障爐暖狐裘耐臘寒
杜甫詩十暑岷山葛三霜楚戶砧又當暑著來淸又
夜郎溪日暖白帝峽風寒又南楚青春異暄寒早早
分又百年地僻柴門迥五月江深草閣寒
錢起詩晚凉生玉井新暑避松烟
竇叔向詩御爐香歘暖馳道玉聲寒
劉商詩綿衣似熱夾衣寒時景雖和春已闌
劉禹錫詩梅蘂覆階鈴閣暖雪花當戶戟枝寒
白居易詩洞房清且溫寒暑不能干又朝晡須餠飼

寒暑賜衣裳又能就江樓銷暑否比君茅舍較清凉
又望春光景暖避暑竹風凉又豈止銷時暑應能保
歲寒
杜牧詩御水初銷凍宮花尚怯寒
李羣玉詩氣吹朱夏轉聲掃碧霄寒
陸龜蒙詩強起披衣坐徐行處暑天
方干詩下蒸陰氣松蘿濕外制溫風杖履寒
唐彥謙詩槐柳蕭疎溽暑收商金頹伏火西流
韓偓詩戍旗青草接榆關雨裏幷州四月寒
李洞詩鳥觸翠微溼人居酷暑寒
宋蘇軾詩冰蠶不知寒火鼠不知暑又曉日雲菴暖
春風浴殿寒
蘇轍詩窻扉迎暑梅將洒虛市無人冷欲冰
葉夢得詩似聞謖謖山風響正想陰陰夏簟寒
范成大詩紅綃黃團熱著風
陸游詩火雲突兀方蒸暑銀漢縱橫已報秋
鄭震詩春風雙屐暖夜雨一燈寒
金元好問詩薄雲樓閣猶烘暑細雨林塘已帶秋
元戴良詩人間已退三庚暑天上誰乘八月槎
明高啓詩不受杜陵風可避河朔暑

欽定古今圖書集成曆象彙編歲功典

第一百卷目錄

寒暑部紀事

歲功典第一百卷

寒暑部紀事

宋書符瑞志堯有聖德廚中自生肉其薄如箑搖動則風生食物寒而不臭名曰箑脯

淮南子人間訓武王蔭暍人於樾下左擁而右扇之而天下懷其德

周禮地官大司徒之職以土圭之法測土深正日景以求地中日南則景短多暑日北則景長多寒〈訂義〉鄭鍔曰土圭測日之法冬夏二至晝漏正中立一表以爲中南北各立一表其取中表皆以千里爲率其表則各以八尺爲度于表之傍立一尺五寸之土圭焉日南者南表也晝漏正而中表之景已與土圭等其南方之表則于表南得一尺四寸之景不及土圭之長是其地于日爲近南故其景短南方偏乎陽則知其地之多暑日北者北表也晝漏正而中表之景已與土圭等其北方之表則于表北得一尺六寸之景有過乎土圭之長是其地于日爲近北故其景長北方偏乎陰則知其地之多寒

周禮春官籥章掌土鼓豳籥中春晝擊土鼓龡豳詩以逆暑中秋夜迎寒亦如之〈訂義〉易氏曰民事終始實關天時之消長故必先之以迎寒逆暑逆如逆女之義自外而逆于內以我爲主謂陽常居大夏而主歲功迎如迎賓之義自內而出于外以彼爲客謂陰常居大冬時出而佐陽中春爲歲陽之中晝爲日陽之中如是而逆暑與堯典所謂日中星鳥寅賓出日同意中秋爲歲陰之中夜爲宵陰之中如是而迎寒與堯典所謂宵中星虛寅餞納日同意萬物生于土反于土則土者物之終始也逆暑迎寒所以皆擊土鼓焉橫渠曰當春之晝吾方逆暑則三之日于耜四之日舉趾蓋有以逆其氣當秋之夜吾方迎寒則一之日觱發二之日栗烈蓋有以迎其氣楊氏曰陰陽積而爲寒暑寒暑相推而成歲寒暑不時無以成歲故迎之逆之所以道其氣陽生于子冬至日在牽牛陰生于午夏至日在東井聖人向明而治于中春逆暑背其所向則不順故謂之逆中秋迎寒而其所向則順故謂之迎

拾遺記成王即位三年有泥離之國來朝其人稱自發其國常從雲裏而行聞雷霆之聲在下或入潛穴又聞波瀾之聲在上或泛巨水視日月以知方面所向計寒暑以知年月考以中國正朔則序曆相符王接以外賓之禮也

穆天子傳天子筮獵苹澤其卦遇訟逢公占之曰訟之繇藪澤蒼蒼其中〈缺〉宜其正公戎事則從祭祀則喜畋獵則獲〈缺〉飲逢公酒賜之駿馬十六絺紵三十篋逢公再拜稽首賜筮史狐〈缺〉有陰雨夢神有事是謂重陰天子乃休日中大寒北風雨雪有凍人天子作詩三章以哀民曰我徂黃竹〈缺〉員閟寒帝收九行嗟我公侯百辟冢卿皇我萬民旦夕勿忘我徂黃竹〈缺〉員閟寒帝收九行嗟我公侯百辟冢卿皇我萬民旦夕勿窮有皎者鴼翩翩其飛嗟我公侯〈缺〉勿則遷居樂甚寡不如遷土禮樂其民天子曰余一人則淫不皇萬民〈缺〉登乃宿于黃竹

拾遺記周靈王二十三年起昆昭之臺亦名宣昭聚天下異木神工得崿谷陰生之樹其樹千尋文理盤錯以此一樹而臺用足焉大幹爲桁棟小枝爲栭桷其木有龍蛇百獸之形又篩水精以爲泥臺高百丈昇之以望雲色時有萇弘能招致神異王乃登臺望雲氣蓊鬱忽見二人乘雲而至鬚髮皆黃非世俗之類也乘遊龍飛鳳之輦駕以青螭其衣皆纏緝毛羽也王即迎之上席時天下旱地裂火燃一人先唱能爲雪霜引氣一噴則雲起雪飛坐者皆凜然宮中池井堅冰可琢又設狐腋素裘紫羆文褥羆褥是西域所獻也施於臺上坐者皆溫又有一人唱能使即席爲炎乃以指彈席上而暄風入室裘褥皆棄於臺下時有容成子諫曰大王以天下爲家而染異術使變夏改寒以誣百姓文武周公之所不取也王乃疎萇弘而求正諫之士

左傳宣公十二年楚子圍蕭蕭潰申公巫臣曰師人多寒王巡三軍拊而勉之三軍之士皆如挾纊

尸子楚莊王對雪披裘當戶曰我猶寒彼百姓賓客甚矣乃使巡國中求無居宿絕糧者賑之國人大悅

左傳襄公二十一年楚子庚卒楚子使薳子馮爲令

尹訪于申叔豫叔豫曰國多寵而王弱國不可爲也遂以疾辭方暑闕地下冰而牀焉重繭衣裘鮮食而寢楚子使醫視之復曰瘠則甚矣而血氣未動乃使子南爲令尹

晏子諫上篇晏子使于魯比其返也景公使國人起大臺之役歲寒不已凍餒之者鄉有焉國人望晏子晏子至已復事公迺坐飲酒樂晏子曰君若賜臣臣請歌之歌曰庶民之言曰凍水洗我若之何歎終喟然歎而流涕公就止之曰夫子曷爲至此殆爲大臺之役夫寡人將速罷之晏子再拜出而不言遂如大臺執朴鞭其不務者曰吾細人也皆有蓋廬以避燥濕君爲壹臺而不速成何爲國人皆曰晏子助天爲虐晏子歸未至而君出令趣罷役車馳而人趨仲尼聞之喟然嘆曰古之善爲人臣者聲名歸之君禍災歸之身入則切磋其君之不善出則高譽其君之德義是以雖事惰君能垂衣裳朝諸侯不敢伐其功當此道者其晏子是耶

景公之時雨雪三日而不霽公被狐白之裘坐堂側陛晏子入見立有間公曰怪哉雨雪三日而天不寒晏子對曰天不寒乎公笑晏子曰嬰聞古之賢君飽而知人之飢溫而知人之寒逸而知人之勞今君不知也公曰善寡人聞命矣乃令出裘發粟與飢寒令所睹于塗者無問其鄉所睹于里者無問其家循國計數無言其名士既事者兼月疾者兼歲孔子聞之曰晏子能明其所欲景公能行其所善也

諫下篇景公爲履黃金之綦飾以銀連以珠良玉之絇其長尺冰月服之以聽朝晏子朝公迎之履重僅能舉足問曰天寒乎晏子曰君奚問天之寒也古聖人製衣服也冬輕而暖夏輕而清今君之履冰月服之是重寒也履重不節是過任也

說苑晏子侍于景公朝寒請進熱食對曰嬰非君之廚養臣也敢辭公曰請進服裘對曰嬰非田澤之臣也敢辭公曰然夫子于寡人奚爲者也對曰社稷之臣也公曰何謂社稷之臣對曰社稷之臣能立社稷辨上下之宜使得其理制百官之序使得其宜作爲辭令可分布于四方自是之後君不以禮不見晏子也

新序衛靈公以天寒鑿池宛春諫曰天寒起役恐傷民公曰天寒乎宛春曰君衣狐裘坐熊席陬隅有竈是以不寒今民衣弊不補履決不苴君則不寒民誠寒矣公曰善令罷役左右諫曰君鑿池不知天寒以宛春知而罷役是德歸宛春怨歸于君公曰不然宛春魯國之匹夫吾舉之民未有見焉今將令民以此見之且春也有善寡人有春之善非寡人之善與靈公論宛春可謂知君之道矣

琴操曾子嘗耕于太山之下遭天雨雪寒凍旬日不得歸乃作憂思之歌

孝子傳閔子騫後母絮騫衣以蘆花御車寒失紖父怒笞之後撫背之衣單父乃去其妻騫啓父曰母在一子寒母去三子單

賈誼新書楚昭王當房而立愀然有寒色曰寡人朝飢饉時酒二酣重裘而立猶憯然有寒氣將奈我元元之百姓何是日也出府之裘以衣寒者出倉之粟以賑飢者居二年闔閭襲郢昭王奔隨諸當房之賜者請還戰至死之寇闔閭一夕而五徙臥不能類楚曳師而去昭王乃復當房之德也

拾遺記燕昭王時有國獻黑蚌於昭王王取瑤漳之水洗其沙泥乃嗟歎曰自懸日月以來見黑蚌生珠已八九十遇此蚌千歲一生珠也珠漸輕細昭王常懷此珠當隆暑之月體自輕涼號曰銷暑招涼之珠也

戰國策襄王立田單相之過菑水（菑淄同）有老人涉菑而寒出不能行坐于沙中田單見其寒欲使後車分衣無可以分者單解裘而衣之襄王惡之曰田單之施將欲以取我國乎不早圖之恐後之左右顧無人巖下有貫珠者襄王呼而問之曰女以爲何若對曰王不如因以爲己善王嘉單之善下令曰寡人憂民之飢也單收而食之寡人憂民之寒也單解裘而衣之寡人憂勞百姓而單亦憂之稱寡人之意單有是善而王嘉之雖單之善亦王之善已王曰善乃賜單牛酒嘉其行後數日貫珠者復見王曰王至朝日宜召田單而揖之于庭口勞之乃布令求百姓之飢寒者收穀之乃使人聽于閭里聞丈夫之相與語曰田單之愛人嗟乃王之教澤也

史記范雎傳魏使須賈于秦范雎聞之爲微行敝衣間行之邸見須賈曰臣爲人庸賃須賈意哀之留與坐飲食曰范叔一寒如此哉乃取其一綈袍以賜之

呂氏春秋戎夷違齊如魯天大寒與門弟子宿于郊外寒愈甚謂弟子曰子與我衣我活我與子衣子活我國士也爲天下惜死子不肖人惡能與國士衣哉讓衣與弟子夜坐而死

漢書高祖本紀七年冬十月上自將擊韓王信于銅鞮連戰乘勝逐北至樓煩會大寒士卒墮指者什二三

辟寒漢武帝有人獻神雀之鳥此鳥畏霜雪乃起小屋處之名曰辟寒臺皆用水晶爲戶牖使內外通光

漢書丙吉傳吉嘗出逢人逐牛牛喘吐舌吉止駐使騎吏問逐牛行幾里矣掾史謂丞相失問或以譏吉吉曰方春少陽用事未可大熱恐牛近行用暑故喘此時氣失節恐有所傷害也三公典調和陰陽職所當憂是以問之掾史乃服以吉知大體

趙充國傳神爵元年充國伐羌勅書讓充國曰冬虜皆當畜食多藏匿山中依險阻將軍士寒手足皸瘃寧有利哉注文穎曰皸坼裂也瘃寒創也

雲仙雜記宣帝時西夷怄陁國貢八角玉升夏以水澆之則無暑冬以火迫之則無寒異事甚衆

銷夏元帝被病廣求方士漢中逸人王仲都者詔問所能爲對曰但能忍寒暑耳因爲待詔至夏大暑日使曝坐又環以十爐火不言熱而身汗不出

辟寒漢元帝被疾遠求方士漢中送道士王仲都問所能對曰能忍寒乃以隆冬盛寒日令袒載駟馬于上林之昆明池上環以冰而御駟者厚衣狐裘寒戰而仲都無變色臥于池上曬然自若

漢書西域傳罽賓國道歷大頭痛小頭痛之山赤土身熱之阪令人身熱無色頭痛嘔吐驢畜盡然

拾遺記董偃常臥延清之室以畫石爲牀蓋石文如畫也石體甚輕出郅支國上設紫琉璃帳火齊屏風列靈麻之燭以紫玉爲盤如屈龍皆用雜寶飾之侍者於戶外扇偃曰玉石豈須扇而後淸涼耶侍者乃却扇以手摸之方知有屛風也又以玉精爲盤貯冰于膝前玉精與冰同其潔澈侍者謂冰之無盤必融濕席乃合玉盤拂之落堦下冰玉俱碎偃以爲樂

漢書王莽傳天鳳四年八月莽親之南郊鑄作威斗鑄日大寒百官人馬有凍死者

後漢書馮異傳王郎起光武自薊東南至饒陽蕪蔞亭時天寒烈衆皆饑疲異上豆粥明旦光武謂諸將曰昨得公孫豆粥饑寒俱解

鍾離意傳意辟大司徒侯霸府詔部送徒詣河南時久寒徒病不能行路過弘農意輒移屬縣使作徒衣縣不得已與之而上書言狀意亦具以聞光武得奏以見霸曰君所使掾何乃仁於用心誠良吏也

鍾離意別傳嚴遵昔與光武俱爲諸生暮夜宿息二人寒不得寢臥更相謂曰窶貴憶此勿相忘別後數年光武有天下徵遵不至

後漢書馬援傳援征武陵五溪蠻進營壺頭賊乘高守隘水疾船不得上會暑甚士卒多疫死援亦中病遂困乃穿岸爲室以避炎氣

韋彪傳彪以世承二帝更化之後多以苛刻爲能因盛夏多寒韋彪上疏諫曰臣聞政治之本必順陰陽伏見立夏以來當暑而寒殆以刑罰刻急郡國不奉時令之所致也

崔寔傳寔爲五原太守五原土宜麻枲而俗不知織績民冬月無衣積細草而臥其中見吏則衣草而出寔至官斥賣儲峙爲作紡績織紝練縕之具以敎之民得以免寒苦

銷夏漢桓帝時劉褒一云劉襃畫雲漢圖見者覺熱又畫北風圖見者覺寒

拾遺記漢靈帝初平三年遊於西園起裸遊館千間采綠苔而被堦引渠水以繞砌周流澄澈乘小舟以遊漾使宮人乘之選玉色輕體者以執篙檝搖漾於渠中其水淸澄以盛暑之時使舟覆沒視宮人玉色者又奏招商之歌以來涼氣也歌曰涼風起兮日照渠靑荷晝偃葉夜舒惟日不足樂有餘淸絲流管歌玉鳧千年萬歲喜難踰渠中植蓮大如蓋長一丈南國所獻其葉夜舒晝卷一莖有四蓮叢生名曰夜舒荷亦云月出則葉舒故曰望舒荷帝盛夏避暑於裸遊館長夜飲宴帝嗟曰使萬歲如此則上仙也宮人二七已上三六已下皆靚妝而解上衣惟著內衣或共裸浴西域所獻茵墀香煑以爲湯宮人以之浴浣使以餘汁入渠名曰流香渠又使內豎爲驢鳴于館北又作鷄鳴堂多畜鷄每醉樂迷於天曉內豎競作鷄鳴以亂眞聲也乃以炬燭投於殿前帝乃驚悟

續漢書五行志獻帝初平四年六月寒風如冬時

後漢書東夷傳挹婁古肅愼之國也土氣極寒常爲穴居好養豕食其肉衣其皮冬以豕膏塗身厚數分以禦風寒

廣州先賢傳羅威性至孝遇寒常以身溫席母乃寢夏月必撤帳而臥曰吾供蚊蚋恐去齧老母也

魏志華陀傳東陽陳叔山小男二歲得疾下利常先啼日以羸困問華陀陀曰其母懷軀陽氣內養乳中虛冷兒得母寒故令不時愈

管寧傳注焦先自作一瓜牛廬靜掃其中營木爲牀

布草蓐其上天寒時構火以自炙

謝承後漢書袁紹在河朔至夏大飲以避一時之暑號爲河朔飲

英雄記袁尚熙被公孫康伏兵縛之坐于凍地尚曰未死之時寒不可忍謂康求席熙曰頭顱方行萬里何席之爲

拾遺記吳主趙夫人丞相達之妹巧妙無雙權居昭陽宮倦暑乃褰紫綃之帷夫人曰此不足貴也權使夫人指其意思焉答曰妾欲窮慮盡思能使下綃帷而清風自入視外無有蔽礙列侍者飄然自涼若馭風而行也權稱善夫人乃拆髮以神膠續之神膠出鬱夷國接弓弩之斷弦百斷百續也乃織爲羅縠累月而成裁之爲幔內外視之飄飄如煙氣輕動而房內自涼時權常在軍旅每以此幔自隨以爲征幕舒之則廣縱數丈卷之則內於枕中時人謂之絲絕

吳志孫權傳註魏文帝至廣陵臨江觀兵有渡江之志權嚴設固守時大寒冰舟不得入江帝見波濤洶涌歎曰嗟乎固天所以隔南北也

銷夏魏許使劉松葦三伏之時晝夜酣飲極醉以爲避暑飲

傳咸作感涼賦曰夏日困於炎暑旬日不過自涼以時之涼作感涼會

拾遺記明帝卽位二年起靈禽之園遠方國所獻異鳥殊獸皆畜此園也昆明國貢嗽金鳥人云其地去燃洲九千里出此鳥形如雀而色黃羽毛柔密常翱翔海上羅者得之以爲至祥聞大魏之德被於遐遠故越山航海來獻大國帝得此鳥畜於靈禽之園飴以眞珠飲以龜腦鳥常吐金屑如粟鑄之可以爲器昔漢武帝時有人獻神雀蓋此類也此鳥畏霜雪乃起小屋處之名曰辟寒臺皆用水精爲戶牖使內外通光而常隔于風雨塵霧宮人爭以鳥吐之金用飾釵佩謂之辟寒金故宮人相嘲曰不服辟寒金那得帝王心不服辟寒鈿那得君王憐於是媚惑者亂爭此寶金爲身飾及行臥皆懷挾以要寵幸也魏氏喪滅池臺鞠爲煨燼嗽金之鳥亦自翱翔矣

辟寒荀奉倩與婦至篤冬月婦病熱乃出中庭自取冷還以身熨之

晉書曹攄傳攄轉洛陽令時大雨雪宮門夜失行馬攄使收門士曰宮掖禁嚴非外所敢盜必是門士以燎寒耳詰之果服

王祥傳祥性至孝母常欲生魚時天寒冰凍祥解衣將剖冰求之冰忽自解雙鯉躍出持之而歸

羊祜傳祜卒帝素服哭之甚哀是日大寒帝涕淚霑鬚鬢皆爲冰焉

成公綏傳綏雅好音律嘗當暑承風而嘯泠然成曲因爲嘯賦

晉朝雜事永寧二年十二月大寒凌破河橋

辟寒謝萬就太傅乞裘自云畏寒太傅答曰君妄語正欲以爲豪具耳若畏寒無復勝綿者乃以三十斤綿與萬

世說郗嘉賓三伏之月詣謝公炎暑薰赫雖復當風交扇猶沾汗流漓謝著故絹衣食熱白粥晏然無異郗謂謝公曰非君幾不堪此

晉書韓伯傳伯年數歲至大寒母爲作襦令伯捉熨斗而謂之曰且著襦尋當作複褌伯曰不復須母問其故對曰火在斗中而柄尚熱今既著襦下亦當煖母甚異之

張駿傳駿命竇濤籌進討辛晏從事劉慶諫曰霸王不以喜怒興師必須天時人事然後起也奈何以猛寒攻城駿納之

辟寒葛仙公與客談語時天大寒仙公謂客曰居貧不能人人得爐火請作一大火共致煖者仙公因吐氣火赫然從口中出須臾火滿屋客皆熱脫衣笑

晉中興書桓元入建康宮逆風迅激旌旗不立法章儀飾一皆傾偃是月酷寒

晉書王延傳延事親色養夏則扇枕席冬則以身溫被隆冬盛寒體無全衣而親極滋味

辟寒石虎當嚴冰之時作銅屈龍數千枚各重數千斤燒如火色投於水中則池水恆溫名曰焦龍溫池引鳳文錦步障縈蔽浴所共宮人寵嬖者解媟服宴戲彌于日夜名曰淸嬉浴室浴罷洩水於宮外水流之所名溫香渠渠外之人爭來汲取得升合以歸其家人莫不怡悅至石虎破滅焦龍猶在鄴城池

齊書崔懷愼傳懷愼父邪利魯郡太守宋元嘉中陷魏懷愼聞父陷沒卽日遣妻布衣蔬食父卒懷愼絕而復蘇載喪還靑州徒跣冰雪土氣寒酷而手足不傷時人以爲孝感

褚伯玉傳伯玉少有隱操寡嗜欲居瀑布山性耐寒暑時人比之王仲都

謝超宗傳超宗爲義興太守昇明二年坐公事免詣東府門自通其日風寒慘厲太祖謂四座曰此客至使人不衣自暖矣超宗旣坐飲酒數甌辭氣橫出太

祖對之甚歡板爲驃騎諮議
張沖傳沖辟州主簿隨從叔末爲將帥除綏遠將軍盱眙太守末征彭城遇寒雪軍人足脛凍斷者十七八沖足指皆墮
南史傳昭傳昭歷位左戶尚書安成內史郡溪無魚或有暑月薦昭魚者昭既不納又不欲拒遂餒于門側
齊春秋江革補國子生王融謝朓嘗行還過候革時大寒雪見革弊絮單席而耽學不倦嗟嘆久之
梁書武帝本紀帝勤于政務孜孜無怠每至冬月四更竟即勑把燭看事執筆觸寒手爲皴裂
何遠傳遠爲武昌太守武昌俗皆汲江水盛夏遠患水溫每以錢買民井寒水不取錢者則摙水還之
陳書徐陵傳太清二年使魏是日甚熱其主客魏收嘲陵曰今日之熱當由徐常侍帶來陵即答曰昔王肅至此爲魏始制禮儀今我來聘使卿復知寒暑
洛陽伽藍記元魏時北邊酋長遣子入侍嘗秋來春去以避中國之熱時人謂之雁臣
銷夏歷城北有使君林魏正始中鄭公微三伏之際每率賓僚避暑于此取大蓮葉置硯格上盛酒二升以簪刺葉令與柄通屈莖上輪囷如象鼻焉持翕之名碧筩酒
洛陽伽藍記建中寺普泰元年尚書令樂平王爾朱世隆所立也本是閹官司空劉騰宅屋宇奢侈梁棟踰制一里之間廊廡充溢堂比宣光殿門匹乾明門博敞弘麗諸王莫及也騰誅以宅賜王雍建義元年世隆爲榮追福題以爲寺金花寶蓋遍滿其中有一涼風堂本騰避暑之處淒涼常冷經夏無蠅有萬年千歲之樹也
酉陽雜俎魏使崔劼問少遐曰今歲奇寒江淮之間不乃冰凍少遐曰在此雖有薄冰亦不廢行不似河冰一合便勝車馬
北齊書張景仁傳景仁多疾車駕或有行幸在道宿處每賜步幛爲遮風寒
趙王琛傳琛子叡顯祖六年詔領山東兵數萬監築長城于時盛夏叡屏除蓋扇親與軍人同其勞苦長史宋欽道以叡冒暑遣舉冰倍道追送叡對之歎息云三軍之人皆飲溫水吾以何義獨進寒冰遂至銷液竟不一嘗兵人感悅
大業雜記煬帝臨汾水起汾陽宮即管涔山河源所出之處當盛暑月臨河盥漱即涼風凜然如八九月
唐書禮樂志祭司寒黑牲一
元和志九成宮在麟遊縣西一里即隋文帝所置仁壽宮至貞觀五年復修舊宮以爲避暑之所改名九成宮
唐書馬周傳臣伏讀明詔以二月幸九成宮竊惟太上皇春秋高陛下宜朝夕視膳今所幸宮去京三百里本爲避暑行也太上皇留熱處而陛下走涼處溫凊之道臣所未安疏奏帝稱善
魏徵醴泉銘序貞觀六年孟夏皇帝避暑九成宮四月甲申朔旬有六日上及中宮歷覽臺觀閑步西城俯察厥土微覺有潤因而以杖導之有泉隨而涌出乃承以石檻引爲一渠其清若鏡味甘如醴
建康實錄貞觀二十年七月宴五品以上於飛霜殿絲竹遞奏羣臣上壽賜綾錦殿在元武門北因地形高敞層樓三成引水爲潔淥池以滌炎暑
辟寒郭元振爲安西大都護時西突厥首領烏質勒部落强盛款塞通和元振就其牙帳計會軍事時天大雪元振立於帳前與烏質勒言議須臾雪深風凍元振未嘗移足
唐書張說傳始武后末年爲潑寒胡戲中宗嘗乘樓縱觀至是因四夷來朝復爲之說上疏曰乞寒潑胡未聞典故裸體跳足汨泥揮水盛德何觀焉納之
辟寒劉晏五鼓入朝時寒中路見賣蒸胡處熱氣騰輝使人買以袍袖包裙褐底啗之謂同列曰美不可言
蘇晉作曲室寒飲名酒窟又地上每一塼鋪一瓶酒計顆約五萬枚寒日率友朋次第飲取盡而已
五色線元宗幸繡嶺宮以行宮狹隘將避暑于佛寺上謂高力士曰姚崇多計策往覘之回日姚崇方乘小駟按轡木陰下上曰吾得之矣遽命小駟頓忘煩溽
明皇十七事元宗好神仙往往詔郡國徵奇士有張果者則天時聞其名不能致上亟召之乃與使偕至其所爲變怪不測上謂力士曰吾聞奇士至人外物不能敗其中試飲以菫汁不死者乃奇士也會天寒甚乃使以汁進果果遂飲盡三巵醇然如醉
元宗嘗幸東都天大旱且暑時聖善寺有竺乾僧無畏號三藏善召龍致雨之術上遣力士疾召無畏奏旱數當耳召龍興雲烈風迅雷適足以暴物不可爲也上强之又曰苦暑人病矣雖暴風疾雷亦足快意

無畏不得已乃奉詔有司爲陳請雨具而幡幢像設甚備無畏笑曰斯不足致雨悉令徹之獨盛一鉢水以刀攪旋之胡言數百呪水須臾有若龍狀其大類指赤色首瞰水上俄復沒于鉢中無畏復以刀攪水呪者三頃之白氣自鉢中興如爐烟直上數尺稍引出講堂外無畏謂力士曰宜去雨至矣力士亟馳而去還顧見白氣疾旋自講堂出若一疋素練者既而昏霾大風震雷以雨力士纔及天津橋之南風亦隨馬而至矣衢中大樹多拔力士比復奏衣盡霑濕

辟寒開元二年冬至交趾國進犀一株色黃如金使者請以金盤置于殿中溫溫然有煖氣襲人上問其故使者對曰此辟寒犀也頃自隋文帝時本國曾進一株直至今日上甚悅厚賜之

盧陵宮下記明皇起凉殿拾遺陳知節上疏極諫上令力士召對時暑毒方甚上在凉殿座後水激扇車風獵衣襟知節至賜坐石榻陰霤沉冷仰不見日四隅積冰成山簾水飛灑坐內含凍復賜冰屑麻飯陳體生寒粟腹中雷鳴再三請起方許上猶拭汗不已陳纔及門遺洩狼籍逾日復召謂曰卿論事宜審勿以己方萬乘也

開元天寶遺事李白于便殿對明皇撰詔誥時十月大寒凍筆莫能書字帝勅宮嬪十人侍于李白左右令各執牙筆呵之遂取而書其詔其受聖眷如此

岐王少惑女色每至冬寒手冷不近于火惟于妙妓懷中揣其肌膚稱爲煖手常日如是

岐王有玉鞍一面每至冬月則用之雖天氣嚴寒則此鞍在上坐如溫火之氣

申王每至冬月有風雪苦寒之際使宮妓密圍于坐側以禦寒氣自呼爲妓圍

銷夏申王患有肉疾腹垂至骭每出則以白練束之至暑月常骭息不可過元宗詔南方取冷蛇二條賜之蛇長數尺色白不螫人執之冷如握冰申王腹有數約夏月置于約中不復覺煩暑

開元天寶遺事貴妃初承恩詔與父母相別泣涕登車時天寒淚結爲紅冰

貴妃素有肉體至夏苦熱常有肺渴每日含一玉魚兒于口中蓋藉其凉津沃肺也

貴妃每至暑月常衣輕綃使侍兒交扇鼓風猶不解其熱每有汗出紅膩而多香或拭之于巾帕之上其色如桃紅也

楊國忠于冬月常選婢妾肥大者行列于前以遮風蓋藉人之氣相暖故謂之肉陣

楊氏子弟每至伏中取大冰使匠琢爲山周圍于宴席間座客雖酒酣而各有寒色亦有挾纊者其驕貴如此

長安富家子劉逸李閑衛曠家世巨豪而好接待四方之士疎財重義有難必救眞慷慨之士人皆歸仰焉每至暑伏中各于林亭內植畫柱以錦綺結爲凉棚設坐具召長安名妓間坐遞相延請爲避暑之會時人無不愛美也

王元寶家有一皮扇子製作甚質每暑月宴客即以此扇子置于坐前使新水灑之則颯然風生巡酒之間客有寒色遂命撤去明皇亦嘗差中使去取看愛而不受帝曰此龍皮扇子也

王元寶每至冬月大雪之際令僕夫自本家坊巷口掃雪爲逕路躬親立於坊巷前迎揖賓客就本家具酒炙宴樂之爲煖寒之會

唐內庫中有七寶硯罏曲盡其巧每至冬寒硯凍置於罏上硯冰自消不勞置火冬月帝常用之

唐內庫一酒盃青色而有紋如亂絲其薄如紙于盃足上有鏤金字名曰自煖盃上令取酒注之溫溫然有氣相炊如沸湯遂收於內藏

銷夏天寶中御史大夫王鉷有罪賜死縣官簿錄鉷太平坊宅數日不能遍宅內有自雨亭從簷上飛流四注當夏處之凜若高秋

辟寒韋陟有寒疾房尙書使子弟問之臥內悉藉茵毯襪而登階侍婢皆笑

杜陽雜編李輔國家藏珍玩皆非人世所識夏則於堂中設迎凉之草其色類碧而榦似苦竹葉細於杉雖若乾枯未嘗彫落盛暑束之牕戶間而凉風自至

鳳首木高一尺雕刻鸞鳳之狀形以枯槁毛羽脫落不甚盡雖嚴凝之時置諸高堂大廈之中而和煦之氣如二三月故列名爲常春木縱烈火焚之終不焦黑焉

元載紫綃帳得于南海溪洞之酋帥卽鮫綃之類也輕疎而薄如無所礙雖屬凝冬而風不能入盛夏則淸凉自至其色隱隱焉不知其帳也

銷夏長安人每至暑月以錦結爲凉棚設坐具爲避暑會

衣冠盛事德宗幸金鑾殿問學士鄭餘慶曰近日有衣作否餘慶對曰無之乃賜百縑令作寒服

辟寒唐韋綬在翰林德宗常至其院韋妃從幸會綬方寢學士鄭絪欲馳告之帝不許時大寒帝以妃蜀纈袍覆而去

白少傅分司東洛日以詩酒自娛盧尚書簡辭有別墅近伊水亭榭清峻方冬與羣從子姪同登眺望嵩洛既而霰雪微下因說鎭金陵時江南多山水見居人以葉舟浮泛就食菰米鱸魚念之不忘逡巡忽有二人衣蓑笠循岸而來牽引篷艇船頭覆淸幕中有白衣人與衲僧偶坐船後有小竈安銅甑而炊小僮烹賁泝流過于檻前聞舟中吟笑方甚盧歎其高逸不知何人問之言是白與僧佛光自建春門往香山精舍

雲仙雜記長安冰雪至夏月則價等金璧白少傅詩名動于閭閻每需冰雪論筐取之不復償價日日如是

杜陽雜編順宗即位歲拘弭國貢常堅冰云其國有大凝山中有冰千年不釋及齎至京師潔冷如故雖盛暑赫日終不稍消嚼之即與中國者無異

雲仙雜記韓愈刺潮州嘗暑中出張皁蓋歸而喜曰此物能與日輪爭功豈細事耶

淸異錄寶曆元年內出淸風飯制度御庖令造進法用水晶飯龍精粉龍腦末牛酪漿調畢入金提缸垂下水池待其冷透供進惟大暑方作

酉陽雜俎寶曆中邑客十餘人逃暑會飲忽暴風雨有物墜如覆兩目睒睒衆人驚伏牀下倏忽上階歷視衆人俄失所在

南中有蟲名避役應一日十二辰其蟲狀如虵醫脚長色青赤肉鬣暑月時見於籬壁間俗見者多稱意事其首倏忽更變爲十二辰狀段成式再從兄尋常覩之

神異經文宗延學士于內庭討論經義李訓講周易微義頗叶于上意時方盛夏遂命取冰玉腰帶及辟暑犀如意以賜訓訓謝之上曰如意足以與卿爲談柄也

杜陽雜編武宗皇帝會昌九年扶餘國進火玉三斗色赤長半寸上尖下圓光照數十步積之可以燃鼎置之室內則不復挾纊

劇談錄朱崖李相國德裕宅在安邑坊東南隅桑道茂謂爲玉椀舍宇不甚宏侈而制度奇巧其間怪石古松儼若圖畫在文宗武宗朝方秉化權威勢與恩澤無比每好搜掇殊異朝野歸附者多求寶玩獻之嘗因暇日休澣邀同列宰相及朝士宴語時畏景赫曦咸有鬱蒸之病軒蓋候門已及亭午搢紳名士交扇不暇將期憩息於淸凉之所既而延於小齋不甚高敞四壁施設皆古書名畫俱有炎爍之慮及別列坐開樽煩暑都盡良久覺淸飈爽氣凜若高秋備設酒肴及昏而罷出戶則火雲烈日熇然焦灼有好事者求親信問之云此日唯以金盆貯水漬白龍皮置於座末龍皮有新羅僧得自海中云海旁有居者得之於漁扈其初以爲鱗介之屬曾有老人見而識之僧知相國好奇因以金帛贖之而獻又煖金帶辟塵簪皆希代之寶及南遷悉爲惡溪沉溺使崑崙沒水求之在鰐魚穴不能取

唐書李德裕傳舊制歲杪運內粟贍黎巂州諸戍常以盛夏至地苦瘴毒輦夫多死德裕命轉邛雅粟以十月爲漕始先夏而至饋者不涉炎月遠民乃安

辟寒唐宣宗命方士作丹餌之病中熱不敢衣綿擁爐冬月冷坐殿中宮人以金盆置麩炭火少許進御止煖手而已禁闥因呼麩火爲星子炭

熊翻每歲寒會客至酒半階前旋殺羊令衆客自割隨所好者綵綿繫之記號畢烝之各自認取以剛竹刀切食一時盛行號過廳羊

銷夏李宗閔善飲酒與賓僚宴暑月臨水以荷爲杯滿酌密繫將近入口以筯刺之不盡則重飲

摭言韋澳孫宏大中時同在翰林盛暑上在太液池中宣二學士既赴名中貴人頗以絺綌爲訝初殊未悟及就坐但覺寒氣逼人熟視有龍皮在側尋宣賜銀餅餡食之甚美既而醉以醇酎二公因茲苦河魚者數夕上笑曰卿不耐事朕日進十數未嘗有損銀餅餡皆乳酪膏腴所製也

杜陽雜編大中中日本國王子來朝善圍棊上勅顧師言待詔爲對手王子出楸玉局冷煖玉棊子云本國之東三萬里有集眞島島上有凝霞臺臺上有手談池池中出玉棊子不由製度自然黑白分焉冬溫夏冷故謂之冷暖玉

咸通九年同昌公主出降有却寒簾類玳瑁斑有紫色云却寒之鳥骨所爲也

公主一日大會韋氏之族于廣化里玉饌俱陳暑氣將甚公主命取澄水帛以水蘸之掛于南軒滿座皆思挾纊澄水帛長八九尺似布輕細明薄可鑑云其中有龍涎故能消暑毒也

唐詩紀事歐陽迴與僧可朋爲友是歲酷暑中歐陽命僚納涼于淨衆寺依林亭列樽俎寺外皆耕者曝背烈日中耘田擊腰鼓以適倦可朋遂作耘田鼓詩以贄歐陽遂命撤飲詩曰農舍田頭鼓王孫筵上鼓擊鼓兮皆爲鼓一何樂兮一何苦上有烈日下有焦土願我天翁降之以雨

雲仙雜記霍仙鳴別墅在龍門一室之中開七井皆以雕鏤木盤覆之夏月坐其上七井生凉不知暑氣

辟寒供奉官羅承嗣住州西鄰人每夜聞擊物聲穴隙視之乃知寒凍齒相擊耳盼之甌堅不受妻母來其女方食其枕中豆贈之米麪亦不敢納遂挈其家居州南

呂徽之安貧樂道常逃其名以耕漁自給一日詣富家易穀種大雪立門下聞閣中有吟哦聲乃一人分韻得滕字苦金弗就先生不覺失笑衆詰其故先生因舉滕王蛺蝶事衆請足之先生援筆立就既敏且工問其姓字終不肯言衆驚訝曰嘗聞呂處士名欲一見而不得先生豈其人耶我農家安知呂處士與之穀怒曰我豈可以貨取耶不受刺船去遣人遙尾其後路甚僻遠識其所而返雪晴往訪焉惟草屋一間家徒四壁值先生不在忽米桶中有人乃先生妻也因天寒無衣故坐其中

王元苦病風月終于貧病妻黃氏共持雅操每遇得句寒夜必先起然燭供具紙筆元甚重之有聽琴詩曰拂琴開素匣何事獨嚬眉古調俗不樂正聲公自知寒泉出澗澀老檜倚風悲縱有來聽者誰堪繼子期好事者畫爲圖簇

陽翟縣有杜生者不知其名邑人但謂之杜五郎所居去縣三十餘里唯有屋兩間其前空地丈餘杜生不出籬門幾三十年矣黎陽尉孫某嘗往訪之氣韻閒曠言詞精簡有道之士也盛寒但布袍草履室中枵然一榻而已于時方有軍事夜半未臥疲甚孫遂及此不覺洒然

顏斐字文林爲京兆尹課民當輸租時車牛各致薪兩束爲冬寒冰炙筆硯

遵生八牋唐有老人迢老嫗持舊裀以半千售之有波斯國人見之曰此是冰蠶所織暑月置之座傍滿座皆凉酬以千萬

舊唐書西戎傳拂菻國王至盛暑之節人厭囂熱乃引水潛流上遍于屋宇機制巧密人莫之知觀者惟聞屋上泉鳴俄見四簷飛溜懸波如瀑激氣成凉風其巧妙如此

唐書南蠻傳林邑獻五色鸚鵡白鸚鵡數訴寒有詔還之

酉陽雜俎臨巴縣有雁翅泊泊旁無樹木土人至春夏常于此澤羅雁鳥取其翅以禦暑

五代史郭崇韜傳莊宗患宮中暑濕不可居思高樓避暑宦官進曰臣見長安全盛時大明興慶宮樓閣百數今大內不及故時卿相家莊宗曰吾富有天下豈不能作一樓乃遣宮苑使王允平營之宦官曰郭崇韜眉頭不伸常爲租庸惜財用陛下雖欲有作其可得乎莊宗乃使人問崇韜曰昔吾與梁對壘於河上雖祁寒盛暑被甲跨馬不以爲勞今居深宮蔭廣厦不勝其熱何也崇韜對曰陛下昔以天下爲心今以一身爲意艱難逸豫爲慮不同其勢自然也願陛下無忘創業之難常如河上則可使繁暑坐變清凉莊宗默然終遣允平起樓崇韜果切諫宦官曰崇韜之第無異皇居安知陛下之熱由是讒間愈入

清異錄明宗天資恭儉嘗因苦寒左右進蒸黃透繡襖子不肯服索托羅氈襖衣之

五代史南唐世家李昪盛暑未嘗張蓋操扇左右進蓋必却之曰士衆尚多暴露我何用此

吳越傳鏐善撫士卒天大寒裂其帷幄以衣士卒衆皆愛之

清異錄士人暑天不欲露髻則頂矮冠清泰間都下星貨鋪賣一冠子銀爲之五朵平雲作三層安置計止是梁朝物匠者遂依倣造小樣求售

五代史契丹傳蕭翰聞德光死北歸有同州郃陽縣令胡嶠爲翰掌書記隨入契丹周廣順三年亡歸中國略能道其所見云至黑榆林時七月寒如深冬又明日入斜谷谷長五十里高崖峻谷仰不見日而寒尤甚

聞見前錄范魯公質舉進士周祖自鄴舉兵向闕京師亂魯公隱於民間一日坐封丘巷茶肆中有人貌怪陋前揖曰相公無慮時暑中公所執扇偶書大暑去酷吏清風來故人詩二句其人曰世之酷吏冤獄何止如大暑也公他日當深究此弊因攜其扇去公惘然久之後至祆廟後門見一土偶短鬼其貌肖茶肆中見者扇亦在其手中公心異焉亂定周祖物色得公遂至大用公見周祖首建議律條繁廣輕重無據吏得以因緣爲姦周祖特詔詳定是爲刑統

五代史突厥傳牛蹄突厥人身牛足其地尤寒水曰葫蘆河夏秋冰厚二尺春冬冰徹底常燒器銷冰乃得飲

銷夏蜀孟知祥其軍戰勝董璋時軍中暑熱知祥巡行撫問三軍忻然如熱而濯

淸異錄吳越稱霅上瓜錢氏逃暑取一瓜各言子之數言定剖觀負者張筵謂之瓜戰

宜春王從謙擬下邳侯革華體作夏淸侯傳云侯姓于氏諱秀字聳之渭川人也秀生而操持凜然不日間昂霄聳壑姿態猗猗久之材堅可用時秦王病暑席溫爲王常侍不稱旨有言秀甚忠能碎身爲王得之必如意王亟名使者駕追鋒車旁午於道既至引對王大悅詔柄臣金開剖析其材刮削其麤編度令合又敎其方直縝密于是風采一變賜姓名爲平瑩封夏淸侯實食觶谷三百戶自此槐殿虛敞玉窻邃深瑩專奉起居往往以身藉瑩如超熱海登廣寒宮王謂左右瑩每近吾則四體生風神志增爽雖古淸卿淸郎何以尚茲

國老談苑宋太祖嘗冬月徹獸炭左右啓曰今日苦寒上曰天下民寒者衆朕何獨溫愉哉

宋史趙普傳舊制宰相以未時歸第是歲大熱特許普夏中至午時歸私第

楊業傳代北苦寒人多服氈罽業但挾纊露坐治軍事旁不設火侍者殆僵仆而業怡然無寒色

辟寒陶穀妾本党進家姬一日雪下穀命取雪水煎茶問曰党家有此景否曰彼麤人安識此景但能于銷金帳下淺斟低唱飲羊羔美酒耳

宋史陳堯佐傳堯佐爲京西轉運使後徙河東路以地寒民貧仰石炭以生奏除其稅

陳堯叟傳堯叟遷廣南西路轉運使嶺南地氣蒸暑爲植樹鑿井每三二十里置亭舍具飲器人免暍死

辟寒宋蘇易簡爲學士太宗問物品何珍對曰物無定味適口者珍臣只知虀爲美臣嘗一夕寒甚擁爐痛飲半夜吻燥中庭月明殘雪中覆一盂虀連咀數莖此時自謂上界仙廚鸞脯鳳胎殆恐不及欲作冰壺先生傳因循未果也上笑而然之

侍兒小名錄寇萊公鎭北門有善歌者至庭公取金鍾獨酌令歌數闋贈之束綵侍兒倩桃自內窺之爲詩呈公云夜冷衣單手屢呵幽窻軋軋度寒梭臘天日短不盈尺何似妖姬一曲歌

淸異錄廬山白鹿洞遊士輻輳每冬寒醵金市烏薪爲禦冬備號黑金社十月旦日命酒爲氈爐會蒸禦密窻家張幄毯禱以是日始也

銷夏宋時館職暑月許開角門子大慶殿廊納凉因石曼卿被酒叩殿求對尋有約束自後不復開矣

談苑仁宗暑月不揮扇以拂子敺蚊蠅而已冬月不預爐醫者云體備中和之氣則然

仁宗祫享之際雪寒特甚上秉圭露腕侍祠諸臣裹手執笏見上恭虔皆恐惕揎袖

宋史王素傳素請帝禱于郊帝曰明日詣醴泉觀素曰醴泉之近猶外朝耳豈憚暑不遠出耶帝悚然更詔詣西太一宮

銷夏趙淸獻在錢塘州宅之東消暑堂堂後舊據城闉爲屋五間下瞰虛白堂不甚高大而最據一州之勝謂之高齋

宋史胡瑗傳瑗敎授湖州敎人以身先之雖盛暑必公服坐堂上嚴師弟之禮

辟寒張九歌慶曆中居住京雖盛冬單衣流汗浹面燕王奇之嘗名見與之酒歲餘見王曰將遠遊故來別有小技欲以悅王乃索黃羅疊剪爲蛱蝶狀隨剪飛去莫知其數少頃呼之蜂蝶皆來復爲羅王曰吾壽幾何曰與開寶寺浮圖齊後浮圖災王亦薨

宋子京多內寵後庭曳羅綺者甚衆嘗宴于錦江微寒命取半臂諸婢各送一枚凡十餘枚皆至子京視之茫然恐有厚薄之嫌竟不敢服忍凍而歸

司馬光續詩話嘉祐末仁宗復修故事命羣臣賞花釣魚和御製詩是日微陰寒韓魏公詩曰輕雲閣雨迎天仗寒色留春入壽杯二十年前曾侍宴台司今日喜重陪

銷夏張子通旣貴其弟子遊好歌薤露暑月衣幘鼻納凉門廡値里巷喪車過必徑趨搴挽中聲調淸壯抑遏中節或至郊外逼夕而歸

呂公著居家夏不排窻不揮扇一日盛夏楊大夫器之呂公甥也將赴鎭戎軍倅辭公公於西窻烈日中冠裳對飲三杯器之汗流浹背公凝然不動

石林詩話常待制秩居汝陰與王深父皆有盛名于嘉祐治平之間屢召不至雖歐陽文忠公亦重推禮之其詩所謂笑殺潁川常處士十年騎馬聽朝鷄者是也熙寧初荆公當國力致之遂起判國子監太常禮院聲譽稍減于前嘗一日大雪趨朝與百官待門于仗舍時秩已衰寒甚不可忍喟然若有所恨者乃

梁文忠詩以自戲曰凍殺穎川常處士也來騎馬聽朝鷄

辟寒清泉香餅人以一篋遺歐公清泉地名也香餅石炭也用以焚香一餅之火可終日不寒

宋史陳規傳規知順昌府會劉錡引兵赴京留守過郡境規出迎坐未定傳金人已入京城時方劇暑規謂錡毋多出軍第更隊易器以遞制勞蔑不勝矣

五行志慶元二年泰寧縣耕夫得鏡厚三寸徑八有二寸照見水底與日爭耀病熱者對之心骨生寒

辟寒朱沖多買弊衣擇市嫗之善縫紉者成衲衣數百當大寒雪盡以給凍者

老學菴筆記老葉道人龍舒人不食五味年八十八平生未嘗有疾居會稽舜山天將寒必增屋瓦補牆壁使極完固下帷設簾多儲薪炭杜門終日

道山詩話元祐丁卯十一月雪中予過范堯夫於西府先有五客在因衆人論說民間利害公甚喜書室中無火坐久寒甚公命出酒與坐客各舉兩大白公曰說得通透令人心神融蕩

辟寒范丞相司馬太師俱以閑官居洛中余時待次洛下一日春寒中謁之先見溫公時寒甚天欲雪溫公命至一小書室中坐對談久之爐不設火語移時主人設粟湯一杯而退後至留司御史臺見范公纔見主人便言天寒遠來不易趣命溫酒大盃滿酌三盃而去

銷鎖帽出回紇用鎖鎖木根製之爲帽火燒不滅亦不作灰可配火鼠布能辟寒

鐵脚道人嘗愛赤脚走雪中興發則朗誦南華秋水篇嚼梅花滿口和雪嚥之曰吾欲寒香沁入肺腑

銷夏黃實自言爲發運使大暑泊清淮樓見米元章衣幘鼻自滌硯于淮口索篋中一無所有獨得小龍團二餅亟遣人送入趁其滌硯未畢也

清波雜志東坡自海外歸毘陵病暑著小冠披半臂坐船上夾運河千萬人隨觀之坡顧坐客曰莫看殺我否則素知彼民愛慕坡亦眷眷此地而不忘

銷夏東坡云予前後守倅餘杭凡五年夏秋之間蒸熱不可過獨中和堂東南角下瞰海門洞視萬里三伏常蕭然也

辟寒東坡臥病逾月請郡不許復直玉堂十一月一日鎖院是日苦寒詔賜宮燭法酒

却掃編張文定公安道平生未嘗不衣冠而食嘗暑月與其壻王鞏同飯命鞏褫帶而己衫帽自如鞏顧見不敢公曰吾自布衣諸生遭遇至此一飯皆君賜也享君之賜敢不敬乎子自食某之食雖衩衣無害也

避暑錄話韓持國許昌私第涼堂深七丈盛夏猶謂不可居因問常穎士郊居涼乎常曰野人無修簷大厦旦起不畏車馬塵埃之役胸中無他念露形挾扇投足木牀視木陰東搖則從東西搖則從西耳韓亟止曰汝勿言吾心涼矣

銷夏韓持國喜聲樂遇極暑輒求避屢徙不如意則臥一榻使婢執板緩歌不絕聲展轉徐聽或頷首撫掌與之相應往往不復揮扇

杭州府志韓侂胄當國時行無極一時奔兢蠅集其門有弟仰胄爲知閤門事頗與密議時人謂之大小韓一日有優劇者爲進取不偶狀詣卜問休咎卜作而言曰君命甚佳但五星財帛宮若有所損即欲亨達先須見小寒更望成事必見大寒可也聞者皆匿笑不止

清波雜志使北者冬月耳白即凍墮急以衣袖摩之令熱以手摩即觸破煇出疆以二月旦過淮雖擁綿裘之屬俱置不用亦嘗用紗爲服衣障塵及致閉悶亦除去然馬上望太行山猶有積雪同途官屬有至黃龍者云燕山以北苦寒凍宜然凡凍欲死者未可即與熱物待其少定漸漸蘇醒蓋恐冷熱相激

辟寒政和中濟南府禹城縣孝義村崔志有女甚孝母臥病久冬忽思食魚而不可得其女曰聞昔者王祥臥冰得魚想不難也兄弟皆曰盡信書則不如無書汝女子何妄論古今女曰不然父母有兒女者本欲養生送死兄謂女不能耶乃同乳媼焚香誓天即往河中臥冰凡十日果得魚三尾鱗鬣稍異歸以饋母食之所病頓愈人或問方臥冰時曰以身試冰殊不覺寒也

清波雜志宣和崇尚道教林靈素爲之宗主一日盛暑亭午上在水殿熱甚詔靈素作法祈雨久之奏云四瀆上帝皆命封閉唯黃河一路可通但不能及外詔亟致之俄震雷大霆霆皆濁流俄頃即止中使自外入言內門外赫日自若徽宗益神之

談苑遼地大寒匕箸必于湯中蘸之方得入口不爾與熱肉相沾不肯脫石鑑奉使不曾蘸箸以取榛子沾脣如烙皮脫血流淋漓衣服上

老學菴筆記趙相挺之使遼方盛寒在殿上遼主忽

顧挺之耳愕然急呼小吏指示之蓋閤也俄持一小玉合子至合中有藥色正黃塗挺之兩耳周匝而去其熱如火既出殿門主客者揖賀曰大使耳若用藥遲且拆裂缺落甚則全耳皆墮而無血扣其玉合中藥爲何物乃不肯言但云此藥市中亦有之價甚貴方匕直錢數千某輩早朝遇極寒即塗少許吏卒輩則別有藥以狐瀾調塗之亦效

己酉春遼移文境上曰皇帝生日本是七月今爲南朝使人冒暑不便已權改作九月一日其內卿之意亦可嘉也

辟寒高宗踐祚之初躬持儉德一日語宰執曰向自相州渡大河荒野中甚寒燒柴借半破磁盂溫湯澆飯茅簷下與汪伯彥同食今不敢忘

宋范成大元日登釣臺記云二十九日發舟大雪不可行三十日發富陽雪滿千山江色沉碧但小霽風急寒甚披使金時所作綿袍戴氈帽坐船頭縱觀不勝清絕剡溪夜泛景物未必過此除夜宿桐廬癸巳歲正月一日至釣臺率家人子登臺講元正禮謁二先生祠登絕頂掃雪坐平石上諸山皜然凍雲不開境過清矣臧獲亦貪殊景忍寒犯冷來登始予自紹興己卯歲及今奉役蓋三過釣臺薄宦區區如此豈惟愧羊裘公見篙師灘子慚顏亦厚乃刻數字于右廡柱間而宿西口

銷夏周益公夫人妒有媵公盼之夫人縻之庭公過之當炎暑以渴告公以盃水酌之夫人窺于屏曰好個相公爲婢取水公笑曰獨不見建義井者乎

辟寒楊誠齋夫人羅氏年七十餘居寒月黎明即起詣廚躬作粥一釜徧享奴婢然後使之服役其子東山啓曰天寒何自苦如此夫人曰奴婢亦人子也清晨寒冷須使其腹中略有火氣乃堪使耳我自樂此不知寒也

乾淳歲時記禁中避暑多御復古選德等殿及翠寒堂納涼長松修竹濃翠蔽日層巒奇岫靜窈縈深寒瀑飛空下注大池可十畝池中紅白菡萏萬柄蓋園丁以瓦盎別種分列水底時易新者庶幾美觀又置茉莉素馨建蘭麝香藤朱槿玉桂紅蕉闍婆薝蔔等南花數百盆于廣庭鼓以風輪清芬滿殿御兒兩旁各設金盤數十架積雪如山紗廚後先皆懸掛伽蘭木眞蠟龍涎等香珠百餘蔗漿金盌珍果玉壺初不知人間有塵暑也聞洪景盧學士嘗賜對于翠寒堂當三伏中體粟戰慄不可久立上問故笑遣中貴人以北綾半臂賜之則境界可想見矣

銷夏淳熙十一年六月初一日連駕過宮太上命提舉傳旨盛暑請官家免拜至內殿起居太上令小內侍扶掖免拜謝恩太后處亦免拜太上邀官裏便背兒至冷泉堂進早膳訖太上宣諭云今歲比常年熱甚上起答云伏中正要如此太上云今日且留在此納涼到晚去或三省有緊切文字不妨就幄次進呈上領旨遂同至飛來峰看放水簾時荷花盛開太上指池心云此種五花同幹近伯圭自湖州進來前此未見也堂前假山修竹古松不見日色並無暑氣後苑小廝兒三十人打息氣唱道情太上云此是張掄所撰鼓子詞後苑進沆瀣漿雪浸白酒上起奏曰此物恐不宜多吃太上曰不妨反覺爽快上曰畢竟傷脾太上首肯因閑說宣和間公公每遇三伏多在碧玉壺及風泉館萬荷莊等處納涼此處涼甚每次侍宴雖極暑中亦著祄襖兒也命小內侍宣張婉容至清心堂撫琴幷令棊童下棊及令內侍投壺賭賽利物則劇官家進水晶提壺連索兒可盛白酒二斗白玉雙蓮盃柈碾玉香脫兒一套六個大金盆一面盛七寶水戲井宣押趙喜等教舞水族又進太皇后白玉香珀扇柄兒四把龍涎香數珠佩帶五十副眞珠香囊等物直至酉初還內

四朝聞見錄大臣見百官主賓皆用朝服時暑伏甚丞相淮體弱不能服悶至絕上亟詔醫疾有間後有詔許百官易服自淮始

銷夏棲霞洞在妙智菴左地多怪石隱榛莽中賈似道望而異之命施畚插倏見奇邃乃抉藏剔幽爲亭曰暢日鑰俗入其中穹然如夏屋雙石相倚爲門闕風從南來谽谺而出寒骨凄神不可久佇故暑遊最勝

溧陽縣志宋丞相趙葵宅一在縣南一在縣北相距里許葵嘗避暑水亭作詩云水亭四面朱闌繞簇簇遊魚戲萍藻六龍畏熱不能行海水煎徹蓬萊島身眠七尺白蝦鬚頭枕一枝紅瑪瑙六句已成葵遂睡去有侍婢續云公子猶嫌扇力微行人正在紅塵道

辟寒王總管宋之老兵也宋亡失志嘗以蒲席爲衣或寄宿道院及市井人家自稱王總管然每到之處輒利故人爭邀之然多不往諸酒肆或遇其來急以酒與之乃滿飲擲杯于地而去則其家終日獲利倍于他日皆呼爲利市先生嘗客石函橋許公道院夜

立以寐時方大雪牛羊多凍死王乃解衣入水扣冰而浴既出汗流如雨眞異人也平生每狂歌人聽以卜休咎多驗也

體元眞人錄師昔於福山縣南木都村乞食有富者王祐見之曰先生肯共我奕棊否師曰依高命時方暮冬極寒祐乃狐帽綿裘皮靴氈襪見師單衣露肘弊鞋出指故謔之引於前廳命師當門迎風而坐祐卽坐其傍復戲曰當圍幾局師曰三局可矣祐曰太少師曰十局可否祐允之次第而下局未及終祐已覺寒勉至于再局祐爲之呵手振足將不可忍覩于師則乃見神容悅澤煦煦然如春也祐竟不能待之于三乃釋局而起復曰先生實爲無心無念忘形忘體者也師微笑而嘆曰俗謔俗謔違盟負約言訖乃去

辟寒天井長老彥威云廬山老僧用荻花絮紙衣威少時在惠日亦爲之佛燈珣禪師見而大嗔云汝少年輒求溫煖如此豈有心學道耶退而訪之則堂中百人有荻花衣者才三四皆年七十餘矣威愧恐亟除去

癸辛雜識伯機云高麗以北地名別十八華言乃五國城也其地極寒海水皆氷自八月卽合直至來年四五月方解人物行其上如履平地

墨客揮犀嶺南無雪閩中無雪建劍汀邵四州有之故北人嘲云南人不識雪向道似楊花然南方楊柳實無花是南人非止不識雪兼亦不識楊花也大元庚寅季冬二十二日余時在長樂雨雪數寸遍山皆白土人莫不相顧驚嘆蓋未嘗見也余是日召友人吳述正同賞時南軒梅一株盛開述正笑曰如此景致亦恐北人所未識是歲荔枝木皆凍死遍山連野彌望盡成枯至後年春始于舊根株漸抽芽蘖又數年始復繁盛譜云荔枝木堅理難老至今有三百歲者生結不息今去君謨殁又五十年矣是三百五十年間未有此寒也

元史英宗本紀至治元年八月車駕駐蹕興和左右以寒甚請還京師帝曰兵以牛馬爲重民以稼穡爲本朕遲留蓋欲馬得芻牧民得刈穫一舉兩得何計予寒

元氏掖庭記熊嬪性耐寒嘗于月夜遊梨花亭露袒坐紫斑石元帝見其身與梨花一色因名其亭曰聯縞亭

大德間尾洒夷于清源洞得一物如龍皮薄可相照鱗鱗攢簇玉色可愛又間成花卉之形或紅或綠暑月對之涼氣自生道人進貢時無識者有一胡僧言曰此斑花玉虬殼也

辟寒周之翰寒夜擁爐爇火見缾內所插折枝梅花冰凍而枯因取投火中戲作下火文云寒勒銅瓶凍未開南枝春斷不歸來這回勿入梨雲夢却把芳心作死灰共惟地爐中處士梅公之靈生自羅浮派分庾嶺形若槁木稜稜山澤之臞膚如凝脂凜凜雪霜之操春魁占百花頭上歲寒居三友圖中玉堂茅舍總無心金鼎商羹期結果不料道人見挽使離有色之根夫何冰氏相凌遽返華胥之國玉骨擁爐烘不醒冰魂剪紙竟難招紙帳夜長猶作尋香之夢筠窗月淡尚疑弄影之時雖宋廣平鐵石心腸忘情未得使華光老丹青手段摸索難眞却愁零落一枝春好與茶毗三昧火惜花君子還道這一點香魂今在何處咦惆然不逐東風散只在孤山水月中

銷夏倪雲林云予來城郭而暑氣熾甚偶憩甘白先生之樂圃林居不覺數日相與蔭茂樹臨清池誦羲文之象爻彈有虞之南風遂以永日

畜德錄夏忠靖公原吉嘗于驛中天甚寒驛人偶焚隻韈公知笑曰隻韈何用不加責且以所遺者賜之性度寬大如此

高坡異纂蔡敬守衢州日有一道士進謁敬留飲入夕道士遣一童子去席百步解衣而立時方隆冬道士遙吐氣噓之卽汗出如淋漓煖如盛夏既而口出風吹之寒氣襲人便欲僵仆

異林成化間吳中有喫肉和尚自言從終南山來問其姓名答云是趙頭陀往來僧居不假寢榻常坐于廊廡之間身著弊衲不易寒暑性好餔餟無所去擇食如燎毛飲若塡壑人莫見其溲溺故呼爲喫肉和尚每見輒曰可作一齋爾後供者漸不能繼或絕口累日亦復晏然有一少年惡其無厭欲試苦之值大寒月邀請入舍乃款以餘庖羊脂雜物凝貯盂中曰和尚食肉卽舉手張口瞬息啜盡又將取水數升與之曰和尚渴乎便復吸水遽足奉淋飯曰和尚飯乎卽飯飫一頓不謝而去亦無所苦

藜牀瀋餘上臨雍前二日大風雨至期忽晴和上念軍士寒夜發內府制錢人給五十文歡聲動地平明駕出諸軍各掛賜錢於頸呼萬歲眞太平盛事

辟寒有胥梁子弟上莊墅監穫稻天寒野迴須附火

莊賓引往山坡守禾舍乃屈竹所成類比丘圓茨低密煙不出兩目淚洒如啼勃然走出叫曰入墮淚菴擁入斯爐勝如喫十五大棒

牛龍巖在城南十里中寬可容千百牛近巖居民冬月驅牛入巖以辟寒氣

建康府城之東郊壇門外嘗有一人不言姓名於北面野水構小屋而居纔可庇身屋中唯什器一兩事餘無他物日日入城乞丐亦不歷衢巷市井但入寺觀遊逍遙而已人頗知之巡卒以白上上令尋迹其出處而問其所欲及問之亦無所求時盛寒官方施貧者衲衣見其劇單以一衲衣與之辭不受强與之乃轉以與人益怪之因逐之使移所居且觀所向乃毀屋移於元武門西南內至張某果園多荒穢亦有野水復于水際構屋居之時大雪數日闔人不見其出入意其凍死觀之見屋已壞謂果死矣遂白官司發屋視之則已熟寢于室中驚起了無寒色乃去不知所之

帝京景物略日冬至畫素梅一枝爲瓣八十有一日染一瓣瓣盡而九九出則春深矣曰九九消寒圖

余幸紀聞北人驗時以大明三星入地爲河凍之候正月丙寅冬至在十一月廿八日都下寒最遲而河亦遲凍是月望日與諸吉士早朝共試觀之黎明三星正入地而河冰亦適合云

二酉委譚余性不耐冠帶暑月尤甚豫章素蚤熱而今歲尤甚春三月十七日觴客于滕王閣日出如火流汗接踵頭涔涔幾不知歸而發狂大叫婦爲具湯沐使科頭裸身赴之時西山雲霧新茗初至張右伯

適以見遺茶色白大作豆子香幾與虎丘埒余時浴出露坐明月下亟命侍兒汲新水烹嘗之覺沆瀣入咽兩腋風生念此境味都非宦路所有琳泉蔡先生老而嗜茶猶甚于余時已就寢不可呼之共啜晨起復烹遺之然已作第二義矣追憶夜來風味書一通贈先生

欽定古今圖書集成曆象彙編歲功典

第一百一卷目錄

寒暑部雜錄

寒暑部外編

歲功典第一百一卷

寒暑部雜錄

易經繫辭日月運行一寒一暑

書經君牙夏暑雨小民惟曰怨咨冬祁寒小民亦惟曰怨咨

詩經豳風七月章一之日于貉疏大寒之月當取皮為裘以助女工絲麻不足以禦寒故為皮裘以助之也

小雅鴻鴈章鴻鴈于飛箋鴻鴈知避陰陽寒暑疏春則避陽暑而北秋則避陰寒而南

小明章二月初吉載離寒暑

禮記曲禮暑毋褰裳疏暑毋褰裳者雖炎熱而不得褰袪取凉也

禮器饗帝于郊而風雨節寒暑時

樂記天地之道寒暑不時則疾教者民之寒暑也教不時則傷世

國語火見而清風戒寒

管子曰今夫農羣萃而州處察其四時權節其用耒耜枷芟及寒擊莫除田以待時耕

易稽覽圖夏至之後三十日極熱冬至之後三十日極寒

易飛候有雲大如車蓋十餘此陽火之氣必暑有暍者

春秋考異郵繆公即位仲夏大寒冰錯亂甚也

素問生氣通天論篇因於露風乃生寒熱是以夏傷於暑秋為痎瘧冬傷於寒春必病溫注露陰邪也風陽邪也寒陰病也熱陽病也言陰陽不能固密則在天陰陽之邪傷吾身之陰陽而為寒熱病矣是以夏傷於暑暑汗不泄炎氣伏藏秋時陰氣外出與熱相遇發為痎瘧冬傷於寒邪不即發寒氣伏藏春時陽氣外出邪隨氣而化熱發為溫病此陰陽出入之氣化也

陰陽應象大論篇寒極生熱熱極生寒注陰寒陽熱乃陰陽之正氣寒極生熱陰變為陽也熱極生寒陽變為陰也

山海經壽麻之國爰有大暑不可以往

汲冢周書時訓解清明之日桐不華歲有大寒

關尹子二柱篇寒暑溫凉之變如瓦石之類置之火即熱置之水即寒呵之即溫吹之即凉特因外物有去有來而彼瓦石實無去來譬如水中之影有去有來所謂水者實無去來

老子洪德篇躁勝寒靜勝熱

管子形勢解寒暑適則身利而壽命益

民之從有道也如寒之先衣也如暑之先陰也故有道則民歸之

幼官篇三暑同事七舉時節

三寒同事六行時節

四時篇日掌賞賞為暑

月掌罰罰為寒

度地篇大寒大暑大風大雨其至不時者此謂四刑

版法解四時之行有寒有暑聖人法之故有文有武

事語篇農夫寒耕暑耘力歸於上

文子上義篇婦人當年不織天下有受其寒者

列子周穆王篇西極之南隅有國焉不知境界之所接名古莽之國陰陽之氣所不交故寒暑亡辨日月之光所不照故晝夜亡辨其民不食不衣而多眠五旬一覺以夢中所為者實覺之所見者妄四海之齊謂中央之國跨河南北越岱東西萬有餘里其陰陽之審度故一寒一暑昏明之分察故一晝一夜其民有智有愚萬物滋殖才藝多方有君臣相臨禮法相持其所云為不可稱計一覺一寐以為覺之所為者實夢之所見者妄

黃帝篇禽獸之智避寒就溫

尸子朔方之寒冰厚六尺木皮三寸北極左右不釋之冰

墨子節用篇其為衣裘何以為冬以圉寒夏以圉暑其為宮室何以為冬以圉風寒夏以圉暑雨

公孟篇何故為室曰冬避寒焉夏避暑焉

荀子賦篇冬日作寒夏日作暑

呂氏春秋仲春紀功名篇大寒既至民煖是利大熱在上民清是走故民無常處見利之聚無之去欲為天子民之所走不可不察

仲夏紀大樂篇四時代興或暑或寒

審分覽任數篇因者君術也爲者臣道也爲則擾矣因則靜矣因冬爲寒因夏爲暑君奚事哉故曰君道無知無爲而賢于有知有爲則得之矣

離俗覽貴信篇冬之德寒寒不信其地不剛地不剛則凍閉不開天地之大四時之化而猶不能以不信成物又況乎人事君

史記倉公傳扁鵲曰藥石者有陰陽水火之齊故中熱卽爲陰石柔齊治之中寒卽爲陽石剛齊治之

漢書食貨志鼂錯曰農夫春不得避風塵夏不得避暑熱秋不得避陰雨冬不得避寒凍四時之間亡日休息

苗稍壯每耨輒附根比盛暑隴盡而根深能風與旱故儗儗而盛也

鼂錯傳錯言胡貉之地積陰之處也木皮三寸冰厚六尺食肉而飲酪其人密理鳥獸毳毛其性能寒揚粵之地少陰多陽其人疏理鳥獸希毛其性能暑 注師古曰能讀曰耐

淮南子原道訓匈奴出穢裘于越生葛絺各生所急以備燥濕各因所處以禦寒暑並得其宜物便其所

夏蟲不可與語寒篤於時也

俶眞訓大寒至霜雪降然後知松柏之茂也

墬形訓凡八紘之氣出寒暑以合八正必以風雨

土地各以其類生是故暑氣多夭寒氣多壽

南方曰南極之山曰暑門

北方曰北極之山曰寒門

氾論訓古者民澤處復穴冬日則不勝霜雪霧露夏日則不勝暑熱蟁蝱聖人乃作爲之築土構木以爲宮室上棟下宇以蔽風雨以避寒暑而百姓安之

食充虛衣禦寒則足以養七尺之形矣

兵略訓見瓶中之水而知天下之寒暑

說林訓冬有雷電夏有霜雪然而寒暑之勢不易小變不足以妨大節

說山訓寒不能生寒熱不能生熱不寒不熱能生寒熱故有形出於無形未有天地能生天地者也

董仲舒雨雹對寒有高下上煖下寒則上合爲大雨下凝爲冰霰雪是也

春秋繁露王道通篇人主立于生殺之位與天共持變化之勢物莫不應天化天地之化如四時所好之風出則爲煖氣而有生于俗所惡之風出則爲清氣而有殺于俗喜則爲暑氣而有養長也怒則爲寒氣而有閉塞也人主以好惡喜怒變俗習而天以煖清寒暑化草木喜樂時而當則歲美不時而妄則歲惡天地人主一也

陰陽位篇陽以南方爲位北方爲休陰以北方爲位南方爲休陽至其位而大暑熱陰至其位而大寒凍

陰陽出入上下篇春分者陰陽相半也故晝夜均而寒暑平陰日損而隨陽陽日益而鴻故爲煖熱

秋分者陰陽相半也故晝夜均而寒暑平陽日損而隨陰陰日益而鴻故至于孟冬而大寒

基義篇天之氣徐乍寒乍暑故寒不凍暑不渴以其有餘徐來不暴卒也

循天之道篇陰陽之會冬合北方而物動于下夏合南方而物動于上上下之大動皆在日至之後爲寒則凝水裂地爲熱則焦沙爛石

威德所生篇爲人主者居至德之位操殺生之勢以變化民民之從主也如草木之應四時也喜怒當寒暑威德當冬夏冬夏者威德之合也寒暑者喜怒之偶也喜怒之有時而當發寒暑亦有時而當出其理一也當喜而不喜猶當暑而不暑當怒而不怒猶當寒而不寒也當德而不德猶當夏而不夏也當威而不威猶當冬而不冬也喜怒威德之不可以不直處而發也如寒暑冬夏之不可不當其時而出也故謹善惡之端

神異經北方有增冰萬里厚百尺下有𪕰鼠在冰下土中其形如鼠食冰草肉重萬斤作脯食之已熱其毛長八尺可以爲褥臥之可以却寒

東南海中有烜洲洲有溫湖鰩魚生焉其長八尺食之宜暑而避風寒

京房易占春夏寒政教急

後漢書祭祀志靈臺注天子得靈臺之則五車三柱明制可行不失其常水泉川流無滯寒暑之災

蔡邕傳履霜知冰踐露知暑

西南夷傳冉駹夷土氣多寒在盛夏冰猶不釋

劉向別錄燕地寒谷不生五穀鄒衍吹律以煖之乃生禾黍因名黍谷

說苑國有五寒而冰凍不與焉一曰改外二曰女厲三曰謀泄四曰不敬卿士五曰不能治內而務外

太元經陽不極則陰不萌陰不極則陽亦不芽極寒生熱極熱生寒

論衡寒溫篇說寒溫者曰人君喜則溫怒則寒

春溫夏暑秋凉冬寒人君無事四時自然

變動篇盛夏之時當風而立隆冬之月向日而坐其夏欲得寒而冬欲得溫也至誠極矣欲之甚者至或當風鼓箑向日然爐而天終不爲冬夏易氣寒暑有節不爲人變改也

蜀志汶山郡土地剛鹵不宜五穀惟種麥而多冰寒盛夏凝凍不釋故夷人冬則避寒入蜀傭賃自食夏則避暑反落歲以爲常蜀人謂之作五百石子也

中論朱井之霜以基昇正之寒黃蘆之萌以兆大中之暑

廣雅北方地苦寒冰厚一尺凍入地一丈

五經通義寒氣凝以爲霜霜從地升也

博物志北方地寒冰厚三尺氣出口爲凌

潘岳關中記桂宮一名甘泉又作迎風觀寒露臺以避暑

抱朴子論仙篇盛夏宜暑而夏天未必無凉日也極陰宜寒而嚴冬未必無暫溫也

西京雜記淮南王好方士皆以術見噓吸爲寒暑

華陽國志汶山郡多雜藥名香土地剛鹵不宜五穀多寒盛夏冰不釋故夷人冬則避寒

廣志南方地暑熱交阯麥不成秀蒜不生蕪菁無根

金樓子寒者不貪尺璧而思短衣

袖中記張勃云冷水夏濯可以清暑溫水冬浴可以攘寒

益州記瀘州卽武侯渡處水有熱氣天暑不敢行

水經注東赤湖東北有大置臺高六丈縱廣八尺一名清暑臺

齊民要術作乾葡萄法極熟者一一零壓摘取刀子切去蔕勿令汁出蜜兩分和內葡萄中煮四五沸漉出陰乾便成矣非直滋味倍勝又得夏暑不敗也

唐書地理志臨汝有清暑宮在鳴皐山南

輿服志長孫無忌等曰月令孟冬天子始裘以禦寒若啓蟄祈穀冬至報天服裘可也

續博物志箑莆者其狀如蓬枝多葉少根如絲葉如扇不搖自動風生于庖廚清凉驅殺蟲蠅以助供養堯時生於庖廚爲帝王去惡孫柔王充白虎皆云太平時箑生庖廚中燋一炬火爨一鑊水終日不能熱倚一尺冰置之熱廚終夜不能寒

宋史禮志北土寒凉本以貂皮煖額附施於冠遂成首飾侍中左貂常侍右貂

荔枝譜福州人家種植荔枝最多暑雨初霽晚日照耀絳囊翠葉鮮明蔽映數里之間焜如星火

東坡志林貴公子雪中飲醉臨檻向風曰爽哉左右有泣者公子驚問之曰吾父昔日以爽亡楚襄王登臺有風颯然而至王曰快哉此風寡人與庶人共之者耶宋玉譏之此獨大王之風庶人安得而共之不知者以爲諂也知之者以爲風也唐文宗詩曰人皆苦炎熱我愛夏日長柳公權續之曰薰風自南來殿閣生微凉惜乎宋玉不在旁也

洛陽名園記黃氏西園一堂竹環之中有石芙蓉水自其花間湧出開軒窗四面甚敞盛夏燠暑不見畏日

避暑錄話毒熱連二十日泉旁林下平日自爲勝處亦覺相薰灼忽自訶曰冰蠶火鼠此本何物習其所安猶不知異今此熱相初從何來乃復浪爲苦樂耶一念纔萌顧堂室內外或陰或日皆成清凉國土戲以語羣兒皆莫知答翌日忽大雨震電暴風驟至坐間草木掀舞池水震蕩羣兒欣然皆以爲快因問遂若是凉耶抑來日復有熱耶來日復熱則汝之快者將又戚然矣自吾之視羣兒固可笑然吾行於世平生幾何不爲羣兒得無有如吾者又笑其所笑乎

古方治暑無他法但用辛甘發散疏導心氣與水流行則無能害之矣

玉澗雜書魏文帝典論云大駕都許使光祿大夫劉松北鎮袁紹軍與紹子弟日共宴飲以三伏之際晝夜酣飲極醉至於無知云以避一時之暑故河朔有避暑飲吾嘗謂此非松好飲蓋自爲計耳方曹操時與袁紹子弟相從若不日飲安能使操不疑此不惟松爲身謀亦所以防紹子弟使不暇爲他圖也今人頗傳此故事遂爲酒眞能逃暑者云方暑正晝極飲輒凉殊不可解不過醉而沉惑不知有暑耳然亦何足爲適世多言貴賤雖居寒有間所以禦之有異至暑雖至貴無以異賤此語良是非特無異而已觸熱趨事負擔徒行賤者之常未必爲甚苦而王公大人高居深屋交扇環繞每以爲未足則無往而不病熱歐陽文忠嘗問杜祁公何以禦暑公曰惟靜坐可以避暑能爲祁公此見者幾人乎韓持國許昌私第凉堂深七丈每盛夏猶以爲不可居常穎士適自郊居來因問郊外凉乎曰凉持國詰其故曰野人自知無修簷大廈旦起不畏車馬衣冠之役胷中復無他念露頂挾扇持三尺木牀視木陰東搖則從東西搖則

從西而語未竟持國亟止之曰汝勿言吾心亦凉矣
老學庵筆記淮南諺曰鷄寒上樹鴨寒下水驗之皆
不然有一媼曰鷄寒上距鴨寒下嘴耳上距謂縮一
足下嘴謂藏其喙於翼間
臥遊錄雲陽記曰谷口去雲陽宮八十里流潦沸騰
飛泉激瀧兩岸峭壁孤竪橫盤凜然凝沍每入穴中
朱明盛暑當晝暫暄凉秋晚候緼袍不煖所謂寒門
也漢世以爲避暑之處
會稽志剡出縐紗尤精其絕品以爲暑中燕服如絓
冰雪然
癸辛雜識焦達卿云韃靼地面極寒並無花木草長
不過尺至四月方青至八月爲雪虐矣僅有一處開
混堂得四時陽氣和煖能種柳一株土人以爲異卉
春時競至觀之
潘子眞詩話余以霜威能折綿風力欲冰酒之句問
山谷所從出山谷曰勁氣方凝酒清威正折綿庾肩
吾詩也余讀晉阮籍大人先生歌略曰陽和微弱陰
氣竭海凍不流綿絮折呼吸不通寒冽冽乃知折綿
之事始於阮籍豈山谷偶忘之耶
東谷所見寒猶可禦而暑不可避凉亭水榭風車篁
枕世不多有縱有之遇流金爍石之時其爲熱自若
也方食生物又恐生病方食熱物汗決如雨思之爲
人何益於事剗得喪利害不能理遣而心火熾盛妻
孥累重支吾不暇而家火逼迫當此流火而心火家
火爲之俱焚鑊湯爐炭一時頓現一年復一年髮白
面皺催入死途不自知也余觀此境界所以不願有
生

淸波雜志造請不避寒暑誠可譏誚若下位事上官
朝造夕謁其可不循等威之分若初非地屬但恃稚
素趍趄日進懷漫刺俛首與卸客輩固多不自愛重
者寧使訝其不來莫使厭其不去是爲知言
證類本草列仙傳云赤松子服天門冬齒落更生細
髮復出太原甘始服天門冬在人間三百餘年聖化
經云以天門冬茯苓等分爲末日服方寸匕則不畏
寒大寒時單衣汗出也
墨莊漫錄東北冬月寒甚夜氣塞空如霧著於林木
凝結如珠玉旦起視之眞薄雪也見晛乃消釋因風
飄落齊魯人謂之霧淞諺云霧淞重霧淞窮漢置飯
甕蓋歲穰之兆也曾子固之齊州有冬夜詩云香淸
一榻氍毹暖月淡千門霧淞寒又有霧淞詩云園林
初日靜無風霧淞開花處處同記得集英深殿裏舞
人齊插玉龍淞蓋謂是也東坡在定武送曹仲錫詩
亦云斷蓬飛葉落黃沙祇有千林鬖髿花應謂王孫
朝上國珠幢玉節與排衙亦謂此也霧淞鬖髿皆同
音鬖參音髿送
山家淸供暑月命客棹舟蓮蕩中先以酒入荷葉飲
之又包魚鮓作供眞佳適也坡云碧筩時作象鼻彎
白酒凝帶荷心苦坡守杭時想屢作此供也
保生要錄臣聞衣服厚薄欲得隨時合度是以暑月
不可全薄寒時不可極厚盛暑亦不必著單臥服或
腹輕已上覆被極宜人冬月綿衣莫令甚厚寒則頻
添數層如此則令人不驟寒驟熱也故寒時而熱則
減不傷於溫熱時而寒則加不傷於寒寒熱不時忘
自脫著則傷於寒熱矣寒欲漸著熱欲漸脫腰腹下

至脛欲得常溫胸上至頭欲得稍凉凉不至凍溫
不至燥衣爲汗濕卽時易之薰衣火氣未歇不可便
著夫寒熱均平形神恬靜則疾疢不生壽年自永
潛確類書五行志周失之舒秦失之急故周衰無寒
歲秦滅無燠年
銷夏抱朴子云立夏之日或服元冰丸飛雪散及六
壬六癸之符則不熱幼伯子王仲都衣之以重裘暴
之以夏日周以十爐之火蓋用此方也
倪文節云閑居勝於居官其事不一其最便者尤於
暑月見之暑月居官非我見人則人見我衣冠襪履
未嘗敢去體正熱坐轎殆如蒸熔客坐偪窄臭氣薰
襲正使達官免於請謁不能不受人之謁也正使恬
退簡於造請亦不能不受謁與報謁也至於造朝蒞
政其事尤重其禮尤謹則其服尤厚公裳必羅靴帶
必皮乃與嚴冬無異扇不可揮傘不可張渴不可遽
得水飲食或不能以時往往至於傷暑者多矣閑居
則不然自早燒香見尊長之後食罷便可脫巾衩袒
裙靸從事藤牀竹几展轉北牕淸風時至反患太凉
挾策就枕困來熟睡晚凉浴罷杖屨逍遙臨池觀月
登高乘風採蓮剝芡剖瓜削藕白醪三盃取醉而適
其爲樂殆未易可以一二數也故曰閑居之勝居官
尤於暑月見之或曰居官亦豈無白醪可飲蓮芡瓜
藕可食乎曰雖飲白醪而思明日有事飲之而不敢
多也雖有蓮芡瓜藕亦非鮮新食之而無味也又安
得醉而適乎
王直方詩話云山谷避暑城西李氏園題詩於壁云
荷氣竹風宜永日冰壺凉簟不能回題詩未有驚人

句會喚詩仙蘇二來少游言於東坡曰以先生爲蘇二大似相游

王直方云余自夏歷秋毒熱七八十日不衰炮灼理極意謂不復有清涼之時今日復淒風微雨遂御夾衣顧念茲歲屈指可盡彭澤云我今不爲樂知有來歲不此言眞可爲惕然也

葉石林云萬法皆從心生心苟不動外境何自而入雖寒暑可敵也嬰兒未嘗求附火搖扇此豈無寒暑者乎蓋心不動爾世有畏暑者席地袒裼終日遠徙求避百計卒不得所欲而道途之役正晝烈日衣以夏衲挽車負擔馳騁不停竟亦無他但心所安爾近有道人常悟住惠林得風痺疾歸寓許昌天寧寺足不能行雖三伏必具三衣而坐自旦至暮未嘗敧偃每食時弟子扶掖稍伸縮即復跏趺如故室中不置扇拱手若對大賓客而神觀澄穆膚理融暢殊雖不羔亦不復作如是七年一日告其徒語絕即化余嘗盛暑屢過之問重衣而不扇亦覺熱乎但笑而不答夫心無避就雖嬰兒役夫猶不能累況如若人者乎

又云紹興五年五月梅雨始過暑氣頓盛父老言數十年所無有余居既遠城市巖居又在山半異時蓋未嘗病暑今亦不能安其室每旦起從一僕夫負榻擇泉石深曠竹松幽茂處俯仰終日賓客無與往來惟棟模二子門生徐惇立挾書相從間質疑請益時爲酬酢亦或泛話古今雜事耳目所接論說平生出處及道老友親戚之言以爲歡笑皆後生所未知也

竹坡詩話云暑中瀕溪與客納涼時夕陽在山蟬聲滿樹觀二人洗馬於溪中曰此少陵所謂晚涼看洗馬森木亂鳴蟬者也此詩平日誦之不見其工唯當所見處乃始知其爲妙

銷夏錢塘西山靈鷲有泉流幽洞中或隱或見者如綫如蛇曲折而下赴其激石有聲鏘鏘如琴筑之交奏珩璜之相觸春淙亭東西合流注大壑淙然如驟雨之至雷震之薄如決銀河自天而落也方五六月赤日正中人皆坐火屋下行道者多暍死而泉之旁飛珠濺衣肅然如清秋松風謖謖相和肌肉爲戰而栗不知大暑之鬱蒸也

天毒國每大暑熱夏木皆乾死民善沒水以避日遇時暑常入寒泉之下

風洞在壘綵山後石門砯砑陰風襲人盛夏無暑故名

褒國鄰路千里之中夾道種榆盛暑之月人行其下

摩竭陀國三世諸佛所生之處亦此向北度九黑山有大雪山名具吉祥其山北邊有香醉山是二山間有大龍王名曰無熱所居之池曰阿耨達從此池內出四大河東殑伽河從象口中流出銀沙共五百河流歸東海南辛渡河從牛口中流出琉璃沙共五百河流歸南海西縛芻河從馬口中流出玻璃河沙共五百河流歸西海北悉怛河從獅子口中流出金沙共五百河流歸北海是四河從無熱池右遶七匝隨方流轉而其氣甚寒

清暑筆談寒暑天地間一大氣萬物所同有也而人於其間起欣厭避就不知人之一心方與物交欲惡起而攻之如焦火凝冰惱安樂性此之謂內寒暑此身爲衆苦所集有問大熱向何處避者曰向鑊湯裏避何以故曰衆苦所不到

暑中嘗默坐澄心閉目作水觀久之覺肌膚洒洒几格間似有爽氣須臾觸事前境頓失故知一切境惟心造眞不妄語

戒庵漫筆今人大廳五間之前軍置屋者俗名五廳三泊暑謂可障蔽炎熱也夷堅志作撲水撲風板又作屋翼剎風板老學庵筆記云蔡京賜第宏敞老疾畏寒惟撲水少低乃作臥室或又作僕處謂廳上待客童僕供侍宜列於此耳

蓬櫳夜話浴溪行數里有冷水亭云洞窅插劍石間既拔去泉一股迸出至今暑月濟渴奇冷

農政全書用馬牙硝爲細末唾調塗手及面則寒月迎風不冷

寒暑部外編

瑯嬛記昔有客過茅君時當大暑茅君於手巾內解茶葉人與一葉客食之五內清涼異而詰其所從來茅君曰此蓬萊山穆陀樹葉衆仙食之以當飲

論衡河東項曼都好道學仙去家三年而反曰去時有數仙人將上天離月數里而上月之旁其寒淒淒

異苑太康二年冬大雪南州人見二白鶴於橋下語曰今茲寒不減堯崩年於是飛去

賈氏說林沈休文雨夜齋中獨坐風開竹扉有一女

子攜絡絲具入門便坐風飄細雨如絲女隨風引絡絡繹不斷斷時亦就口續之若眞絲焉蠋未及跋得數兩起贈沈曰此是冰絲贈君造以爲冰紈忽不見沈後織成紈鮮潔明淨不異於冰製扇當夏日甫攜在手不搖而自凉

辟寒隋開皇中趙師雄遷羅浮一日天寒日暮於松林間酒肆旁舍見美人淡粧素服出迎時已昏黑殘雪未消月色微明師雄與語言極清麗芳香襲人因與之扣酒家門共飲少頃見一綠衣童來笑歌戲舞師雄醉寢但覺風寒相襲久之東方已白起視在大梅樹下上有翠羽啾嘈相顧月落參橫但惆悵而已

蜀有道士陽狂俗號爲灰袋大雪中衣布被入青城山暮投僧寺宿僧曰貧僧一衲而已天寒如此恐不能活但言用一牀足矣至夜半雪深風起僧慮道士死就視之去牀數尺氣蒸如炊流汗袒寢僧知其異人未明不辭而去

博異志岑文本避暑山亭忽有報上清童子參衣淺色青衣曰此上清五銖服出門不見文本掘得古錢一枚自是錢帛日盛

龍城錄君誨嘗夜坐與退之余三人談鬼神變化時風雪寒甚窻外點點火明若流螢須臾千萬點不可數頃度入室中或爲圓鏡飛度往來乍離乍合變爲大聲去而三人雖退之剛直亦爲之動顏君誨與余但匍匐掩目前席而已信乎俗諺曰白日無談人談人則害生昏夜無談鬼談鬼則怪至亦知言也余三人後皆不利

辟寒李無競入都調官至朱仙鎭有二丐者喧爭於道老嫗曰我終年丐乞聚金數百此子帶去半載不償無競取緡如所逋數與之丐者謝曰吾實逋其錢君行路人能償之以解其鬪也吾家在隆和曲鎔柵青簾乃所居也子能訪我當有厚謝無競異其言後入隆和果有簾柵入門見數丐者地爐共火入室有冠帶者立於堂乃向丐者既坐曰可小酌禦寒無競恍惚甚疑其人勤勸遜辭終不飲但濡脣而已時方大寒盤中皆夏果取小御桃三枚懷歸丐者作詩曰君子多疑卽多悞世人無信卽無誠吾家路逕平如砥何事夫君不肯行無競至邸取桃乃紫金三塊因大悔恨一日再訪之已不見詢問皆無有知者無競琢其金爲飲器年七十餘面色紅潤豈洒濡脣之力乎

皇甫坦字履道臨淄人也後避地入蜀居峨嵋山嘗莽行風雪中聞人有呼之者顧見一道人臥小庵中因畱與抵足眠坦自覺熱氣自兩足入蒸蒸浹體甚和適比曉道人去曰它日可訪我於靈泉觀坦後求之朱桃椎也

北夢瑣言張建章爲幽州行軍司馬後歷郡守尤好經史聚書至萬卷所居有書樓但以披閱清淨爲事經涉之地無不理焉曾齎府戎命往渤海遇風濤乃泊其舟忽有青衣泛一葉舟而至謂建章曰奉大仙命請大夫建章乃應之至一大島見樓臺巍然中有仙女處之侍翼甚嚴器食皆建章故鄉之常味也食畢告退女仙謂建章曰子不欺暗室所謂君子人也勿患風濤之苦吾令此青衣往來導之及還風濤寂然往來皆無所懼又回至西岸經太宗征遼碑半在水中建章則以帛包麥屑置於水中摸而讀之不失一字其篤學也如此薊門之人皆能說之於時亦聞於朝廷孫光子曾遇薊門軍校姓孫忘其名細話張大夫遇水仙蒙遺鮫綃自齎而進好事者爲之立傳今亳州太清宮道士有收得其本者且曰明宗皇帝有事郊丘建章鄉人掌東序之寶具言國璽外唯有二物其一卽建章所進鮫綃筐而貯之軸之如帛以紅綫三道劄之亦云夏天清暑展開可以滿室凜然邇來變更莫知何在

銷夏杜徽之夏日常隨莫月鼎入西山至湖上熱甚月鼎曰吾借一把傘與汝共戴乃向空噓氣忽黑雲二穗隨而覆之

呂誨爲御史出知安陸一日燕坐見一碧衣云非久玉帝南遊炎洲命子隨行糾正羣仙炎洲苦熱上帝賜公清凉丹一粒吞之若冰雪下咽公頗異其事亦與所親者言之

辟寒董風子者不知其鄉里事母至孝以乾道元年暮冬過岳陽夜宿黃花市遇同店一叟破巾單袍而貌若嬰童絕無飢寒之態吟哦詩句油然自適董識其異就卽坐於傍問所從來殊不酬答良久再扣之始微笑云我待子多日矣遂挽手同出寺西旗亭中買酒三升諭酒家僕不用煖熱董起白言某平日骨寒雖當暑盛亦去綿衣不得況今臘月若飲冷酒定足喪命惟先生亮之叟云無慮董不獲已強進半杯便覺四肢和暢及再飲盡脫其衣移時出到大樹下授以至道之要董整襟再拜曰敢問先生姓氏曰吾本東晉抱黃翁也知君孝通於天故來相見語能陰

雲四合迨於開豁失叟所在矣

欽定古今圖書集成曆象彙編歲功典

第一百二卷目錄

干支部彙考

禮記月令

爾雅釋天

子午經主司　十二部人神所在　干支人神忌日　十二時忌

史記律書

漢書律歷志　天文志　翼奉傳

淮南子天文訓

白虎通五行篇

釋名釋天

說文十干　十二支

博雅干支雜釋

晉書樂志

漏刻經定太陽出沒法　約十二時

夢溪筆談干支總考

補筆談十支總考

瑞桂堂暇錄納音

百怪斷經噴嚏占　眼䀹占　心驚占　耳鳴占　耳熱占　鴉鳴占

稗編干支數

歲功典第一百二卷

干支部彙考

禮記

月令

孟春之月　其日甲乙

鄭注乙之言軋也日之行春東從青道發生萬物月爲之佐時萬物皆解孚甲自抽軋而出因以爲日名焉乙不爲月名者君統臣功也

孟夏之月　其日丙丁

鄭注丙之言炳也日之行夏南從赤道長育萬物月爲之佐時萬物皆炳然著見而彊大又因以爲日名焉

中央土　其日戊己

鄭注戊之言茂也己之言起也日之行四時之間從黃道月爲之佐至此萬物皆枝葉茂盛其含秀者抑屈而起故因以爲日名焉

孟秋之月　其日庚辛

鄭注庚之言更也辛之言新也日之行秋西從白道成熟萬物月爲之佐萬物皆肅然改更秀實新成又因以爲日名焉

孟冬之月　其日壬癸

鄭注壬之言任也癸之言揆也日之行冬北從黑道閉藏萬物月爲之佐時萬物懷任于下揆然萌芽又因以爲日名焉

爾雅

釋天

太歲在甲曰閼逢在乙曰旃蒙在丙曰柔兆在丁曰彊圉在戊曰著雍在己曰屠維在庚曰上章在辛曰重光在壬曰元黓在癸曰昭陽太歲在寅曰攝提格在卯曰單閼在辰曰執徐在巳曰大荒落在午曰敦牂在未曰協洽在申曰涒灘在酉曰作噩在戌曰閹茂在亥曰大淵獻在子曰困敦在丑曰赤奮若月在甲曰畢在乙曰橘在丙曰修在丁曰圉在戊曰厲在己曰則在庚曰窒在辛曰塞在壬曰終在癸曰極

子午經

主司

東方甲乙木主人肝膽筋膜魂南方丙丁火主人心小腸血脈神西方庚辛金主人肺大腸皮毛魄北方壬癸水主人腎膀胱骨髓精志中央戊己土主人脾胃肌肉意智

十二部人神所在

心辰喉卯頭寅眉丑背子腰亥腹戌項酉足申膝未陰午股巳

干支人神忌日

甲乙日忌寅時頭丙丁日忌辰時耳戊己日忌午時髮庚辛日忌申時闕壬癸日忌酉時足

子日目丑日耳寅日口卯日鼻辰日腰巳日手午日心未日足申日頭酉日背戌日項亥日頂

建日申時頭除日酉時膝滿日戌時腹平日亥時腰背定日子時心執日丑時手破日寅時口危日卯時鼻成日辰時脣收日巳時足開日午時耳閉日未時目

十二時忌

子時踝丑時頭寅時目卯時面耳辰時項口巳時午

時胷脇未時腹申時心酉時背髀戌時腰陰亥時股

史記

律書

書曰七正二十八舍律曆天所以通五行八正之氣天所以成孰萬物也舍者日月所舍舍者舒氣也不周風居西北主殺生東壁居不周風東主辟生氣而東之至於營室營室者主營胎陽氣而產之東至於危危垝也言陽氣之危垝故曰危十月也律中應鍾應鍾者陽氣之應不用事也其於十二子爲亥亥者該也言陽氣藏於下故該也廣莫風居北方廣莫者言陽氣在下陰莫陽廣大也故曰廣莫東至於虛虛者能實能虛言陽氣冬則宛藏於虛日冬至則一陰下藏一陽上舒故曰虛東至於須女言萬物變動其所陰陽氣未相離尚相如胥也故曰須女十一月也律中黃鍾黃鍾者陽氣踵黃泉而出也其於十二子爲子子者滋也滋者言萬物滋於下也其於十母爲壬癸壬之爲言任也言陽氣任養萬物於下也癸之爲言揆也言萬物可揆度故曰癸東至牽牛牽牛者言陽氣牽引萬物出之也牛者冒也言地雖凍能冒而生也牛者耕植種萬物也東至於建星建星者建諸生也十二月律中大呂大呂者其於十二子爲丑丑者紐也言陽氣在上未降萬物厄紐未敢出條風居東北主出萬物條之言條治萬物而出之故曰條風南至於箕箕者言萬物根棋故曰箕正月也律中泰簇泰簇者言萬物簇生也故曰泰簇其於十二子爲寅寅言萬物始生螾然也故曰寅南至於尾言萬物始生如尾也南至於心言萬物始生有華心也南至於房房者言萬物門戶也至於門則出矣明庶風居東方明庶者明衆物盡出也二月也律中夾鍾夾鍾者言陰陽相夾廁也其於十二子爲卯卯之爲言茂也言萬物茂也其於十母爲甲乙甲者言萬物剖符甲而出也乙者言萬物生軋軋也南至於氐氐者言萬物皆至也南至於亢亢者言萬物亢見也南至於角角者言萬物皆有枝格如角也三月也律中姑洗姑洗者言萬物洗生其於十二子爲辰辰者言萬物之蜄也清明風居東南維主風吹萬物而西之軫軫者言萬物益大而軫軫然西至於翼翼者言萬物皆有羽翼也四月也律中中呂中呂者言萬物盡旅而西行也其於十二子爲巳巳者言陽氣之已盡也西至於七星七星者陽數成於七故曰七星西至於張張者言萬物皆張也西至於注注者言萬物之始衰陽氣下注故曰注五月也律中蕤賓蕤賓者言陰氣幼少故曰蕤痿陽不用事故曰賓景風居南方景者言陽氣道竟故曰景風其於十二子爲午午者陰陽交故曰午其於十母爲丙丁丙者言陽道著明故曰丙丁者言萬物之丁壯也故曰丁西至於弧弧者言萬物之吳落且就死也西至於狼狼者言萬物可度量斷萬物故曰狼涼風居西南維主地地者沈奪萬物氣也六月也律中林鍾林鍾者言萬物就死氣林林然其於十二子爲未未者言萬物皆成有滋味也北至於罰罰者言萬物氣奪可伐也北至於參參言萬物可參也故曰參七月也律中夷則夷則言陰氣之賊萬物也其於十二子爲申申者言陰用事申賊萬物故曰申北至於濁濁者觸也言萬物皆觸死也故曰濁北至於留留者言陽氣之稽留也故曰留八月也律中南呂南呂者言陽氣之旅入藏也其於十二子爲酉酉者萬物之老也故曰酉閶闔風居西方閶者倡也闔者藏也言陽氣道萬物闔黃泉也其於十母爲庚辛庚者言陰氣庚萬物故曰庚辛者言萬物之辛生故曰辛北至於胃胃者言陽氣就藏皆胃胃也北至於婁婁者呼萬物且內之也北至於奎奎者主毒螫殺萬物也奎而藏之九月也律中無射無射者陰氣盛用事陽氣無餘也故曰無射其於十二子爲戌戌者言萬物盡滅故曰戌

漢書

律歷志

黃鍾黃者中之色君之服也鍾者種也天之中數五五爲聲聲上宮五聲莫大焉地之中數六六爲律律有形有色色上黃五色莫盛焉故陽氣施種於黃泉孳萌萬物爲六氣元也以黃色名元氣律者著宮聲也宮以九唱六變動不居周流六虛始於子在十一月大呂呂旅也言陰大旅助黃鍾宣氣而牙物也位於丑在十二月大族族奏也言陽氣大奏地而達物也位於寅在正月夾鍾言陰夾助大族宣四方之氣而出種物也位於卯在二月姑洗洗絜也言陽氣洗物辜絜之也位於辰在三月中呂言微陰始起未成著於其中旅助姑洗宣氣齊物也位於巳在四月蕤賓蕤繼也賓導也言陽始導陰氣使繼養物也位於午在五月林鍾林君也言陰氣受任助蕤賓君主種物使長大楙盛也位於未在六月夷則則法也言陽氣正法度而使陰氣夷當傷之物也位於申在七月

南呂南任也言陰氣旅助夷則任成萬物也位於酉在八月亡射射厭也言陽氣究物而使陰氣畢剝落之終而復始亡厭已也位於戌在九月應鍾言陰氣應亡射該藏萬物而雜陽閡種也位於亥在十月黃鍾子爲天正林鍾未之衝丑爲地正大族寅爲人正

太極元氣函三爲一極中也元始也行於十二辰始動於子參之於丑得三又參之於寅得九又參之於卯得二十七又參之於辰得八十一又參之於巳得二百四十三又參之於午得七百二十九又參之於未得二千一百八十七又參之於申得六千五百六十一又參之於酉得萬九千六百八十三又參之於戌得五萬九千四十九又參之於亥得十七萬七千一百四十七此陰陽合德氣鍾於子化生萬物者也故孳萌於子紐牙於丑引達於寅冒茆於卯振美於辰已盛於巳咢布於午昧薆於未申堅於申留孰於酉畢入於戌該閡於亥出甲於甲奮軋於乙明炳於丙大盛於丁豐楙於戊理紀於己斂更於庚悉新於辛懷任於壬陳揆於癸故陰陽之施化萬物之終始既類旅於律呂又經歷於日辰而變化之情可見矣

天統之正始施於子半日萌色赤地統受之於丑初日肇化而黃至丑半日牙化而白人統受之於寅初日孽成而黑至寅半日生成而青天施復於子地化自丑畢於辰人生自寅成於申故歷數三統天以甲子地以甲辰人以甲申孟仲季迭用事爲統首

天文志

甲乙海外日月不占丙丁江淮海岱戊己中州河濟庚辛華山以西壬癸常山以北

太歲在寅曰攝提格歲星正月晨出東方在卯曰單閼二月出在辰曰執徐三月出在巳曰大荒落四月出在午曰敦牂五月出在未曰協洽六月出在申曰涒灘七月出在酉曰作詻（爾雅作作噩）八月出在戌曰掩茂九月出在亥曰大淵獻十月出在子曰困敦十一月出在丑曰赤奮若十二月出

翼奉傳

奉好律歷陰陽之學元帝初上封事曰臣聞之於師治道要務在知下之邪正人誠鄉正雖愚爲用若迺懷邪知益爲害知下之術在於六情十二律而已北方之情好也好行貪狼申子主之

注　孟康曰北方水水生於申盛於子水性觸地而行觸物而潤多所好故多好則貪而無厭故爲貪狼也

東方之情怒也怒行陰賊亥卯主之

注　孟康曰東方木木生於亥盛於卯木性受水氣而生貫地而出故爲怒陰氣賊害土故爲陰賊也

貪狼必待陰賊而後動陰賊必待貪狼而後用二陰並行是以王者忌子卯也禮經避之春秋諱焉

注　李奇曰北方陰也卯又陰賊故爲二陰王者忌之不舉樂春秋禮記說皆同賈氏說桀以乙卯亡紂以甲子喪惡以爲戒張晏曰子刑卯卯刑子相刑之日故以爲忌而云夏以乙卯亡殷以甲子亡不推湯武以興此說非也師古曰儒者以爲子卯夏殷亡日大失之矣何儒亮以爲學者雖駁云只取夏殷亡日不論殷周之興以爲大失不博考其義且天人之際其理相符有德者昌無德者亡以桀紂之暴虐又遇惡日其理必亡以湯武之德固先天而天不違所謂德能消殃矣豈殃能消德也

南方之情惡也惡行廉貞寅午主之

注　孟康曰南方火火生於寅盛於午火性炎猛無所容受故爲惡其氣精專嚴整故爲廉貞

西方之情喜也喜行寬大巳酉主之

注　孟康曰西方金金生於巳盛於酉金之爲物喜以利刃加於萬物故爲喜利刃所加無不寬大故曰寬大也

二陽並行是以王者吉午酉也詩曰吉日庚午

注　師古曰小雅吉日之詩也其詩曰吉日庚午既差我馬言以庚午之吉日簡擇車馬以出田也

上方之情樂也樂行姦邪辰未主之

注　孟康曰上方謂北與東也陽氣所萌生故爲上辰窮水也未窮木也翼氏風角曰木落歸本水流歸末故木利在亥水利在辰盛衰各得其所故樂也水窮則無隙不入木上出窮則旁行故爲姦邪

下方之情哀也哀行公正戌丑主之

注　孟康曰下方謂南與西也陰氣所萌生故爲下戌窮火也丑窮金也翼氏風角曰金剛火彊各歸其鄉故火刑於午金刑於酉酉午金火之盛也盛時而受刑至窮無所歸故曰哀也火性無所私金性方剛故曰公正

辰未屬陰戌丑屬陽萬物各以其類應今陛下明聖虛靜以待物至萬事雖衆何聞而不論豈况乎執十二律而御六情於以知下參實亦甚優矣萬不失一

自然之道也迺正月癸未日加申有暴風從西南來未主姦邪申主貪狠風以大陰下抵建前是人主左右邪臣之氣也

注張晏曰初元二年歲在甲戌正月二十二日癸未也太陰在太歲後孟康曰時太陰在未月建在寅風從未下至寅南也建爲主氣太陰臣氣也加主氣是人主左右邪臣驗也晉灼曰癸未日風未辰也時加申張說是也

平昌侯比三來見臣皆以正辰加邪時辰爲客時爲主人以律知人情王者之祕道也愚臣誠不敢以語邪人

注張晏曰平昌侯欲依上來學爲時邪也風日加申申知祕道也孟康曰謂乙丑之日也丑爲正日加未而來爲邪時晉灼曰奉以未爲邪時占知平昌侯爲邪人此當言皆以邪辰加邪時字誤作正耳不言大邪之見辰時俱邪是也翼氏曰五行動爲五音四時散爲十二律也

上以奉爲中郎召問奉來者以善日邪時孰與邪日善時奉對曰師法用辰不用日

注孟康曰假令甲子日子爲辰甲爲日用子不用甲也

辰爲客時爲主人見於明主侍者爲主人

注張晏曰禮君燕見臣則使臣爲主人故侍者爲主人

辰正時邪見者正侍者邪辰邪時正見者邪侍者正忠正之見侍者雖邪辰時俱正

注孟康曰大正厭小邪也凡辰時屬南與西爲正北與東爲邪晉灼曰以上占推之南方巳午西方酉戌東北寅丑爲正西南申未北方亥子東方辰卯爲邪

大邪之見侍者雖正辰時俱邪

注孟康曰大邪厭小正也

卽以自知侍者之邪而時邪辰正見者反邪

注孟康曰凡占以見者爲本今自知侍者邪而時復邪則邪無所施故屬見者晉灼曰上言中正客見侍者雖邪辰時俱正然則小邪屬主人矣何以知之見者以大正來反我小邪故也

卽以自知侍者之正而時正辰邪見者反正

注孟康曰已自知侍者正而時復正則正無所施辰雖邪而見者更正也晉灼曰上言大邪客見侍者雖正辰時俱邪然則小正屬主人矣以此法占之卽以自知主人之正而時正辰邪矣何以知之見者以大邪來反我小正故也

辰爲常事時爲一行

注孟康曰假令甲子日則一日一夜爲子時十二時也日加之行過也

辰疏而時精其效同功必參五觀之然後可知故曰察其所繇省其進退參之六合五行則可以見人性知人情難用外察從中甚明故詩之爲學情性而已五性不相害六情更興廢觀性以歷

注張晏曰性謂五行也歷謂日也晉灼曰翼氏五性肝性靜靜行仁甲己主之心性躁躁行禮丙辛主之脾性力力行信戊癸主之肺性堅堅行義乙庚主之腎性智智行敬丁壬主之也

觀情以律

注張晏曰情謂六情廉貞寬大公正姦邪陰賊貪狠也律十二律也

明主所宜獨用難與二人共也故曰顯諸仁藏諸用露之則不神獨行則自然矣

淮南子

天文訓

甲子受制木用事火煙青七十二日丙子受制火用事火煙赤七十二日戊子受制土用事火煙黃七十二日庚子受制金用事火煙白七十二日壬子受制水用事火煙黑七十二日而歲終庚子受制歲遷六日以數推之七十歲而復至甲子甲子受制則行柔惠挺羣禁開闔扇通障塞毋伐木丙子受制則舉賢良賞有功立封侯出貨財戊子受制則養老鰥寡行粰鬻施恩澤庚子受制則繕墻垣修城郭審羣禁飾兵甲儆百官誅不法壬子受制則閉門閭大搜客斷刑罰殺當罪息關梁禁外徙甲子氣燥濁丙子氣燥陽戊子氣濕濁庚子氣燥寒壬子氣清寒丙子干甲子蟄蟲早出故雷早行戊子干甲子胎夭卵毈鳥蟲多傷庚子干甲子有兵壬子干甲子春有霜戊子干丙子霆庚子干丙子夷壬子干丙子雹甲子干丙子地動庚子干戊子五穀有殃壬子干戊子夏寒雨霜甲子干戊子介蟲不爲丙子干戊子大旱苽封熯壬子干庚子大剛魚不爲甲子干庚子草木再死再生丙子干庚子草木復榮戊子干庚子歲或存或亡甲子干壬子冬乃不藏丙子干壬子星墜戊子干壬子蟄蟲冬出其鄉庚子干壬子冬雷其鄉

正月指寅十二月指丑一歲而匝終而復始指寅則萬物螾律受太簇太簇者簇而未出也指卯卯則茂茂然律受夾鍾夾鍾者種始莢也指辰辰則振之也律受姑洗姑洗者陳去而新來也指巳巳則生已定也律受仲呂仲呂者中充大也指午午者忤也律受蕤賓蕤賓者安而服也指未未者昧也律受林鍾林鍾者引而止也指申申者呻也律受夷則夷則者易其則也德以去矣指酉酉者飽也律受南呂南呂者任包大也指戌戌者滅也律受無射無射者入無厭也指亥亥者閡也律受應鍾應鍾者應其鍾也指子子者茲也律受黃鍾黃鍾者鍾已黃也指丑丑者紐也律受大呂大呂者旅旅而去也

太陰在寅朱鳥在卯勾陳在子元武在戌白虎在酉蒼龍在辰寅爲建卯爲除辰爲滿巳爲平主生午爲定未爲執主陷申爲破主衡酉爲危主杓戌爲成主小德亥爲收主大德子爲開主太歲丑爲閉主太陰

太陰在寅歲名曰攝提格其雄爲歲星舍斗牽牛以十一月與之晨出東方東井輿鬼爲對太陰在卯歲名曰單閼歲星舍須女虛危以十二月與之晨出東方柳七星張爲對太陰在辰歲名曰執徐歲星舍營室東壁以正月與之晨出東方翼軫爲對太陰在巳歲名曰大荒落歲星舍奎婁以二月與之晨出東方角亢爲對太陰在午歲名曰敦牂歲星舍胃昴畢以三月與之晨出東方氐房心爲對太陰在未歲名曰協洽歲星舍觜巂參以四月與之晨出東方尾箕爲對太陰在申歲名曰涒灘歲星舍東井輿鬼以五月與之晨出東方斗牽牛爲對太陰在酉歲名曰作鄂歲星舍柳七星張以六月與之晨出東方須女虛危爲對太陰在戌歲名曰閹茂歲星舍翼軫以七月與之晨出東方營室東壁爲對太陰在亥歲名曰大淵獻歲星舍角亢以八月與之晨出東方奎婁爲對太陰在子歲名曰困敦歲星舍氐房心以九月與之晨出東方胃昴畢爲對太陰在丑歲名曰赤奮若歲星舍尾箕以十月與之晨出東方觜巂參爲對太陰在甲子刑德合東方宮常徙所不勝合四歲而離離十六歲而復合所以離者刑不得入中宮而徙於木太陰所居曰德辰爲刑德綱曰自倍因柔曰徙所不勝刑水辰之木木辰之水金火立其處凡徙諸神朱鳥在太陰前一鉤陳在後三元武在前五白虎在後六虛星乘鉤陳而天地襲矣凡日甲剛乙柔丙剛丁柔以至於癸木生於亥壯於卯死於未三辰皆木也火生於寅壯於午死於戌三辰皆火也土生於午壯於戌死於寅三辰皆土也金生於巳壯於酉死於丑三辰皆金也水生於申壯於子死於辰三辰皆水也故五勝生一壯五終九五九四十五故神四十五日而一徙以三應五八徙而歲終

太陰治春則欲行柔惠溫凉太陰治夏則欲布施宣明太陰治秋則欲修備繕兵太陰治冬則欲猛毅剛強三歲而改節六歲而易常故三歲而一饑六歲而一衰十二歲而一康甲齊乙東夷丙楚丁南夷戊魏己韓庚秦辛西夷壬衛癸越子周丑翟寅楚卯鄭辰晉巳衛午秦未宋申齊酉魯戌趙亥燕甲乙寅卯木也丙丁巳午火也戊己四季土也庚辛申酉金也壬癸亥子水也水生木木生火火生土土生金金生水子生母曰義母生子曰保子母相得曰專母勝子曰制子勝母曰困以勝擊殺勝而無報以專從事而有功以義行理名立而不墮以保畜養萬物蕃昌以困舉事破滅死亡北斗之神有雌雄十一月始建於子月從一辰雄左行雌右行五月合午謀刑十一月合子謀德太陰所居辰爲厭日厭日不可以舉百事堪輿徐行雄以音知雌故爲奇辰數從甲子始子母相求所合之處爲合十日十二辰周六十日凡八合合於歲前則死亡合於歲後則無殃甲戌燕也乙酉齊也丙午越也丁巳楚也庚申秦也辛卯戎也壬子趙也癸亥胡也戊戌己亥韓也己酉己卯魏也戊午戊子八合天下也太陰小歲星日辰五神皆合其日有雲氣風雨國君當之天神之貴者莫貴於青龍或曰天一或曰太陰太陰所居不可背而可鄉北斗所擊不可與敵天地以設分而爲陰陽陽生於陰陰生於陽陰陽相錯四維乃通或死或生萬物乃成蚑行喙息莫貴於人孔竅肢體皆通於天天有九重人亦有九竅天有四時以制十二月人亦有四肢以使十二節天有十二月以制三百六十日人亦有十二肢以使三百六十節故舉事而不順天者逆其生者也以日冬至數來歲正月朔日五十日者民食足不滿五十日日減一斗有餘日日益一升有其歲司也

攝提格之歲歲早水晚旱稻疾蠶不登菽麥昌民食四升寅在甲曰閼逢

單閼之歲歲和稻菽麥蠶昌民食五升卯在乙曰旃蒙

執徐之歲歲早旱晚水小饑蠶閉麥熟民食三升辰

在丙曰柔兆

大荒落之歲歲有小兵蠶小登麥昌菽疾民食二升巳在丁曰强圉

敦牂之歲歲大旱蠶登稻疾菽麥昌禾不爲民食二升午在戊曰著雝

協洽之歲歲有小兵蠶登稻昌菽麥不爲民食三升未在己曰屠維

涒灘之歲歲和小雨行蠶登菽麥昌民食三升申在庚曰上章

作鄂之歲歲有大兵民疾蠶不登菽麥不爲禾蟲民食五升酉在辛曰重光

掩茂之歲歲小饑有兵蠶不登麥不爲菽昌民食七升戌在壬曰元黓

大淵獻之歲歲有大兵大饑蠶開菽麥不爲禾蟲民食三升

困敦之歲歲大霧起大水出蠶稻麥昌民食三斗子在癸曰昭陽

赤奮若之歲歲有小兵早水蠶不出稻疾菽不爲麥昌民食一升

白虎通

五行篇

少陽見寅寅者演也律中太簇律之言率所以率氣令生也卯者茂也律中夾鍾衰於辰辰震也律中姑洗其日甲乙者萬物孚甲也乙者物蕃屈有節欲出時爲春春之爲言偆偆動也位在東方其色青其音角角者氣動耀也其帝太皞皞者大起萬物擾也其神勾芒者物之始生其精青龍芒之爲言萌也陰中陽故太陽見於巳巳者物必起律中仲呂壯盛於午午物滿長律中蕤賓衰於未未味也律中林鍾其日丙丁者其物炳明丁者強也時爲夏夏之言大也位在南方其色赤其音徵徵止也陽度極也其帝炎帝者太陽也其神祝融祝融者屬續其精爲鳥離爲鸞故少陰見於申申者身也律中夷則壯於酉酉者老物收斂律中南呂衰於戌戌者滅也律中無射無射者無聲也其日庚辛庚者物更也辛者陰始成時爲秋秋之爲言愁亡也其位西方其色白其音商商者強也其帝少皞少皞者少斂也其神蓐收蓐收者縮也其精白虎虎之爲言搏討也故太陰見於亥亥者仰也律中應鍾壯於子子者孳也律中黃鍾衰於丑丑者紐也律中大呂其日壬癸壬者陰始任癸者揆度也時爲冬冬之爲言終也其位北方其音羽羽之爲言舒言萬物始孳其帝顓頊顓頊者寒縮也其神元冥元冥者入冥也其精元武掩起離體泉龜蛟珠蛤土爲中宮其日戊己戊者茂也己抑屈起其音宮宮者中也其帝黃帝其神后土

釋名

釋天

子孳也陽氣始萌孳生於下也於易爲坎坎險也

丑紐也寒氣自屈紐也於易爲艮艮限也時未可聽物生限止之也

卯冒也載冒土而出也於易爲震二月之時雷始震也

辰伸也物皆伸舒而出也

巳巳也陽氣畢布巳也於易爲巽巽散也物皆生布散也

午仵也陰氣從下上與陽相仵逆也於易爲離離麗也物皆附麗陽氣以茂也

未昧也日中則昃向幽昧也

申身也物皆成其身體各申束之使備成也

酉秀也秀者物皆成也於易爲兌兌悅也物得備足皆喜悅也

戌恤也物當收斂矜恤之也亦言脫也落也

亥核也收藏百物核取其好惡眞僞也亦言物成皆堅核也

甲孚也萬物解孚甲而生也

乙軋也自抽軋而出也

丙炳也物生炳然皆著見也

丁壯也物體皆丁壯也

戊茂也物皆茂盛也

己紀也皆有定形可紀識也

庚猶更也庚堅强貌也

辛新也物初新者皆收成也

壬妊也陰陽交物懷妊也至子而萌也

癸揆也揆度而生乃出之也

說文

十干

甲東方之孟陽氣萌動从木戴孚甲之象

乙象春草木冤曲而出陰氣尙彊其出乙乙也與丨同意乙承甲象人頸

丙位南方萬物成炳然陰氣初起陽氣將虧从一入冂一者陽也

丁夏時萬物皆丁實丁承丙象人心

戊中宮也象六甲五龍相拘絞也戊承丁象人脅

己中宮也象萬物辟藏詘形也己承戊象人腹

庚位西方象秋時萬物庚庚有實也庚承己象人齎

辛秋時萬物成而孰金剛味辛辛痛卽泣出从一从辛辛辠也辛承庚象人股

壬北方位也陰極陽生象人裹妊之形壬承辛象人脛

癸冬時水土平可揆度也象水從四方流入地中之形癸承壬象人足

十二支

子十一月陽氣動萬物滋入以爲偁

丑紐也十二月萬物動用事象手之形時加丑亦舉手時也

寅髕也正月陽氣動去黃泉欲上出陰尚彊象宀不達髕寅於下也

卯冒也二月萬物冒地而出象開門之形故二月爲天門

辰震也三月陽氣動靁電振民農時也物皆生从乙匕象芒達厂聲也

巳已也四月陽氣已出陰氣已藏萬物見成文章故巳爲蛇象形

午啎也五月陰氣午逆陽冒地而出

未味也六月滋味也五行木老於未象木重枝葉也

申神也七月陰氣成體自申束

酉就也八月黍成可爲酎酒象古文酉之形

戌滅也九月陽氣微萬物畢成陽下入地也五行土生於戊盛於戌从戊含一

亥荄也十月微陽起接盛陰从二二古文上字一人男一人女也从乙象裹子咳咳之形

博雅

干支雜釋

甲乙爲幹幹者日之神也寅卯爲枝枝者月之靈也

甲剛乙柔丙剛丁柔戊剛己柔庚剛辛柔壬剛癸柔

晉書

樂志

正月之辰謂之寅寅者津也謂生物之津塗也二月之辰名爲卯卯者茂也言陽氣生而孳茂也三月之辰名爲辰辰者震也謂時物盡震動而長也四月之辰謂爲巳巳者起也物至此時畢盡而起也五月之辰謂爲午午者長也大也言物皆長大也六月之辰謂之未未者昧也言時萬物向成有滋味也七月之辰謂爲申申者身也言時萬物身體皆成就也八月之辰謂爲酉酉者緧也謂時物皆緧縮也九月之辰謂爲戌戌者滅也謂時物皆衰滅也十月之辰謂爲亥亥者劾也言時陰氣劾殺萬物也十一月之辰謂爲子子者孳也謂陽氣至此更孳生也十二月之辰謂爲丑丑者紐也言終始之際以紐結爲名也

漏刻經

定太陽出沒法

正月出乙入庚方二八出兔入雞塲三七發甲入辛地四六生寅入犬藏五月生艮歸乾上仲冬出巽入坤方惟有十與十二月出辰入申子細詳

約十二時

半夜子雞鳴丑平旦寅日出卯食時辰禺中巳日中午日昃未晡時申日入酉黃昏戌眠定亥

夢溪筆談

干支總考

六十甲子有納音鮮原其意蓋六十律旋相爲宮法也一律含五音十二律納六十音也凡氣始於東方而右行音起於西方而左行陰陽相錯而生變化所謂氣始於東方者四時始於木右行傳於火火傳於土土傳於金金傳於水所謂音始於西方者五音始於金左旋傳於火火傳於木木傳於水水傳於土

納音與易納甲同法乾納甲而坤納癸始於乾而終於坤納音始於金金乾也終於土土坤也

納音之法同類娶妻隔八生子此律呂相生之法也五行先仲而後孟孟而後季此遁甲三元之紀也甲子金之仲(黃鍾之商)同位娶乙丑

大呂之商同位謂甲與乙丙與丁之類下皆倣此

隔八下生壬申金之孟

夷則之商隔八謂大呂下生夷則也下皆倣此

壬申同位娶癸酉(南呂之商)隔八上生庚辰金之季

姑洗之商此金三元終若只以陽辰言之則依遁甲逆傳仲孟季若兼妻言之則順傳孟仲季也

庚辰同位娶辛巳(中呂之商)隔八下生戊子火之仲

黃鍾之徵金三元終則左行傳南方火也

戊子娶己丑(大呂之徵)生丙申火之孟(夷則之徵)丙申娶丁酉(南呂之徵)生甲辰火之季(姑洗之徵)甲辰娶乙巳(中呂之徵)生壬子木之仲

黃鍾之角火三元終則左行傳於東方木

如是左行至於丁巳中呂之宮五音一終復自甲午金之仲癸乙未隔八生壬寅一如甲子之法終於癸亥謂蕤賓娶林鍾上生太蔟之類至於巳爲陽故自黃鍾至於中呂皆下生自午至於亥爲陰故自林鍾至於應鍾皆上生

甲子乙丑金與甲午乙未金雖同然甲子乙丑爲陽律陽律皆下生甲午乙未爲陽呂陽呂皆上生六十律相反所以分爲一紀也

易有納甲之法未知起於何時予嘗考之可以推見天地胎育之理乾納甲壬坤納乙癸者上下包之也震巽坎離艮兌納庚辛戊己丙丁者六子生於乾坤之包中如物之處胎甲者左三剛爻乾之氣也右三柔爻坤之氣也乾之初爻交於坤生震故震之初爻納子午

乾之初爻子午故也

中爻交於坤生坎初爻納寅申

震納子午順傳寅申陽道順

上爻交於坤生艮初爻納辰戌

亦順傳也

坤之初爻交於乾生巽故巽之初爻納丑未

坤之初爻丑未故也

中爻交於乾生離初爻納卯酉

巽納丑未逆傳卯酉陰道逆

上爻交於乾生兌初爻納巳亥

亦逆傳也

乾坤始於甲乙則長男長女乃其次宜納丙丁少男少女居其末宜納庚辛今乃反此者卦必自下生先初爻次中爻末乃至上爻此易之敘然亦胎育之理也物之處胎甲莫不倒生自下而生者卦之敘而冥合造化胎育之理此至理合自然者也

凡草木百穀之實皆倒生首系於幹其上抵於穎處反是根人與禽獸生胎亦首皆在下

甲（子寅辰）□　丙（辰午申戌子寅）□　戊（寅辰午申戌子）□　庚（子寅辰午申戌）　壬（午申戌）

乾　生艮　生坎　生震　乾

坤　生兌　生離　生巽　坤

乙（未巳卯）□□　丁（巳卯丑亥酉未）□□　己（卯丑亥酉未巳）　辛（丑亥酉未巳卯）　癸（丑亥酉）

補筆談

干支總考

子午屬庚

此納甲之法震初爻納庚子庚午也

丑未屬辛

巽初爻納辛丑辛未也

卯酉屬己

離初爻納己卯己酉也

寅申屬戊

坎初爻納戊寅戊申也

辰戌屬丙

艮初爻納丙辰丙戌也

巳亥屬丁

兌初爻納丁巳丁亥也

一言而得之者宮與土也

假令庚子庚午一言便得庚辛丑辛未一言便得辛戊寅戊申一言便得戊己卯己酉一言便得己故皆屬土餘倣此

三言而得之者徵與火也

假令戊子戊午皆三言而得庚己丑己未皆三言而得辛丙寅丙申皆三言而得戊丁卯丁酉皆三言而得己故皆屬火

五言而得之者羽與水也

假令丙子丙午皆五言而得庚丁丑丁未皆五言而得辛甲寅甲申皆五言而得戊乙卯乙酉皆五言而得己故皆屬水

七言而得之者商與金也

假令甲子甲午皆七言而得庚乙丑乙未皆七言而得辛壬寅壬申皆七言而得戊癸卯癸酉皆七言而得己故皆屬金

九言而得之者角與木也

假令壬子壬午皆九言而得庚癸丑癸未皆九言而得辛庚寅庚申皆九言而得戊辛卯辛酉皆九言而得己故皆屬木

此出於抱朴子云是河圖玉版之文然則一何以屬土三何以屬火五何以屬水其說云中央黅天之氣一南方丹天之氣三北方元天之氣五西方素天之氣七東方蒼天之氣九皆奇數而無偶故皆莫知何義都不可推考

五行之時謂之五辰者春夏秋冬各主一時以四時分屬五行則春夏秋冬雖屬木火金水而建辰建未建戌建丑之月各有十八日屬土故不可以時言須當以月言月謂之十二辰則五行之時謂之五辰也

黃帝素問有五運六氣所謂五運者甲己爲土運乙庚爲金運丙辛爲水運丁壬爲木運戊癸爲火運如

甲己所以爲土戊癸所以爲火多不知其音乎按素問五運大論黃帝問五運之所始於岐伯引太始天元冊文曰始於戊己之分所謂戊己分者奎壁角軫則天地之門戶也王冰注引遁甲六戊爲天門六己爲地戶天門在戌亥之間奎壁之分地戶在辰巳之間角軫之分凡陰陽皆始於辰

上篇所論十二月謂之十二辰十二支亦謂之十二辰十二時亦謂之十二辰日月星謂之三辰五行之時謂之五辰

五運起於角軫者亦始於辰也甲己之歲戊己黅天之氣經於角軫故爲土運戊辰己巳也

角屬辰軫屬巳甲己之歲得戊辰己巳干皆土故爲土運下皆同此

乙庚之歲庚辛素天之氣經於角軫故爲金運庚辰辛巳也

丙辛之歲壬癸元天之氣經於角軫故爲水運壬辰癸巳也

丁壬之歲甲乙蒼天之氣經於角軫故爲木運甲辰乙巳也

戊癸之歲丙丁丹天之氣經於角軫故爲火運丙辰丁巳也

素問曰始於奎壁角軫則天地之門戶也凡運臨角軫則氣在奎壁以應之氣與運常司天地之門戶故曰土位之下風氣承之者甲己之歲戊己土臨角軫則甲乙木在奎壁

奎屬戌壁屬亥甲己之歲得甲戌乙亥下皆同此

曰金位之下火氣承之者乙庚之歲庚辛金臨角軫則丙丁火在奎壁

曰水位之下土氣承之者丙辛之歲壬癸水臨角軫則戊己土在奎壁

曰風位之下金氣承之者丁壬之歲甲乙木臨角軫則庚辛金在奎壁

曰相火之下水氣承之者戊癸之歲丙丁火臨角軫則壬癸水在奎壁

古今言素問者皆莫能驗故具論於此

世之言陰陽者以十干寄於十二支各有五行相從唯戊己則常與丙丁同行五行家則以戊寄於巳己寄於午六壬家亦以戊寄於巳而以己寄於未唯素問以奎壁爲戊分角軫爲己分奎壁在戌亥之間謂之戊分則戊當在戌也角軫在辰巳之間謂之己分則己當在辰也遁甲以六戊爲天門在戌亥之間則戊亦當在戌六己爲地戶在辰巳之間則己亦當在辰辰戌皆土位故戊己寄焉二說正相合按字書戊從戊從一則戊寄於戌蓋有從來辰文從厂從丙丁從乙從己則己寄於辰與素問遁甲相符矣五行土常與水相隨戊陽土也一水之生數也水乃金之子水寄於西方金之末有生水也而旺土包之相成之理如是己陰土也六水之成數也水乃木之母水寄於東方木之末（闕二字）水也而衰土相與隱於厂下者木土之墓也（闕三字）之可居者乙隱也

瑞桂堂暇錄

納音

六十甲子之有納音何也曰此以金木水火土之音而明之也律一六爲水二七爲火三八爲木四九爲金五十爲土然五行之中惟金木有自然之音水火土必相假而後爲音蓋水假土火假木土假火故金音四九木音三八水音五十火音一六土音二七此不易之論也何以言之甲己子午九也乙庚丑未八也丙辛寅申七也丁壬卯酉六也戊癸辰戌五也巳亥四也甲子乙丑其數三十有四四者金之音也故曰金戊辰己巳其數二十有三三者木之音也故曰木庚午辛未其數三十有二二者火也土以火爲音故曰土甲申乙酉其數三十十者土也水以土爲音故曰水戊子己丑其數三十有一一者水也火以水爲音故曰火凡六十皆然此納音之所起也大抵六十甲子曆也納音律也支干納音之別也此天地自然之數河圖生數也生者左旋故以中央之土而生西方之金西方之金而生北方之水北方之水而生東方之木東方之木而生南方之火南方之火而復生中央之土洛書尅數也尅者右轉故以中央之土而尅北與西北之水北與西北之水而尅西與西南之火西與西南之火而尅南與東南之金南與東南之金而尅東與東北之木東與東北之木而又尅中央之土此圖書生尅自然之數也

百怪斷經

嚔噴占

子時主酒食丑時主女思寅時主女相和卯時主財喜辰時主酒食巳時主人來財午時主有客來未時主酒食申時主驚不利酉時主文人來求戌時主和合亥時主吉利

眼跳占

子時左主貴右主酒食丑時左主憂右主人思寅時左主行人右主吉卯時左主貴人右主平安辰時左主客來右主害巳時左主酒食右主凶午時左主得意右主凶未時左主吉右主喜申時左主財右主文思酉時左主音信右主客至戌時左主他喜右主酒食亥時左主貴人右主官事

心驚占

子時有女人思丑時惡事不利寅時有客來卯時有酒食辰時有喜事巳時有大獲午時有酒食未時有女人思申時主喜事酉時主喜信戌時有官客至亥時主惡服夢怪大凶

耳鳴占

子時左主女思右主失財丑時左主他喜右主口舌寅時左主失物右主心急卯時左主坎坷右主客至辰時左主得意右主行人至巳時左主凶右主大吉午時左主信右主親人至未時左主他役右主遠人來申時左主行人右主吉酉時左主失財右主吉戌時左主遠行右主康亥時左主吉右主凶

耳熱占

子時主有僧道來議事丑時主有喜事大吉寅時主有酒食卯時主有遠人來辰時主有喜事大吉巳時主失財物不利午時主有喜事來未時主有奇獲申時主有客來酒食酉時主女子至婚事戌時主有爭訟口舌亥時主有詞訟口舌

鴉鳴占

寅卯時正東送物東南爭正南吉西南吉正西外人思西北酒食正北口舌東北病辰巳時正東風雨東南女客至正南相命西南爭正西官訟西北貴人至正北相命東北親至午時正東爭東南親客正南爭西南不寧正西送物西北酒食正北六畜至東北送物未申時正東凶東南凶信正南遠信西南大雨正西吉西北親客正北失物在東北客至酉時正東公事東南外服正南故人西南相名正西客至西北失物正北病東北客至

稗編

干支數

子午之數九丑未八寅申七卯酉六辰戌五巳亥四注自太極函三爲一故參一爲三子一陽生故成於寅而備於申故自子至申其數九自丑至申其數八自寅至申其數七自卯至申其數六自辰至申其數五自巳至申其數四故女起壬申午一陰生成於申而備於寅故自午至寅其數九自未至寅其數八自申至寅其數七自酉至寅其數六自戌至寅其數五自亥至寅其數四故男起丙寅甲己之數九乙庚八丙辛七丁壬六戊癸五注自甲至壬其數九自乙至壬其數八自丙至壬其數七自丁至壬其數六自戊至壬其數五乾天道順行以壬爲始自己至丁其數九自庚至丁其數八自辛至丁其數七自壬至丁其數六自癸至丁其數五坤地道逆行以丁爲始愚按世俗範數算法蓋本於此而不知其所以然觀此可以見矣

欽定古今圖書集成曆象彙編歲功典
第一百三卷目錄
干支部總論
夢溪筆談辰名
蠡海集干支總論
稗編論太乙六壬諸法 論德刑害鬼煞 十二辰所肖 朱升八卦納甲圖說
干支部藝文
六甲詩 陳沈炯
十二屬詩 前人
讀十二辰詩卷掇其餘作此聊奉一笑 宋朱熹
次韻十二辰體 方岳
干支部選句

歲功典第一百三卷

干支部總論

夢溪筆談

辰名

事以辰名者爲多皆本于辰巳之辰今略舉數事十二支謂之十二辰一時謂之一辰一日謂之一辰日月星謂之三辰北極謂之北辰大火謂之大辰五星中有辰星皆謂之辰今考子丑至于戌亥謂之十二辰者左傳云日月之會是謂辰一歲日月十二會于東方蒼龍角亢之舍起於辰故以所首者名之子丑戌亥既謂之辰則十二支十二時皆子丑戌亥謂之辰無疑也一日謂之辰者以十二支言也以十干言之謂之今日以十二支言之謂之今辰故支干謂之日辰日月星謂之三辰者日月星至于辰而畢見以其所首者名之故皆謂之辰

四時所見有早晚至辰則四時畢見故日加辰爲晨謂日始出之時也

蠡海集

干支總論

納甲之說自甲爲一至壬爲九陽數之始終也故歸乾易順數也乙爲二至癸爲十陰數之始終也故歸坤易逆數也乾一索而得男爲震坤一索而得女爲巽故庚入震辛入巽乾再索而得男爲坎坤再索而得女爲離故戊趨坎己趨離乾三索而得男爲艮坤三索而得女爲兌故丙從艮丁從兌陽生於北而成於南故乾始甲子而中以壬午陰生於南而成於北故坤始乙未而中以癸丑震巽一索也故庚辛始於子丑坎離再索也故戊己始於寅卯艮兌三索也故丙丁始於辰巳也

又一說乾坤者二氣之正位也坎離者二氣之交互也正位則始終全備故甲午歸乾乙癸歸坤交互則往來處中故戊歸坎己歸離震巽乃受氣之始故庚辛歸焉艮兌乃生化之終故丙丁歸焉乾坤位陰陽之極故子午丑未配於甲壬乙癸父母總攝內外之義震巽長男長女爲初索是以子丑配庚辛坎離中男中女爲再索是以寅卯配戊己艮兌少男少女爲三索是以辰巳配丙丁納之爲言受也容受六甲於八卦中也易者逆也數皆以逆而推之

羊刃之說祿前一位是也祿過則刃生蓋貴人位前必列兵以此爲喻但值陽干方是陰干則否如甲卯丙午甲既祿於寅前值卯方爲眞蓋寅卯一氣之木也乙祿卯前值辰非同類故否然則陽性暴故借羊之狠以譬之至攷子平中以奪財羊刃名之者有逞暴凌劫之意也他可類推

戊己兩干寄祿巳午于寓母家之義雖然戊見午刃則不可一途而取戊既依母而祿刃乃一氣火也俱有生土之意故戊日得火多則爲印也己則否己祿於午午前則未爲刃未巳連屬土則非戊午之比也

陰錯陽差有十二日蓋六十甲子分爲四段自甲子己卯甲午己酉各得十五辰甲子之前三辰值辛酉壬戌癸亥爲陰錯己卯之前三辰值丙子丁丑戊寅爲陽差甲午之前三辰值辛卯壬辰癸巳爲陰錯己酉之前三辰值丙午丁未戊申爲陽差蓋四段中每段除十二辰各餘三辰三四亦得十二辰是爲陰錯陽差也甲子甲午爲陽辰故有陰錯己卯己酉爲陰辰故有陽差也

又一說甲子甲午己卯己酉之前各三辰者以天干配地支一周之後所餘三辰也甲配子而歷盡於乙亥故丙子丁丑戊寅爲陽錯己配卯而歷盡於庚寅故辛卯壬辰癸巳爲陰差也丙午丁未戊申爲陽差辛酉壬戌癸亥爲陰錯者就甲午己酉上同此類推

地支內所藏天干者子午卯酉爲四極寄四祿焉辰戌丑未爲四藏寓四墓焉故此八支各藏一陰二寅

申巳亥爲四開閦就生四祿焉故各藏二陽干戊藏於辰戌己藏於丑未陰陽各歸其所戊藏於巳己藏於午則亦就寄祿而藏焉

干有十支有十二干不配肖屬而支配者天賦氣地成形也人所以稱肖屬及支而不及干者父施氣母有形也身依母而生然人姓獨稱父者原其受氣之本也

十二肖屬子爲陰極幽潛隱晦以鼠配之鼠藏迹午爲陽極顯易剛健以馬配之馬快行丑爲陰俯而慈愛以牛配之牛舐犢未爲陽仰而秉禮以羊配之羊跪乳寅爲三陽陽勝則暴以虎配之虎性暴申爲三陰陰勝則黠以猴配之猴性黠卯酉爲日月二門二肖皆一竅兔舐雄毛而孕感而不交也雞合踏而無形交而不感也辰巳陽起而變化龍爲盛蛇次之故龍蛇配辰巳龍蛇者變化之物也戌亥陰斂而持守狗爲盛猪次之故狗猪配戌亥狗猪者鎮靜之物也或云皆取不全之物配肖屬者非也庶物萬類豈特十二哉况無義理不足信也明矣

納音之說有一法見於內經論奧然其中亦欠詳備故復取其說而撮其長者以立一家之論蓋甲子爲取乙丑以爲妻隔八而生子陽生陽爲男陰生陰爲女至壬申爲甲之男至癸酉爲乙之女壬申癸酉至庚辰辛巳亦然自庚辰辛巳數三轉而向南爲戊子己丑火自戊子陽火隔八而生丙申男己丑陰火隔八而生丁酉女丙申丁酉至甲辰乙巳亦然又自甲辰乙巳數三轉而向東爲壬子癸丑木自壬子癸丑至庚申辛酉自庚申辛酉至戊辰己巳亦然又自戊辰己巳數三轉而向北爲丙子丁丑水自丙子丁丑至甲申乙酉自甲申乙酉至壬辰癸巳亦然又自壬辰癸巳數三轉而中央爲庚子辛丑土自庚子辛丑至戊申己酉自戊申己酉至丙辰丁巳亦然又自丙辰丁巳數三轉而向西則復爲金矣夫金爲氣之始金有聲聲宣氣是以樂必以金先之也人之身亦然肺經爲諸藏先是以有納音之意焉然五行各行三者三生萬物之義也氣生金金出鑛須火以成材火賚木以驕焰木藉水而生榮五行皆賴土以成立故火木水土爲次序也

陰陽皆地支六合者日月會於子則斗建丑日月會於丑則斗建子故子與丑合也日月會於寅則斗建亥日月會於亥則斗建寅故寅與亥合也日月會於卯則斗建戌日月會於戌則斗建卯故卯與戌合也日月會於辰則斗建酉日月會於酉則斗建辰故辰與酉合也日月會於巳則斗建申日月會於申則斗建巳故巳與申合也日月會於午則斗建未日月會於未則斗建午故午與未合也

六害者蓋衝損合神故爲害也我之和合被其衝損豈不爲害乎子與丑合而未衝丑丑與子合而午衝子故子害未而丑害午寅與亥合而巳衝亥亥與寅合而申衝寅故寅害巳亥害申卯與戌合而辰衝戌戌與卯合而酉衝卯故卯害辰戌害酉也地支之上橫則爲合豎則爲害橫豎皆六是名六合六害術者乃云六爲六親者非也

十干甲萬物之始生氣之原草木初生破土而出必有兩葉葉中透氣故甲字象形如兩葉相抱也乙甲陽乙陰甲既出而陽已露於上根必下盤以爲固故乙字亦象形如草木之根屈曲也丙火炎上而銳長養於南離炳然而烱爛乃其盛也下虛而上齊故丙丁之字皆平頭丁丁者壯也萬物至盛夏莫不皆壯居正陽之位適足與陰相當故丁又有相當之義戊萬物依土而生四行依土而立戊配陽土戊茂也物得而茂又茂有成之義故能爲物之始終己爲陰土不能獨爲必因陽以用起己已也依陽而起從陽而已亦始終之義爾庚西方金氣爲秋萬物歷離明燥極至秋金則微陰始生物得庚甦庚者更也辛者新也金爲成實物至秋而收斂變陽而爲陰一新之意存焉壬物無終絕之理將盡必復生北方冬水物氣將盡故先含生意壬者妊也物至此而懷妊也癸者揆也物出有歸閉藏爲終終遂天眞同歸一揆也

十二支子爲一陽北方至陰一陽至萌生氣之端故子者孳也以含孳育之義丑者紐也微陽雖生而體尙弱未免艱澀故紐結而未能舒也寅居東北陰陽之交離陰而詣陽敷布而條暢寅者演也萬物至此而廣演矣卯位正東日出之所融和之方物至此而咸得茂盛卯者茂也辰者震也陽氣至此已盛陽主動動則變化生焉物皆得遂其所也巳爲純陽居於生長之方萬物盛起氣浮於表故曰巳者起也午者陽已極而陰初萌陽出於上陰潛於下有相忤之意又曰午者大也物至此而無不大也未陽已過盛而陰漸臨陰陽交際已成實也物既實則有味存焉未者味也申氣歷南維而陽極至西南而陰始回陰陽既調物情得伸故申者伸也酉者酋也陰之首也是

以夷秋之帥爲酉長陰氣收斂萬物猶緒也戌者滅也陽氣至此而將滅九月霜隕木衰水泉卽涸也亥純陰既極物無終盡荄核猶存荄根也核種也莖葉雖敗根種自存生生之義也

萬物之所爲以生者必由氣氣者何金也金受氣順行則爲五行之體逆行則爲五行之用順行爲五行之體者金生水水生木木生火火生土冬至起曆之元自冬而春春而夏夏而長夏長夏而歸於秋返本歸原而收斂也逆行爲五行之用者金出鑛而從革於火以成材成材則爲有生之用然火非木不生必循木以繼之木必依水以滋榮水必托土以止畜故木而水水而土是則四行之類土以定位故大撓作甲子分配五行爲納音蓋金能受聲而宣氣故也法曰甲娶乙妻隔八生子子生孫而後行繼代其位初一曰金金爲氣居先甲爲受氣之始甲娶乙妻隔八壬申是爲子矣壬娶癸妻隔八庚辰是爲孫矣庚娶辛妻隔八戊子火代其位次二曰火戊繼其後戊娶己妻隔八丙申是爲子矣丙娶丁妻隔八甲辰是爲孫矣甲娶乙妻隔八壬子木代其位次三曰木壬繼其後壬娶癸妻隔八庚申是爲子矣庚娶辛妻隔八戊辰是爲孫矣戊娶己妻隔八丙子水代其位次四曰水丙繼其後丙娶丁妻隔八甲申是爲子矣甲娶乙妻隔八壬辰是爲孫矣壬娶癸妻隔八庚子土代其位次五曰土庚娶辛妻隔八戊子是爲子矣戊娶己妻隔八丙辰是爲孫矣丙娶丁妻隔八甲子金復代其位原缺八字是故有五子歸庚之說道家者流取其義用配五方之位自子干頭數至庚字則爲其數甲子金自甲數至七逢庚則西方金得七氣戊子火自戊數至三逢庚則南方火得三氣壬子木自壬數至九逢庚則東方木得九氣丙子水自丙數至五逢庚則北方水得五氣庚子土則自得一爲中方一氣是爲五子歸庚也乃知金者受氣之先順行則爲五行之體逆行則爲五行之用故六十甲子納音者以充萬物之用也

六十花甲子者未知始於何人凡稱其姓名未審其實否或曰婁景或曰東方朔難以爲信其有注釋亦未見親切不得其要領故也予因思之五行之中干支配合干寓其氣支寓其位斯理生焉是故甲乙爲氣之始丙丁爲氣之壯戊己爲氣之化庚辛爲氣之成壬癸爲氣之終子丑幽陰寅卯生發辰巳長養午未高明申酉死絕戌亥休息錯綜配合以成花甲子之名其間旁引側取又存乎權但歸於理不可一途而取也　甲子乙丑海中金甲乙金氣之始子丑北方幽陰之鄉幼稚之金沉於水底故曰海中金　壬寅癸卯金箔金壬癸金氣之中氣終則致用致用之金位於東方金氣死絕之地故曰金箔金　庚辰辛巳白鑞金庚辛金之成寄托辰巳生養之地天干復連其邑西方之行純乎得宜故曰白鑞金　甲午乙未沙石金甲乙金氣之始午未南方離明火鄉弱金豈能勝旺火故曰沙石金　壬申癸酉劍鋒金壬癸金氣之終成質之金位於西方旺地遂其肅殺之用故曰劍鋒金　庚戌辛亥釵釧金庚辛金氣之成居於戌亥休息之鄉玩成其質以充其用故曰釵釧金　壬子癸丑桑柘木壬癸木氣之終位於北方依傍母鄉得以滋養而茂榮故曰桑柘木　庚寅辛卯松柏木庚辛木氣之終居於生發旺鄉挺然獨秀凌霜傲雪故曰松柏木　戊辰己巳大林木戊己木氣之化居東南長養之方叢生競茂故曰大林木　壬午癸未楊柳木壬癸木氣之終處於南離火位耗散眞化空虛不實故曰楊柳木　庚申辛酉石榴木庚辛木氣之成成於死絕之地體雖柔弱成氣有歸則子實繁多故曰石榴木　戊戌己亥平地木戊己不意之化化臨長生休息之間得遂其性故曰平地木　丙子丁丑澗下水丙丁水氣之壯下臨坎宮壯氣宣行源源不絕故曰澗下水　甲寅乙卯大溪水甲乙水氣之始處乎生發山林之地注瀉無窮故曰大溪水　壬辰癸巳長流水壬癸水氣之終辰巳長養東南水所奔赴無有休息故曰長流水　丙午丁未天河水丙丁水氣之壯處乎南離高明之位水行天上故曰天河水　甲申乙酉井泉水甲乙水氣之始加於長生母鄉來之不窮用之不竭故曰井泉水　壬戌癸亥大海水壬癸水氣之終至於戌亥休息之所終聚不散故曰大海水　戊子己丑霹靂火戊己火氣之化伏以坎水幽陰微而著變化不窮故曰霹靂火　丙寅丁卯爐中火丙丁火氣之旺臨於長生母地得其所養故曰爐中火　甲辰乙巳覆燈火甲乙火氣之始氣質微而稚弱位屬長養處乎風木之間離明而不顯故曰覆燈火　戊午己未天上火戊己火氣之化升於南離旺鄉威勢赫烈以遂炎上故曰天上火　丙申丁酉山下火丙丁火氣之壯臨於西方衰降死絕而炎上之用退閒故曰山下火　甲戌

乙亥山頭火甲乙火氣之始而居戌亥休息之鄉歸於無用猶野火然況戌亥爲乾元尊首之上故曰山頭火　庚子辛丑壁上土庚辛土氣之成位於子丑水土之交泥塗之類未能爲生育之用故曰壁上土　戊寅己卯城頭土戊己土氣之化寅卯生發山林之傍效力故曰城頭土　丙辰丁巳沙中土丙丁土氣之壯辰巳木火長養之間充極乾燥不能成稼穡之功故曰沙中土　庚午辛未路傍土庚辛土氣之成氣充離明之地任載馳驅故曰路傍土　戊申己酉大驛土戊己土氣之化氣化而得長生之位力勝厚重又申傳送故曰大驛土　丙戌丁亥屋上土丙丁土氣之壯托於母墓休息而不用寓於乾尊之上故曰屋上土

或問曰先天之數何緣而起余答曰數極於九自九逆退取之故甲乙子午九乙庚丑未八丙辛寅申七丁壬卯酉六戊癸辰戌五天干已盡而地支獨遺巳亥是以巳亥得四終焉況夫亥爲天門巳爲地戶純陰純陽之位爲開闔之樞所以關鍵五行也

或問曰後天之數又何所取起答曰數用陽生而陰成陰生而陽成壬子陽一生癸亥陰六成一六水之生成也丁巳陰二生丙午陽七成二七火之生成也甲寅陽三生乙卯陰八成三八木之生成也辛酉陰四生庚申陽九成四九金之生成也辰戌陽五生丑未陰十成五十土之生成也獨遺戊己土以百數歸之用包衆數爲該括之司所囊五行也

五行納音乃取先天之數總算天干地支陰陽雙位得其數而以五除之以餘而定五行古之洪範五行一水二火三木四金五土今用一爲火二爲土三爲木四爲金五爲水金木自然之聲不假施爲而得故從舊火爲地二之行水沃之而後有聲是以火居一土居二木居三金居四水居五此乃緣聲而取義也受者納也聲者音也故曰納音焉假如甲子乙丑金者甲得九子得九乙得八丑得八共三十四除去五六三十所餘者四故爲金丙寅丁卯火者丙得七寅得七丁得六卯得六共二十六除去五五二十五所餘者一故爲火戊辰己巳木者戊得五辰得五己得九巳得四共二十三除去四五二十所餘者三故爲木庚午辛未土者庚得八午得九辛得七未得八共三十二除去五六三十所餘者二故爲土又如丙子丁丑水者丙得七子得九丁得六丑得八共三十數足五不用除故爲水也餘倣此

天乙貴人當有陽貴陰貴之分蓋陽貴起於子而順陰貴起於申而逆此神實得陰陽配合之和故能爲吉慶可解凶厄也且如陽貴以甲加子甲與己合所以己用子爲貴人以乙加丑乙與庚合所以庚用丑爲貴人以丙加寅丙與辛合所以辛用寅爲貴人以丁加卯丁與壬合所以壬用卯爲貴人辰爲天罡貴人不臨以戊加巳戊與癸合所以癸用巳爲貴人午冲子原不數以己加未己與甲合所以甲用未爲貴人以庚加申庚與乙合所以乙用申爲貴人以辛加酉辛與丙合所以丙用酉爲貴人戌爲河魁貴人不臨以壬加亥壬與丁合所以丁用亥爲貴人子原宮不數以癸加丑癸與戊合所以戊用丑爲貴人此乃陽貴順取也且如陰貴以甲加申甲與己合所以己用申爲貴人以乙加未乙與庚合所以庚用未爲貴人以丙加午丙與辛合所以辛用午爲貴人以丁加巳丁與壬合所以壬用巳爲貴人辰爲天罡貴人不臨以戊加卯戊與癸合所以癸用卯爲貴人寅冲申原不數以己加丑己與甲合所以甲用丑爲貴人以庚加子庚與乙合所以乙用子爲貴人以辛加亥辛與丙合所以丙用亥爲貴人戌爲河魁貴人不臨以壬加酉壬與丁合所以丁用酉爲貴人申原宮不數以癸加未癸與戊合所以戊用未爲貴人此乃陰貴逆取也古云丑未爲天乙貴人出行之門緣陽貴以甲起子循丑順行至癸復歸於丑陰貴以甲起申由未逆行至癸復歸於未豈非丑未爲貴人出入之門乎

六氣配十二支循環司天自太陽陽明少陽太陰少陰厥陰運行闕辰每歲六氣之序自厥陰少陰少陽太陽陽明太陰者乃又異蓋司天則辰戌卯酉寅申丑未子午巳亥而歲序以相生爲說則木生火火生土土生金金生水順行之一逆一順各爲倫也

南北二政南有二而北有八者北從五行化氣以配五音而立五義者焉甲己化土宮而爲君君臨南面乙庚化金商而爲臣丙辛化水羽而爲物丁壬化木角而爲民戊癸化火徵而爲事臣民物事奉上承命安得不北面乎是以南政有二而北政有八況土爲萬物之祖而爲四行之主也夫

稗編

論太乙六壬諸法

太乙六壬遁甲禽演皆選擇時日之書也太乙一星

在紫微宮閶闔門中屬水天一生水故曰太乙水爲造化根柢故太乙六壬皆取義於水遁甲亦太乙也禽演起虛日鼠虛亦水也

天上十二辰分野謂之天盤地上十二辰方位謂之地盤天盤則隨時轉運地盤則一定不易以天盤之子加於地盤之子則謂之伏吟以天盤之子加地盤之午則謂之反吟也六壬用月將者日躔所在之辰也斗建順指十二辰日逆行十二辰相會而成歲斗柄指丑則日必躔子斗柄指寅則日必躔亥故子與丑合寅與亥合推之六合皆然言日躔與斗柄相應也以月將加時即是日臨地盤子位則爲子時臨午位則爲午時也如正月日躔在亥用午時則是天盤之亥加地盤之午也視日所加臨遂以其日所值支干在天盤上者視其加地盤何辰以起上克下克則時之吉凶可知矣此六壬以日躔爲用也言躔則斗建亦在也

論德刑害鬼煞

德者得也皆主救危而濟難十干以陽德自處陰德在陽十干德者甲乙丙丁戊己庚辛壬癸甲庚丙壬戊甲庚丙壬戊十二支德者子丑寅卯辰巳午未申酉戌亥巳午未申酉戌亥子丑寅卯辰一十二支德歲月日時假令正月乙丑日未時占鬭爭用起傳送加午一克下六乙日天乙乘神后加神前四勾陳准庚則准則鬭爭遇德神其相救終無傷餘倣此

刑者戮也一曰衰謝之刑謂金木水火土之正刑也二曰制御之刑謂十干之刑也三曰不遜之刑謂十二支之刑也翼奉傳曰金剛火強各言其方木落歸本水流趨東也巳酉丑金之位刑在西方言金恃其剛物莫與對八月陽氣從酉而入因而挫之故金刑西方也寅午戌火之位刑在南方言火恃其強五月陰氣生於午因而挫之故火刑在南方也亥卯未木之位榮落覆根木恃其榮觀故陰氣之使凋也申子辰水之位水性東流逝而不返其東爲之木地故水刑東方言恃陰淫故陽刑之使不歸也土位在丙寄王四季以未爲正旺丑土爲冠帶墓在辰天刑在戌此位土力最大天能刑之故天刑在戌也制御之刑者謂十干也辰未戌日爲逆亂故加刑以制御之凡干刑所加鬬戰不出在其下甲刑申丁刑亥戊刑寅丙刑子乙刑酉己刑卯庚刑午辛刑巳壬刑戌癸刑未不遜之刑者謂十二支也義有三第一謂寅刑巳巳刑申申刑寅爲無恩之刑言寅裏有雜火不恤巳中有雜金故寅刑巳巳刑申又刻有巳中之雜土不恤申中之雜水故以刑申申性又以見其所生巳中之土沒刑寅故申又刑寅此謂無恩刑也第二謂未刑丑丑又刑戌戌刑未爲恃勢刑者言未恃長生而丑中土之性冠帶故未刑丑丑又恃冠帶而欺戌土先被火刑故丑往刑戌戌還其怒自恃爲旬首甲戌而刑癸未此謂爲恃勢之刑也第三謂子刑卯卯刑子無禮之刑者言陽精生日陽氣在子而卯爲日門子爲卯父鼎立無謙卑恭敬之禮是以子卯爲無禮之刑也翼奉傳曰子爲貪狠卯爲陰賊王者以忌失之辰午酉亥自刑者義見上也

害者妨也前刑殺之間酉戌相害者爲戌中死火害酉旺金此以嫉妒相害者也申亥相害者各恃臨官欲竟強此嫉才爭進相害者也子未相害者謂未以王土害子王水此恃勢家相害者也丑午相害者謂午以王火凌丑死金此官鬼相害者也辰卯相害者謂卯以王木凌辰死土此以少凌長相害者也寅巳相害者謂各恃臨官擅能而進相害者也凡占事遇六害者各以本意決之

鬼者五行之精氣也謂干中皆有之十干鬼者甲乙丙丁戊己庚辛壬癸申酉子亥寅卯午巳戌未十二支鬼者子丑寅卯辰巳午未申酉戌亥辰卯申酉寅亥子卯午巳寅未陰氣尤毒謂之煞也

巳酉丑劫殺在寅寅中有陽火也

災殺在卯卯爲日門陰所入也

天殺在辰四季陰氣能遊天上也

申子辰劫殺巳巳中有陽土也

災殺在午言陰氣生於午也

天殺在未四季陰氣能遊天上也

亥卯未劫殺在申申中有陰水也

災殺在酉酉爲日門陰所出也

天殺在戌四季陰氣能遊天上也

寅午戌劫殺在亥亥中有陰金也

災殺在子言陰氣生於子也

天殺在丑四季陰氣能遊天上也

金神三殺者寅申巳亥殺在酉子午卯酉殺在巳辰戌丑未殺在丑若占病白虎併官事朱雀皆大凶若承旺相氣來克日辰人年者大凶也

年月三殺申辰子年月殺在未亥卯未年月殺在戌寅午戌年月殺在丑巳酉丑年月殺在辰凡三傳吉

將與殺併者事速凶殺與將併者尤凶也

十二辰所肖

王鏊云或問十二辰所肖何謂也曰非是吾儒之所講也雖然嘗聞之於人二十八宿分布周天以直十二辰每辰二宿子午卯酉則三而各有所象女土蝠虛日鼠危月燕子也室火猪壁水㺄亥也奎木狼婁金狗戌也胃土雉昴日鷄畢月烏酉也觜火猴參水猨申也井木犴鬼金羊未也柳土獐星日馬張月鹿午也翼火蛇軫水蚓巳也角木蛟亢金龍辰也氐土貉房日兔心月狐卯也尾火虎箕水豹寅也斗木獬牛金牛丑也天禽地曜分直於天以紀十二辰而以七曜統之此十二肖之所始也

王應麟云朱文公嘗問蔡季通十二相屬起於何時首見何書又謂以二十八宿之象言之唯龍與牛爲合而他皆不類至於虎當在西而反居寅鷄爲鳥屬而反居西又舛之甚者韓文考異毛穎傳封卯地謂十二物未見所從來愚按吉日庚午既差我馬午爲馬之證也季冬出土牛丑爲牛之證也蔡邕月令論云十二辰之會四時所食者必家人所畜丑牛未羊戌犬酉鷄亥猪而已其餘虎以下非食也月令正義云鷄爲木羊爲火牛爲土犬爲金豕爲水但陰陽取象多塗故午爲馬酉爲鷄不可一定也十二物見論衡物勢篇說文亦謂巳爲蛇象形

朱升八卦納甲圖說

按自甲至癸者十日之名也日有十而卦以八以八納十故乾坤二卦始終包羅之而納甲乙壬癸之四日甲壬陽日乾納之乙癸陰日坤納之也其間六日三男納其陽三女納其陰六子之卦各得乾坤之一畫者也又艮納丙兌納丁者氣之方行者也少男女納之猶日之未午歲之方夏時也震納庚巽納辛者質之已疑者也長男女納之猶日之過午歲之既秋時也坎離中男女納戊己於正中有不待言者矣易家納甲意本於此其見於經則蠱之先甲後甲巽之先庚後庚與革之已日乃孚而已世言易卦納甲本於參同契今以其書考之則以月之明魄多少取象於卦畫而以所見方位爲所納之甲二者皆非也夫既以乾三畫純陽爲望以坤三畫純陰爲晦則其明魄消長當以五夜當一畫若是則震當爲初五夜之月而非生明兌當爲初十夜之月而非上弦也望後巽艮準此此月之明魄既與所言卦畫不類矣又地之方位甲庚相對既以望夕之月爲乾而出甲則初生之月不見於庚矣上下弦之昏旦同見於南方之中亦初無上弦見丁下弦見丙之異也大抵月之行天一歲十二月間其昏出見之地夜夜推移不襲其位惟有春秋二分黃道與赤道相踏又須氣朔分齊則其朔望朏朒出見乃有定位可指而不可以言納甲之理也參同契乃是整齊一歲一月一日之造化以明吾道之造化姑借易以言之大槩約略取象云爾而非以說易也

干支部藝文

六甲詩　陳沈烱

甲拆開衆果萬物具敷榮乙飛上危幕雀乳出空城丙魏舊勳業申韓事刑名丁翼陳詩罷公綏作賦成戊巢花已秀滿塘草自生己乃忘懷客榮樂尚關情庚庚聞鳥囀肅肅望鳧征辛酸多憫惻寂寞少逢迎壬蒸懷太古覆妙佇無名癸己空施位詎以名幽貞

十二屬詩　前人

鼠迹生塵案牛羊暮下來虎嘯生（生當作）空谷兔月向總開龍隰遠青翠蛇柳近裴徊馬蘭方遠摘羊負始春栽猴栗羞芳果鷄跖引清杯狗其懷物外猪蠡窅悠哉

讀十二辰詩卷掇其餘作此聊奉一笑　宋朱熹

夜聞空簞齧饑鼠曉駕羸牛耕廢圃時才虎圈聽豪夸舊業兔園嗟莽鹵君看蟄龍臥三冬頭角不與蛇爭雄毀車殺馬罷馳逐烹羊酤酒聊從容手種猴桃垂架綠養得鵾鷄鳴角角客來犬吠催煮茶不用東家買猪肉

次韻十二辰體　方岳

鼠技易窮誰比數牛衣正可眠春雨虎窺九關高莫捫兔禿千毫老無補龍嬰鱗逆事可驚蛇畫足添心獨苦馬寧垓下困鹽車羊勿夢中翻菜圃沐猴從爾楚人冠荒鷄寧起劉郎舞狗監無煩誦子虛豕亥縱分吾不取

干支部選句

唐李嶠詩帳殿別陽秋旌門臨甲乙
岑參詩酩酊醉時日正午一曲狂歌壚上眠
杜甫詩甲子西南異冬來只薄寒又荒村建子月獨樹老夫家
韓愈詩朝食動及午夜飆常至卯
張籍詩藥看辰日合茶過卯時煎
白居易詩亥日饒蝦蟹寅年足虎貙
許渾詩年長每勞推甲子夜深誰共守庚申
李商隱詩過客不勞詢甲子惟書亥字與時人
溫庭筠詩風捲蓬根屯戊己月移松影守庚申
李洞詩一谷勢開午孜峯聳起丁
宋范成大詩行年申值戊交運丑支辛又四人同丙午初度再庚寅又慶期符後甲元日際初辛又兩亥開基遠三丁景統長又一飽但蘄庚癸諾百年廿守甲辰雌
陸游詩客供午甌茶
戴復古詩生自前丁亥今逢兩甲辰
金李俊民詩渡河年在亥乞酒歲非申
元虞集詩待客花陰午過申

欽定古今圖書集成曆象彙編歲功典

第一百四卷目錄

干支部紀事
干支部雜錄
干支部外編

歲功典第一百四卷

干支部紀事

通鑑前編太昊伏羲氏作甲曆定歲時（外紀）起於甲寅支干相配爲十二辰六甲而天道周矣

黃帝有熊氏命大撓作甲子（外紀）帝命大撓探五行之情占斗剛所建始作甲子甲乙丙丁戊己庚辛壬癸謂之幹子丑寅卯辰巳午未申酉戌亥謂之枝枝幹相配以名日而定之以納音

事始黃帝立子午十二辰以名月又以十二獸名屬之

書經益稷娶於塗山辛壬癸甲啓呱呱而泣予弗子惟荒度土功

泰誓惟戊午王次於河朔羣后以師畢會王乃徇師而誓（大全）林氏曰漢律歷志曰周師初發以殷之十一月戊子后三日得周正月辛卯朔至戊午渡孟津孟津去周九百里師行日三十里凡三十一日渡河三日三誓師上篇不言日以中篇考當是丁巳日在河南將渡孟津時誓而後渡河也中篇是戊午既渡而次河北所誓下篇戊午明日將趨商郊誓而後行也三令五申謹之至也

牧誓時甲子昧爽王朝至于商郊牧野乃誓（蔡傳）甲子二月四日也昧冥爽明也昧爽將明未明之時也

武成惟一月壬辰旁死魄越翼日癸巳王朝步自周于征伐商

丁未祀于周廟邦甸侯衞駿奔走執豆籩越三日庚戌柴望大告武成

名誥惟二月既望越六日乙未王朝步自周則至于豐惟太保先周公相宅越若來三月惟丙午朏越三日戊申太保朝至于洛卜宅厥既得卜則經營越三日庚戌太保乃以庶殷攻位于洛汭越五日甲寅位成若翼日乙卯周公朝至于洛則達觀于新邑營越三日丁巳用牲于郊牛二越翼日戊午乃社于新邑牛一羊一豕一越七日甲子周公乃朝用書命庶殷侯甸男邦伯

周禮春官馮相氏掌十有二歲十有二月十有二辰十日二十有八星之位辨其序事以會天位（訂義）賈氏曰十有二辰謂子丑寅卯等十日謂甲乙丙丁等

禮記檀弓知悼子卒未葬平公飲酒師曠李調侍鼓鐘杜蕢自外來聞鐘聲曰安在曰在寢杜蕢入寢歷階而升酌曰曠飲斯又酌曰調飲斯又酌堂上北面坐飲之降趨而出平公呼而進之曰蕢曩者爾心或開予是以不與爾言爾飲曠何也曰子卯不樂知悼子在堂斯其爲子卯也大矣曠也太師也不以詔是以飲之也爾飲調何也曰調也君之褻臣也爲一飲一食忘君之疾是以飲之也爾飲何也曰蕢也宰夫也非刀匕是共又敢與知防是以飲之也平公曰寡人亦有過焉酌而飲寡人杜蕢洗而揚觶公謂侍者曰如我死則必毋廢斯爵也至于今既畢獻斯揚觶謂之杜舉（注）子卯不樂言桀以乙卯日死紂以甲子日死謂之疾日故君不舉樂

月令天子乃以元日祈穀于上帝乃擇元辰（陳注）元日上辛也郊祭天而配以后稷爲祈穀也元辰郊後吉日也日以干言辰以支言互文也

擇元日命民社（陳注）郊特牲言祭社用甲日此言擇元日是又擇甲日之善者歟名誥社用戊日

上丁命樂正習舞釋菜（陳注）此月上旬之丁日必用丁者以先庚三日後甲三日也

仲丁又命樂正入學習樂

上丁命樂正入學習吹

郊特牲社祭土而主陰氣也君南鄉于北墉下答陰之義也日用甲用日之始也（大全）馬氏曰日用甲用日之始則郊用辛用日之成也蓋郊所以明天道故用辛社所以神地道故用甲方氏曰社必用日之始何也蓋陽始於甲而物生陰極於辛而物成地雖以陰而成物然始地事者存乎陽故社用甲以原其始焉天雖以陽而生物然終天功者存乎陰故郊用辛以要其終焉

郊之用辛也周之始郊日以至（陳注）謂周家始郊適遇冬至是辛日自後用冬至後辛日也

左傳吳申叔儀乞糧于公孫有山氏曰佩玉繠兮余無所繫之旨酒一盛兮余與褐之父睨之對曰粱則無矣麤則有之若登首山以呼曰庚癸乎則諾（注）庚

西方主穀癸北方主水

拾遺記始皇起雲明臺窮四方之珍木搜天下之巧工南得烟丘碧樹酈水燃沙賁都朱泥雲岡素竹東得葱巒錦柏縹𣝂龍松寒河星柘岏山雲梓西得漏海浮金狼淵羽璧條𡾟霞桑沈唐員籌北得冥阜乾漆陰坂文梓褰流黑魄闇海香瓊珍異是集有二人皆虛騰緣木運斤斧於雲中子時起工至午時已畢秦人謂之子午臺亦言於子午之地各起一臺二說有疑

西京雜記賈佩蘭云在宮時正月上辰出池邊盥濯食蓬餌以祓妖祥三月上巳張樂於流水

漢書食貨志八歲入小學學六甲五方書計之事

搜神記賈誼爲長沙王太傅四月庚子日有鵩鳥飛入其舍止於坐隅良久乃去誼發書占之曰野鳥入室主人將去誼忌之故作鵩鳥賦齊死生而等禍福以致命定志焉

漢書元帝本紀建昭三年秋使護西域騎都尉甘延壽副校尉陳湯撟發戊己校尉屯田吏士及西域胡兵攻郅支單于注師古曰撟與矯同實不奉詔詐以上命發兵故言矯發也戊己校尉者鎮安西域無常治處亦猶甲乙等各有方位而戊與己四季寄王故以名官也時有戊校尉又有己校尉一說戊己位在中央今所置校尉處三十六國之中故曰戊己也

王莽傳莽令天下小學戊子代甲子爲六旬首冠以戊子爲元日昏以戊寅之旬爲忌日百姓多不從者

後漢書禮儀志正月上丁祠南郊禮畢次北郊明堂高廟世祖廟謂之五供

王符傳明帝時公車以反支日不受章奏注凡反支日用月朔爲正戌亥朔一日反支申酉朔二日反支午未朔三日反支辰巳朔四日反支寅卯朔五日反支子丑朔六日反支見陰陽書也

鄭康成傳康成夢孔子告之曰起起今年歲在辰明年歲在巳注歲在龍蛇賢人嗟

雲仙雜記左慈明六甲能役鬼神坐致行廚

魏臺訪議詔問何以用未祖丑臘崇對曰王者各以其行之盛祖以其終臘木始生於申盛於子終於辰故水行之君以子祖辰臘火始生於寅盛於午終於戌故火行之君以午祖戌臘木始生於亥盛於卯終於未故木行之君以卯祖未臘金始生於巳盛於酉終於丑故金行之君以酉祖丑臘土始生於未盛於戌終於亥故土行之君以戌祖辰臘今魏據土德宜以戌祖辰臘

晉書張昌傳會壬午詔書發武勇以赴益土號曰壬午兵

韓友傳宣城邊洪以四月中就友卜家中安否友曰卿家有兵殃其禍甚重可伐七十束柴積於庚地至七月丁酉放火燒之咎可消也洪即聚柴至日大風不敢發火後洪欻發狂絞殺兩子并殺婦又斫父妾二人已自經死

謝安傳安自以本志不遂深自慨失因悵然謂所親曰昔桓溫在時吾常懼不全忽夢乘溫輿行十六里見一白雞而止乘溫輿者代其位也十六里止今十六年矣白雞主酉今太歲在酉吾病殆不起乎乃上疏遜位

宋書陶潛傳潛自以曾祖晉世宰輔恥復屈身後代自高祖王業漸隆不復肯仕所著文章皆題其年月義熙以前則書晉氏年號自永初以來唯云甲子而已

南史顧歡傳歡家勢寒賤父祖並爲農夫歡獨好學年六七歲知推六甲

南齊書禮志國子助教桑惠度議鄭元以亥爲吉辰者陽生於子元起於亥取陽之元以爲生物亥又爲水十月所建百穀賴茲沾潤畢熟也

魏書道武帝本紀皇始二年九月甲子晦帝進軍討賀驎太史令晁崇奏曰不吉帝曰其義云何對曰昔紂以甲子亡兵家忌之帝曰紂以甲子亡周武不以甲子勝乎崇無以對

隋書禮儀志開皇初社稷並列於含光門內之右仲春仲秋吉戊各以一太牢祭爲牲色用黑孟冬下亥又臘祭之

隋制於國城西北亥地爲司中司命司祿三壇同壝祀以立冬後亥

唐書曆志高祖時傅仁均善推步爲戊寅元曆而以七事考驗其一曰唐以戊寅歲甲子日登極曆元戊寅日起甲子如漢太初一也

禮樂志中春中秋釋奠於文宣王武成王皆以上丁上戊

張公謹傳公謹卒將出次哭之有司奏日在辰不可帝曰君臣猶父子也情感於內安有所避遂哭之

雲仙雜記申王謂豬既供餐不宜處於穢處乃以氈籠衆粥待之取其毛刷淨令巧工織壬癸席滑而且

涼

蜀人二月好以豉雜黃牛肉爲甲乙膏非尊親厚知不得而預其家小兒三年一享

輿地紀勝三癸亭顏眞卿爲處士陸羽造

宣室志裴晉公征吳元濟發地得石刻云雞未肥酒未熟解者曰雞未肥無肉也肥去肉爲己酒未熟無水也酒去水爲酉破賊在己酉乎果然

雞蹠集裴度有遺以槐癭者郎中庾威曰此是雌樹生者度問威年云與君同甲辰度笑曰郎中便是雌甲辰

清異錄唐內庫有一盤色正黃圍三尺四周有物象元和中偶用之覺逐時物象變更如辰時花草間皆戲龍轉巳則爲蛇轉午則成馬矣因號十二時盤

酉陽雜俎南中有蟲名避役應一日十二辰其蟲狀如蛇醫脚長色青赤肉鬣暑月時見於籬壁間俗見者多稱意事其首倏忽更變爲十二辰狀役成式再從兄尋常覩之

清異錄忝開運中賜丑未觴法用雞酥棧羊筒子髓置醇酒中暖消然後飲

宋史高麗傳國俗信陰陽朝廷使至必擇良月吉辰方具禮受詔戶部郎中柴成務在館踰月乃移書於國王治曰書稱上日不推六甲之元辰禮載仲冬但取一陽之嘉會治覽書慚懼遣人致謝焉

臧丙傳丙舊名愚常夢其父名丙向空指曰老人星見矣丙以壽星出丙入丁乃改名焉

禮志景德四年判太常禮院孫奭言明年正月元旦享先農九日上辛祈穀祀上帝月令曰天子以元日祈穀於上帝乃擇元辰親載耒耜躬耕帝籍先儒皆云元日謂上辛郊天也元辰謂郊後吉亥也六典禮閣新儀並云上辛祀昊天次云吉亥享先農望改用上辛後亥日用符禮文

夢溪筆談文潞公保洛日年七十八同時有中散大夫程珦朝議大夫司馬旦司封郎中致仕席汝言皆年七十八嘗爲同甲會

彥周詩話王豊父待詔岐公丞相之子其詩精密人鮮知者如白髮衰天癸丹砂養地丁意脈貫串尚勝三甲六丁之類

墨莊漫錄許洛軒裳最盛時號二黨崔鶠德符陳恬叔易皆戊戌生田晝承君李廌方叔皆己亥生並居潁昌陽翟稱戊己四先生

宋史薛弼傳初頒五禮新書定著釋奠先聖謀用下丁弼據禮是正州以聞詔從其議

東軒錄程文惠與龐公同戊子年生程已貴龐尚小官嘗戲龐曰君乃小戊子矣後龐大拜文惠曰大戊子却爲小戊子矣

遯齋閑覽李安義謁富人鄭生辭以出安義於門上大書午字爲牛不出頭也

夷堅志蔡州士人書室見小蠹魚陸離蜿蜒每日巳時見至午乃隱日日如此因捕得至午乃化爲石奇妙天然明日巳午又蠕變如此後遇京師一內人曰此神物禁中玉兎玉鼠以時見同此

說選契丹出軍每遇午日起程如不用兵亦須望西大喊三聲行之彼言午是北朝大王之日

干支部雜錄

易經蠱象先甲三日後甲三日（程傳）甲數之首事之始也如辰之甲乙甲第甲令皆謂首也事之端也治蠱之道當思慮其先後三日蓋推原先後爲救弊可久之道甲者事之首庚者變更之首制作政教之類則云甲舉其首也發號施令之事則云庚庚猶更也有所更變也（大全）程子曰甲者事之始也庚者有所革也自甲乙至于戊己春夏生物之氣已備庚者秋冬成物之氣也故有所革別一般氣

巽九五先庚三日後庚三日（程傳）處巽出令有所變更先庚三日後庚三日出命更改之道當如是也甲者事之端庚者變更之始十干戊己爲中過中則變故謂之庚事之改更當原始要終如先甲後甲之義

詩經小雅吉日章吉日維戊既伯既禱

吉日庚午既差我馬（注）庚午剛日也

樂稽耀嘉殷之德陽德也故以子爲姓

爾雅釋魚魚枕謂之丁魚腸謂之乙魚尾謂之丙

左傳凡祀啓蟄而郊疏漢始以啓蟄爲正月中及大初後以雨水爲正月中迄今不改今歷正月雨水中四月小滿中八月秋分中十月小雪中注皆以此四句爲建寅建巳建酉建亥之月

黃帝宅經正月生氣在子癸死氣在午丁二月生氣在丑艮死氣在未坤三月生氣在寅甲死氣在申庚四月生氣在卯乙死氣在酉辛五月生氣在辰巽死氣在戌乾六月生氣在巳丙死氣在亥壬七月生氣在午丁死氣在子癸八月生氣在未坤死氣在丑艮九月生氣在申庚死氣在寅甲十月生氣在酉辛死

氣在卯乙十一月生氣在戌乾死氣在辰巽十二月生氣在亥壬死氣在巳丙

太乙數四時之氣分在四維行于十二支辰故有十六神子神曰地主言陽氣初動萬物在下也丑神陽德言二陽用事布育萬物也艮神和德言春冬將交陰陽氣和羣物方生也寅神呂申言陽氣大申草木甲拆也卯神高叢言木氣太旺萬物皆出也辰神太陽言五陽正盛飛龍在天也巽神太炅言光明發輝萬物潔齊也巳神大神言六陽大備火神司權萬物長盛也午神大威言陽謝陰生火神炳化刑暴始行也未神天道言二陰用事萬物生育也坤神大武言陰氣施陽萬物殺傷也申神武德言金氣始旺肅殺司權也酉神大簇言萬物成熟大有品簇也戌神陰主言五陰正盛黃裳元吉也乾神陰德言陰中陽生大有其德也亥神大義言六陰大備水神司權萬物滋也

陶朱公書金錢一名子午花午開子落吳人呼爲夜落金錢

史記龜策傳卜禁日子亥戌不可以卜

漢書律歷志日有六甲辰有五子 注 六甲之中惟甲寅無子故曰五子

天文志正月上甲風從東方來宜蠶

越絕書天運歷紀千歲一至黃帝之元執辰破巳

春秋繁露陰陽出入上下篇冬月盡而陰陽俱南還陽南還出於寅陰南還入於戌此陰陽所始出地入地之見處也

夏月盡而陰陽俱北還陽北還入於申陰北還入於辰此陰陽所始出地入地之見處也

風角書春甲寅日風高去地三四丈鳴條以上常從申上來爲大赦期六十日應

京房易傳分天地乾坤之象益之以甲乙壬癸震巽之象配庚辛坎離之象配戊己艮兌之象配丙丁

漢書京房傳注木利在亥水利在辰盛衰各得其所故樂也

漢舊儀中黃門持五夜之法謂甲乙丙丁戊也杜少陵詩五夜漏聲催曉箭正謂戊夜耳又謂之五更更歷也經也西都賦云衛以嚴更之署後人又呼丙夜爲子夜謂曰臨子位於時爲子也又謂半夜爲午夜如日之午也

後漢書蘇竟傳仲夏甲申爲八魁 注 長曆春三月己巳丁丑夏三月甲申壬辰秋三月己亥丁未冬三月甲寅壬寅爲八魁

郎顗傳今月十七日戊午徵日也日加申風從寅來丑時而止 注 日在申時也

白虹貫日以甲乙見者讁在中台

卯酉爲革政午亥爲革命神在天門出入候聽 注 神陽氣君象也天門戌亥之間乾所據者

皇甫嵩傳有餘者動於九天之上不足者陷於九地之下 注 九天之上六甲子也九地之下六癸酉也

白虎通姓名篇殷以生日名子不以子丑何曰甲乙者幹也子丑者枝也幹爲本故以甲乙爲名也

風俗通義未之神爲稷故以癸未日祠稷於西南水勝火爲金相也

辰之神爲靈星故以壬辰日祀靈星於東南金勝木爲土相也

戌之神爲風伯故以丙戌日祀風伯於西北火勝金爲木相也

丑之神爲雨師故以己丑日祀雨師於東北土勝水爲火相也

參同契二土全功章子午數合三戊己號稱五

君子居室章發號出令順陰陽節藏器俟時勿違卦月屯以子申出以寅戌蒙用寅戌餘六十卦各自有日

卯酉刑德章二月榆落魁臨於卯八月麥生天罡據酉子南午北互爲綱紀一九之數終而復始含元虛危播精於子

五經通義祭日以丁與辛何丁者反覆丁寧也辛者克自辛也

虞翻易注震象出庚兌象見丁乾象盈甲巽象伏辛艮象消丙坤象喪乙坎象流戊離象就己

晉書天文志老人一星在弧南一曰南極嘗以秋分之旦見於景春分之夕没於丁見則治平主壽昌

阮籍通易論水老於辰金生於巳一氣之存終而復起

抱朴子微旨篇以執日取六癸上土以和百葉薰草以泥門戶方一尺則盜賊不來

登涉篇按州公城名錄天下分野災之所及可避不可禳山岳皆爾大忌不可以甲乙寅卯之歲正月二月入東岳不以丙丁巳午之歲四月五月入南岳不以庚辛申酉之歲七月八月入西岳不以戊己之歲四季之月入中岳不以壬癸亥子之歲十月十一月

入北岳

入山大忌正月午二月亥三月申四月戌五月未六月卯七月甲子八月申子九月寅十月辰未十一月己丑十二月寅入山艮日甲子甲寅乙亥己巳乙卯丙戌丙午丙辰巳上日大吉

靈寶經曰所謂寶日者謂支干上生下之日也若用甲午乙巳之日是也甲者木也午者火也乙亦木也巳亦火也火生於木故也又謂義日者支干下生上之日也若壬申癸酉之日是也壬者水也申者金也癸者水也酉者金也水生於金故也所謂制日者支干上克下之日也若戊子己亥之日是也戊者土也子者水也己亦土也亥亦水也五行之義土克水也所謂伐日者支干下克上之日也若甲申乙酉之日是也甲者木也申者金也乙亦木也酉亦金也金克木故也他皆倣此

入名山以甲子開除日以五色繒各五寸懸大石上所求必得又曰入山宜知六甲祕祝祝曰臨兵鬬者皆陣列前行凡九字常當密祝之無所不避要道不煩此之謂也

山中寅日有自稱虞吏者虎也卯日稱丈人者兔也辰日稱雨師者龍也巳日稱寡人者社中蛇也午日稱三公者馬也未日稱主人者羊也申日稱人君者猴也酉日稱將軍者雞也戌日稱人姓字者犬也亥日稱神君者猪也子日稱社君者鼠也丑日稱書生者牛也

食六戊符千日或以赤斑蜘蛛及七重水馬以合馮夷水仙丸服之則可以居水中

西京雜記董仲舒曰陽德用事則和氣皆陽建巳之月是也陰德用事則和氣皆陰建亥之月是也

虞喜天文論漢太初曆十一月甲子夜半冬至云歲雄在閼逢雌在攝提格月雄在畢雌在觜日雄在子

又云甲歲雄也畢月雄也陬月雌也大抵以十干為歲陽故謂之雄十二支為歲陰故謂之雌但畢觜為月雄雌不可曉

搜神記金之性一也以五月丙午日中鑄為陽燧以十一月壬子夜半鑄為陰燧注言丙午日鑄為陽燧可取火壬子夜鑄為陰燧可取水也

華陽國志蜀之為國肇於人皇其卦值坤故多斑綵文章其辰值未故尚滋味

宋書曆志昔黃帝辛卯日月不過顓頊乙卯四時不忒景初壬辰晦無差光元嘉庚辰朔無錯景豈非承天者乎

齊書禮志禮以辛郊書以丁祀辛丁皆宜臨時詳擇

齊民要術氾勝之書曰小豆忌卯稻麻忌辰禾忌丙黍忌丑秫忌寅未小麥忌戌大麥忌子大豆忌申卯凡九穀忌日種之則多傷敗

雜陰陽書曰豆生於申壯於子長於壬老於丑

禾生於寅壯於丁長於丙老於戊

麥生於亥壯於卯長於辰老於巳死於午惡於戌忌於子丑

龜經春灼後左夏灼前左秋灼前右冬灼後右其後左者乃下丙丁也是寅卯之位故為木兆前左者乃上丙丁也是巳午之位故為火兆前右者乃上甲乙也是申酉之位故為金兆後右者乃下甲乙也是亥子之位故為水兆

北史庾季才傳昔周武王以二月甲子定天下享年八百漢高帝以二月甲午即帝位享年四百故知甲子甲午為得天數

詩經四始疏大明在亥水始也四牡在寅木始也嘉魚在巳火始也鴻鴈在申金始也

元女房中經王相日春甲乙夏丙丁秋庚辛冬壬癸

唐韋絢嘉話錄絢曰五夜者甲乙丙丁戊更相送之今惟言乙夜與子夜何也公曰未詳

酉陽雜俎七守庚申三尸滅三守庚申三尸伏

嶺表錄異十二時蟲五色者身尾長丈餘腦上連背有鬐鬣草樹上行極迅速亦多在人家籬落間俗傳云一日隨十二時變色因名之

兼明書史記云禹辛日娶妻甲日生啓明曰司馬遷約尚書之文而為史記其於經義多不精詳按虞書益稷篇云予創若時娶于塗山辛壬癸甲啓呱呱而泣予弗子惟荒度土功孔安國曰禹言我懲丹朱之惡如此故辛日娶塗山氏之女甲日復往治水復往經過其門聞啓泣聲而不暇入子愛於啓以其水災未去唯大度水土之功故也而馬遷以塗山之女聘禹之後四日之內而生啓故聞其呱呱泣聲而不入愛子其不近人情一至於此且禹所以言此者以己勤於治水而不顧其家不私其子所以能成大功耳若馬遷之意是禹疑其妻而惡其子何勤勞之有

周易集解天一水甲地二火乙天三木丙地四金丁天五土戊地六水己天七火庚地八木辛天九金壬

地十土癸

正易心法大凡一物其氣必有本有餘如十干甲乙乙者甲之餘氣也丙丁丁者丙之餘氣也如十二支子丑丑者子之餘氣也寅卯卯者寅之餘氣也卦亦猶是

續博物志丑爲星紀初斗十二度終於婺女七度子爲元枵初婺女八度終於危十五度亥爲娵訾初危十六度終於奎四度戌爲降婁初奎五度終於胃六度酉爲大梁初胃七度終於畢十一度申爲實沈初畢十二度終於井十五度未爲鶉首初井十六度終於柳八度午爲鶉火初柳九度終於張十七度巳爲鶉尾初張十八度終於軫十一度辰爲壽星初軫十二度終於氐四度卯爲大火初氐五度終於尾九度寅爲析木初尾十度終於斗十一度

漢律歷志以前歷上元泰初四千六百一十七歲至元封七年復得閼逢攝提格之歲中冬孟康曰言復得者上元泰初時亦是閼逢之歲歲在甲曰閼逢在寅曰攝提格此謂甲寅之歲也然則乙卯曰旃蒙單閼丙辰曰柔兆執徐丁巳曰強圉大荒落戊午曰著雍敦牂己未曰屠維協洽庚申曰上章涒灘辛酉曰重光作噩壬戌曰元默閹茂癸亥曰昭陽大淵獻甲子曰閼逢困敦乙丑之歲曰旃蒙赤奮若

正月得甲則曰畢陬二月得乙則曰橘如三月得丙則曰脩窉四月得丁則曰圉余五月得戊則曰厲皐六月得己則曰則且七月得庚則曰窒相八月得辛則曰塞牀九月得壬則曰終元十月得癸則曰極陽十一月得甲則曰畢辜十二月得乙則曰橘涂

太歲在丑乞漿得酒太歲在巳敗妻鬻子稱生應月閏月益一節竽以十二子爲衞亦應月之數也

燕避戊己蝠伏庚申

徵姓舉事當忌亥日以火絕在亥

巳日巳年不殺蛇

宋史天文志嘗讀黃帝素書立於午而面子立於子而面午皆曰北面至於自午而望南自子而望北則皆曰南面乃常以天子爲北也

日暈甲乙憂火丙丁臣下忠戊己后族盛庚辛將利壬癸臣專政

寅卯辰木招謀者司徒也巳午未火招謀者太子也申酉戌金司馬也亥子丑水司空也

搜采異聞錄十干戊字只與茂字同音俗輩呼爲務非也吳中術者又稱爲武偶閱舊五代史梁開平元年司天監上言日辰內戊字請改爲武乃知亦有所自也今北人語多曰武朱溫父名誠以戊類成字故司天詔之耳

雲笈七籤官榮於亥水帝旺於子水

埤雅鷹一名過街言逢上申日則過街殆與鷂忌庚申燕避戊己無異

蜥易日十二時變色故曰易也

夢溪筆談歐陽公嘗得一古畫牡丹叢其下有一貓未知其精粗丞相正肅吳公與歐公姻家一見曰此正午牡丹也何以明之其花披哆而色燥此日中時花也貓眼黑睛如線此正午貓眼也有帶露花則房斂而色澤貓眼早暮則睛圓日漸午狹長正午則如一線耳

甲子歲天數始於水十一刻乙丑歲始於二十六刻丙寅歲始於五十一刻丁卯歲始於七十六刻者謂之客氣

補筆談世俗十月遇壬日北人謂之入易吳人謂之倒布壬日氣候如本月癸日差溫類九月甲日類八月如此倒布之直至辛日如十一月遇春秋時節卽溫夏卽暑冬則寒辛日以後自如時令此不出陰陽書然歲候之亦時有准莫知何謂

蘇氏易傳陰陽均也稱於子午而壯於巳亥始於復姤而終於乾坤者也

先甲三日子戊申也後甲三日午辰寅也先庚三日午辰寅也後庚三日子戊申也庚之所後甲之所先也

物類相感志貓兒眼知時有歌云子午線卯酉圓寅申巳亥銀杏樣辰戌丑未側如錢

坦齋通編古今涓吉外事用剛日內事用柔日如甲子爲剛乙丑爲柔至爲簡易甲午治兵壬午大閱吉日庚午既差我馬皆外事也故用剛日丁丑蒸己丑嘗凡祭之用丁用辛內事也故用柔日然社祭用甲郊以日至亦不拘也

艇齋詩話陶淵明詩自宋義熙巳後皆題甲子此說始於五臣注文選云爾後世遂因仍其說治平中有虎丘僧思悅者編淵明集獨辨其不然其說曰淵明之詩題甲子者始庚子迄丙辰凡十七年間九首皆晉安帝時所作及恭帝元熙二年庚申歲宋始受禪自庚子至庚申蓋二十年豈有宋未受禪前二十年恥事二姓而題甲子之理哉思悅之言信而有證矣

演繁露若干者設數之言也干猶箇也若箇猶言幾何枚也又說干者十幹自甲至癸也亦以數言也

睽車志人以子時祀鬼言子者鬼也

西溪叢語絳縣老人云臣生之歲正月甲子朔四百有四十五甲子矣其季於今三之一也季者末也今今日也謂已得四百四十五个甲子其末一甲子六十日而今日乃癸未纔得二十日也故曰三之一文公之十一年至襄公三十年通七十四年以年表考之文公之十一年歲在己巳襄公之三十年歲在壬午今乃云七十四年者蓋謂襄公之三十年上距文公之十一年得七十四年也所謂亥二首六身者注云亥字二畫在上併三六爲身如算之六蓋古之亥字如此二多寫故曰二首六身其下六畫如算子三箇六數也所謂下二如身是其日數則六千六百六旬也故曰是日數也且四百四十五甲子合得二萬六千七百日乃差四十日則前所謂其季於今三之一謂其末一甲子纔得二十日故少四十也且不謂之日而謂之旬者蓋古以甲子數日故謂之旬如今陰陽家所謂甲子旬中甲午旬中之類是也與書朞三百有六旬同

日者衆陽之母陰生於陽故潮附之於日也月者太陰之精水乃陰類故潮依之於月也是故隨日而應月依陰而附陽盈於朔望消於朏魄虛於上下弦息於輝朒故潮有大小焉今起月朔夜半子時潮平於地之子位四刻一十六分半月離於日在地之辰次日移三刻七十二分對月到之位以日臨之次潮必應之過月望復東行潮附日而又西應之至後朔子時四刻一十六分半日月潮水俱復會於子位其小盡則月離於日在地之辰次日移三刻七十三分半對月到之位以日臨之次潮必應之至後朔子時四刻一十六分半日月潮水亦俱復會於子位是知潮常附日而右旋以月臨子午潮必平矣月在卯酉汐必盡矣或遲速消息之小異而進退盈虛終不失其期也

小學紺珠乾納甲壬坤納乙癸震納庚巽納辛坎納戊離納己艮納丙兌納丁

臆乘左傳成公九年云浹辰之間楚克其三都辰指十二辰自子至亥也周禮天官云浹日而斂之以甲至甲爲浹日凡十一日也

癸辛雜識或云上巳作十干之己蓋古人用日例以十干如上辛上戊之類無用支者若首午尾卯則上旬無巳矣故王季夷禊上巳詞云曲水湔裙三月二此其證也

凡人損目者命多是卯酉克蓋卯酉者日月之門戶所爲光明也卯爲子所刑擊酉乃自刑必有此疾

芒種後壬日入梅壬日所種花草雖至難活者亦皆活申日亦可

浩然齋視聽抄雪多作於戊己日嘗考丁亥冬雪率多餘近戊子十二月八日己未雪十八日己巳夜雪二十七日戊寅夜雪大率丙丁戊子皆雪日也趙雲洲云凡遇戊午己未日天必變雨或遇亢壁二宿值日則可免餘宿不可免

宋少帝辛未九月二十八日申時生（辛未己亥己丑壬申）甲戌正月十一日登位號天瑞節丙子三月十七日北遊

宋高祖劉裕丁亥生庚申即位國號宋丙子渡江國亡凡七百二十年至趙太祖丁亥生庚申即位國號宋先丙子俘李主後丙子大元渡江國亡據人所云未考

吳諺曰正月逢三亥湖田變成海謂之水大也壬辰年正月初六日己亥十八日辛亥三十日癸亥是歲大澇湖田顆粒不收癸巳正月亦有三亥然一亥在立春前是歲無水災

游宦紀聞自甲至癸爲十幹自子至亥爲十二枝後人省文以幹爲干以枝爲支非也

賓退錄世有十幹化五行眞氣之說究其理洪文敏載鄭景實錄之語謂取歲首月建之幹所生如甲己丙作首丙屬火火生土則甲己化土他倣此頗遍余記昔年一術士云遇龍則化龍辰也甲己得戊辰屬土故化土乙庚得庚辰庚屬金故化金丙辛以降皆然其實一也

蠡海集地理類潮之說多矣蓋潮本屬陰陰極則動月亦陰也與之同類月行過於子午極處則潮起初一二日卯時月在卯自卯順數一時一位當時至午位故午時潮初三初四日卯時月在寅以寅加卯順數至未時在午位故未時潮初五初六日卯時月在丑以丑加卯順數至申時在午位故申時潮初七初八初九日卯時月在子以子加卯順數至酉時在午位故酉時潮初十十一日卯時月到亥以亥加卯順數至戌時在午位故戌時潮十二十三日卯時月在戌以戌加卯順數至亥時在午位故亥時潮十四十五十六日卯時月在酉以酉加卯順數至子時在午

位故子時潮下半月與此同

路史房喬按月令蜡法以季冬前寅蜡百神南郊以卯日祭社稷於社宮以辰臘饗宗廟五祀及開元定禮乃命三祭皆從臘辰以應土德

男十月毓於寅女十月毓於申申爲三陰寅爲三陽

注男子陽火元氣起戊子三十丁巳十月至丙寅此火生木也女子陰水元氣起庚子二十辛巳十月至壬辰金生水也

吹劍錄丙午丁未年中國遇之必災近衢士上丙午丁未龜鑑謂自秦昭襄五十二年迄五代凡二十一次某年皆不靖文豹聞乾興間營定陵信用徐仁旺請用山前地丁晉公堅主山後仁旺奏云坤水長流灾在丙午年內丁奉直射禍當丁未歲中及靖康丙午時事更易次年丁未高宗渡江淳熙丁未高宗上仙其說皆驗然淳祐丁未則無他異惟自夏迄冬不雨所在湖波河井枯竭爾雖然仁旺所言則一時事耳而歷代皆忌此兩年何也意者丙午丁未在天之中丙丁屬火皆在午位旺鄉五行中惟水火不宜旺旺則不可救藥非有道盛時興王盛德未易當也故大撓作甲子於丙午丁未則配以天河水以水能制火也戊午己未則謂之天上火以戊己土蓋其上庶不燄燄也

元史禮樂志陽律六黃鍾子太簇寅姑洗辰蕤賓午夷則申無射戌陰呂六大呂丑夾鍾卯仲呂巳林鍾未南呂酉應鍾亥

祛疑說地道右旋故每日之太陽在子位爲子時順子丑寅卯歷十二方隅而定十二時也蓋太陽每一日順行十二方隅而爲十二時

研北雜志吾家太史云冬至後九日遇壬法當有年

閒中今古錄宋太祖建隆庚申受禪後聞陳希夷只怕五更頭之言命宮中轉六更方鼓嚴鳴鐘太祖之意恐有不軌之徒竊發於五更之時故終宋之世六更轉於宮中然後鳴鐘殊不省庚更同音也至理宗景定元年歷五庚申越十七年宋亡而希夷五更頭之數信矣到元朝延祐七年庚申而至正帝生帝乃宋少帝趙㬎子詳見稷錄明兵入燕都遁去當時人以呼庚申帝觀劉尚賓集庚申帝大事記是也後方號順帝由此觀之與宋祖命轉六更之言益信數之不爽

周易稽疑己日乃孚漢上朱氏曰十干自甲至己然後爲庚庚革也自庚至己十日浹矣己日浹日也例以先庚先甲爲訓似爲近之

楊升菴集西域一歲分三時以寅卯辰巳爲雨時午未申酉爲熱時戌亥子丑爲寒時

碧里雜存按邵子皇極經世斷自陶唐甲辰年即位爲始我國家萬載無疆之曆自洪武元年戊申即位至三十一年戊寅建文元年己卯至四年壬午永樂元年癸未至二十二年甲辰洪熙元年乙巳宣德元年丙午至十年乙卯正統元年丙辰至十四年己巳景泰元年庚午至七年丙子天順元年丁丑至八年甲申成化元年乙酉二十年甲辰至二十三年丁未弘治元年戊申至十八年乙丑正德元年丙寅至十六年辛巳嘉靖元年壬午至二十三年甲辰蓋自戊申迄茲三歷甲辰一百七十七年計自陶唐至此共六十五甲辰整三千九百歲也至嘉靖一百四十七年滿四千歲

清暑筆談卯者冒也陽氣冒地而出建二月卦則自泰而之大壯外卦坤變爲震月令雷始發聲蟄蟲啓戶故曰卯爲天門

瑣碎錄堯元年至萬曆元年癸酉計三千九百六十二年六十七甲子

洪武十七年甲子爲中元正統九年甲子爲下元弘治十七年甲子爲上元嘉靖四十三年甲子爲中元

岩棲幽事劚竹根以辰日捕魚蝦以亥日栽種忌焦枯日

農田餘話世俗占候雨晴惟甲子壬子甲申甲寅四日頗可憑此外俗說占測水旱豐歉未甚可稽故伯翔陸先生嘗著田家五行志若干卷專述田家俗談爲農家占候一家之書率多可驗

吳下大水歲饑多是納音屬土之歲如至順庚午至元戊寅至正丁亥洪武丙辰理不可曉

稗編或問蠱之先甲後甲有以甲子戌申爲先甲午辰寅爲後者有以丁辛爲甲三日之先後者巽之先庚後庚有以庚午辰寅爲先庚子戌申爲後者有以丁癸爲庚三日之先後者不知蠱何取於甲巽何取於庚也曰蠱隨相伏蠱之三陰隨之三陽伏焉蠱初爻變大畜則內卦爲乾先甲也至五爻變无妄則外卦爲乾後甲也蠱之彖傳言先甲後甲曰天行也所以言甲者乾甲也巽震二卦亦相伏所以言庚者震庚也又聞乾甲震庚於納甲通矣蠱之先甲後甲於卦辭言之巽之先庚後庚於九五爻辭言之何也蠱

隨反對以卦之全體得乾故言先甲後甲於卦辭也重巽伏震先庚也九五變則三至五又互震後庚也周公因蠱之乾甲記巽之震庚巽九五變爲巽之蠱六五變爲蠱之巽庚甲相直巽蠱相入特於五爻言之宜也三日者或曰三爻也

居家必用正月丁卯甲辰丙辰丁未己未乙酉丁酉造麪醬酒醋吉

羣芳譜十二時竹產蘄州其竹繞節凸生子丑寅卯等十二字

戒菴漫筆雜俎謂數相從曰支夷堅志甲乙等以支名者取此也

日知錄吳才老韻補古巳午之巳亦謂如巳矣之巳漢律歷志振美於辰巳盛於巳史記巳者言陽氣之巳盡也鄭元夢孔子告之曰起起今年歲在辰明年歲在巳洪容齋三筆亦引歷書爲證愚按古人讀巳爲矣之證不止此淮南子斗指巳巳則生已定也說文巳巳也四月陽氣巳出陰氣巳藏萬物見成文章故巳爲蛇象形釋名巳巳也陽氣畢布巳也詩似續妣祖箋云似讀巳午之巳巳續妣祖者謂已成其宮廟也五經文字起從辰巳之巳白虎通太陽見於巳巳者物必起晉書樂志四月之辰謂之巳巳者起也物至此時畢盡而起也詩江有汜亦讀爲矣釋名水決復入爲汜汜巳也如出有所爲畢巳復還而入也以享以祀亦讀爲矣說文祭無巳也從示巳聲公羊傳何休注言祀者無巳長久之辭釋名商曰祀祀巳也新氣升故氣巳也今人爲辰巳之巳讀爲士音宋毛晃曰陽氣生於子終於巳巳者終巳也象陽氣旣極囘復之形故又爲終已之義今俗以有鉤爲終已之已無鉤爲辰巳之巳是未知字義也

季春之月辰爲建巳爲除故用三月上巳祓除不祥、古人謂病愈爲已亦此意也

韓詩曰鄭國之俗三月上巳之溱洧二水之上招魂續魄秉蘭草祓不祥　後漢書周舉傳三月上巳大將軍梁商大會賓客讌於雒水　袁紹傳三月上巳大會賓從於薄落津周公謹癸辛雜識以爲戊己之己者非

戊己之己篆作己辰巳之巳篆作巳象蛇形隸書則混而相類止以直筆上缺爲己上滿爲巳

爾雅疏曰甲至癸爲十日日爲陽寅至丑爲十二辰辰爲陰此二十二名古人用以紀日不以紀歲歲則自有閼逢至昭陽十名爲歲陽攝提格至赤奮若十二名爲歲名後人謂甲子歲癸亥歲非古也自漢以前初不假借史記歷書太初元年年名焉逢攝提格月名畢聚日得甲子夜半朔旦冬至其辨晰如此若呂氏春秋序意篇維秦八年歲在涒灘秋甲子朔賈誼鵩賦單閼之歲兮四月孟夏庚子日斜兮鵩集予舍許氏說文後敘粵在永元困敦之年孟陬之月朔日甲子亦皆用歲陽歲名不與日同之證漢書郊祀歌天馬徠執徐時謂武帝太初四年歲在庚辰兵誅大宛也自經學日衰人趨簡便乃以甲子至癸亥代之子曰觚不觚此之謂矣

宋劉恕通鑑外紀目錄序曰庖犧前後逮周厲王疑年荒昧借日名甲子以紀之是則歲之稱甲子也借也何始乎自亡新始也王莽下書言始建國五年歲在壽星塡在明堂倉龍癸酉德在中宮又言天鳳七年歲在大梁倉龍庚辰厥明年歲在實沈倉龍辛巳隋書律歷志王莽銅權銘曰歲在大梁龍集戊辰又曰龍在己巳歲次實沈是也自此後漢書張純傳言攝提之歲倉龍甲寅朱穆傳言明年丁亥之歲荀悅漢紀言漢元年實乙未也曹娥碑亦云元嘉元年青龍在辛卯蜀郡造橋碑云維延熹龍在甲辰而張角訛言蒼天已死黃天當立歲在甲子天下大吉以白土書京城寺門及州郡官府皆作甲子字矣

以甲子名歲雖自東漢以下然其時制詔章奏符檄之文皆未嘗正用之其稱歲必曰元年二年其稱日乃用甲子乙丑如己亥格庚戌制壬午兵之類皆日也惟晉書王廙上疏言臣以壬申歲見用爲鄱陽内史按懷帝以永嘉五年辛未爲劉聰所執愍帝以建興元年癸酉卽位中間一年無主故言壬申歲也後代之人無大故而效之非也

自三國鼎立天光分曜而後文人多舍年號而稱甲子魏程曉贈傅休奕詩龍集甲子四時成歲晉張華感婚賦方今歲在己巳將次四仲陸機愍懷太子誄龍集庚戌日月改度陶潛祭從弟敬遠文歲在辛亥月惟仲秋自祭文歲維丁卯律中無射後周庾信哀江南賦粵以戊辰之年建亥之月而梁陶隱居眞誥亦書己卯歲至杜預左傳集解後序則追言魏哀王二十年太歲在壬戌矣

晉惠帝時廬江杜嵩作壬子春秋壬子元康二年賈后弒楊太后於金墉城之歲

唐人有以豫書而不稱年號者舊唐書禮儀志曰請

以開元二十七年己卯四月禘至辛巳年十月祫至甲申年四月又禘至丙戌年十月又祫至己丑年四月又禘至辛卯年十月又祫其辛巳以下不言開元某年又博古圖載唐鑑銘曰武德五年歲次壬午八月十五日甲子揚州總管府造青銅鏡一面允癸未年元正朝貢其癸未亦不言武德六年者當時屢改年號故也此一鑑而有正書有豫書之不同亦變例也

史家之文必以日繫月以月繫年鐘鼎之文則不盡然多有月而不年日而不月者商母乙卣其文曰丙寅王錫口貝朋用作母乙彝丙寅者日也博古圖乃謂商建國始於庚戌歷十七年而有丙寅在仲壬即位之三年則繫矣豈非迷於後世之以甲子名歲而欲以追加之古人乎

春秋之世各國皆自紀其年發之于言或參互而不易曉則有舉其年之大事而爲言者若曰會于沙隨之歲叔仲惠伯會郤成子于承匡之歲鑄刑書之歲晉韓宣子爲政聘于諸侯之歲是也又有舉歲星而言若曰歲五及鶉火歲及大梁歲在娵訾之口者從後人言之則何不曰甲子也癸亥也是知古人不用以紀歲也

太祖實錄自吳元年以前皆書干支不合古法太祖當時實奉宋小明王之號故有言當紀龍鳳者考之史記高帝之初不稱楚懷王元年而稱秦二年三年又太祖御製滁州龍潭碑文云元末帝至正十有四年竊意其時天下尚是元之天下書至正正合史記書秦之例又有兼書者漢書功臣侯表序漢興自秦二世元年之秋楚陳之歲是也

三代以前擇日皆用干郊特牲郊日用辛社日用甲書名誥丁巳用牲於郊戊午乃社於新邑而月令擇元日命民社鄭注謂春分前後戊日則郊不必用辛社不必用甲矣

詩吉日惟戊既伯既禱穀梁傳六月上甲始庀牲十月上甲始繫牲月令仲春上丁命樂正習舞釋菜仲丁命樂正入學習學季秋上丁命樂正入學習吹春秋秋七月上辛大雩季辛又雩易蠱卦先甲三日後甲三日巽九五先庚三日後庚三日之類是也秦漢以下始多用支如午祖戌臘三月上巳祓除張衡南都賦於是暮春之禊元巳之辰及正月剛卯之類是也月令擇元辰躬耕帝藉盧植說曰日甲至癸也辰子至亥也郊天陽也故以日藉田陰也故以辰蔡邕月令章句云日幹也辰支也有事於天用日有事於地用辰此漢儒之說考之經文無用支之證

夏小正二月丁亥萬用入學二月不必皆有丁亥蓋夏后氏始行此禮之日值丁亥而用之也猶郊特牲言郊之用辛也周之始郊日以至言周人以日至郊適值辛日謂以支取亥者非

月令擇元日命民社注祀社日用甲據郊特牲文日用甲用日之始也正義曰召誥戊午乃社于新邑用戊者周公告營洛邑位成非常祭也墨子云吉日丁卯周代祝社疑不可信禮外事用剛日丁卯丑也漢用午魏用未晉用酉各因其行運潘尼皇太子社詩孟月涉初旬吉日惟上酉則不但用酉又用孟月唐武后長壽元年制更以九月爲社元宗開元十八年詔移社日就千秋節皆失古人用甲之義矣

元江府志日中爲市率名曰街以十二支所屬分爲各處街期如未日名羊街丑日名牛街之類

干支部外編

漢武內傳上元夫人語帝曰阿母今以瓊笈妙韞發紫臺之文賜汝八會之書五嶽眞形可謂至珍且貴上帝之元觀矣子自非受命合神弗見此文今雖得其眞形觀其妙理而無五帝六甲左右靈飛之符太陰六丁通眞逐靈玉女之籙太陽六戊招神天光策精之書左乙混沌東蒙之文右庚素收攝殺之律壬癸六遯隱地八術丙丁入火赤班符六辛入金致黃水月華之法六己石精金光藏景化形之方子午卯酉八稟十訣六靈威儀丑辰未戌地眞素訣長生紫書三五順行寅申巳亥紫度炎光內視中方凡缺此十二事者當何以名山靈朝地神攝總萬精驅策百鬼束虎豹役蛟龍乎子所謂適知其一未見其他也帝下席叩頭曰徹下土濁民不識清眞今日聞道是生命會遇聖母今當賜以眞形修以度世

十洲記元洲在北海之中戌亥之地方七千二百里去南岸三十六萬里上有太元都仙伯眞公所治聚窟洲在西海中申未之地上多眞仙靈官宮第北

門不可勝數

眞誥五卯之日當齋心存神念烝常如此者玉女侍降

抱朴子微旨篇身中有三尸三尸之爲物雖無形而實魂靈鬼神之屬也欲使人早死此尸當得作鬼自放縱遊行饗人祭酹是以每到庚申之日輒上天白司命道人所爲過失

五代史唐劉延朗傳初廢帝起於鳳翔有瞽者張濛自言事太白山神神魏崔浩也使濛問於神神傳語曰三珠并一珠驢馬沒人驅歲月甲庚午中興戊己土後卽位之日歲次甲午四月庚午朔

避暑錄話道家有言三尸或謂之三彭以爲人身中皆有是三蟲能記人過失至庚申日乘人睡去而讒之上帝故學道者至庚申日輒不睡謂之守庚申

欽定古今圖書集成曆象彙編歲功典

第一百五卷目錄

晦朔弦望部彙考

書經武成　召誥
詩經小雅天保章　十月之交章
禮記月令　玉藻　祭義
周禮春官
尚書大傳正朔
漢書律曆志
大戴禮記夏小正
後漢書律曆志
論衡是應篇
釋名釋天
說文月
參同契晦朔合符章
晉書律曆志
宋書天文志
魏書律曆志
隋書天文志
唐書曆志
五代史司天考
宋史律曆志
元史曆志
性理會通象緯新篇
覩象玩占六子納甲圖　六子納甲圖說
三才圖會盈虛納甲
丹鉛總錄易卦納甲

晦朔弦望部總論
性理會通天文

晦朔弦望部藝文一
朱草合朔賦　唐韋模當

晦朔弦望部藝文二詩
賦得三五明月滿　陳江總
晦日汎舟應詔　北魏盧元明
晦日汎舟應詔　北齊魏收
月晦　唐太宗
正月晦日侍宴滻水應制賦得長字　宗楚客
奉和晦日幸昆明池應制　宋之問
晦日宴遊　杜審言
晦日置酒林亭　高正臣
晦日重宴　前人
晦日宴高氏林亭　崔知賢
晦日宴高氏林亭　周彥昭
晦日宴高氏林亭　高球
晦日宴高氏林亭　弓嗣初
晦日重宴　前人
晦日宴高氏林亭　高瑾
晦日重宴　前人
晦日宴高氏林亭　王茂時
晦日宴高氏林亭　徐皓
晦日宴高氏林亭　長孫正隱
晦日宴高氏林亭　高紹
晦日宴高氏林亭　郎餘令
晦日宴高氏林亭　陳嘉言
晦日重宴　前人
晦日宴高氏林亭　周彥暉
晦日重宴　前人
晦日宴高氏林亭　高嶠
晦日重宴　前人
晦日宴高氏林亭　劉友賢
晦日宴高氏林亭　周思鈞
晦日重宴　前人
奉和晦日幸昆明池應制　蘇頲
晦日宴高氏林亭　陳子昂
晦日重宴高氏林亭　前人
晦日詔宴永穆公主亭子賦得流字　張說
晦日　前人
奉和晦日幸昆明池應制　李乂
晦日滻水應制　沈佺期
奉和晦日駕幸昆明池應制　前人
晦日宴高文學林亭同用華字　張錫
晦日宴高氏林亭同用華字　解琬
晦日湖塘　孫逖
晦日遊大理韋卿城南別業四聲依次用各六韻　王維
晦日陪辛大夫宴南亭　劉長卿
晦日處士叔園林燕集　韋應物
月晦憶去年與親友曲水遊讌　前人
晦日陪侍御泛北池　岑參

初月　杜甫
皇帝移晦日爲中和節　王季友
晦日同苗員外遊曲江　李端
賦得九月盡　元稹
二月望日　徐凝
八月望夕雨　前人
八月九月望夕雨　前人
晦日送窮　姚合
二月晦日留別鄠中友人　賈島
三月晦日贈劉評事　前人
省試晦日與同志昆明池泛舟　朱慶餘
十二月望日禁中作　宋宋郊
三月晦日　眞桂芳
舟中雜書　元袁桷
浦陽舊有明月泉久而不應今乃疏導其源似頗與弦望晦朔之間相爲消長者遂作是詩　吳萊
七月望夜省中對月分韻　明趙寬
途中晦日　王廷相
晦日夜集　薛蕙
晦日非熊叔虞茂之同用雪字　曹學佺
九月望夜　釋傳慧
晦朔弦望部選句

歲功典第一百五卷

晦朔弦望部彙考

書經

武成

惟一月壬辰旁死魄

蔡傳一月建寅之月不曰正而曰一者商建丑以十二月爲正朔故曰一月也壬辰以泰誓戊午推之當是一月二日死魄朔也二日故曰旁死魄

厥四月哉生明

蔡傳哉始也始生明月三日也

既生魄

蔡傳生魄望後也　大全問生明生魄如何朱子曰日爲魂月爲魄魄是暗處魄死則明生書所謂哉生明是也老子所謂載營魄載如人載車車載人之載月受日之光魂加於魄魄載魂也明之生時大盡則初二小盡則初三月受日之光常全人望在下却在側邊了故見其盈虧不同或云月形如餅非也筆談云月形如彈丸其受光如粉塗一半月去日近則光露一眉漸遠則光漸大且如月在午日在酉則是近一遠三謂之弦至日月相望則去日十矣故謂之望日在酉而月在東人在下面得以望見其光之全月之中有影者蓋天包地外地形小日在地下則月在天中日甚大從地四面光起其影則地影也地礙日之光所謂山河地影是也如星亦受日光凡天地之光皆是日光也自十六日生魄之後其光之遠近如籥之弦謂之下弦至晦則日與月相壓月在日後光盡體伏矣　新安陳氏曰諸家多謂生魄望後也而不察既字以望與既望例之則哉生魄十六日既生魄十七日也

名詁

惟二月既望

蔡傳日月相望謂之望既望十六日也

詩經

小雅天保章

如月之恆

朱注恆弦也月上弦而就盈　大全孔氏曰八日九日月體大率正半昏而中似弓之張而弦直謂之上弦

十月之交章

十月之交朔日辛卯

朱注十月以夏正言之建亥之月也交日月交會謂晦朔之間也曆法周天三百六十五度四分度之一左旋於地一晝一夜則其行一周而又過一度日月皆右行於天一晝一夜則日行一度月行十三度十九分度之七故日一歲而一周天月二十九日有奇而一周天又逐及於日而與之會方會則月光都盡而爲晦既會則月光復蘇而爲朔朔後晦前各十五日日月相對則光正滿而爲望　大全安成劉氏曰彭魯叔曰月行與日對相去百八十二度六十二分有奇分天之中謂之望望正十五日其常也或進在十四日或退在十六日其變也望之無定日者由合朔之日時有蚤暮也然凡望時必各在其月朔後晦前之十五日也

禮記

月令

季秋之月合諸侯制百縣爲來歲受朔日與諸侯所稅于民輕重之法貢職之數以遠近土地所宜爲度以給郊廟之事無有所私

陳注劉氏曰合諸侯者總命諸侯之國也制猶敕也百縣諸侯所統之縣也天子總命諸侯各敕百縣爲來歲受朔日與稅法貢數各以道路遠近土地所宜爲度以給上之事而不可有私也言郊廟者舉其重也

玉藻

天子元端而聽朔于南門之外

陳注聽朔者聽月朔之事也南門國門也大全方氏曰聽朔亦元冕者敬朔事如祭故也日月合於朔陰陽交於南故聽朔於南門之外即明堂是也必曰門之外者亦猶迎氣之於郊歟

朔月大牢

陳注朔月月朔也大全嚴陵方氏曰朔月大牢則所以爲豐儉之節且重朔故也

皮弁以聽朔于太廟

陳注方氏曰天子聽朔於南門示受之於天諸侯聽朔於太廟示受之於祖原其所自也大全劉氏曰天子聽朔於明堂而頒其正朔於天下諸侯受而藏諸太廟每月之吉則以餼羊告朔祭於太廟因而聽其月朔之政則服皮弁焉

朔月少牢五俎四簋

陳注常食一簋月朔則四簋也大全嚴陵方氏曰朔月少牢固以降天子亦以無故不殺牛故也俎以薦魚肉則天產也故用陽數之奇簋以盛黍稷則地產也故用陰數之偶五俎四簋則以朔月故倍常也

朝服而朝卒朔然後服之

陳注聽朔重於視朝諸侯之朝服元端素裳而聽朔則皮弁故卒聽朔之禮然後服朝服而視朝也

祭義

君名牛納而視之擇其毛而卜之吉然後養之君皮弁素積朔月月半君巡牲所以致力孝之至也

周禮

春官

大史頒告朔于邦國

訂義鄭康成曰天子頒朔於諸侯諸侯藏之祖廟至朔朝於廟告而受行之　王昭禹曰玉藻曰諸侯皮弁聽朔於太廟吉月必朝服而朝則古人重朔如此文公四不視朔子貢所以欲去告朔之餼羊　賈氏曰此及論語稱告朔玉藻謂之聽朔春秋傳謂之視朔視者君入廟視之告者使有司讀祝以言之聽者聽治一月政令所從言之異耳

尚書大傳

正朔

夏以十三月爲正平旦爲朔殷以十二月爲正鷄鳴爲朔周以十一月爲正夜半爲朔

漢書

律歷志

朔望之會一百三十五參天數二十五兩地數三十得朔望之會

推正月朔以月法乘積月盈日法得一名曰積日不盈者名曰小餘小餘三十八以上其月大積日盈六十除之不盈者名曰大餘數從統首日起算外則朔日也求其次月加大餘二十九小餘四十三小餘盈日法得一從大餘數除如法求弦加大餘七小餘三十一求望倍弦

大戴禮記

夏小正

匽之興五日望乃伏其不言生而稱興何也不知其生之時故曰興以其興也故言之興五日翕也望也者月之望也而伏云者不知其死也故謂之伏五日也者十五日也翕也者合也伏也者入而不見也

後漢書

律歷志

日月相推日舒月速當其同謂之合朔舒先速後近一遠三謂之弦相與爲衡分天之中謂之望以速及舒光盡體伏謂之晦

日有九道月有九行九行出入而交生焉朔會望衡鄰於所交虧薄生焉月有晦朔星有合見月有弦望星有留逆其歸一也步術生焉

推天正朔日置入蔀積月以蔀日乘之滿蔀月得一名爲積日不滿爲小餘積日以六十除去之其餘爲大餘以所入蔀名命之算盡之外則前年天正十一月朔日也小餘四百四十一以上其月大求後月朔加大餘二十九小餘四百九十小餘滿蔀月得一上加大餘命之如前

推弦望日因其月朔大小餘之數皆加大餘七小餘三百五十九四分三小餘滿蔀月得一加大餘大餘

命如法得上弦又加得望又下弦又復月朔其弦望小餘二百六十以下每以百刻乘之滿蔀月得一刻不滿其數近節氣夜漏之半者以算上爲日

論衡

是應篇

古者蓂莢夾階而生月朔日一莢生至十五日而十五莢於十六日日一莢落至月晦莢盡來月朔一莢復生

釋名

釋天

晦灰也火死爲灰月光盡似之也朔蘇也月死復蘇生也弦月半之名也其形一旁曲一旁直若張弓施弦也望月滿之名也月大十六日月小十五日日在東月在西遙相望也

說文

月

晦而月見西方謂之朓朒朔而月見東方謂之縮朒

朔月一日始蘇也

參同契

晦朔合符章

晦朔之間合符行中混沌鴻濛牝牡相從滋液潤澤施化流通天地神靈不可度量利用安身隱形而藏始於東北箕斗之鄉旋而右轉嘔輪吐萌潛潭見象發散精光昴畢之上震出爲徵陽氣造端初九潛龍陽以三立陰以八通三日震動八日兌行九二見龍和平有明三五德就乾體乃成九三夕惕虧折神符盛衰漸革終還其初巽繼其統固濟操持九四或躍進退道危艮主進止不得踰時二十三日典守弦期九五飛龍天位加喜六五坤承結括終始韞養衆子世爲類母上九亢龍戰德於野用九翩翩爲道規矩陽數已訖訖則復起推情合性轉而相與循環璇璣升降上下周流六爻難可察覩故無常位爲易宗祖

晉書

律曆志

推朔置入紀年外所求以章月乘之章歲而一所得爲定積月不盡爲閏餘閏餘十二以上歲有閏以通法乘定積月爲假積日滿日法爲定積日不盡爲小餘以六旬去積日爲大餘命以所入紀算外所求年天正十一月朔日也

推弦望加大餘七小餘五百五十七半小餘如日法從大餘餘命如前得上弦又加得望又加得下弦又加得後月朔其弦望定小餘四百一以下以百刻乘之滿日法得一刻不盡什之求分以課所近節氣夜漏未盡以算上爲日

宋書

天文志

月生三日日入而月見西方至十五日日入而月見東方將晦日未出乃見東方

魏書

律曆志

推朔積日術曰以通數乘積月爲朔積分分滿月法爲積日不盡爲小餘六旬去積日不盡爲大餘命以紀算外則所求年天正十一月朔日

推上下弦望術曰加朔大餘七小餘二萬八千六百八十小分一小分滿四從小餘小餘滿日法從大餘一大餘滿六十去之卽上弦日又加得望又加得下弦又加得後月朔

隋書

天文志

月者陰之精也其形圓其質淸日光照之則見其明日光所不照則謂之魄故月望之日日月相望人居其間盡覩其明故形圓也二弦之日日照其側人觀其旁故半明半魄也晦朔之日日照其表人在其裏故不見也

唐書

曆志

章月乘年如章歲得一爲積月以月法乘積月如日法得一爲朔積日餘爲小餘日滿六十去之餘爲大餘命甲子算外得天正平朔加大餘二十九小餘六千九百一得次朔加平朔大餘七小餘四千九百七十六小分四之三爲上弦又加得望又加得下弦

五代史

司天考

置氣積以朔率去之不盡爲閏餘用減氣積爲朔積統法而一爲日盈周紀去之命甲子算外卽天正常朔日辰及分杪以象策累加之卽各得弦望及次朔弦望常分爲定日定朔加時日入後則進一日有交朔弦望定日各以日躔月離朓朒定數朓減朒加朔見初則不進弦望加時日未出則退一日日雖出有交見初亦如之元日有交則消息定之定朔與後朔於同者大不同者小無中氣者爲閏

朔望加時日度各置日躔入曆以日躔月離朓朒定數朓減朒加之爲定朔加時入曆以曆分乘其日損益率統法而一損益其下盈縮數爲定數置定朔曆分通法約之以定數盈加縮減之各命以冬夏至之宿算外即得所求也

宋史

律曆志

求朔望常日月置朔望日躔先後定數進一位倍之身外除之以元法收爲度分先加後減朔望中日月爲朔望中常日月度分用加冬至黃道之宿命如前即得朔望常日月所在每日加時黃道日度以定朔望日所在相減餘以距後日數除之爲平行分二行分相減爲合差半之加減平行分爲初行分以距後日數除合差爲日差後少者損後多者益爲每日行分累加朔望日即得所求

元史

曆志

日平行一度月平行十三度十九分度之七一晝夜之間先日十二度有奇歷二十九日五十三刻復追及日與之同度是爲經朔

求弦望及次朔置天正經朔日及分秒以弦策累加之其日滿紀法去之各得弦望及次朔日及分秒

性理會通

象緯新編

月之晦朔弦望歷於日之義也月會日而明盡故曰晦初離日而光蘇故曰朔月日相去四分天之一如弓之張故曰弦月日相去四分天之二相對故曰望

觀象玩占

六子納甲圖

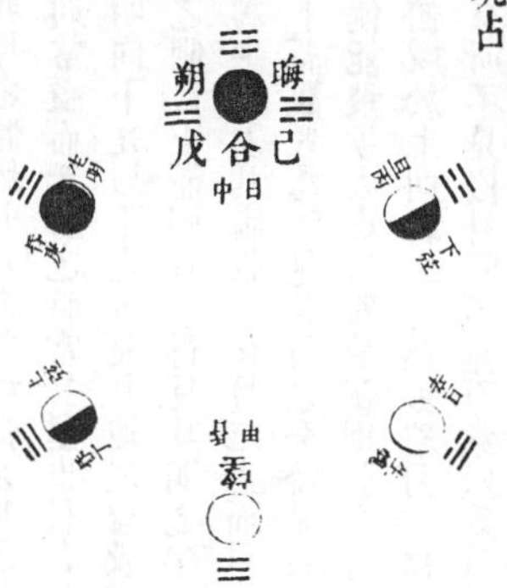

六子納甲圖說

今月初分於庚見震象八日丁上見兌象十五日甲上見乾象十六日平旦見巽象二十三日旦丙上見艮象晦日見離象朔日見坎象皆於戊己中宮此納音所由來也

按此論六子納甲之由取方月體盈虧昏旦所見方向

三才圖會

盈虛納甲

坎月體水之精陽匿陰中故光有盈虧其行遲疾借日光初三始生明受一陽光昏見庚上象震故震納庚初八上弦受二陽光昏見丁上象兌故兌納丁十五爲望日初入時全受三陽光昏見甲上象乾故乾納甲十六朝日初出月在辛上始死魄虧一陽光象巽故巽納辛二十三日下弦日初出月在丙上消二陽光象艮故艮納丙至晦日月與日會於乙全消三陽光盡象坤故坤納乙

丹鉛總錄

易卦納甲

納甲之說京房易傳有之魏伯陽參同契曰三日出爲爽震庚受西方八日兌受丁上弦平如繩十五乾體就成滿甲方東十六轉受統巽辛見平明艮直於丙南下弦二十三坤乙三十日東方喪其朋節盡相禪與繼體復生龍壬癸配甲乙乾坤括始終其疏云震象三日月出於庚兌象上弦月見於丁乾象望日月滿於甲巽象十六日月虧於辛艮象下弦月消於丙坤象晦日月沒於乙此指二八月晝夜均平之時若以曆法言則晝夜有長短若晝短日沒於申則月合於申望於寅矣若晝長日沒於戌則月合於戌望於辰矣十二月之中三日之月未必盡見庚十五日之月未必盡見甲合朔有先後則上下弦未必盡在八日二十三日望晦未必盡在十五三十日也又虞翻易傳曰日月懸天成八卦象三日暮震象月出庚八日兌象月見丁十五日乾象月盈甲壬十六日旦巽象月退辛二十三日艮象月消丙三十日坤象月滅乙癸晦夕朔旦則坎象水流戊日中則離象火就己戊己土位而象見於中納甲之說虞氏比參同契爲備而坎離戊己始有歸著故詳記之

晦朔弦望部總論

性理會通

天文

月無盈闕人看得有盈闕蓋晦日則月與日相疊了至初三方漸漸離開去人在下面側看見則其光闕至望日則月與日正相對人在中間正看見則其光方圓

曆家舊說月朔則去日漸遠故魄死而明生既望則去日漸近故魄生而明死至晦而朔則又遠日而明復生所謂死而復育也此說誤矣若果如此則未望之前西近東遠而始死之明常在月東既望之後東近西遠而未死之明却在月西安得未望載魄於西既望終魄於東而遡日以爲明乎故惟近世沈括之說乃爲得之蓋括之言曰月本無光猶一銀丸日耀之乃光耳光之初生日在其傍故光側而所見纔如鉤日漸遠則斜照而光稍滿大抵如一彈丸以粉塗其半側視之則粉處如鉤對視之則正圓也近歲王普又補其說月生明之夕但見其一鉤至日月相望而人處其中方得見其全明必有神人能凌倒景傍日月而往參其間則雖弦晦之時亦復見其全明而與望夕無異耳以此觀之則知月光常滿但自人所立處視之有偏有正故見其光有盈有虧非既死而復生也若顧兎在腹之間則世俗桂樹蛙兎之傳其惑久矣或者以爲日月在天如兩鏡相照而地居其中四傍皆空水也故月中微黑之處乃鏡中大地之形似而非眞有是物也斯言有理足破千古之疑矣

或問弦望之義曰上弦是月盈及一半如弓之上弦下弦是月虧了一半如弓之下弦又問是四分取半否曰如二分二至也是四分取半因說曆家謂紓前縮後近一遠三以天之圍言之上弦與下弦時日月相看皆四分天之一

問月本無光受日而有光蔡季通云日在地中月行天上所以光者以日氣從地四傍周圍空處迸出故月受其光曰若不如此月何緣受得日光方合朔時日在上月在下則月面向天者有光向地者無光故人不見及至望時月面向人者有光故見其圓滿若至弦時所謂近一遠三只合有許多光又曰月常有一半光似水日照之則水面光倒射壁上乃月照也

西山眞氏曰月太陰也本有質而無光其盈虧也以受日光之多少月之朔也始與日合越三日而明生八日而上弦其光半十五日而望其光滿此所謂三五而盈也既望而漸虧二十三日而下弦其虧半三十日而晦其光盡此所謂三五而闕也方其晦也是謂純陰故魄存而光泯至日月合朔而明復生焉

臨川吳氏曰古今人率謂月盈虧蓋以人目之所視者言而非月之體然也月之體如彈丸其遡日者常明常明則常盈而無虧之時當其望也日在月之下而月之明向下是以下之人見其地之盈及其弦也日在月之側自下而觀者僅得見其明之半於是以弦之月爲半虧及其晦也日在月之上而月之明亦向上自下而觀者悉不見其明之全於是以晦之月爲全虧倘能飛步太虛傍觀於側則弦之月如望乘凌倒景俯視於上則晦之月亦如望月之體常盈而人之目有所不見以目所不見而遂以爲月體之虧可乎知在天有常盈之月則知人之曰盈曰虧皆就所見而言耳曾何損於月哉

晦朔弦望部藝文一

朱草合朔賦　唐韋模當

縣官執大法闡大猷道惟行遠化必通幽彼朱草以合朔示皇天之降休月始而生用賓乎陰騭月虧而落事契乎冥搜其於作候靡或不出乃知天罔私親神惟輔德苟明智之有務必冥報而無忒或產木涯或生巖側布赤葉之禕練挺朱柯之翕艴既周復而莫窮與乾坤而不極誰究其義吾知其爲美一人之化洽俾萬國而澤被由是節候不疑生榮以時依天聽以叶祉順月魄以呈姿朔告合焉表皇化之無異草名朱也比丹心兮自持較瑞不慚於蓂莢稱珍豈讓夫靈芝覩其光彩妍媚文理密緻資亭毒以榮落以神祇之奧祕三五之前逐蟾光以潛長二八之後與桂華之暗墜匪權量之能侔將刻漏而齊致其氣芬芳其色焜煌聖帝攸感靈仙是常何纖芥之微物遇休明而效祥諒君恩之克播致天意之溥將可以同覩日月共貫陰陽豈止瀆元醴變金漿而已哉懿夫分莖灼爍擢穎超遙候朔自呈詎比夫偶陽而動

既望斯隕寧同乎見覞日消幽元不測神化孔昭自然澤浸有截化行無外三光並明兩儀交泰於靈草以配曆冠古今而爲大

晦朔弦望部藝文二 詩

賦得三五明月滿　陳江總

三五兔輝成浮陰冷復輕隻輪非戰反團扇少歌聲雲前來往色水上動搖明况復高樓照何嗟攬不盈

晦日汎舟應詔　北魏盧元明

輕灰吹上管落蓂飄下蒂遲遲春色華晼晩年光麗

晦日汎舟應詔　北齊魏收

裊裊春枝弱關關新鳥呼棹唱忽逶迤菱歌時顧慕睿賞芳月色宴言忘日莫遊豫慰人心熙臨康國步

月晦　唐太宗

晦魄移中律凝暄起麗城罩雲朝蓋上穿露曉珠呈笑樹花分色啼枝鳥合聲披襟歡眺望極目暢春情

正月晦日侍宴滻水應制賦得長字　宗楚客

御輦出明光乘流泛羽觴珠胎隨月減玉漏與年長寒盡梅猶白風遲柳未黃日斜旌騎轉休氣滿林塘

奉和晦日幸昆明池應制　宋之問

春豫靈池會滄波帳殿開舟凌石鯨度槎拂斗牛迴

節晦蓂全落春遲柳暗催象溟看浴景燒劫辨沉灰鎬飲周文樂汾歌漢武才不愁明月盡自有夜珠來

晦日宴遊　杜審言

日晦隨蓂莢春情著杏花解紳宜就水張幕會連沙歌管風輕度池臺日半斜更看金谷騎爭向石崇家

晦日置酒林亭　高正臣

正月符佳節三春翫物華忘懷寄尊酒陶性狎山家柳翠含煙葉梅芳帶雪花光陰不相借遲遲落景斜

晦日重宴　前人

芳辰重游衍乘景共追隨班荊陪舊識傾蓋得新知水葉分蓮沼風花落柳枝自符河朔趣寧羡高陽池

晦日宴高氏林亭　崔知賢

上月河陽地芳辰景物華綿蠻變時鳥照耀起春霞柳搖風處色梅散日前花淹留洛城晚歌吹石崇家

晦日宴高氏林亭　周彥昭

勝地臨雞浦高會偶龍沙御柳驚春色僊筇掩月華門邀千里馭杯泛九光霞日落山亭晚雷送七香車

晦日宴高氏林亭　高球

溫洛年光早皇州景望華連鑣尋上路乘興入山家輕苔網危石春水架平沙賞極林塘暮處處起煙霞

晦日宴高氏林亭　弓嗣初

上序春暉麗中園物候華高才盛文雅逸興滿煙霞參差金谷樹皎鏡碧塘沙蕭散林亭晚倒載欲還家

晦日重宴　前人

年華藹芳隰春溜滿新池促賞依三友延歡寄一巵鳥聲隨管變花影逐風移行樂方無極淹留惜晚曦

晦日宴高氏林亭　高瑾

試入山亭望言是石崇家二月風光起三春桃李華鶯吟上喬木鷗往息平沙相看會處醉寧知還路賒

晦日重宴　前人

忽聞鶯響谷於此命相知正開彭澤酒來向高陽池柳葉風前弱梅花影處危賞洽林亭晚落照下參差

晦日宴高氏林亭　王茂時

踐勝尋良會乘春翫物華還隨張放友來向石崇家止水分巖鏡閑庭枕浦沙未極林泉賞參差落照斜

晦日宴高氏林亭　徐皓

綺筵乘暇景瓊醑對年華門多金埒騎路引璧人車蘋早猶藏葉梅殘正落花藹藹林亭晚餘興促流霞

晦日宴高氏林亭　長孫正隱

晦晚屬煙霞遨遊重歲華歌鐘雖戚里林藪是山家細雨猶開日深池不漲沙淹留迷處所巖岫幾重花

晦日宴高氏林亭　高紹

嘯侶入山家臨春翫物華葛弦調綠水桂酹酌丹霞岸柳開新葉庭梅落早花興洽林亭晚方還倒載車

晦日宴高氏林亭　郎餘令

三春休晦節九谷泛年華半晴餘細雨全晚澹殘霞尊開疎竹葉管應落梅花興闌相顧起流水送香車

晦日宴高氏林亭　陳嘉言

公子申敬愛攜朋翫物華人是平陽客地卽石崇家水文生舊浦風色滿新花日暮連歸騎長川照晚霞

晦日重宴　前人

高門引冠蓋下客抱支離綺席珍羞滿文場翰藻摛蓂華彫上月柳色藹春池日斜歸戚里連騎勒金羈

晦日宴高氏林亭　周彥暉

砌蓂收晦魄津柳競年華旣狎忘筌友方淹投轄車
綺筵廻舞雪瓊醑泛流霞雲低上天晚絲雨帶風斜

晦日重宴　前人

春華歸柳樹俯景落蓂枝置驛銅街右開筵玉浦陲
林煙含障密竹雨帶珠危興闌巾倒戴山公下習池

晦日宴高氏林亭　高嶠

飛觀寫春望開宴坐汀沙積溜含苔色晴空蕩日華
歌入平陽第舞對石崇家莫慮能騎馬投轄自停車

晦日重宴　前人

駕言尋鳳侶乘歡俯鴈池班荆逢舊識斟桂喜深知
紫蘭方出徑黃鶯未囀枝別有陶春日青天雲霧披

晦日宴高氏林亭　劉友賢

春來日漸賒琴酒逐年華欲向文通逕先遊武子家
池碧新流滿巖紅落照斜興闌情未盡步步惜風花

晦日宴高氏林亭　周思鈞

早春鶯柳稀初晦掩蓂華騎出平陽里筵開衛尉家
竹影含雲密池紋帶雨斜重惜林亭晚上路滿煙霞

晦日重宴　前人

綺筵乘晦景高宴下陽池濯雨梅香散含風柳色移
輕塵依扇落流水入弦危勿顧林亭晚方歡雲霧披

奉和晦日幸昆明池應制　蘇頲

炎曆事邊陲昆明始鑿池豫遊光後聖征戰罷前規
霽色清珍宇年芳入錦陂御杯蘭薦葉仙仗柳交枝
二石分河瀉雙珠代月移微臣比翔泳恩廣自無涯

晦日宴高氏林亭井序　陳子昂

夫天下良辰美景園林池觀古來遊宴歡娛衆矣然而地或幽偏未覩皇居之盛時終交喪多阻升平之道豈如光華啓旦朝野資歡有渤海之宗英是平陽之貴戚發揮形勝出鳳臺而嘯侶幽贊芳辰指雞川而留宴列珍羞於綺席珠翠瑱玗奏絲管於芳園秦筝趙瑟冠纓濟濟多延戚里之賓鸞鳳鏘鏘自有文雄之客總都畿而寫望通漢苑之樓臺控伊洛而斜闕臨神仙之浦溆則有都人士女俠客遊童出金市而連鑣入銅街而結駟香車繡轂羅綺生風寶蓋琱鞍珠璣耀日於時律窮太簇氣淑中京山河春而霽景華城闕麗而年光滿淹留自樂翫花鳥以忘歸歡賞不疲對林泉而獨得偉矣信皇州之盛觀也豈可使晉京才子孤標洛下之遊魏室羣公獨擅鄴中之會盍各言志以記芳遊同探一字以華爲韻

尋春遊上路追宴入山家主第簪纓滿皇州景望華
玉池初吐溜珠樹始開花歡娛方未極林閣散餘霞

晦日重宴高氏林亭　前人

公子好追隨愛客不知疲象筵開玉饌翠羽飾金卮
此時高宴所詎減習家池循涯倦短翮何處儷長離

晦日詔宴永穆公主亭子賦得流字　張說

堂邑山林美朝恩晦日遊園亭含淑氣竹樹遶春流
舞席千花妓歌船五彩樓羣歡與王澤歲歲滿皇州

晦日　前人

晦日嫌春淺江浦看湔衣道傍花欲合枝上鳥猶稀
共憶浮橋晚無人不醉歸寄書題此日鴈過洛陽飛

奉和晦日幸昆明池應制　李乂

玉輅尋春賞金堤重晦遊川通黑水浸地派紫泉流
晃朗扶桑出綿聯杞樹周鳥疑填海處人似隔河秋
劫盡灰猶識年移石故留汀洲歸棹晚簫鼓雜汾謳

晦日滻水應制　沈佺期

素滻接宸居青門盛祓除摘蘭喧鳳野浮藻溢龍渠
苑蝶飛殊懶宮鶯囀不疎星移天上入歌舞向儲胥

奉和晦日駕幸昆明池應制　前人

法駕乘春轉神池象漢廻雙星移舊石孤月隱殘灰
戰鷁逢時去恩魚望幸來山花緹騎遶堤柳幔城開
思逸橫汾唱歡留宴鎬杯微臣彫朽質羞覩豫章材

晦日宴高文學林亭同用華字　張錫

雪盡銅駝路花照石崇家年光開柳色池影泛雲華
賞洽情方遠春歸景未賒欲知多暇日尊酒漬澄霞

晦日宴高氏林亭同用華字　解琬

主第簪裾出王畿春照華山亭一以眺城闕帶煙霞
橫堤列錦帳傍浦駐香車歡娛屬晦節酩酊未還家

晦日湖塘　孫逖

吉日初成晦方塘遍是春落花迎二月芳樹歷三旬
公子能留客巫陽好解神夜還何處暗秉燭向城闉

晦日遊大理韋卿城南別業四聲依次用各六韻　王維

與世澹無事自然江海人側聞塵外遊解驂軛朱輪
平野照晴景上天垂春雲張組竟北阜汎舟過東鄰
故鄉信高會牢醴及佳辰幸同擊壤樂心荷堯爲君
郊居杜陵下永日同攜手仁里靄川陽平原見峰首
園廬鳴春鳩林薄媚新柳上卿始登席故老前爲壽
臨當遊南陂約略執桮酒歸歟紬微官惆悵心自咎
冬中餘雪在墟上春流駛風日暢懷抱山川多秀氣

彫胡先晨炊庖膾亦雲至高情浪海嶽浮生寄天地君子外簪纓埃塵良不啻所樂衡門中陶然忘其貴高館臨澄波曠然蕩心目淡蕩動雲天玲瓏映墟曲鵲巢結空林雉雊響幽谷應接無閑暇徘徊以躑躅紆組上春堤側弁倚喬木弦望忽已晦後期洲應綠

晦日陪辛大夫宴南亭　劉長卿

月晦逢休澣年光逐宴移早鶯留客醉春日爲人遲蓂草全無葉梅花遍壓枝政閑風景好莫比峴山時

晦日處士叔園林燕集　韋應物

遽看蓂葉盡坐闕芳年賞賴此林下期清風滌煩想始萌動新煦佳禽發幽響嵐嶺對高齋春流灌蔬壤緬酒遺形跡道言屢開獎幸蒙終夕懽聊用稅歸鞅

月晦憶去年與親友曲水遊讌　前人

晦想念前歲京國結良儔騎出宜平里飲對曲池流今朝隔天末空園傷獨遊雨歇林光變塘綠鳥聲幽凋氓積逋稅華發集新秋誰言戀虎符終當還舊丘

晦日陪侍御泛北池　岑參

春池滿復寬晦節耐邀歡月帶蝦蟆冷霜隨獬豸寒水雲低錦席岸柳拂金盤日暮舟中散都人夾道看

初月　杜甫

光細弦豈上影斜輪未安微升古塞外已隱暮雲端河漢不改色關山空自寒庭前有白露暗滿菊花團

皇帝移晦日爲中和節　王季友

皇心不向晦改節號中和淑氣同風景佳名別詠歌湔裙移舊俗賜尺下新科曆象千年正酺醵四海多花隨春令發鳥度歲陽過天地齊休慶歡聲欲盪波

晦日同苗員外遊曲江　李端

晦日同攜手臨流一望春可憐楊柳陌愁殺故鄉人

賦得九月盡　元稹

霜降三旬後蓂餘一葉秋元陰迎落日涼魄盡殘鉤半夜灰移琯明朝帝御裘潘安過今夕休詠賦中愁

二月望日　徐凝

長短一年相似夜中秋未必勝中春不寒不煖看明月況是從來少睡人

八月望夕雨　前人

今年八月十五夜寒雨蕭蕭不可聞如練如霜在何處吳山越水萬重雲

八月九月望夕雨　前人

八月繁雲連九月兩回三五晦漫漫一年悵望秋將盡不得嫦娥正面看

晦日送窮　姚合

年年到此日瀝酒拜街中萬戶千門看無人不送窮

二月晦日留別鄠中友人　賈島

立馬柳花裏別君當酒酣春風漸向北雲鴈不飛南明曉日初一今年月又三鞭羸去暮色遠嶽起煙嵐

三月晦日贈劉評事　前人

三月正當三十日風光別我苦吟身共君今夜不須睡未到曉鐘猶是春

省試晦日與同志昆明池泛舟　朱慶餘

故人同泛處遠色望中明靜見沙痕處微思月魄生周回餘雪在浩渺暮雲平戲鳥隨蘭棹空波盪石鯨劫灰難問理島樹偶知名自省曾追賞無如此日情

十二月望日禁中作　宋宋郊

閏曆先春破臘寒綵花金勝寵千官冰從太液池邊動柳向靈和殿裏看瑞氣因風飄禁仗暖暉依日上仙盤須知聖運隨生殖萬國年年共此歡

三月晦日　眞桂芳

九十春光能有幾東風遽作遠行人樽前莫惜今朝醉明日鶯聲不是春

舟中雜書　元袁桷

挂席疏星外停舟獨柳邊團團風始陣怗怗月初弦隴曲沙成雪吳歌水拍天行藏有如此把卷獨悠然

浦陽舊有明月泉久而不應今乃疏導其源似頗與弦望晦朔之間相爲消長者遂作是詩　吳萊

大區何渾淪元氣乃潛洩忽然爲山水無往不融結遙天偶一照厚地空餘洌盈將光共生涸與魄同滅元機自消長至理誰圓缺發揮雖有在窺測尚未決枯查曾幾棲斷洑遽中裂半倚嵐翠雲微通海潮雪昔人來推求於此得表絕虛亭奚其敞靜甃獨不齧歲年竟悠遠沙石漸填咽寧加疏瀹功肯使見閉褻恍疑合圖經環坐到椎耋僊非蟹投碕幾類鮒處轍纖纖浮晶彩湛湛浸寥泬舊觀方爾還眞源可吾鑑爭言彼月行豈爲茲泉設蕭丘胡長寒漢井或再熱逝尋白兔公直探神龍穴狂歌水仙詞擊碎如意鐵

七月望夜省中對月分韻　明趙寬

團團月輪高浩浩天宇闊萬里無片雲碧色淨如潑開罇臨前除庭院頗軒豁況復得佳友發興不可遏零露生微寒慘澹滿衣葛留連看核盡盤礴巾幘脫庾樓足談賞謝賦深批抹清光世所共勝事吾人奪醉來吸沆瀣可潤喉吻渴夜久聞秋聲長風起天末

途中晦日　王廷相

木落軒皇國天寒郭隗臺客程殘月盡歲事一花開
鴈向衡陽去雲從碣石來乾坤無定跡旅思若爲裁

晦日夜集　薛蕙

晦日歸休晚良遊惜後時卻拚長夜飲更賦早春詩
雲霧窻中入星河閣上垂何須花與月行樂始相宜

晦日非熊叔虞茂之同用雪字　曹學佺

豔陽已及時晦日尚臨雪草色新未穩柳條綻仍結
啼鶯蹴雕窻走馬聞金埒惟有素心人相過慰愁絕

九月望夜　釋傳慧

節去愁衣薄蟲聲漸近牀偶然林下坐早見草頭霜
寒月明如此浮雲掩不妨通宵照羅壁忘却夜初長

晦朔弦望部選句

漢李陵詩安知非日月弦望各有時
宋顏延之詩日完其朔月不掩望
謝靈運詩月弦光照戶秋首風入隙
鮑照詩客行鉤始懸此夜月將弦
梁庾肩吾詩九江逢七夕初弦值早秋
吳均詩別離未幾日高月三成弦
劉孝先詩夜樓明月弦露下百花鮮
唐德宗詩獻歲視元朔萬方咸在庭
駱賓王詩陰崖常結晦宿莽競含秋
陳子昂詩弦望如朝夕寧嗟蜀道行
儲光羲詩濃陰連晦朔菰菜生鄰里
李白詩荆門一爲客巴月三成弦
杜甫詩萬里瞿塘月春來六上弦　又　雲掩初弦月香
傳小樹花　又　白夜月休弦燈花半委眠
元稹詩蓂葉標新朔霜毫引細輝　又　微露上弦月暗
焚初夜香
司空圖詩元朔華夷會開春氣象生
徐夤詩履朔求衣早臨陽解佩羞
宋韓維詩春輝東去月收弦却拂凝埃敞北軒
蘇軾詩白雲何事自來往明月長圓無晦朔　又　歎息
夜未央屋角月上弦
葛長庚詩勝負挨排三月朔嫩晴將息百花天
明何景明詩今日孟冬朔輕煙澹曉暾

欽定古今圖書集成曆象彙編歲功典

第一百六卷目錄

晦朔弦望部紀事
晦朔弦望部雜錄
晦朔弦望部外編

歲功典第一百六卷

晦朔弦望部紀事

外紀堯之時有蓂莢十五之前日生一葉十五之後日落一葉小餘則一葉厭而不落觀之可以知旬朔故又名曆草

書經引征季秋月朔辰弗集于房瞽奏鼓嗇夫馳庶人走

周禮天官大宰之職正月之吉始和布治于邦國都鄙（訂義）鄭康成曰吉謂朔日

小宰月終則以官府之敘受羣吏之要贊冢宰受歲會（訂義）鄭康成曰主每月之小計也賈氏曰月計曰要每月之終使官府致其簿書之要受之當先尊後卑故言敘歲計曰會助冢宰受一歲之計也

宰夫之職歲終則令羣吏正歲會月終則令正月要旬終則令正日成而以攷其治治不以時舉者以告而誅之（訂義）王昭禹曰宰夫治官之考其職掌贊大宰小宰故歲會月要日成皆使羣吏正之歲會則使入於大宰月要則使入於小宰日成則宰夫受之治則案所入之計書而攷之

宮正月終則會其稍食歲終則會其行事（訂義）賈氏曰稍食謂宮中官府等月祿王氏曰月終會其食為小宰受其月要故也

宮伯月終則均秩歲終則均敘（訂義）王氏曰秩酒秩膳之類日月有焉故月終則均之勞逸劇易宜以歲時更焉故歲終則均之

地官大司徒之職正月之吉始和布教于邦國都鄙

鄉大夫之職正月之吉受教法於司徒退而頒之于其鄉吏使各以教其所治以攷其德行察其道藝

州長正月之吉各屬其州之民而讀法以攷其德行道藝而勸之以糾其過惡而戒之

黨正各掌其黨之政令教治及四時之孟月吉日則屬民而讀邦法以糾戒之（訂義）鄭康成曰以四孟月朔日讀法者彌親民者教彌數劉執中曰正月在州三時在黨

族師月吉則屬民而讀邦法書其孝弟睦婣有學者（訂義）鄭康成曰月吉每月朔日也

夏官大司馬之職正月之吉始和布政于邦國都鄙

秋官大司寇之職正月之吉始和布刑于邦國都鄙

禮記祭義及大昕之朝君皮弁素積卜三宮之夫人世婦之吉者使入蠶于蠶室（注）大昕季春朔日也

左傳僖公五年春王正月辛亥朔日南至公既視朔遂登觀臺以望而書禮也

成公十六年郤至曰楚有六間不可失也其二卿相惡王卒以舊鄭陳而不整蠻軍而不陳陳不違晦在陳而囂合而加囂各顧其後莫有鬭心舊不必良以犯天忌我必克之（注）晦月終陰之盡故兵家以為忌（疏）行兵貴月盛之時晦是月終陰之盛也故兵家以晦為忌不用晦日陳兵也昭二十三年七月戊辰晦吳敗楚師于雞父吳犯兵忌而戰勝者杜云違兵忌晦戰擊楚所不意彼知楚有可敗之機晦是兵家所忌原楚之情必以吳為不動故以晦日掩之擊楚不備故也

晉悼夫人食輿人之城杞者絳縣人或年長矣無子而往與于食有與疑年使之年曰臣小人也不知紀年臣生之歲正月甲子朔四百有四十五甲子矣其季于今三之一也

晉侯潛會秦伯于王城己丑晦公宮火瑕甥郤芮不獲公乃如河上秦伯誘而殺之

史記秦始皇本紀始皇推終始五德之傳以為周得火德秦代周德從所不勝方今水德之始改年始朝賀皆自十月朔衣服旄旌節旗皆上黑

月令廣義漢高帝十月定秦遂為歲首武帝改用夏正亦在建寅之朔

漢書武帝本紀元鼎五年十一月辛巳朔旦冬至立泰畤于甘泉

郊祀志十一月辛巳朔旦冬至天子始郊拜泰一如雍禮其贊饗曰天始以寶鼎神策授皇帝朔而又朔終而復始皇帝敬拜見焉

律歷志元封七年宦者淳于陵渠復覆太初歷晦朔弦望皆最密日月如合璧五星如連珠

武帝本紀太初元年十一月甲子朔旦冬至祀上帝于明堂

枚乘七發將以八月之望與諸侯遠方交遊兄弟並往觀濤乎廣陵之曲江

漢書律歷志大司農中丞麻光等二十餘人雜候日月晦朔弦望八節二十四氣鈞校諸歷用狀奏可

十洲記火林山山中有火光獸大如鼠毛長三四寸或赤或白山可三百里許晦夜即見

後漢書禮儀志禮威儀每月朔旦太史上其月曆有司侍郎尚書見讀其令奉行其政朔

鄴中記趙王虎建武六年造聚馬臺在城西漳水之南虎常于此臺簡練騎卒虎牙宿衛蚩雲鷹黑矟騎五千人每月朔晦閱馬于此臺

後漢書律歷志永平五年官曆署七月十六日食待詔楊岑見時月食多先曆即縮用筭上爲日上言月當十五日食官曆不中詔書令岑普與官課起七月盡十一月弦望凡五官曆皆失岑皆中庚寅詔令岑署弦望月食官

永平十二年十一月丙子詔書令盛防代岑署弦望月食加時四分之術始頗施行是時盛防等未能分明曆元綜校分度但用其弦望而已先是九年太史待詔董萌上言曆不正事下三公太常知曆者雜議無能分明據者至元和二年太初失天益遠日月宿度相覺浸多而候者皆知晦朔弦望差天一日宿差五度章帝知其謬錯以問史官雖知不合而不能易名治曆編訢李梵等綜校其狀二月甲寅遂下詔改行四分以遵于堯以順孔聖奉天之文于是四分施行而訢梵猶以爲元首十一月當先大欲以合耦弦望命有常日而十九歲不得七閏晦朔失實行之未期章帝復發聖思考之經讖使左中郎將賈逵問治曆者衞承及訢梵等十人以爲月當先小據春秋經書朔不書晦者朔必有明晦不朔必在其月也即先大則一月再朔後月無朔是明不可必梵等以爲當先大無文正驗取欲諧耦十六日月朓昏晦當滅而已又晦與合同時不得異日上知訢梵穴見勑毋拘曆已班天元始起之月當小定後年曆數遂正

搜神記漢明帝時尚書郎河東王喬爲鄴令喬有神術每月朔嘗自縣詣臺帝怪其來數而不見車騎密令太史候望之言其臨至時輒有雙鳧從東南飛來因伏伺見鳧舉羅張之但得一雙舄使尚書識視四年中所賜尚書官屬履也

東觀漢記和熹鄧太后永初二年旱五月朔太后幸雒陽省獄舉冤未還澍雨大降

後漢書律歷志靈帝熹平五年五官郎中馮光沛相上計掾陳晃言曆元不正議郎蔡邕議當今曆正月癸亥朔光晃以爲乙丑朔乙丑之與癸亥無題勒款識可與衆共別者須以弦望晦朔光魄虧滿可得而見者考其符驗而光晃曆與甘石舊文錯異

謝承後漢書羊續爲南陽太守好啖生魚府丞焦儉以三月望餉鯉魚一頭續不爲意受而懸之于庭少有皮骨明年三月儉復致一魚續出昔枯魚以示儉遂終身不復食

山棲志許邁句容人擇餘杭懸霤山結廬居焉往來茅嶺間放絕世務以尋仙館惟朔望一歸定省而已及親終遂棄家徧遊名山

通鑑魏文帝黃初二年十月己亥公卿朝朔旦并引楊彪待以客禮賜延年椐杖馮几

晉書律歷志魏文帝黃初中太史令高堂隆復詳議歷數更有改革太史丞韓翊以爲乾象減斗分太過後當先天造黃初歷以四千八百八十三爲紀法千二百五十爲斗分其後尚書令陳羣奏以爲歷數難明前代通儒多共紛爭黃初之元以四分歷久遠疏闊大魏受命宜改歷明時韓翊首建猶恐不審故以乾象互相參校其所校日月行度弦望朔晦校歷三年更相是非無時而決案三公議皆綜盡典理殊塗同歸欲使效之璿璣各盡其法一年之間得失足定奏可

魏志高堂隆傳注太史上漢曆不及天時因更推步弦望朔晦爲太和曆

晉書律歷志魏尚書郎楊偉表曰元和二年復用四分歷施而行之至于今日考察日蝕率常在晦是則斗分太多故先密後疏而不可用也臣前以制典餘日推考天路稽之前典驗之以蝕朔詳而精之更建密歷則不先不後古今中天以昔在唐帝協日正時允釐百工咸熙庶績也

晉起居注穆帝升平二年正月朔朝會賜衆官醽醁酒

世說桓元敗後殷仲文還爲大司馬咨議意似二三非復往日大司馬府廳前有一老槐甚扶疎殷因月朔與衆在廳視槐良久歎曰槐樹婆娑無復生意

南史宋武帝本紀封晉帝爲零陵王全食一郡載天子之旌旗乘五時副車行晉正朔

宋書禮志故事正月朔賀殿下兩百華鐙對于二階

之間端門設庭燎火炬端門外設五尺三尺鐙月照星明雖夜猶晝矣

南史謝靈運傳靈運爲永嘉太守郡有山水靈運素所愛好既不得志遂肆意遨遊動踰旬朔

異苑西河有鐘在水中晦朔輒鳴聲響悲激羈客聞而悽愴

南史王騫傳騫諸女子姪皆嬪王尚主朔望來歸輜軿塡咽非所欲也敕歲中不過一再見

梁書孔休源傳休源遺令薄葬節朔薦蔬菲而已

隋書禮儀志後齊正晦汎舟皇帝乘輿鼓吹至行殿升御坐乘板輿以與王公登舟置酒非預汎者坐于便幕

北史裴叔業傳叔業兄子粲閔帝初復爲中書令後正月晦帝出臨洛濱粲起御前再拜上壽酒帝曰昔北海入朝暫竊神器爾日卿戒之以酒今欲我飲何異于往情粲曰北海志在沈湎故諫其所失陛下齊聖溫克臣敢獻微誠帝曰甚媿來謇仍爲命酌

隋書音樂志明帝武成二年正月朔旦會羣臣于紫極殿始用百戲宣帝卽位廣召雜伎增修百戲魚龍曼延之伎常陳殿前

荆楚歲時記元日至于月晦並爲酺聚飲食士女泛舟或臨水宴樂注每月皆有弦望晦朔以正月初年時俗重以爲節也玉燭寶典曰元日至月晦今並酺食度水士女悉湔裳酹酒于水湄以爲度厄今世人唯晦日臨河解除婦人或湔裙

十月朔日黍臛俗謂之秦歲首注今北人此日設麻羮豆飯當爲其始熟嘗新耳

隋書禮儀志季春晦儺磔牲于宮門及城四門以禳陰氣

北史柳彧傳彧見都邑百姓每至正月十五日作角抵戲上奏請禁絕之曰竊見京邑爰及外州每以正月望夜充街塞陌鳴鼓聒天燎炬照地人戴獸面男爲女服竭貲破產競此一時請頒天下並卽禁斷詔可其奏

婆利國傳祭祀必以月晦盤貯酒餚浮之流水

玉燭寶典正月之朔是謂正日躬率妻孥潔祀祖禰

唐書百官志皇帝巡幸兩京文武官職事五品以上月朔以表參起居

六典膳部節日食料有晦日膏糜

舊唐書禮儀志乾封二年改元爲總章明年三月下詔曰合宮聽朔闔皇軒之茂範靈府通和敷帝勛之景化

唐詩紀事景龍四年正月二十九日晦幸滻水

全唐詩話十二月晦諸學士入閤守歲以皇后乳母戲適御史大夫竇從一

中宗正月晦日幸昆明池賦詩羣臣應制百餘篇帳殿前結綵樓命昭容選一篇爲新翻御製曲從臣悉集其下須臾紙落如飛各認其名而懷之旣退惟沈宋二詩不下移時一紙飛墜競取而觀乃沈詩也及聞其評曰二詩工力悉敵沈詩落句云微臣彫朽質羞覩豫章才詞氣已竭宋云不愁明月盡自有夜珠來猶涉健舉沈乃伏不敢復爭

唐詩紀事高正臣廣平人官至衛尉卿習右軍書法睿宗最愛其筆晦日宴高氏林亭凡二十一人皆以華字爲韻

唐書張齊賢傳武后詔百官議告朔于明堂太常博士辟閭石諝曰周太史頒朔邦國是總頒十二朔于諸侯天子猶月告者頒官府都鄙也

摭異記狄仁傑之爲相也有盧氏堂姨居于午橋南別墅姨止有一子未嘗來都城親戚家梁公每遇伏臘晦朔修禮甚謹

舊唐書音樂志明皇每初年望夜御勤政樓觀燈作樂太常樂府懸散樂畢卽遣宮女於樓前縛架出眺歌舞以娛之若繩戲竿木詭異巧妙固無其比

明皇本紀開元二十八年春正月以望日御勤政樓讌羣臣樓下連夜燒燈會大雪而罷因命自今常以二月望日夜爲之

唐書禮樂志天寶二年始以九月朔薦衣于諸陵

唐國史補韋倫爲太子少保致仕每朝朔望羣從甥姪候于下馬橋不減百人

唐書李泌傳帝以前世上巳九日皆大宴集而寒食多與上巳同時欲以三月名節泌請廢正月晦以二月朔爲中和節因賜大臣戚里尺謂之裁度民間以青囊盛百穀瓜李果種相問遺號獻生子里閭釀宜春酒以祭勾芒神祈豐年百官進農書以示務本帝悅乃著令與上巳九日爲三令節中外皆賜緡錢燕會

舊唐書德宗本紀貞元六年二月戊辰朔百僚會宴于曲江亭上賦中和節羣臣賜宴七韻

五月丙寅朔上御紫宸受朝上以是月一陰生臣子道長父子泌以是朔而焉故取朔日受朝

貞元九年春正月庚辰朔朝賀畢上賦退朝觀仗歸營詩

二月庚戌朔先是宰臣以三節次宴府縣有供帳之弊請以宴錢分給各令諸司選勝宴會從之是日中和節宰相宴于曲江亭諸司隨便自是分宴焉

唐書韋彤傳天寶中詔尚食朔望進食太廟天子使中人侍祠有司不與也貞元十二年帝始詔朔望食畢宗正太常合供于是彤與博士裴堪議曰禮宗廟朔望不祭園寢則有之帝曰是禮先帝裁定遽更之其謂朕何徐議其可而朔望食卒不廢

遵生八牋韓文公云正月乙丑晦主人使奴星結柳作車縛草爲船載糗輿糧三揖窮鬼而送之注相傳高陽氏子好衣敝食糜正月晦日巷死世人于是日作粥糜破衣棄于巷祝曰送窮鬼

舊唐書敬宗本紀寶曆二年九月丁丑朔大合宴于宣和殿陳百戲至丙戌方已

穆宗蕭皇后傳開成中正月望夜帝于咸泰殿陳燈燭奏仙韶樂二宮太后俱集奉觴上壽如家人禮

東觀奏記大中十一年正月朔上御含元殿受朝太子太師盧鈞年八十自樂懸之南步而及殿墀稱賀上前聲容緩朗舉朝服之

酉陽雜俎昆吾陸鹽周十餘里無水自生末鹽月滿則如積雪味甘月虧則如薄霜味苦月盡則全盡

封氏聞見錄拔河古謂之牽鉤襄漢風俗常以正月望日爲之以大麻絙長四五十丈兩頭分繫小索數百條挂于前分二朋兩鉤齊挽當大絙之中立大旗爲界震鼓叫噪使相牽引以却者爲輸名曰拔河

五代史李琪傳明宗初卽位乃詔羣臣五日一隨宰相入見內殿謂之起居琪以謂非唐故事請罷五日起居而復朔望入閤明宗曰五日起居吾思所以數見羣臣也不可罷而朔望入閤可復然唐故事天子日御殿見羣臣曰常參朔望薦食諸陵寢有思慕之心不能臨前殿則御便殿見羣臣曰入閤宣政前殿也謂之衙衙有仗紫宸便殿也謂之閤其不御前殿而御紫宸也乃自正衙喚仗由閤門而入百官俟朝于衙者因隨以入見故謂之入閤然衙朝也其禮尊閤宴見也其事殺自乾符已後因亂禮闕天子不能日見羣臣而見朔望故正衙常日廢仗而朔望入閤有仗其後習見遂以入閤爲重至出御前殿猶謂之入閤其後亦廢至是而復然有司不能講正其事凡羣臣五日一入見中興殿便殿也此入閤之遺制而謂之起居朔望一出御文明殿前殿也反謂之入閤琪皆不能正也

淸異錄蜀孟昶月旦必素飱性喜薯藥左右因呼薯藥爲月一盤

五代史契丹傳契丹貴日每月朔旦東向而拜日

遼史太祖本紀天贊三年九月丙申朔庚子拜日于蹛林

聖宗本紀統和五年三月癸亥朔幸長春宮賞花釣魚以牡丹遍賜近臣

宋史禮志太祖建隆二年正月朔始受朝賀于崇元殿服衮冕設宮懸退羣臣詣皇太后宮門舉賀

燕翼詒謀錄前代賜時服唯將相翰林學士至諸軍大校而止建隆三年太祖皇帝謂宰相曰時服不賜百官甚無謂也宜並賜之乃以冬十月朔賜文武常參官時服自後遂爲定制

宋史樂志三元觀燈自唐以後常于正月望夜開坊市門然燈宋因之上元前後各一日城中張燈大內正門結綵爲山樓影燈起露臺教坊陳百戲

玉海淳化二年十二月丙寅朔上御文德殿羣臣入閤禮畢賜百官廊下餐

宋史李昉傳至道元年正月望上觀燈乾元樓名昉賜坐于側酌御罇酒飲之自取果餌以賜昉雅厚張洎而薄張佖及昉罷相洎草制深攻詆之而佖朔望必詣昉或謂佖曰李公待君不厚何數詣之佖曰我爲廷尉日李公方秉政未嘗一有請求此吾所以重之也

禮志咸平二年二月晦賞花宴于後苑帝作中春賞花釣魚詩儒臣皆賦遂射于水殿盡歡而罷

玉海景德四年正月己亥朔御朝元殿受朝賀羣臣上壽諸道進奉下詔肆眚司天言日抱戴佳氣獲宮闕上作詩賜近臣屬和

大中祥符六年正月癸巳朔五星同色占曰天下兵偃

天聖二年正月壬寅朔率百官上皇太后壽于會慶殿是日景雲見

皇祐二年四月朔幸金明池司天言雲色黃其形輪囷此聖孝感天之應

夢溪筆談熙寧六年有司上言日當蝕四月朔上爲徹膳避正殿一夕微雨明日不見日蝕百官入賀是日有皇子之慶蔡子正爲樞密副使獻詩一首前四

句曰昨夜薰風入舜韶君王未御正衙朝陽輝已得前星助陰沴潛隨夜雨消其敘四月一日避殿皇子慶誕雲陰不見日蝕四句盡之當時無能過之者

蘇軾遊桓山記元豐二年正月己亥晦春服既成從二三子遊于泗之上登桓山入石室使道士戴日祥鼓雷氏之琴操履霜之遺音曰噫嘻悲夫此宋司馬桓魋之墓也

志林紹聖二年五月望日敬造眞一法酒成請羅浮道士鄧守安拜奠北斗眞君將奠雨作已而清風肅然雲氣解駁月星皆見魁杓明爽徹奠陰雨如初謹稽首拜手而記其事

林下清錄子瞻到黃州廩食既絕痛自節儉日用不得過百五十文每月朔取四千五百錢斷爲三十塊掛屋梁上平旦取一塊給一日之用餘則別貯以給賓客

蘇轍詩序眉之二月望日鬻蠶器于市因作樂縱觀謂之蠶市

宋史岳飛傳飛學射于周同盡其術能左右射同死朔望設祭于其家

玉海淳熙二年十一月朔旦冬至臣僚言至朔同日凡十九年一遇雲物輝華請宣示史館

宋史律曆志淳熙五年禮部郎官呂祖謙言本朝十月小盡一日辛卯朔夜昏度太陰躔在尾宿七度七十分以太陰一晝夜平行十三度三十一分至八日上弦日太陰計行九十一度餘按曆法朔至上弦太陰平行九十一度三十一分當在室宿一度大金國十月大盡一日庚寅朔夜昏度太陰約在心宿初度三十一分太陰一晝夜亦平行十三度三十一分自朔至本朝八日爲金國九日太陰已行一百四度六十二分比之本朝十月八日上弦太陰多行一晝夜之數今測見太陰在室宿二度計行九十二度餘始知本朝十月八日上弦密于天道詔祖謙復測驗是夜邦傑用渾天儀法物測驗太陰在室宿四度其八日上弦夜所測太陰在室宿二度按曆法太陰平行十三度餘行遲行十二度今所測太陰比之八日夜又東行十二度信合天道

淳熙十三年八月布衣皇甫繼明等陳今歲九月望以淳熙曆推之當在十七日實曆敝也太史乃注于十六日之下徇私遷就以掩其過請造新曆而楊忠輔乞與曆官劉孝榮及繼明等各具己見合用曆法指定今年八月十六日太陰虧食加時早晚有無帶出所見分數及節次生光復滿方面辰刻更點同驗之仰合乾象折衷疏密再請今年八月二十九日驗月見東方一事苟見月餘光則其日不當以爲晦也又今年九月十六日驗月未盈一事苟見月體東向之光猶薄則其日不當爲望也知晦望之差則朔之差明矣必使氣之與朔無毫髮之差始可演造新曆付禮部議各具先見指定太陰虧食分數方面辰刻定驗折衷詔顏師魯將繼周監之既而孝榮差一點繼明等差二等忠輔差三等遂罷遣之

淳熙十四年國學進士石萬言淳熙曆立法乖疏丙午歲定望則在十七日太史知其不可遂注望于十六日下以掩其過今考淳熙曆經則又差于將來戊申歲十一月下弦則在二十四日太史局官必俟頒曆之際又將妄退于二十三日矣法不足恃必假遷就而朔望二弦曆法綱紀苟失其一則五星盈縮日月交會與夫昏旦之中星晝夜之晷刻皆不可得而正也請依改造大曆故事置局更曆以祛太史局之敝事上聞六月給事中王信亦言更曆事乞令皇甫繼明與萬各造來年一歲之曆取其無差者詔從之十二月進所造曆王淮等奏萬等曆日與淳熙十五年曆差二朔淳熙曆十一月下弦在二十四日恐曆法有差孝宗曰朔豈可差朔差則所失多矣乃令吏部侍郎章森祕書丞宋伯嘉參定以聞

淳熙十五年禮部言石萬等所造曆與淳熙曆法不同當以其年六月二日十月晦日月不應見而見爲驗衆論淳熙曆下弦不合在十一月二十四日是日請遣官監視詔禮部侍郎尤袤與章森監之六月二日森奏是夜月明至一更二點入濁十月晦袤奏晨前月見東方孝宗問諸家孰爲疏密周必大等奏三人各定二十九日早月體尚存一分獨楊忠輔謂既有月體不應小盡孝宗曰十一月合朔在申時是以二十九日尚存月體耳

癸辛雜識吳中一富家子粗識字而騃然其性僻專喜行古禮闢大堂以祀夫子凡朔望二丁必大集里中士人以行禮凡俎豆衣冠之具及祭饌牲酒莫不精腆每一行禮必有重費不斬也然其人初無識解不過所存如此亦可尚也

謝翺月泉游記月泉在浦江縣西北二里故老云其消長視月之盈虧由朔至望投稊其間泉浸浸浮稊而上動盪芹藻若江湖之浮舟擁于下岸視舊痕不

減毫髮由望至晦置竹井旁以常所落淺深爲候隨月大小畫痕竹上當其日之數旦而測之水之落痕與石約如竹之畫覩焚間滯萍枯青相半殆類水退

金史禮志天眷二年定朔望朝日儀帝南向拜

世宗本紀大定四年三月丙戌朔萬春節高麗夏遣使賀

大定六年十二月甲戌詔有司每月朔望及上七日毋奏刑名

大定八年十月乙未命涿州刺史兼提點山陵每以朔望致祭朔則用素望則用肉仍以明年正月爲首

大定二十四年正月辛卯朔徐州進芝草十有八莖真定進嘉禾二本六莖異畝同穎

章宗本紀明昌四年九月甲子朔天壽節御大安殿受親王百官及宋高麗夏使朝賀

宣宗本紀貞祐元年閏月戊辰朔拜日于仁政殿自是每月吉爲常

元史五行志至正二十七年三月朔日萊州招遠縣大社里有大鳥自南飛至其色蒼白展翅如席狀類鶴俄頃飛去遺下粟黍稻麥黃黑豆蕎麥于張家屋上約數升許是歲大稔

明會典洪武三年定凡朔望日上皮弁服御奉天殿百官公服于丹墀東西對立俟引班引合班北面立再拜班首詣前同百官鞠躬唱某官臣某起居贊禮唱聖躬萬福班首平身復位同百官皆再拜引班引百官分班仍對立省府臺部官諸衙門有事奏者由西階陞殿奏事畢降自西階引班引百官以次出如無事奏則侍儀由西階陞殿跪奏如之俟侍儀降階引班導百官出

洪武十四年定凡朔望日文武百官各具朝服俟鼓三嚴公侯一品二品官入東西角門俟其餘三品以下先于丹墀內班橫行序立鐘三鳴公侯一品二品以次入班序立鐘鳴畢儀禮司奏外辦導駕官導上位陞御座鳴鞭訖鳴贊唱班齊通贊詣中道班首臣某等起居聖躬萬福畢百官行五拜禮儀禮司奏禮畢而退

洪武十七年令百官凡遇朔望免行起居禮後更定朔望日上御奉天殿百官各具公服行禮常朝官序立于丹墀東西相向謝恩見辭官序立于奉天門外北向俟上陞座鳴鞭鴻臚寺贊排班樂作常朝官行一拜三叩頭禮畢樂止復班鴻臚寺奏謝恩見辭于奉天門外行五拜三叩頭禮畢鳴鞭駕興

都察院監禮糾儀凡朔望日皇極殿朝參丹墀皇極門外各侍班二員

凡每月朔望日神機營提督官請祭神旗本衛遣官軍于午門樓上迎請導從至教場祭畢迎回仍如法置放

鴻臚寺朔望日皇極殿朝參掌禮堂上官一員奏事堂上官一員鳴贊一員糾儀序班四員齊文武班序班四員傳贊序班八員皇極門外鳴贊二員糾儀序班二員擺班序班四員催人序班二員掖門糾儀序班四員

國子監一朔望行釋菜禮各班生員務要一名赴廟隨班行禮敢有怠惰失儀及點閘不到者痛決

明外史建文太子文奎傳文奎母馬氏洪武二十九年十月晦生太祖不樂曰月日皆數之終命內廷勿賀

帝京景物略元旦至晦日家家竿標樓閣松柏枝蔭之夜燈之曰天燈

西吳枝乘三月朔日則民間婦女簪蓬于首無貴賤皆然

客座新聞教坊妓者以術壓子弟必供奉白眉神朝夕禱之子弟往來不絕至朔望日用手帕異針刺神面謂子弟奸猾打乖者佯怒之撤帕著子弟面將墜于地令拾之則子弟心悅誠服而不他之也

遵生八牋以春三月朔旦東面平坐叩齒三通閉氣九息吸震宮青氣入口九吞之以補肝虛受損以享青龍之榮

北京歲華記七月晦日地藏佛誕供香燭于地積水湖泡于湖各有水燈

名勝志工山在南陵縣西山有廣惠廟以六月晦日祀其山神或云晉何琦也

晦朔弦望部雜錄

易經小畜月幾望君子征凶程傳月望則與日敵矣幾望言其盛將敵也不已則將盛于陽而凶矣于幾望而爲之戒曰婦將敵矣君子動則凶也幾望將盈之時若已望則陽已消矣尚可戒乎

歸妹月幾望吉程傳月望陰之盈也盈則敵陽矣幾望未至于盈也五之貴高常不至于盈極則不亢其夫乃爲吉也

中孚月幾望馬匹亡无咎大全方氏曰月幾望不處盈

也以陰居陰履柔處正不敢敵陽此人臣功業已盛而不敢居其盛者故爲月幾望之象

書經舜典正月上日蔡傳上日朔日也

洪範四五紀一曰歲二曰月大全臨川吳氏日月自合朔至來月合朔凡二十九日六辰有奇月與日一會也以晦朔弦望定月之大小是爲一月之紀

詩經豳風七月章曰爲改歲疏以仲冬陽氣始萌可以爲年之始故改正朔者以建子爲正

春秋日有食之疏月體無光待日照而光生半照即爲弦全照乃成望

禮記檀弓有薦新如朔奠陳注朔奠者月朔之奠也未葬之時大夫以上朔望皆有奠士則朔而已如得時新之味或五穀新熟而薦之則其禮亦如朔奠之儀也

禮運三五而盈三五而闕疏三五十五日而得盈滿又三五十五日而得虧闕也

喪大記大夫士父母之喪既練而歸朔月忌日則歸哭于宗室

周禮春官大史正歲年注中數曰歲朔數曰年中朔大小不齊正之以閏

左傳夏五月日有食之不書朔與日官失之也

公羊傳日有食之注日行疾月行遲過朔乃食

穀梁傳天子朝日諸侯朝朔

國語自今至于初吉陽氣俱烝土膏其動注初吉二月朔日也

易飛候凡日食皆于晦朔不于晦朔食者名曰薄主人民有災患也

凡候雨以晦朔弦望雲漢四塞者皆當雨如斗牛彘當雨暴有異雲如水牛不三日大雨黑雲如羣羊奔如飛鳥五日必雨雲如浮船皆有雨北斗獨有雲不五日大雨四望見青白雲名曰天寒之雲雨徵蒼黑雲細如杼軸蔽日月五日必雨雲如兩人提鼓持桴皆爲暴雨

尚書考靈曜晦而月見西方謂之朓朔而月見東方謂之側匿

文子上德篇蟾蜍辟兵壽在五月之望

莊子逍遙遊篇朝菌不知晦朔注朝菌糞土芝朝生暮死晦者不及朔朔者不及晦

鶡冠子弦望晦朔終始相迎

呂氏春秋精通篇月也者羣陰之本也月望則蚌蛤實羣陰盈月晦則蚌蛤虛羣陰虧

貴因篇推曆者視月盈而知晦朔因也

史記歷書王者易姓受命必慎始初改正朔易服色推本天元順承厥意注索隱曰言王者易姓而興必當推本天之元氣行運所在以定正朔以承天意

漢書天文志古人有言曰天下太平五星循度亡有逆行日不食朔月不食望

李尋傳朔晦正終始弦爲繩墨望成君德

劉向五行傳春秋及朔言朔及晦言晦

揚子百是篇月未望則載魄于西月既望則終魄于東其遡于日乎

後漢書律歷志歲首至也月首朔也至朔同日謂之章

禮儀志注胡廣曰舊儀公卿以下每月常朝先帝以其頻故省唯六月十月朔朝後復以六月朔盛暑省之

馬融傳大明生東月朔西陂

白虎通日月篇易曰懸象著明莫大乎日月日之爲言實也常滿有節月之爲言闕也有滿有闕也所以有缺何歸功于日也八日成光二八十六日轉而歸功晦至朔旦受符復行故援神契曰月三日成魄也

四時篇月言朔何朔之言蘇也明消更生故言朔

四民月令正月自朔暨晦可移諸樹竹漆桐梓松柏雜木惟有果實者及望而止過十五日則果少實

參同契龍虎兩弦章上弦兌數八下弦艮亦八兩弦合其精乾坤體乃成二八應一斤易道正不傾

金返歸性章自開闢以來日月不虧明金不失其重日月形如常金本從月生朔旦日受符金返復其母月晦日相包

晉書律曆志董巴議云聖人迹太陽于晷景效太陰于弦望明五星于見伏正是非于晦朔弦望伏見者曆數之綱紀檢驗之明者也

西京雜記月之旦爲朔車之輈亦謂之朔名齊實異所宜辨也

齊書王僧虔傳經涉五朔踰歷四時

齊民要術作春酒法治麴欲淨剉麴欲細曝麴欲乾其法以正月晦日多收河水大率一斗麴殺米七斗用水四斗

種冬瓜傍牆陰地作區圓二尺深五寸以熟糞及土相和正月晦日種既生以柴木倚牆令其緣上旱則澆之

師曠占云五穀貴賤法常以四月朔占秋糴風從南來西來者秋皆賤逆此者貴

元包經傳雲雺雺氣生于水也朏丝丝月生于朔也
註朏胐同丝音幽微也

顏氏家訓靈筵勿設枕几朔望祥禫唯下白粥清水乾棗不得有酒肉餅果之祭

玉燭寶典正月一日爲元日亦云上日亦云正朔亦云三元亦云三朔

元經薛氏傳春秋書日食或無朔而有日者或無朔無日者或有朔無日者

唐書曆志平朔定朔舊有二家三大三小爲定朔望一大一小爲平朔望日月行有遲速相及謂之合會晦朔無定由時消息若定大小皆在朔者合會雖定而蔀元紀首三端並失若上合履端之始下得歸餘于終合會有時則甲辰元曆爲通術矣

策以紀日象以紀月故乾坤之策三百六十爲日度之準乾坤之用四十九象爲月弦之檢日之一度不盈全策月之一弦不盈全用故策餘萬五千九百四十三則有十二中所盈也用差萬七千一百二十四則十有二朔所虛也綜盈虛之數五歲而再閏中節相距皆當三五弦望相距皆當二七升降之應發斂之候皆紀之以策而從日者也表裏之行朓朒之變皆紀之以用而從月者也積算曰演紀日法曰通法月氣曰中朔朔實曰揲法歲分曰策實周天曰乾實餘分曰虛分氣策曰三元一元之策則天一遯行也月策曰四象一象之策則朔弦望相距也交終不及朔謂之朔差交中不及望謂之望差

殷曆南至常在十月晦則中氣後天也周曆蝕朔差經或二日則合朔先天也

凡合朔加時月行潛在日下與太陽同度是謂離象以一象之度九十一餘九百五十四秒二十二半爲上弦兌象倍之而與日衝得望坎象參之得下弦震象各以加其所當九道宿度

唐國史補德宗建中元年貶御史中丞元令柔二年貶御史中丞袁高三年貶御史中丞嚴郢四年貶御史中丞楊頊皆四月晦談者爲異及元和擒劉闢李錡吳元濟行大刑者皆十一月朔豈偶然耳

筆解子貢欲去告朔之餼羊人君謂天子也非諸侯通用一禮也魯自文公六年閏月不告朔猶朝于廟左氏曰不告朔非也吾謂魯祀周公以天子禮魯君每月朔不朝于周但朝周公之廟因而祭曰廟享其實以祭爲重爾文公既不行告朔之享而空朝于廟是失禮也然子貢非不知魯禮之失特假餼羊之問諷欲質諸聖人以正其禮爾又曰天子云聽政于天下也諸侯云告朔謂以下之政告于上也每月頒朔于諸侯稟朔奉王命藏祖廟于是魯有廟享之文他國則亡此禮

吉月必朝服而朝吉禮所行日月因而謂之吉月吉日非正朔而已

賓退錄人間多取正月晦日合醬是日偶不暇爲之者則云時已失大誤也案昔者王政趨民正月作醬是日以農事未興之時俾民乘此閑隙備一歲調鼎之用故紿云雷鳴不作醬腹中當鳴所貴今民不于三二月作醬恐奪農事也今不躬耕之家何必以正晦爲限

續博物志月上下弦之時觸醬輒壞里俗忌之

朱草狀如小桑栽長三四尺枝葉皆丹汁如血朔望生落如蓂莢周而復始

日月晦朔弦望而私者生兒則愚癡痦瘂

五代史司天考王朴奏曰爲國家者履端立極必體其元布政考績必因其歲禮動樂舉必改其正朔三農百工必順其時測圭箭以候氣審朓朒以定朔日月皆有盈縮日盈月縮則後中而朔月盈日縮則先中而朔

宋史天文志天柱五星主晦朔晝夜之職

景星德星也如半月住于晦朔大而中空其名各異

易潛虛昧晦也日之晦晝夜之成月之晦弦望以生君子之晦與時偕行

退朝錄太祖建隆四年南郊改元乾德是歲十一月二十九日冬至而郊禮在十六日何也乃檢日曆其赦制云律且協于黃鍾日正臨于甲子乃避晦而用十六日甲子郊也及修實錄以此兩句太質而削去之遂失其義皇祐二年當郊而日至復在晦宗袞遂建明堂之禮

孏眞子錄中國以月晦爲一月而天竺以月滿爲一月廣西域記云月生至滿謂之白月月虧至晦謂之黑月

緗素雜記嘗怪世俗趙梁記其年月及所爲祭文稱月朔乃用月建殊可嗤笑假如甲辰歲正月初一日庚戌朔初十日己未俗乃云丙寅朔殊不知正月斗

當建寅而所謂丙寅者卽月建也皆非承誤每每如此蓋不考古之過也余嘗觀漢書律歷志載周公攝政五年後二歲得周公七年復子明辟之歲是歲二月乙亥朔己丑望後六日得乙未故召誥曰惟二月既望粤六日乙未又其三月甲辰朔三日丙午召誥曰惟三月丙午朏又云成王元年正月己巳朔此命伯禽俾侯于魯之歲也後三十年四月庚戌朔十五日甲子哉生魄故顧命曰惟四月哉生魄又云康王十一年六月戊辰朔三日庚午故畢命豐刑曰惟十有二年六月庚午朏春秋書桓公三年秋七月壬辰朔日有食之鼓用牲于社又莊公二十五年六月辛未朔日有食之凡此所記月朔何嘗用月建乎其餘史傳及唐韓柳之文與本朝先達士大夫文集未嘗謬用一處蓋得孔子作春秋著朔之遺法也羅疇老書義云古之紀事者日之可也必曰朏曰望曰旁死魄曰哉生明曰哉生魄何也蓋月有小大故紀事者每志此以謹晦朔也先儒謂猶今之人將言日必先言朔蓋得之矣余觀傅平王安世作白氏六帖叙末云元祐五年歲次庚午二月己卯朔初一日丙申此正用月建也殊可嗤笑

避暑錄話古者舉大事皆避月晦說者以陰之窮爲諱春秋晉楚鄢陵之戰特書甲午晦以見譏魯震伯夷之廟書乙卯晦以見異是也南郊必用冬至之日周禮也皇祐四年當郊而日至適在晦宋元憲公爲相預以爲言遂改爲明堂議者以爲得禮有國信不可無儒臣藝祖四年郊日至亦在晦先無知之者至朔賓儀始上聞不得已乃用十六日甲子非日至而郊惟此一舉講之不素也

老學菴筆記故都殘暑不過七月中旬俗以望日具素饌享先織竹作盆盎狀貯紙錢承以一竹焚之視盆倒所向以占氣候謂向北則冬寒向南則冬溫向東西則寒溫得中謂之盂蘭盆蓋俚俗老媼輩之言也

容齋隨筆上元張燈太平御覽所載史記樂書曰漢家祀太乙以昏時祀到明今人正月望日夜遊觀燈是其遺事

西溪叢語月盈于朔望消于朏魄虛于上下弦息于輝朒

學齋呫嗶詩十月之交朔日辛卯注云朔日也而乃謂朔月蓋月朔之反辭也亦猶書之月正元日乃正月元日之比也又論語吉月必朝服而朝注謂吉月月朔也如詩二月初吉注月朔謂之吉吉月亦猶朔月也

家塾事親朔日值立冬主災異值小雪有東風春米賤西風春米貴其日用斗量米若綴在斗來春陡貴甚驗

田家五行朔日值芒種六畜災值夏至冬米大貴

月令廣義一氣運于甲子冬至之朔二氣運于甲戌霜降之朔三氣運于甲申處暑之朔四氣運于甲午夏至之朔五氣運于甲辰穀雨之朔六氣運于甲寅雨水之朔三甲朔三伏熱三乙朔小麥大豆熟三丙朔麻熟三辛朔田少收三壬朔旱三癸朔澇

滇行紀略滇南望後至二十日月猶圓滿

名勝志太和縣洱河東岸有分水厓自岸下分水爲西南河北海八月望夜河海正中有珊瑚樹出水面漁人往往見之世傳海龍獻寶內典云珊瑚撐月卽此

晦朔弦望部外編

酉陽雜俎竈神名隗狀如美女又姓張名單字子郭夫人字卿忌有六女皆名察洽常以月晦日上天白人罪

異苑晉丹陽縣有袁雙廟眞第四子也眞爲桓宣武誅便失所在靈怪太元中形見于丹陽求立廟未就功大有虎患被害之家輒夢雙至催功甚急百姓立祠堂于是猛暴用息今道俗常以二月晦鼓舞祈祠爾日常風雨忽至

名勝志玉峰山在建德縣南唐許瑱家近玉峰貞元三年癸未三月朔有神緋衣朱鬣降謂瑱曰余仕前代汝開宗也帝勅血食此山山甲慢亭婺木之秀居之則昌瑱遂依指立祠奉祀致禱輒應

欽定古今圖書集成曆象彙編歲功典

第一百七卷目錄

晨昏晝夜部彙考
易經 隨卦　繫辭　說卦傳
書經 堯典
詩經 鄭風女曰雞鳴章
禮記 月令　玉藻　祭義
周禮 秋官
爾雅 釋詁　釋言
素問 生氣通天論篇　金匱眞言論篇
史記 歷書　天官書
漢書 天文志
淮南子 天文訓
後漢書 律歷志
釋名 釋天
晉書 天文志
漏刻經 晝夜百刻　晝夜加減太平錢法
隋書 律曆志　天文志
望氣經 占候
五代史 司天考
宋史 律曆志
皇極經世 星辰　變物形體　陽數陰數
元史 曆志
晨昏晝夜部總論
荊川稗編 週考論晝夜刻數
晨昏晝夜部藝文一
夜氣箴　宋眞德秀
晨昏晝夜部藝文二 詩
齊風雞鳴 三章
東方未明 三章
小雅庭燎 三章
夜度娘　晉古辭
雜詩　傅元
長夜謠　夏侯湛
夜聽擣衣　曹毗
雜詩　陶潛
秋夜　宋孝武帝
夜聽妓　同前
晚出西射堂　謝靈運
夜宿石門　前人
夜發石關亭　前人
擬阮公夜中不能寐　鮑照
秋夜 二首　前人
和王護軍秋夕　前人
寒晚敬和何徵君點　齊王融
蕭諮議西上夜集　前人
奉和秋夜長　前人
同羈夜集　謝朓
晚登三山還望京邑　前人
京路夜發　前人
落日悵望　前人
離夜　前人
旦發青林　孔稚珪
夜夜曲 二首　梁簡文帝
詠內人晝眠　同前
納涼　同前
晚景納涼　同前
秋晚　同前
元圃寒夕　同前
晚景出行　同前
美人晨妝　同前
秋夜　同前
晚日後堂　同前
冬曉　同前
曉思　同前
夜遊北園　同前
詠晚閨　同前
夜遣內人還後舟　同前
早發龍巢　元帝
夜宿柏齋　同前
秋夜　同前
夜夜曲　沈約
早發定山　前人
秋晨羈怨望海思歸　前人
夕行聞夜鶴　前人
晨征聽曉鴻　前人
旦發漁浦潭　丘遲
夜發密巖口　前人
夜愁示諸賓　王僧孺
起夜來　柳惲
奉和春夜應令　庾肩吾

落日前墟望贈范廣州雲　何遜
日夕望江山贈魚司馬　前人
夕望江橋示蕭諮議楊建康江主簿　前人
秋夕仰贈從兄寘南　前人
野夕答孫郎擢　前人
曉發　前人
秋夜二首　王筠
望夕霽　前人
向曉閨情　前人
夜聽鴈　蕭子範
落日郡西齋望海山　蕭子雲
晚景遊泛懷友　蕭鈞
夜聽妓賦得烏夜啼　劉孝綽
夕逗繁昌浦　前人
夜不得眠　前人
秋夜詠吟　前人
和兄孝綽夜不得眠　劉孝先
寒夜怨　陶弘景
遙夜吟　宗夬
昧旦出新亭渚　徐勉
尋沈剡缺夕至嵊亭　虞騫
月夜閨中　鄧鏗
晚宴文思殿　陳後主
和衡陽王秋夜　張正見
從軍五更轉五首　伏知道
五洲夜發　陰鏗
冬夜酬魏少傅直史館　北齊邢卲
日晚彈琴　馬元熙
行途賦得四更應詔　北周庾信
早渡淮　隋煬帝
月夜觀星　同前
冬夜　同前
夜作巫山　崔仲方
汴水早發應令　虞世基
奉和月夜觀星　蕭琮
奉和月夜觀星　袁慶
奉和月夜觀星　諸葛潁
夜宿荒村　孔德紹
宿郊外曉作　王衡

歲功典第一百七卷

晨昏晝夜部彙考

易經

隨卦

象曰澤中有雷隨君子以嚮晦入宴息

程傳君子晝則自強不息及嚮昏晦則入居於內宴息以安其身起居隨時適其宜也

繫辭

剛柔者晝夜之象也

本義既變而剛則晝而陽矣既化而柔則夜而陰矣大全節齋蔡氏曰剛晝陽也柔夜陰也故剛用事則晝之象可見柔用事則夜之象可見

雜卦傳

晉晝也明夷誅也

大全白雲郭氏曰晉與明夷朝暮象也

書經

堯典

日中星鳥

蔡傳日中者春分之刻于夏永冬短爲適中也晝夜皆五十刻舉晝以見夜故曰日星鳥南方朱鳥七宿唐一行推以鶉火爲春分昏之中星也

日永星火

蔡傳永長也日永晝六十刻也星火東方蒼龍七宿火謂大火夏至昏之中星也

宵中星虛

蔡傳宵夜也宵中者秋分夜之刻于夏冬爲適中也晝夜亦各五十刻舉夜以見日故曰宵星虛北方元武七宿之虛星秋分昏之中星也

日短星昴

蔡傳日短晝四十刻也星昴西方白虎七宿之昴宿冬至昏之中星也

詩經

鄭風女曰雞鳴章

女曰雞鳴士曰昧旦子興視夜明星有爛

朱注昧晦旦明也昧旦天欲旦昧晦未辨之際也明星啓明之星先日而出者也大全東萊呂氏曰列子

云將旦昧爽之交日夕昏明之際

禮記

月令

孟春之月日在營室昏參中旦尾中

陳注 昏時參星在南方之中旦則尾星在南方之中 疏曰月令昏明中星皆大略而言不與曆同但一月之內有中者即得載之二十八宿星體有廣狹相去有遠近或月節月中之日昏明之時前星已過於午後星未至正南又星有明暗見有早晚所以昏明之星不可正依曆法但舉大略耳

仲春之月日在奎昏弧中旦建星中

陳注 疏曰餘月昏旦中星皆舉二十八宿此云弧與建星者以弧星近井建星近斗井斗度多星體廣不可的指故舉弧建以定昏旦之中

是月也日夜分

陳注 晝夜各五十刻 大全 方氏曰日陽也夜陰也故陽長而陰消則日長夜短陰長而陽消則夜長日短皆非陰陽之中也夫陽生于子終于午至卯而中分陰生于午終于子至酉而中分故春爲陽中而仲月之節爲春分秋爲陰中而仲月之節爲秋分春秋之分則陰陽適中而日夜無短長之差故于其月每言日夜分也

季春之月日在胃昏七星中旦牽牛中

孟夏之月日在畢昏翼中旦婺女中

仲夏之月日在東井昏亢中旦危中

季夏之月日在柳昏火中旦奎中

孟秋之月日在翼昏建星中旦畢中

仲秋之月日在角昏牽牛中旦觜觿中

季秋之月日在房昏虛中旦柳中

孟冬之月日在尾昏危中旦七星中

仲冬之月日在斗昏東辟中旦軫中

季冬之月日在婺女昏婁中旦氐中

玉藻

皮弁以日視朝遂以食日中而餕奏而食

陳注 日中而餕謂日中所食乃朝食之餘也

祭義

夏后氏祭其闇殷人祭其陽周人祭日以朝及闇

集說 嚴陵方氏曰闇者日既沒而黑夏后氏尚黑故祭其闇陽者日方中而白殷人尚白故祭其陽朝者日初出而赤周人尚赤故祭以朝及闇焉言闇則知陽之爲明言陽則知闇之爲陰言朝則知闇之爲夕以朝及闇則有陰有陽陰陽雜而成文又以見其尚文歟 清江劉氏曰周人祭日以朝及闇此言周人尚赤大事用日出先日欲出之初猶逮及闇則可行祭事矣稍後則晝晝則與殷人日中相亂故季氏祭仲由爲宰晏朝而退仲尼謂之知禮也若曰周人之祭自朝及暮則孔子無爲多仲由仲由爲不知禮 延平周氏曰以朝及闇者猶言以朝與闇蓋或以朝或以闇

周禮

秋官

司寤氏掌夜時

訂義 王昭禹曰寤而覺謂之寤使掌夜時非覺而不寐者安能定其漏刻之早晚哉所以名官謂之司寤氏 鄭鍔曰專掌夜時則所主欲於夜而覺寤以察時之早晚 鄭康成曰若今甲乙至戌亥 賈氏曰甲乙則早時戌亥則晚時

以星分夜以詔夜士夜禁

訂義 鄭鍔曰夜雖有時其分則以星晚而見星則爲夜早而星沒則非夜仰觀天星之沒見以分之不分以月者月出有早晚唯星麗乎天至夜必見故也 易氏曰此謂施于國中者蓋國中有啓閉之候國事有朝夕之禮以星分夜則星見爲夜星沒爲晝朝夕啓閉于是乎在以是詔夜守之士嚴夜禁之法 鄭康成曰夜士主夜行徼候者如今都候之屬

禦晨行者禁宵行者夜游者

訂義 鄭鍔曰姦盜常發于莫夜之間是以尤謹夜行之禁或禦之使勿行或禁之使不敢行皆以防姦盜也先明謂之晨晨言時之尚早中夜謂之宵宵言陰浸而陽生通夕謂之夜夜言日之昏而暝左傳言晨往寢門闢是詩言夜向晨則知晨見明也詩曰肅肅宵征熠燿宵行又曰夜如何其夜未央經言夜呼旦以嘂百官以辨軍之夜事則宵與夜固異矣晨行則未嘗行而行故禦而止之若夫中宵固不可行夜豈遨遊之時故曰禁所以不同 王昭禹曰日出爲旦晨則昧爽之前而日未旦之時 劉執中曰其晨侵于夜而行者暮侵于宵而行者不可測其姦非也夜而遨遊者妨衆息也故皆禁也

爾雅

釋詁

朝旦夙晨晙早也

注 晙亦明也 疏 早者說文云晨也從日在甲上丁古文甲字今卽以不晚爲早朝者鄘風蝃蝀云崇朝其雨毛傳云崇終也從旦至食時爲終朝旦者說文云明也從日在一上一地也陳風東門之枌云穀旦于差夙者齊風東方未明云不夙則莫晨者說文云晨昧爽也東方未明云不能晨夜晙亦明之早也

釋言

宵夜也

疏 舍人曰宵陽氣消也詩云肅肅宵征書曰宵中星虛

素問

生氣通天論篇

陽氣者一日而主外平旦人氣生日中而陽氣隆日西而陽氣已虛氣門乃閉是故暮而收拒無擾筋骨無見霧露反此三時形乃困薄

注 靈樞經云春生夏長秋收冬藏是氣之常也人亦應之以一日分爲四時朝則爲春日中爲夏日入爲秋夜半爲冬朝則人氣始生故旦慧日中人氣長長則勝邪夕則人氣始衰夜半人氣入藏是故暮而收斂其氣隔拒其邪無擾筋骨無煩勞也無見霧露宜清淨也若反此而欲如三時之動作則形體乃爲邪所困薄矣氣者元府也三時平旦日中日西也

金匱眞言論篇

平旦至日中天之陽陽中之陽也日中至黃昏天之陽陽中之陰也合夜至雞鳴天之陰陰中之陰也雞鳴至平旦天之陰陰中之陽也故人亦應之

注 雞鳴至平旦陽氣始生應春升之氣故爲陰中之陽平旦至日中陽氣正隆應夏長之氣故爲陽中之陽日中至黃昏陽氣始衰應秋收之氣故爲陽中之陰合夜至雞鳴陽氣在內應冬藏之氣故爲陰中之陰故日一日之中亦有四時人之陰陽出入一日之中而亦有四時也故平人之脈法而亦應之

史記

歷書

撫十二節卒于丑

注 撫猶循也自平明寅至雞鳴丑凡十二辰辰盡丑又至明朝寅便是一日一夜

天官書

太白出西方昏而出陰陰兵強暮食出小弱夜半出中弱雞鳴出大弱是謂陰陷于陽其在東方乘明而出陽陽兵強雞鳴出小弱夜半出中弱昏出大弱是謂陽陷于陰

漢書

天文志

晷影者所以知日之南北也日陽也陽用事則日進而北晝進而長陽勝故爲溫暑陰用事則日退而南晝退而短陰勝故爲涼寒也

淮南子

天文訓

日出於暘谷浴於咸池拂於扶桑是謂晨明登於扶桑爰始將行是謂朏明至於曲阿是謂旦明至於曾泉是謂早食至於桑野是謂晏食至於衡陽是謂隅中至於昆吾是謂正中至於鳥次是謂小還至於悲谷是謂餔時至於女紀是謂大還至於淵虞是謂高舂至於連石是謂下舂至於悲泉爰止其女爰息其馬是謂縣車至於虞淵是謂黃昏至於蒙谷是謂定昏日入於虞淵之汜曙於蒙谷之浦行九州七舍有五億萬七千三百九里禹以爲朝晝昏夜

後漢書

律歷志

孔壺爲漏浮箭爲刻下漏數刻以考中星昏明生焉金水承陽先後日下速則先日遲而後留留而後逆逆與日違違而後速速與日競競又先日遲速順逆晨夕生焉

黃道去極日景之生據儀表也漏刻之生以去極遠近差乘節氣之差如遠近而差一刻以相增損昏明之生以天度乘晝漏夜漏減之三百而一爲定度以減天度餘爲明加定度一爲昏其餘四之如法爲少不盡三之如法爲強餘半法以上以成強強三爲少少四爲度其強二爲少弱也又以日度餘爲少強而各加焉

冬至晝漏刻四十五夜漏刻五十五昏中星奎六弱旦中星亢二少強退一

小寒晝漏刻四十五分八夜漏刻五十四分二昏中星婁六半強退一旦中星氐七少弱退二

大寒晝漏刻四十六分八夜漏刻五十三分二昏中星胃

十一半強退一旦中星心半退三
立春晝漏刻四十八六分夜漏刻五十一四分昏中星畢五少強退三旦中星尾七半弱退三
雨水晝漏刻五十八分夜漏刻四十九二分昏中星參六半弱退四旦中星箕六大弱退三
驚蟄晝漏刻五十三三分夜漏刻四十六七分昏中星井十七少弱退三旦中星斗少退二
春分晝漏刻五十五八分夜漏刻四十四二分昏中星鬼四旦中星斗十一強退二
清明晝漏刻五十八三分夜漏刻四十一七分昏中星星四大進旦中星斗二十二半退二
穀雨晝漏刻六十五分夜漏刻三十九五分昏中星張十七進二旦中星斗六半
立夏晝漏刻六十二四分夜漏刻三十七六分昏中星翼十七大進二旦中星女十少弱一
小滿晝漏刻六十三九分夜漏刻三十六一分昏中星角六弱旦中星危大弱進二
芒種晝漏刻六十四九分夜漏刻三十五一分昏中星亢五大退旦中星危十四強進二
夏至晝漏刻六十五夜漏刻三十五昏中星氐十二少弱退二旦中星室十二少弱退三
小暑晝漏刻六十四七分夜漏刻三十五三分昏中星尾一大強退三旦中星奎二大強
大暑晝漏刻六十三八分夜漏刻三十六二分昏中星尾十五半弱退三旦中星婁三大退一
立秋晝漏刻六十二三分夜漏刻三十七七分昏中星箕九大強退三旦中星胃九大強退二

處暑晝漏刻六十二分夜漏刻三十九八分昏中星斗十少退旦中星畢三大退三
白露晝漏刻五十七八分夜漏刻四十二二分昏中星斗二十一強退一旦中星參五半弱退四
秋分晝漏刻五十五二分夜漏刻四十四八分昏中星牛五少旦中星井十六少強退二
寒露晝漏刻五十二六分夜漏刻四十七四分昏中星女七大進一旦中星鬼三少強
霜降晝漏刻五十三分夜漏刻四十九七分昏中星虛六大進一旦中星鬼三大強進一
立冬晝漏刻四十八二分夜漏刻五十一八分昏中星危八強進二旦中星張十五大強進一
小雪晝漏刻四十六七分夜漏刻五十三三分昏中星室二半強進二旦中星翼十五大強進二
大雪晝漏刻四十五五分夜漏刻五十四五分昏中星壁半強進一旦中星軫十五少強進一

釋名

釋天

昏損也陽精損滅也

晨伸也旦而日光復伸見也

晉書

天文志

極之立時日行地中淺故夜短天去地高故晝長極之低時日行地中深故夜長天去地下淺故晝短日晝行地上夜行地下俱百八十二度半彊故日見之漏五十刻不見之漏五十刻謂之晝夜同天之晝夜以日出沒爲分人之晝夜以昏明爲限日未出二刻半而明日入二刻半而昏故損夜五刻以益晝是以春秋分漏晝五十五刻

漏刻經

晝夜百刻

一日一夜通計一百刻每八刻二十分爲一時惟寅申巳亥有九刻皆以子午定其晝夜

晝夜加減太平錢法

十一月節晝用二十文太平錢勻鋪小盂底夜用空盂十二月節晝用太平錢十九文夜用一文自十二月節爲始晝減一文夜添一文七日一次加減正月節晝用十一文夜用九文二月節晝用十文夜用十文三月節晝用九文夜用十一文自三月節爲始每七日一次晝減一文夜增一文四月節晝用一文夜十九文五月節晝用空盂夜二十文六月節晝用一文夜十九文自六月節爲始每七日一次晝增一文夜減一文七月節晝九文夜十一文八月節晝夜各十文九月節晝用十一文夜用九文自九月節爲始每七日一次晝添一文夜減一文十月節晝用十一文夜用九文

隋書

律曆志

求月晨昏度如前氣與所求每日夜之半夜以逡定分乘之百而一爲晨分減逡定分爲昏分除爲轉度望前以昏後以晨加夜半定度得所在求晨昏中星各以度數加夜半定度卽中星度其朔弦望以百刻乘定餘滿日法得一刻卽各定辰近入刻數皆減其夜半漏不盡爲晨初刻不滿者屬昨日

天文志

昔黃帝創觀漏水制器取則以分晝夜其後因以命官周禮挈壺氏總以百刻分於晝夜漏刻皆隨氣增損冬夏二至之間晝夜長短凡差二十刻每差一刻爲一箭冬至互起其首凡有四十一箭晝有朝有禺有中有晡有夕夜有甲乙丙丁戊昏旦有星中每箭各有其數皆所以分時代守更其作役

望氣經

占候

凡望氣占候皆在子午卯酉之時太乙初移宮皆有氣見可以測之夕則日入時朝則日出時夜則夜半時中則午時

五代史

司天考

晨昏月度置其日晨昏分以定分減之爲前不足返減爲後用乘其日離程紈法而一滿經法爲度爲晨昏前後度前加後減加時月爲晨昏月度

晨昏象積置加時象積以前象前後度前減後加又以後象前後度前加後減之卽所求也

每日晨昏月度累計距後象離度以減晨昏象積爲加不足反減之爲減以距後象日數除之用加減每日離度爲定度累加晨昏月度命以九道宿次卽所求也

宋史

律曆志

漏刻周禮挈壺氏主挈壺水以爲漏以水火守之分以日夜所以視漏刻之盈縮辨昏旦之短長自秦漢至五代典其事者雖立法不同而皆本於周禮惟後漢隋五代著於史志其法甚詳而歷載既久傳用漸差國朝復挈壺之職專司辰刻置於文德殿門內之東偏設鼓樓鐘樓於殿庭之左右其制有銅壺水稱渴烏漏箭時牌契之屬壺以貯水烏以引注稱以平其漏箭以識其刻牌以告時於晝牌有七自卯至酉用之制以牙刻字塡金契以發鼓於夜契有二一曰放鼓二曰止鼓制以木刻字於上常以卯正後一刻爲禁門開鑰之節盈八刻後以爲辰時每時皆然以至於酉每一時直官進牌奏時正雞人引唱擊鼓一十五聲惟午正擊鼓一百五十聲至昏夜雞唱放鼓契出發鼓擊鐘一百聲然後下漏每夜分爲五更更分爲五點更以擊鼓爲節點以擊鐘爲節每更初皆雞唱轉點卽移水稱以至五更二點止鼓契出凡放鼓契出禁門外擊鼓然後衙鼓作止鼓契出亦然而更鼓止焉五點擊鐘一百聲雞唱擊鼓是謂攢點至八刻後爲卯時正四時皆用此法禁鐘又別有更點在長春殿門之外玉清昭應宮景靈宮會靈觀祥源觀及宗廟陵寢亦皆置焉而更以鼓爲節點以鉦爲節

皇極經世

星辰

星爲晝辰爲夜

注少陽爲星晝亦屬陽少陰爲辰夜亦屬陰

變物形體

晝變物之形夜變物之體

注形可見故屬陽爲晝之所變體有質故屬陰爲夜之所變

陽數陰數

陽爻晝數也陰爻夜數也天地相銜陰陽相交故晝夜相離剛柔相錯春夏陽也故晝數多夜數少秋冬陰也故晝數少夜數多

元史

曆志

日出爲晝日入爲夜晝夜一周共爲百刻以十二辰分之每辰得八刻三分刻之一無間南北所在皆同晝短則夜長夜短則晝長此自然之理也春秋二分日當赤道出入晝夜正等各五十刻自春分以及夏至日入赤道內去極浸近夜短而晝長自秋分以及冬至日出赤道外去極浸遠晝短而夜長以地中揆之長不過六十刻短不過四十刻地中以南夏至去日出入之所爲遠其長有不及六十刻者冬至去日出入之所爲近其短有不止四十刻者地中以北夏至去日出入之所爲近其長有不止六十刻者冬至去日出入之所爲遠其短有不及四十刻者今京師冬至日出辰初二刻日入申正二刻故晝刻三十八夜刻六十二夏至日出寅正二刻日入戌初二刻故晝刻六十二夜刻三十八蓋地有南北極有高下日出入有早晏所有不同耳今授時曆晝夜刻一以京師爲正

求每日半晝夜及日出入晨昏分置所求入初末限滿積度去之餘以晝夜差乘之百約之所得加減其段半晝夜分爲所求日半晝夜分前多後少爲減前少後多爲加以半夜分便爲日出分用減日周餘爲日入分以昏明分減日出分餘爲晨分加日入分爲昏分

晨昏晝夜部總論

荆川稗編

通考論晝夜刻數

晝堯典日永日短蔡氏傳曰日永晝六十刻夜四十刻日短晝四十刻夜六十刻授時曆夏至晝六十二刻夜三十八刻冬至晝三十八刻夜六十二刻按先儒說此等不同處皆云晝夜刻數與日出入刻數不同蓋日未出前二刻半而天已明即屬乎晝日已入後二刻半而天未暝亦屬乎晝故晝刻常多於日出入刻五刻或以晝夜刻數言或以日出入刻數言所以不同近代三山林永叔齊如此說然今授時曆日出入刻數即是晝夜刻數覩于春秋分晝夜皆五十刻則日必出卯中入酉中可見往往地有在南在北之不同蔡氏據地中而言故晝夜刻數長極於六十短止於四十授時曆據今燕都而言故晝夜刻數長極於六十二短極於三十八其不同以此而已愚荅因國朝名臣事略郭太史守敬之說而推之如此郭氏之說極明備觀者盍亦攷焉

晨昏晝夜部藝文一

夜氣箴　宋眞德秀

子盍觀夫冬之爲氣乎木歸其根蟄坏其封凝然寂然不見兆朕而造化發育之妙實胚胎乎其中蓋闔者闢之基正者元之本而艮所以爲物之始終夫一晝夜者三百六旬之積故冬乃四時之夜而夜乃一日之冬天壤之間羣動俱闃窈乎如未判之鴻濛維人之身嚮晦宴息亦當以造物而爲宗必齋其心必肅其躬不敢弛然自放於牀笫之上使慢易非辟得以賊吾之衷雖終日乾乾靡容一息之間斷而昏冥易忽之際尤當致戒謹之功蓋安其身所以爲朝聽晝訪之地而夜氣深厚則仁義之心亦浩乎其不窮本既立矣而又致察於事物周旋之頃敬義夾持動靜交養則人欲無隙之可入天理皦乎其昭融然知及之而仁勿能守之亦空言其奚庸爰作箴以自砭常凜凜乎瘝恫

晨昏晝夜部藝文二 詩

齊風雞鳴三章

言古之賢妃御于君所至于將旦之時必告君曰雞既鳴矣會朝之臣既已盈矣欲令君早起而視朝也然其實非雞之鳴也乃蒼蠅之聲也蓋賢妃當夙興之時心常恐晚故聞其似者而以爲眞故詩人敘其事以美之也

雞既鳴矣朝既盈矣匪雞則鳴蒼蠅之聲 賦也

東方明矣朝既昌矣匪東方則明月出之光 賦也

蟲飛薨薨甘與子同夢會且歸矣無庶予子憎 賦也

東方未明三章

此詩人刺其君興居無節號令不時

東方未明顚倒衣裳顚之倒之自公召之 賦也

東方未晞顚倒裳衣倒之顚之自公令之 賦也

折柳樊圃狂夫瞿瞿不能晨夜不夙則莫 賦也

小雅庭燎三章

王將起視朝不安于寢而問夜之早晚

夜如何其夜未央庭燎之光君子至止鸞聲將將 賦也

夜如何其夜未艾庭燎晣晣君子至止鸞聲噦噦 賦也

夜如何其夜鄉晨庭燎有煇君子至止言觀其旂 賦也

夜度娘　晉古辭

夜來冒霜雪晨去履風波雖得敘微情奈儂身苦何

雜詩　傅元

志士惜日短愁人知夜長攝衣步前庭仰觀南雁翔元景隨形運流響歸空房清風何飄飄微月出西方繁星依青天列宿自成行蟬鳴高樹間野鳥號東廂纖雲時髣髴渥露沾我裳良時無停景北斗忽低昂常恐寒節至凝氣結爲霜落葉隨風摧一絕如流光

長夜謠　夏侯湛

日暮兮初晴天灼灼兮遐清披雲兮歸山垂景兮照庭列宿兮皎皎星稀兮月明亭檐隅以逍遙兮盼太虛以仰觀望閶闔之昭晰兮麗紫微之輝煥

夜聽擣衣　曹毗

寒興御紈素佳人理衣衾 一作治衣襟 冬夜清且永皓月照堂陰纖手疊輕素朗杵叩鳴砧清風流繁節迴飆灑微吟嗟此嘉運速悼彼幽滯心二物感余懷豈但聲與音

雜詩　陶潛

白日淪西河素月出東嶺遙遙萬里輝蕩蕩空中景風來入房戶夜中枕席冷氣變悟時易不眠知夕永欲言無予和揮杯勸孤影日月擲人去有志不獲騁念此懷悲悽終曉不能靜

秋夜　宋孝武帝

局景薄西隅升月照東垂肅肅風盈幕泫泫露傾枝側聞飛壺急坐見河宿移覩辰念節變感物矜乖離

夜聽妓　同前

寒夜起聲管促席引靈寄深心屬悲絃遠情逐流吹

勞襟憑若辰誰謂懷忘易

晚出西射堂　謝靈運

步出西城門遙望城西岑連障疊巘崿青翠杳深沈

曉霜楓葉丹夕曛嵐氣陰節往慼不淺感來念已深

羈雌戀舊侶迷鳥懷故林含情尚勞愛如何離賞心

撫鏡華緇鬢攬帶緩促衿安排徒空言幽獨賴鳴琴

夜宿石門　前人

朝搴苑中蘭畏彼霜下歇暝還雲際宿弄此石上月

鳥鳴識夜棲木落知風發異音同至聽殊響俱清越

妙物莫為賞芳醑誰與伐美人竟不來陽阿徒晞髮

夜發石關亭　前人

隨山踰千里浮溪將十夕鳥歸息舟楫星闌命行役

亭亭曉月映泠泠朝露滴

擬阮公夜中不能寐　鮑照

漏分不能臥酌酒亂繁憂惠氣憑夜清素景緣隙流

鳴鶴時一聞千里絕無儔佇立為誰久寂寞空自愁

秋夜二首　前人

夜久膏既竭啟明旦未央環情倦始復空閨起晨裝

幸承天光轉曲影入幽堂徘徊集通隟宛轉燭迴梁

帷風自卷舒簾露視成行歲役急窮晏生慮備溫涼

絲紈夙染濯綿綿夜裁張冬雪旦夕至公子乏衣裳

華心愛零落非直惜容光願君翦衆念且共覆前觴

遁跡避紛喧貨農棲寂寞荒徑馳野鼠空庭聚山雀

旣遠人世歡還賴泉卉樂折柳樊場圃負綆汲潭壑

霽旦見雲峰風夜聞海鶴江介早寒來白露先秋落

麻壟方結葉瓜田已掃籜傾暉忽西下迴景思華幕

攀蘿席中軒臨觴不能酌終古自多恨幽悲共淪鑠

和王護軍秋夕　前人

散漫秋雲遠蕭蕭霜月寒驚飈西北起孤鴈夜往還

開軒當戶牖取琴試一彈停歌不能和終曲久辛酸

金氣方勁殺隆陽微且單泉涸甘井竭節徙芳歲殘

生事各多少誰共知易難投章心蘊結千里途輕紈

願託孤老暇觴思暫開餐

寒晚敬和何徵君點　齊王融

踈酌候冬序閒琴改秋律如何將暮天復值西歸日

搖落迎軒牖飛鳴亂繩蓽煙灌共深陰風篁兩蕭瑟

盧堂無笑語懷君首如疾早輕北山賦晚愛東皐逸

上德可潤身下澤有徐轡

蕭諮議西上夜集　前人

徘徊將所愛惜別在河梁衿袖三春隔江山千里長

寸心無遠近邊地有風霜勉哉勤歲暮敬矣事玉臺作愼

容光山中殊未懌杜若空自芳

奉和秋夜長　前人

秋夜長夜長樂未央舞袖拂花燭歌聲繞鳳梁

同羇夜集　謝朓

積念隔炎涼驟言始今夕已對濁尊酒復此故鄉客

霜月始流砌寒蛸早吟隙幸藉京華遊邊城讌良席

樵采咸共同荆莎聊可藉恐君城闕人安能久松柏

晚登三山還望京邑　前人

灞涘望長安河陽視京縣白日麗飛甍參差皆可見

餘霞散成綺澄江靜如練喧一作喧鳥覆春洲雜英滿

芳甸去矣方滯淫懷哉罷歡宴佳期悵何許淚下如

流霰有情知望鄉誰能鬒不變

京路夜發　前人

擾擾整夜裝肅肅戒徂兩曉星正寥落晨光復泱漭

猶沾餘露團稍見朝霞上故鄉邈已夐山川脩且廣

文奏方盈前懷人去心賞敕躬每跼蹐瞻恩惟震蕩

行矣倦路長無由稅歸鞅

落日悵望　前人

昧旦多紛喧日晏未遑舍落日餘清陰高枕東窗下

寒槐漸如東秋菊行當把借問此何時凉風懷朔馬

已傷暮歸客復思離居者情嗜幸非多案牘偏為寡

旣乏瑯琊政方憩洛陽社

離夜　前人

玉繩隱高樹斜漢耿層臺離堂華燭盡別幌清琴哀

翻潮尚知恨客思眇難裁山川不可盡況乃故人杯

日發青林　孔稚珪

孤征越清江遊子悲路長二旬倏已滿三千眇未央

草雜今古色巖留冬夏霜寄懷中山舊舉酒莫相忘

夜夜曲二首　梁簡文帝

北斗闌干去夜夜心獨傷月輝橫射枕燈光半隱牀

愁人夜獨傷滅燭臥蘭房祗恐多情月旋來照妾牀

詠內人晝眠　同前

北窗聊就枕南簷日未斜攀鉤落綺障插捩舉琵琶

夢笑開嬌靨眠鬟壓落花簟文生玉腕香汗浸紅紗

夫壻恆相伴莫誤是倡家

納涼　同前

斜日晚駸駸池塘生半陰避暑高梧側輕風時入襟

落花還就影驚蟬乍失林遊魚吹水沫神蔡上荷心

翠竹垂秋采丹棗映疎砧無勞夜遊曲寄此託微吟

晚景納涼　同前

日移涼氣散懷抱信悠哉珠簾影空捲桂戶向池開鳥棲星欲見河淨月應來橫階入細筍蔽地濕輕苔草化飛爲火蚊聲合似雷於茲靜聞見自此歇氛埃

秋晚　同前

浮雲出東嶺落日下西江促陰橫隱壁長暉斜度窻亂霞圓綠水紅葉影飛缸

元圃寒夕　同前

洞門扉未掩金壺漏已催曛煙生澗曲暗色起林隈雪花無有蔕冰鏡不安臺堦楊始倒插浦桂半新栽陳根委落蕙細蘂發香梅鴈去銜蘆上猿戲繞枝來

晚景出行　同前

細樹含殘影春閨散晚香輕花鬢邊墮微汗粉中光飛鳧初罷曲啼烏忽度行羞令白日暮車騎鬱相望

美人晨妝　同前

北窻向朝鏡錦帳復斜縈嬌羞不肯出猶言妝未成散黛隨眉廣燕脂逐臉生試將持出衆定得可憐名

秋夜　同前

螢飛夜的的蟲思夕喓喓輕露沾懸井浮煙入綺寮檐重月沒早樹密風聲饒池蓮翻罷葉霜篠生寒條端坐彌茲漏離憂積此宵

晚日後堂　同前

幔陰通碧砌日影度城隅岸柳垂長葉窻桃落細跗花留蛺蝶粉竹翳蜻蜓珠賞心無與共染翰獨踟躕

冬曉　同前

冬朝日照梁含怨下前牀帷褰竹葉帶鏡轉菱花光會是無人見何用早紅妝

曉思　同前

晨禽爭學囀朝花亂欲開爐煙入斗帳屏風隱鏡臺紅妝殘盡淚蕩子何當來

夜遊北園　同前

星芒侵嶺樹月暈隱城樓暗花舒不覺明波動見流

詠晚閨　同前

珠簾向暮下妖姿不可追花風暗裏覺蘭燭帳中飛何時玉窻裏夜夜更縫衣

夜遣內人還後舟　同前

錦幔扶船列蘭橈拂浪浮去燭猶文水餘香尚滿舟

早發龍巢　元帝

征人喜放溜曉發晨陽隈初言前浦合定覺近洲開不疑行舫動唯看遠樹來遠瞻起漲岸稍隱陽雲臺

夜宿柏齋　同前

獨暗行人靜簾開雲影入風細雨聲遲夜短更籌急能下班姬淚復使倡樓泣況此客遊人中宵空佇立

秋夜　同前

秋夜九重空蕩子怨房櫳燈光入綺帷簾影穿屏風金徽調玉軫茲夜撫離鴻

夜夜曲　沈約

河漢縱且橫北斗橫復直星漢空如此寧知心有憶孤燈曖不明寒機曉猶織零淚向誰道雞鳴徒歎息

早發定山　前人

夙齡愛遠壑晚莅見奇山標峰綵虹外置嶺白雲間傾壁忽斜豎絕頂復孤圓歸海流漫漫出浦水濺濺野棠開未落山櫻發欲然忘歸屬蘭杜懷祿寄芳荃眷言採三秀徘徊望九仙

秋晨羈怨望海思歸　前人

分空臨澥霧披遠望滄流八桂暧如畫三桑眇若浮煙極希丹水月遠望青丘

夕行聞夜鶴　前人

聞夜鶴夜鶴叫南池對此孤明月臨風振羽儀伊吾人之菲薄無賦命之天爵抱躅促之短懷隨冬春而哀樂懸海上之驚鳧傷雲間之離鶴離鶴昔未離迥發天北垂忽遇疾風起暫下昆明池復畏冬冰合水宿非所宜欲棲不可住欲去飛已疲勢逐疾風舉求溫向衡楚復值南飛鴻參差共成侶海上多雲霧蒼茫失洲嶼自此別故羣獨向瀟湘渚故羣不離散相依江海畔夜止羽相切晝飛影相亂刷羽共浮沈湛澹泛清潯既不經離別安知慕侶心九冬負霜雪六翮飛不任且養凌雲翅俛仰弄清音所望浮丘子且夕來相尋

晨征聽曉鴻　前人

聽曉鴻曉鴻度將旦跨弱水之微瀾發成山之遠岸怵春歸之未幾傷此歲之云半出海漲之蒼茫入雲途之瀰漫無東西之可辨孰遐邇之能算微昔見於洲渚赴秋期於江漢集勁風於弱軀負重雪於輕翰寒溪可以飲荒皐可以竄溪水徒自清微容豈足翫秋蓬飛兮未極塞草寒兮無色吳山高兮高難度越水深兮深不可測羨明月之馳光顧征禽之駛翼伊余馬之屢懷知君（吾一作）行之未極（一作）夜綿綿而難曉愁參差而盈臆望山川悉無似唯星河猶可識孤鴈夜南飛客淚夜沾衣春鴻旦暮返客子方未歸歲

去歡娛盡年來容貌衰（一作非）攬袵形雖是撫臆事多違青緺（一作鞼）雖長復易解白雲誠遠詎難依

旦發漁浦潭　丘遲

漁潭霧未開赤亭風已颺櫂歌發中流鳴鞞響沓障（一作嶂）村童忽相聚野老時一望詭怪石異象嶄絕峰殊狀森森荒樹齊析析寒沙漲藤垂島易陟崖傾嶼難傍信是未幽棲豈徒暫清曠坐嘯昔有委臥治今可尚

夜發密巖口　前人

弭棹淺假寐擊汰已爭先敞朗朝霞澈驚明曉魄懸萬尋仰危石百丈窺重泉叢枝上點點崩溜下填填

夜愁示諸賓　王僧孺

簷露滴為珠池水合成璧萬行朝淚瀉千里夜愁積孤帳閉不開寒膂盡復益誰知心眼亂看朱忽成碧

起夜來　柳惲

城南斷車騎閣道覆青埃露華光翠網月影入蘭臺洞房且莫掩應門或復開颯颯秋桂響非君起夜來

奉和春夜應令　庾肩吾

春牖對芳洲珠簾新上鉤燒香知夜漏刻燭驗更籌天禽下北閣織女入西樓月皎疑非夜林疏似更秋水光懸蕩壁山翠下添流詎假西園讌無勞飛蓋遊

落日前墟望贈范廣州雲　何遜

緣溝綠草蔓扶楥雜華舒輕煙澹柳色重霞映日餘遙遙長路遠（一作晚）寂寂行人疎我心懷碩德思欲命輕車高門盛遊侶誰肯進畋漁

日夕望江山贈魚司馬　前人

湓城帶湓水湓水縈如帶日夕望高城耿耿青雲外城中多宴賞絲竹常繁會管聲已流悅弦聲復淒切歌黛慘如愁舞腰凝欲絕仲秋黃葉下長風正騷屑早鴈出雲歸故燕辭檐別晝悲在異縣夜夢還洛汭洛汭何悠悠起望西南樓（一作登西樓）的的帆向浦團團月映（一作隨）洲誰能一羽化輕舉逐飛浮

夕望江橋示蕭諮議楊建康江主簿　前人

夕鳥已西度殘霞亦半消風聲動密竹水影漾長橋旅人多憂思寒江復寂寥爾情深鞏洛予念返漁樵何因適歸願分路一揚鑣

秋夕仰贈從兄寘南　前人

皆蕙漸翻葉池蓮稍罷花高樹北風響空庭秋月華寸心懷是夜寂寂漏方賒撫弦乏歡娛臨觴獨歎嗟

野夕答孫郎擢　前人

悽愴戶涼入徘徊櫚影斜無為淹戚里見就還田家山中氣色滿墟上生煙霧杳杳星出雲啾啾雀隱樹虛館無賓客幽居乏懽趣思君意不窮長如流水注

曉發　前人

早霞麗初日清風消薄霧水底見行雲天邊看遠樹且望沿泝劇暫有江山趣疾兔聊復起爽地豈能賦

秋夜二首　王筠

九重依夜館四壁慘無暉招搖顧西落烏鵲向東飛流螢漸收火絡緯欲催機爾時思錦字持製行人衣所望丹心達嘉客倘能歸

露華初泥泥桂枝行棟棟煞氣下重軒輕陰滿四屋別寵增修夜遠征悲獨宿愁牽翠羽眉淚滿橫波目長門絕往來含情空杼軸

望夕霽　前人

連山卷亂雲長林息眾籟空樹含綠滋遙峰凝翠藹石溜正潨潺山泉始澄汰物華方入賞跂予心期會

向曉閨情　前人

北斗行欲沒東方稍已晞晨雞初下棲曉露尚霑衣衾裯徒有設信誓果相違詎忍開朝鏡羞恨掩空扉

夜聽鴈　蕭子範

天月廣庭輝遊鴈犯霜飛連翩辭朔氣嘹唳獨南歸夜長寒復靜燈光曖欲微淒淒不可聽何況觸愁機

落日郡西齋望海山　蕭子雲

漁舟暮出浦漢女採蓮歸夕雲向山合水鳥望田飛蟬鳴早秋至蕙草無芳菲故隱天山北夢想日依依

晚景遊泛懷友　蕭鈞

龍開依御溝鳳轄轉芳洲雲峰初辨夏麥氣早迎秋山翠餘煙積川平晚照收浪隨文鷁轉渡逐彩鴛浮風花轉未落巖泉咽不流一辭金谷苑空想竹林遊

夜聽妓賦得烏夜啼　劉孝綽

鵾絃且輟弄鶴操暫停徽別有啼烏曲東西相背飛倡人怨獨守蕩子殊未歸忽聞生離唱長夜泣羅衣

夕逗繁昌浦　前人

日入江風靜安波似未流岸迴知舳轉解纜覺船浮暮煙生遠渚夕鳥赴前洲隔山聞戍鼓傍浦喧棹謳疑是辰陽宿於此逗孤舟

夜不得眠　前人

夜長愁反覆懷抱不能裁披衣坐惆悵當戶立徘徊風音觸樹起月色度雲來夏葉依窗落秋花當戶開光陰已如此復持憂自催

秋夜詠吟　前人

上宮秋露結上客夜鳴琴幽蘭暫罷曲積雪更傳聲

和兄孝綽夜不得眠　劉孝先

夜愁眠不安起望臺南端葉慘風聲異樓空月色寒
笙命調簧數絃脆上琴難百年行詎幾萬慮坐相攢
誰家有明鏡暫借照心看

寒夜怨　陶弘景

夜雲生夜鴻驚悽切嘹唳傷夜情空山霜滿高煙平
鉛華沈照帳孤明寒月微寒風緊愁心絕愁淚盡情
人不勝怨思來誰能忍

遙夜吟　宗夬

遙夜復遙夜遙夜憂未歇坐對風動帷臥見雲間月

昧旦出新亭渚　徐勉

驅車凌早術山華映初日攬轡且徘徊復值清江謐
杳靄楓樹林參差黃鳥匹氣物宛如斯重以心期逸
春堤一遊衍終朝意殊悉

尋沈剡（缺）夕至嵊亭　虞騫

命楫尋嘉會信次歷山原捫天上雲紀砮（一作峯）石下
雷奔澄潭寫度鳥空嶺應鳴猿榜歌唱將夕商子處
方昏

月夜閨中　鄧鏗

閨中日已暮樓上月初華樹陰緣砌上窗影向牀斜
開帷傷隻鳳吹燈惜落花（藝文作關屛寫密樹卷帳照垂花）誰能當
此夕獨處類倡家

晚宴文思殿　陳後主

晚日落餘暉宵園翠蓋飛荷影侵池浪雲色入山扉
螢光息復起暗鳥去翻歸樂極未言醉杯深猶恨稀

和衡陽王秋夜　張正見

睢苑涼風舉章臺雲氣收螢光連燭動月影帶河流
綠綺朱絃汎黃花素蟻浮高軒揚麗藻即是賦新秋

從軍五更轉五首　伏知道

一更刁斗鳴校尉逴連城遙聞射鵰騎懸憚將軍名
二更愁未央高城寒夜長試將弓學月聊持劍比霜
三更夜警新橫吹獨吟春疆聽梅花落誤憶柳園人
四更星漢低落月與雲齊依稀北風裏胡笳雜馬嘶
五更催送籌曉色映山頭城烏初起堞更人悄下樓

五洲夜發　陰鏗

夜江霧裏闊新月迴中明溜船惟識火驚鳧但聽聲
勞者時歌榜愁人數問更

冬夜酬魏少傅直史館　北齊邢卲

年病從橫至動息不自安兼豆未能飽重裘詎解寒
况乃冬之夜霜氣有餘酸風音響北牖月影度南端
燈光明且滅華燭新復殘衰顏依候改壯志與時闌
體羸不盡帶髮落強扶冠夜景將欲近夕息故無寬
忽有清風贈辭義婉如蘭先言歎三友次言慙一官
麗藻高鄴衛專學美齊韓審諭（一作喻）雖有屬筆削少
能干（一作刊）高足自無限積風良可搏空想青門易寧
見赤松難寄語東山道高駕且盤桓

日晚彈琴　馬元熙

上客敞前扉鳴琴對晚暉掩抑歌張女淒清奏楚妃
稍視紅塵落漸覺白雲飛新聲獨見賞莫恨知音稀

行途賦得四更應詔　北周庾信

四更天欲曙落月垂關下深谷暗藏人敧松橫礙馬

早渡淮　隋煬帝

平淮既淼淼曉霧復霏霏淮甸未分色泱漭共晨暉
晴霞轉孤嶼錦帆出長圻潮魚時躍浪沙禽鳴欲飛
會待高秋晚愁因逝水歸

月夜觀星　同前

團團素月淨翛翛夕景清谷泉驚暗石松風動夜聲
披衣出荊戶躡履步山楹欣覩明堂亮喜見泰階平
觜參猶可識牛女尚分明更移斗柄轉夜久天河橫
徘徊不能寐參差幾種情

冬夜　同前

不覺歲將盡已復入長安月影含冰凍風聲淒夜寒
江海波濤壯崤潼坂險難無因寄飛翼徙欲動和鑾

夜作巫山　崔仲方

荊門秋水急巫峽斷雲輕若為教月夜長短聽猿聲

汴水早發應令　虞世基

夏山朝萬國軒庭會百神成功疇與讓盛德今為鄰
區宇屬平一庶類仰陶鈞鑾蹕臨河濟裘冕肅柴禋
啓行分七萃備物象三辰祈祈亙原隰濟濟咸縉紳
陽谷升朝景青丘發早春袞衣敷帝則分器敘彝倫
臨淄成誦美河間雅樂陳薰風穆已被茂實久愈新

奉和月夜觀星　蕭琮

陽精已南陸大曜始西流夕風淒謝暑夜氣應新秋
重門月已映嚴城漏漸修臨風出累榭度月蔽層樓
靈河隔神女仙轡動星牛玉衡指棟落瑤光對幌留
徙知仰閶闔乘槎未有由

奉和月夜觀星　袁慶

六龍出匿影顧兔始馳光戎井傳宵漏（文選刻漏銘徵宮戎井）
山庭引夕涼宸居多勝託閒步出琳堂爛爛星芒動

耿耿清河長青道移天駟北極轉文昌喬枝猶隱畢
絶嶺半侵張仰觀酉玉裕陸機宜猷堂詩戸妻玉裕齊作動金相
無庸徒抱寂何以繼連章

奉和月夜觀星　諸葛頴

齊祭神居遠蕭條更漏深薄煙浮遊邑高樹肅清陰
星月滿玆夜燦爛還相臨連珠欲東上團扇漸西沈
澄水含斜漢修樹隱橫參時聞送籌柝屢見繞枝禽
聖情記餘事振玉復鳴金

夜宿荒村　孔德紹

緜緜夕漏深客恨轉傷心撫絃無人聽對酒時獨斟
故鄉萬里絶窮愁百慮侵秋草思邊馬遶枝驚夜禽
風皮谷餘響月斜山半陰勞歌欲敘意終是白頭吟

宿郊外曉作　王衡

殘星落簷外餘月罷窻東水白先分色霞暗未成紅

欽定古今圖書集成曆象彙編歲功典

第一百八卷目錄

晨昏晝夜部藝文三 詩

早渡蒲津關　唐元宗
奉和詠日午　褚亮
奉和詠日午　虞世南
凌晨早朝　前人
奉和月夜觀星應令　前人
野望　王績
山夜調琴　前人
早行　楊炯
夜飲東亭　宋之問
散關晨度　王勃
寒夜思友三首　前人
早發苦竹館　李嶠
晚景悵然簡二三子　前人
夜宴安樂公主新宅　閻朝隱
早朝　韋元旦
岳州夜坐　張說
夜宴安樂公主新宅　岑羲
和崔正諫登秋日早朝　沈佺期
和韋舍人早朝　前人
夜宴安樂公主宅　武平一
早朝　王維
山居秋暝　前人
和賈舍人早朝大明宮之作　前人
家園夜坐寄郭微　祖詠
夜集聯句　顏真卿
夏日南亭懷辛大　孟浩然
秋宵月下有懷　前人
夜歸鹿門歌　前人
宿業師山房待丁公不至　前人
閒園懷蘇子　前人
遊精思觀迴王白雲在後　前人
陪宋中丞武昌夜飲懷古　李白
觀早朝　韋應物
月夜會徐十一草堂　前人
寺居獨夜寄崔主簿　前人
秋夜　前人
詠夜　前人
秋夜寄丘二十二員外　前人
同褒子秋齋獨宿　前人
早行　郭良
長安曉望寄崔補闕　包何
同韓四薛三東亭玩月　高適
夜歸　杜甫
夜宿西閣曉呈元二十一曹長　前人
舟月對驛近寺　前人
村夜　前人
倦夜　前人
中夜　前人
夜　前人
中宵　前人
夜二首　前人
閣夜　前人
夜　前人
東屯月夜　前人
漫成　前人
薄暮　前人
暮寒　前人
日暮　前人
暝　前人
向夕　前人
晚　前人
暮歸　前人
復愁　前人
衛葉晚投南村　前人
將曉二首　前人
朝二首　前人
曉望　前人
夜宴左氏莊　前人
早朝大明宮呈兩省僚友　賈至
奉和宣城張太守南亭秋夕懷友　錢起
夜雨寄寇校書　前人
秋夜送趙冽歸襄陽　前人
夜泊湘江　郎士元
楓橋夜泊　張繼
酬程近秋夜即事見贈　韓翃
華亭夜宴庾侍郎御宅　前人
秋夜寄所思　皇甫冉
同李三月夜作　前人

夜月　劉方平
淮上秋夜　前人
秋夜汎舟　前人
秋夜寄皇甫冉鄭豐　前人
夜渡江　柳中庸
夜中望仙觀　顧況
夜尋盧處士　耿湋
客堂秋夕　戎昱
冬曉呈鄰里　盧綸
夜投豐德寺謁海上人　前人
夜上受降城聞笛　李益
夜宴虢縣張明府宅逢宇文評事　李端
喜外弟盧綸見宿　司空曙
秋夕　于鵠
夜坐聞雨寄嚴十少府　武元衡
晨興寄贈竇使君　前人
夏夜北園即事寄門下武相公　李吉甫
日暮碧雲合　許康佐
晨坐寓興　權德輿
曉　前人
晝　前人
晚　前人
夜　前人
南池晨望　羊士諤
苦寒歌　韓愈
長安臥病秋夜言懷　陳羽
夜泊荆溪　前人
中夜起望西園值月上　柳宗元
酬婁秀才寓居開元寺早秋月夜病中見寄　前人
旦攜謝山人至愚池　前人
雨後曉行獨至愚溪北池　前人
夏晝偶作　前人
秋江早發　劉禹錫
月夜憶樂天兼寄微之　前人
夜後把火看花南園招李十一兵曹不至呈座上諸公　呂溫
秋夜長　張籍
山中秋夜　前人
岳州晚景　前人
感諷　李賀
夜深行　元稹
曉將別　前人
清都夜境　前人
秋夕遠懷　前人
晝寢　白居易
涼夜有懷　前人
夜歸　前人
幽思　張碧
寒夜聞霜鐘　盧景亮
早起　楊厚
廬山獨夜　徐凝
天台獨夜　前人
寒夜吟　鮑溶
夜起來　施肩吾
秋夜月中登天壇　姚合
寄友人　前人
晨起二首　許渾
晨至南亭呈裴明府　前人
長安旅夜　前人
觀章中丞夜按歌舞　前人
登樂遊原　李商隱
夜半　前人
清夜怨　前人
長安月夜與友人話故山　趙嘏
曉發　姚鵠
江林夜泊　項斯
晚眺有懷　馬戴
夕發邠寧寄從弟　前人
夜下湘中　前人
雒中寒夜姚侍御宅懷賈島　前人
碧澗驛曉思　溫庭筠
早行　劉駕
早行　劉滄
清曉捲簾　歐陽玭
冬曉章上人院　皮日休
習池晨起　前人
夜會問答十首　前人
早行　羅鄴
旅夕　高蟾
小院　唐彥謙

長樂夜坐寄懷湖外稽處士　鄭谷
夕陽　前人
夕次洛陽道中　崔塗
夜深　韓偓
晨興　前人
夜船　前人
曲江夜思　前人
章臺夜思　韋莊
早發　前人
夜景　前人
晨興　翁承贊
曉　徐夤
夜　前人
寒夜吟　成彥雄
夜夜曲　前人
春夜　劉兼
晝寢　前人
晨光動翠華　無名氏
日暮山河淸　無名氏

歲功典第一百八卷

晨昏晝夜部藝文三 詩

早渡蒲津關　唐元宗

鐘鼓嚴更曙山河野望通鳴鑾下蒲坂飛旆入秦中地險關逾壯天平鎮尚雄春來津樹合月落戍樓空馬色分朝景雞聲逐曉風所希常道泰非復候（一作侯又作棄）繻同

奉和詠日午　褚亮

曦車日亭午浮箭未移暉日光無落照樹影正中圓草萎看稍靡葉燥望疑稀畫寢慚經笥暫解入朝衣

奉和詠日午　虞世南

高天淨秋色長漢轉曦車玉樹陰初正桐圭影未斜翠蓋飛圓彩明鏡發輕花再中良表瑞共仰璧暉賒

凌晨早朝　前人

萬瓦宵光曙重簷夕霧收玉花停夜燭金壺送曉籌日暉青瑣殿霞生結綺樓重門應啓路通籍引王侯

奉和月夜觀星應令　前人

早秋炎景暮初弦月彩新清風滌暑氣零露淨囂塵薄霧銷輕縠鮮雲卷夕鱗休光灼前耀瑞彩接重輪緣情摛聖藻並作命徐陳宿草誠渝濫吹噓偶縉紳天文豈易述徒知仰北辰

野望　王績

東皐薄暮望徙倚欲何依樹樹皆秋色山山唯落暉牧人驅犢返獵馬帶禽歸相顧無相識長歌懷采薇

山夜調琴　前人

促軫乘明月抽弦對白雲從來山水韻不使俗人聞

早行　楊炯

敞朗東方徹闌干北斗斜地氣俄成霧天雲漸作霞河流纔辨馬巖路不容車阡陌經三歲閭閻對五家露文沾細草風影轉高花日月從來惜關山猶自賒

夜飲東亭　宋之問

春泉鳴大壑皓月吐層岑岑壑景色佳慰我遠遊心暗芳足幽氣驚棲多衆音高興南山曲長謠橫素琴

散關晨度　王勃

關山凌旦開石路無塵埃白馬高譚去青牛眞氣來重門臨巨壑連棟起崇隈即今揚策度非是棄繻回

寒夜思友三首　前人

久別侵懷抱他鄉變容色月下調鳴琴相思此何極
雲間征思斷月下歸愁切鴻雁西南飛如何故人別
朝朝翠山下夜夜蒼江曲復此遙相思清尊湛芳綠

早發苦竹館　李嶠

合沓巖嶂深朦朧煙霧曉荒阡下樵客野猿驚山鳥開門聽潺湲入徑尋窈窕棲鼯抱寒木流螢飛暗篠早霞稍霏霏曉月猶皎皎行看遠星稀漸覺遊氛少我行撫軺傳兼得傍林沼貪翫水石奇不知川路渺徒憐野心曠詎惻浮年少方解寵辱情未言出塵表

晚景悵然簡二三子　前人

楚客秋悲動梁臺夕望賒梧桐稍下葉山桂欲開花氣引迎寒露光收向晚霞長歌白水曲空對綠池華

夜宴安樂公主新宅　閻朝隱

鳳凰鳴舞樂昌年蠟炬開花夜管絃半醉徐擊珊瑚樹已聞鐘漏曉聲傳

早朝　韋元旦

震維芳月季宸極衆星尊珮玉朝三陛鳴珂度九門

挈壺分早漏伏檻耀初暾北倚蒼龍闕西臨紫鳳垣詞庭草欲奏溫室樹無言鱗翰空為忝長懷聖主恩

岳州夜坐　張說

炎洲苦三伏永日臥孤城頼此閒庭夜蕭條夜月明獨歌還太息幽感見餘聲江近鶴時叫山深猿屢鳴息心觀有欲棄知返無名五十知天命吾其達此生

夜宴安樂公主新宅　岑羲

金牓重樓開夜扉瓊筵愛客未言歸銜杯不覺銀河曙盡醉那知玉漏稀

和崔正諫登秋日早朝　沈佺期

雞鳴朝謁滿露白禁門秋爽氣臨旌戟朝光映冕旒河宗來獻寶天子命焚裘獨負池陽議言從建禮遊

和韋舍人早朝　前人

閶闔連雲起巖廊拂霧開玉珂龍影度珠履雁行來長樂宵鐘盡明光曉奏催一經推舊德五字擢英才儼若神仙去紛從霄漢迴千春奉休曆分禁喜趨陪

夜宴安樂公主宅　武平一

王孫帝女下仙臺金牓珠簾入夜開遽惜瓊筵歡正洽唯愁銀箭曉相催

早朝　王維

皎潔明星高蒼茫遠天曙槐霧暗不開城鴉鳴稍去始聞高閣聲莫辨更衣處銀燭已成行金門儼騶馭

山居秋暝　前人

空山新雨後天氣晚來秋明月松間照清泉石上流竹喧歸浣女蓮動下漁舟隨意春芳歇王孫自可畱

和賈舍人早朝大明宮之作　前人

絳幘雞人送一作報曉籌尚衣方進翠雲裘九天閶闔開宮殿萬國衣冠拜冕旒日色纔臨仙掌動香煙欲傍衮龍浮朝罷須裁五色詔佩聲歸向鳳池頭

家園夜坐寄郭微　祖詠

前堦微雨歇開戶散窺林月出夜方淺水涼池更深餘風生竹樹清露薄衣襟遇物遂遙歎懷人滋遠心依稀成夢想影響絕徽音誰念窮居者明時嗟陸沈

夜集聯句　顏眞卿

寒花護月色墜葉占風音釋晝兹夕無塵慮高雲共片心眞卿

夏日南亭懷辛大　孟浩然

山光忽西落池月漸東上散髮乘夕涼開軒臥閒敞荷風送香氣竹露滴清響欲取鳴琴彈恨無知音賞感此懷故人中宵勞夢想

秋宵月下有懷　前人

秋空明月懸光彩露霑濕驚鵲棲未定飛螢捲簾入庭槐寒影疎鄰杵夜聲急佳期曠何許望望空佇立

夜歸鹿門歌　前人

山寺鳴鐘晝已昏漁陽渡頭爭渡喧人隨沙路向江村余亦乘舟歸鹿門鹿門月照開煙樹忽到龐公棲隱處巖扉松徑長寂寥唯有幽人夜來去

宿業師山房待丁公不至　前人

夕陽度西嶺羣壑倏已暝松月生夜涼風泉滿清聽樵人歸欲盡煙鳥棲初定之子期宿來孤琴候蘿逕

閒園懷蘇子　前人

林園雖少事幽獨自多違向夕開簾幕庭陰落景微鳥過煙樹宿螢傍水軒飛感念同懷子京華去不歸

遊精思觀迴王白雲在後　前人

出谷未停午至家日已曛迴瞻下山路但見牛羊羣樵子暗相失草蟲寒不聞衡門猶未掩佇立待夫君

陪宋中丞武昌夜飲懷古　李白

清景南樓夜風流在武昌庾公愛秋月乘興坐胡牀龍笛吟寒水天河落曉霜我心還不淺懷古醉餘觴

觀早朝　韋應物

伐鼓通嚴城車馬溢廣躔煌煌列明燭朝服照華鮮金門杳深沈尚聽清漏傳河漢忽已沒司閽啓晨關丹殿據龍首崔嵬對南山寒生千門裏日照雙闕間禁旅下成列爐煙起中天輝輝覩明聖濟濟行俊賢媿無鴛鷺姿短翮空飛還誰當假毛羽雲路相追攀

月夜會徐十一草堂　前人

空齋無一事岸幘故人期暫輟觀書夜還題玩月詩遠鐘高枕後清露捲簾時暗覺新秋近殘河欲曙遲

寺居獨夜寄崔主簿　前人

幽人寂不寐木葉紛紛落寒雨暗深更流螢度高閣坐使青燈曉還傷夏衣薄寧知歲方晏離居更蕭索

秋夜　前人

庭樹轉蕭蕭陰蟲還戚戚獨向高齋眠夜聞寒雨滴微風時動牖殘燈尚留壁惆悵平生懷偏來委今夕

詠夜　前人

明從何處去暗從何處來但覺年年老半是此中催

秋夜寄丘二十二員外　前人

懷君屬秋夜散步詠涼天山空松子落幽人應未眠

同褒子秋齋獨宿　前人

山月皎如燭霜風時動竹夜半鳥驚棲窗間人獨宿

早行　郭良

早行星尚在數里未天明不辨雲林色空聞風水聲
月從山上落河入斗間橫漸至重門外依稀見洛城

長安曉望寄崔補闕　包何

迢遞山河擁帝京參差宮殿接雲平風吹曉漏經長樂柳帶晴煙出禁城天淨笙歌臨路發日高車馬隔塵行自憐久滯諸生列未得金閨籍姓名

同韓四薛三東亭玩月　高適

遠遊悵不樂茲賞吾道存款曲故人意辛勤清夜言
東亭何寥寥佳境無朝昏階墀近洲渚戶牖當郊原
矧乃窮周旋況復恰討論樹陰蕩瑤瑟月氣延清樽
明河帶飛鴈野火連荒村對此更愁予悠哉懷故園

夜歸　杜甫

夜來歸來衝虎過山黑家中已眠臥傍見北斗向江低仰看明星當空大庭前把燭嗔兩炬峽口驚猿聞一箇白頭老罷舞復歌杖藜不睡誰能那

夜宿西閣曉呈元二十一曹長　前人

城暗更籌急樓高雨雪微稍通綃幕霽遠帶玉繩稀
門鵲晨光起檣烏宿處飛寒江流甚細有意待人歸

舟月對驛近寺　前人

更深不假燭月朗自明船金剎青楓外朱樓白水邊
城烏啼眇眇野鷺宿娟娟皓首江湖客鉤簾獨未眠

村夜　前人

風色蕭蕭暮江頭人不行村舂雨外急鄰火夜深明
胡羯何多難漁樵寄此生中原有兄弟萬里正含情

倦夜　前人

竹涼侵臥內野月滿庭隅重露成涓滴稀星乍有無
暗飛螢自照水宿鳥相呼萬事干戈裏空悲清夜徂

中夜　前人

中夜江山靜危樓望北辰長為萬里客有媿百年身
故國風雲氣高堂戰伐塵胡雛負恩澤嗟爾太平人

夜　前人

絕岸風威動寒房燭影微嶺猿霜外宿江鳥夜深飛
獨坐親雄劍哀歌歎短衣煙塵繞閶闔白首壯心違

中宵　前人

西閣百尋餘中宵步綺疏飛星過水白落月動沙虛
擇木知幽鳥潛波想巨魚親朋滿天地兵甲少來書

夜二首　前人

白夜月休弦燈花半委眠號山無定鹿落樹有驚蟬
暫憶江東鱠兼懷雪下船蠻歌犯星起重覺在天邊
城郭悲笳暮村墟過翼稀甲兵年數久賦斂夜深歸
暗樹依巖落明河遶塞微斗斜人更望月細鵲休飛

閣夜　前人

歲暮陰陽催短景天涯霜雪霽寒宵五更鼓角聲悲壯三峽星河影動搖野哭千家聞戰伐夷歌幾處起漁樵臥龍躍馬終黃土人事音書漫寂寥

夜　前人

露下天高秋水清空山獨夜旅魂驚疎燈自照孤帆宿新月猶懸雙杵鳴南菊再逢人臥病北書不至鴈無情步簷倚杖看牛斗銀漢遙應接鳳城

東屯月夜　前人

抱疾漂萍老防邊舊穀屯春農親異俗歲月在衡門
青女霜楓重黃牛峽水喧泥留虎鬭跡月挂客愁村
喬木澄稀影輕雲倚細根數驚聞鵲噪暫睡想猿蹲
日轉東方白風來北斗昏天寒不成寐無夢寄歸魂

漫成　前人

江月去人只數尺風燈照夜欲三更沙頭宿鷺聯拳靜船尾跳魚撥剌鳴

薄暮　前人

江水最深地山雲薄暮時寒花隱亂草宿鳥擇深枝
舊國見何日高秋心苦悲人生不再好鬢髮白成絲

暮寒　前人

霧隱平郊樹風含廣岸波沈沈春色靜慘慘暮寒多
戍鼓猶長擊林鶯遂不歌忽思高宴會朱袖拂雲和

日暮　前人

牛羊下來夕各已閉柴門風月自清夜江山非故園
石泉流暗壁草露滴秋原頭白明燈裏何須花燼繁

暝　前人

日下四山陰山庭嵐氣侵牛羊歸徑險鳥雀聚林深
正枕當星劍收書動玉琴半扉開燭影欲掩見清砧

向夕　前人

畎畝孤城外江村亂水中深山催短景喬木易高風
鶴下雲汀近雞栖草屋同琴書散明燭長夜始堪終

晚　前人

杖藜尋晚巷炙背近牆暄人見幽居僻吾知拙養尊
朝廷問府主耕稼學山村歸翼飛棲定寒燈亦閉門

暮歸　前人

霜黃碧梧白鶴棲城上擊柝復烏啼客子入門月皎皎誰家擣練風淒淒南渡桂水闕舟楫北歸秦川多鼓鼙年過半百不稱意明日看雲還杖藜

復愁　前人

釣艇收緡盡昏鴉接翅歸月生初學扇雲細不成衣

衛葉晚投南村　前人

客行逢日暮原野散秋暉南陌人初斷西林鳥盡歸
暗蓬沙上轉寒葉月中飛村落無多在聲聲近擣衣

將曉二首　前人

石城除擊柝鐵鎖欲開關鼓角悲荒塞星河落曉山
巴人常小梗蜀使動無還垂老孤帆色飄飄犯百蠻
軍吏迴官燭舟人自楚歌寒沙蒙薄霧落月去清波
壯惜身名晚衰慙應接多歸朝日簪笏筋力定如何

朝二首　前人

清旭楚宮南霜空萬嶺含野人時獨往雲木曉相參
俊鶻無聲過饑烏下食貪病身終不動搖落任江潭
浦帆晨初發郊扉冷未開林疏黃葉墜野靜白鷗來
礎潤休全濕雲晴欲半回巫山冬可怪昨夜有奔雷

曉望　前人

白帝更聲盡陽臺曙色分高峰上寒日疊嶺宿霾雲
地坼江帆隱天清木葉聞荆扉對麋鹿應共爾爲羣

夜宴左氏莊　前人

風林纖月落衣露淨琴張暗水流花徑春星帶草堂
檢書燒燭短看劍引杯長詩罷聞吳詠扁舟意不忘

早朝大明宮呈兩省僚友　賈至

銀燭熏（一作朝）天紫陌長禁城春色曉蒼蒼千條弱柳
垂青瑣百轉流鶯繞（一作滿）建章劍珮聲隨玉墀步衣
冠身惹（一作染）御爐香共沐恩波鳳池上朝朝染翰侍
君王

奉和宣城張太守南亭秋夕懷友　錢起

池館蟪蛄聲梧桐秋露晴月臨朱戟靜河近畫樓明
捲幔浮凉入聞鐘永夜清片雲懸曙斗數鴈過秋城

羽扇揚風暇瑤琴悵別情江山飛麗藻謝朓讓詩名

夜雨寄寇校書　前人

秋館煙雨合重城鐘漏深佳期阻清夜孤興發離心
燭影出綃幕蟲聲連素琴此時蓬閣友應念昔同衾

秋夜送趙冽歸襄陽　前人

斗酒忘言良夜深紅萱露滴鵲驚林欲知別後思今
夕漢水東流是寸心

夜泊湘江　郎士元

湘江木落洞庭波湘水連雲秋鴈多寂寞舟中誰借
問月明只自聽漁歌

楓橋夜泊　張繼

月落烏啼霜滿天江楓漁火對愁眠姑蘇城外寒山
寺夜半鐘聲到客船

酬程近秋夜即事見贈　韓翃

長簟迎風早空城澹月華星河秋一鴈砧杵夜千家
節候看應晚心期臥已賒向來吟秀句不覺已鳴鴉

華亭夜宴庾侍郎御宅　前人

世故他年別心期此夜同千峯孤燭外片雨一更中
酒客逢山簡詩人得謝公自憐驅匹馬拂曙向關東

秋夜寄所思　皇甫冉

寂寞坐遙夜清風何處來天高散騎省月冷建章臺
鄰笛哀聲急城砧朔氣催芙蓉已委絕誰復可爲媒

同李三月夜作　前人

霜風驚度鴈月露皓疎林處處砧聲發星河秋夜深

夜月　劉方平

更深月色半人家北斗闌干南斗斜今夜偏知春氣
暖蟲聲新透綠窗紗

淮上秋夜　前人

旅夢何時盡征途望每賒晚秋淮水上新月楚人家
猿嘯空山近鴻飛極浦斜明朝南岸去定折桂枝花

秋夜汎舟　前人

林塘夜汎舟蟲響荻颼颼萬影皆因月千聲各爲秋
歲華空復晚鄉思不堪愁西北浮雲外伊川何處流

秋夜寄皇甫冉鄭豐　前人

洛陽清夜白雲歸城裏長河列宿稀秋後見飛千里
鴈月中聞擣萬家衣長憐西雍青門道久別東吳黃
鶴磯借問客書何所寄中心不啻兩鄉違

夜渡江　柳中庸

夜渚帶浮煙蒼茫晦遠天舟輕不覺動纜急始知牽
聽笛遙尋岸聞香暗識蓮唯看去帆影常恐客心懸

夜中望仙觀　顧況

日暮銜花飛鳥還月明溪上見青山遙知玉女窗前
樹不是仙人不得攀

夜尋盧處士　耿湋

月高雞犬靜門掩向寒塘夜竹深茅宇秋庭冷石牀
住山年已遠服藥壽偏長虛棄如吾者逢君益自傷

客堂秋夕　戎昱

隔窗螢影滅復流北風微雨虛堂秋蟲聲竟夜引鄉
淚蟋蟀何知人自愁四時不得一日樂以此方悲客
遊惡寂寂江城無所聞梧桐葉上偏蕭索

冬曉呈鄰里　盧綸

終夜寢衣冷開門思曙光空堦一藥葉華室四鄰霜
望闕覺天迥憶山愁路荒途中一留滯雙鬢颯然蒼

夜投豐德寺謁海上人　前人

半夜中峯有磬聲偶逢樵者問山名上方月曉聞僧語下界林疎見客行野鶴巢邊松最老毒龍潛處水偏清願得遠公知姓字焚香洗鉢過浮生

夜上受降城聞笛　李益

入夜思歸切笛聲清更哀愁人不願聽自到枕前來風起塞雲斷夜深關月開平明獨惆悵落盡一庭梅

夜宴虢縣張明府宅逢宇文評事　李端

虢出留古宅入夜足秋風月影來窻裏燈光落水中徵詩逢謝客飲酒得陶公更愛疎籬下繁霜滋菊叢

喜外弟盧綸見宿　司空曙

靜夜四無鄰荒居舊業貧雨中黃葉樹燈下白頭人以我獨沈久愧君相見頻平生自有分況是霍家親

秋夕　于鵠

護霜雲映月朦朧烏鵲爭飛井上桐夜半酒醒人不覺滿池荷葉動秋風

夜坐聞雨寄嚴十少府　武元衡

多負雲霄志生涯歲序侵風翻涼葉亂雨滴洞房深迢遞三秋夢殷勤獨夜心懷賢不覺寐清磬發東林

晨興寄贈竇使君　前人

江陵歲方晏晨起眄庭柯白露傷紅葉清風斷綠蘿徇時真氣索念遠忱憂多夙昔樂山意縱橫南浦波有美嬋娟子百慮攢雙蛾緘情鬱不舒幽行騁復羅爲予歌苦寒酌酒朱顏酡世事浮雲變功名將奈何

夏夜北園即事寄門下武相公　李吉甫

結構非華宇登臨似古原僻殊蕭相宅蕪勝邵平園避暑依南廡追涼在北軒煙霞霄外靜草露月中繁鵲繞驚還止蟲吟思不喧懷君欲有贈宿昔貴忘言

日暮碧雲合　許康佐

日際愁陰生天涯暮雲碧重重不辨蓋沈沈乍如積林色黯疑暝隙光俄已夕出岫且從龍縈空寧觸石餘輝澹瑤草浮影凝綺席時景詎能留幾思輕尺璧

晨坐寓興　權德輿

清晨坐虛齋羣動寂未譁泊然一室內因見萬化源得喪心既齊清淨教益敦境來每自愜理勝或不言亭柯見榮枯止水知清渾悠悠世上人此理法難論

曉　前人

曉風搖五兩殘月映石壁稍稍曙光開片帆在空碧

晝　前人

孤舟漾暖景獨鶴下秋空安流日正晝浮綠天無風

晚　前人

古樹夕陽盡空江暮靄收寂寞扣船坐獨生千里愁

夜　前人

猿聲到枕上愁夢紛難理寂寞深夜寒青霜落秋木

南池晨望　羊士諤

起來林上月瀟灑故人情鈴閣人何事蓮塘曉獨行衣沾竹露爽茶對石泉清鼓吹前賢薄羣蛙試一鳴

苦寒歌　韓愈

黃昏苦寒歌夜半不能休豈不有陽春節歲聿其周君何愛重裘兼味養大賢冰食葛製神所憐塡窻塞戶慎勿出暄風暖景明年日

長安臥病秋夜言懷　陳羽

九重門鎖禁城秋月過南宮漸映樓紫陌夜深槐露滴碧空雲淨火星流清風刻漏傳三殿甲第歌鐘樂五侯楚客病來鄉思苦寂寥燈下不勝愁

夜泊荊溪　前人

小雪已晴蘆葉暗長波乍急鶴聲嘶孤舟一夜宿流水眼看山頭月落溪

中夜起望西園值月上　柳宗元

覺聞繁露墜開戶臨西園寒月上東嶺泠泠疎竹根石泉遠愈響山鳥時一喧倚楹遂至旦寂寞將何言

酬婁秀才寓居開元寺早秋月夜病中見寄　前人

客有故園思瀟湘生夜愁病依居士室夢繞羽人丘味道憐知止遺名得自求壁空殘月曙門掩候蟲秋謬委雙金重難徵雜佩酬碧霄無枉路徒此助離憂

旦攜謝山人至愚池　前人

新沐換輕幘曉池風露清自諧塵外意況與幽人行霞散衆山迥天高數鳥鳴機心付當路聊適羲皇情

雨後曉行獨至愚溪北池　前人

宿雲散洲渚曉日明村塢高樹臨清池風驚夜來雨予心適無事偶此成賓主

夏晝偶作　前人

南州溽暑醉如酒隱几熟眠開北牖日午獨覺無餘聲山童隔竹敲茶臼

秋江早發　劉禹錫

輕陰迎曉日霞霽秋江明草樹含遠思襟懷有餘清凝睇萬象起朗吟孤憤平渚鴻未矯翼而我已遐征因思市朝人方聽晨鷄鳴昏昏戀衾枕安見元氣英納爽耳目變玩奇筋骨輕滄洲有奇趣浩蕩吾將行

月夜憶樂天兼寄微之　前人

今宵帝城月一望雪相似遥想洛陽城清光正如此

知君當此夕亦望鏡湖水展轉相憶心月明千萬里

夜後把火看花南園招李十一兵曹不至呈座上諸公　呂溫

天桃紅燭正相鮮傲吏閑齋困獨眠應是夢中飛作蝶悠揚只在此花前

秋夜長　張籍

秋天如水夜未央天漢東西月色光愁人不寐畏枕席暗蟲唧唧遶我傍荒城為村無更聲起看北斗天未明白露滿田風嫋嫋千聲萬聲鶡鳥鳴

山中秋夜　前人

寂寂山景靜幽人歸去遲橫琴當月下壓酒及花時冷露濕茅屋暗泉衝竹籬西峰採藥伴此夕恨無期

岳州晚景　前人

晚景寒鴉集秋聲旅鴈歸水光浮日去霞彩映江飛洲白蘆花吐園紅柿葉稀長沙卑濕地九月未成衣

感諷　李賀

星盡四方高萬物知天曙已生須已養荷擔出門去君平久不返康伯遁國路曉思何譊譊闤闠千人語

夜深行　元稹

夜深猶自遶江行震地江聲似鼓聲漸見戍樓疑近驛百牢關吏火前迎

曉將別　前人

風露曉淒淒月下西牆西行人帳中起思婦枕前啼屑屑命僮御晨裝儼已齊將去復攜手日高方解攜

清都夜境　前人

夜久連觀靜斜月何晶熒寥天如碧玉歷歷綴華星樓榭自陰映雲牖深冥冥纖埃悄不起玉砌寒光清

棲鶴露微影枯松多怪形南廂儼容衛音響如可聆啓聖發空洞朝真趨廣庭閑開蕊珠殿暗閱金字經屏氣動方息凝神心自靈悠悠車馬上浩思安得寧

秋夕遠懷　前人

旦夕天氣爽風飄葉漸輕星繁河漢白露逼衾枕清丹鳥月中滅莎雞牀下鳴悠悠此懷抱況復多遠情

晝寢　白居易

坐整白單衣起穿黃草履朝餐盥漱畢徐下堦前步暑風微變候晝刻漸加數院靜地陰陰鳥鳴新葉樹獨行還獨臥夏景殊未暮不作午時眠日長安可度

涼夜有懷　前人

念別感時節早蛩聞一聲風簾夜涼入露簟秋意生燈盡夢初罷月斜天未明闇凝無限思起傍藥闌行

夜歸　前人

半醉閑行湖岸東馬鞭敲鐙轡瓏璁萬株松樹青山上十里沙堤明月中樓角漸移當路影潮頭欲過滿江風歸來未放笙歌散畫戟門開蠟燭紅

幽思　張碧

金爐煙靄微銀釭殘影滅出戶獨徘徊落花滿明月

寒夜聞霜鐘　盧景亮

洪鐘發長夜清響出層岑暗入繁霜切遙傳古寺深何城亂遠漏幾處雜疎砧已警離人夢仍沾旅客襟待時當命侶抱器本無心儻若無知者誰能設此音

早起　楊厚

星漢轉寒更伊余索寞情鐘催歸夢斷鴈引遠愁生危壁蘭光暗疎簾露氣清閑庭聊一望海日未分明

廬山獨夜　徐凝

寒空五老雪斜月九江雲鐘聲知何處蒼蒼樹裏聞

天台獨夜　前人

銀地秋月色石梁夜溪聲誰知屐齒盡為破煙苔行

寒夜吟　鮑溶

九衢金吾夜行行上宮玉漏遙分明霜飆乘陰掃地起旅鴻迷雪遶枕聲遠人歸夢既不成留家惜夜歡心發羅幕畫堂深皎潔蘭煙對酒客幾人獸火揚光二三月細腰楚姬絲竹間白紵長袖歌閑閑豈識苦寒損朱顏

夜起來　施肩吾

香銷連理帶塵覆合歡杯嬾臥相思枕愁吟夜起來

秋夜月中登天壇　姚合

秋蟾流異彩齋潔上壇行天近星辰大山深世界清仙飈石上起海日夜中明何計長來此閑眠過一生

寄友人　前人

日暮掩重扉抽簪復解衣漏聲林下靜螢色月中微秋露結夜涼人語稀殷勤故山路誰與我同歸

晨起二首　許渾

桂樹綠層層風微煙露凝簷楹銜落月幃幌映殘燈蘄簟曙香冷越瓶秋水澄心閑即無事何異住山僧

殘月皓煙露掩門深竹齋水蟲鳴曲檻山鳥下空階清鏡曉看髮素琴秋寄懷因知北窻客日與世情乖

晨至南亭呈裴明府　前人

南齋夢釣竿晨起月猶殘露重螢依草風高蝶委蘭池光秋鏡澈山色曉屏寒更戀陶彭澤無心議去官

長安旅夜　前人

久客怨長夜西風吹鴈聲雲移河漢淺月泛露華清

掩瑟獨凝思緩歌空寄情門前有歸路迢遞洛陽城

觀章中丞夜按歌舞　前人

夜按雙娃禁曲新東西簫鼓按雲津舞衫未換紅鉛溼歌扇初移翠黛顰彩檻燭煙光吐日畫屏香霧煖如春西樓月在襄王醉十二山高不見人

登樂遊原　李商隱

向晚意不適驅車登古原夕陽無限好只是近黃昏

夜半　前人

三更三點萬家眠露欲為霜月墮煙鬬鼠上堂蝙蝠出玉琴時動倚窗絃

清夜怨　前人

含淚坐春宵聞君欲度遼綠池荷葉嫩紅砌杏花嬌曙月當窗滿征雲出塞遙畫樓終日閉清管為誰調

長安月夜與友人話故山　趙嘏

宅邊秋水浸苔磯日日持竿去不歸楊柳風多潮未落蒹葭霜冷鴈初飛重嘶匹馬吟紅葉却聽疎鐘憶翠微今夜秦城滿樓月故人相見一沾衣

曉發　姚鵠

旅行宜早發况復是南歸月影緣山盡鐘聲隔水微殘星螢共失落葉鳥俱飛去去關河曉村中人出稀

江村夜泊　項斯

日落江路黑前村人語稀幾家深樹裏一火照船歸

晚眺有懷　馬戴

惻惻抱離念曠懷成怨歌高臺試延望落照在寒波此地芳草歇舊山喬木多悠然暮天際但見鳥相過

夕發邠寧寄從弟　前人

半酣走馬別別後鎖邊城日落月未上鳥棲人獨行方馳故國戀復怯長年情入夜不能息何當閑此生

夜下湘中　前人

洞庭人夜別孤棹下湘中露洗寒山遍波搖楚月空密林飛暗狖廣澤發鳴鴻行值揚帆者江分又不同

雒中寒夜姚侍御宅懷賈島　前人

夜木動寒色雒陽城闕深如何異鄉思更抱故人心微月關山遠閒階霜霰侵誰知石門路待與子同尋

碧澗驛曉思　溫庭筠

香燈伴殘夢楚國在天涯月落子規歇滿庭山杏花

早行　劉駕

馬上續殘夢馬嘶時復驚心孤多所虞僮僕近我行棲禽未分散落月照孤城莫羨閑居者溪邊人已耕

早行　劉滄

旅途乘早景策馬獨悽悽殘影郡樓月一聲關樹鷄聽鐘煙柳外問渡水雲西常自勉行役終期功業齊

清曉捲簾　歐陽玭

清曉意未愜捲簾時一吟檻虛花氣密地煖竹聲深秀色還朝暮浮雲自古今石泉驚已躍會可洗幽心

冬曉章上人院　皮日休

山堂冬曉寂無聞一句清言憶領軍琥珀珠黏行處雪棕櫚帚掃臥來雲松扉欲啓如鳴鶴石鼎初煎若聚蚊不是戀師終去晚陸機茸內足毛羣

習池晨起　前人

清曙蕭森載酒來涼風相引繞亭臺數聲翡翠背人去一番芙蓉含日開茭葉深深埋釣艇魚兒漾漾逐流杯竹屏風下登山屐十宿高陽忘却迴

夜會問答十首　前人

寒夜清（日休問龜蒙）簾外迢迢星斗明況有蕭閑洞中客吟為紫鳳呼凰聲

瘦木杯（龜蒙問日休）杉贅楠瘤刳得來莫怪家人畔邊笑渠心祇愛黃金罍

落霞琴（日休問貴）寥寥山水揚清音玉皇仙馭碧雲遠空使松風終日吟

蓮花燭（龜問日休）亭亭嫩蕊生紅玉不知含淚怨何人欲問無由得心曲

金火障（日休問龜蒙）紅獸飛來射羅幌夜來斜展掩深爐半睡芙蓉香蕩漾

憶山月（龜蒙問貴）前溪後溪清復絕看看又及桂花時空寄子規啼處血

錦鯨薦（貴問龜蒙）碧香紅膩承君宴幾度閑眠却覺來彩鱗飛出雲濤面

懷溪雲（日休問龜蒙）漠漠閑籠鷗鷺羣有時日暮碧將合還被漁舟來觸分

霜中笛（龜蒙問日休）落梅一曲瑤華滴不知青女是何人三奏未終頭已白

月下橋（日休問龜蒙）風外拂殘衰柳條倚闌干處獨自立青翰何人吹玉簫

早行　羅鄴

雨灑江聲風又吹扁舟正與睡相宜無端戍鼓催前去別却青山向曉時

旅夕　高蟾

風散古陂驚宿鴈月臨荒戍起啼鴉不堪吟斷無人見時復寒燈落一花

小院　唐彥謙

小院無人夜煙斜月轉明清宵易惆悵不必有離情

長樂夜坐寄懷湖外稽處士　鄭谷

萬里念江海浩然天地秋風高羣木落夜久數星流鐘絕分宮漏螢微隔御樓遙知洞庭上宵露滿漁舟

夕陽　前人

夕陽秋更好斂斂蕙蘭中極浦明殘雨長天急遠鴻僧窻留半榻漁舸透疎篷莫恨清光盡寒蟾即照空

夕次洛陽道中　崔塗

秋風吹故城城下獨吟行高樹鳥已息古原人尚耕流年川暗度往事月空明不復歎岐路馬頭塵夜生

夜深　韓偓

惻惻輕寒翦翦風小梅飄雪杏花紅夜深斜搭鞦韆索樓閣朦朧煙雨中

晨興　前人

曉景山河爽閑居巷陌清已能消滯念兼得散餘酲

夜船　前人

汲水人初起迴燈燕暫驚放懷殊未足圓隙已塵生

野雲低迷煙蒼蒼平波揮目如凝霜月明船上簾幕卷露重岸頭花木香村遠夜深無火燭江寒坐久換衣裳誠知不覺天將曙幾簇青山鴈一行

曲江夜思　前人

鼓聲將絕月斜痕園外閑坊半掩門池裏紅蓮凝白露苑中青草伴黃昏林塘闃寂偏宜夜煙火稀疎便似村大抵世間幽獨景最關詩思與離魂

章臺夜思　韋莊

清瑟怨遙夜繞絃風雨哀孤燈聞楚角殘月下章臺芳草已云暮故人殊未來鄉書不可寄秋鴈又南迴

早發　前人

早霧濃于雨田深黍稻低出門鷄未唱過客馬頻嘶樹色遙藏店泉聲暗傍畦獨吟三十里城月尚如珪

夜景　前人

滿庭松桂雨餘天宋玉秋聲韻蜀絃烏兔不知多事世星辰長似太平年誰家一笛吹殘暑何處雙砧擣暮煙欲把傷心問明月素娥無語淚涓涓

晨興　翁承贊

晨起竹軒外逍遙清興多早涼生戶牖孤月照關河旅食甘藜藿歸心憶薜蘿一樽如有地放意且狂歌

曉　徐夤

木盡銅龍滴漸微景陽鐘動夢魂飛潼關鷄唱促歸騎金殿燭殘求御衣窻下寒機猶自織梁間棲燕欲雙飛羲和晴聳扶桑轡借與寰瀛看早暉

夜　前人

日墜虞淵燭影開沈沈煙霧壓浮埃剡川雪滿子猷去漢殿月生王母來觜挂蛛絲應漸織風吹螢火不成灰愁人莫道何時旦自有鐘鳴漏滴催

寒夜吟　成彥雄

洞房脈脈寒宵永燭影香消金鳳冷猧兒睡魘喚不醒滿窻撲落銀蟾影

夜夜曲　前人

江楓自蓊鬱不競松筠力一葉落漁家殘陽帶秋色

春夜　劉兼

薄薄春雲籠皓月杏花滿地堆香雪醉垂羅袂倚朱欄小數王仙歌未闋

晝寢　前人

花落青苔錦數重書淫不覺避春慵空教枕上飛莊蝶任爾雲間騁陸龍玉液未能消氣魄牙籤方可滌昏蒙起來已被詩魔引窻外寒敲翠竹風

晨光動翠華　無名氏

早朝開紫殿佳氣逐清晨北闕華旌在東方曙景新影連香霧合光媚慶雲頻烏羽飄初定龍文照轉真直疑冠佩入長愛冕旒親搖動祥雲裏朝朝映侍臣

日暮山河清　無名氏

天高爽氣晶迥景忽西傾山列千重靜河流一帶明想同金鏡徹寧讓玉壺清纖翳無由出浮埃不復生縈紆分漢苑表裏見秦城逸興終難繫抽毫仰此情

欽定古今圖書集成曆象彙編歲功典

第一百九卷目錄

晨昏晝夜部藝文四 詩

宣和宮詞三首　宋徽宗
春晝偶書　寇準
五更睡　王禹偁
夕陽　錢惟演
秋曉　范仲淹
秋晝　前人
秋夜　前人
夜夜曲　文彥博
夜意　張方平
夜意　歐陽修
將至淮南馬上早行學謝靈運體六韻　前人
夜賦　梅堯臣
夜宴　龔宗元
早行　范純仁
古典　沈遼
秋曉　賀鑄
擬阮步兵夜中不能寐　前人
夜意　陳襄
曉　郭祥正
早行　晁端友
宮詞二首　王仲修
夜吟　張耒
東方　前人
守關　劉季孫
早行　陳淵
秋夜　朱弁
早行二首　鄭剛中
春晝　前人
日暮　張綱
晨興　陸游
晨起　前人
月夕　前人
秋夜　前人
夜　朱熹
湖邨晚興　葛天民
早征　趙汝鐩
半夜　前人
夜坐　葉茵
午齋即事　林希逸
安素午睡　錢時
早作　黃大受
早行　方夔
春夜　錢大椿
曉起二首　文天祥
早起偶成　前人
夜坐偶成　前人
夜　前人
早行　王鎡
夜步　金周昂
夜　前人
秋夜　前人
不寐　李俊民
蒲川八詠虞坂曉行　段成已
早行　元耶律楚材
宿卓水　許衡
午寢　元淮
月夜次修竹韻　黃庚
秋夜　前人
獨夜　趙孟頫
冬夜早起　張養浩
夜坐　貢奎
秋夜　許謙
江浦夜泊　薩都剌
夜發龍潭二首　前人
晚眺　周權
晚渡　前人
夜直　焦文炳
曉行　劉詵
曉色　謝宗可
夜坐偶書　洪希文
春夜　成廷珪
曉步　曹文晦
晚歸　陳高
曉思　王畛
聞雞　黃鎮成
楓橋夜泊　孫華孫
絕句　泰不華

和許集賢春夜寓直　陳肅
艮宵　張憲
夜坐　楊維楨
晨起一首寄丹丘　倪瓚
次韻仲瑛曉泊新安見懷韻　郯韶
秋夜曲　衛仁近
早行　舒遠
午窗睡起偶吟間花落硯池小兒士廉率爾應聲曰香絮粘棊局遂足成一律　葉顒
涼夜　郭鈺
夜坐　前人
夜　汪克寬
秋夜　金涓
夜思　釋善住
夜起　大圭
題西窗　媛王嬌紅
擬秋夜長　明趙康王厚煜
夜坐　劉基
秋夕　前人
秋夜　陶安
夜未　前人
夜久　張以寧
和王校理夜坐　高啓
寒夜吟　前人
草堂夜集　前人
早出鐘山門未開立候久之　前人
夜坐　楊基
春晝　張羽
川上暮歸　前人
夏夜舟中　前人
涼夜　前人
春晝　劉崧
秋夜長　前人
秋夜詞　前人
寒夜　前人
曉發江上　藍智
蚤起　楊彝
早行　王紳
曉望　貝翱
秋夜雜興呈徐典籤穎　黃哲
早行　林鴻
曉眺　趙迪
山中秋夜　梁寅
夜坐　陶宗儀
夏夜獨坐　陳亢宗
春曉　于謙
春夜　前人
太原道中曉行　前人
夏夜步月　前人
春曉詞　陸德蘊
蘭陵秋夕　張和
行臺日暮偶成　趙寬
夕　朱朴
日夕　黃雲
夜坐　劉玉
午風亭爲厚菴太史　張邦奇
西樓曉眺　索承學
寒夜吟贈吳江主人　左國璣
未夜　孫一元
向夕　戴冠
舟曉　楊愼
曉發　楊銓
保定公館晝坐　夏言
夜行　王諤
晚歸　吳益夫
早起露坐　文徵明
夜坐　前人
玉河橋曉行　蔡羽
曉起　前人
夜　王寵
曉行　馬駢
曉起偶書　趙時春
春夜　李開先
夜坐　孔天引
夜坐　何維柏
山中曉行　萬虞愷
早行　彭謙
返照　張居正
東郡道中早行　張祥鳶
省夜　前人
寒夜曲四首　皇甫汸

寒夜曲二首　皇甫汸
曉起　謝榛
雞鳴歌　吳國倫
秋夜　汪道會
秋夜感懷　前人
晚　顧聞
十四夜九門維敬見過　歐大任
中夜有感　施漸
曉發應城　李言恭
春晝　居節
秋夜獨坐偶成　馮琦
雙溪曉望　沈瓚
夜坐　區大相
夜坐　張鎬
朝　鍾惺
夜坐　范景文
暮望　施邦耀
西城晚眺　黃克晦
夜坐　胡宗仁
宿麻河　盛鳴世
夜過凌方紘齋　前人
春晝戲詠　茅維
靈峰山房夜起　吳鼎芳
寺夜　前人
夜夜曲　齊萊名
長夜曲　王龍起
曉起　前人
秋夕　前人
寒夕　前人
雨夕　前人
曉望　程漢
曉起　劉應迪
秋晨　張瑕
曉行　葛一龍
夕懷　張宇初
曉發　釋如蘭
日暮　明秀
曉行　實訶
夜坐　性琮
秋夜　媛孟淑卿
夜坐　朱妙端
秋夜　項蘭貞
春夜　謝五娘

歲功典第一百九卷

晨昏晝夜部藝文四 詩

宣和宮詞三首　宋徽宗

小桃初放未全香清晝金吾漏已長臨罷黃庭無一事日移花影上迴廊

太皇生日最尊榮獻壽宮中未五更天子捧觴仍再拜寶墀侍立到天明

清晨檐際肅霜鮮曉日初消萬瓦煙隆德重陽開小宴競將黃菊作花鈿

春晝偶書　寇準

白晝偶成芳草夢起來幽意有誰知風簾不動黃鸝語坐見庭花日影移

五更睡　王禹偁

數載直承明寵深還若鶩趍朝雞喚起殘夢馬馱行左宦離雙闕高眠盡五更如將閒比貴此味敵公卿

夕陽　錢惟演

遠色連高樹迴光射迴樓自翻歸雁影更急思蟲愁煙暝長先隔霞烘久未收華燈知可繼惟照洞房幽

秋曉　范仲淹

牆外轆轤響樓前河漢敧曙光和月色猶記早朝時

秋晝　前人

日色清如照前林葉未零海東新隼至一點在青冥

秋夜　前人

春色人皆醉秋光獨不眠君看明月下何似落花前

夜夜曲　文彥博

明月流清漢娟娟照洞房微風吹敗葉颯颯下銀牀

塵暗流黃素鑪銷辟惡香年年機杼妾獨怨夜何長

夜意　張方平

羣動已沉響蛩吟時一聲露寒仙掌重月午庾樓清感慨聞雞舞悲涼感笛情幾多塵役者夙駕待鐘行

夜意　歐陽修

蕙炷爐薰斷蘭膏燭豔煎夜風多起籟曉月漸虧弦鵲去星低漢烏啼樹暝煙惟應牆外柳三起復三眠

將至淮南馬上早行學謝靈運體六韻　前人

晴霞照東浦驚鳥動煙林曙河兼斗沒沓嶂隱雲深

寒雞隔樹起曲塢霜風吟征夫倦行役秋興感登臨
衡皐積潦迴江蘺香露沉行矣歲華晚歸歟勞歎音

夜賦　梅堯臣

月從東殿生叢竹照修竦葉間淸露滴枝上寒禽動
開覺萬慮空靜聞嚴鼓重官燭剪更明相看應似夢

夜宴　龔宗元

兔魄侵堦夜三刻蜀錦堆香花院窄風動簾旌玳瑁
寒露垂蟲網珍珠白美人正席羅絃管綺幄雲屏爐
麝煖只恐金壺漏水空不怕鸚鵡琥珀滿勸君莫負
秉燭遊會見古人傷晝短

早行　范純仁

夙駕冒輕寒身勞意自閒鳴雞起遙墅殘月滿空山
水落灘沙白林稀落葉殷東方上朝旭始免畏途艱

古興　沈遼

夜半山氣冷始知秋序深開軒望明月西嶺莽涔涔
人籟久已息繁然蟪蛄吟緬懷故丘鶴淸唳有餘音

秋曉　賀鑄

未卷半簾霜猶疑在庭月倚樹汲淸泉疎風獵華髮

擬阮步兵夜中不能寐　前人

夜久不成夢張燈開古書淸霜屏雲物有月來庭除
艮時悵難再不與佳人俱掩卷長太息望子城之隅

夜意　陳襄

蕙爐香燼蕙煙沉凜冽寒生翡翠衾月國音塵千里
信仙山樓閣五雲深離懷暗耿金壺漏獨夢多驚玉
女碪騎省中郎才調逸擬將文筆賦秋心

曉　郭祥正

曉光初透玉玲瓏迴與眞山意思同蒼翠正含煙霧
濕一峰先占太陽紅

早行　晁端友

馬上雞初唱天涯星未稀驚風時墜笠零露暗沾衣
山下疎鐘發林梢獨鳥飛遠峰煙霧淡迤邐見朝輝

宮詞二首　王仲修

月沉天角曉星明上直妝成趁五更昨夜宣徽初進
曲仙韶院裏未知名

銀河淸淺夜縱橫魚鑰傳呼鎖禁城試上紅樓三十
級凭欄好看月華生

夜吟　張耒

簾捲涼侵戶窗虛月過帷高桐淸露濕深柳夜蟬悲
斷續銀河轉攲斜斗柄移風來高葉報伏近候蟲知
陶令尊無酒潘生鬢有絲將何慰愁寂倚杖獨題詩

東方　前人

東方未明更五鼓星河寥寥寒鴉度鏜鏜鳴鐸誰家
車陌上驅牛輾霜去北風吹面足踏冰邨南早飯天
未明年年輸稅洛陽城愼莫後期官有刑

守關　劉季孫

晨雞三叫未開關留住行人更解鞍却上月明高處
立曉風吹面作淸寒

早行　陳淵

夢中聞得子規啼燈下驚呼馬亦嘶宿霧故迷山遠
近肩輿纔辨路高低雞鳴犬吠遙相應野草幽花自
不齊待得晨光開霽色不知行道幾人迷

秋夜　朱弁

秋夜雖漸永未抵客愁長秋月雖已圓不照寸心方
將心貯此愁眞作萬斛量爲月憐此夜誰共千里光
空令還家夢欲赴征鴻翔

早行二首　鄭剛中

風柳驚霜日夜飄客程中夜馬蕭蕭據鞍髣髴如殘
夢曉月一鈎猶未消

赬肩擕擔又催程寸許孤燈照壁靑破縣殘更誤傳
曉馬行十里見明星

春晝　前人

深村春晝未事事不相關花少蝶蜂瘦水淸鷗鷺閒
柏香薰紙帳竹枕傍屏山付與翛然夢樂哉天地間

日暮　張綱

地偏車馬靜門閉水雲深野艇收晴網村舂續暮砧
危腸逢酒怯病骨畏寒侵又見鴉歸盡誰賡梁甫吟

晨興　陸游

倦枕厭寒夜起尋殘火溫喈喈衆雞動耿耿一燈昏
野氣增霜力窗光淡月痕早朝非老事且復灌吾園

晨起　前人

衣潤薰籠煖燈殘漏箭長鳴雞帶窗月立馬怯庭霜
病骨陰晴覺官身早夜忙火城那復夢愁絕軟塵香

月夕　前人

開戶滿庭雪徐看知月明微風入叢竹復作雪來聲
俗塵不待掃稟然肺肝淸林深無漏鼓鶴唳報三更

秋夜　前人

庭院蕭條夜氣淸臥聽宮漏下宮城旅懷生怕還鄉
夢留取殘燈伴雨聲

夜　朱熹

獨宿山房夜氣淸一窗涼月共虛明鄰雞未作人聲
絕時聽高梧滴露鳴

湖邨晚興　　葛天民

殘霞伴孤鶩晚燒雜斜暉秋向詩中出人從畫裏歸柳塘雙槳急茆舍一燈微小艇穿籬入蒲蓬正掩扉

早征　　趙汝鐩

店雞一唱接疎鐘起整行裝尚夢中沙路踏殘征馬月柳隄啼斷曉鶯風水肥渡險添舟子崖沒途窮問牧童千里鄉人逢陌上片時握手各西東

半夜　　前人

坐久香消篆更長燭屢花一輪靚浴兔兩部聽鳴蛙

夜坐　　葉茵

秋院稱涼生看書睡未能扇閒螢撲袂窗破鼠窺燈晚境物華異淸宵道氣增鄰家猶不寐席地話豐登

午齋即事　　林希逸

晴窗伊吾罷風薄淸晝永陳編幾廢興適笑心自領靑精飯何味車笠沸塵境佇立共幽懷虛簷踈竹影

安素午睡　　錢時

禾黍秋相近溪山日自長午窗千嶂雨幽夢一簾香

早作　　黃大受

星光欲沒曉光連霞暈紅浮一角天乾盡小園花上露日痕恰恰到窗前

早行　　方夔

早起理歸裝殘燈耿曙光開門半山月立馬一庭霜鐘響知雲寺波聲認石梁修途畱不住去去出山莊

春夜　　錢大椿

燕子銜泥已下簾深深庭院薄寒天海棠枝上黃昏月楊柳枝頭淺澹煙勾引芳情春夢蝶頓催愁緒夜啼鵑踏靑年少歸來晚斗酒花陰枕石眠

曉起二首　　文天祥

夢破風煙迥衾寒不自由鐘聲到枕曙月影入簾秋鴈過江山老蛩吟草樹愁整冠人共笑兩月不梳頭

遠寺鳴金鐸疎窗試寶熏秋聲江一片曙影月三分倦鶴行黃葉癡猿坐白雲道人無一事抱膝看囘文

早起偶成　　前人

澹澹池光曙沈沈野色秋片雲生北舍隻鴈過南樓有見皆成趣無言總是愁芭蕉夜來水鬅罷自搔頭

夜坐偶成　　前人

蕭蕭秋夜涼明月入我戶攬衣起中庭仰見牛與女坐久寒露下悲風動紈素不遇王子喬此意誰與語

夜　　前人

衾寒霜正下燈晚月平西夢過重成夢千門雞亂啼秋光連夜色萬里客淒淒落木空山杳孤雲故國迷

早行　　王鎡

客程因太早却費一更眠落月已歸海殘星猶在天櫓聲荷葉浦螢火豆花田隔岸誰家起靑燈遠樹邊

夜步　　金朋昂

擊柝鄰居靜開門宿鳥驚西風秋半急北斗夜深明獨立乾坤大徐行杖屨輕遙憐漢宮闕重露濕金莖

夜　　前人

門巷溪聲爽衣裳夜氣蘇地淸林影散月靜桂花孤左省詩頻詠南樓興不辜關山冰雪裏何處覓天隅

秋夜　　前人

高閣鐘初殷層城月未光淨空含宇大臥斗帶星長暗覺巢烏動淸聞露菊香誰家砧杵急應怯暮天涼

不寐　　李俊民

露下中庭鶴睡驚娟娟缺月照窗明夜深讀罷牀頭易紙帳梅花夢不成

蒲川八詠虛坂曉行　　段成己

林外晨雞第一聲隴頭殘月伴人行未知局促鹽車下老驥蕭蕭又幾鳴

早行　　元耶律楚材

馬馱殘夢過寒塘低轉銀河夜已央鴈跡印開沙岸月馬蹄踏破板橋霜湯寒卯酒兩三盞引睡新詩四五章古道遲遲四十里千山淸曉日蒼涼

宿卓水　　許衡

寒釭挑盡火重生竹有淸聲月自明一夜客窗眠不穩却聽山犬吠柴荊

午寢　　元淮

鶯來踏碎亂紅飜盡日簾垂晝永閒午睡覺來香味遠金猊猶有鷓鴣斑

月夜次修竹韻　　黃庚

徙倚吟闌傍野塘古譙蓮漏滴更長月堦夜靜蛩聲切竹院秋聲鶴夢涼坐把水風侵袂冷眠分花露滿身香浩歌欲遡明河去醉嘆天孫織錦裳

秋夜　　前人

十分秋色滿軒窗景物淒淸夜氣涼篩月簾櫳金鎖碎擣霜砧杵玉丁當井梧葉脫無多影巖桂花稠不斷香坐到更深吟興動硯池滴露寫詩狂

獨夜　　趙孟頫

秋風動林葉夜雨滴池荷孤客眠不著亂蛩鳴更多

冬夜早起　　張養浩

推枕人初起出門星尚存歲寒郊野闊天早樹林昏

窻影猶殘月雞聲已遠村孜孜何所事時取故書溫

夜坐　貢奎

京國雨初霽虛堂夜氣凉新月上團團坐久流清光
露葉閃明晦河雲互飛揚機籟發天祕起弄琴與觴
千里同今夕幽愁結中腸濕螢低復舉棲鳥亦驚翔
適時物乃貴人生何慨慷

秋夜　許謙

日落窻仍暗燈殘卷未收家人催杼軸稚子問更籌
冷露蟲傳夜凄風樹怯秋百年一瞬目萬慮幾搔頭

江浦夜泊　薩都剌

千里長江浦月明星河半入石頭城棹歌未斷西風
起兩岸菰蒲雜雨聲

夜發龍潭二首　前人

孤舟一夜發龍湫水逆風回上石頭暫泊沙洲過夜
半臥聽鐘鼓是昇州
船頭夜靜天如水渡口潮平月在江燈影搖波風不
定老龍吹浪濕篷窻

晩眺　周權

閃閃歸鴉過別林斜陽流水意沈沈數聲樵笛人何
處一路寒山晩景深

晩渡　前人

離離野樹綠生煙灼灼山花爛欲然酤酒人歸春渡
寂柳根閒繫夕陽船

夜直　焦文炯

憶昨停驂便殿西柳溝風軟絮沾泥一彎月子梨花
上冷浸香雲伴鳥棲

曉行　劉詵

星明天宇迥山驛鼓初發行人稍已動露氣侵野白
方塘浸道隅荒荒似寒月日出炊煙橫雞聲隔林樾

曉色　謝宗可

遠似煙霏近又空非明非夜兩朦朧一天清露洗雞
退幾樹暗雲遮不窮畫閣樓臺濃淡裏殘燈院落有
無中蒼茫半逐雞聲散又被朝陽染作紅

夜坐偶書　洪希文

燈晦客無寐牀空夜不眠淒凉心下事月到小窻前

春夜　成廷珪

酒兵無力破愁城春盡空山杜宇聲敲缺唾壺眠不
得半簾花影月三更

晩步　曹文晦

一節循野岸凉思集衣襟雁陣迷秦篆蛩聲助越吟
溪黃添夜潦雲黑載秋霖未必號寒甚前村急暮砧

晩歸　陳高

西崦日初沒遠樹生夕陰晩步草露濕獨歸松徑深
入室載言笑稚子牽衣襟尊中有濁醪可以酌復斟
坐來窻牖白佳月出東林幽情寄觴詠適意忘華簪
自得閒居理寧憂外患侵

晩思　王畛

薰風向晩急吹動一身愁意合情終美心離事只休
烏銜殘月度雲逐暮天流今古無窮恨令人早白頭

聞雞　黃鎭成

曾催月影到寒窻又促征車拂曉霜湖海故人今白
髮五更孤枕淚浪浪

楓橋夜泊　孫華孫

畫船夜泊寒山寺不信江楓有客愁二八蛾眉雙鳳
吹滿天明月按涼州

絕句　泰不華

簾鉤月夜生凉花霧霏霏入畫堂吹徹玉簫人未
寢更添新火試沈香

和許集賢春夜寓直　陳肅

通籍趨香署分曹隸瑣闈金泥疏奏簡珠檢蘊朝衣
竹靜憐鐘迥花深覺漏微絳河低綺綴紺斗入羅帷
薄夢先雞發閒情信馬歸幸因披豔藻謬用接清輝

良宵　張憲

良宵情緒不堪題立遍闌干意欲迷鐵撥忽敲壺口
破金刀頓剪燭心齊綠分楊柳湘簾細紅壓櫻桃斗
帳低彷彿第三橋畔宿月明珠樹夜烏啼

夜坐　楊維楨

雨過虛亭生夜凉朦朧素月照芳塘螢穿濕竹流星
暗魚動輕荷墜露香起舞劉琨肝膽在驚秋潘岳鬢
毛蒼候蟲先報砧聲近不待尊鱸憶故鄉

晨起一首寄丹丘　倪瓚

竹窻晨起聞幽鳥深巷絕無車馬喧多病馬卿非不
遇歸田陶令自忘言牆陰薯蕷苗方茁雨裏櫻桃花
正繁一月陰寒少晴日坐看春水上柴門

次顧仲瑛晩泊新安見懷韻　郯韶

長林夕露下一雁過秋天月照風燈外星沈夜水前
美人隔煙渚清夢落江船孤坐聞城漏迢迢夜不眠

秋夜曲　衞仁近

誰家女兒青結螺花前雙歌舞婆娑湘簾在鉤明月
多奈此迢迢良夜何

早行　舒遠

月落霜林烏早啼風生驛路馬頻嘶柴門犬吠天將
曙知有人家住隔溪

午窻睡起偶吟閒花落硯池小兒士廉率爾應　葉顒
聲曰香絮粘碁局遂足成一律

睡起碧窻虛無人松影移庭空晴晝永徑靜夕陽遲
香絮粘碁局閒花落硯池遙看煙樹鳥飛過白雲枝

凉夜　郭鈺

竹外凉風迺曉坐驚斷蛩聲山葉墮天河何處是雙
星新月纖纖碧雲破

夜坐　前人

庭虛初月上樹響微風入樓鵲聽猶驚流螢墮還拾
沈沈寒漏滴隱隱餘鐘急坐久不知疲凉衣露吹濕

夜　汪克寬

元觀空山靜秋風晩更清嵐光連霧氣松響亂泉聲
竹戸流星近蘭階落葉平夜寒人不寐獨對一燈明

秋夜　金涓

四望秋無際凭闌夜未央星榆晴舞葉月桂冷飛香
人澹琴心古林幽鶴夢長此情當此夕誰肯賞凄凉

夜思　釋善住

夢鵲驚飛叫不休聲聲還繞舊枝頭牆東一片梨花
月又逐笙歌上水樓

夜起　大圭

野人獨臥山中屋夜半雨聲清夢熟起來竹下一開
門秋入千峰月如玉

題西窻　媛王嬌紅

日影縈階睡正醒篆烟如縷午風平玉簫吹盡霓裳
調誰識鸞聲與鳳聲

擬秋夜長　明趙康王厚煜

漫漫秋夜長唧唧寒螿吟白露下青草悠悠傷我心
傷心耿不寐孤坐鳴素琴朱絃中斷絕轉軫悲餘音
推琴步微月仰見雙飛禽緬懷牧犢子潸潸淚沾襟
丰神宛如在帳望空梁陰

夜坐　劉基

露泣寒螿咽斷魂風驚舊鐸語黃昏羈愁悄悄成危
坐看盡空牆上月痕

秋夕　前人

柏葉蕭疎柳葉黃露華如玉綴空廊丹心欲共燈花
結白髮偏隨漏水長月色故園同窈窕蟲聲此夜獨
淒凉寒雅莫更啼金井衰病能堪幾斷腸

秋夜　陶安

青燈對無語白月透虛櫺乍冷壁蟲響向風山葉零
更長無久睡意到索遺經心境有餘寂秋聲自厭聽

夜永　前人

山深無刻漏夜未不知更窻白只疑旦月斜猶未明
離人江北住華髮枕間生孤館此懷寂斷鴻何處聲

夜久　張以寧

夜久未能寂春來空復情遠沙爭月色柔櫓助河聲
客枕荒雞到漁歌宿鳥驚鄰舟燈火亂早起又詩成

和王校理夜坐　高啓

池暝花如霧蒼蒼月照開梁空雙燕睡簾暗一螢來
兵散誰家笛人違此夜杯如何對清景愁思却相催

寒夜吟　前人

月下凍痕生綠井隔林霜片飛無影樹枝風息轉迎
寒愁人如烏棲未安夜短夜長應獨覺熒熒殘燭鳴
鳴角

草堂夜集　前人

山家具雞黍夜與故人期暫喜逢歡會都忘在亂離
火寒移坐密燭盡得詩遲莫聽高城角明朝別又悲

早出鐘山門未開立候久之　前人

關吏收魚鑰趨朝阻向晨忘鳴雞睡熟倦立馬嘶頻
柝靜霜飛堞鐘來月墮津可憐同候者多是未閒人

夜坐　楊基

窻寒雪亂飛鴈帶邊聲過對影却增愁吹燈暗中坐

春晝　張羽

人閒白日靜鳥鳴高枕餘薜蘿引修蔓綠覆茅簷虛
砌筠初過雨窻風時弄書已無車馬跡適似田家廬
於焉何足戀性自樂幽居

川上暮歸　前人

此地頻經畫舫過暮歸元不畏風波煙中漁網懸楊
柳浦口船燈照芰荷歸鳥去邊行客少夕陽盡處亂
山多此時詩意渾無賴聽得前溪子夜歌

夏夜舟中　前人

畫舫暮來過風傳子夜歌簟紋凉更淨荷氣夕偏多
落月斜箏柱流螢拂扇羅此中無限意其奈暝鐘何

凉夜　前人

金氣已呈秋新凉入夢幽閨人砧欲動侍女扇將收
玉露淸瑤簟銀河繞畫樓更憐今夜月隱隱樹西頭

春晝　劉崧

池南薮柳燕將雛門巷新晴轉綠蕪花隔小窻人不
到一簾香霧闘挼捕

秋夜長　前人

月出烏啼城上頭閨中美人生遠愁銀河迢迢當北樓褰帷弄影揚清謳月光如水地上流珠箔微茫懸兩鉤羅衣半捲涼颼颼起坐數盡寒更籌更籌數盡明不發明日鏡中生白髮

秋夜詞　前人

林鳥夜啼金井西蟋蟀在戶聲相齊中天無雲白露下漸見梧桐青葉低幽居此時愁獨曉蘭燈雙照蛾眉小歌聲恐逐迴風高掩抑冰絃破清悄絃中語語心自傷低頭却看明月光羅衣一夜惜顏色庭草明日霑秋霜甘心霜下草祇在堦庭好不作白楊花飛飛洛陽道

寒夜　前人

馬齕枯荄寒夜長風如箭鏃射陰房不知門外三更雪誤起開門看月光

曉發江上　藍智

官船催曉發浦鳥鬧驚飛殘月低清渚疎更隔翠微晨光初辨樹秋色已生衣萬里懸張翰鱸魚未得歸

蚤起　楊彝

一聲殘角數聲雞南斗高懸北斗齊多少行人度關去東方曙色尚淒迷

早行　王紳

孤館驚殘漏登途竟作迷山形存隱約地勢失高低薄曙欺殘月哀猿和早雞忽聞飛瀑響已過石橋西

曉望　貝翺

雞鳴雙闕曙山翠漸霏微日映金宮上雲依玉殿飛萬方秋貢入千騎早朝歸自笑何為者緇塵滿表衣

秋夜雜興呈徐典籤穎　黃哲

璿杓運西宇華月麗中極坐知流序易遙夜秋風生銀漢呈宵景金堂含夕清柔條棲湛露嘉蕙茁幽莖撫迹遂成感如何君遠征相思雲陽浦岧嶢限玉京寸心渺何極搖蕩如懸旌

早行　林鴻

前山樹暗月朦朧馬色雞聲共曉風不為逢秋多感慨只緣身在別離中

晚眺　趙迪

白雲深處野人家倚杖閒吟日未斜江上數峰看欲盡晚鐘殘月入蘆花

山中秋夜　梁寅

夜對千峯秋氣清蕭條巖壑一閒身松林虎出時窺犬茅屋螢飛偏近人傍月把書憐稚子臨風吹笛羨南鄰棲烏應怯梧桐冷不斷悲啼欲嚮晨

夜坐　陶宗儀

披衣散髮坐南榮漏點遲遲欲二更風約沼萍雲影淡月栖徑竹露華明石牀涼意浮珍簟寶鼎沉煙噴玉笙世慮不關心似洗此身只覺在蓬瀛

夏夜獨坐　陳亢宗

赤日墮西嶺萬竅生夕陰鮮月發華滋流雲倏銷沈攬衣中庭下孤坐忘夜深螻蟈亂聒蚯蚓亦長吟涼颸西南來冷然度中林沈抱方迫塞少焉沃煩心高詠停雲篇緬懷慰知音

春曉　于謙

晝靜暖風微簾垂客到稀畫梁雙燕子不敢傍人飛

春夜　前人

長風送華月照我庭前樹宿鳥忽驚飛雙雙背人去

太原道中曉行　前人

星稀月落曉風清猶聽雞聲報五更山勢平吞沙漠境河流曲繞晉陽城天涯何處尋歸路野景無邊動客情車騎縱橫皆故道不須候吏遠逢迎

夏夜步月　前人

明月入我戶清風吹我衣散步下瑤堦仰看星斗暉萬籟寂不聞羣動咸息機嘯歌振林藪鳥雀爭分飛興盡却歸來此意知者稀

春曉詞　陸德蘊

窗明雲母光催曙嬌鳥驚啼畫欄樹流蘇復帳開芙蓉枕屏殘夢猶朦朧東方風來寒剪剪蘭香熏衣藕絲軟銀蟾隔簾斜墮雲捲簾花霧春無痕

蘭陵秋夕　張和

碧樹鳴秋葉芳塘斂夕波漏長稀箭刻樓迥逼星河候雁迎霜早啼螿傍月多懷人不能寐彈鋏起商歌

行臺日暮偶成　趙寬

何處蕭蕭暝色侵海雲將雨過寒林間關旅雁天涯路寂歷啼螿歲暮心槁木嗒然聊隱几飛蓬搔盡不勝簪松垣深掩黃昏盡惟有爐薰對苦吟

夕　朱朴

出門望南山日夕山光冷山月出未高棲雅動林影

日夕　黃雲

寂居山之阿木葉明返照陰厓凝晚色餘霞尚鮮耀遠心望煙海孤興凌仙嶠歸牧驅牛馬溪船罷漁釣閉門羣動息默以領衆妙

夜坐　劉玉

暝色閟琴書開軒對明月微雨卷薄雲疎星粲成列

孤蹤棲鳥足羣響蟲聲歇緬懷塵外人高枕宵鐘徹

午風亭爲庤菴太史　張邦奇

青草池邊綠樹枝晴空白日颺遊絲緗簾半捲飛花入正是午風吹客時

西樓晚眺　索承學

在家無事不勞生暫倚危樓看夕晴雲裏樹含山外寺渡頭人語水邊城荒村茅屋秋砧早野店漁家曉炊明吟罷新詩還自和西風吹落塞鴻聲

寒夜吟贈吳江主人　左國璣

昏鐘夜定華月高霜風入室風蕭颼主人下簾執明燭玉壺瀉出香葡萄冰河赤鯉價重萬洞庭黃柑初破苞解我吳鉤佩著我赤霜袍當杯更發鷓鴣調意氣落魄無辭勞白日營營苦多務喫飯梳頭日云暮不來清夜與爾遭枉使黃金滿箱庫當年平樂宴賓客十千五千更不顧如花少女勸酒歌醉沒西山月華素吳江主人逸興清寒夜好客歡相迎紅鑪煖炙薰空䍿不怕河冰凍玉成

永夜　孫一元

黃葉下西陂山空秋正清永夜無人語殘河盡意明

向夕　戴冠

落日去遙岑孤村暝欲侵犂鋤歸別坂煙火散前林羇鳥驚風起幽花入夕深時來須向晦吾亦閉門吟

舟曉　楊愼

羇心厭漏遲未曉命舟師樹過如人立帆開覺岸移天梭星落織霞錦日斜絲漸喜漁村近炊煙出竹籬

曉發　楊銓

耿耿星河拂曙流舳艫銜尾上邕州牂牁南下推鼓

室暘谷東開破屋樓山頂漸排雲影出浪花初盪日光浮捷書夜報降王款應有元戎侈壯猷

保定公館晝坐　夏言

重門掩長晝槐陰知午過瓦雀上階行青蟲抱絲墮公暇亦憑几好風時入座終羨南村翁悠哉北窻臥

夜行　王謳

夜行如在旦殘月清林光雲氣生深澗露華從早涼白沙鬱浩浩翠壁凝蒼蒼寂歷松柏徑經過花草香雞聲互村落曙色動柴桑即事兒多感離心含永傷

晚歸　吳益夫

夕陽下西林草徑含暝色鳴蜩在深樹向晚猶不息歸騎且遲遲中天雲未黑

早起露坐　文徵明

炎宵不能寐起坐褰絺綌繁星麗中天明河連曙輝涼風不滿鬢落月猶在衣中庭草木稠宿露朝未晞人生亦旦暮急景無停機撫時懷美人欲往情依依暑寒互推遷安得願無違

夜坐　前人

溽暑夜不寐涼風初解圍起看星漢動坐久語音稀殘月耿猶在流螢忽自飛一聲何處鶴淚下欲沾衣

玉河橋曉行　蔡羽

太液新波出建章轆轤聲近想宮牆殘星拂樹天橋淨隔岸啼鶯禁籞長紫氣凝香開北極蒼龍乘日起東方君王垂拱臨朝早銀燭光中散鷺行

曉起　前人

竹色衣全綠林光露未晞隴猿催夢曉塞月墮烟微別恨琴中語流年客裏歸悠悠花上蝶偏作合歡飛

夜　王寵

山腰小閣夜焚香煙滿平林月滿牀十里春樓明滅外竹枝歌散一天長

曉行　馬駢

明河欲西垂樹杪大星落隱隱遠煙消霜天一聲角

曉起偶書　趙時春

獨臥聽晨喧攬衣欲遽起院靜不聞人鳥啼深樹裏

春夜　李開先

寶鴨香初乏銅龍點漸加睡輕聞雨竹情重惜風花無語梁間燕未啼城上鴉春宵太寂寞攲枕待朝霞

夜坐　孔天引

寥寥郡齋夕悄悄客心幽露氣因風發花陰帶月流城高聞鼓角地爽識邊州去國懷多驥兼茲永夜愁

夜坐　何維柏

虛亭面芳沼涼月散遙林坐觀羣動息惟聞蟋蟀吟物性各自適茲理會予心虛明生夜景微風開我襟整衣起巡簷鳴我花間琴緬懷千載下希聆疎越音高梧發孤籟妙契天機深對此不能寐待旦夙所歆

山中曉行　萬虞愷

攬衣中夜起秣馬早鳴鞭殘月不照地明星猶在天出門頻問曉歷澗暗聞泉翳翳東林外山雲雜隴煙

早行　彭謙

畏途兼歲暮假寐怯宵征高柳霜前短殘星曉後明板橋人度影晝角戍傳聲野燒前山起羈心黯自驚

返照　張居正

落日千山暮寒光入薊城盧堂餘樹色御苑亂鴉聲擁衲僧歸晚開軒客望平鄉關杳何處萬里一含情

東郡道中早行　張祥鳶

雞鳴庭樹曉漏斷晨星疎濃霜白於玉皎皎塗堦除
攬我征衣裳出門復驅車數里始辨色井屋炊煙初
日氣結朝霞絳色橫扶餘巳欣遠懷曠復懽塵眼舒
馬嘶驛樓近晨風吹臼檢計程尚千里歲晏歸吾廬

省夜　前人

梟梟明河帶苑牆蕭蕭亂葉下微霜風廻寒柝沉遙
堞天近疎鐘出未央共道漢庭方貴少可知顏駟尚
爲郎一官無補思田里歲晏南中橘柚黃

寒夜曲四首　皇甫涍

碧殿金風生綺紈宮槐吹盡不畱殘沈沈月到苔陰
上添却簾櫳無數寒
空庭靄靄月凝霜銀燭無光玉漏長清漢數聲征雁
度夢回中夜憶遼陽
寒切雕窻透錦茵殘更望斷履綦塵空閨不恨飛霜
夜總使春來益黯神
玉衡低戶夜無聲月色籠寒照不明燈火漸催迎早
歲綠窻愁殺近啼鶯

寒夜曲二首　皇甫汸

風吹芳樹已凋殘却放清蹕入畫闌莫道金閨常自
煖夜深翻似玉門寒
淡煙和月出霜林落盡寒花只素陰別有蘭釭凝彩
焰鏡臺斜倚照冰心

曉起　謝榛

曉起正科頭時聞花外鳩出門疎雨歇倚杖斷雲流
綠草偏依水青山半入樓况逢春酒熟不負嗣宗遊

雞鳴歌　吳國倫

東方欲曙星皎皎雞人登壇望八表三唱傳呼曲未
終月散鐘鳴天下曉重城萬樹鳴烏鵲六宮並奏鈞
天樂

秋夜　汪道會

唧唧候蟲響幽人耿不眠纖纖寒兔影虛牖鑒逾鮮
夢爲逢秋作鐘因達曙傳羇心與病骨展轉共凄然

秋夜感懷　前人

凉風吹嫋嫋遙夜闔閭城秋至明蟾影寒生切雁聲
淚痕餘枕席病骨怯支撐霜鬢朝來染應知更幾莖

晚　顧聞

岸幘秋堂小臨流暮雨清羣峯傾鳥背落葉帶溪聲
林日高低下川虹斷續明棹歌何處發應是采蓮行

十四夜元白維敬見過　歐大任

曖曖天宇豁良夜皎如練鏡彩未盈規清輝遠彌見
先臨太液池却麗昭陽殿須臾出漸高歷歷指煙甸
零露浥金莖嚴更促銀箭登樓枉嘉賓鳴佩總時彥
列坐引濁醪行廚媿豐膳盍簪既非偶明德夙所眷
共舒南渚情寧羨西園讌鄙劣謝久要期爾迴光眄

中夜有感　施漸

牽牛西轉雉樓高殘月亭亭午夜潮客久不知顏鬢
改一聲城角起岧嶢

曉發應城　李言恭

古道風煙接天涯曉夢迷猿啼千樹露人過一村雞
遠浦餘燈暗隔林殘月低此時有高臥子獨媿羇棲

春晝　居節

春江泥暖燕來時紅白花深桃李枝草色一簾門半
掩臥看雙蝶趁游絲

秋夜獨坐偶成　馮琦

丹鳳城西小苑開夜深清露冷蒼苔巢星歷歷疎螢
度落木蕭蕭候雁廻凉雨乍收雲滿樹碧天如洗月
臨臺中宵不掩雙扉臥恐有相思命駕來

雙溪曉望　沈瓚

樓居無俗夢山曉不聞雞日出鳥鳴竹霧開人渡溪
沙田秋稼曉野町宿雲低欲卜誅茅處終焉共遯棲

夜坐　區大相

夜坐不覺久庭烏棲復啼燈前下黃葉井上鳴莎雞
漏靜風聲細帷空月影低城南有思婦幽夢越遼西

夜坐　張鼐

香浮簾外疑花笑影到窻前喜月來獨有苦吟人未
睡三更移步點蒼苔

朝　鍾惺

蓐食初戒徒新暘淡寒岫光薄始著林映帶自先後
日盛宿煙避遠見山水候我行久出峽始得覩清晝

夜坐　范景文

不寐中宵起虛庭分外清花因風弄影雲與月爭明
人定雅棲穩寒初鶴夢驚颯然生遠樹大半是秋聲

暮望　施邦耀

返照開西峽穿林渡遠塘卑枝散高影遠岫駐雲光
城市歸人急江天宿鳥忙自傷遲暮客日日送殘陽

西城晚眺　黃克晦

薄暮登城暑氣微風含睥睨欲沾衣青山滿目懸高
隱白髮盈頭愛落暉水帶平蕪雙鳥下雲連遠樹一
僧歸深杯未覺黃昏盡漁火遙生垂釣磯

夜坐　胡宗仁

篝燈常獨坐淪茗與攤書殘月半窗白寒星徹夜疎
不眠增晝短延漏惜冬餘此意自終古中懷未忍虛

宿麻河　盛鳴世

積雨湖田沒居人生事微白魚休市早烏鬼載船歸
月黑村舂盡林深岸火稀緯蕭眠不定中夜賦無衣

夜過凌方絃齋　前人

十里到孤村柴門下夕曛霜鋪平野月鐘斷隔溪雲
病骨逢秋健清言忘夜分自君多祕術葭鶴漸成羣

春晝戲詠　茅維

春晝陰陰度網窗春愁極目蕩春江不知何處吹花
片忽有餘香到佛幢紅藥風飜嬌第一紫丁煙濕豔
無雙如儂自愛空林綠繡徧苔錢帶壁缸

靈峰山房夜起　吳鼎芳

寥寥青蓮宇出步夜方永蟬鳴四山秋鹿飲一潭靜
圓月當碧空孤塔立無影花落樹猶香竹深澗亦冷
煙光散如水明星上高嶺

寺夜　前人

林坳動蕭槭橡葉走簷際柴門夜忘關山風自開閉
邑邑如有懷遙遙轉無寐佛燈清可依城柝冷相遞
斜月苦近牀嚴霜白滿地

夜夜曲　齊萊名

月澀燭無光蟋蟀鳴牀下夜半繡衾寒霜落鴛鴦瓦

長夜曲　王龍起

玉塞遙遙人未到金閨夜夜雞鳴早翡屏銀燭影長
寒寶帳熏籠空自好井牀幽咽轆轤軟離魂乍斷鴛
眠淺半枕尋思信復疑迴腸遂與更籌轉芭蕉露墜
清聲發蠡斯絡緯哀殘月紗窗冷落暗生光耿耿含
情獨不歇

曉起　前人

夜闌遠寺鐘鳴漸漸啼雞有聲起把疎簾半捲一鉤
落月西橫

秋夕　前人

小窗殘日斜懸葉落空庭悄然簾影無風自舞數聲
雞犬村前

寒夕　前人

疎林夕照將斜半嶺風吹斷霞無事柴門獨掩庭前
幾樹梅花

雨夕　前人

滿城風雨層軒寂寞危闌獨凭牆外梨花亂落黃昏
一點孤燈

曉望　程漢

雨餘湖色靜雜樹曉氤氳空水遙難辨山花近漸分
葉齊晉岸影魚聚盪波紋日出林光白英英散宿雲

曉起　劉應迪

曉色漸熹微柝聲聽漸稀月潛銷客枕燈已失林扉
竹外風翻冷花間露欲晞巢烏棲未穩先上女牆飛

秋晨　張㕒

新涼容易到幽棲晨起輕衫小院西蟋蟀草根吟未
歇牽牛竹尾一莖低

曉行　葛一龍

日出已杲杲西月還相照農婦餉晨畊牛衣覆霜草

夕懷　張宇初

落日未沒山明霞爛西岡疎林俯平野飛煙散輕皛
宿鳥棲復鳴燈火起鄰墟明月照東園餘寒襲裳襦

啓扉坐虛庭延泳思莫舒世故感浮情淳風朝夕殊
元天默無語終爾歸空無

曉發　釋如蘭

東風卷雨曉雲收兩岸雞鳴送客舟家楫不驚江上
雁殘燈猶照白雲樓天連野水浮雲闊斗轉銀河拂
地流遙望吳城何處是青山數點落長洲

日暮　明秀

西閣日將夕川原生暮煙遠林歸倦鳥枯葉抱寒蟬
野岸漁罾外秋風戍壘前故人應念我定有尺書傳

曉行　實訥

東林日初上翠壑開霽色樵夫先入山霜草見行迹

夜坐　性琮

新涼微月上雜坐小庭前莫更燒明燭飛蛾絕可憐

秋夜　媛孟淑卿

豆花雨過晚生涼林館孤眠怯夜長自是愁多不成
寐非緣金井有啼螿

夜坐　朱妙端

吳蠶初出悄無眠數盡更籌覺暮寒柳色弄陰春已
暝角聲吹月夜將闌金爐火冷沈煙細羅幌風生蠟
炬殘夜坐空庭望銀漢碧天如水露漙漙

秋夜　項蘭貞

靜夜秥初動涼風雨乍收一鉤新月上應照故園樓

春夜　謝五娘

銀燭燒殘夜漏聲書屏香裊影孤清一庭春色無人
管分付梨花伴月明

欽定古今圖書集成曆象彙編歲功典

第一百十卷目錄

晨昏晝夜部藝文五 詞

菩薩蠻 秋夜　南唐盧絳
何滿子 泛湖夜歸　宋張先
玉樓春 夜雨寄舅　蘇軾
行香子 與泗守南山晚歸　前人
浣溪沙 晚景　賀鑄
前調 晚景　前人
夜行船 雨夜泊吳江　毛滂
踏莎行 陳興宋夜集　前人
感皇恩 晚酌　前人
南歌子 春夜　謝逸
驀山溪 月夜　前人
蝶戀花 早行　周邦彥
早梅芳 曉別　前人
選冠子　前人
眼兒媚 曉行　林少瞻
鷓鴣天 搔擊晚望　趙師俠
清平樂 早起聞鶯　趙長卿
前調 晚晴賞荷　前人
踏莎行 夜涼　前人
南歌子 夜坐　前人
江城子 夜涼對景　前人
菩薩蠻 湖光亭晚集　葉夢得
鷓鴣天 晚雨泛舟　前人
玉樓春 晚雨集客湖上　前人
南鄉子 拖亭新成晚步　前人
前調 自後圃晚步湖上　前人
西江月 夜行黃沙道中　辛棄疾
八聲甘州 夜讀李廣傳寄友　前人
滿江紅 夜飲海棠花下　劉克莊
臨江仙 夜景　李石
滿江紅 春曉　劉儗
水龍吟 夜泛鑑湖懷歸　姜夔
蝶戀花 崇陽畢圃夜飲　王炎
水調歌頭 夜泛湘江　前人
鵲橋仙 夜聞杜鵑　陸游
江城子 晚泊分水　黃銖
更漏子 夜聞桂香大醉　洪咨夔
菩薩蠻 夜景　史達祖
浣溪沙 夜飲中明小軒　韓淲
前調 夜飲聽歌　前人
好事近 春曉　汪莘
前調 春夕　前人
前調 春晝　前人
前調 春夜　前人
月華清 春夜對月　洪瑹
南鄉子 冬夜　黃昇
念奴嬌 夜凉　前人
念奴嬌 夜渡古黃河　張炎
前調 養福園夜飲　前人
踏莎行 夜景　無名氏
點絳脣 晨起書所見　金段克己
鷓鴣天 與欽叔京甫夜飲　元好問
鳳凰臺上憶吹簫 秦淮夜月　元彭履道
南鄉子 驛夫夜唱孤鳳　張翥
菩薩蠻 越城晚眺　明劉基
水龍吟 夜聞銅瓶湯響　前人
菩薩蠻 花邊夜宿　楊基
阮郎歸 夜登叢桂樓　吳子孝
浪淘沙 泊暴夜泊　李攀龍
憶江南 晚步　王世貞
武陵春 獨夜　葛一龍
念奴嬌 江上晚歸　沈友夔
行香子 夜雨　沈懋德
八聲甘州 曉發　陸釋麟
南鄉子 美人曉妝　卓人月
望江南 夜泊濮江口　張大烈
應天長 曉起大醉　前人

晨昏晝夜部選句

歲功典第一百十卷

晨昏晝夜部藝文五 詞

菩薩蠻 秋夜　南唐盧絳

玉京人去秋蕭索。畫簷鵲起梧桐落。敧枕悄無言。月和清夢圓。背燈帷暗泣。甚處砧聲急。眉黛小山攢。芭蕉生暮寒。

何滿子 泛湖夜歸　宋張先

溪女送花隨處。沙鷗避槳分行。遊舸已如圖障裏。小屏猶畫瀟湘。人面新生酒豔。日痕更欲春長。衣上

交枝鬬色釵頭比翼相雙片段落霞明水底風紋時
動妝光賓從夜歸無月千燈萬火湖塘

玉樓春 夜雨寄會　蘇軾

梧桐葉上三更雨驚破夢魂無覓處夜凉枕簟已知
秋更聽寒蛩促機杼　夢中歷歷來時路猶在江亭
醉歌舞尊前必有問君人爲道別來心與緒

行香子 與泗守遊南山晚歸　前人

北望平川野水荒灣共尋春飛步孱顏和風弄袖香
霧縈鬟酒正酣遊人語笑白雲間　飛鴻落照相將
歸去澹涓涓玉宇清閒何人無事晏坐空山望長橋
上燈火亂使君還

浣溪沙 晚景　賀鑄

鸚鵡驚人促下簾碧紗如霧隔青匳雪兒窺鏡晚蛾
纖　烏鵲橋邊河絡角鴛鴦樓外月西南門前嘶馬
弄金銜

前調 晚景　前人

樓角紅綃一縷霞淡黃楊柳帶棲鴉玉人和月折梅
花　笑撚粉香歸繡戶半垂羅幕護窻紗東風寒似
夜來些

夜行船 雨夜泊吳江　毛滂

寒滿一衾誰共夜沉沉醉魂朦鬆雨呼煙喚付淒凉
又不成那些好夢　忽明日煙江暝矇扁舟繫一行
螃蠏季鷹生事水瀰漫過鱸船再三目送

踏莎行 陳與宋夜集　前人

天質嬋娟妝光蕩漾御酥做出花模樣天桃繁杏本
妖姸文鴛彩鳳能偎傍　艾綠濃香鵝黃新釀綠雲
清切歌音上夜寒不近繡芙蓉醉中祇覺春相向

感皇恩 晚酌　前人

多病酒尊疏飲少輒醉年少銜杯可追記無多酌我
醉倒阿誰扶起滿懷明月冷爐煙細　雲幕雖高風
波無際何似歸來醉鄉裏玻璃缸上滿載春光花氣
蒲萄傍浪軟迷紅翠

南歌子 春夜　謝逸

雨洗溪光淨風掀柳帶斜畫樓朱戶玉人家簾外一
眉新月浸梨花　金鴨香凝袖銅荷燭映紗鳳盤宮
錦小屏遮夜靜寒生春筍理琵琶

驀山溪 月夜　前人

霜清木落深院簾櫳靜池面卷煙波瑩香冰一匳明
鏡修筠拂檻疏節晚嬋娟山霧斂水雲收野闊江天
迥　紅銷醉玉酒面風前醒羅幕護輕寒錦屏空金
鑪燼冷星橫參昴梅徑月黃昏清夢覺淺眉顰窻外
橫斜影

蝶戀花 早行　周邦彥

月皎驚烏棲不定更漏將闌轣轆牽金井喚起兩眸
清炯炯淚花落枕紅綿冷　執手霜風吹鬢影去意
徘徊別語愁難聽樓上闌干橫斗柄露寒人遠雞相
應

早梅芳 晚別　前人

花竹深房櫳好夜閒無人到隔窻寒雨向壁孤燈弄
餘照淚多羅袖重意密鶯聲小正魂驚夢怯門外已
知曉　去難留話未了早促登長道風披宿霧露洗
初陽射林表亂愁迷遠覽苦語縈懷抱漫回頭更堪
歸路杳

選冠子　前人

木浴清蟾葉喧凉吹巷陌雨聲初斷閒依露井笑撲
流螢惹破畫羅輕扇人靜夜久凭闌愁不歸眠立殘
更箭歎年華一瞬人今千里夢沈書遠　空見說鬢
怯瓊梳容消金鏡漸懶趁時勻染梅風地溽虹雨苔
滋一架舞紅都變誰信無聊爲伊才減江淹情傷荀
倩但明河影下遙看稀星數點

眼兒媚 曉行　林少瞻

霽霞散曉月猶明疏木挂殘星山徑人稀翠蘿深處
啼鳥兩三聲　霜華重逼雲裘冷心共馬蹄輕十里
青山一溪流水都做許多情

鷓鴣天 晚望　趙師俠

榕葉陰未著霜淺寒猶試夾衣裳霧濃煙重遙山
暗雲淡天低去水長　風漸緊景淒凉亂鴉聲裏又
斜陽孤帆落處鷗鷺飛映書空雁字長

清平樂 早起聞鶯　趙長卿

綺疏新曉學語雛鶯巧煙暖瑤階梧葉老滿地東風
芳草　少年不合風流慣他酒債花愁望斷綠蕪春
去銷魂懶上層樓

前調 晚晴賞荷　前人

木鄉清楚襟袖消殘暑綽約藕花初過雨出浴楊妃
無語　蒲萄滿酌玻璃已拚一醉酬伊浪捲夕陽紅
碎池光飛上簾幃

踏莎行 夜凉　前人

樹影將圓林梢不動汗珠裛透紗衣重薄風忽送雨
飛來晚凉習習生幽夢　珠箔高鉤瑤琴閒弄移尊
邀取嬋娟共今宵拚著醉眠阿夜香閭早添金鳳

南歌子 夜坐　前人

霜結凝寒夜星輝識曉晴蘭膏重剔且敎明爲照梢頭香縷一絲輕　坐久看看困新詞綴未成梅花熏得酒初醒更向耳邊低道月三更

江城子 夜涼對景　前人

綵雲飛盡楚天空碧落溶溶一簾風吹起荷花香霧噴人濃明月淒凉多少恨恨難許我情鍾　相思魂夢幾時窮洞房中憶從容須信別來應也斂眉峯好景良宵添悵望無計與一尊同

菩薩蠻 湖光亭晚集　葉夢得

平波不盡蒹葭遠淸霜半落沙痕淺煙樹晚微茫孤鴻下夕陽　梅花消息近試向南枝問記得水邊春江南別後人

鷓鴣天 晚雨泛舟　前人

天末殘霞卷暮紅波間時見沒鳧翁斜風細雨家何在老矣生涯盡箇中　惟此意與公同未須持酒祝牛宮傍人不解青蓑意猶說黃金寶帶重

玉樓春 晚雨集客湖上　前人

花殘却似春留戀幾日餘香吹酒面濕煙不隔柳條青小雨池塘初有燕　波光縱使明如練可奈落紅紛似霰解將心事訴東風只有啼鶯千萬囀

南鄉子 瀧亭新成晚步　前人

淺碧蘸鱗鱗照眼全無一點塵百草千花都過了初新翠竹高槐不占春　歌笑墮綸巾午睡醒來尚欠伸待得月明歸去也香蘋更有凉風解送人

前調 自後圃晚步湖上　前人

小院雨新晴初聽黃鸝第一聲滿地綠陰人不到盈盈一點孤花尚有情　却傍水邊行葉底跳魚浪自驚日暮小舟何處去斜橫衝破波痕久未平

西江月 夜行黃沙道中　辛棄疾

明月別枝驚鵲淸風半夜鳴蟬稻花香裏說豐年聽取蛙聲一片　七八箇星天外兩三點雨山前舊時茆店社林邊路轉溪橋忽見

八聲甘州 夜讀李廣傳寄友　前人

故將軍飲罷夜歸來長亭解雕鞍恨灞陵醉尉匆匆未識桃李無言射虎山橫一騎裂石響驚弦落魄封侯事歲晚田園　誰向桑麻杜曲要短衣匹馬移住南山看風流慷慨談笑過殘年漢開邊功名萬里甚當時健者也曾閒紗窻外斜風細雨一陣輕寒

滿江紅 夜飲海棠花下　劉克莊

老子年來頗自許心腸鐵石尚一點消磨不盡愛花成癖懊惱每嫌寒勒住丁寧莫被晴烘拆奈暄風烈日太無情如何得　張畫燭頻頻惜憑素手輕輕摘更一番雨過綵雲無迹今夕不來花下飲明朝空向枝頭覓對殘紅滿院杜鵑啼添愁寂

臨江仙 夜景　李石

烟柳疎疎人悄悄畫樓風外吹笙倚闌聞喚小紅聲薰香臨欲睡玉漏已三更　坐待不來來不去一方明月中庭粉牆東畔小橋橫起來花影下扇子撲飛螢

滿江紅 春曉　劉儗

著意留春留不住春歸難戀最苦是梅天烟雨麥秋庭院嫩竹濃陰鶯出谷柔桑採盡蠶成繭奈沈腰寬盡有誰知難消遣　幽閣恨雙眉斂香牋寄飛鴻遠向風簾羞見一雙歸燕翠被閒將情做夢青樓賺得恩成怨對尊前莫惜喚瓊姬持杯勸

水龍吟 夜泛鑑湖懷歸　姜夔

夜深客子移舟處兩兩沙禽驚起紅衣入槳青燈搖浪微凉意思把酒臨風不思歸去有如此水況茂陵遊倦長干望久芳心事簫聲裏　屈指歸期尚未鵲南飛有人應喜畫闌桂子留香小待提攜影底我已情多十年幽夢略曾如此甚謝郎也恨飄零解道月明千里

蝶戀花 崇陽縣圃夜飲　王炎

纖手行杯紅玉潤滿眼花枝雨過臙脂嫩新月一眉生淺暈酒闌無奈添春困　喚起醉魂君莫問憔悴容顏羞與花相近人自無情花自韻風光易老何須恨

水調歌頭 夜泛湘江　前人

江月冷如水江水碧於空晚來一霎過雨爲我洗秋容悄悄四山人靜凜凜三更露下天闊叫孤鴻喚起蓬窻夢身在水晶宮　揖湘妃招月姊御清風素琴韻遠不覺醉眼杏花紅禹穴騎鯨仙去東海釣鼇人遠此意與誰同倚杝一長嘯幽壑舞魚龍

鵲橋仙 夜聞杜鵑　陸游

茅簷人靜蓬窻燈暗春晚連江風雨林鶯巢燕總無聲但月夜常啼杜宇　催成淸淚驚殘孤夢又揀深枝飛去故山猶自不堪聽況半世飄然羈旅

江城子 晚泊分水　黃銖

秋風嫋嫋夕陽紅曉煙濃暮雲重萬疊青山山外叫歸鴻獨上高樓三百尺憑玉楯睇層空　人間日日去匆匆碧梧桐又西風北去南來消盡幾英雄擲下

玉尊天外去多少事不言中

更漏子 夜闌桂香火斷　洪咨夔

眼生花燈綴粟人在黃金列星金縷細道冠明膽瓶凉意生　緩歌絃停酒斝待得香風吹下斜月轉斷雲囘風流不讓梅

菩薩蠻 夜居　史達祖

梨花不礙東城月月明照見空闌雪雪底夜香微搴簾拜月歸　錦衾幽夢短明日南塘宴宴罷小樓臺春風來不來

浣溪沙 夜飲中明小軒　韓淲

一曲青山映小池林疎人靜月明時相逢杯酒也相宜　醉眼不知春事少歡情猶得漏聲遲神僊何處夢魂飛

前調 夜飲聽歌　前人

小雨收晴作社寒月橋花院篆香殘杏腮桃臉黛眉彎　歌拂燕梁牽客恨醉臨鸞鏡怕人看良宵春夢遶屏山

好事近 春曉　汪莘

閬苑夢囘時窻外數聲啼鳥覺我牀前天氣便清明多少　詩人門戸約花開宿蝶悞飛了一段山青水綠作洞庭春曉

前調 春夕　前人

夾岸隱桃花花下蒼苔如積驀地輕寒一陣上桃花顏色　東鄰西舍絕經過新月是相識白玉闌干斜倚作蓬山春夕

前調 春晝　前人

天宇綠無雲遲日江山如繡是處輕衫團扇笑折花相授　南山之北北山南星鳥尚依舊誰在松風高臥作嵩陽春晝

前調 春夜　前人

月落畫橋西花影柳陰相亞把住嫦娥問道是誰家亭榭　天邊處士少微星正在杏花下斜卓參旗一片作草堂春夜

月華清 春夜對月　洪瑹

花影搖春蟲聲吟暮九霄雲幕初卷誰駕冰蟾擁出桂輪天半素魄映青瑣窻前皓彩散畫闌干畔凝盼見金波滉瀁分輝鵲殿　況是風柔夜煖正燕子新來海棠微綻不似秋光只照離人腸斷恨無奈利鎖名韁誰爲喚舞裙歌扇吟翫怕銅壺催曉玉繩低轉

南鄉子 冬夜　黃昇

萬籟寂無聲衾鐵稜稜近五更香斷燈昏吟未穩凄清只有霜華伴月明　應是夜寒凝惱得梅花睡不成我念梅花花念我關情起看清冰滿玉瓶

念奴嬌 夜凉　前人

西風解事爲人間洗盡三庚煩暑一枕新凉宜客夢飛入藕花深處冰雪襟懷琉璃世界夜氣清如許劃然長嘯起來秋滿庭戸　應笑楚客才高蘭成愁悴遺恨傳千古作賦吟詩空自好不直一杯秋露澹月闌干微雲河漢耿耿天催曙此情誰會梧桐葉上疎雨

念奴嬌 夜渡古黃河　張炎

揚舲萬里笑當年底事中分南北須信平生無夢到却向而今遊歷老柳官河斜陽古道風定波猶直野人驚問泛槎何處狂客　迎面落葉蕭蕭水流沙共遠都無行跡衰草凄迷秋更綠惟有閒鷗獨立浪挾天浮山邀雲去銀浦橫空碧扣舷歌斷海蟾飛上孤白

前調 養拙園夜飲　前人

瘦節訪隱正繁陰閒鎖一壺幽綠喬木蒼寒圖畫古窈窕行人韋曲鶴聲天高水流花淨笑語通華屋虛堂松外夜深凉氣吹燭　樂事楊柳樓心瑤臺月下有生香堪掬誰理商聲簾外悄蕭瑟鳴璫懸玉一笑難逢四愁休賦任我雲邊宿倚闌歌罷露螢飛上秋竹

踏莎行 夜景　無名氏

碧蘚廻廊綠楊深院花期夜入簾猶捲照人無奈月華明潛身却恨花陰淺　密約難憑幽懽未展看看滴盡銅壺箭闌干敲遍不膺人分明燭下聞刀剪

點絳脣 晨起書所見　金段克己

愛酒淵明無錢休對黃花語一杯誰舉寂寞空歸去　屋上青山山上行雲度悠然處是中眞趣欲寫還無句

鷓鴣天 與叔京南夜飲　元好問

樓上歌呼倒接䍦樓前分手却相攜雨前雨後花枝減州北州南酒價低　憐木鴈笑醯雞鶴長鳧短幾時齊醉來門外三竿日臥聽春泥過馬蹄

鳳凰臺上憶吹簫 秦淮夜月　元彭履道

勸客新樓鳴箏上酒夜凉人愛秋深何似過賞心佳處依約湖陰東望寒光縹緲煙水闕短笛消沈闌干近勝時種柳青到如今　凌波又成誤約自環珮飛去暗想遺音重記省江城倦客醉擁秋衾誰家一掬

紅淚孤鴈遠濕透羅襟石城曉數聲又遞寒砧

南鄉子（驛夫夜唱孤鴈） 張翥

野唱自淒凉一曲孤鴻欲斷腸恰似竹枝哀怨處瀟湘月冷雲昏覓斷行　離思楚天長風閃靑燈雨打窻驚起小紅樓上夢悠揚只在佳人錦瑟傍

菩薩蠻（越城晚眺） 明劉基

西風吹散雲頭雨斜陽却照天邊樹樹色蕩湖波波光豔綺羅　征鴻何處起點點殘霞裏月上海門山山河蒼莽閒

水龍吟（夜聞鐵瓶湯響） 前人

玉缸開盡丹葩畫檐深宿蟾蜍影門掩淸宵聲來何處堂空人靜如竹梳風如荷遇雨如泉發井向羅幃細細如歌如語還如暗蛩相命　繡被熏沉正暖夢雲車紫鵁雙並洞庭曠野九部齊奏殿天笙磬別有蛾眉鼓琴彈瑟江鳴山應待翛然睡覺燈存餘灺雞啼窻炯

菩薩蠻（花邊夜宿） 楊基

瀟湘門外春江水小紅樓子臨江起樓下是誰家一株含笑花　蘭舟休遠去只就花邊住花影上牙檣夢魂今夜香

阮郎歸（夜登叢桂樓） 吳子孝

一年月色最宜秋銀河映玉流半輪寒魄未曾週淸光處處浮　金尊瑤管共綢繆毫端風景收名山相望倚危樓知音千古求

浪淘沙（汨羅夜泊） 李攀龍

風雨夜來多暗渡湘羅冷煙凝露蘸淸波隔浦殘燈明半滅滿地漁簑　三載幾回過壯志消磨蘆花深處楚人歌大半離騷經裏意音韻阿那

憶江南（曉步） 王世貞

歌起處斜日半江紅柔綠蒿添梅子雨淡黃衫耐藕絲風家在五湖東

武陵春（獨夜） 葛一龍

深鎖樓臺何處是烟暗雨冥冥花動風枝犬吠聲疑是有人行　今夕不知何夕也添却許多更倍覺秋天不肯明愁從酒畔生

念奴嬌（江上晚歸） 沈友夔

煙山初晚做蛾眉低綠送人行色空翠滿彎攜不了江上暮雲橫碧釣艇煙斜漁蓑雪滿微笑鱸魚得月沉渡口斷橋殘夜人立　無聊酒力微茫閒心渺渺江面孤鴻傍雪浪半空雲自捲就裏片帆風急歸去楓郵鶴棲花底月照柴門迹風幃孤枕暮潮猶是空拍

行香子（夜雨） 沈懋德

窸雨深秋亂落梧楸已相驚袖薄衫颼那堪獨聽鄰夢初浮記那時言那時淚那時愁　甚沒來由雁叫雲頭頓收歸萬里淸秋付還河漢獨把離憂向小窻中深簾裏最淹留

八聲甘州（曉發） 陸釋麟

曉風淸灎灎待潮生潮落始行舟正雞聲茅店孤城斷角敧枕悠悠偶爾掀篷一笑起舞也風流問誰人領取此景淸幽　極目長空杳靄但寒煙衰草江練明樓羡雙雙白羽天水共沈浮待乘桴漸窮湖海莫思量錦纜與鳴騶菰蒲裏煙波釣叟與子爲儔

南鄉子（美人曉妝） 卓人月

花影分明闖入紗窻上翠屏籠內鸚哥春夢醒低聲却向牀頭喚玉人　俏髻盤成縹緲虛無雲氣淸旭日熏人如卯酒微醒重倚瑤琴眼倦撐

望江南（夜泊漢江口） 張大烈

吟眺處江雨正霏霏九疊雲華蒼巘秀一川煙浪白鷗飛此景十分奇　吟眺罷客思正依依拄杖尋詩雙屐履扁舟垂釣一蓑衣此趣幾人知

應天長（曉起大霧） 前人

千條弱柳縈靑鏡悔教夫壻覓封侯整香閨靜靑鸞迴暗卜金錢期未定　魂遶陽臺徑怨鎖碧梧深井酒病有時蘇醒難醒懷人病

晨昏晝夜部選句

古詩晝短苦夜長何不秉燭遊

魏文帝東門行朝遊高臺觀夕宴華池陰又詩淸夜延貴客明燭發高光

明帝詩靜夜不能寐耳聽衆禽鳴

曹植詩淸夜遊西園飛蓋相追隨

阮籍詩淸風肅肅脩夜漫漫

晉傅元詩閑夜微風起明月照高臺

束晢詩馨爾夕膳潔爾晨羞

司馬彪詩中夜不能寐撫劍起躑躅

陶潛詩夙晨裝吾駕啓塗情已緬又披褐守長夜晨雞不肯鳴

宋謝靈運詩時竟夕澄霽雲歸日西馳密林含餘清遠峯隱半規

謝瞻詩夕霽風氣涼閑房有餘清開軒滅華燭月露皓已盈

齊王融詩恆曜掩芳宵薰風動蘭月

梁武帝詩清宵一已曙藐爾泛長洲

元帝詩雞人憐夜刻鳳女念吹簫

昭明太子詩清宵出望園詰旦居鐘嶺

沈約詩月華臨靜夜夜靜滅氛埃

丘遲詩詰日閶闔開馳道聞鳳吹

何遜詩霧夕蓮出水霞朝日照梁

北周王褒詩漠漠村煙起離離嶺樹齊落星侵曉沒殘月半山低

隋王胄詩月桂臨樽上山雲影蓋來飛花隨燭度疎葉向帷開

唐太宗詩長煙散初碧皎月澄輕素又煙生遙岸隱月落半崖陰

元宗詩白露埋陰壑丹霞助曉光潤泉含宿凍山木帶餘霜

虞世南詩綠野明斜日青山澹晚煙又驚鳥排林度風花隔水來

上官儀詩池色搖晚空巖花斂餘照

張九齡詩深林風緒密遙夜客情懸

楊炯詩階樹含斜日池風泛早涼

王勃詩野煙含夕渚山月照秋林又花枝栖晚露楓葉度晴雲

李嶠詩野色開煙後山光澹月餘又甲第驅車入良宵秉燭遊又三星花入夜四序玉調晨

徐彥伯詩夕轉清壺漏晨驚長樂鐘

陳子昂詩風泉夜聲雜月露宵光冷又明月隱高樹長河沒曉天

張說詩伊人美修夜朋酒惠來稱

富嘉謨詩清晨寶鼎食閑夜鬱金香

沈佺期詩卷幔天河入開窻月露微小池殘暑退高樹早涼歸

王維詩九門寒漏徹萬井曙鐘多月迴藏珠斗雲消出絳河又是時陽和節清晝猶未暄

祖詠詩風簾搖燭影秋雨帶蟲聲

常建詩夜久潮侵岸天寒月近城

儲光羲詩良宵清淨方高會繡服光輝連皁蓋

李白詩三萬六千日夜夜常秉燭

岑參詩水煙晴吐月山火夜燒雲

杜甫詩星垂平野闊月湧大江流又風起春燈亂江鳴夜雨懸又薄雲巖際宿孤月浪中翻又魚龍迴夜水星月動秋山又恍惚寒山暮逶迤白霧昏山虛風落日樓靜月侵門又雨稀雲葉斷夜久燭花偏又燈光散遠近月彩靜高深又孤城返照紅將斂近市浮煙翠且重又四更山吐月殘夜水明樓又不貪夜識金銀氣遠害朝看麋鹿遊又晝刻傳呼淺春旗簇仗齊又沈吟坐西軒飲食錯昏晝

錢起詩薄寒燈影外殘漏雨聲中

竇叔向詩夜合花開香滿庭夜深微雨醉初醒

戴叔倫詩蒲澗千年雨松門午夜風

韓愈詩喚起窻全曙催歸日未西又昆明大池北去觀偶晴晝又悄悄深夜語悠悠寒月輝

柳宗元詩愁深楚猿夜夢斷越雞晨

白居易詩深夜湓浦月平旦鑪峰烟

鮑溶詩金飈爽晨華玉壺增夜刻

李商隱詩風朝露夜陰晴裏萬戶千門開閉時又背燈獨共餘香語不覺猶歌夜起來

李羣玉詩松聲掃白日霽夜來淨域

陸龜蒙詩披襟兩相對半夜忽白晝

宋梅堯臣詩谿霧晝又收山村夜初晦

陸游詩僧分晨鉢筍客供午甌茶又構火就炊朝甑飯汲泉自煑午甌茶

京鏜詩八千里隔東西境十二時分晝夜泉

朱熹詩衆星何歷歷嚴宵麗中天

明王翰詩曉露吸殘青草岸晚風吹出綠楊煙

欽定古今圖書集成曆象彙編歲功典

第一百十一卷目錄

晨昏晝夜部紀事一

歲功典第一百十一卷

晨昏晝夜部紀事一

五運歷年紀盤古之君龍身蛇首開目爲晝閉目爲夜

路史地皇氏爰定三辰是分宵晝注見通曆或謂三辰有度晝夜有經何定分之有曰不然茲特後世作儀器以揆躔度準盈虛以正昏明者固非移日月而易晝夜也是知躔度晷景之用有自於此矣

几蘧氏之在天下也晝則旅行夜乃類處

遂人氏不周之巔有宜城焉日月之所不届而無四時昏晝之辨

列子黃帝篇黃帝退而閒居大庭之館齊心服形三月不親政事晝寢而夢遊於華胥氏之國

拾遺記炎帝築圜丘以祀朝日飾瑤堦以揖夜光

軒轅黃帝使風后負書常伯荷劍旦遊洹沙夕歸陰浦行萬里而一息

少昊以金德王母曰皇娥處璇宮而夜織或乘桴木而晝遊經歷窮桑滄茫之浦

書經舜典帝曰兪咨伯汝作秩宗夙夜惟寅直哉惟清

帝曰龍朕堲讒說殄行震驚朕師命汝作納言夙夜出納朕命惟允

拾遺記堯登位三十年有巨查浮於西海查上有光夜明晝滅海人望其光乍大乍小若星月之出入

虞舜在位十年有五老遊於國都舜以師道尊之言則及造化之始舜禪於禹五老去不知所從舜乃置五星之祠以祭之其夜有五長星出薰風四起連珠合璧祥應備焉

說苑殷太戊時有桑穀生於庭昏而生比旦而拱史請卜之湯廟太戊從之卜者曰吾聞之祥者福之先者也見祥而爲不善則福不生殃者禍之先者也見殃而能爲善則禍不至於是乃早朝而晏退問疾弔喪三日而桑穀自亡

禮記文王世子世子之記曰朝夕至於大寢之門外問於內豎曰今日安否何如內豎曰今日安世子乃有喜色其有不安節則內豎以告世子世子色憂不滿容內豎言復初然後亦復初

朝夕之食上世子必在視寒煖之節食下問所膳羞必知所進以命膳宰然後退若內豎言疾則世子親齊元而養

拾遺記周武王東伐紂夜濟河時雲明如晝八百之族皆齊而歌有大蜂狀如丹鳥飛集王舟因以鳥畫其旗

書經牧誓時甲子昧爽王朝至於商郊牧野乃誓蔡傳昧冥爽明也昧爽將明未明之時也

史記齊太公世家武王封師尚父於齊營丘東就國道宿行遲逆旅之人曰吾聞時難得而易失客寢甚安殆非就國者也太公聞之夜衣而行黎明至國

周禮天官宮正夕擊柝而比之訂義鄭康成曰夕莫也莫行夜以比直宿者爲其有解惰離部署鄭司農曰柝戒守者所擊也王氏曰夕擊柝而比之若今酉點

膳夫王燕食則奉膳贊祭訂義賈氏曰燕食謂日中及夕也王氏詳說曰燕食謂三飯四飯耳鄭氏以爲奉朝之餘膳所祭牢肉也玉藻曰皮弁以日視朝遂以食日中而餕奏而食此謂天子之燕食也又云朝服以食特牲祭肺夕深衣祭牢肉此謂諸侯之燕食也天子言餕諸侯言祭天子言日中諸侯言夕互文見義耳薛氏曰王舉則授而弗贊燕食則授而贊之者以舉爲禮之盛王當自致焉燕食則其祭不如舉之盛故膳夫授而贊之

內饔牛夜鳴則庮訂義鄭司農曰庮朽木臭也易氏曰牛晝作夜息無故而夜鳴則反常矣其肉必庮

地官鼓人凡軍旅夜鼓鼜訂義鄭康成曰鼜夜戒守鼓也司馬法曰昏鼓四通爲大鼜夜半三通爲晨戒旦明五通爲發昫

司市大市日昃而市百族爲主朝市朝時而市商賈爲主夕市夕時而市販夫販婦爲主訂義鄭康成曰日昃昳中也王昭禹曰自朝至於日中爲商賈交易之市百族乃百官族姓非專市利則宜避商賈故大市日昃而市百族爲主販夫販婦朝貨夕賣衣食於日力其販也以日之餘力故夕市夕時而市

春官雞人大祭祀夜嘑旦以嘂百官訂義鄭康成曰夜

夜漏未盡雞鳴時呼旦以警起百官使夙興

巾車大祭祀鳴鈴以應雞人訂義鄭康成曰雞人主呼旦鳴鈴以和之聲且警衆

夏官掌固晝三巡之夜亦如之夜三鼜以號戒訂義易氏曰此掌固所設之法非其自巡也晝三巡則察其部伍之失夫者夜事尤謹故亦如之劉執中曰夜則不見其三巡故以鼜及號爲信也

挈壺氏凡軍事縣壺以序聚㯉以水火守之分以日夜訂義王昭禹曰縣壺以盛水分刻漏也鄭康成曰擊㯉兩木相敲行夜時也鄭鍔曰軍中之守尤嚴於夜故行夜者必聚而擊㯉以戒非常必更代而次序之使之適平縣壺爲漏時至則代先後有倫非惟無獨賢之歎且使擊㯉者不倦而事益嚴也防患之術尤戒於夜況軍中乎易氏曰守之以水則均其晷刻之多少守之以火則知其漏箭之遷易

秋官野廬氏比國郊及野之道路宿息井樹訂義鄭康成曰比猶校也宿息廬之屬賓客所宿及晝止者也鄭鍔曰自國之郊及郊外之野所通行之路皆有宿息井樹夜可以寢晝可以憩有井以備飲食有樹以爲藩蔽野廬氏專掌之則行者之至如歸矣

冬官考工記匠人建國爲規識日出之景與日入之景晝參諸日中之影夜考之極星以正朝夕訂義鄭鍔曰記景之法必晝爲規者蓋規圓而矩方惟因其圜然後中屈之易氏曰又於四旁之地爲規圜之勢晝以識之日出於東其景在西則識其出景之端日入於西其景在東則識其入景之端景之兩端既定中屈其所量之繩而兩者相合則地中可驗趙氏曰晝是晝漏半正午時此時日正行在天之中雖不正在天中行然必在極旁行及夜後極星則日去極遠近可驗夜正是夜半三更正子之時極星謂北辰正當天極中以居天之中衆星所拱者謂之極極言中也

㡛氏湅絲以涚水漚其絲七日去地尺暴之晝暴諸日夜宿諸井七日七夜是謂水湅訂義鄭鍔曰湅絲之灋以涚水漚之漚如漚麻之漚以水泲灰謂之涚用涚水以漚其絲所以去其不蠲以致潔也既漚七日矣乃取而暴之日中其暴也當去地一尺而已必以去地一尺爲度者不欲其高懼陽氣燥之則其色失於燥而不鮮明也王昭禹曰晝暴諸日則以陽氣溫之也夜宿諸井則以陰氣寒之也謂水湅則非渥淳之使熟也以陰陽之氣使之熟而已毛氏曰暴雖在晝而夜必宿於井又欲其水氣之相蒸鄭鍔曰必以七日七夜爲度者欲其得陰陽之氣一於平而不偏也

儀禮士冠禮擯者請期宰告曰質明行事注質正也宰告曰旦日正明行冠事

士昏禮夙興婦沐浴纚笄宵衣以俟見注夙早也昏明日之晨興起也俟待也待見於舅姑寢門之外質明贊見婦於舅姑席於阼舅卽席席於房外南面姑卽席婦執笲棗栗自門入升自西階進拜奠於席

十洲記周穆王時西胡獻夜光常滿杯受三升是白玉之精光明夜照冥夕出杯於中庭以向天比明而水汁已滿於杯中也汁甘而香美斯實靈人之器

史記封禪書作鄜畤後九年文公獲若石云於陳倉北阪城祠之其神來常以夜光輝若流星從東南來集於祠城則若雄雞其聲殷殷云野雞夜雊以一牢祠命曰陳寶

呂氏春秋達鬱篇管仲觴桓公日暮矣桓公樂之而徵燭管仲曰臣卜其晝未卜其夜君可以出矣

舉難篇甯戚欲干齊桓公窮困無以自進於是爲商旅將任車以至齊暮宿於郭門之外桓公郊迎客夜開門辟任車爝火甚盛從者甚衆甯戚飯牛居車下望桓公而悲擊牛角疾歌桓公聞之撫其僕之手曰異哉之歌者非常人也命後車載之

左傳莊公二十二年陳公子完奔齊齊侯使爲工正飲桓公酒樂公曰以火繼之辭曰臣卜其晝未卜其夜不敢

宣公二年晉靈公不君宣子驟諫公患之使鉏麑賊之晨往寢門闢矣盛服將朝尚早坐而假寐麑退歎而言曰不忘恭敬民之主也賊民之主不忠棄君之命不信有一於此不如死也觸槐而死

楚子爲乘廣三十乘分爲左右右廣雞鳴而駕日中而說左則受之日入而說

拾遺記周靈王二十一年孔子生於魯襄公之世夜有二蒼龍自天而下來附徵在之房因夢而生夫子

史記司馬穰苴傳穰苴與莊賈約日旦日日中會於軍門穰苴先馳至軍立表下漏待賈日中不至穰苴則仆表決漏入行軍勒兵申明約束約束既定夕時莊賈乃至

晏子雜上篇景公飲酒夜移於晏子前驅款門曰君至晏子被元端立於門曰諸侯得微有故乎國家得微有事乎君何爲非時而夜辱公曰酒醴之味金石

之聲願與夫子樂之晏子對曰夫布薦席陳簠簋者有人臣不敢與焉公曰移於司馬穰苴之家前驅款門曰君至穰苴介冑操戟立於門曰諸侯得微有兵乎大臣得微有叛者乎君何爲非時而夜辱公曰酒醴之味金石之聲願與將軍樂之穰苴對曰夫布薦席陳簠簋者有人臣不敢與焉公曰移於梁丘據之家前驅款門曰君至梁丘據左操瑟右挈竽行歌而出公曰樂哉今夕吾飲也微彼二子者何以治吾國微此一臣者何以樂吾身君子曰聖賢之君皆有益友無偷樂之臣景公弗能及故兩用之僅得不亡

晏子飲景公酒日暮公呼具火晏子辭曰詩云側弁之俄言失德也屢舞傞傞言失容也既醉以酒既飽以德既醉而出並受其福賓主之禮也醉而不出是謂伐德賓之罪也嬰已卜其日未卜其夜公曰善舉酒祭之再拜而出

說苑景公畋於梧丘夜猶蚤公姑坐睡而夢有五丈夫北面倖盧稱無罪焉公覺名晏子而告其所夢公曰我其嘗殺不辜而誅無罪耶晏子對曰昔者先君靈公畋五丈夫罟而駭獸故殺之斷其首而葬之曰五丈夫之丘其此耶公令人掘而求之則五頭同穴而存焉公曰嘻令吏葬之國人不知其夢也曰君憫白骨而況於生者乎不遺餘力矣不釋餘智矣故曰人君之爲善易矣

景差相鄭鄭人有冬涉水者出而脛寒後景差過之下陪乘而載之覆以上衽晉叔向聞之曰景子爲人國相豈不固哉吾聞良吏居之三月而溝渠修十月而津梁成六畜且不濡足而況人乎

晉平公問於師曠曰吾年七十欲學恐已暮矣師曠曰何不炳燭乎平公曰安有爲人臣而戲其君乎師曠曰盲臣安敢戲其君乎臣聞之少而好學如日出之陽壯而好學如日中之光老而好學如炳燭之明炳燭之明孰與昧行乎公曰善哉

左傳公鉏爲馬正敬共朝夕恪居官次

繞角之役晉將遁矣析公曰楚師輕窕易震蕩也若多鼓鈞聲以夜軍之楚師必遁晉人從之楚師宵潰

鄭人游於鄉校以論執政然明謂子產曰毀鄉校如何子產曰何爲夫人朝夕退而游焉以議執政之善否其所善者吾則行之其所惡者吾則改之是吾師也若之何毀之

列子楊朱篇子產相鄭有弟曰公孫穆後庭比房數十皆擇稚齒婑媠者以盈之方其耽於色也屏親昵絕交游逃於後庭以晝足夜三月一出意猶未愜

列女傳衛靈公與夫人夜坐聞車聲轔轔至闕而止過闕復有聲公問夫人曰知此爲誰夫人曰此蘧伯玉也公曰何以知之夫人曰妾聞禮下公門式路馬今伯玉衛之賢大夫也敬於事上必不以闇昧廢禮是以知之使人視之果伯玉

左傳吳伐楚戰於長岸大敗吳師獲其乘舟餘皇吳公子光使長鬣者三人潛伏於舟側曰我呼餘皇則對師夜從之三呼皆迭對楚師亂吳人大敗之取餘皇以歸

越絕書子胥乃南奔吳至江上見漁者曰來渡我漁者知其非常人也欲往渡之恐人知之歌而往過之曰日昭昭侵以施與子期甫蘆之碕子胥即從漁者之蘆碕日入漁者復歌往曰心中目施子可渡河何爲不出船到即載入船而伏

拾遺記越有美女二人一名夷光一名修明以貢於吳吳處以椒華之房貫細珠爲簾幌朝下以蔽景夕捲以待月二人當軒並坐理鏡靚粧於珠幌之內竊窺者莫不動心驚魂謂之神人

吳越春秋闔閭治姑蘇之臺旦食䱉山晝遊蘇臺射於鷗陂馳於遊臺

越王念復吳讎非一日也苦身勞心夜以接日中夜潛泣泣而復嘯

國語吳王起師軍於江北越王軍於江南越王乃中分其師以爲左右軍以其私卒君子六千人爲中軍明日將舟戰於江及昏乃令左軍銜枚泝江五里以須亦令右軍銜枚踰江五里以須夜中乃令左軍右軍涉江鳴鼓中水以須吳師聞之大駭

左傳昭王在隨申包胥如秦乞師秦伯使辭焉立依於庭牆而哭日夜不絕聲勺飲不入口七日秦哀公爲之賦無衣九頓首而坐秦師乃出

楚子圍蔡里而栽廣丈高倍夫屯晝夜九日如子西之素 注 夫猶兵也壘未成故令人在壘裏屯守蔡子西本計爲壘當用九日而成

列子殷湯篇孔子東遊見兩小兒辯鬬問其故一兒曰我以日始出時去人近而日中時遠也一兒以日初出遠而日中時近也一兒曰日初出大如車蓋及日中則如盤盂此不爲遠者小而近者大乎一兒曰日初出滄滄涼涼及其日中如探湯此不爲近者熱而遠者涼乎孔子不能決也兩小兒笑曰孰爲汝多

知乎

孔子家語曲禮子貢問篇孔子適季氏康子晝居內寢孔子問其所疾康子出見之言終孔子退子貢問曰季孫不疾而問諸疾禮與孔子曰夫禮君子不有大故則不宿于外非致齋也非疾也則不晝處于內是故夜居外雖弔之可也晝居于內雖問其疾可也

禮記檀弓魯人有朝祥而莫歌者子路笑之夫子曰由爾責于人終無已夫三年之喪亦已久矣夫子路出夫子曰又多乎哉踰月則其善也

穆伯之喪敬姜晝哭文伯之喪晝夜哭孔子曰知禮矣

禮器子路爲季氏宰季氏祭逮闇而祭日不足繼之以燭雖有强力之容肅敬之心皆倦怠矣有司跛倚以臨祭其爲不敬大矣他日祭子路與室事交乎戶堂事交乎階質明而始行事晏朝而退孔子聞之曰誰謂由也而不知禮乎

說苑巫馬期治單父以星出以星入日夜不處以身親之而單父治

呂氏春秋愛類篇公輸般爲高雲梯欲攻宋墨子聞之自魯往裂裳裹足日夜不休十日十夜而至於郢

莊子外物篇宋元君夜半而夢人被髮闚阿門曰予自宰路之淵予爲清江使河伯之所漁者余且得予元君覺使人占之曰此神龜也君曰漁者有余且乎左右曰有君曰令余且會朝明日余且朝君曰漁何得對曰且之網得白龜焉其圓五尺君曰獻若之龜龜至君再欲殺之再欲活之心疑卜之曰殺龜以卜吉乃刳龜七十二鑽而無遺筴

新序梁大夫有宋就者嘗爲邊縣令與楚鄰界梁之邊亭與楚之邊亭皆種瓜各有數梁之邊亭人劬力數灌其瓜瓜美楚人窳而稀灌其瓜瓜惡楚令因以梁瓜之美怒其亭瓜之惡也楚亭人心惡梁亭之賢己因往夜竊搔梁亭之瓜皆有死焦者矣梁亭覺之因請其尉亦欲竊往報搔楚亭之瓜尉以請宋就就曰惡是何可構怨禍之道也人惡亦惡褊之甚也若我教子必每暮令人往竊爲楚亭夜善灌其瓜弗令知也於是梁亭乃每暮夜竊灌楚亭之瓜楚亭旦而行瓜則又皆以灌矣瓜日以美楚亭怪而察之則乃梁亭也楚令聞之大悅因具以聞楚王乃謝以重幣而請交於梁王故梁楚之歡由宋就始

列子黃帝篇宋有狙公者愛狙養之成羣能解狙之意狙亦得公之心損其家口充狙之欲俄而匱焉將限其食恐衆狙之不馴於己也先誑之曰與若芧朝三而暮四足乎衆狙皆起而怒俄而曰與若芧朝四而暮三足乎衆狙皆伏而喜

韓子內儲說上七術篇戴驩宋太宰夜使人曰吾聞數夜有乘轀車至李史門者謹爲我伺之使人報曰不見轀車見有奉笥而與李史語者有間李史受笥

新序楚熊渠子夜行見寢石以爲伏虎關弓射之滅矢飲羽下視知石也却復射之矢摧無迹熊渠子見其誠心而金石爲之開况人心乎

列子周穆王篇周之尹氏大治產其下趣役者侵晨昏而弗息有老役夫筋力竭矣而使之彌勤晝則呻呼而卽事夜則昏憊而熟寐精神荒散昔昔夢爲國君居人民之上總一國之事遊燕宮觀恣意所欲其樂無比覺則復役人有慰喻其勤者役夫曰人生百年晝夜各分我晝爲僕苦則苦矣夜爲人君其樂無比何所怨哉尹氏心營世事慮鍾家業心形俱疲夜亦昏憊而寐昔昔夢爲人僕趨走作役無不爲也數罵杖撻無不至也眠中啽囈呻呼徹旦息焉尹氏病之以訪其友友曰若位足榮身資財有餘勝人遠矣夜夢爲僕苦逸之復數之常也若欲覺夢兼之豈可得耶尹氏聞其友言寬其役夫之程減己思慮之事疾並少間

宋陽里華子中年病忘朝取而夕忘夕取而朝忘

列女傳齊女徐吾與鄰婦李吾之屬會燭相從夜績李吾謂其屬曰徐吾燭數不屬請無與夜也徐吾曰妾起常先息常後灑掃陳席以待來者自與敝薄坐常處下凡爲貧燭不屬故也夫一室之中益一人燭不爲暗損一人燭不爲明何愛東壁之餘光乎李吾莫能應遂復與夜終無後言

韓非子郢人有遺燕相國書者夜書火不明因謂持燭者曰舉燭云而過書舉燭舉燭非書意也燕相受書而悅之曰舉燭者尚明也尚明也者舉賢而任之燕相白王大悅國以治

淮南子覽冥訓魯陽公與韓構難戰酣日暮援戈而撝之日爲之反三舍

道應訓尹需學御三年而無得焉私自苦痛常寢想之中夜夢受秋駕於師明日往朝師望之謂之曰吾非愛道於子也恐子不可予也今日教子以秋駕尹需反走北面再拜曰臣有天幸今夕固夢受之

抱朴子仙藥篇楚文子服地黃八年夜視有光

呂氏春秋愼小篇吳起治西河欲諭其信于民夜日置表于南門之外令于邑中曰明日有人僨南門之外表者仕長大夫明日日晏矣莫有僨表者民相謂曰此必不信有一人曰試往僨表不得賞而已何傷往僨表來謁吳起吳起自見而出仕之長大夫夜日又復立表又令于邑中如前邑人守門爭表表加植不得所賞自是之後民信吳起之賞罰

戰國策莫敖子華對楚威王曰昔令尹子文未明而入於朝日晦而歸食朝不謀夕無一月之積故彼廉其爵貧其身以憂社稷者令尹子文也

孟嘗君逐于齊而復反譚拾子曰請以市喩市朝則滿夕則虛非朝愛市而夕憎之也求存故往亡故去願君勿怨

春秋後語蘇秦歸周雖多蓄亦何以爲于是夜發書篋數十得周書陰符而讀之欲睡引錐刺股血流至踝暮年以出揣摩曰此可以說當世之君矣

漢書刑法志秦始皇躬操文墨晝斷獄夜理書自程決事日縣石之一

高帝本紀高帝被酒夜徑澤中令一人行前行前者還報曰前有大蛇當徑願還高祖醉曰壯士行何畏乃前拔劍斬蛇蛇分爲兩道開行數里醉困臥後人來至蛇所有一老嫗夜哭人問嫗何哭嫗曰人殺吾子人曰嫗子何爲見殺嫗曰吾子白帝子也化爲蛇當道今者赤帝子斬之故哭

史記留侯世家良更名姓亡匿下邳良嘗閒從容步游下邳圯上有一老父衣褐至良所直墮其履圯下顧謂良曰孺子下取履良愕然欲毆之爲其老強忍下取履父曰履我良業爲取履因長跪履之父以足受笑而去良殊大驚隨目之父去里所復還曰孺子可教矣後五日平明與我會此良因怪之跪曰諾五日平明良往父已先在怒曰與老人期後何也去曰後五日早會五日雞鳴良往父又先在復怒曰後何也去曰後五日復早來五日良夜未半往有頃父亦來喜曰當如是出一編書曰讀此則爲王者師矣後十年興十三年孺子見我濟北穀城山下黃石卽我矣遂去無他言不復見旦日視其書乃太公兵法也良因異之常習誦讀之

風俗通義韓信嘗從南昌亭長食數月亭長妻患之乃晨早食食時信往不爲具食信亦知意遂絕去

史記淮陰侯傳信與張耳以兵數萬欲東下井陘擊趙未至井陘口三十里止舍夜半傳發選輕騎二千人人持一赤幟從間道萆山而望趙軍誡曰趙見我走必空壁逐我若疾入趙壁拔趙幟立漢赤幟令其裨將傳飧曰今日破趙會食諸將皆莫信詳應曰諾信乃使萬人先行出背水陳趙軍望見而大笑平旦信建大將之旗鼓鼓行出井陘口趙開壁擊之大戰良久信耳佯走水上軍趙果空壁逐信耳信耳已入水上軍軍皆殊死戰信所出奇兵共馳入趙壁拔趙幟立漢赤幟趙軍已不勝欲還歸壁壁皆漢幟大驚兵遂亂

漢書項籍傳籍懷思東歸曰富貴不歸故鄉如衣錦夜行

史記齊悼惠王世家魏勃少時欲求見齊相曹參家貧無以自通乃常獨早夜掃齊相舍人門外相舍人怪之以爲物而伺之得勃勃曰願見相公無因故爲子掃欲以求見於是舍人見勃曹參因以爲舍人

漢書賈誼傳文帝思誼徵之至入見上方受釐坐宣室上因感鬼神事而問鬼神之本誼具道所以然之故至夜半文帝前席旣罷曰吾久不見賈生自以爲過之今不及也

西京雜記積草池中有珊瑚樹高一丈二尺一本三柯上有四百六十二條是南越王趙佗所獻號爲烽火樹至夜光景常欲然

漢書鄭當時傳當時孝景時爲太子舍人每五日洗沐常置驛馬長安諸郊請謝賓客夜以繼日至明旦常恐不徧

史記李廣傳匈奴大入上郡廣從百騎望匈奴有數千騎見廣以爲誘敵皆驚上山陳廣令諸騎皆下馬解鞍以示不走用堅其意有白馬將出護其兵廣上馬與十餘騎犇射殺白馬將而復還其騎中解鞍令士皆縱馬臥是時會暮胡兵終怪之不敢擊夜半時以爲漢有伏軍於旁欲夜取之皆引兵去平旦廣乃歸其大軍

廣居家數歲廣家與故潁陰侯孫屛野居藍田南山中射獵常夜從一騎出從人田間飲還至霸陵亭霸陵尉醉呵止廣廣騎曰故李將軍尉曰今將軍尙不得夜行何乃故也止廣宿亭下居無何匈奴入殺遼西太守敗韓將軍韓將軍後徙右北平於是天子乃召拜廣爲右北平太守廣卽請霸陵尉與俱至軍而斬之

漢書李廣傳注刁斗以銅作鐎受一斗晝炊飯食夜

摯持行
禮樂志武帝定郊祀之禮祠太一於甘泉就乾位也
祭后土於汾陰澤中方丘也乃立樂府采詩夜誦有
趙代秦楚之謳
郊祀志皇帝始郊見泰一雲陽有司奉瑄玉嘉牲薦
饗是夜有美光及晝黃氣上屬天
洞冥記元光中帝起壽靈壇高八尺帝使董謁乘雲
霞之輦以昇壇至夜三更聞野鷄鳴忽如曙西王母
駕元鸞歌春歸樂謌乃聞王母歌聲而不見其形歌
聲繞梁三匝乃止壇旁草樹枝葉或翻或動歌之感
也
漢書武帝本紀元封四年祠后土詔曰朕躬祭后土
地祇見光集於靈壇一夜三燭
漢官儀元封封禪晝有白氣夜有赤光
公車司馬掌殿司馬門夜徼宮中
尚書郎入直臺中供新青縑白綾被或錦被晝夜更
宿帷帳畫通中枕臥旃蓐冬夏隨時改易
漢舊儀黃門郎屬黃門令日暮入對青瑣門拜名曰
夕郎
奉璽書使者愛馳傳其驛騎也三騎晝夜行千里爲
程
晝漏盡夜漏起省中黃門持五夜五夜者甲夜乙夜
丙夜丁夜戊夜
雍錄漢世給事中夕入青瑣門對拜師古曰青瑣者
爲連瑣文而青塗也
洞冥記有夢艸似蒲色紅晝縮入地夜則出亦名懷
夢懷其葉則知夢之吉凶立驗也帝思李夫人之容
不可得朔乃獻一枝帝懷之夜果夢夫人因改曰懷
夢艸
帝好微行於長安城西夜見一螭遊於路董謁曰昔
桀媚末喜於膝上以金籍貫玉螭腹爲戲今螭腹餘
金簪穿痕得非此耶日白龍魚鱗網者食之帝曰試
我也
帝常得丹豹之髓白鳳之膏磨青錫爲屑以蘇油和
之照於神壇夜暴雨光不滅有雙蛾如蜂赴火侍者
舉麟鬚拂拂之
帝常見彗星東方朔折指星之木以授帝帝以木指
彗星星尋則沒也星出之夜野獸皆鳴別說謂之獸
鳴星
影娥池中有鼊龜望其羣出岸上如連璧弄於沙岸
也故語曰夜未央待龜黃
東方朔曰臣遊北極至種火之山日月所不照有青
龍銜燭火以照山之四極亦有園圃池苑皆植異木
異草有明莖草夜如金燈折枝爲炬照見鬼物之形
仙人甯封常服此草於夜暝時轉見腹光通外亦名
洞冥草帝令剉此草爲泥以塗雲明之館夜坐此館
不加燈燭亦名照魅草以藉足履水不沉
東方朔傳郭舍人曰客從東方來歌謳且行不從門
入踰我垣牆遊戲中庭上入殿堂擊之拍拍死者穰
穰格鬬而死主人被創是何物也朔曰利喙細身晝
亡夜存嗜肉惡烟爲指掌所捫臣朔愚戇名之曰蟁
舍人辭窮當復脫褌
漢書主父偃傳偃上書闕下朝奏暮名入見時徐樂
嚴安亦俱上書言世務書奏上名見三人謂曰公皆
安在何相見之晚也
洞冥記郭瓊東郡人也形貌醜劣而意度過人曾宿
人家乞薪自照讀書晝瞑瞑不閉行地無迹帝聞其
異徵焉
賈氏說林李陵爲單于圍夜半使郭超吹笛聲多悲
慘人皆流涕解圍北走
宋書符瑞志昭帝元鳳三年正月太山萊蕪山南民
夜聞訩訩有數千人聲晨往視之見大石自立高丈
五尺大三十八圍入地八尺三石爲足立後白鳥數
千集其傍
成都舊事王吉夜夢一蟛蜞在都亭作人語曰我翌
日當舍此吉覺異之使於都亭候之司馬長卿至吉
曰此人文章當橫行一世天下因呼蟛蜞爲長卿
漢書丙吉傳吉子顯嘗從祠高廟至夕牲日乃使出
取齋衣 注 未祭一日其夕展視牲具謂之夕牲
會稽記射的山南有白鶴山此鶴爲仙人取箭漢太
尉鄭弘嘗采薪得一遺箭頃有人覓弘還之問何所
欲弘識其神人也常患若耶溪載薪爲難願旦南風
暮北風後果然故若耶溪風至今猶然呼爲鄭公風
漢書朱博傳御史府中列柏樹常有野烏數千棲宿
其上晨去暮來號曰朝夕烏
敘傳時上方鄉學鄭寬中張禹朝夕入說尚書論語
於金華殿中詔伯受焉
西京雜記成帝時交阯越嶲獻長鳴雞伺雞晨卽下
漏驗之晷刻無差雞長鳴則一食頃不絕
三輔黃圖劉向於成帝之末校書天祿閣專精覃思
夜有老人著黃衣植青藜杖叩閣而進見向暗中獨

坐誦書老人乃吹杖端烟燃因以見向授五行洪範之文恐詞說繁廣忘之乃裂裳及紳以記其言至曙而去請問姓名云我是太乙之精天帝聞卯金之子有博學者下而觀焉乃出懷中竹牒有天文地圖之書曰余略授子焉

漢書劉向傳向爲人簡易廉靖樂道專積思於經術晝誦書傳夜觀星宿或不寐達旦

王莽傳天鳳三年十月戊辰王路朱鳥門鳴晝夜不絕崔發等曰虞帝闢四門通四聰門鳴者明當修先聖之禮招四方之士也於是令羣臣皆賀所舉四行從朱鳥門入而對策焉

搜神記漢時弘農楊寶年九歲至華陰山北見一大雀爲鴟梟所搏墜於樹下爲螻蟻所困寶見愍之取歸置巾箱中食以黃花百餘日毛羽成朝去暮還一夕三更寶讀未臥有黃衣童子向寶再拜曰我西王母使者使蓬萊不愼爲鴟梟所搏君仁愛見拯實感盛德乃以白環四枚與寶曰令君子孫潔白位登三事當如此環

古今注漢魏弘爲閿鄉嗇夫夜宿一津逢故人四顧荒郊無酒可沽因以錢投水中盡夕酣暢因名沈釀川

朝野僉載漢時鄠縣南門兩扇忽開忽閉一聲稱鴛一聲稱鴦晨夕開閉聲聞京師漢末惡之令毀其門兩扇化爲鴛鴦相隨飛去後改鄠縣爲晏城縣

三輔黃圖未央宮漸臺西有桂宮中有光明殿皆金玉珠璣爲簾箔處處明月珠金陛玉階晝夜光明

後漢書光武帝本紀帝每旦視朝日側迺罷數引公卿郎將講論經理夜分迺寐曰我自樂此不爲疲也

會稽典錄嚴遵字子陵建武五年詔名遵設樂陽明殿命宴會暮留宿其夜客星犯天子宿

拾遺記郭況光武皇后之弟也累金數億家僮四百餘人以黃金爲器工冶之聲震於都鄙時人謂郭氏之室不雨而雷言其鑄鍜之聲盛也庭中起高閣長廡置衡石於其上以稱量珠玉閣下有藏金窟列武士衛之錯雜寶以飾臺榭懸明珠於四垂晝視如星夜望如月里語曰洛陽多錢郭氏室夜月晝星富無匹其寵者皆以玉器盛食故東京謂郭家爲瓊廚金穴況小心畏愼雖居富勢閉門優游未曾干世事爲一昔之智也

後漢書郅惲傳惲爲上東城門候帝嘗出獵車駕夜還惲拒關不開帝令從者見面於門間惲曰火明遼遠遂不受詔帝迺迴從東中門入明日惲上書諫賜布百匹

尹敏傳敏與班彪親善每相過輒日旰忘食夜分不寢自以爲鍾期伯牙莊周惠施之相得也

拾遺記賈逵年五歲明慧過人其姊聞鄰中讀書旦夕抱逵隔籬而聽之逵靜聽不言姊以爲喜至年十歲乃暗誦六經

漢明帝月夜宴羣臣於照園大官進櫻桃以赤瑛爲盤賜羣臣月下視之盤與櫻桃一色羣臣皆笑云是空盤

後漢書廉范傳范遷蜀郡太守成都民物豐盛邑宇逼側舊制禁民夜作以防火災而更相隱蔽燒者日屬范乃毀削先令但嚴使儲水而已百姓爲便乃歌之曰廉叔度來何暮不禁火民安作平生無襦今五袴

鍾離意傳藥崧者河內人天性朴忠家貧爲郎常獨直臺上無被枕杜食糟糠帝每夜入臺輒見崧問其故甚嘉之自此詔大官賜尚書以下朝夕餐給帷被皂袍及侍史二人

律曆志永元十四年十一月甲寅詔曰告司徒司空漏所以節時分定昏明昏明長短起於日去極遠近日道周不可以計率分當據儀度下參晷景今官漏以計率分昏明九日增減一刻違失其實至爲疏數以耦法太史待詔霍融上言不與天相應太常史官運儀下水官漏失天者至三刻以晷景爲刻少所違失密近有驗今下晷景漏刻四十八箭立成斧官府當用者計吏到班予四十八箭文多故魁取二十四氣日所在并黃道去極晷景漏刻昏明中星刻於下

桓譚新論博士弟子韓生遭三夜有奇夢來以問人人教晨起厠中祝之三旦人告以爲祝詛捕治數日死

後漢書曹褒傳褒少篤志博雅疏通常憾朝廷制度未備慕叔孫通漢禮儀晝夜研精沉吟專思寢則懷抱筆札行則誦習文書當其念至忘所之適

三輔決錄馮豹爲尚書郎每奏事未報常伏省閤下或自昏至明天子默使人持被覆之

後漢書班固傳肅宗雅好文章固愈得幸數入讀書禁中或連日繼夜每行巡狩輒獻上賦頌

和熹鄧皇后本紀后六歲能史書十二通詩論語諸兄每讀經傳輒下意難問志在典籍不問居家之事

母常非之曰汝不習女工以供衣服乃更務學寧當舉博士耶后重違母言晝修婦業暮誦經典家人號曰諸生

李南傳太守馬稜坐盜賊事被徵當詣廷尉吏民不寧南特通謁賀稜意有恨謂曰太守不德今將卽罪而君反相賀邪南曰旦有善風明日中時應有吉問故來稱慶旦日稜延望景晏以爲無徵至晡乃有驛使齎詔書原停稜事南問其遲留之狀使者曰向度宛陵浦里航馬蹠足是以不得速稜乃服焉

會稽典錄女子曹娥者會稽上虞人父能弦歌爲巫漢安帝二年五月五日于縣江泝濤迎波神溺死不得尸骸娥年十四乃緣江號哭晝夜不絕聲七日遂投江而死

後漢書楊震傳震遷荆州刺史東萊太守當之郡道經昌邑故所舉荆州茂才王密爲昌邑令謁見至夜懷金十斤以遺震震曰故人知君君不知故人何也密曰暮夜無知者震曰天知神知我知子知何謂無知密愧而出

楊秉傳宦豎之官本在給使省闥司昏守夜

劉寵傳寵拜會稽太守簡除煩苛禁察非法郡中大化徵爲將作大匠山陰縣有五六老叟人齎百錢以送寵曰自明府下車以來狗不夜吠民不見吏今聞當見棄去故自扶奉送寵爲人選一大錢受之

孟嘗傳嘗被徵當還吏民攀車請之嘗既不得進乃載鄉民船夜遁去

拾遺記漢靈帝中平三年遊於西園渠中植蓮大如蓋長一丈南國所獻其葉夜舒晝卷一莖有四蓮叢生名曰夜舒荷

後漢書陳寔傳有盜夜入其室止於梁上寔陰見乃起自整拂呼命子孫正色訓之曰夫人不可不自勉不善之人未必本惡習以性成遂至於此梁上君子者是矣盜大驚自投於地稽顙歸罪寔徐譬之曰視君狀貌不似惡人宜深剋己反善然此當由貧困令遺絹二匹自是一縣無復盜竊

邊韶傳韶字孝先以文學知名教授數百人韶口辯曾晝日假臥弟子私嘲之曰邊孝先腹便便懶讀書但欲眠韶潛聞之應時對曰邊爲姓孝爲字腹便便五經笥但欲眠思經事寐與周公通夢靜與孔子同意師而可嘲出何典記嘲者大慙韶之才捷皆此類也

郭泰別傳林宗過薛恭祖恭祖問曰聞足下見袁奉高車不停軌鑾不輟軛從叔度乃彌日信宿也

拾遺記任末年十四時學無常師或依林木之下編茅爲菴削荆爲筆剋樹汁爲墨夜則映星望月暗則縛麻蒿以自照觀書有合意者題其衣裳以記其事

月令正義蔡邕以星見爲夜日入後三刻日出前三刻皆屬晝

蜀志龐統傳潁川司馬徽清雅有知人鑒統弱冠往見徽徽採桑於樹上坐統在樹下共語自晝至夜徽甚異之稱統當爲南州人士之冠冕

魏志周宣傳宣爲中郎屬太史嘗有問宣曰吾昨夜夢見芻狗其占何也宣答曰君欲得美食耳有頃出行果遇豐膳後又問宣曰昨夜復夢見芻狗何也宣曰君欲墮車折脚宜戒愼之頃之果如宣言後又問宣昨夜復夢見芻狗何也宣曰君家欲失火當善護之俄遂火起又問宣曰三夢芻狗而其占不同何也宣曰芻狗者祭神之物故君始夢當得飲食也祭祀既訖則芻狗爲車所轢故中夢當墮車折脚也芻狗既車轢之後必載以爲樵故後夢憂失火也

管輅傳輅過清河倪太守時天旱問輅雨期輅曰今夕當雨是日暘燥晝無形似府丞及令在坐咸謂不然到鼓一中星月皆沒風雲竝起竟成快雨註輅別傳輅與倪清河相見旣刻雨期倪猶未信輅曰夫造化之所以爲神不疾而速不行而至十六日壬子直滿畢星中已有水氣水氣之發動於卯辰此必至之應也倪便留輅至日向暮了無雲氣輅言樹上已有少女微風樹間有陰鳥和鳴又少男風起衆鳥和翔其應至矣須臾果有艮風鳴鳥日未入東南有山雲樓起黃昏之後雷聲動天到鼓一中大雨河傾

清河王經去官還家輅與相見經曰近有一怪大不喜之欲煩作卦卦成輅曰爻吉不爲怪也君夜在堂戶前有一流光如燕爵者入居懷中殷殷有聲內神不安解衣彷徉招呼婦人覓索餘光經大笑曰實如君言輅曰吉遷官之徵也其應行至頃之經爲江夏太守

鍾會傳會及壯有才數技藝而博學精練名理以夜續晝由是獲聲譽

酉陽雜俎王肅造逐鼠丸以銅爲之晝夜自轉

拾遺記魏文帝所愛美人姓薛名靈芸常山人也文帝選良家子女以入六宮靈芸未至京師十里帝乘輦玉之聲以望車徒之盛嗟曰昔者言朝爲行雲暮

爲行雨今非雲非雨非朝非暮改靈芸之名曰夜來

酉陽雜俎魏明帝時苑中合歡草狀如蓍一株百莖晝則眾條扶疎夜乃合一莖謂之神草

拾遺記孫亮作綠琉璃屏風甚薄而瑩澈每於月下清夜舒之常寵四姬皆振古絕色一名朝姝二名麗居三名洛珍四名潔華使四人坐屏風內而外望之了如無隔惟香氣不通於外

吳志步騭傳騭避難江東單身窮困與廣陵衛旌同年相善俱以種瓜自給晝勤四體夜誦經傳

拾遺記咸熙二年宮中夜異獸白色光潔繞宮而行閹官見之以聞於帝曰宮闈幽密若有異獸皆非祥也使宦者伺之果見一白虎子遍房而走候者以戈投之即中左目比往取視惟見血在地不復見虎搜檢宮內及諸池井不見有物次檢寶庫中得一玉虎頭枕眼皆傷血痕尚濕帝該古博聞云漢誅梁冀得一玉虎頭枕云單池國所獻檢其額下有篆書字云是帝辛之枕嘗與妲己同枕之是殷時遺寶也又按五帝本紀云帝辛殷代之末至咸熙多歷年所代代相傳凡珍寶久則生精靈必神物憑之也

欽定古今圖書集成曆象彙編歲功典

第一百十二卷目錄

晨昏晝夜部紀事二

歲功典第一百十二卷

晨昏晝夜部紀事二

孝子傳王祥後母庭有李始結子使祥晝視鳥雀夜則趨鼠一夜風雨大至祥抱泣至曉母見之惻然

晉書劉殷傳殷嘗夜夢人謂之曰西籬下有粟殷寤而掘之得粟十五鍾銘曰七年粟百石以賜孝子劉殷自是食之七載方盡

王濬傳濬夜夢懸三刀於臥屋梁上須臾又益一刀濬驚覺意甚惡之主簿李毅再拜賀曰三刀爲州字又益一者明府其臨益州乎果遷爲益州刺史

傳元傳元天性峻急每有奏劾或值日暮捧白簡整簪帶竦踊不寐坐而待旦於是貴游懾伏臺閣生風

徐苗傳苗少家貧晝執鉏耒夜則吟誦弱冠與弟賈就博士濟南宋鈞受業遂爲儒宗作五經同異評

霍原傳原少有志力年十八觀太學行禮因留習之貴遊子弟聞而重之欲與相見以其名微不欲晝往乃夜共造焉

劉元海載記元海父豹妻呼延氏祈子於龍門俄而有一大魚頂有二角軒鬐躍鱗而至祭所久之乃去巫覡皆異之曰此嘉祥也其夜夢旦所見魚變爲人左手把一物大如半雞子光景非常授呼延氏曰此是日精服之生貴子

祖逖傳逖與司空劉琨俱爲司州主簿情好綢繆共被同寢中夜聞荒雞鳴蹴琨覺曰此非惡聲也因起舞逖琨並有英氣每語世事或中宵起坐相謂曰若四海鼎沸豪傑並起吾與足下當相避於中原耳

張華傳初吳之未滅也斗牛之間常有紫氣及吳平之後紫氣愈明華聞豫章人雷煥妙達緯象乃要煥宿屏人曰可共尋天文因登樓仰觀煥曰斗牛之間頗有異氣華曰是何祥也煥曰寶劍之精上徹於天耳因問在何郡煥曰在豫章豐城華即補煥爲豐城令煥到縣掘獄屋基入地四丈餘得雙劍一曰龍泉一曰太阿其夕斗牛間氣不復見焉

殷芸小說中朝時有畜銅澡盤晨夕恆鳴如人扣以白張華華曰此盤與洛鐘宮商相諧宮中朝暮撞故聲相應可鑢令輕則韻乖鳴自止也依言即不復鳴

水經注黎山在黎陽縣故城西憑山爲基東岨爲河昔慕容元明自鄴率衆南徙滑臺既無舟楫將保黎陽昏而流澌冰合於夜中濟訖旦而冰泮燕民謂是處爲天橋津

晉書鄧攸傳攸在吳郡刑政清明百姓歡悅後稱疾去職百姓數千人留牽攸船不得進乃小停夜中發去吳人歌之曰紞如打五鼓鷄鳴天欲曙鄧侯拖不留謝令推不去

石垣傳垣能闇中取物如晝無差

佛圖澄傳澄腹傍有一孔常以絮塞之每夜讀書則拔絮孔中出光照於一室又嘗齋時平旦至流水側從腹旁孔中引出五藏六腑洗之訖還納腹中

索紞傳黃平問紞曰我昨夜夢舍中馬舞數十人向馬拍手此何祥也紞曰馬者火也舞爲火起向馬拍手救火人也平未歸而火作

張忠傳忠居依崇巖幽谷鑿池爲窟室弟子亦以窟居去忠六十餘步五日一朝其教以形不以言弟子受業觀形而退立道壇於窟上每旦朝拜之

世說王丞相招祖約夜語至曉不眠明旦有客公頭鬢未理亦小倦客曰公昨如是似失眠公曰昨與士少語遂使人忘疲

晉書劉曜載記曜嘗夜閒居有二童子入跪曰管涔王使小臣奉謁趙皇帝獻劍一口置前再拜而去以燭視之劍長三尺光澤非常赤玉爲室背上有銘曰神劍御除衆毒曜遂服之

陶侃傳侃在州無事輒朝運百甓於齋外暮運於齋內人問其故答曰吾方致力中原過爾優逸恐不堪事

王承傳承爲東海太守有犯夜者爲吏所拘承問其故答曰從師受書不覺日暮承曰鞭撻甯越以立威名非政化之本使吏送令歸家其從容寬恕若此

庾亮傳亮在武昌諸佐吏殷浩之徒乘秋夜往共登南樓俄而不覺亮至諸人將起避之亮徐曰諸君少住老子於此處興復不淺便據胡牀與浩等談詠竟坐其坦率行己多此類也

袁宏傳宏字彥伯侍中猷之孫也父勖臨汝令宏有

逸才文章絕美曾爲詠史詩是其風情所寄少孤貧以運租自業謝尚時鎮牛渚秋夜乘月率爾與左右微服泛江會宏在舫中諷詠聲既淸會辭又藻拔遂駐聽久之遣問焉答云是袁臨汝郎誦詩卽其詠史之作也尚傾率有勝致卽迎升舟與之譚論申旦不寐自此名譽日茂

北史李彪傳晉世有佐郎王隱爲著作虞預所毀亡官在家晝則樵薪供爨夜則觀文屬綴集成晉書存一代之事司馬紹勅尚書惟給筆札而已

晉書羅含傳含幼孤爲叔母朱氏所養少有志尚嘗晝臥夢一鳥文采異常飛入口中因驚起說之朱氏曰鳥有文采汝後必有文章自此後藻思日新

嵇康傳康嘗遊於洛西暮宿華陽亭引琴而彈夜分忽有客詣之稱是古人與康共談音律辭致淸辯因索琴彈之而爲廣陵散聲調絕倫遂以授康

羊曼傳時朝士過江初拜官相飾供饌曼拜丹陽尹客來蚤者得佳設日晏則漸罄不復及精隨客早晚不問貴賤有羊固拜臨海太守竟日皆美雖晚至者猶獲盛饌論者以固之豐華乃不如曼之眞率

韓友傳宣城太守殷祐有病友筮之曰七月晦日將有大鵲鳥來集廳事上宜勤伺取若獲者爲善不獲將成禍胎乃謹爲其備至日果有大鵲垂尾九尺來集廳事上掩捕得之祐乃遷石頭都督護後爲吳郡太守

畢卓傳卓爲吏部郎常飲酒廢職比舍郎釀熟卓因醉夜至其甕間盜飲之爲掌酒者所縛明旦視之乃畢吏部也遽釋其縛卓遂引主人宴於甕側致醉而去

銷夏羊欣年十二隨父不疑爲烏程令吳興太守王獻之愛之欣嘗夏月著新絹裙晝寢獻之入縣見之書裙數幅而去

晉書張重華傳重華以謝艾爲中堅將軍配步騎五千擊麻秋引師出振武夜有二梟鳴於牙中艾曰梟邀也六博得梟者勝今梟鳴牙中尅敵之兆於是進戰大破之

世說桓宣武與郗超議芟夷朝臣條牒既定其夜同宿明晨起呼謝安王坦之入擲疏示之郗猶在帳內謝都無言王直擲還云多官武取筆欲除郗不覺竊從帳中與宣武言謝含笑曰郗生可謂入幕賓也

許掾嘗詣簡文而爾夜風恬月朗乃共作曲室中語襟情之詠偏是許之所長辭寄淸婉有逾平日簡文雖契素此遇尤相咨嗟不覺造膝共叉手語達於將旦

王子猷居山陰夜大雪眠覺開室命酌酒四望皎然因彷徨詠左思招隱詩忽憶戴安道時戴在剡卽便夜乘小船就之經宿方至造門不前而返人問其故王曰吾本乘興而行興盡而返何必見戴

張憑舉孝廉出都欲詣劉尹鄉里及同舉者共笑之張遂詣劉頃之長史諸賢來淸言客主有不通處張乃遙於末坐判之言約旨遠足暢彼我之懷眞長延之上坐淸言彌日因留宿至曉張退劉曰卿且去正當取卿共詣撫軍張還船同侶問何處宿張笑而不答須臾眞長遣傳教覓張孝廉船同侶惋愕

晉孝武年十二時冬天晝日不著複衣但著單練衫五六重夜則累茵褥謝公諫曰聖體宜令有常陛下晝過冷夜過熱恐非攝養之術帝曰晝動夜靜謝公出嘆曰上理不減先帝

晉書范甯傳甯常患目痛就中書侍郎張湛求方湛因嘲之曰古方宋陽里子少得其術以授魯東門伯魯東門伯以授左丘明遂世世相傳及漢杜子夏鄭康成魏高堂隆晉左太冲凡此諸賢並有目疾得此方云用損讀書一減思慮二專內視三簡外觀四旦晚起五夜早眠六凡六物熬以神火下以氣簁蘊於胸中七日然後納諸方寸修之一時近能數其目睫遠視尺捶之餘長服不已洞見牆壁之外非但明目乃亦延年

晉書馮跋載記跋嘗夜見天門開神光赫然燭於庭內又犯熙禁懼禍乃與諸弟逃於山澤每夜獨行猛獸常爲避路

顧愷之傳愷之義熙初爲散騎常侍與劉瞻連省夜於月下長詠瞻每遙贊之愷之彌自力忘倦瞻將眠令人代己愷之不覺有異遂申旦而止

夏統傳統幼孤貧養親以孝聞睦於兄弟每採梠求食星行夜歸

華陽國志臨邛縣有火井夜時光映上照民欲其火光以家火投之頃許如雷聲火焰出通耀數十里以竹筒盛其光藏之可拽行終日不滅

玉堂閒話晉將作少監袁繼謙常說頃居靑社假一第而處之聞多凶怪昏暝卽不敢出戶庭合門驚懼莫能安寢忽一夕聞吼聲若有呼於甕中者其聲重濁舉家怖懼必謂其怪之尤者遂於窗隙窺之見一

物蒼黑色來往庭中是夕月色晦覩之旣久似若狗身而首不能舉遂以撾擊其腦忽轟然一聲家犬驚叫而去蓋其日莊上人輸油至此就於其地而糜釜尚有餘者故犬以首入空器中而不能出也因舉家大笑遂安寢

續晉春秋何無忌母劉牢之姊無忌與宋高祖謀夜於屛風中製檄文母登屛風窺之大喜曰汝能如此吾讎得雪矣

宋書百官志殿中司馬督朝會宴饗則將軍戎服直侍左右夜開城諸門則執白虎幡監之

禮志故事正月朔賀殿下兩百華鐙對於二階之間端門設庭燎火炬端門外設五尺三尺鐙月照星明雖夜猶晝矣

檀祗傳祗遷右衛將軍出爲輔國將軍宣城內史郎本號督江北淮南軍郡事靑州刺史廣陵相進號征虜將軍加節十年亡命司馬國璠兄弟自北徐州界聚衆數百潛得過淮因天夜陰闇率百許人緣廣陵城得入叫喚直上廳事祗驚起出門將處分賊射之傷股乃入祗語左右賊乘闇得入欲掩我不備但打五鼓懼曉必走矣賊聞鼓鳴謂爲曉於是奔散追討殺百餘人

南史劉穆之傳穆之與朱齡石竝便尺牘常於武帝坐與齡石竝答書自旦至日中穆之得百函齡石得八十函而穆之應對無廢

舊唐書音樂志烏夜啼宋臨川王義慶所作也元嘉十七年徙彭城王義康於豫章義慶時爲江州至鎭相見而哭爲帝所怪徵還宅大懼妓妾夜聞烏啼聲扣齋閤云明日應有赦其年更爲南兗州刺史因此歌故其和云籠牕牕不開烏夜啼夜夜望郎來

襄陽樂者宋隨王誕之所作也誕始爲襄陽郡元嘉二十六年仍爲雍州夜聞諸女歌謠因作之故歌和云襄陽來夜樂其歌曰朝發襄陽來暮至大堤宿大堤諸女兒花豔驚郎目

宋書阮長之傳長之在中書省直夜往鄰省誤著履出閤依事自列門下門下以闇夜人不知不受列長之固遣送之曰一生不侮暗室

異苑剡縣陳婺妻少與二子寡居好飲茶茗以宅中有古冢每飲先輒祀之二子恚之曰冢何知徒以勞祀欲掘去之母苦禁而止及夜母夢一人曰吾止此冢三百餘年二子恒欲見毀賴相保護又饗吾嘉茗雖泉壤朽骨豈忘翳桑之報及曉於庭內獲錢十萬似久埋者唯貫新耳母告二子二子慙之從是禱酬愈至

宋拾遺錄臣貧賤時嘗疾病家人爲臣齋勤苦七日臣晝夜夢見一童子青衣持縑廣數寸與臣臣問之用此何爲答曰西王母符也汝可服之服竟便覺一二日病差

齊書百官志宮城諸却敵樓上本施鼓持夜者以應更唱太祖以鼓多驚眠改以鐵磬

祥瑞志曲阿縣民黃慶宅左有園園東南廣袤四丈每種菜輒鮮異雖加採拔隨復更生夜中恆有白光皎質屬天狀似縣絹私疑非常請師卜候道士傳德占使掘之深三尺獲玉印一鈕文曰長承萬福

南史江泌傳泌少貧晝斫屧爲業夜讀書隨月光光斜握卷升屋

丘仲孚傳仲孚字公信靈鞠從孫也少好學讀書常以中宵鐘鳴爲限靈鞠嘗稱爲千里駒也

齊書顧歡傳鄉中有學舍歡貧無以受業於舍壁後倚聽無遺忘者躬耕誦書夜則燃糠自照

南史齊武帝諸子傳南海王子罕頗有學母樂容華嘗寢疾子罕晝夜祈禱於時以竹爲燈纘照夜此纘宿昔枝葉大茂母病亦愈咸以爲孝感所致

柳惲傳齊竟陵王嘗宿晏明旦將朝見惲投壺梟不絕停轝久之進見遂晚齊武帝遲之王以實對武帝復使爲之賜絹二十匹

劉峻傳峻好學寄人廡下自課讀書常燎麻炬從夕達旦時或昏睡爇其鬢髮及覺復讀其精力如此

沈攸之傳攸之弟雍之孫僧昭少事天師道士常以甲子及甲午日夜著黃巾衣褐醮於私室時記人吉凶頗有應驗自云爲太山錄事幽司中有所收錄必僧昭署名

任昉傳昉父遙齊中散大夫遙妻裴氏高明有德行嘗晝臥夢有五色彩旗蓋四角懸鈴自天而墜其一鈴落入懷中心悸因而有娠占者曰必生才子及生昉身長七尺五寸幼而聰敏早稱神悟四歲誦詩數十篇八歲能屬文自製月儀辭義甚美

裴子野傳初父寢疾彌年子野禱請備至涕泗霑濡父夜夢見其容旦召視如夢俄而疾間以爲至孝所感命著孝感傳固辭乃止

江淹傳淹以文章顯晚節才思微退云爲宣城太守罷歸泊禪靈寺渚夜夢一人自稱張景陽謂曰前以

一匹錦相寄今可見還淹探懷中得數尺與之此人大恚曰那得割截都盡顧見丘遲謂曰餘此數尺既無所用以遺君自爾淹文章躓矣又嘗宿於冶亭夢一丈夫自稱郭璞謂淹曰吾有筆在卿處多年可以見還淹乃探懷中得五色筆一以授之爾後爲詩絶無美句時人謂之才盡

沈約傳約流寓孤貧篤志好學晝夜不釋卷母恐其以勞生疾常遣減油滅火而晝之所讀夜輒誦之遂博通羣籍善屬文

賀琛傳梁武帝曰朕三更出理事隨事多少事或少中前得竟事多至日昃方得就食既常一食若晝若夜無有定時

梁書陸雲公傳雲公善奕棋常夜侍御坐武冠觸燭火高祖笑謂曰燭燒卿貂高祖將用雲公爲侍中故以此言戲之也

嘉話錄千文梁周興嗣編次而有王右軍書者乃梁武教諸王書令殷鐵石於大王書模一千字不重每字一紙雜然無序武帝名興嗣曰卿有才思爲我韻之興嗣一夕編進鬢髮頓白

南史蕭脩傳初嗣王範爲衞尉夜中行城常因風便鞭箠宿衞欲令帝知其勤及脩在職夜必再巡而不欲人知或問其故曰夜中警邏實有其勞主上慈愛聞之容或賜止違詔則不可奉詔則廢事且胡質之清尚畏人知此職司之常何足自顯聞者歎服

隋書天文志梁天監四年六月壬戌歲星晝見占曰歲色黃潤立竿影見大熟是歲大穰米斛三十

天監六年武帝以晝夜百刻分配十二辰辰得八刻仍有餘分乃以晝夜爲九十六刻一辰有全刻八焉

梁書徐勉傳勉遷吏部尚書常與門人夜集客有虞暠求詹事五官勉正色答云今夕止可談風月不宜及公事故時人咸服其無私

南史何思澄傳思澄重交結分書與諸賓朋校定而終日造謁每宿昔作名一束曉便命駕朝賢無不悉狎狎處即命食有人方之婁護欣然當之投晚還家所齎名必盡

王僧孺傳竟陵王子良嘗夜集學士刻燭爲詩四韻者則刻一寸以此爲率蕭文琰曰頓燒一寸燭而成四韻詩何難之有乃與丘令楷江洪等共打銅鉢立韻響滅則詩成皆可觀覽

韋叡傳叡每晝接客旅夜算軍書三更起張燈達曙撫循其衆常如不及

北史宗懍傳懍少聰敏好讀書晝夜不倦語輒引古事鄉里呼爲小兒學士

南史朱异傳异起宅東陂窮乎美麗晚朝來下酣飲其中每迫曛黃慮臺門將闔乃引其鹵簿自宅至城使捉城門停留管籥

隋書天文志大同十年改用一百八刻依尚書考靈曜晝夜三十六頃之數因而三之冬至晝漏四十八刻夜漏六十刻夏至晝漏七十刻夜漏三十八刻春秋二分晝漏六十刻夜漏四十八刻昏旦之數各三刻

南史蕭範傳範弟諮位衞尉卿封武林侯簡文卽位之後周衞轉嚴外人莫得見唯諮及王克殷不害並以文弱得入臥內晨昏左右天子與之講論六藝不輟於時

梁書諸夷傳高昌國有朝烏旦旦集王殿前爲行列不畏人日出然後散去

顏氏家訓梁世彭城劉綺交州刺史勃之孫早孤家貧燈燭難辦常買荻尺寸折之燃明夜讀孝元初出會稽精選寮寀綺以才華爲國常侍兼記室殊蒙禮遇

南史沈洙傳梁代舊律測囚之法日一上起自晡鼓盡於二更及比部郎范泉删定律令以舊法測立時久非人所堪分其刻數日再上廷尉以爲新制過輕請會尚書省詳議洙議曰夜中測立緩急易欺兼用晝漏於事爲允但漏刻賒促今古不同漢書律歷何承天祖冲之祖暅父子漏經並自關鼓至下鼓自晡鼓至關鼓皆十三刻冬夏四時不異若其日有長短分在中時前後今用梁末改漏下鼓之後分其短長夏至之日各十七刻冬至之日各十二刻廷尉今牒以時刻短促致罪人不款愚意願去夜測之昧從晝漏之明斟酌今古之間參會二漏之義捨秋冬之少刻從夏日之長晷不問寒暑並依今之夏至朝夕上測各十七刻比之古漏則一上多昔四刻卽用今漏則冬至多五刻雖冬至之時數刻侵夜正是少日於事非疑庶罪人不以漏短而爲捍獄四無以在夜而致誣求之鄙意竊謂爲宜依范泉前制

陳書文帝本紀帝一夜內刺閨取外事分判者前後相續每雞人伺漏傳籤於殿中者令投籤於階石上鎗然有聲云吾雖得眠亦令驚覺

徐孝克傳孝克東遊居錢塘之佳義里與諸僧討論釋典遂通三論每日二時講旦講佛經晚講禮傳道

俗受業者數百人大建四年徵爲祕書丞不就乃蔬
食長齋持菩薩戒晝夜講誦法華經宣帝甚嘉其操
行
徐份傳份性孝悌父陵嘗遇疾甚篤份燒香泣涕跪
誦孝經晝夜不息如此者三日陵疾豁然而愈親戚
皆謂份孝感所致
水經注西魏神瑞三年建白樓置大鼓於其上晨昏
以千椎爲城里諸門啓閉之候謂之戒晨鼓
魏書崔浩傳浩進講書傳太宗大悅語至中夜賜浩
御縹醪酒十觚水精戎鹽一兩曰朕味卿言若此鹽
酒故與卿同其旨也
天師寇謙之每與浩言聞其論治亂之迹常自夜達
旦竦意斂容無有懈倦旣而嘆美之曰斯言也惠皆
可底行亦當今之皐繇也
北史張深傳明元時有容城令徐路善占候坐繫冀
州獄别駕崔隆宗就禁慰問之路曰昨夜驛馬星流
計赦須臾應至隆宗先信之遂遣人出城候焉俄而
赦至
王早傳早與客淸晨立於門內遇有卒風振樹早語
客曰依法當有千里外急使日中時有兩匹馬一白
一赤從西南來至卽取我不聽與妻子别語訖便入
名家人鄰里辭别仍沐浴帶書囊日中出門候使如
期果有馬一白一赤從州而至卽捉早上馬遂詣行
宮時太武圍涼州未拔故許彥薦之早彥師也
崔光傳光年十七隨父徙代家貧好學晝耕夜誦傭
書以養父母
魏書任城王澄傳高祖延四廟之子申宗宴於皇信
堂不以爵秩爲列悉序昭穆爲次用家人之禮行禮
已畢令宗室各言其志可率賦詩特令澄爲七言連
韻與高祖往復賭賽遂至極歡際夜乃罷
劉芳傳芳雖處窮窘之中而業尚貞固聰敏過人篤
志墳典晝則傭書以自資給夜則讀誦終夕不寢至
有易衣併日之弊而淡然自守
房法壽傳法壽族子景先字光胄幼孤貧無資從師
其母自授毛詩曲禮年十二請其母曰豈可使兄傭
賃以供景先也請自求衣然後就學母哀其小不許
苦請從之遂得一羊裘忻然自足晝則樵蘇夜誦經
史自是精勤遂大通贍
祖瑩傳瑩年八歲能誦詩書十二爲中書學生好學
耽書以夜繼晝父母恐其成疾禁之不能止常密於
灰中藏火驅逐童僕父母寢睡後燃燈讀書以衣被
蔽塞窻戶恐漏光明爲家人所覺由是聲譽甚盛內
外親屬呼爲聖小兒
北史呂思禮傳思禮好學有才雖務兼軍國而手不
釋卷晝理政事夜卽讀書令蒼頭執燭燭爐夜有數
升
通典後魏御史甚重必以對策高第者補之侍御史
與殿中侍御史晝則外臺受事夜則番直內臺
北史崔暹傳暹自出身從宦常日晏乃歸侵曉則與
兄弟跪問母之起居暮則嘗食視寢然後至外齋對
親賓論事或與沙門辯元理夜久乃還寢
周書武帝本紀建德二年十二月戊午聽訟於正武
殿自旦及夜繼之以燭
隋書五行志周宣帝與宮人夜中連臂蹋蹄而歌曰
自知身命促把燭夜行遊
嶺表錄異麥鐵杖韶州翁源人也有勇力日行五百
里初仕陳朝常執繖隨駕夜後多潛往丹陽郡行盜
及明却趁仗下執役往廻三百餘里人無覺者後丹
陽頻奏盜賊蹤由後主疑之而惜其材力舍而不問
陳亡入隋委質於楊素素將平江南諸郡使鐵杖夜
泗水過揚子江爲巡邏者所捕差人防守送於姑蘇
到虔亭遇夜伺守者寐熟竊其兵刃盡殺守者走廻
乃口銜二首級攜劍復浮渡大江深爲楊素獎用後
官至本郡太守今南海多麥氏皆其後也
隋書天文志開皇十四年鄜州司馬袁充上晷影刻
漏充以短影平儀均布十二辰立表隨日影所指辰
刻以驗漏水之節十二辰刻互有多少時正前後刻
亦不同其二至二分用箭辰刻之法今列之云冬至
日出辰正入申正晝四十刻夜六十刻子丑亥各二
刻寅戌各六刻卯酉各十三刻辰申各十四刻巳未
各十刻午八刻右十四日改箭春秋二分日出卯正
入酉正晝五十刻夜五十刻子四刻丑亥七刻寅戌
九刻卯酉十四刻辰申九刻巳未七刻午四刻右五
日改箭夏至日出寅正入戌正晝六十刻夜四十刻
子八刻丑亥十刻寅戌十四刻卯酉十三刻辰申六
刻巳未二刻午二刻右一十九日加減一刻改箭
唐書五行志武德元年秋李密王世充隔洛水相拒
密營中鼠一夕渡水盡去占曰鼠無故皆夜去邑有
兵
儀衛志伶工謂夜警爲嚴凡大駕嚴夜警十二曲中
警三曲五更嚴三遍天子謁郊廟夜五鼓過半奏四

嚴車駕至橋復奏一嚴

車服志木契符左右各十九太極殿前刻漏所亦以左契給之右以授承天門監門晝夜勘合然後鳴鼓

百官志左右街使掌分察六街徼巡凡城門坊角有武候鋪衛士彍騎分守大城門百人大鋪三十人小城門二十人小鋪五人日暮鼓八百聲而門閉乙夜街使以騎卒循行囂謼武官暗探五更二點鼓自內發諸街鼓承振坊市門皆啓鼓三千撾辨色而止

宮門局掌宮門管籥凡夜漏盡擊漏鼓而開夜漏上水一刻擊漏鼓而閉

司天臺五官挈壺正二人五官司辰八人漏刻博士六人掌知漏刻凡孔壺爲漏浮箭爲刻以考中星昏明更以擊鼓爲節點以擊鐘爲節

司門郎中員外郎掌門關出入之籍凡奏事遣官送之書題時刻夜題更籌命婦諸親朝參者內侍監校尉涖索

諸衛折衝都尉府捉鋪持更者晨夜有行人必問不應則彈弓而嚮之復不應則旁射又不應則射之晝以排門人遠望暮夜以持更人遠聽有衆而嚚則告主帥

唐六典左右金吾衛大將軍將軍之職掌宮中及京城晝夜巡警之法以執禦非違

凡皇城宮城闔門之鑰先酉而出後戌而入開門之鑰後丑而出夜盡而入京城闔門之鑰後申而出先子而入開門之鑰後子而出先卯而入

舊唐書馬周傳先是京城諸街每至晨暮遣人傳呼以警衆周遂奏諸街置鼓每擊以警衆令罷傳呼時人便之

張士貴傳士貴者虢州盧氏人也累有戰功賜爵新野縣公從平東都授虢州刺史高祖謂之曰欲卿衣錦晝遊耳

唐書儒學傳序太宗既卽位殿左置弘文館悉引內學士番宿更休聽政之閒則與討論古今道前王所以成敗或日昃夜艾未嘗少怠

段志元傳志元與宇文士及勒兵衛章武門太宗夜遣使至二將軍所士及披戶納使志元拒曰軍門夜不開使者示手詔志元曰夜不能辨不納比曙帝歎曰眞將軍周亞夫何以加

循吏傳序太宗嘗曰朕思天下事丙夜不安枕未惟治人之本莫重刺史故錄姓名於屏風臥興對之得才否狀輒疏之下方以擬廢置

五行志貞觀十三年三月壬寅雲陽石燃方丈晝則如灰夜則有光投草木則焚歷年乃止火失其性而沴金也

天文志骨利幹居瀚海之北北距大海晝長而夜短既夜天如曛不暝夕胹羊髀纔熟而曙蓋近日出沒之所

雲仙雜記河間王夜飲妓女謳歌一曲下一金牌席終金牌盈座

朝野僉載唐柴紹之弟某有材力輕趫迅捷踊身而上挺然若飛十餘步乃止太宗令取趙公長孫無忌鞍韉仍先報無忌令其守備其夜見一物如鳥飛入宅內割雙鐙而去追之不及又遣取丹陽公主鏤金函枕飛入內房以手撚土公主面上舉頭卽以他枕易之而去至曉乃覺

國史異纂高宗承貞觀之後天下無事上官儀獨持國政嘗凌晨入朝巡洛水隄步月徐轡詠詩曰脈脈廣川流驅馬歷長洲鵲飛山月曙蟬噪野風秋音韻清亮羣公望之若神仙

舊唐書睿宗本紀上觀樂於安福門以燭繼晝經日乃止

唐會要景雲二年六月敕南衙北門及諸門進狀及降墨勅皆書題時刻夜題更籌

舊唐書王元感傳元感時雖年老猶能燭下看書通宵不寐長安三年表上其所選尚書糾繆十卷春秋振滯二十卷禮記繩愆三十卷並所注孝經史記槀草請官給紙筆寫上祕書閣

唐書李適之傳適之爲刑部尚書喜賓客飲酒至斗餘不亂夜宴娛晝決事案無留辭

南部新書上在驪山華清宮值元夜欲出遊陳元禮奏曰宮外曠野須有預備必欲夜遊願歸城闕上不能奪

開元天寶遺事寧王好聲色有人獻燭百炬似蠟而膩似脂而硬每至夜筵賓妓間坐酒酣作狂其燭則昏昏然如有所掩罷則復明矣

寧王宮中每夜於帳前羅列木雕矮婢飾以彩繪各執華燈自昏達旦故目之爲燈婢

岐王宮中於竹林內懸碎玉片子每夜聞玉片子相觸之聲卽知有風號爲占風鐸

申王每夜宮中與諸王貴戚聚宴以龍檀木雕成燭跋童子衣以綠衣袍繫之束帶使執畫燭列立於宴

席之側曰爲燭奴諸官貴戚之家皆效之

虢國夫人有夜明枕設於堂中光照一室不假燈燭

隱士郭休有一拄杖色如朱染叩之則有聲每出處遇夜則此杖有光可照十步之內登危陟險未嘗失足則杖之力也

辟寒梅妃善屬文自比謝女淡妝雅服而姿態明秀筆不可描畫性喜梅所居闌檻悉植數株上榜曰梅亭梅開賦賞至夜分尚顧戀花下不能去

朝野僉載張鷟初爲岐王屬夜夢著緋乘驢睡中自怪我綠衣當乘馬何爲衣緋却乘驢其年應舉及第授鴻臚寺丞未經考而授五品此其應也

舊唐書李白傳崔宗之謫官金陵與白詩酒唱和嘗月夜乘舟自采石達金陵白衣宮錦袍於舟中顧瞻笑傲旁若無人

唐書韋陟傳陟家法修整勑子允就學夜分視之見其勤且日問安色必怡稍怠則立堂下不與語

前定錄裴耀卿勤於王政夜看案牘晝決獄訟常養一雀每夜至初更時有聲至五更則急鳴耀卿呼爲知更雀又於廳前有一大桐樹至曉則有羣鳥翔集以此爲出廳之候故呼爲報曉鳥時人美焉

集異記唐裴伷先開元七年都督廣州仲秋夜漏未艾忽然天曉星月皆沒而禽鳥飛鳴矣舉郡驚異之未能諭然已晝矣裴公於是衣冠而出軍州將吏則已集門矣遂名參佐洎賓客至則皆異之但謂衆惑固非中夜而曉卽詢挈壺氏乃曰常夜三更尚未也裴公罔測其倪因留賓客於廳事共須日之升良久天色昏暗夜景如初官吏則執燭而歸矣詰旦裴公大集軍府詢訪其說而無能辨者裴因命使四訪闔界皆然卽令北訪湘嶺之北則無斯事數月之後有商船自遠南至因謂郡人云我八月十一日夜舟行忽遇巨鼇出海舉首北向而雙目若日照耀千里毫末皆見久之復沒夜色依然徵其時則裴公集賓寮之夕也

五色線劍南有果初進名爲日熟子張果葉法善以術取每遇午必至羅公遠一日於火中索樹叢使者欲到焰火亙天無路可過火歇方得度是夜方到

明皇雜錄張果常乘一白驢一日行百里夜則疊之置箱中乃紙耳

杜陽雜編元載有紫龍鬚拂色如爛椹刻水晶爲柄置於堂中夜則蚊蚋不敢入拂之有聲雞犬無不驚逸

舊唐書錢徽傳徽父起常於客舍月夜獨吟遽聞人吟於庭曰曲終人不見江上數峰青起愕然攝衣視之無所見及試湘靈鼓瑟詩卽以十字落句

前定錄韓晉公滉在中書嘗召一吏不時至將撻之吏曰某兼屬陰司主三品食料晉公曰某明日當以何食吏請疏於紙過後爲驗乃恕之而繫其吏明旦遽有詔命旣對適遇大官進食有餢飳一器上以半賜晉公食之美又賜之旣退腹脹名醫視之曰食物所擁宜服小橘皮湯至夜可啗漿水粥明旦疾愈思前夕吏言視其書皆如其說

唐詩紀事韓翃遲暮不得意多家居一日夜將半客叩門急賀曰員外除駕部郎中知制誥翃愕然曰誤矣客曰邸報制誥闕人中書兩進名不從又請之曰與韓翃時有同姓名者爲江淮刺史又具二人同進御批曰春城無處不飛花寒食東風御柳斜日暮漢宮傳蠟燭輕烟散入五侯家與此韓翃客曰此員外詩耶翃曰是也是不誤矣

舊唐書李晟傳晟理家以嚴稱諸子姪非晨昏不得謁見

劉沔傳初沔爲忠武小校從李光顏討淮西爲捉生將前後遇賊血戰鋒刃所傷幾死者數四嘗傷重臥草中月黑不知歸路昏然而睡夢人授之雙燭曰子方大貴此行無患可持此而還旣行炯然有雙光在前自後每行常有此光

唐語林唐建中初士人韋生移家汝州中路逢一僧因與連鑣言論頗洽日將夕僧指路岐曰此數里是貧道蘭若郎君能垂顧乎士人許之因令家口先行僧卽處分從者供帳具食行十餘里不至韋生問之卽指一處林煙曰此是矣及至又前進日已昏夜韋生疑之素善彈乃密於靴中取張衡彈懷銅丸十餘方責僧曰弟子有程期適偶貪上人清論勉副相邀今已行二十里不至何也僧但言且行是僧前行百餘步韋生知其盜也乃彈之正中其腦僧初若不覺凡五發中之僧始捫中處徐曰郎君莫惡作劇韋生知無可奈何亦不復彈良久至一莊墅數十人列火炬出迎僧延韋生坐一廳中笑云郎君勿憂因問左右夫人下處復曰郎君且自慰安之卽就此也韋生見妻女別在一處供帳甚盛相顧涕泣卽就僧僧前執韋生手曰貧道盜也本無好意不知郎君藝若此非貧道亦不支也今日固無他幸不疑耳適來貧道

所中郎君彈悉在乃舉手揭腦後五丸墜焉有頃布筵具蒸犢犢上劄刀子十餘以齏餅環之揖韋生就座復曰貧道有義弟數人欲令謁見言已朱衣巨帶者五六輩列於階僧呼曰拜郎君汝等向遇郎君卽成齏粉矣食畢僧曰貧道久爲此業今向遲暮欲改前非不幸有一子技過老僧欲請郎君爲老僧斷之乃呼飛飛出參郎君飛飛年纔十六七碧衣長袖皮肉如腊僧曰向後堂侍郎君僧乃授韋一劍及五丸且曰乞郎君盡藝殺之無爲老僧累也引韋入一堂中乃反鏁之堂中四隅明燈而已飛飛當堂執一短鞭韋引彈意必中丸已敲落不覺躍在梁上循壁虛躡捷若猱玃彈丸盡不復中韋乃運劍逐之飛飛倏忽逗閃去韋身不尺韋斷其鞭數節竟不能傷僧久乃開門問韋與老僧除得害乎韋具言之僧悵然顧飛飛曰郎君證成汝爲賊也知無復如何僧終夕與韋論劍及弧矢之事天將曉僧送韋路口贈絹百疋垂泣而別

原化記唐建中末書生何諷嘗買得黃紙古書一卷讀之卷中得髮捲規四寸如環無端諷因絕之斷處兩頭滴水升餘燒之作髮氣諷嘗言於道者道者曰吁君固俗骨遇此不能羽化命也據仙經曰蠹魚三食神仙字則化爲此物名曰脈望夜以規映當天中星星使立降可求還丹取此水和而服之卽時換骨上昇因取古書閱之數處蠹漏尋義讀之皆神仙字諷方嘆服

博陵崔愼思唐貞元中應進士舉至京師京中無第宅常賃人隙院居止而主人別在一院都無丈夫有少婦年三十餘窺之亦有容色唯有二女奴焉愼思遂遣通意求納爲妻婦人曰我非仕人與君不敵不可爲他時恨也求以爲妾許之而不肯言其姓愼思遂納之二年餘崔所取給婦人無倦色後產一子數月矣時夜崔寢及閉戶垂帷而已半夜忽失其婦崔驚之意其有姦頗發忿怒遂起堂前彷徨而行時月朧明忽見其婦自屋而下以白練纏身其右手持匕首左手攜一人頭言其父昔枉爲郡守所殺入城求報已數年矣未得今既剋矣不可久留請從此辭遂更結束其身以灰囊盛人首攜之謂崔曰某幸得爲君妾二年而已有一子宅及二婢皆自致並以奉贈養育孩子言訖而別遂踰牆越舍而去愼思驚嘆未已少頃卻至曰適去忘哺孩子少乳遂入室良久而出曰餧兒已畢便永去矣愼思久之怪不聞嬰兒啼視之已爲其所殺矣殺其子者以絕其念也古之俠者莫能過焉

林下清錄唐李約司徒汧公子得古鐵一片擊之清越養一猿名山公月夜嘗泛江登金山擊鐵鼓琴猿必嘯和傾壺達旦不俟外賓

雍錄故事建福門望仙門昏而閉五更五點而啓至德中有吐蕃金吾仗亡命因敕晚開寧相待漏太僕寺車坊元和元年初置百官待漏院各據班品爲次在建福門外候禁門啓入朝

韓愈南海神廟碑常以立夏氣至命廣州刺史行事祠下當祀時海多大風故常以疾爲解而委事於其副元和十二年詔用鄭國孔公爲廣州刺史至州之明年吏以時告公乃誓羣有司曰吾將宿廟下以供晨事明日吏以風雨白不聽公遂升舟省牲之夕載暘載陰將事之夜天地開除月星明槪五鼓既作牽牛正中公乃盛服執笏以入卽事

傳奇隱娘者魏博大將聶鋒之女也元和間魏帥與陳許節度使劉昌裔不協使隱娘賊其首隱娘辭帥之許劉能神筭已知其來召衙將令來日早至城北候一丈夫一女子各跨白黑衛至門揖之云吾欲相見故遠相迎也隱娘夫妻曰顧見劉公劉勞之願請留此勿相疑也隱娘謝曰僕射左右無人願舍彼而就此服公神明也後月餘白劉曰彼未知住必使人繼至今宵請剪髮繫之以紅綃送於魏帥枕前以表不迴劉聽之至四更卻返曰送其信了後夜必使精精兒來殺某及賊僕射之首此時亦萬計殺之乞不憂耳劉豁達大度亦無畏色是夜明燭半宵之後果有二幡子一紅一白飄飄然如相擊於牀四隅良久見一人自空而踣身首異處隱娘亦出曰精精兒已斃拽出於堂之下以藥化爲水毛髮不存矣隱娘曰後夜當使妙手空空兒繼至空空兒之神術隱娘不能造其境此卽繫僕射之福耳但以于闐玉周其頸擁以衾隱娘當化爲蠛蠓潛入僕射腸中聽伺其餘無逃避處劉如言至三更瞑目未熟果聞項上鏗然聲甚厲隱娘自劉口中躍出賀曰僕射無患矣此人如俊鶻一搏不中卽翩然遠逝恥其不中纔未逾一更已千里矣後視其玉果有匕首劃處痕逾數分自此劉轉厚禮之

甘澤謠唐潞州節度使薛嵩家青衣紅線者通經史掌牋表號曰內記室是時至德之後兩河未寧以滏

陽爲鎭命嵩固守控壓山東朝廷命嵩遣女嫁魏博節度使田承嗣男又遣嵩男娶滑臺節度使令狐彰女三鎭交爲姻婭使使日浹往來而田承嗣乃募軍中武勇十倍者得三千人號外宅男常令三百人夜直州宅卜選良日將併潞州嵩聞之日夜憂悶計無所出時夜漏將傳雖紅線從焉紅線曰主自一月不遑寢食意有所屬豈非鄰境乎嵩聞其語異遂具告其事紅線曰此易與耳暫放某到魏城一更首途二更可以復命請先定一走馬使具寒暄書其他即待某廻也乃入飭行具梳烏蠻髻貫金雀釵衣紫繡短袍繫青絲輕履胷前佩龍文匕首額上書太一神名再拜而行倏忽不見嵩乃返身閉戶背燭危坐常時飲酒不過數合是夕舉觴十餘不醉忽聞曉角吟風一葉墜露驚而起問即紅線廻矣嵩喜而慰勞曰事諧否紅線曰不敢辱命但取牀頭金合爲信耳紅線曰某子夜前二刻即達魏城凡歷數門遂及寢所聞外宅兒鼾聲雷動見中軍士卒傳叫風生乃抵其寢帳田親家翁止於帳內鼓趺酣眠頭枕文犀髻包黃縠枕前露一星劍劍前仰開一金合內書生身甲子與北斗神名復以名香美珠散覆其上時則蠟炬烟微爐香燼委侍人四布兵器交羅或頭觸屏風鼾而嚲者或手持巾拂寢而伸者某乃拔其簪珥縻其襦裳如病如酲皆不能寤遂持金合以歸出魏城西門當夜漏三時往返七百里冀減主憂敢言其苦嵩乃發使入魏遺田承嗣書曰昨夜有客從魏中來云自元帥牀頭獲一金合不敢留駐謹却封納專使星馳夜半方到見搜捕金合一軍憂疑使者以馬箠撾門非時請見承嗣遽出使者乃以金合授之捧承之時驚怛絕倒遂留使者多其賜賚明日專遣使齎帛三萬匹名馬二百匹雜珍異等以獻於嵩曰某之首領繫在恩私便宜知過自新不復更貽伊戚專膺指使敢議親姻由是一兩箇月內河北河南信使交至

指月錄潮州靈山大顚禪師一日韓文公相訪問師春秋多少師提起素珠曰會麼公曰不會師曰晝夜一百八

唐書李愬傳愬夜半至懸瓠城雪甚城旁皆鵝鶩池愬令擊之以亂軍聲賊恃吳房則山戍晏然無知者李祐等坎墉先登衆從之殺門者發關留持柝傳夜自如黎明雪止愬入駐元濟外宅

五行志元和十五年正月庚辰至於丙申晝常陰晦微雨雪夜則晴霽占曰晝霧夜晴臣志得申

國史補呂元膺爲鄂岳團練夜登城女牆已鎖守者曰軍法夜不可開乃告之曰中丞自登守者又曰夜中不辨是非中丞亦不可元膺乃歸及明擢爲大職

越僧僧澈得蓮花漏于廬山傳之江西觀察使韋丹初惠遠以山中不知更漏乃取銅葉製器狀如蓮花置盆水上底孔漏水半之則沉每晝夜十二沉爲行道之節雖冬夏短長雲陰月黑無所差也

唐書五行志翰林院有鈴夜中文書入則引之以傳呼長慶中河北用兵夜輒自鳴與軍中息耗相應聲急則軍事急聲緩則軍事緩

杜陽雜編寶曆元年高昌國獻夜明犀其狀類通天犀夜則光明可照百步覆繒十重終不能掩其耀煥上遂命解爲腰帶每遊獵夜不施蠟炬有如晝日

酉陽雜俎寶曆中有王山人取人本命日五更張燈相人影知休咎言人影欲深深則貴而壽

唐書畢諴傳諴夜燃薪讀書母憐其疲奪火使寐不肯遂誦經史工辭章

摭言畢諴及第年與一二人同行聽響卜夜艾人稀久無所聞俄遇人投骨於地羣犬爭趨又一人曰後來者必銜得

唐詩紀事文宗嘗謂左右曰若不甲夜視事乙夜觀書則何以爲人君耶每試進士多自出題目及所司進所試披覽吟咏終日忘倦

唐書柳公權傳文宗召充翰林書詔學士嘗夜召對於沈香亭子燭窮而語未盡宮人以蠟液濡紙繼之

王重榮傳重榮太原祁人父縱太和末爲河中騎將從石雄破回鶻終鹽州刺史重榮以父任爲列校與兄重盈皆以毅武冠軍擢河中牙將主伺察時兩軍士干夜禁捕而鞭之士還訴於中尉楊元寶怒執重榮讓曰天子爪士而藩校辱之答曰夜半執者姦盜孰知天子爪士具言其狀元寶歎曰非爾明辨孰由知之更諉於府擢右署

裴度傳度治第東都集賢里午橋作別墅具燠館涼臺號綠野堂激波其下度野服蕭散與白居易劉禹錫爲文章把酒窮晝夜相歡不問人間事

本事詩唐丞相馬植罷安南都護與時宰不通又除黔南殊不得意維舟峽中古寺寺前長堤堤畔林木夜月甚明見人白衣緩步堤上吟曰截竹爲筒作笛吹鳳凰池上鳳凰飛勞君更向黔南去即是陶鈞萬類時後自黔南入爲大理卿遂作相

江行雜錄牛奇章帥維揚杜牧在幕中夜多微服逸遊公聞之以街子數輩潛隨護之以防不虞後牧之以拾遺召臨別公以縱逸爲戒牧之始猶諱之公命取一篋皆街子報帖云杜書記平善乃大感服

清異錄武宗侵夜宮嬪離次上獨映琉璃燈籠觀書久之歸寢殿王才人問官家今日何以消遣上曰綠羅供奉已去皂羅供奉不來與紫明供奉相守熟讀尚書無逸篇數遍朕非不能取熱鬧快活正要與管絃奪暑暫時隔破

宣宗實錄大中二年二月令狐綯爲翰林學士夜名與論人間疾苦帝出金鏡書曰此太宗所著也綯再拜曰陛下必欲興王業舍此孰先

杜陽雜編同昌公主出降韋氏諸家好爲葉子戲夜則公主以紅琉璃盤盛夜光珠令僧祁捧立堂中而光明如晝焉

東觀奏記上將命令狐綯爲宰相夜半含春亭召對賜金蓮花炬送歸學士院

劇談錄大中歲韋顓舉進士詞學贍而貧窶滋甚歲暮飢寒無以自給有韋光者待以宗黨輟所居外舍館之放榜之夕風雪凝沍報光成事者絡繹而至顓略無登第之耗光延之於堂際小閣備設酒饌慰安見女僕料數衣裝僕者排比車馬顓夜分歸所止擁爐愁歎而坐候光成名將修賀禮顓坐逼於壞牖以橫竹掛席蔽之簷際忽有鳴梟頃之集於竹上顓神魂驚駭持策出戶逐之飛起復還久而方去語候者曰吾失意亦無所恨妖禽作怪如此兼恐橫罹禍患俄而禁鼓忽鳴榜放顓巳登第光服用車馬悉將遺焉

圖畫見聞志張詢南海人避地居蜀善畫吳山楚岫枯松怪石中和間嘗於照覺寺大悲堂後畫三壁山川一壁早景一壁午景一壁晚景謂之三時山人所稱異也

朝野僉載給事中陳安平子年滿赴選與鄉人李仙藥臥夜夢十一月養蠶仙藥占曰十一月養蠶冬絲也君必送東司數日果送吏部

饒陽李瞿雲勳官方滿選夜夢一母猪極大李仙藥占曰母猪豘主也君必得屯主數日果如其言

河東裴元質初舉進士明朝唱第夜夢一狗從竇出挽弓射之其箭遂撤以爲不祥問曹良史曰吾往唱第之夜亦爲此夢夢神爲吾解之曰狗者第字頭也弓第字身也箭者第豎也有撤爲第也尋而唱第果如夢焉

雲仙雜記黃昇日享鹿肉三斤自晨煮至日影下門西則喜曰火候足矣如是四十年

東川降魔寺僧吉祥魁梧多力受飯五鉢日夜誦經九函池中魚知其數以名名之皆出水面使去即沒

胡陽白壇寺幡刹日中有影月中無影不知何故因號怯夜幡

酉陽雜俎西域厭達國有寺戶以數頭驢運糧上山無人驅逐自能往返寅發午至不差晷刻

五代史馬重績傳重績言漏刻之法以中星考晝夜爲一百刻八刻六十分刻之二十爲一時時以四刻十分爲正此自古所用也今失其傳以午正爲時始下侵未四刻十分而爲午由是晝夜昏曉皆失其正請依古改正從之

契丹傳述律每酣飲自夜至旦晝則常睡國人謂之睡王

清異錄徐鉉或遇月夜露坐中庭但爇佳香一炷號伴月香

宋史竇貞固傳貞固遷禮部尚書知貢舉舊制進士夜試繼以三燭長興二年改令晝試貞固以晝晷短難盡士材奏復夜試擇士平允時論稱之

欽定古今圖書集成曆象彙編歲功典

第一百十三卷目錄

晨昏晝夜部紀事三

歲功典第一百十三卷

晨昏晝夜部紀事三

遼史聖宗本紀統和元年二月戊子朔禁所在官吏軍民不得無故冒禁夜行違者坐之

瑯嬛記宋太祖微時夜臥至人靜時常有光如車輪內見黃龍若在波浪中出沒魚鼈之類不可勝數亦有極怪之物從而見焉皆作金色光芒刺目頃之始滅有見之者後皆貴

宋史趙普傳太祖數微行過功臣家一日大雪向夜普意帝不出久之聞叩門聲普亟出帝立風雪中普惶懼迎拜帝曰已約晉王矣已而太宗至設重裀地坐堂中熾炭燒肉普妻行酒帝以嫂呼之

職官志翰林學士院翰林學士承旨等六員掌制誥詔令撰述之事凡拜宰相及事重者晚漏上天子御內東門小殿宣諭面論給筆札書所得旨稟奏歸院內侍鎖院門禁止出入夜漏盡具詞進入遲明白麻出

王彥昇傳彥昇為京城巡檢中夜詣王溥第溥驚悸出既坐乃曰此夕巡警甚困聊就公一醉耳

春明退朝錄李文正公罷相為僕射奉朝請居昭慶坊每五鼓則興置白居易集數冊於茶鐐中至安遠門仗舍然燭觀之俟啓鑰則赴朝

宋史隱逸傳宗翼者蔡州上蔡人嘗言晝夜者昏曉之辨也故既暝未曙皆不出戶

夢溪筆談國朝置天文院於禁中設漏刻觀天臺銅渾儀皆如司天監與司天監互相檢察每夜天文院具有無諸見雲物禨祥及當夜星次須令於皇城門未發前到禁中門發後司天占狀方到以兩司奏狀對勘以防虛僞

春明退朝錄雍熙二年三月詔中書申後兩棒鼓出樞密院申後四棒鼓出

玉海按故事唐開元置侍讀其後有翰林侍講學士五代久廢太宗崇尚儒術由是命文仲侍讀寓直禁中以備顧問然名秩未崇上遹尊先志首置此職擇耆儒舊學充其選班次翰林學士祿賜如之設直廬於祕閣侍讀更直侍講長上日給珍膳夜則迭宿召對詢訪或至中夕

夢溪筆談學士院玉堂東承旨閣子窻格上有火燃處太宗嘗夜幸玉堂蘇易簡為學士已寢遽起無燭具衣冠宮嬪自窻格引燭入照之至今不欲更易以為玉堂一盛事

湘山野錄江南徐知諤得畫牛一軸晝則齕草欄外夜則歸臥欄中諤獻後主煜煜持貢闕下太宗張後苑以示羣臣俱無知者惟僧錄贊寧曰南倭海水或減則灘磧微露倭人拾方諸蚌胎中有餘波數滴者得之和色著物則晝隱而夜顯沃焦山時或風撓飄擊忽有石落海岸得之滴木磨色染物則晝顯而夜晦見張騫海外異記

夢溪筆談陳文忠堯叟為樞密一日日欲沒時忽有中人宣召既入右掖已昏黑遂引入禁中屈曲行甚久時見有簾幃燈燭皆莫知何處已而到一小殿殿前有兩花檻已有數人先至皆立廷中殿上垂簾蠟燭十餘炬而已相繼而至者凡七人中使乃奏班齊惟記文忠丁謂杜鎬三人其四人忘之杜鎬時尚為館職良久乘輿自宮中出燈燭亦不過數十而已宴具甚盛卷簾令不拜升殿就坐御座設於席東設文忠之坐於席西如常人賓主之位堯叟等皆惶恐不敢就位上宣諭不已堯叟懇陳自古未有君臣齊列之禮至於再三上作色曰本為天下太平朝廷無事思與卿等共樂之若如此何如就外朝開宴今日只是宮中供辦未嘗命有司亦不召中書輔臣以卿等機密及文館職任侍臣無嫌且欲促坐語笑不須多辭堯叟等皆趨下稱謝上急止之曰此等禮數且皆罷之堯叟悚慄危坐上語笑極歡酒五六行膳具中各出兩絳囊置羣臣之前皆大珠也上曰時和歲豐中外康富恨不得與卿等日夕相會太平難遇此物助卿等燕集之費羣臣欲起謝上云且坐更有如是酒三行皆有所賜悉良金重寶酒罷已四鼓時人謂之天子請客

碧雲騢參知政事張觀嘗知開封府府有犯夜巡者捕致之觀據案訊之曰有證見乎巡者曰若有證見亦是犯夜左右無不大笑

宋史律曆志殿前報時雞唱唐朝舊有詞朱梁以來因而廢棄止唱和音景德四年司天監請復用舊詞遂詔兩制詳定付之習唱每大禮御殿登樓入閤內宴晝改時夜改更則用之常時改刻改點則不用五更五點後發鼓曰朝光發萬戶開羣臣謁平旦寅朝辨色泰時昕日出卯瑞露晞祥光繞食時辰登六樂薦八珍禺中巳少陽時大繩紀日南午天下明萬物覩日昳未飛夕陽清晚氣晡時申聽朝暇湛凝神入日酉羣動息嚴扃守初夜發鼓曰日欲暮魚鑰下龍韜布甲夜己設鉤陳備蘭錡乙夜庚杓位易泰階平丙夜辛淸鶴唳夢良臣丁夜壬丹禁靜漏更深戊夜癸曉奏聞求衣始

禮志大中祥符元年正月乙丑帝謂輔臣曰朕去年十一月二十七日夜將半方就寢忽室中光耀見神人星冠絳衣告曰來月三日宜於正殿建黃籙道場一月將降天書大中祥符三篇朕竦然起對已復無見命筆識之

大中祥符四年六月八日封祀制置使王欽若言泰山西南垂刀山上有紅紫雲氣漸成華蓋至地而散其日水工董祚於靈液亭北見黃素書曳林木之上有字不能識言於皇城使王居正居正覩上有御名馳告欽若遂迎至官舍授中使捧詣闕帝御崇正殿趣名輔臣曰朕五月丙子夜復夢鄉者神人言來月上旬當賜天書於泰山宜齋戒祇受朕雖賀降告未敢宣露惟密諭王欽若等凡有祥異卽上聞朕今得其奏果與夢協上天眷祐惟懼不稱王旦等曰陛下至德動天感應昭著臣等不勝大慶再拜稱賀

湘山野錄大中祥符四年駕幸汾陰起偃師駐蹕末安天文院測驗渾儀杜貽範奏卯時二刻日有赤黃煇氣變爲黃珥又變紫氣巳時後煇氣復生

揮麈後錄張耆既貴顯嘗啓章聖欲私第置酒以邀禁從諸公上許之既晝集盡懽曰更願畢今夕之樂幸毋辭也於是羅幃翠幕稠疊圍繞繼之以燭列屋蛾眉極其殷勤豪侈不可狀每數杯則賓主各少憩如是者凡三數諸公但訝夜漏如是之永暨其徹席出戶詢之則云已再晝夜矣

夢溪筆談大中祥符中上令尚方鑄爲金龜以賜近臣洪州李簡夫家有一龜乃其伯祖虛己所得者其龜夜中往往出遊爛然有光掩之則無所得

孔氏談苑眞宗臨軒策士夜夢階下有菜一苗甚盛與殿基相高及拆第一卷乃是蔡齊上見其容貌曰得人矣待詔執金吾七人淸道自齊始

青瑣高議亳州太淸宮以眞宗將幸宮殿有老檜南枝凝簷將加斤斧一夕大風雷比向曉檜枝已轉而北矣眞宗甚愛之因謂之御愛檜

澠水燕談錄晁文元公迥在翰林以文章德行爲仁宗所優異帝以君子長者稱之天禧初因草詔得對命坐賜茶既退已昏夕眞宗顧左右取燭與學士中使就御前取燭執以前導之出內門傳付從史

湘山野錄天禧中宰臣奏中書樞密院接見賓客然兩府愼密之地亦欲咨訪天下之艮苦早暮接待復滯留機務又分廳言事各有異同欲乞今後中書樞密院每有在外得替到闕及在京主執臣僚如有公事並逐日於巳時巳前聚廳見客巳分廳卽俟次日急速者不在此限非公事不得到中書樞密院

玉海天聖八年龍圖閣待制燕肅上蓮花漏其制琢石爲四分之壺刻木爲四分之箭以測十二辰二十四氣四隅十干洎百刻分布晝夜凡四十八箭一氣一易歲統二百十六萬分悉刻箭上鑄金蓮承箭銅烏引水而下注金蓮浮箭而上登不假人力其箭自然上下司晨者謹視而易之其行漏之始又依周官水地置臬之法考二交之景得午時四刻十分爲午正南北景中以起漏焉注 其法置水以櫃引以渴烏導以銅荷水自荷茄下注於壺壺中爲金蓮花覆之荷心有竅容箭下插方水之未注也箭首適與花平逮水既至箭則隨起視箭所底而時刻可以坐致矣

夢溪筆談狄青爲樞密副使宣撫廣西時儂智高守崑崙關青至賓州值上元節令大張燈燭首夜燕將佐次夜燕從軍官三夜饗軍校首夜樂飲徹曉次夜二鼓時青忽稱疾暫起如內久之使人諭孫元規令暫主席行酒少服藥乃出數使人勤勞座客至曉各未敢退忽有馳報者云是夜三鼓青已奪崑崙矣

仁宗實錄以天久不雨降服徹膳夘自暴露夜輒升壇禱祀達旦不寐

宋史周恭肅王元儼傳元儼子允良歷五節度領寧海平江兩軍封華原郡王改襄陽出同中書門下平章事兼侍中至太保中書令好酣寢以日爲夜由是一宮之人皆晝睡夕興薨贈定王有司以其反易晦明謚曰榮易

聞見近錄仁宗朝禁中夜火執政趨詣東華門閉而不納遍詣諸門皆然王沂公語呂許公曰可斬關而

入許公曰不可自東而南而北周旋叩關至日高方啓東華門有旨百官皆步而入殿宇多灰燼上御升平樓垂簾呼班喝拜如常儀自沂公以下皆拜許公獨挺然而立上遣使問之許公曰昨夕宮中災今日未面天顏臣不敢拜於是卷簾上臨軒陛許公卽再拜或問其然曰禁中火方擾攘復斬關而入不惟上益驚豈不防他變也垂簾之下未見天子萬一誤拜其將奈何

避暑錄話蔣侍郎堂家藏楊文公與王魏公一帖用半幅紙有折痕記其略云昨夜有進士蔣堂攜所作文來極可喜不敢不俯闇謹封拜呈後有蘇子瞻跋云夜得一士旦而告人察其情若喜而不寐者蔣氏不知何從得之在其孫彝處也

趙康靖公概中歲常置黃黑二豆於几案間自旦數之每興一善念爲一善事則投一黃豆於別器暮發視之初黑豆多於黃豆漸久反之旣謝事歸南京二念不與遂徹豆無可數

夏竦潁川蓮華漏銘序景祐中更爲潁漏再考晷度以梓潼在南北古法晝增一刻夜損一刻靑社稍比晝增三刻夜損三刻潁處梓靑之間晝增二刻夜損亦如之

玉海景祐二年九月乙未詔司天監製百刻水秤以測候晝夜三年二月命章得象等重定水秤刻漏四月辛亥得象言水行有遲疾請增用平水壺一渴烏二晝夜箭二十一

伊川文集先公大中娶侯氏夫人七八歲時誦古詩曰女子不夜出夜出秉明燭自是日暮則不復出房門

冷齋夜話范文正公鎭鄱陽有書生獻詩甚工文正禮之書生自言天下之至寒餓者無在某右時盛行歐陽率更書薦福寺碑墨本直千錢文正爲具紙墨打千本使售於京師紙墨已具一夕雷擊碎其碑故時人爲之語曰有客打碑來薦福無人騎鶴上揚州

宋史范純仁傳仲淹門下多賢士如胡瑗孫復石介李覯之徒純仁皆與從游晝夜肄業至夜分不寢置燈帳中帳頂如墨色

聞見前錄孫覺龍圖未第時家高郵與士大夫講學於郊宮別墅一夕晦夜忽月光入牕隙孫異之與同舍望光所在見大珠浮游湖面上其光屬天旁照遠近有崔伯易者作感珠賦記之

銷夏葉石林云歐陽文忠公在揚州作平山堂壯麗爲淮南第一堂公每暑時輒凌晨攜客往遊遣人走邵伯取荷花千餘朶以畫盆分插百許盆與客相間遇酒行卽遣妓取一花傳客以次摘其葉盡處則飲酒往往侵夜載月而歸

歐陽修云王介甫以夏月晝睡方枕爲佳問其何理云睡久氣蒸枕熱則轉一方冷處介甫知睡眞懶者也

宋史沈遘傳遘召知開封蚤作視事逮午而畢出與親舊還往從容燕笑沛然有餘暇

劉恕傳宋次道知亳州家多書恕枉道借覽次道日具饌爲主人禮恕曰此非吾所爲來也殊廢吾事悉去之獨閉閣晝夜口誦手抄閱旬日盡其書而去目爲之翳

湘山野錄治平中御史有抨呂狀元溱杭州日事者其語有歡游壘嶂之間家家失業樂飲西湖之上夜夜忘歸執政笑謂言者曰軍巡所由不收犯夜亦宜一抨

桯史裕陵年十三居於濮邸一日正晝憩便寢英祖忽顧問何在左右褰帳方見偃臥有紫氣自鼻中出盤旋如香篆大駭急以聞英祖笑曰勿視也後三年亦以在寢寤驚欽聖請其故曰方熟寐忽覺身在雲表有二神人捧足以登天是以噫耳旣而果登大寶詔錄聖瑞之祥付宗正寺

宋史陸佃傳佃字農師越州山陰人居貧苦學夜無燈映月光讀書躡屩從師不遠千里

趙抃傳抃日所爲事入夜必衣冠露香以告於天不可告則不敢爲也

避暑錄話趙淸獻公自錢塘告老歸錢塘州宅之東舊據城闉橫爲屋五間下瞰虛白堂不甚高大而最超出謂之高齋旣治第衢州臨大溪其旁亦有山巃屹然而起卽作別館其上亦名高齋旣歸惟居此館不復與家人相接但子弟晨昏時至以二淨人一老兵爲役早不茹葷以一淨人治膳於外日輪一僧伴食略取飯餔於家蓋不能終日食素也老兵供埽除之役事已卽去惟一淨人執事其旁篝以風爐置大鐵湯甁可貯斗水及列盥漱之具亦去公燕坐至初夜就寢鷄鳴淨人三擊磬公乃起自以甁水頮面歲以爲常

呂氏家塾記邵堯夫先生居洛四十年安貧樂道自云未嘗皺眉所居寢息處爲安樂窩自號安樂先生

又爲窻牖讀書燕居其下旦則焚香獨坐晡時飮酒三四甌微醺便止不使至醉也

夢溪筆談熙寧中予受詔典領曆官雜考星曆以璣衡求極星初夜在窺管中少時復出以此知窺管小不能容極星遊轉乃稍稍展窺管候之凡歷三月極星方遊於窺管之內常見不隱然後知天極不動處遠極星猶三度有餘每極星入窺管別畫爲一圖圖爲一圓規乃畫極星於規中具初夜中夜後夜所見各圖之凡爲二百餘圖極星方常循圓規之內夜夜不差

世傳虹能入溪澗飮水信然熙寧中予使契丹至其極北黑水境永安山下卓帳是時新雨霽見虹下帳前澗中予與同職扣澗覩之虹兩頭皆垂澗中使人過澗隔虹對立相去數丈中間如隔綃縠自西望東則見蓋夕虹也立澗之東西望則爲日所鑠都無所覩久之稍稍正東踰山而去

銷夏神廟時中貴宋用臣鑿後苑瑤津池成明日請上賞蓮荷忽見萬荷蔽水乃一夜買滿京盆荷沉其下上嘉其能

避暑錄話饒州自元豐末朱天錫以神童得官俚俗爭慕之小兒不問如何粗能念書自五六歲時即以次教之五經以竹籃坐之木杪絕其視聽教者預爲價終一經償錢若干晝夜苦之

宋史周敦頤傳侯師聖學於程頤未悟訪敦頤敦頤曰吾老矣說不可不詳留對榻夜談越三日乃還頤驚異之曰非從周茂叔來耶

禮志司馬光爲中丞請令宰相遵國朝舊制押班詔宰相春分辰初秋分辰正垂拱殿未退聽弗赴文德殿令御史臺放班光又言垂拱奏事畢春分以後鮮有不過辰初秋分以後鮮有不過辰正然則自今宰臣常不至文德殿押班請春分辰正秋分巳初奏事未畢即如今詔庶幾此禮不至遂廢適詔春秋分率以辰正饗時郊天祭之日均用丑時秋夏以一刻春冬以七刻

司馬光傳光自見言行計從欲以身徇社稷躬親庶務不舍晝夜賓客見其體羸舉諸葛亮食少事煩以爲戒光曰死生命也爲之益力

餘冬序錄程顥嘗憩一僧寺夜聞察察聲燭之乃鼠於佛臍中銜書欲出取視之乃丹書也如其法試之屋有火光後置不復鍊或諷令服食顥曰吾腹中安可著此

宋史蘇軾傳軾嘗鎖宿禁中召對便殿命坐賜茶撤御前金蓮燭送歸院

山家清供東坡一夕與子由飮酣甚搥蘆菔爛煮不用他料只研白米爲糝食之忽放箸撫几曰若非天竺酥酡人間決無此味

辟寒東坡云徐州時冬夜解衣欲睡月色入戶欣然起行念無與樂者遂至承天寺尋張懷民亦未寢相與步於中庭庭下如積水空明水中蘋藻交橫蓋竹柏影也何夜無月何處無竹柏但少閒人如吾兩人爾

冷齋夜話盛學士次仲孔舍人平仲同在館中雪夜論詩平仲曰當作不經人道語曰斜拖闕角龍千丈澹抹牆腰月半稜坐客皆稱絕次仲曰句甚佳惜其未大乃曰看來天地不知夜飛入園林總是春平仲乃服其工

宋史楊存中傳上問將於張俊俊以存中對召見賜袍帶時元帥府草創存中晝夜居衛寢幄不頃刻去側帝知其忠謹親信之

宣和書譜王仁裕字德輦天水人也一夕夢剖其腸胃引西江水以浣之覩水中沙石皆有篆文及寤胸中豁然自是文性超敏作詩千篇目曰西江集

夢溪筆談吳僧文捷戒律精苦奇跡甚多嘗持如意輪咒靈變尤多瓶中水咒之則立湧嘗一舍利晝夜輪於琉璃瓶中捷行道遶之捷行速則舍利亦速行緩則舍利亦緩

避暑錄話范德孺喜琵琶暮年苦夜不得睡家有琵琶箏二婢每就枕即使雜奏於前至熟寐乃方得去

春渚紀聞族兄文翁鼻生一瘤治之不差行至襄陽遇一道人喜飮日與周旋臨別出小瓢傾藥如粟粒三授文翁曰汝夜以鍼刺瘤根納藥鍼穴明日瘤自落文翁因夜取鍼剔瘤根納藥至夜半但覺藥粒巡瘤根而轉至曉捫之則瘤已失去取鏡視之了無疤痕也因大神之以水銀一兩置銚間取藥投之化爲紫金方知神仙所煉大丹也

歙大姓汪氏一夕山居漲水暴至遷寓莊戶之廬莊戶研工也夜有光起於支牀之石異而取之使琢爲研石色正天碧細羅文中涵金星七布列如斗宿狀輔星在焉因目爲斗星研汪自是家道饒益

桯史張賢良君悅咸家蜀綿竹世以積德聞嘗一日晝寢夢神人自天降告之曰天命爾子名德作宰相

驚而寤未幾而魏公生時魏公之兄已名浞君悅不欲更所從乃字魏公曰德遠出入將相垂四十年

玉海書目紹興初太常博士王普撰官曆刻漏圖一卷井序言百刻分十二辰晝夜長短以岳臺爲定九服之地冬夏至晝夜刻數或與岳臺不同則二十四氣易箭之日亦皆少差

宋史岳飛傳飛入見帝從容問曰卿得良馬否飛曰臣有二馬介而馳初不甚疾比行百里始奮迅自午至酉猶可二百里

玉海紹興十二年五月太常言郊祀仗內鼓吹八百八十四人今樂工全缺乞下三司差撥從之鼓吹用鉦鼓鐃角觱栗管笛等晝在仗內導駕夜在警場奏嚴

程史清漳楊汝南少年時以鄉貢試臨安待捷旅邸夜夢有人以油沃其首驚而寤牓既出輒不利如是者三竊怪之紹興乙丑復與計偕懼其復夢也榜揭之夕招同邸者告以故益市酒殽明燭張博具相與劇飲期以達旦夜向闌四壁咸寂有僕曰劉五臥西扉下呻吟如魘亟振而呼之醒乃具言初以執炙之勤視博方酣幸主之不呼竊就枕忽有二人者扛油鼎自樓而登倉皇若有所訪顧見主之在坐也執而注之我怒而爭是以魘汝南聞之大慟曰二千里遠役今復已矣同邸亦相與歎咤爲之罷博及明漫強之視牓而其名儼然中焉視牓陳於地黯若有跡振衣拂之油漬其上蓋御史湴書淡墨以夜倉猝覆燈盤吏不敢以告

宋史趙汝愚傳汝愚性純孝嘗寒夜遠歸從者將抑門遽止之曰無恐吾母露坐達明門啓而後入

劉甲傳甲平生常謂我無他長惟足履實地晝所爲夜必書之名曰自監

沈煥傳煥常曰晝觀諸妻子夜卜諸夢寐兩者無愧始可以言學

銷夏葉石林云景修與吾同爲郎夜宿尚書新省之祠曹廳步月庭下爲吾言往嘗以九月望夜道錢塘與詩僧可久泛西湖至孤山已夜分是歲早寒月色正中湖面渺然如鎔銀傍山松檜參天露下葉間疑皆有光微風動湖水晃漾與林葉相射可久清臞苦吟坐中淒然不勝寒索衣無所有空米囊覆其背謂平生得此無幾吾爲作詩記之

曲洧舊聞龍福寺門外東偏有修竹二畝餘殆不減洛中所產有鼠喜食其笋寺僧於笋生時置鼓晝夜鳴之謂之驚鼠鼓

芙蓉禪師道楷始住洛中招提寺倦於應接乃入五度山卓庵於虎穴之南晝夜苦足冷時虎方乳楷取其兩子以煖足虎歸不見其子咆哮跳躑聲振林谷有頃至庵中見其子在焉瞪視楷良久楷曰吾不害爾子以煖足耳虎乃銜其子曳尾而去

鶴林玉露陸象山家於撫州金谿累世義居一人最長者爲家長一家之事聽命焉公堂之田僅足給一歲之食家人計口打飯自辦蔬肉不合食私房婢僕各自供給許以米附炊每清曉附炊之米交至掌廚爨者置曆交收飯熟按曆給散賓至則掌賓者先見之然後白家長出見款以五酌但隨堂飯食夜則卮酒杯羹每晨興家長率眾子弟致恭於祖禰祠堂聚揖於廳婦女道萬福於堂暮安置亦如之

責耳集鶴山先生母夫人方坐蓐時其先公書寢夢有朝服人入其臥內因問爲誰答曰陳了翁覺而鶴山生所以用其號而命名陳瑩中前三名登第後兩甲子鶴山中第亦第三名其出處風節相似處極多在東南時有了翁家子孫必異遇之

宋史孝義傳杭州仁和人李瑴以鬻緡爲業事母孝夜常十徐起省母母喜食時新瑴百方求市得必十倍酬其直

方技傳孫守榮臨安富陽人遇異人教以風角鳥占之術淮南帥李曾伯薦諸朝既至謁丞相史嵩之丞相一見頗喜之自是數出入相府一日庭鵲噪令占之曰來日晡時當有寶物至明日李全果以玉柱斧爲貢

癸辛雜識劉伯宣爲宣慰司同知去官日泊北關外俞椀蓋家之別室一夕爲偷兒盜去銀匙筯兩副及毛衫布海青共三件次日幾無可著之衣其家即欲經官捕盜伯宣不許因自於門首語其鄰曰此輩但知爲盜而不知吾乃窮官人也所有之物不過如此萬一見獲遂壞此生銀匙筯入其手亦不願得但衣服頗覺相妨仍見還可也幸相體此意人皆笑其迂越再宿忽得一籠於屋後空地視之毛衫布衣皆在焉劉公一言信及穿窬非一日之積也

福建省有村落小民家一婦人以織麻爲業每夜漚麻於大水盎中忽一日視之盎中水涸矣視之初無罅漏凡數夕皆然怪其異至夜俟之夜過半果有一物來徑入盎中飲水其身通明如月光照滿室婦細

覩之乃一白蜘蛛耳其大如五斗栲栳其婦遂急以大鷄籠罩之剖其腹內得一珠如彈丸大照明一室

鶴林玉露桂林石山怪偉東南所無至於暗洞之瑰怪尤不可具道余嘗隨桂林伯趙季仁遊其間列炬數百隨以鼓吹市人從之者以千計巳而入申而出入自曾公岩出於棲霞洞入若深夜出乃白晝恍如隔宿異世

瑯嬛記薛若社好讀書往往徹夜一日遇比丘告之日夜半不臥則血不歸心君雖好學恐非延益之道薛謂潛心傳記則心昧於時何夜半之可得知乎僧因就水中捉一魚赤色與薛曰此謂知更之魚夜中每至一更則爲之一躍薛畜盆中置書几至三更魚果三躍薛始就寢更名曰代漏龍

內觀日疏瑤卿月夜過此橋翛然朗吟其聲淸亮宇字動人居民但記其兩句云遙隔美人家數竿修竹處自此橋名竹隔

金史高楨傳楨爲中京留守蒞夜嚴肅有近侍馮僧家奴李街喜等皆得幸海陵嘗夜飲干禁楨杖之瀕死由是權貴皆震慴

元史天文志兀速都兒剌不定漢言晝夜時刻之器其制以銅如圓鏡而可掛面刻十二辰位晝夜時刻上加銅條綴其中可以圓轉銅條兩端各屈其首爲二竅以對望晝則視日影夜則窺星辰以定時刻以測休咎背嵌鏡三面刻其圖凡七以辨東西南北日影長短之不同星辰向背之有異故各異其圖以盡天地之變焉

眞臘風土記一夜只分四更

農田餘話至元中遣官十四員分道測日影用四丈之表南海北極出地一十五度夏至日在表南一尺一寸五分晝五十四刻夜四十六刻衡岳北極出地二十五度夏至日在表端無影北至北海北極出地六十五度夏至景長六尺七寸八分晝八十二刻夜十八刻疑即唐太宗時貞觀二十年骨利幹遣使入貢來朝言其國日入後煮羊胛熟巳天明者此地是也

輟耕錄周申父言表叔金二提舉住杭州其室氏乃宋內夫人曰吾爲內夫人日每日輪流六人侍帝左右以紙一番從後端起筆書帝起居旋書旋卷至暮封付史館

續資治通鑑元順帝自制宮漏高六七尺廣半之造木爲匱藏壺其中運水上下匱上設三聖殿匱腰立玉女捧時刻籌時至輒浮水而上左右二金甲神一懸鐘一懸鉦夜則神人自能按更而擊無分毫差鳴鐘鉦時獅鳳在側者皆自翔舞匱之東西有日月宮飛仙六人立宮前遇子午時自能耦進度仙橋達三聖殿復退立如前

輟耕錄至正庚寅江浙鄉試八月二十二日夜二鼓院中彷彿見一物馳過甚疾其狀若猛獸者軍卒從而喧哄因出角端爲賦題

越楓橋里人丁氏母雙目失明丁至孝每朝盥漱訖即舐母之目積有年矣俄而母左目明未久右目復明憲司上其事於朝表其閭曰孝子之門至治年間也

瑯嬛記殷願夜夢牛皮上有二土又有赤玉在其上其子年十六解曰牛皮革也二土是圭字是鞋字也赤朱色朱玉珠字也大人當得朱履乎果然

霏雪錄洪武丁卯春湯信公持節發杭紹明台溫五郡之民城沿海諸鎮時會稽王家堰夜大雨水暴至死者計四五水上有火萬炬咸以爲鬼予嘗詢於習海事者曰鹹水夜動則有光蓋海水爲風雨所擊故其光如火耳

續文獻通考洪武以來設觀星臺於鷄鳴山上令天文生分班晝夜觀望

明會典尚寶司凡金吾等二十衞守衞官夜巡各赴本司關領令牌

凡領金牌夜巡點閘每日上直每夜上宿者次早繳入輪班三日者班滿繳入非扈駕不許帶出皇城違者送問

凡五城兵馬指揮司夜巡每日一城輪官二員赴本司關領令牌次早繳入不到者指名參奏

凡京城夜巡中軍都督府原降寅字號銅令牌二面卯辰字號銅令牌十八面編定金吾等衞并五軍扃衞鎭撫六十員作二十直每直鎭撫二員軍人九名輪赴本府應長巡者領寅字號應撞門者領卯辰字號牌每夜一更三點發卯字號牌三更一點發辰字號牌往九門巡撞及點守門官軍如有姦弊具奏施行

大政紀英宗正統十四年二至夏晝冬夜各六十一刻

明會典五城兵馬指揮司凡夜巡每日輪官二員赴尚寶司關領銅牌二面正德五年令犯夜者照舊例

禁行如違時候方許呵問擒挐不得非時驚擾

客座新聞偶武孟吳之太倉人也有詩名嘗爲武岡州幕官因鑿渠得一瓦枕枕之聞其中鳴鼓起擂一更至五更鼓聲次第更轉不差既聞鷄鳴亦至三唱而曉抵暮復然武孟以爲鬼怪令碎之及見其中設機局以應夜氣識者謂爲諸葛武侯鷄鳴枕也

霏雪錄越中有道士陸國賓者曉乘舟出見白虹跨水甚近及至其所見蝦蟆如箬笠大白氣從口出即跳入水虹亦不見

欽定古今圖書集成曆象彙編歲功典

第一百十四卷目錄

晨昏晝夜部雜錄一

歲功典第一百十四卷

晨昏晝夜部雜錄一

易經乾象曰天行健君子以自彊不息大全安定胡氏曰天者乾之形乾者天之用天形蒼然其用則一晝一夜行九十餘萬里人一呼一吸為一息一息之間天行已八十餘里人一晝一夜有萬三千六百餘息故天行九十餘萬里天之行健可知故君子法之以自彊不息云

晉康侯用錫馬蕃庶晝日三接

夬九二惕號莫夜有戎勿恤

繫辭通乎晝夜之道而知

書經皋陶謨日宣三德夙夜浚明有家

兢兢業業一日二日萬幾

太甲先王昧爽丕顯坐以待旦旁求俊彥啓迪後人

說命朝夕納誨以輔台德

酒誥朝夕曰祀茲酒惟天降命肇我民惟元祀

洛誥予沖子夙夜毖祀

無逸自朝至於日中昃不遑暇食用咸和萬民

冏命其侍御僕從罔匪正人以旦夕承弼厥辟

詩經召南小星章嘒彼小星三五在東肅肅宵征夙夜在公寔命不同朱注三五言其稀蓋初昏或將旦時也宵夜征行也衆妾進御於君不敢當夕見星而往見星而還大全安城劉氏曰見星而往還者或在昏時或在旦時也

邶風匏有苦葉章雝雝鳴鴈旭日始旦

鄘風蝃蝀章朝隮于西崇朝其雨朱注從旦至食時為終朝

衛風氓章夙興夜寐靡有朝矣

王風君子于役章日之夕矣羊牛下來朱注日夕則羊先歸而牛次之

唐風綢繆章綢繆束薪三星在天今夕何夕見此良人朱注三星昏始見於東方建辰之月也大全鄭氏曰昏而不見則嫁之候今見在天則三月正是不得其時

葛生章夏之日冬之夜朱注夏日冬夜獨居憂思於是為切

陳風東門章昏以為期明星煌煌

豳風七月章晝爾于茅宵爾索綯亟其乘屋其始播百穀朱注晝往取茅夜而絞索亟升其屋而治之蓋以來歲將復始播百穀而不暇於此故也

小雅湛露章厭厭夜飲不醉無歸朱注夜飲私燕也大全廬陵歐陽氏曰燕當以晝而言夜飲者燕禮有宵則設燭之禮故曰夜飲也是言雖以禮飲酒有至夜者以申私燕之情盡殷勤之意

小宛章明發不寐有懷二人朱注明發謂將旦而光明開發也

夙興夜寐無忝爾所生

大東章終日七襄朱注七襄箋云駕也駕謂更其肆也蓋天有十二次日月所止舍所謂肆也經星一晝一夜左旋一周而有餘則終日之間自卯至酉當更七次也

東有啓明西有長庚朱注啓明長庚皆金星也以其先日而出故謂之啓明以其後日而入故謂之長庚大全安城劉氏曰金星附日而行無定在或一在日先一在日後或俱在日先或俱在日後金星行在日先則晨見而昏不見行在日後則昏見而晨又不見也

大雅烝民章夙夜匪解以事一人

周頌昊天有成命章成王不敢康夙夜基命宥密

魯頌有駜章夙夜在公在公明明

禮記曲禮凡為人子之禮冬溫而夏凊昏定而晨省

燭不見跋陳注跋本也古者未有蠟燭以火炬照夜將盡則藏其所餘之殘本恐客見之以夜久欲辭退也

侍坐於君子君子欠伸撰杖屨視日蚤莫侍坐者請出矣

檀弓夏后氏大事斂用昏

殷人大事斂用日中

周人大事斂用日出

夫晝居于內問其疾可也夜居于外弔之可也是故君子非有大故不宿于外非致齊也非疾也不晝夜居于內

朝奠日出夕奠逮日陳注逮日及日之未落也大全方氏曰朝奠以象朝時之食夕奠以象夕時之食孝子事死如事生也

曾子問嫁女之家三夜不息燭思相離也取婦之家
三日不舉樂思嗣親也
文王世子天子視學大昕鼓徵所以警衆也注陳天子
視學之日初明之時學中擊鼓以徵名學士蓋警動
衆聽使早至也
內則男女未冠笄者鷄初鳴咸盥漱櫛縰拂髦總角
衿纓皆佩容臭昧爽而朝問何食飲矣若已食則退
若未食則佐長者視具
凡內外鷄初鳴咸盥漱衣服斂枕簟灑埽室堂及庭
布席各從其事孺子蚤寢晏起唯所欲食無時
由命士以上父子皆異宮昧爽而朝慈以旨甘日出
而退各從其事日入而夕慈以旨甘
男子入內夜行以燭無燭則止女子出門夜行以燭
無燭則止
鉅鑊湯以小鼎薌脯于其中使其湯毋滅鼎三日三
夜毋絕火而后調之以醯醢注陳鉅鑊湯以大鑊盛湯
也脯解析之薄如脯也薌脯香美此脯也脯在小鼎
內而小鼎則置在鑊湯內湯不可沒鼎沒鼎則水入
壞脯也毋絕火微熱而已不熾之也至食則又以醯
與醢調和之
朝夕學幼儀大全嚴陵方氏曰朝夕學幼儀者至此乃
可以責事長之禮故也若昧爽而朝之類則朝之所
當學也若日入而夕之類則夕之所當學也
玉藻朝辨色始入君日出而視之
若有疾風迅雷甚雨則必變雖夜必興衣服冠而坐
朝元端夕深衣注陳謂大夫士在私朝及家朝夕所服
也

少儀亟見曰朝夕注陳亟見數見也於君子則曰某願
朝夕聞命於將命者於敵者則曰某願朝夕見於將
命者
凡飲酒爲獻主者執燭抱燋客作而辭然後以授人
執燭不讓不辭不歌注陳飲酒之禮賓主有讓及更相
辭謝又各歌詩以見意今以暮夜略此三事
學記家有塾注陳古者二十五家爲閭同在一巷巷首
有門門側有塾民在家者朝夕受教於塾也
祭法王宮祭日也夜明祭月也幽宗祭星也注陳方氏
曰王有日之象而宮乃其居也故祭日之壇曰王宮
日出於晝月出於夜則夜爲月之時而明乃其用也
故祭月之坎曰夜明幽以言其隱而小也揚子曰視
日月而知衆星之蔑故祭星之所則謂之幽宗焉
鄉飲酒義飲酒之節朝不廢朝莫不廢夕注陳凡治事
者朝以聽政而鄉飲聽政罷方行是朝不廢朝也夕
以修令而鄉飲禮畢猶可以治私事是莫不廢夕也
儀禮士昏禮凡行事必用昏昕受諸禰廟辭無不腆
無辱注用昕使者用昏壻也腆善也賓不稱幣不善
主人不謝來辱
左傳水昏正而栽疏水昏正者夜之初昏也
九扈注行扈唶唶晝爲民驅鳥者也宵扈嘖嘖夜爲
農驅獸者也
臧孫曰鼠晝伏夜動不穴于寢廟畏人故也
子産曰政如農功日夜思之思其始而成其終朝夕
而行之行無越思如農之有畔其過鮮矣
君子有四時朝以聽政晝以訪問夕以修令夜以安
身於是乎節宣其氣勿使有所壅閉湫底以露其體

疏節卽四時也當勞逸更遞以宣散其氣朝以聽政
久則疲疲則易之以訪問訪問久則倦倦則易之以
修令修令久則怠怠則易之以安身安身久則滯滯
則易之以聽政以後事改前心亦所以散其氣也
楚丘曰日之數十故有十時亦當十位自王已下其
二爲公其三爲卿日上其中食日爲二旦日爲三注
日中當王食時當公平旦爲卿鷄鳴爲士夜半爲皁
人定爲輿黃昏爲隸日入爲僚晡時爲僕日昳爲臺
隅中日出闕不在第等疏從中而右旋配天也晡時
謂日西食時也日昳謂蹉跌而下也隅謂東南隅也
過隅未中故爲隅中也
穀梁閏月朝廟注親存朝朝莫夕
國語天子大采朝日與三公九卿祖識地德日中考
政與百官之政事師尹惟旅牧相宣序民事少采夕
月與太史司載糾虔天刑日入監九御使潔奉禘郊
之粢盛而後卽安諸侯朝修天子之業命晝考其國
職夕省其典刑夜儆百工使無慆淫而後卽安卿大
夫朝考其職晝講其庶政夕序其業夜庀其家事而
後卽安士朝而受業晝而講貫夕而習復夜而計過
無憾而後卽安自庶人以下明而動晦而休無日以
怠
爾雅釋天明星謂之啓明注太白星也晨見東方爲
啓明昏見西方爲太白
宵田爲獠注今夜獵載鑪照也
釋山山西曰夕陽注暮乃見日疏日卽陽也夕始得
陽故名夕陽詩大雅公劉云度其夕陽豳居允荒是
也

山東曰朝陽注日即見日疏謂山頂之東皆早朝見日但是山東之岡脊總曰朝陽詩大雅卷阿曰梧桐生矣于彼朝陽是也

釋木守宮槐葉晝聶宵炕疏聶合也炕張也言其葉晝合夜開者別名守宮槐

尚書帝命期春鳥星昏中以種稷夏火星昏中以種黍菽

春秋孔演圖鳳火精也夜鳴曰善哉晨鳴曰賀世

春秋說題辭鶴知夜半注鶴水鳥也夜半水位感其生氣則益喜而鳴

孝經援神契蝙蝠伏匿故夜食

孝經鉤命決正朝夕者視北辰

山海經鍾山之神名曰燭陰視爲晝瞑爲夜吹爲冬呼爲夏

北囂山有鳥焉其狀如鳥人面名鶖鵑宵飛而晝伏食之已暍

鶡冠子曰有冥有旦有晝有夜然後以爲數注天有三百六十度一日一度三百六十日一周天一日之中晝夜有刻以定之爲數

管子陰陽篇日夜之易陰陽之化也注晝熱夜寒交易其氣此陰陽之化也

士農工商篇均地分力使民知時也民乃知時日之早晏日月之不足饑寒之至於身也是故夜寢早起父子兄弟不忘其功爲而不倦民不憚勞苦故不均之爲惡也

宙合篇日有朝暮夜有昏晨

弟子職篇夙興夜寐衣帶必飭朝益暮習小心翼翼一此不解是謂學則

相鶴經晝夜十二時鳴中律

禽經哀鳥吟夜注鳥之失雄雌則夜啼

林鳥朝嘲水鳥夜咬

鴽鵪野則義豢則搏注月令田鼠化爲鴽關東謂之鶉蜀隴謂之鵪在田得食鳴相呼夜則羣飛晝則羣伏馴養久見食相搏鬬也

班鳩辨鶵注班文序也凡哺子朝從上下暮從下上他鳥皆否

舒雁羣棲獨警注夜棲川澤中千百爲羣有一雁不瞑以警衆也

宵扈司夜行扈主晝雄翼掩左雌羽掩右

家語禮運篇以日星爲紀故業可別注日以紀晝星以紀夜故事可得而分別也

陶朱公書太陽未出將晨之先看東方黑雲如雞頭如旗幟如山峰如陣馬如龍頭如魚如蛇如靈芝如牡丹應當日未申時有雨或紫黑雲貫穿或在日上下者並應當日雨

金錢一名子午花午開子落吳人呼爲夜落金錢

早看東方有雲氣隨太陽上下不遠者此雲在日初出應巳午時巳午時隨太陽則應未申時未申時隨太陽則應酉戌時有雷雨

拂曉看南方黑雲最高謂之雷信應明日巳午時至中天而止應未申時

列子黃帝篇海上之人有好漚鳥者每旦之海上從漚鳥游漚鳥之至者百住而不止其父曰吾聞漚鳥皆從汝游汝取來吾玩之明日之海上漚鳥舞而不下也

周穆王篇神遇爲夢形接爲事故晝想夜夢神形所遇故神凝者想夢自消信覺不語信夢不達物化之往來者也

古莽之國日月之光所不照故晝夜亡辨

昏明之分察故一晝一夜

湯問篇江浦之間生麽蟲其名曰焦螟羣飛而集於蚊睫弗相觸也棲宿去來蚊弗覺也離朱子羽方晝拭眥揚眉而望之弗見其形䚡俞師曠方夜擿耳俛首而聽之弗聞其聲

孔周有三劍一曰含光視之不可見運之不知其有所觸也混然無際經物而物不覺二曰承影將旦昧爽之交日夕昏明之際北面而察之淡淡焉若有物存莫識其狀其所觸焉竊竊焉有聲經物而物不疾也三曰宵練方晝見影而不見光方夜見光而不見形其觸物也騞然而過隨過隨合覺疾而不血刃焉

莊子至樂篇滑介叔曰亡予何惡生者假借也假之而生生者塵垢也死生爲晝夜且吾與子觀化而化及我我又何惡焉

天地篇厲之人夜半生其子遽取火而視之汲汲然惟恐其似己也

山木篇夫豐狐文豹棲於山林伏於巖穴靜也夜行晝居戒也雖饑渴隱約猶且胥疏於江湖之上而求食焉定也

盜跖篇古者禽獸多而人民少於是民皆巢居以避之晝拾橡栗暮棲木上故命之曰有巢氏之民

墨子非樂上篇農夫蚤出暮入耕稼樹藝多聚升粟

不敢怠倦也

婦人夙興夜寐紡績織紝多治麻絲葛緒捆布縿不敢怠倦也

孫武子軍爭篇夜戰多火鼓晝戰多旌旗所以變人之耳目也

朝氣銳晝氣惰暮氣歸善用兵者避其銳氣擊其惰歸此治氣者也

吳子應變篇凡戰之法晝以旌旗旛麾爲節夜以金鼓笳笛爲節

呂氏春秋先識覽中山之俗以晝爲夜以夜繼日男女切倚固無休息

博志篇孔墨甯越皆布衣之士也慮于天下以爲無若先王之術者故日夜學之有便于學者無不爲也有不便于學者無肯爲也蓋聞孔丘墨翟晝日諷誦習業夜親見文王周公旦而問焉用志如此其精也何事而不達何爲而不成

孔叢子居衛篇孟軻問子思曰堯舜文武之道可力而致乎子思曰彼人也我人也稱其言履其行夜思之晝行之滋滋焉汲汲焉如農之赴時商之趨利惡有不至者乎

史記天官書北斗七星所謂旋璣玉衡以齊七政杓攜龍角衡殷南斗魁枕參首用昏建者杓杓自華以西南夜半建者衡衡殷中州河濟之間平旦建者魁魁海岱以東北也

太白以攝提格之歲與營室晨出東方至角而入與營室夕出西方至角而入與角晨出入畢與角夕出入畢與畢晨出入箕與畢夕出入箕與箕晨出入柳與箕夕出入柳與柳晨出入營室與柳夕出入營室凡出入東西各五爲百歲二百二十日復與營室晨出東方其大率歲一周天

封禪書成山注韋昭曰成山在東萊不夜不夜古縣名也索隱曰案解道彪齊記云不夜城古有日夜出見於東境故萊子立城以不夜爲名也

龜策傳伏靈在兔絲之下狀似飛鳥之形新雨已天清靜無風以夜捎兔絲去之即以篝燭此地燭之火滅即記其處以新布四丈環置之明即掘取之入四尺至七尺得矣過七尺不可得 注 篝籠也夜篝火也

漢書中山靖王傳白日曬光幽隱皆照明月曜夜蟁蝱宵見

枚乘傳遊曲臺臨上路不如朝夕之池 注 吳以海水朝夕爲池也

易林獨宿憎夜嫫母畏晝

淮南子俶真訓鍾山之玉炊以爐炭三日三夜而色澤不變則至德天地之精也

天文訓晝者陽之分夜者陰之分是以陽氣勝則日修而夜短陰氣勝則日短而夜修

地形訓晝生者類父夜生者似母

主術訓鴟夜撮蚤蚊察分秋毫晝日顛越不能見丘山形性詭也 注 鵂鶹也謂之老菟夜鳴人屋上也夜則目明合聚人爪以著其巢中晝則無所見

繆稱訓日不知夜月不知晝日月爲明而弗能兼也

說山訓雞知將旦鶴知夜半

泰族訓天設日月列星辰調陰陽張四時日以暴之夜以息之風以乾之雨露以濡之天致其高地致其厚月照其夜日照其晝陰陽化列星朗正其道而物自然

春秋繁露人副天數篇乍視乍瞑副晝夜也

同類相動篇水得夜益長數分

儀禮士昏禮注士娶妻之禮以昏爲期因而名焉必以昏者陽往而陰來

日入三商爲昏 疏 日入三商者商謂商量是漏刻之名故三光靈曜亦日入三刻爲昏不盡爲明案馬氏云日未出日沒後皆云二刻半前後共五刻今云三商者據整數而言其實二刻半也

神異經東海之外荒海中有山焦炎而峙高深莫測蓋稟至陽之爲質也海中激浪投其上噏然而盡計其晝夜噏攝無極若熬鼎受其洒汁耳

南荒外有火山其中生不盡之木晝夜火然得暴風不猛猛雨不滅

北方荒中有石湖湖有橫公魚長七八尺形如鯉而目赤晝在水中夜化爲人刺之不入煮之不死烏梅二枚煮之則死食之可止邪病

西南大荒有馬其大二丈髯至膝尾委地蹄如丹踠可握日行千里至日中而汗血乘者當以絮纏頭以辟風病

十洲記炎洲有火林山山中有火光獸大如鼠毛長三四寸或赤或白山可三百里許晦夜即見此山林乃是此獸光照狀如火光相似取其毛爲布時人號爲火浣布

新序宋玉曰鯨魚朝發崑崙之墟暴鬐於碣石暮宿於孟諸夫尺澤之鯢豈能與之量江海之大哉

淮南畢萬術夜燒雄黃水蟲成對來水蟲聞燒雄黃晁氣皆趨火磁石拒碁取鷄用作針針磨鐵擣之以和磁石日塗碁頭曝乾之置局上即相拒不休

說苑禍生於微禍生於忽日夜恐懼唯恐不卒

星經貫索九星在七公前爲賊人牢以五子日夜候之一星亡有喜事二星亡有爵事三星亡有赦

後漢書律歷志天之動也一晝一夜而運過周星從天而西日違天而東日之所行與運周

洞冥記有遠飛鷄夕則還依人曉則絶飛四海朝往夕還常銜桂枝之實歸於南山或落地而生高七八尺衆仙奇愛之剉以釀酒名曰桂醪嘗一滴舉體如金色

有司夜鷄隨鼓節而鳴從夜至曉一更爲一聲五更爲五聲亦曰五時鷄

桓譚新論漢長水校尉平陵關子陽以爲日之去人上方遠而四傍近何以知之星宿昏時出東方其間甚疎相離丈餘及夜半在上方視之甚數相離一二尺以準度望之逾益明白故知天上之遠於傍也

白虎通禮樂篇王平居中央制御四方平旦食少陽之始也晝食太陽之始也餔食少陰之始也暮食太陰之始也

巡狩篇二月八月晝夜分

日月篇日月所以懸晝夜者何助天行化照明下地故易曰懸象著明莫大乎日月

日月所以必有晝夜何備陰陽也日照晝月照夜日所以有長短何陰陽更相用事也故夏節晝長冬節夜長夏日宿在東井出寅入戌冬日宿在牽牛出辰入中

四時篇日言夜月言晦月言朔日言朝何朔之言蘇也明消更生故言朔日晝見夜藏有朝夕故言朝也

論衡偶會篇人以夜臥晝起夜月光盡不可以作人力亦倦欲壹休息晝日光明人臥亦覺力亦復足非天以日作之以夜息之也作與日相應息與夜相得也

說日篇日中時日小其出入時大者日中光明故小其出入時光暗故大猶晝日察火光小夜察之火光大也既以火爲效又以星爲驗晝日星不見者光耀滅之也夜無光耀星乃見夫日月星之類也平旦日入光銷故視大也

天日行一周日行一度二千里日晝行千里夜行千里麒麟晝日亦行千里然則日行舒疾與麒麟之步相似類也

張衡靈憲攝提熒惑地候見晨附於日也太白辰星見昏附於月也

說文美陽亭即豳也民俗以夜市

晝日之出入與夜爲界

農家諺河射角堪夜作犂星沒水生骨

乾星照濕土明日依舊雨

獨斷鼓以動衆鐘以止衆夜漏盡鼓鳴則起晝漏盡鐘鳴則息也

參同契朔旦屯直事至暮蒙當受晝夜各一卦用之依次序既未至晦爽終則復更始日辰爲期度動靜有早晚春夏據內體從子到辰巳秋冬當外用自午訖戌亥賞罰應春秋明昏順寒暑

中論晝也與之遊夜也與之息此盤銘之謂日新

晉書天文志日入則星月出焉明知天以日月分主晝夜相代而照也

博物志西域石流黃出足彌山去高昌八百里有石流黃數十丈從廣五六十畝取流黃晝視孔中上狀如烟而高數尺夜視皆如燈光明高尺餘時氣不和皆往保此山

帝王世紀帝堯其仁如天其智如神其明如晝其晦如陰

抱朴子博喻篇晝見天地未足稱明夜察分毫乃爲絶倫

皇甫謐年曆日者衆陽之宗以晝明名曰耀靈月者衆陰之宗以宵曜名曰夜光

古今注南方有鳥名鷓鴣向南飛畏霜露早與暮出稀有時夜棲則以樹葉覆其背燕人亦不知有此鳥也

拾遺記西海之西有浮玉山山下有巨穴穴中有水其色若火晝則通曨不明夜則照耀穴外雖波濤灌蕩其光不滅是謂陰火

背明國有通明麻食者夜行不持燭是苣藤也食之延壽後天而老

宵明草夜視如列燭晝則無光自消滅也

合歡草狀如蓍一株百莖晝則衆條扶疎夜則合爲一莖萬不遺一謂之神草

須彌山第六層有五色玉樹蔭翳五百里夜至水上其光如燭

員嶠山有草如芸蓬色如白雪一枝二丈夜視有白

光可以爲杖

岱輿山有獸名嗽月形似豹飲金泉之液食銀石之髓此獸夜噴白氣其光如月可照數十畝軒轅之世獲焉

元康地記猿與獮猴不共山宿臨旦相呼

宋書符瑞志鳳凰者仁鳥也雄曰鳳雌曰凰其鳴雄曰節節雌曰足足晨鳴曰發明晝鳴曰上朔夕鳴曰歸昌昏鳴曰固常夜鳴曰保長

異苑耒陽有山壁立千仞巖上有石室古名爲神農窟窟前有百藥叢茂莫不畢備又別有異物藤花形似菱菜朝紫中綠晡黃暮青夜赤五色迭耀

潯陽曇椿世居長沙宅有古井每夜輒聞有如炮竹聲相承謂之龍吒

殷芸小說燕以日出爲旦日入爲夕蝙蝠以日入爲旦日出爲夕爭之不決訴於鳳凰半路一禽謂燕曰不須往鳳凰在假訓孤權攝

梁元帝纂要一日之計在於晨

梁書諸夷傳林邑國有金山石皆赤色其中生金金夜則出飛狀如螢火

三禮義宗聖人因躔次之常定時度之變以天道既遠不可以尺度窮乃因兩曜運行以一晝一夜爲一度積三百六十五度四分度之一而日周天蓋因星以推之取星周度之徧

地鏡圖欲知寶所在地以大鏡夜照見影若光鏡中者物在下也

銀之氣夜正白流散在地撥之隨手散復合

玉篇朝早也暮日入也

漏刻經每日天曉日將出時將小盂浮於大盆水面上至日入時自然水滿小盂沉於水底爲度却取出小盂去其水再浮水面上至來日天曉仍舊沉於水底昏曉二時俱以水滿爲度定其晝夜其日停水之時切須濾出極淨毋使塵滓隘其水穴庶幾無緩迫之失

水經注三峽七百里中兩岸連山略無闕處重巖疊嶂隱天蔽日自非亭午夜分不見曦月

吳錄地里志曰鯌魚子朝索食暮入母腹南越志曰暮從臍入旦由口出腹裏兩洞腸貯水以養子

河東鹽池東西七十里南北十七里紫色澄渟渾而不流水出石鹽自然印成朝取夕復終無減損

釋氏西域記屈茨北二百里有山夜則火光晝日但烟人取此山石炭冶此山鐵恆充三十六國用

齊民要術養馬飲有三時何謂三時一日朝飲少之二曰晝飲則胷壓水三曰暮飲極之注諺曰旦起騎穀日中騎水斯言旦飲須節水也每飲食令行驟則消水小驟數百步亦佳十日一放令其陸梁舒展令馬硬實也

諺曰觸露不掐葵日中不剪韭

作粟米爐酒法受兩石以下甕子以石子二三升蔽甕底夜炊粟米飯卽攤之令冷夜得露氣鷄鳴乃和之大率米一石殺麴米一斗春酒糟末一斗粟米飯五斗麴殺若多少計須減飯和法痛挼令相雜塡滿甕爲限以紙蓋口摶押上勿泥之恐太傷熱五六日後以手內甕中看令無熱氣便熟矣酒停亦得二十許日以冷水澆筒飲之酮出者歇而不美

河東頤白酒法六月七月作用笨麴陳者彌佳劃治細剉麴一斗熟水三斗黍米七斗麴殺多少各隨門法常於甕中釀無好甕者用先釀酒大甕淨洗曝乾側甕著地作之旦起煮甘水至日午令湯色白乃止量取三斗著盆中日西淘米四斗使淨卽浸夜月炊作再餾飯令四更中熟下黍飯席上薄攤令極冷於黍飯初熟時浸麴向曉昧旦日未出時下釀以手搦破塊仰置勿蓋日西更淘三斗米浸炊還令四更中稍熟攤極冷日未出前酘之亦搦破塊明日便熟押出之酒氣香美乃勝桑落時作者

治瓜籠法旦起露未解以杖舉瓜蔓散灰於根下後一兩日復以土培其根則迴無蟲矣

蒸乾蕪菁根法作湯淨洗蕪菁根漉著一斛甕子中以葦荻塞甕裏以蔽口著釜上繫甑帶以乾牛糞然火竟夜蒸之粗細約熟謹謹著牙眞類鹿尾蒸而賣者則收米十石也

種胡荽挼生子令中破籠盛一日再度以水沃之令生芽然後種之再宿卽生矣注晝用箔蓋夜則去之晝不蓋熱不生夜不去蟲耬之

種蘭香治畦下水一同葵法及水散子訖水盡簁熟糞僅得蓋子便止晝日薄蓋夜卽去之生卽去箔常令足水晝日不用見日夜須受露氣

食經藏木瓜法先切去皮煮令熟著水中車輪切百瓜用三升鹽蜜一斗漬之晝曝夜內汁中取令乾以餘汁蜜藏之亦同濃杭汁也

曝膠餅先於庭中竪槌施三重箔擿令免狗鼠於最下箔上布置膠餅其上兩重爲作陰凉并扞霜露旦

起至食時卷去上箔令膠見日食後還復舒箔爲蔭雨則內廠屋之下則不須重箔四五日浥浥時繩穿膠餅懸而日曝極乾乃內屋內懸紙籠之以防青蠅壁土之汙

神麴酒方淨掃刷麴令淨有土處刀削去必使極淨及斧背椎破大小如棗栗斧刀則殺小用故紙糊席曝之夜乃勿收令受霜露風陰則收之恐土汙及雨潤故也若急須者麴乾則得從容者經二十日許受霜露彌令酒香

曬棗先治地令淨布椽於箔下置棗於箔上以椽聚而復散之一日中二十度乃佳夜仍不聚得霜露氣乾速成陰雨之時乃聚而苫之

舂稻必須冬時積日燥曝一夜置霜露中即舂若冬舂不乾即米青赤脈起不經霜不燥曝則米碎矣

食經曰作乾棗法將蔣露於庭以棗著上厚二寸復以新蔣覆之凡三日三夜撤覆露之畢日曝取乾入屋中率一石以酒一升漱著器中密泥之經數年不敗也

粟米麴作酢法大率笨麴末一斗井花水一石粟米飯一石明旦作酢今夜炊飯薄攤使冷日未出前汲井花水斗量著甕中量飯著盆中或栲栳中然後瀉飯著甕中瀉時直傾之勿以手撥飯水量麴末爲著飯上慎勿撓攪亦勿移動綿幕甕口三七日熟美釅少澱久停彌好

作白梅法梅子酸核初成時摘取夜以鹽汁漬之晝則日曝凡十宿十浸十曝便成調鼎和齏所在多任也

合手藥法取豬脂一具摘去其脂合蒿葉於好酒中痛挼使汁甚滑白桃仁二七枚去黃皮研碎酒解取其汁以綿裹丁香藿香甘松香橘核十顆打碎著脂汁中仍浸置勿出瓷貯之夜煮細糠湯淨洗面拭乾以藥塗之令手軟滑冬不皴

葵生三葉然後澆之澆用晨夕日中便止

面患皴者夜燒梨令熟以糠洗面訖以煖梨汁塗之令不皴

顏氏家訓或問一夜何故五更更何所訓答曰漢魏以來謂爲甲夜乙夜丙夜丁夜戊夜又云一鼓二鼓三鼓四鼓五鼓亦云一更二更三更四更五更皆以五爲節西都賦亦云衛以嚴更之署所以爾者假令正月建寅斗柄夕則指寅曉則指午矣自寅至午凡歷五辰冬夏之月雖復長短參差然辰間遼闊盈不至六縮不至四進退常在五者之間更歷也經也故曰五更爾

隋書天文志舊說渾天者以日月星辰不問春夏秋冬晝夜晨昏上下去地中皆同無遠近

日者純陽之精也光明外曜以眩人目故人視日如小及其初出地有遊氣以厭日光不眩人目即日赤而大也無遊氣則色白大不甚矣地氣不及天故一日之中晨夕日色赤而中時日色白地氣上升蒙蒙四合與天連者雖中時亦赤矣

或天氣下降地氣上升厚則日紫薄則日赤若於夜則月白皆將雨也或天氣未降地氣上升厚則日黃薄則日白若於夜則月赤將旱且風亦爲日月暈之候雨少而多陰或天氣已降地氣又升上下未交則日青若於夜則月綠色將寒候也或天地氣雖交而未密則日黑若於夜則月青將雨不雨變爲雺霧暈背虹蜺

候氣常以平旦下晡日出沒時處氣以見知大占期內有大風雨久陰則災不成故風以散之陰以諫之雲以幡之雨以猒之

地理志豫章之俗頗同吳中一年蠶四五熟勤於紡績亦有夜浣紗而旦成布者俗呼爲鷄鳴布

倭國傳有如意寶珠其色青大如鷄卵夜則有光云魚眼睛也

書經堯典日中星鳥疏古制刻漏晝夜百刻晝長六十刻夜短四十刻晝短四十刻夜長六十刻晝中五十刻夜亦五十刻

詩疏物積而後始極既極而後方衰從旦積暖故日中之後乃極熱從昏積凉故半夜之後始極寒

唐書劉蕡傳終任賢之效無宵旰之憂

本草拾遺合昏其葉至暮即合故名

氣盤有短翅飛不遠好夜中行人觸即氣出

詩疏廣要今林棲多朝鳴水宿多夜叫

鼉鳴夜獨鳴曉獨猨類也似猨而大食猨

柳宗元四門助教壁記易傳太初篇曰天子旦入東學晝入南學夕入西學暮入北學中央曰太學天子之所自學也蔡邕引之以定明堂之位焉

嘉話錄絢曰五夜者甲乙丙丁戊更相送之今惟言乙夜與子夜何也公曰未詳

六帖霧昏昧十步外不見是謂晝昏

酉陽雜俎世重黃楊以無火或曰以水試之沉則無

火取此木必以陰晦夜無一星則伐之爲枕不裂
夜光芝一株九實實墜地如七寸鏡夜視如牛目茅
君種於句曲山
虎夜視一目放光一目看物獵人候而射之光墜入
地成白石
雍益堅云主夜神呪持之有功德夜行及寐可已恐
怖惡夢呪曰婆珊婆演底
艮常山有螢火芝其實似草大如豆紫花夜視有光
食一枚中心一孔明食至七心七竅洞徹可以夜書
北戶錄睡蓮葉如荇而大汎於水面上其花布葉數
重凡五種色當夏晝開夜縮入水底晝復出也
因話錄都堂省門東道有古槐垂陰至廣相傳夜深
聞絲竹之音省中卽有入相者俗謂之音聲樹
雲溪友議鄭圃有列子墓廟里中有胡釘鉸者每詣
廟祭禱求聰慧一夕夢人剖其腹納一卷書既覺遂
有詩思如喜縣尉見訪云兒童不慣見車馬爭入蘆
花深處藏粗有可觀皆類此
嶺表錄異嶺中諸山多楓樹樹老多有瘤癭忽一夜
遇暴風驟雨其樹贅則暗長三數尺南人謂之楓人
越巫云取之雕刻神鬼異致靈驗
周易集解闔戶謂之坤虞翻曰闔閉翕也謂從巽之
坤坤柔象夜故以閉戶也
闢戶謂之乾虞翻曰闢開也謂從震之乾乾剛象晝
故以開戶也
分陰分陽迭用柔剛虞翻曰分陰爲柔以象夜分陽
爲剛以象晝晝夜更用故迭用柔剛
虞翻曰離日在上故晝日三陰在下故三接矣

崔元曰鼫鼠晝伏夜行貪狠無已
海藥本草按異物志言蚺蝌生南海諸山雄雌常處
不相捨青金色人采得以法末之用塗錢以貨易於
人晝用夜歸淮南畢萬術云青蚨還錢
女孝經古者婦人妊子寢不側坐不邊立不跛夜則
誦經書朝則講禮樂其生子也形容端正才德過人
其胎教如此
化書梟夜鳴而晝昏鷄晝鳴而夜昏其異同也如是
或謂梟爲異則謂鷄爲同或謂鷄爲異則謂梟爲同
孰梟鷄之異晝夜乎晝夜之異梟鷄乎孰晝夜之同
梟鷄乎梟鷄之同晝夜乎夫耳中磬我自聞目中花
我自見我之晝夜彼之晝夜則是晝不得謂之明夜
不得謂之昏能齊昏明者其爲大人乎
芝田錄門鑰必以魚取其不瞑目守夜之義
清異錄夜中有急苦於作燈之緩批杉條染硫磺置
之待用一與火遇得燄穗然呼引光奴今有貨者易
名火寸
香附子砂盆中熟擦去毛作細末水攪浸澄一日夜
去水膏熬稠捏餠焙乾復浸如此五七遍入藥宛然
有沉水香味單服尤清

欽定古今圖書集成曆象彙編歲功典

第一百十五卷目錄

晨昏晝夜部雜錄二

歲功典第一百十五卷

晨昏晝夜部雜錄二

宋史天文志天柱五星在東垣下主建政教一日法五行主晦朔晝夜之職明正則吉人安陰陽調

寰宇記火山梧州府城南隔江山下水深無極山上有火每三五夜一見如野燒或言其下水中有寶珠光燭於上或言南越王尉佗藏神劍於此故騰焰如光

番禺雜記早潮下晚潮上兩水相合曰沓潮

退朝錄京師街衢置鼓於小樓之上以警昏曉太宗時命張公洎製坊名列牌於樓上按唐馬周始建議置鼕鼕鼓惟兩京有之後北都有鼕鼕鼓是則京都之制也二紀以來不聞街鼓之聲此後金吾之職遂廢之矣

益部方物略記朝日蓮花色或黃或白葉浮水上翠厚而澤形如菱花差大開則隨日所在日入輒斂而自藏於葉下若葵藿傾太陽之比

歐公試筆夜彈琴惟石徽爲佳蓋金蚌瑟瑟之類皆有光色燈燭照之則炫耀非老翁夜視所宜白石照之無光惟目昏者爲便

洪範皇極內篇晝者明而信者也夜者幽而屈者也夜之終晝之始也

皇極經世觀物內篇日月星辰者變乎寒暑晝夜者也

寒暑晝夜者變乎性情形體者也

觀物外篇天體數三而用四地體數四而用三天尅地地尅天而尅者在地猶晝之餘分在夜也是以天三而地四天有三辰地有四行也然地之大且見且隱其餘分之謂耶

晝夜之極不過七分補注乾爲晝坤爲夜晝夜之極不過六分七者餘分也

有地然後有二有二然後有晝夜二三以變錯綜而成故易以二生數以十二而變而一非數也非數而數以之成也天行不急未嘗有晝夜人居地上以爲晝夜故以地上之數爲人之用也

天之昏曉不生物而日中生物

離東坎西當陰陽之半爲春秋晝夜之門也

離在天而當夜故陽中有陰也坎在地而當晝故陰中有陽也

天行所以爲晝夜補注天左旋而一日一周所以爲晝夜

天晝夜常見日見於晝月見於夜而半不見星半見於夜貴賤之等也

月晝可見也故爲陽中之陰星夜可見也故爲陰中之陽

漁樵問答陽行則晝見而夜伏陰返則夜見而晝伏者也

涑水家儀凡內外僕妾鷄初鳴咸起櫛總盥漱衣服男僕灑掃聽事及庭鈴下蒼頭灑掃中庭女僕灑掃堂室設椅棹陳盥漱櫛鞼之具主父主母既起則拂牀襞衾侍立左右以備使令退而具飲食得閒則浣濯紉縫先公後私及夜則復拂牀展衾當晝內外僕妾惟主人之命各從其事以供百役

圖經本草槐有數種晝合夜開者謂之守宮槐

蟹譜今之採捕者於大江浦間承峻流環緯蕭而障之其名曰斷於陂塘小溝港處則皆穴沮洳而居居人盤黑金作鉤狀置之竿首自探之夜則燃火以照咸附明而至焉又濟鄆居人夜則執火於水濱紛然而集謂之蟹浪

澠水燕談錄小詞有燒殘絳燭淚成痕街鼓破黃昏之語或以爲黃昏不當燭已見跋解者曰此草廬篷陋者之論殊不知貴侯戚里洞房密室深邃窈窕有不待夜而張燭者矣

埤雅猿性靜夜嘯常風月肅然

蛾似黃蝶而小一種善拂燈火夜飛謂之飛蛾

槃有四目其二夜目也目下有竅夜即能視

螢夜飛腹下有火一名夜光一名宵燭

鴈夜泊洲渚令鴈奴圍而警察

舊說萍善滋生一夜七子一曰萍浮於流水而不生于止水則一夕生九子故謂之九子萍也

晉安海物記曰鼉宵鳴如桴鼓今江淮之間謂鼉鳴爲鼉鼓亦或謂之鼉更以其聲逢逢然如鼓而又善

夜鳴其數應更故也

鸐入夜而歌鳳入朝而舞天勝之也

鵂鶹畏霜露早晚稀出有時夜飛飛則以木葉自覆其背

蜂有兩衙應潮其主之所在衆蜂爲之旋繞如衙

俗云荷花日舒夜斂芡花晝合宵炕此陰陽之異也

俗云蚊有昏市蓋蠅成市於朝蚊成市於暮傳曰聚蚊成雷謂其市之時也

日光曰景日影曰晷日氣曰晛日初出曰明日昕曰晞日午曰煦在午曰亭午在未曰昳日晚曰旰日將暮曰薄暮

夢溪筆談館閣每夜輪校官一人直宿如有故不宿則虛其夜謂之豁宿故事豁宿不得過四至第五日卽須入宿遇豁宿例於宿曆名位下書腹肚不安免宿故館閣宿曆相傳謂之害肚曆

麻子海東來者最勝大如蓮實出屯羅島其次上郡北地所出大如大豆亦善其餘皆下材用時去殼其法取麻子帛包之沸湯中浸候湯冷乃取懸井中一夜勿令著水明日日中曝乾就新瓦上輕挼其殼悉解簸揚取肉粒粒皆完

古法以牛革爲矢服夜臥則以爲枕取其中虛附地枕之數里內有人馬聲則皆聞之蓋虛能納聲也

麋角自生至堅無兩月之久大者乃重二十餘斤其堅如石計一晝夜須生數兩凡骨之頓成長神速無甚於此

日月星謂之三辰者日月星至於辰而畢見以其所首者名之故皆謂之辰四時所見有早晚至辰則四時畢見故日加辰爲晨謂始日出之時也

事物紀原何首烏本曰夜合藤昔有姓何人見其葉夜交異於餘草意其有靈採服其根老而不衰頭髮愈黑因名曰何首烏也

正蒙日月相推而明生寒暑相推而歲成神易無方體一陰一陽陰陽不測皆所謂通乎晝夜之道也

晝夜者天之一息乎寒暑者天之晝夜乎天道春秋分而氣易猶人一寤寐而魂交魂交成夢百感紛紜對寤而言一身之晝夜也氣交爲春萬物揉錯對秋而言天之晝夜也

一晝夜之盈虛升降則以海水潮汐驗之爲信注黃瑞節曰一晝一夜陰陽之氣再升再降故一日之間潮汐皆再

蘇軾寄子由詩寒燈相見記疇昔夜雨何時聽蕭瑟自注嘗有夜雨對牀之言故云爾王注子由與先生在懷遠驛嘗讀韋詩至那知風雨夜復此對牀眠句惻然感之乃相約早退共爲閑居之樂其後子由與先生彭城相會有詩曰逍遙堂後千尋木長送中宵風雨聲悞喜對牀尋舊約不知漂泊在彭城先生在東府雨中作示子由詩有曰對牀定悠悠夜雨今蕭瑟蓋皆感歎追舊之言也

蘇軾跋文與可草書後留意於物往往成趣昔人有好草書夜夢則見蛟蛇糾結數年或晝日見之草書則工矣而所見亦可患與可之所見者豈眞蛇耶抑草書之精也

隨手雜錄范文正語先懿敏曰每夜就寢卽竊計其一日飲食奉養之費及其日所爲何事苟所爲稱所費則摩腹安寢苟不稱則一夕不安眠矣翌日求其所以稱之者

孔氏雜說前鮑宣傳注持時夜行夜行如今持更是已持時如今報時是已漢官儀黃門持五夜甲夜乙夜丙夜丁夜戊夜亦如今五更也

孔氏談苑大理少卿杜純云京東人云朝霞不出門暮霞行千里言雨後朝晴尚有雨須得晚晴乃眞晴也

涪翁雜說上古之人夜則伏常苦恙蟲食人心故晨興相見輒相問言得無恙乎

晁補之名緡城所舍記爲庵抱陽而闔之以嬉晝倚南牕以寄傲也曰寄傲爲庵負陰而方之以休夜鳥倦飛而知還也曰知還

墨經凡蔭室以靜密溫小爲貴晝夜不去火然火大則病火暴亦病其晝夜候火隨風日晴晦最爲難

唐本草注曰麋角鹿角煮濃汁重煎成膠今法取蛻角斷如寸去皮及赤䟽以河水漬七晝夜又一晝夜煎之將成以少牛膠投之加以龍麝

續明道雜志雞能司晨見於經傳以爲至信而未必然也某任河南壽安尉因驗尸往旁縣夜宿一村寺中以明日程尚遠余謂從者曰雞鳴時上道從者曰今天寒雞懶候其鳴向明矣不若見星而行余未之信明日將旦而行雞竟未鳴在黃州時或夜月出四鄰雞悉鳴大抵有情之物自不能有常而或變也

香譜近世尚奇者作香篆其文準十二辰分一百刻凡然一晝夜已

古杭夢遊錄夜市除大內前後諸處惟中瓦最勝撲

賣奇巧器皿百色物件與日間無異其餘坊巷市井買賣權關酒樓歌館直至四鼓後方靜而五鼓朝馬將動其有趂賣早市者復起開張四時皆然

石林家訓旦起須先讀書三五卷正其用心處然後可及他事暮夜見燭亦復然若遇無事終日不離几案苟能如此一生未不會向下作下等人如見他事自然不妄

竹坡詩話暑中瀕溪與客納凉時夕陽在山蟬聲滿樹觀二人洗馬於谿中曰此少陵所謂晚凉看洗馬森木亂鳴蟬者也此詩平日誦之不見其工唯當所見處乃始知其妙

避暑錄話士大夫家祭多不同蓋五方風俗沿習與其家法所從來各異近見翟公巽作祭儀十卷問其大約謂如或祭於昏或祭於旦皆非是當以鬼宿渡河爲候而鬼宿渡河常在中夜必使人仰瞻以候之

鄭氏家範親賓會聚若至十人不許於夜間設宴時有小酌亦不許至一更盡則不拘

爾雅翼通天犀木犀之角也可以破水大霧重露之夜以置中庭終不沾濡得三寸以上刻爲魚而御之以入水水常開方三尺

木瓜宣城者佳彼州種蒔尤謹徧滿山谷始實成則鏃紙作花傅其上重霧之夜露諸沙上旦曝之日則紙所不覆處皆紅文采如生以充上貢

今江夏有槐晝開夜合者謂之合昏槐

春來石首異種也初出水能鳴夜視有光服其石能下石淋

蝙蝠或謂之仙鼠似鼠有肉翅而黑棲人家屋隙中遇夜則飛夏夜尤甚捕蚊蚋食之

鼠盜竊小蟲夜出晝匿穴蟲之黠者其種類至多

雞或乙丙夜輒鳴者俗謂之盜啼云行且有赦蓋海中星占云天雞星動爲有赦故後魏北齊赦日皆設金雞揭於竿至今猶然亦曰盜啼爲有火

鷹毛色屢變無常故寅生酉就總號爲黃黃周作鶬千日成蒼

驢率以午及五更初而鳴說者云音隨時與晨夜不默仰契元象俯協漏刻應更長鳴毫分不忒是其事也

晝見蟢子者喜樂之端夜夢見雀者爵位之象

麢羊好住山崖間夜宿以角挂木不著地其角多節蹙蹙圓繞彎中深銳緊小猶有挂痕

鱧魚圓長而斑點有七點作北斗之象夜則仰首向北而拱焉

荆葵有一種葉纖長而多缺如鋸花小如錦葵而極紅每以夜半開至午則連房脫落謂之川蜀葵亦云朝開暮落花

世範士大夫之家有夜間男女羣聚呼盧至於達旦豈無托故而起者試靜思之

屋之周圍須令有路可以往來夜間遣人十數遍巡之善慮事者居於城郭無甚隙地亦爲夾牆使邏者往來其間若屋之內則子弟及奴婢更迭巡警

凡夜犬吠盜未必至亦是盜來探試不可以爲他而不警夜間遇物有聲亦不可以爲鼠而不警

夜間覺有盜便須直言有盜徐起逐之盜必且竄不可乘暗擊之恐盜之急以刀傷我及誤擊自家之人若持燭見盜擊之猶庶幾若獲盜而已受拘執自當準法無過毆傷

火之所起多從廚竈蓋廚屋多時不掃則埃壒易得引火或竈中有留火而竈前有積薪接連亦引火之端也夜間最當巡視

烘焙物色過夜多致遺火人家房戶多有覆蓋宿火而以衣籠罩其上皆能致火須常戒約

清晨早起昏晚早眠可以杜絕婢僕姦盜等事

桂海器志蠻氈出西南諸蕃以大理者爲最蠻人晝披夜臥無貴賤人有一番

老學庵筆記前代夜五更至黎明而終本朝外廷及外郡悉用此制惟禁中未明前十刻更終謂之待旦蓋更終則上御盥櫛以俟明出御朝也祖宗勤於政事如此

杜詩夜闌更秉燭意謂夜已深矣宜睡而復秉燭以見久客喜歸之意僧德洪妄云更當平聲讀烏有是哉

古所謂長夜之飲或以爲達旦非也薛許昌宮詞云畫燭燒闌煖復迷殿帷深密下銀泥開門欲作侵晨散已是明朝日向西此所謂長夜之飲也

入蜀記黃牛峽廟後太白詩云三朝上黃牛三暮行太遲三朝又三暮不覺鬢成絲歐陽公云朝朝暮暮見黃牛徒使行人過此愁山高更遠望猶見不是黃牛滯客舟蓋諺謂朝見黃牛暮見黃牛一朝一暮黃牛如故二公皆及之

山堂考索周髀言天似蓋笠地法覆盆天地各中高外下北極之下爲天地之中三光隱映以爲晝夜

演繁露夜分五更者以五夜更易爲名也顔之推曰五夜謂以甲乙丙丁戊記其次也點者則亦下漏滴水爲名每一更又分爲五點也杜甫詩五更三點入鵷行

王禹玉詞云焚香熏熨赭黃衣恐怕朝陽進御遲禁鼓六更交早直歸來還直立班時謂六更者明宮鼓五更之外更有一更也其實宮鼓以外間四更促爲五更故五鼓終時竟早於外間耳鼓節未嘗溢六也

可談朝時自四更時朝士至宰執後至大臣自從官及親王駙馬皆有位次在皇城外仗舍謂之待漏院每位有翰林官給酒果以供朝臣

王介甫見舉燭因言佛書有日月燈光明佛燈光豈足以配日月乎呂吉甫曰日昱乎晝月昱乎夜燈昱乎晝夜日月所不及其用無差別

容齋續筆漢食貨志云冬民既入婦人相從夜績女工一月得四十五日謂一月之中又得半夜爲四十五日也必相從者所以省費燎火同巧拙而合習俗也戰國策甘茂亡秦出關遇蘇代曰江上之貧女與富人女會績而無燭處女相與語欲去之女曰妾以無燭故常先至埽室布席何愛餘明之照四壁者幸以賜妾以是知三代之時民風和厚勤樸如此非獨女子也男子亦然豳風晝爾于茅宵爾索綯言晝日往取茅歸夜作綯索以待時用也夜者日之餘其爲益多矣

容齋三筆唐進士入舉場得用燭故或者以爲自平旦至通宵劉虛白有二十年前此夜中一般燈燭一般風之句及三條燭盡之說按舊五代史選舉志云長興二年禮部貢院奏當司奉堂帖夜試進士有何條格者勅旨秋來赴舉備有常程夜後爲文曾無舊制王道以明規是設公事須白晝顯行其進士並令排門齊入就試至閉門時試畢內有先了者上曆畫時旋令先出其入策亦須晝試應諸科對策並依此例則晝試進士非前例也清泰二年貢院又請進士試雜文並點名入省經宿就試至晉開運元年又因禮部尚書知貢舉竇正固奏自前考試進士皆以三條燭爲限并諸色舉人有懷藏書冊不令就試未知於何時復有更革白樂天集中奏狀云進士許用書冊兼有通宵但不明言入試朝暮也

對雨編白樂天步東坡詩朝上東坡步夕上東坡步東坡何所愛愛此新成樹

朱子語錄帝座惟在紫微者據北極七十二度常隱不見之中故有北辰之號而常居其所蓋天形運轉晝夜不息而此爲之樞如輪之轂如磑之臍雖欲動而不可得非有意於不動也

問天道左旋自西而東日月右行則如何曰橫渠說日月皆是左旋說得好蓋天行甚健一日一夜周天三百六十五度四分度之一又進過一度日行速健次於天一日一夜周三百六十五度四分度之一正恰好比天進一度則日爲退一度二日天進二度則日爲退二度積至三百六十五日四分日之一則天所進過之度又恰周得本數而日所退之度亦恰退盡本數遂與天會而成一年月行遲一日一夜三百六十五度四分度之一行不盡比天爲退了十三度有奇進數爲順天而左退數爲逆天而右曆家以進數難算只以退數算之故謂之右行且曰日行遲月行速然則日行却得其正

晝夜運而無息便是陰陽之兩端其四邊散出紛擾者便是游氣以生人物之萬殊如麪磨相似其四邊只管層層散出天地之氣運轉而已只管層層生出人物其中有粗有細如人物有偏有正

天運不息晝夜輥轉故地榷在中間使天有一息之停則地須陷下惟天運轉之急故凝結得許多查滓在中間地者氣之查滓也所以道輕清者爲天重濁者爲地

臥遊錄蘇子瞻曰遷居江上臨皋亭甚清曠風晨月夕杖履野步酌江水飲之想味風義以慰孤寂

彭城佳山水魚蟹爭訟寂然盜賊衰少聊可藏拙寓居去江無十步風濤烟雨曉夕百變江南諸山在几席此幸未始有也

李白一夕乘興踏月西入酒家不覺人物兩忘身在世外

黃山谷曰閑居多病人事廢絕遇風日晴暖從門生兒姪輩扶杖逍遙林麓山水之間忽不知日月之成歲

異物志狼䐠民與漢人交關常夜爲市以鼻齅金知其好惡

雲麓漫抄王明清字仲言有揮麈錄云麈史亦其從祖王彥輔所撰則二書皆出一家彥輔並國史中事揮麈錄載張耆既貴嘗欲置酒邀禁從上許之旣晝集羅帷翠幕稠疊圍繞繼之以燭列屋蛾眉豪侈不可狀每數栝各少楬如是者三數暨其徹席出戶則

云已再晝夜實恐未必然蓋侍從官有朝衣逢旦欲入局治事凡人一夜不寢輙困倦豈有兩晝夜而不覺朝廷爲之廢務殆仙子爛柯之說矣所以孟子有盡信書之歎

野客叢談陳伏知道從軍五更轉有曰一更刁斗鳴校尉遑連城遙聞射鵰騎懸憚將軍名二更愁未央高城寒夜長試開弓學月聊持劍比霜三更夜警新横吹獨吟春强聽梅花落誤憶柳園人似此五轉今敎坊以五更演爲五曲爲街市唱乃知有自半夜角詞吹落梅花此意亦久

樂天長恨歌夕殿螢飛思悄然孤燈挑盡未成眠豈有興慶宮中夜不點燭明皇自挑燈之理步里客談曰陳無己古墨行謂睿思殿裏春將半燈火闌殘歌舞散自書小字答邊臣萬國風烟入長筭燈火闌殘歌舞散乃村鎭夜深景致睿思殿不應如是二說甚相類余謂二詞正所以狀宮中向夜蕭索之意使言高燒畫燭貴則貴矣豈復有長恨等意邪觀者味其情旨斯可矣

歐公詩邇來不覺三十年歲月纔如熟羊胛於夾字韻內押用史載及通典骨利國事骨利國地近扶桑晝長夜短夜羹一羊胛纔熟而東方已明言其疾也漁隱叢話又引資治通鑑云羹羊胛熟日已出矣所紀與史載通典小異郭大象謂羊胛至微薄不應太疾如此當以胛爲是考唐書骨利幹傳亦曰羊胛又觀唐書天文志則曰羊髀此一字三說不同蓋脾胛髀字文相近諸公姑存其舊不敢必以孰爲正也然胛者肩也髀者股也二字意雖不同爲熟之時似不相遠至胛則太速矣曾直詩亦曰數面欣羊胛論詩在雞膏羊胛字魯直亦嘗用之不但歐公也

宰予晝寢夫子譏之寢者寢室也蓋晝當居外夜當居內宰予晝居內未必畱意於學故夫子譏之非謂其晝眠也遊夫子之門安有晝眠之理

會稽志薑畏日而喜露故薑棚覆以千千亦苫之屬也夜冷露零則千卷而薑舒日出晝燠則千舒而蔭濃性與他草木異故越人種薑必覆以千

螢多則有年夜入人室則有客至

賈氏說林呼子先夜不臥惟倚藜杖閉目少頃卽謂之睡仙去畱其杖子先故人陸麟寶之謂之藜牀

侯鯖錄醉花宜晝醉雪宜夜

洞天清錄夜深人靜月明當軒香爇水沉曲彈古調此與羲皇何異但須在一更後三更前蓋初更人聲未寂三更則人倦欲眠矣

上庠錄唐制禮部試舉人夜以三鼓爲限本朝率用白晝不許繼燭

蠡海集天文類冬之夜半爲嚴寒

地理類潮說凡日臨子午海水必起但上半月晝爲潮夜爲汐下半月夜爲潮晝爲汐皆月行於子午之位也

庶物類鳥之咮方者趾方近於陰故夜不眠而能飛鳴鳥之咮尖者趾尖純於陽故夜宿而不能飛鳴鳥咮尖而能夜飛鳴者色純於陰也若鴉頸旣白而不純故夜不能飛鳴也水鳥禀於陰是以鸛鶴夜亦飛鳴

飛禽皆屬陽故晝飛鳴而夜棲宿然鳥獨夜飛鳴者色黑屬陰從其類也鸛鶴夜飛鳴者水鳥含陰從其性也

走獸皆屬陰故夜動而晝伏然獨猿猴不分晝夜者緣食果實而居林棲樹兼乎陽也牛馬猪羊亦不分晝夜者家畜故也野者則否蓋氣盛爲動氣衰爲伏動則健伏則怠

魚乃陰物而得陽氣多故腹內生脬是以能浮躍魚目晝夜不瞑因知其爲陰物而得陽多者也

曆數類陽爲奇陰爲耦晝屬陽得奇夜屬陰得耦奇單故日得一耦拆故夜得二是以上半夜爲今日下半夜爲明日是夜得二也

事義類酒因米麴相反而成稻花晝開麥花夜開子午相反之義故酒能醉人

鶴林玉露夜者日之餘也吾必繼晷焉燈必親薪必燃膏必焚燭必秉蠟必濡螢必照月必帶雪必映光必隙明必借暗則記嗚呼如此極矣然而君子人曰終夜不寢必如孔子雞鳴而起必如大舜坐以待旦必如周公然則何時而已耶范甯曰君子之爲學沒身而已矣

葦航紀談孔天瑞西資詩話云疎影横斜水清淺暗香浮動月黃昏不知和靖意偶到爲復愛其句中有黃昏二字議詩者謂日斜黃昏非也此二字蓋亦兩字耳若謂日斜而詩不曰黃昏而曰月黃昏亦有源矣余嘗宿於月湖外家其家有堂植梅竹月白雙清余至每宿於此而花盛開其香發於四鼓後起視月已西沉而月色比當午時黃而更昏正此時已五更矣非獨此花爲然凡有香之花皆然薝蔔古有賦惱

人惟是夜深時梔子香濃非云夜淺而云夜深亦此意也蓋謂晝午後陰氣用事而花斂豔藏香夜午後陽氣用事而花敷藥散香耳以此知黃昏乃夜深也

豹隱記談楊誠齋詩云天上歸來有六更蓋內樓五更絕梆鼓交作謂之蝦蟆更禁門方開百官隨入所謂六更者也外方則謂之攢點

鼠璞西都賦衞以嚴更之署注嚴更督夜行鼓也此鹵簿中所謂嚴更警長也嚴與發嚴及中嚴外辦同唐制日未明七刻搥一鼓爲一嚴侍中奏開宮門城門五刻搥二鼓爲再嚴侍中版奏請中嚴羣臣五品以上俱集朝堂未明一刻搥三鼓爲三嚴侍中中書令以下俱詣西閤奉迎嚴卽嚴肅之義今以辦嚴爲辦裝因諱而改恐難例論

北苑別錄采茶之法須是侵晨不可見日晨則夜露未晞茶芽肥潤見日則爲陽氣所薄使芽之膏腴內耗至受水而不鮮明故每日常以五更撾鼓集羣夫於鳳凰山監采官人給一牌入山至辰刻則復鳴鑼以聚之恐踰時貪多務得也

保生要錄夫人夜臥欲自以手摩四肢胷腹十數遍名爲乾沐浴

藥枕藥性太熱則熱氣衝上太冷則冷氣傷腦唯理風平涼者乃爲得宜蔓荊子八分甘菊花八分細辛六分吳白芷六分芎藭六分白朮四分通草八分防風八分藁本六分羚羊角八分犀角八分黑豆五合石菖蒲八分細剉成末拌勻以生絹囊盛之次用碧羅袋盛之如枕樣置盒子中晚來欲枕時揭去蓋不枕卽蓋之使藥氣不散枕之日久耳中微鳴是藥抽風之驗

攝生要錄書云早出含煨生薑少許避瘴開胃又旦起空腹不宜見屍臭氣入鼻舌白起口臭欲免宜飲少酒

眞人日平旦欲起時下牀先左脚一日無災咎去邪兼辟惡

旦無嗔恚暮無大醉

有教入廣者朝不可虛暮不可實

夜行用手掠髮則精邪不敢近常啄齒殺鬼邪

夜臥二足屈伸不並無夢泄

夜半之食宜戒申酉前晚食爲宜

採蘭雜志遜頓國有樹花如牡丹而香種有雌雄必二種並種乃生花晝開夜合故以夜合爲名又謂之有情樹若各自種則無花也

燕地有頻婆味雖平淡夜置枕邊微有香氣卽佛書所謂頻婆花言相思也

捫蝨新話佛書須彌山頂名忉利天山如腰鼓當山腰日月圍繞照四天下更爲晝夜

紀歷撮要朝看天頂穿夜看四方懸

雨打五更日曬水坑

日落西方雲明朝雨紛紛日落雲裏走雨落半夜後

一個星保夜晴

談撰風高者道遠風下者道近三日三夕者天下盡風二日二夕者天下半風半雨一日一夜者其風行萬里

祛疑錄雞子日中則正日昃則偏

農桑輯要北方農俗所傳春宜早晚耕夏宜兼夜耕秋宜日高耕

牧牛每遇耕作之月除已牧放夜復飽飼至五更初乘日未出天氣涼而用之則力倍於常半日可倍一日之功日高熱喘便令休息勿竭其力以致困乏此南方晝耕之法也若夫北方陸地平遠牛皆夜耕以避晝熱夜半仍飼以芻豆以助其力至明耕畢則放去此所謂節其作息以養其血氣也

凡農所種宿麥早熟最宜早收若候齊熟恐被暴風急雨所摧必致拋費每日至晚卽便載麥上場堆積用苫密覆以防雨作如搬載不及卽於地內苫積天晴乘夜載上場卽攤一二車薄則易乾碾過一遍翻過又碾一遍起稭下場揚子收起雖未淨直待所收麥都碾盡然後將未淨稭稈再碾如此可一日一場比至麥收盡已碾訖三之一矣

蠶時晝夜之間大槩亦分四時朝暮類春秋正晝如夏夜深如冬寒暄不一雖有熱火合各斟量多少不宜一例

輟耕錄嘗至松江鐘山淨行庵見籠一雄雞置於殿之東簷請問其故寺僧云蓄此以司晨蓋有十餘年矣時刻不爽余竊記張公文潛明道雜志云雞能司晨見於經傳以爲至論而未必然也或天寒雞嬾至將旦而未鳴或夜月出時鄰雞悉鳴大抵有情之物自不能有常而或變也若然則張公之言非歟因舉似以詢其所以僧云司晨之雞必以童若壞其天眞豈能有常哉蓋張公特未知此理故耳

湖南益陽州夜中同寢之人無故忽自相打每每有之名曰沙魘土人熟此不以爲異唯取冷水噴噀候

稍息飲之湯徐就醒然第二三日如醉餘不知者殊
用驚駭
性理會通唐太宗收至骨利幹置堅昆都督府其地
夜易曉夜亦不甚暗蓋當地絕處日影所射也
楊愼文集唐人進士榜必以夜書書必以淡墨或曰
名第者陰注陽受以淡墨書者若鬼神之迹也
丹鉛總錄今之更點擊鉦唐六典皆擊鐘也太史門
有典鐘二百八十人掌鐘漏唐詩促漏遙鐘動靜聞
夜漏五五相遞爲二十五唐李郢詩二十五聲秋點
長韓退之詩雞三號更五點是也至宋世國祚長短
讖有寒在五更頭之忌宮掖及州縣更漏皆云五更
後二點又幷初更去其二以配之首尾止二十一點
非古也至今不改焉
兩夜包晝一重陰偶陽
周公不以夜行而慚影顏回不以夜浴而改容故曰
不爲昭昭伸節不爲冥冥隳行
燧主晝燧主夜
古今諺日出早雨淋腦日出晏曬殺雁
暖姝由筆海早晚兩潮惟廣東一潮
簷曝偶談江南麥花夜發故發病江北麥花晝發故
宜人
岩棲幽事山鳥每至五更喧起五次謂之更報蓋山
居率眞漏聲也
野記鼈伏隨日朝首東向夕首西向其所在上有沫
水謂之鼈津捕者以此得之
銷夏蔡君謨荔枝譜云福州種植最多延施原野洪
塘水西尤其盛處一家萬株城中越山當州署之北

瞥爲林麓暑雨初霽晚日照耀絳囊翠葉鮮明蔽映
數里之間焜如星火
潮賾問者曰夏晝潮當小而能稍大夜當大而反小
冬晝潮當大而反小夜當小而反大何也答曰此乃
陰陽之氣錯繆顚倒夏當南風以陽方助至陽故元
氣爲至陽所迫而潮小或者北風起以陰方氣從所
勝而來陽爲之辟易故潮遂能稍大夏夜潮宜大也
乃與晝日同其微者三伏中或陽氣酷烈融而不收
陰不足以禦之故潮亦從而小冬或冰雪不解固陰
沍寒故晝日宜大而反小冬當北風以陰方助至陰
元氣爲至陰所薄而潮小或者風從南至以陽方氣
從所勝而來陰爲之辟易故潮亦能稍大
田家五行燈花不可剔去至一更不謝明日有吉事
半夜不謝主有連綿喜慶之事或有遠親信物至諺
云燈花今夜開明朝喜慶來久陰天息燈燈煤如炭
紅良久不過明日喜晴諺云火留星必定晴久晴後
火煤使滅主喜雨
鼠半夜前作數錢聲者主招財吉
日腳占晴雨諺云朝有天幕有地主晴反此則雨
黃昏雞啼主有天恩好事或有減放稅糧之喜
諺云朝霞暮霞無水煎茶主旱此言久晴之霞也朝
霞不出市暮霞走千里此皆言雨後乍晴之霞暮霞
若有火焰形而乾紅者非但主晴必主久旱之兆朝
霞雨後乍有定雨無疑或是晴天隔夜雖無今朝忽
有則要看顏色斷之乾紅主晴間有褐色主雨滿天
謂之霞得過主晴霞不過主雨若西方有浮雲稍厚
雨當立至

諺云明星照爛地來朝依舊雨言久雨正當黃昏卒
然雨住雲開便見滿天星斗則豈但明日有雨當夜
亦未必晴
諺云日落烏雲半夜枵明朝曬得背皮焦此言半天
元有黑雲日落雲外其雲夜必開散明日必甚晴也
又云今夜日沒烏雲洞明朝曬得背皮痛此言半天
上雖有雲及日沒下去都無雲而見日沒如巖洞者
也已上皆主晴甚驗
雨後天陰但見一兩星此夜必晴
五更忽有雨日中必晴甚驗
田家雜占諺云烏雲接日明朝不如今日主雨
夜間聽九逍遙鳥叫卜風雨諺云一聲風二聲雨三
聲四聲斷風雨
天下太平夜雨日晴言不妨農也
日沒返照主晴俗名爲日返塢一日日沒胭脂紅無
雨也有風或問二候相似而所主不同何也老農云
返照在日沒之前胭脂紅在日沒之後
鸛鳴諺云朝鸛晴暮鸛陰
麥花晝啓主水
草屋久雨菌生其上朝出晴暮出雨
雜占早看東南暮看西北空則無雨雖有雲而片色
分明亦晴
夜半天漢中有黑氣相逐黑豬渡河也主雨候又黑
豬渡河一路對起相接亙天雲俗名合羅陣主雨若
久陰之餘或作或止忽雲迸掩必有掛帆雨主雨腳
將斷
夜觀北斗魁罡之間有黑潤雲在畔則當夜有雨如

北斗前有黃氣者明日黃風若潤則當夜或明日必大雨

農政全書東州人云一夜起雷三日雨言雷自夜起必連陰

蚯蚓俗名曲蟮朝出晴暮出雨

黃昏上雲半夜消黃昏消雲半夜澆若半夜後雨止雲開星月朗然則必晴無疑

凡久雨至午少止謂之遣晝在正午時遣或可晴午前遣則午後雨不可勝

日出早雨日出晏晴老農云此言久陰之餘夜雨連旦正當天明之際雲忽一掃而捲即日光出所以言早少刻必雨言晏者日出之後雲晏開也必晴蓋日之出入自有定刻實無早晏也

棧鵝易肥法稻子或小米大麥不計煑熟先用磚蓋成小屋放鵝在內勿令轉側門中木棒簽定只令出頭吃食日餧三四次夜多與食勿令住口搏去尾際毳毛如此三日加肥一斤

遵生八牋夜合花二種紅紋香淡者名百合密色而香濃日開夜合者名夜合根皆可食

本草綱目風虫獸晝則蹲伏不動如蝟夜則因風騰躍甚捷越巖過樹如鳥飛空中人網得之見人則如羞而叩頭乞憐之態人撾擊之倏然死矣以口向風須臾復活

鵝紅掌善鬪夜鳴應更

笠鳩戴勝也一曰鵯鶋五更輒鳴曰架架格格至曙乃止滇人呼為榨油郎亦曰鐵鸚鵡南人呼為鳳凰皂隸古有催明之鳥名喚起者即此也

貉如貍與獾同穴而異處日伏夜出捕食蟲物出則獾隨之其性好睡人或畜之以竹扣醒已而復睡故人好睡者謂之貉睡

合歡一名合昏至暮即合故云合昏

茉莉原出波斯移植南海今滇廣人栽蒔之弱莖繁枝綠葉團尖開小白花有千葉者紅色者蔓生者其花皆夜開芬香可愛

羣芳譜稻種浸用稻草包裹一斗或二三斗投於池塘水內缸內亦可晝浸夜收不用長流水難得生芽若未出用草盦之浸三四日微見白芽如針尖大取出於陰處陰乾密撒田內候八九日秧青放水浸之

棉花既結桃待桃開絨露爲熟旋熟旋摘攤放箔上日曝夜露待子粒既乾方可收貯則絨不浥而子不腐

漚麻縛作小束搭房上夜露晝曬五七日自然潔白若值陰雨於屋底風道搭晾經雨即黑

稻花午開暮合開合皆於日中晉甚有至七開七合者

蓬窗瑣事用藜爲燃光最明可傳火徹夜古讀書者燃藜以此

滇行紀略曹溪縣有泉甚清一日三潮以辰午酉三時水必漲滿其餘半涸

蕪史宮中各長街設有路燈以石爲座銅爲樓銅絲爲門壁每日晚內府庫監灌油燃燈以便巡行

水南翰記古法鑿井者先貯盆水數十置所欲鑿之地夜視盆中有大星異衆者鑿之必得甘泉

雚經雚短脚多伏長脚多立夜棲亦立

促織志促織便腹赤色以股躍以短翼鳴其聲聒聒絡緯是也晝而暴斯鳴矣夕而熱斯鳴矣楷籠懸之餌以瓜之瓤以其聲名之曰聒聒兒

聞中今古錄宋太祖建隆庚申受禪後聞陳希夷只怕五更頭之語命宮中轉六更方嚴鼓鳴鐘太祖之意恐有不軌之徒竊發於五更之時故終宋之世六更轉於宮中然後鳴鐘砵不省庚更同音也至理宗景定元年歷五庚申越十七年末宋亡而希夷五更頭之數信矣到元朝延祐七年庚申而至正帝生帝乃宋少帝趙㬎子詳見稗錄明兵入燕都遁去當時人只呼庚申帝覩劉尚賓集庚申帝大事記是也後方號順帝云由此觀之與宋祖命轉六更之言益信數之不爽

長松茹退憨憨子曰千年暗室一燈能明一燈之明徹吹能冥明暗果有常哉如明暗有常則能見明暗者非常矣知此者可以反晝爲夜反夜爲晝而能晝能夜者初無晝夜也

脉望眞西山云玩孟子牛山木章則知旦也晝也夜也固當循環用工須以夜爲本蓋一日之夜乃一年之冬造化權輿全在於此凡草木歸根百蟲蟄伏陽氣潛藏故能養其全力至春發生人之於夜亦猶此也夜氣必澄寂然後平旦氣清明平旦清明則晝之應事不差晝之應事不差則夜氣必愈澄寂三時循環用工不外敬之一字

晨者雞鳴之時也洞元經云舉身登晨白日升天中爲白日雞初鳴爲登晨是以存太乙混合多用此時乃生氣時也

三餘贅筆晝夜者陰陽之象也以晝夜而分之則有十二時以十二時而分之則有百刻以百刻而細分之則又有六千分焉非陰陽之數止於此也蓋陰陽無窮盡者愈推則愈有姑以六千分而爲之限耳故以一刻言之則得六十分八刻六八四百八十分亦多二十分蓋八刻有上四刻下四刻上四刻如初刻正也有初初刻多十分焉合二百四十分所以十二時一百刻而總六千分也

日知錄日往月來月往日來一日之晝夜也寒往暑來暑往寒來一歲之晝夜也小往大來大往小來一世之晝夜也子在川上曰逝者如斯夫不舍晝夜通乎晝夜之道而知則終日乾乾與時偕行而有以盡乎易之用矣

雞棲于塒日之夕矣牛羊下來君子當歸之時也至是而不歸如之何勿思也

君子以嚮晦入宴息日之夕矣而不來則其婦思之矣朝出而晚歸則其母望之矣夜居於外則其友弔之矣於文日夕爲退是以樽罍無卜夜之賓衢路有宵行之禁故曰見星而行者唯罪人與奔父母之喪者乎至於酒德衰而酣身長夜官邪作而昏夜乞哀天地之氣乖而晦明之節亂矣

一日之中所以分紀其時者曰日中曰晝日曰日昳見於易曰東方未明曰會朝曰日之方中曰昏曰夕曰宵見於詩曰昧爽曰朝曰日中昃見於書曰朝時曰日中曰夕時曰雞初鳴曰旦曰質明曰大昕曰晏朝曰昏曰日出曰日側曰見日曰逮日見於禮爾雅疏日入後二刻半爲昏曰雞鳴曰日中曰晝曰日下昃曰日旰曰日入曰夜曰夜中見於春秋傳曰蘢曰薄暮曰黃昏見於楚辭紀晝則用日史記項羽紀項王乃西從蕭晨擊漢軍而東至彭城日中大破漢軍呂后紀八月庚申旦平陽侯窋見相國產計事日晡時遂擊產彭越傳旦日日出十餘人後後者至日中淮南王安傳旦受詔日食時上漢書五行志日中時食從東北過半晡時復晡時食從西北日下晡時復武五子昌邑王傳夜漏未盡一刻以火發書其日中賀發晡時至定陶東方朔傳微行以夜漏下十刻乃出旦明入山下是也紀夜則用星詩之言三星在天三星在隅三星在戶春秋傳之言降婁中而旦是也周禮司寤氏以星夜分不辨星則分言其夜曰夜中曰夜半曰夜鄉晨是也分言其夜而不詳於是有五分其夜而言甲乙丙丁戊者周禮司寤氏掌夜時注夜時謂夜晚早若今甲乙至戊漢書西域傳杜欽曰斥候士五分夜擊刁斗自守天文志本始元年四月壬戌甲夜地節元年正月戊午乙夜六月戊戌甲夜三國志曹爽傳自甲夜至五鼓爽乃投刀於地晉書趙王倫傳期四月三日丙夜一籌以鼓聲爲應是也五分其夜而不詳於是有言漏上幾刻者五行志晨漏未盡三刻有兩月重見又云漏上四刻半乃頗有光禮儀志夜漏未盡七刻鐘鳴受賀東方朔傳微行以夜漏上十刻迺出王尊傳漏上十四刻行臨到外戚傳晝漏上十刻而崩又云夜漏上五刻持兒與舜會東交掖門自南北史以上皆然故素問曰一日一夜五分之隋志曰晝有朝有禺有中有晡有夕夜有甲乙丙丁戊而無十二時之目也唯歷書云雞三號卒明撫十二節卒於丑而下文却云朔旦冬至正北又云正北正西正南正東不直言子酉午卯漢書五行志言日加辰巳又言時加未翼奉傳言日加申又言時加卯王莽傳天文郎按栻於前日時加某莽旋席隨斗柄而坐而吳越春秋亦云今日甲子時加於巳周髀經亦有加卯加酉之言若紀事之文無用此者

南齊書天文志始有子時丑時亥時北齊書南陽王綽傳有景時午時景時者丙時也

左氏傳卜楚丘曰日之數十故有十時而杜元凱注則以爲十二時雖不立十二支之目然其曰夜半者卽今之所謂子也雞鳴者丑也平旦者寅也日出者卯也食時者辰也禺中者巳也日中者午也日昳者未也晡時者申也日入者酉也黃昏者戌也人定者亥也一日分爲十二始見於此考之史記天官書曰旦至食食至日昳日昳至晡晡至下晡下晡至日入素問藏氣法時論有曰夜半曰平旦曰日出曰日中曰日昳曰下晡

王冰注以日昳爲土王下晡爲金王又有曰四季者注云土王是今人所謂丑辰未戌四時也

吳越春秋有曰時加日出時加雞鳴時加日昳時加禺中則此十二名古有之矣史記孝景紀五月丙戌地動其早食時復動漢書武五子廣陵王胥傳奏酒至雞鳴時罷王莽傳以雞鳴爲時後漢書隗囂傳至昏時遂潰圍齊武王傳至食時賜陳潰耿弇傳人定時步果引去來歙傳臣夜人定後爲何人所賊傷竇武傳自旦至食時兵降略盡皇甫嵩傳夜勒兵雞鳴馳赴其陳戰至晡時大破之晉書戴洋傳永昌元年

四月庚辰禺中時有大風起自東南折木宋書符瑞志延康元年九月十日黃昏時月蝕熒惑過人定時熒惑出營室宿羽林皆用此十二時

欽定古今圖書集成曆象彙編歲功典
第一百十六卷目錄
晨昏晝夜部外編

歲功典第一百十六卷
晨昏晝夜部外編
山海經羽民東有神人二八連臂爲帝司夜於此野其爲人小頰赤肩盡十六人注晝隱夜見
雲笈七籤西王母兩乳下有玉闕天狗天雞在其上主晨夜鳴吠
拾遺記王母與昭王遊於燧林之下說炎帝鑽火之術取綠桂之膏燃以照夜忽有飛蛾銜火狀如丹雀來拂於桂膏之上
神異經西方深山中有人焉身長尺餘袒身捕蝦蟹性不畏人見人止宿暮依其火以炙蝦蟹伺人不在而盜人鹽以食蝦蟹名曰山臊
風俗通義謹按梁國橋元公祖爲司徒長史五月末臥於中門外夜半後見東壁正白如開門明呼問左右左右莫見因起自往手收莫之壁自如故還牀復見之心大悸動其旦予適往候之語次相告因爲說鄉人有董彥興者卽許季山外孫也其探賾索隱窮神知化雖眭孟京房無以過也然天性褊狹羞於卜術間來候師王叔茂請起往迎須臾便與俱還公祖虛禮盛饌下席行觴彥興自陳下土諸生無他異分幣重言甘誠有踧踖頗能別者願得從事公祖辭讓再三爾乃聽之曰府君當有怪白光如門明者然不爲害也六月上旬雞鳴時南家哭聲吉也到秋節遷北行郡以金爲名位至將軍三公公祖曰怪異如此救族不暇何能致望於所不圖此相饒耳到六月九日未明太尉楊秉暴薨七月二日拜鉅鹿太守鉅邊有金後爲度遼將軍歷登三事今妖見此而應在彼猶趙鞅夢童子裸歌而吳入郢也
謹按北部督郵西平到伯夷年三十所大有才決長沙太守到若章孫也日晡時到亭勅前導人錄事掾白今尙早可到前亭曰欲作文書便留吏卒惶怖言當解去傳云督郵欲於樓上觀望亟掃除須臾便上未冥樓鐙階下復有火勅我思道不可見火滅去吏知必有變當用赴照但藏置壺中耳旣冥整服坐誦六甲孝經易本訖臥有頃更轉東首以挐巾結兩足幘冠之密拔劍解帶夜時有正黑者四五尺稍高走至柱屋因覆伯夷持被掩足跣脫幾失再三徐以劍帶擊魅脚呼下火上照視老狸正赤略無衣毛持下燒殺明旦發樓屋得所髡人結百餘因從此絕
晉書陸雲傳雲嘗行逗宿故人家夜暗迷路莫知所從忽望草中有火光於是趣之至一家便寄宿見一年少美丰姿共談老子辭致深遠向曉辭去行十許里至故人家云此數十里中無人居雲意始悟却尋昨宿處乃王弼冢雲本無元學自此談老殊進
抱朴子微旨篇月晦之夜竈神上天白人罪狀大者奪紀紀者三百日也小者奪算算者三日也
墉城集仙錄廣陵茶姥者不知姓氏鄉里常如七十歲人而輕健有力耳聰目明髮鬢滋黑耆舊相傳云晉元南渡後見之數百年顏狀不改每旦將一器茶賣於市市人爭買自旦至暮而器中茶常如新熟未嘗減少吏繫之於獄姥持所賣茶器自牖中飛去
拾遺記瀛洲有樹名影木日中視之如列星萬歲一實實如瓜青皮黑瓤食之骨輕上如華蓋羣仙以避雨風
廣陵志東晉時跋陀羅尊者譯經於天寧寺忽兩青蛇出蓮池化二童子每旦灑掃焚香日暮卽去譯畢亦不復見
搜神記安陽城南有一亭不可宿宿輒殺人書生乃過宿之亭民曰此不可宿前後宿此未有活者書生曰無苦也吾自住此遂住廨舍乃端坐誦書良久乃休夜半後有人著皂衣來往戶外呼亭主亭主應曰諾亭中有人耶答曰向者書生在此讀書適休似未寢乃喑嗟而去旣而又有冠赤幘者來呼亭主問答如前旣去寂然書生知無來者卽起詣問處效呼亭主亭主亦應諾復云亭中有人耶亭主答如前乃問向者黑衣來者誰曰北舍母猪也又曰冠赤幘來者誰曰西鄰老雄雞也汝復誰也曰我是老蝎也於是書生密便讀書至明不敢寐天曉亭民來視驚曰君何獨得活書生曰促索劍來吾與卿取魅乃握劍至昨夜應處果得老蝎大如鞾毒長數尺西家得老雄雞北舍得老母猪凡殺三物亭中遂安靜也
續搜神記許永爲豫州刺史鎮歷陽其弟得病心腹

堅痛居一夜忽聞屏風後有鬼言何不速殺之明日李子豫當以赤丸打汝汝即死矣及旦遂使人迎子豫既至病者忽聞腹中有呻吟之聲子豫遂於巾箱中出八毒赤丸與服之須臾腹中雷鳴鼓轉大利所病即愈

蘇軾書石晉筆仙石晉之末汝州有一士每夜作筆十管付其家至晚闔戶而出面街鑿壁竇以竹筒如引水者有人置三十錢則一筆躍出以勢力取之莫得也筆盡則取錢攜一壺買酒吟嘯自若率常如此凡三十載忽去不知所在又數十年復有見之者顏貌如故人謂之筆仙

神僧傳點點師者不知何許人恆若風狂每日將夕輒市黃白麻紙筆墨置懷袖以歸所居之室入後闔扉人不得造初鄰僧小童躡足伺之見秉燭箕踞陳紙筆于前訶責大書莫曉其文字往往咄嗟如決斷處置久之從明闇間熟視之閃爍若有人森列狀如曹吏稱冤皆非世之服飾觀者怖懼而退詰其故怒而不答

佛國記拘薩羅國起精舍高六丈許裏有坐佛其道東有外道天寺外道常遣人守其天寺掃灑燒香燃燈供養至明旦其燈輒移在佛精舍中婆羅門恚言諸沙門取我燈自供養佛於是夜自伺候見其所事天神持燈繞佛精舍三帀供養佛已忽然不見

述異記南海小虞山中有鬼母能產天地鬼一產十鬼朝產之暮食之今蒼梧有鬼姑神是也虎頭龍足蟒目蛟眉

利州義成郡葭萌縣有玉女房蓋是一大石穴也昔有玉女入此石穴前有竹數莖下有青石壇每因風自掃此壇玉女每遇明月夜即出於壇上閑步徘徊復入此房

陽羨縣小吏吳龕家在溪南偶一日有掘頭船過水溪內忽見一五色淨石龕遂取歸置於牀頭至夜化爲一女子至曙仍是石後復投於本溪

窮神祕苑妖異記夏陽盧汾字士濟幼而好學晝夜不倦後魏莊帝永安二年七月二十日將赴洛友人宴於齋中夜闌月出之後忽聞廳前槐樹空中有語笑之音并絲竹之韻數友人咸聞訝之俄見女子衣青黑衣出槐中謂汾曰此地非郎君所詣奈何相造也汾曰吾適宴罷友人聞此音樂之韻故來請女子笑曰郎君眞姓盧耳乃入穴中俄有微風動林汾歎訝之有如昏昧及舉目見宮宇豁開門戶迥然有一女子衣青衣出戶謂汾曰娘子命郎君及諸郎相見汾以三友俱入見數十人各年二十餘立於大屋之中其額號曰審雨堂汾與三友歷階而上與紫衣婦人相見謂汾曰適會同宮諸女歌宴之次聞諸郎降重不敢拒言因拜見紫衣者乃命汾等就宴後有衣白者青黃者皆年二十餘自堂東西閣出約七八人悉妖艷絕世相揖之後歡宴未深極有美情忽聞大風至審雨堂梁傾折一時奔散汾與三友俱走乃醒既見庭中古槐風折大枝連根而墮因把火照所折之處一大蟻穴三四螻蛄一二蚯蚓俱死於穴中汾謂三友曰異哉物皆有靈況吾徒適與同宴不知何緣而入於是及曉因伐此樹更無他異

辟寒隋開皇中趙師雄遷羅浮一日天寒日暮於松林間酒肆旁舍見美人淡妝素服出迎時已昏黑殘雪未消月色微明師雄與語言極清麗芳香襲人因與之扣酒家門共飲少頃見一綠衣童來笑歌戲舞師雄醉寢但覺風寒相襲久之東方已白起視在大梅樹下上有翠羽啾嘈相顧月落參橫但惆悵而已

瀟湘錄唐萬歲元年長安道中有羣寇晝伏夜動行客往往遭殺害至明旦略無蹤由人甚畏懼不敢晨發及暮至旅次後有一道士宿於逆旅聞此事乃謂衆曰此必不是人當是怪耳深夜後遂自於道旁持一古鏡潛伺之俄有一隊少年至兵甲完具齊呵責道士曰道旁何人何不顧生命也道士以鏡照之其少年棄兵甲奔走道士逐之仍誦呪語約五七里其少年盡入一大穴中道士守之至曙却復逆旅召衆以發掘有大鼠百餘走出乃盡殺之其患乃絕

廣異記開元中崔日用爲汝州刺史宅舊凶世無居者日用既至修理洒掃處之不疑其夕日用堂中明燭獨坐半夜後有烏衣數十人自門入至坐階下或有跛者眇者日用問君輩悉爲何鬼來此恐人其跛者自陳云某等罪業悉爲猪身爲所放散在諸寺號長生猪然素不樂此生受諸穢惡求死不得恆欲於人申說人見悉皆恐懼今屬相公爲郡相投轉此身耳日用謂之曰審若是殊不爲難俱拜謝而去翌日寮佐來見日用莫不驚其無恙也衙畢使奴取諸寺長生猪既至或跛或眇不殊前見也歎異久之令司法爲作名乃殺而賣其肉爲造經像收骨葬之他日又來謝恩皆作少年狀云不遇相公猶十年處於穢惡無以上報今有寶劍一雙各值千金可以除辟不

辭消弭凶厲也置劍牀前再拜而去日用問何當改官答云兩日內爲太原尹更問得宰相否默而不對

唐開元中彭城劉甲者爲河北一縣將之官途經山店夜宿人見甲婦美白云此有靈祇好偷美婦前後至者多爲所取宜愼防之甲與家人相勵不寐圍繞其婦仍以麫粉塗婦身首至五更後甲喜曰鬼神所爲在夜中耳今天將曙其如我何因乃假寐頃之間失婦所在甲以資帛雇村人悉持棒尋麫而行初從窻孔中出漸過牆東有一古墳墳上有大桑樹下小孔麫入其中因發掘之丈餘遇大樹坎如連屋有老狐坐據玉案前兩行有美女十餘輩持聲樂皆前後所偷人家女子也旁有小狐數百頭悉殺之

酉陽雜俎郭元振嘗山居中夜有人面如盤瞚目出於燈下元振了無懼色徐染翰題其頰曰久戍人偏老長征馬不肥元振之警句也題畢吟之其物遂滅久之元振隨樵閒步見巨木上有白耳大如數斗所題句在焉

闕史許昌郗尚書士美元和末爲鄂州觀察仁以撫下忠以奉上政化之美載於冊書一日晨興出視事束帶已畢左手引韡未及陷足忽有一巨鼠過庭北面拱手而舞入座大怒驚叱之略無懼意因擲韡以擊鼠卽奔逸有毒虺墜自韡中珠目錦身尺長筴細螫焰勃勃起於舌端向無鼠妖則以致臃指潰足之患參寥子曰是知梟鳴鼠舞不恆爲災大人君子遇之則吉

宣室志唐貞元中有大理評事韓生者僑居西河郡南有一馬甚豪駿常一日清晨忽委首於櫪汗而且喘若涉遠而殆者圉人怪之具白於韓生韓生怒若盜馬夜出使吾馬力殆誰之罪乃令扑焉圉人無以辭遂受扑至明日其馬又汗而喘圉人竊異之莫可測是夕圉人臥於廐舍闔扉乃於隙中窺之忽見韓生所畜黑犬至廐中且嘷且躍俄化爲一丈夫衣冠盡黑既挾鞍至馬上駕而去行至門門垣甚高其黑衣人以鞭擊馬躍而過黑衣者乘馬而去過來既下馬解鞍其黑衣人又嘷躍還化爲犬圉人驚異不敢洩於人後一夕黑犬又駕馬而去逮曉方歸圉人因尋馬蹤以天雨新霽歷歷可辨直至南十餘里一古墓前馬跡方絕圉人乃結茅齋於墓側來夕先止於齋中以伺之夜將分黑衣人果駕馬而來下馬繫於野樹其人入墓與數輩笑言極歡圉人在茅舍齋中俯而聽之不敢動近食頃黑衣人告去數輩送出墓穴於野有一褐衣者顧謂黑衣人曰韓氏名籍今安在黑衣人曰吾已收在擣練石下吾子無以爲憂褐衣者曰愼毋泄泄則吾屬不全矣黑衣人曰謹受教褐衣者曰韓氏稚兒有字乎曰未也吾何有字卽編於名籍不敢忘褐衣者曰明夕再來當得以笑語黑衣去及曉圉者歸遂以其事密告於韓生生卽命肉誘其犬犬既至因以繩系乃以所聞遂窮擣練石下果得一軸書具載韓氏兄弟妻子家僮名氏紀莫不具蓋所謂韓氏名籍也有子生一月矣獨此子不書所謂稚兒未字也韓生大異命致犬於庭鞭而殺之熟其肉以食家僮已而率鄰居士子千餘輩執弧矢兵仗至郡南古墓前發其墓墓中有數犬毛狀皆異盡殺之而歸

河東記唐太和二年長安城南韋曲慈恩寺塔院月夕忽見一美婦人從三四青衣來遶佛塔言笑甚有風味回顧侍婢曰白院主借筆硯來乃於北廊柱上題詩曰黃子陂頭好月明忘却華筵到曉行烟收山低翠黛橫折得荷花贈遠生題訖院主執燭將視之悉變爲白鶴冲天而去書迹至今尚存

宣室志太和中有從事江夏者其官舍嘗有怪異每夕見一巨人身盡黑甚光見之卽悸而病死後有許元長者善視鬼從事命元長以符術考召後一夕元長坐於堂西軒下巨人忽至元長出一符飛之中其臂剨然有聲遂墮於地巨人卽去元長視其墮臂乃一枯木枝至明日有家童謂元長曰堂之東北隅有一枯樹焉先生符今在其上卽往視之其樹有枝稍折者果巨人所斷臂也卽伐而焚之宅遂無怪

鑑誡錄懿宗之代處士張孜躭酒如狂好詩成癖然於吟諷終昧風騷乃圖寫李白眞儀日夕虔禱忽夢一人自天降下飄曳長裾是夕星月晃然當庭而坐與孜對酌論及歌詩孜問姓名自云李白孜因備得其要白亦超然上昇孜後所吐篇章悉干敎化當時詩者稍稍善之

廣異記呂鄉筠月夜泊君山飲酒吹笛忽一漁舟來相並中有一老人持三笛以示呂大者如合拱曰此天樂也不可吹次者如世所吹者曰洞府仙人樂也小者筆管大此人間之笛也遂吹其小者始一二聲波濤洶湧又三五聲舟檝掀舞呂大恐老人止笛卽吟曰湘中老人讀黃老手援紫纍作碧草春至不知湖水深日暮忘却巴陵道忽不見

酉陽雜俎臨邑縣北有華公墓碑詩失唯趺龜存焉此龜夜常負碑入水至曉方出其上常有萍藻有伺之者果見龜將入水因叫呼龜乃走墜折碑焉

臨湍寺僧智通常持法華經入禪晏坐必求寒林淨境殆非人跡所至處經年忽夜有人環其院呼智通至曉聲方息歷三夜聲侵戸智通不耐因應曰呼我何事可入來言也有物長六尺餘皁衣靑面張目巨吻見僧初亦合手智通熟視良久謂曰爾寒乎就此向火物乃就坐智通但念經至五更物爲火所醉因閉目開口據爐而鼾智通覩之乃以香匙舉灰火寘其口中物大呼起至門若蹶聲其寺背山智通及明視蹶處得木皮一片登山尋之數里見大靑桐樹稍已老矣其下凹根若新缺僧以木皮附之合無縫隙其半有薪者創成一蹬深六七寸餘蓋魅之口灰火滿其中久猶熒熒智通焚之其怪遂絕

樹萱錄剡人賈傳於鏡湖泊舟夜月縱步於淸水芳荷中見二叟立語一曰碧繼翁一曰篁棲叟相與吟詩賈遽揖之化爲白鷺飛去

宣室志靈石縣南嘗夜中妖怪由是里中人無敢夜經其地者大順年董叔經爲西河守時有彭城劉皁假孝義尉皁頃嘗以書忤叔經怒甚遂棄職入汾水關夜至靈石南逢一人立於路旁其狀絕異皁馬驚而墜久之乃起其路旁立者卽解皁衣袍而自衣之皁以爲刼不敢拒旣而西走近十餘里至逆旅因言其事逆旅人曰邑南夜中有妖怪固非賊爾明日有自縣南來者謂皁曰縣南野中有蓬蔓狀類人披一靑袍不亦異乎皁往視之果己之袍也里中人始悟爲妖者乃蓬蔓耳由是盡焚其妖遂絕

有厲泉縣民吳偃家於田野間有一女十歲餘一夕忽遁去莫知所往後數日偃夢其父謂偃曰汝女今在東北隅葢木神爲祟偃驚而寤至明日卽於東北隅窮其跡果聞有呼唫之聲偃視之見其女在一穴內口甚小然其中稍寬敞旁有古槐木盤根極大於是挈之而歸然兀若沉醉者會有李道士至偃請符術呵禁其女忽瞬而語曰地東北有槐木木有神引某自樹腹空入地下穴內故某病於是伐其樹後數日女病始愈

聞奇錄唐進士趙顏於畫工處得一軟障圖一婦人甚麗顏謂畫工曰世無其人也如何令生某願納爲妻畫工曰余神畫也此亦有名曰眞眞呼其名百日晝夜不歇卽必應之應則以百家綵灰酒灌之必活顏如其言遂呼之百日晝夜不止乃應曰諾急以百家綵灰酒灌遂活下步言笑飲食如常曰謝君召妾妾願事箕帚終歲生一兒兒年兩歲友人曰此妖也必與君爲患余有神劍可斬之其夕乃遺顏劍劍纔及顏室眞眞乃泣曰妾南岳地仙也無何爲人畫妾之形君又呼妾名旣不奪君願君今疑妾妾不可住言訖攜其子却上軟障嘔出先所飲百家綵灰酒覩其障唯添一孩子皆是畫焉

紀聞唐定州刺史鄭宏之解褐爲尉尉之廨宅久無人居屋宇頹毀草蔓荒涼宏之至官薙草修屋就居之吏人固爭請宏之無入宏之曰行正直何懼妖鬼吾性強禦終不可移居二日夜中宏之獨臥前堂堂下明火有貴人從百餘騎來至庭下怒曰何人唐突敢居於此命牽下宏之不答牽者至堂不敢近宏之乃起貴人命一長人令取宏之長人昇階循牆而走吹滅諸燈燈皆盡唯宏之前一燈存焉長人前欲滅之宏之仗劍擊長人流血洒地長人乃走貴人漸來逼宏之具衣冠請與同坐言談通宵情甚款洽宏之知其無備拔劍擊之貴人傷左右扶之遽言王今見損如何乃引去旣而宏之命役徒百人尋其血至北垣下有小穴方寸血入其中宏之命掘之入地一丈得狐大小數十頭宏之盡執之穴下又掘丈餘得大窟有老狐裸而無毛據土牀坐諸狐侍之者十餘頭宏之盡拘之老狐言曰無害予予祐汝宏之命積薪堂下火作投諸狐爇焚之次及老狐乃搏頰請曰吾已千歲能與天通殺予不祥捨我何害宏之乃不殺鎖之庭槐初夜中有諸鬼神自稱山林川澤叢祠之神來謁之再拜言曰不知大王羅禍乃爾雖欲脫王而苦無計老狐頷之明夜又諸社鬼朝之亦如山神之言後夜有神自稱黃撅多將翼從至狐所言曰大兄何忽如此因以手攬鏁鏁爲之絕狐亦化爲人相與走去宏之追之不及矣宏之以爲黃撅之名乃狗號也此中誰有狗名黃撅者乎旣曙乃召胥吏問之吏曰縣倉有狗老矣不知所至以其無尾故號爲黃撅豈此犬爲妖乎宏之命取之旣至鏁繫將就烹犬人言曰吾實黃撅神也君勿害我我常隨君君有善惡皆預告君豈不美歟宏之屛人與語乃釋之犬化爲人與宏之言夜久方去宏之掌寇盜忽有刧賊數十人入界止逆旅黃撅神來告宏之曰某處有刧將行盜擒之可遷官宏之掩之果得遂遷秩焉後宏

之累任將遷神必預告至如殃咎常令迴避罔有不中宏之大獲其報宏之自寧州刺史改定州神與宏之訣去以是人謂宏之祿盡矣宏之至州兩歲風疾去官

唐詩紀事大興善寺蛤像舊傳云隋帝嗜蛤所食必兼蛤味數逾千萬矣忽有一蛤椎擊如舊帝異之寘之几上一夜有光及明肉自脫中有一佛二菩薩

北夢瑣言朗州道士羅少微頃在茅山紫陽觀寄泊有丁秀才者亦同寓於觀中舉動風味無異常人然不汲汲於仕進盤桓數年觀主亦善遇之冬之夜霰霽方甚二三道士圍爐有肥羜美醞之羨丁曰致之何難時以爲戲俄見開戶奮袂而去至夜分蒙雪而迴提一銀榼酒熟羊一足云浙帥廚中物由是驚訝歡笑擲劍而舞騰躍而去莫知所往唯銀榼存焉觀主以狀聞於縣官

法苑珠林食有四種旦天食時午法食時暮畜生食時夜鬼神食時佛斷六趣因令同三世佛故曰午時是法食時也過此已後同於下趣非上食時故曰非時也

續博物志嶺南溪洞中往往有飛頭者故有飛頭老子之號頭將飛一日前頸有痕匝項如紅縷妻子共守之及夜生翼飛去曉乃還

昔有一人好道而不知求道之方惟朝夕拜跪向一枯樹輒云乞長生如此二十八年不倦枯木一旦忽然生華華又有汁甜如蜜有人教令食之遂取此華及汁並食之食訖即仙

廣異記閻陟幼時父任密州長史陟隨父在任嘗晝寢忽夢見一女子年十五六容色妍麗來與己會如是者數月寢輒夢之後一日夢女來別音容悽斷曰己是前長史女死殯在城東南角明公不以幽滯卑微用薦枕席我兄明日來迎己喪終天永別豈不恨恨今有錢百千相贈以伸允眷言訖令婢送錢於寢牀下乃去陟覺視牀下果有百千紙錢也

太平廣記抱玉師居長安中每夕獨處一室闔戶撤燭嘗有僧於門隙視之見有慶雲自口中出

夢溪筆談歐陽文忠嘗出使河朔過高唐縣驛舍中夜有鬼神自空中過車馬人畜之聲一一可辨本處父老云二十年前嘗晝過縣亦歷歷見人物土人亦謂之海市

雲笈七籤晝日在下臍中照於丹田臍中萬神皆得其明也夜日在胃中上照於胷中萬神行遊嬉戲相與言語故令人有夢也

夜月在臍中下照於萬神晝月在胃中上照胷中萬神更相上下無有休息

冷齋夜話黃魯直元祐中晝臥蒲池寺時新秋雨過凉甚夢與一道士褰衣升空而去望見雲濤際天夢中問道士無舟不可濟且公安之道士曰與公遊蓬萊即襪而履木魯直意欲無行道士强要之俄覺大風吹鬢毛髮爲戰慄道士曰且斂目唯聞足底聲如萬壑松風有狗吠開目不見道士唯見宮殿張開千門萬戶魯直徐入有兩玉人導升殿主者降接之見仙官執玉麈尾仙女擁侍之中有一女方整琵琶魯直極愛其風韻顧之忘揖主者主者色莊故其詩曰試問琵琶可聞否靈君色莊伎摺手頃與予同宿湘江舟中親爲言之與今山谷集語不同蓋後更易之耳

內觀日疏姚姥住長離橋十一月夜半大寒夢觀星墜於地化爲水仙花一叢甚香美摘食之覺而產一女長而令淑有文因以名焉觀星即女史在天柱下故迄今水仙名女史花又名姚女花

桯史姑蘇何蓑衣淮陽朐山人本書生也寓於郡一旦焚書裂衣遁去既而歸披草結廬於天慶觀之龍王堂佯狂妄談久而皆有驗臥草中不垢不穢晨必一至吳江溲焉郡至吳江五十里往返不數刻

輟耕錄揭曼碩先生未達時多游湖湘間一日泊舟江涘夜二鼓攬衣露坐仰視明月如晝忽中流一櫂漸近舟側中有素妝女子斂衽而起容儀甚淸雅先生問曰汝何人答曰妾商婦也良人久不歸聞君遠來故相迎耳因與談論皆世外恍惚事且云妾與君有夙緣非同人間之淫奔者幸勿見却先生深異之迨曉戀戀不忍去臨別謂先生曰君大富貴人也亦宜自重因留詩曰盤塘江上是奴家郎若閒時來喫茶黃土築牆茅蓋屋庭前一樹紫荆花明日舟阻風上岸沽酒問其地即盤塘鎮行數步見一水仙祠牆垣皆黃土庭中紫荆芬然及登殿所設像與夜中女子無異余往聞先生之姪孫立禮說及此亦一奇事也今先生官至翰林侍講學士可知神女之言不誣矣

吾鄉臨海章安鎭有蔡木匠者一夕手持斧斤自外歸道由東山東山衆所殯葬之處蔡沉醉中將謂抵家捫其棺曰是我榻也寢其上夜半酒醒天且昏黑

不可前未免坐以待旦忽聞一人高叫棺中應云喚我何事彼云某家女病損證蓋其後園葛大哥淫之耳却請法師捉鬼我與你同行一觀如何棺中云我有客至不可去蔡明日詣主人曰娘子之病我能愈之主人驚喜許以厚謝因問屋後曾種葛否曰然蔡遍地翻掘內得一根甚巨斫之且有血煑啖女子病即除